NOCTURNAL CHARM 夜魅

The Prime Nocturnal Charm Selections of Virgil Wong

黄 柏 伟 夜 店 作 品 精 选 集

黄柏伟/编

大连理工大学出版社

图书在版编目(CIP)数据

夜魅：黄柏伟夜店作品精选集 / 黄柏伟编.—大连：大连理工大学出版社，2009.8
ISBN 978-7-5611-4951-5

Ⅰ.夜… Ⅱ.黄… Ⅲ.文娱活动—文化建筑—建筑设计—中国 Ⅳ.TU242.4

中国版本图书馆CIP数据核字（2009）第115719号

出版发行：大连理工大学出版社
（地址：大连市软件园路80号 邮编：116023）
印 刷：利丰雅高印刷（深圳）有限公司
幅面尺寸：242mm × 280mm
印 张：16.25
插 页：4
出版时间：2009年8月第1版
印刷时间：2009年8月第1次印刷
责任编辑：刘 蓉
责任校对：马 帅
封面设计：御居室内设计事务所有限公司
版式设计：艾森品牌传播机构

ISBN 978-7-5611-4951-5
定 价：218.00元

电 话：0411-84708842
传 真：0411-84701466
邮 购：0411-84703636
E-mail：designbooks_dutp@yahoo.cn
URL：http://www.dutp.com.cn

如有质量问题请联系出版中心：（0411）84709246 84709043

NOCTURNAL CHARM 夜魅

NOCTURNAL CHARM

The Prime Nocturnal Charm Selections of Virgil Wong

FOREWORD 前言

由于作者的严谨、执着、坚持和努力，这本专集才得以诞生。这本书从选材、拍照、文字编写、草稿、排版、校对、定稿到印刷，经历三年的时间，方才正式面世，其中所花的时间和精力，涉及的人力和物力，非笔墨所能形容。

回首这三年所经历的风雨，更值遇上前所未有的金融风暴，没有相当强的信心和坚持，没有各参与方的支持，是难以成事的。希望本书能对喜爱室内设计的朋友有所启发，有所激励；与室内设计的同仁有所交流，有所共鸣。

最后，借此前言，向一直以来关心和支持我公司的家人（特别要感谢我的哥哥Philip Wong抽出宝贵的时间作英文的校对）、朋友、贵客、员工致以万分的感谢！

同时感谢合作伙伴 —— 大连理工大学出版社，他们给予的支持和帮助使得这本书的出版更加精益求精。

愿此书的芬芳能满足读者不同的需要，这就是作者的动力和心愿，公诸同好，共勉之。

专集统筹组组长

黄玉萍

2009年3月3日

NOCTURNAL CHARM

The Prime Nocturnal Charm Selections of Virgil Wong

Virgil Wong
黄柏伟

创造工房有限公司
IBIS CREATIVITY WORKSHOP LTD
御居室内设计事务所
IBIS INTERIOR DESIGN COMPANY

黄柏伟(Virgil Wong)先生在中国香港出生，毕业于香港理工大学，同年投身设计行业。1987年创办“御居(IBIS)”，专营欧陆时尚灯饰，翌年创办“御居室内设计事务所有限公司(IBIS Interior Design & Associate Ltd.)”。2002年公司因股东变更重组而成立“御居室内设计事务所(IBIS Interior Design Company)”及“创造工房有限公司 (IBIS Creativity Workshop Ltd.)”。

经过二十多年的努力，黄柏伟先生所设计的室内项目种类繁多。其中饮食、娱乐、休闲等项目的设计别具特色，代表着国内超前的创作理念，设计遍及神州大地，匠心独具，引起回响，得到客户多方面的肯定和赞誉。

Born in Hong Kong SAR, China, Mr. Virgil Wong is a graduate of the Polytechnic University. He then commenced practice in the field and formed "IBIS" in 1987, a company specializing in the import of European decorative lightings. The "IBIS Interior Design & Associate Ltd.", a more established company was formed next year. A re-structuring of partnership within the company in 2002 culminated into the formation of the "IBIS Creativity Workshop Ltd." and the "IBIS Interior Design Company", which are going from strength to strength.

With over 20 years of expertise, Mr. Wong`s designer products have covered a vast variety of disciplines like discos, food & beverage, leisure & entertainment, just to name but a few. His advent-garde concepts have found roots all over the Mainland China pioneering innovative creativity with resounding successes, at the same time earning accolades from clients and peers alike.

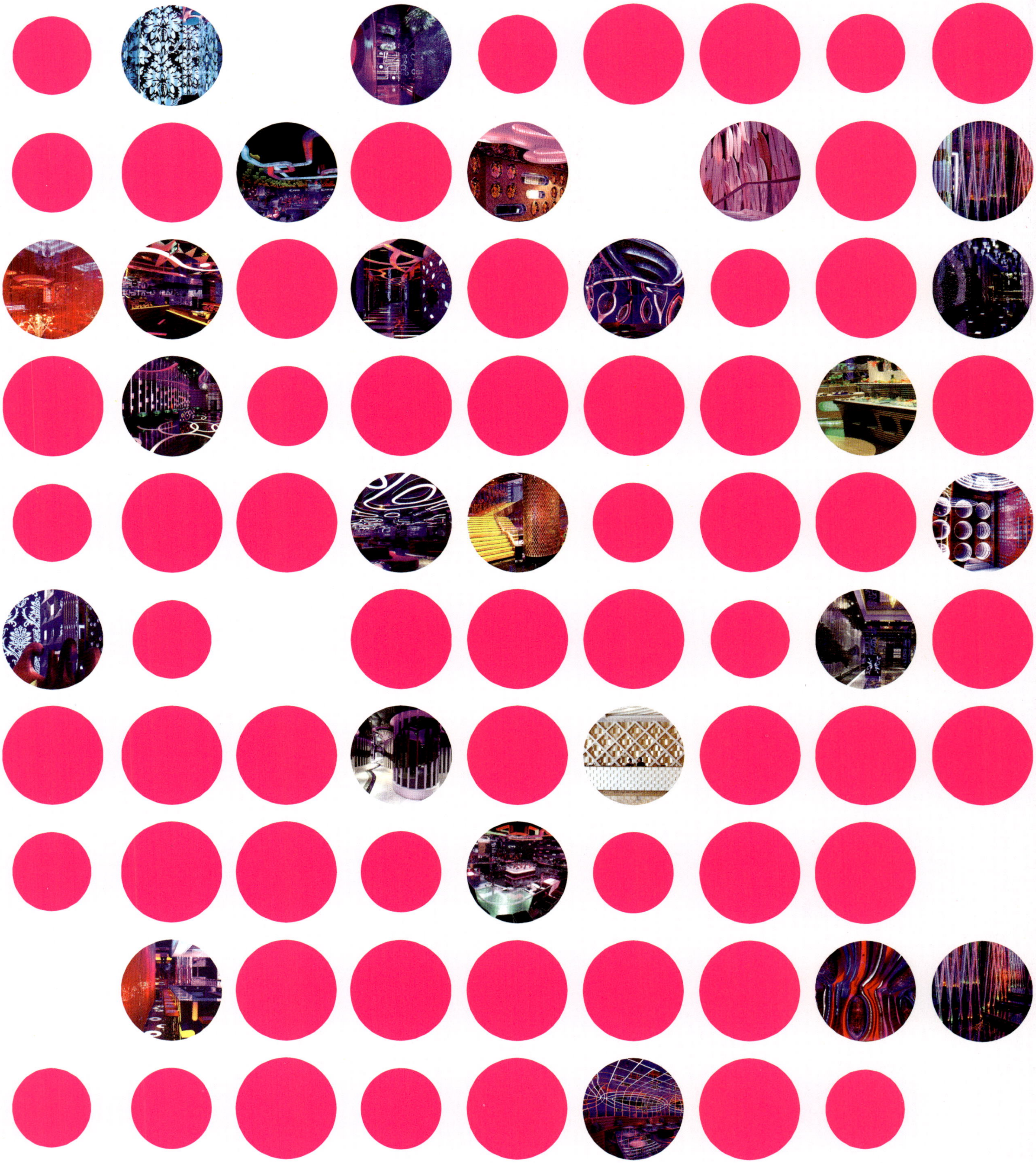

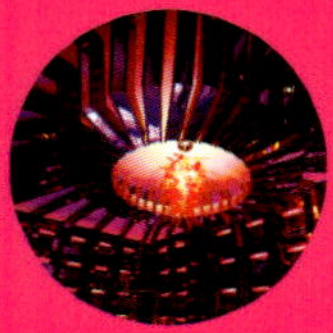

目录
CONTENTS

创造工房有限公司
御居室内设计事务所

地址：香港告士打道227-228号生和大厦9楼
电话：(852)2834 2186
传真：(852)2834 2566
深圳电话：(755)8376 9833
深圳传真：(755)8376 9633
电子邮箱：virgil88@netvigator.com
ibis-design@vip.163.com
网页：http://www.ibis-hk.com

BEIJING COCO BANANA

北京COCO BANANA

●**地点** 中国·北京　●**面积** 2700m²　●**年份** 2007～2008年

京城内的璀璨归宿

柔和的淡黄色灯光，恬静的露天空间。从外观来看，京城内的COCO BANANA所产生的是温暖的归宿感，而其璀璨所在正是设计师对室内的创作。

对设计师来讲，光线如魔术般变换，明亮的灯光为空间带来愉悦、温暖的气氛，成为设计师赋予空间性格的媒介之一。在COCO BANANA场内，光线已成为气氛的调节器，许多灯光的设计并非基于照明的需要。酒吧区的天花并没有太多的装饰，但原始的黑暗天花中却添加了一条环绕全场的光体“通风道”，配合清新感觉的吧台及错落有致的装饰，全场的璀璨效果从此刻起开始升温。

光与材质的结合，是COCO BANANA真正的升温点。就所谓好光源的定义，设计师有着自己的想法：将光源和自己所选用的家具、镜子及玻璃等结合，是一种有趣的呈现。例如，在大厅中，将冷调光源置入吧台，而将冷暖变换的光源运用于拼图式的透光天花造型中，在这个公共区域里，客人对光的原有印象已经被改变。而在较为私密的卡座及包房中，镜与光的结合更容易营造一个极大的空间感，卡座区内弧形的灯墙在两侧的镜中实现了无休止的复制，令客人仿佛置身于跨越时空的隧道中，赞叹不已。奶牛花纹的卡座沙发在各种灯光的辉映下不再是单调的黑白对比，而是被注入了活泼的元素。

然而设计师并非在每处都将光源表露无遗，偶尔将灯具隐藏起来，只留下光线部分，剩余的光被塑造成各种平面、散射的面貌。洗手间的指示牌设计就是这类得意之作，将光源“镶入”玻璃所产生的男女特色图案，除了指引功能之外，更体现了设计师对光线的控制能力。并非气派，但却绝对精彩。

从内到外，客人就如置身于影画戏之中，体验着设计师对光源的运用。随光灭而结束璀璨，再从璀璨中步出，回望让暖色充斥着的COCO BANANA的外观，自然流露的是京城这个难得的归宿。

北京COCO BANANA俱乐部于2008年入围世界百大俱乐部行列。

Looking from the outside, the gentle faint yellow lights and the quiet open-air space of the Beijing COCO BANANA have provided guests with the warmth of home. However, once inside, one will be confronted with the designer's creativity by the use of a variety of lightings.

Inside the club, lights are being manipulated by the designer like magic, providing guests with different feelings and moods. By combining the lights with various types of furniture and fittings of different materials, the designer is creating an interesting feeling of his own ideas.

Guests visiting the club will find themselves in the midst of a movie. They will experience the manipulation of lights by the designer. But once outside and exposed to the warm colour, they will immediately get a feeling that the club itself is indeed their best home in the capital city.

COCO
BANANA

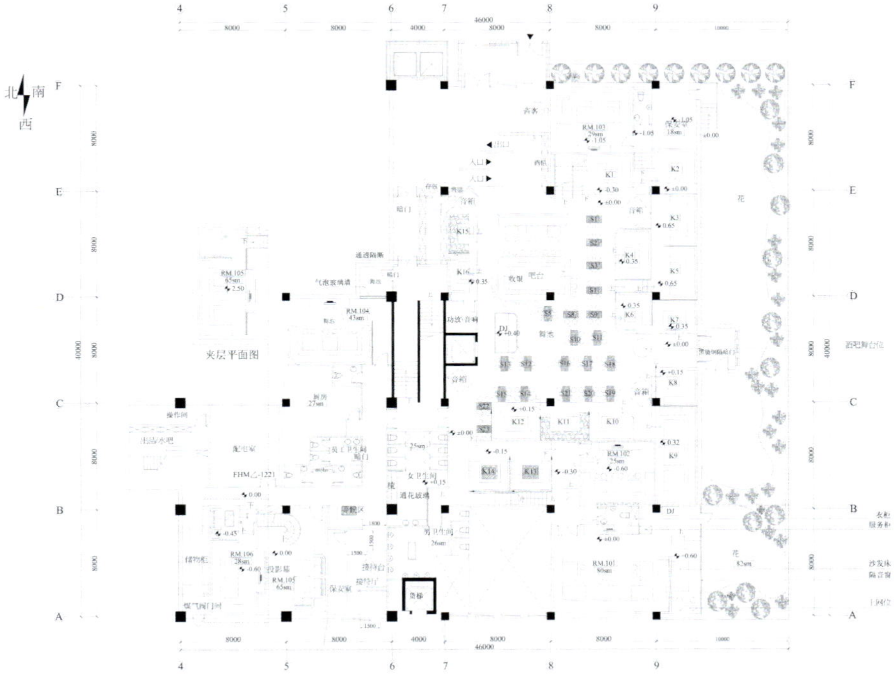
夹层平面图

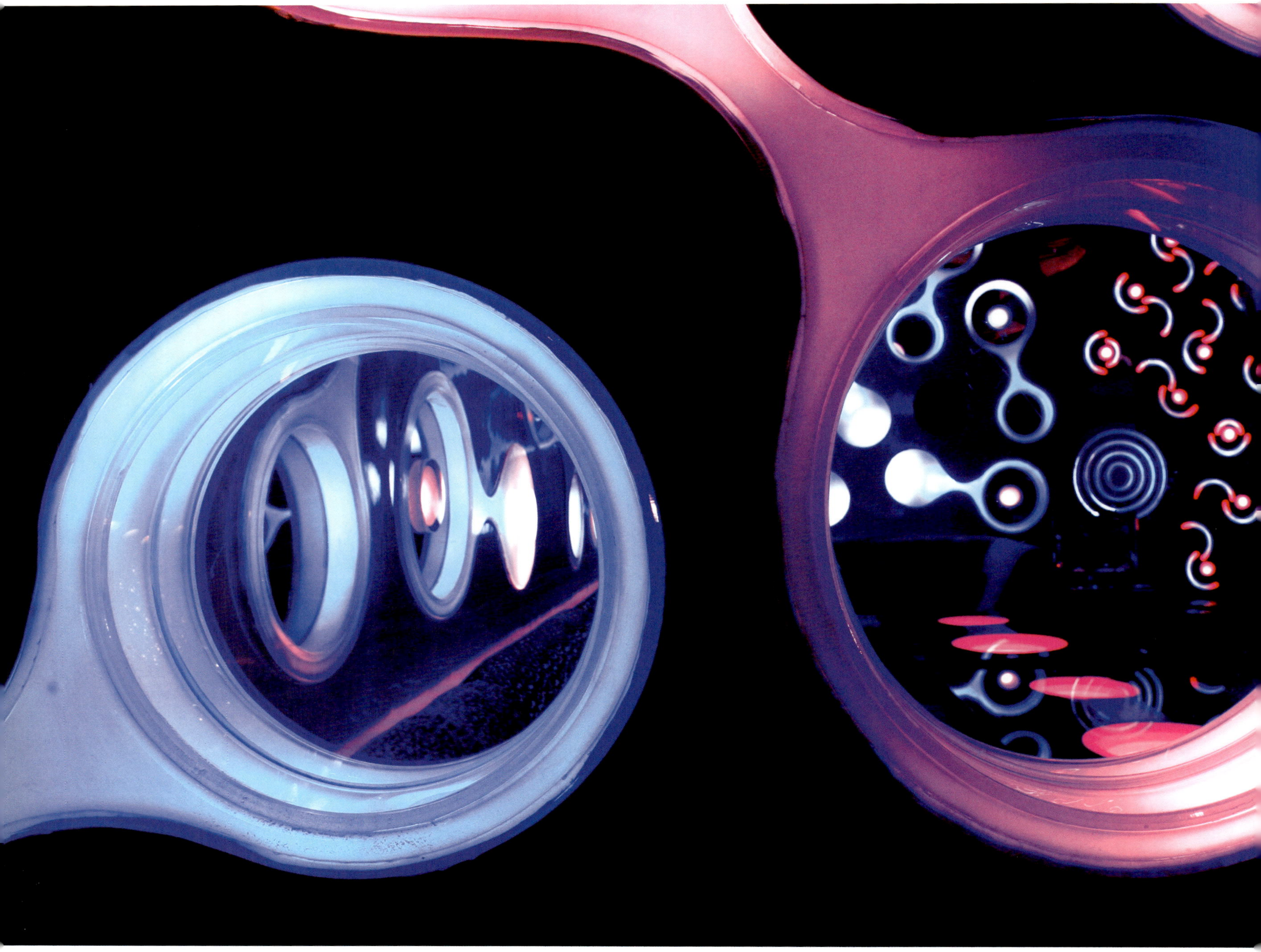

COCO

COCO
COCO

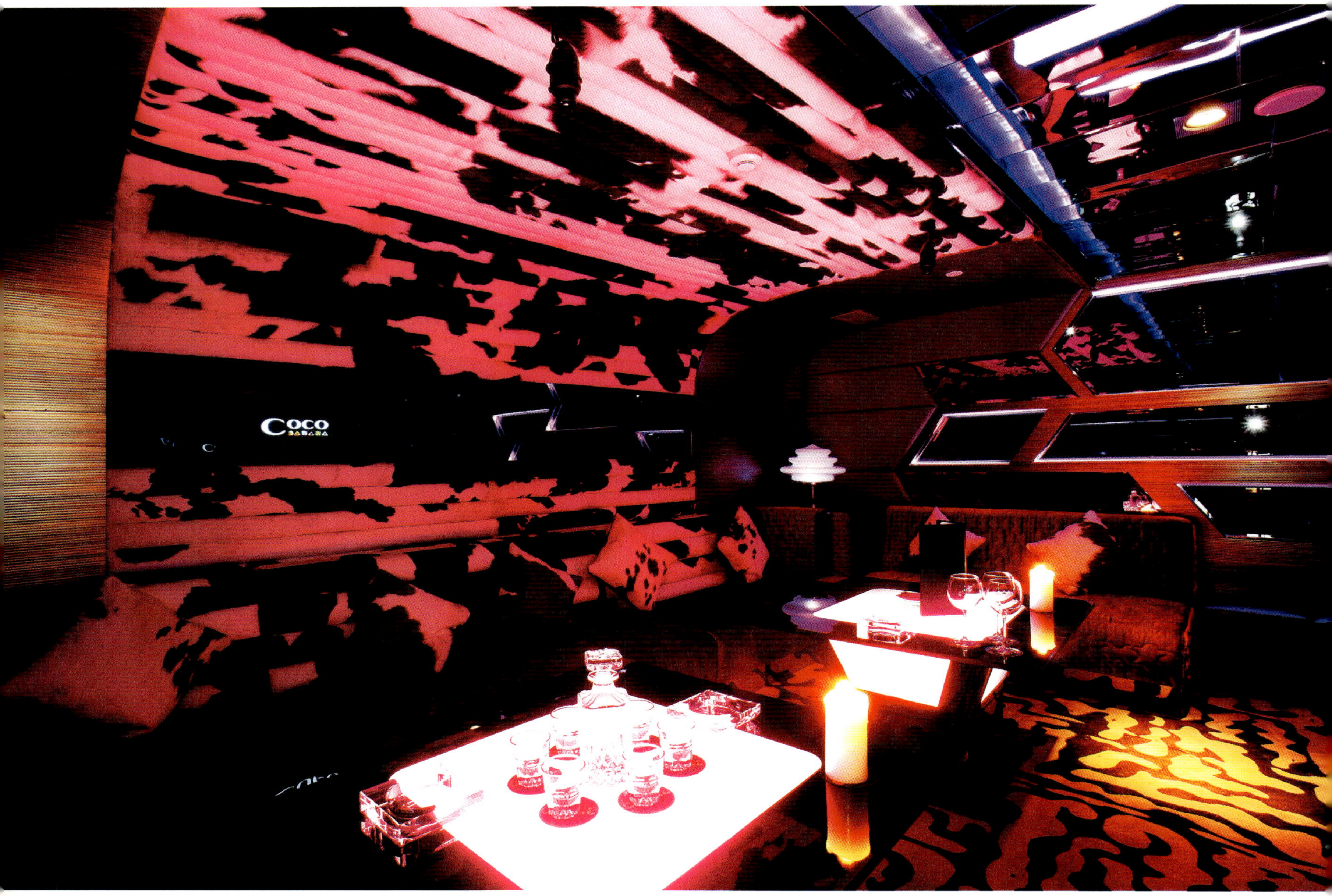
COCO

BEIJING GT BANANA

北京GT BANANA

●**地点** 中国 · 北京　●**面积** 3000m²　●**年份** 2007~2008年

时代的融合

皇室的气息代表着过去，而科幻则预示着未来，要将这两种设计概念同时体现在GT BANANA身上，设计师必须将重点放在哪里？在没有太多的高贵材质的辅助及大量灯光线条的运用下，同样在没有太多空间限制的条件下，GT BANANA的设计，更考验设计师的创造力。

大厅及夹层的设计是统一的，各种新颖以及想像力极强的造型设计成为这个区域的中心。设计师认为在此区域所要考虑的重点是必须保持材质的单纯性，不需要添加过多的附加装饰，让造型线条在空间中显得干净利落，才能使场内体现出科幻及身在未来的感觉。另外必须有更多夸张以及前卫的概念，应该有更多超越现代的元素被添加在这个开放的空间里，例如，飞碟造型的DJ台、电子手造型的吊灯以及类似外星人头的椭圆外壳的卡座位置等。配以激光灯的运用，是深化这种风格的最佳选择。

由“未来”过渡到“过去”的过程亦十分有新意。楼梯区域的墙身设计运用了密集的“香蕉”造型，配合楼梯口的古罗马守卫装饰以及灯光的转换，大气之余，更令客人感叹设计师如此独特的创作灵感。

在包房及走廊的设计中，灰镜玻璃及欧式装饰的运用营造出一种皇室的古典气息。设计师认为灰镜玻璃是一种非常实用而且有个性的材质，它具备明镜的穿透特质，亦能够反射空间的景象，在空间中存在的价值上，与清透玻璃或明镜相比，不至于那么刚烈，具有使空间柔软的特质，是一种不会过于直接并且具有低调性格的材质。包房的设计亦运用了较多具有此类柔软特性的材质，天花造型是几块镶在古典相框内的灰镜玻璃，增添了视觉感受，更体现了一种古典的韵味。

简约、古典等各种气息在设计师的手中穿梭，北京GT BANANA所体现的，是多种跨越时代的气息。

Royalty represents the past and science fiction indicates the future. To present these two elements side by side at the same time required the creativity of the designer. In the Beijing GT BANANA , modern and exaggerating design concepts are being used in the hall, such as the flying saucer-like DJ booth etc., providing guests with a futuristic impression. A staircase with ancient Roman decoration transits the future into the past. With the mirrors and western-style decoration in the guest rooms and along the corridors, a sense of classic royalty is being created.

In the Beijing GT BANANA, both simplicity and classic shuttle back and forth in the hands of the designer and offer its guests an experience of different senses that span over time.

出口
EXIT

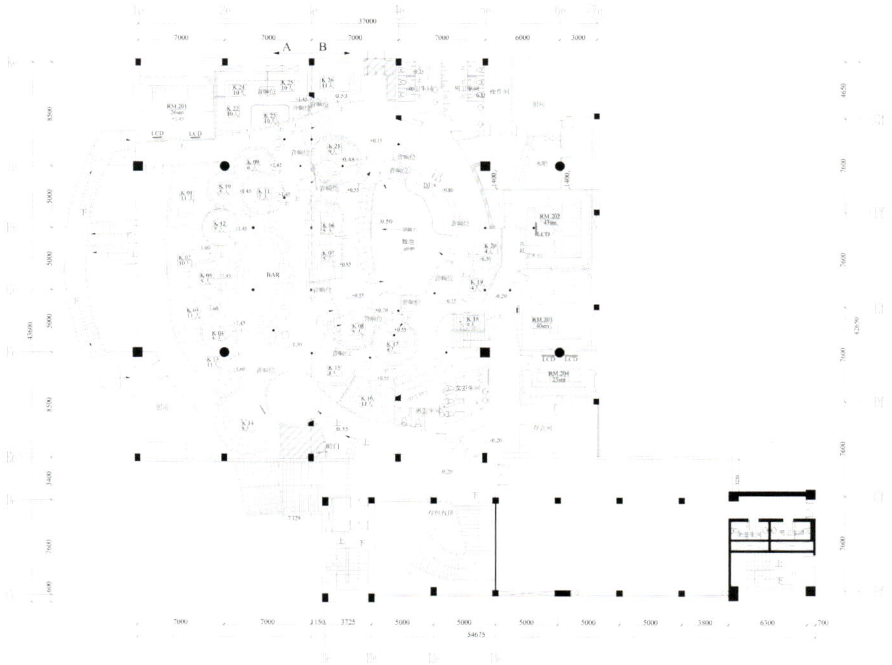

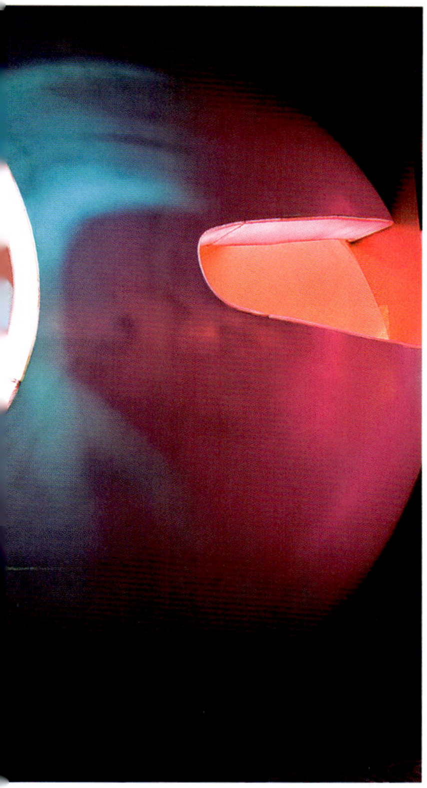

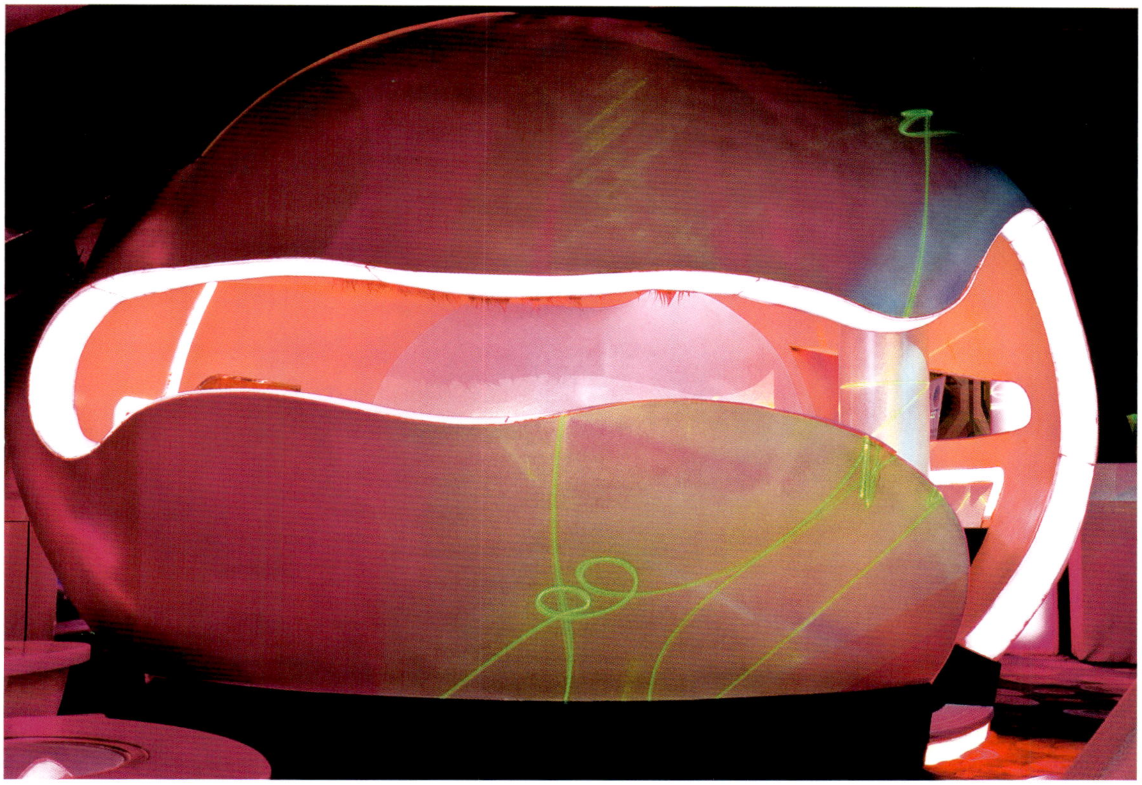

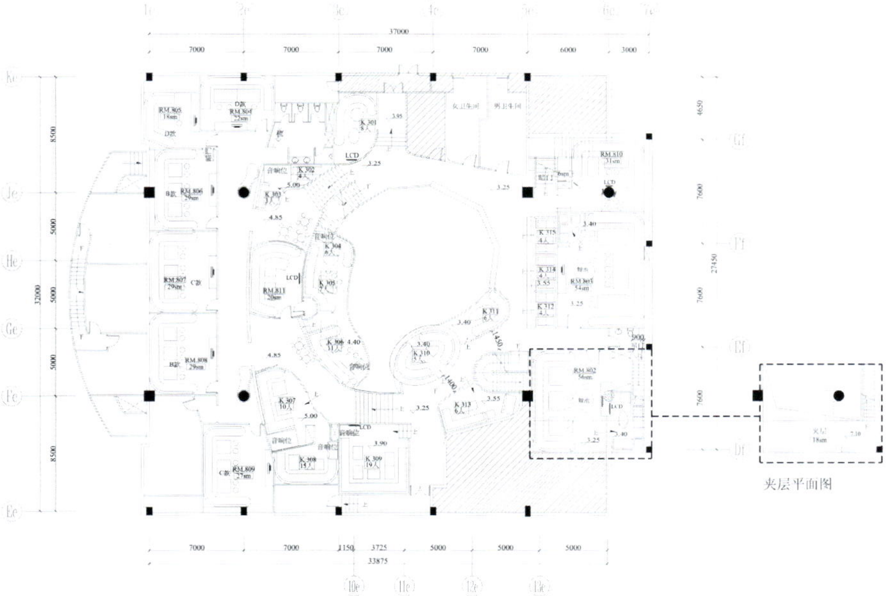
夹层平面图

洗手间
Restrooms

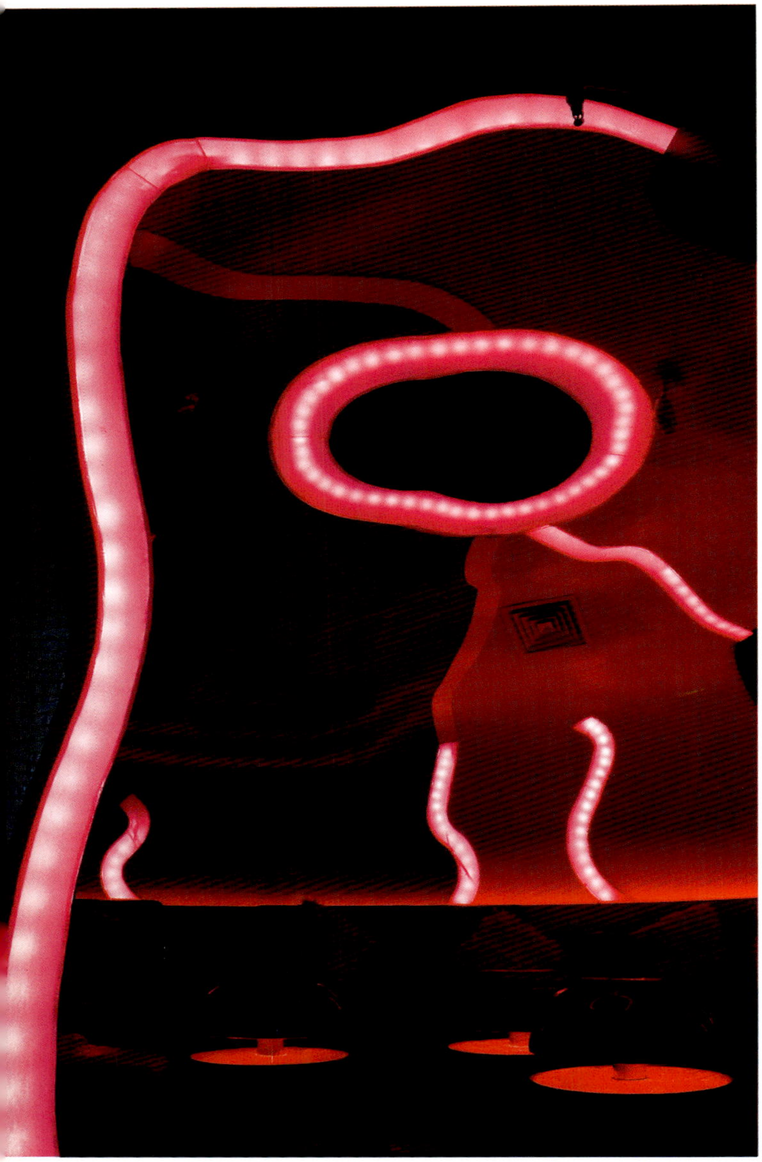

BEIJING MGM BAR

北京MGM

●地点 中国·北京　●面积 2500m²　●年份 2008年

声色夺人

以色夺人——夜场之胜

无需多言，夜场之间的胜负必在于声色。声，悦耳之声，只要条件应允，自然要通过上乘的音响设备来达到，而赏心悦目之色却是设计师们最需要锱铢必较的事儿。

对于夜场的第一印象，人们往往通过视觉来形成，正是目之所及，心之所系，这样的设计才最动人。

繁复图纹——视觉的突围

一如佛家的解释，色是有形之物。因此，设计师可通过添加繁复的图案来展现无穷无尽的色，使之托于有形，越繁复，越美丽。入口大门的门框围以变色线条，天花及墙身以现代感很强的菱形图案形成造型，与地面的蜂巢形图案相呼应，让客人置身其中，有目眩之感。鹅蛋形变色的接待位，摆放在流光飞射的整排木纹屏风前，有科幻般的感受，与走道墙身的造型连接起来，色彩也随之丰富地跳跃，仿佛把人带进一条迷离变幻的时光隧道中。进入大厅，浪漫灯光铺撒无遗；或拾级而上，继续下一轮的艳慕。

寓简于繁——蓄势待发

灯光是打造夜景环境装置的主要元素。在地面装饰已至极胜之境时，大幅统一色调的灯光运用能起到定性的作用。红色椭圆形图案的波纹门配以变色线条门框，大型天花变色水晶灯，图纹突出的墙灯，散发高雅光泽的沙发，幻彩玻璃大茶几，为包房划分出深浅不一的层次，神秘感油然而生。现代前卫的几何形天花，触感强烈的壁纸，椭圆形的镭射玻璃镜面的镶嵌，统一了天花和墙身造型的连贯性，让包房产生出那种蓄势待发的奔放。色彩隆重不幽暗，气势上就突显大度，让宾主的觥筹交错畅快淋漓。所以说夜场之下，寓简于繁才最可贵。

声色夺人，最复杂，也最简单。

With an area of 2,500 sq m, the Beijing MGM Bar offered its patrons the best in audio and visual sensation. While a good sound quality can be achieved by the installation of an excellent acoustic system, a good visual effect has to be created through the artistic mind of a designer.

Here, through the designer, the inexhaustible colour is unfolded by the increased complicated and yet simple design that gives the customers a feeling of a science fiction and leads them through a time tunnel of multiple colours and futuristic designs. A night spot with a demeanor that seizes the human mind is complex but at the same time offers a sense of simplicity.

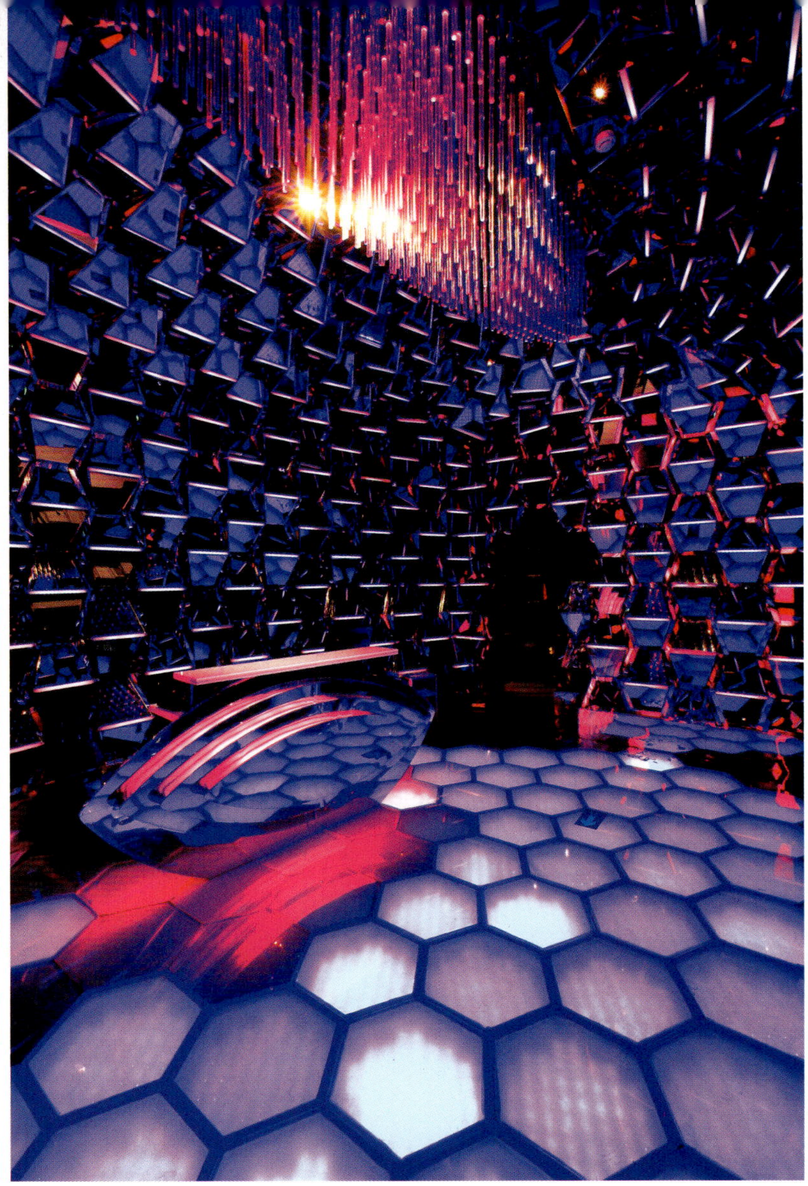

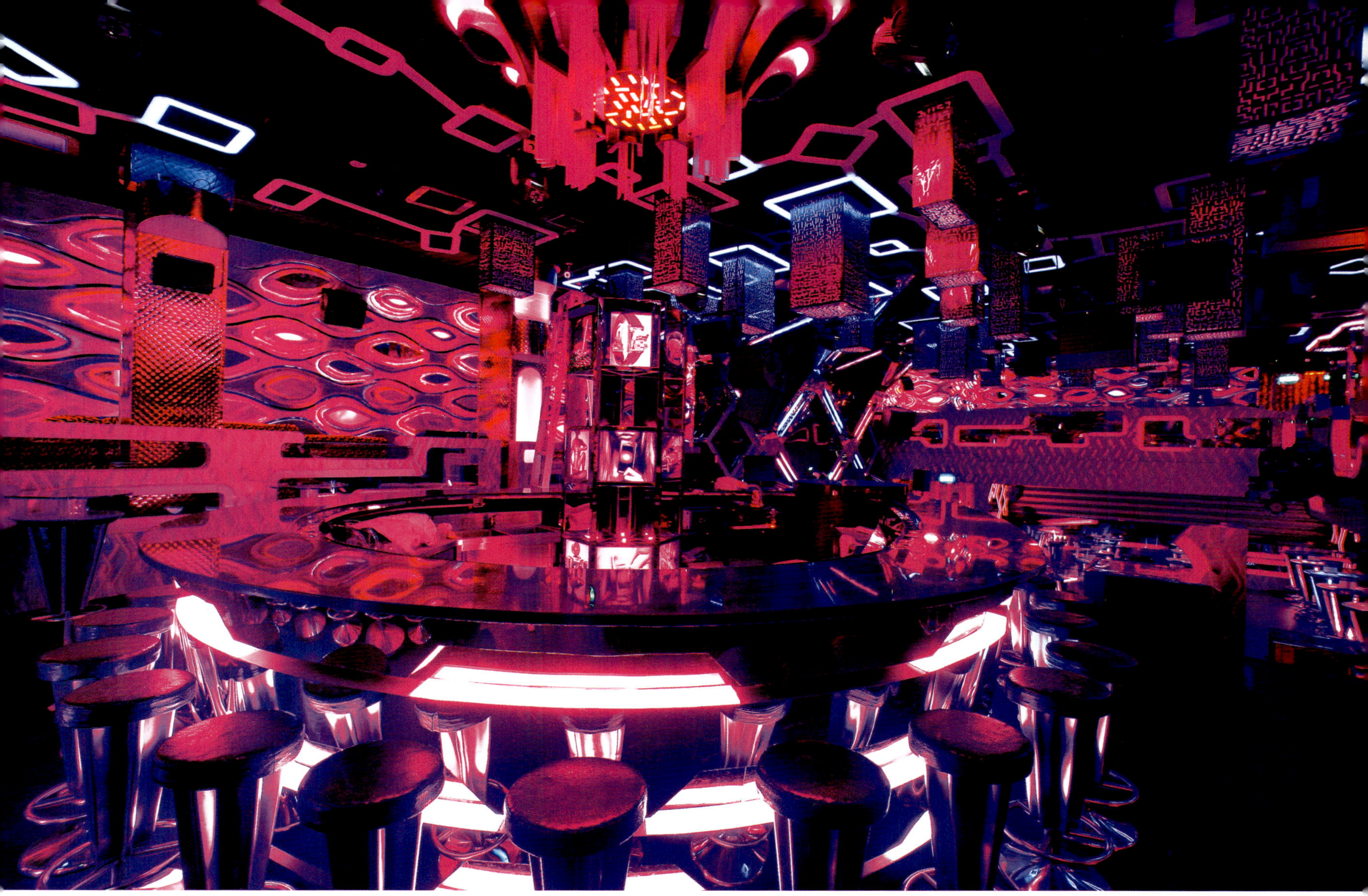

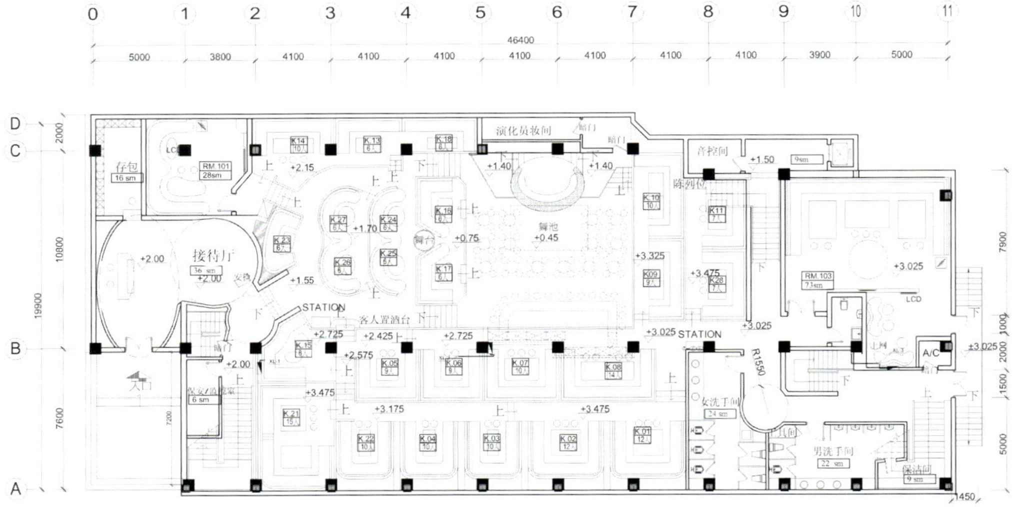

0
1
2
3
4
5
6
7
8
9
10
11
46400
5000
3800
4100
3900
D
C
B
A
2000
10800
19900
7600
7900
5000
存包
接待厅
舞池
STATION
客人置酒台
大门
男洗手间
女洗手间
LCD
A/C

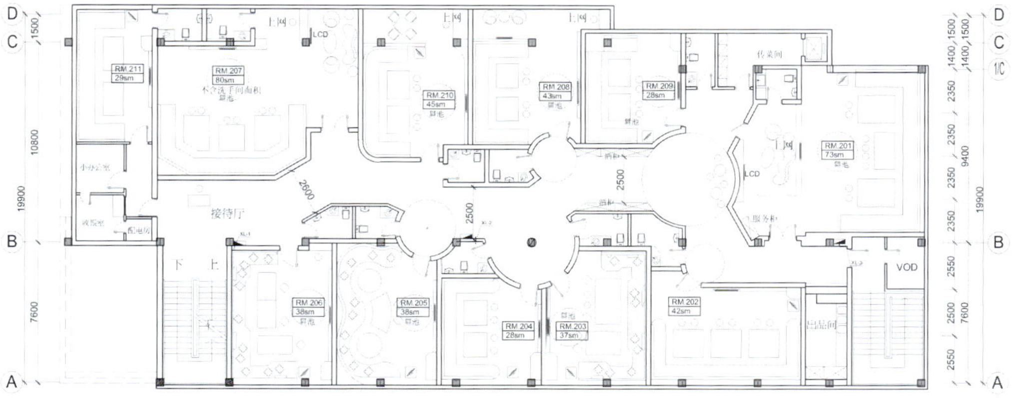

RM.211
29sm
RM.207
80sm
不含洗手间面积
RM.210
45sm
RM.208
43sm
RM.209
28sm
RM.201
73sm
RM.206
38sm
RM.205
38sm
RM.204
28sm
RM.203
37sm
RM.202
42sm
LCD
接待厅
小办公室
配电房
传菜间
服务柜
VOD
下
上
2600
2500
5000
3800
4100
4100
4100
4100
4100
4100
4100
3900
5000
46400
1500
10800
19900
7600
1400
2350
9400
2550
2500
0
1
2
3
4
5
6
7
8
9
10
11
A
B
C
1/C
D

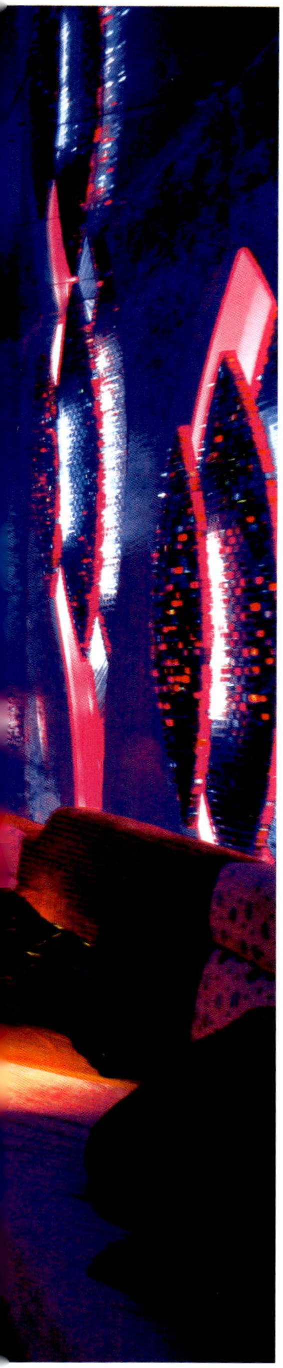

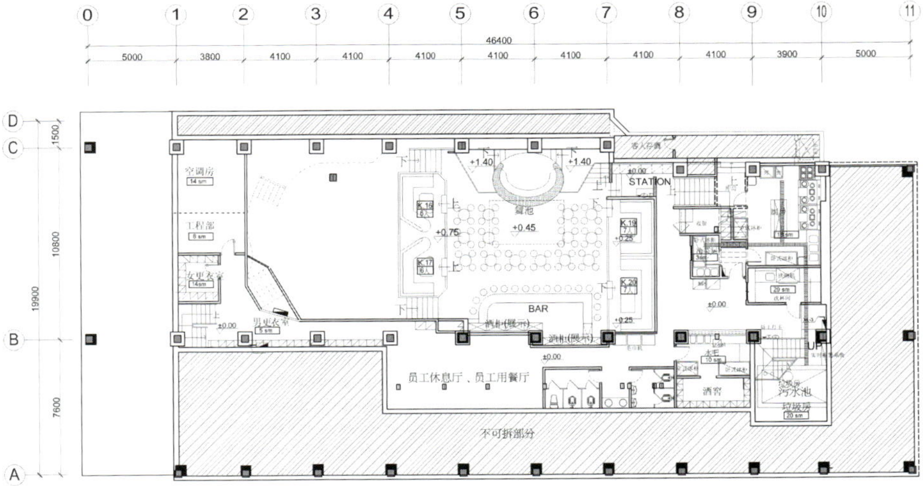

0
1
2
3
4
5
6
7
8
9
10
11
46400
5000
3800
4100
4100
4100
4100
4100
4100
4100
3900
5000
D
C
B
A
1500
10800
19900
7600
空调房
14 sm
工程部
8 sm
女更衣室
14sm
男更衣室
5 sm
±0.00
+1.40
+1.40
舞池
+0.45
+0.75
K.16
K.17
K.19
K.20
+0.25
+0.25
BAR
酒柜(展示)
酒柜(展示)
STATION
±0.00
员工休息厅、员工用餐厅
±0.00
水吧
10 sm
酒窖
污水池
垃圾房
20 sm
29 sm
18 sm
UP
不可拆部分

CHONGQING PLATINUM PEDESTAL

重庆白金台会所

●**地点** 中国·重庆　●**面积** 2800m²　●**年份** 2008～2009年

白金级的会所

重庆白金台会所坐落于重庆市最繁华的地段解放碑的大世界酒店内，面积为2800平方米，拥有8间风格独特、时尚的会员包房和15间普通包房，其中以2间VIP包房最特别，尽显尊贵气派。进入白金台会所，首先映入眼帘的是大厅和酒吧，一边摆设有钢琴，方便为表演者伴奏；后面是休闲区，古典的欧式酒柜、茶几、丝绒沙发，一应俱全，三五知己，置身其中，把酒言欢，其乐无穷。

大堂采用大理云石材质，两旁流水，配以天花和墙面的灯光，大气之余又不失庄重，使人置身其中，有地位超然之感。

弯弯的走道，除了利用灯光以达到天花、地面、墙身设计一体化外，更添加了高贵的装饰品作为陪衬，带引宾客到达包房。

整个会所以黄色为主色调，以配合其名，镜面的造型辅以LED灯，把整个场区支撑起来。创意材料的运用均贴合客人视觉和触觉的感受。设计师以灯色的造型，变化出不同款式的房间，堪称一绝。

Situated in a star-class hotel and the most prosperous section of Chongqing, the Platinum Pedestal has a total area of 2,800 sq m with 8 members-only rooms of unique style and 15 other ordinary rooms. Among the rooms are 2 VIP suites decorated in class as well as style. Primarily, the hall is built in marbles with running waters on both sides. The whole club uses yellow as its theme color and hence the name, Platinum Pedestal. Mirrors decorated with hundreds of LED lightings appeal to the visual and sensual feelings of its patrons. A unique design that is one of its kind.

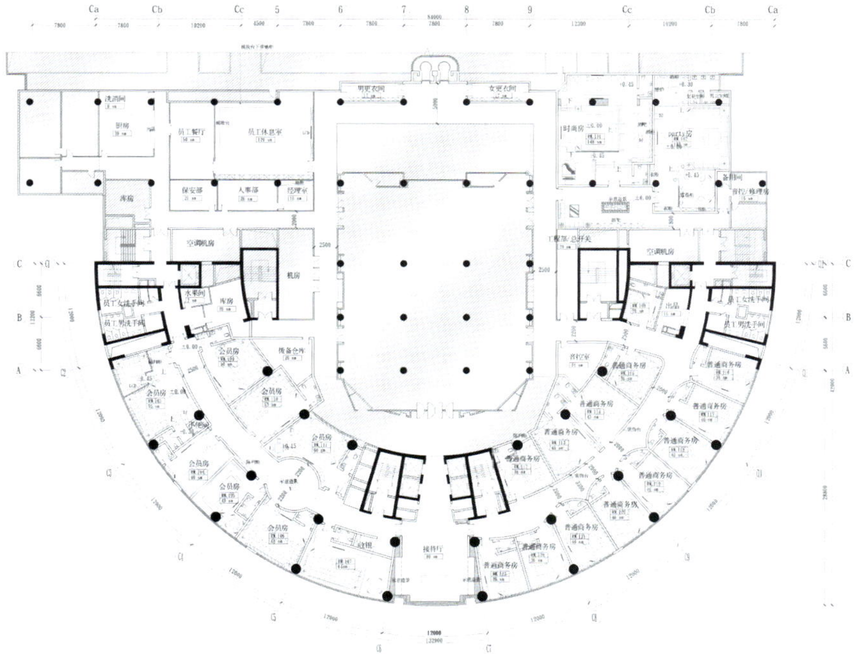

BMB
BMB

BMB

SHENZHEN JADEC NIGHT CLUB

深圳翡翠明珠国际俱乐部

●**地点** 中国 · 深圳　●**面积** 2600m^2　●**年份** 2007~2008年

深圳质速

深圳翡翠明珠国际俱乐部是时隔三年之后第二次设计重装的，有人会咂舌，这个更新的频度是不是太快了，事实上，毗邻香港的深圳，消费水平、审美趣味走在国内的前沿。而任何一个与时俱进的消费类经营场所，都是在不断求新求变的。

2004年所设计的深圳翡翠明珠国际俱乐部一度成为该时期的业界标杆，被争相模仿。2007年重新装修，再树新高，一是造价高，二是效率高。

长远来讲，夜场设计并没有一个固定的模板或所谓一成不变的经典，因受众群的因素和使用功能的特殊性，它可能在短期之内被模仿，但必定将随着时代的发展逐渐被淘汰。

优质触感带来完美感受

很多设计者会抱怨说甲方的工程造价控制得太苛刻，纵使有好的设计理念也得不到充分体现，事实上，在有限的造价中创造理想的空间氛围，才是设计最被关注的价值所在。正如同把钱花在刀刃上的道理一样，如何让材质发挥最大的价值，是一门技术，也是一门艺术。

让客人能直接触摸到的地方呈现出最完美的质感，诸如考究的沙发坐椅，采用质感出众的钻石绒，显而易见又不胜枚举。

昂贵细节营造尊贵感受

包厢墙体设计为不规则的变异花形，带来丰富景深和耳目一新的感受，每个包厢考究的个性化处理，实际上就是尊贵感的一个构成部分。

客人在哪里逗留时间长，花的笔墨和工夫就应大。这也许是设计的一个捷径，但是深圳翡翠明珠国际俱乐部之所以能成为行业标杆，原因就在于这种被趋之若鹜的尊贵感在每一处都得到淋漓尽致的发挥。

This is the second time in three years that this night club has gone under renovation, probably trying to keep up with the consumer standard and take the lead in the entertainment world of the nation.
Many designers are complaining that their ideas are unable to fully materialize due to a strict cost control on projects. But in fact, to create an ideal design with a limited price tag is the main concern on the value of the design. To maximize the value of pricy materials is a technology and an art as well.
Irregular variation of flower shapes is found on the wall of the suites offering guests with a sense of depth in vision as well as something fresh and new in feeling. Each suite is so designed as to give individuality and constitute a part of the sense of nobility. In the night club, more efforts are spent on the place where guests spent most of their time and that is why the Shenzhen JADEC Night Club has become the leader and an example for imitation in the business.

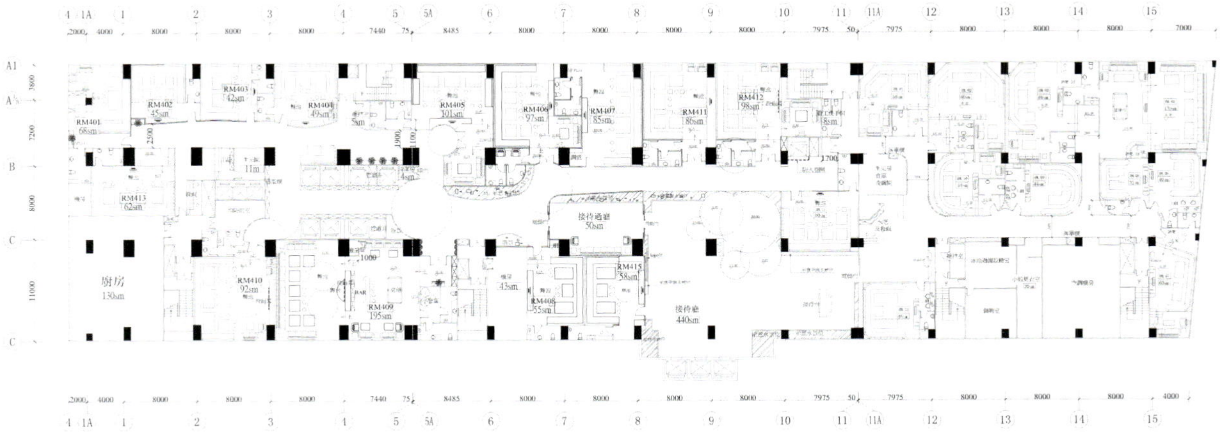

MARTELL
XO

MARTELL
MARTELL

SHENZHEN GOLDEN MANSION
深圳金色公馆

●地点 中国·深圳　●面积 5000m²　●年份 2008年

金色的公馆

公馆一直以来就是让人休息放松的地方，将一个休闲娱乐的地方设计成典雅大气的公馆，必然会吸引中高层的贵客，这就是深圳金色公馆的特点。

楼高六层的金色长条雕花弧形外立面，内藏变色LED灯，变幻出一幕又一幕不同的图案。璀璨生辉令经过的路人都不禁驻足仰望，设计的成功处不单令公馆突出于街中，更令整栋商业大厦变成高雅、气势不凡的商务大楼。

少了玄关的牵引，一踏进公馆五楼的接待处，映入眼帘的是一个内藏灯光的特长弧形接待位，两旁配以散发典雅光泽的金色皮沙发，再辅以新颖的天花造型，给人高雅休闲、不落俗套的感觉。

空间大并不意味着空间结构不存在问题，设计师巧妙地运用了其对光的驾驭能力，从而解决了公馆本身所存在的自然光不足的问题。各种颜色的灯光相映于偌大的室内空间内，光与影的交错，令人迷离幻醉，兴奋之心，会因梦幻景象而起，无与伦比的视觉效果让人陶醉万分，这都是在缺少自然光的设计处理上必须重视的地方。

一个理想的会所环境需要在灯光、色调等各种设计中花心思，最大限度满足人们的各种玩乐心理需要。绝美的各种物料应用是意念与技术的完美结合，通过室内布局、用色及灯光来吸引人们的视线。灯光是整个室内设计中举足轻重的关键要素。

设计师深明此理，以此为主力引用到包房中。走道再辅以造型设计和物料搭配，凝聚出一幕又一幕的热闹场景，令客人置身其中，流连忘返。多数夜场设计成败的关键，就在于此。

To people, the "Mansion" has all along an impression of a place for rest and relaxation.
Looking from outside, different patterns are shown by the hidden LED lamps on the wall, highlighting the whole building in the street and turning it into a lofty and uncommon commercial block in the city.
Once inside, guests are confronted with an especially long arc shape reception area with hidden lightings. Golden colour leather sofas are placed on both sides and newly designed false ceiling creates a feeling of high class, leisure and something that is not conformed to convention.
Although space is not a question in the "Mansion", the designer has ingeniously made use of his ability to manipulate lightings to solve the problem of insufficient natural day light in the premises. Similar lightings and colour designs are also introduced in the suites, satisfying the need of people who are there to be entertained and at the same time, creating a lively atmosphere for them who are too merry to be homesick. A key to success in club design.

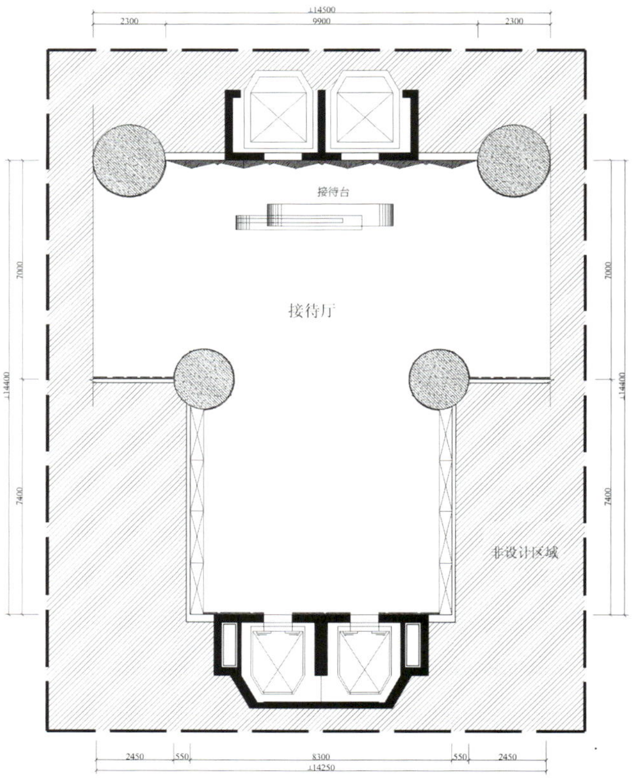

14500
2300
9900
2300
接待台
接待厅
7000
7000
14400
14400
7400
7400
非设计区域
2450
550
8300
550
2450
14250

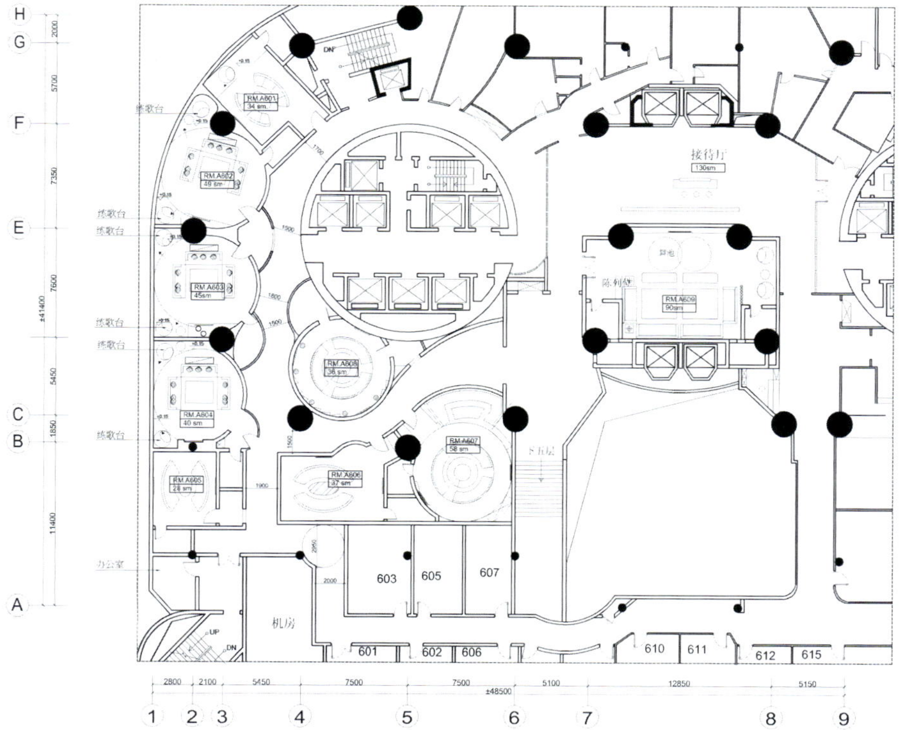

H
G
F
E
C
B
A
接待厅
603
605
607
601
602
606
610
611
612
615
机房
1
2
3
4
5
6
7
8
9

ROYAL SALUTE

KINGS
INTERTAMENT

SHENZHEN NEW ERA NIGHT CLUB

深圳新冶会

●**地点** 中国 · 深圳　●**面积** 4210m²　●**年份** 2006年

新冶饕餮

新冶会堪称深圳顶级夜总会，拥有近50间风格各异的KTV包房、会员房及总统房，所谓顶级，是说被强调的奢华感需要通过细节和色彩来一一呈现。

关于饱和色的运用

夜场这样一个纵情肆意的地方，大概没有人会来这里正儿八经地思考问题。人们来到这里，大多是需要缓解工作上、生活上的压力。设计师必须做的就是分散他们的注意力。所以，夜场中会用到大量的饱和色和片光源，用饱和色刺激人的视觉神经，使映像充斥整个大脑，排挤掉烦恼和忧愁，同时，也激发了人的兴奋度。发散型的片光源则将所有汇聚于一点的“集中力”泛化，令人不能聚精会神，呈现什么，他就接受什么，如同徜徉在花市或者车展。来这里的人，就是一个观众，等待着你的安排，等待着好戏连台。

所以说，优质设计的夜场，例如新冶会，可比一场饕餮盛宴。

关于走廊的变化处理

站在客人的立场来说，进入大堂，穿过走廊，这都是他前去会见友人的必经之路，在见到朋友之前，他可能更有兴致好好观察这个会所的装潢，大堂自然不在话下，而聪明的设计师会在走廊上多下一些工夫。

造型上的变化——夜场走廊总是依着排列有序的分区包房而蜿蜒回转的，所以在设计时应该尽量避免千篇一律的长廊，不应让客人在还未抵达时已经感到视觉疲劳。不规则变化的菱形天花给视线带来丰富的景深，而地面采用镜面石材拼花，圆曲线半环绕铺展，以这种牵引的姿态令路程充满了韵律感。

色彩上的变化——即便是同样造型的设计，在色彩上仍然大有文章可做。不同的光影变化，给客人的心理暗示不一样，例如，蜜黄色营造神秘，酒红色上演暧昧，我们的做法是每段走廊采用相同或同步变化的色系，这样能够达到事半功倍的效果。

走廊的设计，只是为了客人一声暗暗的惊呼——开启他这次约会的绝好心情。

夜场设计可以实现设计师对于色彩运用、材料运用的极致理想，是一场热热闹闹的设计。

One of the top class night clubs in Shenzhen, the New Era Night Club has an area of 4,210 sq m and nearly 50 KTV suites, member only suites and president suites of different styles. It is named top class because of its meticulous details as well as colours that give emphasis on the sense of luxury.

Unlike other night clubs where long corridor has become stereotyped, the ceiling along the corridor in the New Era Night Club is an irregular diamond shape, offering a visual depth to guests. As for the floor, it is covered with mirror surface stone material giving people a sense of rhythm when they are walking along the corridor. In addition, different colour patterns appear on each section of the corridor, such as honey yellow for mystery and claret-red for ambiguity. Such a design will surely make the guests wonder and prepare them a good mood for a happy evening.

夹层平面图

NEW ERA

RM.201
38 sm
RM.202
47 sm
RM.203
39 sm
RM.204
47 sm
RM.205
40 sm
RM.206
49 sm
RM.208
49sm
RM.209
68sm
RM.210
49sm
15sm
DJ
LCD
0.00
0.30
+1.30
4290
3440
33470
7430
7430
7430
6630
28920
9
8
7
6
5
4
3
2
1
E
D
C
B
A

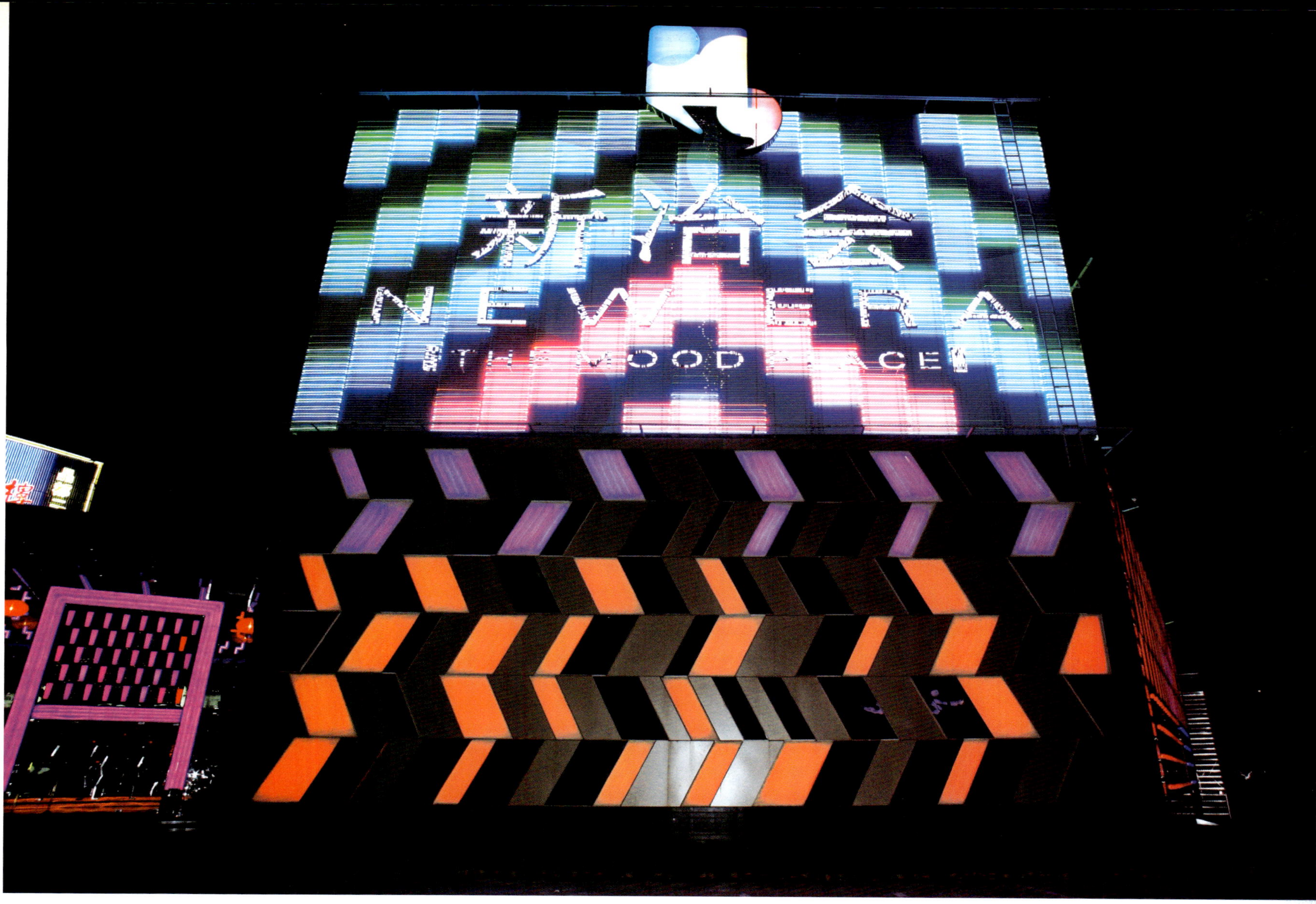
新冶会
NEW ERA

SHENZHEN METROPOLIS CLUB

深圳都会豪情俱乐部

●地点 中国·深圳 ●面积 2920m² ●年份 2007年

都市魅影

魅影的产生，少不了室内设计的魅力所在，就深圳都会豪情俱乐部而言，场内空间并不算大，但精致而慎重的设计却能将其魅力扩展到极致。设计师以走廊创造、豪华气派及空间功能设定为设计总概念，把这三种元素融合于设计当中，使人仿佛置身于度假式的享受之中，每一个独立空间都充满了一股时尚的神韵与魅力。

为什么走廊的创造会在此成为设计的一大概念？进入5层，你会发现各种立体的立方形走廊墙身造型实实在在浪费了原本就不充裕的空间，但从设计师的角度而言，在贯穿各独立区域的走廊上花工夫，却创造了适当的趣味性。与其说是浪费空间，不如说其造型让走廊发展成为多重而无定义的区域。加之全天花的灰镜，墙身看似收窄，但上下空间却在视觉上得到释放，在一定程度上进行了创造，又适当地平衡了客人的感觉。

如何增加视觉的连贯性，让4层的客人亦能感受到来自5层的趣味？打通4层和5层是一个较佳的选择，4层的功能较为开放，各种类似椭圆的木通花造型间隔着各自独立的卡座，流线型的灯墙蜿蜒至5层，感染着整个小型舞台的氛围，随之变动的当然也少不了色彩丰富的灯光，配合四周的园林景观，客人仿佛置身于舒适的家中阳台，视线当然是越远越好。这样的空间处理，视线可以轻松地在空间里游走。而处于无定义功能设计的5层走廊，除了实际使用之外，亦能串联不同区域，将视线由中空的4层过渡到5层的每一个角落。豪华气派亦由此而生。

空间功能上最为鲜明的体现，非包房莫属。其与众不同的地方在于增加了天花的造型设计。设计师认为不要将空间的动线做死，应让不同空间的连接通过弹性动线的规划，创造其空间价值，就如单独的主墙设计，如能和天花设计统一，其价值往往可以得到认可。由于天花设计所需考虑的问题比较多，如抽风位及灯位等，大多数设计师只注重房内墙面的设计，天花设计往往用简单的造型一笔带过，而在都会豪情俱乐部的包房设计中，设计师却将其墙面造型设计延伸至天花，利用自身变换的LED灯光代替了射灯等光源，让客人在推开房门的那刻，最大限度地感受到更为立体及震撼的房内气氛。

Although the floor area of the club cannot be considered as very large, its fine and prudent design can still stretch its charm to the extreme. Through an overall design concept in the corridor, the luxury environment and the designated functions on space, guests have found themselves enjoying in the midst of a vacation.

Along the corridor on the 5th floor, one will find three dimensional shapes on the wall creating a certain sense of interest and dividing the corridor into a number of regions. In order to extend this kind of feeling and increase the visual effect to the 4th floor, these two floors are being interconnected. Besides lightings are also being extended through to the 5th floor creating an atmosphere of a small stage. The colourful lightings together with the scenery of a garden landscape on the 4th floor allow guests to experience a comfortable and relaxing moment in a balcony.

In the suites, the designer has already extended his decoration concept on the wall to the ceiling, using LED lights instead of flood lights as the light source and confronted guests entering the suite a three dimensional feeling and offering them a shocking effect from the atmosphere inside.

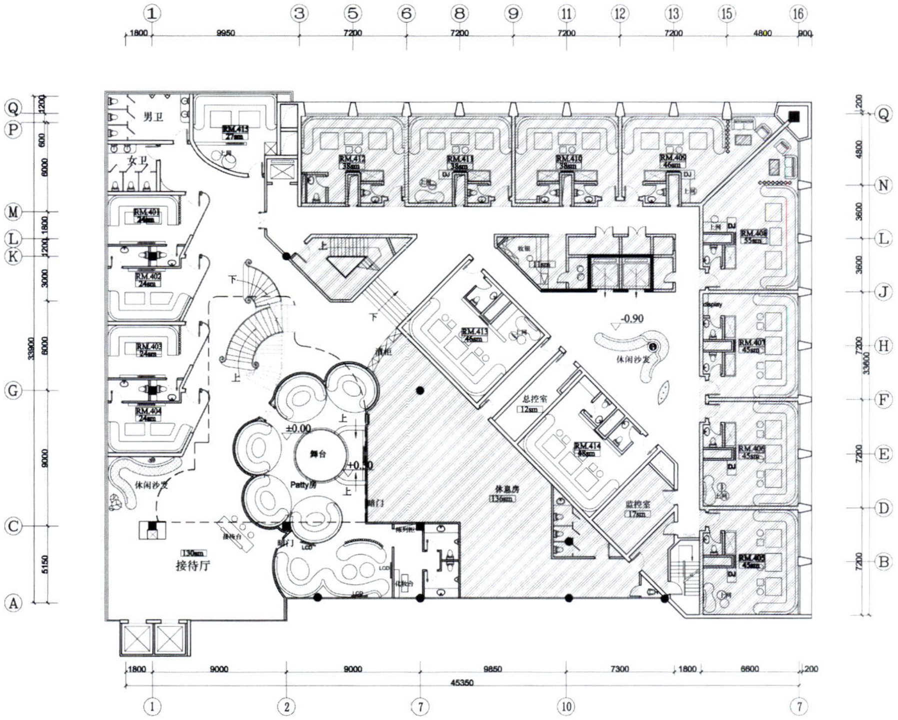
男卫
女卫
RM.415 27sm
RM.412 38sm
RM.411 38sm
RM.410 38sm
RM.409 46sm
RM.408 55sm
RM.407 45sm
RM.406 45sm
RM.405 45sm
RM.401 24sm
RM.402 24sm
RM.403 24sm
RM.404 24sm
RM.413 46sm
RM.414 48sm
-0.90
休闲沙发
总控室 12sm
监控室 17sm
休息房 136sm
舞台
Patty房
±0.00
+0.50
酒柜
暗门
陈列柜
接待台
化妆台
休闲沙发
130sm
接待厅
上
下
DJ
display
LCD
1800
9950
7200
4800
900
9000
9850
7300
6600
200
45350
33900

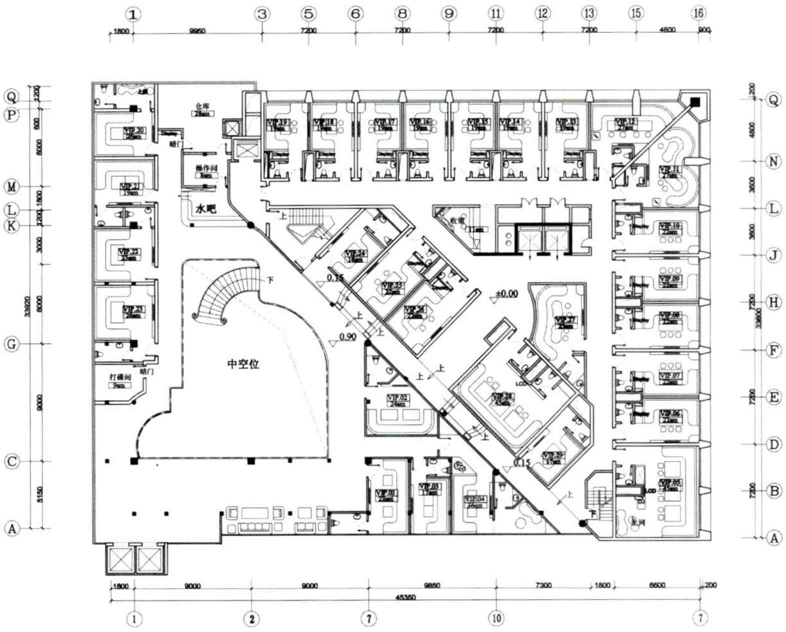
水吧
中空位

JELLY K

深圳Jelly K

●**地点** 中国 · 深圳　●**面积** 4900m²　●**年份** 2007~2008年

仰止间的快意

其实，每一个项目的出炉，都会有一个噱头。好风凭借力，送伊上青云。Jelly K是一个新近开业的项目，在面向市民宣传的时候，说它拥有全市最绚丽的LED灯光布场和最豪华的室内装修。时下，很多会所、KTV的投资商都看好城市新贵这个最具消费能力的群体，但是要迎合他们的品味绝非易事。

人们会对KTV不尽如人意的地方挑剔些什么？KTV的音响不好，歌录得不全，灯光太暗淡，坐椅不人性……这其实是一件很有意思的事情，究竟是设备条件好，满足功能需求为上，还是布局环境好，满足感受需求为上？

对于城市新贵而言，心中有一个评分板，其上有两个要素，一为基础分项，二为加分项，均不可或缺。因为这一特定群体除了具备敏锐的嗅觉、体验和尝鲜的激情与态度，更是喜新厌旧、挑剔和传播的始作俑者。

Jelly K的时尚音乐吧，其全场配备了英国进口的玛田音响、独立编程的LED幕墙，全场铺置高清晰且超大面积的LED独立单元光频、自主研发的三维动画界面、原装进口的意大利电脑灯、液晶电视、全彩激光。此为硬件，是基础分项，亦是时下标杆。看过了，感受到，便不必多言。

加分项是环境。功能区间的设计和布局处理处处迎合新贵的审美趣味，特别表现在KTV的豪华包间上，尤其是触须状猩红色围合坐椅，强调新贵的特立独行和派对主人的操控感。自助餐区的氛围就跳脱了绚烂热情，以纯粹、干净的色彩营造安静而畅快的用餐空间。在细节上，Jelly K强调的是艺术对话，如繁花与抽象点之间，圆弧与栅格之间等等，不胜枚举。

于是，综合评定，它得到了这个城区的最高分，便成了城中新贵的新据点。当然这个“最”字，是有时效性的，必将会有新的项目超越它，就像是它也超越了曾经的第一一样。

Jelly K is a newly opened project and claimed to have the most gorgeous LED lightings as well as the most luxurious decoration in town.

Regarding KTV, complaints of patrons are usually about bad sound equipment, incomplete song list, insufficient lightings etc. However, in Jelly K, one will find the best acoustic equipment imported from the UK, individually programmed LED curtain wall, super king-size HD LED display panels, self-explored 3D animation interface, imported Italian computerized lightings, LCD TVs etc. To add further merits to the club are the luxurious suites with its scarlet colour tentacle-like chairs as well as a brilliant and spacious buffet area. As a result, Jelly K obtains the highest score and becomes the "most" attractive and sophisticated entertainment night spots in the city; at least for the time being and until it is surpassed by another one of its kind.

Jelly K

Jelly

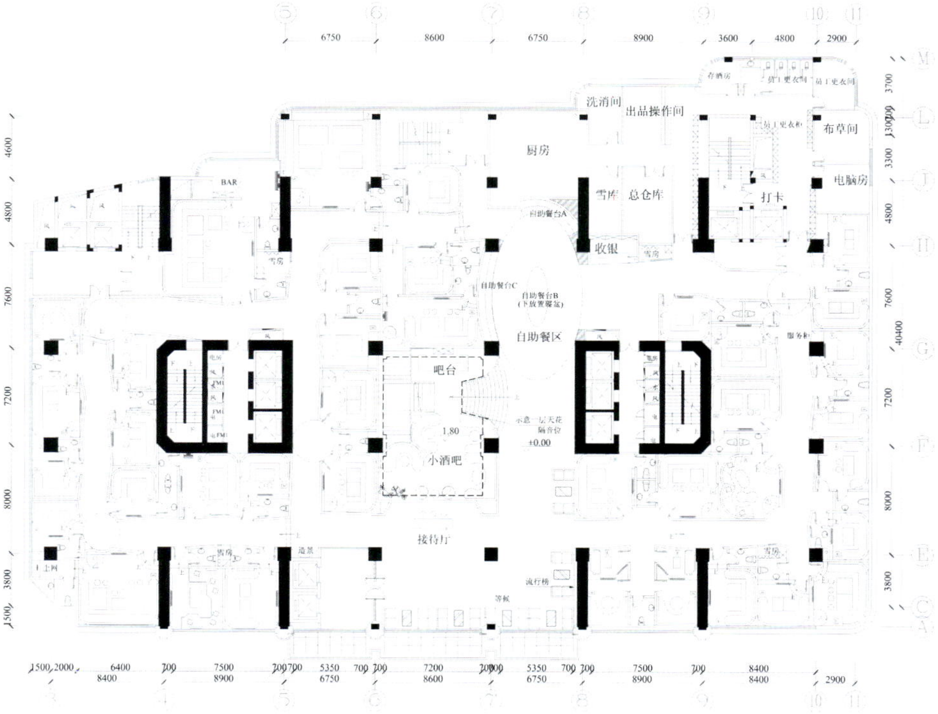
洗消间
出品操作间
厨房
布草间
电脑房
BAR
雪库
总仓库
打卡
收银
自助餐台A
自助餐台C
自助餐区
吧台
小酒吧
接待厅

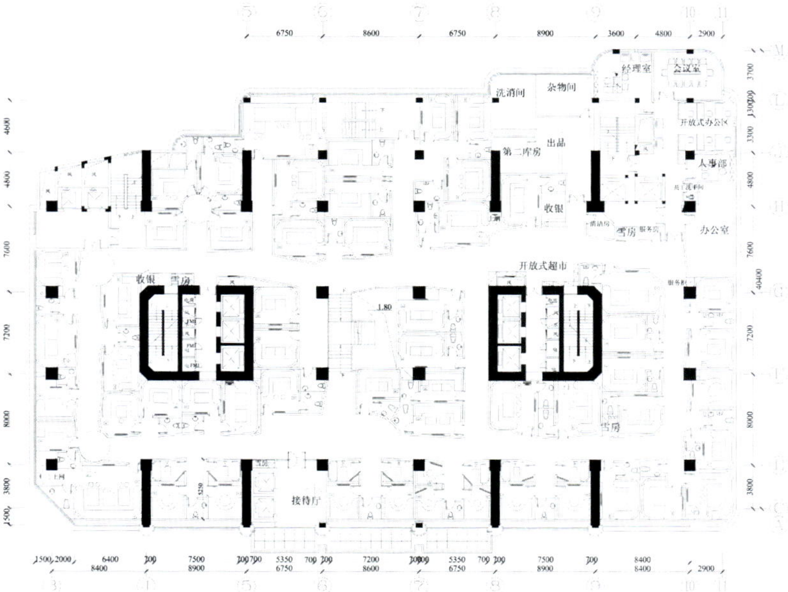
经理室
会议室
洗消间
杂物间
开放式办公区
出品
第二库房
人事部
收银
办公室
开放式超市
收银
雪房
雪房
接待厅

TAIZHOU KING INT'L CLUB

台州英皇国际俱乐部

●**地点** 中国 · 台州　●**面积** 6100m²　●**年份** 2007年

人生如戏

舞台，永远都和绚烂紧密相连。有登台经验的人都会铭记那种深刻的感觉，因为舞台能给予我们最大程度的表现空间。赢得掌声，不但是人生的追求，也是舞台设计的指导方针。

步入英皇国际俱乐部的大厅，音符般流淌着的曼妙的水晶灯带、与之相呼应的备显尊贵的嵌花地面设计、错落有致地闪烁的荧光灯背景墙，皆营造出催人入戏的舞台氛围，置身于大厅，即能感受到舞台的恢宏大气和美轮美奂。

拾级而上，橘黄色的阶梯，规则凸起的实木感墙面，开放的二层演艺大厅给人一种交响乐般的隆重感，尽显优雅、端庄的高尚品位。主题舞台搭建则模拟剧场效应，正中央巨大的LED幻彩显示屏聚焦视线，功能性的设计手法使得舞台的展示功能得到最大程度的发挥，因此，它成为大型演艺活动、名流聚会，甚至奢侈品发布的绝佳场所。音符式的吊灯设计围绕舞台聚合分布，在视觉上有流畅之感，在功能上集中点亮台上风景。

舞台下的卡座采取围合式设计，有极佳观众缘，易形成热烈、互动的演出场面。无论远观抑或近赏，都恰到好处。

三层吧房，走廊上的线条设计成大开大合，极尽绚烂、夸张之致，大量高纯度色彩的运用动感十足。茶几与电视墙之间的空间和布满整个天花的硕大而夸张的灯光设计，亦有舞池氛围，仿佛特地为HIGH翻天的PARTY而设计。人生得意需尽欢，就在这里放弃矜持，甩掉拘谨，释放个人最独特的魅力吧。

人生如戏，每处过往都是舞台，无时无刻不展现精彩。

戏如人生，精致装扮、诚意考究，舞台也能博得喝彩。

Taizhou KING INT'L Club has a floor area of 6,100 sq m and was opened in 2007. When one enters the great hall of the club, he will immediately be greeted with a gracefully lit quartz light belt and together with other decorations on the floor as well as the wall, a stage atmosphere is thus being created.

On top of a flight of stairs is the main stage that gives an impression of a theatre. With a huge LED display panel in the centre, the club has become the hottest venue for large-scale performance, a gathering spot for celebrities as well as the meet-the-press place for the promotion of luxury goods and items of internationally renowned brands.

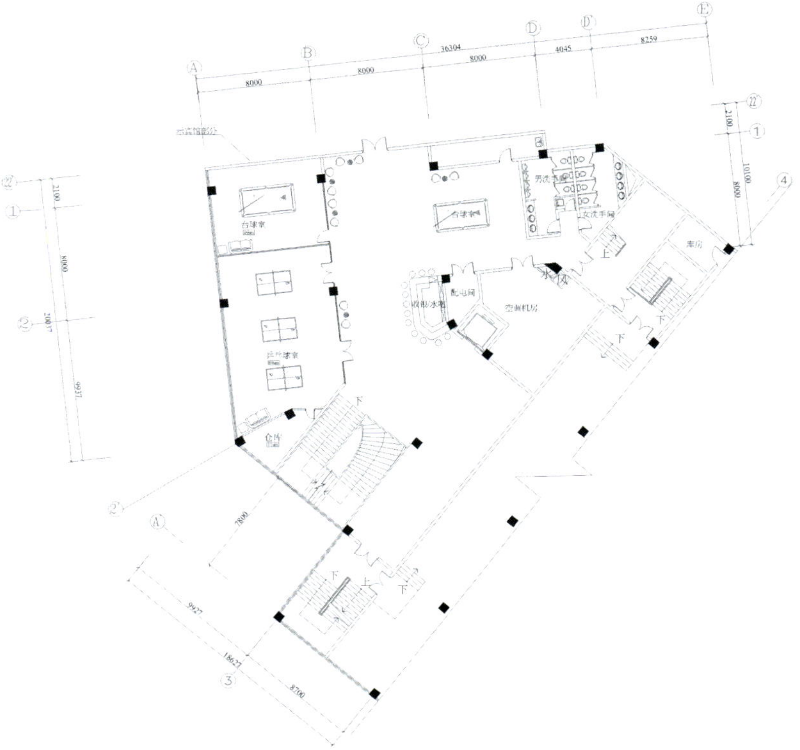
36304
8000
8000
8000
4045
8259
2100
10100
8000
台球室
男洗手间
女洗手间
配电间
空调机房
库房
仓库
上
下

316

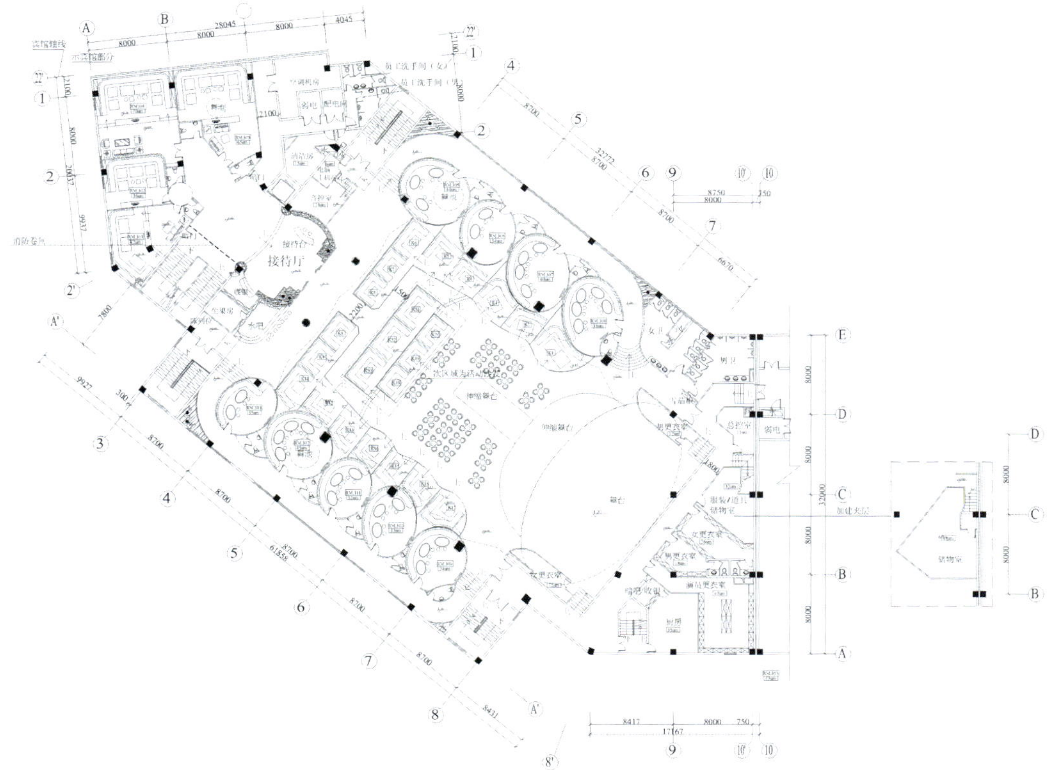
接待厅
28045
8000

HANGZHOU MAGO KTV

杭州唛歌时尚KTV

●**地点** 中国·杭州　●**面积** 3500m²　●**年份** 2008~2009年

如家的KTV

杭州，这个千古以来都是诗情画意的地方，孕育了无数的文人墨客。西湖流传着很多脍炙人口的经典故事，是国内的旅游热点。现今的杭州，有着蜕变，新旧交替着，既保留了昔日的如诗画般的典雅环境，又增添了现代感的建筑物。

西湖区内的黄龙体育中心，追上潮流，在其旁边建起了副楼，以休闲、餐饮为主。

唛歌时尚KTV的外立面以立体图形为主，高低有致的长方形玻璃流水造型屹立门外，给人以清新的感觉。奶白色为主色调，大堂天花特高，造型新颖。当中的一个咖啡座，设有上网区，两边各有两朵大红色花型装饰，与天花的大红花镜面造型相辉映，白中透红，让人眼前一亮。

走道两旁的墙身上的白色波浪纹造型，引领着客人来到紫色的房区。宽敞的自助餐区，有着酒店式的服务，食品种类很多，置身其中，便有在大酒店吃自助餐的感觉，吸引了老、中、青三代顾客都到此休闲。KTV大堂内设有小型超市，方便消费者选购饮料、食品。房间设计以简约为主，大部分房间均设有独立的洗手间，让客人感受舒适，如同在家里一样。

一边唱歌，一边吃东西，以此带动潮流。难怪唛歌时尚KTV已成为杭州现今最火的时尚KTV了。

Situated in the Huanglong Sports Centre in Xihu district, this KTV has an area of 3,500 sq m. With an especially high ceiling, the KTV has a cafe with internet facilities in the very centre. There is also a spacious buffet area with hotel-like service providing a variety of food that suits people of all ages. In the hall is a small supermarket where customers can purchase all sorts of drinks at leisure. As for the rooms, the design offers a theme of simplicity. Most of the rooms are equipped with independent washrooms giving customers a feeling of home. This KTV has become one of the trendiest places for family entertainment in the city of Hangzhou nowadays.

B29

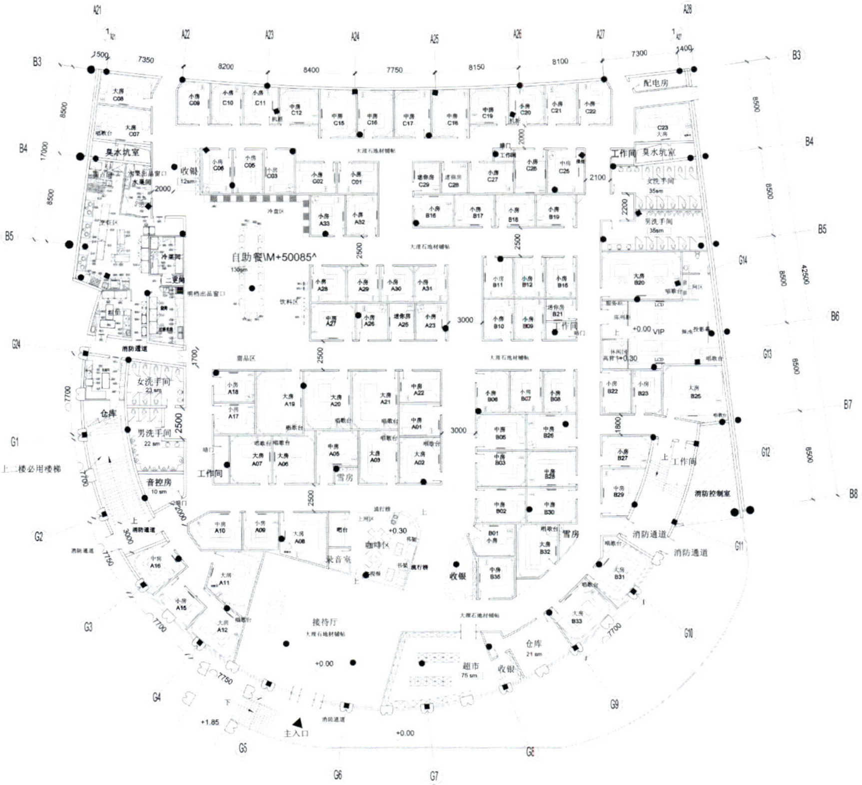
配电房
女洗手间
男洗手间
仓库
音控房
工作间
消防控制室
消防通道
接待厅
超市
收银
主入口
雪房

JI'NAN CLUB 1+1

济南1+1俱乐部

●**地点** 中国 · 济南　●**面积** 3600m²　●**年份** 2007年

线条怎可小觑

1+1俱乐部位于济南历山路的南口，靠近经十路，于2007年4月末完工。俱乐部面积很大，由四层构成：一、二层为酒吧区；三层为演艺厅；四层为夜总会包房。整体设计线条感极强，分区十分流畅。其少有的木质框架结构提升包容尺度，四层的夜总会包房大量采用木饰面板，使空间显得更为大气和包容。强烈的线条感仍然出现在四层的夜总会包房区，走廊以栅格状木线镜面造型墙纵向延伸，带来丰富的层次感，而包房内以直线条作为灯带，简约而不简单。

夜场设计并不是只有一张璀璨绚烂的脸孔，众多的色彩以块状或点状交相辉映，有的时候，夜场也可以让人耳目一新，给人干净、利落的感觉，在众多金碧辉煌的夜场设计中，以清晰的可辨识度取胜。

1+1俱乐部吸收了非港派的一些新做法，以高纯度的色彩和充分强调的线条来抓住人的眼球，在色彩学上，明度和纯度高的色彩都能够带给人华丽感，这也是设计夜场在色彩运用方面可以借鉴的理论。

一个完整的夜场设计，其实不必寻找过多的诉求点，基本元素就大有文章可作。找到一种或两种元素，诸如线条、弧形、色彩等，当然也可能是材质元素，如玻璃、石材、木料等，将其变形、引申，足以放大这些元素本身的内涵。

Completed at the end of April 2007, Club 1+1 has an area of 3,600 sq m and is composed of four floors: a bar area on the first and second floor, the performance hall on the third and suites for the nightclub on the fourth.

Large quantities of wood are used in the decoration of the club with the use of lines as its major emphasis in the club's design. Under this design, the Club 1+1 has adopted high purity colours and strong emphasis on the use of lines to attract the eyes of the guests, giving them the feeling of grandeur and majesty.

To a competent and talented designer, it is not necessary to spend too much effort on too many aspects in the design of a night spot. All one has to do is to develop, expand, and elaborate some of the basic elements such as lines, curves, colours and materials such as glass, stone, wood etc., like in the case of the Club 1+1.

ABSOLUT
VODKA

DJ室
换热机房
卡座区
服务柜
音响室
消防通道
休息区
BAR
出品
收银
贵宾包房区
VIP 102
VIP 103
VIP 104
VIP 105
男洗手间
女洗手间
24320
38200

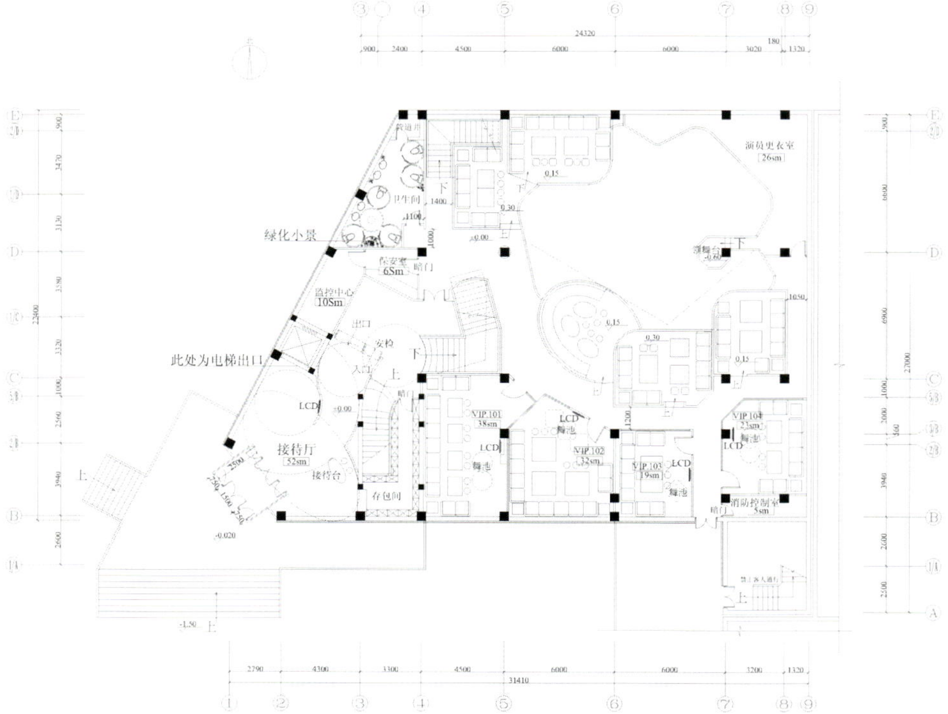
绿化小景
此处为电梯出口
接待厅
52sm
LCD

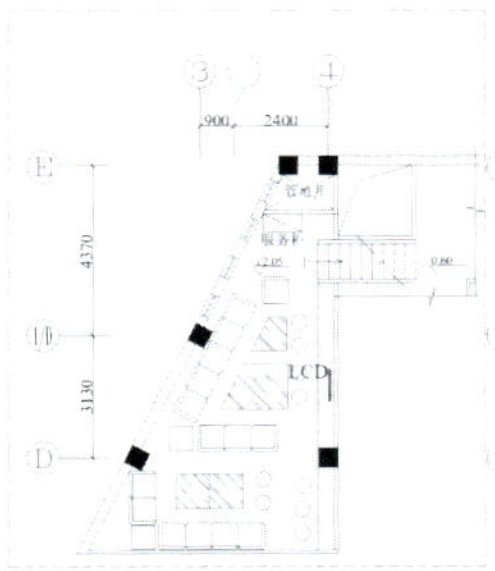

二层局部夹层平面图

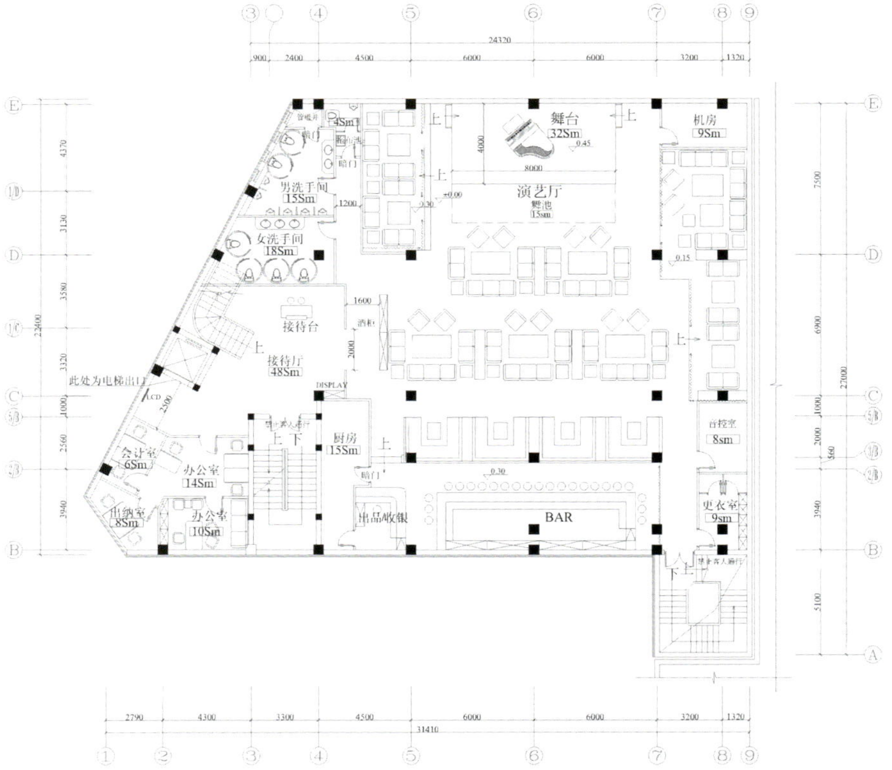
舞台
32Sm
机房
9Sm
4Sm
暗门
男洗手间
15Sm
女洗手间
18Sm
演艺厅
15sm
接待台
接待厅
48Sm
酒柜
DISPLAY
此处为电梯出口
LCD
会计室
6Sm
办公室
14Sm
出纳室
8Sm
办公室
10Sm
厨房
15Sm
出品/收银
BAR
台控室
8sm
更衣室
9sm
24320
31410

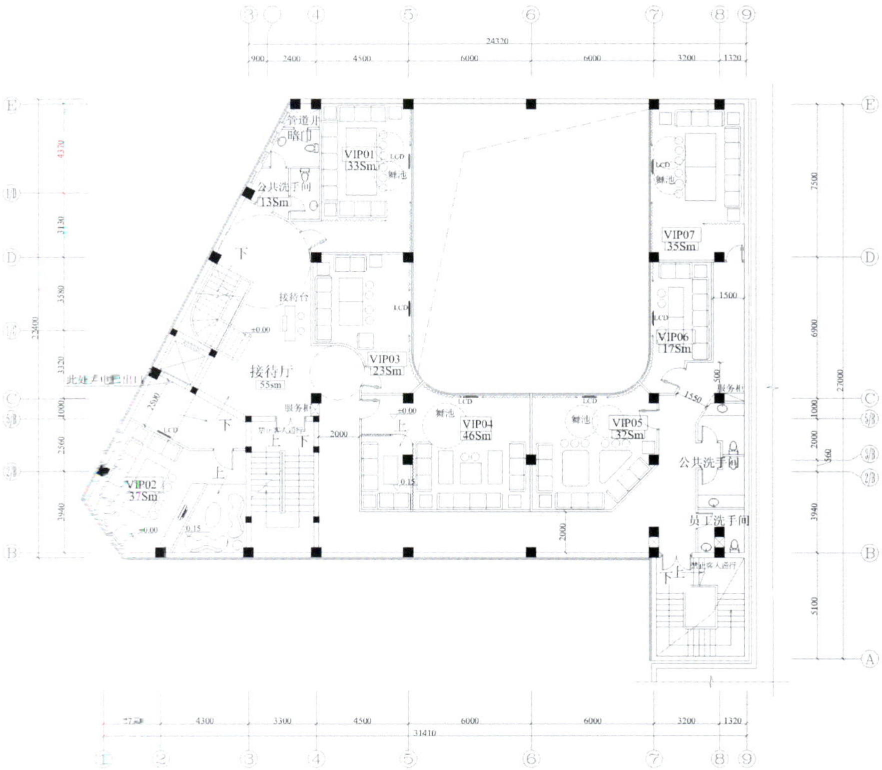

管道井
暗门
VIP01
33Sm
公共洗手间
13Sm
接待台
接待厅
55sm
VIP02
37Sm
VIP03
23Sm
服务柜
VIP04
46Sm
VIP05
32Sm
VIP06
17Sm
VIP07
35Sm
公共洗手间
员工洗手间
舞池
LCD
24320
31410
27000
22400

SHENZHEN CLASS CLUB

深圳 Class Club

●**地点** 中国 · 深圳 ●**面积** 1000m² ●**年份** 2004年

潮流之源，经典之地

能称得上带动潮流的夜场设计，必须从空间运用、选料及灯光等这类夜场的基本元素中找到突破，而Class Club正是一个经典的体现。

设计师首先突破的是空间。一般来讲，空间越少，各区域的功能就要分得越清晰。纵然设计师擅长于处理空间受限的各种方式，但仍感叹空间来之不易，对于狭小的空间，每张吧台、吧凳，从摆设到颜色，甚至于装饰品的运用，都要慎之又慎。Class Club内，选用火热的红色尖脚吧凳与整体的白色对比，加之色彩变幻的灯光映衬，为空间营造出一种意味，一种奢侈、放纵的意味。

Class Club给予设计师的空间难度并非只是如此。室内有不少横梁，设计师认为无法避免，越是掩藏则越弄巧成拙，使它们成为设计的一部分才是出路。灯槽将客人的注意力稍稍转移，而会发亮的天花亦彻底美化了横梁的结构。Class Club内原有的最大的空间缺点是一座处于室内的天桥，但垂吊装饰物以及各种造型的添加使用，使这座桥变成全场的一大看点，有犹如身处高处，一览众山之意境。

潮流瞬息万变，其实未必人人都有胆量去接受潮流之选，设计师更未必会将引领潮流作为设计的最初目的。在全国，自Class Club以后，“LED”这个名词已不再陌生，这三个令人在视觉上感到惊喜的字母已经因为设计师的大胆运用而红火于神州大地。若你想感受一下似梦似真、真真假假的感觉，Class Club的每个角落都是正确的选择。镜中自有镜中镜，究竟是镜的作用，还是视觉的误差？原来，一切都来自那绝色变幻的LED灯墙设计。难以想像的是，这个全国首面LED灯墙所产生出来的气势及渲染的氛围，一直以来都那么引人入胜，不但带动了潮流，而且长久地处于潮流的尖端。

深圳Class Club，如一句经典的对白：任由时代潮流之水川流不息，经典永远就是经典，不会被抹去。

To be called the leader in design of a night spot, one has to secure a breakthrough in certain basic elements, such as the use of space, decoration materials as well as lightings etc., and the Class Club is indeed a classic example since it opened in 2004.

With a limitation in space and area, the designer has to be very careful in his design in everything, from furniture and fittings to the use of colours and various accessories. In the case of the Class Club, the designer has to face another challenge, i.e. many crossbeams of the building. Without deliberately hiding the beams, the designer has made use of lamp troughs to divert the vision of the guests. The brightly shining ceiling has also played a part beautifying the structure of the crossbeams. Besides being the trend setter, the Class Club has itself the first LED lamp wall design in the country.

To the Club, there is a classic dialogue that best describes it: water flows incessantly in the trend of time, however, a classic is forever a classic, and it is something that can never be erased.

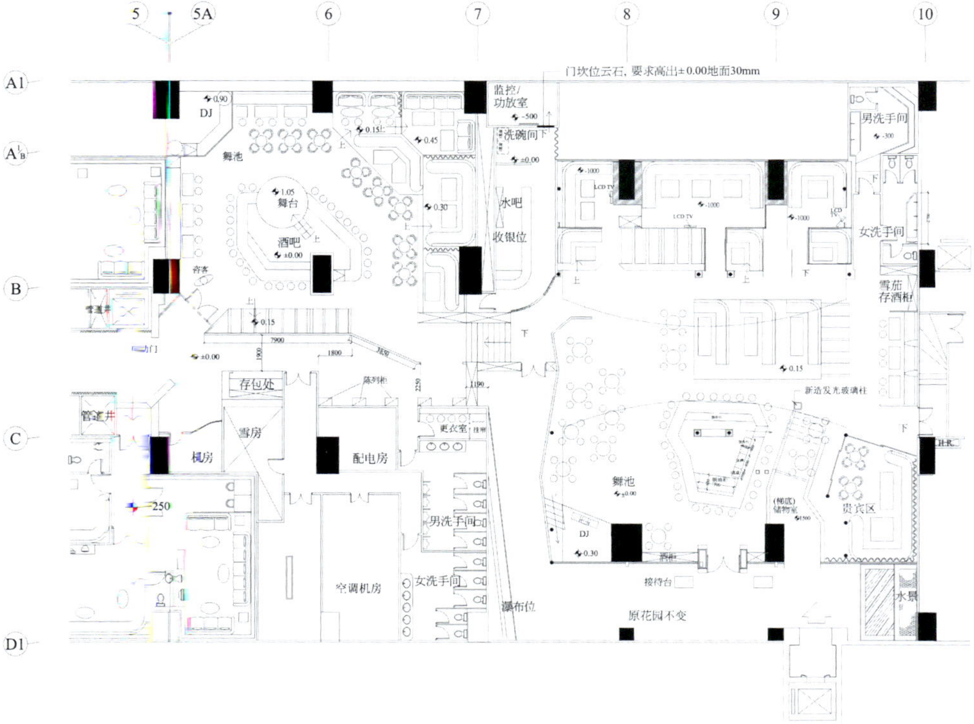
5
5A
6
7
8
9
10
A1
A1/B
B
C
D1
门坎位云石，要求高出±0.00地面30mm
DJ
0.90
舞池
舞台
1.05
酒吧
±0.00
0.15
0.45
0.30
监控/功放室
-500
洗碗间
水吧
收银位
LCD TV
-1000
男洗手间
-300
女洗手间
雪茄存酒柜
0.15
新造发光玻璃柱
存包处
陈列柜
雪房
机房
配电房
更衣室
管道井
250
男洗手间
女洗手间
空调机房
瀑布位
舞池
±0.00
DJ
0.30
(梯底)储物室
贵宾区
接待台
原花园不变
水景
7900
1800
1900
2250
1190

GUANGZHOU SHINDAX KTV

广州欢歌KTV

●**地点** 中国·广州　●**面积** 7250m²　●**年份** 2006～2007年

My Home

与大部分的KTV不同，为什么"My Home"会成为广州欢歌KTV的一个主题呢?

就广州欢歌KTV而言，设计师在包房设计上运用的手法，给予客人更多趣味的感觉。没有所谓的主墙设计，一切都显得极为"随意"。这里的随意变得特别，变得更有Home的意味。

无论我们怎样在城市中营造一种属于异国的风情，怎样去避开热闹的人群，怎样尽量减少接触喧嚣的风景，一切模仿再造的结果只会是模棱两可的某个空间，当中缺乏了一个重要的元素——置身于家的感觉。

围绕着KTV的中心设计，步行街的各式风格之间的搭配更令人咋舌。采光、灯具类型和造型的选择、休闲凳椅的摆设和布置、绿化和小饰品的处理等作为诱导空间和形成休闲的因素是该步行街的设计思想。来自中国香港、泰国及日本等地的美食、老少皆宜的电动游戏，设立在这条街上的任何元素都与"Home"有着密切的联系，让您在欣然归家的路上可以抛开所有外界的心情。而镜面造型的天花加上各色的藏灯映衬，更让您提早享受Home的感觉。

走廊的设计是灯光与个性图案的统一，带出感官的刺激，在接待处入口和走廊之间设置了一条笔直的通道，铺天盖地般的图案，是为了让视线不断延伸，让时间得以延续，室内空间也因而造就高低错落、时空交错的布局，使人随着线条而走，视觉作用得到淋漓尽致的发挥。设计之紧凑并不局限于走廊的位置，利用巧妙的天花立体图案，与地面来个对应，空间四面相互投影的映像，如倒模般匹配，让置身Home中的客人在各包房之间的走廊中产生了难以捉摸的感觉——这里究竟是Home，还是欢歌的天堂?

回到包房，所见之处并非方正之间的落差，亦不再是熟悉的KTV包房。由于减少了主墙设计的元素，LED的作用有所减少，取而代之的是更多的抽象概念造型。电视位置的变化更令包房的设计有独树一帜的感觉，墙身数字、字母等概念造型加上灰镜的运用，妙笔生辉地将各类包房所存在的空间缺点一一解决。

在设计师看来，能在有限的空间中发挥其最大的功能，就是设计的目的，亦是设计的境界。

Once inside the room of the Guangzhou SHINDAX KTV, the "at will " design offers guests with a feeling of multiple interests. It is this "at will " design that makes this KTV so special, and has a stronger home-like feeling.

The neighbourhood that encircles the KTV is so designed and in such a combination that makes people flabbergasted. Selection of lights as well as lanterns, plants, accessories merges perfectly together creating a sense of leisure as the theme in this pedestrian-only street. Besides, the food served here comes from various places in the Southeast Asia, Hong Kong China, Thailand as well as Japan. Together with all sorts of electronic games that suit people of all ages, a feeling of home is thus being created.

In conjunction with the decorations of lightings and stylish patterns in the reception area, the corridors and rooms of the KTV, the guests are confronted with a mixed feeling between home and heaven. However, in the eyes of the designer, the goal of his design is to maximize the function with the limitation in space, something that is what exactly happened in the Guangzhou SHINDAX KTV.

Sweet angel

ようこそ

SHINDAX

CHIVAS

CHIVAS

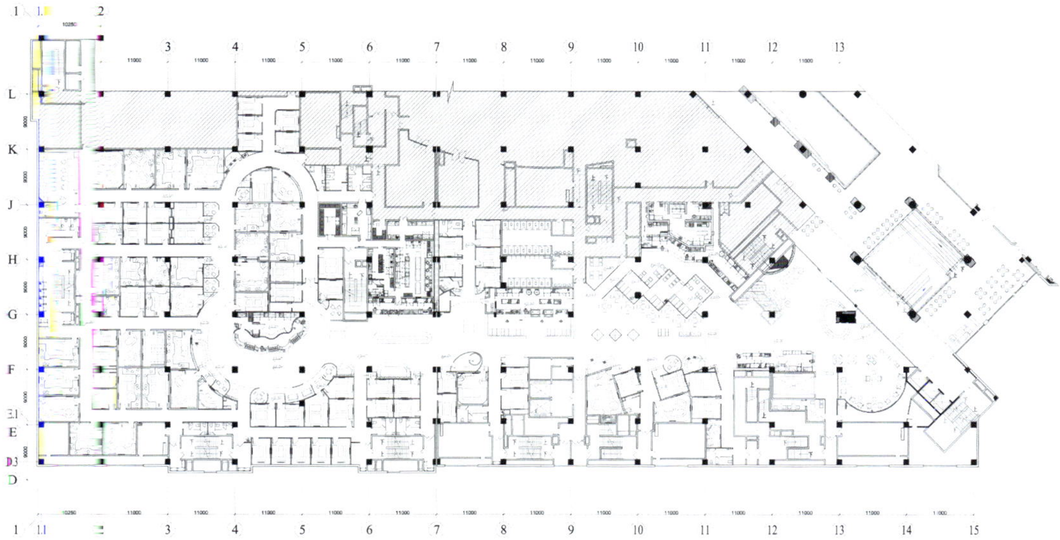
1
2
3
4
5
6
7
8
9
10
11
12
13
14
15
L
K
J
H
G
F
E
D

XI'AN SALSA CLUB

西安莎莎俱乐部

●**地点** 中国 · 西安　●**面积** 3500m²　●**年份** 2007年

莎莎舞台剧

定位为慢摇吧的西安莎莎俱乐部就像是一出舞台剧，不怪诞，也不边缘，讲述了浪漫又热闹的爱情故事，局部夸张且精彩纷呈。

七层的酒吧区主体意象十分有趣，位于LED两侧的舞台墙体，天花垂下的金属球吊饰，甚至包括倒锥形的桌椅，均是以升腾的水泡为意象形态，营造梦幻般的舞台剧氛围。

接待厅的剧场感觉非常美好，重心落在核心咨询区上，天花以玻璃光纤造型灯酝酿出舞台情绪，弧形灯带搭配玻璃地面形成了动感十足的水纹图案。而向酒吧区"滚"去的聚光灯造型的墙体和地面拼花，则是独具匠心。

每一个包间都给人不一样的感受，黑白斑纹成为此层的主导元素，幻化成奶牛斑纹和出现在音乐吧的天花灯带上时，都带来了诙谐的喜剧效果，营造出轻松愉悦的氛围。黑白斑纹亦出现在包间区的坐椅靠垫上，起到中和过冷或过热的色彩感受的作用。

据悉，莎莎俱乐部在2006年初开业后短短一年的时间里，已经成为西安时尚白领男女聚会消遣的首选之地，每到周末便云集于此，设计师十分欣慰。然而，关注客人、关注细节、关注年轻化的设计思维，在设计之中不断注入鲜活的生命力，已成为设计师做设计时的思考点。

The Xi'an Salsa Club is like a drama on stage. It is neither weird nor marginal, relating to people a love story, romantic and lively, partially exaggerated as well as wonderful.

The image in the bar area on the 7th floor is extremely interesting, creating an atmosphere of a drama in a dream with LED lit walls on both sides, overhanging metal ball decoration as well as inverted cone shape chairs.

The reception area also has a stage feeling with glass fibre optics lanterns on the ceiling, circular shape light belts and glass floor that resembled waves in motion.

As for the suites, each is unique and one of its kind. With the light belts on the ceiling, an atmosphere of comedy and relaxation are thus being created.

It is reported that since the opening of the club in 2007, it has become the first choice for gathering by trendy white collar men and women to spend an evening on the weekend.

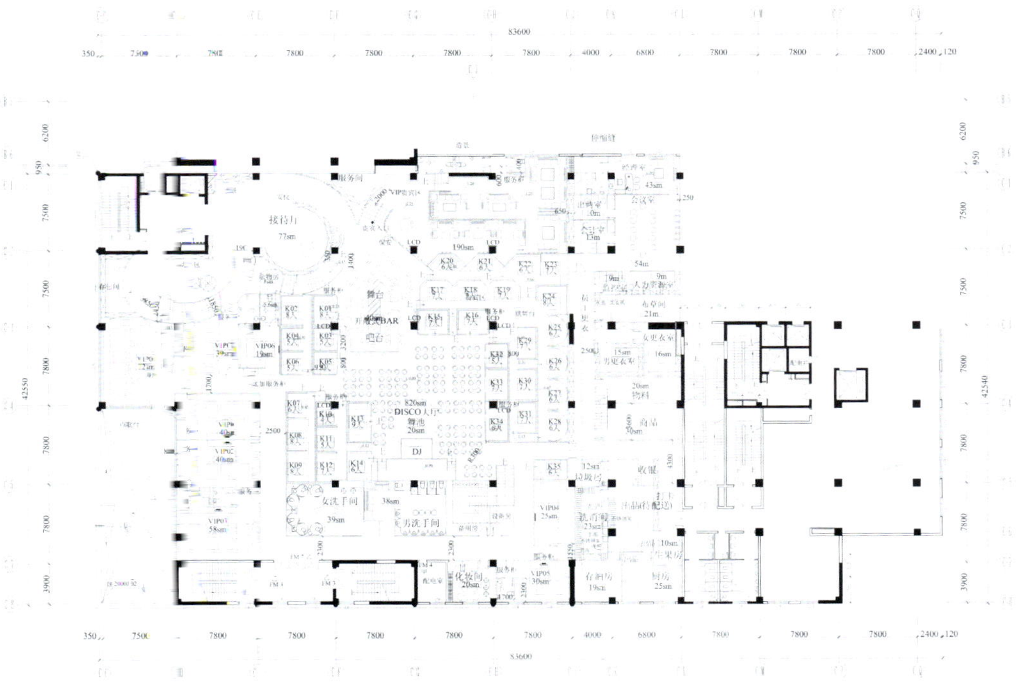
83600
DJ
舞台

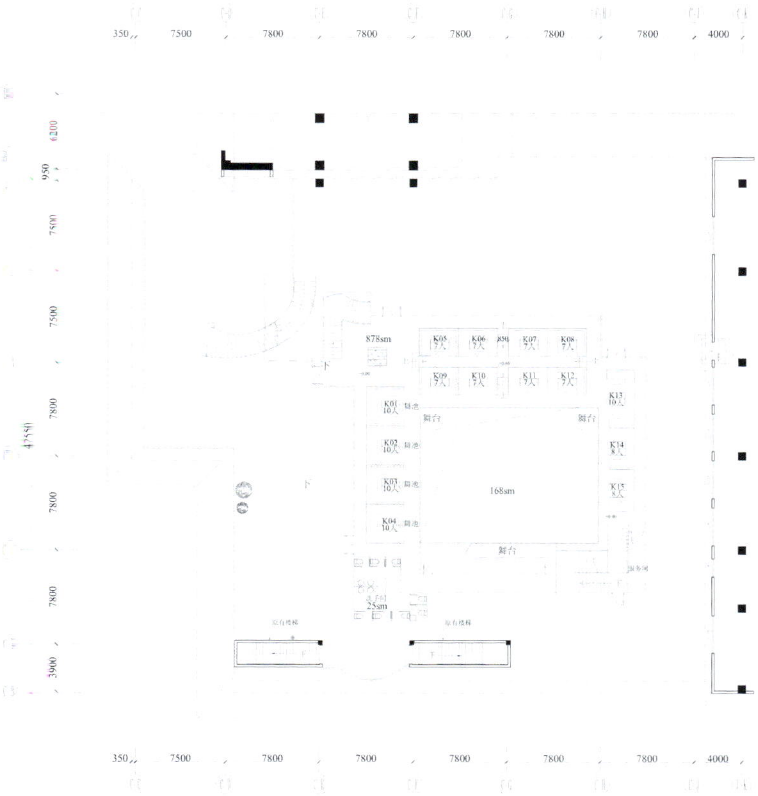
350
7500
7800
7800
7800
7800
7800
4000
6200
950
7500
7500
7800
7800
7800
3900
878sm
K05 7人
K06 7人
K07 7人
K08 7人
K09 7人
K10 7人
K11 7人
K12 7人
K01 10人
K02 10人
K03 10人
K04 10人
K13 10人
K14 8人
K15 8人
舞台
舞台
168sm
舞台
25sm

XO

TIANJIN LE-NEST BAR

天津乐巢

●**地点** 中国 · 天津　●**面积** 2020m²　●**年份** 2007年

快乐的草根窝——乐巢

草根（grassroots）文化一说，盛传于天津这座城市：山脉土壤表层草根生长茂盛的地方，下面就蕴藏着黄金，“草根”就被赋予了“基层民众”的内涵。

草根需要快乐，而乐巢，顾名思义，是天津草根们快乐的窝。而快乐，则融合在室内的现代空间里。设计师认为平凡无奇的空间，经过解读和分析出空间的视觉移动方式，立体化的概念就立即呈现。掌握好这些就像是拥有好的基因条件，整体环境自然就会散发出流畅的空间节奏与魅力。

乐巢接待厅的设计较为大方，就整体而言，确实平凡无奇，但其中一处却是妙笔生辉，这就是进入场内的主通道口，隧道般的感觉，方而大的墙面突然蹦出一个五颜六色的空间，令人为之一震。看似没有玄关，殊不知当你踏入室内之时，玄关的感觉便油然而生。头顶是充满现代气息的光织灯，圆饼的造型更能锁住光织，令光在其中不断反射，快乐地汇集。设计师利用汇光在入口处对客人卖了个小小的关子。

酒吧大厅的设计需要考虑草根的原始性，亦需给客人一个汇集快乐感觉的空间。椭圆形的垂吊水晶灯为大厅空间增添了一个偌大的看点，上下对比让水晶灯的色彩变换显得更加鲜明。将服务吧台设在这个大型吊灯的正下方，吧台造型为映衬水晶吊灯而设，两相窥探，更有快乐的意味。

一个优秀的室内设计师，其设计不应单单被困于场内；就一个公共场所而言，深入了解这个地域的文化，亦是十分必要的。

返回到外墙，“乐巢”二字以各色光来点缀，由一开始，就体现了一个汇集“草根”的设计意念。快乐过后，走出乐巢，回望这个巢窝形态的外立面造型，客人就会记得这个属于草根们的窝。生于民间，长于民间，没有经过主流意识的疏导和规范，没有经过文化精英的加工改造，蕴含着丰富的生活共识，乐巢文化不仅定义着天津人的生活理念，更影响着天津草根们的精神境界。

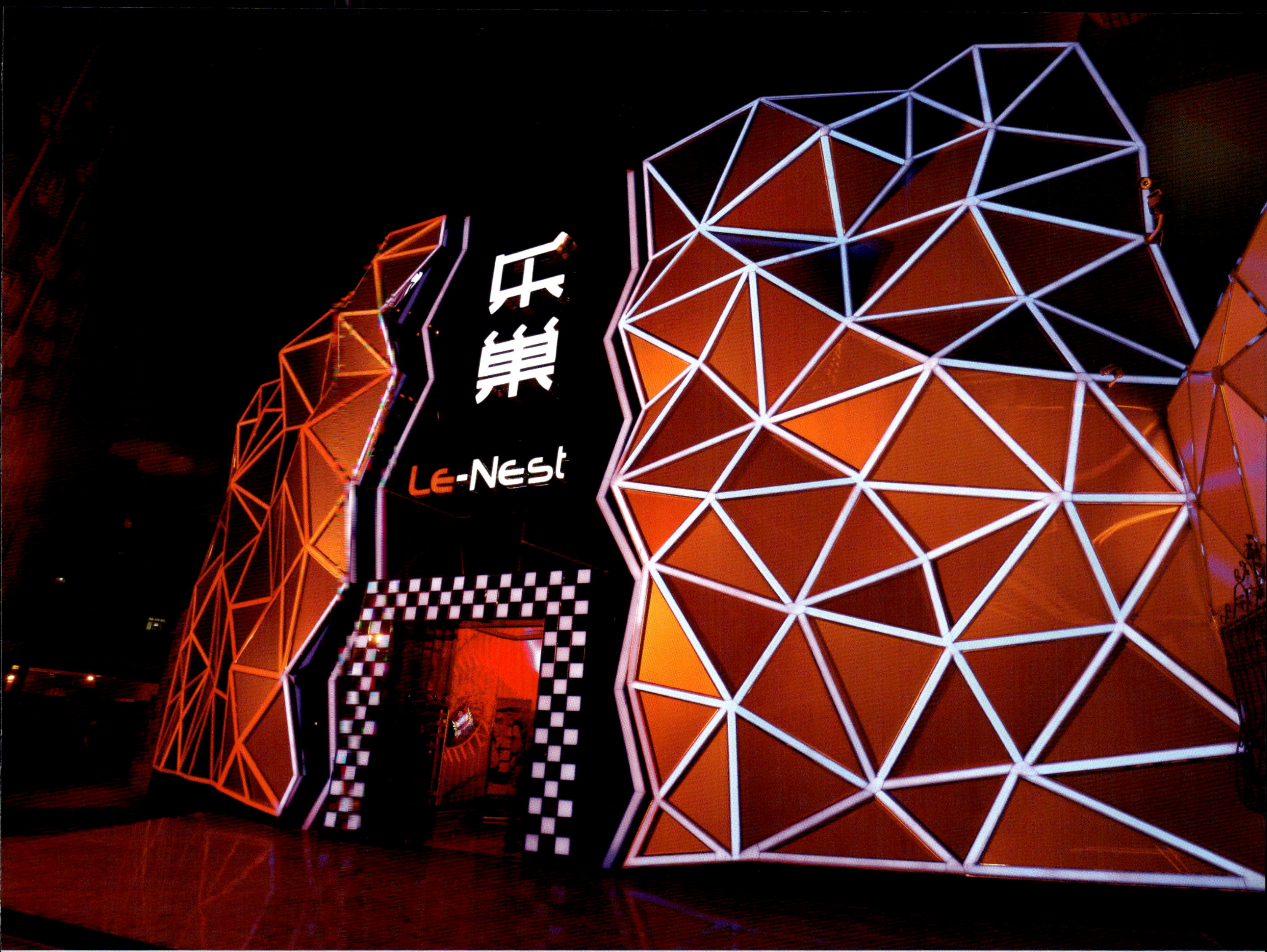

People of the grassroots need to be gleeful and LE-NEST is the very place where they get their happiness in Tianjin.

The design of the reception hall of the bar is natural and indeed can be considered as nothing special on the whole. However, by the use of a variety of colours and the reflection of modern fibre-optic lights, the designer has created a tunnel feeling to guests entering the bar.

Taking into consideration of the primitiveness of the grassroots and at the same time providing them with a feeling of happiness, there is an oval shape crystal chandelier overhanging the hall of the bar giving the bar a majestic look as a whole.

The designer's concept is not restricted to the indoor and with the multi-colour decorated characters "LE-NEST" outside the building, people will surely be reminded that the bar is a place belonged to the grassroots of Tianjin.

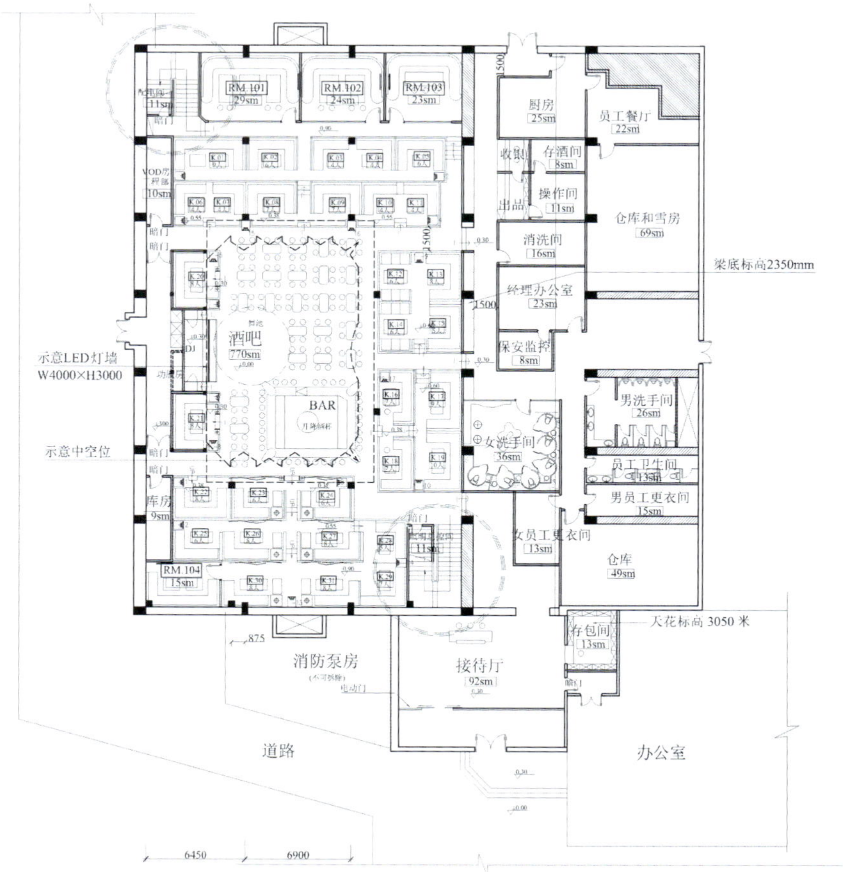
RM.101
29sm
RM.102
24sm
RM.103
23sm
11sm
暗门
VOD房
10sm
暗门
暗门
酒吧
770sm
DJ
BAR
示意LED灯墙
W4000×H3000
示意中空位
暗门
暗门
库房
9sm
RM.104
15sm
11sm
1500
1500
1500
厨房
25sm
员工餐厅
22sm
收银
存酒间
8sm
出品
操作间
11sm
仓库和雪房
69sm
消洗间
16sm
梁底标高2350mm
经理办公室
23sm
保安监控
8sm
男洗手间
26sm
女洗手间
36sm
员工卫生间
13sm
男员工更衣间
15sm
女员工更衣间
13sm
仓库
49sm
存包间
13sm
天花标高 3050 米
875
消防泵房
(不可拆除)
电动门
接待厅
92sm
暗门
道路
办公室
6450
6900

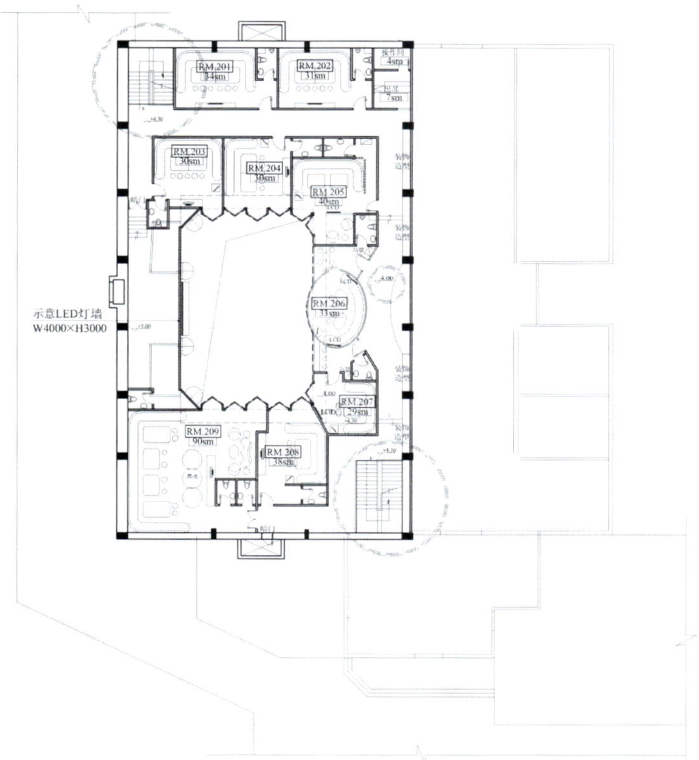
RM.201
34sm
RM.202
31sm
操作间
4sm
7sm
RM.203
30sm
RM.204
30sm
RM.205
40sm
RM.206
33sm
RM.207
29sm
RM.208
38sm
RM.209
90sm
示意LED灯墙
W4000×H3000

GUANGZHOU MUSIC BOX

广州堂会

●**地点** 中国·广州　●**面积** 6000m²　●**年份** 2007年

形色主义

现今每一间KTV会所在装修、造型上无不是做足工夫的，以求给人留下深刻的印象。因为人在想起某件事物或场景时往往先从视觉入手，形成一个外观，继而再在其他感觉上细化回忆。如此，只要你走进广州堂会，你对它的印象就会如特洛伊木马一般深入记忆的腹地，在需要被唤醒时抢先登陆你的脑海。

外观之型

进入堂会大厅，几何图形令人目不暇接：弧线在天花上向四面发散又聚合；同心圆环点缀地面；矩形、菱形、钱币形浮雕占领墙面；方形立柱上的横条纹由底部蔓延至顶端……因为大厅高大宽敞，所以这些繁复、严谨的几何图形不但没有丝毫狭隘感，反而极大地丰富了空间的可视性，在布局上产生出巧妙的动态美。而天花与地面之间，浮雕与立柱之间的线条也虚实呼应，极富层次感。二楼餐区的布局亦富有特色。巨大的拔地而起的圆柱形立柱向下承担了餐台的功能性，向上连接了弧形发散式的天花，大气磅礴，展示了待客的宽厚之道。

这两个区域的射灯均采用嵌入式，因此，天花、立柱、墙面投射下来的灯光与光洁的大理石地面交相辉映，为宽阔的空间赢得了匀称、通透的采光效果，彰显富丽堂皇。

而走廊则在不规则的图形和线段中配以瑰紫、粉蓝、草绿、亮橙等炫丽的灯光，在突出进深之余，充满了热情邀请的暗示。

内在之色

广州堂会有51间豪华厢房，其中有一半以上的房间可以欣赏珠江两岸美丽的夜景。即便如此，厢房内部的装修依然能够点亮你的眼睛。

在厢房的装修中主要运用了紫、蓝、银灰等冷色调，而在此基础上配以五彩斑斓的各种灯饰，通过不用造型的灯饰营造出流光溢彩的各色主题空间。例如，在黑色镜面材质的墙面上，或者镶嵌紫色的圆形壁灯，在光影折射下散发神秘、灵动的气氛；或者用数盏小孔射灯演绎闪耀的星辰，与天花的烟紫雾蓝一起构成一幅浪漫的银河奇观；又或者在茶几、墙壁都被冰蓝灯光占据的情况下，于天花投射出一圈橙色的光环，变成自我而冷艳的空间……

然而，空间可以多变，音乐却是永恒的。广州堂会的所有厢房不仅一律配置了世界顶级的卡拉OK设备及PDP显示系统，声色效果不同凡响，而且在演唱之时，通过调节厢房内的灯光，让光影伴随音乐的律动，将宾客带进情景交融的艺术境界。

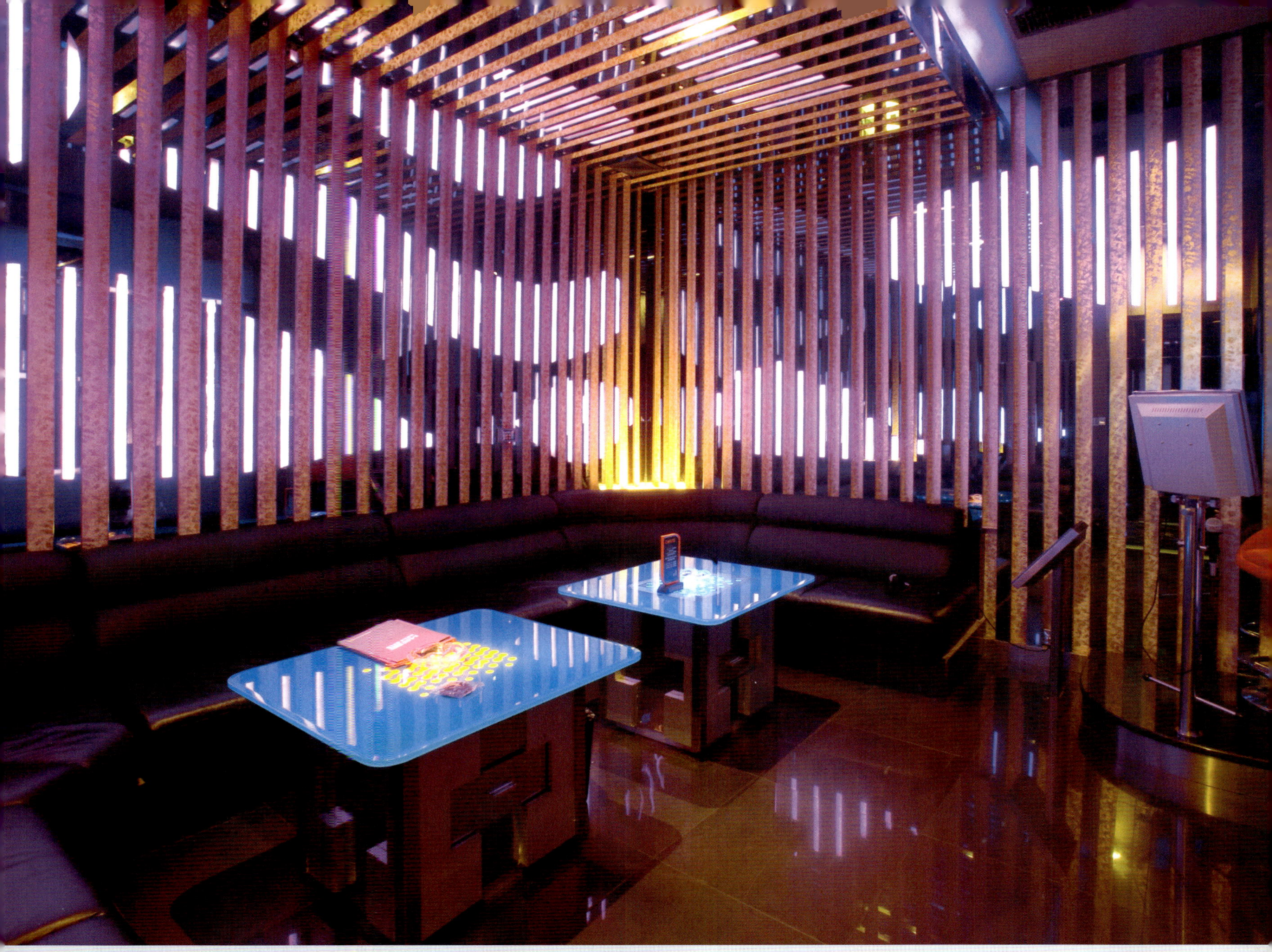

Nowadays, great effort has been used on decoration and style of every KTV club with the intention of making a profound image on its guests.
Once entering the Guangzhou Music Box, you will have the idea of a Trojan horse deeply penetrated into your mind and that the impression will immediately come forth once summoned.
The geometric figures, the tall and huge columns greeted your eyes once you entered the hall. There are 51 luxurious suites in the club and half of which have a good view of the night scene of the Pearl River. These suites are mainly in the colour of purple, blue and silvery grey. Each suite is equipped with top quality karaoke system and PDP display system which offer the best audio and visual effect. In addition, lights in the suites will be adjusted to fit the rhythm of the music bringing guests into an artistic atmosphere in a buzzling city.

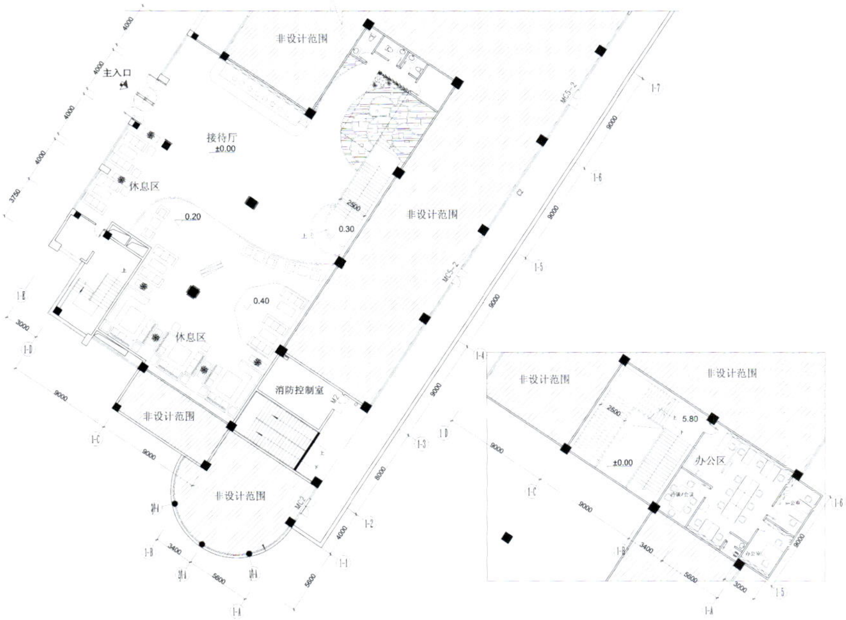

非设计范围
主入口
接待厅
±0.00
休息区
0.20
0.30
0.40
休息区
消防控制室
非设计范围
非设计范围
非设计范围
非设计范围
非设计范围
5.80
±0.00
办公区

FUZHOU XIN YE HUI CLUB

福州新冶会

●地点 中国 · 福州　●面积 4300m²　●年份 2007年

美好的浪费

花，是美好的象征，所以拼花及花纹图案的丰富与灵巧能赋予原本呆板的空间以鲜活的立体感，大大地延伸了人们对于空间美感的想像力。

花的精彩

福州新冶会大手笔地运用了各色材质的拼花及花纹图案，而这种恣意挥洒的豪情不但使会所整体感觉奢华、时尚，恰到好处地贴合了其豪华贵族俱乐部的身份定位，而且还营造出了浪漫、动感的艺术氛围，让宾客在享受国际一流设备带来的音响效果的同时，享受到星级装修带来的全新体验，达到增加会所吸引力的目的。

花飞花满天

设计师在大厅地面全部使用超大型的大理石拼花，天花则除了以雕花作为装饰外，还配以大型的圆形水晶珠帘造型灯，灯周饰以复古对称花纹。于是在天花与地面之间，大与小、黑与白的对比，体现了主题大厅的大气、典雅却不失温柔、婉约的文化气质。而当灯光在红、蓝之间跳跃时，大型的金属造型墙通过铜碟具象的叠加，圈圈光影如水波荡漾，让整个空间也随之变得动感、时尚。

走廊也被设计师赋予了多层次的含义。首先，在功能性上，廊灯红、蓝色调的沿用取得了良好的承上（大厅）启下（厢房）的效果，而地面与天花间几何图形的运用，也清晰地表现了动线的引导功能。其次，在观赏性上，三条主要廊道的墙面装饰主要以繁复的花纹图案为主，一种华丽又潇洒的风度油然而生。最后，在细节的处理上，设计师在其中一条廊道的立体拼花墙面上装饰了两朵盛放的花形浮雕，暗花亮眼，令人拍案叫绝。

厢房更是将拼花和花纹图案运用到了极致。 复古对称或不对称图案、旧徽章图案的拼花、玻璃镶花包裹着中国结背景墙的四周，丰富了空间内容，也浓郁了空间色彩，并通过其他墙面或天花上的镜面光洁材质的反射，提升了内部空间的进深和纵深，让小型厢房更显宽敞，让豪华厢房更显气派。天花也被设计得景致绝佳，无论是旖旎的玫瑰形大顶灯，还是奔放写意的镂空雕花，都让人觉得恰到好处。

By using a large quantity of flower shapes and patterns of assorted materials, the Fuzhou Xin YE HUI Club has created a sense of luxury and style on the one hand, and an atmosphere of romance as well as art in motion on the other hand. Guests will be enjoying the best acoustics brought to them by international first-class equipment and at the same time, a brand-new experience of a star-class decoration.
As flowers played a major role in the club, flowery patterns appeared everywhere in different designs and materials, namely, marbles, crystals etc. One could see for themselves these designs in the hall, along the corridors, on the wall as well as in the suites. When they sank deep in their sofa to relax, they would surely come across in their mind an old saying, "life should only be wasted on wonderful things, don't let it become something in the past..."

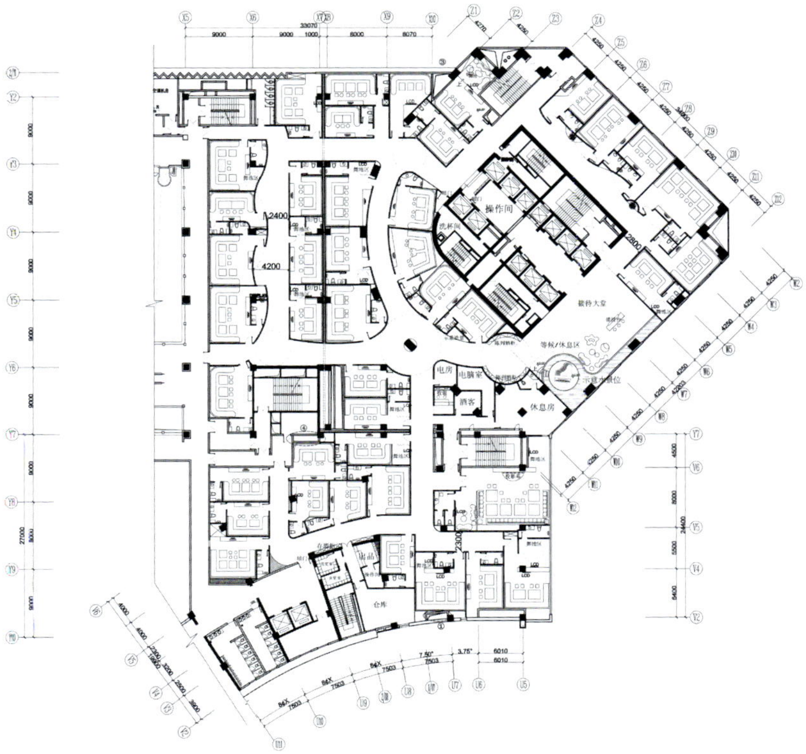

操作间
洗杯间
等候/休息区
电房
电脑室
酒客
休息房
2800
2400
4200
2300

SHENZHEN BETTEROLE CLUB

深圳毕打奥

●**地点** 中国·深圳　●**面积** 3400m²　●**年份** 2007年

难以复制——深圳毕打奥

夜场不同于酒店、会所，较少会打上非常鲜明的地域或人文标签，大多数时候，设计师是去研究一个主题，钻研一些细节。不过，于2007年7月重装完成的深圳毕打奥算是一个特例。毕打奥实际上已是深圳的一个老牌夜总会，此次重装耗资数千万元，打造了一个“皇宫”，让人过目不忘。经过设计师的精心策划，并亲自挑选各式的时尚物料与材质，拥有相当长历史的夜总会，如今不但焕然一新，更重要的是还成功地捕捉了现代设计学的多项元素，其中的焦点放在了空间感、舒适度以及一些先进的设施上，其完善的设计，满足了不同类型的人士的需求。

毕打奥以无以复加的奢侈、豪华树立了标杆。此条适用于夜场设计。我们能且仅能抓住的，就是这一条。

在处理这些无以名状的表征的时候，设计师特别注意那些需要通过触感强调质感的细节，并最大限度地扩充了这种要素，例如，触感一流的天鹅绒布沙发，感光金绸扪布，图案富于变化、色彩倾向夸张的地毯等等。幻彩的水晶玻璃灯带背景墙采用充满神秘传说故事的繁花造型，其精妙的贵族优越感，实在不可多得，也很难被复制。

在52间顶级豪华的贵宾包房之中，有16间为水晶玻璃贵宾房。

After months of refurbishment, the multi-million yuans "palace" — Shenzhen Betterole Club — a well-known night club in Shenzhen, reopened in July 2007. With a floor area of 3,400 sq m, the night club has incorporated elements of modern design satisfying the needs of different patrons with space, comfort and advanced facilities. In addition to its open area, the club has 52 super luxurious VIP suites, 16 of which are crystal glass decor. The Shenzhen Betterole Club is one of its kind and a must to people craving for the luxury of aristocrats.

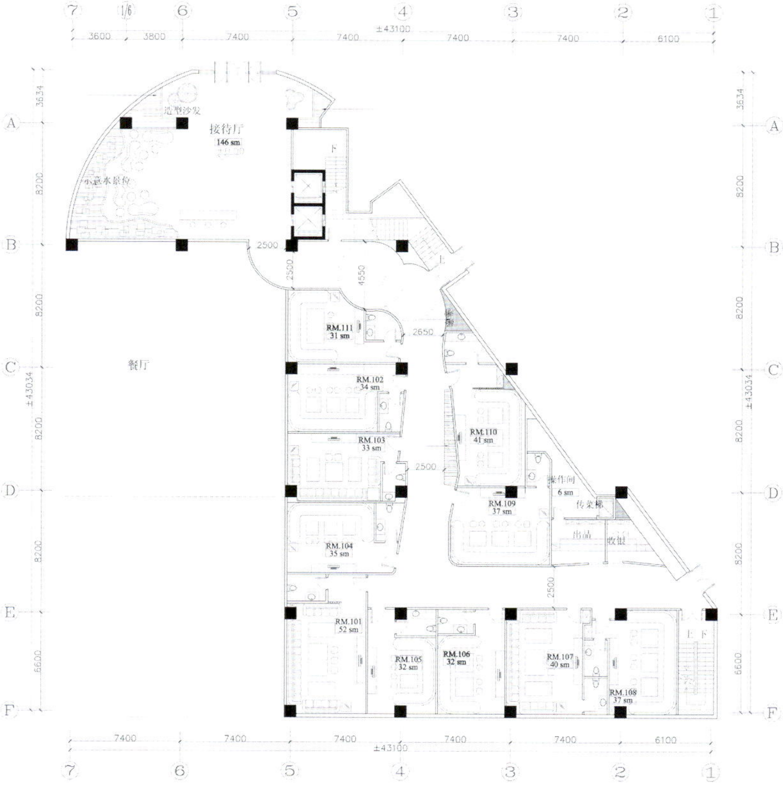
造型沙发
接待厅
146 sm
小意水景台
餐厅
RM.111
31 sm
RM.102
34 sm
RM.103
33 sm
RM.104
35 sm
RM.110
41 sm
操作间
6 sm
RM.109
37 sm
传菜梯
出品
收银
RM.101
52 sm
RM.105
32 sm
RM.106
32 sm
RM.107
40 sm
RM.108
37 sm
±43100
±43034

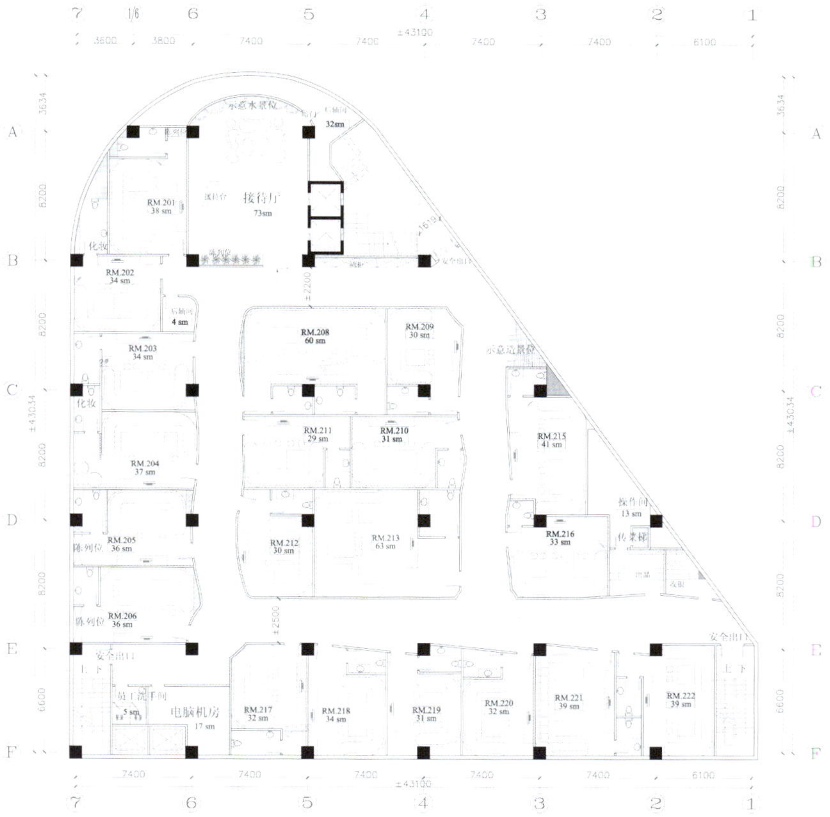

示意水景位
接待厅
73sm
32sm
RM.201
38 sm
RM.202
34 sm
4 sm
RM.203
34 sm
化妆
RM.204
37 sm
RM.205
36 sm
陈列位
RM.206
36 sm
安全出口
员工洗手间
5 sm
电脑机房
17 sm
RM.208
60 sm
RM.209
30 sm
示意造景位
RM.211
29 sm
RM.210
31 sm
RM.212
30 sm
RM.213
63 sm
RM.215
41 sm
操作间
13 sm
RM.216
33 sm
传菜梯
RM.217
32 sm
RM.218
34 sm
RM.219
31 sm
RM.220
32 sm
RM.221
39 sm
RM.222
39 sm
±43100
±43034

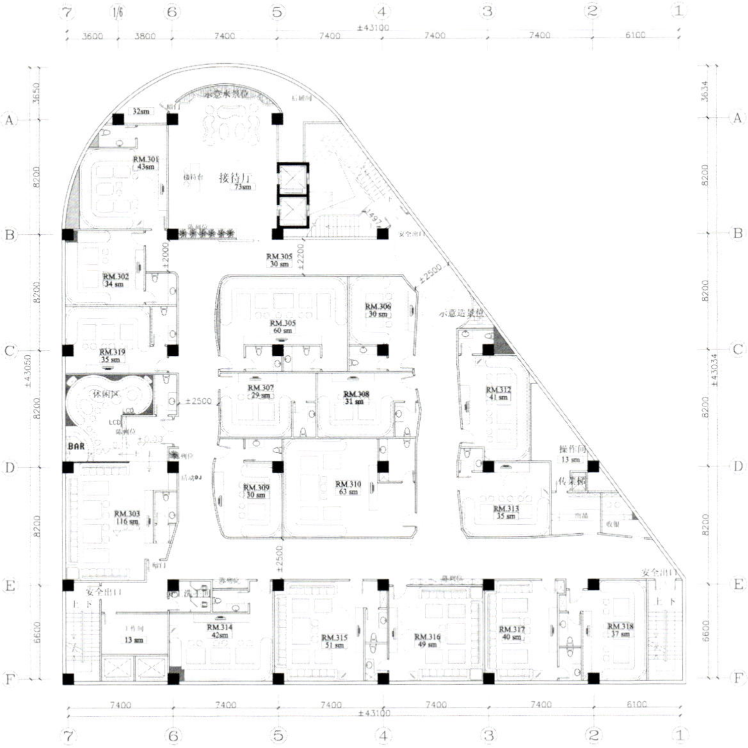

RM.301 43sm
接待厅 73sm
32sm
RM.302 34 sm
RM.305 30 sm
RM.305 60 sm
RM.306 30 sm
RM.319 35 sm
休闲区
LCD
BAR
RM.307 29 sm
RM.308 31 sm
RM.312 41 sm
操作间 13 sm
RM.303 116 sm
RM.309 30 sm
RM.310 63 sm
RM.313 35 sm
安全出口
13 sm
RM.314 42sm
RM.315 51 sm
RM.316 49 sm
RM.317 40 sm
RM.318 37 sm
±43100
±43050
±43034

BAODING DEEP CLUB

保定深度国际公馆

●**地点** 中国 · 保定　●**面积** 10650m²　●**年份** 2007年

夜行的工蜂

为何打这个比喻呢？人的工作状态其实跟蜜蜂真的很相似，踏着特定的舞步，前去每个工作地点，正如同我们惯常的思维，判断着我们的交际，也判断着我们生活的轨迹。

整个空间都弥漫着一种浓稠的、焦糖般蜜香四溢的气味，仿佛造访这里的人，都是锦衣夜行的蜜蜂。这个比喻倒是很容易获得人们的认同。

空间分区很清晰，一层是大堂及两个CLUB，分别是DISCO和JAZZ；二层则是演艺吧；三层为KTV。本案选址在保定最为繁华的中央商务区，堪称当地的顶级综合娱乐航母。

以二层的演艺吧为例，割离的蜂巢状的玻璃灯带贯穿于整个演艺大厅，甚至囊括了门的细节处理。围合式的坐椅区分三个区域，充分考虑到演艺吧的使用功能，较为靠里的区域拥有较大的、可与台上互动的空间。

本案采用饱和、绚丽的暖色为主调，造型上多处呈现块状蜂巢的形态，较为集中地体现在一层大堂接待厅休息区的背景墙设计、一层DISCO厅的舞台设计、吧台的琉璃柱造型处理以及卡座桌台等细节上。

整体设计感比较统一，着重运用的元素均匀地体现其中，尽管夜总会完全是文明社会进步发展的产物，但设计的源泉永远都是取材于自然的。我们愿意把本案比喻成一个巨大的蜂巢，这是属于蜜蜂的狂欢派对，当然，夜场特殊的使用功能的局限决定了这种意象是抽象的而非写实的。但是，这种确定了主题的设计也正是后来许多主题餐厅及会所设计的一种先行的有益尝试。

KTV包间采用长、短线条

长、短线条的灯带被广泛应用于包间之中，构成栅格状、迷宫状。

隔断的运用

红酒架，一改常见的规矩的方形，而采用倾斜处理，令空间感更为丰富。

洗手间

洗手间强调工业感，从材质到造型均体现了这一点，这也是近几年夜场洗手间惯用的做法。强烈反差带来的效果往往是不言而喻的，从实际功用来讲，热闹喧哗的夜场确实需要一个让人思维片刻冷静的场所。

The Baoding Deep Club (DC) opened in 2007 and has a floor area of 10,650 sq m. It is distinctly divided into four parts: the grand hall and two clubs, namely DISCO and JAZZ; the performance bar area in the second floor; KTV on the third. DC is situated in the liveliest central commercial district of the city, a local top-class comprehensive entertainment area in Baoding.

DC has been constructed like a giant bee-hive. It uses a saturated gorgeous warm colour as its theme colour. Together with its honey-comb shape design, it is especially intended for working bees — an analogy of the way people at work — a place to rest and to spend a crazy evening after a day of hard labour.

LED墙
女卫生间
男卫生间
配电室
化妆台
总控室
机房
消防通道
库房
DISCO
慢摇吧
BAR
接待厅
酒吧舞台位
电梯厅
造型舞台
风道
DJ
后勤
总接待厅
休闲区
存包
自动门

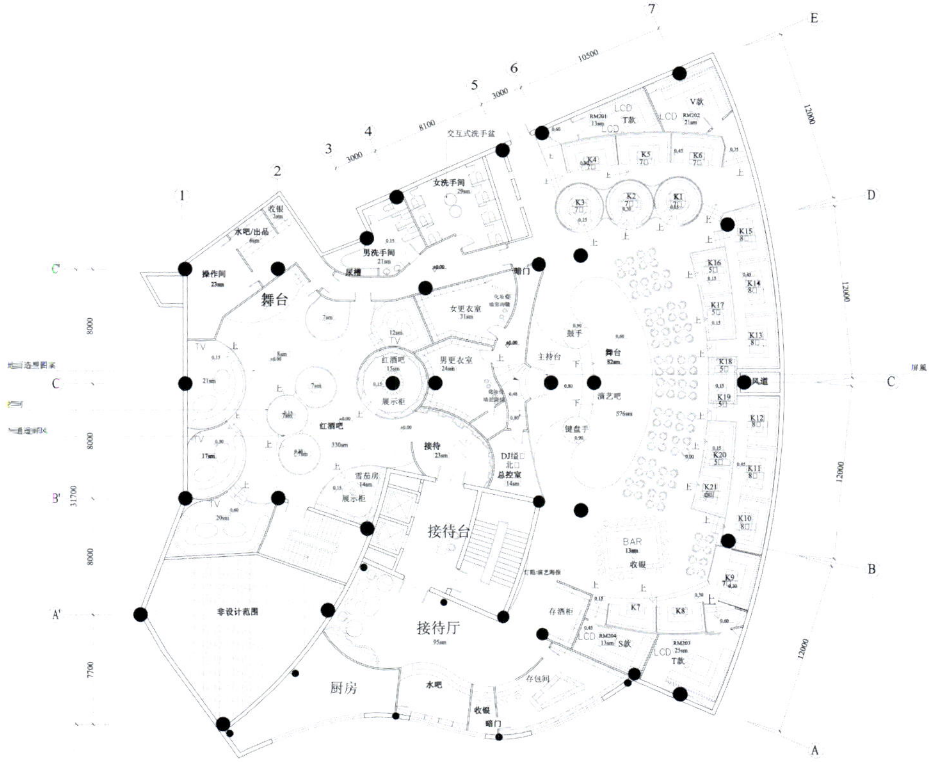

1
2
3
4
5
6
7
E
D
C
B
A
C'
B'
A'
3000
8100
3000
10500
12000
8000
7700
31700
水吧/出品
收银
操作间
舞台
男洗手间
女洗手间
交互式洗手盆
暗门
女更衣室
男更衣室
红酒吧
展示柜
接待
雪茄房
DJ房
总控室
主持台
舞台
演艺吧
鼓手
键盘手
接待台
BAR
收银
风道
非设计范围
接待厅
厨房
水吧
存酒柜
存包间
LCD
V款
T款
S款
K1
K2
K3
K4
K5
K6
K7
K8
K9
K10
K11
K12
K13
K14
K15
K16
K17
K18
K19
K20
K21

清洁房
水吧
生果间
风道
配电室
PARTY房
接待厅
后勤房
display

1
2
3
4
5
6
7
6500
3000
8100
3300
10500
E
D
C
B
A
C'
B'
A'
12000
8000
7700
后勤
17sm
水吧
收银
士多店
24sm
收银
风道
电话间
配电室
DISPLAY
RM404
55sm
RM420
35sm
RM419
28sm
RM417
26sm
RM412
55sm
RM416
RM416
32sm
RM415
33sm
RM414
27sm
RM413
25sm
RM418
34sm
RM421
43sm
RM422
45sm
RM402
31sm
RM403
26sm
RM404
35sm
风道
RM405
32sm
RM406
27sm
RM407
29sm
RM408
29sm
RM409
123sm
RM410
25sm
RM411
67sm
接待台
接待厅
暗门
总控室
9sm
暗门
舞池
舞台

Deep CLUB
深度国际公馆
Deep CLUB
深度国际公馆

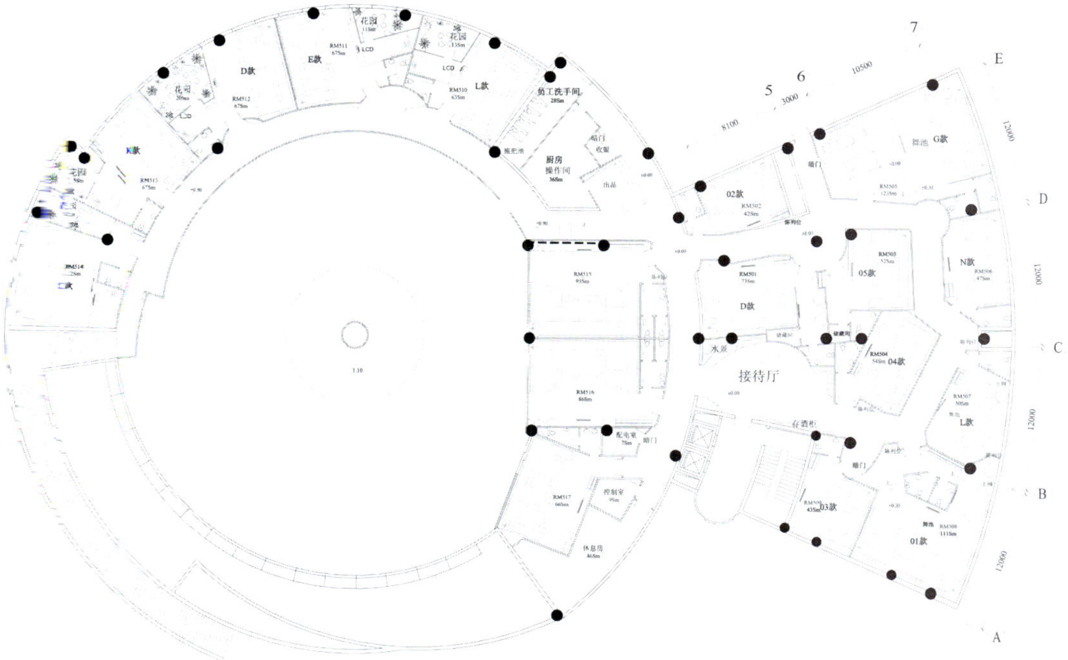
接待厅
厨房
操作间
A
B
C
D
E

ZHENGZHOU JADEC NIGHT CLUB

郑州翡翠明珠国际俱乐部

●**地点** 中国·郑州 ●**面积** 6500m² ●**年份** 2007年

狂热的圆舞曲

自古以来，郑州作为中原的一方净土，往往给予人们憨厚、朴素的印象。可以想像，若在这个地域挥洒狂热的元素，是一种宁静中的喧嚣，更是一种生活的奢华。将郑州翡翠明珠国际俱乐部这一“圆舞曲”展现于这方净土，不是亵渎，而是为这里增添了现代的气息。

“翡翠明珠”这个品牌绝非郑州所独有，这里所独有的，是这个俱乐部的设计。让客人感到印象深刻的应该是接待厅走廊中的“大圆”设计概念。设计师尝试在圆形灯具上加上光织，让灯具除了照明以外，亦能营造出十足前卫的空间氛围。未进入包房之前，“圆舞曲”已开始响起。“大圆”的设计概念，来自通道中的一个圆形大柱，各种曲线环绕，彻彻底底地把圆舞曲的主题带出。

而包房内处处都可以体现设计师利用曲线来表达其设计的精髓。受大厦原有设计的限制，运用了圆形为主题的设计，一来可以避免不美的景色进入眼帘，二来又可以把外界的自然光引入到室内，最巧妙的是，正是这种设计，能分散客人的注意力，当客人安坐在房内时，就能欣赏设计师的精心杰作，同时，觉得天花有难得的高度，故此以朦朦胧胧的“天空”做设计，并配合了弧形线条，让人有种回环的感觉。

环顾整个场内，除LED灯色的和谐变换外，设计上还特别增加了一些光织元素，如天花造型中的黑影处及玻璃垂吊装饰的尾光处，都不时地添加了这一元素。光织的介入，更增加了前卫性、科技性、装饰性与气氛营造的效果。在设计师的眼中，光织的运用是有趣的，其有趣的地方是可以由点、线与面的方式创造出平面或者立体的空间。

“圆舞曲”的始创者或许非设计师莫属，而圆形、曲线及光织等多种元素的运用，使郑州翡翠明珠国际俱乐部的室内设计得到了整合。一首“圆舞曲”需要大师，更需要这类创造回响意境的“乐器”。

Zhengzhou is not the sole owner of the brand "JADEC". What is unique of this club is its design. Guests visiting the club will be impressed by the design concept of "a big circle" in the corridor of the reception hall. By using circular shape lamps with fibre optics effect, the designer has created a vanguard atmosphere of space apart from the illumination itself.

Inside the suites, guests can visualize the essence of the design as manifested by the presence of curves. Limited by the original design of the building, the designer cleverly made use of circles as the main theme of his design by avoiding the unpleasant scenery from the eyes on the one hand while bringing in natural light into the building on the other hand.

In the club, apart from the harmonious changes of LED lightings, fibre optics elements have also been incorporated. In the eyes of the designer, the use of fibre optics has increased the effects on technology, decoration as well as the creation of an atmosphere — both plane and three-dimensional space that he could create through the use of points, lines as well as surfaces.

夜总会会所
接待厅
接待台
公共大堂
原有办公楼大堂
舞池
造型沙发

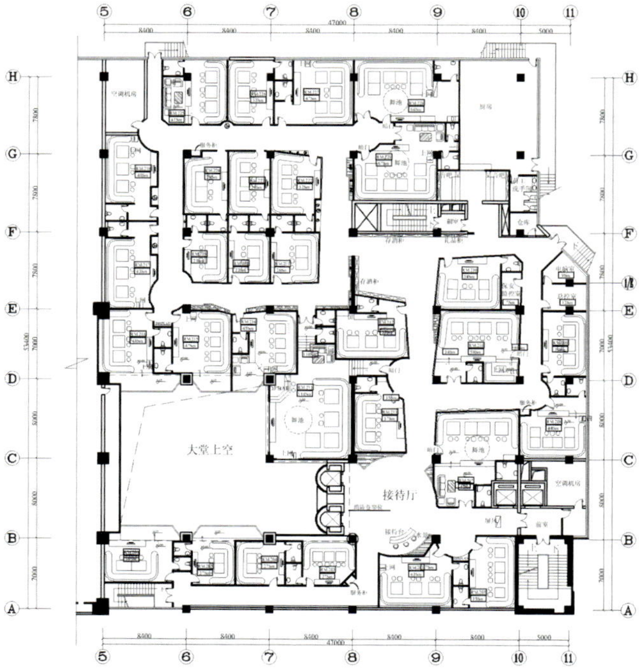

大堂上空
接待厅

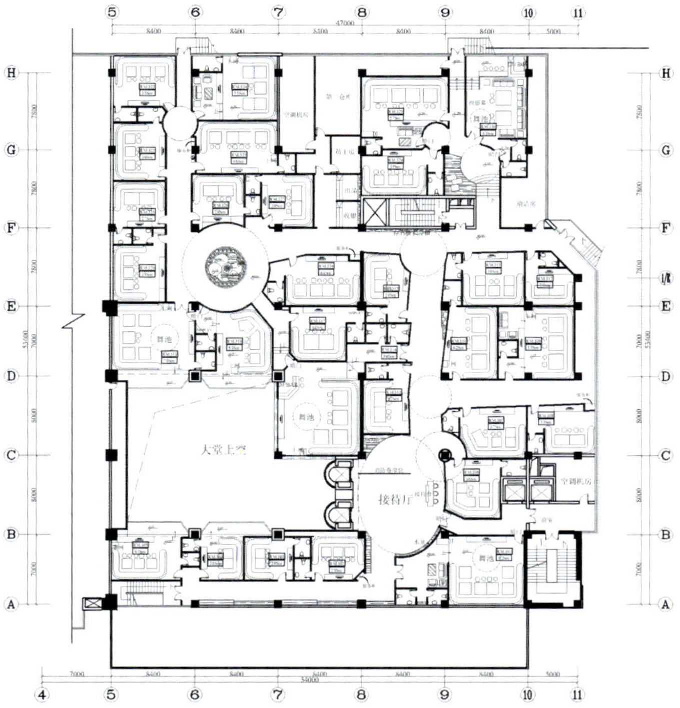
大堂上空
接待厅
空调机房
舞池
5
6
7
8
9
10
11
4
A
B
C
D
E
F
G
H
8400
5000
7000
34000
47000

作为一个与黄柏伟先生有过数次项目接触的业者，我想说：“他是一位值得我尊重的设计师兼营运者。”

善沟通，能表达，有品味，是我个人对黄柏伟先生作为设计师的评价。

首先是善于和甲方有效沟通及把握；

其次是能够把甲方的要求和对其项目的意图表达出来；

第三点对于设计师来说恰恰又是要做到以上两点的必要因素——品味。因为设计师是在替委托方表达并实现项目意图的，所以黄柏伟先生在全面的美学专业上的品味是帮助我实现定位及表现的重要构成要素。

作为设计师，对于黄柏伟先生的品味和美学专业方面的系统知识， 我是给予肯定的。在此，我要感谢黄柏伟先生在合作中给予我的支持、默契和理解，并期待我们能在不久的将来拿出更好的项目作品。

在此也代表我公司全体员工感谢御居室内设计事务所员工的长期配合！

敬祝！

张曦木

2009年4月2日

张曦木

北京COCO BANANA创办人

中国俱乐部行业创业人

设计，重视的是极致

不仅是感官的极致，更是灵魂的极致，

在这里与设计邂逅

它尽情释放，你尽情享受……

岳宁

2009.3.12.

岳 宁

男，汉族，大学文化，中国民主建国会支委。1989年3月至1992年9月在日本新泻产业大学经济学部留学。回国后，1994年10月至2001年1月任重庆阿德丽企业发展有限公司（日本独资）总经理、日本国阿德丽株式会社驻中国代表。2001年2月至今任重庆国程企业管理顾问有限公司董事长，2008年任重庆渝中区娱乐协会第二届会长。

同时担任以下职务：

重庆JW万豪酒店白宫会所董事长

重庆大世界酒店白金台会所董事长

重庆RICHY酒吧执行董事

I as a nightclub operator and consultant have known the author as a close friend for almost 20 years now. We started at the beginning of our lives, ambitious; Mr. Virgil Wong was a young talented interior designer then. In all the years that went by, I witnessed a significant development of his outstanding career in Hong Kong. We both collided and cooperated on our first project in Shenzhen, China where he wanted to extend his ideas and work, thus creating his trademark designs and chic style in the nightclub scene. From there, his designs wild fired through out China and started a major trend within the clubbing industry though out the 5 major cities in China and many more. He was and is a respected professional in the world of club designing. As a close friend and an extraordinary person, I wish him the best of luck in his future endeavors and congratulations in the success of this treasured book!

Joe C.

2009

JOE CHENG (郑锦荣)

1990年任中国香港97集团兰桂坊酒吧总经理

1994年任中国香港Judgement AD酒吧总经理

1997年任中国香港同志酒吧执行董事

1999年任中国香港东方魅力酒吧总经理

2004年任深圳翡翠明珠CLASS酒吧执行董事

福建省
主要矿产资源潜力评价

FUJIAN SHENG ZHUYAO KUANGCHAN ZIYUAN QIANLI PINGJIA

周珍琦　陈润生　夏春金　李学燮　等编著

中国地质大学出版社
ZHONGGUO DIZHI DAXUE CHUBANSHE

内容简介

本书是在完成福建省铁、锰、铜、铅锌、镍、钨、锡(锂)、钼、金、银、稀土、煤、磷、硫、重晶石、萤石等18个单矿种矿产资源潜力评价成果基础上汇总编制的，是福建省矿产资源潜力评价工作的系统总结。全书以现代矿产资源预测评价的理论方法和GIS评价技术为基础，优选出45个典型矿床开展成矿要素及成矿模式研究，充分利用基础地质、物探、化探、遥感以及自然重砂等综合信息资料开展地质解释，对铁、铜等18个矿种资源量进行定量预测，基本摸清了矿产资源潜力及其空间分布，对主要矿种成矿规律进行了系统的总结，划分了成矿区带，提出了福建省相关矿种的勘查部署工作建议。本书可供从事矿产资源勘查、矿产地质调查、矿床学理论研究和矿产资源管理人员参考。

图书在版编目(CIP)数据

福建省主要矿产资源潜力评价/周珍琦等编著. —武汉：中国地质大学出版社，2019.10

ISBN 978-7-5625-4621-4

Ⅰ.①福…
Ⅱ.①周…
Ⅲ.①矿产资源-资源潜力-资源评价-福建
Ⅳ.①F426.1

中国版本图书馆CIP数据核字(2019)第221216号

福建省主要矿产资源潜力评价 周珍琦 陈润生 夏春金 李学燮 **等编著**

责任编辑：李应争 韦有福 谢媛华 选题策划：毕克成 刘桂涛 易帆 责任校对：郑济飞 王敏 徐蕾蕾

出版发行：中国地质大学出版社(武汉市洪山区鲁磨路388号) 邮编：430074
电 话：(027)67883511 传 真：(027)67883580 E-mail：cbb@cug.edu.cn
经 销：全国新华书店 http://cugp.cug.edu.cn

开本：880毫米×1 230毫米 1/16 字数：1 687千字 印张：53.25
版次：2019年10月第1版 印次：2019年10月第1次印刷
印刷：湖北睿智印务有限公司 印数：1—1 100册

ISBN 978-7-5625-4621-4 定价：368.00元

《福建省主要矿产资源潜力评价》出版编撰委员会

专家指导小组

组　长：李春仁　福建省地质矿产勘查开发局原局长、教授级高级工程师
副组长：石礼炎　福建省地质矿产勘查开发局原总工程师、教授级高级工程师
　　　　李昌泽　福建省地质矿产勘查开发局原总工程师、教授级高级工程师
　　　　陶建华　福建省地质矿产勘查开发局总工程师、教授级高级工程师
成　员：高天钧　福建省地质矿产勘查开发局原副总工程师、教授级高级工程师
　　　　林秀萱　福建省国土资源厅原储量管理处处长、教授级高级工程师
　　　　叶允钧　福建省地质矿产勘查开发局副总工程师、教授级高级工程师
　　　　蔡春庭　福建省地质矿产勘查开发局地勘处原处长、教授级高级工程师
　　　　周永丰　福建省煤田地质局原副总工程师、教授级高级工程师
　　　　黄　农　福建省煤田地质局地勘处原副处长、高级工程师
　　　　文斐成　福建省地质调查研究院原副院长、教授级高级工程师
　　　　蔡以评　福建省地质测绘院原副总工程师、教授级高级工程师
　　　　连天萍　福建省地质测绘院教授级高级工程师

前　言

福建省位于中国东南活动大陆边缘，是华夏地块的重要组成部分，是环太平洋中生代构造-岩浆带中的重要成矿区之一，地质构造复杂，矿产资源丰富。历年来，福建省地质找矿和勘查工作取得了重大进展，在武夷成矿带内相继发现了宁化行洛坑钨矿、龙岩马坑铁矿、上杭紫金山铜金矿等一大批大、中型矿产地，为国民经济和社会发展做出了突出贡献。

为科学评估矿产资源潜力，原国土资源部于2007年决定在全国范围内开展矿产资源潜力评价工作，并把该项工作定位为我国矿产资源方面的一次重要的国情调查，目的是通过系统总结地质调查和矿产勘查工作成果，全面掌握矿产资源现状，科学评价未查明矿产资源潜力，建立真实准确的矿产资源数据，为实现找矿重大新突破提供资源勘查依据。福建省矿产资源潜力评价工作是全国矿产资源潜力评价工作的重要组成部分，也是福建省矿产资源领域的一次重要的省情调查。通过此项工作，在现有工作程度的基础上，基本摸清了福建省重要矿产资源"家底"，为提升矿产资源保障能力、勘查部署决策和科学管理提供了依据。

为了积极推进矿产资源潜力评价工作，福建省原国土资源厅成立了福建省矿产资源潜力评价工作领导小组，负责评价工作的组织和领导，具体由领导小组办公室负责评价工作的组织协调及日常管理。同时，福建省原国土资源厅研究决定由福建省地质调查研究院承担全省矿产资源潜力评价项目工作。福建省地质调查研究院成立了项目管理与综合研究组、地质背景、成矿规律、矿产预测、物探（重力、磁法）、化探、遥感、自然重砂、综合信息集成等课题组，具体负责福建省矿产资源潜力评价工作，福建省的煤炭预测工作委托福建省闽西地质大队承担。

本项目工作历时7年，分3个阶段完成。第一阶段（2007—2010年）全面完成了福建省煤炭、铁、铜、铅、锌、金、钨、稀土、磷9个矿种的矿产资源潜力评价工作，分别编写了成果报告，于2011年3月通过了全国项目办组织的成果验收；第二阶段（2011—2012年）完成了福建省钼、锡（锂）、银、锰、萤石、重晶石、硫、镍9个矿种的矿产资源潜力评价工作，分别编写了成果报告，于2012年7月通过全国项目办组织的成果验收；第三阶段为汇总阶段，时间为2013年1—12月，全面完成了福建省成矿地质构造背景研究、成矿规律研究、综合信息分析和数据库建设等工作，完成了福建省预测汇总并提交最终成果报告。

福建省矿产资源潜力评价项目是目前为止福建省国土资源大调查项目中参加人数最多、涉及专业和学科最广泛、工作内容最繁杂、技术难度最大、管理工作最繁重的工作项目，前后共有近百人参加本项目工作。本书是福建省矿产资源潜力评价项目成果的系统总结，是分工合作编写完成的。前言及第一章、第二章、第三章、第十一章主要由周珍琦、陈润生、夏春金等编写，第四章主要由张开毕、黄泉祯编写，第五章主要由林乃雄、余根锌、夏春金、陈伯扬、李明编写，第六章主要由黄长煌、李学燮、张兰生、郑富龙等编写，第七章、第八章主要由张兰生、李学燮、黄长煌、郑富龙等编写，第九章主要由黄长煌、李学燮、张兰生等编写，第十章主要由李霞、李学燮等编写。此外，郑明泉、郑文燕、林泽铃、罗志兴、黄茜、黄少胤、邓本忠、许美辉、杨添水、魏为兴、杜建文等参与了相关章节的编写。全书最后由陈润生、李学燮统稿。参加本项目工作的还有福建省地质调查研究院宋歆、冯宗帜、张正义、周维瑀、范德旺、吴方杰、朱律运、陈航莺、陈华英、李玉娟、江剑丽、郑北、雷德利、王峰、邓志军、袁桂英、郑文怡等以及闽西地质大队林全胜、张运香、沈瑞芬、赖日亮、魏红萍、尹龙凤、王康俊等。

本书还是福建省已有区域地质、矿产勘查、物探、化探、遥感、自然重砂、地质科研以及2004年以来完成的矿产资源远景调查等各项工作和各种资料的综合集成。在资料收集过程中得到了福建省国土资源档案馆、福建省地质矿产勘查开发局所属各地勘单位、福建省煤田地质局所属各地勘单位的大力支持和协助，在此深表感谢。福建省还成立了矿产资源潜力评价工作专家指导小组，由长期从事福建省地质调查、矿产勘查及地球物理、地球化学调查研究及技术管理的老专家组成，对项目实施过程中遇到的重大技术问题提供指导，参与项目设计、阶段性成果、年度成果和最终成果的初审或验收，切实提升了工作质量。全国项目办陈毓川院士、黄崇柯、王登红、肖庆辉、张德全、熊先孝、范正国、向运川、雷受旻、董国臣、龙宝林、郭坤一、冯备战、宋洪柱、汪新庆、班宜忠、谢新泉、娄德波等专家对报告进行了评审，在此一并表示感谢。

福建省矿产资源潜力评价工作开展以来，项目取得的阶段性研究成果在福建省矿产勘查领域，尤其是在各类矿产勘查规划编制、矿产勘查工作部署、矿产地质调查、成矿规律研究和成矿预测过程中得到了广泛的应用，相信本书的出版必将使该成果发挥更大的作用。

由于编著者水平所限，书中难免存在不足，敬请读者批评指正。

编著者

2019年10月

目　录

第一章 概 述

第一节 工作概况

一、项目概况

为了进一步贯彻落实《国务院关于加强地质工作决定》精神，科学评估我国矿产资源潜力，原国土资源部于2007年决定在全国范围内开展矿产资源潜力评价工作，并下发了《关于开展全国矿产资源潜力评价工作的通知》(国土资发〔2007〕6号)。为了积极推进福建省矿产资源潜力评价工作，福建省原国土资源厅成立了福建省矿产资源潜力评价工作领导小组，负责评价工作的组织和领导，具体由领导小组办公室负责评价工作的组织协调及日常管理。同时，福建省原国土资源厅研究决定由福建省地质调查研究院承担福建省矿产资源潜力评价项目工作。福建省地质调查研究院成立了项目管理与综合研究组，并成立了地质背景课题组，成矿规律课题组，矿产预测课题组，物探、化探、遥感、自然重砂课题组，综合信息集成课题组等具体负责福建省矿产资源的潜力评价工作，福建省的煤炭预测工作委托福建省闽西地质大队承担。

按照全国项目办的总体安排，本项工作分3个阶段：

第一阶段(2007—2010年)全面完成了福建省煤炭、铁、铜、铅、锌、金、钨、稀土、磷9个矿种的矿产资源潜力评价工作，分别编写了成果报告，于2011年3月最终通过了项目办组织的成果验收，同年8月完成专题成果图件报告的复核，并最终提交项目成果。

第二阶段(2011—2012年)完成了福建省钼、锡(锂)、银、锰、萤石、重晶石、硫、镍9个矿种的矿产资源潜力评价工作，分别编写了成果报告，于2012年7月通过项目办组织的成果验收。

第三阶段(2013年)完成福建省成矿地质背景、成矿规律、重力、磁测、化探、遥感、自然重砂、矿产预测、数据集成等各专业汇总报告、福建省矿产资源潜力评价总体成果报告、福建省矿产资源潜力评价工作报告。

二、目标任务和预期成果

(一)总体目标任务

在现有地质工作的基础上，充分利用福建省基础地质调查和矿产勘查工作成果及资料，充分应用现代矿产资源预测评价的理论方法和GIS评价技术，开展煤炭、铁、铜等预测矿种的资源潜力评价，基本摸清矿产资源潜力及其空间分布；开展成矿地质背景、成矿规律、物探、化探、遥感、自然重砂、矿产预测等项目工作的研究，编制各项工作的基础图件和成果图件，建立与矿产资源潜力评价相关的地质、矿产、物探、化探、遥感、自然重砂空间数据库，培养一批综合型地质矿产人才。

（二）预期成果

完成福建省煤、铁、铜等预测矿种的资源潜力评价成果报告；完成成矿地质背景、成矿规律、物探、化探、遥感、自然重砂、矿产预测、数据库集成等专题成果报告；编制成矿地质背景、成矿规律、物探、化探、遥感、自然重砂、矿产预测等成果图件以及成矿区带、矿产勘查工作部署建议等成果图件；建立矿产资源潜力评价成果空间数据库。

三、主要工作内容

根据全国项目办的统一要求和福建省的地质矿产特征，开展全省铁、铜、铅、锌、金、钨、稀土、磷、煤以及钼、锡（锂）、银、硫、锰、镍、萤石、重晶石共18种主要矿产的潜力评价工作，编制相关图件并建立数据库，完成单矿种、专业以及总体成果报告汇总工作。各课题主要工作内容如下。

（一）成矿地质背景课题

主要工作内容包括：①编制1：25万地质实际材料图与建造构造图；②编制预测工作区地质构造专题底图；③编制1：50万大地构造图等省级地质构造图件。在编图工作的基础上，按照全国统一制定的《成矿地质背景研究技术要求》，全面系统地总结成矿地质背景资料成果，汇总已完成的各类资料性成果，按大地构造相分析研究方法，全面分析和综合研究大地构造特征、演化及其与成矿关系，完成福建省大地构造图等基础图件编制和数据库建设，完成省级汇总，提交福建省成矿地质背景专题研究成果。

（二）成矿规律与矿产预测课题

1. 成矿规律研究

主要工作有：①根据典型矿床选定原则的代表性，选择典型矿床，开展典型矿床研究。主要研究典型矿床的成矿地质作用特征、成矿构造特征、矿床特征、矿床成矿作用特征等，编制典型矿床成矿要素图和成矿模式图。②开展典型矿床的预测要素研究，编制预测要素图和预测模型图。③确定矿产预测方法类型和区域成矿要素底图，开展区域成矿作用研究，编制区域成矿要素图和区域成矿模式图。④进行区域预测要素研究及编制区域矿产预测要素图及预测模型图。⑤开展单矿种区域成矿规律研究及编制单矿种（组）成矿规律图、省级区域成矿规律图。

2. 矿产预测

在成矿地质背景、成矿规律和矿床模式研究的基础上，以先进的成矿预测理论为指导，以GIS技术为平台，按不同矿种和不同矿产预测类型对矿产资源空间分布、产出概率和资源潜力等进行定量评价，预测矿种资源总量。同时进行定量预测，编制矿产预测类型预测成果图（1：5万），按照全国项目办的统一要求，定量预测采用地质体积法、矿床值概率分布法（蒙特卡洛法）、地球化学块体估值法、矿床模型综合地质信息定量预测法等。同时根据不同矿种（组）、不同地质构造背景、不同地质工作程度地区，按照全国项目办对比试验结果，选择不同的资源量估算方法。把不同预测类型中相同单矿种的预测成果提取出来，加以汇总编制福建省单矿种预测成果图。

在已有资料性汇总的基础上，以Ⅳ级成矿区带为纲，汇总本区带内各矿种成矿规律和预测成果，编制成矿规律及预测成果汇总报告、图件并建立数据库，包括福建省重要矿种区域成矿规律、矿产预测成果报告、综合预测成果图(1：50万)及数据库、福建省工作部署建议图(1：50万)及数据库等。

（三）物探、化探、遥感、自然重砂研究课题

1. 物探

主要工作内容有：①为大地构造图的编制提供资料，编制区域物探(重力、磁法)地质构造推断解释图。为配合地质构造研究和大地构造图的编制，先编制福建省基础图件，再编制福建省重、磁推断地质构造图，包括福建省1：50万航磁推断地质构造图、1：50万重力推断地质构造图。②编制与预测底图同比例尺的地质构造推断解释图，并进行定量反演。③编制区域物探(重、磁)异常图，对异常进行对比研究，推测矿致异常。④编制典型矿床所在位置的物探推断区域地质构造特征图。⑤编制典型矿床所在位置的区域物探异常特征图。⑥编制典型矿床大比例尺物探成果图。⑦开展磁性矿产定量预测，磁性矿产包括铁矿、含磁多金属矿。在以上工作的基础上，开展汇总综合研究，分为资料型汇总研究和综合型汇总研究两大类。①资料型汇总研究。对2007年以来收集和研究形成的资料进行全面的清理、整理及分类，形成一套完整的技术资料；②综合型汇总研究。对福建省铁、铜、铅锌、金、钨、稀土、磷、钼、锡(锂)、银、硫、锰、镍、萤石、重晶石等18个矿种(组)的研究成果和省级编图及解释成果进行系统的总结与提炼，形成福建省重力、磁测资料应用综合研究成果。

2. 化探

主要工作内容有：①为大地构造图提供资料，编制全省地球化学景观图、化探工作程度图、地球化学图、综合异常图及推断地质构造图等；②编制与预测底图同比例尺的地质构造推断解释图；③编制区域化探异常图，对异常进行对比研究，推测矿致异常；④编制典型矿床所在位置的化探推断区域地质构造特征图；⑤编制典型矿床所在位置的区域化探异常特征图；⑥编制典型矿床大比例尺化探成果图；⑦开展化探适用矿产定量预测。在以上工作的基础上，开展汇总综合研究，形成福建省地球化学资料应用综合研究成果。

3. 遥感

主要工作内容有：①为大地构造图的编制提供资料，编制区域遥感推断解释图；②编制与预测底图同比例尺的地质构造推断解释图；③编制典型矿床所在位置的遥感推断区域地质构造特征图。按照技术要求开展汇总工作，主要对已完成并通过验收的各类遥感图件作进一步的汇总与提炼，形成福建省遥感资料应用综合研究成果。

4. 自然重砂

主要工作内容有：①编制区域自然重砂矿物异常区带分布图、区域自然重砂异常图，推测矿致异常；②编制典型矿床所在位置的自然重砂异常特征图。在编制福建省及预测工作区自然重砂异常图和综合研究的基础上，进行系统的总结与提炼，形成福建省自然重砂资料应用综合研究成果。

（四）煤炭资源潜力评价课题

主要工作内容有：①开展福建省煤炭资源赋存规律研究；②分析现有煤矿(生产井、在建井)煤炭资源现状，编制全省煤炭资源勘查开发现状图；③提出煤炭资源预测新区，估算资源量；④对福建省预测资源量进行分级分类研究，对预测煤炭资源的勘查开发利用前景做出初步评估，评价福建省煤炭资源潜力，提出煤炭资源勘查近期及中长期部署建议及方案；⑤在全国统一的煤炭资源信息标准与规范下，建

立福建省煤炭资源潜力预测资据库。

（五）综合信息集成课题

主要工作内容有：①完成福建省基础数据库维护工作；②完成各类专题信息库，根据一图一库的原则，编制各类专题信息数据库；③完成全省各类汇总成果数据库。在以上工作的基础上，根据全国综合信息集成汇总组规定的成果目录汇总福建省成果，并进行系统总结，形成综合信息集成专题成果。

第二节　完成工作量

一、成矿地质背景

成矿地质背景课题的实物工作量有：1∶25 万地质实际材料图与建造构造图、预测工作区地质构造专题底图、省级地质构造图件等的编制和专题报告编制等，完成主要实物工作量如表 1-1 所示。

表 1-1　成矿地质背景课题完成主要实物工作量表

名称	图件(幅)	数据库(个)	说明书(份)
1∶25 万实际材料图	11	11	11
1∶25 万建造构造图	11	11	11
预测工作区地质构造专题底图	120	120	120
省级地质构造图件	6	1	1
专题报告(份)	1		

二、成矿规律及矿产预测

本课题主要开展典型矿床及预测工作区成矿要素图、成矿模式图、预测要素图和预测模型图以及单矿种(组)的分布和成矿规律图，福建省成矿规律图和预测成果图等的编制及专题报告的编制等工作，完成主要实物工作量如表 1-2 所示。

表 1-2　成矿规律与矿产预测课题完成主要实物工作量表

名　称	图件(幅)	数据库(个)	说明书(份)
典型矿床成矿要素图	50	50	50
典型矿床成矿模式图	50	—	50
典型矿床预测要素图	50	50	50
典型矿床预测模型图	50	—	50
预测工作区成矿要素图	128	128	128
预测工作区成矿模式图	128	—	128

续表 1-2

名　称	图件(幅)	数据库(个)	说明书(份)
预测工作区预测要素图	128	128	128
预测工作区预测模型图	128	—	128
预测工作区矿产预测成果图	128	128	128
全省单矿种(组)地质矿产预测类型分布图	15	15	15
全省单矿种(组)区域成矿规律图	15	15	15
全省区域成矿规律图	1	1	1
全省矿产预测综合成果图	1	1	1
全省勘查工作部署建议图	1	1	1
全省矿产未来勘查开发基地预测图	15	15	15
专题报告(份)	2		

三、重力

重力工作实物工作量有：典型矿床及预测工作区重力编图、全省重力编图和重力异常解释图编制，以及专题报告编制等，完成主要实物工作量如表 1-3 所示。

表 1-3　物探重力完成主要实物工作量表

名　称	图件(幅)	数据库(个)	说明书(份)
典型矿床重力类图件	57	—	—
预测工作区重力类图件	372	372	372
全省重力类图件	4	4	4
重力异常定量解释图	48	—	—
专题报告(份)	1		

四、磁测

磁测工作实物工作量有：典型矿床及预测工作区磁法编图、全省磁法编图和磁法异常解释图编制，以及专题报告编制等，完成主要实物工作量如表 1-4 所示。

表 1-4　物探磁测完成主要实物工作量表

名　称	图件(幅)	数据库(个)	说明书(份)
典型矿床磁法类图件	136	—	—
预测工作区磁法类图件	641	641	641
全省磁法图件	8	8	8
磁法异常定量解释图	144	—	—
专题报告(份)	1		

五、化探

化探工作实物工作量有:典型矿床及预测工作区化探编图、全省化探编图和应用化探资料进行找矿预测图件编制,以及专题报告编制等,完成主要实物工作量如表 1-5 所示。

表 1-5　化探完成主要实物工作量

名　称	图件(幅)	数据库(个)	说明书(份)
典型矿床化探类图件	108	—	—
预测工作区化探类图件	1 584	1 705	1 584
全省化探图件	92	82	92
全省地球化学预测重要矿种的找矿预测图	12	12	12
专题报告(份)	1		

六、遥感

遥感工作实物工作量有:典型矿床及预测工作区遥感编图、1∶25 万分幅类图件和全省遥感图件编制以及专题报告编制等,完成主要实物工作量如表 1-6 所示。

表 1-6　遥感完成主要实物工作量表

名　称	图件(幅)	数据库(个)	说明书(份)
典型矿床遥感类图件	26	26	26
预测工作区遥感类图件	508	508	508
1∶25 万分幅类图件	44	44	44
全省遥感图件	3	3	3
专题报告(份)	1		

七、自然重砂

自然重砂工作实物工作量有:预测工作区自然重砂编图、全省自然重砂编图以及专题报告编制等,完成主要实物工作量如表 1-7 所示。

表 1-7　自然重砂完成主要实物工作量表

名　称	图件(幅)	数据库(个)	说明书(份)
预测工作区自然重砂类图件	589	167	167
全省自然重砂图件	51	11	11
专题报告(份)	1		

八、煤炭资源潜力评价

煤炭潜力评价工作实物工作量有:全省类煤田地质图、构造纲要图、聚煤岩相古地理图编制,全省煤田区煤类分布图、预测评价图、勘察开发现状图和其他辅助性分析研究类图件编制等以及专题报告编制等,完成主要实物工作量如表1-8所示。

表1-8 煤炭资源潜力评价完成主要实物工作量表

名 称	图件(幅)	数据库(个)	说明书(份)
煤田地质图	1	1	1
煤田构造纲要图	1	1	1
聚煤岩相古地理图	4	4	4
煤类分布图	5	5	5
煤炭资源预测评价图	5	5	5
煤炭资源勘查开发现状图	5	5	5
其他辅助性分析研究图件	24	24	24
专题报告(份)	1		

九、数据库维护

主要开展了全省1∶50万、1∶20万及1∶5万相关专业数据库的维护工作,编制专题报告,完成主要实物工作量如表1-9所示。

表1-9 数据库维护工作完成主要实物工作量表

名 称	新增数据库数据	维护后数据库数据
地质工作程度数据库	新增840条	3 768条
矿产地数据库	新增711条	3 157条
1∶50万地质图数据库	—	1幅
1∶25万～1∶20万地质图数据库	—	维护30幅1∶20万图幅
1∶5万地质图数据库	新增建库88幅	116幅
1∶20万化探数据库	—	维护30幅1∶20万图幅
1∶5万化探数据库	新增47幅1∶5万图幅	47幅
自然重砂测量数据库	新增10幅1∶5万图幅	维护30幅1∶20万图幅

十、省级文字报告

包括全省13个矿种共16份单矿种(组)潜力评价成果报告、全省潜力评价汇总报告和工作报告等,完成主要实物工作量如表 1-10 所示。

表 1-10　省级文字报告完成主要实物工作量表

名　称	报告(份)	附图(幅)	图册(套)
全省单矿种(组)潜力评价成果报告	16	180	12
全省潜力评价成果汇总报告	1	36	—
全省潜力评价工作报告	1	—	—

第三节　主要成果

按照全国项目办的总体安排，福建省矿产资源潜力评价工作分 3 个阶段，分别完成了全省煤炭、铁、铜、铅、锌、金、钨、稀土、磷、钼、锡(锂)、银、锰、萤石、重晶石、硫、镍共 18 个矿种的潜力评价及相关专业工作，全省单矿种(组)潜力评价成果报告及各专题成果报告均通过了全国项目办组织的评审。在成矿地质背景、重力、磁法、化探、自然重砂、成矿规律、矿产预测和数据库建设等各专业研究方面均取得了一批重要成果。

一、成矿地质背景

地质背景研究是以板块构造理论为指导，以研究大陆动力学过程为主线，运用大地构造相分析方法研究地壳演化的全过程。它是以大量的实际资料为基础，充分利用各种比例尺区调资料和各类科研成果，从编制 1∶25 万实际材料图→1∶25 万建造构造图→1∶50 万建造构造图→1∶50 万沉积岩区、火山岩区、侵入岩区、变质岩区、大型变形构造五大要素大地构造相专题工作底图→1∶50 万省级大地构造图，逐步有序扎实地进行，圆满地完成了任务，达到了预期的目标，取得的主要成果如下。

(1)福建省 1∶50 万大地构造图的编制是以地层划分对比、沉积岩建造、火山岩建造、侵入岩浆活动、变质变形等地质记录为基础，在板块构造-地球动力学理论指导下，以成矿规律和矿产预测的需求为基点，通过大地构造环境恢复的研究，全面客观地反映福建省区域地壳形成演化全过程的特征。以 1∶25万地质实际材料图、1∶25 万建造构造图为基础，编制大地构造相沉积、火山、侵入、变质、大型变形构造五大要素图和岩石构造组合图，在上述图的基础上编制大地构造图。

(2)判别和划分沉积岩、火山岩、侵入岩、变质岩岩石构造组合、沉积岩建造组合及大型变形构造，按Ⅳ级大地构造相单元划分了时空结构表，反映大地构造单元的演化过程。详细分析和表达了岩石构造组合与各级相单元特征，表现了岩石构造组合和相单元的含矿性，满足矿产预测和成矿规律研究的需要，重点突出了大地构造相分析、大地构造单元特征。

(3)对沉积岩区进行了沉积岩建造组合类型及构造古地理单元划分，共划分有 18 个不同时代、不同类型的沉积岩建造组合，分属 4 个Ⅱ级(陆内、被动陆缘、裂谷、洋盆)、6 个Ⅲ级(无火山断陷盆地、凹陷盆地、陆表海、陆坡陆隆、夭折裂谷、深海平原)和 13 个Ⅳ级构造古地理单元。

(4)火山岩区在岩性岩相划分的基础上，进行火山岩岩石构造组合的划分。划出新近纪碱性玄武岩夹拉斑玄武岩和拉斑玄武岩夹碱性玄武岩 2 个组合，晚白垩世高硅高钾火山岩-碎斑熔岩-潜火山岩组合；早白垩世(玄武岩)安山岩-流纹质火山岩组合、玄武岩(安山岩)-钙碱性流纹质火山岩组合，早白垩世早期熔结凝灰岩-流纹岩组合、英安(流纹英安)质火山岩组合，晚侏罗世英安质、流纹英安质、流纹质火山岩组合、安山岩-英安岩-流纹质火山岩-碎斑熔岩组合，早侏罗世玄武岩（安山岩）-流纹质火山岩组合及晚三叠世的安山岩-流纹质火山岩组合等13个火山岩岩石构造组合。

（5）对全省的侵入岩进行了岩浆建造和岩石构造组合划分，共划分出了新近纪的基性侵入岩构造组合，晚白垩世花岗闪长质-花岗碱长质斑岩构造组合，早白垩世过碱性—碱性花岗岩构造组合、钙碱性侵入岩构造组合，晚侏罗世花岗岩构造组合（G组合内带）、花岗闪长岩-花岗岩构造组合（GG组合主带），早侏罗世钙碱性侵入岩构造组合，中三叠世花岗岩构造组合、钾质侵入岩构造组合，志留纪强过铝—过铝性花岗岩构造组合及新元古代基性（超基性）—酸性杂岩构造组合等11个侵入岩岩石构造组合，并对其形成的大地构造环境进行探讨，共划分出同碰撞、后碰撞、后造山、裂谷和古岩浆弧5种大地构造环境。

（6）在岩石地层划分对比的基础上，根据变质相类型及变质岩建造组合的展布特点，对变质岩区划分出闽西北、闽西南和闽东3个变质区及崇安-宁化、松溪-剑斗、永安-龙岩、平潭-东山4个变质带，并指出前震旦纪变质地层是非斯密斯地层不具层序地层学的意义，所定地层单位应叫岩组、岩群等岩石构造地层名称，尤其是马面山岩群的3个岩组，其间均为韧性断层接触，各自均为构造圈限的独立地质块体。

（7）对福建省存在的大型变形构造进行了划分，共划分出武夷山-泰宁和南平-宁化左行斜冲，政和-大埔和平潭-东山左行走滑，将乐-龙岩逆冲推履构造，上杭-云霄、松溪-宁德、永安-晋江高角度正断层4个类型（剪切、压剪、挤压、拉张）8个大型变形构造带。

（8）通过对各类建造组合大地构造环境的综合分析归纳，对福建省大地构造相类型进行了划分，划分出地块、弧盆系、结合带3种大相以及9种相18种亚相的大地构造相单元，并进行了大地构造分区的划分，建立了按大地构造相划分方法划分的福建省大地构造分区表，将福建省的大地构造单元划分为1个Ⅰ级、3个Ⅱ级、5个Ⅲ级、14个Ⅳ级大地构造相单元。

（9）按照福建省不同时代地质构造特点，结合板块演化的地球动力学背景及中国构造演化阶段划分方案，把福建省地壳的离散、聚合、碰撞、造山的演化历史归结为5个构造发展阶段：①古元古代—中元古代华夏陆块形成发展阶段；②新元古代早期华夏陆块裂解、古闽中洋形成发展和弧-弧碰撞阶段；③南华纪—早古生代被动陆缘、古闽中洋关闭陆-陆碰撞阶段；④晚古生代—中三叠世陆表海发展阶段；⑤中生代—新生代活动大陆边缘、陆内叠合造山发展阶段。

（10）在政和—南平—尤溪一带新划分出闽中结合带，是本次新划分出的一个分隔华夏地块与东南沿海岩浆弧的Ⅱ级构造单元，是加里东期闽中洋俯冲闭合的产物。马面山岩群、稻香组应是洋壳型的产物，其大地构造相应为结合带大相的蛇绿混杂岩相，东岩岩组及超基性（基性）杂岩应属蛇绿岩亚相、大岭岩组和龙北溪岩组以及稻香组主要为远洋沉积亚相。

二、重力

（1）将全省的1：20万重力测量数据资料与邻省（浙江省、江西省及广东省）的重力资料相衔接，按照全国重力数据“五统一”的要求，统一进行了全省的重力数据资料处理，获得了一份较系统、完整的重力系列图件。并从重力资料出发，结合其他资料，对重力系列图件作出相应的推断解释，编制了全省重力推断成果图及福建省重力推断侵入岩分布图。同时对全省的岩石密度资料重新进行整理及归类统计，获得了一份较有代表性和完整性的物性资料，为全省重力场的解释推断及今后的物性研究提供了基础资料。

（2）根据重力场分区原则，全省重力场划分为“二带”“四亚带”“六区”及“六亚区”，即福建省沿海重力梯级带（沿海重力异常亚带、福鼎-诏安重力异常亚带）和福建省内陆重力异常带（闽中重力异常亚带、武夷山脉重力异常亚带）。闽中重力异常亚带又分为“四区”“六亚区”，即寿宁-屏南重力异常区（屏南重力异常亚区、政和重力异常亚区）、建瓯-南平重力异常区（尤溪重力异常亚区、顺昌重力异常亚区）、连城-龙岩重力异常区(漳平重力异常亚区、连城重力异常亚区)和武平-永定重力异常区。武夷山脉重力异常亚带再分为“二区”,即泰宁-长汀重力异常区和光泽重力异常区。结合航磁、地质等资料,对各异常带、区做出了地质解释推断,分析了重力场分带、区的地质特征,得出各带、区地壳内物质成分存在差异的结论。

(3)把全省划分成两个Ⅰ级构造单元、4个Ⅱ级构造单元、6个Ⅲ级构造单元和6个Ⅳ级构造单元。Ⅰ级福建沿海断隆带,进一步划分次一级构造单元为:Ⅰ1沿海基底隆起亚带和Ⅰ2福鼎-诏安岩浆活动亚带;Ⅱ级福建内陆断坳带,进一步划分次一级构造单元为:Ⅱ1闽中断坳亚带和Ⅱ2武夷山脉断隆亚带。Ⅱ1将闽中断坳亚带再划分次一级构造单元为:Ⅱ1-1寿宁-屏南凹陷区(细分为屏南凹陷亚区Ⅱ1-1-1及政和隆起亚区Ⅱ1-1-2)、Ⅱ1-2建瓯-南平隆起区(细分为尤溪凹陷亚区Ⅱ1-2-1及顺昌隆起亚区Ⅱ1-2-2)、Ⅱ1-3连城-龙岩凹陷区(细分为漳平隆起亚区Ⅱ1-3-1及连城凹陷亚区Ⅱ1-3-2)和Ⅱ1-4武平-永定隆起区。Ⅱ2将武夷山脉断隆亚带进一步划分次一级构造单元为:Ⅱ2-1泰宁-长汀隆起区和Ⅱ2-2光泽凹陷区。

(4)依据重力场识别断裂的标志,综合航磁、化探、遥感、地质等资料,福建省推断出深(Ⅰ级)断裂带5条,大(Ⅱ级)断裂带11条,一般(Ⅲ级)断裂带23条,共计39条断裂构造。其中11条为新推断划分,7条为延伸扩大,并对深大断裂的产状、断距、形成时间、活动过程及与矿产的关系作了探讨。指出本区构造格局以北东向为主,北西向、南北向次之,还有东西向断裂,且东西向、南北向断裂构造形成时间最早,北西向断裂构造最新,并具有长期活动特征。

(5)通过北西向重力剖面模型结合地震资料计算,展示出区内地壳结构分为上、中、下三层的空间分布情况,属富硅富铝的大陆型地壳。布格重力异常的局部起伏,反映了地壳分界面的隆凹与盖层地质体的密度不均匀性。

(6)对深部构造及上地幔的结构和岩石类型等结合其他资料进行了分析探讨,并进行了深部构造分区,把全省划分为闽东上地幔隆起带、闽中上地幔凹陷带和闽赣交界上地幔隆起带3个省内Ⅰ级深部构造单元,其中闽中上地幔凹陷带又进一步划分为建瓯幔凸和连城幔凹两个次一级深部构造单元。对深、浅构造间的关系及深部构造的控岩、控矿问题进行了粗略的分析探讨。

(7)全省划分出局部重力异常274个,其中重力正异常138个,重力负异常136个,并对29个重力异常采用多边形公式进行反演拟合计算。把异常源分成5类:地层引起的异常64个;酸性侵入岩类引起的异常130个;中酸性—中性侵入岩类引起的异常51个;中基性—超基性侵入岩类引起的异常21个;火山岩引起的异常8个。圈定出半隐伏花岗岩体23个、隐伏花岗岩体16个;半隐伏中酸性—中性岩体17个、隐伏中酸性—中性岩体27个;半隐伏中基性—超基性岩体6个、隐伏中基性—超基性岩体8个;半隐伏地层8处、隐伏地层7处。

(8)通过局部重力异常的解释推断,以及利用不同窗口的剩余布格重力异常进行了全省侵入岩体的圈定,并从垂向上及平面上粗略探讨了侵入岩体的展布特点和成矿关系,为今后地质普查找矿,特别是对找深矿、盲矿提供一些有益的资料。

(9)各矿种预测工作区共计124个,根据重力异常特征,推断了各类断裂构造,隐伏、半隐伏及出露的各类岩体和地层等,为预测找矿及矿产资源潜力评价提供一些重力场的重要信息。

(10)对各矿种预测工作区重力推断的各类地质要素,与各有关矿产进行对比分析,指出了与成矿有关的断裂、岩体、地层等,为寻找各有关矿产提供重力依据。

(11)对福建省的基础地质问题和找矿问题从重力资料上进行了粗略的探讨,并根据重力场推断的构造、局部重力异常和矿产的关系,综合化探成果,圈定了成矿预测区11处。

重力资料的研究分析成果显示出福建省区域重力场信息所反映的地质构造格架和局部异常的地质意义,对福建省地质构造的深化研究及矿产资源潜力预测评价具有重要的价值。

三、磁测

(1)在全面收集相关磁法资料的基础上,完成全省性图件编图 8 张(1∶50 万);完成铁、铜、铅锌、金、钨、稀土、磷等矿种 60 个预测工作区航磁编图 254 张,地磁编图 65 张;完成钼、锡(锂)、银、硫、锰、镍、萤石、重晶石等矿种 64 个预测工作区航磁编图 256 张,地磁编图 66 张。同时完成编图说明书编制及成果数据库建库工作,完成成果报告 1 份。

(2)对全省各地层、岩体的磁性参数进行了收集、统计,形成全省性的地层、潜火山岩、侵入岩岩石谱系等岩石密度值统计表和全省性的岩(矿)石磁性参数统计表及各类岩石磁性参数表,为其他物探工作提供了物性参数。

(3)系统清理了磁法工作程度,编制了航磁、地磁工作程度图并建立数据库;系统收集了全省航磁基础数据,建立了基础数据库;编制了全省磁法基础图件和解释图件,推断的部分断裂构造具有创新性认识,为基础地质研究和成矿规律研究提供了物探依据。

(4)针对铁、铜、铅锌、金、钨、稀土、磷、钼、锡(锂)、银、硫、锰、镍、萤石、重晶石 17 个矿种(组)、3 个Ⅲ级成矿带和 124 个预测工作区开展了磁法基础图件编制、推断解释及信息提取,有效地配合了矿产资源潜力评价及预测工作,为今后工作部署提供了依据。

(5)根据福建省 3 个Ⅲ级成矿区带磁异常特征分析以及各成矿带矿床主要类型、成矿远景区磁场特征的研究,结合典型矿床的研究成果,总结各矿种的磁法找矿标志。

(6)在收集全省各种比例尺重磁成果资料的基础上,对 57 处典型矿床开展了所在区域、所在地区、所在位置的地质和物探异常综合研究,总结了典型矿床地质、物探异常特征,建立了典型矿床地质-地球物理模型。

(7)以磁法资料为基础开展了铁矿定量预测,对全省划分的 1 066 处局部磁异常中与铁矿有关的 61 处磁异常(其中航磁异常 31 处、地磁异常 30 处)进行了初步评价,并对矿致地磁异常 30 处、航磁异常 7 处进行了正反演拟合计算。磁异常拟合体积法预测铁矿总资源量为 192 194.51×10^4 t,其中,334-1 资源量为 92 249×10^4 t、334-2 资源量为 4 895.27×10^4 t、334-3 资源量为 95 050.24×10^4 t。

(8)根据各矿种磁法找矿标志的研究,对磁法找矿效果好的铁矿、铅锌矿和钨矿提出了下一步高精度磁测的工作部署建议。

四、化探

(1)全面系统收集了区域化探以及各类化探资料,编制了系列地球化学基础图件,完成铜、铅锌、金、钨、稀土、钼、锡、银、萤石、重晶石、锰等各类图件编制 1 796 张,建数据库 1 494 个,说明书 1 688 份。计算了全省和各构造单元的地球化学参数,为后继各项工作奠定了良好的基础。

(2)详细研究了区域地球化学分布特征,结合全省各成矿带矿床分布特点,选择铜、铅锌、钨、锡、钼、金、银、镍、锰、稀土、重晶石、萤石 13 个矿种的 27 个典型矿床开展矿床地球化学分布特征及找矿模型研究,提取了地球化学评价指标,为综合异常与找矿预测区圈定提供了依据。

(3)圈定铜、铅、锌、钨、锡、钼、金、银、锰、稀土、重晶石、萤石 12 个矿种综合异常 486 处,找矿预测区 182 处。其中:钼 25 处,银 25 处,锡 8 处,锰 9 处,萤石 15 处,重晶石 4 处,铅、锌各 21 处,金 9 处,钨 12 处,铜 22 处,稀土 11 处。找矿靶区 51 个,其中:银 11 处、钼 14 处、锡 4 处、钨 3 处、铜 8 处、铅锌 8 处、金 3 处。并对其特点与找矿远景进行了综合评述,为今后的找矿工作部署提供了科学依据。

(4)全省开展化探编图的铜、钼、锡、金、银、铅锌、钨、锰、萤石、重晶石、镍 11 个矿种(组)的预测工作区共 94 个，为各矿种预测工作区提供了综合异常，剖析了预测工作区的地球化学与综合异常分布特点，评述了找矿前景，为预测工作区圈定提供了重要依据。

(5)在系统研究了铜矿床的区域与矿床地球化学分布特征，总结了铜定量评价地球化学指标的基础上，开展了铜资源量定量预测，全省预测铜资源量 715.54×10^4 t(包括已探明资源量 282.01×10^4 t)，新增预测资源量 433.53×10^4 t，其中 A 级预测区预测资源量 212.64×10^4 t，B 级预测区预测资源量 220.89×10^4 t。

(6)在综合异常和预测工作区的基础上对 12 个矿种预测区进行了综合研究，结合Ⅲ级、Ⅳ级成矿带地质成矿条件，对各重要成矿区带地球化学找矿潜力进行了分析，提出 13 个地球化学找矿远景区，为找矿工作部署提供了科学的地球化学依据。

(7)在研究区域地球化学分布与各类异常分布规律的基础上，对全省的区域性构造断裂和地质体进行了解释推断。

五、遥感

(1)全面收集和总结全省遥感地质调查成果资料，进行福建省 11 个 1∶25 万国际标准分幅五要素解译图、羟基异常提取图、铁染异常提取图的编图工作以及 1∶25 万影像图数据库的维护。开展了 1∶50万福建省遥感构造解译图、遥感影像图、遥感铁染＋羟基组合异常编图等工作。

(2)配合福建省铁、铜、铅锌、金、钨、磷、稀土、钼、锡(锂)、银、硫、锰、镍、萤石、重晶石 17 个矿种(组) 127 个预测区矿产资源潜力评价工作，完成相同比例尺遥感影像图、遥感矿产地质特征与近矿找矿标志解译图、遥感羟基异常图、遥感铁染异常图等编图工作。

(3)配合福建省铁、铜、铅锌、金、钼、银等矿种的典型矿床研究工作，完成 8 个典型矿床1∶10 000～1∶5 000 比例尺遥感影像图、遥感矿产地质特征与近矿找矿标志解译图、遥感羟基异常图、遥感铁染异常图等 26 张图件的编制工作。

(4)通过分析遥感线、带、环、块、色五要素和遥感羟基异常、铁染异常与预测矿种成矿环境的内在联系，建立了遥感找矿模型，圈定了 112 个遥感最小预测区和进一步找矿有利靶区。

(5)编写福建省各比例尺图件说明书 581 份，完成新增数据库 581 个及阶段性遥感专题成果报告 3 份。

(6)本次福建省矿产资源潜力评价遥感专题是福建省首次运用遥感找矿五要素和克罗斯塔法，对省内进行全省性的地质构造解译和蚀变异常提取，编制了相关图件，并就比较突出的遥感找矿有利区域进行了较为深入的研究分析工作。

(7)首次采用 ASTER 数据对全省进行羟基和铁染蚀变异常信息进行提取工作，根据福建省实际情况，确定利用 134(7＋8)和 1234 组合波段经主成分分析提取羟基与铁染异常的工作方法，并将提取结果与 TMTM 数据提取结果进行比较分析，认为此方法在提取矽卡岩化、绿泥石化、青磐岩化、蛇纹石化等围岩蚀变矿物方面比 TMTM 数据更具优势。

(8)在对福建省花岗岩风化壳离子吸附型稀土矿的预测工作中，总结出了五步骤提取花岗岩风化壳离子吸附型含稀土矿花岗岩表面积的方法，并利用光谱角填图(SAM)进行异常分类及异常优化，进一步去除假异常，提高找矿准确率。

(9)以遥感手段为基础，结合地质、物探、化探、自然重砂等地学资料，对福建省紫金山铜金矿床外围进行成矿有利区的圈定和预测，确立了遥感综合找矿的 5 个标志，圈定了 6 个找矿有利靶区，为下一步找矿提供了重要的参考依据。

六、自然重砂

（1）编制了自然重砂系列图件，其中包括全省自然重砂工作程度图1张、自然重砂采样点位图1张、自然重砂单矿物异常图7张、自然重砂分级图18张、自然重砂有无图7张、自然重砂八卦图4张、自然重砂组合异常图3张、自然重砂综合异常图1张、自然重砂找矿远景预测图1张、福建省区域自然重砂矿物异常区带分布图1张、福建省异常区带自然重砂综合异常图7张等。预测工作区的自然重砂采样点位图69张、自然重砂单矿物异常图142张、自然重砂有无图133张、自然重砂分级图133张、自然重砂八卦图87张、自然重砂组合异常图25张。

（2）对全省和预测工作区的自然重砂异常图均进行了属性连接，建立了自然重砂异常图数据库。

（3）对自然重砂数据进行标准化处理，研究确定了自然重砂矿物异常下限，全省共圈定自然重砂单矿物异常370处。在综合研究的基础上，全省共圈定综合异常68处，远景预测区46处，并对综合异常、远景预测区、预测工作区自然重砂异常进行分析评价，为区域矿产预测和工作部署提供了自然重砂依据。

（4）系统收集了福建省1∶20万自然重砂数据库资料，并对自然重砂数据库进行了维护；补充了街面、中仙等10个1∶5万图幅自然重砂测量资料，为矿产预测提供了更为详细的自然重砂信息。

（5）通过研究发现，自然重砂测量对寻找钨、金矿起到了一定的作用，钨、金自然重砂异常对寻找钨、金矿是有效的，尤其在钨矿找矿中。著名的福建行洛坑钨矿就是自然重砂找矿取得的成果。

（6）结合全省矿产总结中自然重砂的研究成果，识别出福建省重点自然重砂异常，主要为黑钨矿、白钨矿、锡石矿、自然金、磷钇矿、铌钽铁矿、铅族矿物等异常。其出现频率较高，分布规模大，与矿产分布关系密切，多反映区域性矿产分布特征，找矿效果一般较好，在成矿作用分析方面具有一定的代表性，是福建省主要应用于找矿的自然重砂矿物。

七、成矿规律

（1）在全面收集全省有关地质、物探、化探、遥感及矿产资料的基础上，按照全国矿产资源潜力评价的有关要求，对各类资料进行综合研究，编制了成矿规律系列图件，包括福建省重要矿产[煤、铁、锰、铜、铅锌、镍、钨、锡（锂）、钼、金、银、稀土、磷、硫、重晶石、萤石]的矿产预测类型分布图16张，单矿种（组）成矿规律图16张、典型矿床成矿要素图45张，预测工作区成矿要素图128张。

（2）矿产预测类型划分。通过对福建省矿床（点）成矿条件与成矿作用及其成因的研究，对铁、铜等18个矿种的矿产预测类型进行了划分，对各预测类型的分布范围也进行了圈定。共圈出预测类型56个，其中铁矿1个，即广义矽卡岩型（马坑式）；铜矿5个，即陆相火山岩型、斑岩型、矽卡岩型、岩浆热液型、沉积变质-热液改造型；铅锌矿2个，即峰岩式（建阳水吉、尤溪梅仙）沉积变质-热液改造型铅锌矿和大排式（永定大排、连城珠地、长泰钟魏、福鼎银硐）矽卡岩型铅锌矿。矿产预测类型的划分为成矿规律研究与矿产预测打下了良好的基础，证实了矿产预测类型划分的合理性与实际应用意义。

（3）典型矿床成矿要素图及成矿模式。通过对全省各矿产成矿地质条件综合分析研究，优选出单矿种（组）典型矿床45个，代表了各主要预测类型的矿床特征，包括紫金山铜金矿（陆相火山岩型）、马坑铁矿（广义矽卡岩型）、行洛坑钨矿（斑岩型）、上房钨矿（矽卡岩型）、南平西坑铌钽锡锂矿（伟晶岩型）、尤溪峰岩铅锌矿（沉积变质-热液改造型）、李坊重晶石矿（沉积变质型）等福建省有影响的大中型矿床。编制典型矿床的成矿要素图45张，将典型矿床的成矿要素划分为必要、重要、次要三类，编制成矿要素表，对典型矿床的成矿必要要素（成矿地质体、成矿构造、矿化蚀变、矿体等）在成矿要素图中加以表现。编制典型矿床的成矿模式45个，将典型矿床的成矿研究成果及必要成矿要素在成矿模式图中表现。

(4)区域成矿要素图与区域成矿模式图。在分析研究成矿地质条件的基础上，对福建省范围内铁、铜等18个矿种进行综合研究，优选出128个预测工作区进行区域成矿规律研究，提取区域成矿要素，建立成矿模型，编制区域成矿要素图、区域成矿模型图等。预测工作区基本覆盖了各矿种(组)较有找矿前景的区段。区域成矿要素图将区域成矿必要要素、矿床(点)等均在同一个工程文件中表现出来，对成矿远景区进行了圈定。编制的区域成矿模式图展示了各区的成矿要素、成矿作用及成矿过程等内容。

(5)全省成矿规律研究。在综合研究福建省成矿地质条件的基础上，对铁、铜等18个矿种进行成矿规律综合研究，建立了成矿系列10个、亚系列9个，对成矿空间分布规律进行研究，并建立了福建省的成矿谱系；在各单矿种(组)Ⅳ级成矿亚带和Ⅴ级矿集区研究成果的基础上，对全省成矿区带进行综合研究，在3个Ⅲ级成矿带的基础上圈出Ⅳ级成矿亚带6个、Ⅴ级矿集区28个。

(6)煤炭方面。全面收集、研究和利用近十几年来煤炭地质勘查、专题研究和生产所获得的各种相关资料、地质成果，充分利用福建省第三次煤田预测的工作成果，着重研究中生界覆盖层下、火山岩系下、老地层推(滑)覆构造下含煤地层的构造格架，含煤地层的分布范围及赋存形态，开展了福建省含煤地层层位的厘定和划分。将福建省主要含煤地层童子岩组划定为中二叠统。运用岩石地层学、生物地层学、层序地层学等多重地层单位划分新理论、新方法，对中二叠统童子岩组和上三叠统大坑村组、文宾山组/焦坑组的地层层序、沉积环境、聚煤作用进行了较全面的分析研究和总结，开展了全省的含煤地层和煤层的对比。开展了福建省永春-尤溪煤田、将乐-武平煤田、龙岩-永定煤田、永安-大田煤田4个主要煤田的层序地层研究和对比。分析了福建省含煤岩系沉积体系和沉积环境，建立了含煤岩系沉积模式；建立了含煤岩系层序地层格架，划分了Ⅲ级层序及相应的体系域；分析了主要煤层的层位、厚度及变化情况。

八、矿产预测

福建省重要矿种矿产预测成果是在完成了铁、铜、铅、锌、金、银、锰、镍、钨、锡(锂)、钼、稀土、煤、磷、硫、萤石和重晶石18个单矿种资源潜力评价成果复核的基础上，经综合研究汇总而成。取得的主要成果如下。

(1)按矿产预测类型和预测方法类型划分方法，确定了铁、铜、铅、锌、金、银、锰、镍、钨、锡(锂)、钼、稀土、磷、硫、萤石和重晶石17个矿种的矿产预测类型和预测方法类型。

(2)研究提取了铁、铜、铅、锌、金、银、锰、镍、钨、锡(锂)、钼、稀土、磷、硫、萤石和重晶石17个矿种的典型矿床预测要素，编制了典型矿床预测模型图39个。

(3)开展了128个预测工作区的区域预测要素研究，编制了区域预测模型图128个。

(4)圈出了铁、铜、铅、锌、金、银、锰、镍、钨、锡(锂)、钼、稀土、煤、磷、硫、萤石和重晶石18个矿种最小预测区974个，并对其进行了优选，优选结果为A类267个，B类338个，C类369个。

(5)开展了铁、铜、铅、锌、金、银、锰、镍、钨、锡(锂)、钼、稀土、磷、硫、萤石和重晶石17个矿种的资源量预测和估算。2 000m以浅估算的资源量分别为铁矿22.71×10^8t，铜矿512.42×10^4t，铅矿$1\ 040.72\times10^4$t，锌矿$1\ 061.98\times10^4$t，金矿528.67t，银矿35 967.89t，锰矿$4\ 656.57\times10^4$t，镍矿90 772.32t，钨矿59.08×10^4t，锡矿78.61×10^4t，锂矿56 673.6t，钼矿617.74×10^4t，稀土矿×××t，磷矿$4\ 509.90\times10^4$t，硫矿$19\ 731.25\times10^4$t(矿石量)，萤石矿$3\ 174.49\times10^4$t，重晶石矿$6\ 761.55\times10^4$t。

(6)煤炭资源预测成果。在较全面掌握福建省煤田地质特征、聚煤规律的基础上，对中二叠统童子岩组，上三叠统大坑村组、文宾山组、焦坑组主要煤层的资源量进行了预测，预测1 500m以浅资源量为25.72×10^8t。

(7)根据省内区域地质、矿产勘查等工作程度，综合各预测矿种的潜力评价成果，提出了福建省基础地质调查、矿产勘查、找矿理论和技术方法、综合研究等工作部署建议。

(8)对铁、铜、铅、锌、金、银、锰、镍、钨、锡(锂)、钼、稀土、煤、磷、硫、萤石和重晶石 18 个矿种的矿产资源在省内的供需情况进行了分析和预测，总结了这 18 个矿种矿产资源的开发现状，并对未来开发前景进行了预测。

九、数据库

(1)完成福建省基础数据库的更新与维护工作，形成了福建省 1∶20 万地质图数据库、矿产地数据库、工作程度数据库、自然重砂数据库、区域地球化学数据库等基础数据库，为福建省开展矿产资源潜力评价工作和其他相关地质工作奠定了数据基础。其中，新收集了大比例尺地球化学数据库共计 53 个；维护福建省矿产地数据库，共入库 3 157 个大中小型矿床、矿点及重要矿化点等矿产地信息，其中新增矿产地数据 711 个；维护福建省地质工作研究程度数据库，共入库 3 768 个记录，其中新增工作程度记录 840 条；维护福建省自然重砂数据库，共维护 30 个分幅 1∶20 万自然重砂数据库，并新增 10 个 1∶5 万自然重砂数据库；维护福建省 1∶20 万地质图空间数据库，检查 30 个 1∶20 万地质图数据，更换统一系统库，对 30 个套改图幅按"原汁原味"重新制图并建库。

(2)完成省级基础图件编制及空间数据库和属性数据库建设。完成福建省省级基础图件编制 131 张，完成 131 个空间数据库和属性数据库的建设，形成了成矿地质背景、成矿规律及矿产预测、物探、化探、遥感、自然重砂等各专题基础支撑图件及属性库。

(3)完成了福建省 17 个矿种(铁、铜、铅、锌、锰、镍、钨、锡、锂、金、钼、稀土、银、磷、硫、萤石、重晶石)成矿地质背景、成矿规律及矿产预测、物探、化探、遥感、自然重砂等各专题潜力评价相关图件编制共 3 730张，其中成矿地质背景 120 张、成矿规律及矿产预测 584 张、重力 372 张、磁法 644 张、化探 1 411 张、遥感 432 张、自然重砂 167 张；完成了各专题共计 3 730 个空间数据库和属性数据库的建设。

(4)完成了福建省矿产资源潜力评价资料性成果数据集成工作，包括省级基础图件成果图数据库和 17 个矿种(铁、铜、铅、锌、锰、镍、钨、锡、锂、金、钼、稀土、银、磷、硫、萤石、重晶石)成矿地质背景、成矿规律及矿产预测、物探、化探、遥感、自然重砂等各专题成果图数据库的集成入库工作，共计 3 861 个数据库。

(5)完成了福建省矿产资源潜力评价综合信息集成专题成果报告及福建省矿产资源潜力评价成果集成数据库使用说明的编写工作。

十、总体汇总

项目组较好地完成了各相关专题资料的研究工作，各专题合计完成编图总量 3 861 张(幅)。完成成果报告共 27 份，其中：单矿种预测成果报告 16 份，专题成果汇总报告 9 份，总体成果报告 1 份、总体工作报告 1 份。按要求全面完成编图、建库、说明书以及成果报告编制工作。

第二章 地质工作程度

第一节 区域地质调查及研究

福建省地质构造复杂，矿产资源丰富。但在中华人民共和国成立之前，福建省只进行过一些地区的矿产和路线地质调查，研究程度很低。

中华人民共和国成立之后，地质工作作为国家计划经济的组成部分，得以有序地组织推进，福建省地质工作也得到迅速发展。特别是1958年以来，省内外地勘单位、科研所、院校等诸多单位先后在福建省做了大量的地质矿产普查、勘探、专题研究工作，获得了丰富的系统资料和成果，逐步提高了福建省地质矿产研究程度。

一、区域地质调查

福建省境内先后开展过1∶20万、1∶5万、1∶25万的区域地质调查工作，区调工作完成情况见图2-1，表2-1。

福建省自1959年至1977年系统地开展了1∶20万区域地质矿产调查，共完成全省22幅1∶20万区调工作。对全省地层、侵入岩、火山岩、变质岩、构造及矿产进行了系统调研，所获资料系统而丰富，基础资料翔实可靠，建立了福建省地层系统和侵入岩序列，揭示了福建省地质构造特征。

1974年福建省首开大田县幅1∶5万区域地质矿产调查，至2007年已完成152张图幅，其中区域地质矿产调查73幅、地质调查79幅，调查面积约$6.69\times10^4km^2$，约占全省陆域面积的55%，为本次工作提供了大量的基础性资料。

1999年开始的1∶25万区域地质调查，至2007年已完成13张图幅，除福建省西南部与东北隅极少部分外，基本覆盖福建省陆域。1∶25万区域调查工作全面更新了调查区1∶20万成果资料，并解决了一些关键的基础地质问题，为本次成矿地质背景研究工作提供了大量的基础资料。

二、科研工作

继20世纪80年代完成《福建省区域地质志》(1985)以来，针对福建省重要的基础地质问题，陆续开展了部分专题研究工作，如古生代、中生代地层层序、古生物特征及岩相古地理研究，变质地层层序划分、构造演化，以及成果综合集成等(表2-2)。

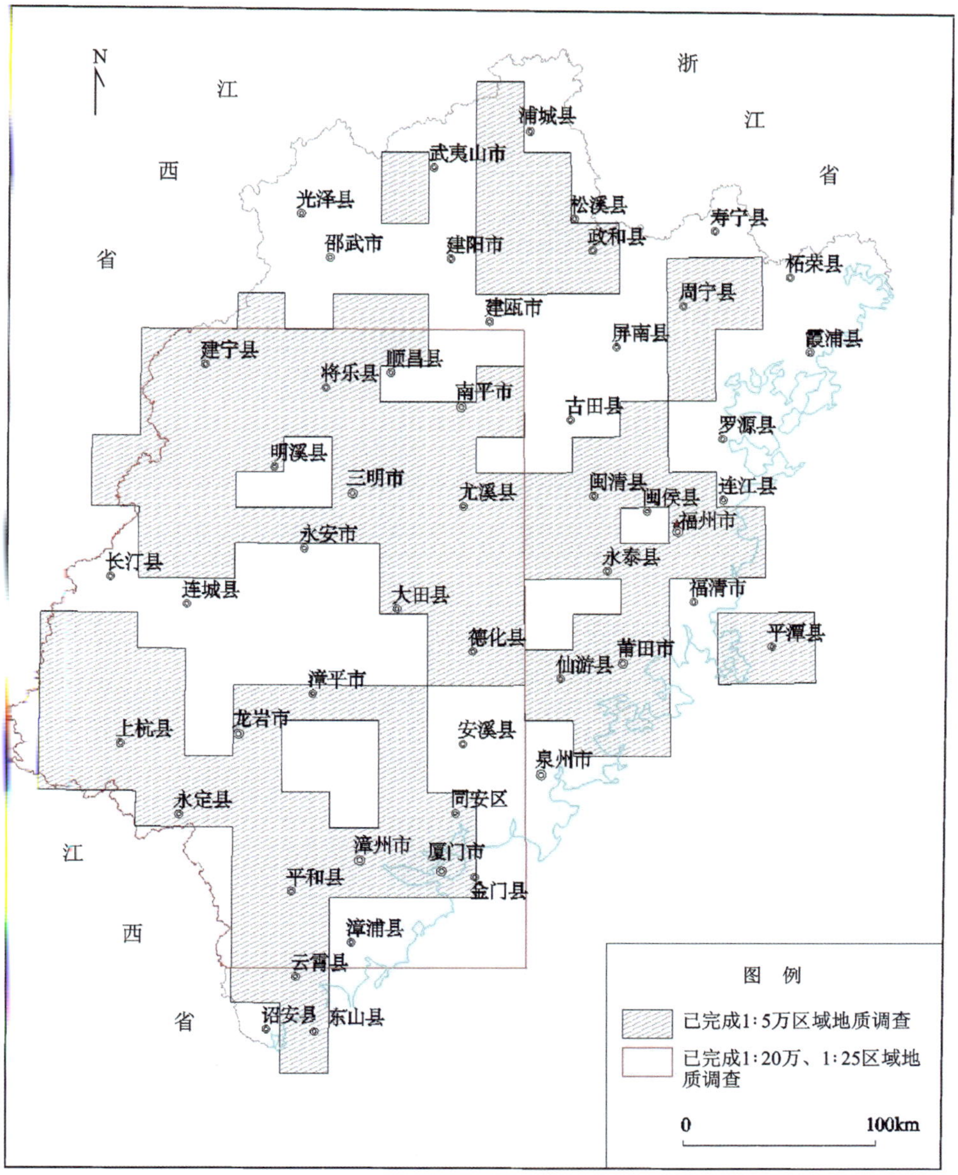

图 2-1　福建省区域地质调查研究程度图

表 2-1　福建省区调工作程度一览表

图幅名称	比例尺	完成时间(年)	完成单位	图幅名称	比例尺	完成时间(年)	完成单位
永安幅	1：20 万	1965	福建省区域地质调查队	德化幅	1：20 万	1977	福建省区域地质调查队
三明幅	1：20 万	1966	福建省区域地质调查队	泉州幅	1：20 万	1977	福建省区域地质调查队
南平幅	1：20 万	1966	福建省区域地质调查队	厦门幅	1：20 万	1977	福建省区域地质调查队
顺昌幅	1：20 万	1970	福建省区域地质调查队	福州幅	1：20 万	1977	福建省区域地质调查队
浦城幅	1：20 万	1972	福建省区域地质调查队	福清幅	1：20 万	1977	福建省区域地质调查队
长汀幅	1：20 万	1970	福建省区域地质调查队	南日岛幅	1：20 万	1977	福建省区域地质调查队
上杭幅	1：20 万	1971	福建省区域地质调查队	漳州幅	1：20 万	1974	福建省区域地质调查队
建瓯幅	1：20 万	1974	福建省区域地质调查队	东山幅	1：20 万	1975	福建省区域地质调查队

续表 2-1

图幅名称	比例尺	完成时间(年)	完成单位	图幅名称	比例尺	完成时间(年)	完成单位
宁化幅	1∶20 万	1972	福建省区域地质调查队	龙岩幅	1∶20 万	1977	福建省区域地质调查队
光泽幅	1∶20 万	1972	福建省区域地质调查队	泰顺幅	1∶20 万	1970	浙江省区域地质调查队
福安幅	1∶20 万	1977	福建省区域地质调查队	广昌幅	1∶20 万	1973	江西省区域地质调查队
三沙幅	1∶20 万	1977	福建省区域地质调查队	广丰幅	1∶20 万	1980	江西省区域地质调查队
浮鹰岛幅	1∶20 万	1977	福建省区域地质调查队	—	—	—	—
三明市幅	1∶25 万	2000	福建省地质调查研究院	周宁县幅	1∶25 万	2007	福建省地质调查研究院
瑞金市幅	1∶25 万	2002	福建省地质调查研究院	福州市幅	1∶25 万	2007	福建省地质调查研究院
邵武市幅	1∶25 万	2004	福建省地质调查研究院	三沙幅	1∶25 万	2007	福建省地质调查研究院
龙岩市幅	1∶25 万	2004	福建省地质调查研究院	莆田市幅	1∶25 万	2007	福建省地质调查研究院
厦门市幅	1∶25 万	2002	福建省地质调查研究院	泉州市幅	1∶25 万	2007	福建省地质调查研究院
东山县幅	1∶25 万	2002	福建省地质调查研究院	广昌县幅	1∶25 万	2007	江西省地调院
龙岩幅	1∶5 万	1982	福建省区域地质调查队	三明幅	1∶5 万	1987	福建省区域地质调查队
适中幅	1∶5 万	1982	福建省区域地质调查队	莘口幅	1∶5 万	1987	福建省区域地质调查队
坎市幅	1∶5 万	1982	福建省区域地质调查队	漳州幅	1∶5 万	1987	福建省区域地质调查队
南胜幅	1∶5 万	1982	福建省区域地质调查队	长泰幅	1∶5 万	1987	福建省区域地质调查队
九峰幅	1∶5 万	1982	福建省区域地质调查队	程溪幅	1∶5 万	1987	福建省区域地质调查队
大溪幅	1∶5 万	1982	福建省区域地质调查队	龙海幅	1∶5 万	1987	福建省区域地质调查队
漳平幅	1∶5 万	1984	福建省区域地质调查队	平和幅	1∶5 万	1988	福建省区域地质调查队
雁石幅	1∶5 万	1984	福建省区域地质调查队	船场幅	1∶5 万	1988	福建省区域地质调查队
将乐幅	1∶5 万	1987	福建省区域地质调查队	霞寨幅	1∶5 万	1988	福建省区域地质调查队
元坑幅	1∶5 万	1987	福建省区域地质调查队	才溪幅	1∶5 万	1988	福建省区域地质调查队
万安幅	1∶5 万	1987	福建省区域地质调查队	芷溪幅	1∶5 万	1988	福建省区域地质调查队
福州幅	1∶5 万	1987	福建省区域地质调查队	德化幅	1∶5 万	1989	福建省区域地质调查队
琯头幅	1∶5 万	1987	福建省区域地质调查队	赤水幅	1∶5 万	1989	福建省区域地质调查队
马尾幅	1∶5 万	1987	福建省区域地质调查队	里心幅	1∶5 万	1990	福建省区域地质调查队
长乐幅	1∶5 万	1987	福建省区域地质调查队	付坊幅	1∶5 万	1990	福建省区域地质调查队
同安幅	1∶5 万	1987	福建省区域地质调查队	新市幅	1∶5 万	1991	福建省区域地质调查队
集美幅	1∶5 万	1987	福建省区域地质调查队	王台幅	1∶5 万	1999	福建省区域地质调查队
厦门幅	1∶5 万	1987	福建省区域地质调查队	南平幅	1∶5 万	1999	福建省区域地质调查队
蓝家渡幅	1∶5 万	1991	福建省区域地质调查队	塔前幅	1∶5 万	1999	福建省区域地质调查队
永定幅	1∶5 万	1991	福建省区域地质调查队	白沙幅	1∶5 万	2000	福建省地质调查研究院
湖雷幅	1∶5 万	1991	福建省区域地质调查队	潘渡幅	1∶5 万	2000	福建省地质调查研究院
街面幅	1∶5 万	1991	福建省区域地质调查队	明溪幅	1∶5 万	2000	福建省地质调查研究院
中仙幅	1∶5 万	1991	福建省区域地质调查队	洋源幅	1∶5 万	2000	福建省地质调查研究院
石陂幅	1∶5 万	1993	福建省区域地质调查队	南口幅	1∶5 万	2000	福建省地质调查研究院

续表 2-1

图幅名称	比例尺	完成时间(年)	完成单位	图幅名称	比例尺	完成时间(年)	完成单位
浒州幅	1：5万	1993	福建省区域地质调查队	余坊幅	1：5万	2000	福建省地质调查研究院
霍童幅	1：5万	1993	福建省区域地质调查队	南靖幅	1：5万	2000	福建省地质调查研究院
九都幅	1：5万	1993	福建省区域地质调查队	金山圩幅	1：5万	2000	福建省地质调查研究院
尤溪幅	1：5万	1994	福建省区域地质调查队	梅林幅	1：5万	2000	福建省地质调查研究院
雍口幅	1：5万	1994	福建省区域地质调查队	上涌幅	1：5万	2000	福建省地质调查研究院
坂面幅	1：5万	1994	福建省区域地质调查队	水口幅	1：5万	2000	福建省地质调查研究院
汤川幅	1：5万	1994	福建省区域地质调查队	雷锋镇幅	1：5万	2000	福建省地质调查研究院
上杭幅	1：5万	1995	福建省区域地质调查队	五里街幅	1：5万	2000	福建省地质调查研究院
象洞幅	1：5万	1995	福建省区域地质调查队	四都幅	1：5万	2000	福建省地质调查研究院
曹坊幅	1：5万	1996	福建省区域地质调查队	桃溪幅	1：5万	2000	福建省地质调查研究院
嵩口坪幅	1：5万	1996	福建省区域地质调查队	涂坊幅	1：5万	2000	福建省地质调查研究院
雾阁幅	1：5万	1996	福建省区域地质调查队	永平幅	1：5万	2000	福建省地质调查研究院
灵地幅	1：5万	1996	福建省区域地质调查队	东山县幅	1：5万	2002	福建省地质调查研究院
富口幅	1：5万	1996	福建省区域地质调查队	宫前村幅	1：5万	2002	福建省地质调查研究院
沙县幅	1：5万	1996	福建省区域地质调查队	福安幅	1：5万	2002	福建省地质调查研究院
管前幅	1：5万	1996	福建省区域地质调查队	周宁幅	1：5万	2002	福建省地质调查研究院
武平幅	1：5万	1996	福建省区域地质调查队	纯池幅	1：5万	2002	福建省地质调查研究院
岩前幅	1：5万	1996	福建省区域地质调查队	上白石幅	1：5万	2002	福建省地质调查研究院
金沙幅	1：5万	1998	福建省区域地质调查队	高苏坂幅	1：5万	2003	福建省地质调查研究院
池园幅	1：5万	1998	福建省区域地质调查队	星村幅	1：5万	2003	福建省地质调查研究院
闽清幅	1：5万	1998	福建省区域地质调查队	大田幅	1：5万	1978	闽西地质大队
白云幅	1：5万	1998	福建省区域地质调查队	广平幅	1：5万	1985	闽西地质大队
拿口幅	1：5万	1998	福建省区域地质调查队	文江幅	1：5万	1985	闽西地质大队
富文幅	1：5万	1998	福建省区域地质调查队	清流幅	1：5万	1986	闽西地质大队
仁寿幅	1：5万	1998	福建省区域地质调查队	泉上幅	1：5万	1986	闽西地质大队
埔上幅	1：5万	1998	福建省区域地质调查队	安砂幅	1：5万	1989	闽西地质大队
夏茂幅	1：5万	1999	福建省区域地质调查队	贡川幅	1：5万	1989	闽西地质大队
宁化幅	1：5万	1991	闽西地质大队	建宁幅	1：5万	1996	闽西地质大队
中沙幅	1：5万	1991	闽西地质大队	水南幅	1：5万	1996	闽西地质大队
石城幅	1：5万	1991	闽西地质大队	均口幅	1：5万	1996	闽西地质大队
小松幅	1：5万	1991	闽西地质大队	安远幅	1：5万	1996	闽西地质大队
迪口幅	1：5万	1981	闽北地质大队	渔梁幅	1：5万	1993	闽北地质大队
夏道幅	1：5万	1981	闽北地质大队	永兴幅	1：5万	1993	闽北地质大队
政和幅	1：5万	1986	闽北地质大队	观前幅	1：5万	1995	闽北地质大队

续表 2-1

图幅名称	比例尺	完成时间(年)	完成单位	图幅名称	比例尺	完成时间(年)	完成单位
川石幅	1∶5万	1986	闽北地质大队	花桥幅	1∶5万	1995	闽北地质大队
后山幅	1∶5万	1986	闽北地质大队	东坪幅	1∶5万	1995	闽北地质大队
泰宁幅	1∶5万	1990	闽北地质大队	水吉幅	1∶5万	1995	闽北地质大队
上青幅	1∶5万	1990	闽北地质大队	小湖幅	1∶5万	1995	闽北地质大队
大深幅	1∶5万	1982	闽东南地质大队	东张幅	1∶5万	1991	闽东南地质大队
长坑幅	1∶5万	1982	闽东南地质大队	新县幅	1∶5万	1991	闽东南地质大队
枫亭幅	1∶5万	1987	闽东南地质大队	岩溪幅	1∶5万	1993	闽东南地质大队
笏石幅	1∶5万	1987	闽东南地质大队	大坪幅	1∶5万	1993	闽东南地质大队
惠安幅	1∶5万	1987	闽东南地质大队	西坪幅	1∶5万	1993	闽东南地质大队
莆栖幅	1∶5万	1987	闽东南地质大队	云霄幅	1∶5万	1995	闽东南地质大队
东桥幅	1∶5万	1988	闽东南地质大队	马铺幅	1∶5万	1995	闽东南地质大队
廷坪幅	1∶5万	1988	闽东南地质大队	大布幅	1∶5万	1995	闽东南地质大队
大湖厝幅	1∶5万	1988	闽东南地质大队	庄边幅	1∶5万	1995	闽东南地质大队
仙游幅	1∶5万	1990	闽东南地质大队	濑溪幅	1∶5万	1995	闽东南地质大队
大罗溪幅	1∶5万	1990	闽东南地质大队	永泰幅	1∶5万	2000	福建省地质调查研究院
平潭幅	1∶5万	1995	福建省地质科学研究所	长庆幅	1∶5万	2000	福建省地质调查研究院
观音澳幅	1∶5万	1995	福建省地质科学研究所	高山幅	1∶5万	1995	福建省地质科学研究所
三山幅	1∶5万	1995	福建省地质科学研究所				

表 2-2 福建省区域地质研究成果一览表

序号	成果名称	时间	完成单位或作者
1	福建省地质图(1∶50万)说明书	1998	黄泉祯、庄建民、郑声俭等
2	福建省区域地质志	1985	福建省地质矿产局
3	福建省岩石地层	1997	李兼海、王国平、郑铁藩等
4	福建省前寒武纪变质岩岩石地层单位划分研究	2000	庄建民、黄泉祯、邓本忠等
5	福建省侵入岩岩石谱系单位划分	2000	郑声俭、严炳铨、黄泉祯等
6	福建省地质构造图(1∶50万)说明书	2000	庄建民、黄泉祯、揭育金等
7	福建省早古生代地层调查研究	1985	福建省区域地质调查队
8	福建省石炭系岩相古地理及有关矿产远景预测	1988	福建省区域地质调查队
9	福建省二叠系—三叠系界线和生物地层研究	1989	福建省区域地质调查队
10	福建省侏罗纪—白垩纪生物地层初步研究	1989	福建省区域地质调查队
11	福建永泰—德化地区中生代火山岩及含矿性研究	1989	福建省区域地质调查队
12	福建省白垩纪红层火山盆地地层的时序对比及含矿性研究	1991	福建省区域地质调查队
13	福建省东部白垩纪岩浆岩研究	1990	福建省区域地质调查队

续表 2-2

序号	成果名称	时间	完成单位或作者
14	福建省晚二叠世大隆组/长兴组—早三叠世溪口组岩相古地理及含矿性研究	1991	福建省区域地质调查队
15	福建永定—上杭地区侵入岩岩石谱系填图方法研究	1991	福建省区域地质调查队
16	福建省漳州复式岩体岩石化学地球化学及成因研究	1993	福建省区域地质调查队
17	福建中生代火山作用与构造环境	1993	冯宗帜
18	闽北前寒武纪变质岩层序划分和构造演化研究	1991	孙大中等
19	福建省地壳-上地幔结构及深部构造背景研究	1992	王培宗等
20	福建省闽西南地区二叠纪煤系缓倾角断裂的发生发展及其规律的研究	1985	福建省地质科学研究所
21	东南沿海(福建)基底构造格局与火山活动关系研究报告	1988	福建省物化探大队、南京地质矿产研究所
22	福建省前加里东区域变质岩系的岩石学、地球化学和变质作用特征	1992	金文山等
23	福建省长乐-东山断裂带/平潭-南澳褶皱带性质及其意义的研究	1992	黄辉、郭坤一
24	台湾海峡中、新生代地质构造及油气地质	1993	金庆焕等
25	台湾海峡及其周边地区构造岩浆演化与成矿作用	1999	高天钧、王振民等
26	漳州Ⅰ-A型花岗岩	1994	周珣若等
27	福建省推覆构造研究及其意义	1994	关玉祥、杨添水
28	闽北前寒武纪变质岩的 *P-T-t* 轨迹及其形成的动力学过程	1993	梅华林等
29	福建东部、浙江西南部地区中生代火山岩石地层划分与时代对比研究	2008	卢清地等
30	长乐-南澳构造带花岗岩类年代学、岩石组合与构造演化	2013	冯艳芳、邓晋福、肖庆辉等

福建省区域地质调查队先后完成了《福建省早古生代地层调查研究》(1985)、《福建省石炭系岩相古地理及有关矿产远景预测》(1988)、《福建省二叠系—三叠系界线和生物地层研究》(1989)、《福建省侏罗纪—白垩纪生物地层初步研究》(1989)、《福建永泰—德化地区中生代火山地质火山岩及含矿性研究》(1989)、《福建省白垩纪红层火山盆地地层的时序对比及含矿性研究》(1991)、《福建省东部白垩纪岩浆岩研究》(1990)、《福建省晚二叠世大隆组/长兴组—早三叠世溪口组岩相古地理及含矿性研究》(1991)、《闽北前寒武纪变质岩层序划分和构造演化研究》(1991)、《福建永定—上杭地区侵入岩岩石谱系填图方法研究》(1993)、《福建省漳州复式岩体岩石学地球化学及成因研究》(1993)、《福建省岩石地层》(1997)、《福建省地质图(1∶50万)说明书》(1998)、《福建省前寒武纪变质岩岩石地层单位划分研究》(2000)、《福建省侵入岩岩石谱系单位划分》(2000)、《福建省地质构造图(1∶50万)说明书》(2000)等一系列基础地质专题研究成果报告。

同时,各地勘单位亦先后完成了《福建省闽西南地区二叠纪煤系缓倾角断裂的发生发展及其规律的研究》(1985)、《东南沿海(福建)基底构造格局与火山活动关系研究报告》(1988)、《福建省地壳-上地幔结构及深部构造背景的研究》(1992)、《福建省长乐-东山断裂带/平潭-南澳褶皱带性质及其意义的研究》(1992)、《福建省推覆构造研究及其意义》(1994)以及《福建东部、浙江西南部地区中生代火山岩石地层划分与时代对比研究》(2008)等基础地质专题研究成果报告。

第二节　物探、化探、遥感、自然重砂调查及研究

一、重力

福建省重力调查工作开展了 1∶50 万和 1∶20 万两种比例尺，均覆盖全省。1∶50 万区域重力调查始于 1983 年，终于 1987 年，覆盖福建省及邻省周边地区面积 122 325km^2，测点 3 970 个，平均每一个测点控制面积 30.8km^2，观测精度为 $\pm 0.145 \times 10^{-5} m/s^2$，布格重力异常总精度为 $\pm 0.658 \times 10^{-5} m/s^2$。1∶20 万区域重力调查始于 1980 年，终于 2001 年，累计完成总工作面积 127 238.5km^2（包括控制的海域面积）。各图幅完成情况见福建省 1∶20 万区域重力调查工作程度图（图 2-2）及福建省 1∶20 万区域重力调查工作概况一览表（表 2-3）。

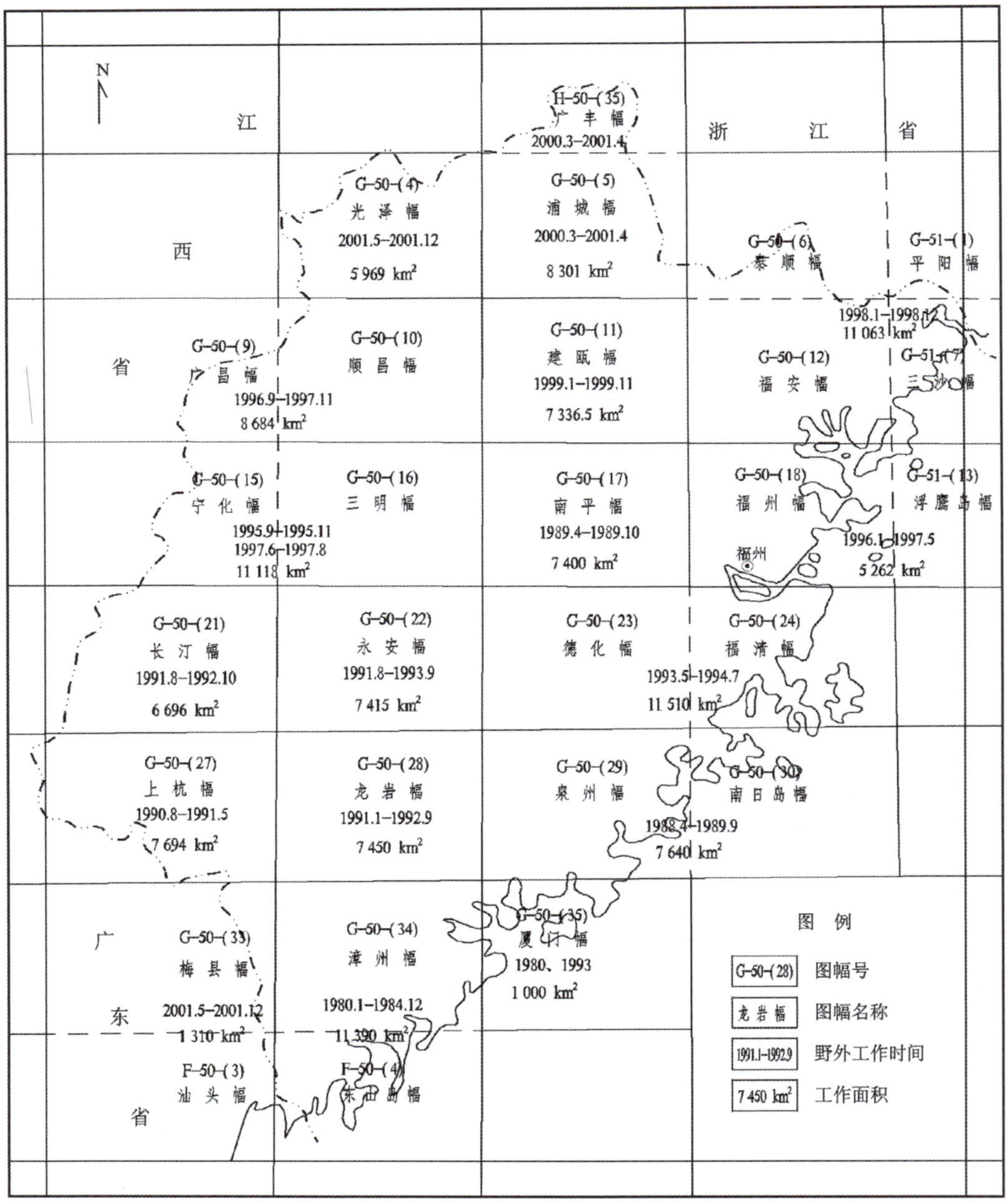

图 2-2　福建省 1∶20 万区域重力调查工作程度图

表 2-3　福建省 1∶20 万区域重力调查工作概况一览表

序号	1∶20 万图幅名	野外工作时间	测区面积（km^2）	重力测点点数（个）	重力测点异常总精度（$\times10^{-5} s/m^2$）	原始资料等级	承担单位	备注
1	漳州幅、东山幅	1980-01—1984-12	11 390	1 991	±0.388	优良	福建省地质矿产勘查开发局物化探大队	自由网，重力值由向塘国家一等点传递，属波茨坦系统
2	厦门幅	1980—1993	1 000	217	±0.471	良好	福建省地质矿产勘查开发局物化探大队	
3	泉州幅、南日岛幅	1984-04—1989-09	7 640	1 323	±0.334	良好	福建省地质矿产勘查开发局物化探大队	
4	南平幅	1989-04—1989-10	7 400	1 337	±0.495	优秀	福建省地质矿产勘查开发局物化探大队	
5	上杭幅	1990-08—1991-05	7 694	1 382	±0.568	优秀	福建省地质矿产勘查开发局物化探大队	
6	龙岩幅	1991-01—1992-09	7 450	1 329	±0.555	优秀	福建省地质矿产勘查开发局物化探大队	
7	长汀幅	1991-08—1992-10	6 696	1 167	±0.448	优秀	福建省地质矿产勘查开发局物化探大队	
8	永安幅	1991-08—1993-09	7 415	1 316	±0.427	优秀	福建省地质矿产勘查开发局物化探大队	
9	德化幅、福清幅	1993-05—1994-07	11 510	2 055	±0.458	优秀	福建省地质矿产勘查开发局物化探大队	
10	三明幅、宁化幅	1995-09—1997-08	11 118	1 392	±0.455	优秀	福建省地质矿产勘查开发局物化探大队	
11	福州幅、浮鹰岛幅	1996-01—1997-05	5 262	952	±0.456	优秀	福建省地质矿产勘查开发局测绘院	
12	顺昌幅、广昌幅	1996-09—1997-11	8 684	1 460	±0.459	优秀	福建省地质矿产勘查开发局测绘院	
13	福安幅、泰顺幅 三沙幅、平阳幅	1998-01—1998-12	11 063	2 126	±0.286	优良	福建省地质矿产勘查开发局测绘院	
14	建瓯幅	1999-01—1999-11	7 336.5	1 332	±0.268	优秀	福建省地质矿产勘查开发局地质调查研究院	
15	光泽幅、浦城幅 广丰幅	2000-03—2001-12	14 270	2 344	±0.307	优秀	福建省地质矿产勘查开发局地质调查研究院	
16	梅州幅、汕头幅	2001-05—2001-12	1 310	194	±0.396	优秀	福建省地质矿产勘查开发局地质调查研究院	

二、磁测

1. 航磁工作

福建省航磁工作为 1∶5 万比例尺，覆盖全省。中精度航磁从 1971 年开始，至 1985 年结束，累计完成面积 131 898km²。1990—1993 年由国土资源部(原地质矿产部)航空物探遥感中心开展了福建省上杭地区高精度航空磁测，完成面积 8 688km²。各测区航磁工作程度见图 2-3，表 2-4。

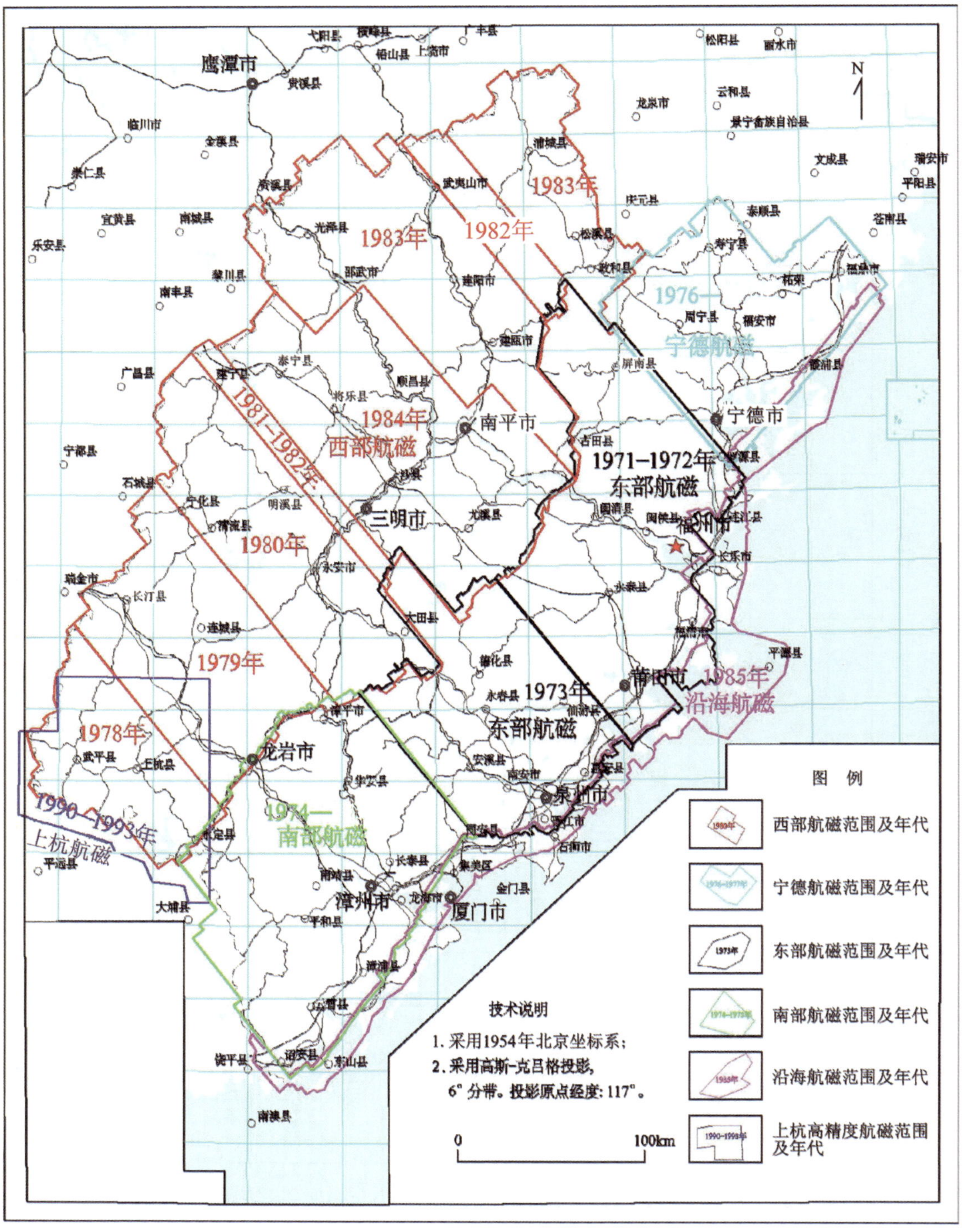

图 2-3　福建省航磁工作程度图

表 2-4　福建省航磁工作程度统计表

工区编号	报告名称	工作时间(年)	比例尺	面积(km^2)	质量评价	资料来源	备注
1	福建省东部地区航空物探结果报告(1972年)	1971—1973	1∶5万	16 334	东部沿海及福州盆地等地形低缓地区,平均飞行高度80m,其他大部分地区平均飞行高度为150m,测量总精度:南部小于30nT,北部为40nT	航空物探遥感中心	
2	福建省东部地区航空物探结果报告(1973年)	1973	1∶5万	11 475	飞行高度不超过200m的地段占总工作量的45%,其余飞行高度均超过200m,测量总精度为±19.7nT	航空物探遥感中心	
3	福建省南部地区航空物探结果报告	1974—1975	1∶5万	17 745	大部分飞行高度保持在200m以内,测线北西大部分超高,在200～260m之间,仍符合规范要求,测量总精度为±18.3nT	福建省航空物探大队	
4	福建省宁德地区航空物探成果报告	1976—1977	1∶5万	10 997	平均飞行高度135.3m,测量总精度:1976年为±21.4nT,1977年为±8.6nT	福建省航空物探大队	
5	福建省西部地区航磁成果报告	1978	1∶5万	6 224	平均飞行高度196.8m,测量总精度为±6.1nT	福建省航空物探大队	
6		1979	1∶5万	10 472	平均飞行高度199.0m,测量总精度为±9.4nT	福建省航空物探大队	
7		1980	1∶5万	10 648	平均飞行高度140.5m,测量总精度为±4.6nT	福建省航空物探大队	
8		1981—1982	1∶5万	1 870	1982年:平均飞行高度202.4m,测量总精度为±12.2nT,1981年:测量总精度为±8.2nT	福建省航空物探大队	
9		1982	1∶5万	2 434	平均飞行高度202.4m,测量总精度为±12.2nT	福建省航空物探大队	
10		1983	1∶5万	5 740	平均飞行高度187.2m,测量总精度为±6.8nT	福建省航空物探大队	
11		1983	1∶5万	12 508	平均飞行高度187.2m,测量总精度为±6.8nT	福建省航空物探大队	
12		1984	1∶5万	15 274	平均飞行高度186.2m,测量总精度为±6.2nT	福建省航空物探大队	
13	福建省沿海地区航空物探工作报告	1985	1∶5万	10 177	平均飞行高度143.3m,测量总精度为±4.6nT	福建省航空物探大队	
14	福建省上杭地区航空磁力测量成果报告	1990—1993	1∶5万	8 688	1990年飞行高度小于200m,占25.23%;1991年飞行高度小于200m,占43.86%;测量总精度为±2.2nT	国土资源部航空物探遥感中心	

2. 地磁工作

福建省地磁工作开展于20世纪50年代，1957年由冶金工业部地质局物探队提交了第一份《福建龙岩县中甲矿区一九五七年物探工作成果简报》。1958—1966年，这一时期，是福建省铁矿地质工作较大发展时期，福建省地质一队、冶金地质队、305地质队、地质二大队、地质四大队、闽中地质队、福建省物探队等单位先后对闽西南地区的龙岩、漳平、安溪、永春、德化、华安等地的铁矿进行了不同比例尺的地面磁测工作。随后全省相继进行了部分磁测工作，主要是在矿区的外围。

自2005年开展矿产调查以来，全省共完成10个片区的1∶5万高精度磁测工作，面积达15 224km²。地磁工作发现了大量磁异常，为地质找矿提供了很好的线索。本次工作收集地磁报告156份，航磁地面查证(简)报告440份。具体见福建省地磁工作程度图(图2-4)。

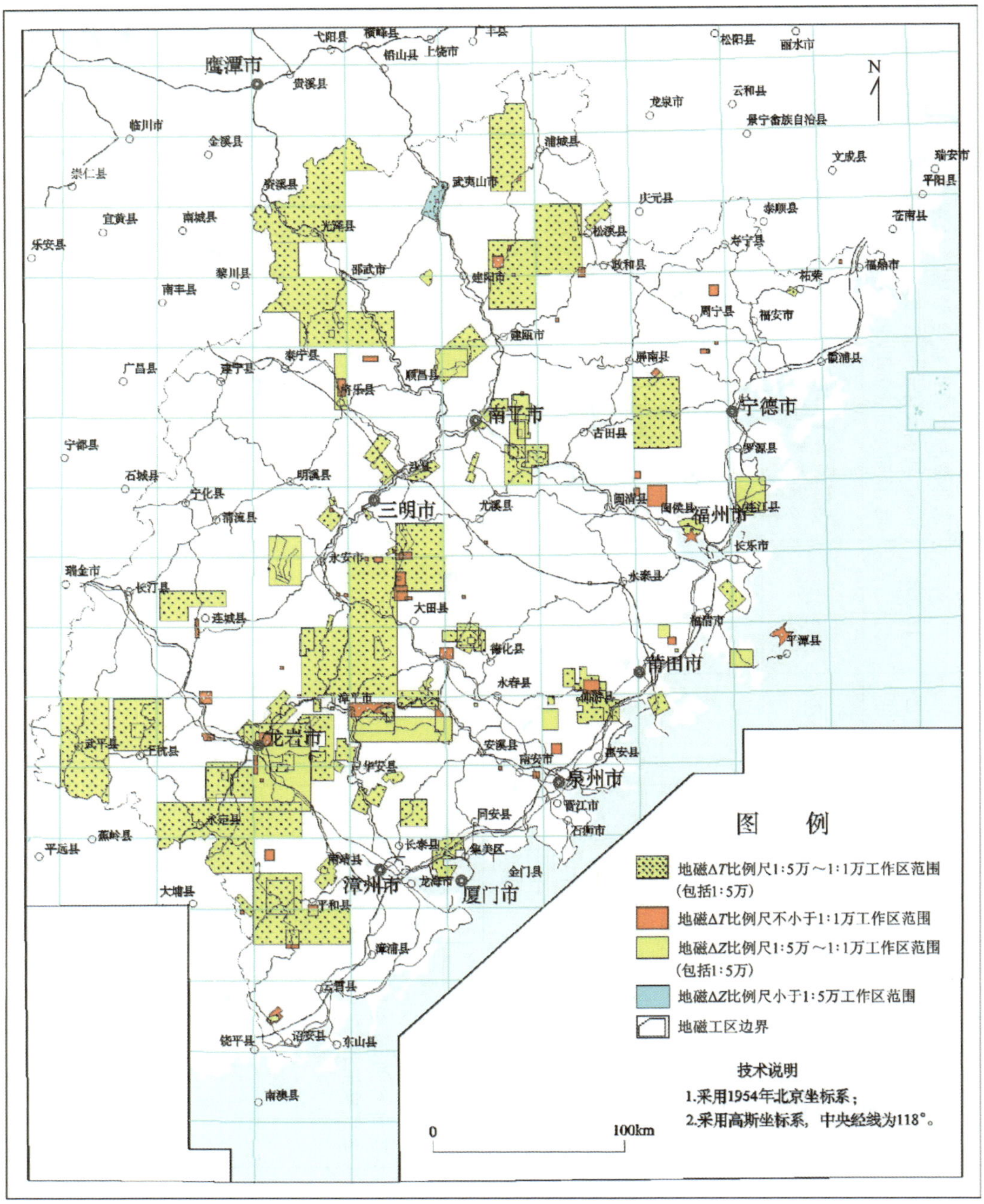

图2-4　福建省地磁工作程度图

三、地球化学

1. 地球化学勘查现状

(1)福建省物探队于1981年开展1∶20万区域化探水系沉积物测量扫面工作,1988年完成全部野外采样,工作结果:采集近20万件化探水系沉积物样品,获取全省39种元素4km^{2}组合样定量分析数据,完成编写全省1∶20万图幅化探说明书及全省区域化探研究报告,建有全省区域化探数据库。

(2)继完成全省1∶20万区域化探水系沉积物测量扫面工作后,局部找矿远景区以1∶5万图幅为单位开展物探、化探、遥感综合编图以及物探、化探区域矿产调查和目前正在开展工作的区域矿产远景调查中的物探、化探工作。

(3)1985年至今,在1∶20万区域化探水系沉积物测量工作基础上,选择重点异常区开展局部地区的1∶5万化探水系沉积物测量工作,一般定量分析10余种元素。

(4)开展局部异常区的化探异常查证工作,以三级、二级异常查证为主,少数开展一级异常查证,并取得了较好的找矿效果。福建省地球化学主要工作程度见表2-5,图2-5。

表2-5　福建省主要化探工作程度一览表

序号	项目名称	比例尺	工作面积(km^2)	完成单位	工作时间(年)
1	福建省1∶20万区域地球化学调查(水系沉积物测量)	1∶20万	全省覆盖	福建省物化探大队	1981—1988
2	福建沿海多目标区域地球化学调查	1∶25万	38 300	福建省地质调查研究院	2000
3	政和、川石、后山幅区域物化探调查(水系沉积物测量)	1∶5万	1 371	福建省物化探大队	1985
4	西坪、大坪、岩溪幅区域物化探调查(水系沉积物测量)	1∶5万	1 399	福建省物化探大队	1985
5	广平、文江幅区域物化探调查(土壤测量)	1∶5万	924	福建省物化探大队	1985
6	山头关幅、司前幅、资溪幅、茶富幅、华侨幅、光泽县幅1∶5万矿产远景调查(水系沉积物测量)	1∶5万	1 625	福建省地质调查研究院	2007
7	止马幅、熊村幅、古山幅、大埠岗幅、拿口幅1∶5万矿产远景调查(水系沉积物测量)	1∶5万	1 877	福建省地质调查研究院	2010
8	水吉幅、小湖幅、花桥幅、东坪幅1∶5万矿产远景调查(水系沉积物测量)	1∶5万	1 879	福建省地质调查研究院	2010
9	永平幅、武平幅、岩前幅1∶5万矿产远景调查(水系沉积物测量)	1∶5万	1 350	福建省地质调查研究院	2007
10	永定幅、湖雷幅、梅林幅、下洋幅1∶5万矿产远景调查(水系沉积物测量)	1∶5万	1 837	福建省地质调查研究院	2007
11	松溪苏源1∶5万地球化学普查(水系沉积物测量)	1∶5万	131	福建省地质测绘院	2002
12	泰宁上坨-城关1∶5万地球化学普查(土壤测量)	1∶5万	120	福建省闽北地质大队	1988
13	清流国马羊1∶5万地球化学普查(土壤测量)	1∶5万	200	福建省闽西地质大队	1989
14	建宁椒元1∶5万地球化学普查(土壤测量)	1∶5万	83	福建省闽西地质大队	1988
15	建宁芦田-水南桥1∶5万地球化学普查(土壤测量)	1∶5万	103	福建省闽西地质大队	1988
16	建宁里心-水南桥1∶5万地球化学普查(土壤测量)	1∶5万	80	福建省闽西地质大队	1988

续表 2-5

序号	项目名称	比例尺	工作面积（km^2）	完成单位	工作时间（年）
17	建宁杉溪 1∶5 万地球化学普查(土壤测量)	1∶5 万	27	福建省闽西地质大队	1988
18	永定—平和地区铜多金属矿评价(田坪—安吉地区 1∶5 万水系沉积物测量)	1∶5 万	400	福建省地质调查研究院	2006
19	永定—平和地区铜多金属矿评价(大矾山地区 1∶5水系沉积物测量)	1∶5 万	400	福建省地质调查研究院	2006
20	福建省光泽县干坑-崇安县龙渡测区 1∶5 万土壤普查	1∶5 万	83	福建省物化探大队	1989
21	福建省上杭县古田测区土壤测量普查	1∶5 万	75	福建省物化探大队	1991
22	福建省永安市洪田测区地球化学土壤测量	1∶5 万	80	福建省物化探大队	1991
23	福建省建阳仓场-溪东测区土壤测量	1∶5 万	82	福建省物化探大队	1991
24	福建省上杭县太拔测区土壤测量	1∶5 万	82	福建省物化探大队	1991
25	福建省上杭县华家圩测区土壤测量	1∶5 万	82	福建省物化探大队	1991
26	福建省南靖县梅林测区土壤测量	1∶5 万	54	福建省物化探大队	1991
27	福建省松溪县半岭测区土壤地球化学测量	1∶5 万	50	福建省物化探大队	1989
28	福建省屏南县岭下测区地球化学土壤测量	1∶5 万	70	福建省物化探大队	1989
29	福建省龙岩马坑铁矿外围田地——焦山工区物化探综合普查	1∶2.5 万	469.8	福建省物探队	1978
30	福建省诏安县建华地区物化探普查	1∶2.5 万	37.4	福建省物探队	1979
31	福建省浦城县管查—屏峰一带(徐墩—石陂)普查	1∶2.5 万	126	福建省物探队	1976
32	福建省永定县大排-高陂工区物化探综合普查	1∶2.5 万	206.6	福建省物探队	1980
33	福建省上杭县庐丰工区物化探综合普查	1∶2.5 万	320.0	福建省物探队	1980
34	福建省浦城县大铁坑-崇安县五夫工区物化探综合普查	1∶2.5 万	250.0	福建省物探队	1981
35	福建省大田县乌峰寨等 8 个测区 1∶5 万水系沉积物测量	1∶5 万	196	福建省地质测绘院	1998
36	福建省邵武市邱家际测区 1∶5 万水系沉积物测量	1∶5 万	74	福建省地质测绘院	1998
37	福建省长泰县钟魏铅锌矿区物化探详查	1∶5 千	1.0	福建省物化探大队	1982
38	福建省建阳县仓场-叶中测区物化探详查	1∶1 万	5.5	福建省物化探大队	1991
39	福建省大田县太华汤泉-锦溪测区物化探详查	1∶2.5 万	26.65	福建省物化探大队	1984
40	福建省建阳县良源-西山工区物化探详查	1∶1 万	13.52	福建省物化探大队	1985
41	福建省上杭县紫金山铜金矿床及其外围物化探勘查综合研究	1∶5 万	400	福建省地质勘查技术院	1993
42	福建省建阳市颜村-顺昌县谢坊 Au、Cu 异常查证	1∶5 万	300	福建省地质测绘院	1999
43	闽西南地区 1∶5 万地球化学普查(水系沉积物测量)	1∶5 万	950	福建省地质调查研究院	2000
44	浦城官司坪 1∶5 万地球化学普查(水系沉积物测量)	1∶5 万	330	福建省地质调查研究院	2000
45	长汀坪浦 1∶5 万地球化学普查(水系沉积物测量)	1∶5 万	130	福建省地质调查研究院	2000

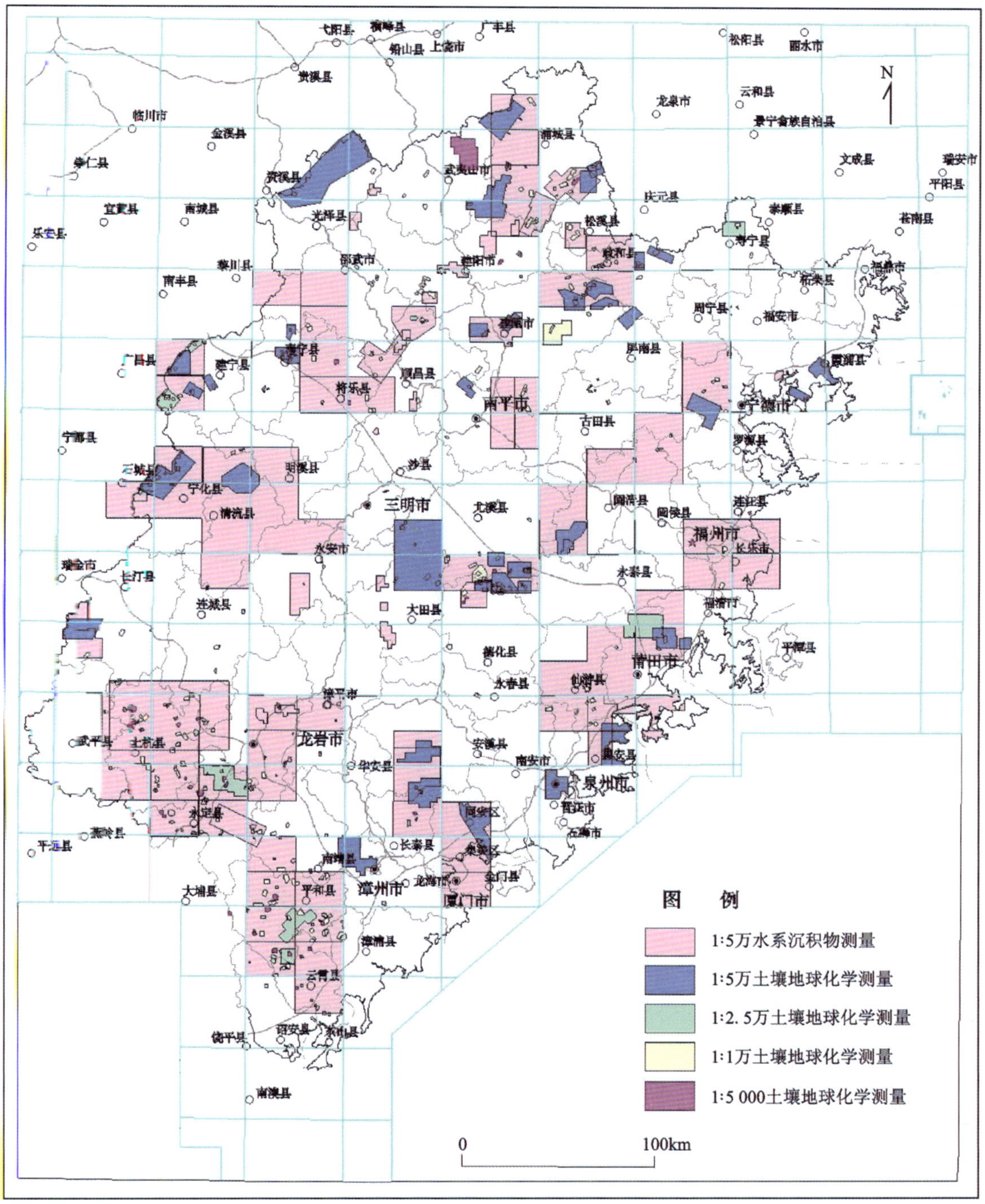

图 2-5　福建省化探工作程度图

2. 研究现状

利用区域化探资料开展的研究工作主要包括如下几方面。

(1)应用于区域地球化学背景方面的研究。利用全省丰度研究成果以及 1∶20 万区域化探地球化学背景研究成果，对福建省的地质构造分区、地球化学分区的研究；在建立福建省四大类岩石(沉积岩、变质岩、火山岩、侵入岩)及 39 种岩石类型的全区性元素丰度和含量分布特征的研究等方面，有着较好的应用效果。

(2)应用于区域及矿区地球化学资料在重要成矿区带开展矿产预测研究。利用 1∶20 万区域化探地球化学资料，结合区域地质成矿背景，在矿产预测区以及找矿远景区的确定等方面起到了重要的作用。

(3)应用区域及矿区地球化学资料开展的典型矿床研究。利用1∶20万区域化探地球化学资料以及大比例尺化探工作的成果资料开展典型矿床研究工作。福建省主要化探研究程度见表2-6。

表2-6　福建省主要化探研究程度一览表

序号	成果名称	完成时间(年)	完成单位
1	福建省铜、金等10种元素地球化学特征及找矿远景研究	1992	福建省物化探队
2	福建省上杭县紫金山铜金矿床地球化学模式研究及盲矿预测	1993	福建省物化探队
3	福建省平和县钟腾铜矿及其外围1∶1万铜(金)铅锌成矿预测研究	1990	福建省闽东南地质大队
4	福建省表壳元素丰度研究	1996	福建省地质勘查技术院
5	福建省永定山口-南靖梅林1∶5万综合信息成矿预测	1993	福建省地质科学研究所
6	福建省10种金属成矿元素地球化学块体研究	2002	福建省地质调查研究院
7	福建寿宁-华安火山基底隆起带金、银、铅、锌、铜成矿地质条件和找矿前景研究	1994	福建省区域地质调查队
8	福建省上杭县-云霄铜多金属成矿带地理物理、地球化学找矿模型(式)及找矿预测研究	1992	福建省物化探队
9	福建省平和县钟腾—大矾山一带铜(金)、铅、锌、银综合信息成矿预测	1992	闽东南地质大队
10	福建浦城-三都澳铜金银多金属成矿带成矿规律及成矿预测研究报告	1992	南京地质矿产研究所、福建省地质四队、福建省物探队等
11	福建省上杭县紫金山铜金矿床及其外围物化探勘查工作综合报告	1993	福建省地质勘查技术院
12	闽浙沿海火山岩地区银矿成矿规律及成矿预测研究	1994	福建省国土资源局、浙江省国土资源厅

四、遥感

福建省地质遥感工作始于20世纪70年代末期，到目前完成全省18幅1∶25万遥感地质调查、86幅1∶5万区域地质调查的前期遥感解译工作、部分矿区遥感调查和专题工作。

利用MSS图像进行地质解译。20世纪80年代购置了Landsat-5的7个波段TM数据，制作了7个波段的黑白影像图、TM453假彩色合成图像，并镶嵌了第一代福建省卫星影像图(1∶50万)。

1984年进行了福州、湄洲湾、厦门3个经济开发区的彩红外航空遥感飞行(比例尺:彩红外为1∶2万，彩色为1∶1万)。在此基础上，开展了1∶5万区域地质调查前期的遥感解译工作。同期进行了泰宁、上青、德化、赤水、街面、中仙等金成矿区1∶5万图幅的地质解译工作。

1988—1989年进行了福建省1∶50万地质构造卫星遥感解译，划分了燕山早期、燕山晚期、喜马拉雅期的构造形迹。

1991年进行了福建省德化、永泰及平和、安溪中生代大型火山机构卫星影像解译。

1998年以大田多金属成矿区和德化—永泰—尤溪"金三角"地区为试验区，研究新一代星载SAR图像在福建省地质矿产勘查中的应用效果，通过SAR与TM假彩色复合图像等工作，建立德化"金三角"金矿遥感找矿解译标志及成矿模式和大田铜铅锌多金属遥感找矿解译标志，预测、圈定了11个找金和8个找铜铅锌矿的有利地段，积累了宝贵的经验。

2000—2003年福建省地质调查研究院开展了福建省国土资源遥感综合调查，利用遥感宏观、综合、快速、多层次的技术优势，开展综合性的矿产资源调查研究，编制福建省矿产资源分布图、遥感解译及远景预测图等图件和研究评价报告，为地质矿产勘查的中长期规划提供基础资料和决策依据。

福建省遥感地质工作经过30年的努力和探索，取得了以下认识。

(1)分析和总结了福建省各断代地层、火山岩、侵入岩及变质岩的遥感影像特征，较好地研究和总结了主要矿化蚀变现象的遥感解译方法，对各类典型矿床的遥感影像特征和地质背景及地球物理、地球化学特征进行了总结，为研究控矿地质条件、成矿规律和成矿预测提供了翔实的基础资料。

(2)系统地总结了福建省铜矿、金矿、铅锌矿的主要成矿地质特征，建立了典型矿床的成矿模式和遥感解译标志。

(3)详细研究了福建省矿床的控矿因素，认为省内主要大型矿床的形成是沉积作用、变质作用、构造作用和岩浆作用(包括火山作用)的综合结果。铜、金的富集成矿与燕山期花岗岩类岩浆侵入作用密切相关。

(4)选择4个找矿前景较佳、资料研究水平较高的远景区，利用遥感解译特征分析结合地质、地球物理、地球化学信息进行找矿靶区优选，建立了的铜矿、金矿、铅锌矿的找矿标志，进一步优选出找矿有利地段和区域13个。为下一步的地质找矿工作提供了重要的参考依据。

五、自然重砂

福建省1∶20万区域自然重砂测量工作始于1959年，至1978年全部结束。

20世纪80年代在开展1∶5万区域地质调查工作时，在1∶20万自然重砂测量工作的基础上，开展了1∶5万自然重砂调查，共计有73张图幅(表2-7，图2-6)，这些图幅的自然重砂成果均未建立数据库。

表2-7　福建省1∶5万自然重砂工作程度一览表

序号	1∶5万图幅名称	完成时间	完成单位
1	渔梁幅、永兴幅	1983-05	闽北地质大队
2	石陂幅、浒州幅	1993-11	福建省区域地质调查队
3	政和县幅、川石幅、后山幅	1986-01	闽北地质大队
4	霍童镇幅、九都幅	1993-07	福建省区域地质调查队
5	仙游县幅、大罗溪幅	1990-12	闽东南地质大队
6	东张幅、新县幅	1991-08	闽东南地质大队
7	付坊幅、里心幅	1990-12	福建省区域地质调查队
8	宁化县幅、中沙幅、石城县幅、小松幅	1991-09	闽西地质大队
9	大深幅、长坑幅	1982-01	闽东南地质大队
10	大田县幅	1978-01	福建省地质二队
11	雁石幅、漳平市幅	1985-01	福建省区域地质调查队
12	龙岩市幅、适中幅、坎市幅	1982-01	福建省区域地质调查队
13	广平幅、文江幅	1986-01	闽西地质大队
14	新市幅、兰家渡幅	1991-01	福建省区域地质调查队
15	街面幅、中仙幅	1991-01	福建省区域地质调查队
16	赤水幅、德化县幅	1990-03	福建省区域地质调查队
17	福州市幅、琯头镇幅、马尾镇幅、长乐县幅	1987-12	福建省区域地质调查队

续表 2-7

序号	1∶5 万图幅名称	完成时间	完成单位
18	船场幅、霞寨幅、平和县幅	1989-12	福建省区域地质调查队
19	同安县幅、集美幅、厦门市幅	1986-12	福建省区域地质调查队
20	迪口幅、夏道幅	1980-01	福建省地质三队
21	上杭县幅、象洞幅	1995-12	福建省区域地质调查队
22	永定县幅、湖雷幅	1991-11	福建省区域地质调查队
23	九峰幅、南胜幅、大溪幅	1982-11	福建省区域地质调查队
24	西坪幅、大坪幅、岩溪幅	1987-04	福建省闽东南地质大队
25	泰宁县幅、上青幅	1990-05	福建省闽北地质大队
26	安砂幅、贡川幅	1989-12	福建省闽西地质大队
27	马铺幅、云霄县幅	1995-09	福建省闽东南地质大队
28	泉上幅、清流幅	1986-12	福建省闽西地质大队
29	芷溪幅、才溪幅	1990-08	福建省区域地质调查队
30	将乐县幅、万安镇幅、元坑幅	1990-04	福建省区域地质调查队
31	廷坪幅、大湖厝幅、东桥幅	1990-03	福建省闽东南地质大队

第三节 矿产勘查及研究

福建省较为系统的矿产资源勘查工作始于 20 世纪 50 年代后期，开始选择“一煤、二铁、三有色”等重点矿种，寻找浅、富、近、易的矿产，全面开展了普查勘探工作，提交了 28 个矿种的储量。勘探了龙岩市翠屏山、苏邦、邵武焦坑、永春天湖山、漳平大坑 5 个煤矿及政和夏山铅锌矿、政和螺岗水晶矿、清流行洛坑钨矿等矿床。20 世纪 70 年代探明了永安煤矿、大田煤矿、南山下萤石矿、洋姑山石灰岩矿和南平西坑铌钽矿等一批大中型矿产地。

1979 年之后，经历了从“五五”到“七五”的 3 个国民经济发展五年计划，福建省地质工作根据国民经济建设发展需要，从福建省成矿地质条件和地质工作发展的宏观规律出发，因地制宜地调整了地质工作部署，以地质找矿为中心扩大服务领域。“六五”“七五”期间，一方面及时加强了非金属矿的开发应用研究；另一方面重点抓了金(银)的找矿突破，后期又加强了铜、锡的找矿任务和贫困地区的找矿工作。1987 年福建地质勘查开发局又进一步确定以金、银、锡、铜、富铅锌、富锰和优质高岭土、石英砂、叶蜡石等矿种列为近期内实现重大突破的目标。在这一时期探明了一批大、中型矿产地，为福建省工农业建设提供了可开发利用的重要矿产资源。如龙岩东宫下高岭土矿、平潭水泥标准砂矿、将乐常口萤石矿、龙岩马坑铁矿、建阳水吉铅锌矿、南平西坑铌钽矿、永安李坊重晶石矿、福清东仔叶蜡石矿、明溪宝石矿、建阳回潭萤石矿等。同时，在铜矿、金矿、银矿普查中紫金山铜(金)矿床探明储量达到大型规模，外围还有很大的找矿远景。

60 多年来，较系统地完成了铁、煤、钨、铌钽、铜、金、铅锌等矿产的勘查工作，发现并探明了一大批大、中型矿产地。截至 2011 年底，全省已发现各类矿产 133 种，占全国已发现矿产总数的 77.8%；已探明储量的矿产 101 种，占全国的 63.5%，其中能源矿产 1 种，金属矿产 27 种，非金属矿产 71 种，水气矿

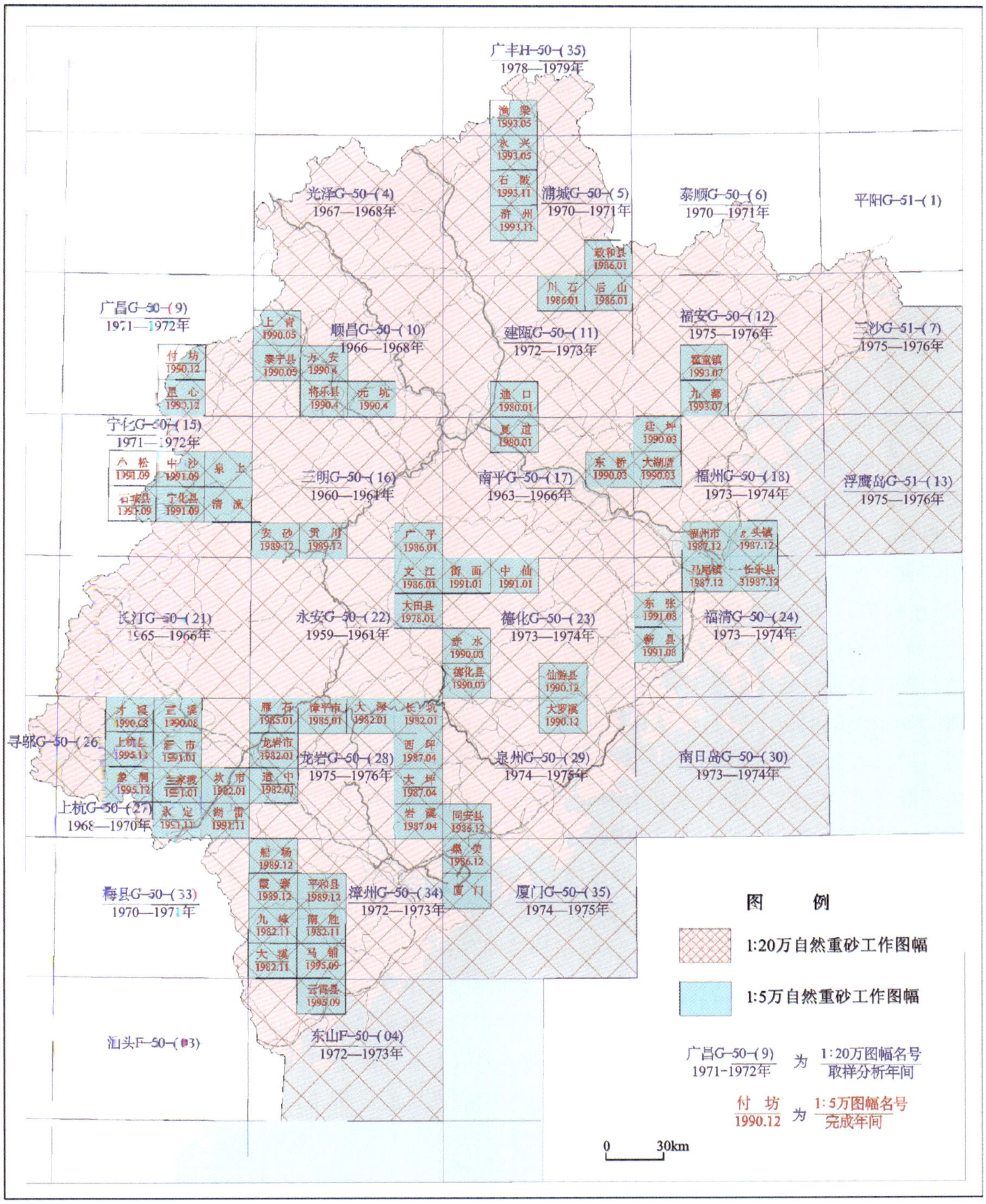

图 2-6　福建省自然重砂工作程度图

产 2 种。全国确定的国民经济支柱性重要矿产 15 种中，福建有 10 种。截至 2011 年底，全省已探明储量的固体矿区数（上储表）1 058 处（含共生矿产），按探明储量规模分类，其中特大型矿区 3 处、大型矿区 63 处、中型矿区 157 处。

探明的矿区按勘查工作程度划分，勘探矿区 190 处、详查矿区 258 处、普查矿区 419 处。煤炭勘探程度相对较高，煤矿占 56.5%，非金属矿占 18.7%，金属矿占 13.8%。勘探深度依矿种而异，煤矿及内生金属矿床一般为 300～500m，部分远景孔控制深度达 1 000～1 300m，非金属矿一般为 100～200m。

1999 年地质大调查实施战略以来，中央及地方对福建省找矿潜力大、国家及福建省紧缺的铜铅锌金银等加大了勘查力度，加强了成矿地质条件、矿床类型的研究，进一步明确了找矿方向。1999—2007年，中国地质调查局累计投入武夷成矿带内矿产资源大调查资金5 606万元，下达工作项目13项，其中资源评价主要有“福建闽中铜金铅锌银多金属矿评价”等10项，异常查证有“福建省寿宁—古田一带银金多金属异常查证”等3项。大调查工作以来共发现矿产地35处，其中铜、铅、锌、金、银、钼、锰等金属矿产地28处、非金属矿产地5处。金属矿产地中大型矿产地2处、中型矿产地10处，如尤溪峰岩、建瓯八外洋、永春上姚、顺昌山后、浦城金竹坑、顺昌黄梓厂等铅锌(银)矿，上杭铜矿沟铜矿，武夷山上西坑、浦城上厂、永定山口钼矿等。同时，还发现了大批小型矿床和可供进一步勘查的矿产地，如永定樟坑铜矿，建阳唐科、武夷山叶坑、建瓯西坑、南平上际铅锌矿及福安上后洋、福州旗山叶蜡石矿等。部分矿区已成为新的矿业开发基地，有力地保障了福建省国民经济和社会可持续发展对矿产资源的需求。

与此同时，10多年来福建省的商业性矿产勘查也取得了很大进展。除大调查新发现矿产地的进一步勘查、评价外，还相继发现、勘查评价了古田西朝、南靖南坑、浦城九里、漳平北坑场、建瓯罗山钼矿，泰宁梅桥、泰宁李家坊、建阳江墩、建阳中窑、政和星溪、上杭紫金山东南矿段、德化邱村金矿，上杭罗卜岭铜矿，永定大排、安溪铅山、宁化溪源、政和湖屯铅锌多金属矿，周宁芹溪、武平悦洋、柘荣英山、柘荣马坑银多金属矿，建瓯上房钨矿，宁化下伊锡矿，上杭县洋坡坑稀土矿等一批金属矿床以及大田奇韬煤矿区苏桥井田等，提交了一批可供进一步普查、详查的矿产地。

福建省开展矿产勘查方面的研究主要包括有以下几个方面。

(1)在铜矿、金矿的勘查研究方面，开展了以紫金山矿田为主的典型矿床及建模研究工作，其中：1989年，福建省闽西地质大队开展了“福建省上杭紫金山地区金矿的研究及远景预测”工作；1990年，国土资源部矿床地质研究所张德全开展了“福建省上杭紫金山铜金矿床蚀变分类和矿化分带研究”工作；1991年，闽西地质大队陈景河、李子林等开展了“紫金山矿区铜金矿床成矿模式研究”工作；1992年，福建省闽西地质大队陈景河等开展了“紫金山铜金矿床成矿模式研究”工作；1993年，福建省物化探大队刘庆生等开展了“福建省上杭县紫金山铜金矿田化探异常特征研究”工作，建立紫金山铜金矿地球化学找矿模型，为福建铜矿勘查提供类比依据。

(2)在铁矿勘查研究方面，开展了推覆构造的存在及其对隐伏矿产的控制作用等方面的研究工作。1986年，闽西地质大队在“大田地区铁硫多金属成矿规律与找矿方向总结研究报告”中总结了大田地区推覆构造的分布规律，并首次提出了广平推覆构造的存在及其对隐伏矿产的控制作用。此外，在铁矿成因研究方面，1981—1984年，中国地质科学院矿床地质研究所葛朝华、韩发等对龙岩马坑铁矿的成因开展了研究，认为是海相火山热液-沉积型矿床。为铁矿勘查提供研究成果及找矿依据。

(3)在其他矿种研究方面，1989年，福建省闽西地质大队开展了福建省三明沙县—永安以西聚煤区推覆构造研究及隐伏煤田预测，研究了推覆构造与隐伏煤田的成矿关系；1986年由福建省闽西地质大队潘继福、陶建华、黄仁生等完成的《福建省大田地区铁、硫、多金属矿成矿规律与找矿方向总结研究报告》，对大田地区的区域地质、地球化学背景及地球物理特征进行研究，论证了该区成矿地质条件、成矿时代、成矿物质来源等，提出了矿床成矿模式，总结了区域成矿规律和典型矿床地质特征，探讨了矿床成因和深部找矿标志，并进行成矿预测；1989年，福建省区域地质调查队开展了“福建省离子吸附型稀土资源远景调查研究”的专题调研，对福建省离子吸附型稀土资源远景进行了预测，提交了《福建省离子吸附型稀土资源远景调查研究报告》，预测了全省稀土资源总量，发现了多处稀土矿点。上述研究成果为开展矿产勘查提供了重要依据。

第四节　成矿规律与矿产预测评价

一、成矿规律研究

福建省区域成矿规律研究主要是在解放后，大致可分为3个阶段：成矿规律研究初期阶段（20世纪50年代至1974年），成矿规律研究与矿产勘查相结合，在勘查与基础调查中研究与总结成矿规律；成矿远景区规划（1974—1987年）为第一轮规划、第二轮规划时所做的大量成矿规律研究；成矿规律研究阶段（1987—2005年）对金等矿种进行成矿规律研究，对全省进行成矿规律总结。

福建省成矿规律研究见表2-8。

表2-8　福建省成矿规律研究情况一览表

序号	报告名称	完成时间（年）	完成单位
1	赣南稀土、铌钽矿床地质特征与成矿规律初步研究	1974	江西省地质局九〇九地质队、九〇八地质队等
2	福建省铁锰矿产成矿远景区图说明书	1974	福建省地质局
3	福建省铜铅锌锑金银矿产成矿远景区图说明书	1974	福建省地质局
4	福建省钨锡钼铋矿产成矿远景区图说明书	1974	福建省地质局
5	福建省铬钒钛镍钴铂矿产成矿远景区图说明书	1974	福建省地质局
6	福建省稀有金属分散元素矿产成矿远景区图说明书	1974	福建省地质局
7	福建省煤矿成矿远景区图说明书	1974	福建省地质局
8	福建省化工原料矿产成矿远景区图说明书（初稿）	1974	福建省地质局
9	福建省冶金辅助原料矿产成矿远景区图说明书（初稿）	1974	福建省地质局
10	闽西南地区马坑式铁矿成矿地质条件、矿床成因、找矿标志的研究	1980	地质部南京地质矿产研究所
11	福建省将乐-邵武钨、锡、钼、铋Ⅴ级成矿远景区划图说明书	1983	福建省地质局
12	福建省南平伟晶岩田成岩成矿规律及找矿方向研究报告	1985	福建省地矿局闽北地质大队、中国地科院矿床所
13	福建省大田地区铁、硫、多金属矿成矿规律与找矿方向总结研究报告	1986	福建省闽西地质大队
14	福建省闽北地区金矿Ⅳ级成矿远景区划说明书	1986	福建省闽北地质大队
15	福建省金（银）矿Ⅳ级成矿远景区划汇总报告	1987	福建省地质科学研究所
16	福建省政和-尤溪金矿Ⅳ级成矿远景区划说明书	1987	福建省闽北地质大队
17	福建省上杭-云霄铜、金多金属成矿带成矿规律与成矿预测研究	1994	福建省地质科学研究所
18	福建省尤溪—德化—永泰"金三角"地区金矿成矿规律与预测研究	1997	福建省地质科学研究所
19	南岭东段闽西南区锡多金属矿成矿规律研究及找矿靶区优选调研报告	2003	福建省第八地质大队
20	福建省将乐高唐-明溪胡坊-清流余朋成矿远景区萤石矿产资源调查评价报告	2007	福建省地质调查研究院

(1)典型矿床的研究：龙岩马坑、清流行洛坑、南平西坑、上杭紫金山等典型矿床研究。

(2)成矿区带的研究：福建省浦城-三都澳铜、金、银多金属矿成矿带成矿规律及成矿预测研究，火山基底隆起带金、银、铅、锌、铜矿成矿地质条件和成矿前景研究矿预测；福建省上杭-云霄铜多金属矿成矿带研究；福建省大田地区铁、硫矿成矿规律与找矿方向等，基本完成了福建省重要成矿带的成矿规律与预测研究。

(3)特定矿种的成矿规律与预测：闽西南区锡矿成矿规律研究及找矿靶区优选，将乐高唐-明溪胡坊-清流余朋成矿远景区萤石矿矿产资源调查评价，福建省尤溪—德化—永泰"金三角"地区金矿成矿规律与预测研究等。

(4)特定区域的成矿规律研究：上杭紫金山地区的成矿规律研究、马坑地区的铁矿成矿规律研究、泰宁何宝山金矿成矿规律研究、闽中裂谷铅锌矿成矿规律研究。

(5)物化探对成矿规律的研究与预测：对物化探异常与矿产分布之间的关系进行研究，主要有磁法对铁矿等矿产的研究，化探对钨、锡、钼、铜、铅、锌、金、银矿等矿产的研究与预测。

(6)全省性成矿规律的研究：福建省区域地质调查队(1986年)编制的福建省区域矿产总结，对全省的矿产及成矿规律进行了较全面的总结。福建省地质矿产勘查开发局(2002年)开展的"福建省矿床成矿系列、成矿规律、成矿模式和成矿预测"，对全省的成矿系列与成矿规律进行了有益的总结，为本次工作提供了很多基础性资料。

二、矿产预测评价

福建省20世纪70年代以来应用不同的成矿理论和评价方法，开展了不同程度和不同尺度的成矿区划及矿产预测工作(表2-9)。其中，系统的、全省性的固体矿产预测工作主要有两轮全省成矿远景区划工作。

表2-9 福建省以往矿产预测工作一览表

序号	报告名称	预测区或预测资源量数据	承担单位或人员	完成时间(年)
1	闽西南主要磁异常特征及其找铁意义研究小结	划分了4处成矿远景区(带)	福建省物探队	1970
2	福建省钨矿床类型及其地质特征专题研究报告	预测区5处：邵武天花山、张厝、顺昌扬厝、清流行洛坑-国母洋、中甲	福建省地质科学研究所等	1973
3	福建省花岗岩钨锡矿矿产资源统计预测及方法研究	对30处Ⅴ级成矿远景区1∶50万的G类资源量估算，WO_3：568 195t	福建省区域地质调查队	1974
4	福建省闽北萤石矿Ⅳ级成矿远景区划图说明书	对9处A类4处B类预测区进行了储量预测：工业储量347.85×10^4t；远景储量1 257.43×10^4t；地质储量3 797.43×10^4t；共5 412.71×10^4t	闽北地质大队	1974
5	东南沿海中生代火山岩区非金属成矿带成矿远景区划	对叶蜡石、高岭土、萤石、明矾石、膨润土等主要非金属矿产进行了预测区划分：A类25处，B类37处	华东各地质勘查开发局	1974
6	福建省铁矿矿产资源总量预测报告	预测储量E类：18 793.7×10^4t；F类：35 043.0×10^4t；G类：61 045.3×10^4t	福建省地质勘查开发局	1975
7	福建省萤石矿矿产资源战略分析	初步估算储量(3 500～4 000)×10^4t	福建省地质资料处	1975
8	福建省石灰石矿产资源总量预测报告	预测储量E类：125 552×10^4t；F类：57 448×10^4t；G类：448 969×10^4t	福建省地质勘查开发局	1975

续表 2-3

序号	报告名称	预测区或预测资源量数据	承担单位或人员	完成时间(年)
9	福建省南平伟晶岩田成岩成矿规律及找矿方向研究	无预测	福建省地质勘查开发局	1975
10	福建省闽西地区金(银)矿成矿远景区划说明书	预测区:A类1处,为紫金山;B类2处,为将乐万全-余坊、永定高东;C类5处	闽西地质大队	1976
11	福建省闽东南地区金银Ⅳ级成矿远景区划图说明书	预测区:A类0处;B类6处;C类18处	闽东南地质大队	1976
12	福建省闽北地区金矿Ⅳ级成矿远景区划图说明书	预测区:A类2处,为邵武金坑-泰宁、政和王母山-建瓯东游;B类4处;C类9处	闽北地质大队	1976
13	福建省金银矿Ⅳ级成矿远景区划汇总报告	预测区:A类3处,为紫金山、邵武金坑-泰宁、政和王母山-建瓯东游;B类8处;C类31处	福建省地质科学研究所	1977
14	闽南铁矿统计预测	预测区:A类5处,为彭炉、松洋、蕉山、李庄和东宝山;B类6处	中国地质科学院	1978
15	闽西南接触交代型铁矿地质特征与成矿条件及找矿方向初步研究	预测区:A类4处,为龙岩马坑、德化阳山、潘田-剑斗、漳平洛阳;B类6处;C类3处	中国地质科学院	1978
16	闽北建瓯—政和一带基底变质岩系及金银矿含矿性研究	无预测	闽北地质大队	1979
17	福建省铅锌铜硫矿成矿远景区划图说明书	划分出Ⅳ级成矿远景区8处,Ⅴ级成矿远景区13处	福建省地质矿产勘查开发局成矿远景区划组	1980
18	福建省永泰县钟魏地区铅锌矿Ⅴ级成矿远景区划图说明书	划分了7处成矿远景区,其中A类2处;B类2处;C类3处	福建省地质七队地质科综合组	1980
19	福建闽侯广坪-雪峰钨钼矿成矿规律及成矿预测图说明书	共划出成矿预测区10个,其中A类2处;B类6处;C类2处。	福建省地质五队	1980
20	福建将乐-清流钨锡钼铋矿Ⅳ级远景区成矿预测图说明书	共划出4处远景区:将乐元洋-孔坪、将乐肖公洞、将乐古楼-明溪东坑、清流岭官	福建省地质二队	1980
21	福建省闽北萤石矿Ⅳ级成矿远景区划说明书	初步划分了5个成矿带,圈定4处A类预测区,6处B类预测区,4处C类预测区	闽北地质大队	1983
22	福建省区域矿产总结	A类预测区24处,B类预测区19处,C类预测区28处	福建省地质矿产局	1985
23	福建省铁矿矿产资源总量预测报告	预测出铁矿资源量为13.01×10^8t,其中E类1.88×10^8t,F类3.50×10^8t,G类2.62×10^8t	福建省地质科学研究所	1986
24	福建省大田地区铁、硫矿成矿规律与找矿方向总结研究报告	划分成矿远景区11处	福建省闽西地质大队	1986
25	福建省金(银)矿Ⅳ级成矿远景区划汇总报告	划分出Ⅳ级成矿远景区10处,Ⅴ级成矿远景区42处	福建省地质科学研究所	1987
26	矿产资源战略分析:萤石单矿种分析系列课题成果	无预测	浙江省地质矿产勘查开发局资料处	1987
27	福建省离子吸附型稀土矿矿产资源远景调查研究报告	求得资源储量原C+D类4.07×10^4t、原E类153.11×10^4t、预测原F类692.868×10^4t,总资源储量850.049×10^4t	福建省区域地质调查队	1988
28	闽北建瓯—政和一带与火山岩有关的金矿成矿地质条件及找矿方向	预测区:A类5处,大源-小坑、湖屯-锦屏、下宅-小绍、川石-东游和前际-富美;B类4处	中国地质大学	1990

续表 2-9

序号	报告名称	预测区或预测资源量数据	承担单位或人员	完成时间(年)
29	福建省金(银)矿找矿矿物学及找矿远景的研究	无预测	福建省地质科学研究所	1991
30	福建崇安-石城构造带中北段构造特征与金(银)矿的关系研究	预测区:A类2处,为泰宁何宝山-五里亭、泰宁朱口-将乐肖家;B类2处,为邵武小源-南山下、泰宁上地-三浪溪;C类7处	闽北地质大队	1991
31	福建省建瓯-德化金多金属矿成矿地质特征及找矿远景研究报告	预测区:A类2处,为尤溪梅仙、官田;B类2处,为建瓯、德化安村;C类8处	福建省地质科学研究所所	1991
32	福建省东部火山岩地区银矿找矿方向研究报告	划分出4个成矿带,12处预测区,其中A类1处,B类4处,C类7处	福建省地质矿产勘查开发局地矿处	1992
33	福建省平和县钟腾—大矾山一带铜(金)铅锌银矿综合信息成矿预测	预测区:A类3处,为钟腾、锦溪、大岭头;B类5处,铜钟坑、大屏山金京洋、山峰、铁骨头;C类6处	闽东南地质大队	1992
34	福建省上杭县-云霄铜多金属矿成矿带地理物理、地球化学找矿模型(式)及找矿预测研究	成矿有利地区有4处:紫金山、钟腾、珠地和龙岩地区。共有预测区A类8处,B类4处	福建省物探队	1992
35	福建省铜金等10种元素地球化学特征及找矿远景研究	成矿远景区(带)Ⅰ级2处:浦城-南平、上杭-仙游;Ⅱ级10处	福建省物化探队	1992
36	福建省闽西南地区1∶20万锰矿成矿预测报告	预测区:A类4处,为余朋-矶头、石碧-水礁、安乡-横岗、三坝;B类2处;C类14处	闽西地质大队	1992
37	福建省上杭县紫金山铜金矿矿床地球化学模式研究及盲矿预测	预测区:A类6处,为扁坑纸厂、罗卜岭-仙师岩、上路-中坑、迳美-常树下、小金山-大坑里-罗卜岭、金龙桥-二庙沟;B类2处	福建省物化探队	1993
38	福建省福清市下溪底及其外围地区银矿成矿地质特征研究和成矿预测	无实际可用资料	福建地质科学研究所	1993
39	福建省铜铅锌银(金)矿第二轮成矿远景区划汇总报告	划分出Ⅳ级成矿远景区7处,Ⅴ级成矿远景区32处	福建省地质科学研究所	1994
40	闽浙沿海火山岩地区银矿成矿规律及成矿预测研究	划分出Ⅳ级银矿成矿远景带6处,Ⅴ级成矿远景区30处	福建省地质矿产勘查开发局、浙江省地质矿产厅	1994
41	福建永安—广东梅州—江西会昌地区铜、锡、铅、锌、银、金矿矿产勘查"跨世纪工程"工作部署	重点普查区7处	福建省地质矿产勘查开发局	1995
42	闽西-梅州火山岩区铜矿成矿条件及成矿预测研究	预测区:A类1处为紫金山;B类2处,连城太平山、大田汤泉;C类4处。预测储量E+F类:60.97×10^4 t	福建省地质矿产勘查开发局	1995
43	福建省铜矿找矿靶区优选报告	圈出以铜矿为主的Ⅴ级成矿远景区16处,选出以铜矿为主的成矿远景地段6处,提出铜矿找矿靶区3处	福建省地质矿产勘查开发局	1996
44	闽浙沿海火山岩地区银矿成矿规律及成矿预测研究	预测区:A类8处,B类8处。其中福建省部分A类2处(锦屏、下溪底),B类3处(龟湖、芹溪、修园)	福建省、浙江省地质矿产勘查开发局	1997

续表 2-9

序号	报告名称	预测区或预测资源量数据	承担单位或人员	完成时间(年)
45	福建省政和Ⅴ级成矿远景区中、大北例尺金矿成矿预测	预测区：A类2处王母山-前际、竹林溪，B类3处富美-大药坑、铁山-东风、稻香-芳源，C类5处	福建省地质科学研究所	1997
46	福建寿宁-华安火山基底隆起带金银铅锌铜成矿地质条件和找矿前景研究	预测区：A类2处尤溪梅仙、尤溪肖板-德化杨梅-永泰岭头坪，B类4处，C类6处	福建省区域地质调查队	1997
47	福建上杭-云霄构造带构造岩浆作用与成矿关系研究	铜金多金属矿预测区：A类2处连城珠地-上杭、上杭-紫金山，B类3处，C类12处	福建省地质科学研究所	1997
48	福建省大型隐伏铜矿床预测	圈出Ⅳ级铜矿成矿远景区(带)12处，Ⅴ级成矿远景区13处；对上杭Ⅳ-8成矿远景区进行了铜资源量估算，预测该区资源总量为505.77×10^4t	石礼炎等	1998
49	福建省金矿矿产资源总量预测报告	预测金矿资源量为198 073.31kg	福建省地质科学研究所	2000
50	福建省矿床找矿系列、成矿规律、成矿模式和成矿预测研究报告	划分了8处成矿远景区(1∶50万)	福建省地质矿产勘查开发局	2002
51	福建省将乐高唐-明溪胡坊-清流余朋成矿远景区萤石矿矿产资源调查评价报告	圈出了6处成矿远景区，其中A类预测区1处，B类、C类预测区各2处	福建省地质调查研究院	2007
52	福建省龙岩市离子吸附型稀土矿资源调查及远景资源量预测报告	求得龙岩市离子吸附型稀土矿资源储量估算1 783 966t	福建省地质调查研究院	2009

(1)从地质勘查工作适度超前出发，原地质矿产部于1979年在全国开展了第一轮成矿远景区划，至1985年结束，区划任务由原地质矿产部下达到27个省、市、自治区地质局。福建省第一轮成矿区划于1979年开始，先后完成区划工作的矿产有铁、锰、钨、锡、钼、铋、铜、铅、锌、金、银、叶蜡石、明矾石、高岭土和宝石等。此外还开展了稀有金属、水晶矿产、建筑材料及其他非金属矿产、冶金辅助原料矿产、化工原料矿产的成矿区划工作。

(2)1992年原地质矿产部在全国部署了第二轮区划工作。福建省于1993年4月开始至1994年12月结束。第二轮区划收集了大量的地质矿产、地球物理、地球化学、自然重砂和遥感等方面资料，主要开展了铜、铅、锌、银、金5个矿种的区划与成矿预测工作。提出3个部级地质勘查“跨世纪工程”重点区——上杭铜矿、尤溪-德化-永泰金矿、大田广平铜金矿，并指出主攻矿种和矿床类型。

(3)全省煤炭资源预测方面。1983—1988年，原地质矿产部组织开展了全国煤炭资源远景调查，目的是从数量和质量上进一步了解全国煤炭资源远景(摸清资源潜力)，从资源整体上研究煤田分布和聚集规律。福建省开展了早二叠世聚煤规律研究，提交了《福建省早二叠世童子岩组沉积环境、聚煤规律及找煤方向》，预测童子岩组隐伏和半隐伏分布区的远景煤炭资源12×10^8t。此外，煤田系统为了摸清我国煤炭资源的“家底”，已经进行了3次全省性的煤炭资源预测工作。

(a)1958—1959年，煤炭工业部组织了我国第一次全国性的煤炭资源预测，当时福建省尚没有专门的煤田勘查队伍，未开展预测工作。

(b)第二次煤田预测始于1974年，历时3年多，由福建省地质科学研究所(地质矿产部门)和福建省煤田地质勘探公司共同承担，以地质力学的理论为指导，运用沉积相分析方法，充分研究了构造控煤、古地理环境对煤层沉积、煤质变化的影响，以及不同时代含煤地层的含煤性变化规律，获得了对聚煤规律的新认识，提高了煤炭资源预测的科学性。全省共圈定出29处成矿远景区，预测储量38.85×10^8t，其中预测可靠储量6.90×10^8t，预测可能储量为17.89×10^8t，预测推断储量为14.06×10^8t，在预测总储量中垂深600m水平以上的储量有14.23×10^8t。

(c)1992—1993年，煤炭工业部组织开展了第三次全国煤田预测，完成了福建省煤炭资源预测与评价报告，将下二叠统童子岩组中划分了76个预测小区和上三叠统大坑组、焦坑组15个预测小区，预测福建省垂深1 000m以浅的煤炭资源预测量为25.5×10^8t。其中，地表至侵蚀基准面以下600m范围内的储量约16.12×10^8t(可靠级的预测量约8.9×10^8t)。

第五节　地质基础数据库

一、地质图空间数据库

(一)福建省1∶50万数字地质图空间数据库

1. 早期建库

1996年10月，福建省区域地质调查队编制完成了1∶50万福建省数字地质图，该图利用了全省30多年来1∶20万地质图28幅及1∶5万地质图117幅的新资料，吸收了有关地质和科研成果资料7项，进行野外路线调查600余千米，补充岩石及化学样品488件，采用现代地质学、地层学、岩石学等新理论和方法，按岩石地层单位、侵入岩按时代加岩性单位和花岗岩类谱系单位编制而成，并在图面上表示了中生代火山岩相界线。地质图内容丰富，信息量大，表示了岩石地层单位80个，花岗岩谱系单位133个，侵入体时代加岩性单位23个，潜火山岩类侵入体时代加岩性单位25个，跨省区断裂6条，省内重要断层16条，同位素年龄数据76个。

1998年，由福建省地质矿产勘查开发局安排，福建省1∶50万数字地质图空间数据库在上述1∶50万福建省数字地质图的基础上，按照《中华人民共和国1∶50万数字地质图数据库地质编图》设计书的要求建立。所有地质体的面元及线元、同位素年龄及钻孔等都建立了相应的属性，且与邻省进行了接图处理，填写了图例簿，编写了编图说明书。

2. 后期维护

2005年，中国地质调查局对数据库根据新的地质编图理论、概念和方法进行了全面更新。数据库由地质图库和地理图库构成，数据库建立了福建省1∶50万区域地质所涉及的水系、境界、地层、火山岩、侵入岩、变质岩、断裂构造、钻孔、同位素等相关信息图层。

(二)福建省1∶20万数字地质图空间数据库

1. 早期建库

1997年，福建省地质矿产勘查开发局下达"福建省地质、物探、化探、遥感系列图库"任务交由福建省地质测绘院和福建省区域地质调查队共同承担，其中要求1997年完成1幅，1998年完成10幅，1999年完成全省所有图幅建库任务。

1999年9月中国地质调查局下达"1∶20万数字地质图空间库(福建省部分)"项目给福建省地质调查研究院，要求于2000年7月前完成7幅。2000年，中国地质调查局又下达任务给福建省地质调查研究院，要求2000年12月前完成10张标准图幅建库任务。

福建省地质调查研究院接到任务后，组织项目工作人员开展工作。1997年—2000年8月，按原“福建省地质、物探、化探、遥感系列图库”任务要求完成全省所有30张图幅建库任务；2000年9月开始，按照中国地质调查局最新要求，对已完成的图库进行全面修改，于2001年2月全部完成并通过了中国地质调查局的评审；2001年5月按照中国地质调查局的评审意见完成修改。

项目组组织了福建省地质专家进行编图，编图时因区调工作程度而异，分别进行编图：对于未完成1∶5万区域地质调查的地区，直接将原1∶20万地质图内容重新标描到薄膜图上；对于已完成1∶5万区域地质调查的地区，则将已出版或已通过最终验收的1∶5万地质图缩编、标绘到前述薄膜图上并与1∶20万成果图接图。

矿产地图层在全面反映1∶20万矿产调查成果的基础上，将1∶5万矿产调查成果也按坐标投绘到单独的透明矿产图上。

项目工作中实际提交30幅(折22张标准图幅)的地质图空间数据库，按下达任务书的不同分为三部分(1997—1998年为5个标准图幅，2000年为10+1/6张标准图幅，1999年为7张标准图幅的地质图空间数据库成果)，资料截止到1998年。根据《空间数据库工作指南》完成30幅(折22张标准图幅)27个专业数据图层的建设。

数据库分以下图层：图幅基本信息图层、水系图层、地层图层、非正式地层单位图层、侵入岩图层、脉岩图层、围岩蚀变图层、混合岩化带图层、变质相带图层、断层(带)图层、韧性变形带图层、矿产图层、产状符号图层与其他图层。其中其他图层录入注记点、化石采样点、同位素测年采样点、钻孔、火山机构及图切剖面线信息。每个图层都有自己独立的属性表。

2. 后期维护

根据中国地质调查局2001年下达的地质调查项目任务书进行开展工作，福建省地质调查研究院于2001年1月—2002年12月对福建省1∶20万数字地质图空间数据库开展维护工作。

维护工作主要是重新调整全省30张图幅的侵入体及地层单位颜色设置，修改火山断层及侵入岩超动界线线形，添加侵入体岩性花纹，检查地质体代号等；对1∶5万数字地质图空间数据库，按最新指南及专家提出的意见进行修改。

二、矿产地数据库

“全国矿产地数据库建设”是中国地质调查局下达的国土资源大调查项目。该项目于1999年开始实施，2002年提交了成果，并由中国地质调查局进行了验收。2003年、2004年对矿产地数据库分别进行了维护，并分年度提交了成果。

1. 早期建库

根据地质矿产部统一部署，福建省地质矿产勘查开发局下达福建省《矿床(点)矿产地数据库建设》任务，要求按照部署录入卡片逐项内容填制。项目人员全面收集全省各类矿产资料，展开了填制卡片工作，编制1∶20万矿床(点)实际材料图作为项目的基础图件，并录入计算机。

根据中国地质调查局1999年6月《矿产地数据库建设工作指南》的新要求，项目组于1999年12月—2000年1月对矿产地数据库某些项目进行补充填卡，2000年3—4月编制了全省1∶20万各幅矿产地实际材料图。

项目资料截至1997年6月。共提交矿床(点)的矿产地总数2 401处，其中大、中、小型矿床的矿产地390处，包括特大型矿产地5处、大型矿产地29处、中型矿产地59处、小型矿产地297处。

数据库建库平台，属性数据库以 MS ACCESS 97 形式建立，图形数据库以 MapGIS 软件建立。矿产地数据库按数据特征将数据表分为 11 类，即包括 11 个数据文件(数据表)，分别是：矿产地基本情况、矿区地质情况、矿体特征、煤层特征、主要可采煤层特征、勘查区(井田)资源量、矿产储量、选矿试验、开采技术条件、矿床技术经济评价、矿产勘查工作概况。

2. 后期维护

(1)2001—2002 年度任务。根据中国地质调查局 2001 年下达的地质调查项目任务书，福建省地质调查研究院于 2001 年 1 月—2002 年 12 月对福建省矿产地数据库开展维护工作。

维护工作主要是对福建省矿产地数据库进行维护，进一步完善已建立的矿产地数据库，同时增加部分卡片的填写。

完成的实物工作量：矿产地数据库填卡 48 份、更新 3 份并录入，并对原有的资料进行了复查整理，矿产地编号按新的行政区编码进行了更新。

(2)2004 年度任务。中国地质调查局 2003 年 12 月下达地质调查项目“地学数据库系统维护与管理(福建)”任务书，福建省地质调查研究院于 2003 年 12 月—2004 年 6 月对福建省矿产地数据库开展维护工作。

维护工作主要是对已建成的矿产地数据库进行维护。要求将 2002 年底以前发现的矿床、矿点、重要矿化点填写卡片后录入数据库。

完成的实物工作量：矿产地数据库新填卡片 28 份，并录入数据库。矿产地共入库 2 465 处。对数据库中矿产地名进行修改，加上所在县名，并去掉矿种。

三、地质工作程度数据库

福建省工作程度数据库建设项目是中国地质调查局下达的基础地学信息类项目，项目工作时间为 2001—2002 年。资料截止到 2000 年。

项目的目的与任务是全面收集 1951 年到 2000 年以来福建省区域地质调查、矿产勘查、地球物理勘查、地球化学勘查、遥感地质调查、水文地质调查、环境地质调查等工作程度的资料，建立以 GIS 系统为平台的空间数据库。

项目于 2002 年完成地质工作程度数据记录 2 928 个，其中区域地质调查 217 条，矿产勘查 1 771 条，地球物理勘查 96 条，地球化学勘查 216 条，遥感地质调查 52 条，水文地质调查 249 条，工程地质调查 14 条，环境地质调查 23 条，海洋地质调查 17 条，综合类调查 273 条。

四、航磁数据库

根据中国地质调查局有关精神，福建省地质测绘院于 1996 年 6 月至 1997 年 10 月完成福建省南部、宁德、西部、沿海 4 个测区的航磁数据库建设工作，入库工作区面积 103 612km^2，飞行测线 207 226km，曲线数字化 4 209.6km，航标数字化 25 023 个。资料截止到 1985 年。

福建省航磁数据库主要工作内容是将原有的航磁模拟资料数字化和建库。数据库提供福建省 2km×2km 的网格数据，局部地区可提供 1km×1km 的网格数据。

福建省航磁数据库汇集了航空磁测数据和相关信息，主要内容包括坐标数据参数、磁力值、航磁工区参数信息等。坐标数据参数，记录与磁力值对应的坐标值；磁力值，记录航空磁测 ΔT 数据；航磁工区参数，记录磁测中工作区有关工作单位、时间、设备、飞行高度、测量精度等信息。

自数据库建立以后，未进行数据库更新和维护工作。

五、区域重力数据库

根据中国地质调查局有关精神及福建省地质矿产勘查开发局“关于下达 1∶20 万地球物理、地球化学、遥感图形库建设任务的通知”，福建省地质调查研究院（原福建省区域地质调查队）和福建省地质测绘院于 1997 年至 2001 年完成福建省 1∶20 万重力数据库建设工作，共计 28 张图幅，23 309 个测点数据。资料截止到 2001 年。

数据库版本为 ACCESS 2000，包含数据项为：经度、纬度、高程值、布格重力异常值等。

自数据库建立以后，未进行数据库更新和维护工作。

六、区域化探数据库

根据中国地质调查局有关精神及福建省地质矿产勘查开发局“关于下达 1∶20 万地球物理、地球化学、遥感图形库建设任务的通知”，福建省地质调查研究院（原福建省区域地质调查队）和福建省地质测绘院于 1993 年至 1999 年完成福建省 1∶20 万地球物理、地球化学、遥感图形库建设工作。其中每张标准图幅包含 30 个图层、30 个说明文件及 54 个属性文件。资料截止到 1998 年。

福建省区域地球化学数据库包含福建省 1998 年以前开展的 1∶20 万和 1∶50 万水系沉积物样品数据，包括 1∶20 万比例尺的 $4km^2$ 一个组合样以及 1∶50 万比例尺的 16～$32km^2$ 单点样的 39 种元素和氧化物数据。目前已汇集的 1∶20 万和 1∶50 万区域化探 39 种元素及氧化物测试数据点共计 32 317个，涉及 1∶20 万图幅 28 幅。

自数据库建立以后，未进行数据库更新和维护工作。

七、自然重砂数据库

福建省 1∶20 万自然重砂数据库建设项目是中国地质调查局下达的基础地学信息类项目，项目工作时间为 2000—2004 年。资料截止到 1977 年。

福建省 1∶20 万区域自然重砂测量工作始于 1959 年，至 1977 年全部结束。样品基本由福建省区域地质调查队鉴定，涉及矿物种类繁多，经初步不完全统计约有 150 种，部分族种矿物已进行归并，还有 100 余种。其中鉴定的有用自然重砂矿物主要有黑钨矿、白钨矿、铋矿物（泡铋矿、辉铋矿等）、铅矿物（钼铅矿、方铅矿、磷酸氯铅矿等）、磷灰石、钛铁矿、铌钽矿（包括铌铁金红石、铌金红石、铌铁矿、铌钽矿等）、黑稀金矿、独居石、钍石、锆石、金红石等几十种矿物。

上述 1∶20 万区域地质调查自然重砂测量工作成果为福建省提供了较为完备的 1∶20 万自然重砂数据。完成了 22 张 1∶20 万图幅，基本覆盖福建省全部区域，根据各 1∶20 图幅的区域地质调查报告（矿产部分）统计，福建省 22 张 1∶20 万图幅测区内共取自然重砂样品 112 981 个[包括河流自然重砂、阶地（坡积）自然重砂、滨海自然重砂、（矿区、矿点）加密样等]。除了浦城幅中没有自然重砂样品点位的区域，其自然重砂数据成果为浙江省某地质队测量，原始资料没有收集到；光泽幅、顺昌幅、建瓯幅中没有自然重砂样品点位的区域，其自然重砂数据成果为 20 世纪 60 年代的 404 地质队测量或其他地质队取样，原始资料无法收集到。其余自然重砂原始资料全部存放在福建省区域地质调查队资料室。这些资料为本项目的开展提供了坚实的基础。

随着中国地质调查局 2000 年 3 月下达任务书，开始正式启动福建省 1∶20 万自然重砂数据库建设项目。经过近 4 年的工作，至 2004 年 6 月，完成了福建省 1∶20 万自然重砂数据库建设工作，共完成 22 张图幅，入库自然重砂样品总计 98 441 个。样品鉴定结果表记录数 1 234 763 条，样品平均鉴定个数 12.67 个/样，B、Y、J、I 四个表中的所有有效数据(项)统计共 7 864 695 个，平均 357 486/幅。数据格式为 MS Access 2000。

福建省 1∶20 万自然重砂空间数据库由自然重砂取样点图层构成。1∶20 万自然重砂取样点位属性由《自然重砂数据库建设工作指南》中的样品基本信息数据表生成。空间数据格式为 ArcInfo 和 MapGIS 两种。

八、遥感影像数据库

福建省遥感影像图数据库建设项目是中国地质调查局下达的基础地学信息类项目，工作起止年限：2000 年 3 月—2003 年。资料截止到 1999 年。福建省遥感影像图数据库共涉及 18 幅 1∶25 万国际标准分幅地图。

福建省遥感影像图数据库由福建省地质调查研究院承担建设，遥感影像地图由陆地卫星 TM 图像制成，卫星图像数据时间跨度 5 年。对全省的 TM 数据进行几何校正、数字无缝镶嵌、增强处理，影像精度达到国家规范要求，是进行全省性遥感解译调查的基础。用 ARC/INFO 生成标准的 1∶25 万分幅的矢量图框，用矢量图框对镶嵌好的全省影像图进行分幅，然后按比例输出图像并叠加图名、图号、图幅结合表、密级、内外图廓线及其经纬度注记、公里网及其注记、图像结合略图、图像情况及资料获取时间、地理位置、制作单位、坐标系、出版年代和比例尺、主要地名等整饰和注记，制作成 1∶25 万标准分幅的遥感影像图。影像精度达到国家规范要求，是进行全省性遥感解译调查的基础。

自数据库建立以后，未进行数据库更新和维护工作。

第三章　潜力评价技术思路

第一节　技术思路

一、指导思想

为充分开发应用福建省已有的地质矿产调查、勘查、物化遥多元信息资料与科研成果，以先进的成矿理论为指导，以各类基础数据为支撑，按照全国项目办的要求使用规范而有效的资源评价方法、技术，以已开展的资源评价工作为基础，采取政府部门指导、中国地质调查局组织实施、专家主导、产学研相结合的工作方式，全面、准确、客观地评价福建省重要成矿区带内的矿产资源潜力以及空间布局，预测未来10～20年福建省重要矿产资源的探明趋势，推断开发产能增长趋势，谋划矿产资源开发基地的战略布局。目的在于更好地规划、管理、保护和合理利用矿产资源，也为部署矿产资源勘查工作提供基础资料，为编制中长期发展规划提供科学依据。同时通过工作提高对福建省区域成矿规律的认识水平，完善资源评价理论与方法，并培养一批科技骨干及工作队伍。

二、工作原则

潜力评价工作坚持解放思想、实事求是、尊重地质工作规律的原则；坚持一切从实际出发，立足当前，着眼长远，统筹全局的原则；坚持“统一组织、统一思路、统一方法、统一标准、统一进度”的原则；坚持科研与生产实践(指导矿产勘查或工作部署)相结合的原则。

三、技术路线

总体技术思路为以成矿理论为指导，加强区域成矿规律研究，加强与成矿有关的基础地质研究工作，最大限度地深入分析福建省地质构造的成矿信息，以Ⅲ级成矿区(带)为单位，深入全面总结福建省主要矿产的成矿类型，研究以成矿系列为核心内容的区域成矿规律；全面利用物探、化探、遥感所显示的地质找矿信息；运用体现地质成矿规律内涵的预测技术，全面全过程应用GIS技术，按照矿种矿床预测类型圈定研究区基础上，实现资源潜力预测评价。涉及的工作内容有区域成矿地质背景研究，物探、化探、遥感、自然重砂信息分析，成矿规律研究，矿产预测和GIS技术应用等。各项工作的技术路线和工作要求如下。

（一）区域成矿地质背景研究

1. 从区域地质调查基础工作着手研究区域成矿地质背景

区域成矿地质背景研究工作主要目的是研究成矿作用和地质作用关系，也是矿产预测工作的基础。成矿地质构造背景研究工作在区域地质调查工作的基础上对福建省的沉积岩、侵入岩、火山岩、变质岩、变形构造进行专题工作，获取与成矿作用有关的信息。最后进行地质构造综合研究工作，分析有利于成矿的地质构造环境。

2. 应用大陆动力学理论指导地质构造背景研究工作

本项目将完全以大陆动力学理论为指导，应用福建省已完成的区域地质调查资料，针对矿产预测工作的实际需要编制新一轮大地构造图，更新20世纪90年代中后期完成的福建省综合地质构造图，同时将运用GIS技术编制与大地构造图相配套的表现地质作用过程的各类辅助图件。

3. 地质构造背景研究工作必须突出重点

地质构造背景研究工作的目的是为矿产预测服务，因此也应服从于矿产预测的需要。成矿作用一般都是和特定的沉积、构造、岩浆等地质作用有关，不可能和每一种地质作用都有关。因此地质构造背景研究工作应该在对已有成矿规律认识的基础上，根据不同矿种，与不同矿床类型、不同控矿因素的关系，针对与成矿作用有关的地质构造问题开展深入研究。例如对福建省煤炭等以沉积为主的矿产，将侧重研究岩相古地理及沉积建造古构造等内容；对金、铜等矿产将侧重研究火成岩岩性岩相构造等内容。

（二）物探、化探、自然重砂、遥感多元信息分析

自20世纪70年代以来，在矿产预测工作中已经普遍重视利用物探、化探、自然重砂、遥感等多元信息，本项目就科学利用物探、化探、自然重砂、遥感等多元信息提出如下技术思路。

1. 物探、化探、遥感资料的综合信息地质构造研究工作

综合信息地质构造研究工作的研究方式，是以地质构造研究结果结合地球物理、地球化学、遥感影像推断解释的地质构造内容，通过综合分析、去粗取精、去伪存真的手段，实现在地质构造研究成果资料的基础上结合物探、化探、遥感有关地质构造推断解释信息的科学集成。

综合信息分析工作，将充分考虑不同专业获取地质构造信息的方式和途径，在信息取舍时应当反映地质构造时间演化、空间分布、物质组分特征方面进行分析取舍、扬长避短，实现互补。

应用物探、化探、遥感多元信息进行地质构造研究过程中，必须注意3种情况：第一种情况必须坚持以地质观察为基础，根据地质观察而获取的区域地质调查资料是地质构造研究的基础资料。第二种情况必须坚持以物探、化探、遥感各专业本身的学科理论原理为依据进行地质解释，避免把特定条件下的推断解释方法泛化为无条件下的推断解释，把推断解释工作简单化，造成违背本学科原理的错误推断。第三种情况必须坚持实事求是的科学原则，首先应按照本学科的原理进行推断地质解释，然后再进行跨学科的综合分析，进行取舍。坚决杜绝一开始就参照地质图内容进行主观演义性推断解释。

2. 物探、化探、自然重砂、遥感异常找矿信息研究

物探、化探、自然重砂、遥感局部异常是重要的间接找矿信息，意义十分重大。

物探异常找矿信息研究：物探异常找矿信息判断具有间接性和多解性，本项目物探资料主要应用航磁、重力数据。航磁主要应用1∶5万比例尺资料，直接作为铁矿以及具有磁性矿物的矿床类型的找矿

信息。本次工作将对物探资料进行精细研究，特别强调，通过对局部异常进行定量反演。采用已知到未知类比法，定性判断矿化信息，通过定量反演判断异常源的位置、边界、埋深和产状。同时要利用已知地质矿产和化探资料，尽量排除物探的多解性。

化探异常找矿信息研究：化探资料应用具有直观性，直接反映了各种矿（化）体的空间分布及与之相关的成矿元素或伴生元素。通过局部异常的圈定，单元素异常及综合异常组合及分带分析，可以判断引起异常的矿种、矿床类型以及矿床的估计规模，也是预测资源量的重要依据。因此化探异常找矿信息研究十分重要。化探异常找矿信息研究，由于其直观性、普及性因而要特别注意：一要特别注重地理景观的研究，由于地理景观的差别，在采样方法有效性，异常评价方法，数据处理方法确定等方面都是不同的，因此必须按照不同景观条件选择评价方法体系；二是目前化探数据主要采用以水系沉积物为主的方法，该方法存在位移偏差，因此汇水盆地的划分以及原始点位的分布在异常评价工作中十分重要；三是根据异常圈定、元素相关性确定、排除干扰、突出低缓异常、异常排序，选择针对性强的精细数据处理方法；四是化探异常评价工作必须密切结合地质成矿条件，避免就异常论异常。

遥感异常的找矿信息研究：遥感地质找矿信息研究长期以来主要以线、带、环、色、块遥感影像信息为依据，进行地质构造解释，以及间接类比分析找矿信息。福建省由于植被覆盖率高，在 1∶5 万矿产远景调查工作过程中进行遥感异常提取试验，总体效果不理想，本次主要是开展地质构造解析工作，并间接解译推断找矿信息。

（三）成矿规律研究

成矿规律研究工作是矿产预测的主要工作内容，也是不可分割的组成部分。成矿规律研究工作就是将福建省地质构造、矿产勘查等资料以及物探、化探、遥感所显示的地质找矿信息，运用科学的方法有机地联系起来。总结矿产的时间、空间、物质组分分布规律。具体技术思路如下。

1. 以成矿系列理论为指导进行成矿规律研究

本项目成矿规律研究工作将以成矿系列理论为指导，在前人工作的基础上，按本项目要求进一步深化研究，完成本次成矿规律研究工作。

2. 合理划分不同级别的成矿区(带)

本次工作以《中国成矿体系与区域成矿评价》(2005)研究成果及全国Ⅲ级成矿区（带）的划分为基础，结合福建省的地质成矿条件对成矿亚区（带）及矿田进行划分。

3. 加强成矿地质构造环境，探讨其与成矿的关系及其演化过程和规律

本次研究将在以往研究的基础上，充分参照本项目对成矿地质背景研究的要求，做好深化研究工作，划分出福建省各类成矿地质构造背景，探讨其与成矿的关系及其演化过程和规律。

4. 加强典型矿床研究工作

典型矿床研究工作是区域成矿规律研究工作的基本内容，不可缺少。由于本项目矿产预测要求做到圈定成矿预测区、预测资源量，选择矿床模型法为矿产预测的主导方法，因此一定要重视典型矿床的研究工作。典型矿床研究工作主要通过收集福建省已有各种研究成果资料和数据。

5. 总结区域成矿规律以矿产预测为目标

以成矿系列等理论为指导，总结区域成矿规律主要通过分析地质构造与区域矿产的时空关系，归纳区域控矿因素，划分成矿区带，总结区域成矿特征，进一步完善成矿系列组，矿床成矿系列、亚系列及矿床式的划分,建立区域成矿模式、区域成矿谱系,建立成矿体系,进行矿产预测。

(四)矿产预测

(1)在矿产预测工作中要细化、深化地质构造研究工作。将充分利用已有福建省基础地质资料,针对不同矿化类型的控矿因素开展地质构造的深入研究,提高预测的可信度。

(2)在矿产预测过程中全面全过程应用 GIS 技术。

(3)预测工作要深化。一是体现在运用 1∶5 万福建省区域地质调查资料开展地质构造精细研究,二是体现在矿床模型精细研究。将克服过去计算机技术应用过程中地质成矿规律研究成果体现不足的问题。

(五)GIS 技术应用

本项目时间短、任务重,而矿产资源预测评价工作涉及资料浩繁,信息量大,数据处理复杂而技术专业种类繁多且工作量大,如果不使用计算机技术是不可能完成的。因此必须全面、全过程应用 GIS 技术,其原则如下。

(1)GIS 技术的应用主要是建立(维护、整理)基础空间数据库。通过数据处理、空间分析、人机交互操作建立多元信息数据库,建立数字化模型,提取控矿标志、找矿信息进行矿产预测操作;完成各类基础图件,专题图件数字化编图、成图,实现全过程可视化表达和结果输出。其优越性在于极大地提高工作效率,把原来人工不可能做到的数据处理、编图工作通过计算机实现了。尤其是保证了各类图件的作图效率和成图准确性。因此在矿产预测过程中坚决遵循"凡是能用计算机的一定要用计算机"的基本原则。

(2)计算机不是万能的,数据处理的方法都具有针对性,都有条件约束。因此如果脱离地质人员的指导,机械地使用计算机软件可能会得出谬误的结果。地质构造的复杂性,地质矿产的多样性,不可能单纯依靠计算机来解决问题,因此必须充分发挥地质人员的作用,GIS 技术的应用必须坚持在地质人员的指导下进行。

四、工作流程

本项目在 GIS 平台上将地质(基础地质、矿床地质)、勘查方法(物、化、遥)和一部分科研成果的资料(或数据),应用当代信息论原理提取成矿的直接和间接信息,并转化为矿产资源量的概念,建立地质资料(或数据)与矿产资源量之间的定量评价模型,进行矿产预测及潜在资源量评估。主要工作流程如下。

1. 收集整理各类基础资料和成果

本项目包括收集大于 1∶5 万及 1∶20 万、1∶25 万区域地质调查、航磁、重力、化探、自然重砂、矿产、典型矿床、科研等原始数据及成果资料;全面掌握 1∶20 万、1∶25 万区域地质调查原始资料、1∶5 万区域地质调查、物探、化探、自然重砂等成果资料。全面掌握已有地质工作程度,编制区域地质调查、地球物理勘查、地球化学勘查、遥感地质调查、矿产勘查、成矿规律研究、成矿区划等工作程度图。全面了解以往成矿规律研究及矿产预测工作情况,包括第一轮成矿区划研究成果(1980—1982 年)、第二轮成矿区划研究成果(1993—1995 年)、全省成矿系列研究成果(1999—2002 年)、全省煤炭资源调查报告(1981—1990 年)、中国煤田地质总局组织完成的第三轮煤田预测成果报告,还包括福建省区域矿产总结报告以及其他各类专题研究报告等。全面了解物探、化探、遥感工作情况,包括全国重要区带成矿编图(1996—1998年)、全省物化遥编图、省级遥感综合编图等。全面掌握地质基础数据库现状，包括：1∶50万数字地质图空间数据库、1∶20万数字地质图空间数据库、矿产地数据库、区域重力数据库、航磁数据库、遥感影像图数据库、区域地球化学数据库、1∶20万自然重砂数据库、工作程度数据库、典型矿产地数据库等。全面掌握区域地质矿产特征，成矿区带划分方案和区域成矿系列划分方案。全面收集典型矿床资料。

2. 基础数据库维护

基础数据库包括工作程度数据库、1∶20万地质图数据库、1∶50万地质图数据库、区域航磁数据库、区域重力数据库、区域化探数据库、区域遥感数据库、区域自然重砂数据库和矿产地数据库，在上述基础上，开展各类图件编制。

3. 确定预测矿种与划分矿产预测类型

根据成矿地质条件，确定预测矿种，划分矿产预测类型，编制矿产预测类型分布图/矿产预测工作区分布图，同时根据不同类型分布区参照大地构造单元和成矿区带范围，确定矿产预测分布区范围。矿产预测工作区全部划定以后，要求和全省地质构造分区图、全省成矿区带划分图、全省地球物理异常图、全省地球化学异常图、全省遥感异常图、全省自然重砂异常图进行全面综合核对并加以修正。

4. 开展大地构造图编制

开展1∶25万实际材料图、大地构造图编制，分幅编制1∶25万建造构造图，分构造阶段编制全省1∶50万建造(沉积、火山)构造图及侵入岩浆构造图，经综合分析以后形成1∶50万全省大地构造图。在编制大地构造图时利用区域重磁、遥感等推断解释地质图的有关资料。

5. 开展典型矿床研究

按照矿产预测类型确定典型矿床，进行典型矿床研究工作，并编制典型矿床成矿要素图及成矿模式图(1∶2.5万～1∶1万)，主要研究内容包括：成矿地质作用、成矿构造体系、成矿特征，并在此基础上研究编制典型矿床成矿要素图。典型矿床成矿要素图主要反映矿床成矿地质作用、矿田构造、成矿特征等内容，突出标明和矿床时空定位有关的成矿要素。对成矿要素进行分类：分为必要、重要、次要。同时进行典型矿床预测要素研究，编制典型矿床预测要素图和预测模型图(1∶2.5万～1∶1万)。

6. 开展区域成矿规律研究

矿产预测方法类型是为了进行区域矿产预测，按照矿产预测方法的不同要求而划分的矿产类型。编图过程中应用重磁、遥感、化探推断解释资料，以Ⅲ级成矿区带为基本单元，研究区域成矿作用，编制区域成矿要素图及区域成矿模式图。在上述研究的基础上，编制区域矿产预测要素图及区域矿产预测模型图。

7. 开展矿产定量预测

进行定量预测工作，编制矿产预测类型预测成果图。根据矿产预测方法类型确定预测方法进行定量预测，圈定最小预测区，预测资源量并分级，并进行概率估计。划分预测区类别，预测矿床数，划分预测区级别。同时进行单矿种预测汇总，编制全省单矿种预测成果图。

8. 开展区域成矿规律总结

总结区域成矿规律，编制全省区域成矿规律图(1∶50万)。成矿规律研究内容贯穿于矿产预测全过程，前述成矿地质背景研究工作、典型矿床成矿要素研究和区域成矿作用研究都是成矿规律研究的基础工作，在完成矿产预测基础上要求进一步开展区域成矿规律研究总结工作。划分成矿区带，省级划分到Ⅳ级和Ⅴ级；进行各成矿区带的地质背景与成矿规律研究，划分成矿系列；进行典型矿床研究成果汇总、区域成矿模式归纳汇总研究，总结成矿系列，建立成矿谱系。编制区域成矿规律图。按照单矿种及矿组类列表说明图件种类和数量。

9. 开展勘查工作部署研究

研究勘查工作部署，编制全省矿产勘查工作部署建议图，开展需求、已查明矿产资源保证程度、矿产预测区成果、矿产勘查外部基础设施条件、矿产勘查环境影响等方面的分析，研究矿产勘查工作部署内容。编制矿产勘查工作部署建议图，划分矿产勘查工作区并分类，提出区域地质调查、物探、化探、矿产勘查等工作内容部署方案。

10. 开展未来勘查开发工作预测

进行未来勘查工作成果预测，编制未来勘查工作成果预测图。以矿产勘查工作部署建议图为底图，表现预期(不同时间段)新增矿产资源量预测成果和获得预测成果需要投入的实物工作量、总经费、工作时间。在此基础上进行未来矿产开发预测，编制未来矿产开发基地预测图。

11. 开展物探、化探、遥感、自然重砂综合信息研究

1)开展物探(重、磁)资料研究工作

(1)为大地构造图提供资料，编制区域物探(重、磁)地质构造推断解释图。

(2)编制与预测底图同比例尺地质构造推断解释图，要求进行定量反演。

(3)编制区域物探(重、磁)异常图，并对异常进行对比研究，推测矿致异常。

(4)编制典型矿床所在位置的物探推断区域地质构造特征图。

(5)编制典型矿床所在位置的区域物探异常特征图。

(6)编制典型矿床大比例尺物探成果图。

(7)开展磁性矿产定量预测，具体要求按照项目办编制的预测方法技术要求执行。

2)开展化探资料研究工作

(1)为大地构造图提供资料，编制区域化探地质构造推断解释图。

(2)编制区域化探异常图，并对异常进行对比研究，推测矿致异常。

(3)编制典型矿床所在位置的区域化探异常特征图。

(4)编制典型矿床大比例尺化探成果图。

(5)开展化探铜矿产定量预测，具体要求按照项目办编制的预测方法技术要求执行。

3)开展遥感资料研究工作

(1)为大地构造图提供资料，编制区域遥感推断解释图。

(2)编制与预测底图同比例尺的地质构造推断解释图。

(3)编制区域遥感异常图，并对异常进行对比研究，推测矿致异常。

(4)编制典型矿床所在位置的遥感推断区域地质构造特征图。

(5)编制典型矿床所在位置的区域遥感异常特征图。

4)开展自然重砂资料研究工作

(1)编制区域自然重砂异常图，推测矿致异常。

(2)编制典型矿床所在位置的自然重砂异常特征图。

12. 开展数据库建设

完成各类专题信息库，编制各类专题信息数据库；完成全省各类汇总成果数据库，按照项目办编制的技术要求执行。

13. 成果编制

编制各类成果报告：包括单矿种成果报告、各课题专题成果报告、总体成果报告、总体工作报告。

第二节 各专业技术工作方法

一、区域成矿地质背景研究

（一）研究思路

本次工作是以板块构造理论和大陆动力学思维为指导，以多岛弧盆系观点为切入点，运用大地构造相分析方法，研究大陆形成演化过程中地块体的离散、汇聚、碰撞、造山等过程的大地构造环境及其与成矿的时空关系，从洋陆转换过程中的大地构造环境理解大地构造形成演化的基本特征，为成矿地质背景、成矿地质条件、成矿规律与矿产预测及资源预测勘查评价提供成矿大地构造地质环境和构造演化阶段的宏观背景。

福建省地处欧亚板块东南缘，为环太平洋中、新生代巨型构造岩浆带陆缘活动带的一部分，是全球构造-岩浆活动最活跃的地区之一，地质构造复杂。在板块构造理论指导下，运用将今论古的比较构造地质方法论和大地构造相时空结构分析方法，依据 1∶25 万建造构造图所表现的各种地质建造构造实际，精细划分特定构造阶段和大地构造环境中形成的各个不同尺度、不同岩石构造组合的构造单元；厘定构成地壳表层构造的存在状态、结构组成和组合系统，揭示在空间上形成于不同部位和不同深度的构造单元彼此间的相互关系及其演化过程。以服务于成矿地质背景、成矿地质条件和资源预测勘查评价需求。将成矿作用视为地质作用的重要组成部分，全面收集整理区域地质调查与研究资料，深入分析控制区域成矿的地质建造和构造要素（地质构造预测要素），系统解析和精细研究沉积岩区、火山岩区、侵入岩区、变质岩区地质构造特征，以及大型变形构造、区域断裂带和综合地质构造特征。通过编制专题图件，对矿床类型模型区与预测区进行成矿地质背景的区域关联，为建立区域成矿预测模型，实施矿产预测提供基础地质资料依据和工作底图。

（二）工作方法

1. 沉积岩区

编图层位将包含各个地质时代的沉积地层，全面表达全省沉积岩区沉积岩建造组合、构造古地理单元及其大地构造相归属、构造古地理单元与沉积建造组合类型时空演化等内容（表 3-1）。

（1）在全省构造-地层区划和沉积岩地层多重（岩石地层、生物地层、年代地层）划分对比的基础上，建立全省的岩石地层格架。

（2）各岩石地层单位（群、组）的主要化石产出部位和化石组合、同位素测年方法与测年值、磁性地层测年层位与测年值。

表 3-1　沉积岩建造组合与构造古地理单元划分综合柱状图表

构造地层区划			年代地层单位			岩石地层单位及代号			沉积岩建造组合					化石组合或同位素测年方法与年龄值	沉积相	沉积体系	构造古地理单元				大地构造相		
区	分区	小区	系	统	阶	群	组	段	建造组合类型	厚度 m	柱状图	岩性岩相描述	含矿性				四级	三级	二级	一级	亚相	相	大相

(3)在完成岩石地层单位(群、组)的年代地层划分对比的基础上,逐个对岩石地层单位进行沉积建造组合类型划分,给出每种类型组合的厚度、岩性岩相简述,并绘制出沉积岩建造组合柱状图。每类建造组合必须要有明确的沉积相或沉积体系归属。

(4)依据各种年代信息(如化石组合、同位素测年、磁性地层测年等)进一步确定各个岩石地层单位(群、组)内各类沉积岩建造组合类型的形成时代。

(5)沉积岩建造组合类型的含矿性。

(6)各类沉积岩建造组合类型的沉积相和沉积体系。

(7)各类沉积岩建造组合类型的构造古地理单元归属。

(8)各类构造古地理单元的大地构造相归属分析。

(9)构造古地理单元与沉积岩建造组合类型时空演化,沉积岩建造组合与构造古地理时空演化结构图的形式表达。

2. 火山岩区

加强火山地层、火山构造、火山岩性岩相、火山岩建造及岩石构造组合的研究,合理划分火山地层、火山岩建造类型,分析火山岩浆活动规律和时空展布特征。

(1)厘定火山岩岩石构造组合。在组级以上的岩石地层单元内,进一步根据岩性岩相组合的不同,划分出不同的火山岩建造。将火山岩建造与同一演化阶段(或同一时代)的其他岩石建造结合(侵入岩、变质岩、沉积岩等)上升为岩石构造组合。

火山岩岩石构造组合划分参照《成矿地质背景研究技术要求》6 种构造环境 31 种火山岩岩石构造组合的方案进行。火山岩岩石构造组合的命名原则:构造环境+火山岩岩石组合。

(2)火山岩岩石构造组合的确定为划分火山岩大地构造相奠定了基础,在此基础上划分火山岩的大地构造相和亚相。福建省中生代早期(晚三叠世—侏罗纪)可能与太平洋板块的俯冲有关,可以划分出一些陆相的火山弧;而白垩纪—新近纪的陆相火山岩则与中国东部的大陆裂谷作用相关,从大的构造环境上来说都属于裂谷环境,但多以盆地的形式出现,火山岩具双峰式组合特征,应属后造山伸展火山盆地亚相。

(3)火山作用与成矿研究。通过上述两项研究,划分火山岩岩石构造组合,大致厘定了火山岩所属的大地构造相。因此,火山作用与成矿研究的重点应放在各类火山岩岩石构造组合的成矿特征、矿化现象及矿化蚀变特征等方面。此外对一些具指示含矿建造(成矿层、矿体)意义的特殊岩性和夹层也应进行研究。

(4)划分火山岩构造岩浆旋回和构造岩浆带。火山岩构造岩浆旋回划分应结合大地构造演化阶段,一般可划分成旋回、喷发(侵入)亚旋回、火山喷发(侵入)期、喷发(侵入)次 4 个级别,大致分别对应于地质时代的代、纪、世、期。火山岩各级构造岩浆带划分应按照不同构造岩浆旋回分别编制,在划分各级岩浆带时,要充分考虑区域大地构造格局,与各级大地构造分区对应,与大地构造相的相系、大相、相、亚相及岩石构造组合相匹配。一般可划为构造岩浆省、构造岩浆带、构造岩浆亚带、构造岩浆段和岩石构造组合 5 个级别。

（5）根据火山岩岩石构造组合的空间分布和时代延伸，编制火山岩建造综合柱状图（表 3-2）和火山岩岩石构造组合时空结构表。

表 3-2　火山岩建造综合柱状图表

构造岩浆岩带			地质时代			岩石地层		岩石组合（建造）	岩性花纹	岩相代号	厚度 m	岩性描述	含矿性	喷发旋回	同位素测年方法及年龄值	火山构造	岩石系列	岩石成因类型	大地构造相	
带	亚带	段	代	纪	世	群	组												相	亚相

3. 侵入岩区

分析侵入岩建造和岩石构造组合的时空分布框架，全面表达全省侵入岩区各个地质时期不同类型的岩石构造组合及其所属的大地构造环境。

（1）侵入岩岩石构造组合的研究和确定。侵入岩岩石构造组合的划分按《成矿地质背景研究技术要求》侵入岩部分提出的 11 种岩石构造组合及 2010 年 5 月 10 日提出的岩浆岩石构造组合类型划分方案（6 种环境 22 种岩石构造组合）进行划分。

根据各类岩石组合及其岩石学和矿物学特征，初步确定它们的大地构造属性。按各类侵入岩组合的岩石学、矿物学和岩石组合等特征，初步识别大地构造环境，再按岩石化学参数进一步讨论大地构造环境。利用各种岩石化学参数进行构造环境判别，确定各类侵入岩岩石构造组合大地构造相时，应特别关注有指向意义特征的侵入岩及其组合，如 TTG 等。

（2）大地构造相、亚相的划分与确定。在正确划分侵入岩岩石构造组合的基础上，根据不同岩石构造组合形成的构造环境，依据《成矿地质背景研究技术要求》中大地构造相、亚相的划分原则和要求正确归类，划分不同期次、岩浆带侵入岩形成的大地构造相和亚相，为大地构造图编制提供依据。

（3）侵入岩浆构造带划分。依据不同岩石构造组合时空分布规律确定侵入岩浆构造带，根据《成矿地质背景研究技术要求》等，各级构造岩浆带自大而小划分为 5 个级别，分别为构造岩浆省、构造岩浆带、构造岩浆亚带、构造岩浆段、侵入岩岩石构造组合。

（4）编制侵入岩岩石构造综合柱状图。根据上述研究内容编制侵入岩岩石构造综合柱状图（表 3-3）。

4. 变质岩区

运用大陆动力学理论和方法进行综合分析研究，反映变质建造及变形构造时空展布特征及其与区域构造的关系，目的在于为大地构造相和成矿区（带）的划分服务。

表 3-3　侵入岩岩石构造组合综合柱状图表

构造岩浆旋回	构造岩浆带				时代				岩石构造组合			同位素测年方法与测年值	含矿性	岩石系列	岩石成因类型	大地构造环境
	省	带	亚带	段	代	纪	世	期	类型	花纹	所含侵入岩建造					

（1）从老至新对全省所有的变质构造地层进行划分对比（岩群、岩组、岩段），包括变质深成侵入体。

（2）将变质岩建造归纳综合为变质岩岩石构造组合。根据原岩恢复、形成时代、变质时代和形成的大地构造环境，经综合研究后将相同形成时代、相同变质时代、相同构造环境下形成的一组变质岩建造归并为变质岩岩石构造组合。进一步研究每个变质岩岩石构造组合类型的原岩建造组合、变质相(系)及所属的大地构造相。

变质岩岩石构造组合是同一时代、同一变质相和特定大地构造环境下形成的一套变质岩建造组合，可以包括多个同类型变质岩建造，是最低级别的大地构造“相”，也是 1∶50 万大地构造相专题工作底图(变质岩区)最基本的编图单位，它可能为“亚相”甚至与“相”对应，这种转化必须根据实际情况而定。变质岩岩石构造组合反映了大地构造“亚相”的地质背景。

(3)根据区域地质对比和最新的同位素测年资料，确定每个变质岩岩石构造组合类型的形成时代。

(4)根据 1∶25 万建造构造图资料和科研专题文献，确定不同变质岩岩石构造组合的变质相(系)特征。结合全国大地构造分区方案，划分变质地质单元。

(5)根据变质岩岩石构造组合形成的大地构造环境，结合大地构造相类型、特征和判别标志，判别并确定其所属大地构造相类型。

(6)根据建造构造图编制及前期研究成果，按变质地质单元研究变质地质事件演化序列，编制变质地质事件演化综合柱状图(表 3-4)、变质岩岩石构造组合与大地构造相演化时空结构图。

表 3-4　变质地质事件演化综合柱状图表

变质地质单元名称			地质时代		岩石填图单元及代号			变质岩岩石构造组合	变质岩岩石构造组合花纹	所含变质岩建造及岩性描述	含矿性	原岩建造组合	变质作用特点	变质相系	变质时代	大地构造环境	
Ⅰ	Ⅱ	Ⅲ	代	纪	群	组	代号									相	亚相

5. 大型变形构造

对所收集资料进行综合分析研究，确定研究区的大型变形构造的类型、规模、产状、组合形式、物质组成、构造层次、运动方式、力学性质、形成时代、变形期次、大地构造环境和含矿性等特征，编制大型变形构造特征数据表(表 3-5)。

(1)大型变形构造的类型及几何学特征：包括规模、产状、组合形式等。

(2)物质组成：指大型变形构造发育地区卷入或组成大型变形构造的地质体。

(3)构造层次：指现今出露地表的大型变形构造在其形成时所处的构造层次，是大型变形构造抬升和剥蚀程度的反映。

表 3-5　大型变形构造特征数据表

名称	代号	类型	规模	产状	组合形式	物质组成	构造层次	运动方式	力学性质	形成时代	变形期次	大地构造环境	含矿特征

(4)运动学特征：指大型变形构造的运动方式，可分为逆冲或逆掩、斜冲(压剪)、正滑、斜滑(张剪)、走滑(左行或右行)等。

(5)力学性质：可分为挤压型、拉伸型、剪切型、压剪型和张剪型 5 种，对应于上述的逆冲或逆掩、正滑、走滑、斜冲和斜滑 5 种运动方式。

(6)形成时代：指大型变形构造最初形成地质时代，即最早期变形时代。大型变形构造是多期活动时，后期叠加构造变形有时很强烈，会形成叠加变形时代。

(7)变形期次：指大型变形构造经历的多期次构造变形，包括在同一动力学体制下具有不同运动学特征的不同地质时期的递进构造变形，也包括不同地质时期不同动力学体制下的叠覆构造变形。大型变形构造早期的构造变形，一般也是其主要构造变形，可作为确定该大型变形构造的主要依据，而后期的构造变形属于叠加构造变形范畴。

(8)大地构造环境：主要是指大型变形构造形成与演化过程所处的构造环境，分大陆边缘、大陆之间和大陆内部3种类型。大型变形构造的大地构造环境，是指其形成时的大地构造环境，后期演化阶段的大地构造环境，如果与形成时不同，需要加以说明，但是不能替代其形成时的大地构造环境。也就是说尽可能地反映一个大型变形构造形成演化时的大地构造环境特征。

(9)含矿性：大型变形构造的含矿性研究，包括其对那些矿产资源进行了改造、改造程度和方式等，还应该包括在其形成演化过程中形成了哪些矿产资源，以哪种类型的成矿作用为主以及控矿岩石类型和成矿时代等。

6. 综合地质构造研究

主要是在前述专项研究成果基础上进行高层次综合研究，包括大地构造分区、构造单元划分、大地构造相和构造演化的综合研究。大地构造分区以地层划分对比、沉积建造、火山岩建造、侵入岩浆活动、变质变形等地质记录为基础，在板块构造-地球动力学理论指导下，以成矿规律研究为基础，通过大地构造相环境恢复研究，划分出相应的陆块区、造山系构造单元。大地构造相是一套在特定大地构造环境和特定构造部位形成的岩石-构造组合，具有揭示造山带组成、结构和演化的大地构造功能。大地构造相研究，不仅对造山带的结构组成和演化具有重要意义，而且是认识资源形成的地质背景、成矿作用以及成矿远景预测、资源潜力评价的基础。研究大地构造相与成矿构造(矿田构造)体系及成矿类型的关系，总结其规律，建立大地构造相与成矿的构造体系。

(1)确定相单元，编制大地构造相主图。在沉积岩、火山岩、侵入岩、变质岩、大型变形构造5个专业大地构造相专题工作底图的基础上，确定大地构造相的类型及其特征，厘定相单元、划分大地构造相。依据建造分析，特别是依据岩石构造组合的研究成果，划分大地构造相及亚相。大地构造图的基本编图单位为岩石构造组合。

在岩石构造组合的基础上，归并出亚相的分布范围，然后将相邻且有成生联系的亚相归并为相；以同样的方式将相一级单元归并形成大相一级的单元，形成大地构造相主图。

(2)进行大地构造相时空演化分析，编制大地构造相辅图。进行综合研究，建立构造时空结构序列，确立优势大地构造相，研究其演化规律。按全国统一的构造单元划分方案，按Ⅲ级构造单元分别建立构造带的《大地构造相时空结构图》。该时空结构图应表达不同相单元之间的相互关系，各亚相的岩石构造组合特征，并划分出不同构造演化阶段。通过建造分析(沉积建造地质构造环境分析、岩浆活动构造环境分析、变质变形构造组合分析、盆地构造分析)，进行大地构造相单元横向之间关系的研究，建立相模式。研究不同构造阶段的构造格架及其构造演化过程，建立综合演化模式图。

(三)工作过程

福建省1∶50万大地构造相图的编制是以地层划分对比、沉积岩建造、火山岩建造、侵入岩浆活动、变质变形等地质记录为基础，在板块构造-地球动力学理论指导下，以成矿规律和矿产预测的需求为基点，通过大地构造环境恢复研究，全面客观地反映福建省地壳形成演化的全过程。所以它将以1∶25万实际材料图、1∶25万建造构造图为基础，编制大地构造相沉积岩建造、火山岩建造、侵入岩浆活动、变质变形、大型变形构造五要素图和岩石构造组合图，在上述图的基础上编制大地构造图。大地构造图是反映大地构造环境及其演化的综合性图件。在大地构造相分析的基础上编制大地构造图。具体工作过程如下(图3-1)。

(1)缩编1∶25万建造构造图，形成1∶50万建造构造图。

(2)按沉积岩区、火山岩区、侵入岩区、变质岩区和大型变形构造编制 1∶50 万大地构造相专题工作底图。

(3)在 5 个专业大地构造相专题工作底图的基础上，确定大地构造相的类型及其特征，厘定相单元、划分大地构造相和亚相，形成省区的 1∶50 万大地构造图。

(4)编写福建省大地构造图说明书及图件数据库建设。

(5)编写福建省成矿地质背景研究成果报告。

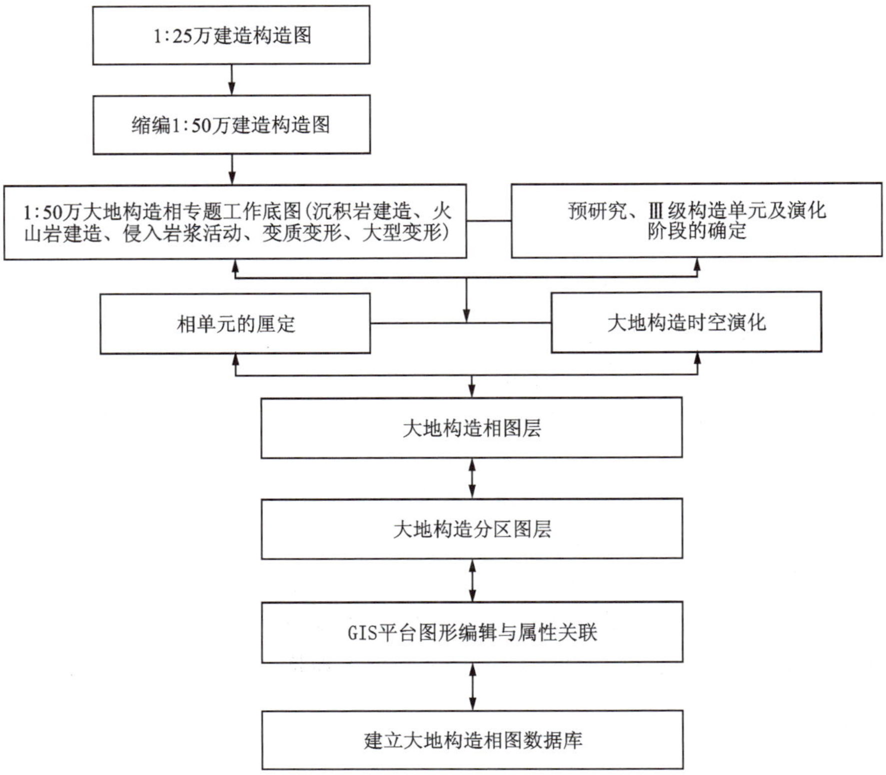

图 3-1　福建省大地构造图编制流程图

二、物探、化探、遥感、自然重砂多元信息分析

(一)物探

1. 物探重力

1)数据处理

区域重力基础数据利用北京发展中心提供的区内 2km×2km 网格化数据，并含有与邻省浙江、江西、广东重力数据相衔接进行网格化扩边的数据。对区域重力数据进行了重力场分离、导数计算、向上延拓 3 种数据转换处理，处理和成图使用的软件是 RGIS 2010、GEOMAG 2010 和 MapGIS 6.7。

重力场分离，区域重力异常和剩余重力异常的计算采用了 4 种不同滑动窗口，即：12km×12km、20km×20km、30km×30km、60km×60km，但用于解释局部地质体及局部异常编号的剩余重力异常图的滑动窗口则采用 30km×30km；导数计算，重力一阶水平方向导数异常的计算采用了 0°、45°、90°、135°四个方向，垂向二阶导数异常的计算采用了 R=4km、R=6km、R=10km 三种不同半径；向上延拓，向上延拓异常的计算采用了 2km、4km、6km、10km 四种不同高度的上延处理，用来判断地质体的规模和延伸情况。

2)异常解释方法和原则

(1)重力异常解释方法和原则。主要采用定性解释方法,定性解释的任务是根据初步建立的地质-地球物理模型和标志,对各类重力场起因做出大致判断,粗略估算场源体(拟探测目标物)的性质及形态、大小、产状和埋深等。采用原始异常等基础图件,用经过前述要求处理的成果图件,并对局部异常与地形进行相关分析,排除中间层和地形改正不完善引起的假异常。同时参考航磁资料进行综合解释,根据测区内或其他地区在已知各类地质目标物上建立的地质-地球物理概念模型显示的标志(异常强度、形态、梯度、走向、规模、展布等特点)来判断异常的起因;根据地质图和本区实测物性,经过半定量正演估算加以验证。

(2)定量、半定量解释方法和原则。对定性解释结果表明对区域成矿预测有意义的、预测区满足定量解释前提的异常,都要进行定量、半定量解释。进行定量解释的重力异常,在平面研究的基础上,选择有代表性完整的剖面,采用人机交互做 2.5 维或 3 维反演等方法进行解释。定量反演用区内实测的物性参数、已有工程控制的地下地质情况以及其他物探方法得到的反演结果,作为先验控制信息,选用最可能的目标物的形态、产状、物性参数作为初始模型和控制条件,以减少定量反演的多解性。当不具备定量反演条件时,可只进行半定量反演;对规模较大的地质体边界、接触面的倾斜方向等可据平面处理图件的特征进行粗略判断。同时,基于重力位场的特点,在人机联作的反演中要考虑到数据的测网密度和重力场的观测精度。

(3)地质解释方法和原则。在定性和定量解释的基础上,根据各种地质体的地质-地球物理模型的特征,结合工作区的地质情况,运用地质学的基本原理将这些解释成果转变为推断的地质体或现象,并对它们从空间和时间上做出合乎地质学原理的地质解释及推断。主要根据定性和定量解释、平面和剖面解释的结果,按照地质学的基本原理编制推断地质构造成果图,涵盖构造单元、断裂构造、推覆构造、火山机构、盆地、岩体、岩浆岩带、地层等多项二级要素。同时,对推断地质构造上解释出的地质体、地质现象进行地质解释和推断,阐明它们之间的内在联系以及与已知地质情况的关系;构造和岩浆岩活动对这些地质体、地质现象的控制作用,并对它们的演化过程进行一些推测。

3)主要图件编制

(1)工作程度图。福建省重力工作程度图是把省内不同工作比例尺和不同测区的区域重力调查成果进行汇总,按照《重力资料解释应用技术要求》编制而成。

采用坐标系统:数据地理坐标系统采用 1954 年北京坐标系;投影方式:高斯-克吕格投影;投影参数:非标准分带;投影原点经度:118°,投影原点纬度:0°;编图主要内容有 1∶50 万、1∶20 万区域重力工作程度资料。

(2)省级布格重力异常图和剩余重力异常图。编图范围为福建省全省地域。位于北纬 23°33′—28°20′、东经 115°50—120°40′,总面积约 $12.4\times10^4 km^2$。

坐标系统:数据地理坐标系统采用 1954 年北京坐标系。投影方式为高斯-克吕格投影。投影参数:非标准分带,投影原点经度:118°,投影原点纬度:0°。

主要编图方法:包括编图数据的预处理,奇异点剔除处理;按高斯-克吕格投影对重力数据进行 1∶50万比例尺投影变换;利用 MapGIS 6.7 对变换数据进行网格化处理,方法为泛克里金(Kring)法,采用圆域、八方位搜索法,搜索半径为 25km,网格距:$2\times2(km^2)$;利用 RGIS 32010 软件进行空白区数据填补(克里金网格化)、数据扩边(四周 30km)处理,形成新的网格数据;利用 MORPAS 3.0 软件选用方域平均场法对网格数据进行圆滑处理生成 $2\times2(km^2)$ 的成图数据,平均场窗口为 $4\times4(km^2)$。在上述基础上,利用 MapGIS 进行布格重力异常等值线勾绘。布格重力异常等值线间距为:$2\times10^{-5}m/s^2$,等值线注记间距 $10\times10^{-5}m/s^2$。重力高与重力低分别以"+""−"表示。同时利用 MORPAS 软件采用平均场法求取剩余重力异常,剩余重力异常计算公式为 $\Delta g_{剩}=\Delta g_{布}-\Delta g_R$,式中:$\Delta g_{布}$ 为 2km×2km 成图数据的节点布格重力异常值;Δg_R 为 $R\times R$ 的平均布格重力异常值,其中 $R=30km$。在上述基础上,利用 MapGIS 进行剩余重力异常等值线勾绘。剩余重力异常等值线间距为 $1\times10^{-5}m/s^2$，等值线注记间距为 $5\times10^{-5}m/s^2$。重力高与重力低分别以"+""−"表示。

(3)省级重力推断地质构造图。编图范围为福建省全省地域。位于北纬 23°33′—28°20′、东经 115°50′—120°40′，总面积约 $12.4\times10^4km^2$。

坐标系统：数据地理坐标系统采用 1954 年北京坐标系；投影方式：高斯-克吕格投影；投影参数：非标准分带；投影原点经度：118°，投影原点纬度：0°。

主要编图方法：采用相关的各类重力图件、收集相关的成果报告以及规范和技术要求作为编图基础，编制反映根据重力资料并结合其他地球物理资料及地质资料，进行推断解释所提供的地质信息在图上直接表达的内容，包括构造单元要素、断裂要素、盆地要素、火山构造要素各类岩体、地层要素等。

由已知出露的侵入岩、地层或火山岩等引起的局部重力异常，其解释结果未在推断图中表示，因为考虑图面负担过重，另在局部重力异常推断解释要素表中有体现，因此在推断图中只标出半隐伏和隐伏的各类地质体。

(4)预测工作区布格重力异常图与剩余重力异常图。预测工作区的布格重力异常图和剩余重力异常图编制方法，与省级的布格重力异常图和剩余重力异常图编制方法基本相同，但本项编图成图比例尺则为 1∶5 万，投影参数：非标准分带；投影原点经度：117°，投影原点纬度：0°；布格重力异常等值线间距为 $1\times10^{-5}m/s^2$，等值线注记间距为 $5\times10^{-5}m/s^{-2}$；预测工作区主要采用 30km×30km 窗口编制剩余重力异常图。

(5)预测工作区重力推断地质构造图。预测工作区的重力推断地质构造图与省级的重力推断地质构造图编制方法也基本相同，但本项编图成图比例尺则为 1∶5 万，投影参数：非标准分带，投影原点经度：117°，投影原点纬度：0°。而且预测工作区未对出露的各种地质体(包括各类岩体、地层、火山岩等)所引起的局部重力异常以及对断裂构造等细节作出反映。同时对把窗口剩余重力异常图作为局部重力异常解释的基础图件时采用反映更好的 22km×22km、14km×14km 窗口剩余重力异常图，并结合实际地质情况而推断。

(6)典型矿床剖析图。典型矿床重磁场特征系列图由典型矿床所在区域的地质矿产及物探剖析图、所在地区的地质矿产及物探剖析图、所在位置的地质矿产及物探剖析图和典型矿床勘探剖面图组成。福建省仅有 1∶20 万区域重力调查资料，未有更大比例尺的重力勘探资料，因此典型矿床所在地区和所在位置的剖析图及典型矿床勘探剖面图中省略了布格重力异常图和剩余重力异常图。

其主要表现样式：在一张典型矿床所在区域地质矿产及物探剖析图占一张 A3 纸，格式为 jpg 形式，分辨率为 300dpi。剖析图中各专题图的大小为 10cm×10cm。并在图例说明中说明原地质矿产图、航磁数据和重力数据的比例尺。

编图方法：从比例尺为 1∶25 万的地质矿产图中以典型矿床所在位置为中心，按大小为10cm×10cm 裁切；布格重力异常图使用 1∶20 万重力数据直接绘制；剩余重力异常图采用 1∶20 万重力数据取 30km×30km窗口滑动平均提取剩余异常，以典型矿床所在位置为中心，按大小为 10cm×10cm 裁切；航磁 ΔT 等值线平面图直接使用全国项目办提供，已统一调平为 2km×2km 网格数据绘制。航磁 ΔT 化极等值线平面图的化极处理采用 RGIS 2010 软件频率域化极方法，地磁倾角、地磁偏角、磁化强度为典型矿床所在位置的各参数。航磁 ΔT 化极垂向一阶导数等值线平面图，是在化极的基础上，采用 RGIS 2010 软件频率域方法的垂向一阶导数处理方法。最后以典型矿床所在位置为中心，按 10cm×10cm 的标准进行裁切。

2. 物探磁法

1)成图及数据处理软件

采用 MapGIS 6.7 绘图软件，用于磁法等值线图、化极等值线图、化极垂向一阶导数等基础图件以及各种成果图件的绘制。

采用 RGIS 2010 重磁数据处理软件，用于磁测数据化极处理、化极后垂向一阶导数及垂向二阶导数处理、水平 4 个方向一阶导数、上下延拓处理以及正反演模拟计算等。

采用 GeoMAG 数据模型软件，为航磁或地磁各类图件进行规范入库工作。

采用 Surfer 8.0 用于各软件之间网格文件格式的相互转换。

2）数据准备

全省航磁数据由全国项目办提供，已统一调平为 2km×2km 网格数据，采用 MapGIS 6.7 软件对全国项目办提供的 2km×2km 网格数据采用高斯-克吕格投影，投影参数：非标准分带；投影原点经度：118°，投影原点纬度：0°；中央经线比例变形因子：1；假东偏移：500 000，假北偏移：0；投影变换成大地坐标。利用 Surfer 软件，采用克吕格法（Kiging）进行网格化处理，网格距为 2km×2km。

由全国项目办提供各航磁测区的 1∶5 万航磁剖面数据，采用 MapGIS 6.7 软件，采用高斯-克吕格投影，投影参数：6°分带；投影原点经度：117°，投影原点纬度：0°；中央经线比例变形因子：1；假东偏移：500 000，假北偏移：0；投影变换成大地坐标。利用 Surfer 软件，采用克吕格法（Kiging）进行网格化处理，网格距为 250m×250m。目的是绘制不同比例尺的磁场等值线平面图。

3）数据处理解释方法

磁测数据是不同深度、不同形态、不同规模的磁性地质体磁场信息在观测面上的综合反映结果。由于场的叠加，使得某些具有一定地质意义的异常变得复杂，在原始图件上很难识别，给地质解释工作带来了难度。为了提高对磁异常的分辨能力，突出更多有用信息，根据测区磁异常特征和地质解释需要，对原始测量数据进行了原平面化极、化极垂向一阶导数以及水平一阶导数等几种位场转换处理。

（1）原平面化极处理。福建省位于中低纬度地区，磁倾角变化大于 5°需进行变倾角化极。本次化极处理采用 RGIS 2009 软件频率域变倾角方法化极。纬度范围为 23.75°～28.25°，磁倾角范围为 33.00°～40.87°，磁偏角范围为－2.32°～－3.32°。其目的是消除斜磁化对磁异常造成的错动位移等影响，简化了定性解释。图 3-2 以福建平和钟腾地区的航磁异常化极处理结果来说明化极处理的效果，原始平面磁异常在花岗闪长岩的南侧，异常与岩体不对应，化极后磁异常往北移动，异常与花岗闪长岩的位置对应较好。

（2）化极垂向一阶导数处理。所用参数求导方向倾角为 90°，求导方向偏角为 0°。目的是为了突出浅部磁性地质体引起的局部异常，用来圈定地质体的范围。处理在上述原平面化极的基础上进行，化极垂向一阶导数效果见图 3-2。说明处理结果突出了浅部地质体引起的局部异常，反映一个大岩体的局部磁性不均匀，上存在磁性较弱的不同岩相，处理效果明显。

（3）水平一阶导数处理。分为 0°、45°、90°、135°四个方向，所用参数求导方向倾角均为 0°，求导方向偏角分别为 0°、45°、90°、135°。目的是突出不同方向的线性异常，确定断裂构造位置。

上述处理均符合《磁测资料应用技术要求》中的相关规定，能够满足成图和工作需要，达到了预期目的，效果良好。

4）定量反演工作

对预测区内与成矿关系密切的构造、地层、侵入岩等进行 2.5 维定量反演工作。求取埋深、产状等二级要素。

采用 RGIS 2009 软件里的 2.5 维重磁剖面反演功能进行定量反演工作。以 2.5 维多边形截面积水平棱柱体模型作为场源值，而后采用人机交互修改，计算机自动迭代反演相结合的方式求地下磁性地质体或密度体的埋深、空间形态和体积。

通过地质体的初始模型，并根据地质先验信息、物性资料和半定量解释结果，估计所有参数的初始分析，根据异常曲线特点，通过鼠标点击建立初始模型；目视观测实测曲线与计算曲线的差异，通过鼠标拾取、移动整个模型，或拖拉模型角点、改变模型角点数量或位置；通过屏幕自动弹出的对话框修改模型两端延伸长度和物性（密度或磁化强度等），计算机便根据新参数进行计算、更新计算曲线。通过人机联作，合理修改模型及其组合，可以使计算曲线与实测曲线很好地拟合。以此时的地质体埋深、空间形态和体积等作为该地质体的反演结果。

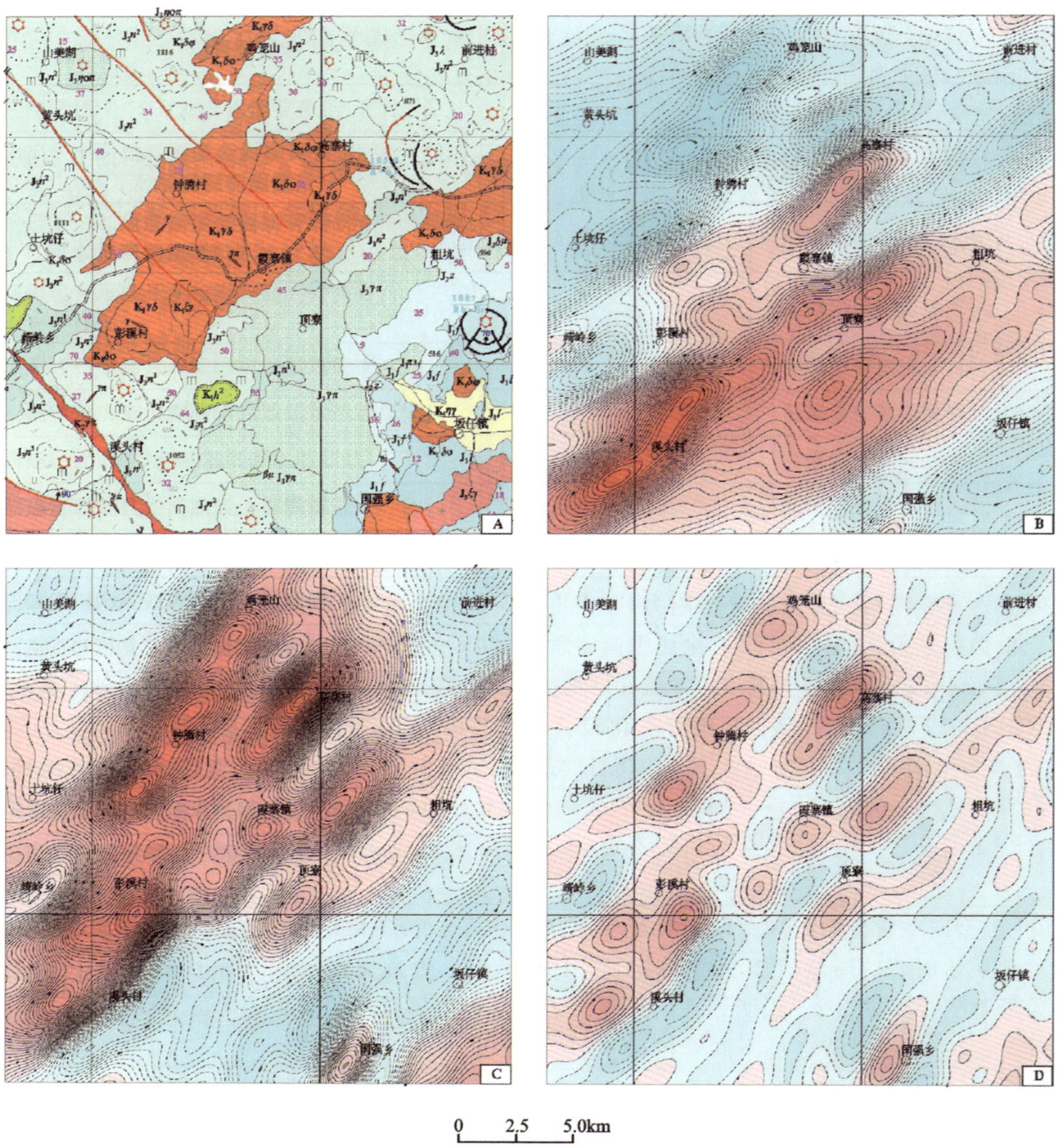

图 3-2　平和钟腾地区航磁异常化极处理效果图

A. 区域地质图；B. 航磁 ΔT 等值线平面图；C. 航磁 ΔT 化极等值线平面图；D. 航磁 ΔT 化极垂向一阶导数等值线平面图；$K_1\gamma\delta$. 花岗闪长岩；$K_1\delta o$. 石英闪长岩；$K_1\delta\varphi$. 辉石闪长岩；$K_1\gamma\xi$. 正长花岗岩

（二）化探

1. 数据及数据处理

本次采用数据主要为中国地质调查局提供的福建省 1∶20 万水系沉积物测量 39 种元素（或氧化物）的分析数据。数据库为 39 种元素（或氧化物）2km×2km 网格组合样测试数据，涉及 23 张 1∶20 万标准图幅，分析数据齐全，分析质量在华东地区组织的质量评估中被评为优秀级，可以满足本次化探编图及开展各项研究工作要求。收集的中大比例尺化探资料，充分评估其分析质量可靠性，在满足要求的前提下使用。并依据《化探资料应用技术要求》及相关技术标准开展图件编制工作。统一采用 GeoExpl 专业软件或 MapGIS 软件平台，进行地球化学数据处理、参数统计，编制包括元素地球化学图、异常图、组合异常图等各类地球化学基础图件，在此基础上进行解释推断性图件的编制。

1)1：20万区域化探数据处理

主要是全省基础图件以及预测工作区相关化探图件编制的数据处理。全省基础图件采用全省1：20万水系沉积物测量化探数据；采用预测工作区范围内数据形成的数据集，主要数据处理方法如下。

(1)数据校正处理。未发现明显的系统误差，故未开展数据校正工作。

(2)空间坐标转换。由于采用的原始数据坐标系统为1954年北京坐标系、中央经线117°的经纬度属性坐标值，不符合GeoExpl的数据成图条件，故利用GeoExpl的地理坐标投影变换功能将点位坐标数据转换为本项目规定的以千米为单位的福建省1：50万图件空间坐标值，如表3-6所示。

表3-6 成图比例尺及地图投影参数表

省份	成图比例尺	地图投影类型规定	地图投影参数规定（单位说明：经纬度使用DDDMMSS、偏移使用公制米、变形因子无单位）					
			投影分带方式	投影原点经度	投影原点纬度	中央经线比例变形因子	假东偏移	假北偏移
福建省	1：50万	高斯-克吕格投影	非标准分带	118°00′00″	0°00′00″	1	500 000	0

(3)地球化学数据的空间滤波处理。为了消除区域性背景因素对元素异常划分的影响，采用滑动平均衬值异常处理方法对全区数据进行校正，对滑动数据窗口大小进行了不同的尝试，考虑到福建省地质矿产以及异常分布特征，最终确定本次编图采用滑动数据窗口为10km×10km。

(4)数据网格化。在GeoExpl中进行离散数据网格化，网格距设置为2km×2km，以计算点为中心，数据搜索半径采用圆域5km，处理方法选取以距离为幂的指数加权法。

2)1：5万化探数据处理

主要是可用于预测工作区编图的1：5万化探数据处理以及典型矿床研究编图应用等。

(1)资料收集。根据项目设计所圈定的预测工作区范围或典型矿床研究区范围，选择该区1：5万水系沉积物测量化探数据开展各类图件编制。

(2)数据校正处理。采用数据未发现系统误差，故未开展数据校正工作。

(3)空间坐标转换。由于采用的原始数据是以米为单位的属性坐标值，不符合GeoExpl的数据成图条件，故利用GeoExpl的地理坐标投影变换功能将点位坐标数据转换为本项目规定的以千米为单位的福建省1：5万图件空间坐标值，如表3-7所示。

表3-7 成图比例尺及地图投影参数表

省份	成图比例尺	地图投影类型规定	地图投影参数规定（单位说明：经纬度使用DDDMMSS、偏移使用公制米、变形因子无单位）					
			投影分带方式	投影原点经度	投影原点纬度	中央经线比例变形因子	假东偏移	假北偏移
福建省	1：5万	高斯-克吕格投影	6°分带	依6°分带带号决定投影原点经度(中央经线经度)	0°00′00″	1	500 000	0

(4)数据网格化。在GeoExpl中进行离散数据网格化，网格间距设置为0.5km×0.5km，以计算点为中心，数据搜索半径采用圆域1.25km，处理方法选取以距离为幂的指数加权法。

3)各类参数统计

(1)异常下限的确定。考虑到福建省局部地区异常元素因不同地质单元而产生较大区域性高低背景分布，用同一异常下限标准圈定化探异常，可能形成局部异常扩大化，而有些地区弱异常反映不了，因此对于区域性化探图件编制，主要采用化探培训班推荐的衬值法圈定化探异常。

中大比例尺化探资料的异常下限的确定主要利用GeoExpl的地理坐标投影变换功能将点位坐标数据转换为本项目规定的以千米为单位的福建省1：5万图件空间坐标值，在GeoExpl中进行数据处理。其异常划分按弱、中、强三级浓度分带，外带异常下限的确定采用 GeoExpl 的“异常下限与特征值确定”功能，处理方法选取“百分比确定异常下限”，参数设置为 85%，并结合区内异常数据分布特征略作调整，从而确定元素异常下限，中带及内带下限则按照 2 倍逐级递增。

(2)全省特征值计算。利用全省 1∶20 万区域化探数据，在 GeoExpl 中进行有关地球化学参数统计计算。主要包括平均值、离差等。主要应用于全省元素地球化学背景的研究对比。

(3)构造单元区特征值计算。利用全省 1∶50 万化探数据，在 GeoExpl 中进行有关地球化学参数的统计计算。主要包括各成矿区带、地质构造单元的各类参数统计计算。主要应用于各成矿区带、地质构造单元地球化学元素的含量分布特征以及不同单元间的元素丰度对比等，从而确定引起元素高低背景分布的地质原因及其地质指示意义。

(4)典型矿床研究各类特征值计算。各典型矿床研究区的相关地球化学参数特征值，主要包括平均值、离差、极大值等。

2. 图件编制

1)省级单元素地球化学图

单元素地球化学图采用 1∶20 万区域化探元素数据集，通过网格化数据处理后，直接生成等值线或区。

(1)色阶划分。在 GeoExpl 2009 中用网格化后的 1∶20 万数据生成等值线，元素按含量高低分级，采用累频分级方式，分为 19 级，分级频率为 0.5、－1.2、－2、－3、－4.5、－8、－15、－25、－40、－60、－75、－85、－92、－95.5、－97、－98、－98.8、－99.5、－100。生成等值线和等值区文件后图形输出为 MapGIS 图形数据文件，在 MapGIS 6.7 中根据需要进行图面整饰等。分级色阶的选取方式为以冷色调(蓝色)作为低值区，随着数据的增大，颜色变暖，即由蓝—绿—黄—红—深红变化。本次主要采用系统自动生成色系。

(2)特征值统计计算。按照数据分级，对原始数据按地质构造分区进行统计计算，分别统计变化系数、平均值、标准差等，同时编制各区直方图。

(3)创建等量线和等值区。在处理的网格数据和确定的分级方案基础上，利用应用软件的等值线生成模块，就可生成地球化学等值线和等值区，分别以线图层和区图层的形式表示。

(4)成图比例尺。成图比例尺为 1∶50 万。

2)省级单元素地球化学异常图

确定元素异常下限(衬值异常)，按网格化后的滑动衬值数据大小分级，划分三级，采用累频方法分级，第一级 85%为外带(弱异常)，第二级 92%为中带(中异常)，第三级 98%为内带(强异常)。

运用 GeoExpl 进行衬值异常处理(10km×10km 窗口)，并以 2km×2km 网格化数据成图，按上述确定的衬值异常分级标准生成元素异常范围界线和异常区，图形输出为 MapGIS 图形数据文件，在 MapGIS 6.7 中根据需要进行图面整饰等。

异常编号由左向右、从上到下统一顺序编号(即北部异常为小号)，外带使用主编号，中带、内带使用子编号，以便于异常解释时引用，如外带编号为 350000005，归属该外带的中带编号分别为 350000005-1，350000005-2，归属 350000005-2 中带的内带编号分别为 350000005-2-1，350000005-2-2，依此类推。颜色统一采用系统中颜色索引 270、272、274。

成图比例尺为 1∶50 万。

3)省级多元素组合异常图

(1)编图原则。在 1∶50 万单元素异常图完成编制的基础上，根据福建省铜、铅锌、钨、金、稀土、钼、锡、银、萤石、锰、重晶石等已知矿床的区域化探异常组合特征以及不同成矿地质背景的元素组合特征、不同类型矿床的成矿专属性等方面进行元素分类组合。39 种元素分成 Au-As-Hg-Cd、B-Be-P-F-Nb、Cu-Ag-Mn、Fe-Co-Li-Zr、K-Al-Si-Na、Mg-Sr-Ca-Ba、Pb-Cd-Zn、U-Th-Y-La、V-Ti-Ni-Cr、W-Sn-Mo-Bi 十组形成组合异常图。

各组合异常图编制过程中考虑到该类组合异常图反映的主要矿种，而选取该矿种异常的主成矿元素的面、线文件以及参与组合的伴生元素线文件作为该图化探内容的编制要素。

（2）主要编图方法。根据预测矿种元素组合关系，一张图上选择3～5个元素，以异常下限为基准，划分2～3条浓度带，每种元素通过不同颜色区分。

主成矿元素异常：主成矿元素异常图用分带表示，应用累频方法确定异常下限，85%为异常下限（外带），92%为中带，98%为内带，主元素异常图用面色表示，外带为橙红色、中带为红色、内带为深红色。

伴生元素异常：辅助元素选择2～4个，用线形表示，利用异常下限圈定（累频的85%），各元素采用不同颜色区分，分别选用深蓝色—蔚蓝色—绿色—粉红色。

（3）成图比例尺为1∶50万。

4）省级多元素综合异常图

（1）异常的圈定。在1∶50万单元素异常图、元素组合异常图完成编制的基础上，选择与矿产评价矿种，并根据福建省铜、铅锌、钨、金、稀土、钼、锡、银、萤石、锰、重晶石等已知矿床区域化探异常组合特征以及不同类型上述矿床的元素组合特征进行编图。选择的元素有Cu、Pb、Zn、Ag、W、Sn、Mo、Bi、Au、As、Sb、Mn、Cd等反映元素分带系列的重要元素进行编图。

编图过程对主成矿元素异常Cu、Pb、Zn、W、Sn、Mo、Au进行套合，初步圈定主成矿元素异常，而后对单元素异常再进行套合，修正综合异常线范围，提取每个综合异常内的主成矿元素信息异常。并进行伴生元素异常的圈定以及信息提取，形式与主成矿元素异常信息提取相同。

（2）异常评价及类别划分。上述两类信息提取均在异常登记表上反映，登记表内容包括主成矿元素异常编号、异常规模；伴生元素异常的编号等（主成矿元素或伴生元素综合异常范围内）。并在表内体现异常区内的矿床点分布情况，并以上述资料结合地质背景特征最终确定异常类别。

本次异常类别划分及评价准则如下。

甲类：属已知矿异常，区内有已知成型矿床。

乙类：经评价认为有找矿前景的地球化学异常。

丙类：性质不明异常，元素组合较单一，规模较小，但又无法否定的异常。

丁类：评价认为无找矿意义异常。

经初步评价，乙类异常所占比例较大，主要评价依据有以下几种：①区内有已知矿点、矿化点，并在对应综合异常区有相关的区域化探异常分布，主成矿元素、伴生元素与已知矿异常有可比性，成矿地质背景有利；②区内无矿点分布，但异常规模较大，成矿地质背景有利，元素组合特征反映异常明显；③对于Au元素异常来说，在金矿成矿区带附近出现的地质成矿背景较有利地区即使元素组合较为单一，也认为是矿化引起的异常。

上述区域化探异常的评价，对于有一定分布规模的异常很难做出否定，而且本次采用的异常圈定方法表明，弱小低缓异常增加不少，异常的元素组合也增加，对深部找矿评价有一定的指导意义。因此，本次异常评价过程中将大多数异常评定为乙类异常。

（3）成图比例尺为1∶50万。

5）省级地球化学解释推断地质构造图

（1）地质构造特征识别。主要包括：反映大断裂或区域性断裂构造的特征线多数是地球化学异常的界线；反映含矿地层和特征地质体的特征线多是地球化学富集区高背景区域特征元素组合异常区；反映控制矿床分布的特征线多是已知矿异常的轴线。后两种除相当部分是断裂带、韧性剪切带外，还有各种侵入体接触带及某些地球化学专属性强的岩体、岩脉或岩性。

（2）地球化学推断构造和岩性。利用元素组合推断构造和岩性，如应用Ni、Cr、Co、V、Ti、Fe、Mn等铁族元素的组合富集规律推断基性岩、超基性岩，玄武岩和太古代、元古代绿岩分布区；应用Cu、Pb、Zn、Cd等成矿元素的富集规律推断含矿断裂带和矿化带分布等。不同的岩石类型有不同的元素分配特征，可划分为不同的成岩元素序列。

在岩浆岩中，超基性岩相对富集 Fe、Mg、Ni、Cr、Pt 等元素；基性岩相对富集 Ca、(Al)、Ti、V、Mn、Cu、Sc 等元素；酸性岩相对富集 K、Na、Si、Li、Ba、Rb、Cs、Ti、Sr、Ba、Y、TR、Zr、Hf、U、Th、Nb、Ta、W、Mo、Sn、Pb、B、F、Cl 等元素。

在沉积岩中，砂岩相对富集 Si、Zr、Gd 元素；碳酸盐岩相对富集 Ca、Mg、Mn 元素；页岩中相对富集许多元素，如 Al、Li、Be、V、Ti、Sc、Fe、Co、Ni、Cu、Pb、Zn、Mo、Sn、Sb、Hg、U、Th 等。

(3)主要编图方法。岩浆岩：按主要特征元素或元素组推断地质体，按特征元素边界圈定岩浆岩范围，用区表示。

构造：按主要特征元素或元素组异常轴线或高低背景界限来推断地质构造，分别勾绘构造单元(区)和构造线。

推断与已知地质构造吻合或基本吻合的"特征线"用实线表示，不吻合或根据地球化学特征新推断的"构造""岩体"等用虚线表示，为直观起见，可用不同颜色线表示不同的地质构造线边界：如用粗红线表示构造；用粗蓝线表示地层；用粗紫色线表示岩浆岩。

对地球化学推断地质、构造界线进行编号(顺序：由左→右，由上→下)。

(4)成图比例尺。成图比例尺为 1∶50 万。

6)省级地球化学找矿预测图

(1)编图原则。①根据福建省矿产特征以及相关设计要求，编制以铜、铅锌、钨、金、钼、锡、银为主以及稀土、萤石、重晶石、锰 12 个重要矿种地球化学找矿预测图。②其主要参考图件编制是利用 1/20 万区域化探成果数据，在 GeoExpl 进行衬值异常处理(30km×30km 窗口)，并以 2km×2km 网格化数据成图，按上述确定的衬值异常分级标准生成元素异常范围界线和异常区，完成单元素异常图的编制。在此基础上，依据所要编图矿种的相关元素组合，编制组合异常图以及单矿种综合异常图。③找矿预测图编制是在单矿种综合异常图编制的基础上结合成矿带特征以及地质矿产特征进行某矿种地球化学找矿预测图的编制。编制过程根据异常群体几何形态以及根据多元素组合异常叠合分布面积圈定预测区。按异常元素种类、异常元素组合数、前缘元素发育程度、前缘元素与尾部元素比值等结合该区成矿条件对预测区进行分类并优选。④在圈定预测区的基础上，依据分析评价认为与同成矿区(带)内的典型矿床(模型)十分相似的，或通过三级查证发现有利找矿线索的，或与其他预测方法高度吻合的，具有明确找矿方向和目标的甲类、乙类异常分布区可确定为预测靶区，对于稀土、萤石、重晶石、镍、锰等矿种考虑到福建省该类矿产一般未开展过中大比例尺化探工作，工作程度低，故未圈定地球化学找矿靶区。⑤对萤石矿、锰矿种化探异常反映不是很好，局部与矿床套合，而有些矿无明显异常反映等，划分预测区除考虑到地质背景及异常分布外，还重点考虑异常区或附近矿化特征，以此来进一步划分预测区。如重晶石矿，考虑到李坊典型矿床的地质背景特征，主要以中—下寒武统林田组的浅变质岩建造的主要地质条件为主及以 Ba 为主的元素组合异常特征来划分预测区，其他地区异常则不予考虑。福建省镍矿发现基性岩分布极少，矿床仅长基镍矿一处小矿，典型矿床上方 Ni、Cr 异常反映低缓，其他区域则分布大量 Ni、Cr 等组合异常，经分析均与岩性有关或与铁矿有关，无法区分矿与非矿异常，也无法划分地球化学找矿预测区，故本次未编制镍矿找矿预测图。

(2)主要编制方法。①以简化的地质矿产素图为底图；②将该矿类有关的综合异常放上面(不带面色)，圈定预测区内的综合异常用黑色虚线表示，并标注元素组合；③在底图上将预测区的区域划出，并用浅红色表示；④标注预测区、靶区的编号；⑤制作地质矿产、综合异常、预测区、靶区图例；⑥统一按 A、B、C 三级划分，级别按找矿预测区全国统一标准划分；⑦成图比例尺为 1∶50 万。

7)预测工作区单元素地球化学图

使用 GeoExpl 生成网格数据等值线，元素按含量高低分级，采用 19 级的累频分级方式，分级频率为：0.5、—1.2、—2、—3、—4.5、—8、—15、—25、—40、—60、—75、—85、—92、—95.5、—97、—98、—98.8、—99.5、—100。成图后利用资源评价色库索引转换为 MapGIS 图形文件，再对图面进行适当整饰。分级色阶的选取方式为：以冷色调(蓝色)作为低值区，随着数据的增大，颜色变暖，即由蓝—绿—黄—红—

深红变化。本次主要采用系统自动生成色系。

8)预测工作区单元素地球化学异常图

(1)采用1:5万化探数据资料编图。根据设计所圈定的预测工作区范围，选择该区1:5万水系沉积物测量化探数据，在数据库建库基础上开展图件编制工作。采用数据未发现明显系统误差，故未开展数据校正工作。

利用GeoExpl的地理坐标投影变换功能将点位坐标数据转换为本项目规定的以千米为单位的福建省1:5万图件空间坐标值，在GeoExpl中进行离散数据网格化，网格间距设置为0.5km×0.5km，以计算点为中心，数据搜索半径采用圆域1.25km，处理方法选取以距离为幂的指数加权法。

异常划分为弱、中、强三级浓度分带，外带异常下限的确定采用GeoExpl的“异常下限与特征值确定”功能，处理方法选取“百分比确定异常下限”，参数设置为85%，并结合区内异常数据分布特征略作调整，从而确定元素异常下限，中带及内带下限则按照2倍逐级递增。

使用GeoExpl生成网格数据等值线，“等值线圆滑度”采用系统默认值“2”，成图后利用资源评价色库索引转换为MapGIS图形文件，并按照预测工作区范围进行修边，同时对图面进行适当整饰。

(2)采用1:20万化探数据资料编图。按照预测工作区范围，采用福建省1:20万水系沉积物区域地球化学数据，在GeoExpl进行衬值异常处理(10km×10km窗口)，并以2km×2km网格化数据成图，按上述确定的衬值异常分级标准生成元素异常范围界线和异常区，完成单元素异常图的编制。

9)预测工作区多元素组合异常图

(1)采用1:5万化探数据资料编图。对有较系统的1:5万化探成果数据资料的预测工作区，在利用其数据完成1:5万单元素异常图的基础上，根据相关元素组合特征进行多元素组合异常图的编制。各组合异常图编制过程中考虑到预测工作区主要评价矿种，选取该矿种异常的主成矿元素的面、线文件以及参与组合的伴生元素线文件作为图件化探内容的编制要素。

(2)采用1:20万化探数据资料编图。对没有系统的1:5万化探成果数据资料的预测工作区，在利用1:20万数据采用GeoExpl软件完成，结合预测工作区异常特征并结合区内矿化特点进行元素组合异常图编制。各组合异常图编制过程中考虑到预测工作区主要评价矿种，选取该矿种异常的主成矿元素的面、线文件以及参与组合的伴生元素线文件作为图件化探内容编制要素。

10)预测工作区多元素综合异常图

(1)采用1:5万化探数据资料编图。对有较系统的1:5万化探成果数据资料的预测工作区，在利用其数据完成1:5万单元素异常图、主要元素组合异常图编制的基础上，选择与预测工作区评价矿种相关的各元素异常开展多元素综合异常图的编制。

编图过程根据所评价矿种，对其相关的主成矿元素异常进行套合，圈定主成矿元素异常范围并提取每个综合异常内的主成矿元素异常信息，同时根据相关多元素伴生组合异常叠合分布面积圈定其伴生异常范围，并进行伴生元素异常信息提取。

在上述工作的基础上，按相关技术要求完成多元素综合异常图的编制。

(2)采用1:20万化探数据资料编图。对没有系统的1:5万化探成果数据资料的预测工作区，则利用1:20万数据采用GeoExpl软件完成单元素异常图结合组合异常图进行地球化学综合异常图的编制。具体编制方法同省级综合异常图。

11)典型矿床研究编图

(1)矿区中大比例尺化探异常剖析图。主要利用中大比例尺化探成果并形成数据集，在此基础上利用GeoExpl软件成图(单元素异常图与预测工作区1:5万的化探数据成图方法相同)。并以典型矿床所在位置的各单元素异常以及地质矿产图拼成一张矿区异常剖析图件。编图比例尺不小于1:5万。

(2)区域化探异常剖析图。采用福建省1:20万水系沉积物区域地球化学数据，以典型矿床所在位置范围，利用GeoExpl软件完成单元素异常图(单元素异常图与预测工作区1:20万化探数据成图方法相同)。同时以各单元素异常以及地质矿产图拼成一张整体异常剖析图件。主要反映地球化学异常的空间分布特征以及与典型矿床间的空间关系。编图比例尺不小于1:20万。

（三）遥感

1. 遥感影像图的编制

1）遥感影像图的类型

福建省矿产资源潜力评价项目遥感专题所提交的遥感影像图按比例尺分五类：1∶50万省级基础性遥感影像图、1∶25万国际标准分幅遥感影像图、1∶5万预测区遥感影像图、1∶1万典型矿床遥感影像图、1∶5 000典型矿床遥感影像图。

2）遥感影像图的制作方法

在进行遥感影像图制作前，对遥感数据进行几何校正、图像之间的配准（包括相邻两景图像之间、同一景图像不同时相之间、不同传感器图像之间）、图像镶嵌等预处理工作，以消除各种影响（图3-3）。

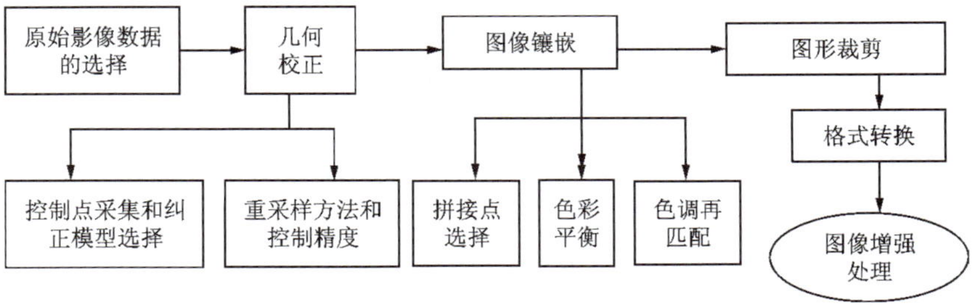

图3-3　遥感影像图的处理过程

（1）遥感图像几何校正。遥感影像图坐标系采用1954年北京坐标系，高斯-克吕格投影，6°分带，20°带。1∶50万遥感影像图涉及到的图件均采用多项式校正法的原理进行校正，双线性法重采样。为保证精度，所有控制点均在1∶5万地形图上选取，每幅TM图像选10～20个控制点，并保证每幅图像控制点中误差小于1个像元。

（2）遥感图像数字镶嵌与剪裁。在进行遥感影像制图时需要对其进行无缝数字镶嵌。遥感镶嵌图像应具备3个基本条件：信息丰富、色调和谐、镶嵌的几何精度高。为满足这些条件，最理想的做法是选择几何畸变小、图像质量高（无噪声、无云盖）、获取时间相同或相近的图像进行镶嵌。但由于现有遥感影像数据不仅有月份跨度，还有年份的不同，致使各景图像间在色调、纹理等有一定差异。因此需要对上述不同时相遥感图像进行镶嵌时应考虑最佳拼接点的选择、色调匹配、几何配准、色调再匹配（羽化）、遥感图像的增强处理等几个方面。

在波段组合上，本次遥感影像的制作采用了7、4、1波段的组合作为输出对象；其投影方式按数据模型《空间坐标系统及其参数规定》分册执行；对标准分幅影像，其分幅和编号执行《国家基本比例尺地形图分幅和编号》（GB/T 13989）的规定。

福建省遥感影像图是用ERDAS软件镶嵌而成，用所需影像区域的区文件对校正配准后的镶嵌图像进行剪裁，然后在MapGIS 6.7软件环境下，转换为MSI图像，根据需要进行各种比例尺度的影像校正，然后按照《全国矿产资源潜力评价数据模型——统一图例规定分册》和《全国矿产资源潜力评价数据模型——统一图式规定分册》，生成标准的遥感影像平面图。

3）遥感影像图的精度与质量分析

（1）制作彩色影像图应选择3个或3个以上的多光谱波段图像，波段之间配准误差应不大于0.20mm，图像套合误差不大于0.30mm；制作单色遥感影像图要求选择全色波段或根据需求选择一个波段的影像。

（2）制图区内图像云层覆盖应少于5%，且不能覆盖重要地物。

（3）应选用与成像季节相近的图像，并且要求影像清晰、层次丰富、色调均匀、反差适中。相邻景图像之间应有不小于图像宽度4%的重叠。

(4)用于制作1∶5万预测区影像图的TM数据经融合8波段后的分辨率为15m,用于制作1∶1万和1∶5000典型矿床影像图的原始图像的分辨率为2.5m和5m。

福建省遥感专题1∶50万、1∶25万、1∶5万遥感影像图选用2000年到2003年间TM+数据的741波段组合,典型矿床遥感影像图采用SPOT5和RapidEye数据,图面影像清晰、色调正常,无明显数据镶嵌界线,完全满足项目要求。

2. 遥感地质解译与编图

1)遥感地质解译基本原则和编图要求

(1)遥感地质解译基本原则。坚持以地质观察为基础,根据地质观察而获取的区域资料是地质构造研究的基础资料。所有多元信息研究都必须在此基础上进行补充、完善、延伸和修正;坚持以专业本身的科学理论原理为依据,避免把特定条件下的推断解释方法泛化为无条件下的推断解释,把推断解释工作简单化,造成违背本学科原理的错误论断;坚持实事求是的科学原则,首先按照本学科的原理进行推断地质解释,然后再进行跨学科的综合分析,进行取舍。

(2)遥感地质解译编图要求。各类遥感地质解译图的编制严格按照GeoMAG模型规范、《全国矿产资源潜力评价数据模型——统一图例规定分册》和《全国矿产资源潜力评价数据模型——遥感分册》进行。

2)遥感地质矿产解译基本内容

(1)遥感区域构造形迹解译。遥感地质解译的基本内容属于地质学范畴,尤其是地质构造与矿床学内容,全部源于在各种遥感图像上的地质观察、判译和解释的结果。在工作比例尺为1∶50万地质构造解译中,图面基本内容包括线形构造和环形构造两大类内容;在1∶25万和1∶5万综合信息矿产预测解译中,重点识别具有诊断性意义的线、带、环、块、色五大类遥感地质信息;在预测以有关矿产为直接目的大于1∶5万比例尺地质解译中,除识别有一定找矿指示意义遥感要素外,注意发现如石英脉、热液蚀变带等遥感近矿找矿线索信息。

本次工作不面对一切地学问题,地质解译的侧重点是:区域地质构造背景、成矿控矿地质条件、总体项目要求的与矿种相关的矿化蚀变等遥感信息。

(2)遥感矿产地质特征及近矿找矿解译标志解译。

(a)线要素:在遥感图像的地质解译中,断裂与线形构造的解译效果最好。应用遥感图像解译断裂与线形构造常常比野外工作更有效。概括起来,线要素主要包括断裂构造、脆-韧性变形构造、逆冲推覆构造、褶皱轴、线形构造蚀变带等基本构造类型。

影像图上反映的断裂信息十分丰富,是多期次构造运动作用的综合体现。其线形构造的解译标志主要有:①直线状的色线或细窄色带,前者常为断层露头线所在,后者多为大断裂带的反映;②直线状的色调(或色彩)界面,多见于第四系掩盖区,多为隐伏断裂的表现;③直线状延伸较远的线状负地形,明显与周围地形组合和水系型式不协调而自成体系;④直线状发育的水系或微地貌(如陡崖)以及直线状的地貌单元分界(如山前断裂);⑤地层、构造线等被错位,造成地质体不连续。

断层构造性质判别标志。

正断层:一般长度较短,发育有一定宽度,有一定弯曲度,甚至折线,多是由地层拉伸或者上下错动引起,倾向在影像图上一般是朝向地势较缓的一侧。

逆断层:长度较长,平直,陡峭,负地形特征明显,倾向一般是朝向地势陡峭的一侧。

平移断层:具有和逆断层一样平直的特点,但它的判别要依靠横向通过它的断层、山脊、河流或者地层是否有错动、错断,从地质遥感解译上来讲,很多平移断层都是逆断层,其平移的方向,则要参考地质填图的内容来判别。

(b)带要素:主要包括赋矿地层、赋矿岩层相关的遥感信息。不同板块、不同地质构造单元、不同目的矿种的赋矿层位或矿源层位都不尽相同,因此带要素的具体含义亦不尽相同。本次解译将根据赋矿岩层以带状影像体显示在图像上的标志特点,在参考地质资料的基础上,分析对比正常影像与异常影像间的差别,找出有利矿化的部位和岩段。预计将达到描述岩石地层单位、岩性组合、表观特征、产状特征、与矿产矿种的关系等特征的目的。

(c)环要素:代表着构造岩浆的有利部位,是遥感找矿解译研究的主要内容。在对环要素的解译过程中,需要观察的要素有环要素形态与大小、环要素成因、环要素构造类型、环要素清晰度、环要素产状以及环要素间交切相对时序或与其他构造交切状况。

环形构造的解译标志主要有:①由地层引起的非常明显的复合环状形迹;②小山包,锥形山峰,水系环绕;③火山活动造成的环状影像,并伴有环形辐射状断裂;④河流急拐弯处;⑤环形盆地,环形山脊;⑥非常清晰的不明原因引起的环状形迹。

(d)块要素:是地质构造作用的薄弱部位,是成矿作用或找矿预测的线索部位。对块要素的成矿作用分析将主要从地质力学和岩浆岩与成矿作用分析。块要素的规模、产状、发生空间位置以及块要素与断裂、旋扭、压扭作用的相关性是在解译过程中需要特别注意的地方。

(e)色要素:在常规目视遥感解译中发现的有别于正常地质体的色调异常称为色要素。与矿相关的色要素主要指来源于地质体围岩热液蚀变、同化混染、物质的代入、代出以及矿化等引起的有别于周边地质体的部分。色要素需要观察的内容是类型特征、颜色与形态特征、赋存状况、示矿性和含矿性分析以及色要素的规模。在编图时,结果将采用图斑和颜色联合表示;在不同时相、不同合成方案和不同解译者得出的不统一意见问题上,将通过地质理论和找矿经验进行评估,只标明异常的地质内涵。

3)遥感地质矿产解译编图方法

(1)遥感解译方法。本着抓大放小、集中解译的原则进行。

(2)解译图件的精度。解译图件按精度可以分为4类:①1∶50万省级基础性图件精度,原则上只解译中型以上断层,对于一些和中型以上断层发育有关的小型断层,也需解译;②1∶25万国际标准分幅精度,解译线、带、环、色、块五要素以及与成矿关系密切的中小型破碎带、构造带;③1∶5万预测区精度解译,包括最小预测区的圈定以及在最小预测区圈定中牵涉到的线环断裂、构造带;④1∶1万和1∶5 000典型矿床精度解译。

(3)遥感地质解译侧重点:①省内知名大型断裂带,特别是后期破坏严重或者带内发育破碎的,注意识别和解译,为了较清晰地显示其形状、发育长度等,甚至可以采取适当夸张的表示方法;②省内知名中型断层,要尽量解译出来;③韧性剪切带、构造破碎带、逆冲推覆滑脱构造应重点解译,因为它们与成矿关系更密切;④热液成矿是很重要的一个成矿形式,要注意浅火山地层、火山构造、火山口等环形构造的解译;⑤隐伏岩体可以有效地预测深部矿产储量,注意对其环形构造的解译;⑥含矿岩层,如煤线、油页岩层、含铁石英岩、碳质页岩、含铜砂岩等层位;脉岩类,包括石英脉、中酸性脉岩等;断裂构造破碎带、蚀变带;各种围岩蚀变带或矿化蚀变带;花岗岩等中酸性岩体与围岩内外接触带出现的异常部位。

3. 遥感异常提取

遥感异常提取技术统一采用比较成熟的克罗斯塔技术和光谱角监督分类技术,一次性异常提取,一般以"景"为单位。异常提取对象为省区遥感异常提取信息为羟基(泥化)和铁染(铁化)两种异常。

1)异常信息提取方法原理

遥感异常提取方法采用"主成分分析-去干扰-门限化"方法。主分量分析是将离散系统转变成非相关系数的变换,将连续数据转变成非相关系数集合的类似变换,所以主分量分析又称为*K-L*变换或霍特林变换。*K-L*变换方法是以最小均方误差为准则,将原特征向量作变换后压缩维数的方法。

遥感信息各波段相互之间存在一定的相关性,甚至与某些岩性的相关性也很强。为了减少各参数间存在的相关性对于分类的影响，人们常使用主分量分析法，见图 3-4。

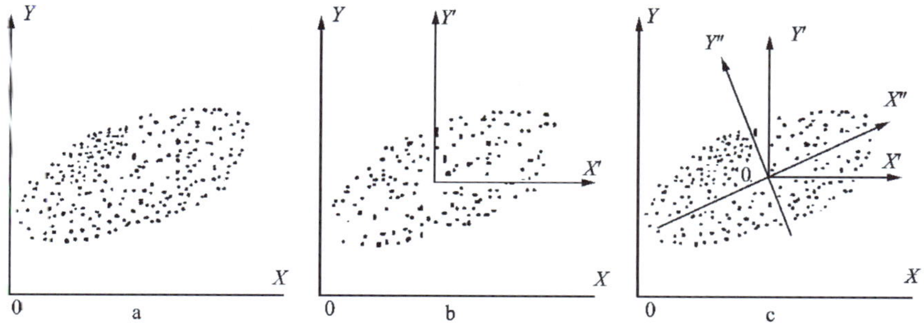

图 3-4 *K-L* 变换原理

将两个波段（参数）的数据绘成二维图（即变量散布图），由于两个参数的强相关性，形成一个长椭圆形图（图 3-4a），越靠近对角线，相关性越高，相关性差的数据背离对角线。如将 3 个参数数据在三维空间表示，则对于相关性强的数据可得到一个纺锤状的椭球体。

一种可改善数据分布的方法是用另一组多维空间，使数据之间的变异最大程度地显现出来，通常采用主分量分析法。图 3-4a 中点的分布可用两个参数的平均值和变异来表示，单变量的变异表现出数据在平均值周围的分布；用协方差来衡量两个变量的互变异（joint variation），当协方差为正，则有正相关性；当协方差为负，则存在逆相关性；当协方差为零时，两个参数完全独立，互不相关。

主分量分析或主分量变换的原理示意如图 3-4b 和 3-4c 所示。第一步是移动坐标原点，使平均值为零，见图 3-4b。在这一步骤后，可将坐标旋转，见图 3-4c，使一个坐标轴与数据具有最大分布的方向相符合，这个旋转后的新轴即第一主分量，它占有总变异的第一大份额。垂直于它的另一个坐标轴则代表其余变异的方向，这就是第二主分量。在二维以上的多维空间里，这样的处理将继续进行，以确定一组直角坐标轴，这些轴逐渐将全部变异分配（消耗）掉，它并不能全部包含在一个次一级主分量中，而是有多少个原始参数就会有几个主分量。各主分量变异值的总和与变换前的变异值总和相等，这就是信息量守恒。某主分量的本征值就是消去该主分量后，对相应的本征向量所引入的均方误差值，可见它表征各主分量的重要性。

2）主要技术流程

遥感影像蚀变异常提取，其过程包括预处理、信息和后处理两大部分（图 3-5）。

遥感影像蚀变异常提取，操作系统为 Microsoft Windows XP SP2，信息提取平台为 PCI 8.2，应用了“去干扰异常主分量门限化技术”（Deinterfered Anomalous Principal Component Thresholding Technique）进行 PCA，并利用了 ENVI 4.4 和 MapGIS 6.7 进行文件间的相互转换。并进行数据预处理：数据检查、全图统计、去干扰处理；信息提取：遥感异常分级、异常提取、遥感异常的滤波处理以及 ASTER 数据异常提取等。

（四）自然重砂

1. 重砂矿物选择

结合全省矿产总结对自然重砂的研究成果，初步对自然重砂单矿物异常及组合异常开展分析研究，识别出福建省自然重砂异常主要为黑钨矿、白钨矿、锡石、自然金、磷钇矿、铌钽铁矿、铅族矿物等异常。其出现频率较高，分布规模大，与矿产分布关系密切，多反映区域性矿产分布特征，在成矿作用方面具有一定的代表性，是福建省主要应用于找矿的自然重砂矿物。

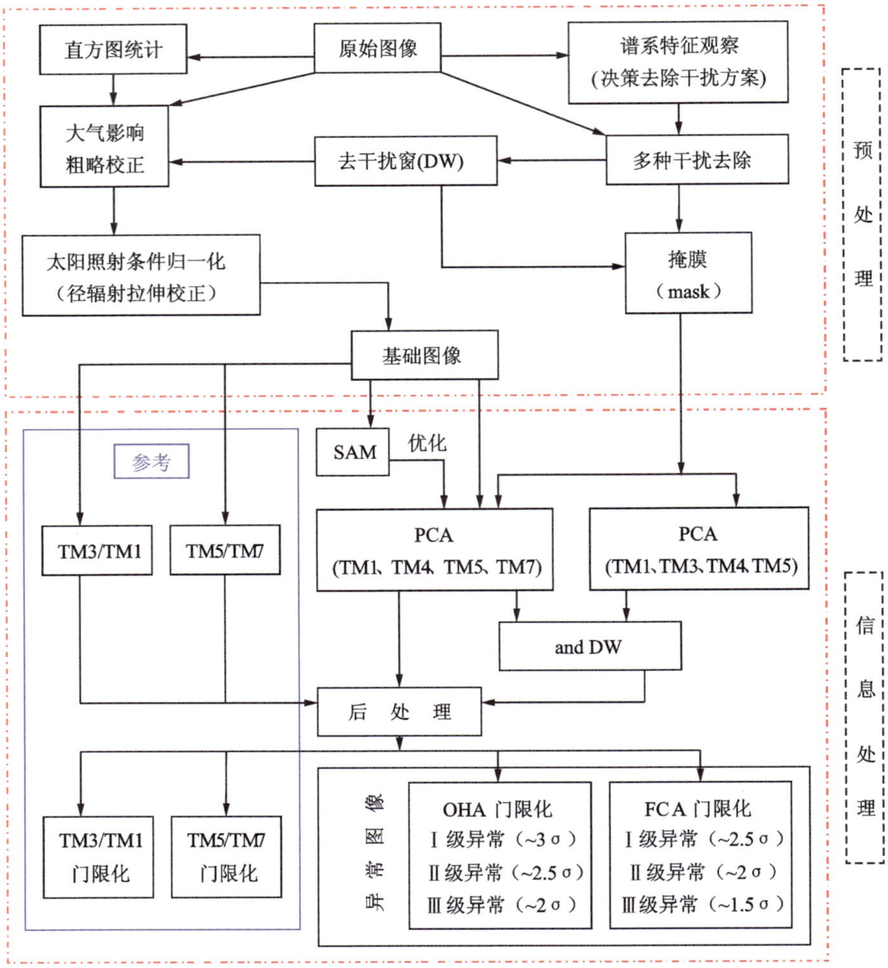

图 3-5　TM 遥感影像蚀变异常提取流程图

2. 数据标准化

标准化：将颗(粒)、百分比、克转换为统一单位。

标准化值利用自然重砂数据库系统软件(ZSAPS 2.0 版)，将 1∶20 万自然重砂数据库数据按以下方式转换统一量，标准化处理后为无量纲。

以 10^{-5} 克作为一个标准单位，即克：重量×10^{-5}；百分比：缩分后重量×百分比×10^{-5}；颗(粒)：每颗按 10^{-5} 克计算。

3. 图件编制

编图比例尺结合其他专题，并统一投影方式和参数(依据《全国矿产资源潜力评价数据模型——空间坐标系统及其参数规定分册》具体规定)。

省级图件采用 1∶50 万比例尺，采用 1954 年北京坐标系，高斯-克吕格投影非标准分带，中央经度 118°00′00″，假东偏移 500 000m，假北偏移 0m。

预测工作区图件采用 1∶5 万比例尺(长汀河田、宁化地区两个稀土矿预测工作区采用 1∶25 万比例尺)，采用 1954 年北京坐标系，高斯-克吕格投影标准分带，中央经度 117°00′00″(福鼎银硐预测工作区采用中央经度 123°00′00″)，假东偏移 500 000m，假北偏移 0m。

图面表达层次清晰、合理，重点突出自然重砂异常范围、类别、等级等基本内容。

整饰包括完整的图例、图名、数字及线段比例尺、投影参数、责任表、编图说明等；图示图例根据《全国矿产资源潜力评价——数据模型统一图例规定分册》和《全国矿产资源潜力评价——数据模型统一图式规定分册》中自然重砂相关部分要求进行。

使用 GeoMAG 软件进行图件规范化和属性挂接，使用 MapGIS 6.7 进行编辑，最终形成的图形数据为 MapGIS 6.7 格式。

1)重砂单矿物有无图

使用 ZSAPS 2.0 软件生成自然重砂有无图，以出现就是异常的原则编制有无图。

用同等大小、不同颜色的圆圈表达矿物含量有无。有矿物含量的用实心红色圆圈表示，无矿物含量的用空心圆圈表示，大小适宜，以图面表达清晰为准。

使用 MapGIS 6.7 进行编辑，调整图元大小，以达到图面美观，最终形成的图形数据为 MapGIS 6.7 格式。

2)单矿物含量分级图

根据福建省域内自然重砂状况，采用 1∶20 万自然重砂数据，编制全省雄黄、辰砂、黄铁矿、黄铜矿、辉铋矿、辉钼矿、钼铅矿、泡铋矿、萤石、重晶石、自然银、黑钨矿、白钨矿、锡石、自然金、磷钇矿、铌钽铁矿、铅族矿物 18 种矿物自然重砂分级图。

按 5 个级别进行划分，编制分级图；即按出现频率排序后分为五级：累频小于 1%为Ⅰ级，累频 1%～25%为Ⅱ级，累频 26%～50%为Ⅲ级，累频 51%～75%为Ⅳ级，累频 76%～100%为Ⅴ级(表 3-8)。

表 3-8 福建省自然重砂矿物含量分级表

矿物	Ⅰ级	Ⅱ级	Ⅲ级	Ⅳ级	Ⅴ级
雄黄	1～10	10～19	19～30	30～50	>50
辰砂	1～37	37～74	74～116	116～176	>176
黄铁矿	1～48	48～150	150～402	402～975	>975
黄铜矿	1～4	4～8	8～16	16～24	>24
辉铋矿	1～3	3～5	5～10	10～20	>20
辉钼矿	1～5	5～15	15～24	24～40	>40
钼铅矿	1～21	21～50	50～95.5	95.5～205.5	>205.5
泡铋矿	1～26	26～65.5	65.5～122	122～242	>242
萤石	1～4	4～10	10～40	40～70	>70
重晶石	1～11	11～33	33～97	97～400	>400
自然银	1～2	2～3	3～4	4～16	>16
黑钨矿	1～79	79～191	191～367	367～840	>840
白钨矿	1～27	27～63	63～125	125～270	>270
锡石	1～118	118～418	418～1 005	1 005～2 309	>2 309
自然金	1～13	13～25	25～40	40～70	>70
磷钇矿	1～103	103～252	252～502	502～1 004	>1 004
铌钽铁矿	1～38	68～178	178～375	375～876	>876
铅族矿物	1～30.5	30.5～69.5	69.5～137.5	137.5～295	>295

注：表中数值为标准化值。

采用 ZSAPS 2.0 软件根据矿物含量划分级别自动生成，不同级别用不同大小圆圈、不同颜色表示。

3）自然重砂单矿物异常图编制

（1）省级自然重砂异常图。在含量分级图编制的基础上，根据实际地质情况和找矿意义确定异常和异常分级。

采用 1∶50 万矿产总结编制的异常图，套合本次新编制自然重砂分级图，在此基础上圈定编制全省黑钨矿、白钨矿、锡石、自然金、铅族矿物、铌钽铁矿、磷钇矿 7 项自然重砂异常图（表 3-9）。

表 3-9　福建省自然重砂矿物异常下限划分表

区域地质分区	黑钨矿	白钨矿	锡石	自然金	铅族矿物	铌钽铁矿	磷钇矿
闽西变质岩区	40	40	100	30	50	40	100
闽西南沉积岩区	40	40	100	30	50	40	100
闽东南火山岩区	20	30	63	30	30	25	63

注：异常分Ⅰ、Ⅱ、Ⅲ三级。

Ⅰ级异常：异常分布范围较大，具有较高的自然重砂单矿物含量，沿一定方向呈带状分布，异常受地质构造控制明显，并有多种自然重砂单矿物异常与之重叠（或部分重叠），异常内有已知的矿床（点）分布或成矿地质条件好，是找矿远景好的异常。

Ⅱ级异常：异常分布范围中等或较小，具有一定的自然重砂单矿物沿一定方向分布，异常中心部分富集级别高，但面积较小，成矿地质条件中等，异常受一定地质构造控制明显，有部分自然重砂单矿物异常与之部分重叠，异常内有已知的矿化（点）分布，为成矿地质条件好，有一定找矿远景的异常。

Ⅲ级异常：异常分布范围不大，较单一，虽有一定含量的单一自然重砂单矿物沿一定方向分布，但异常富集级别不高，成矿地质条件一般，工作程度不高，目前尚未发现相应的矿化（点）分布，属于有一定找矿远景的异常。

（2）预测工作区自然重砂异常图。

单矿物异常按相关矿种预测要求提出的相关自然重砂矿物，确定自然重砂异常下限，在含量分级图基础上叠加水系及地质图后圈定自然重砂异常，并对每个异常进行编号，填写相应的属性表，编号从左向右、从上到下统一顺序编号（即北部异常为小号）。

自然重砂矿物异常下限值的确定和异常分级原则如下。出现频率较低，如自然银、重晶石等，出现即是异常。矿物出现频率较高，可计算出一定的背景值。按矿物出现频率统计排序，大于累频 30％以上即为异常（此值为中国地质调查局推荐值，福建省根据不同成矿地质背景上下浮动）。除按上述原则确定异常的自然重砂矿物异常下限值外，也采用经验数字或直观判断法确定异常下限。异常分级与省级相同。省级异常图背景采用 1∶50 万福建省大地构造图素图和矿产地分布图。预测工作区异常图背景使用本预测工作区建造构造底图素图和矿产地分布图。

4）组合矿物重砂异常圈定

针对预测工作区，按预测矿种需要，根据经验或通过统计选择相关性较好的自然重砂矿物圈定组合矿物异常。

组合矿物异常图可按以下两种方式表达。

（1）八卦图。可直接采用自然重砂数据库软件生成八卦图，展示自然重砂矿物出现情况及矿物的相关性。根据研究目的选择多个相关矿物，在图面表达时将实心圆剖分成与矿物同等数量的扇形，扇形的方位和颜色代表不同的矿物，扇形的半径大小代表矿物的不同含量。

（2）求“并集”。在编制单矿物自然重砂异常图的基础上，把单矿物异常进行叠加，利用 GIS 空间分析技术，从空间的角度求其“并集”，合并为一个面元表示，即成为预测工作区自然重砂组合异常图。矿物组合参考《不同矿床重砂矿物组合参考》。

5)省级区域自然重砂矿物异常区带分布图

以省级行政边界为编图单元,在编制全省自然重砂异常图的基础上编制区域自然重砂矿物异常区带分布图。区带内绘制重要重砂异常等内容,以反映自然重砂矿物异常的综合分布特征。底图叠加地质矿产、Ⅴ级成矿区带。

6)区带自然重砂综合异常图

以单个异常区带为编图单元,分别编制区域自然重砂综合异常图。将自然重砂单矿物异常图套合在一起,对其空间分割认定,以异常图套合较好的大致边界圈定一处综合异常轮廓,并标注编号,以线、区表示。

4. 异常解释

根据自然重砂矿物特征,结合成矿地质背景、地貌景观和其他综合信息,推断自然重砂矿物的来源、自然重砂矿物搬运距离,推断可能的矿种或可能的地质体,为矿产预测提供信息。

三、成矿规律

福建省成矿规律研究的专业技术工作方法是依据"全国重要矿产资源潜力评价成矿规律研究组"等所编制的《全国矿产资源潜力评价——数据模型成矿规律及预测分册》的要求而确定的。可分为3个工作阶段,即基础数据准备、单矿种(组)成矿规律研究[包括单矿种矿产预测类型确定、典型矿床成矿规律研究、预测工作区成矿规律研究、全省性单矿种(组)成矿规律研究]、全省性成矿规律研究(图3-6)。

(一)基础数据准备

按照项目总体要求,在收集地质、物探、化探、遥感、自然重砂及矿产等基础性图、数据库的基础上,编制各种建造构造图等,将成矿的各种信息置于同一图中(分不同图层),对成矿信息进行分类,初步提出与成矿关系密切程度不同的各种资料,建立成矿规律研究的基础性资料体系。

(二)单矿种(组)成矿规律研究

单矿种(组)成矿规律研究是成矿规律研究最重要的内容之一,其工作程序包括单矿种矿产预测类型确定、典型矿床成矿规律研究、预测工作区成矿规律研究、全省性单矿种(组)成矿规律研究,共4个方面的内容。

(1)单矿种矿产预测类型确定。主要是编制单矿种(组)的省级矿产预测类型分布图,将地质构造图要素、矿产地分布图要素、大地构造图要素、成矿区带划分图要素、矿产预测类型分布要素等图层叠加于同一工程文件中,形成矿产预测类型分布图。

(2)典型矿床成矿规律研究。编制单矿种(组)典型矿床成矿要素图、成矿模式图等。在收集并研究典型矿床的地质、物探、化探及矿产资料的基础上,将典型矿床的成矿地质体要素、成矿构造要素、矿床矿体要素、蚀变带要素、主要附图及表格等图层形成一个工程,并建立数据库,编写编图说明书。

(3)预测工作区成矿规律研究。编制单矿种(组)的预测工作区区域成矿要素图。在收集并研究各预测工作区成矿特征的基础上,编制预测工作区预测底图(即××预测方法类型地质构造专题底图+大比例尺矿产信息和物化遥感信息),将区域成矿构造、成矿区带、找矿标志、蚀变标志、区域矿化蚀变地质体、矿产地、矿产地成矿建造、矿产地成矿构造、矿产地成矿构造及主要附图和表格等图层形成的工程文件,组成预测工作区区域成矿要素图。

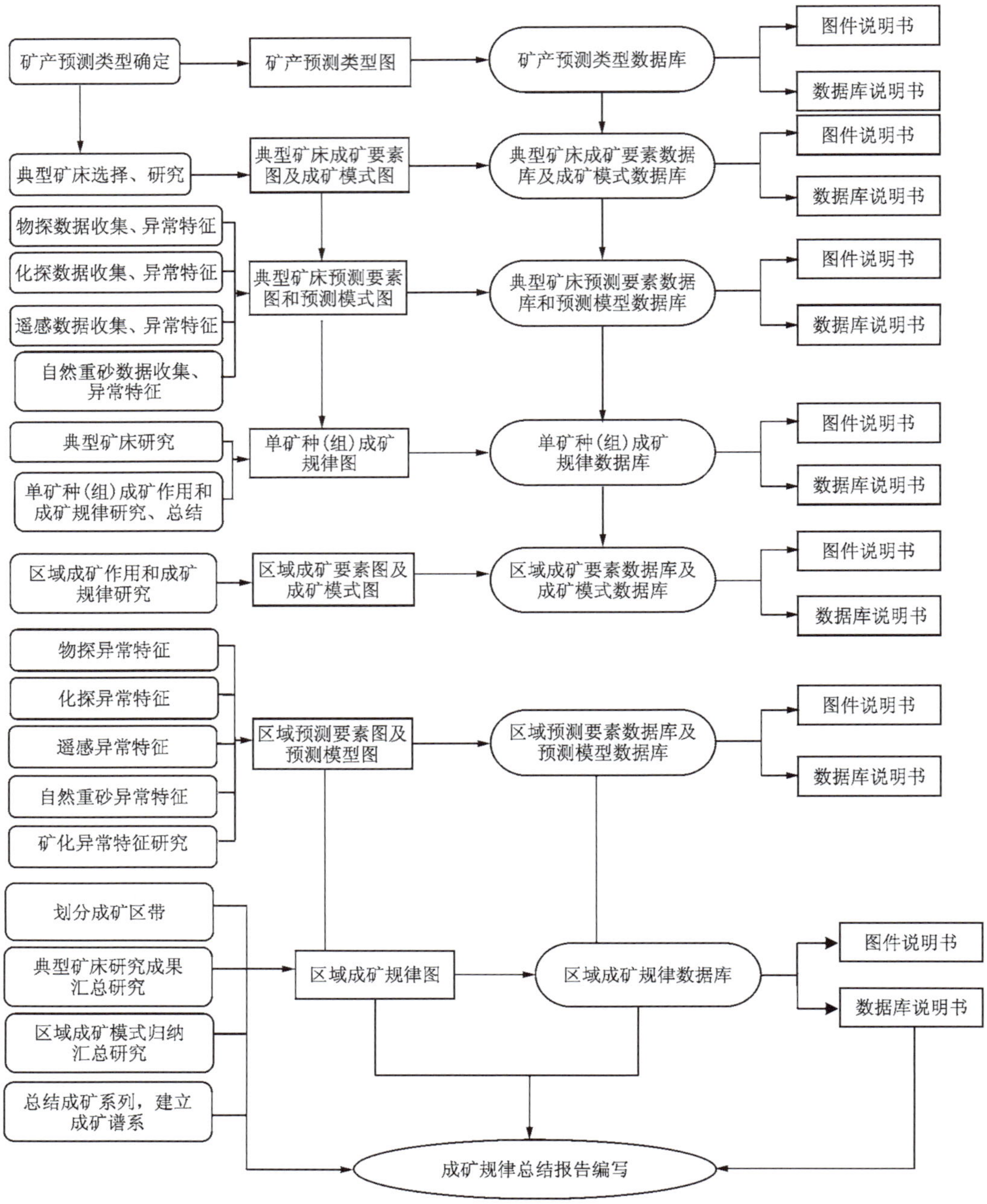

图 3-6　成矿规律组工作流程图

(4)全省性单矿种(组)成矿规律研究。编制单矿种(组)省级××矿(组)区域成矿规律图。主要是对单矿种(组)成矿规律进行汇总。编制省级单矿种(组)的区域规律图，底图为大地构造图、叠加了××矿(组)矿产地特征、××矿(组)找矿标志、××矿(组)蚀变标志、××矿(组)成矿时代、××矿(组)找矿远景区等组成一个工程，编制数据库及编图说明书等。

(三)全省性成矿规律研究

全省性成矿规律研究主要是对单矿种(组)的研究成果进行综合汇总。以大地构造图为底图，叠加成矿区带、矿产地特征、找矿标志、蚀变标志等图层，编制福建省成矿规律图、数据库及编图说明书等。

四、矿产预测

本项目开展的矿产预测是在成矿地质背景、成矿规律和矿床模式研究的基础上，以先进的成矿预测理论为指导，以GIS为平台，应用不同比例尺的区域地质调查和矿产调查资料，按不同矿种和不同矿床预测类型对矿产资源空间分布、产出概率和资源潜力等进行定量评价，预测矿种资源量。主要技术工作方法分述如下。

（一）基础数据准备

按照项目总体要求，在建立高效准确的地质、物探、化探、遥感、矿产等基础数据库、按照编制矿产预测底图需要的专题研究数据库的基础上，根据不同矿种和矿床模型的数据需求，对区域基础地质编图成果、区域物探、化探、遥感、自然重砂综合解释成果、成矿规律成果等进行数据整合。检查多学科专业数据坐标是否统一、数据是否正确、数据属性是否一致，数据在预测区范围内是否能够对接、是否满足预测要求，建立的图形空间数据库是否能够根据评价模型方便检索查询。

（1）划分数据类别，根据预测矿种和矿床类型，确定需要的数据资料。

（2）将数字、文字、图件资料按不同矿种不同矿床类型的预测工作区整合为一体。

（3）根据预测工作的要求，检查并整理各类专题研究信息数据，按照本次预测的具体要求进行修改补充。

（二）综合地质信息预测要素确定

（1）按矿床类型具体成矿要素确定预测要素具体内容。按矿床预测类型确定预测要素、要素类型和要素组合，此项研究内容与传统的"成矿条件"研究类似，但侧重有所不同。为了更好地完成矿床预测尤其是定量预测的任务，需要确定研究区（预测区）内矿床预测类型与成矿地质构造环境之间的内在联系，在此前提下与各类成矿地质条件（地质要素）之间建立"相关性链接"，指出不同成矿条件对于不同矿床预测类型的"有利度"，以及预测某特定类型矿床所需地质条件的必要性和重要性等。

（2）划分预测要素类型。在矿产资源预测与评价工作中，还需要研究预测变量（要素）的分类与组合问题。其中，定量排序是研究各要素相对于矿床的重要性序列，而要素定量分类则是探讨各要素之间的相关性，二者相结合可以对预测要素进行合理分类。

根据相关要求，将二级要素定性地划分为三类：必要、重要和次要。①必要要素：某一种矿床预测类型在预测工作中必不可少的要素，如果此矿床预测类型缺少了其中一项，则未知区不存在预测对象；②重要要素：在预测工作中可以据此确定预测区的具体空间范围、矿床数及其规模、资源量，但并不决定预测区是否存在；③次要要素：对划分预测区级别有一定作用，能增加预测区可信度，但不能据此估算资源量、空间范围、矿床数及其规模。

定量分类：根据统一方法进行数理计算、分类。

（3）编制典型矿床和预测工作区预测要素一览表。

（4）根据定性分类校正定量分类。

(三)综合地质信息预测系列图件编制、建库及其说明书编写

以典型矿床成矿要素图、预测工作区建造构造图、物探(重力、航磁)解译图、化探(单元素、综合元素)异常图、自然重砂异常分布图、遥感解译图等专题图件为基础,根据对典型矿床、预测工作区、成矿区带和全省范围的地质构造背景、成矿作用、成矿规律、地球化学场、地球物理场、遥感和自然重砂信息等特征的综合研究,按照不同矿种(组)、矿床类型编制相关的原始预测工作底图,图件内容包括全部基础地质、物探、化探、遥感、自然重砂及成矿规律等专题研究的全部内容,并进行相应的建库和说明书编写。主要图件有以下内容。

(1)典型矿床预测要素图(比例尺 1∶1 万～1∶2000)。

(2)预测工作区区域预测要素图(比例尺 1∶10 万～1∶5 万)。

(3)预测工作区预测成果图(比例尺 1∶10 万～1∶5 万)。

(4)省级预测成果图(比例尺 1∶50 万)。

(5)省级矿产勘查工作部署图(比例尺 1∶50 万)。

(6)省级单矿种预测开发基地成果图(比例尺 1∶50 万)。

(四)典型矿床预测模型和区域矿产预测模型

1. 典型矿床预测模型

选择典型矿床中能反映与成矿有关的化探、物探、遥感、自然重砂等异常的剖面,建立典型矿床预测模型。

2. 区域矿产预测模型

在综合地质信息编图和区域矿床模型基础上进行的矿产预测要素信息提取与相应模型类比后,建立区域矿产预测评价模型(图 3-7)。

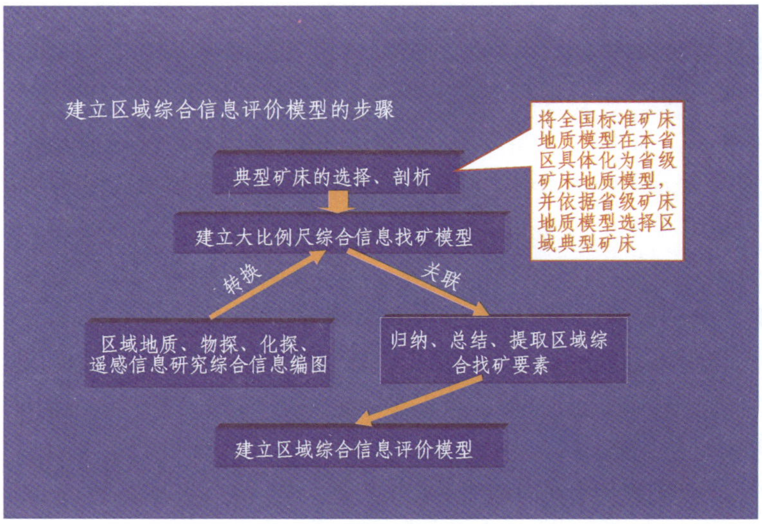

图 3-7　建立区域综合信息评价模型的步骤

以区域综合信息编图成果为基础对矿床综合方法找矿模型进行信息转换,建立区域综合信息评价模型。采用定性与定量结合的方法进行对比关联,划分预测评价要素的类型(必要因素、重要因素和次

要因素变量，总结圈定不同级别预测区标志组合，确定进行预测区优选、估计矿床数和资源量估算的定量指标。

（五）最小预测区圈定、优选

1. 预测区圈定原则

（1）在最低一级的成矿区带内判定成矿信息浓集的最小面积、最大含矿率的空间范围。

（2）采用模式类比法，用不同级别模式圈定不同规模的预测区。

（3）预测区的边界按预测评价模型的确定性成矿信息予以定位。

（4）多种信息联合使用时，应遵循以地质信息为基础、以最有效方法提供的信息为先导，地质、物探、化探、遥感信息综合标志圈定预测区的原则。

（5）预测区单元大小根据预测矿种类型，结合资料水平进行规定。同类矿种、同类型矿床圈出的预测区的规模大小过于悬殊，应对规模较大的预测区进行分割或重新审定其成矿信息的确定性。

2. 预测远景区圈定方法和边界条件

按照矿床类型确定的必要性评价要素组合，在矿产预测评价系列图件中提取相关图层信息，使用不同的必要条件要素组合、编图方法或计算机交互搜索模型圈定最小预测区（图 3-8）。

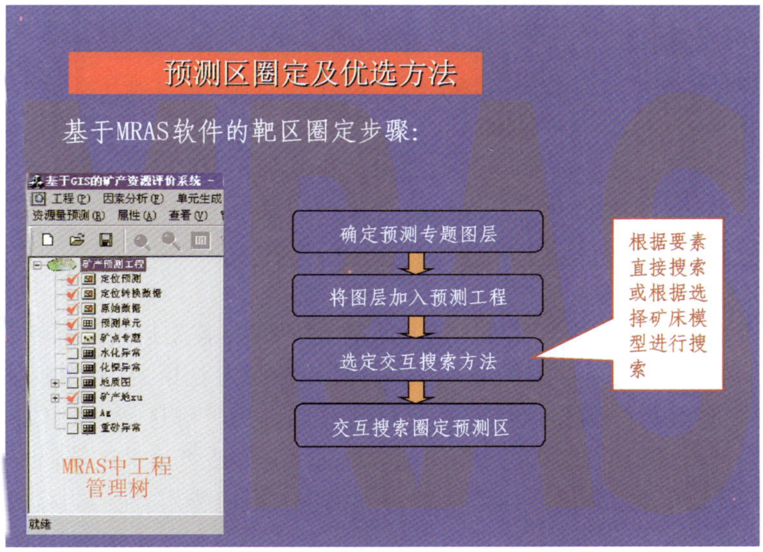

图 3-8　最小预测区圈定步骤示意图

3. 预测评价模型区选择

对区域同类型的矿床（点）所在单元进行选择，构造预测评价模型区。

4. 预测要素赋值及优选

以预测评价区为基础，对区域矿床类型的重要和次要评价要素进行信息提取，使用 MRAS 软件，进行要素信息赋值，形成定量预测评价数据；使用匹配系数和有序变量选择等方法，优选预测评价变量。

5. 预测评价区优选

（1）远景区优选准则：①成矿地质条件准则；②找矿概率准则；③工作程度准则；④自然地理和环境

准则。

(2)远景区优选:突出成矿关键信息,压制干扰信息,提高矿产预测成果的可靠性。

(3)远景区分级:综合考察成矿条件有利程度,预测依据是否充分,充分考虑矿化强度、成矿信息浓缩程度、资源潜力大小等因素,有些地区还应考虑自然地理条件。通过优选,将预测远景区划分为A、B、C三个级别。

(4)远景区排序:按资源潜力大小、成矿地质条件、成矿有利度等综合指标对找矿远景区的重要性进行定量或定性的评估与排序。

区内建立预测区优选和资源量估算的定量指标,进行预测区的变量选择,优选方法采用特征分析、证据权、神经网络等方法进行优选排序。矿产预测图上圈出的预测区划分类别,并进行排序。

(六)资源量估算、资源量类别划分

1. 资源量估算方法

根据不同矿种、矿床类型选择不同的定量预测方法,估算资源量。参照《矿产预测评价技术要求》,有如下方法。

(1)矿床值概率分布法(蒙特卡洛法)。矿床值概率分布法是根据已知某种矿床类型的矿石储量及品位分布模型,分别对其进行蒙特卡洛模拟,通过矿石储量和矿石品位概率(或由此生成的潜在资源量)分布曲线来估算预测远景区不同概率(不同置信度)下的资源总量(包括探明储量和潜在资源量)和推测未发现矿床的个数,并按不同概率进行分类。

(2)地球化学块体估值法。地球化学块体估值法是对地壳丰度估计法的改进与发展,它是通过将模型区内成矿元素(或化合物)地球化学块体含量与探明储量之间所建立的函数关系推广到各个预测远景区来估算该元素(或化合物)的资源总量(包括探明储量和潜在资源量)和未发现矿床个数。

(3)体积估计法。体积估计法是将已知地区有代表性的单位体积矿产平均含量值外推到预测区体积内的资源量,即用控制区地壳一定深度单位体积内矿产平均含量乘以预测区内总体积,得到矿产资源量估计值。

(4)矿床模型综合地质信息定量预测法。该方法基本思路是,首先运用信息量计算法及特征分析法建立已知探明资源储量矿床的定量信息模型以及综合地质信息定量模型,并根据主成分分析法建立矿床规模定量预测模型。然后根据预测区综合地质信息及定量找矿信息,经过相关分析预测矿床数量。再根据矿床规模定量模型预测不同规模的矿床数量,并据此定量估算远景区资源量。

以上各种方法都适合综合因素的“内生”矿床、沉积矿床、层控类“内生”矿床,本次工作将按照全国矿产预测项目组要求选择资源量估算方法。初步考虑除煤等沉积矿产采用体积估计法外,其他矿种采用矿床模型综合地质信息定量预测法。

2. 预测资源量分类

(1)334-1:已知矿田或已知矿床深部及外围的预测资源量;已有矿床的(大、中、小规模)最小预测单元范围内的预测资源量。

(2)334-2:同时具备直接(包括含矿层位、矿点、矿化点、重要找矿线索等)和间接找矿标志的最小预测单元内的预测资源量(间接找矿标志包括:物探、化探、遥感、自然重砂等异常)。

(3)334-3:只有间接找矿标志的最小预测单元内预测资源量。

五、综合信息集成

本次潜力评价工作是充分应用现代矿产资源预测评价的理论方法和GIS评价技术，在项目实施中，全面、全过程的应用GIS技术，严格按照“五统一”(统一组织、统一思路、统一方法、统一标准、统一进度)的原则组织实施。综合信息集成课题根据市级项目组的统一要求和工作部署，全过程做好技术支持和技术服务工作，统一全市标准，统一编制地理底图，对各个课题组进行标准规范学习、软件培训学习、数据库建设培训等工作。

按照全国项目办统一下发的《全国矿产资源潜力评价数据模型》各专题技术文档，收集、整理福建省1∶25万区域地质调查实际材料图、地质图、剖面图等基础性原始资料、成矿规律研究相关各种地质报告及论文、物探、化探、遥感及自然重砂等多种资料。通过扫描、整理，利用地理信息系统MapGIS 6.7软件，进行图件的矢量化，其系统库统一使用潜力评价总项目下发的潜力评价系统库。按照《全国矿产资源潜力评价数据模型》对图件进行了属性挂接，拓扑的检查采用GEOTOK软件，最终提交MapGIS点、线、区及工程文件。

(一)标准规范学习与培训

标准化是GIS技术应用的重要基础部分，在主要执行和参照《全国矿产资源潜力评价数据模型》，统一组织项目组技术人员学习数据模型，主要包括以下内容。

(1)《全国矿产资源潜力评价数据模型——成矿地质背景分册》。
(2)《全国矿产资源潜力评价数据模型——成矿规律分册》。
(3)《全国矿产资源潜力评价数据模型——矿产预测分册》。
(4)《全国矿产资源潜力评价数据模型——重力分册》。
(5)《全国矿产资源潜力评价数据模型——磁法分册》。
(6)《全国矿产资源潜力评价数据模型——化探分册》。
(7)《全国矿产资源潜力评价数据模型——遥感分册》。
(8)《全国矿产资源潜力评价数据模型——自然重砂分册》。
(9)《全国矿产资源潜力评价数据模型——地理信息分册》。
(10)《全国矿产资源潜力评价数据模型——成矿区带分区代码规定分册》。
(11)《全国矿产资源潜力评价数据模型——大地构造分区代码规定分册》。
(12)《全国矿产资源潜力评价数据模型——数据项下属词规定分册》。
(13)《全国矿产资源潜力评价数据模型——通用代码规定分册》。
(14)《全国矿产资源潜力评价数据模型——空间坐标系统及其参数规定分册》。
(15)《全国矿产资源潜力评价数据模型——统一图例规定分册》。
(16)《全国矿产资源潜力评价数据模型——统一图式规定分册》。
(17)《全国矿产资源潜力评价数据模型——元数据规定分册》。
(18)《全国矿产资源潜力评价数据模型——编图说明书提纲分册》。

(二)软件学习与培训

使用的软件有MapGIS、MORAS、GeoDAS、GeoMAG、GeoTOK、GeoPEX、RGIS 30、自然重砂数据库系统ZSAPS、GeoExpl等。

本次评价工作参加单位多、参加人员多、使用的软件多，为了达到“五统一”要求，加强课题组之间的联系，为各课题子课题开展 GIS 技术指导培训工作。组织技术人员对该项工作所使用的软件进行集中统一培训(表 3-10)。

表 3-10　软件使用培训一览表

软件名称	培训内容	备注
MapGIS	培训 MapGIS 6.7 软件操作使用，让各课题子课题技术人员能够熟练使用软件进行编图	
MORAS	培训矿产资源评价软件，主要针对预测组和各单矿种(组)子课题进行培训，让技术员能运用软件进行资源量预测	
GEODAS		
GeoMAG	培训数据模型软件，配合数据模型，让技术人员掌握数据模型使用和软件操作，能进行数据库建设和数据库检查	
GeoTOK	培训数据库检查软件，利用该软件进行数据拓扑检查，保证数据质量	
Geo035	培训数据提交格式软件使用，按照 2010 年和 2011 年的 35 号文件进行成果资料组织存放	
RGIS	培训重磁软件，技术人员能运用该软件进行重力和磁测专业相关图件编制	
ZSAPS	培训自然重砂数据处理软件，技术人员能够利用该软件进行编制重砂相关图件	
GeoExpl	培训化探数据处理软件，技术人员	

(三)统一格式

根据全国矿产资源潜力评价数据模型规定，所有专业所提交的数据格式必须集成到 MapGIS 6.7 软件平台下，数据格式为点文件.WT、线文件.WL、面文件.WP、工程文件.MPJ，以方便省级、大区及全国数据汇总。

(四)统一的软件及系统库

项目组统一使用地理信息系统 MapGIS 6.7 及全国潜力评价项目办统一下发的属性挂接软件 GeoMAG、拓扑检查软件 GeoTOK 完成编图及建库，系统库统一采用全国潜力评价项目组下发的潜力评价系统库。

(五)统一的坐标系统及空间参数

为了便于成果汇总建库，全国潜力评价项目组统一要求所有需要提交的具有严格空间坐标意义的图件其坐标系统均采用 1954 年北京坐标系统及国家高程基准，对 1980 年西安坐标系的资料或图件依据大地坐标系转换规范转换到 1954 年北京坐标系上。1954 年北京坐标系的地球椭球参数为：地球椭球——长轴(m)：6 378 245.0，地球椭球——短轴(m)：6 356 863.018 773 05，地球椭球——偏心率：0.081 813 334 016 931 2，地球椭球——扁率：0.003 352 329 869 259 15，地球椭球——扁率倒数：298.299 999 999 999。图件涉及比例尺包括 1∶50 万、1∶25 万、1∶20 万、1∶10 万、1∶5 万、1∶2.5 万、1∶1 万、1∶5 000、1∶2 000等。

(1)针对比例尺为 1∶50 万的图件，采用高斯-克吕格投影坐标系，采用非标准分带，投影原点经度为 118°，纬度为 22°；中央经线比例变形因子为 1，假东偏移 0m，假北偏移 0m。

(2)针对比例尺为 1∶25 万、1∶20 万、1∶10 万、1∶5 万、1∶2.5 万的图件，采用高斯-克吕格投影坐标系，采用 6°分带，依 6°分带带号决定投影原点经度(中央经线经度)，投影原点纬度为 0°，中央经线比例变形因子为1，假东偏移500 000m，假北偏移为0m。

(3)针对比例尺为1∶1万、1∶5 000、1∶2 000，甚至更大的比例尺，采用3°分带，依3°分带带号决定投影原点经度(中央经线经度)，投影原点纬度为0°，中央经线比例变形因子为1，假东偏移500 000m，假北偏移为0m。

(六)统一规范与编码

按照《全国矿产资源潜力评价数据模型——通用代码规定分册》统一规定福建省预测区、预测类型、矿区等编码。根据《全国矿产资源潜力评价数据模型——空间坐标系统及其参数规定分册》统一规定福建省各种比例尺图件使用的地图投影类型和投影参数。

(七)统一的建库流程

整个数据库建库工作分为两个阶段17个步骤，第一个阶段是基础图件处理阶段：①专业编图→②图件扫描→③图框生成→④镶嵌配准→⑤图件矢量化→⑥图形校正→⑦修改检查，拓扑造区→⑧图层提取，建立分层文件→⑨建立投影参数；第二个阶段是挂接属性数据阶段：①规范图件图层结构→②挂接属性数据→③图元编号及特征代码排序→④引入其他图层→⑤图件检查→⑥拓扑关系的检查→⑦元数据编写→⑧提交符合数据模型图件。

1. 基本图件处理阶段

(1)专业编图。按照全国矿产资源潜力评价项目组下发的《全国矿产资源潜力评价数据模型》的编图流程和规定编制所需的各种专业图件。通过查阅资料、采集属性、填写属性卡片进行相关资料的收集和汇编。同时，计算机工作人员配合专业编图人员按照不同专业的数据模型进行数据图层划分，并统一数据比例尺、坐标系统，统一系统库。编图人员根据专业技术要求编制相关图件及数据卡片。对原本只有纸介质的图件资料进行矢量化处理。

(2)图件扫描。将需要矢量化的图件通过扫描仪进行扫描，存储格式为tiff格式。

(3)图框生成。根据图件范围、比例尺，生成所需的标准图框。

(4)镶嵌配准。根据所生成的标准图框，将扫描好的图件进行镶嵌配准，配准后形成与标准图框相对应的.msi文件。

(5)图件矢量化。将需要的数据进行矢量化处理。按照点、线、面文件的不同格式分图层矢量化。

(6)图形校正。矢量化图形需要通过采集的校正控制点，利用系统的误差校正功能进行校正。具体方法是利用软件生成标准的理论图框，获取校正控制点理论值，然后从实际矢量化的图框方格网中获取校正控制点实际值。

(7)修改检查，拓扑造区。对矢量化后的图件进行拓扑错误检查，消除微短线，并处理悬挂线等一些常规拓扑错误，最后利用拓扑上区进行面文件的填充。参与整体拓扑的图层为：双线河、湖泊线等多边形水体图层，地层图层，矿体图层。

(8)图层提取建立分层文件。根据《全国矿产资源潜力评价数据模型》(V3.10版)，制订详细的图层划分方案。按照图层划分方案对综合图层进行剥离，并建立分层文件。

(9)建立投影参数。根据《全国矿产资源潜力评价数据模型——空间坐标系统及其参数规定分册》，对矢量化后的成果图件建立投影。需特别注意的是工程文件的投影参数必须和单文件中的投影参数一致，以便在GeoMAG中通过测试。

2. 挂接属性数据阶段

(1)规范图件图层结构。利用 GeoMAG 软件对图件进行规范。首先规范图件的计算机名称、中文名称、图件代码、图件的坐标系类型及投影参数等，在对图件进行规范时，根据《全国矿产资源潜力评价数据模型——通用代码规定分册》查找相应的代码对图件进行规范。其次规范图件内图层的计算机名称、中文名称、图层代码，包括地理图层及辅助图层。最后规范图件内图层的属性结构。

(2)挂接属性数据。利用 GeoMAG 软件所提供的属性数据库编辑功能对图件数据中的各个要素进行属性编辑，在对属性进行填写时要根据《全国矿产资源潜力评价数据模型——数据项下属词规定分册》查找所对应的下属词代码。

(3)图元编号及特征代码排序。对图元编号及特征代码进行排序。

(4)引入其他图层。利用“引入其他图层”功能，依据数据模型分册规定引入应该引入的其他图层(包括属性数据)，“被引入的其他图层”已进行了检查并符合数据模型规定。

(5)图件检查。利用 GeoMAG 软件所提供的检查图件数据功能。①图件结构检查：主要有图件的分层、图层名称、图层属性结构等检查，并将不符合数据模型的数据以显著性颜色进行标识，以便于进一步的更正；②图件数据检查：主要包括各图层数据填入的准确性检查。如数据填入错误，则软件检查系统会以表格形式进行输出，以指导操作人员进行错误纠正。

(6)拓扑关系的检查。利用全国潜力评价拓扑检查软件 GeoTOK，检查不同的区图层的套合关系、线和区图层的拓扑关系是否一致等。

(7)元数据编写。根据每一幅图件信息，并按照《全国矿产资源潜力评价数据模型——元数据规定分册》及项目组下发的元数据编辑器(ACCESSV1.2 版)，针对每一幅图件进行元数据的编写。

(8)提交符合数据模型图件。最终提交出一套符合全国矿产资源潜力评价要求的图件及数据库。

第四章　成矿地质背景

第一节　沉积岩建造组合与构造古地理

一、构造-地层分区和岩石地层格架

(一)构造-地层分区

福建省地层发育，自古元古界到第四系均有出露。岩石类型复杂，沉积岩和变质岩地层之和与中生代火山岩地层约各占全省陆地总面积的1/3。按中国岩石地层区划方案(1994)，福建省全境属华南地层大区(Ⅵ)东南地层区(Ⅵ$_5$)的一部分。省内大致以政和-(广东)大埔为界划分两个地层分区，西部为武夷地层分区(Ⅵ$_5^8$)，东部属沿海地层分区(Ⅵ$_5^9$)。根据岩性、岩相、建造类型、变质变形及构造变动等特征，省内除第四系外，可划分成前泥盆纪、泥盆纪—中三叠世及晚三叠世—新近纪3个时期的断代地层。各断代地层间皆以明显的角度不整合为界，地层分区性明显。前泥盆纪地层断代可划分闽西南(Ⅵ$_5^{8-1a}$)、闽西北(Ⅵ$_5^{8-1b}$)、闽中(Ⅵ$_5^{8-1c}$)和闽东(Ⅵ$_5^{9-1}$)4个地层小区；泥盆纪—中三叠世地层断代可划分闽西南(Ⅵ$_5^{8-2a}$)、闽北(Ⅵ$_5^{8-2b}$)及闽东(Ⅵ$_5^{9-2}$)3个地层小区；晚三叠世之后地层断代可划分闽西(Ⅵ$_5^{8-3}$)和闽东(Ⅵ$_5^{9-3}$)2个地层小区(图4-1，表4-1)。

(二)前泥盆纪地层

福建省前泥盆纪地层为一套遭受不同程度变质变形作用改造的区域变质岩，分布广泛，包括主要分布于闽西北地区的古—中元古代中深变质岩系及其周边的新元古代中浅变质岩系和主要分布于闽西南地区的南华纪—早古生代浅变质岩系。

1. 古—中元古代中深变质岩系

古—中元古代中深变质岩系包括麻源岩群(大金山岩组、南山岩组)、迪口岩组和桃溪岩组。

1)麻源岩群($Pt_1M.$)

麻源岩群包括大金山岩组($Pt_1d.$)和南山岩组($Pt_1n.$)两个岩组，二者呈韧性断层接触，主要分布于闽西北的建瓯、建阳、武夷山、浦城和建宁一带，是闽西北前南华纪变质基底的主体。

(1)大金山岩组($Pt_1d.$)。为一套黑云(斜长)变粒岩、黑云石英片岩、石英云母片岩夹数层斜长角闪岩，偶夹白云质大理岩、石英岩。普遍含矽线石、铁铝榴石、蓝晶石、晶质石墨，混合岩化较强，脉体为花岗质、长英质、伟晶质，变质程度达角闪岩相，原岩以富碳高铝的砂泥质岩类为主，夹基性火山岩。武夷山桃华石墨黑云变粒岩同位素测年为2.34Ga或1.8Ga/SHRIMP(Wan et al，2007)、建宁天井坪含黑云变粒岩同位素测年为1 776±16Ma/SHRIMP(Wan et al，2007)、斜长角闪岩同位素测年

为1 776±19Ma/SHRIMP(李献华,1997)。

(2)南山岩组($Pt_1n.$)。岩性较单一,主要为条带状、条纹状黑云斜长变粒岩、黑云(二云)石英片岩、石英云母片岩,偶夹角闪石英岩、角闪变粒岩,岩石石英脉化强烈,普遍含铁铝榴石及少量蓝晶石、矽线石、十字石,变质程度达低角闪岩相,原岩主要为砂泥质岩类。浦城梅树坑钠长变粒岩锆石$^{207}Pb/^{206}Pb$年龄为2 093Ma。

2)迪口岩组($Pt_1dk.$)

迪口岩组分布较局限,主要在建瓯迪口—南平后洋一带,出露面积约280km²。未见底,其上与马面山岩群呈韧性断层接触。岩性以黑云斜长变粒岩为主,夹少量薄层黑云斜长石英岩、二云斜长石英片岩,混合岩化较强,脉体为长英质。含铁铝榴石及矽线石,变质程度达低角闪岩相,原岩为砂泥质岩类,以长石石英杂砂岩为主。

3)桃溪岩组($Pt_2t.$)

桃溪岩组主要分布于闽西南的武平桃溪地区,永定、上杭一带也有零星出露,向西延伸入江西省境内,出露面积约620km²,下部为黑云斜长(钾长)变粒岩、黑云二长变粒岩,偶夹透辉(角闪)斜长变粒岩,原岩为中酸性火山岩夹火山碎屑沉积岩;上部为矽线二云片岩、矽线黑云石英片岩夹黑云斜长变粒岩,原岩为砂泥质碎屑岩夹火山碎屑沉积岩。岩石混合岩化较强,脉体为花岗质、长英质,变质程度达低角闪岩相。武平湘店、昭信二长变粒岩锆石U-Pb上交点年龄分别为1 394±42Ma、1 364±55Ma(黄泉祯等,1998)。

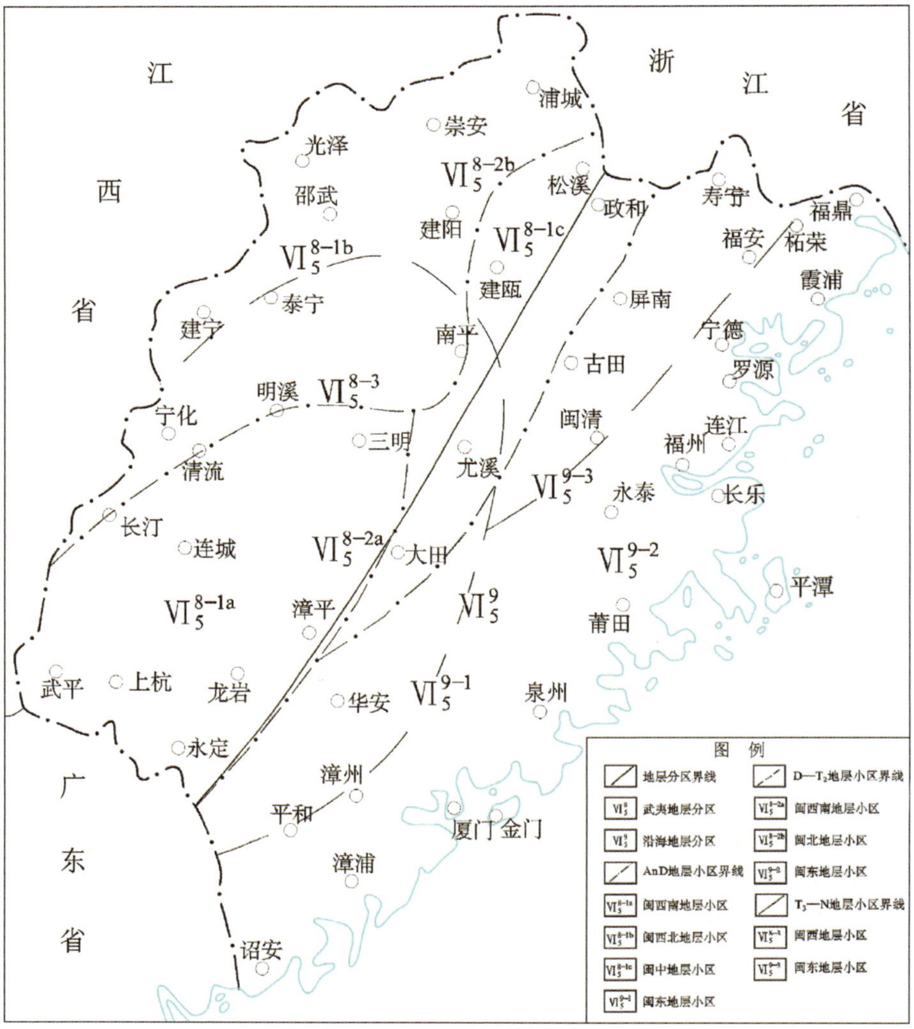

图4-1　福建省各断代岩石地层划分略图

表 4-1　福建省岩石地层划分表

地层分区			武夷地层分区（$Ⅵ_5^8$）			沿海地层分区（$Ⅵ_5^9$）
岩石地层 \ 地质年代		T_3—N	闽西地层小区（$Ⅵ_5^{8-3}$）			闽东地层小区（$Ⅵ_5^{9-3}$）
		D_3—T_2	闽西南地层小区（$Ⅵ_5^{8-2a}$）		闽北地层小区（$Ⅵ_5^{8-2b}$）	闽东地层小区（$Ⅵ_5^{9-2}$）
		AnD	闽西南地层小区（$Ⅵ_5^{8-1a}$）	闽西北地层小区（$Ⅵ_5^{8-1b}$）	闽中地层小区（$Ⅵ_5^{8-1c}$）	闽东地层小区（$Ⅵ_5^{9-1}$）
新生代	第四纪		第四系（Q）			第四系（Q）
	新近纪		佛昙组（Nf）			佛昙组（Nf）
中生代	白垩纪	晚白垩世	赤石群（K_2C）	崇安组（K_2c）		石帽山群（K_1S）
				沙县组（K_2s）		石牛山组（K_2sh）
				均口组（K_2j）		
		早白垩世	石帽山群（K_1S）	寨下组（K_1z）		寨下组（K_1z）
				黄坑组（K_1h）		黄坑组（K_1h）
			坂头组（K_1b）		吉山组（K_1j）	小溪组（K_1x）
			下渡组（K_1xd）			
	侏罗纪	晚侏罗世	南园组（J_3n）			南园组（J_3n）
			长林组（J_3c）			长林组（J_3c）
		中侏罗世	漳平组（J_2z）			漳平组（J_2z）
		早侏罗世	象牙群（J_1X）	藩坑组（J_1f）	梨山组（J_1l）	象牙群（J_1X）：藩坑组（J_1f）
				下村组（J_1x）		下村组（J_1x）
	三叠纪	晚三叠世	文宾山组（T_3w）		焦坑组（T_3j）	文宾山组（T_3w）
			大坑村组（T_3d）			
		中三叠世	安仁组（T_2a）			
		早三叠世	溪口组（T_1x）			
古生代	二叠纪	晚二叠世	罗坑组（P_3l）	长兴组（P_3c）		
			翠屏山组（P_3cp）			
		中二叠世	童子岩组（P_2t）			
			文笔山组（P_2w）		文笔山组（P_2w）	
			泉上组（P_2qs）	鸣山组（P_2m）		
			栖霞组（P_2q）			
		早二叠世	船山组（P_1c）			
	石炭纪	晚石炭世	老虎洞组（C_2lh）			
			经畲组（C_2j）			经畲组（C_2j）
		早石炭世	林地组（C_1l）			
	泥盆纪	晚泥盆世	安砂群（D_3A）	桃子坑组（D_3tz）		
				天瓦岽组（D_3t）		
	奥陶纪	中晚奥陶世	罗峰溪组（$O_{2-3}l$）			亲营山岩组（AnDq.）
		早奥陶世	魏坊组（O_1w）			
	寒武纪	晚寒武世	东坑口组（$∈_3d$）	东坑口组（$∈_3d$）		
		早中寒武世	林田组（$∈_{1-2}l$）	林田组（$∈_{1-2}l$）		
新元古代	震旦纪		黄连组（Zh）	三溪寨组（Zs）；西溪组（Zx）	稻香组（Zdx）	
			黄岩组（Zn）	楼前组（Zlq）		
	南华纪		楼子坝组（Nhl）			
	青白口纪			万全岩群（$Pt_3W.$）：下峰岩组（$Pt_3x.$）、黄潭岩组（$Pt_3h.$）	马面山岩群（$Pt_3M.$）：大岭岩组（$Pt_3dl.$）、东岩岩组（$Pt_3d.$）、龙北溪岩组（$Pt_3l.$）	?
中元古代			桃溪岩组（$Pt_2t.$）			
古元古代				麻源岩群（$Pt_1M.$）：南山岩组（$Pt_1n.$）、大金山岩组（$Pt_1d.$）	迪口岩组（$Pt_1dk.$）	

2. 新元古代中浅变质岩系

新元古代中浅变质岩系包括万全岩群（黄潭岩组、下峰岩组）和马面山岩群（大岭岩组、东岩岩组、龙北溪岩组）。

1）万全岩群（$Pt_3W.$）

万全岩群主要分布于闽西北麻源岩群出露的周边地区，出露面积约 300km²，为一套高绿片岩相—

低角闪岩相的中浅变质岩系，其下与麻源岩群呈韧性断层接触，上为震旦系盖洋群或西溪组覆盖。包括黄潭岩组和下峰岩组两个组级地层单位。

(1)黄潭岩组($Pt_3h.$)。岩性为块状二长浅(变)粒岩、黑云钠长变粒岩、钾长变粒岩夹白云片岩，原岩为中酸性(角斑质)火山岩夹泥砂质碎屑岩。在乐黄潭村、宁化济村一带该组变粒岩锆石$^{207}Pb/^{206}Pb$表面年龄为1 050～1 300Ma。

(2)下峰岩组($Pt_3x.$)。岩性为浅灰绿、灰黑色绿泥白云石英片岩、二云斜长片岩、云母片岩夹含石墨云母片岩、二长(钠长)变粒岩，原岩为砂泥质碎屑岩夹中酸性(角斑质)火山岩。在乐漠俚绿帘二长变粒岩锆石U-Pb年龄为1 019±26Ma。

2)马面山岩群($Pt_3M.$)

马面山岩群主要沿政和—建瓯—尤溪梅仙—安溪剑斗一带断续呈北北东向狭长带状分布，出露面积约2100km²，为一套高绿片岩相的变质原岩为细碧岩-石英角斑岩及细碎屑岩、钙镁、硅质岩类组合，其下与麻源岩群或迪口岩组呈韧性断层接触，包括大岭岩组、东岩岩组及龙北溪岩组3个组级地层单位，其间均呈韧性断层接触。

(1)大岭岩组($Pt_3dl.$)。岩性以黑云(石英)钠长片岩或钠长变粒岩为主夹钠长云母片岩、云母(钠长)石英片岩，原岩为中酸性(石英角斑质)火山岩夹凝灰质碎屑岩。

(2)东岩岩组($Pt_3d.$)。主要为一套绿片岩组合，岩性以钠长阳起片岩、斜长角闪(片)岩、绿泥绿帘阳起片岩为主夹黑云钠长变粒岩、黑云(二云)二长变粒岩、云母石英片岩及大理岩(局部)，原岩为钠质基—酸性火山岩夹砂泥岩、泥灰岩。

(3)龙北溪岩组($Pt_3l.$)。岩性以石英云母片岩、云母石英片岩为主夹钙、镁、硅质岩，具复理石沉积特征。

本岩群3个岩组均含有相当于蓟县纪—青白口纪的微古孢粉组合。同位素测年：德化葛坑大岭岩组变粒岩锆石$^{207}Pb/^{206}Pb$年龄为1 097Ma、建瓯叶坑大岭岩组钠长变粒岩锆石U-Pb上交点年龄为1 100±19Ma(甘晓春，1993)、政和洋后东岩岩组角闪变粒岩角闪石^{40}Ar-^{39}Ar年龄为1 129.4±169Ma(甘晓春，1993)。在建瓯迪口地区大岭岩组、东岩岩组、龙北溪岩组中分别获得锆石SHRIMP年龄为756.2±7.2Ma、796.5±9.3Ma、825.5±9.8Ma。

3. 南华纪—早古生代浅变质岩系

南华纪—早古生代浅变质岩系包括楼子坝组、南岩组、黄连组、西溪组、盖洋群(楼前组、三溪寨组)、稻香组、林田组、东坑口组、魏坊组、罗峰溪组及亲营山岩组12个组级岩石地层单位。

1)楼子坝组(Nhl)

楼子坝组主要分布于闽西南长汀—武平一带，上杭、永定地区仅零星出露未见底，上与南岩组呈整合接触。为一套浅灰绿色变质中细粒杂砂岩、变质粉砂岩、绿泥绢云千枚岩，夹少量灰白、灰绿色薄层硅质岩组合，属低绿片岩相(绢云母级)的浅变质岩系，含长城纪—震旦纪的微古孢粉组合。长汀地区最厚达6 317m。

2)南岩组(Zn)

南岩组分布局限，仅在长汀南岩一带出露，厚1 082m，下部以灰黑、灰绿色千枚岩、变质粉砂岩、变质中细粒长石石英杂砂岩为主，夹薄层硅质岩；上部以灰绿色中薄状变质细粒长石石英杂砂岩为主，夹千枚岩及薄层硅质岩，上与黄连组呈整合接触，含震旦纪的微古孢粉。

3)黄连组(Zh)

黄连组分布局限，仅在长汀黄连、大埔、横坑等地有出露，面积约66km²，为一套灰白、灰绿色薄—中层变质硅质岩、变质细砂岩夹薄层千枚岩，上与林田组呈整合接触，厚265m。

4)西溪组(Zx)

西溪组分布于闽西北的邵武—泰宁、将乐—南平一带，为一套浅灰绿色厚层变质中细粒长石石英杂砂岩、变质凝灰质细砂岩、厚层绢云千枚岩，夹变质粉砂岩，偶见黄铁矿薄层及大理岩透镜体，含微古孢粉，厚 1 363m。

5）盖洋群（ZG）

盖洋群主要分布于长汀张地—清流—宁化—明溪一带，呈北东东向带状展布，为一套浅变质火山-沉积岩系。上与林田组呈整合接触，包括浅肉红色、青灰色厚层块状变质晶、玻屑凝灰岩、变质流纹英安质凝灰熔岩、变质霏细岩夹少量变质沉凝灰岩的楼前组（Zlq）和以浅灰绿色千枚岩、千枚状粉砂岩、变质沉凝灰岩、变质晶、玻屑凝灰岩夹薄层硅质岩及白云质灰岩的三溪寨组（Zs）。宁化方田楼前组锆石 U-Pb年龄为 665Ma、清流行洛坑楼前组锆石 U-Pb 年龄为 643Ma。

6）稻香组（Zdx）

稻香组零星分布于政和星溪、稻香、尤溪华山上等地，为一套与火山碎屑岩伴生的浅海相滞流海湾还原环境下的沉积层，具有火山-硅质岩（碳酸盐岩）建造特征，岩石组合为变质安山质凝灰岩、凝灰质砂泥岩、泥岩（千枚岩）、硅质岩，夹大理岩、绿帘阳起片岩等，顶底出露不全，接触关系不明，厚 870m。尤溪华山上有变质安山岩及流纹岩等。政和南涧硅质岩呈薄层状与薄层具水平层理的砂泥岩呈互层状产出。

7）林田组（$\in_{1-2}l$）

林田组主要分布于长汀林田、大元坝、宁化治平、永安涓坑、泰宁神下、儒坊等地。下部浅灰—灰色中薄层变质中细粒长石石英砂岩、变质粉砂岩，碳质板岩及薄层硅质岩，与下伏黄连组或西溪组、盖洋群呈整合接触；上部主要为浅灰—灰色中薄层变质中细粒长石石英杂砂岩与深灰、灰黑色薄层变质粉砂岩、硅质泥岩、千枚岩互层，局部夹薄层硅质岩、结晶灰岩透镜体及重晶石矿层，上与东坑口组呈整合接触。产 *Protospongia* sp. 和微古孢粉。

8）东坑口组（$\in_{3}d$）

东坑口组主要分布于长汀—清流—明溪及三明—永安—龙岩两条带，呈北东向和近东西向展布。岩性较单一，主要为灰—浅灰色厚—巨厚层状含同生泥屑的变质中细粒石英杂砂岩夹少量薄层千枚岩、千枚状粉砂岩。下与林田组、上与魏坊组均呈整合接触，厚 571～1 189m，产 *Protospongia* sp. 和微古孢粉。

9）魏坊组（O_1w）

魏坊组分布局限，仅见于长汀、永安、龙岩等地，厚 301～815m。岩性主要为灰、灰黑色薄层千枚岩、千枚状（粉砂质）泥岩、硅质岩，夹薄层中细粒（含长石）石英杂砂岩，上与罗峰溪组呈整合接触，产 *Didymograptus* sp.、*Climacograptus* sp.。

10）罗峰溪组（$O_{2-3}l$）

罗峰溪组随魏坊组分布，下部为灰、灰黑色薄层（碳质）板岩、变质粉砂岩与中厚层状变质中细粒石英杂砂岩间层，夹硅质岩；上部以灰、灰绿色巨厚层状变质中细粒（含长石）石英杂砂岩为主，夹薄层碳质板岩、变质粉砂岩，厚 219～2 205m，产微古孢粉及几丁虫。

11）亲营山岩组（AnDq.）

亲营山岩组出露局限，仅见于平潭-东山沿海中生代动热变质带中的东山澳角大肉山、龙海深澳及平潭澳尾等地，总面积不及 30km^2，未见顶底。由于受中生代动热变质作用的影响，岩石变质较深，岩性主要为二云（白云）石英片岩、二云（白云）片岩，普遍含石榴子石、矽线石，偶见十字石、蓝晶石，原岩为砂泥质岩类。

（三）晚泥盆世—中三叠世地层

福建省缺志留纪—中泥盆世沉积地层。晚泥盆世—中三叠世沉积地层发育，主要分布于闽西南，闽西北及闽东仅零星出露，是加里东运动后，地壳进入相对稳定发展阶段形成的一套陆表海盆地型沉积，含煤、铁、锰、石灰岩等多种矿产，是福建省重要的经济地层，研究程度较高，可划分 1 个群级 16 个组级岩石地层单位（表 4-1）。

1. 晚泥盆世—早石炭世粗碎屑岩系

晚泥盆世—早石炭世粗碎屑岩系包括安砂群(天瓦岽组、桃子坑组)及林地组 1 个群级 3 个组级岩石地层单位。

1)安砂群(D_3A)

安砂群主要分布于闽西南,为加里东运动后,地壳进入相当稳定阶段初期的粗碎屑沉积。其下与前泥盆纪变质岩呈明显不整合接触,上被林地组整合—假整合覆盖,总厚一般为 1 600～1 700m。岩性为灰白色厚—巨厚层状石英砾岩、石英砂砾岩、石英砂岩,夹紫红色粉砂岩、泥岩、构成两个下粗上细的沉积旋回,分别称天瓦岽组(D_3t)和桃子坑组(D_3tz)。每个旋回有若干个由砾岩开始,至粉砂岩结束的沉积韵律,单个韵律厚 20～150m 不等,从下到上厚度逐变小。砾石成分单一,主要为石英和石英岩,分选磨圆均较好,斜层理、透镜状层理发育,细碎屑岩呈紫红色,显示氧化浅水环境下的河口-滨海相沉积特征。含保存不佳的斜方薄皮木植物群化石。

2)林地组(C_1l)

林地组主要分布于闽西南随安砂群出露。此外,在闽北的光泽杨家及政和-大埔断裂带东侧的南靖高杆门、德化阳山等地也有零星出露。岩性以灰白色厚层石英砂砾岩、石英砂岩、含砾粗砂岩、石英砂岩为主,夹粉砂岩、泥岩,局部夹碳质页岩和煤线,构成一下粗上细的沉积旋回,厚 136～810m。大致以长汀—连城—龙岩一线为界,往北岩性逐渐变粗,属辫状河相、冲积河道相堆积;往南砂岩、粉砂岩增多,沉积物成熟度较高,以曲流河道沉积为主。在龙岩马坑、中夹有灰岩透镜体和珊瑚化石,显示滨—浅海沉积环境。

2. 晚石炭世—中二叠世早期碳酸盐岩地层

福建省早石炭世末的淮南运动,以抬升为主,经短暂剥蚀后,地壳又开始缓慢下降,形成了一套浅海碳酸盐岩沉积,可划分经畲组、老虎洞组、船山组、栖霞组、泉上组和鸣山组 6 个组级岩石地层单位。

1)经畲组(C_2j)

本组是淮南运动后晚古生代第一次大规模海侵初期阶段的沉积,分布较局限,主要在闽西南地区。此外,在闽西北的宁化、将乐、顺昌、南平及政和-大埔断裂带东侧的南靖下岭、德化阳山、安溪潘田、剑斗、永春上姚、福鼎杉柴山也有零星出露。为一套硅泥质角砾岩、泥岩、粉砂岩及硅质岩、灰岩、铁锰质岩,局部夹凝灰岩薄层,厚 6～167m,下与林地组呈假整合接触,上与老虎洞组呈整合接触。本组是福建省重要的含铁锰矿的层位。含䗴、腕足、珊瑚、海百合茎等化石,可划分 *Profusulinella* 等 7 个化石带。

2)老虎洞组(C_2lh)

老虎洞组分布局限,主要在武平—长汀—宁化—将乐一线,呈狭长的北东向带状展布。此外,在永安安砂、大湖地区也有零星分布。岩性为白云岩、白云质灰岩及少量硅质岩,下与经畲组、上与船山组均呈整合接触,厚 4～169m。含丰富的以䗴为主及珊瑚、海百合茎、牙形刺、有孔虫、藻类等化石。

3)船山组(P_1c)

船山组广泛分布于闽西南,为一套厚—中厚层状质纯灰岩,局部夹少量白云质灰岩,泥质灰岩及硅质岩透镜体,厚 16～123m,下与老虎洞组或经畲组、上与栖霞组均呈整合接触。含丰富的以䗴为主的多门类海相化石。

4)栖霞组(P_2q)

栖霞组广泛分布于闽西南地区,是福建省晚古生代第一次海侵高峰阶段的沉积。为一套深灰、灰黑色中—厚层状含燧石条带或团块灰岩,局部夹泥岩、粉砂岩、硅质岩,厚 19～405m,下与船山组、上与泉上组或鸣山组均呈整合接触。含丰富的以䗴为主的多门类海相化石,属浅海相沉积。

5)泉上组(P_2qs)和鸣山组(P_2m)

泉上组和鸣山组为栖霞组之后的同期异相沉积,主要分布于邵武—建瓯一线以南,德化—南靖一线以西的闽西南地区，下与栖霞组、上与文笔山组均呈整合接触。泉上组主要为一套灰黑、黑色薄层砂泥岩、页岩、夹灰岩或硅质岩，厚 4～157m；鸣山组主要为一套灰白、灰黑色中薄层硅质岩，厚 2～55m。泉上组含丰富的䗴、腕足、苔藓虫、海百合茎、有孔虫等化石，属海侵高峰期后开始衰减阶段的潮坪相沉积。

3　中二叠世晚期—中三叠世细碎屑(含煤)岩系

中二叠世晚期—中三叠世细碎屑(含煤)岩系包括文笔山组、童子岩组、翠屏山组、罗坑组、长兴组、溪口组、安仁组 7 个组级岩石地层单位。

1）文笔山组(P_2w)

文笔山组主要分布于闽西南地区，政和-大埔断裂带以东的安溪珍地、剑斗、永春天湖山、尤溪小坂面及闽北的建瓯房村口、建阳虞墩等地也有零星出露，岩性较单一，为一套细碎屑岩，主要由灰色中薄层状泥岩、粉砂岩组成，夹少量细砂岩，常含磷质结核，厚 71～343m，下与泉上组或鸣山组、上与童子岩组均呈整合接触。含丰富的腕足、菊石、双壳、腹足、海百合茎、苔藓虫等多门类化石，保存完好，属陆源碎屑浅海的无障壁陆表海环境的沉积。

2）童子岩组(P_2t)

童子岩组主要分布于南平—将乐—宁化一线以南广大的闽西南地区，政和-大埔断裂带以东大面积中生代火山岩覆盖之下的安溪珍地、剑斗、永春天湖山、尤溪小坂面等地也有较多的出露。为一套海陆交互相细碎屑含煤岩系，其下与文笔山组呈整合接触，上与翠屏山组呈假整合接触，可划分上、中、下 3 个岩性段。上、下段为含煤段，中段为海相动物泥岩段。大致以顺昌—上杭及尤溪—大田二线为界，形成西、中、东 3 个北东向条带。西带(将乐、宁化、连城、武平一带)本组出露零星，厚度较小，三分性不明显，下段不发育，岩性较细，海相层多，与中段及下伏文笔山组不易区分，煤层多产于上段；中带(永安、龙岩、大田地区)本组出露广泛，地层发育齐全，厚度大，三分性明显，上、下段均有可采煤层；东带(政和-大埔断裂带以东)本组岩性较粗，海相层较少，中段不发育，煤层主要产于下段，上段含煤性较差。

3）翠屏山组(P_3cp)

翠屏山组分布范围同童子岩组，为一套灰色中厚层细砂岩、粉砂岩、泥岩，夹煤层(线)，常含菱铁质鲕粒，自下而上构成一套完整的由粗至细的沉积旋回，底部以细砾岩、含砾粗砂岩与童子岩组呈假整合接触，上与罗坑组或长兴组呈整合覆盖，厚 226～467m，化石丰富，以植物为主，上部有少量小型腕足及双壳类化石。

4）罗坑组(P_3l)和长兴组(P_3c)

两组为同期异相沉积，下与翠屏山组、上与溪口组均呈整合接触。罗坑组主要分布于闽西南地区，为一套灰、灰黄色中薄层状细砂岩、粉砂岩、泥岩、局部夹钙质砂岩或灰岩透镜体，厚 15～233m，含丰富的腕足、菊石、双壳类化石；长兴组仅见于大田、漳平一带的有限地区，主要为灰、灰黑色薄—厚层状生物碎屑灰岩夹硅质岩、泥硅质灰岩，厚 14～71m，含腕足、䗴、牙形刺、珊瑚、有孔虫等化石。

5）溪口组(T_1x)

溪口组主要分布于闽西南地区，政和-大埔断裂带以东大面积中生代火山岩覆盖区的华安草坂、长泰钟魏、安溪潘日—永春天湖山—德化赤水、上涌一带也有零星出露。为一套浅海—半深海相的条带状角岩化硅泥岩、角岩、灰岩、钙质砂泥岩、砂泥岩，厚 137～1 993m，含丰富的双壳类、菊石、腕足类等化石。可划分角岩、石灰岩、泥岩互为相变的 3 个岩性段。

6）安仁组(T_2a)

安仁组仅见于漳平及大田的局部有限范围内，为整合于溪口组之上，不整合于文宾山组之下的一套以紫红色为主的细碎屑沉积岩，主要由粉砂岩、细砂岩组成，下部岩石常含钙质，厚度大于 1 309m，化石稀少，仅见少量 *Neocalamites* sp. 和孢粉。反映其为溪口组沉积后期地壳继续上升进入氧化环境下的潮上盆地的沉积环境。

(四)晚三叠世—白垩纪地层

印支运动后,福建省地壳发生重大变革,由稳定的陆表海沉积转入为活动型的大陆边缘环境,地层类型复杂,纵横变化大,以上侏罗统—下白垩统下部顶、底两个不整合面为界,可划分3个阶段各具特色的地层序列。大致以政和-大埔断裂带为界,东西两侧地层发育有明显的差别,共有3个群级18个组级岩石地层单位(表4-1)。

1. 晚三叠世—中侏罗世地层

晚三叠世—中侏罗世地层主要分布在政和-大埔断裂带以西地区,闽东出露零星。以南平—连城—武平一线为界,北侧为陆相沉积,偶见小规模的中酸性火山活动,其南侧局部有海湾-潟湖相沉积,并有较强的中酸性火山活动。岩石地层可分为大坑村组、文宾山组、焦坑组、象牙群(下村组、藩坑组)、梨山组和漳平组等1个群级7个组级岩石地层单位。

1)大坑村组(T_3d)

大坑村组分布局限,仅见于漳平大坑、高明坑、产孟、钱坂、安靖及龙岩苏坂、鲤鱼及华安马寮等几个小盆地内,为一套不整合于安仁组及其他老地层之上属内陆盆地湖相的含煤碎屑沉积。岩性以灰、灰黑色细砂岩、粉砂岩、泥岩为主,夹碳质泥岩及煤层(线),上被文宾山组整合覆盖,厚688m(最大),含丰富的植物化石。

2)文宾山组(T_3w)

文宾山组为大坑村组之后继承性的含煤碎屑沉积,岩性为灰白色石英砂岩、含砾砂岩、粉砂岩夹碳质粉砂岩及煤层(线),上被梨山组或下村组假整合覆盖,厚95.6～944.7m。主要分布于闽西南,闽东只零星出露。受盆地基底影响,各地岩性、岩相及发育程度均有一定的差异。漳平地区以湖泊相为主,岩性较细,含煤性较好,其他地区岩性较粗,含煤性差;安溪下西坑、后田、南靖油甘坪、云霄过枧等地见安山岩、凝灰岩夹层;安溪格口、南靖油甘坪、高港、大田、大才、上杭矾头、永泰下际、永定下村、外龙谭、龙岩适中等地还见有海相夹层。

3)焦坑组(T_3j)

焦坑组主要分布于闽西北地区,为一套内陆山间盆地的含煤碎屑岩沉积。下部以山麓堆积为主,间夹洪、冲积及湖相沉积,岩性较粗,为厚—巨厚层复成分砾岩、角砾岩、中粗粒砂岩,夹粉砂岩及煤层(线),局部夹中酸性火山岩。与下伏地层呈不整合接触,上被梨山组假整合覆盖,厚102～1 237m。

4)梨山组(J_1l)

梨山组主要分布于闽北、闽西地区,为继承文宾山组、焦坑组后的陆内盆地含煤碎屑沉积。下部以河流相为主,间有湖泊相及少量泥炭沼泽相沉积,岩性较粗,为中厚层中粗粒石英砂岩、石英砂砾岩、砾岩夹细砂岩、粉砂岩及碳质泥岩;上部以湖泊相为主,间夹河流相及泥炭沼泽相沉积,岩性较细,为粉砂岩、细砂岩夹泥岩、碳质泥岩及煤线。厚600～900m,上与漳平组呈整合接触。

5)象牙群(J_1X)

象牙群广泛分布于南平—明溪—连城—武平一线东南侧的广大地区,为一套含中基性、中酸性火山岩及海陆交互相碎屑岩的沉积-火山岩系,包括下村组和藩坑组两个组级岩石地层单位。

a.下村组(J_1x)

下村组为一套以陆相沉积为主,后期夹有海相沉积的碎屑岩系。下部以石英砂岩、杂砂岩为主,夹粉砂岩、细砂岩及含砾石英砂岩、砂砾岩,其下与文宾山组呈假整合或超覆于其他老地层之上;上部以细砂岩、粉砂岩为主,夹泥岩及含砾石英砂岩,上被藩坑组喷发不整合覆盖,厚401～1 454m。含早侏罗世的植物及海相双壳类化石。

b. 藩坑组(J_1f)

藩坑组为一套以中基性、中酸性火山岩为主，下部夹滨、浅海相及陆相碎屑岩的火山岩系。下部以粗玄岩、斜长流纹岩、凝灰岩为主，夹泥岩、粉砂岩和安山岩；上部以安山岩、玄武岩为主，夹粗玄岩、流纹质晶屑凝灰岩、流纹岩及少量凝灰质粉砂岩，上与漳平组呈假整合接触。厚 870～2 095m，含早侏罗世的菊石、双壳、腹足、腕足和植物化石。斜长流纹岩 Rb-Sr 等时线年龄为 179Ma。具双峰式火山活动特征。

c. 漳平组(J_2z)

漳平组主要分布于政和-大埔断裂带以西地区，闽东由于火山岩覆盖很少出露，为一套陆内盆地沉积的杂色碎屑岩系。下部为以紫红色为主的杂色细砂岩、粉砂岩、泥页岩；上部为黄灰、浅紫红等杂色砂岩、粉砂岩夹含砾杂砂岩、砂砾岩，组成下细上粗的沉积旋回，厚 113～2 500m。含丰富的植物、双壳类、叶肢介及介形虫等化石。

2. 晚侏罗世—早白垩世早期地层

该地层为一套巨厚的火山岩系，以政和-大埔断裂为界，东、西两侧地层发育有较大的差异。东部火山活动强烈且频繁，形成一套巨厚的大面积覆盖的沉积-中酸性火山岩系；西部火山活动相对较弱，分布较零星，多呈盆地形式出现。包括长林组、南园组、下渡组、小溪组、坂头组和吉山组 6 个组级岩石地层单位。

1) 长林组(J_3c)

长林组为一套陆相火山碎屑-沉积岩系，岩性主要为灰白、灰绿色凝灰质砂砾岩、长石石英砂岩夹细砂岩、砂泥岩及凝灰岩，上部夹硅质粉砂岩，偶见泥灰岩透镜体，厚 400～1 005m，其下与漳平组或其他老地层呈不整合接触，上被南园组喷发不整合覆盖。

2) 南园组(J_3n)

南园组为一套巨厚的陆相中酸性火山岩系，岩性以流纹质、流纹英安质或英安流纹质熔结凝灰岩、凝灰熔岩、流纹岩为主，间夹少量凝灰质砂砾岩、砂泥岩，偶夹硅质岩、安山岩及英安岩，连续最大厚度可达3 449m，上被小溪组或下渡组喷发不整合覆盖。

3) 小溪组(K_1x)

小溪组为福建省东部一套陆相沉积-火山喷发岩系，多呈盆地形式出露于火山喷发带的中心部位，分布局限。下部为灰、深灰、紫灰色钙质凝灰质粉砂岩、硅泥岩夹凝灰岩、碳质粉砂岩，偶夹安山岩、凝灰熔岩、硅质岩，底部凝灰质砂砾岩与下伏南园组呈假整合接触；上部为灰、紫灰色流纹质晶屑凝灰岩、熔结凝灰岩、流纹岩夹凝灰质砂岩，上被黄坑组不整合覆盖。厚 783～912m，含*Ruffordia-Onychiopis*植物组合，流纹岩 Rb-Sr 等时线年龄为 142±26Ma(古田宝桥)、136±5Ma(宁德仙人石)。

4) 下渡组(K_1xd)

下渡组主要分布于政和-大埔断裂带以西的闽西北地区，为一套陆相火山岩系。岩性主要为紫红、灰绿色流纹(斑)岩、熔结凝灰岩、凝灰岩及火山角砾岩，偶夹安山岩及薄层凝灰质砂泥岩。其下与南园组呈喷发不整合接触，上被坂头组整合—假整合覆盖。

5) 坂头组(K_1b)

坂头组零星分布于政和-大埔断裂带以西的闽西地区，为一套陆相盆地细碎屑沉积。岩性为灰绿、灰紫、灰黑等杂色凝灰质砂岩、粉砂岩、纸状页岩，夹薄层凝灰岩、石英砂岩、砂砾岩。其下与下渡组呈整合—假整合接触，上与吉山组呈整合接触，厚 228～1 071m，含化石丰富，门类属种多，主要有：植物、叶肢介、鱼类、介形虫、昆虫、腹足、双壳及孢粉等。

6) 吉山组(K_1j)

吉山组零星见于闽西坂头组之上，为坂头组之后的陆相继承性盆地粗碎屑沉积。岩性较单一，主要为灰、灰白色厚—巨厚层状复成分砾岩、砂砾岩、粗砂岩，未见顶，厚度大于 162m。

3. 白垩纪地层

福建省白垩纪地层发育，以政和-大埔断裂带为界，东、西两侧地层发育有较大的不同。东部火山活动强烈，延续的时间较长，形成一套巨厚的红色沉积-火山岩系（石帽山群）；西部火山活动较弱，延续的时间也短，后期为断陷盆地沉积的一套巨厚的紫红色碎屑岩系（赤石群）。包括石帽山群（黄坑组、寨下组、石牛山组）、赤石群（均口组、沙县组、崇安组）2个群级6个组级岩石地层单位。

1）石帽山群（K_1S）

石帽山群主要分布于东部，西部出露较零星，呈北北东向或北西向单个盆地形式产出。为一套巨厚的紫红色粗碎屑沉积-火山喷发岩系，其下与南园组或坂头组呈不整合接触，上被均口组假整合覆盖。可划分3个紫红色碎屑沉积-火山喷发旋回。第一旋回为沉积-中酸性火山喷发岩系的黄坑组（K_1h）；第二旋回为沉积-酸偏碱性火山喷发岩系的寨下组（K_1z）；第三旋回为沉积-酸性火山喷发岩系的石牛山组（K_2sh）。东部单个盆地多发育有2个（第一、第二）旋回，个别发育有3个旋回；西部旋回性不明显，单个盆地多只发育1个旋回，仅个别盆地发育有2个旋回，缺少第三旋回。

2）赤石群（K_2C）

赤石群仅分布于西部，以单个北东向、北北东向或北西向展布的断陷盆地出现，为一套以紫红色为主的陆相沉积碎屑岩系。初期为一套以紫红色为主的杂色细碎屑沉积岩系——均口组（K_2jk），分布局限，仅见于均口、沙县、禾口等盆地的边缘；中期为一套巨厚的紫红色细碎屑沉积岩系——沙县组（K_2s），为干热氧化环境下的河、湖相沉积；晚期为一套巨厚的紫红色粗碎屑沉积岩系——崇安组（K_2c），是白垩纪盆地萎缩时期的以河流相为主的粗碎屑沉积。

（五）新生代地层

福建省新生代地层不甚发育，缺古近纪沉积记录。

新近系佛昙组（Nf），主要分布在沿海，内陆仅零星小面积出露，总面积约300km^2，为一套基性火山喷发-沉积岩系，上、下部均为沉积岩，中部为玄武岩。沿海玄武岩多具气孔构造、杏仁构造，常为粗玄岩和拉斑玄武岩；内陆玄武岩碱性程度较高，多为橄榄玄武岩。同位素测年沿海多在16.57～17.1Ma，内陆多在1.5～5.2Ma。

第四系主要集中分布于沿海平原地带，内陆多沿河谷两侧及山间小盆地零星分布。沉积类型齐全，海相、河湖相、洞穴堆积相、风积相及残坡积相均较发育。更新统（Qp）主要出现于Ⅱ级以上阶地，沉积类型有冲洪积、海积、风积和洞穴堆积等；全新统（Qh）广泛分布于九龙江口以南沿海和广大山区，多为低平的Ⅰ级阶地及漫滩，九龙江口以北沿海均埋于现代沉积物之下，山区大多为冲洪积，沉积类型有冲洪积、冲积、海积、风积和湖积等。

二、沉积岩建造组合划分及其特征

福建省沉积岩比较发育，从古元古界至第四系均有出露，以海相和陆相沉积为主。前南华纪沉积岩，由于受区域变质作用的影响，已变成了各类的片岩、变粒岩，变质程度已达高绿片岩—低角闪岩相，故放在变质岩中一并叙述。

沉积岩建造组合类型是指同一时代同一沉积相或沉积体系内几类沉积岩建造的自然组合。沉积岩建造组合类型划分应有明确的沉积相和沉积体系归属，也就是说要在沉积相分析的基础上划分沉积岩建造组合类型。根据这一定义对福建省的沉积岩进行建造组合类型的划分（表4-2）。

表 4-2 福建省沉积岩建造组合类型及构造古地理单元划分表

构造古地理单元			沉积岩建造组合类型
Ⅱ级	Ⅲ级	Ⅳ级	
陆内	无火山断陷盆地	陆坡带	河流砂砾岩-粉砂岩、泥岩建造组合(K_2)
		中央带	湖泊泥岩-粉砂岩建造组合(K_2)
	凹陷盆地	陡坡带	湖泊三角洲砂砾岩-粉砂岩建造组合(K_1)
			河流砂砾岩-粉砂岩夹火山岩建造组合(J_3)
		中央带	湖泊泥岩-粉砂岩夹火山岩建造组合(K_1)
		缓坡带	湖泊砂岩-粉砂岩建造组合(J_2)
			河湖相含煤碎屑岩建造组合(T_3—J_1)
	陆表海	陆源碎屑障壁陆表海	陆表海砂泥岩建造组合(T_2)
		陆源碎屑无障壁陆表海	陆表海泥岩-粉砂岩建造组合(P_2、P_3、T_1)
			陆表海陆源细碎屑岩-灰岩建造组合(P_3)
			陆表海砂砾岩-粉砂岩建造组合(D_3—C_1)
		海陆交互障壁陆表海	陆表海沼泽含煤碎屑岩建造组合(P_{2-3})
		陆源碎屑-碳酸盐岩陆表海	陆源细碎屑岩-灰岩建造组合(C_2、P_2、P_3)
		碳酸盐岩陆表海	陆表海灰岩建造组合(C_2—P_2)
被动陆缘	陆坡、陆隆	半深海斜坡沟谷	半深海砂板岩建造组合(Nh—O)
裂谷	夭折裂谷	夭折裂谷中央	滨浅海砂岩、粉砂岩、泥岩建造组合(J_1)
			陆源细碎屑岩建造组合(Z)
洋盆	深海平原	深海平原硅泥质区	深海硅-泥质岩组合(Z)

(一)南华纪—早古生代沉积岩建造组合

1. 南华纪—早古生代陆缘斜坡沉积岩建造组合

南华纪—早古生代陆缘斜坡沉积岩建造组合包括半深海砂板岩建造组合,主要分布于闽西南,闽西北及闽东零星分布,为一套浅变质的类复理石建造。对应的地层为南华纪—早古生代浅变质岩系的楼子坝组(Nhl)、南岩组(Zn)、黄连组(Zh)、西溪组(Zx)、林田组(∈$_{1-2}l$)、东坑口组(∈$_3d$)、魏坊组(O_1w)、罗峰溪组($O_{2-3}l$)8 个组级岩石地层单位,为一套浅变质的类复理石沉积,主要由变质中细粒长石石英杂砂岩、变质粉砂岩、千枚岩、板岩、硅质岩组成,复理石韵律清楚。

2. 震旦纪夭折裂谷沉积岩建造组合

震旦纪夭折裂谷沉积岩建造组合为陆源细碎屑岩建造组合,对应的地层为震旦纪三溪寨组(Zs),岩性为变质长石石英砂岩、变质粉砂岩、千枚岩,夹变质凝灰岩及硅质岩、大理岩透镜体,含微古植物化石。

3. 震旦纪远洋沉积岩建造组合

震旦纪远洋沉积岩建造组合为深海硅-泥质岩建造组合,对应的地层为震旦纪稻香组(Zdx),岩性为变质安山质凝灰岩、凝灰质砂泥岩、泥岩(千枚岩)、硅质岩,夹大理岩、绿帘阳起片岩等,含微古植物化石。政和南涧硅质岩呈薄层状,与薄层具水平层理的砂泥岩呈互层产出。

(二)晚泥盆世—中三叠世沉积岩建造组合

1. 晚泥盆世—早石炭世碎屑岩陆表海沉积岩建造组合

晚泥盆世—早石炭世碎屑岩陆表海沉积岩建造组合为陆表海砂砾岩-粉砂岩建造组合,为一套晚泥盆世—早石炭世沉积的粗碎屑岩系,主要由石英砾岩、石英砂砾岩、石英砂岩、粉砂岩、泥岩组成,沉积韵律发育,可划分 3 个下粗上细的沉积旋回,分别为天瓦岽组(D_3t)、桃子坑组(D_3tz)和林地组(C_1l)。含少量植物化石,天瓦岽组、桃子坑组为 *Leptophloeum rhombicum-Cyclostigma* 组合,林地组为 *Neuropteris gigantean- Rhodeopteridium chinghaensis* 组合带。

2. 晚石炭世—中二叠世碳酸盐岩陆表海沉积岩建造组合

晚石炭世—中二叠世碳酸盐岩陆表海沉积岩建造组合包括陆源细碎屑岩-灰岩建造组合、陆表海灰岩建造组合。

1)陆源细碎屑岩-灰岩建造组合

对应的地层有早石炭统经畲组(C_2j)及中二叠统泉上组(P_2qs)、鸣山组(P_2m)3 个组级岩石地层单位。

经畲组为一套硅泥质角砾岩、泥岩、粉砂岩及硅质岩、灰岩、铁锰质岩,局部夹凝灰岩,含化石丰富,以蜓为主,此外还有腕足、珊瑚、海百合茎。蜓自下而上可划分 *Profusulinella*、*Fusulina-Fusulinella*、*Montiparus*、*Triticites*、*Pseudoschwangerina*、*Rugosofusulina*、*Sphaeroschwagerina-Eoparafusulina* 7 个带。

泉上组和鸣山组为同期异相产物,泉上组以砂泥岩、页岩为主夹灰岩和硅质岩;鸣山组则以薄层硅质岩为主夹少量粉砂岩、泥岩,含蜓、腕足、苔藓虫、海百合茎等化石,蜓属 *Cancellina-Verbeekina* 组合带。

2)陆表海灰岩建造组合

对应的地层有晚石炭世老虎洞组(C_2lh)、早二叠世的船山组(P_1c)及中二叠世的栖霞组(P_2q)3 个组级岩石地层单位。

老虎洞组为白云岩、白云质灰岩及少量硅质岩,含丰富的蜓、珊瑚、海百合茎、牙形刺、有孔虫、藻类等,以蜓为主,可划分 *Profusulinella* 和 *Fusulina-Fusulinella* 两个组合带。

船山组为一套厚—中厚层质纯灰岩,局部夹少量白云质灰岩、泥质灰岩、硅质岩透镜体,含化石丰富,以蜓为主,此外还有珊瑚、有孔虫、牙形刺等。蜓自下而上可划分 *Fusulina-Fusulinella*、*Montiparus*、*Triticites*、*Pseudoschwagerina*、*Sphaerochwagerina-Eoparafusulina* 及 *Verbeekina-Cancellina* 6 个组合带。

栖霞组为一套中厚层含燧石(团块或条带)灰岩,局部夹泥岩、粉砂岩、硅质岩,含化石丰富,以蜓为主,自下而上可划分 *Pseudoschwagerina*、*Rugosofusulina*、*Sphaeroschwagerina-Eoparafusulina*、*Staffella moellerana*、*Schwagerina cushmani*、*Misellina claudiae* 及 *Cancellina-Verbeekina* 7 个组合带,此外还有珊瑚化石。

3. 中二叠世碎屑岩陆表海沉积岩建造组合

中二叠世碎屑岩陆表海沉积岩建造组合为陆表海泥岩-粉砂岩建造组合,对应的地层有中二叠世的文笔山组(P_2w),为灰、灰黑色薄—中厚层状泥页岩、粉砂岩,夹少量细砂岩,含菊石 *Waagenoceras*、*Altudoceras*、*Paragastrioceras* 等 9 个属,腕足类 *Haydenella chianensis-Dictyoclastoidea kiangsiensis* 组合带及双壳类 *Palaeoneilo* 等 16 个属等化石。

4 中一晚二叠世海陆交互陆表海沉积岩建造组合

中一晚二叠世海陆交互陆表海沉积岩建造组合为陆表海沼泽含煤碎屑岩建造组合，对应的地层有中二叠世的童子岩组（P_2t）及晚二叠世的翠屏山组（P_3cp）。

童子岩组为一套海陆交互相含煤地层，主要由细砂岩、粉砂岩、泥岩夹碳质粉砂岩及煤（层）线组成，含丰富的动植物化石，植物为 *Gigantonoclea fukiensis-Asterophylites longifolius* 组合，腕足有 *Pygmochonetes jingxianensis-Tenuichometes tenuilirata* 及 *Neoplicatifera huangi-Uncisteges Crenulata* 组合带，菊石有 *Shouchangoceras-Altudoceras* 组合带、蜓属 *Polydixodina-Neomisellina* 组合带。

翠屏山组为一套以陆相为主的海陆交互相含煤地层，为灰色中厚层细砂岩、粉砂岩、泥岩夹碳质粉砂岩及煤（层）线，上部粉砂岩常含菱铁质鲕粒，含化石以植物为主，属 *Gigantopteris nicotianafolia-Loboatannularia multifolia* 组合，此外还有腕足 *Neochonetes*、*Crurithyris*、*Orthotetina*、*Waagenifes* 等、双壳类有 *Phestia*、*Nuculana*、*Wilkingia* 等。

5. 晚二叠世一中三叠世碎屑岩陆表海沉积岩建造组合

晚二叠世一中三叠世碎屑岩陆表海沉积岩建造组合包括陆表海细碎屑岩-灰岩组合、陆表海泥岩-粉砂岩建造组合、陆表海砂泥岩建造组合。

1）陆表海细碎屑岩-灰岩组合

对应的地层有晚二叠世的罗坑组（P_3l）和长兴组（P_3c）两个组。

罗坑组为一套灰、灰黄色中薄层细砂岩、粉砂岩、泥岩，局部夹钙质砂岩、灰岩透镜体，含丰富的动物化石，腕足类可划分 *Waagenites barusiensis-Paryhpella sulcatifera-Crurithyris speciosa* 及 *Oldhamina squamosa-Orthotetina ruber-Cathaysia chonetoides* 两个组合带，菊石属 *Pseudotirolites asiaticus-Pleuronodoceras* 组合带，双壳类为 *Hunanopecten exilis* 顶峰带，蜓有 *Palaeofusulina*、*Reichelin*、*Codonofusiella*、*Nankinella* 等。

长兴组为灰、灰黑色薄一厚层生物碎屑灰岩，夹硅质岩、泥硅质灰岩，含丰富的腕足、蜓、牙形刺、珊瑚、有孔虫等化石，腕足属 *Spinomarginifera chengyaoyenensis-Araxathyris araxensis* 组合带、蜓为 *Palaeofusulina sinensis*、牙形刺为 *Neogondolella subcarinata-N. deflela-N. subcarinata changxingensis* 组合。

2）陆表海泥岩-粉砂岩建造组合

对应的地层有早三叠世的溪口组（T_1x），由浅灰、灰绿色泥岩、粉砂岩、细砂岩、条带状透辉石角岩、鲕粒泥质灰岩、钙质粉砂岩组成，可划分泥岩、角岩、灰岩 3 个互为相变的岩性段，含 *Ophicera-Claraia wangi*、*Claraia stachei*、*Claraia griesbachi-C. aurita*、*Eumorphotis multiformis-E. inaeguicostata* 及 *Myophoria-Unionites* 5 个带。

3）陆表海砂泥岩建造组合

对应的地层为中三叠世的安仁组（T_2a），为一套以紫红色为主的细碎屑岩系，上部为紫红色粉砂岩、细砂岩夹长石石英砂岩，下部为灰色中厚状钙质砂岩、钙质粉砂岩，化石稀少仅见 *Neocalamites* sp. 及少量孢粉。

（三）晚三叠世一白垩纪沉积岩建造组合

1. 晚三叠世一中侏罗世凹陷盆地沉积岩建造组合

晚三叠世一中侏罗世凹陷盆地沉积岩建造组合包括河湖相含煤碎屑岩建造组合、湖泊砂岩-粉砂岩建造组合。

1)河湖相含煤碎屑岩建造组合

对应的地层有晚三叠世的大坑村组(T_3d)、文宾山组(T_3w)、焦坑组(T_3j)及早侏罗世的梨山组(J_1l)等。

大坑村组为灰、灰黑色中细粒长石石英砂岩、细砂岩、粉砂岩、碳质粉砂岩,夹煤(层)线,含植物化石 *Glossophyuum shensiensis*-*Todites shensiensisu* 组合。

文宾山组为灰、灰黑色含砾砂岩、石英砂岩、粉砂岩、泥岩夹碳质粉砂岩及煤线,含植物 *Lepidopteris*-*Ptilozamites* 组合、叶肢介 *Anyuanestheris*、*Euestheria* 等化石。

焦坑组为灰、灰黑色细砂岩、粉砂岩、泥岩夹煤(层)线,下部岩性较粗多见砂砾岩、砂岩夹层,底部有安山岩、英安岩夹层,组成一下粗上细的沉积旋回,含植物化石 *Glossophyllum*-*Todites* 及 *Lepidopteris*-*Ptilozamites* 两个组合带。

梨山组为长石石英砂岩、砂砾岩、粉砂岩、细砂岩、泥岩、夹碳质粉砂岩及煤(层)线,组成一下粗上细的沉积旋回,含植物化石 *Coniopteris*-*Phoenicopsis* 组合。

2)湖泊砂岩-粉砂岩建造组合

对应的地层为中侏罗世的漳平组(J_2z),为一套以紫红色为主的杂色碎屑岩系,以细砂岩、粉砂岩、泥页岩为主,上部夹较多的含砾粗砂岩、砂砾岩,构成下细上粗的沉积旋回。含丰富的动植物化石,包括植物 *Coniopteris*-*Phoenicopsis* 组合,双壳类 *Pseudocardina*-*Tutuella*、*Cuneopsis*-*Psilunio*-*Eolamprella* 组合,叶肢介 *Euestheria*-*Yanjiawanensis*-*E. complanata* 组合,介形虫 *Darwinula sarytirmensis*-*D. maga* 组合等。

2. 早侏罗世夭折裂谷沉积岩建造组合

早侏罗世夭折裂谷沉积岩建造组合为滨浅海砂岩、粉砂岩、泥岩建造组合,对应的地层为早侏罗世的一套含中基性、中酸性火山岩及海陆交互碎屑岩的沉积-火山岩系的象牙群(J_1X),包含下村组(J_1x)和藩坑组(J_1f)两个组级岩石地层单位。

下村组为一套以陆相沉积为主夹海相沉积的碎屑岩系,主要为石英砂岩、杂砂岩、粉砂岩、泥岩夹含砾砂岩、砂砾岩,含以海相双壳类化石为主,植物稀少,双壳类有 *Oxytoma*、*Modiolus*、*Mytilus*、*Hiatella*、*Pleuromya* 等;植物主要有 *Neocalamites*、*Nilssonia*、*Pterophyllum*、*Clathropteris*、*Cladophlebis*、*Coniopteris*等。

藩坑组主要为一套具双峰式喷发特征的火山岩系,下部夹海相泥岩、粉砂岩,含菊石、双壳、腹足、腕足及保存不好的植物化石。菊石有 *Coroniceras*、*Arietites* 等,海相双壳属 *Parainoceramus*-*Comptonetes*(*Hunanonectes*)组合,斜长流纹岩全岩 Rb-Sr 等时线年龄为 179Ma。

3. 晚侏罗世—早白垩世早期凹陷盆地沉积岩建造组合

晚侏罗世—早白垩世早期凹陷盆地沉积岩建造组合包括河流砂砾岩-粉砂岩夹火山岩建造组合、湖泊泥岩-粉砂岩夹火山岩建造组合、湖泊三角洲砂砾岩-粉砂岩建造合。

1)河流砂砾岩-粉砂岩夹火山岩建造组合

对应的地层为晚侏罗世的长林组(J_3c),为灰、灰白色厚层状长石石英杂砂岩、砂砾岩、细砂岩、粉砂岩夹凝灰岩。含植物化石 *Cupressinocladus elegans*、*Pagiophyllum* sp. 等。

2)湖泊泥岩-粉砂岩夹火山岩建造组合

对应地层为早白垩世的坂头组(K_1b),为杂色(以灰绿、紫红色为主)粉砂岩、泥岩、页岩,局部夹凝灰质砂岩、凝灰岩。含丰富的动植物化石,植物 *Brachyphyllum*-*Cupressinocladus* 组合、鱼以 *Mesoclupea* 为主、叶肢介 *Yanjiestheria* 群及 3 个介形虫组合等。

3)湖泊三角洲砂砾岩-粉砂岩建造组合

对应地层为早白垩世的吉山组(K_1j),为灰、灰绿色厚—巨厚层状复成分砾岩、砂砾岩、长石石英砂岩等粗碎屑岩。

4. 晚白垩世断陷盆地沉积岩建造组合

晚白垩世断陷盆地沉积岩建造组合包括湖泊泥岩-粉砂岩建造组合、河流砂砾岩-粉砂岩建造组合。

1)湖泊泥岩-粉砂岩建造组合

对应的地层有均口组(K_2j)和沙县组(K_2s)。均口组为灰绿色(钙质)粉砂岩、泥岩、夹泥灰岩,含植物 *Manica parceramoso-Changlingia* 组合及双壳 *Kumamota-Plicatounio* 组合。沙县组主要为紫红色粉砂岩、(钙质)泥岩,夹少量砂砾岩。

2)河流砂砾岩-粉砂岩建造组合

对应的地层为崇安组(K_2c),为紫红色厚—巨厚层状复成分砂砾岩、砾岩,夹粉砂岩、泥岩。

(四)新近纪沉积岩建造组合

新近纪陆内裂谷沉积岩建造组合为三角洲砂砾岩-粉砂岩建造组合,主要分布于闽南沿海及内部陆地明溪一带,对应的地层为佛昙组(Nf),为一套火山-沉积岩系,沉积岩段以灰、黄褐色砂砾岩为主,夹砂岩、粉砂岩、泥岩及玄武岩、泥炭层,局部可见交错层理及水平层理。

三、构造古地理单元划分及其特征

按大地构造环境和沉积环境,将福建省的构造古地理单元划分为 1 种Ⅰ级构造古地理单元,2 种Ⅱ级构造古地理单元,4 种Ⅲ级构造古地理单元,11 种Ⅳ级构造古地理单元(表 4-3)。

表 4-3 福建省构造古地理单元与大地构造相单元划分对应表

<table>
<tr><th colspan="4">构造古地理单元</th><th colspan="3">大地构造单元</th></tr>
<tr><th>Ⅰ级</th><th>Ⅱ级</th><th>Ⅲ级</th><th>Ⅳ级</th><th>亚相</th><th>相</th><th>大相</th></tr>
<tr><td rowspan="11">陆块</td><td rowspan="10">陆内</td><td rowspan="2">断陷盆地</td><td>断陷盆地陡坡带</td><td rowspan="2">断陷盆地亚相</td><td rowspan="5">陆内盆地相</td><td rowspan="11">陆块大相</td></tr>
<tr><td>断陷盆地中央带</td></tr>
<tr><td rowspan="3">凹陷盆地</td><td>凹陷盆地陡坡带</td><td rowspan="3">凹陷盆地亚相</td></tr>
<tr><td>凹陷盆地中央带</td></tr>
<tr><td>凹陷盆地缓坡带</td></tr>
<tr><td rowspan="5">陆表海</td><td>陆源碎屑障壁陆表海</td><td rowspan="2">碎屑岩陆表海亚相</td><td rowspan="5">陆表海相</td></tr>
<tr><td>陆源碎屑无障壁陆表海</td></tr>
<tr><td>碳酸盐岩陆表海</td><td rowspan="2">碳酸盐岩陆表海亚相</td></tr>
<tr><td>陆源碎屑-碳酸盐岩陆表海</td></tr>
<tr><td>海陆交互障壁陆表海</td><td>海陆交互陆表海亚相</td></tr>
<tr><td>裂谷</td><td>夭折裂谷</td><td>夭折裂谷中央</td><td>夭折裂谷亚相</td><td>裂谷相</td></tr>
</table>

(一)断陷盆地

断陷盆地指造山带内拉张型山间盆地,盆地边缘受断裂(通常为同沉积断裂)控制,沉积厚度变化大，沉积厚度最大处位于盆缘断裂发育的一侧，而不位于盆地的中心部位。盆地内充填一套山麓-河湖相沉积物，变形微弱，仅有轻微褶皱和掀斜。基本层序为正粒序沉积韵律。福建省的断陷盆地可划分陡坡带和中央带两种四级构造古地理单元。

1. 断陷盆地陡坡带

主要由晚白垩世崇安组河流砂砾岩-粉砂岩建造组合构成，以河床相的复成分砂砾岩为主，夹少量河漫相粉砂岩。

2. 断陷盆地中央带

由晚白垩世沙县组和均口组细碎屑岩构成，主要为淡水湖相的(含钙)粉砂岩、泥岩。下部(均口组)为灰、灰绿色，上部(沙县组)为紫红色，古气候由相对温暖潮湿向干旱炎热转化。

(二)凹陷盆地

凹陷盆地是指大范围凹陷下沉的沉积盆地，盆地边界无断裂控制。凹陷盆地沉积填充物可对称或不对称。如对称，盆地两侧坡度基本一致；如不对称，则一侧为陡坡带，另一侧为缓坡带。湖相沉积主要集中在盆地中部(最大沉降)。相比较而言，水下扇粗碎屑发育的一侧为陡坡带，粗碎屑发育较少的一侧为缓坡带。盆地范围巨大的，可在盆地内发育若干个次级凹陷带和隆起带。凹陷带充填较深水相沉积，厚度较大，隆起带充填浅水相沉积，厚度较小。

福建省凹陷盆地可划分为陡坡带、缓坡带、中央带3种Ⅳ级构造古地理单元。

(1)凹陷盆地陡坡带。主要表现为下白垩统吉山组的湖泊三角洲相砂砾岩建造组合和下侏罗统长林组河流相砂砾岩-粉砂岩建造组合。

(2)凹陷盆地中央带。为早白垩世坂头组湖泊相泥岩-粉砂岩夹火山岩建造组合。

(3)凹陷盆地缓坡带。主要由晚三叠世—早侏罗世的大坑村组、文宾山组、焦坑组、梨山组的河湖相含煤碎屑岩建造组合和中侏罗世漳平组湖泊砂岩-粉砂岩建造组合构成。大坑村组主要为湖沼相；文宾山组、焦坑组、梨山组，下部以河流相为主，上部以湖沼相为主；漳平组下部以细碎沉积为主，湖水较深，上部沉积物较粗，以砂岩为主，湖水较浅，以湖滨相为主。

(三)陆表海盆地

陆表海盆地是指大陆壳基底上的浅水海域，海底坡度十分平缓。福建省陆表海盆地可划分为陆源碎屑障壁陆表海、陆源碎屑无障壁陆表海、碳酸盐岩陆表海、陆源碎屑-碳酸盐岩陆表海及海陆交互障壁陆表海5种四级构造古地理单元。

(1)陆源碎屑障壁陆表海。为中三叠世的安仁组潮上坪砂泥岩建造组合。下部为灰、灰绿色中厚层钙质砂岩、钙质粉砂岩，具波状层理、交错层理；上部为紫红色粉砂岩、细砂岩夹长石石英砂岩的障壁海岸潮上坪沉积。

(2)陆源碎屑无障壁陆表海。有远滨泥岩-粉砂岩建造组合和后滨砂砾岩-粉砂岩建造组合两种。

(a)远滨泥岩-粉砂岩建造组合。主要有中二叠世的文笔山组、晚二叠世的罗坑组及早三叠世的溪口组的陆源碎屑浅海陆架泥相沉积。

(b)后滨砂砾岩-粉砂岩建造组合。主要有晚泥盆世的天瓦崬组、桃子坑的组及早石炭世的林地组的河口湾-河流相的粗碎屑沉积。

(3)碳酸盐岩陆表海。有开阔台地碳酸盐岩、局限台地碳酸盐岩两种建造组合。

(a)开阔台地碳酸盐岩建造组合。为中二叠世的栖霞组、晚二叠世的长兴组开阔台地的碳酸盐岩沉积。

(3)局限台地碳酸盐岩建造组合。为晚石炭世的老虎洞组和早二叠世的船山组的局限台地碳酸盐岩沉积。

(4)陆源碎屑-碳酸盐岩陆表海。为晚石炭世浅水区的浅海碳酸盐岩台地-潮坪陆源碎屑沉积区的碳酸盐岩。包含经畲组的缓坡陆源碎屑-碳酸盐岩建造组合和中二叠世的鸣山组、泉上组的台盆陆源碎屑-碳酸盐岩建造组合。

(5)海陆交互障壁陆表海。有潮间坪细碎屑岩建造组合、潮上坪碎屑岩建造组合、潮间湖沼含煤碎屑岩建造组合3种建造组合。

(a)潮间坪细碎屑岩建造组合。主要为闽西南海湾西带的中二叠世的童子岩组、中带的童子岩组二段和晚二叠世的翠屏山组。

(b)潮上坪碎屑岩建造组合。主要为闽西南海湾东带的中二叠世童子岩组及东、西两侧晚二叠世的翠屏山组。

(c)潮间湖沼含煤碎屑岩建造组合。主要为晚古生代闽西南海湾中心部位的中二叠世的童子岩组第一、第三两个含煤段。

(四)夭折裂谷

夭折裂谷指与陆缘边界高角度相交深入陆内的三叉裂谷的一支,通常另外两支演化成洋盆,伸入陆内的一支没有演化成洋盆而中途夭折,始终为陆壳基底。

福建省的夭折裂谷仅裂谷中央带1种Ⅳ级构造古地理单元。主要为早侏罗世滨浅海相砂泥岩建造组合的下村组,上部为双峰式火山岩组合的藩坑组。

四、构造古地理演化

福建省晚泥盆世之前的地层均遭受不同程度的变质,准确恢复古地理环境较难,所以本节的沉积作用演化从晚泥盆世开始按不同时代进行论述。

(一)晚泥盆世—中三叠世

1. 晚泥盆—早石炭世

志留纪末的加里东运动致使福建省地壳全面褶皱隆起,经剥蚀夷平自晚泥盆世始又开始缓慢沉降进入相对稳定发展阶段。此时开始发生新的凹陷和海侵,海水由西南从广东进入福建,西至长汀,北至宁化泉上、明溪、沙县、大田广平,形成陆源碎屑无障壁陆表海盆地氧化浅水环境条件下的河口湾-滨海相沉积。随着海岸线往北东方向推移,海域扩大,沉积范围也随着逐渐扩大,近岸处以粗碎屑沉积为主,远岸处粒度渐细,自下而上形成海进层序的天瓦岽组和桃子坑组。至早石炭世海侵范围缩小,形成辫状河相-河口湾相碎屑沉积的林地组。

2. 晚石炭世

早石炭世末的淮南运动,使地壳上升,经短暂的剥蚀后至晚石炭世,地壳又开始缓慢的下降,海水又从西南方向首先进入武平、长汀、宁化,继而进入龙岩、漳平、永安,形成宁化-武平和永安-龙岩两个指状海湾。在海湾的边部形成陆源碎屑-碳酸盐岩陆表海盆地,浅水环境条件下潮间坪碎屑沉积夹碳酸盐沉积的经畲组;海湾中部形成局限台地碳酸盐岩陆表海以白云岩、白云质灰岩为主的老虎洞组。

3. 二叠纪

1)早二叠世

继晚石炭世的海侵,海侵范围进一步扩大,晚石炭世形成的两个指状海湾连成一体,构成三明-上杭海湾。海湾边部的潮坪碳酸盐区沉积物夹杂较多的陆源碎屑;海湾中心部位形成浅海局限台地碳酸盐岩陆表海沉积,以质纯灰岩为主的船山组。

2)中二叠世栖霞期

继早二叠世海侵地壳继续下降,海域进一步往北扩大至邵武、建瓯一带,形成一个往西南倾斜的开阔的三明-上杭海湾。海湾中心形成浅海开阔台地碳酸盐岩陆表海沉积,以含燧石团块、条带灰岩为主夹灰岩、硅质岩的栖霞组;海湾边缘的近岸浅水的潮坪区,则形成台盆陆源碎屑岩-灰岩建造组合的泉上组和鸣山组。

3)中二叠世文笔山期

此时福建省西南海域北扩至建瓯、建阳一带,形成南平-上杭海湾,为一开阔的陆源碎屑无障壁陆表海,沉积了远滨泥岩、粉砂岩建造组合的文笔山组。

4)中二叠世童子岩期

海域与文笔山时相近,但此时地壳较不稳定,地壳升降活动频繁,形成海陆交互障壁陆表海盆地环境。南平-上杭海湾西部将乐—宁化—武平一带海水较深,以潮间坪相碎屑沉积为主,仅上部才有潮间湖沼含煤碎屑沉积;海湾中部永安—龙岩—永定一带,以潮间湖沼相区为主,形成潮间沼泽含煤碎屑建造组合,仅局部海水较深部位形成潮间坪碎屑建造组合;海湾东部南平—尤溪—德化—华安一带,海水较浅,以潮上坪陆缘边滩细碎屑岩建造为主,粒度相对较粗,以细砂岩、粉砂岩为主,夹泥岩、碳质页岩,下部夹煤层。

5)晚二叠世翠屏山期

中二叠世末的东吴运动在福建省主要表现为地壳上升,南平-上杭海湾全面上升为陆,经短暂的剥蚀后,地壳又开始缓慢下降,海水又从西南入侵,由于地壳的频繁振荡海水进退不定,形成了海陆交互障壁陆表海盆地环境条件的沉积。此时的海域范围与童子岩时近似。在南平-上杭海湾的东西两侧及闽西北隆起的南缘海水较浅,以潮上坪相区为主,形成以陆相为主的海陆交互相粗碎屑沉积;南平-上杭海湾中心部位,海水较深,以潮间坪相区为主,形成的海陆交互碎屑岩建造,粒度较细,以砂岩、粉砂岩、泥岩为主,夹煤及黏土岩等。

6)晚二叠世长兴期

长兴期地壳相对稳定,整个南平-上杭海湾均被海水淹没,形成一个平缓开阔的陆源碎屑无障壁陆表海盆地。形成以细碎屑沉积为主的远滨泥岩-粉砂岩建造组合的罗坑组。而海湾中心部位的大田、漳平一带相对凹陷,水体较深,构成碳酸盐岩陆表海盆地环境条件,形成开阔台地碳酸盐岩建造组合的长兴组。

4. 早—中三叠世

早三叠世海域范围与晚二叠世相近,闽西北继续陆地上升遭受剥蚀,闽西南地区为开阔无障壁陆表海盆地,形成远滨泥岩-粉砂岩建造组合的溪口组,到中三叠世转化为潮上坪环境,水体变浅,气候炎热,氧化作用较强,沉积以红色为主的潮上坪砂泥岩建造组合的安仁组,此时的陆表海范围大大缩小,仅局限于漳平的安仁地区。

(二)晚三叠世—新生代

自晚三叠世始,福建省地壳进入濒太平洋大陆边缘活动带发展阶段。由以褶皱为主的构造变动转变为以断块运动为主，形成一系列北东向断陷带和凹陷带。晚三叠世—早白垩世早期，为陆内凹陷盆地发展时期。

1. 晚三叠世—中侏罗世

中二叠世末的印支运动后，福建省全境大部分为山区。晚三叠世早期仅在漳平地区中三叠世继承性盆地中有浅水湖泊相的沉积，形成含煤细碎屑岩建造的大坑村组。而闽北地区却沿着北东向断裂带发育一系列山间凹陷盆地，形成河湖相含煤碎屑岩建造组合的焦坑组；闽西南地区则以较开阔的山间盆地为主，形成以河湖相为主，间夹海相含煤碎屑岩建造组合——文宾山组。

早侏罗世在晚三叠世凹陷盆地的基础上，盆地范围进一步扩大，在闽北形成以山间盆地河湖相含煤碎屑岩建造组合的梨山组。而在福建省南部和东部由于断陷幅度较大，沿凹陷带曾有过多次的海湾式海侵，形成以滨浅海砂泥岩建造组合为主的下村组。同时随着断陷活动的进一步加强，造成火山喷发，形成具双峰式火山建造特征的藩坑组。

至中侏罗世气候由湿润转变为干燥炎热，在凹陷盆地缓坡带上，形成以淡水湖泊相红色砂岩-粉砂岩建造组合的漳平组。

2. 晚侏罗世—白垩纪

自晚侏罗世以来，随着太平洋板块向欧亚板块俯冲活动的加剧，使福建省大陆边缘遭受挤压，致使早期发育的深、大断裂继续活动，同时又进一步产生一系列新的北东向和北西向深、大断裂，形成一系列北东向、北西向火山喷发带。

晚侏罗世早期，形成以河流相砂砾岩-粉砂岩、泥岩夹火山岩的火山喷发沉积建造的长林组，到晚侏罗世中—晚期火山喷发活动达到顶峰，形成巨大的火山喷发带，而且由西北往东南火山喷发规模越来越大，构成钙碱性火山岩系的南园组。到早白垩世早期火山活动减弱，在福建省西部出现比较平静的环境，零星出现一些凹陷盆地，在凹陷盆地的中央带中沉积以湖泊相泥岩-粉砂岩建造组合的坂头组，而在陡坡带上沉积以湖泊三角洲相砂砾岩建造组合的吉山组。

到早白垩世晚期火山活动又渐有增强，特别是在北西向断裂带上，形成一系列火山断陷盆地和具双峰式火山岩特征的石帽山群。到晚白垩世，福建省进入断陷盆地发育阶段。沿着北东向、北西向断裂带形成一些规模不大的红色断陷盆地，在断陷盆地的中央带，形成湖泊泥岩-粉砂岩建造组合的均口组和沙县组，而在陡坡带则沉积了河流砂砾岩-粉砂岩建造组合的崇安组。

3. 新生代

自晚白垩世以后，福建省地壳进入相对稳定阶段，继续以隆升为主，缺失了古近纪的沉积。到新近纪由于太平洋板块俯冲带由台湾海峡向东迁移形成新的俯冲带，并使大陆边缘产生深、大断裂，在福建省东南沿海逐步形成了台湾海峡，沉积了数千米的新近纪地层。同时在福建省沿海形成了裂谷型的海陆交互碎屑沉积-拉斑玄武岩喷发的佛昙组。而内部陆地沿断裂带形成小型的裂谷盆地，早期的玄武岩喷发则具碱性特征。

早更新世北东向、北西向断裂继续活动，沿北西向断裂形成Ⅰ级河流，沿北东向断裂形成Ⅱ级河流，并沿这些河流形成Ⅳ级阶地。中更新世沿河流形成Ⅲ级阶地。晚更新世，在Ⅰ级河流出口处往往呈湾，形成Ⅱ级海积阶地。

全新世早期地壳有所下降，造成沿海由陆相砂砾石-海相黏土夹泥炭沉积。全新世晚期地壳又开始隆升，形成了Ⅰ级阶地海积淤泥及冲积、风积砂层夹泥质沉积。

五、沉积岩建造组合与成矿关系

福建省与沉积作用有关的矿产较多，几乎每个地质时期都有，而单一的沉积岩矿产却较少，其多叠加有变质、岩浆、构造作用的改造。福建省与沉积岩建造有关且具工业意义的矿产主要有铁锰、煤、石灰岩、黏土、砂金、石英砂等。

(一)陆表海盆地沉积岩建造组合与成矿

1. 陆表海陆源细碎屑岩-灰岩建造组合

该沉积岩建造为晚石炭世—中二叠世碳酸盐岩陆表海的沉积岩建造组合之一，有铁、锰沉积矿产。铁锰矿主要赋存于晚石炭世的经畲组，集中分布于闽西南陆表海盆地的边缘，是淮南运动后晚古生代第一个大规模海侵初期阶段的沉积，为一套硅泥质角砾岩、泥岩、粉砂岩及硅质岩、灰岩、铁锰质岩，为潮坪陆源碎屑岩-灰岩建造组合。

2. 陆表海灰岩建造组合

该沉积岩建造为晚石炭世—中二叠世碳酸盐岩陆表海的沉积岩建造组合之一，形成石灰岩沉积矿产。福建省内石灰岩主要赋存于晚石炭世的老虎洞组、早二叠世的船山组、中二叠世的栖霞组中，为碳酸盐岩建造。

(1)老虎洞组和船山组。为局限台地碳酸盐岩建造组合。老虎洞组以白色灰岩、肉红色白云岩为主，厚4～169m，分布局限，仅零星见于永安、龙岩、上杭的局部地区；船山组以质纯灰岩为主，含CaO 50%以上，厚16～123m。

(2)栖霞组。为开阔台地碳酸盐岩建造组合，为一套深灰、灰黑色中—厚层含燧石灰岩，夹灰岩，局部夹泥岩、粉砂岩、硅质岩，厚19～405m。

3. 陆表海沼泽含煤碎屑岩建造组合

该沉积岩建造为中—晚二叠世海陆交互陆表海的沉积岩建造组合，形成煤矿。煤主要赋存于中、晚二叠世的童子岩组、翠屏山组中。

(1)童子岩组。为一套海陆交互细碎屑含煤沉积，可划分上、中、下3个岩性段。煤层主要产于潮间湖沼相含煤碎屑岩建造中，中段潮坪细碎屑岩建造则不含煤。下段厚164～304m，含煤40层以上，煤层总厚7.73～40m，可采或局部可采7～15层；上段厚154～513m，含煤23～50层，煤层总厚8.9～14.7m，其中3～11层可采或局部可采，可采总厚1.74～16.03m。

(2)翠屏山组。为一套海陆交互相含煤碎屑沉积，岩性主要为细砂岩、粉砂岩、泥岩，可划分上、下两个岩性段，下段岩性较粗，底部常见细砾岩、含砾粗砂岩，与其下的童子岩组呈假整合接触，下段含煤4～7层。局部可采1～2层，煤层不稳定。

(二)凹陷盆地沉积岩建造组合与成矿

与成矿有关的是河湖相含煤碎屑岩建造组合，为晚三叠世—中侏罗世凹陷盆地的沉积岩建造组合，形成煤矿。

煤主要赋存于晚三叠世的大坑村组、文宾山组、焦坑组和早侏罗世的梨山组中。

(1)大坑村组。分布局限，仅见于漳平、华安、安溪等地为一套湖沼相含煤碎屑沉积，主要由灰色、灰黑色细砂岩、粉砂岩、泥岩，夹碳质泥岩组成，煤层主要产于下部。

(2)文宾山组。为一套以湖泊相为主，后期为海陆交互相的含煤碎屑岩建造。可划分 2 个岩性阶段，下段为长石石英砂岩、含砾砂岩、细砾岩、细砂岩、泥岩，含 7～9 层可采或局部可采煤层；上段为砂砾岩、含砾粗砂岩、粉砂岩夹细砂岩、泥岩和 3～4 层煤线。

(3)焦坑组。出露于闽西北，属内陆山间盆地含煤沉积建造。下段为厚—巨厚层复成分砾岩、角砾岩、中粗粒石英砂岩、粉砂岩夹碳质页岩和可采煤层 1～2 层；上段以薄层砂岩、砂泥岩为主，夹细砂岩，局部夹 1～4 层煤。

此外，早侏罗世梨山组河湖相含煤碎屑岩建造含煤性差，不具工业价值。

(三)被动陆缘沉积岩建造组合与成矿

与成矿有关的是半深海砂板岩建造组合，为南华纪—早古生代陆缘斜坡的沉积岩建造组合，在早—中寒武世时期形成重晶石沉积矿产。

重晶石矿主要赋存于早—中寒武世林田组中，为一套浅海相细碎屑-化学沉积岩，属被动大陆边缘的陆缘斜坡亚相大地构造环境，斜坡沟谷-斜坡扇的沉积环境，为变质长石石英杂砂岩、变质粉砂岩、千枚岩夹碳质千枚岩、硅质岩。重晶石矿呈似层状、透镜状，常产于硅质岩、硅质泥岩、千枚岩中。

(四)第四系沉积物与成矿

第四系沉积物中主要有砂金、稀土、黏土、石英砂、泥煤等矿产。

砂金：主要赋存于第四系冲洪积层中。

稀土：风化壳离子吸附型稀土矿主要在中酸性侵入岩的风化残积层中。

黏土类：高岭土主要为中酸性侵入岩的风化残积层；耐火黏土主要产于翠屏山组下部，顶底板均为粉砂岩(矿层厚 1.5～5m)及全新统东山组的海积层和佛昙组玄武岩夹层中。

石英砂：主要分布于闽西南沿海第四系海积层和风积层中，厚可达 10～15m，储量大、质量好，可作玻璃砂、型砂用。

泥煤：主要赋于第四纪盆地和河流两侧的阶地中，有海积、冲洪积两种成因类型。海积型主要分布于沿海的第四系中；冲洪积型主要分布于内陆的山间盆地、河流阶地的冲洪积层中。

第二节 火山岩岩石构造组合

福建省地处中国东南沿海环太平洋古火山带内，中生代以来发生了强烈、频繁的火山活动，形成分布广泛、厚度巨大的沉积火山岩系，构成了东南沿海火山岩带的主体。

一、火山岩时空分布

福建省火山岩在空间上具有明显的方向性、分带性，在闽东地区火山岩呈北东向带状大面积出露，在闽西地区火山岩则呈单个盆地产出，分别构成了闽东火山岩亚带和闽西火山岩亚带及若干个火山喷发带，总体呈北东向带状平行海岸线展布。在时间上具有明显旋回（阶段）性，就中生代火山岩而言，可分早、中、晚 3 个阶段（亚旋回），即早侏罗世阶段火山岩，晚侏罗世—早白垩世早期阶段火山岩、白垩纪阶段火山岩，以及新生代新近纪亚旋回火山岩（表 4-4）。

表 4-4　福建省火山岩地层与火山构造岩浆旋回划分表

地质时代			火山岩地层单位		代号	主要岩性	火山构造岩浆旋回	
代	纪	世					旋回	亚旋回
新生代	新近纪		佛昙组		Nf	粗玄岩、拉斑玄武岩、橄榄玄武岩夹火山碎屑沉积岩	第四旋回 Ⅳ	佛昙亚旋回 Ⅳ
中生代	白垩纪	晚白垩世	石牛山组	上段	K_2sh^2	流纹质熔结凝灰岩、流纹岩、凝灰岩、酸性碎斑熔岩	第Ⅲ旋回（K_1^2—K_2）Ⅲ	石牛山亚旋回Ⅲ$_3$
				下段	K_2sh^1	火山碎屑沉积岩		
		早白垩世	寨下组	上段	K_1z^2	流纹岩、粗面岩、熔结凝灰岩、凝灰岩、安山岩、玄武岩		寨下亚旋回Ⅲ$_2$
				下段	K_1z^1	火山碎屑沉积岩		
			黄坑组	上段	K_1h^2	英安质熔结凝灰岩、流纹质熔结凝灰岩、安山岩、玄武岩		黄坑亚旋回Ⅲ$_1$
				下段	K_1h^1	火山碎屑沉积岩		
			下渡组/小溪组		K_1xd/K_1x	流纹岩、流纹质熔结凝灰岩、凝灰岩、下部为火山碎屑沉积岩。流纹岩、流纹质（英安质）熔结凝灰岩、安山岩、英安岩，下部为火山碎屑沉积岩	第Ⅱ旋回（J_3—K_1^1）Ⅱ	小溪亚旋回Ⅱ$_2$
	侏罗纪	晚侏罗世	南园组		J_3n	流纹质（英安质）熔结凝灰岩、凝灰熔岩、流纹岩、英安岩、安山岩夹凝灰岩、火山碎屑沉积岩		南园亚旋回Ⅱ$_1$
			长林组		J_3c	火山碎屑沉积岩		
		早侏罗世	藩坑组		J_1f	粗玄岩、流纹岩、安山岩、玄武岩，夹火山碎屑沉积岩	第Ⅰ旋回（T_3—J_1）Ⅰ	藩坑亚旋回Ⅰ$_1$
	三叠纪	晚三叠世	焦坑组		T_3j	复成分砂砾岩、砂岩、粉砂岩夹煤层，底部夹安山岩		

（一）早侏罗世阶段火山岩

该时期是中生代火山活动起始阶段，火山活动强度弱、规模小，为中基性、酸性岩浆喷发，形成的火山岩零星分布于建阳—顺昌—武平一线以东地区的梨山组、藩坑组中。以闽西南的龙岩、永定一带最为发育，在永定堂堡、象牙、五湖等地及龙岩庆美、武平长居等地，藩坑组火山岩出露面积较大，为一套基性、中性、酸性火山岩夹火山碎屑沉积岩，其中常形成有 6 个沉积-喷发或爆发-喷溢韵律，火山岩厚度可达 2 396m；在闽东地区的闽清池园及永春横口的藩坑组火山岩为中性及酸性火山岩，火山岩厚度也达 1 238m；在闽西北的建阳水吉，建瓯梨山等地的梨山组中流纹质火山岩、中基性火山岩多呈夹层产出。

此外，局部地区中侏罗世漳平组中也见有凝灰岩夹层，厚度薄，分布局限。

（二）晚侏罗世—早白垩世早期阶段火山岩

该时期是中生代火山活动鼎盛时期的产物，形成的火山岩广布于政和-大埔断裂带以东地区，西部地区多以盆地形式沿区域断裂带呈串珠状断续分布。区域上总体呈北东向带状平行海岸线分布，构成东南沿海火山岩带主体。形成的火山岩地层自下而上为长林组、南园组、小溪组及下渡组。

该亚旋回火山岩分布范围之广，厚度之大都居各旋回之首。据火山活动具周期性喷发的特点，可分2个活动期，早期由长林组、南园组构成一个完整的沉积-喷发旋回（即Ⅰ期），小溪组/下渡组又是一个沉积-喷发旋回，构成晚期旋回（即Ⅱ期）。

早期（Ⅰ期）为一套以中酸性、酸性为主的火山岩，不整合覆盖于不同构造单元基底地层之上，广布于福建全省，尤以政和-大埔断裂带以东地区最发育，呈大面积连片分布，政和-大埔断裂带以西地区则呈单个盆地形式产出，它们均呈北东向带状展布，分别组成了闽东及闽西火山岩亚带。

晚期（Ⅱ期）为一套以酸性火山岩为主，东部小溪组呈盆地形式产出，呈北东向带状叠置于早期（Ⅰ期）火山岩之上，主要分布于闽东火山岩亚带北部，即莆田—德化一线以北的仙游谢洋、福州寿山、古田小溪、宁德九都、霞浦盐田、福鼎秦屿、柘荣仙源里等地。西部下渡组也呈盆地形式产出，呈北东向带状展布，叠置于早期（Ⅰ期）晚侏罗世火山岩或其他老地层之上，主要分布于闽西火山岩亚带北部，即明溪—宁化一线以北的将乐陇栖山、武夷山、大安、浦城九牧、古楼、光泽谢家坪等地。此外，坂头组中也有少量的酸性火山碎屑岩夹层。

（三）白垩纪阶段火山岩

该旋回火山活动较中期阶段逊色，形成的火山岩不整合覆盖于晚侏罗世—早白垩世亚旋回火山岩或其他老地层之上，呈火山盆地（火山构造洼地）形式产出，构成了与中期亚旋回截然不同的北西向、北东东向串珠状展布的分布格局，该时期火山岩地层称石帽山群，自下而上划分为黄坑组、寨下组及石牛山组，分别组成了早、中、晚3个沉积-喷发旋回（期）。其中石牛山组火山岩分布较局限，仅见于闽东火山岩亚带中段的德化石牛山及北端的寿宁南阳与浙江泰顺毗邻处，而在闽西地区则呈夹层分布于赤石群中的断陷盆地内。黄坑组、寨下组火山岩分布较广，在闽东主要见于福鼎、柘荣东山、福安留洋、政和东坑、香炉山、建瓯仁山、罗源新沃、闽侯山东梯岭、闽清石帽山、永泰云山、德化戴云山、大田屏山、福清梨仓、永春湖洋、平和灵通山、峨眉山等地；在闽西地区主要见于浦城毛洋头、观前、松溪、建瓯小湖、顺昌郭岩山、泰宁峨嵋峰、白牙山、池潭、建宁均口、沙县大佑山、永安埄山、连城倒竹洋、上杭古石背、武平珊瑚、中山等地。

（四）新近纪阶段火山岩

该主期火山岩称佛昙组，分布比较零星，闽南滨海地带的金门、龙海、漳浦出露较广泛，平行海岸线呈北东向带状展布，构成了金门-佛昙新近纪火山喷发带，该带佛昙组下部为火山碎屑沉积岩，上部为拉斑玄武岩，显示先沉积后喷发特征。而在闽西的明溪城关、盖洋、翠竹洋、清流林畲、宁化店上等地，则呈星点状较集中出露，组成了明溪地区新近纪火山喷发区。该区佛昙组下部为碱性玄武岩，上部为火山碎屑沉积岩，表现出喷发-沉积特点。除上述2个火山喷发带（区）外，其余在泰宁邱洪、漳平双洋、福鼎白琳、松溪、屏南际下、陈峭、闽清池园、后佳等地也有零星散布。

二、火山岩岩石构造组合的划分及其特征

进入中生代以来，福建省发生了强烈的火山喷发，形成一套厚度巨大的沉积火山岩系。按照项目技术工作方法要求，依据火山岩系地层序列、喷发间断面、不整合面以及不同时期（阶段）火山岩岩石类型、火山组合、岩石地球化学组合特征，并结合侵入岩构造等，将形成于同一构造演化阶段、时空密切相关的几类火山岩建造的自然组合，称作火山岩岩石构造组合。福建省境内中新生代陆相火山岩划分出如下岩石构造组合：早期阶段（亚旋回）早侏罗世双峰式火山岩组合、中期阶段（亚旋回）晚侏罗世—早白垩世早期火山弧火山岩组合、晚期阶段（亚旋回）白垩纪双峰式火山岩组合以及新生代新近纪阶段（亚旋回）的基性火山岩组合（表 4-5）。现将各阶段的火山岩岩石构造组合特征分述如下。

表 4-5　福建省中—新生代火山岩岩石构造组合划分表

<table>
<tr><th rowspan="4">时代</th><th colspan="4">中国东部构造岩浆省</th><th rowspan="4">期</th><th rowspan="4">亚旋回</th><th rowspan="4">旋回</th></tr>
<tr><th colspan="4">东南沿海火山岩带</th></tr>
<tr><th colspan="2">闽西火山亚带</th><th colspan="2">闽东火山亚带</th></tr>
<tr><th>崇安-泰宁火山喷发带</th><th>松溪-上杭火山喷发带</th><th>寿宁-梅林火山喷发带</th><th>福安-平和火山喷发带</th></tr>
<tr><td>N</td><td>碱性玄武岩夹拉斑玄武岩组合</td><td>碱性玄武岩夹拉斑玄武岩组合</td><td>玄武岩</td><td>拉斑玄武岩夹碱性玄武岩组合</td><td></td><td>新近纪亚旋回</td><td>新生代构造岩浆旋回</td></tr>
<tr><td>K_2</td><td></td><td></td><td></td><td>高硅高钾火山岩-碎斑熔岩-潜火山岩组合</td><td>Ⅲ</td><td rowspan="3">白垩纪亚旋回</td><td rowspan="7">中生代构造岩浆旋回</td></tr>
<tr><td rowspan="3">K_1</td><td>(玄武)安山岩-流纹质组合</td><td>(玄武)安山岩-流纹质组合</td><td>(玄武)安山岩-流纹质组合</td><td>(玄武)岩安山岩-钙碱性流纹岩-碱性流纹岩组合</td><td>Ⅱ</td></tr>
<tr><td>(玄武)安山岩-流纹质组合</td><td>(玄武)安山岩-流纹质组合</td><td>(玄武)安山岩-流纹质组合</td><td>玄武岩(安山岩)-钙碱性流纹岩组合</td><td>Ⅰ</td></tr>
<tr><td>英安质火山岩组合，局部(玄武)安山岩-流纹质组合</td><td>流纹质火山岩夹安山岩组合</td><td></td><td>熔结凝灰岩-流纹岩组合，局部为(玄武)安山岩-流纹质组合</td><td>Ⅱ</td><td rowspan="2">晚侏罗世—早白垩世早期亚旋回</td></tr>
<tr><td>J_3</td><td>英安质、流纹英安质、流纹质火山岩-碎斑熔岩组合</td><td>英安质、流纹英安质、流纹质火山岩组合</td><td>英安质、流纹英安质、流纹质火山岩-碎斑熔岩组合</td><td>(安山岩)-英安岩-流纹质火山岩-碎斑熔岩组合</td><td>Ⅰ</td></tr>
<tr><td>J_2</td><td></td><td></td><td></td><td></td><td></td><td></td></tr>
<tr><td>J_1</td><td></td><td>(玄武)安山质-流纹质组合</td><td></td><td></td><td>Ⅱ</td><td rowspan="2">晚三叠世—早侏罗世亚旋回</td></tr>
<tr><td>T_3</td><td colspan="2">安山岩-流纹质火山岩组合</td><td></td><td></td><td>Ⅰ</td></tr>
</table>

(一)早侏罗世火山岩岩石构造组合

这一时期(阶段)火山岩称藩坑组,龙岩永定地区发育最好,岩类较全,主要有玄武岩、安山岩、斜长流纹岩、流纹岩、凝灰岩、熔结凝灰岩。玄武岩、安山岩具气孔、杏仁构造,斑晶含量少,仅2%～5%,未发现深源包体。流纹岩多呈灰色,流动构造发育、斑晶含量为5%～10%。在剖面上表现出下部为玄武岩或安山岩,上部为流纹岩,二者直接接触,期间缺失过渡类型岩石,属玄武岩(安山岩)-流纹岩(或熔结凝灰岩)组合。在闽东地区的闽南平和、长泰至永春、闽清一带,其岩性为安山岩、流纹质凝灰岩、流纹质熔结凝灰岩,常见下部为安山岩,上部为凝灰岩、熔结凝灰岩,其间未见过渡类型的英安质岩石,属安山岩-流纹质火山岩组合。而在闽北梨山组中常见玄武安山岩、安山岩、流纹质凝灰岩呈薄的夹层产出。

本阶段火山岩岩石化学成分具明显的双峰式特征。据永定地区1∶5万区域调查资料,基性端员SiO_2含量为48.18%～58%、酸性端员SiO_2含量为73.14%～75.44%、戴里值缺口达15%以上,缺失过渡类型岩石化学成分。基性端员Na_2O含量为0.99%～3.03%、K_2O含量为3.28%～4.57%,表现出$K_2O>Na_2O$,δ值则降低,据硅-碱图解与FAM三角图解,该期火山岩的岩石系列应为亚碱质的拉斑玄武岩系列,属玄武岩(安山岩)-流纹岩双峰式组合。下侏罗统藩坑组火山岩已获得Sr同位素5件,其$^{87}Sr/^{86}Sr$在闽清为0.707 1、平和为0.704 4、长泰为0.705 1、永定为0.705 6,变化于0.704 4～0.707 1之间,小于或接近于地壳与地幔分界值0.706 0,远低于大陆地壳的平均值0.719 1,由此判断其物质来源与下地壳及上地幔物质有密切的关系。

从上述岩石地层的产出环境、岩石组合、岩石地球化学,Sr同位素等判别,结合同期侵入岩分析,可知本阶段早侏罗世火山岩为玄武岩(安山岩)-流纹岩双峰组合,其形成于后造山板内类裂谷环境,属板内裂谷亚相。已知与本阶段火山活动有关矿产主要有铜、钼、锡、铅、锌等。

(二)晚侏罗世—早白垩世早期岩石构造组合

本阶段是中生代火山活动鼎盛期,形成岩类复杂,厚度巨大的沉积火山岩系,自下而上为长林组、南园组、下渡组、小溪组。以中酸性—酸性火山碎屑岩、火山碎屑熔岩为主,熔岩少量,夹厚度不等的火山碎屑沉积岩、沉积火山碎屑岩。中酸性岩占20%～25%,酸性岩占70%～75%,中性岩占2%～5%。主要岩石类型为流纹质熔结凝灰岩、(流纹)英安质熔结凝灰岩、熔结角砾岩、火山角砾岩、凝灰岩、流纹质凝灰熔岩、(流纹)英安质凝灰熔岩、流纹岩、英安岩、安山岩、潜火山岩及特殊岩类碎斑熔岩等。长林组主要为火山碎屑沉积岩夹流纹质火山岩建造。南园组火山岩是本阶段火山岩主体,分布广岩类复杂,主要为酸性、中酸性火山岩,中性岩类分布局限,多呈夹层产出。在剖面上,常表现为下部为流纹质火山岩,往上为安山岩、英安岩、流纹质火山岩相间产出,再往上又为流纹质火山岩,仅在个别地方的南园组下部见有少量安山岩或玄武岩。在闽西地区表现为下部英安质或流纹英安质火山岩,往上为流纹质火山岩。

本阶段火山岩总体呈灰色或深灰色,安山岩一般呈块状,流动构造不发育,其中常见角闪石、斜长石为中长石,常发育有环带结构,An 36～43。流纹岩呈灰白色、灰色,流动构造尚发育,斑晶含量一般为5%～10%,斑晶成分主要为钾长石、斜长石、石英、黑云母等,石英常熔蚀呈港湾状,基质为隐晶霏细状结构。碎屑熔岩,多呈灰色、深灰色,流动构造不发育,岩石中晶屑含量高(15%～30%),有时可达40%～45%,晶屑成分主要为钾长石、斜长石、石英,少许黑云母,其中斜长石为更长石—中长石(An 27～35),部分具正韵律环带构造,石英熔蚀呈港湾状,黑云母具暗化现象。熔结凝灰岩,呈灰色,风化面上常见似流动构造,镜下似流动构造明显。晶屑含量10%～45%,主要为钾长石、斜长石、石英,少许黑云母。碎斑熔岩,岩石以具碎斑结构为特征,碎斑含量可达30%～65%,其中斑晶多已破碎呈碎屑状,显示碎而不离的特征。碎晶熔蚀显著，基质具显微粒状、霏细状隐晶质结构。碎斑晶主要为钾长石、斜长石、石英，少许黑云母、角闪石。其中钾长石为中正长石，具环带结构，部分斜长石也发育正环带结构及韵律环带结构。

本阶段火山岩在 $K_2O+Na_2O-SiO_2$(TAS)图解分类命名图上，绝大部分落在流纹岩区，部分落入英安岩区，少量落入安山岩、玄武安山岩区，个别落入粗安岩及粗面岩区。从整体来看，本阶段火山岩属英安岩-流纹岩，或安山岩-英安岩-流纹岩组合。小溪组/下渡组为流纹岩组合。

本阶段火山岩岩石化学特征，其 SiO_2 含量总体变化于 47.8%～77.39%之间，平均值 69.35%。从安山岩-英安岩-流纹质火山岩，其 SiO_2 平均值分别由 62.75%～66.86%～74.51%，呈连续递增的单峰式特征，具挤压环境下火山活动产物特点。其化学成分经 $K_2O+Na_2O-SiO_2$(TAS)图解，FAM 图解及 SiO_2-K_2O 图解，该阶段火山岩的岩石系列属高钾钙碱性系列，为安山岩-英安岩-流纹岩构造组合。本阶段火山岩 $^{87}Sr/^{86}Sr$ 的初始值，变化在 0.702 9～0.714 0 之间，绝大部分样品大于地壳与地幔的分界值 0.706 0，表明其岩浆来源于中下地壳，部分来源于上地壳的壳幔混合源特征。

综合本阶段火山岩的地质特征、岩石组合、岩石地球化学提供各种信息，及其与同期侵入岩关系，本阶段火山岩近似于火山弧火山岩特征，将其划归火山弧火山岩组合，属火山弧亚相。本阶段火山活动与铅、锌、银、金等矿产形成关系密切，许多已勘查和开采的矿床(点)均在本阶段火山岩中。

(三)白垩纪火山岩岩石构造组合

该阶段火山岩组较发育，但规模上较中期阶段逊色了。其分布格局也不大相同，岩性、岩石组合特征差异明显。在闽东地区以火山构造洼地(火山盆地)形式叠置于中期阶段火山岩之上。在闽西地区以火山盆地形式覆盖于中期火山岩或其他老地层之上。形成的火山岩称石帽山群(黄坑组、寨下组、石牛山组)，主要岩石类型为流纹岩、钾长(碱长)流纹岩，碱性流纹岩，石英粗面岩、玄武岩、安山岩及流纹质熔结凝灰岩、凝灰岩、沉凝灰岩，火山碎屑沉积岩以及侵出的碎斑熔岩、潜火山斑岩类等。除玄武岩、安山岩类为深灰色、灰黑色外，其余岩石具紫色、紫红色特征。玄武岩具气孔、杏仁构造，斑晶以斜长石为主，含量可达 22%，基质为间隐结构或玻基交织结构，其中未见深源包体。安山岩具气孔、杏仁构造，斑晶以斜长石为主，含量达 10%～20%，具环带结构，基质具玻基交织结构、间粒结构。流纹岩为灰紫色、紫红色流动构造发育，斑状结构，斑晶主要为钾长石、斜长石、石英、黑云母等。在云山碱性流纹岩中见角闪石、钠铁闪石。斑晶含量为 5%～10%，基质为隐晶霏细结构或显微嵌晶结构，局部发育球粒石泡构造。火山碎屑岩以熔结凝灰岩为主，岩石呈紫色、紫红色，熔结凝灰结构，常见刚性玻屑呈树枝状、月牙状，塑性玻屑呈火焰状、树枝状、鸡骨状，呈定向半定向排列，构成似流动构造；岩石中含有较多钾长石、斜长石、石英晶屑，含量一般为 15%～30%，有时可达 45%。值得一提的是柘荣东山火山盆地熔结凝灰岩副矿物中见有辉石，这可能是基性岩浆与酸性岩浆混合作用的标志。

该时期火山岩具有明显旋回性，通常形成 3 个喷发旋回，于闽东云山火山盆地研究较详，其层序清楚、岩类齐全，在剖面上自下而上可划分 3 个喷发旋回。第一旋回(相当于黄坑组)火山岩，下部为玄武岩，往上为凝灰岩、流纹质熔结凝灰岩。第二旋回(相当于寨下组)火山岩，下部为玄武岩，往上为流纹岩、石英粗面岩、熔结凝灰岩、钾长流纹岩夹熔结凝灰岩。第三旋回(大致相当于石牛山组)火山岩，下部为熔结凝灰岩、碱长流纹岩、碱性流纹岩，后期侵出碎斑熔岩或潜火山岩。构成了石帽山群玄武岩-流纹岩+碱性流纹岩双峰式组合。

本阶段火山岩的岩石化学成分，SiO_2 变化于 49.20%～78.64%之间，Na_2O+K_2O 在 1.34%～10.31%之间，CaO 在 0.02%～0.95%之间，MgO 在 0.03%～6.1%之间，TFe 在 0.72%～11.16%之间，属于基性岩—酸性岩范围。各地段岩性变化不大，但在岩石组合方面，各火山盆地有一定差异，其组合可分为 2 类，一类见于沙县、上杭、留洋、福鼎、香炉山等地，野外剖面上表现为(玄武)安山岩-流纹岩

(或酸性火山岩)直接接触,其间缺失英安岩过渡类型岩石,在留洋地区,中基性端员 SiO_2 含量为 53.75%~58.81%,酸性端员 SiO_2 含量为 73.4%,其戴里值达 14.59%,具双峰式组合特点;另一类以云山盆地为代表,其双峰式火山岩组合最为典型,在剖面上可见玄武岩与流纹岩二者直接接触,其间缺失过渡类型岩石,在哈克图解和 K_2O+Na_2O-SiO_2 图解上,双峰式特征明显,戴里缺口(SiO_2 间断)达 15% 以上。两个旋回戴里缺口均在 20%以上,就云山地区平均计算,戴里缺口 24%,其双峰式组合特征极为明显。其岩石化学成分经 K_2O+Na_2O-SiO_2 图解、FAM 图解及 SiO_2-K_2O 图解,该阶段火山岩属高钾钙碱性系列。

从石帽山群火山岩的 Sr 同位素特征来看,其 $^{87}Sr/^{86}Sr$ 初始值变化在 0.703 6~0.713 6 之间,部分小于地壳与地幔分界值 0.706 0,有部分则大于 0.706 0,表明其岩浆来源于地幔,部分来源于下地壳或上地壳,岩浆普遍受大陆地壳混杂,属壳幔混源型岩石。该时期火山岩自沿海向内陆,其 $^{87}Sr/^{86}Sr$ 初始值呈逐渐递增趋势,自罗源新澳至宁德仙人石—政和东坑—浦城仙岱岩,$^{87}Sr/^{86}Sr$ 变化范围为 0.703 2→0.705 9→0.709 2→0.710 1→0.713 6,显示随地壳厚度加大,受大陆地壳混杂程度增强的趋势。

从上述地质特征、岩石组合、岩石地球化学、同位素特征,结合与同期侵入岩的关系,指示本阶段火山岩是在后造山伸展环境下形成的玄武岩-钙碱性流纹岩+碱性流纹岩双峰式组合,将它归属于火山盆地亚相。

与这一时期火山活动有关的矿产,主要有钙、金、银、铅、锌、铀、钍及叶蜡石、明矾石、黑耀岩(松脂石)等。

(四)新近纪火山岩岩石构造组合

福建省这一时期火山活动不太剧烈,形成的火山岩称佛昙组。主要岩石类型为拉斑玄武岩、橄榄拉斑玄武岩、碱性橄榄玄武岩、碱性苦橄玄武岩、玻基辉橄岩、黄长玄武岩、霞石碧玄岩、玄武质集块火山角砾岩、玄武质岩屑玻屑凝灰岩、沉火山角砾岩、沉凝灰岩、凝灰质杂砂岩、凝灰质粉砂质泥岩等。主要集中分布于闽南沿海的金门—漳浦佛昙一带和闽西明溪—宁化地区。前者主要为拉斑玄武岩夹少量碱性玄武岩,后者主要为碱性玄武岩夹少量拉斑玄武岩。在西带明溪玻基辉橄岩及碱性玄武岩中常含有尖晶石二辉石橄榄岩、石榴石二辉橄榄岩、辉石岩、橄榄岩等包体,也见有辉石捕虏晶巨晶;在闽南沿海的碱性橄榄玄武岩中见有二辉橄榄岩包体,拉斑玄武岩中见有辉石、斜长石和磷英铁尖晶岩包体,局部可见辉石捕虏晶巨斑晶。周新民认为前者是玄武岩捕获的上地幔岩石碎块,后者是早期从碱性玄武岩浆中结晶出的深源高压巨晶。除上述两个地区外,其余零星分布于福鼎白琳、闽清后佳、屏南祭下、尤溪汤川、漳平双洋等地,呈岩筒、岩墙产出,主要为碱性橄榄玄武岩及玻质辉橄岩。

本期火山岩的岩石化学成分总体表现为富铁、镁、钙及 Mg 值高的特征。SiO_2 含量为 39.73%~53.39%,多为 42%~51%,MgO 含量为 6.18%~11.68%,多为 8%~10%,CaO 含量为 6.18%~11.75%,多为 8%~10%,TFe 变化在 7.26%~13.64%之间,一般为 10%~13%。经 K_2O+Na_2O-SiO_2 及 FAM 图解,沿海地区主要为拉斑玄武岩系列,内地明溪等地主要为碱性系列。

新近纪火山岩的地质特征、岩石组合、岩石地球化学及同位素特征等,表明该火山岩属基性—超基性火山岩组合,形成于板内裂谷环境,归属于板内裂谷亚相。

与本期火山活动有关的矿产,在闽西明溪地区主要有镁铝榴石、蓝宝石等。在闽南沿海主要为三水型铝土矿及琥珀等。

三、火山岩的形成、构造环境及其演化

福建省处于环太平洋古火山带内,进入中生代以来发生了强烈的火山喷发,形成的火山岩遍及全

省，呈北东向带状分布，受北东向区域断裂控制，自西向东喷发强度增强，规模增大；晚期（白垩纪）火山活动主要受北东东向及北西向断裂控制，火山活动强度减弱，规模减小，形成的火山岩呈盆地（火山构造洼地）形式产出。火山活动总体特点是福建省西部弱东部强，西部火山岩呈孤立单个盆地产出，火山规模小，火山构造类型较简单，东部火山岩呈连片带状展布，火山规模大，火山构造类型复杂多样；岩石化学成分由西向东至沿海地带总碱量及氧化钾含量由高到低，氧化钠则逐渐降低，总体属高钾钙碱性系列的火山岩。它的形成与地壳活动及其发展演化密切相关。

（一）火山岩的形成

1. 早侏罗世阶段

印支造山阶段结束后，晚三叠世—早侏罗世时期，地壳已从稳定的陆块进入造山后的拉张阶段，此时印支运动形成的区域断裂带发生拉张断陷，并扩大成盆地，部分断裂切割较深或至地幔，加之拉张岩石圈减薄，地幔物质上涌，热流上升，导致上地幔、下地壳产生部分熔融，形成基性、酸性岩浆沿断裂上升喷出，形成了拉斑玄武岩和钙碱性火山岩双峰式组合。其岩浆来源成因，从岩石地球化学判析，玄武岩、安山岩富 Fe 族元素，贫 Rb、Sr、Ba 地壳元素，在稀土元素配分模式图上玄武岩、安山岩不具 Eu 元素负异常，酸性岩具弱的 Eu 元素负异常，曲线斜率小，显示与地幔物质有密切成因关系，酸性岩的$^{87}Sr/^{86}Sr$初始值为 0.706 5，接近地壳与地幔分界值，在钴-镍关系图上玄武岩、安山岩与酸性火山岩呈现良好的线性关系，显示出同源性，酸性岩为由玄武岩（安山岩）经分离结晶演化的产物。从野外到实际来看，地表出露的玄武岩及安山岩与酸性火山岩几乎等量齐观，由前者分异出后者在客观上是可能的。据 Treuil（1975）计算证明，部分熔融作用形成的岩浆，La/Sm 比值随 La 元素含量的增高而增大，部分结晶作用形成的岩石 La/Sm 比值近似为恒值，在 La-La/Sm 关系图中，早侏罗世玄武岩由下地壳及上地幔物质部分熔融组成，安山岩已经过一定程度的结晶分异，酸性火山岩则是明显的结晶分异产物，前述稀土元素特征也已显示出这一特点。

综上所述，早侏罗世阶段火山岩原始岩浆是由下地壳上地幔物质经部分熔融作用形成玄武岩浆的，当区域断裂切割到深部岩浆房时，在地壳拉张作用下，玄武岩岩浆便沿断裂上升运移喷出地表形成玄武岩。随后，由于岩浆上升运移通道不畅或被阻塞，原始岩浆在缓慢上升过程中伴随结晶分离作用，并持续上升至地壳浅部形成岩浆房，熔融部分上地壳物质，并产生分离结晶作用，形成酸性岩浆房。当拉张作用将通道进一步打开时，酸性岩浆随即喷出地表，形成了野外剖面所见的下为玄武岩、上为流纹岩的双峰式火山岩。

2. 晚侏罗世—早白垩世早期阶段

本阶段因太平洋板块的俯冲挤压作用，福建省进入燕山主造山期，由于强烈的挤压，导致大陆地壳上隆，同时使早期发育的深大断裂继续活动，并产生一系列新的北东东向、北西向断裂带。此时太平洋板块已俯冲至欧亚大陆板块之下，导致地幔上隆，地壳减薄，强大地幔热流，流体不断上升，引起地壳物质熔融，形成中性、酸性岩浆，并沿深大断裂上升至地壳浅部形成岩浆房，经分异演化后喷出地表形成了高钾钙碱性系列安山岩-英安岩-流纹岩组合或英安岩-流纹岩组合的单峰式火山岩。前一组合分布局限，后一组合分布较广泛。现对其成因做以下分析探讨。

1）安山岩-英安岩-流纹岩组合

本阶段火山岩 SiO_2 平均值分别由 62.75％～66.86％～74.51％呈连续递增。依据前人资料，在 Q-Ab-Or 三元相图中，中酸性岩类主要落入 1 000MPa 的共熔区，并沿各低共熔点连线分布，据此推断原始熔融体大约在 30km 深处生成，在地壳厚度与 Rb-Sr 浓度关系图中，安山岩成分点绝大部分投影到 30km 左右。$^{87}Sr/^{86}Sr$ 初始比值与年龄值关系图中，投影点位于下部地壳源区内。安山岩 Ni/Co 比值变化为 1.44～2.04,均小于上地幔 Ni/Co 比值(9.3),基本处于地壳或地壳与上地幔之间的 Ni/Co 比值范围;Th/U 变化为 3.19～13.69,大于地幔 Th/U 比值(1～2),处于地壳 Th/U 比值范围内;Rb 含量变化为 77～151,也处于大陆地壳范围;Rb/Sr 比值变化为 0.14～0.40,均大于上地幔 Rb/Sr 比值(0.025),处于地壳比值范围。从稀土元素含量来看,晚侏罗世火山岩为轻稀土富集型,配分模式与Ⅰ型花岗岩相似,但中酸性、酸性火山岩 $^{87}Sr/^{86}Sr$ 初始值在 0.702 9～0.714 0 之间,绝大部分大于地壳与地幔分界值 0.706 0,ε_{Nd} 值变化为－9.703～－6.144,大于地壳 ε_{Nd} 值。据此推断,南园组安山岩形成原始岩浆的熔融体可能来自下部地壳,并有少量地幔物质加入,属壳幔混合型岩浆。

2)英安质-流纹质火山岩组合

该火山岩组合分布较广,无论闽西和闽东均有广泛出露,其岩浆来源成因与前者有共性,两者是紧密联系的,是同一大地构造背景下火山活动的产物。英安岩-流纹岩组合是东南沿海分布最广泛最常见的岩石组合,依据收集到的成果资料,在 Q-Ab-Or 三元相图上,中酸性岩类主要落入 1 000MPa 的共熔区,酸性岩类主要落在 200～400MPa 的共熔区,并沿各低共熔点连线分布。据此推测原始熔融体大约在20～30km范围生成;在地壳厚度与 Rb-Sr 浓度关系图中,火山岩成分点绝大部分投影到 30km 左右。$^{87}Sr/^{86}Sr$ 初始值与年龄关系图中,绝大多数投影点位于下部地壳源区内,仅 2 个投影点位于壳幔混源区。Ni/Co 比值(黎彤,1976)地壳为 3.5、上地幔为 9.3、下地幔为 10,小溪组及下渡组火山岩一般变化于1.86～4.58之间、南园组火山岩一般变化于 1～6.37 之间,均小于上地幔 Ni/Co 比值(9.3),基本处于地壳或地壳与上地幔之间的 Ni/Co 比值范围。Th/U 比值(黎彤,1976)地幔为 1～2,南园组火山岩一般变化于 1.87～13.69 之间、小溪组及下渡组火山岩一般变化于 1.60～8.94 之间,绝大多数大于地幔 Th/U 比值(1～2),基本处于地壳 Th/U 比值范围。从稀土元素含量来看,火山岩稀土元素含量更接近于地壳型,稀土元素配分模式图与Ⅰ型花岗岩相似,大多数 A/CNK 比值小于 1.1。同时,在柘荣地区流纹质晶屑熔结凝灰岩见有辉石副矿物出现,这可能是基性岩浆与酸性岩浆混合的岩相学标志,也即辉石可能是来自(中)基性岩浆的捕虏晶。上述资料表明,该组合火山岩形成原始岩浆的熔融体可能来自中下地壳,并有地幔物质的加入,属壳幔混源型岩浆。

在此还需指出,福建省东部与西部的火山岩在成分上还是有变化的。从晚侏罗世火山岩化学成分变化特点可以看出,福建省西部俯冲带的深度相对比东部大,上覆岩石静压力也大,地壳深部物质熔融温度变高,使上地幔物质出融的百分比低,仅熔融碱性程度较高的少量岩浆,导致晚侏罗世火山岩从沿海往内陆碱量增高,而喷发强度则由强变弱,规模变小。

3. 白垩纪阶段

白垩纪时俯冲作用已开始减弱,俯冲角度变陡,隆起上升也减弱,已进入后造山伸展阶段。此时早期断裂多数被晚侏罗世岩浆充填,通道也不如晚侏罗世畅通。由于岩浆形成深度较大,上升路线延长,在地壳中停留时间也久,分异作用较为充分,当岩浆房内压力达到一定程度时,在拉张作用下,岩浆便沿着新产生的北西向、北东向深切断裂上升喷出地表,形成了与晚侏罗世火山岩截然不同的呈北西向及北东东向串珠状展布的火山盆地,为一套高钾钙碱性系列玄武岩(安山岩)-流纹岩＋碱性流纹岩的双峰式火山岩组合。在野外常见两种形式的组合,一为玄武岩-流纹岩组合、二为玄武安山岩-流纹岩组合。前者主要见于闽东中部永泰—德化地区,后者主要见于闽东北及闽西地区。现将上述两种形式的双峰组合的岩浆来源成因做以下探讨。

1)玄武岩-流纹岩双峰式组合

以研究较详细的永泰云山火山盆地为例,该火山盆地是福建省出露面积最大,地层、岩石类型发育最齐全的早白垩世火山盆地。在盆地南部的风际-云山(寨下)剖面上清楚可见黄坑组和寨下组 2 个火山活动旋回的双峰式火山岩组合。早期(黄坑组)为玄武岩-流纹质熔结凝灰岩直接接触,晚期(寨下组)则表现为玄武岩-流纹岩直接接触。在哈克图解上玄武岩与流纹岩的戴里缺口(SiO_2间断)达 15%,早

晚旋回 SiO_2间断平均 20%，其双峰式特点明显。该盆地中这一时期玄武岩始终未发现深源包体，且玄武岩结构致密，多为显微微晶或隐晶结构和玻基交织结构，少斑或无斑，成分均一，说明其是在保持液态条件喷出地表后快速冷凝而成。玄武岩 Mg 值在 0.529～0.645 之间，明显低于 Green(1971)统计的原生玄武岩浆 Mg 值(0.68～0.72)，因此，本区玄武岩与原生玄武岩浆有着明显的差异，不是直接起源于地幔的原生玄武岩，而是演化岩浆(近原生岩浆成分)。

据 Green(1971)和 Binns(1970)对含地幔包体的碱性玄武岩高压试验，上地幔残余橄榄拉斑玄武岩浆的 Mg 值为 0.68～0.72，Ni 值为 290×10^{-6}，Cr 值为 380×10^{-6}；久野(1976)的原生岩浆固结指数为 40 左右。云山火山喷发盆地石帽山群中玄武岩有关参数，比原生玄武岩低，且玄武岩与流纹岩在 Ni、Cr 元素含量及固结指数均有明显的差别。故区内双峰式火山岩由同一岩浆经结晶分异而成的可能性极小，至少可以说明，分异结晶不起主导作用，可能是不同源岩浆形成的(冯宗帜等，1991)。云山火山喷发盆地双峰式火山岩中的玄武岩用单斜辉石法(Merier，1976)计算出其结晶温度为 969.9～1 155.9℃、二长温度计计算出其结晶温度为 967.7～1 240.8℃，角闪石-斜长石对 Ca 离子分配图解法计算出玄武岩结晶温度为 950～1 000℃；流纹岩用二长温度计计算出其结晶温度 973℃。用黑云母 Ann-Phl-PDoxy 三端员组分的 $Fe_3/(Fe_2+Fe_3)$、$Fe/(Fe+Mg)$ 参数，据 Wones(1965)图解法求得玄武岩 $fO_2=1\times10^8$ Pa。

云山火山喷发盆地，玄武岩 ε_{Nd}值为 3.23～6.28，大于地壳 ε_{Nd}值，表明有地幔物质参与，其 Mg 值、相容元素丰度、过渡金属元素及稀土元素特征均表明其起源于上地幔，只是玄武岩分异程度较高，是由演化岩浆形成的，经较高程度的分离结晶。用 Sm-Nd 法同位素测定数据，进行玄武岩源区物质组成及部分熔融程度模拟，其地幔物质占 50.6%～70.76%，地壳物质占 49.4%～29.21%，与原始玄武岩浆成分相比有较大的差异。用岩石中斑晶组合确定分离结晶的矿物相种类，据 Bowen 反应系列，且加入适当成分的橄榄石，利用质量平衡原理，可以模拟出原始岩浆成分、原始岩浆中稀土元素丰度及上地幔源岩的化学成分。模拟结果表明中生代原始岩浆成分及其与上地幔模型成分有较大的差异，故不可能是模拟的源区岩石完全熔融产生的玄武岩浆，其间必须经过一次选择性的部分熔融，是由 11.24%～12.99%的上地幔物质部分熔融产生的玄武岩浆分异演化形成的玄武岩。

综上所述，云山火山盆地双峰式火山岩中玄武岩与流纹岩(流纹质岩石)是不同岩浆来源形成的岩石。玄武岩 Al_2O_3 含量高，且相对于 Rb、Nb 元素来说，富集 Ba、Sr、K 等元素，Wittke 等研究认为这是交代流体交代次大陆岩石圈形成的。La/Yb 值大于 2、Zr/Ba 值大于 0.2、K_2O 值大于 2%、K_2O/TiO_2 值大于 1、大离子亲石元素富集，高场强元素(Zr、Nb、Ti)亏损，这些特征与浙东中生代玄武岩相似，是太平洋板块向欧亚大陆板块之下俯冲的结果，是处于大陆边缘靠近板块内部或板块内部靠近大陆边缘的特殊构造位置下形成的。

2)(玄武)安山岩-流纹岩双峰式组合

现以福安留洋火山盆地为例，该盆地北部留洋、龟风一带剖面上可见玄武岩、安山岩或安山岩与流纹岩火山岩直接接触，其间缺失过渡类型的英安岩。基性端元 SiO_2含量为 53.75%～58.81%，酸性端元 SiO_2含量为 73.4%，SiO_2含量间断达 14.59%，且晚期伴有潜正长斑岩、晶洞碱长花岗岩等偏碱性岩石产出。

从火山盆地安山岩及流纹质火山岩的岩石化学、微量元素、稀土元素含量可知微量元素具有相似的特点，其中不相容元素 Nb、Rb 相对富集，其他不相容元素相差不大，U、Th 元素相差较大，其稀土元素含量及其配分模式图上二者曲线较相似，安山岩 MgO 含量达 3.44%～5.03%，具微弱的 Eu 元素负异常，流纹岩具中等的 Eu 元素负异常，反映出它们可能属同源岩浆不同演化阶段的产物；同位素信息表明，它们均具有高的 $^{143}Nd/^{144}Nd$ 值(0.512 803、0.512 835)、ε_{Nd}值(1.7、2.1)、ε_{Sr}值(0.9、22.5)和较低的 $^{87}Sr/^{86}Sr$ 初始值(0.706 085、0.704 563)。说明岩浆可能来源于亏损地幔，亏损程度接近于板内、洋岛玄武岩,这一特征与稀土元素所反映的富集地幔特征相矛盾,表明早白垩世时期本区可能存在着上地幔交代作用;据 Sm-Nd 法同位素测定,其 TDM 为 481Ma,但它们的 Rb-Sr 等时线年龄为 114.4Ma,说明它们的岩浆源区物质是在 481Ma 时从地幔分异出来,114.4Ma 时喷出地表成岩定位。在 ε_{Sr}-ε_{Nd} 图解中,它们的投影点均落在第一象限,说明火山喷发处于大型破火山口湖中。据 Frey 等研究认为,原始玄武岩浆 Mg 值在 0.68～0.75 之间,而本区安山岩 Mg 值变化于 0.51～0.576 之间,说明其可能是由玄武质与流纹质岩浆混合而成。在标准化地球化学模式图中,则显示出更接近于板内花岗岩的特征,然而铌钽含量又明显低于板内花岗岩,Ba 元素负异常没有板内花岗岩那么明显。

留洋火山喷发盆地安山岩地幔物质含量较高(88.76%～87.76%),地壳物质混染较微弱,接近于原始玄武岩浆;原始岩浆成分与上地幔源岩化学成分有较大的差别,故不可能是模拟的源区岩石完全熔融产生的原始岩浆,其间必须经过一次选择性的部分熔融,是由 2.15%～2.92%的上地幔物质部分熔融产生的玄武岩浆分异演化形成的安山岩;模拟的源岩化学成分与上地幔模型比较吻合,表明该区上地幔没有发生过大的化学成分分异。

用岩石化学成分计算的 CIPW 标准矿物换算后的 Ne′、OI′、Q′,投影于 Ne′-OI′-Q 三元系等压液相线图中,求出压力大约为 90MPa,相当于 3.0km,说明其原始岩浆上升到这个深度停滞过相当长时间,作为岩浆聚集带。用模拟的原始岩浆成分计算的 CIPW 标准矿物换算后的 Ne、OI、Q,投影于 Ne-OI-Q 三元系等压液相线图中,求出压力大约为 2 400MPa,该深度相当于 79km 的尖晶石-石榴石二辉橄榄岩过渡层。此外,留洋火山喷发盆地中安山岩普遍有辉石副矿物出现,也说明其岩浆可来自上地幔。由此可见,本区安山岩起源于上地幔。虽然留洋火山喷发盆地未发现玄武岩出露,并不意味着本区地壳下部没有玄武岩存在,地球物理资料显示,本区下地壳存在数千米高密度层,推断为未喷出的玄武岩层。

上述事实表明,安山岩其岩浆来源于地幔,是由上地幔经 2.92%部分熔融形成的玄武岩浆,并与受地幔热能影响而熔融的中下地壳岩浆混合而成的,并在地壳浅部(约 3km 左右)的岩浆房中进行结晶分异,由于岩浆的结晶分异作用,导致岩浆房中的温度、压力等物理化学条件的变化,使岩浆成分发生突变,造成成分的间断,在拉张的构造环境下,岩浆沿深切的断裂上升,并喷出地表,形成了安山岩及流纹岩的双峰式组合火山岩。因此,有理由认为,本区安山岩可能是基性—酸性岩浆演化系列中的过渡性岩石,并有地壳物质的混染,属于壳幔混源型岩浆。这一新认识,为当前“区域基性和酸性岩浆不同源”的主流观点提供了新的信息。

上述认识仅据目前所获资料得出的认识,在研究中必须考虑到福建火山岩分布地域广阔,地质构造复杂,中生代时期岩浆活动频繁,岩浆来源、成因较复杂,不能仅用一种或两种岩浆模式来解释不同地区、不同时期的岩浆成因,它可能是多成因形成的。

4. 新近纪时期

这一时期福建省地壳已转为相对稳定的隆升阶段,由于地壳拉张,以致部分断裂深切,导致岩浆再次喷发,形成的火山岩主要分布于闽南沿海地区及闽西地区等地,为一套基性、超基性火山岩组合。

前已述及,新近系佛昙组玄武岩无论是闽南滨海地区,还是闽西及其他地区均含有尖晶石二辉橄榄岩包体,西带的明溪地区尚有大量石榴石二长橄榄岩包体,说明新生代玄武岩至少有两种矿物组成的地幔包体残留相,确定是上地幔的产物。不同地区佛昙组玄武岩岩石化学、微量元素及稀土元素特征有较大差异。东带闽南滨海地区佛昙组玄武岩为拉斑系列,岩石以低碱,钛、铝较高,Mg 值在 0.569～0.70 之间为特征;而闽西内陆地区佛昙组玄武岩为碱性系列,岩石以富碱、钛,贫铝,Mg 值大于 0.70 为特征。

新近系佛昙组玄武岩 $^{143}Nd/^{144}Nd$ 值较高,变化于 0.512 831～0.512 883 之间,ε_{Sr} 为 −12.8～−5.3,显示出亏损地幔的特征,与稀土元素所显示的具有 LREE 富集特征矛盾,表明新生代时期福建省境内上地幔存在着交代作用,这已由新生代玄武岩中的尖晶石二辉橄榄岩包体中的角闪石为韭闪石、具有填隙结构、单斜辉石具有特征的角闪石交代纹所证实。

包体研究结果表明，西带明溪地区石榴石二辉橄榄岩包体的矿物含量为橄榄石 69.3%、斜方辉石 6.9%、单斜辉石 11.6%、尖晶石 0.1%、石榴石 12.1%。用 Sm-Nd 法同位素测定数据进行玄武岩源区物质组成及部分熔融程度模拟，其地幔物质占 92.80%～94.15%，地壳物质占 7.20%～5.85%，接近于原始玄武岩浆。用岩石中斑晶组合确定分离结晶的矿物相种类，据 Bowen 反应系列，且加入适当成分的橄榄石，利用质量平衡原理，可以模拟出原始岩浆成分、原始岩浆中稀土元素丰度及上地幔源岩的化学成分，模拟结果表明新生代原始岩浆成分及其与上地幔模型成分有较大差异，故不可能是模拟的源区岩石完全熔融产生的玄武岩浆，其间必须经过一次选择性的部分熔融。东带的龙海牛头山地区部分熔融程度较高，是由 9.66%的上地幔物质熔融产生的玄武岩浆分异演化形成的玄武岩；西带的明溪地区部分熔融程度较低，是由 1.05%的上地幔物质部分熔融产生的玄武岩浆分异演化形成的玄武岩。模拟的二者原始岩浆中稀土元素显示出 LREE 富集的特点，La/Yb 值明显高于球粒陨石和原始地幔；模拟的源岩化学成分二者也比较接近，与上地幔模型比较吻合，说明新生代时期福建省境内上地幔没有发生过大的化学成分分异（卢清地，2000）。

（二）构造环境与演化

在里特曼-戈蒂尼指数图上，早期阶段（早侏罗世）火山岩投影点落入板内稳定构造区内：而中期（上侏罗统南园组、小溪组、下渡组）及晚期（石帽山群）火山岩投影点均落入造山带区内，且绝大多数位于日本岛弧火山岩平均成分线右侧与 C 区之间。这表明中期、晚期阶段火山岩比日本岛弧火山岩更靠近大陆一侧。K_2O-Rb 及 K_2O-La 关系图中，石帽山群、小溪组、下渡组及南园组火山岩投影点均落入活动缘区内。上述两个图解表明福建省晚侏罗世—白垩纪火山岩形成与板块俯冲作用有关。

早侏罗世阶段火山岩属于大陆拉斑玄武岩系列的双峰式火山岩组合。玄武岩在 Ti/Y-Ti 构造环境判别图中，成分点均落在板内玄武岩区，在 Ti/Y-Nb/Y 构造环境判别图中，其成分点亦落入板内玄武岩区，并主要落入拉斑玄武岩区，具有过渡型玄武岩的性质，与岩石化学所反映的特征一致。早侏罗世酸性火山岩在 Rb-(Y+Nb)及 Nb-Y 构造环境判别图中，无一例外地全部落入板内花岗岩区，与基性端员的岩石构造背景完全一致。

晚侏罗世—早白垩纪早期阶段火山岩为高钾钙碱性系列（安山岩）-英安岩-流纹岩组合或单个流纹岩组合，整体上属火山弧火山岩组合，在 Hf-Ta-Rb 和 Rb-(Yb+Ta)、Rb-(Y+Nb)、Ta-Yb、Nb-Y 构造环境差别图中，显示有火山弧兼具板块内部的特征。结合地质特征、岩石组合和同期侵入岩的构造环境，将本阶段火山岩归属火山弧构造环境。

白垩纪火山岩为高钾钙碱性系列玄武岩（安山岩）-流纹岩组合或单个流纹岩组合，在 Hf-Ta-Rb 构造环境判别图中，显示出具板块内部火山岩特征；在 Rb-(Yb+Ta)、Rb-(Y+Nb)、Ta-Yb 及 Nb-Y 构造环境差别图中，具有板内火山岩兼火山弧火山岩特征。结合地质特征、岩石组合等综合分析，将这一阶段火山岩的构造环境归为后造山伸展环境。

由上可知，中生代火山岩由早期、中期至晚期的构造环境是不同的。早期为后造山拉张环境，中期为造山挤压环境，晚期为后造山伸展环境。然而上述 3 个时期的火山活动并不是孤立的，前面章节已述及，早期、中期及晚期火山岩的特点，岩石地球化学特征等有一定的差异，同时也存在着过渡演化的趋势，表明上述 3 个不同构造岩浆活动阶段火山岩，虽然各有自身特点，但它们是具有内在联系的产物。它们是在同一大地构造背景下不同发展演化阶段形成的。早期阶段是在印支造山活动结束后，进入拉张阶段类裂谷环境下形成的双峰式火山岩；中期是在板块俯冲挤压造山环境下形成的火山岩；晚期是在板块俯冲速度减缓转为后造山伸展环境下形成的双峰式火山岩及末期 A 型碱性流纹岩、碱性花岗岩，以此表明燕山造山近程的结束。

新近纪福建地壳转为相对稳定的隆升阶段，由于地壳拉张裂谷作用，导致形成了一套拉斑系列，碱性系列的基性、超基性火山岩组合。在Nb-Y、Rb-(Y+Nb)及Ti-Zr图解中，成分点投影于板内区，见有裂谷型环境特征。

综上所述，印支造山阶段结束后，福建省地壳进入了后造山伸展环境，由于拉张断陷导致火山喷发，形成了早侏罗世双峰式火山岩，到了中—晚侏罗世，福建省地壳进入了新的发展阶段，随着太平洋板块俯冲挤压，致使福建省大陆边缘发生大规模断陷，并产生一系列北东向断裂，同时发生大规模的火山喷发，形成了分布广泛，厚度巨大的(安山岩)-英安岩-流纹岩组合的火山弧火山岩，经过强烈挤压造山火山喷发后，随板块俯冲减缓，地壳转入后造山伸展环境，形成了双峰式火山岩及A型碱性流纹岩及碱性花岗岩，以此标志燕山造山过程结束。进入新生代地壳处于隆升的伸展环境至新近纪已进入裂谷发展阶段，发生规模不大的岩浆活动，形成了拉斑系列和碱性系列的基性、超基性火山岩。以上表明，从早期亚旋回(J_1)→中期亚旋回(J_3—K_1)→晚期亚旋回(K)→新近纪，地壳由后造山拉张→挤压造山→后造山伸展→板内裂谷环境的发展演化过程。

四、火山岩岩石构造组合与成矿关系

1. 早侏罗世亚旋回双峰式火山岩与成矿

从前述章节可知，该时期双峰式组合中微量元素W、Sn、Mo、Cu、Pb、Zn的含量较高。这与已发现铜、钨、钼等矿床点是一致的。如永定山口铜钼多金属矿床、下湖铜矿点、瑶子岽锡矿化点等，均产在下侏罗统藩坑组玄武岩(安山岩)-流纹岩组合的岩石中。以此表明该时期双峰式火山活动主要与铜、钼、钨、锡等成矿关系密切。

2. 晚侏罗世—早白垩世早期亚旋回火山弧火山岩组合与成矿关系

该亚旋回南园组是铅锌、银、金、钨、铁矿的有利成矿层位。莆田银坑铅锌矿、平和长崎后铅锌矿、福清市下溪底银矿、罗桥金矿、德化雷潭金矿等都产于南园组中酸性—酸性火山岩中，矿体一般呈层状、似层状产出，产状较缓，与围岩产状一致。例如银坑铅锌矿，矿床处于北西向与东西向(环状)断裂复合部位的流纹质熔结凝灰岩夹凝灰岩、火山角砾岩中，为一中型矿床，大小矿体29个，矿体呈似层状产出，与围岩产状一致；矿石矿物为方铅矿、闪锌矿，品位中等，主要蚀变为叶蜡石化、绿泥石化、黄铁矿化和硅化，是受层位控制的火山热液矿床。本亚旋回上部的小溪组酸性火山岩常形成叶蜡石、明矾石矿床。除已探明的福州寿山、峨嵋、寿宁湖潭叶蜡石等大、中型矿床外，近些年来，还发现有众多的小型矿床、矿点。其矿石品位极好，而且其中还盛产“田黄石”“鸡血石”“冻石”等工艺美术雕刻级叶蜡石(寿山石)，具有较高的经济价值。该类矿床与沉凝灰岩、凝灰岩关系密切，例如寿宁湖潭叶蜡石矿，矿体多呈透镜状产出，受层位岩性控制明显，产状平缓，与围岩一致。可以说，本亚旋回上部的小溪组是叶蜡石、明矾石重要的成矿层位。

由上述可知本亚旋回火山弧火山岩组合形成的金属矿产主要是铅、锌、金、银矿，非金属矿产主要是明矾石、叶蜡石。

3. 白垩系石帽山群双峰式火山岩组合与成矿关系

该时期双峰式火山岩组合是铜、金、银、铅锌、铀矿及非金属矿黑耀岩、松脂岩有利层位和岩石组合。该时期岩石组合中微量元素，据1∶25万瑞金幅资料Au、Ag、Pb、Zn、Cu、U、Th元素含量高于维氏值几倍至几十倍，这与已发现的矿床点是一致的。已探明的上杭紫金山铜金矿床、武平悦洋银多金属矿床、浦城毛洋头铀矿床、上杭古石背铀矿床均产于该时期双峰式火山岩组合中。除上述金属矿床外，该时期双峰式组合中还常见有黑耀岩等，它们呈层状分布于流纹岩与熔结凝灰岩之间，或在熔结凝灰岩中，矿体与围岩产状一致。主要矿产地见有永泰云山，周宁香炉山、沙县大佑山、柘荣东山、德化石牛山等地。

4. 新近纪基性、超基性火山岩组合与成矿关系

前已述及闽西地区玄武岩以碱性系列为主，以富碱、钛，贫铝为特征，副矿物中有镁铝榴石、尖晶石、锆石等；闽南沿海玄武岩以拉斑系列为主，以低碱、钛，铝较高为特征。形成的矿产在闽南沿海主要为风化成因的三水型铝土矿，还有琥珀等；在闽西明溪地区主要形成镁铝榴石、蓝宝石矿床。由上可知，该时期基性、超基性岩形成的矿产主要是三水型铝土矿、镁铝榴石、蓝宝石矿。部分岩石可作饰面板材。

第三节　侵入岩岩石构造组合

在东南沿海岩浆岩带中，福建省是侵入岩分布最广泛的省份之一，出露面积达 42 317km^2，占福建省陆地面积的 34.8%。其岩浆侵入活动起始于元古宙，各构造期均伴有规模不等的岩浆侵入活动，岩石类型齐全，超基性—基性—中性—中酸性—酸性—碱性均有发育。

一、侵入岩时空分布

福建省经历了多旋回、多阶段的岩浆侵入活动，主要的岩浆侵入活动时期有新元古代、志留纪、中三叠世、早侏罗世、晚侏罗世、早白垩世、晚白垩世及新近纪(表 4-6)。

(一)新元古代侵入岩

该时期侵入活动较弱，形成的侵入体规模较小，多呈岩瘤、岩枝产生，零星分布于政和-大埔断裂带以西地区的闽西岩浆岩亚带内，主要岩石类型为石英闪长岩-英云闪长岩、(辉石)橄榄岩-辉长岩、二长花岗岩、正长花岗岩。

岩体侵入元古宙变质地层中，岩石均已遭受区域变质作用，以发育片麻状构造为特征。上坪英云闪长岩锆石 Pb-Pb 年龄为 1 714Ma(陈觉民等，1992)；包处橄榄岩 Sm-Nd 年龄为 1 566.9Ma；在二长花岗岩中，小串岩体锆石 U-Pb 年龄为 906Ma(傅树超等，1994)，裴中、杉坊岩体锆石 Pb-Pb 年龄分别为 796Ma、865Ma(李水龙，1994)。

(二)志留纪侵入岩

志留纪岩浆侵入活动较为强烈，以酸性岩类为主，占福建省侵入岩面积的 12%，形成的侵入岩呈岩瘤、岩株、岩基产生，主要分布于政和-大埔断裂带以西的闽西岩浆岩亚带内，闽东亚带仅于戴云山地区零星可见。该时期岩体总体呈北东向带状展布，形成了东、西两条北东向展布的岩段，西岩段自浦城九牧向南西经武夷山、顺昌、泰宁、宁化至武平、桂坑，构成了崇安-宁化岩段；东岩段自建瓯大庙向南西经来舟、沙县、三明至永定西溪，构成了松溪-上杭岩段。该时期形成的侵入岩自早至晚主要有石英闪长岩、石英二长闪长岩-石英二长岩、花岗闪长岩、二长花岗岩及正长花岗岩。

岩体侵入元古宙、早古生代变质地层中，被上石炭统经畲组角度不整合覆盖。在石英闪长岩中，郑坊岩体锆石 U-Pb 年龄为 428.2Ma，泰宁、李家坊岩体 K-Ar 年龄分别为 402Ma、405Ma；大燮花岗闪长岩锆石 U-Pb 年龄为 440.8Ma；在二长花岗岩中，西溪岩体锆石 Pb-Pb 年龄为 395Ma，西芹、岭头、真峰顶岩体锆石 U-Pb 年龄分别为 399.1±1.6Ma、422.3±1.9Ma、411.5±0.5Ma，国宝、大庙岩体 Rb-Sr

表 4-6　福建省侵入岩划分时序表

构造岩浆旋回		代	纪	世	岩石类型	构造岩石组合类型		同位素年龄(Ma)	构造岩浆岩亚带		构造环境
旋回	阶段										
新生代旋回		新生代	新近纪		辉绿岩	基性侵入岩组合		12、56	闽西	闽东	板内裂谷
					(橄榄)辉长岩				闽西	闽东	
晚三叠世—白垩纪旋回	晚白垩世岩浆活动阶段	中生代	白垩纪	晚白垩世(K_2)	石英闪长斑岩、花岗闪长斑岩、石英二长斑岩、二长花岗斑岩、花岗斑岩、碱长花岗斑岩、石英正长斑岩等	花岗闪长质-碱长花岗质斑岩组合		91.8、77.8、75.4、68.5、59.0	闽西	闽东	后造山
					晶洞碱性花岗岩	过碱性—碱性花岗岩组合		92.0、69.0、93.1、90.6、93.9、91.3、98.3、99.0、107.3	—	闽东	
					晶洞碱长花岗岩				闽西	闽东	
	早白垩世岩浆活动阶段			早白垩世(K_1)	正长花岗岩	钙碱性侵入岩组合		114、119.9、112.4、118、120.5、120、123、122、124.3、124、130、128、131.0、134.0、134.8、139.4	闽南	闽东	
					二长花岗岩				闽西	闽东	
					石英二长岩-石英正长岩				闽西	闽东	
					辉石闪长岩-石英二长闪长岩-花岗闪长岩				闽西	闽东	
					辉长岩				—	闽东	
					斜辉橄榄岩				—	闽东	
	晚侏罗世岩浆活动阶段		侏罗纪	晚侏罗世(J_3)	正长花岗岩	花岗岩组合(内带)	花岗闪长岩-花岗岩组合(主带)	138、142、143.3、145、148、148.7、151、150.5、152.2、155、154、157、158.8、159、159.5	闽西	闽东	后碰撞
					二长花岗岩				闽西	闽东	
					石英二长岩				闽西	—	
					花岗闪长岩				—	闽东	
					(石英)闪长岩-石英二长闪长岩				闽西	闽东	
				早侏罗世(J_1)	正长花岗岩	钙碱性侵入岩组合		179.4、177、178.85、180、182、183.2、182.9、191、204.1、162.02	闽西	—	后造山
					二长花岗岩				闽西	—	
					花岗闪长岩				闽西	—	
					辉石闪长岩-辉石二长闪长岩				闽西	—	
南华纪—中三叠世旋回	中三叠世岩浆活动阶段		三叠纪	中三叠世(T_2)	正长岩	花岗岩组合	钾质花岗岩组合	220、223、230、230、236.3、238、246、248	—	闽东	后碰撞
					石英二长岩				—	闽东	
					正长花岗岩				闽西	—	
					二长花岗岩				闽西	闽东	
					石英闪长岩-石英二长闪长岩-花岗闪长岩				闽西	闽东	
	志留纪岩浆活动阶段	早古生代	志留纪		二云母正长花岗岩	强过铝花岗岩组合		413.6、418、410.3、411.5、425、412、414、419、422、436、440.8	闽西	—	
					(白云母)二长花岗岩				闽西	闽东	
					花岗闪长岩				闽西	闽东	
					石英二长闪长岩-石英二长岩				闽西	闽东	
					石英闪长岩				闽西	—	
前南华纪旋回	新元古代岩浆活动阶段	新元古代			二长花岗岩-正长花岗岩	基性、超基性—酸性杂岩组合		796、865、906、1 566.9、1 714	闽西	—	古裂谷、古大陆形成
					(辉石)橄榄岩、(方辉)橄榄岩、辉长岩				闽西		
					石英闪长岩-英云闪长岩				闽西		

年龄分别为418Ma、410.3 Ma；在二云母正长花岗岩中，泰宁长兴岩体K-Ar年龄为410.8Ma、国母洋岩体锆石U-Pb年龄为419.8Ma（黄泉祯等，1998）、湖源岩体K-Ar年龄为412.2Ma。

需要指出的是，在政和-大埔断裂带及其西侧石英闪长岩，经岩石化学成分甄别有TTG岩类。如政和熊山杂岩体中石英闪长岩岩石化学成分在O'Conner(1965)An-Ab-Or标准矿物分类图上为英云闪长岩；顺昌郑坊、沙县夏茂石英闪长岩体中包括花岗闪长岩、英云闪长岩。

（三）中三叠世侵入岩

该时期侵入活动较志留纪弱，以酸性岩浆侵入活动为主，出露面积占福建省侵入岩面积的4.3%，侵入活动虽较弱，但形成的岩体规模较大，多呈岩基或岩株产出，少数为岩瘤。主要分布于政和-大埔断裂带以西的闽西岩浆岩亚带内，并呈狭长带状断续分布于浦城、南平、沙县、清流廖武坪、武平桃溪一线。而政和-大埔断裂带以东仅于戴云山地区的德化桂洋、上涌、尤溪东华及屏南洋地、康里零星分布。该时期形成的侵入岩主要有石英闪长岩-石英二长闪长岩-花岗闪长岩、二长花岗岩、正长花岗岩及石英二长岩、正长岩。石英闪长岩、石英二长闪长岩、花岗闪长岩三者常紧密伴生，有时也独立产出。

岩体侵入下三叠统溪口组、中二叠统童子岩组或更老的地层，而被上三叠统文宾山组、焦坑组、下侏罗统梨山组角度不整合覆盖。屏南后章石英闪长岩K-Ar年龄为238Ma，浦城花岗闪长岩Rb-Sr年龄为246Ma；在二长花岗岩中，月邦岩体Sm-Nd年龄为230Ma，桂洋岩体Rb-Sr年龄为223Ma；在正长花岗岩中，长汀山阳、沙县澄江楼岩体锆石U-Pb年龄分别为220Ma、220Ma；屏南泮地正长花岗岩的角闪石K-Ar年龄为250.3Ma。

（四）早侏罗世侵入岩

该时期侵入岩主要分布于政和-大埔断裂带以西地区的闽西岩浆亚带内，见于光泽、大银厂、三明新街、中村、尤溪管前、大田汤泉、武平、永定峰市等地，出露面积占福建省侵入岩总面积的5.5%，表明岩浆侵入强度较弱，但形成岩体规模较大，尤其酸性岩类，多呈岩基、岩株产出，个别呈岩瘤产出。自早至晚形成岩石类型有辉石闪长岩-辉石二长闪长岩、花岗闪长岩、二长花岗岩及正长花岗岩。

岩体侵入下侏罗统梨山组、下村组、晚古生代地层及更老地层，被上侏罗统长林组、南园组角度不整合覆盖。太拔岩体辉石闪长岩Rb-Sr年龄为204.1Ma、辉石二长闪长岩锆石U-Pb年龄为177Ma（黄泉祯等，1998）；汤泉花岗闪长岩锆石U-Pb年龄为182.9Ma（毛建仁等，2003）、Rb-Sr年龄为162.02Ma（毛建仁等，2003）；峰市二长花岗岩Rb-Sr年龄为183.2Ma；在正长花岗岩中，永定岩体Rb-Sr年龄为178.85Ma，清流坪山岩体黑云母K-Ar年龄为164.5Ma，光泽大银厂岩体Rb-Sr年龄为182.9Ma。

（五）晚侏罗世侵入岩

该时期是福建省岩浆侵入活动最强盛时期，形成的侵入岩分布广泛，出露面积达18 843km^2，均占福建省侵入岩总面积的44.5%。岩体不仅规模大，且数量多，一般呈岩基、岩株产出，极少数呈岩瘤出现，岩体长轴多呈北东向，形成北东向平行海岸线展布的侵入岩带，为东南沿海岩浆岩带的主体。据岩石空间分布特征，大致以政和-大埔断裂带为界分东、西两个岩带。西岩带为闽西岩浆岩亚带，以二长花岗岩和正长花岗岩为主体，较缺乏（石英）闪长岩、花岗闪长岩等中—中酸性岩类。东岩带为闽东岩浆岩亚带，以发育中酸性—酸性岩类为特征，且在平潭至诏安沿海地带还分布有具片麻状构造的花岗岩，该时期岩石类型发育较全，自早至晚形成有（石英）闪长岩、石英二长闪长岩、花岗闪长岩、石英二长岩、二长花岗岩及正长花岗岩。

岩体侵入上侏罗统南园组、下侏罗统梨山组及更老地层，而被下白垩统黄坑组、寨下组角度不整合覆盖。宁德九曲岭石英闪长岩 Rb-Sr 年龄为 148.76Ma，尤溪梁坑石英二长闪长岩锆石 U-Pb 年龄为 158.8Ma；在花岗闪长岩中，平和双峰岩体黑云母 K-Ar 年龄为 145.3Ma，福安岩体 Rb-Sr 年龄为 152.2Ma；在石英二长岩中，松溪郑墩岩体 K-Ar 年龄为 162.3Ma，上杭上都岩体锆石 U-Pb 年龄为 143.8Ma；在二长花岗岩中，才溪岩体锆石 SHRIMP 年龄为 150±3Ma（赵希林等，2007）、锆石 U-Pb 年龄为 148.1Ma，永兴岩体锆石 U-Pb 年龄为 148Ma，回瑶、白水岩体 Rb-Sr 年龄分别为 159Ma、148Ma；在正长花岗岩中，将乐上地 Rb-Sr 年龄为 141Ma、上杭迳美岩体锆石 LA-ICP-MS U-Pb 年龄为 157.9Ma（肖爱芳等，2012），尤溪角山、诏安龙伞岽岩体锆石 U-Pb 年龄分别为 152.2Ma、137Ma，华安洋竹径岩体锆石 SHRIMP 年龄为 140.3Ma（李真等，2008）。

需要指出的是，在平潭-东山构造岩浆带中的花岗闪长岩类，经岩石化学甄别有 TTG 岩类，如福清官下花岗闪长岩体包括花岗闪长岩、英云闪长岩、奥长花岗岩。

（六）早白垩世侵入岩

早白垩世岩浆活动仍较强烈，侵入岩分布面积仅次于晚侏罗世，总面积 11 410.8km^2，占福建省侵入岩总面积的 26.96%，以中酸性、酸性岩类较发育，中、基性岩类少量，并发育有碱性岩类。主要分布于政和-大埔断裂带以东的闽东岩浆岩亚带内，政和-大埔断裂带以西的闽西岩浆岩亚带，分布较零散。比较醒目的是福鼎大姥山—福州魁岐—漳浦金刚山—云霄乌山形成北北东向晶洞碱（长）性花岗岩带，而超基性、基性岩则集中分布于沿海地带，组成沿海北东向超基性—基性岩带。按侵入接触关系，同位素年龄，形成先后顺序，自老至新有斜辉橄榄岩、辉长岩、辉石闪长岩-石英二长闪长岩-花岗闪长岩、石英二长岩-（石英）正长岩、二长花岗岩、正长花岗岩、晶洞碱长花岗岩、晶洞碱性花岗岩等岩石类型。

岩体侵入下白垩统石帽山群、小溪组、上侏罗统南园组及更老地层。花厝辉长岩中钙镁角闪石 ^{40}Ar-^{39}Ar 年龄为 129.62Ma；在花岗闪长岩中，长降岩体锆石 U-Pb 年龄为 112.4Ma，钟腾岩体 Rb-Sr 年龄为 123Ma；在二长花岗岩中，金山岩体锆石 SHRIMP 年龄为 105.1±0.8Ma、Rb-Sr 年龄为 120Ma，平潭敖东岩体锆石 U-Pb 年龄为 124.7Ma，周宁岩体 Rb-Sr 年龄为 120Ma；在正长花岗岩中，上杭溪口岩体锆石 U-Pb 年龄为 134.8Ma，永泰、新县、斜滩岩体 K-Ar 年龄分别为 122.5Ma、90.5Ma、99.4Ma；在晶洞碱长花岗岩中，福鼎石牌、青屿、霞浦三沙、闾峡岩体锆石 SHRIMP 年龄分别为 96.1Ma、93.1Ma、91.5Ma（邱检生等，2008）、93.8Ma，金刚山岩体 Rb-Sr 年龄为 103.7Ma；魁岐晶洞碱性花岗岩 Rb-Sr 年龄为 91.3Ma、99.0Ma。

（七）晚白垩世侵入岩

福建省中生代岩浆侵入活动从早侏罗世开始，晚侏罗世达到鼎盛，早白垩世有所减弱，到晚白垩世侵入活动已接近尾声，形成侵入岩规模小，多呈浅成、超浅成斑岩出现，通常呈岩瘤、岩墙、岩脉产出，沿断裂带分布，散布于福建省各地。岩类较多，中性—中酸性—酸性—碱性岩类均有，为了便于描述，将其归为花岗闪长质-碱长花岗质斑岩类。一般中性—中酸性斑（玢）岩分布零星，酸性—碱性斑岩多成群成带分布。

该期花岗闪长质-碱长花岗质斑岩类侵入于下白垩统石帽山群、上白垩统赤石群，少数斑岩体获得的 K-Ar 同位素年龄值在 68～91.8Ma 之间。

（八）新近纪侵入岩

该时期岩浆侵入活动微弱，岩体规模小，呈岩瘤、岩脉产出，星散地分布于各地，出露面积仅为 21.8km^2，占福建省侵入岩面积的 0.054%。主要岩类有橄榄辉长岩、辉长岩、辉绿岩等。

该时期岩体侵入于下白垩统石帽山群，获得的K-Ar同位素年龄有56Ma、12Ma，同期喷出的玄武岩K-Ar年龄多数在28.6～1.5Ma之间。

二、岩石构造组合划分及其特征

依据《成矿地质背景技术要求》，福建省侵入岩划分有前南华纪古岩浆弧基性、超基性—酸性杂岩组合、志留纪同碰撞强过铝花岗岩组合、中三叠世后碰撞花岗岩组合及钾质花岗岩组合、早侏罗世后造山钙碱性侵入岩组合、晚侏罗世后碰撞花岗闪长岩-花岗岩组合（主带）和花岗岩组合（内带）、早白垩世后造山钙碱性侵入岩组合及过碱性—碱性花岗岩组合、晚白垩世后造山花岗闪长质-碱长花岗质斑岩组合、新近纪板内裂谷基性侵入岩组合等11种岩石构造组合（表4-6）。

（一）前南华纪古岩浆弧基性、超基性—酸性杂岩组合

该时期岩浆侵入活动规模小，形成的石英闪长岩-英云闪长岩、（辉石）橄榄岩、二长花岗岩-正长花岗岩岩瘤、岩枝，构成了基性、超基性—酸性杂岩组合。岩石均已遭受区域变质作用，以具片麻状构造为特征。

1. 石英闪长岩-英云闪长岩

该岩石单元有建宁上坪、上堡、泰楼山、友兰坑等岩瘤、岩枝，以上坪岩体为代表。该岩体边缘为石英闪长岩，内部为英云闪长岩。岩石具片麻状、眼球状构造，变余柱状、斑状、鳞片花岗变晶结构。石英闪长岩由斜长石（65%～70%）、石英（10%）、黑云母（10%～15%）、普通角闪石（5%～10%）组成；而英云闪长岩中普通角闪石消失，石英含量增高到20%～25%，斜长石和黑云母与前者含量相当。上述两岩石中斜长石均为中长石、双晶纹普遍弯曲，少数具不清晰的环带构造，石英则成透镜状、扁豆状集合体定向分布的他形粒状复晶集合体。

岩石化学成分属次铝—过铝钙碱性岩，碱指数小于0.9。微量元素Cr、Ni、Co、V和Cu、Pb、Zn、Ag等含量较高，石英闪长岩Pb元素含量高出维氏值10倍以上。稀土总量中等，轻稀土较为富集，δEu值为0.85～0.92，稀土配分模式为向右倾斜型。副矿物总量高、种类少，磁铁矿或自然铁含量较高，较富含黄铁矿，并伴有黄金。锆石为复四方晶类，属壳幔混合源岩浆。

2. 橄榄岩

该岩石单元岩性有橄榄岩、辉石橄榄岩、方辉橄榄岩、斜辉橄榄岩、二辉橄榄岩、角闪石岩、辉长岩等。岩体规模小，主要有包处、煤山、王母山、长城、熊山、吴中、北坜、黄源等岩体。岩体相带不发育，有的可见岩体中心为超基性岩，边缘相为基性岩。

岩石呈深灰绿色、灰色，自变质强烈，普遍蛇纹石化，岩体中心多蚀变为蛇纹岩，边部出现透闪石化、滑石化而变为透闪石岩、滑石岩等。岩石化学成分SiO_2（40.55%～42.07%），属超基性岩，为次铝钙碱性岩；稀土总量低，La/Yb比值为9.18，属轻稀土富集型，稀土配分模式为向右缓倾斜曲线，无Eu元素负异常。副矿物总量高，除磁铁矿含量高外，还有少量硫化矿物如闪锌矿、方铅矿、黄铁矿，并含有少量黄金等。

3. 二长花岗岩

该岩石单元岩体规模不大，主要有浦城小串、杉坊、建阳裴中、上杭梅坝、武平象洞等岩体。岩体围岩主要为元古宙变质岩，其中含有较多不规则状变粒岩或其他变质岩捕虏体，岩体均遭受不同程度的糜

棱岩化，发育有与围岩片理产状相近的片麻理。

岩石为灰白色黑云母二长花岗岩，具片麻状构造，变余似斑状细中粒结构、原生碎裂结构等。钾长石斑晶含量为15%～40%，粒径为0.5～1.2cm。基质中钾长石(33%)、斜长石(30%)、石英(30%)、黑云母(7%)。斑晶和基质中钾长石均为最大微钾长石，格子双晶发育。基质斜长石为更长石，An 28，聚片双晶发育。石英变晶集合体呈扁豆状定向分布。在变形较强的岩石中，钾长石斑晶碎裂成重结晶糜棱质粒集合体，呈眼球状或呈“δ”形产出。

该岩石单元属过铝钙碱性岩，岩石化学成分 SiO_2 为71.55%，碱总量为8.03%。与华南二长花岗岩相比，具高硅富碱特点，碱质成分中富含钾质成分。稀土总量较高，属轻稀土富集型，稀土配分曲线为向右倾斜“V”形，Eu 元素负异常明显，反映分离结晶作用强的特点。副矿物总量低、种类少，以独居石、磷灰石、电气石含量较高为特征。锆石以复四晶类为主，在锆石类型演化趋势图上投影在壳源区。

4. 正长花岗岩

一般与二长花岗岩相伴出现，岩体规模不大，仅有上杭茶地、古炉等少数岩体，岩体围岩为元古宙变质岩，其中含有较多椭圆状、扁豆状黑云斜长变粒岩捕虏体。岩石遭受较强的糜棱岩化，岩石变形程度高，片麻理发育，侵位较深，为中浅剥蚀。

岩石为片麻状黑云母正长花岗岩，呈浅肉红色，具片麻状、眼球状构造、似斑状中粒花岗结构。钾长石斑晶含量为15%～25%，粒径为1.5～2.5cm，多呈眼球状，少数呈宽板状。基质矿物成分为钾长石(46%)、斜长石(23.5%)、石英(25%)及黑云母(5.5%)。斑晶和基质中钾长石为低微斜长石和最大微斜长石，格子双晶发育。斜长石多呈柱粒状、板状，普遍具有不连续的正环带，钠长石双晶呈细密状，常碎裂或碎粒化，An 30 或小于 30，为中长石—更长石。石英明显呈条带状的复晶集合体。黑云母片状晶受扭力作用呈透镜状或“S”形集中分布。

本岩石属过铝钙碱性岩，岩石化学成分为 SiO_2 72.42%、Na_2O 2.68%、K_2O .39%，Na_2O/K_2O 比值为0.5、A/CNK 值大于1.05。稀土总量较高，属轻稀土富集型，稀土配分模式为右倾的“V”形曲线。副矿物总量高、种类多，富含磁铁矿，以独居石、褐帘石、磷钇矿、磷灰石含量高为特色，含少量石榴子石和刚玉。锆石以复四方晶类为主，次为四方晶类，标型特征属壳源型。

综上所述，该时期岩浆侵入活动弱，侵入体分布零散，基性、超基性、中性、中酸性、酸性岩均有发育。岩石以具片麻状构造为特征，属次铝—过铝钙碱性岩石，具深成侵位、中等剥蚀特征。它们与变质岩关系密切，外观具变质岩面貌，是通过原岩恢复圈定的侵入岩。该岩石组合与蛇纹石、菱镁矿、滑石矿及硫化矿物金铜矿有关，三母山金铜矿床与该岩石构造组合密切相关。

(二)志留纪同碰撞强过铝花岗岩组合

该时期岩浆侵入活动较强烈，以酸性岩最发育，岩石类型有石英闪长岩、石英二长闪长岩、花岗闪长岩、二长花岗岩、二云母正长花岗岩等，构成了强过铝花岗岩岩石构造组合。岩石以具片麻状构造、含白云母为特征。

在政和-大埔构造带及其西侧，政和熊山(车站)的石英闪长岩岩体、顺昌郑坊、沙县夏茂石英闪长岩岩体的岩石化学成分投图结果为花岗闪长岩、英云闪长岩，属 TTG 岩类。因此，政和-大埔构造带西侧有“俯冲期岩浆杂岩亚相(S)”的侵入岩，为俯冲构造环境。

1. 石英闪长岩

该岩石单元主要有沙县夏茂、顺昌郑坊、泰宁、李家坊、政和熊山(车站)、上杭上马坑等岩体，其中常见有椭圆状、扁豆状闪长质包体，并含少量变粒岩捕虏体，具有侵位较深、剥蚀较浅的特点。

石英闪长岩呈灰色，具细粒、中细粒结构，发育片麻状构造。由斜长石(66.03%～57.18%)、石英

(5.99%～7.58%)、普通角闪石(18.66%～21.86%)、黑云母(9.32%～13.38%)组成。斜长石具卡钠、钠长双晶 An 35～40,属中长石,个别岩体含少量斜长石斑晶及少量白云母。

岩石化学成分 SiO_2 60.84%～58.32%,总碱量为 5.42%～5.53%,A·R 1.79～1.57,属次铝钙碱性岩,其中标准矿物透辉石含量高。沙县夏茂、顺昌郑坊、政和熊山(车站)的岩石化学成分具 TTG 岩类的特征,包括有花岗闪长岩、英云闪长岩。

微量元素 Cr、Ni、Co、V 及 Ag、Bi 含量较维氏中性岩高,Rb/Sr 比值为 0.22～0.14,K/Rb 比值为 531～536。稀土元素总量各地不一,夏茂岩体为(133.47～172.36)$\times 10^{-6}$,LREE/HREE 为 8.03～9.02,δEu 值为 1.13～1.04,La/Yb 值为 9.96～10.78,稀土配分模式为向右缓倾斜曲线。副矿物总量低、种类少,以钛铁矿含量低为特色。夏茂岩体锆石以复四方晶类为主,标型特征为壳幔混合型。据单矿物化学分析,锆石 ZrO_2/HfO_2值为 89.04,磁铁矿 TiO_2/TFe 比值(0.13)较高,属下地壳部分熔融的岩浆产物。

2. 石英二长闪长岩-石英二长岩

该岩石单元仅见浦洋格一岩体,出露面积 13.5km^2,呈北东东向展布,岩体边缘多为石英二长闪长岩,往中心为石英二长岩。岩体侵入元古宙变质岩,围岩具绿泥石化、硅化等。含有较多长条状、椭圆状闪长质包体和黑云斜长变粒岩捕虏体,具中深侵位、浅剥蚀特点。

岩石呈灰色、浅灰红色,似斑状中细粒结构。钾长石斑晶含量为 3%～5%,粒径为 0.5～1cm。基质矿物成分钾长石含量为 10%～35%,斜长石含量为 40%～55%,普通角闪石含量为 10%～12%,黑云母含量为 2%～5%,石英含量为 10%～15%。斑晶和基质钾长石均为最大微斜长石,在石英二长岩中还发育卡氏、格子双晶及环带构造;基质斜长石为中长石,An 31～32,发育卡钠、钠长双晶;石英破碎重结晶为拉长状细小变晶集合体。

岩石化学成分 SiO_2 64.91%～65.25%,碱总量为 7.34%～7.44%,A/CNK 值为 0.85～0.90,属次铝钙碱性岩。微量元素 Cr、Ni、Co 较维氏中性岩低,Rb/Sr 为 0.17,K/Rb 为 4.04～5.89。稀土总量为(172.32～176.76)$\times 10^{-6}$,LREE/HREE 值为 4.47～5.01,La/Yb 值为 12.17～12.53,δEu 值为 0.72～0.78,稀土配分模式为右倾斜曲线。副矿物总量低、种类少,磁铁矿含量较高,锆石为复四方晶类,标型特征为壳幔混合型。

3. 花岗闪长岩

岩体规模小,主要有永定光坑、蛟湖里及上杭大燮等岩体,现以研究较多的光坑岩体为例叙述。该岩体面积 1.3km^2,呈北东向条带状展布,其中片麻状叶理发育,含有较多椭圆状、片麻状闪长质包体,为中深侵入体,具中等剥蚀。

岩石呈浅灰色,具片麻构造,似斑状中细粒花岗岩结构。钾长石斑晶含量为 3%～5%,粒径 0.6～0.8cm,基质矿物成分钾长石含量为 21.87%,斜长石含量为 43.76%,石英含量为 26.24%,黑云母含量为 7.01%,普通角闪石含量为 0.04%,矿物粒径为 1～3.5mm。斑晶和基质钾长石均为中正微长石,具卡氏双晶,偶见格子双晶。斜长石为中长石,An 35。石英他形粒状充填于早晶矿物间隙中,强烈波状、带状、斑块状消光,呈拉长变晶集合体定向分布。

岩石化学成分 SiO_2为 66.75%,碱总量为 7.20%,A·R 值为 2.07,A/CNK 值为 0.97,属过铝钙碱性岩。微量元素 Co、V 和 Ba、W、Mo、Bi、Cu、Zr、Th 等含量较维氏酸性岩高,Rb/Sr 为 0.86,K/Rb 为 164。稀土元素总量较高,属轻稀土富集型,具弱 Eu 元素负异常,稀土配分模式向右倾斜曲线。副矿物总量较高、种类较少,以钛铁矿含量高,富含褐帘石、黄铁矿和绿帘石等特色。锆石为复四方晶类,标型特征为壳幔混合型,单矿物分析 ZrO_2/HfO_2为 66.55,UO_2/ThO_2为 2.011,具富锆、富铀特点。

4. 二长花岗岩

该岩石单元在志留纪侵入岩中分布最广,岩体规模最大,主要有浦城九牧、建阳竹洲、泰宁新桥、宁化、莒上、武平桂坑、沙县新坊、尤溪岭头、三明中村、德化国宝、永定西溪、合溪等岩体，呈长条形、椭圆形和不规则状产出。岩性单一，结构相带较明显，其中常可见片岩、变粒岩等捕虏体或残留体。岩石变形程度相对较强，斑晶及基质矿物定向排列，构成片麻状构造，具有中深侵位、中等剥蚀特点。

岩石呈浅灰色—灰白色，具片麻状构造，似斑状中细粒—中粒—中粗粒花岗结构，从岩体边缘到中心发育中细粒—中粒—中粗粒岩相带，随着似斑晶含量增多，晶体也增大(1cm×1.5cm～2cm×5cm 变化)。斑晶成分为钾长石(3%～16.8%)。基质矿物成分为钾长石(30%～33%)、斜长石(34%～36%)、石英(26%～28%)、黑云母(5%～8%)，还见有少许白云母及角闪石。其中钾长石为低正微长石、中正微长石，斜长石为中长石，石英破碎重结晶形成拉长定向排列的复晶集合体。合溪、国宝等岩体对钾长石、黑云母、白云母做了单矿物化学分析，钾长石端员成分为 Or(72.90～83.62)、Ab(15.68～26.96)、An(0.13～2.35)，属正长石；黑云母属铁质黑云母(M'=29%～33%)；郭寨山等对宁化、中村、竹洲等岩体的白云母光性、化学成分、X 光衍射、劳埃照相、差热红外光谱等测试，认为属于较少蚀变的正常岩浆成因白云母。实际矿物在 Q-A-P 分类图中，投影于二长花岗岩区。

岩石化学成分平均为 SiO_2 70.39%、碱总量为 7.3%、Na_2O/K_2O 比值为 0.47，A·R 值为 1.87，A/CNK 值为 1.07，属过铝钙碱性岩。微量元素 Cr、Ni、Co、V、Cu、Pb、Zn、Ag、Zr、Nb、Mo、Th 等元素含量较维氏酸性岩高，Rb/Sr 为 0.65～1.06，K/Rb 为 199～297。稀土总量较高，为轻稀土富集型，稀土配分模式为向右倾斜"L"形曲线，Eu 元素负异常较明显。副矿物总量高、种类多，锆石以复四方晶类为主，在锆类型趋势图中主要属壳源型。

5. 二云母正长花岗岩

该岩石单元主要岩体有建阳回潭、邵武东堡、泰宁上青、将乐里台、宝台、建瓯徐墩、大田岭兜、沙县湖源、明溪国母洋、龙岩小溪、永定金寨、金沙等。呈椭圆形、长条形北东向展布，部分呈南北向。岩体中常见有大小不一团块状似脉状伟晶岩，岩石以发育叶理构造、含白云母为特征，具有中深成侵位、中浅剥蚀特点。

岩石呈灰白色或浅灰红色，具片麻状构造，似斑状细粒、中细粒、中粒花岗结构。岩体自边缘向中心发育细粒→中细粒→中粒花岗结构，钾长石斑晶(20%～30%)也依次增多、变粗；基质粒度也由 1～3mm 增大到 3～5mm。基质矿物成分钾长石含量为 45.4%～47.23%、斜长石含量为 20.58%～22.23%、石英含量为 24.79%～29.33%、黑云母含量为 2.64%～5.13%、白云母含量为0.52%～1.96%。斑晶和基质钾长石均为最大微斜长石，具卡氏双晶和格子双晶。斜长石为更长石，An 28，发育聚片双晶，少数见环带构造。石英他形粒状，碎裂、波状消光，多为重结晶集合体，呈条带状、拉长定向排列。黑云母、白云母多呈细片状定向分布。部分岩体的钾长石、黑云母、白云母做过化学分析，钾长石端员成分为 Or(72.54～78.70)、Ab(20.41～26.60)、An(0.46～1.50)，属正长石，K/Rb 为 176～192；黑云母为铁质黑云母；白云母化学成分成果较多，通过 Ti-Mg-Na 和 TiO_2-Fe_2O_3-MgO 图解及各种特征数据分析，属正常岩浆成因白云母。

岩石化学成分较为富硅、富碱，属铝过饱和钙碱性岩。微量元素 Cr、Ni、V 和 Sn、Bi、Pb、Zn、Cu 及 Rb、U、Th 等元素含量较维氏酸性岩高，Rb/Sr 为 2.10～3.83。稀土总量较低，属轻稀土富集型，稀土配分模式向右倾斜"L"形曲线，Eu 元素负异常较明显。副矿物种类较多、总量较低，以含白钛石、锐钛矿、钛铁矿、金红石等含钛矿物及独居石、石榴石含量较高为特征，锆石以复四方晶类为主，在锆石类型演化趋势图中投影在壳源区。

综上所述，该时期侵入岩具有中深成侵位、中等剥蚀特点，以具片麻状构造、含白云母为特征。由中性、中酸性、酸性岩组成，以酸性岩为主的过铝—强过铝钙碱性系列岩石。常见石英闪长岩-石英二长闪长岩-花岗闪长岩及二长花岗岩-正长花岗岩组合，归属同碰撞强过铝花岗岩岩石构造组合。与本岩石构造组合有关矿产主要有铅锌多金属矿床。

（三）中三叠世后碰撞花岗岩及钾质花岗岩组合

该时期岩浆活动相对较弱，形成的岩体主要分布于闽西岩浆岩亚带内，呈带状展布，自北向南主要有浦城吴东山、清流廖武平、连城宣和、长汀山阳。在闽东岩浆岩亚带分布零星，主要见于德化桂洋、安村、上涌及屏南洋地等地。以酸性岩为主体，岩石以发育弱片麻状构造为特征。主要岩石类型：闽西岩浆岩亚带主要为石英闪长岩-石英二长闪长岩-花岗闪长岩、二长花岗岩、正长花岗岩，形成了由中酸性—酸性岩浆演化序列，构成了钙碱性花岗岩岩石构造组合；闽东岩浆岩亚带虽分布较零星，但岩石类型发育较全，晚期还出现碱性岩石，自早至晚形成有石英闪长岩、石英二长闪长岩、花岗闪长岩、二长花岗岩及石英二长岩、正长岩，形成了中酸性—酸性—碱性岩浆演化序列，归为钾质花岗岩岩石构造组合。

1. 石英闪长岩-石英二长闪长岩-花岗闪长岩

上述岩石紧密共生于一地，有时也独立产出。形成岩体规模较大，呈岩基、岩株产出，主要有闽西亚带的浦城吴东山、建阳陈地、南平下元、捕虎尖等地。以本亚带东北端的吴东山岩石类型发育较全，具代表性。该岩体自边缘往中心发育有石英闪长岩、石英二长闪长岩、花岗闪长岩，其中叶理构造发育。属中深侵位、中等剥蚀岩体。

岩石呈灰色、深灰色，具弱片麻状构造，似斑状细粒、中细粒、中粗粒花岗结构，自岩体边部石英闪长岩到中心花岗闪长岩，矿物粒度由细粒—中细粒—中粗粒变化，似斑晶也随之增多（10%～20%或多于50%）、增大，至中心出现巨斑晶。斑晶成分为自形—半自形中正微长石。自早至晚基质成分依次：钾长石含量为 17.50%→19.67%→21.80%，斜长石含量为 67.50%→52.93%→38.90%，石英含量为 8.80%→18.95%→32.50%，黑云母含量为 5.2%→8.35%→6.7%，偶见角闪石。斜长石均为中长石，An 34～39，发育钠长双晶、卡钠复合双晶，花岗闪长岩仅见钠长双晶。钾长石为中正微长石，卡氏双晶发育，具显微条纹构造。

岩石化学成分显示属过铝钙碱性岩石，SiO_2含量范围为 66.58%→67.75%→69.32%，总碱量范围为 6.52%→7.05%→7.46%，A·R 范围为 2.59→2.32→2.26。稀土总量呈较高特点，具轻稀土富集型，稀土配分模式为向右倾斜曲线，不具 Eu 元素负异常。副矿物总量高、种类较多，锆石以复四方晶类为主，在锆石类型演化趋势图中投影于壳幔混合源区，ZrO_2/HfO_2值为 59.85，UO_2/ThO_2值为 0.876，具富锆、富铀特点。

2. 二长花岗岩

该岩石单元主要岩体有闽西亚带的沙县月邦、永安贡川、连城宣和及闽东亚带的德化桂洋等岩体。宣和岩体呈长椭圆形近南北向展布，发育两个相带，边缘相为似斑状中粒黑云母二长花岗岩，内部相为似斑状中粗粒黑云母二长花岗岩。具中深成侵位、中浅剥蚀特点。

岩石呈浅肉红色，具似斑状中粒、中粗粒花岗结构，片麻状构造。钾长石斑晶含量为 30%～40%→50%～60%，粒径为 0.8～1.5cm→1.5～4cm。基质粒度为 2～5mm→5～7mm。基质矿物成分钾长石含量为 29.43%→27.29%，斜长石含量为 27.39%→24.03%，石英含量为 36.22%→47.06%，黑云母含量为6.96%→6.33%，宣和岩体南部可见较多白云母。斑晶和基质钾长石均为最大微斜长石，格子双晶发育，具不发育的钠长石分解条纹。斜长石为更长石，An 28，钠长双晶发育，少数颗粒具正环带和不明显韵律环带。石英呈他形粒状，波状、带状消光，具拉长状复晶集合体。

岩石化学成分属铝过饱和钙碱性系列岩石。微量元素中，K/Rb 值为 22.5～198，Rb/Sr 值为 1.10～1.21。稀土总量中等，属轻稀土富集型，稀土配分模式为左陡右缓的“V”形曲线，Eu 元素负异常较明显。副矿物总量高、种类较多，以富含钛铁矿和独居石较高为特征，并有少量刚玉出现，锆石以复四方晶类为主，标型特征为壳源型。

3. 正长花岗岩

该岩石常与同期二长花岗岩共生，主要岩体有闽西亚带的沙县澄江楼、清流廖武坪、长汀山阳等岩体。呈长椭圆状或不规则状、带状，北东向展布，局部南北向。围岩蚀变弱，边缘见有围岩捕虏体。岩体从边缘向中心，可分为似斑状中细粒正长花岗岩、似斑状中粗粒正长花岗岩。属中深成侵位、中等剥蚀特点。

岩石呈浅肉红色，具弱片麻状构造，似斑状细粒、中细粒花岗结构。钾长石斑晶含量由边缘往中心的变化范围为5%～15%→15%～20%，晶体较粗，粒径变化范围为0.8～1.2cm→2.0～4.0cm，具向内部相增多、变粗特点。基质由钾长石(53.64%～44.93%)、斜长石(18.40%～21.34%)、石英(25.41%～32.43%)、黑云母(1.93%～1.01%)、白云母(0.06%～0.29%)组成。斑晶和基质钾长石均为低微斜长石，卡氏双晶发育。斜长石为更长石，An 23，钠长双晶发育，具不明显连续正环带。石英他形粒状，波状消光。白云母经单矿物化学分析，具有高铝、高硅、贫镁、贫钙特点，在Ti-Mg-Na三角图中投影在原生白云母区，属正常岩浆成因白云母。

岩石化学成分属铝过饱和钙碱性系列岩石。微量元素中Rb/Sr值为1.92～1.95，K/Rb值为140～163。稀土总量一般较高，为轻稀土富集型，稀土配分模式为向右倾斜曲线，Eu元素负异常较弱。副矿物总量低、种类少，以富含钛铁矿物，磁铁矿含量低为特色，较富含独居石，偶见石榴子石及刚玉，山阳(红上)岩体内的汤屋一带，红柱石、独居石含量较高。锆石以复四方晶类为主，在锆石类型演化趋势图上投影于壳源区。

综上所述，该时期侵入岩具有中深侵位、中浅剥蚀特点，以发育弱片麻构造，具细粒—中粒花岗结构，酸性岩具白云母化特征，属钙碱性系列和钙碱性—碱性系列岩石。主要分布于闽西岩浆岩亚带，闽东岩浆岩亚带仅零星见及，归属为后碰撞钙碱性花岗岩岩石构造组合。本岩石组合成因类型为壳幔混源-壳源型，与Pb、Zn、Au矿产形成较密切，目前已在德化石头坂(安村)岩体外接触带发现黄金矿床1处。

(四)早侏罗世后造山钙碱性侵入岩组合

该时期岩浆侵入活动较弱，但形成的岩体规模大，主要有光泽、新街、中村、汤泉、武平、永定、峰市、太拔等岩体。形成的岩石以酸性岩为主，自早至晚主要有辉石闪长岩-辉石二长闪长岩、花岗闪长岩、二长花岗岩、正长花岗岩，构成了钙碱性侵入岩岩石构造组合。

1. 辉石闪长岩-辉石二长闪长岩

目前仅见上杭太拔岩体，呈小岩株产出。岩体边缘为细粒辉石闪长岩，内部相为细粒辉石二长闪长岩，围岩具角岩化。岩体边缘见有较多围岩捕虏体，具有浅成侵位、浅剥蚀特点。

岩石呈灰色，块状构造，细粒半自形柱粒状结构。矿物成分含量，自边缘往内部依次为钾长石3%～6%，斜长石60%～65%→62%，石英2%～3%→2%～4%，普通角闪石30%～35%→15%～18%，普通辉石均为5%。其中钾长石为低或中正微长石(ST＝0.58～0.8，△＝0.1)，化学分析属正长石，端点成分为Or(70.46%～79.87%)、Ab(27.26%～16.93%)、An(2.28%～3.24%)、K/Rb(321～322)。斜长石为中长石，An 36～38，钠长、卡纳双晶发育，具正环带、韵律环带构造。石英呈他形，与钾长石均为晚晶矿物，充填于早晶矿物间隙中。普通角闪石，半自形短柱状。辉石粒状、短柱状。

岩石化学成分显示该岩石为次铝钙碱性岩。副矿物总量高、种类少，以磁铁矿、钛铁矿含量较高为特征。锆石以复四方晶类为主，在锆石类型演化趋势图中，投影于Ch(岩浆紫苏花岗岩)区附近，单矿物化学分析，ZrO_2/HfO_2值为62.83～69.49、UO_2/ThO_2值为4.048～5.263。

2. 花岗闪长岩

该岩石单元，出露于政和-大埔断裂带西侧中段，主要有三明新街、尤溪管前、大田汤泉、前坪及南段龙岩草山等岩体，呈岩株、岩瘤产出，其中常见闪长质包体，在岩体内接触带含有较多椭圆状、不规则状粉砂岩捕虏体，外接触带常矽卡岩化、黑云母角岩化等蚀变。岩石中暗色矿具弱定向排列，构成侵位叶理构造。岩体边缘发育细粒相，往内具中细粒相，具有中深成侵位、中等剥蚀特征。

岩石呈灰色，具似斑状细粒、中细粒花岗结构，块状或弱片麻状构造。钾长石斑晶含量为3～5%，粒径为0.6～1cm，基质粒径0.1～4mm。矿物成分钾长石9.44%～10.46%，斜长石60%～57.03%，石英17.75%～21.64%，黑云母8.81%～9.97%，普通角闪石1%～2%。钾长石(边缘相)为低正微斜长石，内部相斑晶和基质钾长石为中正微斜长石。斜长石为中长石，An 31～36，发育钠长、卡钠双晶，少数发育环带构造。石英他形粒状，略具波状消光。黑云母片状，深褐色多色性，普通角闪石，呈柱状，呈绿色多色性，$Ng \wedge C=34°$，被次生黑云母交代。

岩石化学成分属次铝—过铝钙碱性岩石。微量元素中K/Rb值为181～215、Rb/Sr值为0.62～0.76。稀土总量较高，属轻稀土富集型，稀土配分模式为向右倾斜曲线，Eu元素负异常不明显。副矿物总量高、种类少，以磁铁矿含量高、硫化矿物含量较低为特征。锆石均以复四方晶类为主，少量四方晶类，在锆石类型演化趋势图上为壳幔混合源。

3. 二长花岗岩

二长花岗岩较集中的分布于闽西岩浆岩亚带的南部，主要岩体有永定峰市、湖雷、武平苏湖、上杭濑溪等，其中以峰市岩体研究较详，岩体呈北西向展布，常见较多椭圆状、次棱角状大小不一的闪长质包体。围岩蚀变和岩体变形均较弱。岩体结构相带发育，从边缘到内部，依次为细粒→中细粒→中粒→中粗粒花岗结构，同时斑晶含量逐渐增多、粒度逐渐增大，至内部相似斑晶可达2～6cm，是一个中深成侵位、中等剥蚀岩体。

岩石呈浅灰色、灰白色，具似斑状细粒—中细粒—中粒花岗结构，块状构造。由钾长石(24.9%～37.4%)、斜长石(36.2%～41.2%)、石英(21.6%～28.9%)、黑云母(2.1%～7.2%)等矿物组成。其中，钾长石为中正微长石(ST＝0.35，Δ＝0.1～0.3)，半自形，卡氏双晶发育，少数模糊格子双晶，具钠质分解条纹；斜长石为中长石，An 36～43，呈自形、半自形宽板状，见钠长、卡钠、肖钠双晶发育，发育正环带、韵律环带；石英呈他形粒状，波状消光、斑状消光；黑云母片状，深褐—淡黄色多色性，部分被绿泥石交代，少数退变为白云母。

岩石化学成分SiO_2含量为70.06%～71.43%，碱总量为7.55%～7.85%，Na_2O/K_2O值为0.87～0.99，A·R值为2.58～2.61，属过铝钙碱性岩石。微量元素中K/Rb值为218～239、Rb/Sr值为0.22～0.44。稀土总量较低，属轻稀土富集型，稀土配分模式为向右倾斜曲线，Eu元素负异常不明显。矿物总量高、种类也较多，以富含磁铁矿、褐帘石为特征，见少许石榴子石。锆石以复四方晶类为主，在锆石类型演化趋势图上为壳幔混合源，单矿物化学分析ZrO_2/HfO_2值为51.99～56.4、UO_2/ThO_2值为0.458～0.800。

4. 正长花岗岩

该岩石常与同期二长花岗岩相伴出现，多呈岩基、岩株状产出，主要有光泽、大银厂、永安坪山、小陶、永定拉拔山、上杭中都、武平桂坑等岩体，呈椭圆状、不规则状、带状北东向展布，武平桂坑、上杭中都等岩体则呈北西向展布。岩体边部常可见大小不等、不规状围岩捕虏体，内部可见较多量椭圆状闪长质包体。围岩蚀变较强，主要为角岩化、绢英岩化。从岩体边缘至内部岩石结构变化明显，依次具细粒—中细粒—中粒—中粗粒花岗结构，随之似斑晶含量增多、变粗。

岩石呈肉红色，具块状构造，似斑状细粒—中细粒—中粒—中粗粒花岗结构，由钾长石(42.7%～

52.4%,最高达66.5%)、斜长石(20.15%～23.9%)、石英(25.7%～32.5%)、黑云母(0.3%～1.8%)等矿物组成。其中钾长石呈半自形板状,属低正微长石,发育卡氏双晶、格子双晶,同时发育有细纹状钠长石分解条纹。斜长石均为更长石,An 25～30,自形—半自形宽板状、板柱状,发育钠长、卡钠双晶,偶见肖钠双晶,少数具环带构造,反映定位较浅。石英他形粒状聚集分布,具波状消光。黑云母片状,被晚晶矿物熔蚀现象明显。

岩石化学成分具超酸富碱贫铁镁组分特点,属过铝钙碱性岩石。微量元素中Rb/Sr值为1.00～7.09,K/Rb值为84～260。稀土总量较低,属稀土富集型,稀土配分模式为向右倾斜曲线,Eu元素负异常较明显。副矿物组合总量较高、种类较多,富含磁铁矿,以褐帘石、钍石含量高为特征。锆石以四方晶类为主,在锆石类型演化趋势图中投影于壳幔混合源区。

综上所述,该时期岩石为次铝—过铝钙碱性岩石,为辉石闪长岩-辉石二长闪长岩及花岗闪长岩、二长花岗岩、正长花岗岩组合,共同构成后造山钙碱性侵入岩岩石构造组合。与这一时期岩石构造组合有关的矿产,主要有铜、铅、锌及多金属矿。

(五)晚侏罗世后碰撞花岗岩及花岗闪长岩-花岗岩组合

该时期是岩浆活动鼎盛时期,形成的侵入体规模大,岩类也多,分布广泛,总体呈北东向带状展布。依据岩类发育程度和空间分布、岩石地球化学等特征,结合区域地质构造,大致以政和-大埔断裂带为界,划分为东、西两个亚带,西亚带称闽西岩浆岩亚带,东亚带称闽东岩浆岩亚带。西亚带以酸性岩为主体,主要岩石类型为二长花岗岩、正长花岗岩,偶见(石英)闪长岩、花岗闪长岩,构成了花岗岩组合带(G组合,内带);东亚带以中酸性—酸性岩为主体,少许中性岩,主要岩石类型为花岗闪长岩、二长花岗岩、正长花岗岩,少量(石英)闪长岩,构成了花岗闪长岩-花岗岩组合带(GG组合,主带)。从沿海往西至内陆花岗闪长岩逐渐减少,越过政和-大埔断裂带进入闽西岩浆岩亚带花岗闪长岩基本消失,代之而起的是广泛分布的二长花岗岩及正长花岗岩,从而构成了闽西亚带的花岗岩岩石构造组合带。

在平潭-东山构造岩浆带中,福清官下花岗闪长岩岩体的岩石化学成分投图结果为花岗闪长岩、奥长花岗岩、英云闪长岩,属TTG岩类。因此,长乐-南澳构造带有"俯冲期岩浆杂岩亚相(J_3)"的侵入岩,为俯冲构造环境。

1. 花岗闪长岩-花岗岩岩石构造组合

从前述可知,该组合是构成闽东岩浆岩亚带的主体,不仅分布广,而且岩体规模大,主要岩石类型为花岗闪长岩、二长花岗岩、正长花岗岩及少许石英闪长岩。石英闪长岩体规模极小,多呈岩瘤产出,分布零星,仅见于闽东亚带的宁德九曲岭、南平樟湖坂、德化睦联堂、安溪盛富、漳浦赤岭等岩体。二长花岗岩分布较广,岩体规模大,主要有福清三山、莆田黄石、惠安、晋江、龙海白水、漳浦、云霄东夏、诏安红星等岩体,常与花岗闪长岩、正长花岗岩共生,岩体受区域断裂带控制明显,呈北东向带状展布。正长花岗岩分布最广,岩体规模大,主要有古田旧镇、连江马鼻、黄岐、福清龙田、德化盖德、安溪湖头、长坑(珍地)、龙门、南安官桥、华安洋竹径、漳平永福、永定古竹、漳浦长桥、盘陀、诏安太平、龙伞岽等一系列岩体,它们常与二长花岗岩紧密共生,有时也独立产出,呈北东向带状分布。花岗闪长岩也是本组合的主要岩石类型之一,较集中分布于福建省沿海(即福安-南靖侵入岩段东侧),自北向南有霞浦、平潭苏沃、福清高山、莆田南日岛、惠安埕边、同安后坝、漳浦古美山、石榴、平和崎坑、大望山、东山澳角、诏安上营等岩体,平行海岸线呈北东向带状分布,常与二长花岗岩或正长花岗岩共生,由沿海往西(即由福安-南靖侵入岩段至寿宁-梅林侵入岩段),岩体规模变小、减少,再往西越过政和-大埔断裂带,进入闽西岩浆岩亚带后逐渐消失。由上可知,该组合是以花岗闪长岩及二长花岗岩、正长花岗岩为主体构成的花岗闪长岩-花岗岩岩石构造组合(J_3)。

2. 花岗岩岩石构造组合

该组合主体为二长花岗岩、正长花岗岩，极少量石英闪长岩、石英二长岩、花岗闪长岩。后三者主要见于闽西岩浆岩亚带的松溪-上杭侵入岩段内，分布零星，多呈岩瘤产出，石英闪长岩仅见浦城虹垂、尤溪梁坑及永地采地岩体，石英二长岩仅有松溪郑墩和上杭上都两个小岩体，而花岗闪长岩也只见永安龙头和连城罗地两个小岩体。而主体的二长花岗岩及正长花岗岩遍布于闽西岩浆岩亚带，只是本亚带西部的崇安-宁化侵入岩段则全由二长花岗岩、正长花岗岩组成。该岩石组合在本带岩体众多，规模也较大，二长花岗岩主要有浦城永兴、石陂、南平葛坪、永安罗坊、鸡公岩、清流、连城罗地、上杭华佳、才溪、武平中堡、象洞、下坝等岩体，正长花岗岩主要有浦城溪口、光泽寨里、邵武大埠岗、顺昌杨厝、张厝、将乐新路口、谟武、建宁大响岭、沙县桂岩头、南平周宅、尤溪角山、将乐白莲、明溪胡坊、长汀河田等一系列岩体。上述岩体主要受崇安-石城断裂带、政和-大埔断裂带控制，除个别岩体呈北西向展布外，其余总体呈北东向展布，从而构成了以二长花岗岩、正长花岗岩为主体的闽西花岗岩岩石构造组合亚带(J_3)。

3. 岩石、岩石地球化学及副矿物特征

在闽西亚带花岗岩岩石构造组合(G组合、内带)及闽东亚带花岗闪长岩-花岗岩组合(GG组合、主带)中，其出露的岩类相似，但不同岩类多寡、分布特点不同，而其同类岩石的地球化学、岩石等特征类同，现综述如下。

1)石英闪长岩-石英二长闪长岩

该岩石单元主要为石英闪长岩，有时过渡为石英二长闪长岩，出露零星，岩体规模较小，主要见于闽东亚带，闽西亚带很少。各岩体岩性一般较单一，闽东亚带以石英闪长岩为主体，闽西亚带个别如虹垂岩体边缘相为石英闪长岩向内部过渡为石英二长闪长岩。围岩蚀变弱，部分岩体具较强绢英岩化、云英岩化、硅化、角岩化。岩体中常见长条状闪长质包体，具浅成侵入、中浅剥蚀特征。

石英闪长岩呈深灰色，半自形细粒结构，粒径0.2～1.5mm，由钾长石(2%)、斜长石(70%～75%)、石英(5%～10%)、黑云母(10%±)、角闪石(5%)组成。其中钾长石为中正微长石；斜长石为中长石(An 30)，自形、半自形板状，具钠长双晶和卡钠复合双晶，发育正环带和韵律环带；石英他形不规则状充填于早晶矿物空隙间；黑云母片状；角闪石半自形柱状、短柱状，闪石式节理发育。

石英二长闪长岩呈灰色—深灰色，中细粒结构，块状构造，由钾长石(10%～15%)、斜长石(63%～68%)、石英(10%～15%)、黑云母(7%)组成。钾长石为中正微长石，半自形板状、他形粒状，具格子双晶；斜长石为中长石，An 41，可见钠长双晶或卡钠双晶发育，绢云母化、绿泥石化；石英他形粒状；黑云母多蚀变为绿泥石。

岩石化学成分SiO_2 54.06%～67.15%，为中酸性岩，A·R值为1.46～2.04，A/CNK值大于1.1，属过铝质钙碱性岩石。微量元素W、Mo、Pb、Ag等元素含量高出维氏值5～10倍，Rb/Sr值为0.35～1.24。稀土总量较高，属轻稀富集型，稀土配分模式为向右倾斜型，Eu元素负异常不明显。九曲岭等岩体副矿物总量较高，富含磁铁矿、榍石；而虹垂岩体副矿物总量较低，钛铁矿含量较高，含少量石榴子石。锆石标型属壳幔混合型。

2)花岗闪长岩

花岗闪长岩主要出露于闽东岩浆岩亚带，闽西岩浆岩亚带基本消失，仅在连城罗地及永安大龙头见二小岩瘤。而最显著的是福建沿海地区呈北东向断续出露的花岗闪长岩带，其中以霞浦、苏沃、南日岛、古美山等岩体规模较大，出露面积在$30km^2$以上。岩体相带发育，边缘相为中细粒花岗闪长岩，内部相为中粒花岗闪长岩。含有椭圆状微细粒闪长质包体。围岩蚀变主要为角岩化、硅化、绢英岩化。岩体具有中浅成侵位、中等剥蚀特征。该岩石常与同期晚次侵入的二长花岗岩密切共生。值得指出的是，在长乐—莆田—南安—同安—云霄一线的东南侧，由于受平潭-东山剪切构造带影响，岩石具条纹状构造或片麻状构造。

花岗闪长岩呈灰白色—浅肉红色，块状构造，具中细粒、中粒花岗结构，由斜长石(53%～60%)、钾长石(10%)、石英(20%～25%)、普通角闪长石(2%～5%)、黑云母(2%～10%)组成。其中斜长石为中长石，An 30～40，自形、半自形板柱状，钠长、卡钠双晶发育，正环带构造发育清楚；钾长石为正长石，他形，偶见卡氏双晶。石英呈不规则粒状，充填于早晶矿物间，少数聚集分布；黑云母呈片状，棕褐色，多色性显著，常蚀变为绿泥石；角闪石呈长柱状，常见菱形横断面，黄绿色多色性，闪石式解理完全。

岩石化学成分显示为次铝钙碱性系列岩石，福清官下岩体的岩石化学成分具 TTG 岩类的特征，包括有花岗闪长岩、英云闪长岩、奥长花岗岩。稀土元素总量较低，属轻稀土富集型，稀土配分模式为向右倾斜型，具弱 Eu 元素负异常。各岩体副矿物总量高低不一，种类较少，一般以磁铁矿、榍石为主，以褐帘石含量高、普遍含硫化矿物黄铁矿为特征。锆石以复四方晶类为主，标型特征属壳幔混合型。

3)石英二长岩

本岩石单元出露少，岩体规模也小，见于闽西岩浆岩亚带内的松溪-上杭侵入岩段内。岩体边缘为细粒石英二长岩，内部为中粒石英二长岩。岩体边部含不规则状围岩捕虏体，内部相含较多扁豆状、长条状石英闪长质包体，具浅成侵位、中等剥蚀特点。围岩具弱绿泥石化及硅化。

石英二长岩呈灰白色—灰红色，块状构造，似斑状中细粒、中粒结构。斑晶含量为 2%～18%，粒径为 0.5～1.5cm。基质矿物成分：钾长石 26.7%～27.3%，斜长石 46.7%～47.4%，石英 13.6%～15.7%，普通角闪石 1.2%～1.5%，黑云母 8.8%～9.6%。其中钾长石为高正微长石，呈自形板柱状。斜长石为中长石，An 37～45，发育钠长、卡钠双晶，具连续正环带、韵律环带构造。石英呈他形粒状，波状、带状消光；黑云母呈片状；普通角闪石呈柱粒状。

岩石化学成分 SiO_2 65.29%～65.42%，碱总量 7.48%～7.46%，Na_2O/K_2O 值为(0.72%～0.83)，A·R 值为 1.99～2.07，含有少量标准矿物刚玉，属过铝钙碱性岩。微量元素中 Rb/Sr 值为 0.22～0.37，K/Rb 值为 388～406。稀土总量较高，属轻稀土富集型，稀土配分模式向右倾斜，具弱 Eu 负异常。副矿物总量较高，富含磁铁矿、榍石，以褐帘石含量较高为特征，锆石以复四方晶类为主，标型特征为壳幔混合型。

4)二长花岗岩

该岩石单元分布较广，岩体规模也较大，闽西、闽东岩浆岩亚带均有分布。岩体相带较发育，自岩体边缘向内通常可见细粒—中细粒—中粒—中粗粒结构相带。岩体内接触带常有不规则状围岩捕虏体。岩体内部少见闪长质包体，少数如才溪、华佳、中堡等岩体含有较多闪长质包体。围岩蚀变较强，主要为硅化、绢英岩化、角岩化等。岩体矿化较弱，仅于永兴、回瑶、音头、三山等岩体及外接触带发现有铜、铅、锌多金属等矿(化)点。需指出的是，自长乐—南安—同安—云霄一线东南侧，因受平潭-东山剪切断裂带影响，岩石受脆韧性变形，常发育片麻状构造。

岩石呈浅灰白色、浅灰红色，块状构造，似斑状结构，由钾长石(31.8%～45%)、斜长石(24.8%～37.9%)、石英(21.2%～29.3%)、黑云母(2%～5%)等矿物组成。从岩体边部至内部，似斑晶含量具逐渐增多趋势，粒度相对变粗；基质粒度分别由 0.5～1.5mm→2～5mm→3～6mm→5～7mm，呈现向内部增粗的特点。钾长石斑晶呈半自形板状、宽板状、板柱状(基质钾长石呈他形粒状)，发育卡氏双晶，显微条纹长石发育。斜长石自形、半自形柱粒状、柱状、板柱状，An 34～37，为中长石，具钠长、卡钠双晶，环带构造发育。石英他形粒状或呈集合体充填于其他矿物间隙中，波状消光。黑云母片状，褐色—淡黄色多色性明显，部分或大部分绿泥石化。

岩石化学成分显示，该岩石属过铝钙碱性岩，其 SiO_2 含量变化在 69.13%～73.01%之间。微量元素中 Rb/Sr 值为 0.62～1.36，K/Rb 值为 217～259。稀土总量较低，属轻稀土富集型，稀土配分模式为向右倾斜型，Eu 负异常明显。副矿物总量高、种类多，富含磁铁矿、榍石，钛铁矿含量较低，以含褐帘石较高为特征。锆石以复四方晶类为主，在锆石类型演化趋势图中显示属壳幔混合型，ZrO_2/HfO_2 值为 46.7～54.25，UO_2/ThO_2 值为 1.077～1.308。

5)正长花岗岩

该岩石出露主要受断裂带控制，多呈北东向带状展布，常与二长花岗岩共生，是福建省各时期中侵入作用最强、规模最大的一次岩浆侵入活动，形成岩体众多，分布广泛。闽西、闽东岩浆岩亚带均有分布，而且岩体规模也较大。结构相带发育，自岩体边缘往内可分为：边缘相中细粒正长花岗岩，过渡相中粒正长花岗岩，内部相中粗粒正长花岗岩。岩体边缘常见围岩残留顶盖及围岩捕虏体。一般少见或缺少深源包体。围岩见角岩化、硅化、绢英岩化、矽卡岩化、云英岩化等多种蚀变。值得提出的是，在长乐—南安—云霄一线东南侧，因受平潭-东山剪切断裂带影响，岩石具片麻状构造或条纹状构造。

岩石呈浅肉红色、肉红色，块状构造，似斑状细粒—中细粒—中(粗)粒花岗结构。斑晶含量3%～10%，由边缘相至内部相，斑晶含量增多、粒径增粗，粒径大者可达8～12mm。基质由钾长石(44.6%～47.6%)、斜长石(20.3%～26.3%)、石英(25.3%～29.1%)、黑云母(0.1%～3.2%)等矿物组成。其中钾长石斑晶呈自形—半自形板柱状，基质呈他形不规则状，属中正微长石，具卡氏双晶，发育细纹状钠长石分解条纹。斜长石呈半自形板状、宽板状，为更长石，An 25～30，发育钠长、卡钠双晶及肖钠双晶，隐约可见环带构造。石英呈他形粒状，聚集分布，波状消光。黑云母呈片状，部分已被绿泥石交代。

岩石化学成分具富硅碱、贫铁镁组分，A·R值为2.45～2.88，A/CNK值为1.02～1.08，为次铝—过铝钙碱性岩系。闽东亚带岩石的SiO_2、碱总量和Na_2O/K_2O比值较闽西亚带岩石高，而K/(K+Na)比值较低。从沿海向内陆K_2O含量由4.54%→4.60%→4.85%→4.91%递增，说明本次岩体的形成可能与板块俯冲有关。微量元素中Rb/Sr值为4.49～6.48、K/Rb值为130～178。稀土总量中等，LREE/HREE值为1.49～4.30，为轻稀土富集型，稀土配分模式为向右缓倾斜“V”形曲线，具强烈Eu元素负异常。副矿物总量高、种类多，以富含磁铁矿、褐帘石、独居石、钍石为特征，少数岩体如行洛坑等含黑钨矿、白钨矿、辉钼矿、闪锌矿等。锆石主要为复四方晶类和四方晶类，在锆石类型演化趋势图中属壳幔混合型锆石。

综上所述，该时期岩石属次铝—过铝钙碱性岩石系列，是福建省内规模最大最强的一次岩浆侵入活动，形成的侵入岩广布福建省，其空间分布具有明显的方向性，多呈北东向带状展布，同时还具有明显的分带性，自沿海向西：开始以花岗闪长岩—花岗岩为主体，继续往西花岗闪长岩逐渐减少，越过政和-大埔断裂带则转为以花岗岩为主体，花岗闪长岩逐渐消失。Na_2O/K_2O及碱度率在闽东亚带中较高，碱质成分中钾质含量及$^{87}Sr/^{86}Sr$比值自东向西呈递增趋势，就正长花岗岩而言K_2O含量自沿海向内陆至武夷山由4.54%→4.60%→4.85%→4.91%递增，显示与板块俯冲有关。该成分极性，以及在滨海地区长乐-南澳构造带中存在TTG岩类的岩石组合，说明该时期太平洋板块由东向西俯冲到欧亚大陆板块之下。因此，从福建省沿海向西形成了闽东花岗闪长岩-花岗岩岩石构造组合(GG组合、主带)及闽西花岗岩岩石构造组合(内带)。上述岩石组合与同期相伴而生的晚侏罗世火山岩构成的安山岩-英安岩-流纹岩岩石构造组合相一致，它们同属挤压造山环境下岩浆活动产物，强烈的岩浆活动常形成有钨、锡、钼、铋、铌、钽及稀土等矿产。

(六)早白垩世后造山钙碱性侵入岩及过碱性—碱性花岗岩组合

该时期岩浆侵入活动仍较强烈，形成的侵入岩分布面积仅次于晚侏罗世，主要分布于闽东岩浆岩亚带，尤以永春—南日岛一线以北最发育；闽西岩浆岩亚带分布较为零散。岩石类型发育较全，从基性到酸性、碱性岩石均有。自早至晚有橄榄岩、辉长岩、辉石闪长岩-石英闪长岩-石英二长闪长岩、花岗闪长岩、石英二长岩-石英正长岩、二长花岗岩、正长花岗岩，以及晶洞碱长花岗岩-晶洞碱性花岗岩，分别构成了钙碱性侵入岩和过碱性—碱性花岗岩岩石构造组合，现分述如下。

1. 钙碱性侵入岩组合

1)斜辉橄榄岩

该岩石仅在莆田长基见一小岩瘤，出露面积1.37km²。岩体侵入于晚侏罗世火山岩，外接触带见强烈绿泥石化、黄铁矿化和硅化；内接触带见滑石化蚀变，并见有围岩捕虏体，大部分保留有围岩顶盖。钻探结果显示超基性岩隐伏于晚侏罗世火山岩之下，出露上部的岩相也多保留下来，说明岩体侵位较浅、剥蚀也浅。

岩石为灰—灰绿色斜辉橄榄岩，均已变质或蚀变成蛇纹岩、滑石岩和透闪石岩3种岩类。蛇纹岩呈灰绿—暗绿色，致密块状，橄榄石已全部蚀变成蛇纹石，形成显微网状结构，由蛇纹石、铬尖晶石、磁铁矿组成，为自变质作用的产物；滑石岩分布于岩体边缘，具显微鳞片变晶结构，块状构造，质软具滑感；透闪石岩呈绿色—暗绿色，具纤维状变晶假象结构，主要由透闪石及少量磁铁矿、黄铁矿组成。在个别钻孔中见较新鲜的辉石岩，由半自形粒状透辉石组成，其颗粒边缘及解理多为次闪石交代。

长基岩体蛇纹岩、透闪石岩、滑石岩平均岩石化学成分与辉石橄榄岩成分相当，属超基性岩类。岩石中普遍含Cr、Ni、Co元素，Cr_2O_3平均含量达0.368%～0.546%，Ni平均含量为0.11～0.14%，Co平均含量为0.006%～0.009%。稀土总量较低，LREE/HREE值为3.86，属轻稀土富集型，稀土配分模式呈折线状。

2)辉长岩

该岩石主要见于闽东岩浆岩亚带的沿海地区，沿平潭-东山断裂带呈岩瘤断续出露，面积约16.8km^2，主要有平潭莲花山、莆田岱前山、惠安青芝山、泉州桃花山、东岳及同安花厝等岩体。自岩体边缘至内部一般可分为细粒和中细粒两个相带，均以辉长岩为主。

岱前山岩体岩石呈深灰色、灰黑色，似斑状细粒—中细粒含长结构、辉长结构，块状构造，普通角闪石斑晶含量25%～50%，粒径6～25mm；基质矿物成分：普通角闪石含量为15%～40%，普通辉石含量为10%～15%，斜长石含量为45%～70%，磁铁矿含量为3%～10%。斜长石为拉长石，An 57～63，自形—半自形，钠长、卡钠双晶发育，部分具环带构造。辉石为单斜辉石，呈半自形—他形粒状、板柱状，具角闪石反应边。普通角闪石呈褐色，呈半自形板柱状。

岩石化学成分SiO_2含量为43.27%～49.07%，平均为45.9%，属基性岩类，总体上为次铝—过铝钙碱性岩。稀土总量较低，LREE/HREE值为2.63～2.95，δEu值为1.42～1.44，属轻稀土富集型，稀土配分模式呈平缓波状，与岛弧玄武岩较相似。副矿物总量高、种类少，以富含磁铁矿为特征，锆石以复四方晶类为主，标型特征属幔源型。

3)辉石闪长岩-石英闪长岩-石英二长闪长岩-花岗闪长岩

这几类岩石常紧密共生于一体，呈岩基、岩株、岩瘤出现，多分布于闽东亚带，出露面积约1 597.4km^2，主要有宁德、洋中、永春、仙游、长泰、平和钟腾等岩体。闽西亚带仅有零星小岩体。

岩体内成分相带发育，由岩体边缘往内常见辉石闪长岩过渡为石英闪长岩，内部为石英二长闪长岩-花岗闪长岩。其中可常见长条状、椭圆状、浑圆状及不规则状暗色包体，并含有围岩捕虏体。围岩具角岩化、绢英岩化。具有浅成侵位、浅剥蚀特点。

岩石呈灰色—深灰色，块状构造，由早至晚具细粒辉长结构→细粒花岗结构→细粒半自形粒状结构→中细粒花岗结构，矿物粒径为0.3～2mm，矿物成分含量范围为钾长石0%～10%→17%～25%→19.14→20%～25%，斜长石53%～55%→43%～51%→48.35%→40%～50%，石英0.5%～5.15%→12%～16%→6.9%→20%～25%，辉石13.89%～30%→3%→0.0%→0.0%，普通角闪石4.2%→6%～10%→19.48%→5%，黑云母3.27%～9.89%→5%～7%→4.6%→3%～5%。钾长石除早期为高正长石外，其他为中正微长石，呈半自形板柱状。斜长石早期者为拉长石，An 58，晚期者为中长石，An 38～46，一般发育钠长、卡钠、肖钠双晶，早期者见环带构造发育，晚期者少见环带构造、以韵律环带为主。辉石具自形短柱状，早期以紫苏辉石为主，次为普通辉石；晚期为普通辉石，紫苏辉石则减少。黑云母多色性强。石英呈他形粒状，充填早晶矿物间隙中，有时包裹较多斜长石及黑云母等小晶体。

钟腾岩体岩石化学成分中A·R值为1.82～2.00，A/CNK值为0.89～1.07，属次铝钙碱性岩。微量元素中Rb/Sr变化范围为0.17→0.32→0.59→0.48，K/Rb变化范围为357→334 →327→286。稀土总量较高，属轻稀土富集型，稀土配分模式为向右倾斜型曲线，Eu元素异常不明显。副矿物总量高、种类较多，富含磁铁矿、榍石，钛铁矿含量较低，锆石以复四方晶类为主，在锆石类型演化趋势图中投影于壳幔混合源区，ZrO_2/HfO_2变化范围为 75.52→65.04→56.94→51.58，向晚期递减。

该岩石单元与铜、铅、锌、钼、铁及金等多金属矿产关系密切。

4)石英二长岩-石英正长岩

该石英二长岩-石英正长岩，二者紧密共生，形成岩体规模小，多呈岩瘤、岩枝产出，零散分布于闽东及闽西亚带，在闽东亚带主要有屏南葛畲、安溪美西、内灶，闽西亚带主要有光泽园岱、浦城后塘、顺昌福岭、光地、将乐松坑、政和铁山等岩体。部分岩体具明显分异，岩体边缘发育石英二长岩，往内部过渡为石英正长岩，有时石英二长岩或石英正长岩也呈独立岩体产出。岩体形态复杂，呈不规则状、椭圆状、长条状等。含有透镜状、椭圆状闪长质包体。围岩局部具硅化、绢英岩化。属浅成侵位、浅剥蚀岩体。

福岭岩体岩石呈浅肉红、肉红色，块状构造，具似斑状细粒半自形粒状结构。斑晶以钾长石为主，含少许斜长石，含量 40%～60%，粒径 0.2～0.5cm。钾长石斑晶呈自形板柱状，部分发育卡氏双晶，少数具不规则钠长石条纹，个别见环带构造，属高正微长石；斜长石斑晶为自形板柱状更长石，An 28，部分具卡钠或钠长双晶，有的环带构造发育，具连续正环带，少数具韵律环带。岩体边缘→内部的基质成分：钾长石变化范围为 46.67%→50%～60%，斜长石变化范围为 29.2%→20%～25%，石英变化范围为 15.7%→10%～15%，普通角闪石变化范围为 3.99%→3%～5%，黑云母变化范围为 3%～5%。

岩石属次铝钙碱性岩，以富碱为特征，碱总量 9.68%→8.9%。稀土总量较高，La/Yb 值为 8.74～13.93，属轻稀土富集型，稀土配分模式为向右倾斜型曲线，Eu 负异常明显。副矿物总量高、种类较多，富含磁铁矿、榍石；钛铁矿含量很低，以含较多褐帘石及黄铁矿含量高为特征。锆石以复四方晶类为主，标型特征属幔源型。

5)二长花岗岩

该岩体规模较大，出露广泛，出露面积约 2178km^2。闽东及闽西亚带均有分布，以闽东北地区分布最广，主要岩体有福安穆阳、宁德邑板、连江丹阳、平潭敖东、长泰古农、南靖金山等；闽西亚带主要有沙县南阳、明溪夏阳、三明星桥、长汀四都、上杭丘坊等岩体。受区域断裂带控制，主要呈北东向或北西向展布，并与同期正长花岗岩相伴产出。岩体中有时见有闪长质包体，岩体边部见少量围岩捕虏体。岩体中结构相带明显，从外到内由细粒二长花岗岩过渡为中细粒二长花岗岩、中(细)粒二长花岗岩，其中似斑晶含量也由少至多递增。围岩具硅化、叶蜡石化，有时具角岩化、绢英岩化及黄铁矿化等蚀变。具中浅成侵位、中等剥蚀特点。

岩石为灰白色、浅灰红色，块状构造，似斑状细粒、中细粒、中(细)粒花岗岩结构。斑晶成分为钾长石，含量变化范围为 5%→5%～8%→10%～15%。基质粒径变化范围为 0.5～2mm→0.5～4mm→1～3mm，矿物成分：钾长石变化范围为 30%→30%～35%→36.62%，斜长石变化范围为 45%→35%～40%→28.02%，石英变化范围为 20%～25%，黑云母变化范围为 1.4%～5%。斑晶和基质中的钾长石均为中正微长石，斑晶钾长石呈半自形板柱状，基质钾长石一般呈他形粒状，具卡氏双晶，发育钠质分解条纹。斜长石为中长石，An 31～36，半自形宽板状，钠长、卡钠双晶发育，普遍见正环带构造。石英呈他形粒状，充填于早晶矿物间。黑云母呈片状，褐黄—浅黄色多色性。

岩石化学成分显示属过铝钙碱性岩，SiO_2含量在 67.72%～71.12%之间。微量元素中 K/Rb 值为 193、Rb/Sr 值为 0.70。稀土总量中等，属轻稀土富集型，稀土配分模式为向右倾斜型曲线，具不明显—明显 Eu 负异常。副矿物总量高、种类较多，富含磁铁矿、榍石，以褐帘石、钍石含量较高为特征。锆石以复四方晶类为主，在锆石类型演化趋势图中投影于壳幔混源区，ZrO_2/HfO_2比值为 45.42～51.63、UO_2/ThO_2比值为 0.516～0.789。

值得一提的是，该类岩石单元中浦源、马坜、湖头等岩体外接触带有钼、钨、铅锌等矿床点分布。

6)正长花岗岩

该岩石单元常与早次二长花岗岩紧密伴生，形成岩体规模较大，出露面积约 2178km^2，闽东及闽西岩浆岩亚带均有出露，主要有周宁玛坑、福安赤路、福州、长乐金峰、永泰、莆田新县、南靖麻园、龙海太武山、漳浦赤湖、云霄宫宅等岩体，在闽西亚带主要有武夷山篁村、光泽洋古庵、政和西表(余屯)、连城新泉、大田太华、龙岩梅村等岩体。上述岩体多沿北东向或北西向断裂带分布。其中少数岩体偶见闪长质包体。岩体内接触带上见细粒冷凝边，还有少量的围岩捕虏体。围岩具叶蜡石化、绢云母化、黄铁矿化、绿泥石化等蚀变。具有中浅成侵位、中浅剥蚀的特点。

本岩石单元中岩体相带发育，从岩体边缘到内部，边缘相为似斑状细粒正长花岗岩，过渡相为似斑状中细粒正长花岗岩，内部相为似斑状中粒正长花岗岩。边缘相一般较窄或不发育，内部相多分布在岩体中部，呈长条椭圆状、近等轴状，多中心与过渡相、边缘相套叠分布。

玛坑岩体发育有边缘相、过渡相及内部相。岩石呈浅肉红色，块状构造，具似斑状细粒、中细粒、中粒花岗结构，由钾长石(40%～50%)、斜长石(20%～30%)、石英(20%～25%)及少量黑云母等矿物组成。钾长石斑晶含量在5%～50%之间，自边缘相往内部相逐渐递增，粒径也随之增粗，基质粒径变化由0.2～2mm→0.5～3mm→2～4mm，呈现向内部相逐渐增粗。钾长石斑晶呈半自形板柱状、宽板状，具卡钠双晶和分解、交代两种钠长石条纹；基质钾长石通常呈他形不规则状，具卡氏双晶，钠长石交代条纹发育。斜长石多呈半自形板状，发育钠长、卡钠双晶，常具环带构造。石英呈他形粒状，充填于早晶矿物间。黑云母片状，多被晚晶矿物熔蚀呈蚕蚀状。

岩石化学成分较稳定，具高硅、富碱、贫铁镁组分，属过铝钙碱性岩石。微量元素中Rb/Sr值为1.78～2.89、K/Rb值为156～162。稀土总量中等，属轻稀土富集型，稀土配分模式为向右倾斜型，Eu元素负异常明显。副矿物总量较高、种类多，富含磁铁矿、钛铁矿，锆石以变生双锥状为主，在锆石类型趋势图中属壳幔混合源。

该类岩石与钼、铅、锌、铜、铁等成矿关系密切，如赤路、永泰、铜盆庵、太华等岩体接触带分布有钼、铅锌、铁等矿床(点)。

综上所述，早白垩世时期的钙碱性侵入岩岩石构造组合，以中酸性、酸性侵入岩为主，少许基性、超基性岩，属次铝—过铝钙碱性岩石系列，主要岩石类型有橄榄岩、辉长岩、辉石(石英)闪长岩-石英二长闪长岩-花岗闪长岩、石英二长岩-(石英)正长岩及二长花岗岩、正长花岗岩，归属为钙碱性侵入岩岩石组合。与该岩石组合有关的矿产主要有铜、钼、铅锌、铁等矿产。

2. 过碱性—碱性花岗岩岩石构造组合

该岩石组合主要出露于闽东岩浆岩亚带的沿海地区，自闽东的福鼎至云霄形成了一条颇为瞩目的、北东向展布的晶洞碱长—碱性花岗岩带。

1)晶洞碱长花岗岩

晶洞碱长花岗岩，一般与晶洞碱性花岗岩相伴出露，共同构成了福建省沿海晶洞花岗岩带，主要有福鼎太姥山、连江青芝寺、福清南阳、仙游何岭、长泰新村、漳浦金刚山、云霄乌山等岩体；闽西亚带分布较少，仅见浦城罗汉洞、沙县中洋、永定洪山等岩体。岩体受断裂带控制明显，呈北东向、北西向展布，部分受火山构造控制，多呈岩株产出，少数呈岩瘤。围岩蚀变不强。岩体内接触带有不规则状围岩捕虏体，并常出现很窄的微细粒花岗岩冷凝边，个别岩体有云英岩化和钠长石化现象，常可见大小不等的伟晶岩囊状体。岩石以发育晶洞构造为特征，粒度结构相带发育，自边缘往内部发育有：边缘相(中)细粒碱长花岗岩、过渡相中粒碱长花岗岩、内部相中粗粒碱长花岗岩。具有浅成侵位、中浅剥蚀的特点。

该岩石呈肉红色，似斑状(中)细粒、中粒、中粗粒结构，发育晶洞构造，由钾长石(48.67%～54.18%)、斜长石(13.48%～22.50%)、石英(23.0%～31.4%)、黑云母(0.5%～0.9%)组成。钾长石为中正微长石，斑晶为钾长石呈半自形板柱状、基质中钾长石则呈他形粒状，两者均具有卡氏双晶，分解和交代钠长石条纹均较发育。斜长石呈半自形宽板状、板柱状，An 28～35，为中长石—更长石，卡钠、钠长双晶发育，偶见肖钠双晶，发育环带构造。石英呈他形粒状，具斑状、波状消化，黑云母具褐色—淡黄色多色性。

岩石化学成分，总体表现超酸富碱贫铁镁的特点，属过铝偏碱—碱性岩类，碱总量变化范围为

8.08%→8.56%→9.11%，Na_2O/K_2O值变化范围为0.73→0.96→0.69。微量元素中K/Rb值为214～370、Rb/Sr值为0.4～2.68。稀土元素总量较高，为轻稀土富集型，稀土配分模式为向右倾斜型曲线，Eu元素负异常明显。副矿物总量高、种类多，富含磁铁矿，较富含褐帘石、独居石、钍石及石榴子石和萤石。锆石以棕色—米黄色四方柱晶类常见，在锆石类型演化趋势图中属壳幔混合型。

2)晶洞碱性花岗岩

晶洞碱性花岗岩，通常与晶洞碱长花岗岩相伴生，以岩株、岩瘤出露于福建省沿海地区的宁德—福州一带。魁岐岩体受北东向、北西向断裂带控制，侵入于早白垩世花岗岩中。围岩蚀变较弱，仅局部见角岩化及数米宽的退色边，内接晶带见有很窄的微细粒花岗岩冷凝边，局部可见围岩捕虏体。岩石具有水平与垂直分带特征，从岩体边缘往内部：由边缘相细粒碱性花岗岩逐渐变为过渡相中细粒碱性花岗岩后过渡到内部相中粒碱性花岗岩；在垂向上，从低处到高处，常见由中粒逐渐过渡为中细粒，至高处山顶则出现(微)细粒碱性花岗岩。普遍发育晶洞构造，其中常可见生长或壳填有水晶、钾长石以及钠铁闪石、霓石等矿物。具有浅成侵位、中浅剥蚀的特点。

岩石呈浅肉红色，发育晶洞构造，具(微)细粒—中细粒—中粒花岗结构，矿物成分主要有钾长石(55%～60%)、石英(35%～40%)及少量钠铁闪石、霓石、霓辉石(0.5%～5%)，偶见黑云母，边缘相见含5%～10%钠长石。岩石以不含或偶含斜长石，而含有碱性铁镁矿物为特征。其中钾长石通常呈不规则外形，具卡氏双晶，交代条纹和分解条纹发育，交代强烈时形成反条纹长石，边缘相有时可见钾长石与石英共结交生，形成显微文象结构，少数具长板状透长石习性。石英呈半自形、他形，部分晶体保留高温石英外形。钠闪石呈半自形细长柱状、他形粒状，他形晶结晶较晚，充填于浅色矿物间隙中，与磁铁矿、霓石、萤石密切共生，一般与霓石连晶。霓石呈半自形—他形粒状，结晶较早者被晚晶矿物熔蚀，结晶较晚者多充填于早晶矿物间隙中。钠长石为晚期交代矿物，呈叶片状、不规则状或补片状。

岩石化学成分反映该岩石具超酸富碱、负铁镁铝钙的特征，属过铝碱性岩，在A·R-SiO_2图解中投影于碱性岩区。微量元素中K/Rb值为171～220、Rb/Sr值为1.69～3.16。稀土总量较低，属轻稀土富集型，稀土配分模式具有向右缓倾斜的近似“海鸥”形，Eu负异常很显著。副矿物总量较高、种类多，磁铁矿含量中等，以钠铁闪石、霓石及独居石、萤石含量高为特征。锆石则以变生双晶锆石为主，普通复四方、四方晶类较少，在锆石类型演化趋势图中属幔源碱性系列。变生锆石单矿物化学分析，ZrO_2/HfO_2值为25.39～42.80，UO_2/ThO_2值为0.041～0.947。

从上述可知，该岩石构造组合由晶洞碱长花岗岩和晶洞碱性花岗岩组成。岩石以具晶洞构造，含钠铁闪石、霓石及超酸、高碱、贫铁镁钙为特征。

(七)晚白垩世后造山花岗闪长质-碱长花岗质斑岩组合

该时期岩浆侵入活动较弱，形成的侵入体多沿断裂带分布，呈岩墙、岩脉、岩瘤产出，零星散布于全省各地，岩类较多，中性、中酸性、酸性、碱性均有。主要岩石类型有闪长玢岩、花岗闪长斑岩、石英二长斑岩、二长花岗斑岩、花岗斑岩、碱长花岗斑岩、石英正长斑岩及碱性长石斑岩等。将这类浅成斑岩体归为花岗闪长质-碱长花岗质斑岩组合。

1. 闪长玢岩

该岩石出露很少，仅见建瓯井后、大布林、闽清井后等岩瘤、岩脉，呈北东向展布。围岩蚀变程度不一，主要有绿泥石化、硅化、绢云母化。建瓯井后岩瘤，岩石呈深灰色，具斑状结构，块状构造。斑晶为斜长石、黑云母等含量为0～4%，粒径为1～5mm；基质为显微花岗结构、显微文象结构，矿物成分：中长石含量为60%～65%，普通辉石含量为15%～20%，黑云母含量为10%～12%，石英含量小于5%。大布林岩瘤局部过渡为石英闪长玢岩，闽清井后岩体也为石英闪长玢岩。

岩石化学成分显示为中性岩，属次铝钙碱性岩石。副矿物总量较高，但种类少，富含磁铁矿。锆石以复四方晶类为主，标型特征属壳幔混合型。

该岩石与铜、铅、锌矿产成矿关系密切，闽清井后岩体具铜矿化。

2. 花岗闪长斑岩

该岩石主要有大田桥下、德化李溪、云霄湖村、下河等岩瘤、岩脉侵入体。岩石呈浅灰色，具斑状结构，块状构造。斑晶为钾长石、斜长石、石英，含量30%～40%。基质显微粒状结构，由钾长石（15%～20%）、中长石（10%～20%）、石英（20%～30%）、角闪石（3%～5%）、黑云母（1%～3%）组成。

岩石化学成分显示为中酸性岩，为过铝钙碱性岩石。稀土总量高，属轻稀土富集型，稀土配分模式为向右倾斜型，Eu元素负异常不明显。副矿物总量高、种类少，富含磁铁矿，褐帘石含量较高。锆石以四方晶类为主，标型特征属壳幔混合型。

3. 石英二长斑岩

该岩石主要见德化陈权、尤溪后垵等岩瘤、岩墙侵入体，呈不规则状北东向展布，围岩具硅化、弱云母化。岩石具斑状结构，斑晶为斜长石、黑云母，含量20%～30%，粒径0.1～0.5cm；基质具显微花岗结构、显微文象结构，由钾长石、斜长石、石英、黑云母等矿物组成。

岩石化学成分SiO_2含量为66.16%，碱总量为7.82%，Na_2O/K_2O比值为0.85，A·R值为2.75，属过铝钙碱性岩。

4. 二长花岗斑岩

该岩石主要有宁德千地坪、上杭丘辉、平和城仔楼等岩墙状侵入体，围岩具弱角岩化、绢英岩化、硅化。岩石呈灰白色，具斑状结构，斑晶矿物成分主要为钾长石、斜长石、石英，少量黑云母，斑晶含量10%～65%，粒径0.2～0.5cm；基质为显微花岗结构或微粒花岗结构，成分与斑晶相同。钾长石为显微条纹长石，自形板状，卡氏双晶发育。斜长石为自形宽板状、板状，An 25～30，钠长双晶发育，少数具环带构造。石英呈等轴粒状，部分具六方双锥，被熔蚀呈浑圆、港湾状。黑云母片状，棕褐色—淡黄色多色性。

岩石化学成分SiO_2含量为71.37%，碱总量为8.65%，Na_2O/K_2O比值为1.02，A·R值为3.35，A/CNK值为1.02，为过铝钙碱性岩。稀土总量较高，属轻稀土富集型，稀土配分模式为向右倾斜型。副矿物总量高、种类少，富含磁铁矿，锆石以复四方晶类为主，标型特征属壳幔混合型。

5. 花岗斑岩

花岗斑岩是本组合中分布最广的岩石，主要有福鼎银洞、福安溪东、仙游将军寨、三明八洋崎、上杭石牌前等岩墙、岩脉状侵入体。其中含有较多长椭圆状围岩捕虏体，外接触带具硅化、叶蜡石化。岩体受断裂控制明显，主要呈北东向或北西向展布，部分受火山构造控制，充填于环状、放射状断裂中。

岩石呈肉红色，块状构造，斑状结构，斑晶为钾长石、石英、斜长石及少许黑云母，含量15%～60%，粒径0.1～0.6cm。钾长石为透长石，长柱粒状；斜长石为更长石，板状、板柱状，发育钠长双晶；石英呈等轴粒状，收缩裂纹发育；黑云母呈片状，常退变为白云母。基质显微粒状结构、球粒结构、球粒嵌晶结构，结晶程度较差，与岩体侵位定位浅有关。在霞浦东安岛岩体可见其向石英二长斑岩过渡，福安溪东岩体又可见其向碱长花岗斑岩过渡。由此，也反映石英二长斑岩、花岗斑岩、碱长花岗斑岩等是同一时期、同一岩浆来源的岩浆活动产物，是同一岩浆演化序列组成的岩石组合。

岩石化学成分SiO_2含量为77.96%、碱总量为7.87%，Na_2O/K_2O比值为0.43、A·R值为4.47、σ值为1.77、A/CNK值1.12，属过铝钙碱性岩系。各岩体稀土总量高低不一，石牌前岩体最高，达310.64×10^{-6}，属轻稀土富集型，稀土配分模式为向右倾斜型曲线，Eu元素负异常较明显。副矿物总量较高、种类也较多，磁铁矿一般含量较高，锆石以复四方晶类为主，四方晶类较少，少数具双锥状，在锆石类型演化趋势图中投影于壳幔混合源区。

6. 碱长花岗斑岩

在本岩石构造组合中，该岩侵入体规模相对较大，主要有连江笔架山、屏南叉溪、福鼎头岗岩、漳州郭坑等岩墙、岩脉侵入体。以笔架山岩体最为醒目，呈北东东向展布，长达50km，宽1～4km，侵入晶洞碱长花岗岩及晚侏罗世火山岩。岩体含大量宽数米至数十米不等的透镜状、碎裂状花岗岩及火山岩捕虏体。岩性以碱长花岗斑岩为主体，部分过渡为花岗斑岩或石英正长斑岩。局部具晶洞构造。

岩石呈紫灰红色、肉红色，具花斑结构，斑晶有钾长石、石英等，含量不均匀，一般1%～10%，粒径0.1～0.2cm，稀疏分布，部分聚集呈聚斑状。基质由钾长石、石英和少许斜长石、黑云母组成。钾长石和石英共结交生构成显微文象结构，局部具显微花岗结构。岩体边部尚发育有霏细结构或球粒结构。

笔架山岩体岩石化学成分SiO_2含量为76.25%、碱总量为9.47%，Na_2O/K_2O比值为0.23、A·R值为8.42、A/CNK值为1.00，属次铝钙碱—碱性系列岩石。稀土元素总量较低(142.27×10^{-6})，属轻稀土富集型，稀土配分曲线呈向右倾斜"V"形曲线，Eu负异常明显。副矿物总量低、种类较少，磁铁矿含量较高，较富含褐帘石及汽水热液矿物萤石。锆石常见复四方晶类、四方晶类及双锥变生锆石，在锆石类型演化趋势图中属幔源碱性系列，单矿物化学分析，ZrO_2、UO_2含量较高，ZrO_2/HfO_2比值为32.79、UO_2/ThO_2比值为0.463。

7. 石英正长斑岩

该岩石主要有福安坑坪、福清弥勒山、平和三马及浦城西岩山等岩墙状侵入体。弥勒山岩体呈北东向岩墙状，岩石呈浅肉红色，斑状结构，斑晶以钾长石为主，斜长石、黑云母较少，含量15%～60%，粒径0.2～0.5cm，少数岩体无斑晶。基质由长英质矿物组成，具显微花岗结构。平和三马岩体钾长石化学成分分析显示，端员组分：Or(52.56%)、Ab(46.47%)、An(0.70%)，钠长石固体成分高，属Na-正长石。

岩石化学成分显示属次铝偏碱—碱性系列岩石，弥勒山岩体SiO_2含量为66.34%、碱总量为10.28%，Na_2O/K_2O比值为0.94、A·R值为3.87、A/CNK值为0.93，属低硅富碱岩石。稀土元素总量(345.04×10^{-6})较高，属轻稀土富集型，稀土配分模式向右倾斜，Eu元素负异常明显。副矿物量高、种类较少，富含磁铁矿，锆石以复四方晶类为主，其次为四方晶类，在锆石类型演化趋势图中属壳幔混合型。

8. 碱性长石斑岩

该岩石仅见于霞浦长春、白门山、东岭一带，呈岩墙、岩脉产出。白门山岩体呈北东东向展布，侵入于晶洞碱长花岗岩。岩体中含大量不规则状花岗闪长岩、细粒花岗岩捕虏体。岩石为浅灰色、灰紫色，具流动构造，斑状结构，斑晶多为条纹长石，少见斜长石、黑云母，含量1%～10%，粒径0.1～0.3cm。基质以显微嵌晶、显微花岗结构为主，局部为霏细、球粒结构，以长条状、针状、柱状钾长石为主，少量斜长石微晶和针状、鳞片状黑云母等，不含石英。部分钾长石与石英共结交生成显微文象结构。

岩石化学成分SiO_2含量为76.42%、碱总量为7.9%，Na_2O/K_2O比值为0.86、A·R值为4.09、A/CNK值为1.15，属过铝碱性岩。

综上所述，该岩石构造组合的岩石，主要为浅成斑岩类，以中酸性—酸性—酸偏碱性岩为主组成的花岗闪长质-碱长花岗质斑岩组合，属壳幔混合型岩浆在地壳浅部侵位定位形成的一套次铝—过铝钙碱性—碱性系列岩石，是后造山张性环境下岩浆侵入活动产物，代表燕山造山运动结束，地壳进入稳定阶段的标志。

（八）新近纪板内裂谷基性侵入岩组合

该时期岩浆侵入活动微弱，形成的岩石呈小岩瘤、岩脉产出，零星散布于全省各地，主要岩石类型有橄榄辉长岩、辉长岩及辉绿岩，构成了该时期基性侵入岩组合。

1. 橄榄辉长岩

该岩石主要有屏南际下西、漳平大珍坑、大山等小岩瘤。际下西岩体为一岩墙状小侵入体，呈北西向展布。围岩为新近纪角砾橄榄玄武岩及晚侏罗世火山岩。岩石呈灰黑色，具杏仁构造，斑状结构，斑晶为橄榄石、普通辉石，含量5%～10%，粒径0.5～1cm。基质由斜长石、辉石、磁铁矿，少量橄榄石和玻璃质组成。方沸石和钙沸石有少量气孔充填。

岩石化学成分，际下西岩体由 SiO_2(48.37%)、Fe_2O_3(59%)、FeO(6.63%)、MgO(6.65%)、CaO(7.15%)组成，属基性岩，碱总量7.18%，Na_2O/K_2O 比值0.97、A·R 值1.35、A/CNK 值0.53，属次铝钙碱性岩。稀土总量高，属轻稀土富集型，稀土配分模式为向右缓倾斜型平坦曲线，无Eu元素负异常。副矿物总量高、种类较多，富含磁铁矿。

2. 辉长岩

该岩石主要有福鼎山后尖、安溪白桃、平和茅坪等岩瘤、岩脉。山后尖岩体侵入早白垩世火山岩及早白垩世花岗岩。岩性为灰黑色，块状构造，具自形、半自形柱状结构，矿物粒径1～5mm，局部具嵌晶结构、辉绿结构。由拉长石(35%～45%)、含钛普通辉石(40%～45%)、橄榄石(10%～15%)组成。拉长石呈半自形板柱状，钠长双晶发育，少数具环带构造，少数含橄榄石、辉石包体。含钛普通辉石呈半自形短柱状、他形粒状。橄榄石呈短柱状、半自形等轴状，个别晶体被熔蚀呈港湾状。安溪白桃岩体含少量石英，为石英辉长岩。擎天岩、林口等岩体岩石具斑状结构，斑晶为自形、长板状斜长石，含量约15%～25%，粒径0.6～1.2cm，呈交织状分布；基质粒径小于0.2mm，成分主要为辉石、角闪石及斜长石。

岩石化学成分显示属次铝钙碱性岩，由 SiO_2(46.26%)、Fe_2O_3(1.73%)、FeO(11.04%)、MgO(9.59%)、CaO(10.08%)组成，碱总量4.55%，Na_2O 含量大于 K_2O，总体以碱总量低、CaO含量高为特征。茅坪岩体稀土总量低(68.85×10^{-6})，LREE/HREE 值5.14，属轻稀土富集型，稀土配分模式为向右缓倾斜型曲线。副矿物总量较高、种类少，以钛铁矿、磁铁矿含量高为特征。锆石以复四方晶类为主，其次为四方晶类，在锆石类型演化趋势图中属幔源碱性系列。

3. 辉绿岩

该岩石主要有德化璠龙、南靖五更寮、永定铺头等岩瘤、岩墙侵入体。铺头岩体侵入元古宙变质岩。岩石呈深灰色，块状构造，辉绿结构，主要成分为斜长石(41%)、辉石(57%)、石英(1%)、磁铁矿(1%)，粒径0.25～2mm。斜长石为拉长石，An 52，钠长双晶发育，普遍发育连续正环带构造。辉石他形粒状充填于斜长石格架间隙中，少数为短柱粒状，多次闪石化、纤闪石化。石英多呈他形粒状，零星充填于早晶矿物间隙中。

岩石化学成分，铺头岩体由 SiO_2(51.27%)、Fe_2O_3(0.39%)、FeO(11.50%)、MgO(6.93%)、CaO(11.03%)组成，Fe、Mg、Ca含量高，为基性岩类，属次铝钙碱性岩。微量元素中Rb/Sr比值较低(0.06)，K/Rb比值较高(238)。副矿物总量高、种类少，以磁铁矿含量高为特征，锆石以复四方晶类为主、四方晶类少，在锆石类型演化趋势图中属幔源型。

综上所述，该时期侵入岩，其岩浆岩源于地幔，形成的侵入岩多沿断裂带分布，呈岩瘤、岩墙、岩脉产出，为次铝钙碱性基性岩，主要有橄榄辉长岩、辉长岩、辉绿岩，构成了基性侵入岩组合。是板内裂合环境下岩浆侵入活动产物。其岩石常为人们喜爱的饰面板材。

三、侵入岩的形成、构造环境及其演化

福建省岩浆侵入活动经历了多旋回、多阶段发展演化历程，自元古宙至新近纪可划分为前南华纪、

南华纪—中三叠世、晚三叠世—白垩纪和新生代4个构造岩浆旋回演化的8个阶段。

(一)前南华纪侵入岩大地构造环境

前南华纪是古陆形成发展时期,也是侵入岩浆作用初始期,伴随古陆形成与裂解形成有中性—中酸性、基性、超基性与酸性侵入岩。其形成大致可分为早、晚两个阶段。

1. 早期阶段侵入岩(Pt_1)

早期阶段,大致在古—中元古代时期,是古陆形成发展时期,此时地球表面开始出现洋陆分异,岩石圈开始进入板块构造演化阶段,由于板块俯冲作用,促使地幔物质涌动上升,因地幔热源影响,促使陆壳物质熔融,形成中性岩浆,并经分异演化后注入地壳,并与围岩共同遭受区域变质作用,形成了具片麻状构造的石英闪长岩及英云闪长岩。于里特曼-戈蒂里图解中投影于岛弧或大陆边缘区,结合侵入体发育片麻状构造与围岩协调一致,说明岩浆上侵定位明显受区域构造控制,应是元古宙同构造期,挤压环境下侵入岩浆作用的产物。其A/CNK值为0.80～1.15,稀土模式为轻稀土富集型,δEu值为0.85～0.92,稀土配分曲线为向右倾斜型较平缓曲线,弱Eu负异常,副矿物含石榴子石,锆石标型则显示壳幔混合源岩浆信息。上述表明该阶段岩石是以壳源为主,壳幔混源成因岩石。

2. 晚期阶段侵入岩(Pt_3)

晚期阶段,大致在中元古代晚期—新元古代早期,是古陆裂解增生时期,形成的变质岩石地层称马面山岩群、万全岩群。与此同时,随古陆裂解、增生,来自地幔岩浆不断上涌,并沿着断裂或韧性剪切断裂上侵,注入地壳之中,形成了橄榄岩类等岩石,后遭受区域变质作用,构成了具片麻状构造的橄榄岩、辉石橄榄岩、方辉橄榄岩、辉石岩等。随着地幔物质上涌侵入,还带来了强大热能和热流,促使地壳物质部分熔融形成酸性岩浆侵入于地壳之中,形成了片麻状黑云母二长花岗岩、片麻状黑云母正长花岗岩。在Rb-(Y+Nb)图解中投影于板内区,它们是地壳处于拉张状态下岩浆活动产物。基性岩类FeO、MgO、CaO含量较高,DI值较低(1～2.61),SI值较高,表明岩浆分异程度低,分离结晶作用弱,属幔源岩浆未分异的原始状态。酸性端员岩石具高硅富碱特点,DI值(86.30～87.99)高、SI值(6.55～7.27)较低,反映岩浆分异程度较高,分离结晶作用较强。标准矿物刚玉分子含量较高(1.10～2.63),A/CNK值为1.07～1.23。副矿物含少量石榴子石及刚玉,锆石标型特征属壳源型。以上表明酸性端员岩浆来源于地壳,属壳源成因花岗岩。

(二)南华纪—中三叠世侵入岩大地构造环境

该时期是福建省地壳发展演化史上最重要阶段,是古陆裂解后转入聚合,进入海陆演化的重要时期,其间经历了加里东运动、海西-印支运动,形成了巨厚的火山-复理石沉积及上万米厚的海陆交互-滨海-浅海粗碎屑岩-碳酸盐岩-细碎屑岩-钙硅质泥质岩等沉积。其岩浆侵入活动较为强烈,以中性—中酸性—酸性岩浆侵入为主。据侵入活动时代及岩石组合等可划分为志留纪及中三叠世两个岩浆侵入活动阶段。

1. 早期阶段侵入岩(S)

志留纪是岩浆侵入活动较强烈时期,也是加里东运动强烈发展时期。自古陆裂解后,进入新元古代晚期,陆块已转为会聚阶段,由于壳幔作用加剧,促使地幔物质上涌、热流上升及地壳增温作用,导致下部地壳物质部分熔融形成中性—中酸性岩浆,沿断裂带上升侵入于地壳,形成了含较多闪长质包体,具片麻状构造的石英闪长岩、石英二长闪长岩及花岗闪长岩。随着下部地壳物质部分熔融体侵入及地幔热能影响，进一步导致上部地壳物质部分熔融，沿断裂带上升侵入，形成了不含闪长质包体，含白云母、黑云母花岗岩，构成了石英闪长岩、石英二长闪长岩、二长花岗岩、正长花岗岩的岩石演化序列。该序列岩石以二长花岗岩、正长花岗岩为主体，属强过铝花岗岩组合，岩石以发育片麻状构造，含白云母为特征。同时标准矿物刚玉含量较高(0.30%～2.95%)，在里特曼-戈蒂里图解中成分点投影于造山带(岛弧及活动大陆边缘区)岩浆岩，在 Pearce 的 Rb-(Y+Nb)图中主要投影于同碰撞区，少数投影于岛弧区。中—中酸性、酸性岩主要造岩矿物、副矿物及岩石化学有关参数分别可与典型 I 型和 S 型花岗岩及 Barbarin 的俯冲机制混合源 ACG 花岗岩和大陆碰撞壳源 MPG 花岗岩类比，仅酸性岩类的 TFeO/(TFeO+MgO)(0.76～0.86)比值稍高，近似 KCG 花岗岩类，以此暗示酸性岩类与中—中酸性岩类有一定成因联系，进一步说明了志留纪阶段侵入岩是从壳幔混源中—中酸性岩逐渐过渡演化为壳源型花岗岩，是陆块会聚同碰撞环境下岩浆侵入活动的产物。

2. 晚期阶段侵入岩(T_2)

中三叠世岩浆侵入活动较志留纪逊色，侵入活动处于地壳演化转折时期。强烈的印支造山运动不仅造成岩浆侵入，同时使福建省结束了海侵历史，从此进入环太平洋活动大陆边缘演化阶段。该时期侵入岩浆作用是在陆块会聚碰撞过程中，导致地壳物质部分熔融形成中—中酸性岩浆，并经进一步分异演化后沿着北东向断裂带或构造复合部位侵入，形成了(石英)闪长岩-石英二长闪长岩-花岗闪长岩-二长花岗岩-白云母正长花岗岩-石英二长岩-正长岩。在里特曼-戈蒂里图解上均投影于 B 区(岛弧及活动大陆边缘区)，在 Rb-(Y+Nb)图解中投影于同碰撞、火山弧、板内交会地带的后碰撞区，个别投影于板内下方。中—中酸性岩和酸性岩分别与 I 型、S 型花岗岩及 Barbarin 的俯冲机制混合源 ACG 花岗岩和大陆碰撞 MPG 花岗岩相类比，仅是 TFeO/(TFeO+MgO)(0.79～0.89)比值偏高现象，近似 KCG 花岗岩，以此说明中—中酸性岩与酸性岩存在一定的成因联系。由此表明该时期侵入岩是陆块会聚后碰撞环境下侵位，定位于地壳中深部位的具弱片麻状构造的花岗岩。

(三)晚三叠世—白垩纪侵入岩大地构造环境

该时期是岩浆活动最强烈时期，在太平洋板块俯冲作用下，大规模的断陷，并产生强烈火山喷发，与此同时，同源的岩浆侵入活动十分强烈频繁，形成的侵入岩可分早(J_1)、中(J_3)、晚(K)三个阶段。

1. 早期阶段侵入岩(J_1)

该时期是印支造山挤压运动结束，进入后造山拉张阶段，也是太平洋板块开始俯冲机制下的岩浆活动，形成的侵入岩主要发育于北东向或北西向断裂复合部位。自早至晚有辉石闪长岩-辉石二长闪长岩、花岗闪长岩、二长花岗岩、正长花岗岩，为一套基性—酸性钙碱性岩系。在 Rb-(Y+Nb)图上主要投影于板内区，少数投影于同碰撞区。按巴尔巴林(Barbarin)的岩浆构造分类，辉石闪长岩、辉石二长闪长岩、花岗闪长岩，可与 KCG 富钾钙碱性花岗岩类相类比，其构造环境为构造体制转换，可能由挤压向拉张转化。而晚期的酸性花岗岩类，可与 PAG 过碱性及碱性花岗岩相类比，构造环境为大陆上隆与裂谷地带。

2. 中期阶段侵入岩(J_3)

本阶段岩浆活动发生于晚侏罗世，是福建省最强烈的一次岩浆活动。这一时期，由于太平洋板块俯冲作用加剧，不仅导致中(中酸)性—酸性岩浆大规模喷发，而且还产生了大规模的岩浆侵入，形成了大面积北东向带状展布，以酸性岩石为主体的中性—中酸性—酸性钙碱性岩系。在里特曼-戈蒂里图解上投影于造山带岩浆区，在 Rb-(Y+Nb)图中，投影于同碰撞、火山弧、板内交会地带的后碰撞所占据位置区内。按巴尔巴林的岩浆构造分类，可与俯冲作用、构造体制转换的 ACG、KCG 花岗岩相类比，其构造环境应属俯冲作用构造体制转化的后碰撞环境。

综上所述，结合同期相伴产出的晚侏罗世火山弧火山岩资料，可以认为本阶段侵入岩是由于太平洋板块向欧亚大陆板块俯冲，导致上地幔物质上涌底侵，促使中下地壳部分熔融形成的中酸性岩浆并不断分异演化、同化壳源物质形成花岗质岩浆，在区域动力驱动下，沿着北东向断裂或构造复合部位不断上侵，定位于地壳中深、中浅部位成岩，后经中等剥蚀露出地表，形成了现今所见广泛分布呈北东向展布的侵入岩带。

3. 晚期阶段侵入岩(K)

本阶段岩浆活动仅次于中期阶段的晚侏罗世，是岩浆活动从鼎盛走向减弱衰竭阶段，是太平洋板块俯冲造山进入后造山阶段的岩浆作用，不仅有双峰式火山喷发，同时还有橄榄岩、辉长岩、石英闪长岩、花岗闪长岩、石英二长岩-石英正长岩、二长花岗岩、正长花岗岩、碱长花岗岩-碱性花岗岩侵入，为一套超基性、基性—中性—中酸性—酸性—碱性岩系，部分地段出现不连续基性、超基性—中酸性—酸性—碱性岩系。在里特曼-戈蒂里图解中主要投影于B区，有一部分则投影于C区；在R1-R2图解中主体的正长花岗岩及过碱性—碱性花岗岩主要投影在造山晚期—造山期后区；在Rb-(Y+Nb)图中投影于同碰撞、火山弧、板内交会地带。在巴尔巴林(Barbarin)的岩浆构造分类下，多数为KCG高钾钙碱性花岗岩类和PAG过碱性及碱性花岗岩类，构造环境处于构造体制转换阶段，在挤压转向伸展构造体制。过碱性—碱性花岗岩，其构造环境为大陆上隆和裂谷作用。

(四)新生代侵入岩大地构造环境

新生代岩浆侵入作用发生于新近纪，以小规模基性岩浆侵入为特征，形成有(橄榄)辉长岩、辉绿岩等小岩瘤、岩脉。岩石中矿物主要为斜长石、辉石，部分含有橄榄石，斜长石具环带构造。岩石中SiO_2含量在46.26%～51.27%之间，Fe、Mg、Ca含量较高。副矿物富含磁铁矿，有的见含铬尖晶石、尖晶石等，锆石标型属幔源型。稀土配分曲线平直，无Eu元素负异常。以上显示该时期侵入岩属幔源岩浆成因。在里特曼-戈蒂里图解中投影于B区，靠近A区，显示了由活动区向地壳稳定区演化特征，与同期相伴而生的新近纪拉斑玄武岩、碱性玄武岩，形成于板内裂谷环境。由此，可以认为新近纪侵入岩是在板内拉张裂谷环境下，来自上地幔基性岩浆，沿着深切断裂上涌侵位，定位于地壳浅部，经浅剥蚀后裸露地表，形成了现今所见到的新近纪基性侵入岩。

(五)侵入岩浆作用演化

福建省岩浆侵入活动自元古宙至新近纪可划分为前南华纪、南华纪—中三叠世、晚三叠世—白垩纪和新生代4个构造岩浆旋回演化的8个阶段。岩浆活动(侵入活动、火山活动)与大地构造环境有着密切关系，本次研究认为福建省多旋回、多阶段的岩浆侵入活动，是在元古宙形成的结晶基底多次张裂(裂解)-拼接(会聚)过程中地幔、幔壳以及壳源物质部分熔融的产物。

自古—中元古代古陆形成与发展，岩浆侵入作用也随之活跃，形成了石英闪长岩、英云闪长岩，同时还伴有基性—中性—酸性岩浆喷发。进入中元古代晚期至新元古代早期，古陆开始裂解形成了基性、超基性—酸性岩浆侵入，并伴有细碧岩-石英角斑岩双峰式火山岩形成，从而构成了元古宙基性、超基性—酸性岩浆杂岩组合。从元古宙晚期开始至中三叠世陆块转入拼接聚合的海陆(造陆)演化阶段，地壳又处于挤压环境，在强烈的加里东运动作用下，发生了大规模岩浆侵入作用，形成了早期(志留纪)阶段，以酸性岩为主体的同碰撞强过铝钙碱性系列中性—中酸性—酸性花岗岩类岩石；随着海陆演化发展，在具有划时代意义的印支造山作用下，岩浆再次活动，形成了晚期(T_2)阶段后碰撞次铝—过铝钙碱性—碱性系列的中性—中酸性—酸性—碱性花岗岩类岩石。

印支挤压造山阶段结束，到了早侏罗世进入后造山拉张阶段（而此时也是福建省地壳发生大转折时期，太平洋板块俯冲开始，从此进入燕山运动），岩浆作用再次活跃，形成了后造山拉张（类裂谷）钙碱性系列基性—酸性侵入岩及具双峰式特征的玄武岩-流纹岩组合（J_1）。进入晚侏罗世阶段，太平洋板块强烈俯冲，进入了燕山主造山幕，岩浆活动达到鼎盛，形成了分布广泛、以酸性岩为主体的后碰撞次铝—过铝钙碱系列的花岗闪长岩-花岗岩组合（GG 组合）及花岗岩组合，以及火山弧火山岩组合。进入白垩纪，地壳转为伸展环境，出现了白垩纪双峰式的基性—酸性—碱性火山岩组合，同时形成了一套基性、超基性—中性—中酸性—酸性—碱性侵入岩，或基性—酸性侵入岩组合；到晚期（早白垩世末—晚白垩世）出现了后造山 A 型晶洞碱长花岗岩-晶洞碱性花岗岩及花岗闪长质-碱长花岗质浅成斑岩侵入，标志燕山造山过程结束。到了新生代地壳进入隆升断块差异升降活动时期，于新近纪出现了板内裂谷基性岩浆侵入和喷溢拉斑玄武岩、碱性玄武岩。

四、侵入岩岩石构造组合与成矿关系

岩浆侵入活动不仅带来了热源和热能，也带来了成矿物质，随着岩浆定位和结晶分异过程从成岩物质中分离出来，在有利部位富集成矿。同时在成岩过程中热能和产生的热水溶液等活动，又从围岩中汲取成矿元素，在岩体有利部位和围岩中富集成矿。

（一）不同时期岩石构造组合与成矿关系

1. 元古宙基性、超基性—酸性杂岩组合

该岩石组合是元古宙古陆形成与裂解时期，伴随岩浆侵入形成有金、铜矿床及蛇纹石、滑石矿床。但早、晚两阶段岩石组合不同，成矿特点也有差异。

早期阶段为石英闪长岩-英云闪长岩组合，岩体规模小，分布零星，岩石中 Cu、Pb、Zn、Ag 等成矿元素含量较高，建宁上坪等岩体周边常见有重砂黄金异常。

晚期阶段为基性、超基性—酸性侵入岩组合，其中常见金、铜矿生成及蛇纹石、滑石矿生成。如政和王母山超基性岩体中的蛇纹石、滑石及接触带中金、铜矿床，浦城包处蛇纹石、滑石矿床。这可能是古陆裂解导致地幔物质上涌，携带金、铜等成矿元素在岩体与围岩接触部位富集形成的矿床。

2. 志留纪强过铝花岗岩组合

该岩石组合的二长花岗岩、正长花岗岩或是其外围的伟晶岩中以形成铌、钽、锡、铍、锂、钾长石、白云母等矿产为主，常形成小—大型伟晶岩型铌钽矿床，以及二长花岗岩、正长花岗岩中的稀土矿。

3. 中三叠世钙碱性（钾质）花岗岩组合

该岩石组合中石英闪长岩、石英二长闪长岩、花岗闪长岩等中性、中酸性岩类及接触带中常形成铜、铅、锌、金、银等矿床，尤溪溪坪、西华一带铜、铅、锌矿床点，以及尤溪肖坂、德化芹菜洋、雷潭等金矿床（点）即产于岩体的接触带或外围，这与该岩石组合中微量元素 Pb、Zn、Cu、Ag、Au 含量较高相一致。

4. 早侏罗世钙碱性侵入岩组合

该岩石组合主要与铜、铅、锌及锡成矿关系密切，在大田汤泉、文江等中酸性岩体内外接触带常见有铜、铅矿床（点），在永安坪山岩体及外接触带有较多铅锌矿点，岩体内还有锡矿点。此外，在永定岩体外接触带（溪子崇）也见有锡矿化点。表明该岩石组合与铜、铅、锌及锡成矿关系密切，这与该岩石组合中的中酸性岩（太拔岩体、汤泉岩体等）Cu、Pb、Zn 及酸性岩 Sn 含量高相吻合。

5. 晚侏罗世花岗闪长岩-花岗岩组合及花岗岩组合

该岩石组合在福建省内分布最广，形成的矿产也较丰富多彩，以形成钨、锡、钼、铋、铁、铌、钽矿为主，还有铜、锌、铅多金属矿床。许多大、中、小型矿床均产于该岩石组合中。但闽东与闽西岩石组合不同，形成的矿床类型也有差异。闽东岩浆岩亚带主要为花岗闪长岩-花岗岩组合，形成的矿产以铅、锌、铜为主，如平和大望山、赤竹坪、政和霞山等岩体内外接触带常见有铅、锌及多金属矿。闽西岩浆岩亚带为花岗岩组合，形成以钨、锡、钼、铁、铅、锌、铜及铌、钽等多金属矿产，如清流行洛坑钨矿床、大田太华钨矿、将乐新路口铜钼矿床、马坑铁矿床、漳平彭炉一带铅锌矿、连城珠地多金属矿床等均产于花岗岩类岩体的内外接触带或外围，有的岩体中常可见钨、锡钨、铅锌矿点并叠加重砂 W、Sn 异常，如长汀河田岩体中不仅见有钨、锡、钼、铅锌矿点，同时 W、Sn 重砂异常分布也较广。

6. 早白垩世钙碱性侵入岩组合及过碱性—碱性花岗岩组合

本岩石组合形成的矿产较丰富，形成的有铜、铅、锌、钼及铌、钍等矿产。如平和钟腾铜钼矿床，即产于钟腾中酸性岩体内，莆田银坑铅锌矿床产于新县岩体外围，福安赤路钼矿床即产于赤路岩体中。表明该时期钙碱性侵入岩组合与铜、铅、锌、钼成矿关系密切。形成于早白垩世末至晚白垩世的过碱性—碱性花岗岩组合则与铌、钍等矿产有关，在福州魁岐等岩体中，见一些铌、钍矿化点，这与岩石中 Nb、Th 含量较高相吻合。

7. 晚白垩世花岗闪长质-碱长花岗质斑岩组合

本岩石组合中的一些小岩瘤、岩脉常形成一些铅锌及多金属矿，如建瓯钟山、闽清井后多金属矿床及大田桥下铅锌矿床均与斑岩有关，是寻找斑岩型铜、铅锌及多金属矿产值得重视的岩石组合。

8. 新近纪基性岩组合

目前尚未发现与之有关的金属矿产，但因其颜色佳、块度好，常构成高档饰面板材矿床。

（二）岩石组合与成矿作用空间关系

福建省岩浆侵入活动多沿断裂带或断裂复合部位侵入，在上侵过程中不仅利用原有空间，还不断扩展空间，同时将携带成矿元素和萃取围岩中成矿元素在有利部位富集成矿。因此，在区域空间上可见上述不同岩石组合中的不同矿种总是呈北东向带状分布或集中分布于某区域的北东向与北西向交会的结点处，分别构成了成矿带、成矿区，并与断裂带和区域构造分区相吻合。例如以政和-大埔断裂带为界，东部为闽东岩浆岩亚带，花岗闪长岩-花岗岩组合（J_3），主要为亲硫元素成矿带，以铅、锌、铜、钼等矿产为主；西部为闽西岩浆岩亚带的花岗岩组合（J_3），主要为亲氧元素成矿带，多为钨、锡、稀土、铌、钽矿种分布。就小范围而言，有的矿床点分布于岩体外围，有的分布于接触带，有的则分布于岩体内。赤路钼矿、行洛坑钨矿、钟腾铜钼矿分布于岩体内。汤泉铁矿、马坑铁矿产于岩体外接触带，与成矿关系密切。汤泉铁矿体明显呈带状展布于汤泉岩体外接触带矽卡岩中，自花岗闪长岩→透辉石化、绿帘石化、钾长石化花岗闪长岩→石榴子石（透辉石）、绿帘石矽卡岩→磁铁矿化石榴子石矽卡岩→灰岩蚀变分带明显，清楚地反映在汤泉铁矿赋存岩体外接触带上，显示出岩浆侵入作用与成矿空间关系。有的矿床点常见分布于岩体外围，此类金属矿产主要是受侵入体热能辐射、热水溶液循环并不断萃取地壳中成矿元素，在有利部位成矿，如银坑铅锌矿床、清流余朋铅锌矿床、连城珠地铅锌矿床等。

第四节　变质岩岩石构造组合

福建省位于华南变质区东部。自古元古代以来，各地质时期都曾发生过不同性质的变质作用，形成不同变质成因类型的变质岩，包括区域变质岩、接触变质岩、动力变质岩等。其中区域变质岩（包括变质表壳岩、变质深成侵入岩）出露面积约 21 800km²，占全省总面积的 1/5。本章仅以区域变质岩为论述对象。

一、变质岩时空分布

福建省区域变质岩主要分布于政和-大埔断裂带以西，尤以闽西北为最，闽东由于中新生代火山岩覆盖出露零星，可划分古—中元古代中深变质岩系、新元古代中浅变质岩系和南华纪—早古生代浅变质岩系等 3 套变质岩石构造地层（表 4-7）。变质地质单元属武夷变质域，可划分闽西北、闽西南、闽东沿海 3 个变质区，其中闽西北变质区可进一步划分为崇安-宁化和松溪-剑斗两个变质地带。

表 4-7　福建省区域编制岩岩石（构造）划分表

<table>
<tr><td colspan="2">岩石（构造）／变质地质单元／地层单位／地质时代</td><td colspan="9">闽西北变质区</td><td>闽西南变质区</td><td>闽东沿海变质区</td></tr>
<tr><td rowspan="4">古生代</td><td rowspan="2">奥陶纪</td><td colspan="9"></td><td>罗峰溪组（$O_{2-3}l$）</td><td rowspan="4">亲营山组（AnDq）</td></tr>
<tr><td colspan="9"></td><td>魏坊组（O_1w）</td></tr>
<tr><td rowspan="2">寒武纪</td><td colspan="9">东坑口组（$\in_3d$）</td><td>东坑口组（$\in_3d$）</td></tr>
<tr><td colspan="9">林田组（$\in_{1-2}l$）</td><td>林田组（$\in_{1-2}l$）</td></tr>
<tr><td rowspan="6">新元古代</td><td rowspan="2">震旦纪</td><td colspan="2" rowspan="2">盖洋群</td><td colspan="2">三溪寨组（Zs）</td><td colspan="3" rowspan="2">西溪组（Zx）</td><td colspan="2" rowspan="2">稻香组（Zdx）</td><td>黄连组（Zh）</td><td rowspan="9"></td></tr>
<tr><td colspan="2">楼前组（Zlq）</td><td>南岩组（Zn）</td></tr>
<tr><td rowspan="2">南华纪</td><td colspan="9">大源片麻岩（Pt_3D）</td><td>楼子坝组（Nhl）</td></tr>
<tr><td rowspan="3">万全岩群</td><td colspan="2" rowspan="2">下峰岩组（$Pt_3x.$）</td><td rowspan="3">龙北溪岩组（$Pt_3l.$）</td><td colspan="2" rowspan="3">东岩岩组（$Pt_3d.$）</td><td colspan="2" rowspan="3">大岭岩组（$Pt_3dl.$）</td><td rowspan="3">马面山岩群</td><td rowspan="3"></td></tr>
<tr><td rowspan="2">青白口纪</td></tr>
<tr><td colspan="2">黄潭岩组（$Pt_3h.$）</td></tr>
<tr><td colspan="2">中元古代</td><td colspan="9"></td><td>桃溪岩组（$Pt_2t.$）</td></tr>
<tr><td colspan="2" rowspan="2">古元古代</td><td colspan="2" rowspan="2">麻源岩群</td><td colspan="3">南山岩组（$Pt_1n.$）</td><td colspan="4" rowspan="2">迪口岩组（$Pt_1dk.$）</td><td rowspan="2"></td></tr>
<tr><td colspan="3">大金山岩组（$Pt_1d.$）</td></tr>
</table>

1. 变质表壳岩

福建省的区域变质岩主要属变质表壳岩，受变质地层自古元古界至古生界。古—中元古界为中深变质岩系、新元古界为中浅变质岩系、下古生界为浅变质岩系。

（1）中深变质岩系。该变质岩系包括古元古界麻源岩群（大金山岩组和南山岩组）、迪口岩组及中元古界桃溪岩组。麻源岩群主要分布在闽西北地区的浦城—建阳—建瓯—顺昌及建宁一带，是古元古代建宁古弧后盆地和古元古代浦城-顺昌古弧后盆地的组成部分。迪口岩组仅出露于闽北建瓯迪口地区，是迪口基底残块的组成部分。桃溪岩组主要分布于闽西南的武平桃溪地区，是中元古代桃溪古弧后盆地的组成部分。

（2）中浅变质岩系。包括新元古界万全岩群（黄潭岩组、下峰岩组）和新元古界马面山岩群（大岭岩组、东岩岩组、龙北溪岩组）。万全岩群主要分布在闽西北的邵武—泰宁—将乐一带，组成新元古代光泽-泰宁古弧间盆地。马面山岩群主要分布于政和—建瓯—尤溪—漳平一线，政和-大埔（广东）大断裂带的两侧，构成闽中结合带的主体。

（3）浅变质岩系。包括南华纪的楼子坝组，震旦纪的南岩组、黄连组及盖洋群（楼前组、三溪寨组）、西溪组、稻香组，下—中寒武统林田组，上寒武统东坑口组，下奥陶统魏坊组及中—上奥陶统罗峰溪组等地层单位。楼子坝组、南岩组、黄连组、林田组、东坑口组、魏坊组、罗峰溪组主要分布于闽西南地区构成长汀-上杭被动陆缘的主体和永安-龙岩陆表海的褶皱基底。西溪组（包括部分林田组）主要分布在闽西北的邵武—泰宁—将乐一带，是被动陆缘的组成部分。盖洋群主要分布在闽西的明溪—清流—宁化一带，呈北东东向延伸，向西延入江西省宁都枫背，构成震旦纪明溪-宁化夭折裂谷的主体。稻香组零星分布在政和稻香、尤溪华山上等地，是组成闽中结合带的一部分。

2. 变质深成岩体

福建省已证实变质深成岩体规模较小，主要为新元古代侵入岩遭受晋宁期和加里东期的变质作用改造而呈片麻岩式产出，主要有王墘变质基性岩、溪东片麻岩、大源片麻岩等。

王墘变质基性岩分布局限，主要出露于南平王墘，零星见于建瓯大康、南平前村、槐树坑、儒岭、将乐漠源等地，呈岩脉群顺层侵入迪口岩组及马面山岩群中，出露面积仅 1.4km^2。

溪东片麻岩分布局限，呈串珠状分布于顺昌溪东、岚下等地，面积仅 1.5km^2，呈小岩瘤状侵入南山岩组，片麻理与围岩片理基本一致。

大源片麻岩主要分布于将乐大源、朱岭头一带，零星见于顺昌慈悲、邵武金坑大常、拿口神仙排、建阳黄坑东山等地，呈岩基、岩枝或岩瘤状侵入万全岩群中，仅大源岩体规模较大，可达 149km^2，其他岩体均较小，一般在 10～20km^{2}之间。

二、变质岩岩石构造组合划分及其特征

变质建造是变质地区中有规律的变质岩石自然组合，变质建造的划分一般以原岩建造为基础，结合变质作用类型进行划分。原岩建造不同，而变质作用类型相同应分为两个变质建造；原岩建造相同，变质作用类型不同，可视情况划分两个亚建造。变质岩构造组合是指特定构造环境中形成的多种变质建造的组合。变质建造的划分是确定变质岩石构造组合的基础。根据这一认识对福建省的变质岩进行变质建造和变质岩岩石构造组合的划分（表 4-8）。

表 4-8　福建省变质岩岩石构造组合划分表

时代	地层单位		主要岩性	变质岩建造	变质岩岩石构造组合	变质相	变质时代（Ma）
AnD	亲营山岩组		（矽线）（红柱）（石榴子）二云（白云）石英片岩，夹少量黑云斜长变粒岩、黑云石英片岩	矽线二云石英片岩-黑云斜长变粒岩变质建造	陆缘斜坡片岩-变粒岩构造组合	高绿片岩相	
O_{2-3}	罗峰溪组		变质中细粒长石石英杂砂岩、变质粉砂岩、千枚岩，夹碳质板岩	砂质板岩-泥质板岩变质建造	陆缘斜坡半深海砂板岩构造组合	低绿片岩相	450～395
O_1	魏坊组		变质粉砂质泥岩、变质粉砂岩、千枚岩，夹变质砂岩、碳质板岩				
$\in_3$	东坑口组		变质中细粒长石石英杂砂岩，夹变质粉砂岩、千枚岩、板岩				
$\in_{1-2}$	林田组		变质中细粒长石石英杂砂岩、变质粉砂岩、千枚岩，夹硅质岩、碳质板岩				
Z	稻香组		变质安山质凝灰岩、凝灰质砂泥岩、泥岩（千枚岩）、硅质岩，夹大理岩、绿帘阳起片岩	砂质板岩-硅质岩变质建造	远洋沉积深海硅-泥质岩组合		
	盖洋群	三溪寨组	变质长石石英砂岩、变质粉砂岩、千枚岩，夹变质凝灰岩、硅质岩、大理岩	变质陆源碎屑岩变质建造	夭折裂谷变质火山岩-变质泥砂岩构造组合		
		楼前组	变质中酸性晶屑凝灰岩、块状流纹岩、沉凝灰岩，夹变质粉砂岩、千枚岩	变质中酸性火山岩建造			
	西溪组		变质长石石英杂砂岩、变质凝灰质细砂岩、千枚岩、变质粉砂岩，夹变质凝灰岩	砂质板岩-泥质板岩变质建造	陆缘斜坡半深海砂板岩构造组合		
	黄连组		变质硅质岩、变质砂岩，夹千枚岩				
	南岩组		千枚岩、变质粉砂岩、变质长石石英砂岩，夹硅质岩、磷块岩				
Nh	楼子坝组		变质砂岩、变质粉砂岩、千枚岩、板岩，夹硅质岩				

续表 4-8

时代	地层单位		主要岩性	变质岩建造	变质岩岩石构造组合	变质相	变质时代（Ma）
Pt₃	大源片麻岩		黑云二长（斜长）片麻岩	奥长花岗片麻岩变质建造	古岩浆弧 TTG 构造组合	高绿片岩相	933～696
	溪东片麻岩		英云闪长质片麻岩	英云闪长质片麻岩变质建造			
	王垅变质基性岩		斜长角闪片岩	变质基性层状侵入岩建造			
	马面山岩群	龙北溪岩组	云母石英片岩、透辉石石英岩、大理岩，夹黑云斜长变粒岩	云母片岩-石英岩-大理岩变质建造	蛇绿混杂岩带绿片岩-片岩-石英岩-大理岩构造组合		
		东岩岩组	绿片岩，夹钠长变粒岩、云母石英片岩及大理岩、石英岩	绿片岩-钠长变粒岩变质建造			
		大岭岩组	黑云钠长变粒岩、钠长（石英）片岩，夹云母石英片岩及少量石英岩	钠长变粒岩-钠长（石英）片岩-云母石英片岩变质建造			
	万全岩群	下峰岩组	上部：黑云斜长（二长）变粒岩，夹黑云石英片岩、二云片岩、云母长石石英岩	黑云斜长（二长）变粒岩-二云石英片岩-云母长石石英岩变质建造	古弧间盆地变粒岩-片岩-石英岩构造组合		
			下部：二云石英片岩、二云片岩，夹黑云（二长）变粒岩，含微晶石墨	二云（石英）片岩-黑云（二长）变粒岩变质建造			
		黄潭岩组	黑云二长（钠长）变粒岩、浅粒岩，夹云母石英片岩	黑云二长（钠长）变粒岩-浅粒岩-云母石英片岩变质建造			
Pt₂	桃溪岩组		上部：矽线石榴云母（石英）片岩，石英片岩，夹变粒岩、角闪片岩	矽线石榴云母（石英）片岩、石英片岩-变粒岩变质建造	古弧后盆地变粒岩-片岩构造组合	低角闪岩相	
			下部：黑云（斜长）二长变粒岩、二长浅粒岩，偶夹片岩	黑云斜长（二长）变粒岩-二长浅粒岩变质建造			
Pt₁	迪口岩组		黑云斜长变粒岩，夹石英片岩、二云石英片岩	黑云斜长变粒岩-石英片岩变质建造	基底残块变粒岩-片岩组合		2 340～1 714
	麻源岩群	南山岩组	条带、条纹状黑云（二云）石英片岩、黑云（斜长）变粒岩、黑云变粒岩	富铝石英片岩-黑云斜长变粒岩变质建造	古弧后盆地孔兹岩系组合		
		大金山岩组	黑云斜长变粒岩、黑云（二云）石英片岩，夹少量斜长角闪（片）岩，含晶质石墨	高碳富铝黑云斜长变粒岩-石英片岩变质建造			

（一）古—中元古代中深变质岩系

包括麻源岩群（大金山岩组、南山岩组）、迪口岩组和桃溪岩组。

1. 古弧后盆地孔兹岩系构造组合

该变质岩石构造组合对应的地层为麻源岩群（$Pt_1M.$），包括大金山岩组的高碳富铝黑云斜长变粒岩-石英片岩变质建造和南山岩组的富铝石英片岩-黑云斜长变粒岩变质建造两个变质建造，主要分布于闽西北的建瓯、建阳、武夷山、浦城和建宁一带，是闽西北前南华纪变质基底的主体。

1）大金山岩组（$Pt_1d.$）

为高碳富铝黑云斜长变粒岩-石英片岩变质建造，主要由黑云（斜长）变粒岩、黑云石英片岩、石英云母片岩夹数层斜长角闪（片）岩，偶夹白云质大理岩、石英岩构成。原岩以富碳高铝的砂泥质岩类为主，夹基性、中酸性火山岩。

岩石中普遍含矽线石、铁铝榴石、蓝晶石、晶质石墨等特征变质矿物，混合岩化较强，脉体为花岗质、长英质、伟晶质，变质程度达角闪岩相。武夷山桃棋石墨黑云变粒岩锆石同位素测年为2.34Ga或1.8Ga/SHRIMP（Yusheng Wan et al,2007）、建宁天井坪含黑云变粒岩测年为1 776±16Ma/SHRIMP（Yusheng Wan et al,2007）、斜长角闪岩测年为1 776±19Ma/SHRIMP（李献华,1997）。

2）南山岩组（$Pt_1n.$）

为富铝石英片岩-黑云斜长变粒岩变质建造，岩性较单一，主要为条带状、条纹状黑云斜长变粒岩、黑云（二云）石英片岩、石英云母片岩，偶夹角闪石英岩、角闪变粒岩。原岩主要为砂泥质岩类。

岩石石英脉化强烈，普遍含铁铝榴石及少量蓝晶石、矽线石、十字石，变质程度达低角闪岩相。浦城梅树坑钠长变粒岩锆石$^{207}Pb/^{206}Pb$年龄为2 093Ma。

2. 基底残块变粒岩-片岩构造组合

该变质岩石构造组合对应的地层为迪口岩组（$Pt_1dk.$），分布较局限，主要在建瓯迪口—南平后洋一带，出露面积约280km^2。

迪口岩组为黑云斜长变粒岩-石英片岩变质建造，岩性以黑云斜长变粒岩为主，夹少量薄层黑云斜长石英片岩、二云斜长石英片岩。混合岩化较强，脉体为长英质。岩石中含铁铝榴石及矽线石，变质程度达低角闪岩相，原岩为砂泥质岩类，以长石石英杂砂岩为主。

3. 古弧后盆地变粒岩-片岩构造组合

该变质岩石构造组合对应的地层为桃溪岩组（$Pt_2t.$），包括黑云斜长（二长）变粒岩-二长浅粒岩变质建造和矽线石榴云母（石英）片岩、石英片岩-变粒岩变质建造，主要分布于闽西南的武平桃溪地区，永定、上杭一带也有零星出露，向西延入江西省境内，出露面积约620km^2。

桃溪岩组下部为黑云斜长（二长）变粒岩-二长浅粒岩变质建造，主要由黑云斜长（钾长）变粒岩、黑云二长变粒岩，偶夹透辉（角闪）斜长变粒岩、片岩组成，原岩为中酸性火山岩夹火山碎屑沉积岩；上部为矽线石榴云母（石英）片岩、石英片岩-变粒岩变质建造，由矽线二云片岩、矽线黑云石英片岩夹黑云斜长变粒岩组成，原岩为砂泥质碎屑岩夹火山碎屑沉积岩。

岩石混合岩化较强，脉体为花岗质、长英质，变质程度达低角闪岩相。武平湘店、昭信二长变粒岩锆石U-Pb上交点年龄分别为1 394±42Ma、1 364±55Ma（黄泉祯等,1998）。

（二）新元古代中浅变质岩系

有变质表壳岩和变质侵入岩两类，变质表壳岩包括万全岩群（黄潭岩组、下峰岩组）和马面山岩群（大岭岩组、东岩岩组、龙北溪岩组）。

1. 古弧间盆地变粒岩-片岩-石英岩构造组合

该变质岩石构造组合对应的地层为万全岩群（$Pt_3W.$），包括黄潭岩组的黑云二长（钠长）变粒岩-浅粒岩-云母石英片岩变质建造、下峰岩组的二云（石英）片岩-黑云（二长）变粒岩变质建造和黑云斜长（二长）变粒岩-二云石英片岩-云母长石石英岩变质建造，主要分布于闽西北麻源岩群出露的周边地区，出露面积约 3 000km^2。

1）黄潭岩组（$Pt_3h.$）

黄潭岩组为黑云二长（钠长）变粒岩-浅粒岩-云母石英片岩变质建造，岩性为厚层块状二长（浅）变粒岩、黑云钠长变粒岩、钾长变粒岩，夹云母（石英）片岩，原岩为中酸性（角斑质）火山岩夹泥砂质碎屑岩。

岩石中出现铁铝榴石，局部有蓝晶石，变质程度为高绿片岩相-低角闪岩相。将乐黄潭、宁化济村一带该组变粒岩锆石$^{207}Pb/^{206}Pb$表面年龄多在 1 050～1 300Ma 之间。

2）下峰岩组（$Pt_3x.$）

下峰岩组下部为二云（石英）片岩-黑云（二长）变粒岩变质建造，岩性为白云石英片岩、二云片岩、二云斜长石英片岩夹石墨云母片岩、黑云变粒岩、（云母长石）石英岩，偶夹黑云二长变粒岩，原岩以砂泥质碎屑岩类为主偶夹中酸性（角斑质）火山岩；上部为黑云斜长（二长）变粒岩-二云（石英）片岩-云母长石石英岩变质建造，岩性以黑云（斜长）变粒岩、（斜长）二云（石英）片岩、云母长石石英岩为主，夹黑云二长（钠长）变粒岩、角闪变粒岩，原岩为泥砂质碎屑岩类夹中酸性（角斑质）火山岩。

岩石中出现铁铝榴石、微晶石墨，局部有十字石，变质程度为高绿片岩相-低角闪岩相。将乐漠俚绿帘二长变粒岩锆石 U-Pb 年龄为 1 019±26Ma。

2. 蛇绿混杂岩带绿片岩-片岩-石英岩-大理岩构造组合

该变质岩石构造组合对应的地层为马面山岩群（$Pt_3M.$），包括大岭岩组的钠长变粒岩-钠长（石英）片岩-云母石英片岩变质建造、东岩岩组的绿片岩-钠长变粒岩变质建造及龙北溪岩组的云母片岩-石英岩-大理岩变质建造，主要沿政和—建瓯—尤溪梅仙—安溪剑斗一带断续呈北北东向狭长带状分布，出露面积约 2 100km^2，为一套高绿片岩相变质原岩，为细碧岩-石英角斑岩及细碎屑岩、钙镁、硅质岩类组合。

1）大岭岩组（$Pt_3dl.$）

大岭岩组为钠长变粒岩-钠长（石英）片岩-云母石英片岩变质建造，岩性以钠长变粒岩、黑云（石英）钠长片岩为主，夹钠长云母片岩、云母（钠长）石英片岩，原岩为中酸性（石英角斑质）火山岩，夹凝灰质碎屑岩。

2）东岩岩组（$Pt_3d.$）

东岩岩组为绿片岩-钠长变粒岩变质建造，主要为一套绿片岩组合，岩性以钠长阳起片岩、斜长角闪（片）岩、绿泥绿帘阳起片岩为主，夹黑云钠长变粒岩、黑云（二云）二长变粒岩、云母石英片岩及大理岩（局部），原岩为钠质基性—酸性火山岩夹砂泥岩、泥灰岩。

3）龙北溪岩组（$Pt_3l.$）

龙北溪岩组为云母片岩-石英岩-大理岩变质建造，岩性以石英云母片岩、云母石英片岩为主，夹钙、镁、硅质岩，具复理石沉积特征。

本岩群 3 个岩组均含有相当于蓟县纪—青白口纪的微古孢粉组合。同位素测年：德化葛坑大岭岩组变粒岩锆石$^{207}Pb/^{206}Pb$年龄为1 097Ma、建瓯叶坑大岭岩组钠长变粒岩锆石U-Pb上交点年龄为1 100±19Ma(甘晓春,1993)、政和洋后东岩岩组角闪变粒岩角闪石$^{40}Ar-^{39}Ar$坪年龄为1 129.4±169Ma(甘晓春,1993)。建瓯迪口地区大岭岩组、东岩岩组、龙北溪岩组中分别获得锆石SHRIMP年龄为756.2±7.2Ma、796.5±9.3Ma、825.5±9.8Ma。

2. 古岩浆弧TTG组合

古岩浆弧TTG组合为变质深成岩体,主要是大源片麻岩(Pt_3D),包括王墘变质基性岩的变质基性层状侵入岩建造、溪东片麻岩的英云闪长质片麻岩变质建造和大源片麻岩的奥长花岗片麻岩变质建造。

1)变质基性层状侵入岩建造

变质基性层状侵入岩建造分布局限,主要出露于南平王墘,零星见于建瓯大康、南平前村、槐树坑、儒岭、将乐漠源等地,呈岩脉群顺层侵入迪口岩组及马面山岩群中,出露面积仅1.4km²。岩性主要为灰绿色、墨绿色斜长角闪片岩。片理产状与围岩基本一致,局部呈斜切关系。岩石化学成分:SiO_2含量为46.33%~49.31%,Na_2O含量为2.04%~3.45%,Al_2O_3含量为12.42%~16.15%,CaO含量为7.77%~9.97%,MgO含量为4.69%~7.64%,平均化学成分与世界辉长岩(诺科尔兹)基本相当。

2)英云闪长质片麻岩变质建造

英云闪长质片麻岩变质建造分布局限,呈串珠状分布于顺昌溪东、岚下等地,面积仅1.5km²,呈小岩瘤状侵入南山岩组,主体岩性为深灰色英云闪长质片麻岩,片麻理与围岩片理基本一致。主要矿物成分包括斜长石(50%~70%)、石英(15%~30%)、黑云母(10%~35%)、少量钾长石(<5%)。岩石化学成分:SiO_2含量为60.99%~67.37%,CaO含量为1.49%~2.53%,Al_2O_3含量为12.87%~16.32%,Na_2O含量为2.13%~2.39%,K_2O含量为2.51%~2.73%。三组锆石表面年龄接近,在676.5~990.6Ma之间。

3)奥长花岗片麻岩变质建造

奥长花岗片麻岩变质建造主要分布于将乐大源、朱岭头一带,零星见于顺昌慈悲、邵武金坑大常、拿口神仙排、建阳黄坑东山等地。仅大源岩体规模较大,可达149km²,其他岩体均较小,一般在10~20km²之间。其主要岩性为浅肉红色黑云二长片麻岩、黑云斜长片麻岩。侵入下峰岩组,被志留纪二云母正长花岗岩侵入。主要矿物成分包括钾长石(20%~30%)、斜长石(35%~40%)、石英(25%~30%)、黑云母(10%)。岩石化学成分:SiO_2含量为64.71%~68.80%,Na_2O含量为3.48%~4.31%,K_2O含量为3.34%~4.77%,Al_2O_3含量为14.82%~16.36%,CaO含量为0.88%~2.11%。Pb-Pb同位素测年1 010Ma。

(三)南华纪—早古生代浅变质岩系

南华纪—早古生代浅变质岩系包括楼子坝组、南岩组、黄连组、西溪组、盖洋群(楼前组、三溪寨组)、稻香组、林田组、东坑口组、魏坊组、罗峰溪组及亲营山岩组12个组级岩石地层单位。

1. 陆缘斜坡半深海砂板岩构造组合

该变质岩石构造组合对应的地层包括楼子坝组、南岩组、黄连组、西溪组、林田组、东坑口组、魏坊组及罗峰溪组,为砂质板岩-泥质板岩变质建造,主要分布于闽西南地区构成长汀-上杭被动陆缘的主体和永安-龙岩陆表海的褶皱基底,变质程度为低绿片岩相。

1)楼子坝组(Nh*l*)

楼子坝组主要分布于闽西南长汀—武平一带,上杭、永定地区仅零星出露未见底,上与南岩组整合接触。为一套浅灰绿色变质中细粒杂砂岩-变质粉砂岩-绿泥绢云千枚岩,夹少量灰白、灰绿色薄层硅质岩组合,属低绿片岩相(绢云母级)的浅变质岩系,含长城纪—震旦纪的微古孢粉组合。长汀地区最厚达6 317m。

2)南岩组(Z*n*)

南岩组分布局限,仅在长汀南岩一带出露,厚1 082m,下部以灰黑、灰绿色千枚岩、变质粉砂岩、变质中细粒长石石英杂砂岩为主,夹薄层硅质岩;上部以灰绿色中薄状变质细粒长石石英杂砂岩为主,夹千枚岩及薄层硅质岩,上与黄连组呈整合接触,含震旦纪的微古孢粉。

3)黄连组(Z*h*)

黄连组分布局限,仅在长汀黄连、大埔、横坑等地有出露,面积约66km^2,为一套灰白、灰绿色薄—中层变质硅质岩、变质细砂岩夹薄层千枚岩,上与林田组呈整合接触,厚265m。

4)西溪组(Z*x*)

西溪组分布于闽西北的邵武—泰宁、将乐—南平一带,为一套浅灰绿色厚层变质中细粒长石石英杂砂岩、变质凝灰质细砂岩、厚层绢云千枚岩,夹变质粉砂岩,偶见黄铁矿薄层及大理岩透镜体,含微古孢粉,厚1 363m。

5)林田组($\in_{1-2}l$)

林田组主要分布于长汀林田、大元坝、宁化治平、永安涓坑、泰宁神下、儒坊等地。下部为浅灰—灰色中薄层变质中细粒长石石英砂岩、变质粉砂岩,碳质板岩及薄层硅质岩,与下伏黄连组或西溪组、盖洋群呈整合接触;上部主要为浅灰—灰色中薄层变质中细粒长石石英杂砂岩与深灰、灰黑色薄层变质粉砂岩、硅质泥岩、千枚岩互层,局部夹薄层硅质岩、结晶灰岩透镜体及重晶石矿层,上与东坑口组呈整合接触。产 *Protospongia* sp. 和微古孢粉。

6)东坑口组($\in_3d$)

东坑口组主要分布于长汀—清流—明溪和三明—永安—龙岩两条带,呈北东向和近东西向展布。岩性较单一,主要为灰—浅灰色厚—巨厚层状含同生泥屑的变质中细粒石英杂砂岩夹少量薄层千枚岩、千枚状粉砂岩,下与林田组、上与魏坊组均呈整合接触,厚571～1 189m,产 *Protospongia* sp. 及微古孢粉。

7)魏坊组(O_1w)

魏坊组分布局限,仅见于长汀、永安、龙岩等地,厚301～815m。岩性主要为灰、灰黑色薄层千枚岩、千枚状(粉砂质)泥岩、硅质岩,夹薄层中细粒(含长石)石英杂砂岩,上与罗峰溪组呈整合接触,产 *Didymograptus* sp.,*Climacograptus* sp.。

8)罗峰溪组($O_{2-3}l$)

罗峰溪组随魏坊组分布,下部为灰、灰黑色薄层(碳质)板岩、变质粉砂岩与中厚层状变质中细粒石英杂砂岩间层,夹硅质岩;上部以灰—灰绿色巨厚层状变质中细粒(含长石)石英杂砂岩为主,夹薄层碳质板岩、变质粉砂岩,厚219～2 205m,产微古孢粉及几丁虫。

2. 夭折裂谷变质火山岩-变质泥砂岩构造组合

该变质岩石构造组合对应的地层为盖洋群(*ZG*),包括楼前组的变质中酸性火山岩建造和三溪寨组的变质陆源碎屑岩建造,主要分布于长汀张地—宁化—清流—明溪一带,呈北东东向带状展布,为一套浅变质火山-沉积岩系,变质程度为低绿片岩相。

1)楼前组(Z*lq*)

楼前组为变质中酸性火山岩建造,岩性为浅肉红色、青灰色厚层-块状变质晶(玻)屑凝灰岩、变质流纹岩、变质流纹英安质凝灰熔岩、变质霏细岩夹少量变质沉凝灰岩。

明溪林地变质流纹岩锆石 U-Pb 年龄为712.8±7.3Ma,宁化方田变质流纹岩锆石 U-Pb 年龄为665Ma。

2)三溪寨组(Zs)

三溪寨组为变质陆源碎屑岩建造,岩性为浅灰绿色千枚岩、千枚状粉砂岩、变质长石石英砂岩、变质凝灰质砂岩、变质晶(玻)屑凝灰岩,夹薄层硅质岩及白云质灰岩,上与林田组呈整合接触。

清流行洛坑变质沉凝灰岩中锆石 U-Pb 年龄为643Ma(《宁化幅1∶5万区调报告》,1991)。

3. 远洋沉积深海硅-泥质岩构造组合

该变质岩石构造组合对应的地层为稻香组（*Zdx*），分布较局限，主要在政和-大埔断裂带附近的政和星溪、稻香、尤溪华山上等地，出露面积约 32km^2。

稻香组为砂质板岩-硅质岩变质建造，岩石组合为变质安山质凝灰岩、凝灰质砂泥岩、泥岩（千枚岩）、硅质岩，夹大理岩、绿帘阳起片岩等，厚 870m。尤溪华山上有变质安山岩及流纹岩等，政和南涧硅质岩呈薄层状与薄层具水平层理的砂泥岩呈互层产出，为一套与火山碎屑岩伴生的浅海相滞流海湾还原环境下的沉积层，具有火山-硅质岩（碳酸盐岩）建造特征，变质程度为低绿片岩相。

4. 陆缘斜坡片岩-变粒岩构造组合

该变质岩石构造组合对应的地层为亲营山岩组（AnD*q*.），出露局限，仅见于平潭-东山沿海中生代动热变质带中的东山澳角大肉山、龙海深澳及平潭澳尾等地，总面积不到 30km^2。

亲营山岩组为夕线二云石英片岩-黑云斜长变粒岩变质建造，岩性主要为二云（白云）石英片岩、二云（白云）片岩，普遍含石榴子石、矽线石，偶见十字石、蓝晶石，变质程度达高绿片岩相，原岩为砂泥质岩类。

三、变质作用、构造环境及其演化

（一）变质作用类型划分

1. 吕梁期

吕梁期区域变质作用奠基于活动大陆边缘的大地构造环境，此时地壳仍较薄，活动性大且热流值高，变质程度达低角闪岩相。变质砂泥质岩中出现蓝晶石、十字石等特征变质矿物，显示中压型低角闪岩相特征，其化学反应式为：①Ms（白云母）＋Chl（绿泥石）＝Ky（蓝晶石）＋Bi（黑云母）＋Q（石英）＋H_2O，温压条件为：T≥600℃、P≥0.6GPa；②Ms＋Chl＝St（十字石）＋Bi＋Q＋H_2O，温压条件为：T＝525～580℃、P＝0.4～0.7GPa（贺同兴等，1988）。在大金山岩组中普遍含晶质石墨，一般认为晶质石墨是大于或等于十字石带的变质矿物，显示中压型特征。斜长角闪岩中出现 Pl＋Hb 组合，达低角闪岩相，其形成温度在 575～700℃之间，压力一般为 0.4～0.8GPa。

大金山岩组、迪口岩组普遍发育花岗岩质、长英质脉体，多呈长透镜体状、条带状顺片理分布，亦见呈团块状展布者，含量在 10%～70%之间逐渐变化。宏观上脉壁清楚，镜下则呈渐变关系，界线不清。南山岩组则强烈石英脉化，石英脉体含量一般为 10%～15%，局部可达 30%，脉壁界线截然清晰，具分异作用特点。表明在低角闪岩相变质作用后期，随着热流值升高，长英质等低熔组分重熔，形成花岗质、长英质、石英质等脉体，并顺片理分布。

综上所述，吕梁期变质作用类型是属于中压型低角闪岩相的区域动力热流变质作用，峰值温压分别为温度 570～650℃，压力 0.4～0.7GPa。

2. 晋宁期

变质砂泥质岩中普遍出现铁铝榴石，典型组合为铁铝榴石＋黑云母＋斜长石＋石英，其变质温压条件为温度 500～575℃，压力 0.3～0.5GPa。但在泰宁杨名上、上地等地出现十字石，局部变质程度达低角闪岩相，变质温压条件大约为温度 525～580℃，压力 0.4～0.7GPa。将乐洋源出现镁钠闪石，属绿片岩相组的高压相，其形成温压条件大致为温度 350～450℃，压力 0.5～0.8GPa（周高志等，1991）。

变质基性火山岩中出现角闪石＋钠长石组合，斜长石为钠长石，而不是中长石，表明变质程度仅达高绿片岩相，角闪石的形成温度大约在 500℃。但泰宁杨名上、将乐盖竹洋、南平儒岭、主部坑一带变质基性火山岩中斜长石的 An 28～37，角闪石具绿色—黄绿色多色性，典型变质矿物组合为：普通角闪石＋斜长石＋铁铝榴石，其变质温压条件为温度 575～640℃，压力 0.4～0.6GPa。

变质泥灰岩中出现透辉石，碳酸盐岩中出现透辉石＋透闪石＋方解石组合，据实验资料，透辉石形成的可能反应为：Tl(透闪石)＋3Cal(方解石)＋2Q(石英)＝5Di(透辉石)＋3CO_2＋H_2O，其形成温压条件为温度 540～655℃，压力 0.1～0.5GPa。

孙大中等(1991)依据马面山岩群的变质岩矿物共生组合、矿物成分标型特征和矿物温度计、温压计，认为马面山岩群形成的温压条件大约为温度 530～600℃，压力 0.3～0.45GPa。

新元古界马面山岩群、万全岩群及新元古代侵入岩呈带状分布，变质地层原岩建造为火山岩-碎屑岩建造，火山岩主要为拉斑质玄武岩系和钙碱性火山岩系，主体变质相为高绿片岩相，局部达低角闪岩相，铁铝榴石带分布较宽，十字石带分布较窄，略具递增变质带的特征。岩层中混合岩化不发育，仅发育石英脉体。因此，晋宁期变质作用类型相当于中压型高绿片岩相区域动力热流变质作用。

3. 加里东期

南华系楼子坝组—奥陶系罗峰溪组为含硅砂泥质复理石建造，震旦系西溪组为含凝灰质类复理石建造、盖洋群为钙碱性火山岩系及含凝灰质复理石建造，变质程度为低绿片岩相，出现的特征变质矿物为绿泥石、绢云母，局部为雏晶黑云母，未出现铁铝榴石，形成温压条件大致为温度在 350～500℃之间，压力小于 0.3GPa。南平安丰桥一带钙质砂泥岩中出现阳起石和斜黝帘石，其形成的变质反应可能是：Pum(绿纤石)＋Chl(方解石)＋Q(石英)＝Cz(斜黝帘石)＋Act(阳起石)＋H_2O，温压条件为温度 325～370℃，压力 0.25～0.7GPa。将乐磨坑剖面绢云千枚岩中白云母 b_0 值为 9.013Å，属低压过渡类型。因此，加里东期的变质作用类型为低压过渡类型低绿片岩相区域低温动力变质作用。

(二)大地构造环境

1. 吕梁期

卷入吕梁期变质变形作用的为麻源岩群(大金山岩组、南山岩组)、迪口岩组及桃溪岩组。

大金山岩组为黑云斜长变粒岩、云母石英片岩夹蓝晶石石英岩，含晶质石墨的变质岩组合，具含碳富铝的特点。南山岩组为黑云斜长变粒岩、黑云(石英)片岩偶夹透辉变粒岩，发育石英条带的变质岩石组合，岩石富含石英质。在剖面上变粒岩类、片岩类多呈互层状或互为夹层状产出，可能反映了原始沉积韵律的叠覆关系。结合岩石学、岩石化学的特征，恢复麻源岩群的原岩为砂泥质岩。大金山岩组中还含有斜长角闪岩、角闪斜长变粒岩、黑云二长变粒岩等岩石，恢复原岩为大陆拉斑玄武岩、中酸性火山岩。因此，麻源岩群的原岩建造为(含火山)砂泥质复理石建造。

迪口岩组岩石组合以黑云斜长变粒岩为主，偶夹石英岩、二云石英片岩。黑云斜长变粒岩中斜长石含量较低，一般为 40%～50%，石英、斜长石含量相接近，钾、钠不高，K_2O＋Na_2O 为 3.35%～5.85%，K_2O 含量大于 Na_2O，显示沉积岩特征，结合各类图解，恢复其原岩为长石砂岩、泥质岩，其原岩建造为泥砂质复理石建造。

麻源岩群、迪口岩组岩石以变粒岩、片岩为主，原岩属砂泥质岩，组成(含量火山)砂泥质复理石建造，孙大中等(1991)研究，认为其沉积变质建造相当于孔兹岩建造，沉积环境相当于大陆边缘环境。岩石具含碳富铝或富硅的特点，岩石化学平均成分与活动大陆边缘(M. R. Bhatia 等，1983)相似，在函数Ⅰ对函数Ⅱ构造环境判别图解中及 TFe_2O_3＋MgO 对 TiO_2、Al_2O_3/SiO_2、K_2O/Na_2O、Al_2O_3/(CaO＋Na_2O)判别图解中多投影在活动大陆边缘区或其附近。微量元素平均含量及其特征比值表现为大陆岛弧和活动大陆边缘的特征(M. R. Bhatia 等，1987)，在 Th-Sc-Zr/10、Th-Co-Zr/10 及 La-Th-Sc 图解上，落在大陆岛弧区或其附近。稀土元素总量较高，平均为 235.65×10^{-6}，$(La/Yb)_N$ 平均为 11.77，δEu 平均为 0.76，其平均含量及特征值、稀土模式图具活动大陆边缘或被动大陆边缘的特征(M. R. Bhatia 等，

1987)。上述特征说明古元古代岩石形成于陆内或大陆边缘的广海盆地。

2. 晋宁期

卷入晋宁期变质变形作用的为马面山岩群和万全岩群。

马面山岩群最基本的岩石构造组合为云母石英片岩-石英云母片岩-石英岩-大理岩-绿片岩，根据组合中主体的岩石类型还可以细分为钠长变粒岩-钠长石英片岩组合的大岭岩组、绿片岩-云母石英片岩-大理岩组合的东岩岩组、龙北溪岩组的石英岩-云母石英片岩组合、大理岩-绿片岩-石英岩组合及透辉石岩-石英岩-云母石英片岩组合5个变质岩石构造组合，各岩石构造组合之间均以韧性断层接触。龙北溪岩组以云母石英片岩为主，常夹石英岩、大理岩，建瓯龙北溪大理岩和石英岩呈互为夹层或互为过渡产出，大理岩已变为透辉石(或透闪石)，石英岩具致密的胶体状特征，原岩为钙镁硅泥质岩，它们具有远洋深水沉积的特征。东岩岩组以绿片岩为主，主要为钠长阳起片岩、绿泥绿帘阳起片岩、斜长角闪岩，其原岩主要为拉斑玄武岩，于建瓯城南河边见经剪切的可疑的枕状构造。大岭岩组以钠长变粒岩、云母石英片岩为主，钠长变粒岩多呈厚层-块状产出，偶见变余晶屑结构残留或长石斑晶残留，化学成分具高碱、富钠、低铁、低镁的特征，副矿锆石多数晶棱清晰，晶形完好，原岩为中酸性火山岩类；云母(石英)片岩与云母变粒岩常呈薄层状互层产出，岩石中云母和石英含量高，原岩为泥质、砂泥质岩类，政和马面山大岭岩组为薄层状的云母石英片岩夹薄层的变粒岩，具复理石建造特征。东岩岩组原岩具中基一基性火山岩的绿片岩类的微量元素特征与板内玄武岩接近，斜长角闪片岩部分微量元素具洋中脊玄武岩标准化形式，同大陆钙碱性玄武岩较为接近。大岭岩组中酸性火山岩岩石化学特征介于造山带岛弧与活动大陆边缘火山岩之间。砂泥质岩类岩石化学特征接近于活动大陆边缘或被动大陆边缘的杂砂岩。龙北溪岩组砂泥质碎屑岩类的稀土模式曲线相似于大陆边缘杂砂岩；稀土参数平均值与被动陆缘杂砂岩较为接近。

万全岩群中黄潭岩组以厚层-块状的变粒岩为主，下峰岩组以云母片岩、石英片岩、斜长变粒岩、云母变粒岩为主，夹有二长变粒岩、钾长变粒岩等。二长变粒岩、钾长变粒岩等呈厚层-块状产出的变粒岩，岩石中长石矿物含量高，偶见有变余晶屑残留，岩石化学成分具高碱，低铁、镁、钙等火山岩特征，原岩为中酸性火山岩类。片岩与变粒岩多呈中—薄层状互层产出，部分岩石中见变余砂状结构，副矿物磷灰石、锆石均呈浑圆碎屑状出现，原岩为泥岩或砂泥质岩。原岩恢复为中酸性火山岩的变粒岩在 $\lg\tau$-$\lg\sigma$ 图解中，多数投入造山带岛弧与活动大陆边缘重叠区；原岩为砂泥质岩类片岩、变粒岩在 SiO_2-$(K_2O$-$Na_2O)$ 构造判别图解中，分别投入活动大陆边缘和被动大陆边缘区，稀土配分模式为右倾斜曲线，与大陆边缘杂砂岩稀土曲线相似。

3. 加里东期

本期变质变形作用主要发育于震旦纪—奥陶纪浅变质岩系中，从楼子坝组至罗峰溪组，总体表现为晋宁运动之后，形成的一套含硅质砂泥质复理石建造，由(长石)石英杂砂岩、粉砂岩、千枚岩和硅质岩等组成。岩石中变余砂状结构清楚，碎屑物为陆源碎屑，以石英为主，斜长石次之，呈次棱角—次圆状。杂基含量高(15%～30%)，以黏土矿物为主，并有硅质、钙质、碳质。砂岩-粉砂岩-泥岩常形成厚度不等的旋回性基本层序，岩层内发育微细水平层理、水平纹理、平缓波状层理，粒序层理也较常见，局部见低角度斜层理、浊流沉积构造包卷层理。显示为水体相对稳定的浅海—次深海相沉积。镁铝含量比值($m=100\times MgO/Al_2O_3$)为10.27～24.06($10<m<500$)，反映海水沉积环境(邱家骧等，1991)；泥质岩中特征元素Th/U比值为2.76～16.46，平均为6.85(<7)，Rb/K比值为0.003 8～0.006 4，表明其沉积环境为海相环境。楼子坝组下段上部、上段下部及黄连组为硅质岩发育，楼子坝组、南岩组含钙质，反映它们具硅质、碳酸盐岩沉积，硅质岩层位较多。上述特征表明南华纪—早古生代时期沉积环境相对稳定，水体相对较浅，属浅海—次深海相沉积。

岩石化学成分及其比值的平均值与大陆岛弧或活动大陆边缘的特征相近，在 SiO_2-K_2O/Na_2O 判别图、岩石化学成分函数Ⅰ对函数Ⅱ判别图解中投影在活动大陆边缘和被动大陆边缘区及其周围(M. R. Bhatia,1983)。微量元素含量,微量元素及其比值的平均值与活动大陆边缘或被动大陆边缘的特征相似,在Th-Sc-Zr/10和Th-Co-Zr/10图解中投在活动大陆边缘区及其附近(M. R. Bhatia等,1987)。稀土元素含量,其稀土元素特征及稀土配分模式图与安第斯型大陆边缘和被动大陆边缘相似(M. R. Bhatia,1987)。

上述特征表明,楼子坝组—罗峰溪组原岩建造类型属含钙硅质砂泥质复理石建造,为水体相对较浅、水动力条件较弱的浅海—次深海相沉积,大地构造环境相当于活动大陆边缘环境。

(三)变质作用演化

综合本章以上各节所述,福建省内各期变质作用类型各具特色,是地壳不同演化阶段、不同大地构造环境的产物。

1. 古元古代(吕梁期)

原岩建造以砂泥质类复理石建造为主,夹有基性火山岩,大地构造环境为古弧后盆地。该期区域中高温变质作用形成角闪岩相型单项变质,塑性流变钩状、无根褶皱、片理、片麻理及顺层韧性剪切带、糜棱岩带发育,克拉通化,华夏古陆块形成。

2. 新元古代早期(晋宁期)

此时期华夏古陆裂解,产生一系列复杂组合的裂陷槽或分支裂陷,西部为古弧间(裂谷)盆地,东部为古闽中洋。形成了万全岩群的砂泥质碎屑岩-中酸性火山岩原岩建造组合及马面山岩群的硅砂泥质-碳酸盐岩、细碧角斑岩-石英角斑岩原岩建造组合。该时期的区域动力热流变质作用,形成以高绿片岩相为主,局部有低角闪岩相的变质岩。发生塑性压扁挠曲和强塑性固态流变,形成紧闭、同斜、平卧、不等厚、不协调褶皱,片理、脆韧性、韧性剪切带、糜棱岩发育。由于扬子陆块与华夏地块碰撞致使裂陷槽封闭,华夏古陆增生。

3. 志留纪(加里东期)

该时期原岩建造以砂泥质类复理石建造组合为主,仅震旦纪时期在明溪盖洋—长汀张地一带发育有以中酸性火山岩系为主的盖洋群。该时期的区域低温动力变质作用,产生低绿片岩相(绿泥石级)变质,形成塑性压扁挠曲变形,紧闭、同斜褶皱,脆韧性断层发育。发生陆-陆碰撞,闽中洋封闭,褶皱基底形成。

之后,福建省地壳转入较稳定的陆表海盆地发展阶段。大致在晚石炭世早期(相当于淮南期)变质作用具动力变质作用的特点,受热流影响微弱,主要表现为安砂群和林地组粗碎屑岩胶结物和泥质岩微弱变质重结晶,形成显丝绢光泽的绢云母。

印支运动之后,福建省地壳处于活动大陆边缘发展阶段。由于受太平洋板块向欧亚板块俯冲的影响,大约120Ma在平潭-东山沿海发生强烈的挤压剪切作用,致使岩石产生动力变质,主要表现为燕山早期岩石的片理化和脆韧性剪切变形变质。

四、变质岩岩石构造组合与成矿关系

福建省与变质岩岩石构造组合相关的矿产主要有金、铜、铅、锌及重晶石、大理岩、白云岩、晶质石墨、蛇纹岩等。

(一)陆缘斜坡半深海砂板岩构造组合与成矿

1 重晶石

重晶石主要赋存于中—下寒武统林田组中。该组下部为中—薄层变质中细粒长石石英杂砂岩、变质粉砂岩、碳质板岩及薄层硅质岩;上部为中薄层变质中细粒长石石英杂砂岩与薄层变质粉砂岩、千枚岩互层,局部夹重晶石矿层。原岩为砂泥质复理石建造,具低绿片岩相变质。矿层呈层状、透镜状、串珠状,其中以永安李坊重晶石大型矿床最为著名。

2. 磷矿

磷矿主要赋存于震旦系南岩组中,岩石下部以千枚岩、变质粉砂岩、变质中细粒长石石英杂砂岩为主夹薄层硅质岩;上部以中薄层变质长石石英杂砂岩为主夹千枚岩及硅质岩。磷矿化层产于下部的变质粉砂岩中,以结核状的磷块岩产出,品位低,不具工业价值。

(二)蛇绿混杂岩带绿片岩-片岩-石英岩-大理岩组合与成矿

1. 大理岩、白云岩

大理岩、白云岩主要赋存于新元古界龙北溪岩组中,矿体多呈透镜状,少量呈似层状、层状、扁豆状,矿层产状与围岩一致。其原岩为一套硅砂泥质-碳酸盐岩建造,具高绿片岩-低角闪岩相变质。

2. 铜、铅、锌矿

铜、铅、锌矿主要产于以绿片岩为主,夹云母石英片岩、大理岩的新元古界东岩岩组中。其原岩为一套细碧岩-角斑岩建造,具高绿片岩-低角闪岩相变质。尤其是铅锌矿,福建省重要的大中型铅锌矿床都与此建造有关,如建阳水吉、建瓯八外洋、尤溪梅仙等铅锌矿床。

3. 金矿

金矿主要产于以黑云钠长变粒岩、钠长(石英)片岩为主,夹少量云英片岩、石英岩的新元古界大岭岩组中,其原岩为石英角斑岩夹砂泥质岩及凝灰质碎屑岩,具高绿片岩相变质。如尤溪官田-德化葛坑变质碎屑岩中热液型金矿。

(三)古弧间盆地变粒岩-片岩-石英岩构造组合与成矿

金矿主要产于新元古界黄潭岩组中,为一套黑云斜长变粒岩、二长浅粒岩夹少量云英片岩,具高绿片岩相变质,其原岩为石英角斑岩类夹砂泥质岩及凝灰质碎屑岩,如泰宁何宝山变质碎屑岩中热液型金矿。

(四)古弧后盆地孔兹岩系构造组合与成矿

1. 晶质石墨矿

晶质石墨矿主要赋存于古元古界大金山岩组中含石墨变粒岩和含石墨云母片岩中,矿体多呈似层状、层状,少数呈透镜状,矿层产状与围岩产状一致。富含碳质岩石,经区域动力热流变质作用发生变质结晶使其中的碳质变成磷片状晶质石墨,属沉积变质型矿床。

2. 金矿

金矿主要产于古元古界大金山岩组中，为一套具强烈混合岩化的黑云斜长变粒岩、黑云石英片岩、石英云母片岩，具低角闪岩相变质，其原岩为一套以富碳高铝的砂泥质岩类为主，夹基性火山岩。金矿体除受一定的层位控制外，还与其中发育的韧性剪切带有较大的关系。如建阳大金山、建宁椒坑等变质碎屑岩中热液型金矿。

此外，还有蛇纹石矿，主要由新元古代超基性小岩瘤橄榄岩、方辉橄榄岩经变质而成。

第五节　大型变形构造

本项目大型变形构造的定义：大型变形构造是组成地壳的地质体，在地质应力作用下形成的具有区域规模的巨型强烈变形构造，是地壳中的主要地质现象。显生宙期间形成的大型变形构造，延伸长度一般大于100km，展布宽度数千米乃至数十千米，切割深度从地壳内到切穿整个岩石圈；前寒武纪陆块区基底中的大型变形构造的延伸长度，取决于陆块区的大小。在一个地区地壳形成或构造演化过程中，不同地质时期地质应力条件是不同的，因而可以形成不同类型的大型变形构造。

一、大型变形构造类型的划分

按《成矿地质背景研究技术要求》的定义及大型变形构造类型的划分方案，福建省的大型变形构造可划分为剪切型的韧性走滑、压剪型的斜冲构造、挤压型的逆冲推覆、拉张型的高角度正断层4类8个大型变形构造带(表4-9)。

表4-9　福建省大型变形构造带划分表

类型	名称
剪切型	政和-大埔左行走滑构造(ZDZH)
	平潭-东山左行走滑构造(PDZH)
压剪型	南平-宁化左行斜冲构造(NNXC)
	武夷山-泰宁左行斜冲构造(WTXC)
挤压型	将乐-龙岩逆掩推覆构造(JLTF)
拉张型	上杭-云霄高角度正断层(SYZD)
	松溪-宁德高角度正断层(SNZD)
	永安-晋江高角度正断层(YJZD)

(一)剪切型构造

1. 政和-大埔左行走滑构造(ZDZH)

该构造带是划分华夏地块与东南沿海岩浆弧Ⅱ级构造单元的边界，其北起政和，向南经南平、大田至龙岩适中一线，南北两端分别延入粤、浙两省，长大于400km，宽约10～30km，总体走向NNE30°左右，倾向北西或南东，倾角陡，一般50°～80°。该带以中生代大型走滑作用及对闽东中生代大面积火山岩的控制为突出特征。

2. 平潭-东山左行走滑构造(PDZH)

平潭-东山左行走滑构造位于福建省东南沿海平潭—东山一带,呈北东向平行海岸线分布,北入海域,南至广东省南澳岛后再进海域,长大于350km,宽大于30km,走向北东,倾向北西,倾角陡,50°～80°。该构造带为一大型左旋走滑断层,是燕山期陆内靠近陆缘造山作用的产物,它以大规模的韧性或韧脆性剪切作用为特征,由一系列高角度韧性断层组成,动力变质作用普遍。

(二)压剪型构造

1. 南平-宁化左行斜冲构造(NNXC)

该构造带是划分武夷古弧盆系与闽西南陆表海盆地Ⅲ级构造单元的边界,呈北东东向展布于南平—宁化一线,长大于140km,宽20～30km,往西延入江西省宁都枫背一带,往东为政和-大埔断裂带复合,走向北东东—东西,倾向南南东或北北西,倾角陡。是由若干复杂的韧性、脆性断裂以及夹在其间的不同时代、不同类型、不同性质的岩块或岩片组成。

2. 武夷山-泰宁左行斜冲构造(WTXC)

该构造位于福建省西北部,北起崇安(现为武夷山市),向南经邵武到泰宁,两端延出省外,长大于70km,宽10～30km,呈NE35°～40°走向,倾向南东或北西,倾角陡,一般50°～80°,由一组彼此平行的以压(扭)性为主的脆性断裂和一系列北东向韧性或韧脆性断层组成。

(三)挤压型构造

将乐-龙岩逆冲推覆构造(JLTF):推覆构造发育于华夏地块内,主要分布于闽西南陆表盆地构造单元中,外来系统为早石炭世及以前的地层和志留纪侵入岩,原地系统主要为二叠纪—中三叠世沉积地层(个别为早—中侏罗世沉积地层)及中三叠世侵入岩。

根据推覆构造面的发育程度和分布情况可分为将乐-上杭、沙县-龙岩两个逆冲推覆构造带,将乐-上杭推覆构造带沿将乐、明溪、清流、上杭一线分布,自北向南呈"S"形分布,连续性好,尤其是明溪、清流、长汀县童坊、上杭县旧县段。沙县-龙岩推覆构造带主要沿南平、沙县、永安、龙岩一线呈"S"形展布,平行于将乐-上杭推覆构造带,变形强度、展布的连续性较差。

(四)拉张型构造

1. 上杭-云霄高角度正断层(SYZD)

该断裂带西起上杭、武平一带,经永定、平和至云霄、东山等地,东端延入海域,由规模较大的断裂、断陷盆地、侵入岩等组成,总体走向NW315°,长大于200km,宽20km左右,是一条区域性断裂。该带重、磁异常均呈北西向,航空照片、卫星照片上该断裂带有清晰的线形影像显示。

2. 松溪-宁德高角度正断层(SNZD)

松溪-宁德高角度正断层分布于福建省东北部浦城观前到宁德三都澳一带,北西向延伸,长200km,宽约20km,地表为一组以张性特征为主的北西向断裂,明显地控制了早白垩世沉积-火山盆地,零星出露于北西段的变质岩系片理呈北西向分布。从浦城观前到宁德三都澳,由松溪、政和、宁德洪口、罗源碧里等石帽山群盆地组成十分醒目的北西向断陷带。根据卫星照片的解译,有一系列北西向断裂分布于宁德附近和松溪至浦城管查带。

3. 永安-晋江高角度正断层(YJZD)

永安-晋江高角度正断层分布于福建省中部清流、永安、安溪剑斗、南安一带，走向北西，倾向以南西为主，倾角70°～80°。长大于200km，宽5～10km。主要由一系列延伸很长的压性、压扭性或张性断裂和北西向串珠状晚侏罗世—早白垩世沉积盆地组成，北西向航磁异常明显，航空照片、卫星照片上线形影像清晰。

二、大型变形构造的主要特征

福建省经历了古元古代陆壳形成，新元古代陆块裂解、拼合固结增生，早古生代伸展及晚古生代—早中生代陆表海演化阶段。从晚三叠世始，福建省转入濒太平洋活动大陆边缘发展阶段。漫长复杂的地质演化历史造就了福建省复杂多样的构造形迹，福建省的大型变形构造有剪切、压剪、挤压、拉张等类型的8个大型变形构造带(表4-10)。

(一)剪切型构造

1. 政和-大埔左行走滑构造(ZDZH)

该大型变形构造是划分华夏地块与东南沿海岩浆弧Ⅱ级构造单元的边界，北起政和，经南平、大田、华安一线，斜贯全省，总体走向NE30°，南北两端分别延入粤、浙两省，全长大于400km，宽10～30km，是一条具有一定切割深度、规模和划分性的区域性构造带。卷入该大型变形构造的岩石，有新元古代中浅变质岩系、早古生代浅变质岩、晚古生代—早中生代沉积岩系、中生代中—晚期火山岩系及志留纪和燕山期侵入岩，以中生代大型走滑作用及对闽东中生代大面积火山岩的控制为突出特征。在物化遥方面也有反映，如政和—南平段航磁异常为北东走向，上延20km后仍保持同一走向；崇安-宁德综合物探剖面在政和慈口处存在莫霍面断差，东面两侧地壳厚度差别达3km；西侧岩石圈电阻率大于东侧；遥感图像线形特征明显。

政和-大埔大型变形构造带的形成可能较早，新元古界马面山岩群中的细碧岩-石英角斑岩组成的双峰式火山岩建造组合沿着政和—建瓯—尤溪—安溪剑斗一线分布，反映陆内裂陷环境，即已说明该构造带的存在。晋宁运动使马面山岩群发生中、下构造层次过渡带塑性压扁挠曲和强塑性固态流变，紧闭同斜、仰卧、不等厚、不协调褶皱、片理、脆-韧性剪切带、韧性剪切带、糜棱岩发育。

加里东期的构造形变主要体现为韧性剪切带的发育。北段政和熊山岩体内北北东向韧性剪切作用强烈，片理化、糜棱岩化发育，具左行走滑兼有斜冲(西北→东南)。

中生代是本大型变形构造带最重要也是最强烈的活动时期。它对中生代火山岩，尤其是晚侏罗世及其后的火山活动有显著的控制作用。晚侏罗世超浅层潜火山岩(寿宁-梅林粒状碎斑熔岩)展布明显受制于本构造带，并致使该构造带两侧火山活动的强度及岩石组合特征均有较大的差异。总体上显示西侧相对隆起，火山活动较弱；东侧凹陷较深，火山活动强烈，形成大面积的火山岩披盖，并有较强的岩浆侵入作用。该期的构造变形主要表现为密集的北东向脆性、韧脆性断层的发育。这些断裂一般呈NE20°～30°走向，平直，倾角一般较陡，均在50°以上，倾向南东者居多，以左旋走滑兼具逆冲性质为主要特征。断裂带中多有近水平的擦痕及糜棱岩的发育，并多以左旋雁行斜列的组合形式出现。

进入新生代，该构造带主要以断裂的复活、断块隆升为主要特征。沉积建造以沿河谷、山间盆地的松散堆积物为主，现代山脉、水系亦呈北北东向展布的地貌格局。

表 4-10 福建省大型变形构造特征数据表

大型变形构造名称	代号	类型	规模	产状	组合形式	物质组成	构造层次	运动方式	力学性质	形成时代	变形期次	大地构造环境	含矿特征
政和-大埔左行走滑构造	ZDZH	剪切型	长大于400km，宽10～30km	走向北东，倾向北西或南东，倾角陡，50°～80°	平行	新元古代中浅变质岩系；早古生代浅变质岩系；晚古生代—早中生代沉积岩系；中生代中—晚期火山碎屑岩系及志留纪和燕山期侵入岩	中深	左行走滑（斜冲）	扭—压扭	新元古代	持续活动至新生代，可分三期：早期（新元古代）为裂谷；中期（加里东期）为左行走滑兼有斜冲；晚期（燕山期）为脆性挤压、斜冲（左行西北向东南）。新生代断裂复活	陆内	同期矿化：有沉积-改造型铁，接触交代型铁、铜，热液型铜多金属，层控内生型铜、铅、锌多金属、磷，剪切带型金
平潭-东山左行走滑构造	PDZH	剪切型	长大于350km，宽大于40km	走向北东，倾向北西，倾角陡，50°～80°	平行	晚侏罗世花岗岩类（$J_3\gamma\delta$、$J_3\delta\eta$、$J_3\eta\gamma$、$J_3\xi\gamma$）晚侏罗世中酸性火山岩（J_3n），晚三叠世—早侏罗世及晚侏罗世沉积岩、火山碎屑沉积岩（T_3w、J_1l、J_3c）和前泥盆纪变质岩（AnDq）	中浅	左行走滑（斜冲）	扭—压扭	早白垩世早期（±120Ma）	持续活动至新生代，可分三期：早期（早白垩世早期）以左行走滑为主；中期（早白垩世晚期）基性、超基性岩侵入；晚期（新生代）新近纪玄武岩喷发及第四纪断裂复活，地震和温泉分布	活动陆缘	未发现有与之相关的矿产
南平-宁化左行斜冲构造	NNXC	压剪型	长140km，宽20～30km	走向北东东—东西，倾向南南东或北北西，倾角陡	平行	新元古界万全岩群；震旦系盖洋群、寒武系林田组；下侏罗统梨山组，上侏罗统南园组；新近系佛昙组以及加里东期、印支期、燕山期侵入岩	浅	左行斜冲	压扭	新元古代	持续活动至新生代，可分三期：早期（新元古代）先为张性，后为压扭性；中期（加里东期）先为张性，后为压扭性；晚期（中新生代）断裂复活，酸性、基性、超基性喷发	陆内	宝石
武夷山-泰宁左行斜冲构造	WTXC	压剪型	长大于70km，宽10～30km。两端延出省外	走向北东，倾向南东或北西，倾角陡，一般60°～80°	平行	新元古代—寒武纪变质岩系，中生代沉积岩系（T_3j、J_1l、J_2z）、火山岩系（J_3c、J_3n、K_1xd）及志留纪—白垩纪侵入岩（$S\xi\gamma$、$S\eta\gamma$、$J_3\eta o$、$J_3\xi\gamma$、$K_1\xi\gamma$）	浅	斜冲	压扭	新元古代	持续活动至新生代，可分三期：早期（新元古代）为韧性剪切逆冲；中期（中生代）为脆性变形先张后压；晚期（新生代）断裂复活	陆内	同期矿化：有层控内生型铅锌多金属，构造蚀变型金，热液型铜多金属、萤石

续表 4-10

大型变形构造名称	代号	类型	规模	产状	组合形式	物质组成	构造层次	运动方式	力学性质	形成时代	变形期次	大地构造环境	含矿特征
将乐-龙岩逆冲推履构造	JLTF	挤压型	长大于300km，宽大于125km	走向北东，倾向北西，倾角28°～50°，局部60°～70°	叠瓦状"S"形	外来系统为早石炭世及其以前的地层和志留纪侵入岩，原地系统主要为二叠纪—中三叠世沉积地层（个别为早—中侏罗世沉积地层）及中三叠世侵入岩	浅	逆冲推履	压性	中三叠世	持续活动至燕山早期，可分海西期—印支期和燕山早期两期，其活动均为自西北向东南方向的推履及滑脱运动	陆内	同期未见有矿化
上杭-云霄高角度正断层	SYZD	拉张型	长大于200km，宽10～30km。东南端入海	走向北西315°，倾向北东（为主），倾角陡，大于60°	平行	南华纪变质岩（Nh*l*）晚古生代沉积岩（D_3A、C_1l、C_2lh）、中生代沉积岩（T_3w、J_1l、J_1x、K_2s、K_2c）、火山岩（J_1f、J_3n、K_1h、K_1z）及燕山期侵入岩	浅	正滑	张性	白垩纪	持续活动至新生代。燕山期是主要活动期，它对燕山期岩浆作用控制明显，从燕山早期到燕山晚期经历了拉张—压剪—拉张的变化过程，喜马拉雅期主要表现为基性岩脉侵入	陆内	同期矿化：火山热液型铜金，斑岩型铜钼
松溪-宁德高角度正断层	SNZD	拉张型	长200km，宽20km	走向北西，倾角陡立	平行	前南华纪变质岩（Pt_1M、Pt_3M）、中生代沉积岩（T_3j、J_1l、J_3c）、火山岩（J_3n、K_1x、K_1h、K_1z）及燕山期侵入岩	浅	正滑	张性	白垩纪	活动最强烈时期为白垩纪，为张性，形成一系列北西走向的白垩纪火山喷发盆地	陆内	同期矿化：有热液脉型铜，热液型银、明矾石，喷溢型黑曜石
永安-晋江高角度正断层	YJZD	拉张型	长200km，宽5～10km	走向北西，倾向南西（为主），倾角70°～80°	平行	早古生代浅变质岩系；晚古生代沉积碎屑岩、碳酸盐岩、含煤碎屑岩系；中生代沉积岩（J_1l、J_2z、J_3c、K_1b、K_1j）、火山岩（J_3n、K_1h、K_1z）及燕山期侵入岩	浅	早期挤压兼具左行扭动晚期为正滑	早期压、压扭性，晚期张性	中三叠世	持续活动至白垩纪，可分2期：早期（印支期）为压性；晚期（燕山期）是主要活动期，以张性为主兼有左行走滑	陆内	未见同期矿化

综上所述，政和-大埔大型韧性走滑型剪切带发育的较早，至少在新元古代即已发生，经历了多期构造变动，对岩浆的侵入与喷发、沉积、变质作用均有所控制，但以中生代大型走滑作用为典型特征。新元古代沿该构造带发生裂陷作用，发生海底火山喷发，晋宁造山运动使其产生一系列顺层剪切作用和中、下构造层次过渡带型构造变形组合，并伴随发生高绿片岩相变质。加里东期继承了早期的构造形迹，发生韧性剪切作用。海西期该断裂带活动强度较弱，对晚古生代—早中生代沉积作用的控制不明显。燕山期是本断裂带活动的高峰期，发生大规模的左行走滑剪切作用，并控制着福建省东西部岩浆作用差异的发生。新生代主要表现为断裂的复活和断块的降升。

3. 平潭-东山左行走滑构造(PDZH)

平潭-东山左行走滑构造位于福建省东南沿海平潭—东山一带，呈北东向平行海岸线分布，北入海域，南至广东省南澳岛后入海，全长大于350km，宽大于40km，卷入该构造带的岩石有前泥盆系亲营山岩组变质岩、上三叠统文宾山组、下侏罗统梨山组沉积岩、上侏罗统长林组火山碎屑沉积岩、南园组中酸性火山岩及花岗闪长岩、二长花岗岩和正长花岗岩等。主要由一系列狭窄而延伸稳定的糜棱岩带(强应变带)和相对宽大的片理化或弱片理化(弱应变区)相间交织而成。在沉积岩区，强应变带主要表现为强烈片理化，沉积砾石压扁拉长定向排列，胶结物绢云母化；火山岩区强应变带亦主要表现为强烈片理化；花岗岩区强应变带主要表现为糜棱岩化，且有分带现象，自中心向两侧分别为(超)糜棱岩—初糜棱岩—糜棱化岩石。据露头观察及岩组分析剪切带具左行走滑特征。剪切带主滑面走向NE40°～60°、倾角陡立。根据剪切带中石英动态重结晶颗粒粒径的显微测量，估算主剪切面的最大剪应力为0.634 1kbar，最大剪切位移为34.2km。根据卷入变形的云霄礁美石英闪长岩、东山冬古码头火山岩的单锆石U-Pb法测年为134Ma(黄泉祯等，1998)和149Ma，而下白垩统石帽山群火山岩及花岗岩却未卷入变形的特点，判断该构造带主要形成于早白垩世早期石帽群火山喷发之前。

该构造带形成之后，早白垩世中晚期由于地壳的拉张作用，沿构造带的平潭莲花山、泉州桃花山、东岳山、莆田笛前山、惠安青兰山等地形成一系列超基性、基性岩浆侵入，说明该构造带切割深度较大。至新近纪于龙海的旧镇、佛昙—金门一线出现规模较大的大陆玄武岩喷发，说明该构造带活动在时间、空间上都有向东迁移的现象。

(二)压剪型构造

1. 南平-宁化左行斜冲构造(NNXC)

该构造带是划分武夷古弧盆系与闽西南陆表海盆地Ⅲ级构造单元的边界，呈北东东向展布于南平—宁化一线，长大于140km，宽20～30km，往西延入江西省宁都枫背一带，往东与政和-大埔断裂带复合，走向北东东—东西，倾向南南东或北北西，倾角陡。由若干复杂的韧性、脆性断裂以及夹在其间的不同时代、不同类型、不同性质的岩块或岩片组成。

其最早形成时代为新元古代，沿构造带北东东或东西向的走滑剪切特征明显，如将乐半岭、漠俚、夏茂岭等地均可发现众多剪切构造形迹，沿带除了一些划分性的剪切带如建瓯南雅-小桥、顺昌洋坊-元坑剪切带外，还发育一系列顺层剪切带，如将乐万全—洋源一带的韧性断层。这些顺层剪切带顺片理分布，并且常沿软弱岩层如夹在变粒岩间的片岩发育，产状陡倾，大多具左旋走滑逆冲特征，剪切带内变晶糜棱岩的Ar-Ar坪年龄为932.8Ma。

中期(加里东期)，不仅形成近北西向宽缓褶皱和劈理、片理，而且还产生一系列新的北东东向中小规模的韧脆性断层，如陈村韧脆性剪切带。同时也使得晋宁期韧性剪切带再次活动，如将乐万全韧性断层，镜下可见两组斜交的不同时代的白云母，根据各种标志性迹象表明，该剪切带晋宁期为左旋逆冲性质，加里东期具右旋滑脱的形迹，反映其多期活动特点，对变晶糜棱岩所做的全岩^{39}Ar-^{40}Ar分析表明有两个显著的坪年龄：932.8Ma和434.1Ma，反映该剪切带有两个主要活动期，即晋宁期和加里东期。

晚期(中新生代),主要表现老断裂复活、新断裂产生,中生代形成断陷盆地,酸性岩浆侵入和喷发,新生代大陆碱性玄武岩浆喷发。

2. 武夷山-泰宁左行斜冲构造(WTXC)

武夷山-泰宁左行斜冲构造位于福建省西北部,沿武夷山脉的东侧武夷山市(崇安)—泰宁一线分布,呈 NE35°～40°方向延伸、南北均延入江西省境内,长大于 270km、宽 10～30km,俗称崇安-石城断裂带或邵武-河源断裂带。它是一条长期活动的断裂带,由一组走向北东彼此平行的以压(扭)性为主的脆性断裂和一系列走向北东的韧性或韧脆性断层组成。它明显控制着晋宁期变质带、下古生界及中生代沉积和岩浆活动,在遥感影像上亦有清晰的线形构造反映。

该断裂带推测发生于新元古代早期,经历了晋宁、加里东,海西—印支、燕山、喜马拉雅 5 个活动期。

新元古代早期:在华夏陆块结晶基底的基础上,由于地壳抬升、拉张,武夷山—泰宁一带发生裂陷,形成了万全岩群砂泥质岩-中酸性火山岩的原岩建造,晋宁运动使它形成一系列轴向北东的紧密、同斜褶皱及北东向韧性断层,并发生高绿片岩相-低角闪岩相变质作用。

加里东期此时的沉积受断裂带制约在北东向凹陷带内形成一些火山复理石建造。加里东运动使其发生强烈褶皱和一系列北东向的韧脆性、脆性断层,致使各层组间常呈断层接触。同时伴随断裂的活动,热流上升,产生低绿片岩相变质作用及壳源型片麻状花岗岩的侵入。

燕山期:武夷山-泰宁构造带进入新的活动高潮,构造形变以脆性变形为主,随着晚三叠世以来大规模的凹陷活动,沿武夷山—泰宁一线产生一系列北东走向的凹陷盆地,控制着晚三叠世—中侏罗世的沉积,随后的强烈挤压盆地两侧断裂对冲,使老地层逆冲于晚三叠世—早侏罗世地层之上。断裂带内的岩石受强烈挤压岩层发生扭曲、片理化或糜棱岩化。到白垩纪继承性的凹陷活动进一步发展,形成一系列北东走向的单向断陷盆地,如崇安、泰宁、均口、禾口白垩纪无火山断陷盆地和白崖山、伊家白垩纪火山断陷盆地。控制崇安、泰宁两断陷盆地发展的星村、寨下两断裂长度均大于 100km,宽数十米至数百米不等,断裂带内岩石强烈挤压、破碎,常形成宽大的硅化带,并有萤石填充,具先压后张的特征。

喜马拉雅期:构造带活动主要表现为断裂的复活,断块降升。泰宁邱洪新近系佛昙组大陆玄武岩建造的出现,说明该大型变形构造带切割深度较大。

(三)挤压型构造

1. 将乐-龙岩逆冲推覆构造(JLTF)

推覆构造发育于华夏地块内,主要分布于闽西南陆表盆地构造单元中,根据推覆构造面的发育程度和分布情况可分为将乐-上杭、沙县-龙岩两个逆冲推覆构造带。外来系统为早石炭世及其以前的地层和志留纪侵入岩,原地系统主要为二叠纪—中三叠世沉积地层(个别为早—中侏罗世沉积地层)及中三叠世侵入岩。

1)将乐-上杭逆冲推覆构造

将乐-上杭逆冲推覆构造主要沿将乐、明溪、清流、长汀、上杭一带分布,呈北东向"S"形延伸,长大于 290km,宽 10～50km、推覆体主要为晚古生代初期的粗碎屑岩系、早古生代的浅变质岩系及加里东期侵入岩。原地系统主要为晚石炭世—中侏罗世的沉积地层和中三叠世侵入岩。该推覆构造连续性较好,在明溪、清流泉上-湖村、长汀中复、连城珠地、武平岩前晚古生代地层多以构造窗形式出现,而连城灵地安砂群、林地组却以飞来峰形式覆盖于晚古生代地层及中三叠世侵入岩之上。在平面上为一系列逆冲断层呈平行或发辫状展布,在剖面上由一系列逆冲断层组成叠瓦扇。这些断层的总体呈北东走向,向北西倾,倾角 30°～50°,局部可达 60°～70°。断层两侧岩石遭受强烈挤压而片理化、糜棱岩化,晚泥盆世—

早石炭世地层中砂砾岩的砾石被压扁拉长呈定向排列、泥质岩石则呈千枚状、叶片状、且揉皱强烈，断面附近的中三叠世二长花岗岩，长石多绢云母化，形成类似绢云石英片岩的构造片岩，挤压剪切特征明显。根据逆冲断层的产状、断层带内构造岩及透镜体的排列特征，可以判断推覆构造的运动方向为西北向东南推覆。根据推覆构造外来系统主要为晚泥盆世—早石炭世及其以前的地层和侵入岩，并被晚侏罗世侵入岩侵入；原地系统主要为晚石炭世—早三叠世沉积地层及中三叠世侵入岩，西北部明溪—清流一带最新地层，则有早—中侏罗世地层；长汀肖屋岭逆冲断层带中构造片岩的绢云母 K-Ar 测年为 213Ma。推断该推覆构造主要发生于印支期和燕山早期。

2）沙县-龙岩逆冲推覆构造

沙县-龙岩逆冲推覆构造主要沿南平—沙县—三明—永安—大田—龙岩一带分布，呈北东向延伸，长 120km，宽 10～60km。原地系统主要为晚石炭世—中侏罗世沉积地层及中三叠世侵入岩；外来系统（推覆体）主要为晚泥盆世—早石炭世粗碎屑岩及其以前的变质岩地层和加里东期及其以前的侵入岩。推覆体在地貌上多处于高处，常呈飞来峰形式出现。外来系统一般变形较强，常具片理化现象和一些定向构造及斜歪、倒转褶皱。原地系统尤其是二叠纪沉积地层，往往在推覆构造发生的前期或初期由于时处海西期—印支期伸展的构造环境，在拉张应力作用下产生一系列顺层滑脱构造。逆冲推覆面一般较平缓，倾向以北西为主，平面上呈弧形展布（如大田广平推覆构造）或呈封闭圈状分布（飞来峰构造）。剖面上逆冲构造面沿倾向呈背、向形波状起伏，一般呈不对称褶皱状，背形的西北翼较平缓，东南翼较陡或直立，轴面倾向北西。断层带常表现为宽大的破碎带，断面清楚，挤压揉皱、劈理、构造透镜体发育，亦常见有一些糜棱岩化，强片理化等韧脆性变形特征。根据逆冲推覆面的形状及构造岩的特征，其推覆方向应是由西北向东南推覆。根据被卷入推覆构造系统最新地质体的时代，为中侏罗统漳平组，并被晚侏罗世地层覆盖和岩体侵入，其发生的时间应主要在印支期和燕山早期。

（四）拉张型构造

1. 上杭-云霄高角度正断层（SYZD）

该断裂带西起上杭—武平一带，向东南经永定、平和至云霄、东山，东南端延入海域，由规模较大的断裂、断陷盆地、侵入岩等组成，总体走向 NW315°，长约 200km，宽约 10～30km。卷入该大型变形构造的岩石有南华纪的浅变质岩系、晚古生代—早中生代的沉积岩系和中生代的沉积-火山岩系及燕山期侵入岩。

北西向断裂主要有上杭梯子岭、悦洋-古石背、南靖曲江-文峰、平和芦溪-霞寨等断裂。它们平行成带分布，倾角陡一般大于 60°，倾向北东（为主）或南西，总体呈张性特征，控制着断陷盆地的展布。如梯子岭断裂和悦洋-古石背两断裂控制着上杭盆地及其盆地内的白垩纪火山喷发和红色沉积。该断裂带对燕山期的岩浆作用也有明显的控制，沿断裂带侏罗纪至白垩纪侵入岩和火山岩呈带状展布，Sr 初始值为 0.703 9～0.709 4，$\sum$Nd(t)为 3.02～4.93（黄泉祯等，1998），说明该断裂带切割较深，有较多的深源物质参与。晚白垩世主要表现为中酸性岩脉群沿断裂带集中分布，喜马拉雅期主要表现为基性岩脉的侵入。

上杭-云霄北西向断裂带是一条重要的金、铜、铅、锌、银等多金属和明矾石等非金属成矿带。如紫金山特大型火山热液型铜金矿、钟腾斑岩型铜钼矿及大望山明矾石矿床等。

2. 松溪-宁德高角度正断层（SNZD）

该断裂带位于福建省的东北部，大致沿松溪—政和筹岭—周宁礼门—宁德一线呈北西向展布，长约 200km，宽约 20km，是一条走向北西倾角陡立的张性构造带。它对白垩纪火山断陷盆地的展布有明显的控制作用，沿断带有罗源鉴江、福安白马港、周宁礼门、政和后山、松溪等一系列长轴北西向延伸的白垩纪火山喷发盆地。卷入该构造带变形的有前南华纪变质岩、中生代沉积岩、火山岩及燕山期侵入岩。与本大型断裂构造相关的矿产主要有热液脉型铜矿，火山热液型银矿、明矾石矿，喷溢型黑曜岩矿等。

3. 永安-晋江高角度正断层(YJZD)

永安-晋江断裂带位于福建省中部，由清流、永安、安溪剑斗、南安一带的一系列延伸很长，走向北西，倾向以南西为主，倾角 70°～80°的压性、压扭性及轴向北西的沉积盆地组成，全长大于 200km，宽 5～10km。该断裂带发生于印支期，并以强烈挤压为特征，促使二叠纪含煤地层发生北西向的褶曲和压扭性断层、岩层陡立带等。晚侏罗世再次活动，控制了南园组火山岩的分布，并沿断裂带发生断陷，形成一连串北西向的小型断陷盆地，之后断裂曾发生左行扭动，使得南北两侧地质体和构造线不连续。

三、大型变形构造与成矿关系

矿产的形成及其分布与地质构造息息相关。区域成矿作用的发生、发展以及矿床的形成、分布，在时间、空间上都与地壳结构的演化发展有关。断裂构造不但是矿液运移的通道，也是矿体的储矿空间。尤其是大型变形构造与矿产的关系更为密切，经研究许多大型矿床的形成与分布都受大型变形构造的控制。

（一）武夷山-泰宁左行斜冲构造与成矿

该构造带活动时间长，各构造期尤其是中生代的构造岩浆活动强烈，控制着自晋宁期至中、新生代的沉积建造与岩浆活动，因而形成了一系列与其相关的矿产。主要有伟晶岩型稀有金属、白云母、钾长石；沉积变质型石墨、大理岩、硫铁矿；热液型萤石及其他相关的金、银、铅、锌、铜等，是一条重要的萤石、金、铜、银、白云母等矿产的成矿带。

（二）政和-大埔左行走滑构造与成矿

该构造带也是一条长期活动的构造带，对晋宁期海底火山喷发作用有控制，加里东期强烈挤压剪切及中生代左行走滑逆冲特征明显。沿该带 Cr、Ni、Cu、Pb、Zn 元素异常，呈北东向带状展布，浓度高。北段（政和—南平—尤溪段）主要分布有与新元古界马面山岩群相关的铅锌、铜、银、金、硫铁矿、大理岩、透辉石等矿产。如政和铁山硫铁矿、铅锌矿、水晶矿，建瓯东岩铜钴矿，八外洋铅锌矿，池丹白云岩矿，尤溪梅仙铅锌矿，肖坂金矿等。南段（大田—华安段）主要有铁、锰、硫等多金属矿产，如大田张地-银顶格的铅锌矿、硫铁矿、铁矿等。尤其是该构造带与北西向构造带的交会部位是内生矿产的集中区。如北段与北西向松溪-宁德断裂带交会部位的政和地区，分布有铁山硫铁矿、夏山铅锌矿、水晶矿，富美、星溪、王母山金矿，锦屏银矿等。南段与北西向上杭-云霄断裂带交会部位的南靖梅林地区也是铜、金等矿的成矿有利地段。该大型变形构造带是铜、铅锌、硫、铁、金矿的重要成矿带。

（三）推覆构造与成矿

将乐-上杭、松溪-龙岩两条推覆构造，北段由于后期断裂的改造、岩浆侵入破坏，分布比较零散，连续性差，西南段在闽西南的龙岩地区出露得较好，连续性好，而且在晚古生代沉积地层中还普遍发育有与推覆构造相关的滑脱构造，滑脱构造是福建省金属矿产的重要控矿构造之一，分布于闽西南地区晚古生代地层中的铁、铅锌、硫多金属矿床大多均受滑脱构造控制。如安溪潘田铁矿，漳平洛阳铁矿，大田汤泉铁矿，前峰、张地、上蔡、银顶格铁矿、硫锌矿、硫铁矿等。这些矿体大多赋存于石炭纪、二叠纪灰岩与下伏林地组粗碎屑岩，或上覆文笔山组、童子岩组细碎屑岩间的滑脱面上。滑脱构造不但为成矿元素的进一步活化、迁移、富集提供通道，还为矿液的沉积提供场所，是重要的导矿容矿构造。但同时也对矿体有破坏作用，引发矿层、煤层的缺失或不连续。

推覆构造与成矿的关系主要表现在：①由于推覆作用，使原已形成的矿床更加埋深、隐伏，这在指导找矿方面有重要意义。②推覆构造也是一些金属矿的导矿、赋矿的有利部位。如大田建爱多金属矿即位于推覆构造面上。③推覆构造对下盘矿产的改造与破坏作用。

（四）上杭-云霄高角度正断层与成矿

该断裂带对燕山期岩浆作用控制明显，侏罗纪—白垩纪侵入岩及火山岩均显示出沿北西向带状展布的特征。上杭-云霄北西向断裂带是一条重要的金、铜、铅、锌、银等多金属矿和明矾石等非金属矿成矿带。如紫金山特大型火山热液型铜金矿、钟腾斑岩型铜钼矿及大望山明矾石矿床等。

（五）松溪-宁德高角度正断层与成矿

地表为一组以张性特征为主的北西向断裂，明显地控制了早白垩世沉积-火山盆地。与本大型断裂构造相关的矿产主要有热液脉型铜矿、火山热液型银矿、明矾石矿，喷溢型黑曜岩矿等。

第六节　大地构造相与大地构造分区

全国矿产资源潜力评价工作，是以板块学说为指导，以研究大陆块体离散、汇聚、碰撞、造山的大陆动力学过程为主线，采用大地构造相的概念表达区域成矿地质背景特征，为成矿预测服务。

一、大地构造相类型划分

大地构造相是反映陆块区和造山系（带）形成演化过程中，在特定演化阶段、特定构造部位的大地构造环境中，形成的一套岩石-构造组合，是表达大陆岩石圈板块经过离散、汇聚碰撞、旋扭等动力学过程而形成的地质构造作用的综合产物。

按照《成矿地质背景研究技术要求》中的两大相系、4 大相、21 相、47 亚相的大地构造相类型划分方案，根据福建省具体的地质特征，在 1∶25 万建造构造资料的基础上，精细研究岩石-构造组合和它们所形成的大地构造环境，以及在地球动力学过程中的表现，按照大地构造相的识别标志，将福建省的大地构造相类型划分为 3 种大相、9 种相、18 种亚相的类型（表 4-11）。

表 4-11 福建省大地构造相类型划分方案简表

相系	大相	相	亚相
造山系相系	弧盆系大相	陆缘岩浆弧相	火山弧亚相
			火山盆地亚相
			同碰撞岩浆杂岩亚相
			后碰撞岩浆杂岩亚相
	地块大相	古弧盆系相	古岩浆弧亚相
			古弧后盆地亚相
			古弧间盆地亚相
		被动陆缘相	陆缘斜坡亚相
		陆表海盆地相	碳酸盐岩陆表海亚相
			碎屑岩陆表海亚相
			海陆交互陆表海亚相
		裂谷相	陆内裂谷亚相
			夭折裂谷亚相
		陆内盆地相	断陷盆地亚相
			凹陷盆地亚相
		后造山岩浆杂岩相	—
	结合带大相	蛇绿混杂岩相	蛇绿岩亚相
			远洋沉积亚相
		陆壳残片相	基底残块亚相

二、大地构造分区

大地构造分区亦即大地构造单元划分，是大地构造研究成果的表达形式之一。本次是在板块构造-地球动力学理论提导下，以地层划分和对比、沉积岩建造、火山岩建造、侵入岩浆活动、变质变形等地质记录为基础，以成矿规律和矿产资源预测要求为基点，以不同规模相对稳定古老陆块区和不同时期的造山系大地构造相环境时空结构分析为主线，以特定区域主构造事件形成的优势大地构造相的时空结构组成和存在状态作为划分构造单元基本原则。

根据福建省的地质构造特征，以优势大地构造相的时空结构组成和存在状态的划分原则，进行归并组合，在全国大地构造福建部分Ⅱ级构造单元划分的框架下进行Ⅲ级、Ⅳ级构造单元的划分。划分出1个Ⅰ级、3个Ⅱ级、5个Ⅲ级、14个Ⅳ级构造单元(图4-2，表4-12)。

武夷-云开造山系，是中国大地构造划分的Ⅰ级构造单元，是指绍兴-江山-萍乡-衡阳-梧州-防城港等深断裂带沿南东直到东南沿海的地区，包括福建省全境。本次研究将福建省境内的大地构造划分成华夏地块(Ⅴ3)、东南沿海岩浆弧(Ⅴ4)、闽中结合带(Ⅴ7)3个Ⅱ级构造单元。

(一)华夏地块Ⅴ3

华夏地块(Ⅴ3)位于福建省西部,呈北东向展布,东北侧、西侧、西南侧分别与浙江省、江西省、广东省接壤,东南界以政和-大埔断裂带为界,与东南沿海岩浆弧相邻。可进一步划分为武夷古弧盆系(Pt)、南平-宁化(壬折)裂谷(Z)、闽西陆表海盆地(D_3—T_2)3个Ⅲ级构造单元。

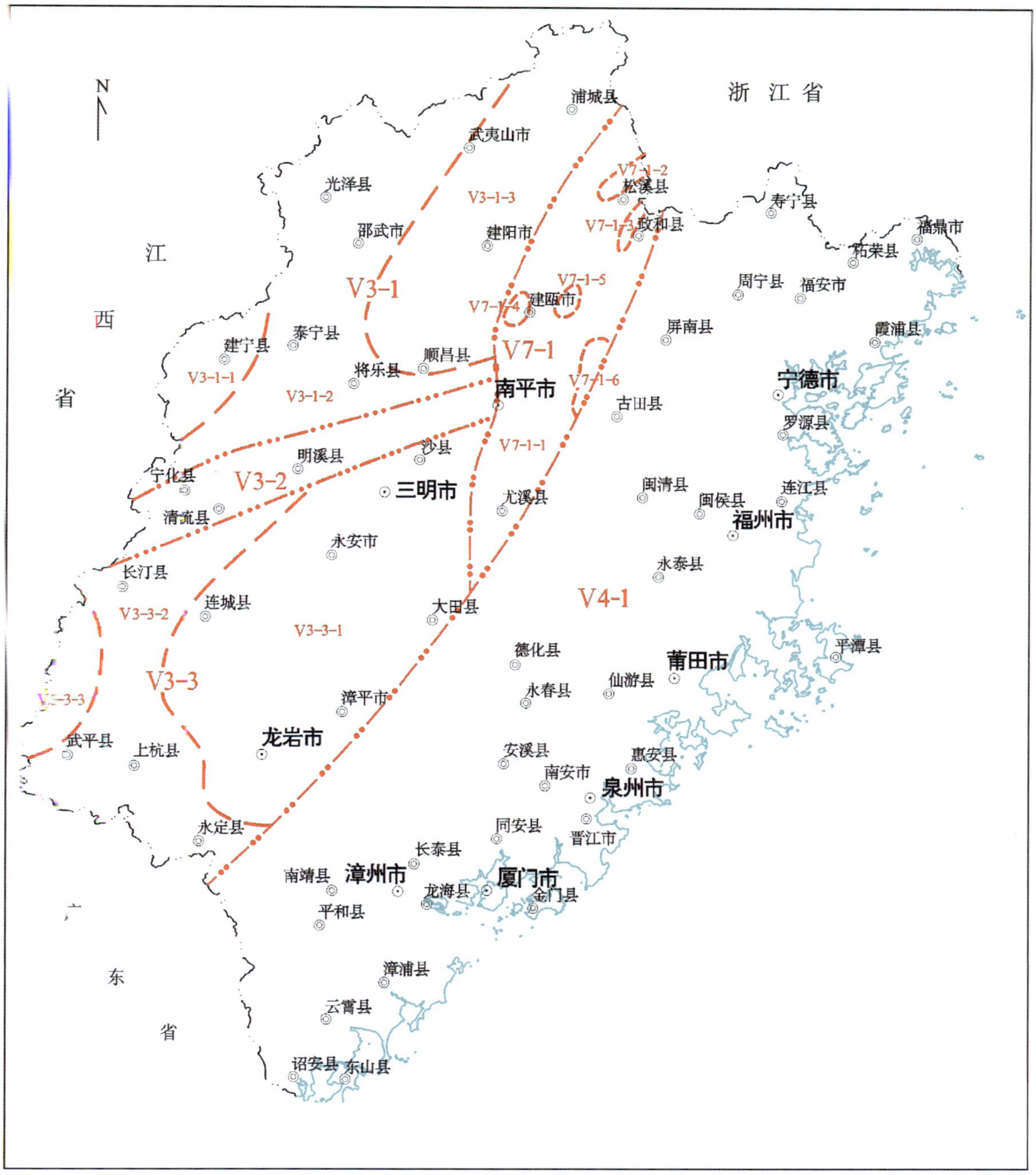

图 4-2　福建省大地构造单元分区略图

表 4-12　福建省大地构造分区表

Ⅰ级	Ⅱ级	Ⅲ级	Ⅳ级
相系	大相	相	亚相
武夷-云开造山系Ⅴ	华夏地块Ⅴ3	武夷古弧盆系Ⅴ3-1(Pt)	建宁古弧后盆地Ⅴ3-1-1(Pt_1)
			光泽-泰宁古弧间盆地Ⅴ3-1-2(Pt_3)
			浦城-顺昌古弧后盆地Ⅴ3-1-3(Pt_1)
		南平-宁化(夭折)裂谷Ⅴ3-2(Z)	
		闽西南陆表海盆地Ⅴ3-3(D_3—T_2)	永安-龙岩海陆交互陆表海盆地Ⅴ3-3-1(D_3—T_2)
			长汀-上杭斜坡陆缘Ⅴ3-3-2(Nh—O)
			桃溪古弧后盆地Ⅴ3-3-3(Pt_2)
	东南沿海岩浆弧Ⅴ4	闽东沿海岩浆弧Ⅴ4-1(J_3—K)	
	闽中结合带Ⅴ7	松溪-尤溪蛇绿混杂岩Ⅴ7-1(Pt_3)	政和-尤溪远洋沉积Ⅴ7-1-1(Pt_3)
			花桥基底残块Ⅴ7-1-2(Pt_1)
			石屯蛇绿岩带Ⅴ7-1-3(Pt_3)
			建瓯蛇绿岩带Ⅴ7-1-4(Pt_3)
			东峰基底残块Ⅴ7-1-5(Pt_1)
			迪口基底残块Ⅴ7-1-6(Pt_1)

1. 武夷古弧盆系Ⅴ3-1(Pt)

武夷古弧盆系位于闽西北地区，包括政和-大埔断裂带以西，南平-宁化夭折裂谷以北地区，北东向延入浙江龙泉一带，北西向跨入江西省境，区内主要出露前震旦纪结晶基底岩系，是华夏地块最大的露布区。基底岩石为古元古代古弧后盆地亚相的麻源岩群($Pt_1M.$)富铝变粒岩组合，新元古代早期古弧间盆地亚相的万全岩群($Pt_3W.$)黑云斜长(二长)变粒岩-云母石英片岩组合和古岩浆弧亚相的奥长花岗片麻岩(Pt_3D)组合，基性、超基性—酸性杂岩组合(Pt_3)的侵入岩。震旦系西溪组(Zx)、中—下寒武统林田组($\in_{1-2}l$)为陆缘斜坡亚相的半深海砂板岩建造组合；志留纪同碰撞强过铝—过铝花岗岩组合(S)，以普遍发育片麻状构造、富含白云母为特征。

中三叠世后碰撞(钾质)花岗岩组合，主要岩性为石英闪长岩、花岗闪长岩，在福建省北部浦城吴东山、临江等地呈岩基或岩株侵入。

晚三叠世以来，晚三叠世—中侏罗世凹陷盆地沉积岩建造组合，有上三叠统焦坑组、下侏罗统梨山组的河湖相含煤碎屑岩建造组合、中侏罗统漳平组的湖泊砂岩-粉砂岩建造组合。早侏罗世后造山钙碱性侵入岩组合，主要岩性为正长花岗岩，沿光泽-武平北北东向断裂带在光泽、太银厂等地呈岩基或岩株侵入。

晚侏罗世—早白垩世早期凹陷盆地沉积岩建造组合，有上侏罗统长林组河流砂砾岩-粉砂岩夹火山岩建造组合、下白垩统坂头组湖泊泥岩-粉砂岩夹火山岩建造组合、吉山组的湖泊三角洲砂砾岩-粉砂岩建造组合。伴有上侏罗统南园组、下白垩统早期下渡组的火山弧安山岩-英安岩-流纹岩组合，属钙碱性系列，具单峰特征。晚侏罗世后碰撞花岗岩组合，岩浆侵入活动强烈，以二长花岗岩、正长花岗岩为主体，受区域性断裂带控制，大多呈北东向展布，呈岩基或规模不等的岩株产出，为S型花岗岩，钾质及K_2O/Na_2O比值较高。

下白垩统石帽山群火山盆地亚相双峰式火山岩组合，属玄武（安山）岩-流纹岩组合，具双峰式特征。晚白垩世断陷盆地沉积岩建造组合，有均口组和沙县组湖泊泥岩-粉砂岩建造组合、崇安组河流砂砾岩-粉砂岩建造组合。早白垩世后造山钙碱性侵入岩组合，岩性主要为正长花岗岩、二长花岗岩、花岗闪长岩，受区域性断裂带控制，多产于北东向、北西向主要断裂带及其相互交会处附近，呈北西向、北东向展布。后造山过碱性—碱性花岗岩组合，岩性主要为晶洞碱长花岗岩，受区域性断裂带控制，一般产于两组断裂带交会处附近，北西向、北东向展布；晚白垩世后造山花岗闪长质-碱长花岗质斑岩组合，受断裂构造控制明显，多呈岩墙、岩脉、小岩瘤斑（玢）岩类侵入体。

武夷古弧盆系（Ⅴ3-1）内，根据优势相的原则可进一步划分出建宁古弧后盆地（Ⅴ3-1-1）、光泽-泰宁古弧间（裂谷）盆地（Ⅴ3-1-2）、浦城-顺昌古弧后盆地（Ⅴ3-1-3）3个Ⅳ级大地构造单元（见图4-2）。

1）建宁古弧后盆地Ⅴ3-1-1（Pt_1）

建宁古弧后盆地位于福建省西北部建宁县境内，东界大致在陈岭—水西—均口—安远一线，西部进入江西省境内。主要由古弧后盆地亚相的古元古界大金山岩组（以往称天井坪岩组）变质表壳岩构成。该区大金山岩组下部为中—中厚层状黑云斜长变粒岩、矽线黑云斜长变粒岩与薄—中薄层含夕线云母（石英）片岩互层，上部为厚—巨厚层含夕线黑云斜长变粒岩、含石榴黑云变粒岩、黑云二长变粒岩偶夹二云片岩及斜长角闪岩。原岩以砂泥质岩为主，夹基性、中酸性火山岩类。岩石普遍含矽线石、铁铝榴石及少量晶质石墨，偶见蓝晶石，变质程度达低角闪岩相。岩石中有较发育的花岗质、长英质、伟晶质脉体，具中—下构造层次以塑性流变为主，韧性剪切构造发育的变形特征。同位素测年为1 776±19Ma/SHRIMP（李献华，1997）。

2）光泽-泰宁古弧间盆地Ⅴ3-1-2（Pt_3）

光泽-泰宁古弧间盆地位于福建省西北部光泽—邵武—泰宁—将乐一线，主要由古弧间盆地亚相的新元古界万全岩群（黄潭岩组、下峰岩组）的变质表壳岩和古岩浆弧亚相的新元古界大源片麻岩组成。黄潭岩组主要为块状二长浅（变）粒岩、黑云钠长变粒岩、钾长变粒岩夹白云石英片岩，原岩以中酸性（角斑质）火山岩为主，夹砂泥质碎屑岩，变质程度达高绿片岩—低角闪岩相；下峰岩组为绿泥白云石英片岩、二云斜长片岩、云母片岩夹含石墨云母片岩、二长（钠长）变粒岩，原岩以砂泥质碎屑岩为主，夹中酸性（角斑质）火山岩。构成黑云斜长（二长）变粒岩-云母石英片岩岩石构造组合。大源片麻岩为变质深成岩，属奥长花岗质片麻岩组合，岩性为黑云斜长片麻岩、黑云二长片麻岩。

3）浦城-顺昌古弧后盆地Ⅴ3-1-3（Pt_1）

浦城-顺昌古弧后盆地位于闽北的浦城—建阳—顺昌一带，主要由古弧后盆地亚相的古元古界麻源岩群（大金山岩组、南山岩组）的变质表壳岩构成。该区大金山岩组主要为一套黑云斜长变粒岩、黑云变粒岩、黑云石英片岩、石英云母片岩，夹少量斜长角闪岩。岩石普遍含矽线石、铁铝榴石、蓝晶石、晶质石墨，变质程度达角闪岩相，原岩以富碳高铝的砂泥质类碎屑岩为主，夹少量基性火山岩。混合岩化强烈，脉体主要为花岗质、长英质、伟晶质脉，具中—下构造层次塑性流变、韧性剪切变形特征。于武夷山桃棋石墨黑云变粒岩中获同位素测年为2.34Ga或1.8Ga/SHRIMP（Yusheng Wan et al，2007）。南山岩组主要为条带、条纹状黑云斜长变粒岩、黑云（二云）石英片岩、石英云母片岩，岩石普遍含铁铝榴石及少量蓝晶石、矽线石、十字石，变质程度达低角闪岩相，原岩为砂泥质类碎屑岩。岩石石英脉化强烈，具中—下构造层次塑性流变、韧性剪切变形特征。它们共同构成富铝变粒岩（孔兹岩系）构造组合。

武夷古弧盆系的构造演化历经了多期的构造叠加改造，晋宁运动后该区进入被动陆缘发展阶段，形成了一套半深海砂质板岩-泥质板岩构造组合的西溪组、林田组、东坑口组，属陆缘斜坡环境的沉积。加里东运动使这一沉积物褶皱成山，并伴有二云母二长花岗岩＋二云母正长花岗岩的强过铝—过铝性花岗岩构造组合的同碰撞大地构造环境的岩浆侵入。加里东运动后该区进入陆表盆地发展阶段，形成了下石炭统林地组粗碎屑沉积岩、中二叠统文笔山组和下三叠统溪口组细碎沉积岩3个建造组合的碎屑岩陆表海亚相；上石炭统经畲组、上二叠统船山组和中二叠统栖霞组细碎屑岩-灰岩建造组合的碳酸盐岩陆表海亚相；中二叠统童子岩组和上二叠统翠屏山组海陆交互含煤碎屑岩建造组合的海陆交互陆表海亚相。三叠纪的印支运动结束了陆表海的发展历史，随着印支运动的发生，并伴有石英闪长岩+石英二长岩+花岗闪长岩+二长花岗岩+正长花岗岩组成的花岗岩构造组合侵入的后碰撞岩浆杂岩。印支运动后，本区进入燕山期活动大陆边缘发展阶段，形成一系列的凹陷盆地、断陷盆地及后碰撞、后造山岩浆杂岩的侵入。构成凹陷盆地沉积的主要为上三叠统焦坑组和下侏罗统梨山组的河湖相含煤碎屑岩建造组合、中侏罗统漳平组的湖泊相砂岩-粉砂岩建造组合、上侏罗统长林组河流相砂砾岩-粉砂岩夹火山岩建造组合、下白垩统坂头组和吉山组的湖泊相泥岩-粉砂岩夹火山碎屑沉积岩建造组合及湖泊三角洲砂砾岩-粉砂岩建造组合。构成断陷盆地沉积的主要有上白垩统均口组、沙县组的湖泊泥岩-粉砂岩建造组合及上白垩统崇安组的河流砂砾岩-粉砂岩-泥岩建造组合。在凹陷盆地、断陷盆地中并伴有晚侏罗世(南园组)—早白垩世早期(下渡组)火山弧的英安质、流纹英安质、流纹质火山岩-粒状碎斑熔岩构造组合；在断陷盆地中亦伴有下白垩统石帽山群的两个(玄武)安山岩-流纹质火山岩构造组合和两个火山碎屑沉积岩构造组合，形成具双峰式的火山盆地。伴随燕山运动发生的岩浆作用，主要有晚侏罗世二长花岗岩+正长花岗岩组成的后碰撞花岗岩构造组合及属后造山岩浆杂岩的早侏罗世花岗闪长岩+二长花岗岩+正长花岗岩的钙碱性侵入岩构造组合、早白垩世辉石闪长岩+石英二长闪长岩+石英正长岩+花岗闪长岩+二长花岗岩+正长花岗岩的钙碱性侵入岩构造组合和晶洞碱长花岗岩组成的过碱—碱性花岗岩构造组合、晚白垩世花岗闪长质-花岗碱长质斑岩构造组合等岩浆杂岩。进入新生代后该区主要以差异性隆升的断块活动为主，构成现今的地貌特征。

2. 南平-宁化(夭折)裂谷Ⅴ3-2(Z)

南平-宁化(夭折)裂谷位于福建省中部沿宁化—明溪—南平一线呈近北东东向展布，东端被北东向政和-大埔断裂带截切，西端延入江西省境内，福建省境内长约210km，宽约25km。它是分割华夏地块形成闽西北隆起(武夷古盆系)和闽西南凹陷(闽西南陆表海盆地)两个Ⅲ级构造单元过渡带。

震旦系盖洋群和西溪组是构成(夭折)裂谷的主要地层。盖洋群包含楼前组和三溪寨组两个组级岩石地层单元。楼前组主要为厚层-块状变质晶-玻屑凝灰岩、变质流纹英安质凝灰熔岩、变质霏细岩，夹少量变质沉凝灰岩；三溪寨组主要为千枚岩、千枚状粉砂岩、变质沉凝灰岩、变质晶、玻屑凝灰岩，夹薄层硅质岩、白云质灰岩透镜体，组成空落相火山岩岩石构造组合。西溪组为厚层变质中细粒长石石英杂砂岩、变质凝灰质细砂岩、绢云千枚岩，夹变质粉砂岩，偶见黄铁矿薄层及大理岩透镜体，构成陆源细碎屑岩建造组合。在宁化方田和清流行洛坑楼前组中分别获得锆石U-Pb年龄为665Ma和643Ma。

南平-宁化(夭折)裂谷是在新元古界万全岩群变质基底上发生的，致使南北两侧震旦纪的沉积呈现明显的差异，闽西南震旦纪是海相沉积，而闽西北却为陆相沉积。寒武纪后南北两侧的沉积基本相似，结束了裂谷的发展。之后主要是燕山期构造的叠加，北东东向断裂的复活及晚侏罗世二长花岗岩+正长花岗岩的后碰撞花岗岩构造组合、早白垩世石英正长岩的后造山碱性花岗构造组合等岩浆杂岩的侵入。喜马拉雅期主要表现断块的差异隆升、陆内裂谷的发生，形成新近系佛昙组的碱性玄武岩夹拉斑玄武岩构造组合。

3. 闽西南陆表海盆地Ⅴ3-3(D_3—T_2)

闽西南陆表海盆地位于福建省西南部政和-大埔断裂以西，南平-宁化构造带以南广大的闽西南地区，西面、南面延伸入江西、广东两省。基底岩石为中元古代古弧后盆地亚相的桃溪岩组黑云斜长(二长)变粒岩-浅粒岩-矽线云母石英片岩组合。南华纪—志留纪，有陆缘斜坡亚相的楼子坝组、南岩组、黄连组、林田组、东坑口组、魏坊组、罗峰溪组半深海砂板岩建造组合；同碰撞岩浆杂岩亚相的志留纪同碰撞强过铝—过铝花岗岩组合，以普遍发育片麻状构造、富含白云母为特征。

晚泥盆世—中三叠世时期，有碎屑岩陆表海亚相的天瓦岽组、桃子坑组、林地组构成的陆表海砂砾岩-粉砂岩建造组合，文笔山组、溪口组陆表海泥岩-粉砂岩建造组合，安仁组陆表海砂泥岩建造组合，罗坑组、长兴组陆表海细碎屑岩-灰岩组合，碳酸盐岩陆表海亚相的经畲组、泉上组、鸣山组陆源细碎屑岩-

灰岩建造组合,老虎洞组、船山组、栖霞组陆表海灰岩建造组合,海陆交互陆表海亚相的童子岩组、翠屏山组陆表海沼泽含煤碎屑岩建造组合,后碰撞岩浆杂岩亚相的中三叠世(钾质)花岗岩组合,主要岩性为二长花岗岩、正长花岗岩,在永安贡川、清流芹溪、连城宣和、长汀红山、上杭蛟洋等地呈岩基或岩株侵入。

晚三叠世以来,晚三叠世—中侏罗世凹陷盆地沉积岩建造组合,有大坑村组、文宾山组、梨山组的河湖相含煤碎屑建造组合和漳平组湖泊砂岩-粉砂岩建造组合。伴有早侏罗世夭折裂谷亚相的下村组陆源碎屑岩建造组合和藩坑组玄武岩(安山岩)-流纹岩建造组合,具双峰式火山喷发特征。早侏罗世后造山钙碱性侵入岩组合,主要岩性为二长花岗岩、正长花岗岩及辉石闪长岩,在永安小陶、龙岩万安、上杭太拔、永定、峰市等地呈岩基或岩株侵入。

晚侏罗世—早白垩世早期凹陷盆地沉积岩建造组合,有上侏罗统长林组河流砂砾岩-粉砂岩夹火山岩建造组合、下白垩统坂头组湖泊泥岩-粉砂岩夹火山岩建造组合、吉山组的湖泊三角洲砂砾岩-粉砂岩建造组合。伴有上侏罗统南园组、早白垩世早期下渡组的火山弧安山岩-英安岩-流纹岩组合,属钙碱性系列,具单峰火山喷发特征。晚侏罗世后碰撞花岗岩组合,岩浆侵入活动强烈,以二长花岗岩、正长花岗岩为主体,受区域性断裂带控制,大多呈北东向展布,呈岩基或规模不等的岩株产出,为S型花岗岩,钾质含量及 K_2O/Na_2O 比值较高。

下白垩统石帽山群火山盆地亚相双峰式火山岩组合,属玄武(安山)岩-流纹岩组合,具双峰式火山喷发特征。晚白垩世断陷盆地沉积岩建造组合,有沙县组湖泊泥岩-粉砂岩建造组合、崇安组河流砂砾岩-粉砂岩建造组合。早白垩世后造山钙碱性侵入岩组合,岩性主要为正长花岗岩、二长花岗岩、花岗闪长岩,受区域性断裂带控制,多产于北东向、北西向主要断裂带及其相互交会处附近,呈北西向、北东向展布;后造山过碱性—碱性花岗岩组合,岩性主要为晶洞碱长花岗岩,受区域性断裂带控制,一般产于两组断裂带交会处附近,北西向、北东向展布;晚白垩世后造山花岗闪长质-碱长花岗质斑岩组合,受断裂构造控制明显,多呈岩墙、岩脉、小岩瘤斑(玢)岩类侵入体。

闽西南陆表海盆地Ⅲ级大地构造单元,包含永安-龙岩海陆交互陆表海(Ⅴ3-3-1)、长汀-上杭陆缘斜坡(Ⅴ3-3-2)和桃溪古弧(后)盆地(Ⅴ3-3-3)3个Ⅳ级大地构造单元(图4-2)。

1)永安-龙岩海陆交互陆表海盆地Ⅴ3-3-1(P)

永安-龙岩海陆交互陆表海位于福建省中南部三明—永安—连城—龙岩一带,是闽西南陆表海盆地相中最重要的一个Ⅳ级构造单元,主要由晚泥盆世—中三叠世沉积地层组成,印支运动后该区进入了活动大陆边缘发展阶段。包含碎屑岩陆表海、碳酸盐岩陆表海、海陆交互陆表海、陆缘斜坡、凹陷盆地、夭折裂谷、火山弧、火山盆地、断陷盆地、同碰撞岩浆杂岩、后碰撞岩浆杂岩、后造山岩浆岩12种亚相的岩石构造组合。

海陆交互陆表海亚相是该Ⅳ级构造单元最主要的构造单元,分布广泛,主要由中二叠统童子岩组和上二叠统翠屏山组的陆表海沼泽含煤碎屑岩建造组合构成,是福建省最重要的含煤层位。

碎屑岩陆表海亚相主要有上泥盆统安砂群的天瓦岽组、桃子坑组、下石炭统林地组构成的陆表海砂砾岩-粉砂岩建造组合;中二叠统文笔山组的陆表海泥岩-粉砂岩建造组合;上二叠统罗坑组、长兴组的陆表海陆源碎屑-灰岩建造组合;下三叠统溪口组的陆表海泥岩-粉砂岩建造组合及中三叠统安仁组的陆表海砂泥岩建造组合5个沉积岩建造组合。

碳酸盐岩陆表海亚相主要为上石炭统经畲组硅泥质角砾岩、泥岩、粉砂岩、硅质岩、灰岩、锰质岩;下二叠统船山组质纯灰岩;中二叠统栖霞组含燧石团块、条带灰岩构成的陆表陆源细碎屑建造组合。

2)长汀-上杭陆缘斜坡Ⅴ3-3-2(Nh—O)

长汀-上杭被动陆缘位于福建省西南部长汀—上杭—武平—永定一带,该区的优势相为南华纪—早古生代的陆缘斜坡亚相,加里东运动后进入陆表海发展阶段,印支运动后转入活动大陆边缘发展阶段。包含有古弧后盆地、古岩浆弧、陆缘斜坡、碎屑岩陆表海、碳酸盐岩陆表海、海陆交互陆表海、同碰撞岩浆杂岩、后碰撞岩浆杂岩、后造山岩浆杂岩、(夭折)裂谷、火山盆地、凹陷盆地、断陷盆地13种亚相的岩石构造组合。

陆缘斜坡亚相是该区具优势的大地构造相单元。主要由南华纪—奥陶纪的楼子坝组(Nh—O)、南岩组、黄连组、林田组、东坑口组、魏坊组、罗峰溪组等变质中—细粒长石石英杂砂岩、变质粉砂岩、千枚岩、碳质板岩、硅质岩组成的砂质板岩-泥质板岩变质建造组合。

3)桃溪古弧(后)盆地Ⅴ3-3-3(Pt_2)

桃溪古弧(后)盆地位于福建省西南角长汀红山—武平湘村—昭信一带,该区主体的大地构造相是中元古代的古弧后盆地亚相,其上未有古生代地层分布,说明该区加里东运动或印支运动后可能是处于长期隆起剥蚀环境,直至侏罗纪才接受沉积。包含有古弧后盆地、同碰撞岩浆杂岩、后碰撞岩浆杂岩、后造山岩浆杂岩、凹陷盆地、断陷盆地6个亚相的岩石构造组合。

古弧后盆地亚相是桃溪古弧后盆地的主体大地构造相单元,主要由中元古界桃溪岩组的黑云斜长(二长)变粒岩-浅粒岩-矽线云母石英片岩变质建造组合构成。

(二)东南沿海岩浆弧Ⅴ4

东南沿海岩浆弧分布于政和-大埔断裂带以东广大的闽东沿海地区,是浙闽粤中生代火山岩带的重要组成部分,呈北东向展布,东北侧、西南侧分别与浙江省、广东省接壤,北西界以政和-大埔断裂带为界,与闽中结合带和华夏地块相邻。福建省境内仅进一步划分为闽东沿海岩浆弧Ⅴ4-1一个Ⅲ级构造单元。

闽东沿海岩浆弧(Ⅴ4-1)分布在政和-大埔断裂带以东的闽东沿海地区,包含有火山弧、火山盆地、凹陷盆地、后碰撞岩浆杂岩、后造山岩浆杂岩、碳酸盐岩陆表海、海陆交互陆表海、碎屑岩陆表海、陆内裂谷、夭折裂谷、远洋沉积、陆缘斜坡12种亚相的岩石构造组合。其中以火山弧、火山盆地、后造山岩浆杂岩、后碰撞岩浆杂岩等亚相为主,尤其是火山弧亚相几乎占据一半的面积,其余的构造单元仅零星分布。

火山弧亚相,主要由上侏罗统南园组安山岩-英安岩-流纹质火山碎屑岩、中酸—酸性粒状碎斑熔岩组合和早白垩世早期小溪组中酸—酸性火山碎屑岩组合构成。总体上呈北东向大面积展布,为闽东中生代火山岩带的主体岩石,是福建省中生代火山活动鼎盛阶段的产物。岩石化学成分属钙碱性系列,具单峰式火山活动的演化特征,属挤压性质的大地构造环境。

火山盆地亚相,由白垩纪的石帽山群(黄坑组、寨下组、石牛山组)的2个(玄武)安山岩-钙碱性流纹质火山碎屑岩建造组合(黄坑组、寨下组)和1个高硅高钾火山岩-酸性碎斑熔岩-潜火山岩建造组合(石牛山组)等3个火山碎屑岩建造组合构成。岩石化学成分具双峰式火山活动演化特征,属拉张环境下火山喷发,是福建省中生代火山活动衰亡阶段的产物,以盆地形式产出,主要分布于政和后山、建瓯仁山、周宁礼门、寿宁南山顶、柘荣官田、福鼎白琳、霞浦长春、福安白马港、罗源鉴江、闽侯彭湖山、德化石牛山、平和灵通山12个火山盆地中,构成12个Ⅳ级构造单元(火山盆地)。

后碰撞岩浆杂岩亚相,由晚侏罗世石英闪长岩、石英二长闪长岩、花岗闪长岩、二长花岗岩、正长花岗岩的花岗闪长岩-花岗岩构造组合及中三叠世花岗闪长岩、二长花岗岩的钾质侵入岩构造组合构成。晚侏罗世的花岗闪长岩-花岗岩构造组合是闽东沿海岩浆弧的主体构造单元之一,分布在古田旧镇、霞浦、德化祖厝、惠安、同安、安溪长坑、华安高安、诏安、漳浦等地。

后造山岩浆杂岩亚相,主要由早白垩世的辉长岩、闪长岩、石英闪长岩、花岗闪长岩、石英二长岩、石英正长岩、二长花岗岩、正长花岗岩、晶洞碱长花岗岩、晶洞碱性花岗岩构成的钙碱性侵入岩构造组合和过碱性—碱性花岗岩构造组合及晚白垩世花岗闪长质-花岗碱长质斑岩构造组合构成,是闽东沿海岩浆弧的主体构造单元之一,广泛分布在寿宁斜滩、周宁玛坑、福鼎太姥山、霞浦下浒、古田鹤塘、宁德洋中、连江笔架山、福州、闽清美菰岭、永泰、平潭敖东、仙游、永春、华安仙都、南靖金山、漳州、漳浦旧镇、云霄乌山等地。

闽东沿海岩浆弧,主要由上侏罗统南园组、早白垩世早期小溪组的火山弧安山岩-英安岩-流纹岩组合，下白垩统黄坑组、寨下组火山盆地亚相玄武（安山）岩-流纹岩双峰式火山岩组合；以及晚侏罗世后碰撞花岗闪长岩-花岗岩组合，早白垩世后造山钙碱性侵入岩组合、过碱性—碱性花岗岩组合组成。前泥盆纪时期，在闽东南沿海的平潭澳尾、龙海深澳、东山澳角大肉山等地，形成前泥盆系亲营山岩组的二长（白云）石英片岩、二长（白云）片岩建造组合，为陆缘斜坡亚相。晚泥盆世—中三叠世时期为陆表盆地发展阶段，在福鼎南溪形成上石炭统经畲组潮坪钙硅泥质-碳酸盐岩建造组合，为碳酸盐岩陆表海亚相；在永春天湖山、华安拔炉等地形成中二叠统童子岩组和上二叠统翠屏山组潮坪-潟湖含煤碎屑岩建造组合，为海陆交互陆表海亚相；在德化美湖、华安等地形成下三叠统溪口组陆源碎屑浅海硅砂泥质粉砂岩、细砂岩、泥岩建造组合，为碎屑岩陆表海亚相。印支运动后本区进入活动大陆边缘发展阶段，以火山弧、火山盆地及后碰撞、后造山岩浆杂岩等亚相为主，还有凹陷盆地、夭折裂谷亚相的岩石构造组合。构成凹陷盆地沉积主要为上三叠统文宾山组和下侏罗统梨山组的河湖相含煤碎屑岩建造组合、中侏罗统漳平组的湖泊相砂岩-粉砂岩建造组合及上侏罗统长林组河流相砂砾岩-粉砂岩夹火山岩建造组合，分布在建瓯井后、尤溪近德坑、中仙、安溪后田、华安利水等地；夭折裂谷亚相的为下侏罗统下村组滨浅海砂岩、粉砂岩、泥岩建造组合和下侏罗统藩坑组的（玄武岩）安山岩-流纹岩建造组合，分布在闽清池园、永春大荣、南靖—云霄及福清锦城等地。进入新生代后该区主要以差异性隆升的断块活动为主，在漳浦佛昙—金门一带形成新近纪佛昙组拉斑玄武岩建造，属拉张的大地构造环境，为陆内裂谷亚相。

（三）闽中结合带Ⅴ7

分布于政和—南平—尤溪一带的闽中结合带是本次新划出的一个分隔华夏地块与东南沿海岩浆弧的Ⅱ级构造单元，是加里东期闽中洋俯冲闭合的产物，包含松溪-尤溪蛇绿混杂岩（Ⅴ7-1）1个Ⅲ级大地构造单元，进一步分为政和-尤溪远洋沉积（Ⅴ7-1-1）、花桥基底残块（Ⅴ7-1-2）、石屯蛇绿岩（Ⅴ7-1-3）、建瓯蛇绿岩（Ⅴ7-1-4）、东峰基底残块（Ⅴ7-1-5）、迪口基底残块（Ⅴ7-1-6）6个Ⅳ级构造单元。加里东运动后进入较稳定的陆表海盆地发展阶段，印支运动后转入活动陆缘发展阶段。包含蛇绿岩、远洋沉积、基底残块、碎屑岩陆表海、海陆交互陆表海、凹陷盆地、火山弧、火山盆地、断陷盆地、夭折裂谷及同碰撞岩浆杂岩、后碰撞岩浆杂岩、后造山岩浆杂岩12个亚相类型的岩石构造组合。在闽中结合带及其西侧有TTG岩类，如政和熊山（车站）、顺昌郑坊、沙县夏茂以及永定光坑等地志留纪岩体中包括有花岗闪长岩、英云闪长岩，反映为闽中洋向武夷地块俯冲。

蛇绿混杂岩相，分布在松溪祖墩、洋墩、政和稻香、石屯、建阳水吉、建瓯、徐墩、东游、龙北溪、尤溪梅仙等地，主要由新元古界马面山岩群、震旦系稻香组及超基性、基性岩组成。马面山岩群最基本的岩石组合为云母石英片岩-石英云母片岩-石英岩-大理岩-绿片岩组合，根据主体的岩石类型还可以划分为绿片岩-云母石英片岩-大理岩组合、钠长变粒岩-钠长石英片岩组合及龙北溪岩组的石英岩-云母石英片岩组合、大理岩-绿片岩-石英岩组合、透辉石岩-石英岩-云母石英片岩组合5个变质岩石构造组合。稻香组的岩石组合为铁锰质变质砂泥岩-硅质岩组合、大理岩-绿片岩-硅质岩组合。每个岩石构造组合均被构造断层所圈限，它们之间均为韧性断层接触。按岩石组合类型特征可划分蛇绿岩和远洋沉积两个亚相。

蛇绿岩亚相，分布在政和石屯、建瓯、东岩等地，主要由东岩岩组的绿片岩-云母石英片岩-大理岩组合及超基性、基性岩构成。绿片岩主要有钠长阳起片岩、绿泥绿帘阳起片岩、斜长角闪（片）岩等，其原岩相当于拉斑质玄武岩，在建瓯城南河边还见有可疑的受剪切的枕状构造。超基性—基性岩，主要有长城-王山口、后洋、王母山、熊山、稻香、大康等岩体，超基性岩均已蚀变为蛇纹岩、滑石蛇纹岩，其原岩主要为辉橄岩、辉长岩、橄榄岩。在王母山钻孔中有呈似层状具鬣刺构造的科马提岩（聂淦波，1992）；政和石屯王山口村北河床见橄榄岩之上有厘米级似层状辉长岩，近似于堆晶岩的组构；政和稻香河床见中细粒角闪辉长岩、微晶角闪辉长岩、片状微晶角闪辉长岩，呈似层状，并与斜长花岗岩共生，反映蛇绿岩特征。

远洋沉积亚相，分布在松溪祖墩、洋墩、政和稻香、富竹庄、建阳水吉、建瓯徐墩、东游、龙北溪、尤溪梅仙等地，主要由龙北溪岩组的云母石英片岩-石英云母片岩-石英岩-大理岩-绿片岩组合、石英岩-云母石英片岩组合、大理岩-绿片岩-石英岩组合、透辉石岩-石英岩-云母石英片岩组合及大岭岩组的钠长变粒岩-钠长石英片岩组合和稻香组(Zdx)的铁锰质变质砂泥岩-硅质岩组合、大理岩-绿片岩-硅质岩组合构成。政和马面山大岭岩组为薄层状的云母石英片岩夹薄层的变粒岩，具复理石建造特征；政和南干出露的铁锰质变质砂泥岩-硅质岩组合的硅质岩呈薄层状与薄层具水平层理的砂泥岩呈互层产出；建瓯龙北溪大理岩和石英岩呈互为夹层或互为过渡产出，大理岩已变为透辉石(或透闪石)，石英岩具致密的胶体状特征(应称硅质岩更合适)，它们均具有远洋深水沉积的特征。

基底残块亚相，分布在建瓯迪口、东峰、松溪花桥等地，主要由古元古界迪口岩组、大金山岩组构成。迪口基底残块亚相主要由古元古界迪口岩组构成，为一套中深成变质的黑云斜长片麻岩岩系，夹少量黑云石英片岩，原岩主要为一套砂泥质岩类。东峰基底残块亚相，主要由古元古界大金山岩组构成，为一套黑云斜长变粒岩，偶夹黑云石英片岩，其原岩可能为变质的侵入岩(二长花岗岩)。花桥基底残块亚相，主要由古元古界大金山岩组的变质表壳岩构成，为一套黑云(斜长)变粒岩、黑云石英片岩、石英云母片岩、夹数层斜长角闪岩，原岩以富碳高铝的砂泥质岩类为主夹基性火山岩，为富铝变粒岩建造(孔兹岩系)。

三、大地构造相特征

大地构造相是反映陆块区和造山系(带)形成演化过程中，在特定演化阶段、特定构造部位的大地构造环境中，形成的一套岩石-构造组合，是表达大陆岩石圈板块经过离散、会聚碰撞、旋扭等动力学过程而形成的地质构造作用的综合产物。根据福建省的地质特征，按照大地构造相的识别标志，将福建省的大地构造相划分为3个大相9个相18个亚相(表4-11)。

(一)弧盆系大相

弧盆系大相仅1个陆缘岩浆弧相，包括火山弧、火山盆地、同碰撞岩浆杂岩、后碰撞岩浆杂岩4个亚相。

1. 火山弧亚相

构成该亚相的主要有：上侏罗统南园组的英安质、流纹英安质、流纹质火山岩-碎斑熔岩组合、(安山岩)-英安岩-流纹英安质火山岩组合、(玄武)安山岩-流纹质火山岩组合、流纹质火山岩夹安山岩组合，下白垩统小溪组熔结凝灰岩-流纹岩组合、(玄武)安山岩-流纹质火山岩组合等火山岩岩石构造组合。

2. 火山盆地亚相

主要由下白垩统黄坑组、寨下组的(玄武)安山岩-流纹质火山岩组合、玄武岩(安山岩)-钙碱性流纹岩-碱性流纹岩组合及上白垩统石牛山组的高钾高硅火山岩-碎斑熔岩-潜火山岩组合构成。它们多以单个独立的盆地形式出现，较大的火山盆地有：闽侯五虎山-德化石牛山、福鼎白琳、杯荣东山、罗源鉴江、周宁礼门、政和后山、沙县大佑山、建宁伊家、泰宁白牙山、永安倒竹洋、平和灵通山等。

3. 同碰撞岩浆杂岩亚相

主要由志留纪石英闪长岩、石英二长闪长岩、花岗闪长岩、石英二长岩、二长花岗岩及二云母正长花岗岩等岩石类型组成的强过铝—过铝花岗岩岩石构造组合构成。

4 后碰撞岩浆杂岩亚相

主要有中三叠世钾质侵入岩构造组合、晚侏罗世花岗岩构造组合(G组合内带)和花岗闪长岩-花岗岩构造组合(GG组合主带)3个岩石构造组合。

中三叠世钾质侵入岩构造组合的岩石主要为花岗闪长岩、二长花岗岩和正长花岗岩及少量的石英闪长岩、石英二长闪长岩、角闪石岩、角闪正长岩等,构成一个由中酸性—酸性的岩浆演化旋回,主要分布在浦城—武平桃溪一线,呈狭长的北东向岩带。

晚侏罗世花岗岩构造组合的岩性有闪长岩、石英二长闪长岩、石英二长岩、二长花岗岩、正长花岗岩等,构成一个中性—中酸性—酸性的岩浆旋回。大致以政和-大埔断裂带为过渡带,东西两侧岩石有一定的差别。西部以二长花岗岩、正长花岗岩为主,闪长岩、花岗闪长岩较少;东部中性—酸性类岩石较发育,岩石的 SiO_2 含量、碱总量、Na_2O/K_2O 比值及碱度均较西部略高。在侵入时间上也大致有由西向东趋晚的迁移趋势,故可进一步划分闽西岩浆岩亚带的花岗岩构造组合(G组合内带)和闽东岩浆岩亚带的花岗闪长岩-花岗岩构造组合(GG组合主带)。

需要指出的是,晚侏罗世钙碱性侵入岩具有明显的化学成分极性特征,从东南往西北、自沿海至内陆的岩浆岩在相同的 SiO_2 百分含量条件下的 K_2O 百分含量(Kn值)增加、K_2O/Na_2O 比值递增的成分极性规律;福清官下花岗闪长岩体的岩石化学成分在An-Ab-Or分类图解中显示为TTG组合。此外,冯艳芳等(2011)在长乐-南澳构造带识别出TTG岩类。因此,晚侏罗世钙碱性侵入岩可能还有俯冲期岩浆杂岩亚相,长乐-南澳构造带为TTG组合、政和-大埔断裂带以东为花岗闪长岩-花岗岩组合(GG组合、主带)、以西为花岗岩组合(G组合、内带)。

(二)地块大相

地块大相包含古弧盆系、被动陆缘、陆表海盆地、裂谷、陆内盆地、后造山岩浆杂岩6个相。

1. 古弧盆系相

包含古弧后盆地、古弧间(裂谷)盆地、古岩浆弧3个亚相。

1)古弧后盆地亚相

主要由古元古界大金山岩组、南山岩组的变质表壳岩构成。大金山岩组为一套黑云(斜长)变粒岩、黑云石英片岩、石英云母片岩夹数层斜长角闪岩、原岩以富碳高铝的砂泥质岩类为主夹基性火山岩;南山岩组主要为条纹(带)状黑云斜长变粒岩、黑云(二云)石英片岩,原岩主要为砂泥质岩类。它们共同构成富铝变粒岩(孔兹岩系)构造组合。

2)古弧间(裂谷)盆地亚相

主要由新元古界万全岩群的黄潭岩组和下峰岩组的变质表壳岩组成。黄潭岩组主要为块状二长(浅)变粒岩、黑云钠长变粒岩、钾长变粒岩夹白云片岩。原岩主要为中酸性角斑质火山岩夹泥砂质碎屑岩;下峰岩组为绿泥白云石英片岩、二云斜长片岩、云母片岩夹石墨云母片岩、二长(钠长)变粒岩,原岩为砂泥质碎屑类夹中酸性(角斑质)火山岩。构成黑云斜长(二长)变粒岩-云母石英片岩构造组合。

3)古岩浆弧亚相

主要由新元古代辉石橄榄岩、石英闪长岩、英云闪长岩、二长花岗岩及新元古代大源片麻岩组成。大源片麻岩为变质深成岩,属奥长花岗质片麻岩组合。

2. 被动陆缘相

仅1个陆缘斜坡亚相,主要由南华系楼子坝组,震旦系南岩组、黄连组,下—中寒武统林田组,上寒武统东坑口组,下奥陶统魏坊组及上—中奥陶统罗峰溪组的变质中细粒长石石英杂砂岩、变质粉砂岩、千枚岩、碳质板岩、硅质岩等组成的砂质板岩-泥质板岩变质建造构造组合构成。

3. 陆表海盆地相

主要由晚古生代—早中生代沉积地层组成，是加里东运动后地壳进入相对稳定阶段的沉积，可进一步划分碎屑岩陆表海、碳酸盐岩陆表海、海陆交互陆表海 3 个亚相。

1)碎屑岩陆表海亚相

属于碎屑岩陆表海亚相的地层有：晚泥盆世—早石炭世的天瓦岽组、桃子坑组和林地组的陆表海砂砾岩-粉砂岩建造组合；中二叠统文笔山组的陆表海泥岩-粉砂岩建造组合；上二叠统罗坑组和下三叠统溪口组组成的陆表海泥岩-粉砂岩建造组合及中三叠统安仁组的陆表海砂泥岩建造组合。

2)碳酸盐岩陆表海亚相

构成该亚相的建造组合主要为上石炭统经畲组、老虎洞组，下二叠统船山组，中二叠统栖霞组、泉上组、鸣山组及上二叠统长兴组的陆源细碎屑岩-灰岩建造组合。

3)海陆交互陆表海亚相

该亚相主要为中二叠统童子岩组和上二叠统翠屏山组的陆表海沼泽含煤碎屑岩建造组合，尤其是童子岩组是福建省煤炭资源的最重要赋矿层位。

4. 裂谷相

裂谷相包括陆内裂谷和夭折裂谷 2 个亚相。

1)陆内裂谷亚相

陆内裂谷亚相主要由新近系佛昙组的碱性玄武岩和拉斑玄武岩建造组合构成。沿海玄武岩多具气孔、杏仁构造，常为粗玄岩、拉斑玄武岩；内陆玄武岩碱性程度较高，主要为橄榄玄武岩。

2)夭折裂谷亚相

夭折裂谷亚相主要有震旦系楼前组的空落相火山岩变质建造组合，三溪寨组的陆源细碎屑岩变质建造组合；下侏罗统下村组的滨海砂岩、粉砂岩、泥岩建造组合，藩坑组的(玄武岩)安山岩-流纹岩建造组合。

5. 陆内盆地相

陆内盆地相分凹陷盆地和断陷盆地 2 个亚相。

1)凹陷盆地亚相

凹陷盆地亚相主要有上三叠统大坑村组、文宾山组、焦坑组及下侏罗统梨山组的河湖相含煤碎屑岩建造组合、中侏罗统漳平组的湖泊砂岩-粉砂岩建造组合，上侏罗统长林组的河流砂砾岩-粉砂岩夹火山岩建造组合、下白垩统坂头组的湖泊泥岩-粉砂岩夹火山建造组合、下白垩统吉山组的湖泊三角洲砂砾岩-粉砂岩建造组合。

2)断陷盆地亚相

断陷盆地亚相主要有上白垩统均口组、沙县组的湖泊泥岩-粉砂岩建造组合和崇安组的河流砂砾岩-粉砂岩建造组合。

6. 后造山岩浆杂岩相

后造山岩浆杂岩相主要有早侏罗世钙碱性侵入岩构造组合、早白垩世钙碱性侵入岩构造组合、过碱性—碱性花岗岩构造组合和晚白垩世花岗闪长质-碱长花岗质斑岩构造组合 4 个岩石构造组合。

早侏罗世钙碱性侵入岩构造组合的岩石主要为辉石闪长岩-辉石二长闪长岩、花岗闪长岩(偶见英云闪长岩)、二长花岗岩、正长花岗岩等，构成一个中性和酸性的岩浆组合，类似于双峰式侵入岩，分布在政和-大埔断裂带以西的闽西构造岩浆亚带。

早白垩世钙碱性侵入岩构造组合的岩石主要为橄榄岩、辉长岩、辉石闪长岩-石英闪长岩-石英二长闪长岩、花岗闪长岩、石英二长岩-石英正长岩、二长花岗岩、正长花岗岩等，过碱性—碱性花岗岩构造组合的岩石主要为晶洞碱长花岗岩、晶洞碱性花岗岩等，主要分布于闽东构造岩浆亚带，岩石类型发育较全，从基性到酸性、碱性岩石均有。

晚白垩世花岗闪长质-碱长花岗质斑岩构造组合的岩石主要为闪长玢岩、花岗闪长斑岩、石英二长斑岩、二长花岗斑岩、花岗斑岩、碱长花岗斑岩、石英正长斑岩及碱性长石斑岩等，多沿断裂带分布，呈岩墙、岩床、岩瘤产出。

（三）结合带大相

结合带大相是本次新划分的一个大地构造相，可划分蛇绿混杂岩相和陆壳残片相2个相。

1. 蛇绿混杂岩相

蛇绿混杂岩相主要由新元古界马面山岩群、震旦系稻香组组成，可进一步划分为远洋沉积亚相和蛇绿岩亚相2个亚相。

1）远洋沉积亚相

远洋沉积亚相主要由大岭岩组的钠长变粒岩-钠长石英片岩建造组合、龙北溪岩组的云母石英片岩-石英云母片岩-石英岩-大理岩-绿片岩建造组合、石英岩-云母石英片岩建造组合、稻香组的铁锰质变质砂泥岩-硅质岩建造组合、大理岩-绿片岩-硅质岩建造组合构成。

2）蛇绿岩亚相

蛇绿岩亚相主要由新元古界马面山岩群的东岩岩组及超基性—基性岩组成。东岩岩组为绿片岩-云母石英片岩-大理岩建造组合，以绿片岩为主，主要有钠长阳起片岩、绿泥绿帘阳起片岩、斜长角闪（片）岩，其原岩为拉斑玄武岩，局部见可疑的受剪切的枕状构造。超基性、基性岩均已蚀变为蛇纹岩、滑石蛇纹岩，其原岩主要为辉橄岩、橄榄岩、辉长岩等，于王母山钻孔中见有呈似层状具鬣刺构造的科马提岩。

2. 陆壳残片相

仅1个基底残块亚相，主要由古元古界迪口岩组和大金山岩组的中深变质岩系组成。迪口岩组主要为黑云斜长变粒岩，夹少量黑云石英片岩，原岩主要为一套砂泥质岩类。大金山岩组为一套黑云（斜长）变粒岩、黑云石英片岩、石英云母片岩、夹数层斜长角闪岩，原岩以富碳高铝的砂泥质岩类为主夹基性火山岩，为富铝变粒岩建造（孔兹岩系）。在东峰一带的大金山岩组岩性主要为块状黑云斜长（二长）变粒岩、及少量云母石英片岩，变粒岩的原岩可能为变质的深成岩（二长花岗岩）。

四、大地构造阶段划分及其演化

福建省地处欧亚板块东南缘，为环太平洋中、新生代巨型构造岩浆带陆缘活动带的一部分，是全球构造-岩浆活动最活跃的地区之一，地质构造复杂。按照福建省不同时代地质构造特点，结合板块演化的地球动力学背景及中国构造演化阶段划分方案，将其演化过程划分为古—中元古代、新元古代早期、南华纪—早古生代、晚古生代—中三叠世和中—新生代5个构造发展阶段（图4-3）。

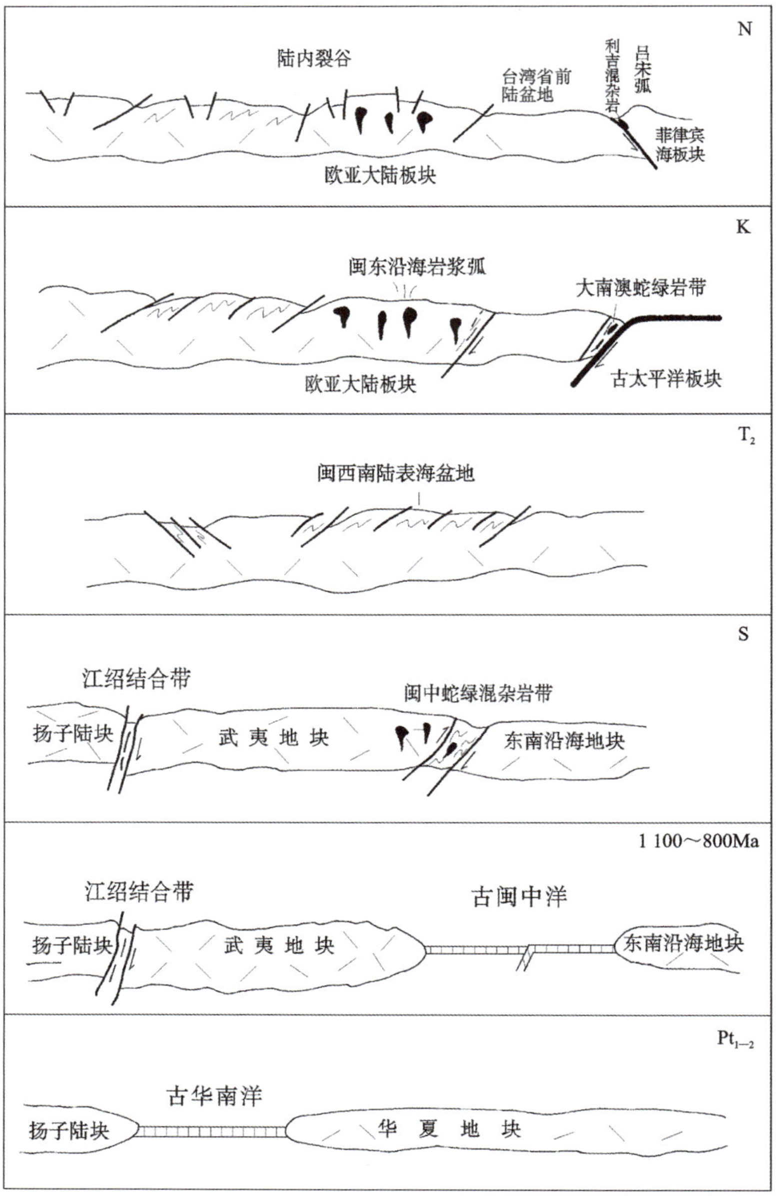

图 4-3　福建省大地构造相演化模式图

(一)古—中元古代原始陆壳形成阶段

武夷-云开造山系在 18 亿年以前围绕太古宙古陆核陆缘增生。福建省古元古界麻源岩群的变质岩特征类似孔兹岩系,原岩以富碳高铝的砂泥质岩类为主夹少量基性火山岩,原岩建造类型为类复理石建造。其物源和沉积环境均指示应有更古老的硅铝质基底和蚀源区存在,福建省内及周边众多的太古宙年龄及物源信息表明区内或周边存在有太古宙硅铝质古陆壳(黄泉祯等,1998)。大金山岩组、南山岩组、迪口岩组、桃溪岩组,即是在这一硅铝质基底上沉积的,是地壳增生期,大金山岩组岩石化学和地球化学特征显示出成熟度较低的中酸性花岗质陆源碎屑特点,所夹斜长角闪岩恢复原岩为大陆钙碱性玄武岩,产有机碳成因的石墨及大理岩等夹层,其沉积环境为陆缘海盆地浅水较稳定的古弧后盆地。

1 800Ma 左右的吕梁运动致使这一沉积物遭受强烈的侧向挤压,褶皱成山,形成华夏古陆块。根据现有资料,这个古陆块应包括福建全省境及周边地区。

（二）新元古代早期华夏陆块裂解和弧-弧碰撞阶段

原始华夏陆块形成之后，经历了中元古代克拉通化的稳定阶段，在 1100～800Ma 发生裂解，于政和—南平—大埔（广东）一线发生裂陷把华夏古陆块分解成武夷和东南沿海两个地块，随着裂陷槽的进一步扩展形成闽中洋，形成具远洋浊流沉积特征的龙北溪岩组，为云母片岩-石英岩-大理岩变质建造，岩性以石英云母片岩、云母石英片岩为主，夹大理岩、透辉石岩、石英岩等钙镁硅质岩。在武夷地块的崇安-宁化弧间裂谷盆地中形成一套万全岩群的砂泥质岩-中酸性火山岩建造组合。

在 850～800Ma 的新元古代早期发生的晋宁运动，强烈的挤压作用促使华夏陆块与扬子陆块发生陆-陆碰撞，致使武夷地块拼贴于扬子陆块之下，之后武夷地区进入被动陆缘发展阶段。

（三）南华纪—早古生代被动陆缘发展与陆-陆碰撞阶段

震旦纪时发生的南平-宁化北东东向（夭折）裂谷，致使南北发生差异，闽西南相对凹陷，形成了一套巨厚的复理石建造，闽西北相对隆起，沉积厚度小，且间有微弱的火山活动。于裂谷中形成了一套钙碱系列中酸性火山岩夹砂泥质岩建造组合。

440～410Ma（志留纪）的加里东运动，促使东南沿海地块与武夷地块于政和-大埔（广东）发生陆-陆碰撞。结合带中现存的蛇绿混杂岩带，蛇绿岩、硅砂泥质-碳酸盐岩等远洋沉积建造及它们的测年资料（1 100～700Ma），说明新元古代中晚期闽中古洋盆的存在。武夷地块在 440～410Ma（志留纪）间同碰撞花岗岩的大量出现，说明古闽中洋的关闭时间应是在加里东末期，而且东南沿海地块是向西俯冲拼贴于武夷地块之下。至此福建全境又连成一体，形成复杂的双基底结构（古—中元古代结晶基底和新元古代变质基底），华夏古陆增生。

（四）晚古生代—中三叠世陆表海发展、陆内造山阶段

加里东运动后，福建地壳经短暂的剥蚀，于晚泥盆世始又开始缓慢地下降，进入陆表海发展阶段。此时闽西北及闽东仍处于相对隆起状态，只接受较少的沉积，而闽西南则处于相对凹陷的边缘海海湾环境，形成了晚泥盆世—早石炭世粗碎屑岩建造、晚石炭世—中二叠世早期的硅砂泥质碳酸盐岩建造、碳酸盐岩建造、中二叠世中期—晚二叠世的细碎屑岩建造和含煤碎屑岩建造、早三叠世的硅砂泥质碳酸盐岩建造及中三叠世的红色砂泥岩建造。

发生于中三叠世末的印支运动，强烈的侧向挤压作用致使凹陷中的沉积物发生褶皱隆起和一系列的逆冲推覆、滑脱构造，并伴有较强的岩浆侵入活动。从而结束了福建省被动陆缘与陆表海的发展历史，而进入濒太平洋活动大陆边缘发展阶段。

（五）中—新生代活动大陆边缘、陆内叠合造山发展阶段

印支运动后，福建省全境隆升，由于受太平洋板块向欧亚大陆板块俯冲及欧亚大陆板块向南东挤压活动的影响，构造格局发生改变，产生北东向断裂体系和北西向、北东东向断陷盆地，是福建省地质历史上地壳活动最强烈、最频繁的时期，并以强烈的断褶作用及大规模的中酸性、酸性岩浆强烈、频繁的喷发与侵入为其主要表现方式。

中生代福建全境（闽西北、闽西南、闽东 3 个地区）都卷入了燕山运动，构造演化一致，但大致以北东向政和-大埔断裂带为界，东西两侧却有差异。由于受欧亚板块东南边缘断块向太平洋板块仰冲作用的影响，闽东地区产生拉张断陷作用，引起大规模的岩浆喷发，形成大面积的以酸性火山岩为主的沉积-火

山岩建造。西部火山活动较弱，分布较零星，只有些小型的沉积-火山盆地。到白垩纪这一差异表现得更为明显，东部的断陷盆地呈现的是双峰式的火山岩建造，而在西部的断陷盆地中接受的却是红色碎屑岩沉积。随着火山喷发伴随的岩浆侵入活动，东西部也有差异，西部的岩浆侵入活动以燕山早期（侏罗纪）挤压环境（后碰撞）的钙碱性侵入岩为主，而东部则以燕山晚期（白垩纪）拉张环境（后造山）的钙碱—碱性侵入岩为主，并有 A 型花岗岩出现。岩浆侵入活动时间有由西向东由早到晚迁移现象。

新生代福建省全境基本处于整体隆升，剥蚀夷平状态，并以断块差异隆升为特色。仅在东南沿海的漳浦及内陆地区的明溪、闽清等地出现有小规模基性火山喷发，属裂谷环境的拉斑玄武岩建造。

综上所述，福建省地壳的生长演化过程可概括为古元古代在硅铝质基底的古弧后盆地中形成高碳富铝的孔兹岩系，吕梁运动形成原始陆块。新元古代早期陆块裂解，形成武夷和东南沿海两个地块，400Ma 左右的地壳运动致使两个地块发生陆-陆碰撞，华夏古陆增生，结晶基底扩展。晋宁运动在区内表现为弧-弧碰撞、堆叠，这可能与华夏陆块向扬子陆块俯冲碰撞有关。震旦纪拉张裂谷盆地形成，闽西南为陆内及陆缘边缘盆地（陆缘斜坡），加里东运动使海盆回返。海西期—印支期为陆表海盆地，部分盆地继承了加里东盆地格局，印支运动形成陆内叠合造山。燕山期为陆相断陷盆地，岩浆活动强烈，大型走滑断层及斜向逆冲作用明显，属受太平洋板块向西北俯冲影响较强的陆内叠加造山-裂谷体系。在多阶段构造演化过程中，陆壳内部物质的再循环是福建省地壳生长再造的主要物质来源，不同阶段大量的陆源碎屑沉积及壳源花岗质岩浆侵入在区内表现明显。此外，地幔物质的添加也是福建省地壳生长的重要物质来源，如不同阶段幔源基性岩浆活动和同熔型、壳幔混合源的中酸性侵入岩和火山岩。

第七节　大地构造相与成矿关系

成矿作用过程与大地构造演化密切相关，各种矿床都是在大地构造演化过程中，某一特定构造阶段、特定构造部位和特定大地构造环境中形成的特殊地质体，具有揭示陆块区和造山系（带）组成、时空结构和演化的大地构造功能。不同级别大地构造单元制约了相应级次的成矿区带，控制着各类矿床的时空分布。总结大地构造相与成矿作用的时空关系，对成矿预测工作具有重要意义。

一、古弧盆系相与成矿

与该大地构造相相关的地层为古元古界麻源岩群和新元古界万全岩群。麻源岩群是一套高碳高铝的孔兹岩系，是福建省最古老的地层，属古弧后盆地的产物，与其相关的矿产主要为沉积变质型石墨矿和韧性剪切带型金矿。晶质石墨矿产于大金山岩组含石墨变粒岩、含石墨云母片岩中。矿点较多有浦城杉坊、武夷山桃棋、建阳留田际、莒口、塘头、岭根墙等矿产地，其中建阳岭根墙为大型矿床，分两个矿段，东矿段见矿 13 层，长 200～670m，厚 0.4～13.1m，含固定碳 12.4%～2.52%，B＋C＋D 级储量 $1\ 007\times10^4$t。韧性剪切带型金矿目前还未发现较有规模的矿床，主要有建阳大金山、马伏、建宁椒坑、黄埠等金矿点。

新元古界万全岩群为一套黑云斜长（二长）变粒岩-云母石英片岩构造组合，属古弧间盆地的产物。与其相关的矿产主要为构造蚀变型金矿，如泰宁何宝山、梅桥南小型矿床，泰宁五里亭、泰宁农场、泰宁邱家排、洋坑、音山、外凹、李家坊等矿点。控矿层位为新元古界黄潭岩组，矿体受断裂带控制，围岩蚀变主要有硅化、黄铁矿化、绢云母化、方解石化、黄铜矿化。

二、与蛇绿混杂岩带相关的矿产

分布于福建省中部松溪-尤溪的蛇绿混杂岩带由新元古界马面山岩群的绿片岩-云母石英片岩-石英岩-大理岩变质岩石构造组合构成。它是沉积变质-热液改造型(铜)铅锌多金属、磷,韧性剪切带型金的重要控矿层位和矿源层,许多大中型铅锌矿和中小型金矿都分布于这一大地构造相中。沉积变质-热液改造型块状硫化物多金属矿,主要有建阳水吉、政和夏山、建瓯八外洋、尤溪梅仙、顺昌山后大中型矿床及政和打银坑、赤井、建瓯西坑、屏南洋地、南平下明洋、建瓯东岩、皇地后小型矿床(点),矿体呈似层状、透镜状,位于绿片岩与大理岩(透辉透闪石岩)的结合部位或大理岩中。

金矿主要有政和王母山、黄坑、建瓯东游川石、尤溪官田等矿产地。政和王母山金矿,矿体赋存于铁镁质超基性岩(蛇绿岩)外接触带的硫铁矿中,呈薄饼状、长条状、透镜状、扁豆状,长 12.5～2.25m,厚 0.75～10.2m,Au 品位变化范围为(3.01～20.10)$\times10^{-6}$,平均品位为 4.64$\times10^{-6}$。尤溪官田金矿床,为韧性剪切带型,矿体呈透镜状、不规则状、似层状赋存于大岭岩组中发育的韧性剪切带中,长 15～64m,宽 1～3.06m,金品位变化大,变化范围为(1.2～106.5)$\times10^{-6}$,一般为(4～7)$\times10^{-6}$。东游金矿床,为变质热液充填型矿床,赋于龙北溪岩组云英片岩-石英岩-大理岩-绿片岩构造组合中,矿(化)体受层间断裂、裂隙控制,含金石英脉带顺层侵入,与围岩同步褶皱变形。矿体多呈扁豆状、透镜状,矿体厚 0.4～1.4m,长 20～64m,Au 平均品位为 26.63$\times10^{-6}$。

沉积变质型磷矿,仅有松溪洋墩、南平芹山小型矿床 2 处,建瓯西坑矿点 1 处及建瓯龙北溪、杉洋、郑源、松溪万前 4 处矿化点,均为低品位磷矿,赋存于龙北溪岩组的石英岩-云母石英片岩-大理岩-绿片岩岩石构造组合中。矿体呈似层状、透镜状、变化大,长一般 50～150m,少数 460～580m,厚 2～7m,少数 10～19m,含磷品位低,一般仅是矿化,P_2O_5 含量为 3%～7%,芹山矿区 P_2O_5 含量为 7.04%～11.58%,平均含量为 9.55%。

三、与陆表海盆地相相关的矿产

与该大地构造相相关的地层主要为晚古生代—早中生代的沉积地层,含有丰富的矿产,是福建省最重要的经济地层,是沉积型铁、锰、煤、石灰岩矿及接触交代型铁、铅锌矿的控矿层位。

锰矿主要有永安小陶、连城兰桥、庙前、珠地、武平岩前、永安麻坝小型矿床及上杭芦丰、安乡、清流南山等矿点。此类沉积(淋积)型锰矿均与上石炭统经畲组的陆表海碎屑岩-碳酸盐岩建造组合有关。矿体赋于经畲组与林地组间的假整合面上,或由于经风化淋滤后赋存于之下的林地组、安砂群的裂隙中或第四纪的残坡积层中。

煤矿主要赋存于中二叠统童子岩组、上二叠统翠屏山组的海陆交互含煤碎屑岩系中。童子岩组是福建省最重要的含煤层位,为无烟煤,可分上、中、下 3 个岩性段,除中段为海相层不含煤外,上、下段均为含煤段,具煤层数多、单层厚度薄、煤层间距小特征。含煤 36～113 层,煤层总厚度约 10～55m,可采或局部可采 18～26 层,可采总厚度约 10～30m。翠屏山组的煤也为无烟煤,也有可采、局部可采煤层,但其规模却比童子岩组逊色得多。

接触交代型铁矿、铅锌多金属矿主要与石炭纪—二叠纪的灰岩(经畲组、船山组、栖霞组)及下三叠统溪口组的含钙、硅泥质角岩关系密切。铁矿属大中型矿床的有:龙岩马坑、漳平洛阳、安溪潘田、德化阳山、大田银顶格、漳平桂山 6 处,小型以上矿床点主要有将乐上湖、永安溪南、西洋、连城田心、莒溪、上杭湖洋、龙岩青草盂、三井、乌龙奇、中甲、内培斜、永定樟坑、长汀草坪、安溪珍地、大田太华、万湖、东埔、南坑、汤泉、华安金山、南靖五更寨 21 处。铅锌多金属矿床(点)主要有清流仁场、连城珠地、长泰钟魏、永春上姚、安溪后坪山、龙岩铁山、永定大排、福鼎银硐等。

四、与岩浆弧相相关的矿产

福建省岩浆弧相可进一步划分为火山弧亚相、火山盆地亚相。同碰撞岩浆杂岩亚相、后碰撞岩浆杂岩亚相及后造山岩浆杂岩亚相5个亚相。

(一)与火山弧亚相相关的矿产

属该亚相的火山岩地层,主要为下侏罗统南园组及下白垩统下渡组和小溪组。

南园组是铅、锌、银、金、钨、铁矿的有利成矿层位。主要有莆田银坑铅锌矿、闽候罗桥金矿、德化雷潭金矿、福清下溪底、平和长崎后铅锌矿等矿床(点)。矿体一般呈层状、似层状产于中酸性—酸性火山岩中,矿体产状较平缓,与围岩产状一致。如莆田银坑中型铅锌矿床,有大小矿体29个,呈似层状赋于南园组上部的流纹质凝灰岩中,产状与围岩一致。矿石矿物主要为方铅矿、闪锌矿,品位中等,围岩蚀变有叶蜡石化、绿泥石化、黄铁矿化和硅化,是一受层位控制的火山热液型矿床。

小溪组是叶蜡石、明矾石的有利成矿层位,矿产地众多,最具著名的大、中型矿床有福州寿山、峨嵋、寿宁湖潭等叶蜡石矿床,矿石品级较好,还有“田黄石”“鸡血石”“冻石”等极具经济价值的工艺美术雕刻叶蜡石(寿山石)。该类矿床与沉凝灰岩、凝灰岩关系密切,矿体多呈透镜状,受岩性、层位控制明显,产状平缓与围岩一致,属火山期后热液交代型矿床。

(二)与火山盆地亚相相关的矿产

属该亚相的火山地层为石帽山群的双峰式火山岩组合,是铜、金、银、铅锌、铀矿及明矾石、黑曜岩、珍珠岩等矿产的有利成矿层位。金属类矿产地主要有:上杭紫金山铜金矿(大型)、武平悦洋银多金属矿床、浦城毛洋头铀矿床、上杭古石背铀矿床等。非金属类矿产地主要有:永泰云山、周宁香炉山、沙县大佑山、柘荣东山、德化石牛山等黑曜岩、松脂岩矿床(点)。明矾石矿产地主要有:平和太矾山、小矾山、柘荣乍洋等矿床(点)。

(三)岩浆杂岩与成矿

岩浆侵入活动不仅带来了热源,也带来了成矿物质,随着岩浆定位和结晶分异过程从成岩物质中分离出有用成分在有利部位富集成矿。同时在成岩过程中热能和产生的热水溶液与围岩的物质发生交代,有用物质在内外接触带富集成矿。所以岩浆侵入活动的成矿过程是复杂的,它不但与岩浆的来源物质成分及围岩的性质有关,还与岩体的定位、形态、产状等因素有关。所以不同的岩浆来源,不同的岩石类型和岩石构造组合有不同的矿产。

1. 志留纪强过铝—过铝性花岗岩组合

该组合属壳源型同碰撞岩浆杂岩,其中二长花岗岩、正长花岗岩是离子吸附型稀土矿成矿母岩,可形成较好富铕稀土矿。而伟晶岩常形成铌钽、锡、铍、锂、钾长石、白云母等矿。较好的矿产地有:宁化张家塘稀土矿、南平西坑铌钽矿及建宁中东钾长石、白云母矿床等。

2. 早侏罗世钙碱性侵入岩组合

该组合岩石与铜、铅锌、锡矿关系密切，尤其是花岗闪长岩、正长花岗岩，在其内、外接触带常有交代型的铜、铅锌、锡矿等矿床（点）。如大田汤泉、文江岩体内外接触带有矽卡岩型的铜、铅锌矿床（点）、永安坪山岩体外接触带有较多的铅锌矿点分布，岩体内还有锡矿点。永定岩体外接触带有瑶子崠、五湖等锡矿（化）点。这与该组合中酸性岩体 Cu、Pb、Zn 元素及酸性岩 Sn 元素含量高吻合。

3. 晚侏罗世花岗闪长岩-花岗岩组合及花岗岩组合

福建省的金属矿多半与该时期的岩浆活动有关，是一重要的成矿期，形成许多大、中型的矿床，矿种以钨、锡、钼、铋、铁、铌、钽为主，次为铜、铅锌多金属矿。但闽西、闽东两种岩石构造组合的成矿却有差异。闽东岩浆岩亚带主要为花岗闪长岩-花岗岩组合，与其相关的矿产以铅、锌、铜为主，如在平和大望山、赤竹坪、政和霞山等岩体内外接触带多出现有铅锌多金属矿。闽西岩浆亚带为花岗岩组合，形成的矿产以钨、锡、钼、铁和铅锌铜多金属矿及铌、钽等矿产为主。如宁化行洛坑钨矿床、大田太华钨矿、将乐新路口铜钼矿床、马坑铁床、漳平彭炉一带铅锌矿、连城珠地多金属矿床等均与此类花岗岩组合有关，赋于其内外接触带。此外在岩体内部还有热液填充型萤石矿及离子吸附型稀土矿大中型矿床。

4. 早白垩世钙碱性侵入岩组合

该组合岩石属后造山岩浆杂岩亚相，与其相关的矿产有铜、钼、铅锌矿等。如与中酸性岩浆岩相关的平和钟腾斑岩型铜钼矿床、上杭罗卜岭斑岩型铜钼矿床、连城姑田斑岩型钼矿及与酸性岩浆岩相关的赤路斑岩型钼矿床，莆田银坑铅锌矿点。

形成于早白垩世末至晚白垩世初的过碱性—碱性花岗岩组分别与铌、钍等矿有关，如福州魁岐岩体中的铌、钍矿化点。

5. 晚白垩世花岗闪长质-碱长花岗质斑岩组合

该组合岩石多以脉状、瘤状产出、常与铅锌多金属矿有关，是寻找斑岩型矿的有利部位。

第五章　区域地球物理、地球化学、遥感、自然重砂资料地质解释

第一节　重力资料地质解释

一、区域重力特征

从福建省及邻区布格重力异常图(图 5-1)上可知，整个福建省为呈北东向、长椭圆状、似船形的重力场特征，浙闽粤沿海为北东向重力梯级带，往西浙闽赣省界交界处亦为重力梯级带，但梯度相对较缓，方向有所改变为北东东向，两梯级带的中部丽水-连城为负重力异常区，负异常区中重力高与重力低相间分布。就更大范围而言，上述大面积的负重力场，其东、北、西三面均为重力高所环绕，只在闽南地区负重力场折向粤东合并于南岭东西向重力场。

综观福建省布格重力异常平面图(图 5-2)，重力异常变化范围大，梯级带明显，等值线扭曲、拐折、错动、位移现象遍及全省。福建省主要以负重力场为主体，布格重力异常变化的趋势是从内陆向沿海重力值递增，正值在沿海边缘，并向海峡逐渐增大。陆域布格重力异常最高值在平潭岛，为 $24.0\times10^{-5}m/s^2$。全省绝大部分地区属负重力场，最低值在屏南的梅溪与连城的尧家畲、上杭的步云一带，分别为 $-76.0\times10^{-5}m/s^2$ 和 $-74.0\times10^{-5}m/s^2$。福安—南靖一线以东，布格重力异常呈北东向重力梯级带，梯度变化较陡，并在沿海边缘出现正重力场；福安—南靖一线以西，全部为负重力场，梯度变化较缓，布格重力异常走向北东、北北东、北东东、北西、东西、南北向皆有，圈闭异常形态有椭圆状、近等轴状、不规则状等。布格重力异常环绕中部重力低，东陡西缓，东侧梯度变化每千米 $0.80\times10^{-5}m/s^2$，西侧梯度变化每千米 $0.34\times10^{-5}m/s^2$，且中部重力低沿北东向还存在起伏，从北东至南西，布格重力异常呈现中间高，两端低。

(一)区域重力场特征

1. 向上延拓区域场

从布格重力异常上延 2km、4km、6km、10km 平面图来看，异常幅值衰减非常缓慢，异常范围变化也不大，只不过上延 2～10km 异常等值线由密变疏、梯度变化由陡变缓而已，这表明区域背景场应是深部地质现象的反映。上延 2km 重力异常变化范围 $(-72\sim20)\times10^{-5}m/s^2$，上延 4km 重力异常变化范围 $(-70\sim18)\times10^{-5}m/s^2$，上延 6km 重力异常变化范围 $(-66\sim16)\times10^{-5}m/s^2$，上延 10km 重力异常变化范围 $(-68\sim8)\times10^{-5}m/s^2$。从福安—南靖一线以东，异常等值线呈北东向平行密集排列。福安—南靖一线以西，为几个重力高与重力低相间组成，武夷山—武平一线以西为相对重力高，将乐—惠安一线

以南为相对重力低，浦城—永春一线与福安—南靖一线所围区域为相对重力低，其余为相对重力高。区域重力场由西向东方向场值呈低→高、由东北向西南方向场值呈低→高→低的变化趋势。

2. 窗口平均区域场

由 60km×60km、30km×30km、20km×20km、12km×12km 平均布格重力异常平面图分析，其区域重力场特征与上延平面图相类似，随着窗口的增大，其异常幅值、范围变化均不大，但异常等值线逐渐

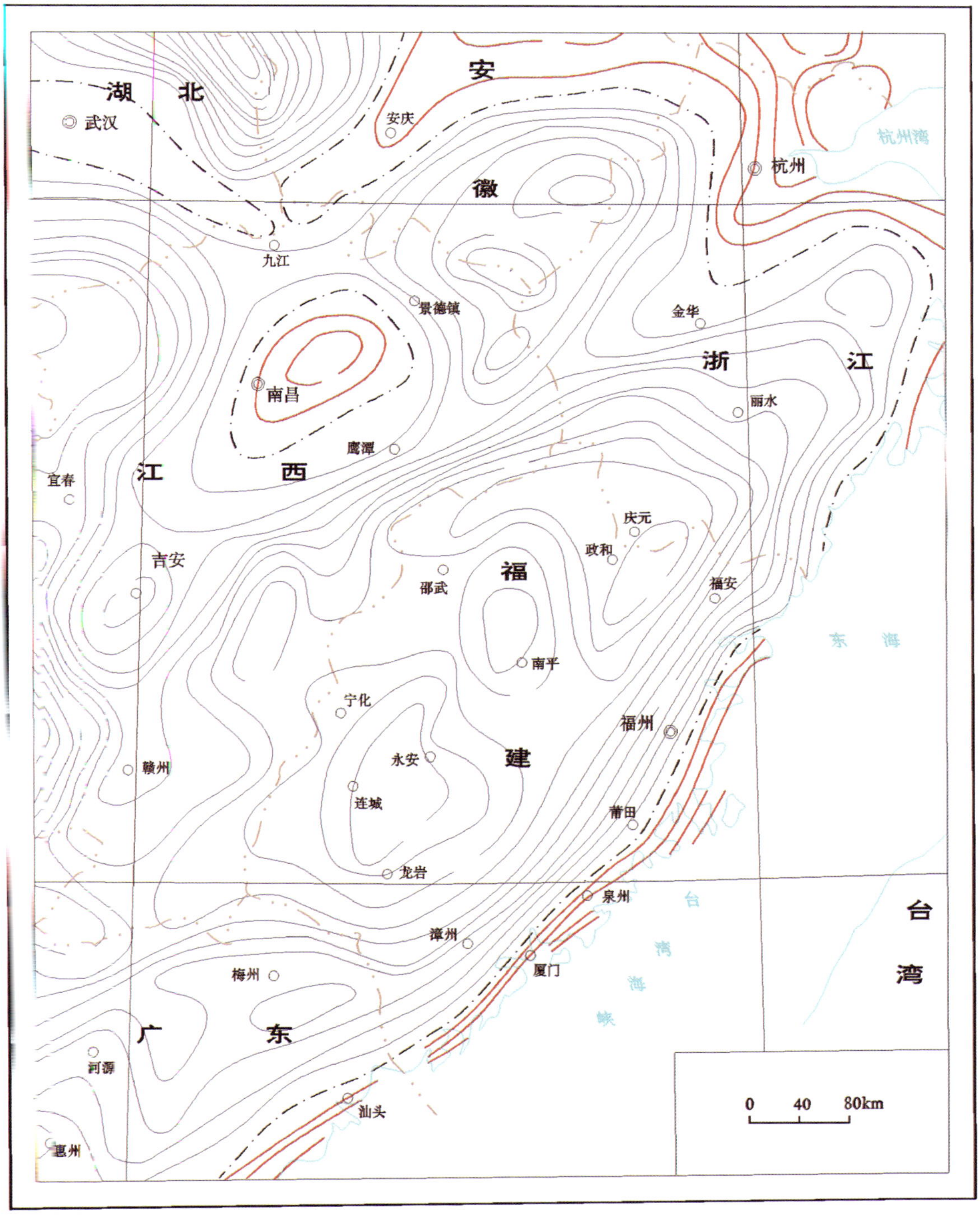

图 5-1　福建省及邻区布格重力异常图

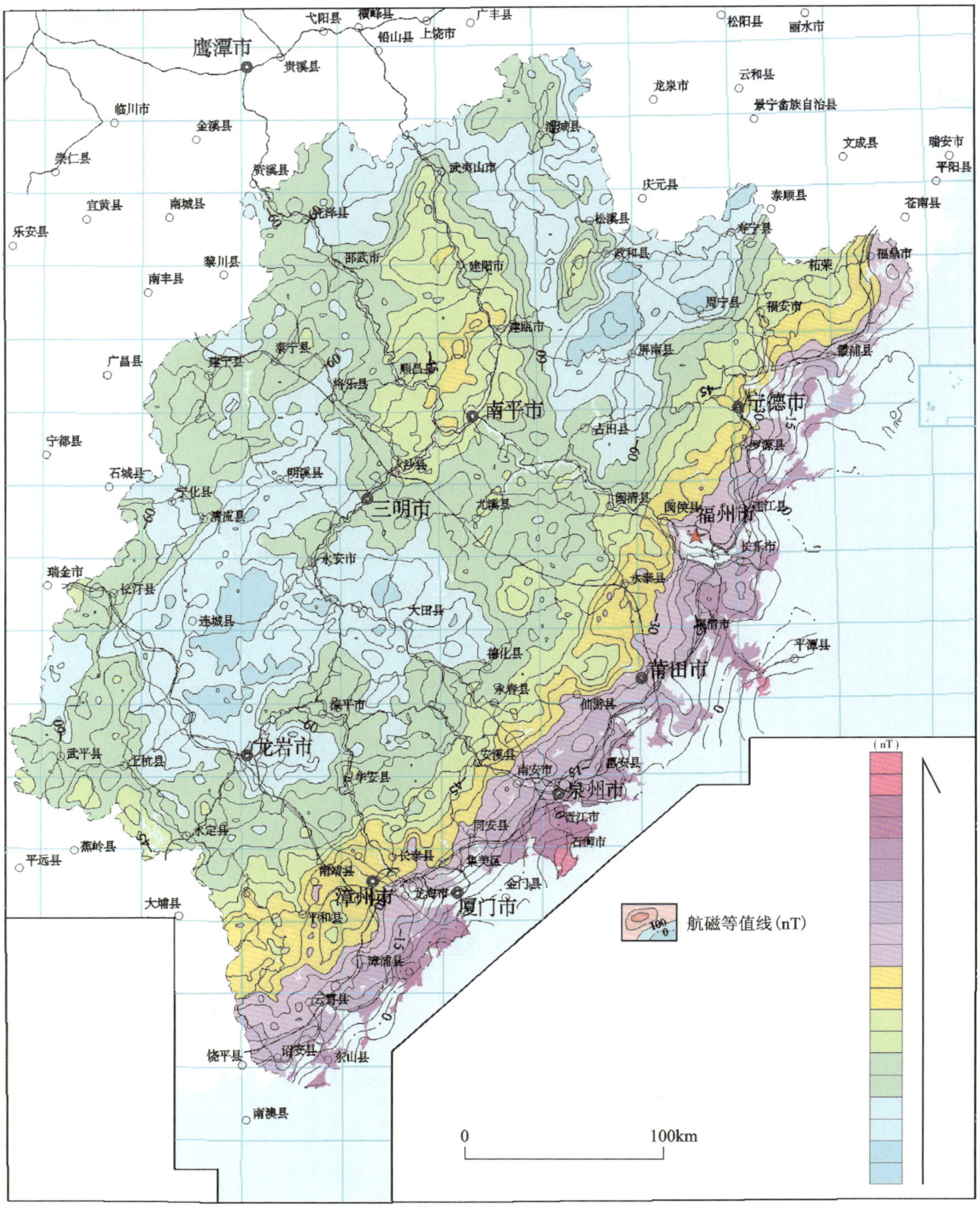

图 5-2　福建省布格重力异常平面图

变稀，梯度逐渐变缓，圈闭异常逐渐减少。福安—南靖一线以东，异常等值线也以北东向平行密集排列展布，福安—南靖一线以西，则为重力高与重力低相间组成。12km×12km 平均布格重力异常变化范围 $(-70\sim20)\times10^{-5}\,m/s^2$，20km×20km 平均布格重力异常变化范围 $(-70\sim20)\times10^{-5}\,m/s^2$，30km×30km 平均布格重力异常变化范围 $(-70\sim18)\times10^{-5}\,m/s^2$，60km×60km 平均布格重力异常变化范围 $(-68\sim14)\times10^{-5}\,m/s^2$。

（二）局部重力异常特征

从 60km×60km、30km×30km、20km×20km、12km×12km 剩余重力异常平面图可看出，局部重力异常走向北东、北西、东西、南北向皆有，异常形态为条带状、椭圆形、近等轴状、葫芦状、不规则状等。随着窗口增大，局部重力异常由零碎变得比较完整，异常面积逐渐变大，异常幅值也逐渐增大(负值降低、正值升高)。12km×12km 剩余重力异常变化范围(－4～5)×10^{-5} m/s^2，20km×20km 剩余重力异常变化范围(－7～8)×10^{-5} m/s^2，30km×30km 剩余重力异常变化范围(－11～13)×10^{-5} m/s^2，60km×60km 剩余重力异常变化范围(－14～16)×10^{-5} m/s^2。从这不同窗口的剩余重力异常平面图中可知，正、负重力异常相间分布，重力场起伏变化，反映了地壳内一定深度的密度不均匀性，这为解决盖层及地壳内一定深度的地质问题提供了非常有用的信息。

（三）方向导数重力异常特征

方向导数重力异常主要用于解决区内构造线的方向问题，帮助分析区内主导构造的方向展布。0°水平方向导数重力异常平面图主要突出与其垂直方向的构造线，即突出 90°方向的构造线，同理，45°水平方向导数重力异常平面图主要突出 135°方向的构造线，90°水平方向导数重力异常平面图主要突出 0°方向的构造线，135°水平方向导数重力异常平面图主要突出 45°方向的构造线，从 0°、45°、90°、135°水平方向导数重力异常平面图中可看出，福建省主要构造方向为北东向，其次为北西向。

（四）垂向二阶导数重力异常特征

垂向二阶导数重力异常主要用于抑制区域背景场，突出、放大浅部信息，同时与剩余重力异常相结合，判定各类地质体的边界。从 R=4km、6km、10km 垂向二阶导数重力异常平面图可看出，垂向二阶导数重力异常随着半径 R 的增大，异常曲线由密变疏，异常值逐渐变小，异常逐渐变宽缓、完整。因此，为了解决不同深度的地质问题，可采用相应的半径进行“二导”。本区 R=10km 的垂向二阶导数重力异常与 30km×30km 剩余重力异常较吻合。

二、区域重力资料地质解释

（一）地质构造单元划分

1. 重力场分区地质特征与解释

从上述重力场分带、分区的异常特征可看出，各带(区)的布格重力异常强度、走向、形态及扭曲、错动、位移等存在差别，反映了各带(区)地壳内物质成分的差异。据福建省 1∶50 万重力报告，布格重力异常与地壳厚度呈明显的正相关关系，随着地壳厚度的减薄、莫霍面的上升，布格重力值增高；地壳厚度的加厚、莫霍面的下降，布格重力值则降低。因此，可以说莫霍面起伏对重力场的变化起主要作用，是决定布格重力场特征的主要因素。换言之，重力区域背景场为莫霍面起伏变化所致，局部重力异常则由壳内或盖层内地质体密度不均匀性所反映。下面以重力场特征为主，结合地质、航磁等资料，逐一进行推断解释。

1)福建沿海重力异常梯级带(Ⅰ)

本带地表广泛分布中生代岩浆岩，喷发和侵入兼有，而沉积地层不发育，上古生界仅零星分布，变质岩仅出现于带内沿海地带。由于深断裂带发育，地壳下部及上地幔的物质通过断裂通道上涌到达地表，因此在地表出现基性岩、超基性岩、分异型花岗岩等下地壳与幔源物质。

本带航磁 ΔT 异常整体呈北东向正负伴生、变化激烈的磁异常带，磁场较杂乱，变化幅度大，梯度陡，强度强，反映岩浆岩之磁异常特征。

从各种窗口区域重力异常平面图及布格重力异常上延平面图上看，其梯度带的形态与基本特征均无明显差异，这显然是深部因素造成的。从福建省地壳厚度平面图看，梯度带地壳厚度从 30km 减至 26.5km，是莫霍面急剧变化地带，也是地壳或上地幔物质密度沿一定水平方向发生剧烈变化的地带。因此推测该重力异常梯级带为莫霍面斜坡和地壳密度变化共同导致。另外该带深部断裂带发育，而深部断裂带又往往是控制其两侧构造发生、发展的主要因素，由断裂作用产生上下盘物质质量分布变化，在重力场上则表现为强度不同的异常等值线密集带特征，因此深部断裂带也是引起重力梯级带的另一地质因素。

2)福建内陆重力异常带(Ⅱ)

本带是重力场的主体，主要分布沉积岩和变质岩，火山岩分布相对较少，仅在本带的北部和西部有一些分布，中部则零星露布。航磁 ΔT 异常主要呈北东或北东东走向的带状磁场，正负伴生，磁场变化平缓。据重力场特征，本带主要反映莫霍面的凹陷。

2. 构造单元划分

从上面对各个重力异常带(区)的解释推断，可以看出各个带(区)的地质构造存在差别，依据这些差异，结合地质、航磁等资料，把全省划分成 2 个Ⅰ级构造单元和 4 个Ⅱ级构造单元，其中又细分了 6 个Ⅲ级构造单元和 6 个Ⅳ级构造单元，构造单元划分具体见图 5-3。Ⅰ福建沿海断隆带，进一步划分次一级构造单元为：Ⅰ1 滨海基底隆起亚带和Ⅰ2 福鼎-诏安岩浆活动亚带；Ⅱ福建内陆断凹带，进一步划分次一级构造单元为：Ⅱ1 闽中断坳亚带和Ⅱ2 武夷山脉断隆亚带。Ⅱ1 亚带再分次一级构造单元有：Ⅱ1-1 寿宁-屏南凹陷区，再细分为屏南凹陷亚区(Ⅱ1-1-1)和政和隆起亚区(Ⅱ1-1-2)；Ⅱ1-2 建瓯-南平隆起区，再细分为尤溪凹陷亚区(Ⅱ1-2-1)和顺昌隆起亚区(Ⅱ1-2-2)；Ⅱ1-3 连城-龙岩凹陷区，再细分为漳平隆起亚区(Ⅱ1-3-1)和连城凹陷亚区(Ⅱ1-3-2)，Ⅱ1-4 武平-永定隆起区。Ⅱ2 亚带进一步划分次一级构造单元为：Ⅱ2-1 泰宁-长汀隆起区，Ⅱ2-2 光泽凹陷区。

Ⅰ带主要反映上地幔隆起之重力场特征，且深断裂带发育，地表火山岩分布广，岩浆活动剧烈，基性岩也较发育。Ⅱ带主要反映上地幔凹陷之重力场特征，且带内沿东西、南北方向有凹凸起伏，地表主要分布中生代—古生代沉积地层和古生代及更老变质岩地层，酸性侵入岩较发育。

需要指出的是，Ⅱ带中的武平-永定隆起区(Ⅱ1-4)，由于面积范围小，本次暂且把它归入福建内陆断坳带构造单元，但从全国重力场特征分析，重力布格等值线至此总体呈近东西向展布，布格值普遍较其北侧高，且连城幔凹至此亦已消失，因此，上杭-云霄断裂带西南侧有独立成一地块之可能。

综上可以看出，全省构造格局具有东西分带、南北分块的特点，隆起地带(区)以发育同熔、重熔岩体为主，岩浆侵入岩体次之；凹陷地带(区)以发育岩浆侵入岩体为主，同熔、重熔岩体次之。

(二)断裂构造解释推断

1. 主要断裂构造推断

依据重力场划分断裂的标志，并综合航磁、地球化学、遥感、地质等资料进行分析研究，推断出全省断裂带 39 条。其中深(Ⅰ级)断裂带 5 条，大(Ⅱ级)断裂带 11 条(图 5-4)，一般(Ⅲ级)断裂带 23 条。下面对推断的深(Ⅰ级)、大(Ⅱ级)断裂带进行论述。

1)霞浦-东山北东向深(Ⅰ级)断裂带 F_9

该断裂带位于东部沿海边缘，北起福鼎沙埕、霞浦、连江，经长乐、惠安、厦门，南至东山，长约

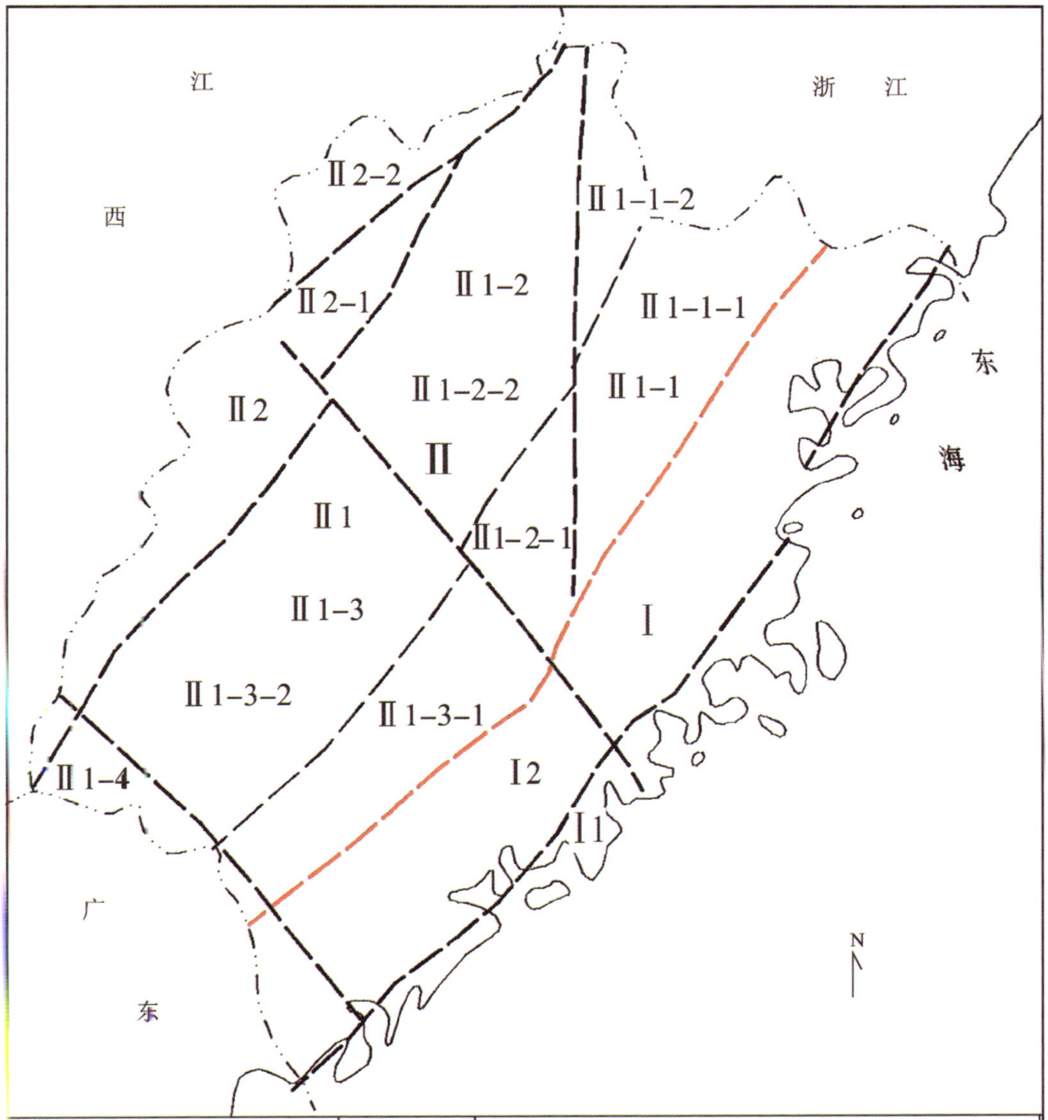

Ⅰ福建沿海断隆带	Ⅰ1滨海基底隆起亚带		
	Ⅰ2福鼎-邵安岩浆活动亚带		
Ⅱ福建内陆断凹带	Ⅱ1闽中断凹亚带	Ⅱ1-1寿宁-屏南凹陷区	Ⅱ1-1-1屏南凹陷亚区
			Ⅱ1-1-2政和隆起亚区
		Ⅱ1-2建瓯-南平隆起区	Ⅱ1-2-1尤溪凹陷亚区
			Ⅱ1-2-2顺昌凹陷亚区
		Ⅱ1-3连城-龙岩凹陷区	Ⅱ1-3-1漳平凹陷亚区
			Ⅱ1-3-2连城凹陷亚区
		Ⅱ1-4武平-永定隆起区	
	Ⅱ2武夷山脉断隆亚带	Ⅱ2-1寿宁-长汀隆起区	
		Ⅱ2-2光泽凹陷区	

图 5-3　福建省重力推断构造单元划分略图

525km，走向北东 30°～45°，为前人划分的福鼎-福清和长乐-南澳深大断裂带通过的大致位置。布格重力异常呈重力梯度带北东向展布。60km×60km 窗口区域重力异常呈规模宏大的重力梯级带北东向展布，梯级带两侧梯度变化疏密不一，东侧梯度变化为每千米(0.2～0.25)×10^{-5} m/s²，西侧为每千米(0.6～0.8)×10^{-5} m/s²。30km×30km 窗口区域布格重力梯级带总体形态仍呈北东向。其他窗口区域

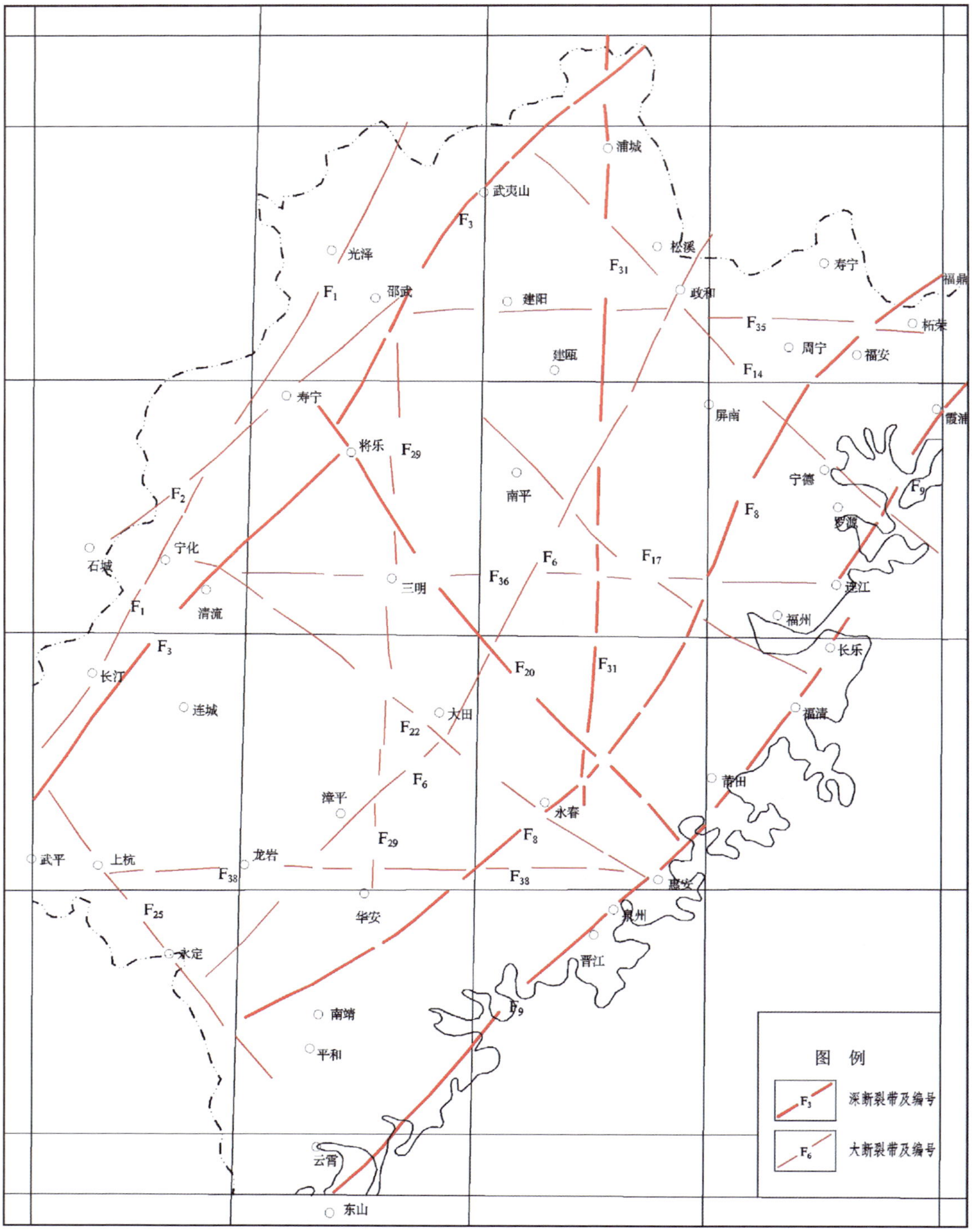

图 5-4　福建省重力推断深、大断裂带示意图

场仍有反映。不同高度上延布格重力异常平面图，梯级带十分显目，沿北东向总体形态不变。60km×60km 窗口剩余重力异常在断裂带两侧异常截然不同，东侧以正异常呈现并且长轴大体呈北东向，而西侧则以负异常出现。其他不同窗口的剩余重力异常亦有反映，135°方向水平导数异常、平面图异常，长轴及极值呈北东向展布。北部霞浦、溪南及连江、长乐一带异常往北西、东西、南北方向扭曲明显，中、南部福清、笏石、泉州、惠安、崇武、新桥一带异常呈北西向扭曲，这些均说明受后期各方向构造运动的影响。

航磁 ΔT 异常平面剖面图南部正异常以串珠状呈北东向分布，航磁 ΔT 上延 20km 正异常等值线呈北东向展布。地球化学 As 元素在福清—长乐一带异常轴呈北东向，Au 元素异常在连江至晋江一带沿带呈北东向展布。卫星影像线形构造轨迹影纹清晰。地层为前泥盆系、中—新生代均有，主要以中生代为主，侵入岩为晚侏罗世。且沿带地层、岩体均呈北东向展布，地表见有多条北东向断层。

2）福安-南靖北东向深（Ⅰ级）断裂带 F_8

该断裂带位于东部，北起福鼎南溪经柘荣、福安、永春，南至南靖、平和钟腾，长约 450km，走向 NE30°～50°，属前人划分的福安-南靖深断裂带。布格重力异常在福安以北，异常向东西、北东向扭曲，福安以南总体以重力梯级带北东向展布。局部地段如宁德、闽清、仙游、永春等处，异常曲线明显扭曲，这些均表明由于受后期构造的影响。60km×60km 窗口区域重力异常，以北东向重力梯级带呈现，且断裂带两侧，梯级带梯度变化明显东侧密集，西侧稀疏。30km×30km 窗口区域重力异常梯级带仍呈北东向，上延 6km、10km 布格重力异常仍以北东向梯级带反映。大窗口剩余重力异常，在福安、闽清、永泰、南靖一带正、负异常相间分布，且长轴呈北东向。135°方向水平导数异常、平面图异常，长轴或极值呈北东向排列。

航磁 ΔT 化极正异常在永泰附近总体呈北东向，在永春以南以串珠状沿带展布。航磁 ΔT 化极上延 20km 异常在永泰以南两侧截然不同，东侧为正异常，西侧为负异常，且呈北东向展布，北部正异常等值线向北东向扭曲。地球化学 Ag、Pb、Zn 元素异常呈串珠状北东向展布，Au、As、Sn 元素异常在南端以串珠状或等值线沿带呈北东向分布。卫星照片有清晰断裂线形轨迹反映。

地表主要为中生代火山岩，侵入岩为晚侏罗世和早、晚白垩世岩体，它们沿带均呈北东向展布，从控制的地层、岩体情况来看，至少在晚侏罗世前就已形成，在燕山期活动最为强烈，至喜马拉雅期仍有活动。地表见有多条北东向断层。在该断裂带的北、中、南部三处通过正演拟合模型计算结果表明，该断裂带切入上地幔，断距分别为 1.4km、1.6km 和 0.6km，倾向南东，为逆断层，其南东盘上升，北西盘下降。该断裂带是福建省Ⅰ级深部构造单元的重力场分区界线，东南侧为闽东上地幔隆起带，西北侧为闽中上地幔凹陷带。

3）武夷山-武平北东向深（Ⅰ级）断裂带 F_3

该断裂带位于西部，自浦城王村、武夷山、邵武经将乐、清流、河田至武平坪坑，长约 430km，走向 NE35°～45°。布格重力异常在武夷山洋庄以北呈北东向展布，武夷山洋庄以南以北东向重力梯级带呈现，将乐以北异常等值线呈北东向展布，在吴家塘附近布格异常向东扭曲，明显受东西向构造影响，在邵武以南异常长轴呈北东向，将乐以南以重力梯级带呈北东向。60km×60km 窗口区域重力场异常等值线明显呈北东向分布或往北东向扭曲。在将乐一带受北西向构造影响明显，异常曲线往北西扭曲。30km×30km 窗口区域重力场及上延 6km、10km 布格重力异常仍有反映。大窗口剩余重力异常，在洋庄以北为北东向正、负异常过渡带，以南至江坊一带两侧异常截然不同，东侧为正异常，西侧为负异常。将乐以及其北部异常长轴呈北东向，在清流附近，正异常北东向展布，河田附近正、负剩余异常相间分布，且异常长轴呈北东向。135°方向水平导数异常、平面图异常，长轴或异常极值呈北东向分布。该断裂带为西部重力场重要分区界线。

航磁 ΔT 异常在将乐以南为正、负异常沿带两侧分布，将乐以北为低缓航磁 ΔT 异常总体呈北东向展布，上延 20km 航磁异常在断裂带两侧磁场截然不同，西侧为较强的正异常且长轴呈北东向，东侧为低缓磁场沿带总体呈北东向展布。航磁 ΔT 化极上延 5km 正异常轴在武夷山等处被错动，异常总体呈北东向展布。

地球化学 Au、Ag、Cu、Pb 元素异常在清流附近及将乐以北异常沿北东向展布，Sn、Bi 元素异常在坪坑、河田、清流、将乐至杨厝等处异常长轴或异常等值线呈北东向展布。卫星照片有清晰线形构造轨迹反映。地表早、中晚元古代、古生代、中生代地层均有出露，且呈北东向展布，沿带分布的侵入岩主要为晚侏罗世，志留纪单元和早晚白垩世大门山单元、石牌前单元等，地表见有多条北东向断层。正演拟合模型计算结果可知：该断裂带已切入上地幔，中、下地壳分界处断距分别为 1.4km 和 1.0km，倾向南东，为正断层，其西北盘抬升，东南盘下降。

4)将乐-惠安北西向深(Ⅰ级)断裂带 F_{20}

该断裂带位于中部,西自将乐经沙县、石牛山、仙游,东至惠安东桥,长约 260km,走向 NW320°～325°。布格重力异常等值线总体呈北西向展布,仙游附近异常等值线北西向明显扭曲。60km×60km 窗口区域重力场异常等值线呈北西向展布,且两侧异常截然不同,说明断裂带的存在。30km×30km 窗口区域重力异常、上延 6km、10km 布格重力异常等值线仍有反映。大窗口剩余重力异常在夏茂、广坪、石牛山附近正、负异常相间分布,45°方向水平导数异常、平面图异常,等值线或极值呈北西向分布。该断裂带是西部南北分块之重力场的分界线。

航磁 ΔT 化极异常呈串珠状或异常等值线沿北西向展布,航磁 ΔT 化极上延 5km 异常在石牛山以东正异常等值线呈北西向展布。地球化学 As、Hg 元素异常分别在仙游、沙县附近异常长轴呈北西向或异常呈串珠状沿带分布。东部卫星照片线形构造轨迹影纹反映清晰,西部亦断续见有线形轨迹显示。地表上见沿带呈北西向展布的侵入岩,主要有早、晚白垩世单元。早二叠世童子岩组和早侏罗世下村组亦呈北西向展布。地表见多条北西向断层,其位置相当。

5)浦城-永春南北向深(Ⅰ级)断裂带 F_{31}

该断裂带位于中部偏东,北起浦城忠信经浦城、坪地、石牛山,南至永春,长约 325km,走向南北,为前人划分的浦城-永春南北向深断裂带。布格重力异常在东游以北异常长轴南北向,东游附近重力梯级带呈南北向,东游以南异常等值线或异常长轴总体形态亦呈南北向。60km×60km 窗口区域重力场,在石牛山、浦城南北两端异常等值线往南北向扭曲,在长城附近以南北向梯级带呈现,其两侧重力场截然不同,反映了断裂构造的存在。30km×30km 窗口区域重力场及上延 6km、10km 布格重力异常均有明显反映。剩余重力异常在浦城、坪地处正、负异常长轴呈南北向,南部迪口、石牛山附近正负异常相间分布。90°方向水平导数异常、平面图异常,等值线或长轴呈南北向分布。

航磁 ΔT 化极异常在浦城一带异常长轴呈南北向,南部异常等值线沿南北向分布,航磁 ΔT 化极上延 5km 正、负异常等值线呈南北向。地球化学 Cu、Ag、Au 元素异常在北部(东游附近)沿带呈串珠状或异常等值线呈南北向展布,Zn、Sn 元素在南、北两端异常等值线往南北向分布,Pb、Bi 元素异常沿带亦有反映。卫星照片线形构造轨迹影纹清晰。

早元古代迪口岩组、晚元古代龙北溪岩组及中生代晚侏罗世长林组呈南北向展布,沿带呈南北侵入的有志留纪横坑、金寨单元,中三叠世汪源单元,晚侏罗世南山下单元及白垩世侵入岩,地表见多条南北向断层和扭性断层。从地层、岩体分布可知:该断裂带形成较早,可能是元古代形成,但在侏罗纪、白垩纪均有强烈的活动。

6)政和-永定北东向大(Ⅱ级)断裂带 F_6

该断裂带位于中部,北自政和经迪口、尤溪、洛洋,南至永定,长约 410km,走向 NE25°～45°,为前人划分的政和-大埔深大断裂带。布格重力异常在政和长角附近以密集梯级带北东向展布,迪口以南异常等值线或异常长轴呈北东向分布。30km×30km 窗口区域重力场,在政和以南以北东向重力梯级带展现,尤溪附近及其以南等值线向北东或南西方向扭曲,其他不同窗口区域重力异常仍反映明显。60km×60km 窗口剩余重力异常,在政和长角附近,重力正、负异常沿断裂带两侧分布,且异常长轴呈北东向,尤溪一带正异常呈北东向展布。其他窗口剩余重力异常、布格重力异常垂向二阶导数异常均有显示。135°方向水平导数异常平面图,异常长轴及极值呈北东向分布。

航磁 ΔT 化极异常在政和附近正异常轴错位,航磁 ΔT 化极上延 5km 异常在南部正、负异常轴为北东向分布。地球化学 Ag、Pb 元素异常在长角附近异常呈北东向展布,在断裂带两端的西侧 Cu 元素异常呈北东向,南端沿带 As、Sn 元素异常亦呈北东向。卫星照片有清晰线形构造轨迹反映。

沿带呈北东向出露有晚元古代大岭岩组、东岩岩组和龙北溪岩组、古生代船山组和童子岩组以及侏罗系。侵入岩呈北东走向的主要为晚侏罗世古竹超单元岩体,地表见多条北东向断层及扭性断层。推测该断裂带形成于元古代,在侏罗纪、白垩纪均有强烈的活动。

7)光泽-武平北东向大(Ⅱ级)断裂带 F_1

该断裂带位于西部，北起光泽新甸经光泽、宁化、长汀，南至武平，长约 360km，走向 NE25°～30°，为前人划分的光泽-武平深断裂带。布格重力异常在宁化以北异常呈串珠状北东向展布，宁化以南异常等值线或异常长轴向北东向分布。30km×30km 窗口区域重力场，在泰宁以南异常等值线呈北东向展布，泰宁以北异常长轴亦往北东向展布，其他窗口区域重力场及上延 2km、4km、6km 布格重力异常均有显示。大窗口剩余重力异常在光泽、新桥、宁化、桃溪、武平一带，正负异常相间分布，在长汀至梅口间重力异常呈北东向展布。135°方向水平导数异常、平面图异常，等值线呈北东向展布。

航磁 ΔT 化极正异常长轴或异常等值线呈北东向分布，航磁 ΔT 化极上延 20km 正异常长轴总体亦呈北东向分布，ΔT 化极上延 5km 异常在东、西两侧异常截然不同，西侧为正异常，长轴呈北东向分布；东侧为负异常，总体走向呈北东向。地球化学 Ag、Pb、Zn 元素异常在北段沿带两侧异常长轴或异常等值线呈北东向分布，Au、Cu、Hg 元素异常在桃溪、长汀、新桥等地附近沿带分布，Sn 元素异常主要分布在断裂带的两端，且长轴呈北东走向。卫星照片显示线形构造轨迹影纹清晰。地表早—中晚元古代、古生代、中生代侏罗纪均有出露，侵入岩体为志留纪西溪、岭兜超单元，晚侏罗纪永兴、古竹超单元及早白垩世鸡坑超单元，且均沿断裂带呈北东向展布，地表北东向断层发育，位置相当。

8)邵武-石城北东向大(Ⅱ级)断裂带 F_2

该断裂带位于西北部，自邵武经泰宁至宁化安远，属前人划分的武夷山-石城深断裂带之南段，长约 145km，走向 NE30°～40°。布格重力异常在泰宁、安远一带异常等值线或异常长轴呈北东向。30km×30km 窗口区域重力场在邵武以南异常长轴呈北东走向。不同高度上延布格重力异常均有反映。大窗口剩余重力异常在泰宁附近正、负异常相间分布，且异常长轴呈北东向。135°方向水平导数异常、平面图异常，长轴呈北东向分布。

航磁 ΔT 化极正、负异常等值线往北东向扭曲或沿北东向展布，航磁 ΔT 化极上延 5km 正异常轴在建宁等处被错动，负异常等值线总体呈北东向。地球化学 Ag、Cu、Sn 元素异常在北部呈串珠状或异常等值线向北东向展布，Pb 元素异常沿带呈北东向，Au 元素异常主要沿带分布在泰宁附近。卫星照片有清晰线形构造轨迹反映。地表见有元古代、古生代、中生代地层，且多呈北东向沿带分布，呈北东向侵入的主要有志留纪西溪超单元，中三叠世汪源单元及早白垩世炉坪岗单元等。地表北东向断层发育。从控制的地层、岩体情况来看，该断裂带在加里东期、燕山期均有强烈的活动。

9)上杭-云霄北西向大(Ⅱ级)断裂带 F_{25}

该断裂带位于南部，西起长汀楼子坝经上杭、永定，东至云霄，长约 265km，走向 NW320°～335°。属前人划分的上杭-云霄北西向深断裂带。布格重力异常在永定以西异常等值线呈北西向，永定以南等值线向北西或南东扭曲。60km×60km 窗口区域重力场在上杭一带反映较明显，表明切割较深，永定以南切割较北部浅，30km×30km 窗口区域重力场及上延 2km、4km、6km 布格重力异常均有明显反映。大窗口剩余重力异常正、负异常沿带呈北西向展布。45°方向水平导数异常、平面图异常，长轴呈北西向分布。

航磁 ΔT 化极正异常长轴在永定以西呈北西向，永定以南异常等值线向南东明显扭曲。航磁 ΔT 化极上延 10km 正异常长轴呈北西向。地球化学 Au 元素异常沿带两侧呈串珠状分布，Pb、Zn、Sn(Cu) 在南部呈串珠状北西向展布。卫星照片有清晰线形构造轨迹显示。地表地层呈北西向展布的有震旦系楼子坝组，白垩系黄坑组、寨下组、沙县组，侵入岩见有志留纪金寨单元、早—晚侏罗世玄湖洞单元、永兴超单元及早—晚白垩世洋坑、石牌前单元，地表北西向断层发育，且位置与该断裂带基本一致。

10)宁化-惠安北西向大(Ⅱ级)断裂带 F_{22}

该断裂带位于中部，西起宁化经清流、岭头、天湖山，东至惠安、崇武，长约 290km，走向 NW300°～310°。布格重力异常等值线向北西或南东方向扭曲。30km×30km 窗口区域重力场，在西侧异常等值线呈北西向展布，东侧异常等值线向北西或南东弯曲。其他窗口区域重力场及上延 2km、4km、6km 布格重力场亦均有明显反映断裂带的存在。60km×60km 窗口剩余重力异常在天湖山以东正异常呈串珠状呈北西向分布，天湖山以西异常长轴向北西向扭曲。45°方向水平导数异常、平面图异常等值线呈北西向。

航磁 ΔT 异常沿带西北侧以串珠状呈北西向分布，东南侧航磁 ΔT 异常长轴或等值线呈北西向。地球化学 Zn、Sn、Bi 元素异常在永春、上京附近异常长轴呈北西向。卫星照片有较清晰线形构造轨迹反映。地表见有二叠系文笔山组、童子岩组、翠屏山组及侏罗系、白垩系园盘组、坂头组和吉山组呈北西向分布。晚侏罗世古竹超单元及早白垩世洋坑单元、邑坂超单元、炉坪岗单元和罗在下、大山里单元侵入岩体沿带均呈北西向分布。地表见有多条北西向断层。

11)南平-长乐北西向大(Ⅱ级)断裂带 F_{17}

该断裂带位于北部，西起顺昌郭岩山经南平、闽清，东至长乐，长约 205km，走向 NW300°～320°。布格重力异常等值线向北西扭曲，在南平、闽清一带异常等值线沿北西向展布。区域重力场在断裂带两端异常等值线往北西向扭曲，中部等值线呈北西向分布。上延 4km、6km 布格重力异常仍有反映。60km×60km 窗口剩余重力异常在闽清、南平附近异常长轴呈北西向。闽清以东沿带北西向正、负异常相间分布，南平以西则正负异常轴往西北错动。30km×30km 窗口剩余重力异常在郭岩山、闽侯、南屿等地东西两端沿带两侧为正、负异常相间分布，南平-闽清中部为正、负异常呈北西走向，45°方向水平导数异常、平面图异常长轴或等值线呈北西向分布。

航磁 ΔT 正异常在闽清以东呈串珠状沿带分布，闽清以西航磁 ΔT 化极异常等值线向北西向展布。卫星照片可断续见有线形构造轨迹显示。地表见有北西向晚侏罗世乌督坑单元和早白垩世洪山、魁岐超单元侵入岩体，并断续见有西北向断层。

12)武夷山-宁德北西向大(Ⅱ级)断裂带 F_{14}

该断裂带位于北部，西自武夷山坑口经政和、宁德，东至上岐，长约 255km，走向 NW305°～320°，为前人划分的松溪-宁德北西向断裂带。布格重力异常在政和以西以串珠状异常呈北西向分布，政和以东异常等值线向北西或南东扭曲。不同窗口区域重力场及上延 4km、6km 布格重力异常均有显示该断裂带的存在。60km×60km 窗口剩余重力异常东侧呈现负异常沿带分布，西侧为正、负异常相间分布。45°方向水平导数异常、平面图异常长轴走向呈北西向分布。

航磁 ΔT 化极异常在政和以西，断裂带两侧磁场截然不同，北侧为负异常，南侧为正异常，政和以东，异常等值线呈北西向。航磁 ΔT 化极上延 10km、20km 正、负异常分别沿带相间分布，航磁 ΔT 化极上延 5km 正异常轴明显呈北西向展布。地球化学 Au、Ag、Zn 元素异常在杨源以东异常呈北西向，Cu 元素异常在两端呈串珠状向北西向分布，Pb 元素异常北西向沿带两侧呈现。卫星照片断续可见线形构造轨迹。

白垩系黄坑组、寨下组呈北西向沿带展布，侵入岩呈北西向的有中三叠世汪源，晚侏罗世坂埂岩、瓜洋、南山源单元及早—晚白垩世后门洋、炉坪岗单元、洪山超单元和魁岐超单元、石牌前单元。地表断续可见北西向断层。

13)邵武-华安南北向大(Ⅱ级)断裂带 F_{29}

该断裂带位于中部偏西，北起邵武吴家塘经三明、洛洋，南至华安，长约 250km，呈南北走向，为前人划分的将乐-华安南北向断裂带。布格重力异常在三明以北异常等值线呈南北向分布，三明以南等值线向南北向扭曲。30km×30km 窗口区域重力场在三明以北以重力梯级带呈南北向展布，且两侧异常截然不同，三明以南等值线向北或向南弯曲。其他窗口区域重力场及上延 4km、6km 布格重力异常均有类似反映。60km×60km 窗口剩余重力场总体异常为正、负相间呈南北向分布。90°方向水平导数异常、平面图异常等值线呈南北向分布。

航磁 ΔT 化极正、负异常呈低缓串珠状沿带分布。地球化学 Cu、Pb、Zn、Sn 元素异常在北端及上京附近异常等值线呈南北向。局部地段卫星照片有线形构造轨迹反映。

下元古界大金山岩组，二叠系翠屏山组，三叠系溪口组、安仁组、文宾山组和侏罗系梨山组、下村组、园盘组呈南北向展布。志留纪黄坑单元，晚侏罗世坂埂岩、瓜洋、南山源、庵前坪单元及早白垩世洋坑、梅山单元均呈南北向沿带分布。地表上见有南北向断层，但位置偏东。据地层、岩体的分布情况可推测该断裂带形成的时间较早，可能是元古代就已形成，侏罗纪、白垩纪均有强烈的活动。

14）上杭-惠安东西向大（Ⅱ级）断裂带 F_{38}

该断裂带位于南部，西起武平十方经上杭、龙岩、安溪，东至惠安，长约225km，走向东西。布格重力异常在莲花山以西等值线呈东西向，莲花山以东等值线向东或向西扭曲。30km×30km窗口区域重力场在华安以西异常等值线呈东西向分布，华安以东等值线向东扭曲。上延4km、6km布格重力异常均有反映。大窗口剩余重力场在上杭附近正异常轴错动，在龙岩至安溪一带，负异常呈东西向，东端异常为正、负相间展布。0°方向水平导数异常、平面图异常，长轴及极值呈东西向。

航磁 ΔT 异常西侧等值线呈东西向，东侧正、负异常轴呈东西向展布，航磁 ΔT 化极上延10km异常仍有明显反映。地球化学Ag、Au、Pb、Zn、Sn、Bi元素异常分别在上杭、龙岩、莲花山等处异常呈东西向分布。卫星照片在上杭、华安及东端均有清晰线形构造轨迹显示。

地表见泥盆系、石炭系天瓦岽组、林地组呈东西向分布，沿带呈东西向侵入的岩体有志留纪横坑单元，晚侏罗世永兴、古竹超单元及早—晚白垩世钟腾超单元、大山里单元和石牌前单元。地表断续见有东西向断层。

15）清流-连江东西向大（Ⅱ级）断裂带 F_{36}

该断裂带位于中部，西起清流经三明、闽清，东至连江，长约270km，走向东西。布格重力异常等值线在三明、闽清一带呈东西向展布，两端异常等值线向东或向西扭曲。区域重力场及上延4km、6km布格重力异常均有反映。60km×60km窗口剩余重力异常在清流、三明、闽清等处沿带为正、负异常相间分布。0°方向水平导数异常、平面图异常等值线呈东西向。

航磁 ΔT 异常等值线沿带呈东西向分布，航磁 ΔT 化极上延5km、10km正异常长轴亦呈东西向。地球化学Ag、Hg(Pb)、Bi元素异常在三明、尤溪附近沿带呈东西向展布。在清流至三明、闽清附近卫星照片有清晰东西向线形构造轨迹显示。地表中三叠世山阳超单元、晚侏罗世南山下单元和早白垩世洋坑、南山、王寿山单元均呈东西向展布。

16）邵武-柘荣东西向大（Ⅱ级）断裂带 F_{35}

该断裂带位于北部，西自邵武文毕山经徐市、杨源、柘荣，东至福鼎白琳，长约270km，走向东西。布格重力异常在大潭以西，杨源以东，异常等值线总体呈东西向展布。不同窗口区域重力场异常等值线均向东或向西扭曲，上延4km、6km布格重力异常仍有反映。大窗口剩余重力异常在文毕山—大潭一带负异常呈东西向展现，东端一带为正、负异常相间分布。0°方向水平导数异常、平面图在东侧异常等值线呈东西向，西侧异常长轴及极值呈东西向分布。

航磁 ΔT 异常在福安一带等值线呈东西向，航磁 ΔT 化极上延5km、10km在长城至福安一带正异常长轴呈东西向。地球化学Au、Cu、Pb、Zn(Ag)元素异常分别在长角及断裂带东、西两端沿带呈东西向分布。中部卫星照片有清晰线形构造轨迹反映。

晚侏罗世古竹超单元、早白垩世后门洋单元、洪山超单元呈东西向侵入。地表断续可见东西向断层。

2. 其他一般断裂带

以上对推断的深大断裂带进行了论述，其他一般断裂带的推断解释见表5-1。

上述由重力场推断的断裂构造，基本上反映了福建省境内的构造格局，即以北东向断裂为主，北西向、南北向断裂次之，尚有东西向断裂。它们都具有一定的规模，与《1∶50万福建省地质图说明书》（1998年版）所推断的断裂构造基本一致，但有些断裂其位置、规模、延伸及切割深度不尽相同，如南平-宁化北东东向断裂带（F_5）划分为省内Ⅰ级构造单元的主要构造带，而重力场反映却不明显，故推断为一般的断裂带。尚有漳平-仙游、明溪-罗源东西向断裂带与重力场推断的 F_{38}、F_{36} 东西向大（Ⅱ级）断裂带位置偏移较大，且延伸较长。另外应该指出，地质图说明书推断的福鼎-福清、平潭-东山北东向断裂，归为重力场推断的北东向深（Ⅰ级）断裂带（F_9）。

表 5-1　重力推断一般断裂带一览表

序号	名称及编号	走向及长度	重力场特征	地质及地球物理、地球化学特征
1	长基-院内 F_{10}	NE50°,135km	重力梯级带呈北东向，剩余重力场北端正、负异常相间分布，南部异常呈北东向	地质体呈北东向，地表北东向断层发育。航磁 ΔT 化极正异常等值线呈北东向展布，北端正异常曲线往北东向弯曲。Cu、Zn、Pb、Ag、Au、Hg 元素异常分别在中部、北端异常轴或异常等值线呈北东向。卫星照片有清晰线形构造轨迹反映
2	莲花山-湖坑 F_{11}	NE65°～70°,95km	布格重力异常呈串珠状沿北东向分布，剩余重力正、负异常相间分布	地质体呈北东向。航磁 ΔT 化极上延 2km 正异常长轴呈北东向。两端卫星照片有清晰影纹线形构造轨迹显示
3	李家山-凤都 F_7	NE45°,145km	布格重力场等值线呈北东向，剩余重力场在屏南附近呈北东向，北侧正、负异常相间分布	地质体呈北东向，地表北东向断层发育。航磁 ΔT 化极上延 2km 异常曲线向北东扭曲。卫星照片有清晰线形构造轨迹反映
4	建阳-才溪 F_4	NE25°～40°,290km	布格重力异常等值线北东向展布，剩余重力异常呈北东向	地质体呈北东向，见有北东向断层及扭性断层。航磁 ΔT 化极低缓正异常呈北东向。Ag、Pb、Bi、Sn、Hg 元素异常分别呈串珠状沿带展布。卫星照片有清晰线形构造轨迹反映
5	南平-宁化 F_5	NE70°～80°,180km	布格重力异常等值线沿北东向展布，剩余重力正异常长轴呈北东向	见有北东向断层及韧性断层。Cu、Au 元素异常在厦茂、南平一带呈北东向展布。航磁 ΔT 化极上延 2km 异常零等值线呈北东向。卫星照片有清晰线形构造轨迹显示
6	梅林-漳浦 F_{24}	NW330°,90km	布格重力异常等值线向南东向或北西向扭曲，剩余重力场在平和以北负异常呈北西向	地质体呈北西向，见有北西向断层。航磁 ΔT 化极异常长轴呈北西向。Pb、Zn 元素异常沿带呈串珠状展布。卫星照片有线形构造轨迹显示
7	连城-长泰 F_{23}	NW315°～335°,155km	布格重力异常等值线向北西向扭曲或呈北西向展布，剩余重力场北端负异常呈北西向，苏坂附近正异常轴错位	地怪及侵入岩呈北西向展布。航磁 ΔT 化极异常等值线呈北西向。Ag、Au、Hg、Pb 元素异常沿带分布。卫星照片有清晰线形构造轨迹反映
8	江家坪-三明 F_{21}	NW315°,75km	布格重力异常等值线呈北西走向，剩余重力负异常呈北西向展布	见有北西向断层。航磁 ΔT 化极正异常呈北西向。南部 Pb 元素异常沿带呈北西向展布
9	池园-平海 F_{19}	NW315°～330°,125km	布格重力异常曲线向北西向或南东向扭曲，剩余重力异常轴呈北西向，永泰附近正异常轴错位	见有北西向断层，但位置偏南。航磁 ΔT 化极异常等值线呈北西向。南部 Sn 元素异常呈北西走向。卫星照片有清晰线形构造轨迹显示
10	闽侯-高山 F_{18}	NW330°,110km	布格重力异常等值线往北西、南东方向扭曲，剩余重力正异常轴呈北西向	北端地表见有北西向断层。航磁 ΔT 化极异常曲线呈北西向。Ag 元素异常在福清以西沿带北侧呈北西向展布。西部卫星照片有清晰线形构造轨迹反映
11	谢家坪-麻沙 F_{16}	NW305°,80km	布格重力异常呈北西向，剩余重力正异常轴呈北西向或异常轴往北西向错动	见有北西向断层，但位置偏移。Pb、Sn 元素异常沿断裂带呈串珠状或等值线呈北西向展布。卫星照片有线形构造轨迹反映

续表 5-1

序号	名称及编号	走向及长度	重力场特征	地质及地球物理、地球化学特征
12	武夷山-南岭 F_{15}	NW315°～330°，65km	布格重力梯级带呈北西向展布，剩余重力场正异常呈北西向	地表见有北西向断层。航磁 ΔT 异常等值线呈北西走向。在武夷山附近 Sn 元素异常呈北西向。南部卫星照片有清晰线形构造轨迹反映
13	福安-下浒 F_{13}	NW330°～340°，70km	布格重力异常等值线往北西向扭曲，剩余重力正异呈北西向	侵入岩沿带呈北西走向展布。航磁 ΔT 正异常轴呈北西向，航磁 ΔT 负异常轴错动。在带两端卫星照片有清晰线形构造轨迹显示
14	英山-长春 F_{12}	NW330°～345°，80km	布格重力异常等值线向北西或南东方向扭曲，剩余重力正、负异常沿北西向展布	地表断续可见北西向断层。航磁 ΔT 化极正、负异常轴呈北西向。Pb、Zn、Cu、Ag 元素异常沿带呈串珠状展布。卫星照片有清晰线形构造轨迹反映
15	治坪-新坊 F_{26}	南北走向，105km	布格重力异常等值线呈南北向展布或往南北向扭曲，剩余重力正异常等值线呈南北向，南端为正、负异常相间分布	带中地层及侵入岩呈南北向，地表中部见有南北向断层。Pb、Au、As 元素异常沿带展布。卫星照片有清晰线形构造轨迹反映
16	梅口-湖坑 F_{27}	南北走向，250km	布格重力异常曲线往南北向扭曲，剩余重力正、负异常呈南北向展布	带中地层及侵入岩呈南北向，地表南北向断层发育。航磁 ΔT 化极上延 2km 正异常曲线向南北向弯曲。Sn、Bi 元素异常在龙岩附近呈南北向展布。南部卫星照片有清晰线形构造轨迹显示
17	金山-南胜 F_{28}	南北走向，70km	布格重力异常等值线呈南北向或往南北向扭曲，剩余重力正、负异常相间分布	地表北端见有南北向断层。航磁 ΔT 化极正异常轴呈南北向。北端遥感卫星照片有清晰线形构造轨迹反映
18	一都-古农 F_{30}	南北走向，95km	布格重力异常曲线呈南北向或向南北方向扭曲，剩余重力负异常轴错动，古农附近为正、负异常相间分布	见有南北向断层。Zn 元素异常在古农附近异常长轴呈南北向展布。北部卫星照片有清晰线形构造轨迹显示
19	陆地-东桥 F_{32}	南北走向，65km	布格重力异常等值线呈南北向展布，剩余重力正、负异常轴呈南北向	侵入体沿带呈串珠状展布，地表见有南北向断层。航磁 ΔT 化极上延 5km 异常等值线呈南北向。南端 Au、Ag、Sn 元素异常长轴呈南北向。卫星照片有清晰线形构造轨迹显示
20	寿宁-长乐 F_{33}	南北走向，165km	布格重力异常等值线呈南北向展布，剩余重力正、负异常沿带两侧相间分布	北端地表见有南北向断层。航磁 ΔT 化极正、负异常轴呈南北向。Cu、Pb、Zn、Ag 元素异常呈串珠状或等值线南北向沿带展布。在断裂带两端卫星照片有线形构造轨迹反映
21	湖山-厦门 F_{39}	东西走向，125km	布格重力异常等值线呈东西向展布，剩余重力正、负异常等值线呈东西向	地层及侵入岩体呈东西向。航磁 ΔT 化极异常在漳州附近正异常轴呈东西向。Pb、Zn、Sn、Hg 元素异常等值线沿带呈东西向展布。东、西两端卫星照片有清晰线形构造轨迹显示
22	新泉-江口 F_{37}	东西走向，260km	布格重力异常等值线呈东西向或等值线往东西方向弯曲，剩余重力正、负异常呈东西向展布或异常轴向东错动	地表断续可见东西向断层。航磁 ΔT 化极上延 2km 异常等值线呈东西向展布。东、西两端 Pb、Zn、Sn、Ag、Hg 元素异常长轴或异常等值线沿带呈东西向分布
23	止马-江坊 F_{34}	东西走向，65km	布格重力异常等值线呈东西走向，剩余重力负异常呈东西向	航磁 ΔT 化极上延 2km 正异常等值线呈东西向分布。Pb、Sn 元素异常等值线或长轴呈东西向展布，西端 Ag 元素异常呈东西走向

此次新发现的断裂带有 F_{11}、F_3、F_{23}、F_{21}、F_{20}、F_{19}、F_{13}、F_{12}、F_{26}、F_{30}、F_{32}，长度延伸的断裂带有 F_9、F_4、F_{18}、F_{16}、F_{14}、F_{39}、F_{35}。

由本区所推断的断裂构造来看，东西向、南北向构造形成时间最早，北西向构造最新，且十分发育，这些形成于不同时代、不同规模、切割深度各异的断裂构造带对福建省境内的地层、侵入岩以及矿产的分布均有明显的控制作用，特别是多期构造交会处，有利于矿产的形成。

（三）侵入岩体解释推断

根据侵入岩体的推断依据和方法，通过对重力资料的对比分析研究，结合地质资料可定性圈定出隐伏、半隐伏酸性侵入岩、中酸性—中性侵入岩和中基性—超基性侵入岩，通过正反演计算，可提供具有一定可信度的空间几何参数。

1. 酸性侵入岩体

福建省酸性侵入岩类分布广泛，密度 2.53～2.61g/cm^3，属低密度岩类，常表现为重力负异常。酸性侵入岩磁性较弱，在航磁场上表现为宽缓的弱磁异常，且多以负异常呈现。该类异常共 131 个，约占福建省局部重力异常的一半，其中半隐伏酸性侵入岩异常 24 个，隐伏酸性侵入岩异常 13 个。

2. 中酸性—中性侵入岩体

该类侵入岩体密度相对较高，为 2.65～2.78g/cm^3，在重力场上表现为局部重力高，同时，该类岩体的磁性也相对较强，大多都有较强的航磁异常反映，这样易于把中酸性—中性侵入岩类引起的异常（重力高、磁力高）与地层引起的异常（重力高、磁力低）区分开来。该类异常大多分布于福鼎南溪-南靖断裂带以东，共 51 个，其中半隐伏岩体异常 17 个，隐伏岩体异常 27 个。

3. 中基性—超基性侵入岩体

该类岩石密度较大，为 2.75～2.90g/cm^3，在重力场上都表现为重力高，且异常梯度变化较陡，强度较大，异常主要分布在福鼎南溪-南靖断裂带以东，并多沿海岸线分布，内陆仅个别地方出露分布。该类岩石磁性较强，磁场强度也较大，为重高、磁高异常。由中基性—超基性侵入岩引起的异常共 21 个，其中半隐伏岩体异常 6 个，隐伏岩体异常 8 个。内陆分布异常仅 4 个，福鼎南溪-南靖断裂带以东分布异常 17 个，其中沿海岸线分布异常 12 个。

4. 侵入岩的成矿作用与成矿远景预测的关系

上面对重力推断的侵入岩及其圈定、分布特点和空间展布情况等作了粗浅的分析，目的是为成矿远景预测服务。众所周知，不同岩性的侵入体具有不同的成矿专属性，如基性、超基性岩侵入体与铬、镍、钴、铂、钛、铁、金刚石、石棉、滑石、菱镁矿等关系密切，而中酸、酸性岩侵入体则与铜、铅锌、钨、钼、稀有金属、稀土矿产等关系紧密。

（四）局部重力异常解释推断

1. 地层引起的局部重力异常解释推断

该类异常是指古生代至晚太古代密度较高的地层引起的异常，主要为前寒武纪变质岩地层，其密度一般为 2.63～2.80g/cm^3，个别地层密度高达 2.97g/cm^3［大金山岩组（$Pt_1d.$）］，是区内高密度地层，可形成局部正异常。该类异常一般范围较大，梯度较缓，有时多个异常连成较大片的重力高。航磁场多表现为宽缓或无航磁异常反映。该类异常共 64 个，其中 49 个异常对应在密度较高的地层上，7 个为隐伏地层异常，8 个为半隐伏地层异常。

2. 火山岩引起的局部重力异常解释推断

该类异常均分布于火山岩覆盖地区，对应航磁异常起伏变化较大，梯度较陡，且大多为正负伴生航磁异常。酸性火山岩密度较小，为 2.51～2.60g/cm^3，当其堆积加厚或与其围岩密度稍高时，表现为重力负异常；中酸性—基性火山岩密度较高，为 2.65～2.76g/cm^3，一般都表现为重力正异常。火山岩引起的异常共 8 个，其中负异常 6 个(酸性火山岩)，正异常 2 个(中基性火山岩)。

（五）深部构造与壳幔结构问题

1. 地壳结构

根据 1∶50 万和 1∶20 万福建省区域重力调查的地壳分层方法，福建省地壳具双元三层结构。地壳重力模型剖面将本区地壳分为上、中、下三层，各层地震纵波平均速度分别为 5.94km/s、6.50km/s、6.79km/s，相应密度分别为 2.62g/cm^3、2.81g/cm^3、2.91g/cm^3。上地壳厚度 7.5～11.3km，其中盖层厚度约为 1～4.2km，属变质岩、花岗岩、沉积岩类性质。中地壳厚度 8.8～11.8km，属中性岩类性质。下地壳厚度 8.0～13.3km，属基性岩类性质。将福建省地壳分为两大单元，第一单元(硅铝层)包括沉积岩、变质岩与花岗岩层和中性岩类层，硅铝层平均厚度约 20km，第二单元(硅镁层)其平均厚度约 10km，分别占福建省平均地壳厚度的 66.7%和 33.3%。由于福建省的地壳低密度物质占大部分，地壳应属富硅富铝的大陆型地壳，即轻型地壳。

2. 深部构造

从区域重力资料计算的福建省地壳厚度图上来看，福建省的莫霍面形态，整体呈北东向的槽形凹陷，且北东端与南西端分别延入浙江省与广东省，莫霍面深度在沿海最浅为 26.5km，在连城最深为 31.0km，莫霍面最大深度差为 4.5km。从沿海向内陆，莫霍面深度从浅→深→浅趋势变化。按莫霍面的深度变化特征，以福安—南靖、武夷山—武平两条线为界，可把福建省划分成 3 个带，即闽东莫霍面陡坡带、闽中莫霍面凹陷带和闽赣交界莫霍面缓坡带(图 5-5)，现分别叙述如下：

(1)闽东莫霍面陡坡带。本带位于福安—南靖一线以东，为北东向向内陆的斜坡，呈陡坡状，莫霍面埋深变化 26.5～30.0km，最大水平梯度变化为 36m/km。本带对应福建沿海重力异常梯级带，布格重力异常具规模宏大、形态清晰、变化急剧的特点。同时具磁场强度大、变化剧烈之特征。

(2)闽中莫霍面凹陷带。本带位于福安—南靖一线与武夷山—武平一线之间，莫霍面为一北东向展布的凹陷带，莫霍面埋深 30.0～31.0km，变化缓慢。带内以将乐—惠安一线为界，又可分为连城凹陷与建瓯隆起，但起伏变化不大，从南西向北东，莫霍面呈隆—凹—隆—凹变化。本带对应为负重力场，且带内重力高与重低相间分布，反映了莫霍面的起伏变化及莫霍面以上地壳内的密度不均匀性。对应航磁为北东向或北东东向的条带状磁场，正负伴生，连续过渡，且磁场变化宽缓，幅值降低，反映了凹陷带内的结晶基底磁场。

(3)闽赣交界莫霍面隆起带。位于武夷山—武平一线以西，莫霍面为北东向的缓坡带，莫霍面埋深 30.0～30.5km，变化平缓。莫霍面由南东向北西逐渐抬升，变化非常缓慢。本带对应重力场为疏缓的重力梯级带及异常带，均为北东向展布。航磁场为变化稍激烈、强度稍高、正、负伴生呈北东向展布的磁异常带。

3. 深部构造分区

根据上述莫霍面的变化特征，可将福建省深部构造划分为 3 个Ⅰ级构造带单元，即闽东上地幔隆起带(Ⅰ)、闽中上地幔凹陷带(Ⅱ)和闽赣交界上地幔隆起带(Ⅲ),其中Ⅱ带又可进一步划分为连城幔凹(Ⅱ1)和建瓯幔凸(Ⅱ2)2个次一级构造单元(图5-5)。以上划分的深部构造分区,与上述的莫霍面特征分区均一一相对应。

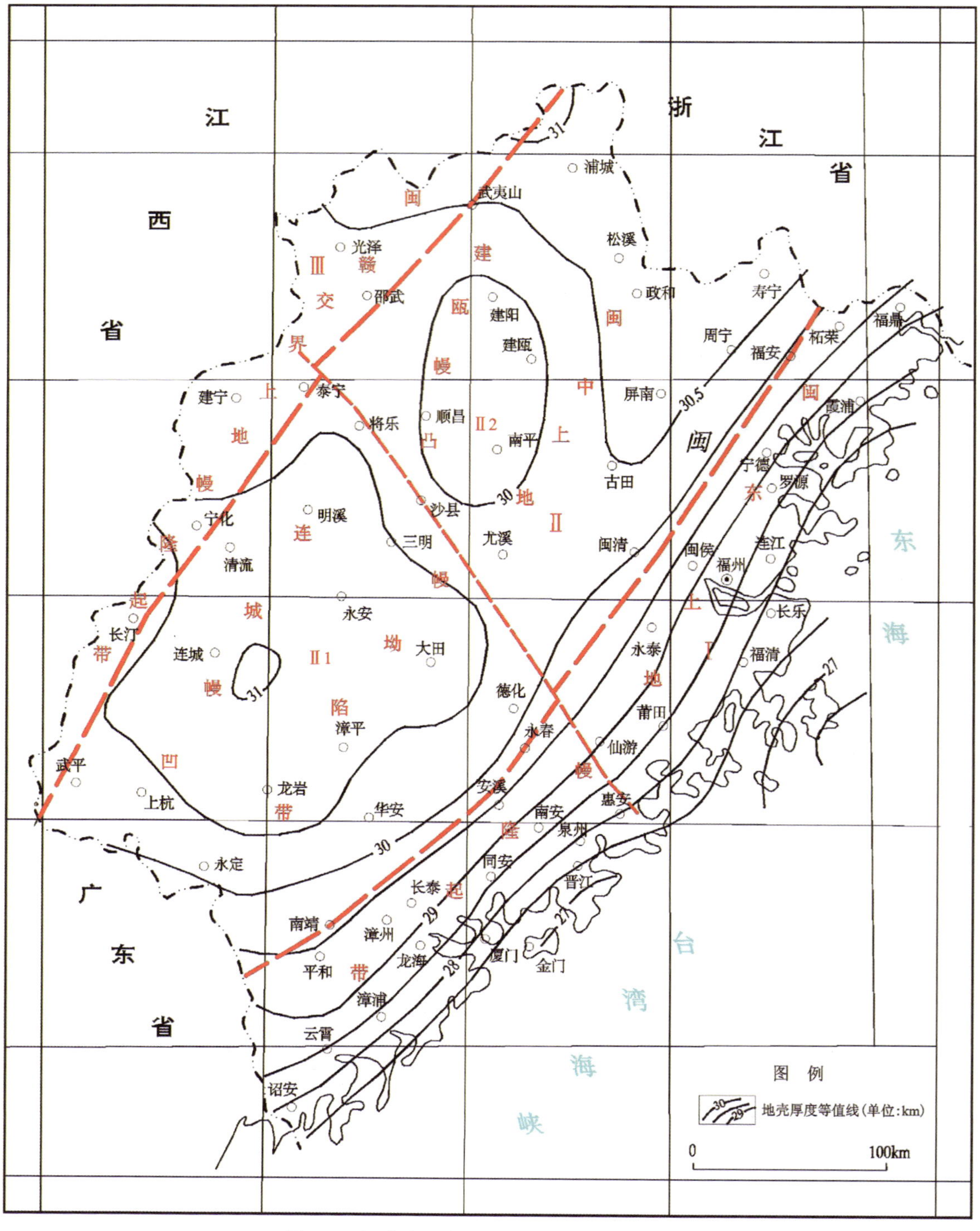

图5-5 福建省地壳厚度与深部构造分区略图

Ⅰ带主要反映上地幔的隆起,带内北东向、北西向等深大断裂甚为发育,为传递深部热流提供了良好的通道,同时也提供了地幔热流上侵的深部构造信息。据有关资料,在福安-南靖断裂带以东的宁德、永春、漳州岩溪、云霄等地区莫霍面的Vp大于8.0km/s,而在惠安、渔溪、嵩口、闽清等地区的下地壳Vp达到7.2km/s,反映了这些地段可能存在地幔底辟上侵和壳幔混熔,使带内地壳的基性度增高。另带内一些壳层 Vp 明显偏大，如石鼓(永春)以东地区中地壳的顶部 Vp 达到了 6.4km/s，明显大于其他带内的相应地层，也反映了深源物质的上侵。综合各种物探资料，反映了本带是省内构造、岩浆活动最强烈的地区。

Ⅱ带主要反映上地幔的凹陷，带内地壳中北东、北西、东西、南北向多组断裂交会，反映了带内断裂构造十分复杂，同时带内环状构造也甚为发育。将乐—惠安一线以南，莫霍面最深，是沉积变质地层保存较好，火山-岩浆活动相对较弱的地区，为上地幔凹陷中的相对坳中凹(Ⅱ1)。将乐—惠安一线以北，前寒武纪变质岩分布范围广，火山-岩浆活动相对较强烈，岩浆沿断裂特别是环状断裂及断裂结点喷发、侵入和堆积，莫霍面深度相对较南边凸起，为上地幔凹陷中的相对坳中隆(Ⅱ2)。

Ⅲ带反映上地幔缓坡抬升区域，但变化平缓，变化范围 30.0～30.5km。本缓坡区地壳上层以酸性岩浆岩、下古生界及下元古界变质岩为特色。本区老变质岩地层广泛分布，反映了老基底的隆起，这和莫霍面的隆起相对应，说明两者有成因上的联系，同时也反映了武夷山脉造山带的重力场特征。

第二节 磁测资料地质解释

一、区域磁场特征

纵观福建省航磁 ΔT 等值线平面图，航磁场以北东东向条带状高低相间展布，最高值 440nT(如平潭、主辺等)，最小值－140nT(如南靖、嵩口等)，一般强度 100～150nT。福安—南靖一线以东，航磁场强度、梯度变化均较大，主要反映了火山岩、侵入岩磁场变化特征；福安—南靖一线以西，航磁场变化相对平缓，幅值也较低，主要反映了沉积及变质岩类的磁场变化特征。从全省航磁 ΔT 化极等值线平面图看，航磁场转为北东向条带状展布，最高值 640nT(梧桐)，最小值－280nT(黄坑)，一般强度 100～200nT。以福安—南靖一线为界，东、西两侧磁场特征截然不同，东侧磁场变化大，西侧则变化相对宽缓。航磁 ΔT 化极垂向一阶导数图，主要用于圈定磁性地质体的边界范围。从全省航磁 ΔT 化极垂向一阶导数等值线平面图看，磁场面貌变化纷繁复杂，“0”等值线圈定的范围主要为北东向展布，其次为北西、南北、东西向等，这反映了福建省磁性地质体的走向主要为北东向。

二、区域磁测资料地质解释

(一)磁场分区与解释

从福建省航磁 ΔT 化极等值线及航磁场分区示意图和福建省航磁 ΔT 化极上延 10km 等值线平面图(图 5-6、图 5-7)分析，按其异常形态、规模、强度、梯度、走向等变化特征，以福安—闽清—德化—南靖一线为界，将全省划分为东部与西部 2 大磁场带，即东部沿海磁场剧烈变化带(Ⅰ)和西部内陆磁场相对平缓带(Ⅱ)，进一步划分为 6 个磁场区，西部 3 个磁场区各再细分为两个亚区。

东部沿海磁场剧烈变化带(Ⅰ)：航磁 ΔT 异常整体呈北东向变化剧烈的正负伴生磁异常带，局部较杂乱，连续性差，变化幅度大，梯度陡，强度强。部分呈环状、弧状特征。

地表主要分布中生代火山岩，侵入岩次之，而沉积不发育，上古生界仅零星分布，变质岩仅出现于沿海地带。局部地表出现基性岩、超基性岩、分异型花岗岩等下地壳与幔源物质，根据重磁异常特征，认为存在隐伏、半隐伏中酸性、酸性侵入岩体众多，为强烈的岩浆活动带。磁性基底相对较浅且支离破碎，为福建省东部磁性基底隆起带。

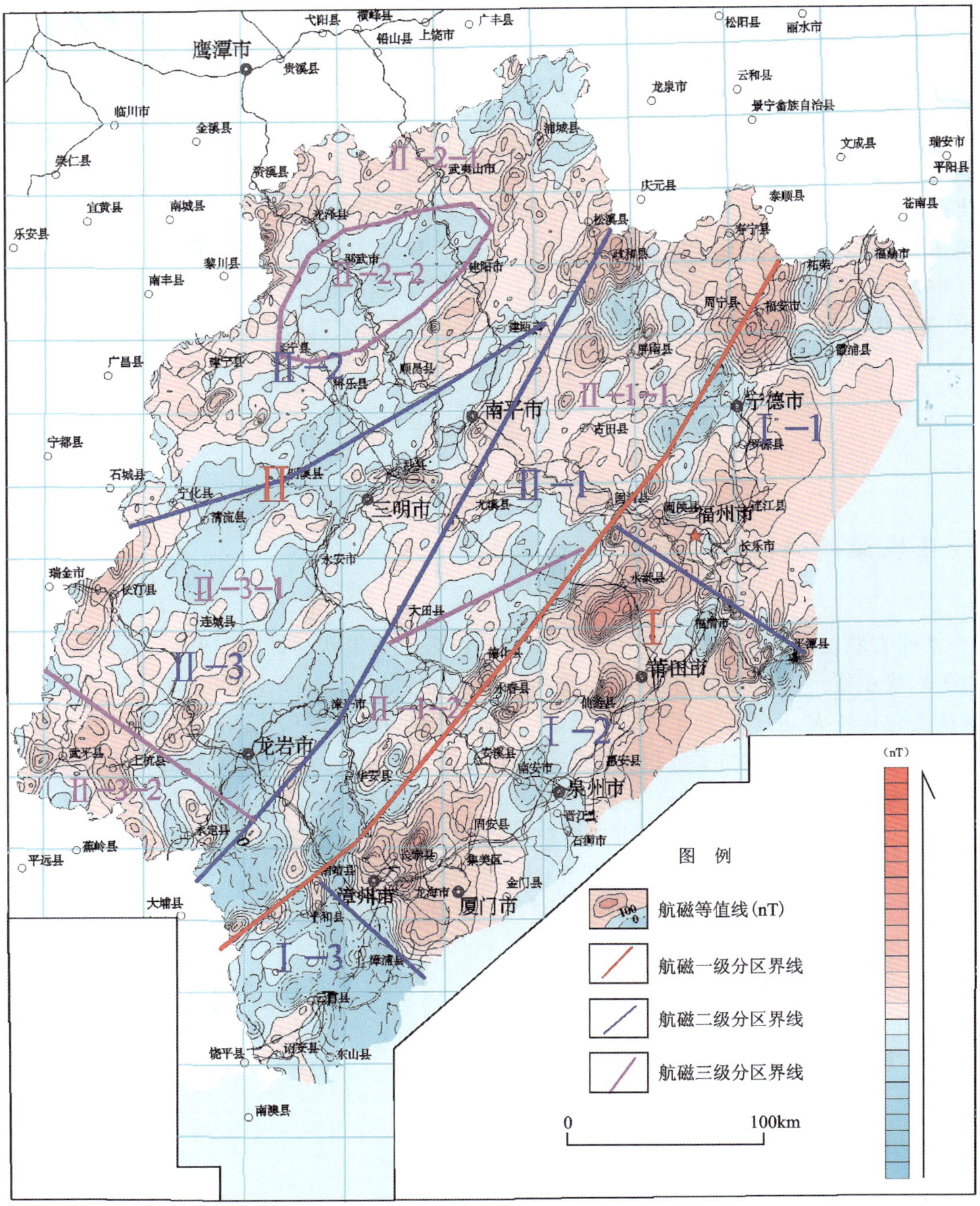

图 5-6　福建省航磁 ΔT 化极等值线及航磁场分区示意图

Ⅰ.东部沿海磁场剧烈变化带；Ⅰ-1.霞浦-罗源磁场区；Ⅰ-2.永泰-同安磁场区；Ⅰ-3.漳浦-诏安磁场区；Ⅱ.西部内陆磁场相对平缓带；Ⅱ-1.屏南-尤溪磁场区；Ⅱ-2.浦城-将乐磁场区；Ⅱ-3.三明-武平磁场区；Ⅱ-1-1.寿宁-古田磁场亚区；Ⅱ-1-2.漳平-华安磁场亚区；Ⅱ-2-1.浦城-建宁磁场亚区；Ⅱ-2-2.建阳-邵武磁场亚区；Ⅱ-3-1.永安-龙岩磁场亚区；Ⅱ-3-2.武平-上杭磁场亚区

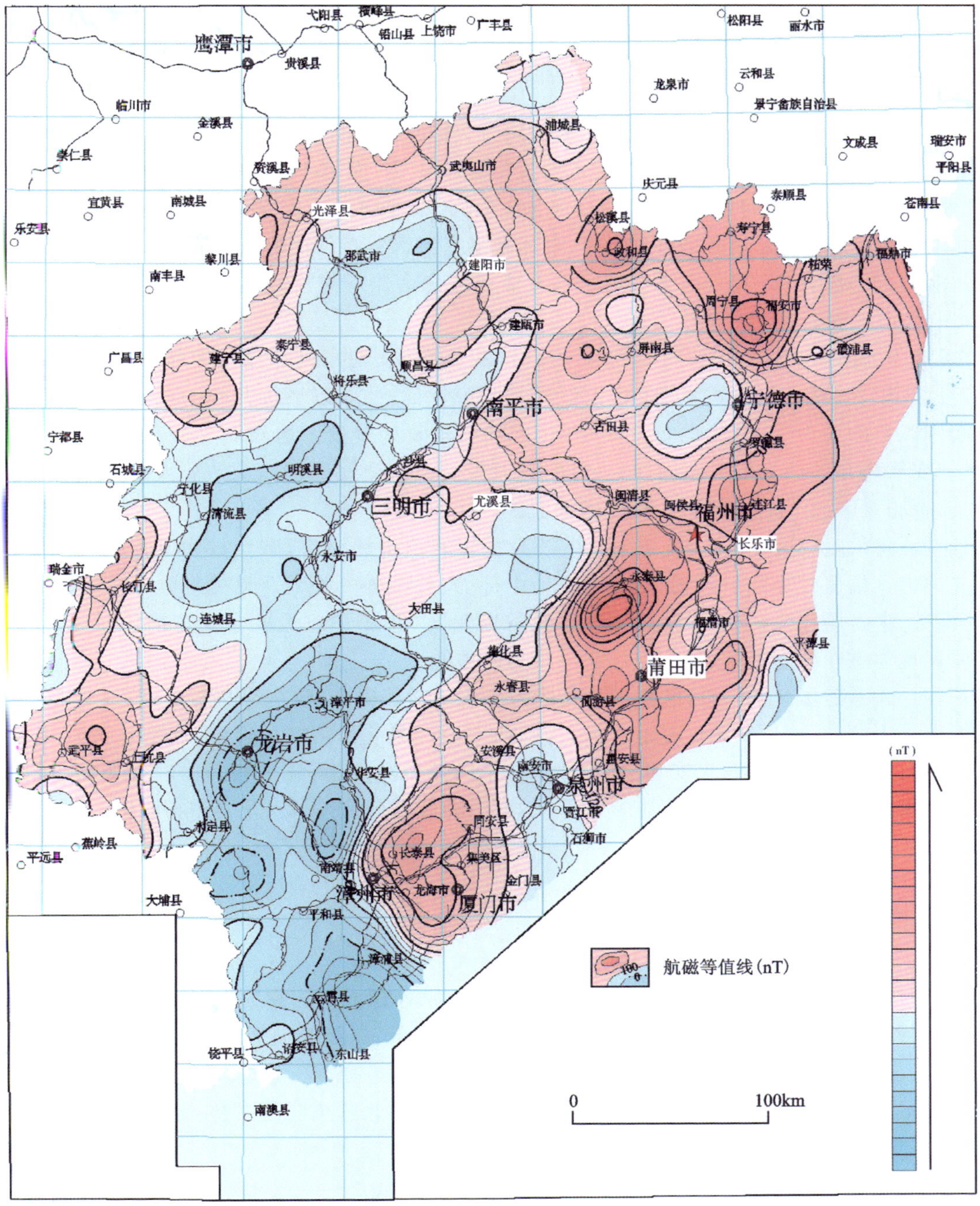

图 5-7　福建省航磁 ΔT 化极上延 10km 等值线平面图

1. 东部沿海磁场剧烈变化带(Ⅰ)

以赤湖—南靖一线与闽清—平潭一线为界,进一步划为 3 个磁场区:

(1)霞浦-罗源磁场区(Ⅰ-1)。该区以幅值较弱的正磁场为背景,间有环状、弧状正磁场或负磁场,等值线走向总体以北东向为主,南北向次之,北西向部分为特征。主体反映磁性基底相对下陷,为霞浦-罗源断陷区。

(2)永泰-同安磁场区(Ⅰ-2)。该区以幅值较强正磁场为背景,且在正磁场背景上叠加局部强磁异常,磁场特征较杂乱,兼有片状和团块状负磁场,主体反映磁性基底相对抬升,为永泰-同安断隆区。

(3)漳浦-诏安磁场区(Ⅰ-3)。该区以幅值较大的负磁场为主,南侧磁场值大于北侧,云霄一带达到180nT。总体反映磁性基底下陷,为漳浦-诏安断陷区。

2. 西部内陆磁场相对平缓带(Ⅱ)

航磁 ΔT 异常整体表现为起伏平缓,连续性较好,强度相对较弱,一般值为－100～200nT,西侧闽赣交界处,政和—三明一带大于200nT,最高幅值位于政和县,为480nT,最低值位于南靖县的龙山镇,幅值为－300nT,等值线走向以北东向为主,部分北西向、南北向。地表主要分布沉积岩和变质岩,火山岩分布相对较少,仅分布在东北部和西南部,中部则零星出露分布。反映磁性基底凹陷区。西部内陆磁场相对平缓带(Ⅱ)内,以政和—南平—漳平—大浦一线和南雅—清流一线为界,进一步划分为3个磁场区。

(1)屏南—尤溪磁场区(Ⅱ-1):其实也可以看作是东部沿海磁场剧烈变化带和西部内陆磁场相对平缓带的过渡区域,航磁 ΔT 异常以条带状正负异常带为特征,北侧以平缓开阔的正磁场为主,局部正负相间。南侧以负磁场为主,局部也是正负相间,磁场比较复杂多变。地表主要分布二叠纪—三叠纪地层、震旦纪变质岩和各期岩浆岩,具有较明显的过渡带特点。南北两侧以闽清—大田一线为界再分为:寿宁-古田磁场亚区(Ⅱ-1-1)和漳平-华安磁场亚区(Ⅱ-1-2)。

(2)浦城-将乐磁场区(Ⅱ-2):航磁 ΔT 以较为宽缓的正磁场为主,磁异常为条带状、椭圆状。在建阳—邵武一带见幅值较小的负磁场,磁场表现为中部弱、外围强的特征。以磁场强弱不同,该磁场区再分为:浦城-建宁磁场亚区(Ⅱ-2-1)和建阳-邵武磁场亚区(Ⅱ-2-2)。地表主要为前震旦系老变质岩地层。总体表现为磁性基底隆起,建阳—邵武一带为隆中凹。

(3)三明-武平磁场区(Ⅱ-3):航磁 ΔT 总体为变化的带状磁场,较宽缓和稳定,等值线走向为北东、北西及近南北走向,总体反映磁性基底较深,为闽西南磁性基底凹陷区。上杭、武平一带磁异常等值线走向以北西向、近东西为主,而永安、龙岩一带以北东向条带状正、负异常相间出现为特征,在漳平—龙岩一线负磁场幅值达200nT,根据以上特征不同,该磁场区再分为:永安-龙岩磁场亚区(Ⅱ-3-1)和武平-上杭磁场亚区(Ⅱ-3-2)。

(二)断裂构造格架

福建省的断裂构造十分发育,且常呈密集带状展布,从而构成了一系列不同方向的断裂带。根据航磁场特征,全省共推断断裂34条(图5-8),其中一级断裂9条、二级断裂14条、三级断裂11条;其中北东向9条,北东东向4条,北北东向3条;北西向8条,东西向6条,南北向4条。以上断裂以北北东—北东东向及北西向规模最大、最醒目,从而构成了以北北东—北东东向为主体,北西向次之,东西向、南北向也有一定规模的断裂构造基本格架。

(三)推断重要断裂构造

重要断裂构造指构造活动最强烈,影响深度大,对不同地史阶段的沉积作用和岩浆活动具有明显的控制作用,从而将省内的区域构造切割为不同构造单元的断裂构造带,一般为一级构造。下面对主要断裂构造特征进行描述:

(1)富岭-泰宁断裂带(闽F-0004)。北起浦城富岭,经武夷山兴田、泰宁至建宁均口,往西可能延入江西省境内,福建省内长约190km,走向北东。航磁反映为线形梯级带。断裂两侧重力场特征明显不同,西侧重力异常值高,东侧重力异常值低。断裂两侧深部构造属不同区,西侧为莫霍面隆起区,东侧为凹陷区。谈断裂以西地表以加里东构造层为主,以东主要为印支构造层和燕山构造层,该带岩浆活动强烈。

(2)南雅-清流断裂带(闽F-0006)。位于建瓯南雅、明溪、清流一带,长约240km,北东东走向,航磁

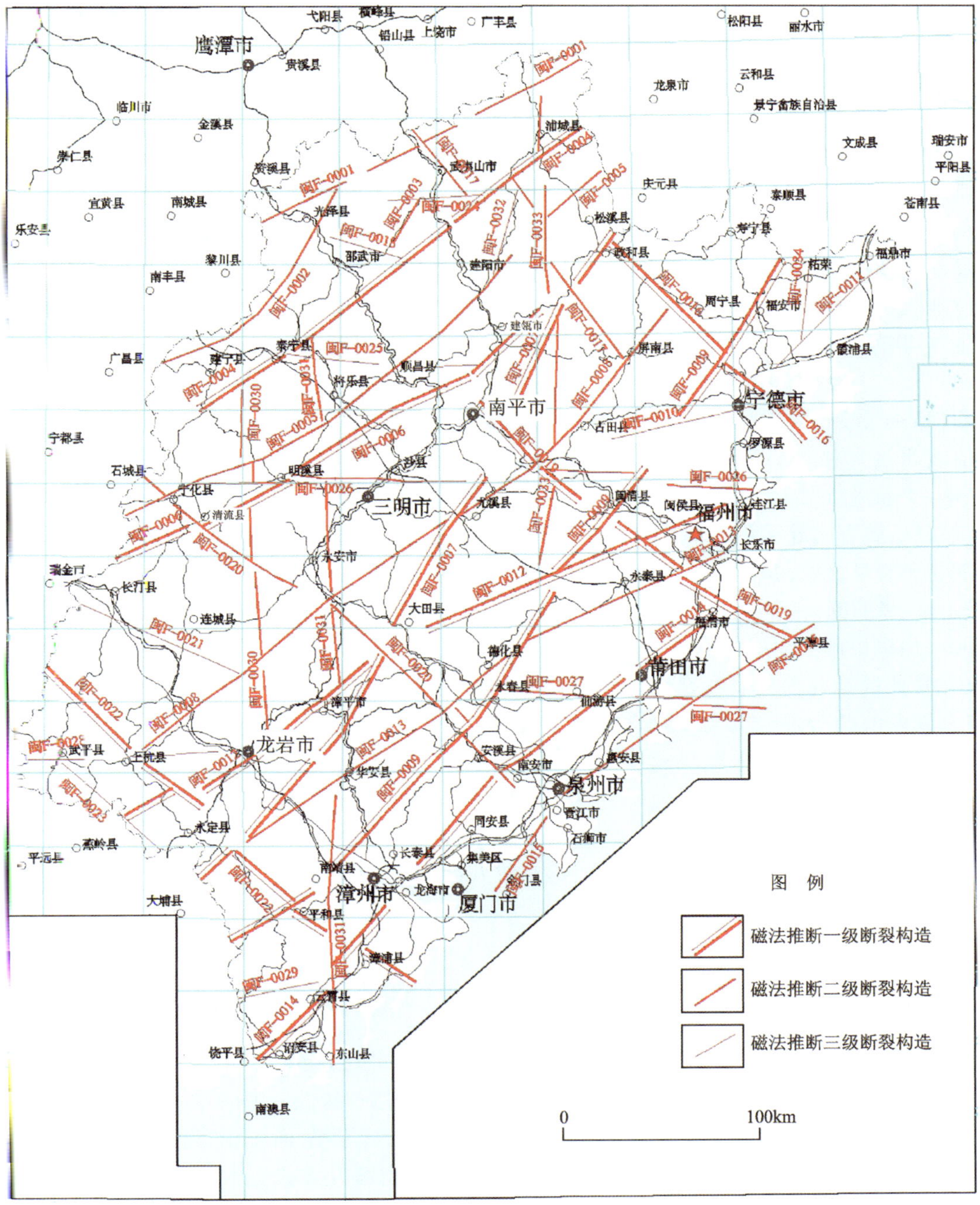

图 5-8　福建省磁法推断断裂构造图

反映为不同磁场分界线。该带处于闽西北幔隆区与闽西南幔凹区的变质带上。

(3)政和-大埔断裂带(闽 F-0007)。北起政和，往南经南平、尤溪、大田东、漳平及龙岩东，贯穿福建全省，两端延入浙、粤两省境内。福建省内长度约 395km，北北东走向，航磁反映为串珠状磁异常和磁场梯度带。该断裂控制了闽西南古生代沉积。

(4)福安-南靖断裂带(闽 F-0009)。由福安西经闽清东、德化永春、南靖至平和大溪以南，往北可能延入浙江，往南延至广东，福建省内长度约 450km，总体走向北东。该断裂是布格重力异常不同特征的分界线。东侧是重力梯级带，西侧为低缓异常区。航磁反映为东西部不同磁场区分界线。据福建省地壳—上地幔项目资料，在永春东西两侧电性层结构不同，西侧中高阻层厚大于 20km，东侧高阻层厚仅

10km，表明该断裂带切割深度较大。该断裂带上地震、温泉发育，控制着闽东中生代沉积-火山喷发作用。

(5)福州-高陂断裂带(闽 F-0012)。位于福州、大田、龙岩、上杭下都，往西延入广东省境内，走向北东或北东东，航磁反映为不同磁场分界线。地表上为一组断续展布的北东东向高角度断裂，明显控制了白垩纪的岩浆侵入与喷发。

(6)长乐-诏安断裂带(闽 F-0014)。北起长乐龙下，经惠安、泉州、厦门、东山延伸至诏安田厝以南进入广东省境内，北东走向，半隐伏，福建省内长度约 325km，航磁反映为不同磁场区的分界线。在该断裂带上及其东侧出露有基性岩体及推断的隐伏基性岩带。据大地电磁测深资料反映泉州附近两侧的电性层结构明显差异：东侧中阻层厚 3km，西侧高阻层厚 5km，并且高导层反映的断裂切穿下面的高阻层，切割深度超过莫霍面，局部地段可能达到软流圈顶面。说明该断裂有一定的切割深度。该断裂两侧发生的浅源地震，表现为西北弱东南强，西北浅东南深，并有温泉分布。地表岩石比较杂乱，前泥盆系、中—新生界均有，但以中生界为主。带内发育有 3 组断裂，沿各组断裂均出现糜棱岩化，但以北东向最为强烈。

(7)政和-宁德断裂带(闽 F-0016)。位于政和、宁德、罗源鉴江一带，长约 140km，北西走向，航磁反映为等值线北西向密集梯级带。燕山期侵入岩，白垩纪火山盆地均受该断裂带控制呈北西走向。

(8)南平-福清断裂带(闽 F-0019)。位于南平、闽清南、福清至平潭苏澳进入海中，全长 200km，北西走向，航磁反映为磁异常错动带。地表为一组规模小的北西向断裂。其南东段白垩纪沉积-火山地层及燕山期花岗岩呈北西向分布。

(9)上杭-漳浦断裂带(闽 F-0022)。该带位于上杭、湖雷、平和、漳浦一带，走向北西，长约 250km，宽约 60km，由多组断裂组成。航磁为串珠状异常和磁异常错动带。布格重力异常东段等值线扭曲、错动，西段异常曲线呈北西向。断裂带控制着晚中生代的沉积-火山喷发作用，带内酸性、中酸性岩浆活动，岩体及破火山口、火山盆地等以北西向分布。

(四)岩浆岩推断

根据航磁异常特征，并参考前人圈定成果，全省共圈定出露、半隐伏、隐伏岩体 119 处，其中酸性岩体 17 处、中酸性岩体 61 处、中性岩体 23 处、基性岩体 18 处。推测火山岩地层 10 处，火山构造 9 处(图 5-9)。

1. 火山岩

福建省火山岩十分发育，自新太古代至新近纪均有活动，可划分五台—吕梁、四堡—晋宁、加里东—印支、燕山及喜马拉雅等 6 个构造岩浆期。岩石类型从超基性—基性—中酸性—酸性—偏碱性火山岩及相关的火山碎屑沉积岩均有。岩相发育齐全，有碎屑流相、空落相、涌流相、崩落相、喷溢相、爆溢相、火山通道相、侵出-溢流相、喷发-沉积相及潜火山相等。火山喷发方式有中心式和裂隙-中心式两种。火山活动及其形成的火山构造受区域构造控制明显，具有明显的方向性和分带性。火山构造类型多样，有穹状、锥状、层状、盾状、破火山口、复式火山、喷发中心及爆发角砾岩筒等。其中以燕山期火山岩的岩石类型、岩相发育最全，火山喷发类型、火山构造多样最具典型，分布最广，是浙、闽、粤火山岩带的重要组成部分。

福建省东部火山喷发带火山岩大面积出露，省级推断地质构造图对大面积出露的火山岩未进行推断，本次只推断火山岩地层 10 处，主要分布于安溪—龙岩一带(图 5-9)。

福建省的火山构造，大都位于多组构造复合地段，在航磁图上主要表现为环状、弧形，在航磁 ΔT 化极图上异常特征更为清晰。本次共推断 9 个火山构造，即闽Ⅴ-0001(宁德第一高)、闽Ⅴ-0002(福安白马港)、闽Ⅴ-0003(罗源鉴江)、闽Ⅴ-0004(沙县大佑山)、闽Ⅴ-0005(德化洪田)、闽Ⅴ-0006(德化石牛山)、闽Ⅴ-0007(永泰上庄)、闽Ⅴ-0008(漳平梅水坑)和闽Ⅴ-0009(长泰坂里)，主要分布于东部沿海磁场剧烈变化带（Ⅰ）。据分析，这类异常往往是具有磁性的次火山岩或晚期小岩体充填于破火山口及环状断裂中引起。在坂里仅发现闪长岩小岩体，另外，福建省还有许多火山机构在航磁图上并无反映，如金坑、南寮山等，这可能是火山机构与周围地质体无明显磁性差异，或因规模小；有的有局部小异常反映，如凤迹等。但是，在无地面检查资料对比时，这样的异常显然是难以与大量燕山期小岩体引起的类似异常相区分，这就需要结合其他资料和地面查证才能确定。

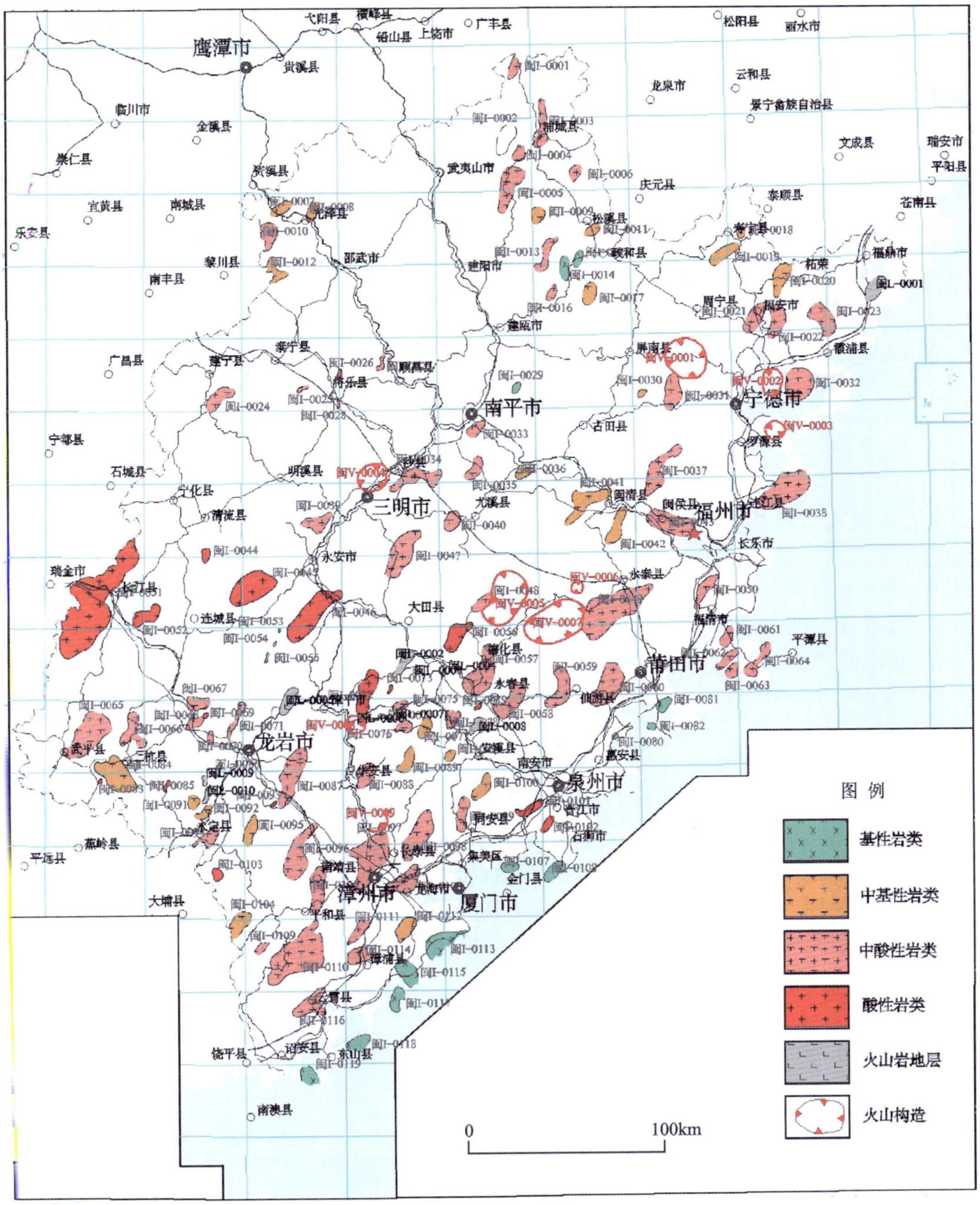

图 5-9　福建省主要磁法推断岩浆岩分布图

2. 侵入岩

福建省侵入岩十分发育，各构造期均伴有规模不等的岩浆侵入活动。侵入岩的总面积占福建省境陆地总面积的34.87%，可划分晋宁、加里东、印支、燕山4个侵入期，其中燕山期的侵入活动规模最大。

福建省根据航磁异常推断的侵入岩体较多，共119处，因本次对大面积出露的酸性岩类未进行推断，主要以中酸性岩类为主，在全省范围内随处可见，共推断中酸性岩类61处约占总数的51%；酸性岩类仅在宁化-安溪北西向断裂带(闽F-0020)附近推断17处；中性岩类共推断23处，主要分布于福安-南靖断裂带(闽F-0009)、政和-宁德断裂带(闽F-0016)和上杭-漳浦断裂带(闽F-0022)附近或断裂构造复合部位；基性岩类主要分布于福清-诏安断裂带(闽F-0014)以东，且沿海岸线分布，另由南西向北东基性岩呈减少趋势。从圈定的各类侵入岩体(图5-9)来看，福建省侵入岩在平面上具明显的带状分布特征，显示其活动受断裂构造控制明显，同时与其有关的成矿条件和不同类型的矿床有一定的关联。

第三节　地球化学资料地质解释

一、区域地球化学特征

(一)福建表壳主要成矿元素分布分配特征

根据岩石丰度研究结果[表5-2、表5-3，引自蔡以评等，《福建省表壳元素丰度研究》(1996)]，对福建省出露地壳元素丰度特征以及主要成矿元素在不同岩石、地层中的含量分布分配特征分述如下：

(1)成矿元素中有些丰度很高，如Au、Mo、W、Sn等。W、Sn、Mo的高丰度，则是与燕山期酸性花岗岩的大量侵入，以及福建省所处的华南地区地球化学省相符合。

(2)福建省出露地壳的主要成矿元素，其丰度高于中国东部及华东南地块的有Pb、Zn、Mo、W、Sn(其中Zn、Mo、Sn与华东南地块很近似)；低于中国东部及华东南地块的有Ag、Cu、Cr、Co。至于Au因存在人为误差不便对比。

(3)福建省总地壳的主要成矿元素丰度均高于中国东部及华东南地块(Ag、Cu等总地壳丰度均高于后二者，表明福建省深部地壳较富Cu及Ag)，尤其是Cr高出一个数量级，这也似乎反映福建省地壳深部基性程度要高些(MgO亦如此)。

(4)福建省出露地壳与总地壳的主要大离子亲石元素及不相容元素，丰度高于中国东部及华东南地块的有Rb、Th、U及稀土，低于后二者的有Sr、P。而Ti则在出露地壳较低，在总地壳较高。

总起来说，福建省出露地壳和总地壳的成分比较接近华东南地块，但又有自己的特性，对比结果见表5-2、表5-3。

(二)水系沉积物地球化学特征

1. 全省元素含量分布特征

利用福建省1∶20万区域化探水系沉积物39种元素分析成果统计了全省元素的几何平均值，并与全国水系沉积物背景推荐值的对比见表5-4。

从表5-4可见，较全国背景值高的微量元素有Ag、Be、Hg、La、Mo、Nb、Pb、Sn、Th、U、W、Y、Zn、Zr，其中差距较大的有U、Th、Pb、Nb等；与全国背景值相近的有Ba、Bi、Cd；其余较全国背景值低，差距较大的有B、Sr、As、Cr、Ni等。

常量元素：SiO_2、Al_2O_3、K_2O偏高；Fe_2O_3、CaO、MgO、Na_2O偏低，其中CaO差距最大，仅为全国背景值的13%。

表 5-2　福建省地壳元素丰度与中国东部及华东南地块对比表

组分 地区	氧化物								主要成矿元素										大离子亲石元素及不相容元素							
	SiO_2	Al_2O_3	Fe_2O_3	FeO	MgO	CaO	Na_2O	K_2O	Au	Ag	Cu	Pb	Zn	Mo	W	Sn	Cr	Co	Rb	Sr	P	Ti	Th	U	Nd	Sm
出露地壳（含碳酸盐岩）																										
中国东部	61.71	12.84	2.19	1.66	2.15	6.18	2.56	3.04	0.81	60	15	18	63	0.62	0.91	1.9	42	9.1	101	232	514	2 880	10	2.2	31	5.5
华东南地块	60.50	13.48	2.18	1.31	1.16	2.08	2.05	3.92	0.93	59	12	26	66	0.90	1.55	2.7	33	6.8	160	134	393	2 790	17	3.6	38	7.2
福建	72.17	13.29	1.90	1.01	0.87	1.19	2.18	4.02	1.47	55	10.6	32	68	0.97	2.30	2.7	27	5.5	176	135	343	2 402	19	4.4	37	7.0
总地壳																										
中国东部	60.62	14.83	2.41	3.63	3.16	5.41	3.35	2.34	0.9	55	25	15	76	0.5	0.6	1.4	76	19	70	350	750	4 000	6.0	1.2	26	4.9
华东南地块	62.72	14.85	2.20	3.18	2.78	4.28	3.36	2.40	(0.8)	53	24	20	74	0.5	0.7	1.8	52	16	80	330	800	4 200	7.5	1.6	30	5.5
福建	62.63	14.55	2.90	3.03	3.48	3.30	2.48	3.05	(1.0)	68.5	28.7	30.7	114	0.98	2.5	2.72	137.8	19.14	123	273	722	5 209	13.8	2.88	35	6.5

说明：“（　）”内 Au 的丰度值仅供参考；含量单位：氧化物为 $\times10^{-2}$，Au、Ag 为 $\times10^{-9}$，其他元素为 $\times10^{-6}$。

表 5-3　福建省各构造层的氧化物及主要成矿元素丰度表

构造层	时代	氧化物（$\times10^{-2}$）												主要成矿元素（Au、Ag $\times10^{-9}$，其他 $\times10^{-6}$）									
		SiO_2	TiO_2	Al_2O_3	Fe_2O_3	FeO	MnO	MgO	CaO	Na_2O	K_2O	P_2O_5	Al_2O_3/TiO_2	Au	Ag	Cu	Pb	Zn	Mo	W	Sn	Cr	Co
五台—吕梁	Ar_3—Pt_1	68.66	0.89	15.19	3.27	3.11	0.1	2.13	1.58	1.75	2.80	0.19	17.07	0.57	42	30	48	149	0.7	2.1	7.0	99	17
四堡—晋宁	Pt_2—Pt_3	66.93	0.69	13.34	3.33	1.79	0.08	2.18	2.04	1.48	3.01	0.17	19.33	2.86	77	20	29	107	0.6	2.2	2.8	73	13
加里东	Z—AnD	68.79	0.52	14.50	2.41	1.61	0.05	1.33	1.03	1.83	4.48	0.16	27.88	2.26	45	19	34	79	0.9	2.7	3.5	48	9
海西—印支	D_3—T_2	72.15	0.55	12.14	2.85	0.76	0.03	0.90	2.22	0.82	2.77	0.13	22.07	1.28	43	17	25	54	1.22	1.7	2.5	66	6
燕山早期	T_3—J_2	77.81	0.44	11.25	1.76	0.62	0.03	0.61	0.47	0.88	3.24	0.09	25.57	0.80	49	8	32	38	0.57	1.3	1.7	35	5
燕山中期	J_3	72.89	0.27	13.60	1.33	0.80	0.05	0.62	1.10	2.60	4.52	0.08	50.37	0.36	61	5	3.1	61	0.9	3.0	2.5	6	3
燕山晚期	K_1	63.32	0.27	11.85	1.47	0.71	0.05	0.69	1.10	2.73	3.88	0.08	43.89	0.21	56	9	26	56	1.6	1.0	1.7	5	4
喜马拉雅期	R	55.90	1.93	13.03	4.84	5.32	0.13	5.31	6.45	2.30	0.95	0.59	6.75	0.87	59	50	6	143	1.1	0.3	0.9	179	42

说明：TiO_2、MnO、P_2O_5 为元素含量换算成氧化物含量。

表 5-4　福建省水系沉积物 39 种元素几何平均值

（含量单位：氧化物为 $\times10^{-2}$，Au 为 $\times10^{-9}$，其他为 $\times10^{-6}$）

元素	Ag	As	Au	B	Ba	Be	Bi	Cd	Co	Cr
福建省平均值	0.10	3.30	0.92	13.19	476.23	2.43	0.46	0.14	7.56	22.20
全国推荐值	0.08	9.08	1.30	46.9	499	2.19	0.48	0.15	12.32	58.45
元素	Cu	F	Hg	La	Li	Mn	Mo	Nb	Ni	P
福建省平均值	9.47	319.20	0.06	50.64	23.9	589	1.25	23.92	8.37	359.5
全国推荐值	21.56	482.5	0.04	39.8	32.7	678	1.23	16.45	24.41	613.9
元素	Pb	Sb	Sn	Sr	Th	Ti	U	V	W	Y
福建省平均值	40.78	0.231	5.04	48.44	19.58	3 839	4.74	53.5	3.149	25.93
全国推荐值	25.96	0.74	3.43	151.6	11.91	4 155	2.01	79.62	2.19	24.56
元素	Zn	Zr	Na_2O	SiO_2	Al_2O_3	Fe_2O_3	CaO	MgO	K_2O	
福建省平均值	75.87	401.00	0.298	67.59	14.41	3.44	0.22	0.43	2.66	
全国推荐值	68.47	291	1.18	65.22	12.97	4.44	1.76	1.31	2.35	

2. 区域构造单元中元素含量分布特征

不同构造单元所经历的地质历史不同，在成矿方面各有特色，并具不同的地球化学异常分布特征。主要构造单元地球化学背景特征分述如下（表 5-5）。

1）武夷古弧盆（Ⅴ3-1）（Pt）

该弧盆有 Cu-Zn-Sn-Ag 以及 Ni-Ba-F-La-Y 等分别高于全省或全国水系背景值，反映闽西北隆起带中分布的变质岩和燕山期侵入岩有关，并形成上述元素的高背景分布。同时形成与之相关的矿产，包括铜、铅锌、银以及萤石、重晶石等矿产。

2）明溪-宁化裂谷（Ⅴ3-2）（Z）

该裂谷位于武夷古弧盆与永安-龙岩陆表海盆地接触地段，呈近北东东向分布，是福建省钨、锡、钼、铋重要成矿带。区内经统计有 Au-Cu-Pb-Zn-W-Sn 以及 Ni-Ba-F-La-Y 等背景含量分别高于福建省或全国水系背景值，反映区内地质成矿背景以及矿化特征。代表性矿床有清流行洛坑大型钨钼矿、北坑中型钨铜矿、顺昌黄梓厂中型铅锌矿床以及南平铌钽矿化等。

3）永安-龙岩陆表海盆地（Ⅴ3-3）（D_3—T_2）

本区位于政和-大埔深断裂西侧，东与闽东沿海岩浆弧相邻，西部与南部与长汀-上杭被动陆缘相接。区内铜、铅、锌、银和钨矿化普遍，主要集中分布于北部的大田、中部的漳平和南部的龙岩。区内经统计有 Au-Ag-Cu-Pb-W-Sn 以及 Ni-F-La 等背景含量分别高于全省或全国水系背景值，尤其 W、Ag、Pb 背景含量更显突出。其含量反映区内成矿地质背景及其矿化特征，本区也是福建省铜、铅、锌、银和钨重要成矿区。

4）长汀-上杭被动陆缘（Ⅴ3-4）（Nh—O）

本区位于福建西南部，东侧与永安-龙岩陆表海盆地相邻。本区是福建重要的铜金钼锡成矿区。区内经统计有 Au-Cu-W-Sn-La-Y 以及 Ag-Pb-Ni-F 等元素背景含量分别高于福建省或全国水系背景值，上述元素高背景也主要反映了区内与黑云母花岗岩有关 Fe-Pb-Zn(Mo-Sn-W)矽卡岩型矿床、稀土矿床以及与晚燕山期酸性岩浆侵入和火山喷发，形成浅成的低温热液矿床有关的成矿地质地球化学背景特征。

5）桃溪古弧盆系（Ⅴ3-5）（Pt_2）

本区位于福建西北部东，南、北及东侧与长汀-上杭被动陆缘相连。本区是福建重要的铜金钼锡成

表 5-5 福建省各地质构造单元水系沉积物中主要成矿元素几何平均值表

（元素含量单位：Au、Ag 为 $\times 10^{-9}$，其他为 $\times 10^{-6}$）

地质构造区	参数	Ag	Au	Cu	Pb	Zn	W	Mo	Sn	Mn	Ni	Ba	F	La	Y
全国水系推荐背景值	平均	80	1.30	21.56	25.96	68.47	2.19	1.23	3.43	678	24.41	499	482.5	39.8	24.56
福建省水系背景值	平均	100	0.92	9.47	40.78	75.87	3.149	1.25	5.04	589	8.37	476.23	319.20	50.64	25.93
武夷古弧盆（Ⅴ3-1）(Pt)	平均	104.220 3	0.872 2	11.815 0	40.566 8	84.549 7	2.803 1	0.870 1	6.115 4	530	11.656 3	534.009 7	367.372 6	50.097 5	28.283 2
	离差	38.597 6	0.432 8	5.712 9	14.240 7	25.379 4	1.080 3	0.423 4	2.829 4	150	5.561 1	179.048 4	98.431 2	15.625 5	7.817 0
明溪-宁化裂谷（Ⅴ3-2）(Z)	平均	87.091 1	1.024 3	10.036 5	33.759 3	69.229 4	2.981 9	0.721 5	4.702 2	485	9.925 5	528.679 4	335.838 7	51.270 4	26.369 7
	离差	27.175 8	0.546 8	4.279 1	12.145 7	17.051 8	1.114 0	0.290 1	2.094 4	145	4.996 3	139.239 3	85.099 1	17.286 9	7.621 5
永安-龙岩陆表海盆地（Ⅴ3-3）(D_3—T_2)	平均	120.791 6	0.997 7	10.482 4	40.224 5	66.327 7	3.767 8	1.120 2	4.532 8	509	8.836 7	376.485 9	352.622 1	45.365 5	23.077 6
	离差	50.567 3	0.509 6	5.262 5	18.003 3	18.803 1	1.559 8	0.594 8	1.942 8	187	4.646 0	106.885 4	84.422 9	13.601 2	6.602 2
长汀-上杭被动陆缘（Ⅴ3-4）(Nh—O)	平均	97.759 7	1.039 6	10.067 5	36.255 6	67.317 7	3.817 3	0.950 3	5.673 8	474	9.798 2	393.830 2	333.210 4	54.114 8	30.755 4
	离差	37.456 0	0.602 6	4.525 5	15.332 6	20.465 0	1.805 0	0.470 6	2.536 5	183	4.363 6	105.065 3	86.683 5	18.759 3	12.253 1
桃溪古弧盆系（Ⅴ3-5）(Pt_2)	平均	95.938 8	0.672 9	8.883 0	37.595 4	70.705 8	4.666 7	0.926 6	8.300 9	477	7.647 6	523.171 4	423.831 2	68.002 9	38.271 1
	离差	20.581 0	0.285 5	2.637 2	12.091 8	14.370 9	2.298 2	0.391 0	5.675 2	124	2.100 6	212.141 4	139.948 6	21.602 7	15.719 3
闽中古裂谷（Ⅴ3-6）(Pt_3)	平均	109.003 8	0.980 0	12.713 6	37.312 1	74.429 0	3.626 4	1.196 4	4.419 8	583	11.262 1	468.366 3	313.058 2	43.664 9	23.100 0
	离差	37.829 7	0.555 4	6.345 9	13.470 3	21.347 9	1.200 8	0.591 1	1.417 6	196	5.575 8	122.230 2	67.725 0	10.418 8	4.703 7
闽东沿海岩浆弧（Ⅴ4-1）	平均	102.601 3	1.083 4	8.159 9	43.148 6	78.246 0	3.177 1	1.606 0	4.933 3	664	6.424 5	519.322 9	286.286 7	51.894 4	24.106 3
	离差	40.154 4	0.677 1	4.296 6	13.394 1	23.460 0	1.201 6	0.687 5	2.142 7	209	2.935 7	158.608 2	75.039 9	13.053 1	5.126 6

矿区。区内经统计 W-Sn-La-Y-Ba-F 等元素背景含量高于福建省以及全国背景值，其中 W、Sn 高出近 1 倍。反映区内以钨锡稀土矿化并与黑云母花岗岩有关的成矿地质地球化学背景分布特征。

6)闽中古裂谷(Ⅴ3-6)(Pt_3)

本区位于福建西南部东缘，西侧与武夷古弧盆相连，东侧为闽东沿海岩浆弧相邻。为陆内裂谷环境的海相火山-碎屑沉积建造、细碧岩-角斑建造、石英岩建造、碳酸盐岩建造，本区是福建重要的铜铅锌银成矿区。区内经统计有 Cu-Ag-Pb-Zn-W 等元素背景含量高于福建省或全国背景值。上述元素高背景含量反映了与成矿有关的成矿地质地球化学背景含量分布特征。

7)闽东沿海岩浆弧(Ⅴ4-1)

本区处于政和-大埔断裂带以东，是浙、闽、粤中生代火山岩带的重要组成部分。已发现的主要矿产包括了北部地区的银硐、柘荣英山、政和锦屏等银铅锌矿床、福安赤路、周宁吴山底钼矿；中部中仙地区的金矿以及南部地区的管查铜矿、钟魏铅锌矿等。区内经统计 Au-Ag-Pb-Zn-Mo 等元素背景含量高于福建省以及全国背景值，反映区内以金银铅锌钼矿化及与之相关的成矿地质地球化学背景特征。

二、区域地球化学资料地质解释

(一)主要成矿元素异常

1. 铜元素

铜元素地球化学高背景在闽西北成矿区的中部地区大面积分布，与变质基底中的初始高丰度层分布区关系密切，既反映了元素异常背景，也反映了局部矿化，与热液脉状铜矿化有关。闽西南成矿区的大田-龙岩铜高背景分布区，与铁多金属成矿关系密切，以伴生铜矿化为主；连城—上杭地区，局部高含量区则反映较好的铜矿化，如紫金山铜金矿等。闽东成矿区主要为低背景分布，反映中生代火山岩分布区的地球化学特征。局部高背景主要反映中酸性侵入岩体分布，岩体局部见弱铜分散矿化，个别地段富集形成热液脉状铜矿床。以政和-大埔断裂为界，东西两侧低高背景分布特征非常明显，呈西高东低的地球化学背景分布特征。

成区带展布的铜地球化学异常分布，即闽西北成矿区的中部地区，铜呈条带状异常展布，与变质基底中的后期热液活动有关，形成局部富集，与热液脉状铜矿化有关。闽西南成矿区集中分布于大田—龙岩地区，与铁多金属成矿关系密切；上杭—连城地区，则反映较好的铜矿化，主要以斑岩铜矿为主，如紫金山罗卜岭铜矿。闽东成矿区局部异常主要反映中酸性侵入岩体分布以及局部铜的矿化富集。地球化学异常主要集中分布在闽西北成矿区的管查及外围地区、大金山—仁寿地区；闽西南成矿区的上杭紫金山及外围地区、大田—龙岩地区以及闽东成矿带的钟腾及外围地区、宁德洋中—漳湾地区、德化—仙游地区等。

(1)管查及外围地区。Cu 地球化学异常分布主要受热液脉型、热液型铜矿化控制，呈近南北向带状分布，浦城庆元，异常面积 110.0km^2，极大值 43.0$\times10^{-6}$；浦城管查，异常面积 69.52km^2，极大值 311.0$\times10^{-6}$；浦城屏峰，异常面积 130.66km^2，极大值 180.0$\times10^{-6}$；建阳水吉，异常面积 73.64km^2，极大值 63.0$\times10^{-6}$；建阳黄地，异常面积 90.48km^2，极大值 220.0$\times10^{-6}$等。区内已发现浦城管查等铜矿床点。

(2)建阳大金山—将乐万安地区。Cu 地球化学异常呈北东向带状展布，区内已发现多处铜、铅、锌矿床点。分布的主要异常有建阳大金山，异常面积 67.77km^2，极大值 106.0$\times10^{-6}$；邵武何厝坑，异常面积 22.76km^2，极大值 72.80$\times10^{-6}$；顺昌黄梓厂，异常面积 64.74km^2，极大值 71.70$\times10^{-6}$；将乐新路口，异常面积 63.38km^2，极大值 81.2$\times10^{-6}$等。

(3)大田—龙岩地区。Cu 地球化学异常呈近北东向带状展布，区内已发现多处铜铅锌矿床点。分布的主要 Cu 异常有：永安忠洛(洪田)，异常面积 52.18km^2，极大值 554.0$\times10^{-6}$；大田龙凤场，异常面积 97.87km^2，极大值 188.0$\times 10^{-6}$；尤溪湖美溪，异常面积 61.80km^2，极大值 172.0$\times 10^{-6}$；尤溪东华，异常面积 67.20km^2，极大值 123.0$\times 10^{-6}$；大田乌峰寨，异常面积 122.5km^2，极大值 103.0$\times 10^{-6}$；大田银顶格，异常面积 85.29km^2，极大值 668.0$\times 10^{-6}$；龙岩老虎洞尖，异常面积 36.00km^2，极大值 104.0$\times 10^{-6}$；龙岩东宝山，异常面积 76.56km^2，极大值 149.0$\times 10^{-6}$；龙岩马坑，异常面积 74.59km^2，极大值 336.0$\times 10^{-6}$等。

(4)宁德洋中—漳湾地区。较大规模 Cu 地球化学异常集中成区分布。区内已发现多处铜铅锌矿床点。分布的主要 Cu 异常有宁德漳湾，异常面积 45.52km^2，极大值 62.60$\times 10^{-6}$；宁德三都，异常面积 92.78km^2，极大值 530.0$\times 10^{-6}$；霞浦路里，异常面积 60.29km^2，极大值 124.0$\times 10^{-6}$；宁德九曲岭，异常面积 134.67km^2，极大值 83.30$\times 10^{-6}$；霞浦霞山，异常面积 83.47km^2，极大值 113.0$\times 10^{-6}$等。

(5)上杭紫金山及外围地区。较大规模 Cu 地球化学异常集中成区(带)分布。区内已发现多处铜、金、银、钼、铅、锌等矿床点。分布的主要 Cu 异常有：上杭太山头，异常面积 78.92km^2，极大值 186.0$\times 10^{-6}$；上杭华家，异常面积 69.33km^2，极大值 119.0$\times 10^{-6}$；上杭紫金山，异常面积 80.44km^2，极大值 338.0$\times 10^{-6}$；连城庙前，异常面积 87.94km^2，极大值 343.0$\times 10^{-6}$；连城营溪，异常面积49.81km^2，极大值254.0$\times 10^{-6}$等。

(6)德化—仙游地区。较大规模 Cu 地球化学异常集中成区(带)分布。区内已发现多处铜钼矿点。分布的主要 Cu 异常有永春逢壶，异常面积 193.28km^2，极大值 138.0$\times 10^{-6}$；仙游陈吾山，异常面积 226.7km^2，极大值 231.0$\times 10^{-6}$等。

(7)钟腾及外围地区。较大规模 Cu 地球化学异常集中成区带分布。区内已发现多处铜钼矿床点。分布的主要 Cu 异常有平和钟腾，异常面积 93.40km^2，极大值 119.0$\times 10^{-6}$；平和锦溪，异常面积 40.26km^2，极大值 59.5$\times 10^{-6}$；云肖安吉，异常面积 64.09km^2，极大值 42$\times 10^{-6}$；漳浦前亭，异常面积 113.66km^2，极大值 77.2$\times 10^{-6}$；平和大矾山，异常面积 63.69km^2，极大值 31.6$\times 10^{-6}$等。

2. 铅锌元素

铅锌元素区域异常分布，主要与区域性成矿带有一定关系。闽西北地区主要分布于武夷山、浦城屏峰—建阳、政和夏山—建阳以及建阳大金山—顺昌仁寿—将乐地区，是闽西北铅锌成矿区及重要地球化学异常分布区。闽西南地区主要分布连城、龙岩马坑以及大田地区，区内分布有较大规模的铅锌异常，已发现多处中小型铅锌矿床。闽东成矿区则分布较大规模的局部带状展布异常，与区内热液型铅锌矿分布关系密切。重点异常主要集中分布闽中裂谷铅锌多金属成矿带政和夏山、建阳水吉、建瓯八外洋顺昌山后尤溪梅仙地区；闽西南成矿区的大田—龙岩地区；闽东成矿区的德化上姚—安溪潘田、安溪阳地—长泰钟魏以及寿宁斜滩—周宁桐岔等地区。

(1)建阳水吉—尤溪梅仙地区。位于闽中裂谷铅锌多金属成矿亚带闽西北成矿区，是福建省重要铅锌多金属矿成矿区，有多处大中型铅锌矿床分布。分布的主要 Pb、Zn 异常有建阳黄地，Pb 异常面积 60.93km^2，极大值 1 260$\times 10^{-6}$，Zn 异常面积 102.2km^2，极大值 413.0$\times 10^{-6}$；政和夏山，Pb 异常面积 124.3km^2，极大值 967$\times 10^{-6}$，Zn 异常面积 61.74km^2，极大值 10 500$\times 10^{-6}$；龙溪梅仙，Pb 异常面积 99.1km^2，极大值 1 230$\times 10^{-6}$，Zn 异常面积 97.42km^2，极大值 524$\times 10^{-6}$等。

(2)建阳大金山—将乐新路口地区。呈北东向带状分布，分布的主要 Pb、Zn 异常有建阳大金山，Pb 异常面积 107.35km^2，极大值 272$\times 10^{-6}$，Zn 异常面积 112.0km^2，极大值 456.0$\times 10^{-6}$；顺昌仁寿，Pb 异常面积 96.13km^2，极大值 304$\times 10^{-6}$，Zn 异常面积 97.51km^2，极大值 750$\times 10^{-6}$；将乐新路口，Pb 异常面积 146.0km^2，极大值 501.0$\times 10^{-6}$，Zn 异常面积 133.39km^2，极大值 425$\times 10^{-6}$。

(3)大田—龙岩地区。异常带呈近北东向带状分布，分布的主要 Pb、Zn 异常有永安溪柄，Pb 异常面积 76.36km^2，极大值 314.0$\times 10^{-6}$，Zn 异常面积 47.5km^2，极大值 588$\times 10^{-6}$；大田龙凤场，Pb 异常面积 115.1km^2，极大值 730$\times 10^{-6}$，Zn 异常面积 103.18km^2，极大值 280$\times 10^{-6}$；龙岩老虎洞尖，Pb 异常面积 52.17km^2，极大值 1 090$\times 10^{-6}$，Zn 异常面积 52.1km^2，极大值 897$\times 10^{-6}$；龙岩赤坑，Pb 异常面积

72.09km^2，极大值1 200×10^{-6}，Zn异常面积66.98km^2，极大值995×10^{-6}；龙岩东宝山，Pb异常面积67.26km^2，极大值1 540×10^{-6}，Zn异常面积78.39km^2，极大值2 070×10^{-6}。

(4)德化上姚—安溪潘田地区。异常带呈近北东向带状分布，主要Pb、Zn异常有德化阳山，Pb异常面积65.9km^2，极大值276×10^{-6}，Zn异常面积84.4km^2，极大值893×10^{-6}；漳平洛阳，Pb异常面积36.2km^2，极大值346×10^{-6}，Zn异常面积38.88km^2，极大值471×10^{-6}；安溪潘田，Pb异常面积90.3km^2，极大值1 900×10^{-6}，Zn异常面积107.1km^2，极大值465×10^{-6}等。

(5)安溪阳地—长泰钟魏地区。异常带呈近南北向带状分布，主要Pb、Zn异常有安溪阳地，Pb异常面积119.4km^2，极大值570.0×10^{-6}，Zn异常面积133.3km^2，极大值446.0×10^{-6}；长泰钟魏，Pb异常面积84.2km^2，极大值187.0×10^{-6}，Zn异常面积73.26km^2，极大值374.0×10^{-6}等。

(6)寿宁斜滩—周宁桐岔地区。异常带呈近南北向带状分布，主要Pb、Zn异常有寿宁斜滩，Pb异常面积152.3km^2，极大值216.0×10^{-6}，Zn异常面积72.6km^2，极大值236.0×10^{-6}；周宁桐岔，Pb异常面积85.99km^2，极大值2 210.0×10^{-6}，Zn异常面积43.34km^2，极大值970.0×10^{-6}；柘荣黄柏，Pb异常面积129.9km^2，极大值248.0×10^{-6}，Zn异常108.7km^2，极大值300.0×10^{-6}等。

3. 银元素

银元素高背景分布主要与火山岩、燕山期侵入岩及变质岩有关。银元素分布以政和-大埔断裂为界，东高西低。闽西北隆起带中，高背景分布于浦城—建阳—泰宁，其两侧的崇安—邵武—宁化为低背景带；崇安—光泽以北中生代火山岩区也显示为大于0.05×10^{-6}浓度的高背景区。闽西南凹陷带中，高背景主要分布于三明、大田、龙岩、上杭，而低背景则呈北东向分布于清流—武平一带。闽东火山断坳带中，高背景主要分布于3个区：北部福鼎-福安中生代火山岩区、中部莆田-德化东西向构造岩浆带和南部南靖-云霄火山岩区，而平和以西破火山口组合体则显示大于0.1×10^{-6}浓度的高背景。其高背景区形成银地球化学异常区(带)分布主要与火山岩、燕山期侵入岩及变质岩有关，并受断裂构造控制。异常区(带)主要分布以下几个地区：

(1)武夷山—建宁地区。处于闽西北加里东隆起区西北部，崇安—石城北东向深大断裂带北段。以银为主地球化学异常断续呈北东向展布。区内已知有武夷山山口银矿床。分布的重点异常有建宁椒坑、武夷山大安、光泽诸田岗、邵武金坑以及建宁杉溪等。Ag异常面积一般50～60km^2，平均含量(280～674)×10^{-9}，极大值(580～3 920)×10^{-9}。

(2)浦城古楼—建瓯地区。处于闽西北加里东隆起区中部，区域化探异常带呈近南北向展布。已知有建阳黄地、建阳水吉、建阳际面、建阳三宝山、武夷山市龙井坑、浦城银场、浦城畲源等多处银矿床(点)。分布的重点异常有松溪半岭、建阳黄地、建阳水吉、政和夏山、建瓯小坑等。Ag异常面积一般50～95km^2，平均含量(357～969)×10^{-9}，极大值(470～3 680)×10^{-9}。

(3)建阳大金山—宁化行洛坑地区。处于闽西北加里东隆起带南侧，区域化探异常带呈北东向展布。已知有将乐万安、将乐南排山、将乐际下等银矿点。重点异常有顺昌仁寿、顺昌黄梓、大金山、将乐新路口、将乐龙栖山等。Ag异常面积一般54～188km^2，平均含量(275～545)×10^{-9}，极大值(1 100～4 500)×10^{-9}。

(4)政和—周宁—寿宁地区。处于闽东燕山期陆内造山带北部，寿宁-华安火山基底隆起带北段西侧，为长期活动的构造岩浆活动带，属中生代大陆火山沉积建造，北西向的浦城-宁德断裂带通过成矿带南部，晚侏罗世—早白垩世火山岩大规模喷发，其中中酸性碎斑熔岩呈带状分布，火山构造发育。区内已知有政和香炉坪、政和锦屏、政和西岩、柘荣英山、周宁芹溪、屏南罗厝、寿宁外楼、寿宁伏际等多处银矿床(点)，是福建省重要银成矿区。分布的重点异常有政和锦屏、寿宁大安、柘荣英山、周宁芹溪等，Ag异常面积62～84km^2，平均含量(545～1 117)×10^{-9}，极大值(2 000～5 200)×10^{-9}。

(5)永安—大田地区。处于闽西南加里东期—印支期陆内叠合造山带东侧，区域化探异常带呈近北东东向展布。已知分布有永安溪柄、大田龙山崎、大田旺建、大田下地、尤溪龙门场、大田三角园等银矿床点。分布的重点异常有：大田雄峰、大田银顶格、大田龙凤场、永安溪柄、永安洪田等，Ag 异常面积一般 46～134km²，平均含量(395～1 775.238)×10^{-9}，极大值(890.0～33 700.0)×10^{-9}。

(6)连城庙前—安溪潘田地区。处于闽西南加里东期—印支期陆内叠合造山带东南侧，区域化探异常带呈近东西向展布，已知有连城坪上银矿点。分布的重点异常有：连城珠地、连城坪上、连城营溪、漳平洛阳、安溪潘田、龙岩老虎洞尖、龙岩赤坑、龙岩马坑等，Ag 异常面积一般 30～117km²，平均含量(397～1 742)×10^{-9}，极大值(960～11 700)×10^{-9}。

(7)平和双峰—云霄陈岱地区。处于上杭-云霄铜金钼多金属成矿带南段，区域化探异常带呈近北西向展布。区内已知有平和大望山银矿。分布的重点异常有：平和大望山、平和黄帝殿、云肖常山等，Ag 异常面积一般 62～134km²，平均含量(268～529)×10^{-9}，极大值(950～1 800)×10^{-9}。

(8)福清凤迹—永春杏田地区。处于闽东燕山期陆内造山带中部，以大面积分布上侏罗统火山岩、火山碎屑岩为特征，成矿主要与燕山期火山-侵入作用有关，伴有一定量同期中酸性侵入岩。铅、锌、银主要产于上侏罗统—下白垩统火山岩、火山碎屑岩中，矿化受区域性构造和火山构造复合控制。已知有莆田银坑、莆田乌寨尖、福清下溪底、仙游修园等多处银矿床点分布。分布的重点异常有：仙游新厝、莆田泗洋、莆田银坑等，Ag 异常面积一般 31～72km²，平均含量(318～355)×10^{-9}，极大值(870～1 320)×10^{-9}。

上述分布的地球化学异常区，已知有众多矿床点分布，随着近年工作程度不断加深，断续有新的矿床被发现，圈定的众多乙类以银为主的地球化学异常具有较好的找矿潜力。

2 金元素

金元素高背景分布主要与区域性断裂带、韧性剪切带及基底麻源岩群变质岩有关。闽西北隆起带中，高背景在政和、建阳、太宁、建宁地区呈北东东向断续分布金地球化学高背景；闽西南凹陷带高背景集中分布在上杭、长汀、龙岩一带的上杭紫金山及外围地区；闽东断坳带中，在北东向火山基底凹陷带与北西向断裂复合部位均显示为较高的高背景分布，分布主要集中在德化、大田、永泰地区以及沿海地区的福州、漳州、莆田、泉州等地的新构造运动的断裂构造及温泉分布处均显示范围较大的高背景区。

金异常分布主要与区域性断裂带、韧性剪切带及基底麻源岩群变质岩有关。闽西北隆起带中的政和、建阳、太宁、建宁地区呈北东东向断续分布金地球化学异常带；闽西南凹陷带中的上杭、长汀、龙岩一带的上杭紫金山及外围地区异常带；闽东断坳带中，在北东向火山基底凹陷带与北西向断裂复合部位均显示为较大规模分布的地球化学异常带，集中分布德化、大田、永泰地区。总体金异常福建省分布较零散，但较大规模异常又相对集中在几个大的金成矿区内。包括建瓯东游—建宁椒坑，闽中地区的德化、尤溪、永泰三县交界的中仙以及上杭紫金山及外围地区等。

(1)建瓯东游—建宁椒坑地区。位于华南加里东褶皱系东部，闽北隆起带浦城-顺昌隆起中部、北东向崇安-石城断裂带东侧，元古界变质岩系。Au 异常呈北东东向成带集中分布，分布面积极为广泛，其间分布有何宝山、太阳山、王母山、东游、白仁岩等多处金矿床点。区域化探 Au 异常集中成带分布，由西向东分布重点异常(异常面积、极大值)有：建宁衫溪异常(异常面积 49.45km²，极大值 154×10^{-9})、建宁椒坑异常(异常面积 74.38km²，极大值 232×10^{-9})、建宁黄埠异常(异常面积 64.78km²，极大值 123×10^{-9})、邵武金坑异常(异常面积 48.93km²，极大值 273×10^{-9})、泰宁下地异常(异常面积70.6km²，极大值 368×10^{-9})、泰宁何宝山异常(异常面积 73.4km²，极大值736.0×10^{-9})、邵武大埠岗异常(异常面积 73.03km²，极大值 424.0×10^{-9})、建阳书坊异常(异常面积 90.19km²，极大值 204×10^{-9})、建瓯岭源异常(异常面积 70.1km²，极大值 315×10^{-9})等。

(2)德化中仙地区。位于德化、尤溪及永泰三县交界的中仙一带，是福建省重要金成矿区，处于闽东成矿带大片火山岩分布区中局部出露的老变质岩分布区，已知有肖坂等多处金矿床点。区域化探 Au 异常集中成片分布，主要有尤溪东华异常(异常面积 50.2km²，极大值 49.4×10^{-9})、德化石头坂异常(147.81km²，190.0×10^{-9})、尤溪吉安异常(48.87km²，86.2×10^{-9})、德化仙洋异常(50.17km²，40.6×10^{-9})等。

(3)上杭紫金山及外围地区。位于明溪-上杭凹陷带与上杭-云霄北西向构造岩浆断裂带交会部位，北西向上杭白垩纪断陷盆地东北侧边缘，北东向宣和复式背斜西南倾伏端。区内已知有上杭紫金山大型金铜矿床。区域化探 Au 异常集中成片分布，主要有上杭紫金山(异常面积 68.97km^2，极大值636×10^{-9})、长汀淇山(66.64km^2，120×10^{-9})、上杭东堡(70.12km^2，39.5×10^{-9})等。除上述地区外，其他地区有零散 Au 地球化学异常分布。

4. 钼元素

钼元素高背景分布与中生代构造岩浆岩带有关。以政和-大埔断裂带为界，东高西低。闽西北隆起带大部分地区为低背景区，只显示 3 条浓度大于 2×10^{-6}的高背景带：政和-南平北东向高背景带和浦城-南平、光泽-邵武南北向高背景带。闽西南凹陷带内，除在南部的连城-上杭北东向隆起带分布大于浓度 2×10^{-6}高背景带外，其他地区均为小于浓度 2×10^{-6}的低背景带。闽东火山断坳带基本为浓度大于 2×10^{-6}的高背景，其中南部德化—云霄地区还成片分布。

在较大规模分布的高背景区带中，发育 Mo 地球化学异常，其分布与中生代构造岩浆岩带有关，主要分布以下几个地区：

(1)武夷山—将乐地区。处于闽西北加里东隆起带西侧，区域化探异常带呈近南北向展布。区内已知有邵武观音山钼矿点。分布的重点 Mo 异常有：周远山、武夷山龙渡、沙县夏茂、邵武大埠岗、将乐新路口等。Mo 异常面积 73～155km^2，平均含量(2.79～5.04)×10^{-6}，极大值(5.5～19.0)×10^{-6}。

(2)浦城—建阳地区。处于闽西北加里东隆起带东侧，区域化探异常带呈近南北向展布。分布有浦城九里、浦城苦竹元、武夷山市上西坑、松溪大林坑、浦城上厂、建阳井后、建瓯安国寺等多处钼矿床(点)。分布的重点异常有：浦城九牧、浦城洪山、武夷山龙井坑、松溪郑墩、浦城上厂等。Mo 异常面积 38～42km^2，平均含量(2.82～6.34)×10^{-6}，极大值(6.4～18.9)×10^{-6}。

(3)建瓯—尤溪地区。处于闽西北加里东隆起带东南侧，区域化探异常带呈北东向展布，分布有建瓯罗山、古田西朝、南平巨口、尤溪卓坑等多处钼矿床(点)。重点 Mo 异常有：建阳井后、建瓯上房、南平下清风古田西朝、南平巨口、尤溪卓坑、尤溪南山、南平枣兒、尤溪洋坡等。Mo 异常面积 59～141km^2，平均含量(3.63～6.34)×10^{-6}，极大值(11.1～25.0)×10^{-6}。

(4)闽侯—闽清地区。处于闽东燕山期陆内造山带中部，区域化探异常带呈北东向展布，分布有闽侯赤坪里、闽侯大池、闽侯广坪、闽清斜湾等多处钼矿床(点)。分布的重点 Mo 异常有：闽侯延坪、古田银场、闽清下洋尾等，Mo 异常面积 38～74km^2，平均含量(3.63～6.34)×10^{-6}，极大值(9.6～17.5)×10^{-6}。

(5)赤路及外围地区。处于闽东燕山期陆内造山带北部。分布有福安赤路、周宁东山、周宁仙岭尾、周宁咸格、周宁紫云、周宁吴山底等多处钼矿床(点)。分布的重点 Mo 异常有：周宁吴山底，Mo 异常面积 65.21km^2，平均含量 6.48×10^{-6}，极大值 28.0×10^{-6}；福安赤路，Mo 异常面积 58.66km^2，平均含量 15.21×10^{-6}，极大值 73.0×10^{-6}等。

(6)大田—漳平地区。处于闽西南加里东期—印支期陆内叠合造山带西北部，区域化探异常带呈北东向展布。分布有漳平北坑场钼矿床。分布的重点 Mo 异常有：永安溪柄、漳平北坑场、漳平新炉、大田银顶格等。其中 Mo 异常面积可达 50～160km^2，一般含量(5～10)×10^{-6}；极大值：永安溪柄 78.0×10^{-6}；漳平北坑场含量为 19.9×10^{-6}；银顶格含量为 74×10^{-6}。

(7)连城—上杭地区。处于闽西南加里东期—印支期陆内叠合造山带，区域化探异常带呈近北东向展布。已知有连城姑田、上杭上王、上杭翁基、上杭仙师岩等多处钼矿床(点)。分布的重点 Mo 异常有：永安东坎仔、连城张地、连城营溪、连城庙前、上杭华家、上杭太山头、上杭紫金山等。其中 Mo 异常面积 27～167km^2，平均含量(3.8～8.0)×10^{-6}，极大值(10.0～33.2)×10^{-6}。

(8)龙岩马坑—安溪潘田地区。处于闽西南加里东期—印支期陆内叠合造山带，区域化探异常带呈近北东东向展布。已知有龙岩马坑钼矿。分布的重点 Mo 异常有：龙岩老虎洞尖、龙岩赤坑、龙岩东宝山、龙岩马坑、安溪潘田、漳平洛阳等。其中 Mo 异常面积 49～77km^2，平均含量(4.93～19.8)×10^{-6}，极大值(8.6～128.0)×10^{-6}。

(9)永定—云肖地区。处于上杭-云霄铜金钼多金属成矿带中、南段，呈近北西向展布。已知有上杭岗背、永定山口、南靖南坑、平和黄帝殿、平和铜钟坑、平和锦溪、平和下际、平和福里石等多处钼矿床(点)。重点Mo异常有：上杭庐丰、永定藩坑、永定五指岽、永定三坝、永定黄竹烟、南靖白楼、平和锦溪、平和黄帝殿、漳浦水尾、诏安龙伞岽、平和白严山、云肖常山等。其中Mo异常面积30～167km²，平均含量(5.28～10.04)×10^{-6}，极大值(11.0～46.0)×10^{-6}。

(10)永泰—南安地区。处于闽东燕山期陆内造山带中部，区域化探异常带呈北东向展布。分布有永泰黎壁坑、仙游砺山、泉州大林山、南安池子头、南安蔡西等多处钼矿床点。重点Mo异常有：永泰银场菁田、常太、仙游下村、度宅、永春五里街、南安山溪、仙游芹坑、南安英都等。其中Mo异常面积48～114km²，平均含量(4.56～10.04)×10^{-6}，极大值(11.2～26.2)×10^{-6}。

6. 钨元素

钨元素地球化学高背景主要分布于闽东成矿区南部以及闽西南、闽西北成矿区局部地区。闽西北地区主要分布在武夷山—将乐万安—清流行洛坑地区，是闽西北钨锡成矿区及重要地球化学异常分布区，区内已见较大规模的钨矿化；闽西南地区主要分布长汀—龙岩马坑—华安洋竹径地区以及大田地区，区内分布有较大规模的钨为主的地球化学异常，已发现多处钨矿床，其高背景主要反映钨的矿化集中分布区。区域背景总体分布呈北低南高趋势，异常主要分布于以下几个地区：

(1)武夷山—宁化地区。呈近南北向与北东向交会成带状分布于武夷山龙渡(异常面积137.73km²，极大值106×10^{-6})、邵武周远山、邵武大埠岗、邵武黎舍(异常面积63.4km²，极大值274×10^{-6})、将乐新路口(异常面积33.4km²，极大值274×10^{-6})、清流行洛坑(异常面积114km²，极大值454×10^{-6})、明溪九内(异常面积67.56km²，极大值793×10^{-6})等地区。区内在行洛坑发现大型斑岩型钨矿床以及多处小型钨矿床点。该地区钨资源量占福建省97%。

(2)武平—华安地区。沿上杭-云霄近北西向分布有连城庙前、龙岩老虎洞尖(异常面积47.07km²，极大值99.3×10^{-6})，龙岩中甲(异常面积59.35km²，极大值111×10^{-6})，龙岩东宝山(异常面积66.58km²，极大值1 070×10^{-6})，华安洋竹径(异常面积79.56km²，极大值565×10^{-6})等。其中龙岩东宝山异常规模排序在福建省250个W单元素异常中排名第1位，显示该区钨的矿化规模及其找矿潜力。

(3)建瓯上房地区。分布有建瓯上房(异常面积89.15km²，极大值77.5×10^{-6})、古田西朝(异常面积102.47km²，极大值51.0×10^{-6})等地球化学异常带。根据区域化探异常开展的建瓯上房地区化探异常查证中，已发现了可达中、大型钨矿床，为福建省钨矿找矿类型方面有了很大突破。

(4)大田—漳平地区。分布有大田银顶格(异常面积165.91km²，极大值236×10^{-6})、漳平北坑场(异常面积90.63km²，极大值33.1×10^{-6})、漳平新炉(异常面积56.96km²，极大值84.0×10^{-6})，区内已发现钨矿床点，并在根据区域化探异常开展的漳平北坑场地区化探异常查证中已发现了可达大型矿化规模的钼矿床。

7. 锡元素

锡元素的分布与中生代构造岩浆带及石炭系—二叠系灰岩交代的面型矽卡岩带有关。闽西北隆起区中，大于8.5×10^{-6}浓度的高背景主要分布在两个燕山期花岗岩带上：邵武-将乐南北向带和明溪-清流北东向带。闽西南凹陷带中，大于8.5×10^{-6}浓度的高背景主要分布在龙岩、上杭花岗岩分布区。闽东火山凹陷带中，大于8.5×10^{-6}浓度的高背景分布于罗源-云霄北东向带、永春-德化南北向带和云霄及以西地区，且云霄及以西地区的浓度大于10×10^{-6}，并延至粤东。锡元素的分布与中生代构造岩浆带及石炭系—二叠系灰岩交代的面型矽卡岩带有关，异常主要分布于以下地区。

(1)武夷山龙渡—将乐万安地区。处于闽西北加里东隆起带西侧，呈近南北向带状展布，已知分布有将乐泰村锡矿。分布的重点Sn异常有：武夷山分水关、武夷山龙渡、邵武周远山、光泽诸田岗、邵武大埠岗、将乐新路口等。Sn 异常面积一般为 55～179km^2，平均含量(16.9～53.62)×10^{-6}，极大值(28～218)×10^{-6}。

(2)宁化松岭—明溪东坑地区。处于闽西南加里东期—印支期陆内叠合造山带北部，区内已知有宁化下伊、宁化龙头、宁化食竹窝、宁化水口里、宁化松树断、宁化乌竹管、明溪东坑等锡矿床点。分布的重点 Sn 异常有：宁化铜坑里、明溪九内宁化行洛坑等。Sn 异常面积一般为 70～75km^2，平均含量(19.49～788.68)×10^{-6}，极大值(150～2 250)×10^{-6}。

(3)长汀濯田地区。处于闽西南加里东期—印支期陆内叠合造山带北部西侧，区内已发现长汀黄田热液型钨矿点长汀下东坑热液型锡矿点长汀潭和长汀中浦坑热液型钨矿点。分布的重点 Sn 异常有：长汀濯田等。Sn 异常面积一般为 78～128km^2，平均含量(31.5～43.3)×10^{-6}，极大值(70.7～150)×10^{-6}。

(4)连城庙前—龙岩中甲地区。处于闽西南加里东期—印支期陆内叠合造山带东南侧，区域化探异常带呈近东西向展布，龙岩中甲、龙岩杨梅坪、漳平雷仔林等锡矿。分布的重点 Sn 异常有：连城庙前、龙岩老虎洞尖、龙岩赤坑、龙岩马坑等。Sn 异常面积一般为 22～130km^2，平均含量(64～121)×10^{-6}，极大值(215～380)×10^{-6}。

(5)永定鹞子崇—云霄孙坑地区。处于上杭-云霄铜金钼多金属成矿带南段，区域化探异常带呈近北西向展布。已知有永定鹞子崇、云霄孙坑、平和石砌路、平和浦时地、平和鲫鱼崇、平和下龙子、云霄东圩、云霄大坑、云霄孙坑等多处锡矿点。

(二)组合异常特征

根据预测矿种、预测类型编制了不同元素组合的异常图。

1. Au-Ag-As-Sb 组合异常

根据福建省与金矿相关的地球化学异常元素组合特征，编制全省 Au-Ag-As-Sb 组合异常图。福建金矿主要预测类型有：陆相火山岩型、变质碎屑岩中热液型和陆相火山热液型等，不同类型金矿在元素组合特征上各类未有大区别，但各异常区反映不一，个别为单金异常反映，多数异常元素组合较为复杂，并以 Au-Ag-As-Sb 组合为主，反映金成矿的复杂性，同时也反映了不同围岩条件下的元素异常组合特征。以金为主的 Au-Ag-As-Sb 组合异常分布在深大断裂的交会地区，主要分布在邵武金坑—建宁，泰宁地区，政和地区，尤溪中仙地区，德化安村、葛坑、杨梅以及上杭紫金山地区，此外，局部中酸性岩分布区，它们作为伴生元素异常相互叠加。在沿海新生代活动区的福州、泉州、漳州等地亦分布较大规模的金异常，与新生代成矿作用有关。

2. Pb-Zn-Ag-Cd 组合异常

根据福建省与铅锌矿以及银矿相关的地球化学异常元素组合特征，编制了福建省 Pb-Zn-Ag-Cd 组合异常图。主要反映了铅锌的预测类型包括热液脉型、矽卡岩型以及沉积变质-热液改造型，同时其异常组合也反映以银为主的热液型、火山-次火山岩型、矽卡岩型银多金属矿异常组合特征。该类组合异常主要分布于闽东火山岩区的寿宁-华安基底隆起带、闽西北光泽—崇安—浦城一带以及闽西南地区燕山期花岗岩分布区的局部地段。上述不同矿种不同预测类型元素组合较相近，只是主成矿元素不同，异常含量之间可能有一定区别。

3. Cu-Mo-Au 组合异常

根据福建省与斑岩型铜矿相关的地球化学异常元素组合特征，编制了福建省 Cu-Mo-Au 组合异常图。以 Cu-Mo-Au 为主的组合异常分布于东南沿海火山活动带的西部，闽西南凹陷带之胡坊-永定隆起带上，处于紫金山金铜成矿区的北东缘，岩浆活动强烈，大规模出露不同时期侵入岩体，并以中—中酸性侵入岩为主，其组合明显具斑岩型铜矿主要元素组合特征，尤其是 Cu-Mo 组合，是斑岩型铜矿元素特征组合的一个地球化学预测要素，同时其含量、规模均具主成矿元素特征。

4 W-Sn-Mo-Bi 组合异常

根据福建省与钨、锡、钼矿相关的地球化学异常元素组合特征，编制福建省 W-Sn-Mo-Bi 组合异常图。组合异常主要分布于福建崇安、明溪、漳平以西地区，以及邵武—将乐南口—宁化和连城河田—武平贵坑岩浆岩区等地区。异常较好地反映了不同矿种以及不同预测类型元素组合特征。其反映的矿种及主要预测类型包括斑岩型钨、钼矿，石英脉型钨钼矿，热液型钼矿以及伟晶岩型、石英脉型、云英岩型锡矿等。上述钨、钼、锡矿种及其不同预测类型的元素组合较为相近，只是作为主成矿元素异常在异常规模、异常含量特征方面有所区别。

（三）综合异常划分及评价

福建省重要矿种的综合异常分布特征，根据单矿种评价要求，以下就重要矿种的综合异常特征及分布作简要叙述。

1. 铜综合异常

1）综合异常分布特征

重点成矿区带上以铜为主的综合异常主要有以下几个带的展布。

（1）位于上杭—云霄地区北西向以 Cu、Mo、Au 组合为主的地球化学异常带。该带是福建省与斑岩型铜矿分布最为密切相关的，且分布以 Cu、Mo、Au 为主，伴生 W、Sn、Bi 、As、Sb 等组合元素的地球化学异常集中分布区。包括的主要异常有上杭紫金山（已知矿床）、永定太山头、永定山口（已知矿床）、南靖梅林、平和钟腾（已知矿床）、云霄安吉等。这些区域异常无论在元素组合、异常规模、成矿地质背景等方面均具有很好的寻找斑岩型铜钼矿的化探异常特征。此外，位于连城珠地—姑田地区北东向展布的铜地球化学异常带中的连城太平山、连城姑田等化探综合异常，在元素组合等方面同上述异常具同样寻找斑岩型铜钼矿的化探异常特征。

（2）位于大田上京—太华地区以 Cu、Pb、Zn、Ag 组合为主的地球化学异常带。主要与接触交代型铜多金属矿有关的地球化学异常带。分布于大田上京—太华一带，长近 80km，宽 30km，沿政和-大埔断裂带东侧呈北东向展布，分布面积近 2400km^2。分布 10 余处异常面积为 20～90km^2，为 Cu、Pb、Zn、Ag、W、Sn、Bi、As、Sb 等多元素组合的地球化学异常带。以 Cu、Pb、Zn、Ag 为主的化探异常规模大（大田南坑异常，88km^2），强度高，其中南坑异常 Ag 极大值为 6×10^{-6}，Cu 极大值为 667.5×10^{-6}，Pb 极大值为 $3\,269\times10^{-6}$，Zn 极大值为 $1\,411\times10^{-6}$，单元素异常面积 44～72km^2，反映较强的热液矿化作用，是寻找接触交代型铜多金属矿非常有利地区。

（3）位于浦城管查—建瓯钟山地区以 Cu、Pb、Zn、Ag 组合为主的地球化学异常带。呈近南北向展布，长近 130km，宽 30km，断续分布 10 多处为 Cu、Pb、Zn、Ag、W、Sn、Bi、Au、As、Sb 等多元素组合的地化学异常带，分布有管查、屏峰、铁场、水吉、井后、钟山等铜、铅锌、钼矿床点，异常具明显的构造控矿特征，分布众多的区域地球化学异常，是寻找热液脉型铜多金属矿的有利地区。

（4）位于政和—建瓯东岩地区以 Cu、Pb、Zn、Ag 组合为主的地球化学异常带。呈北东向沿政和-大埔断裂带两侧分布，长近 100km，宽 20～30km，主要有生元坪、八外洋、东岩、下清风等多处以 Cu、Pb、Zn、Ag 组合为主区域地球化学异常。区内已知与沉积变质热液有关的八外洋、东岩等铜、铅锌多金属矿床分布。该类异常主要为 Cu、Pb、Zn、Ag 组合，综合异常规模不大，但区域性 Cu、Zn 异常较发育，可能与矿源层有关。

（5）永春五里街—仙游郊尾地区以 Cu、Mo 为主的地球化学异常带。区域化探异常以 Au、Cu-Au

或 Cu-Mo-Au 为主的地球化学局部异常呈串珠状近东西向分布，长 80km，宽 20km。其异常形态特征主要受中酸性侵入岩（石英闪长岩体）控制。主要有仙游云坑 Au、Ag 异常，仙游榜头 Au、Ag 异常，永春观山 Au、Sb、Bi 异常；以铜为主的区域化探异常有：永春五里街 Au、Cu、Sn、Bi 异常，仙游榜头 Cu、Au、Ag、Sn、Zn 异常，永春美中 Au、Ag 、Cu 异常；以铅锌银为主的区域化探异常有永春东溪 Cu、Pb、Zn、Ag 异常；永春内碧 Cu、Pb、Zn、Ag、Sn、Bi、Mo、W 异常。

(6)古田广洋—宁德樟湾地区以 Cu、Mo 为主的地球化学异常带。位于浦城-宁德北西带东段，异常带呈近东西向分布，长 50km，宽 20km。区内分布多处以 Cu 为主的地球化学局部异常，异常面积 20～60km^2，其异常形态特征主要受中酸性侵入岩（石英闪长岩体）控制。主要有宁德樟湾 Cu、Mo、Au、Ag、Sn、Zn 异常；宁德横坑 Cu、Ag、Pb、Bi 异常；古田上崎坑 Ag、Pb、Zn 异常；古田卓洋 Ag、Pb、Zn 异常；古田茶洋 Ag、Au、Pb、Zn 异常等。

(7)闽东成矿带的钟腾及外围地区 Cu、Mo 为主的地球化学异常带。处于上杭-云霄铜多金属成矿亚带的东段。铜的分布有一明显特征，大片火山岩分布区为低背景分布，花岗闪长岩体分布区形成局部高背景分布，有漳州岩体等。异常元素组合以 Cu-Mo-Au-Bi 为主以及弱的小规模 Pb-Zn-Ag 等元素异常，组合相对简单。主要反映热液脉型铜钼或钼铜矿化以及斑岩铜矿异常特征。区内已发现平和钟腾、南靖黄坑、云霄马山、安吉、常山农场和诏安铜解山等地区以铜、铅锌多金属为主，具一定规模的 1：20 万区域化探异常有多处，局部综合异常面积 30～50km^2，少数面积近百平方千米。

2)综合异常解释评价

以铜为主的地球化学重点综合异常主要集中分布在闽西北成矿区的管查及外围地区；闽西南成矿区的上杭紫金山及外围地区以及闽东成矿带的钟腾及外围地区，不同成矿区分布的异常具不同的地球化学特征。

闽西北成矿区的管查及外围地区以热液脉型铜矿为主。区内铜地球化学呈大范围高背景分布中局部形成带状高含量突起的分布特征。与之对应形成以 Cu-Pb-Zn-Ag-Bi-Sn 为主要元素组合特征的地球化学元素异常。如管查铜矿典型矿床元素组合为 Cu-Pb-Zn-Ag-Sn-As-Sb-Bi。地球化学异常以北东向、南北向带状展布为主，如管查—建阳地区南北向展布的以 Cu-Pb-Zn-Ag-Bi-Sn-W-Mo 为主的地球化常异带，区内分布众多铅锌多金属矿（化）点；建阳大金山—沙县夏地区以 Cu-Pb-Zn-Ag-Bi 为主的地球化学异常带，区内分布铅锌银等矿（化）点等，反映热液成矿受构造控制的特点。

闽西南成矿区的上杭紫金山及外围地区，该区以铜为主的异常分布特征与其他成矿区明显不同。主要反映元素大面积并以低缓高、低背景分布为主，局部形成岛状高突起，这些局部高突起则主要反映高硫浅成低温热液型铜金矿、斑岩型铜矿或接触交代型铅锌多金属矿为主的成矿作用。区内上杭紫金山潜火山热液型（罗卜岭斑岩型）铜矿床主要元素组合为 Cu-Mo-Au-Pb-Zn-W-Ag-Bi-Sn-Cd-As-Sb。形成以 Cu-Au-Mo 以及 Pb-Zn-Ag-As-Sb-Bi 高含量异常为主的地球化学异常分布特征。带内已发现多处具找矿前景的化探综合异常有 10 多处，包括紫金山及外围地区，呈近东西向分布在上杭华家、大山头、桥头坪以及永定黄竹烟一带。局部综合异常面积 50～100km^2。元素组合以 Cu、Mo、Au、Pb、Zn、Ag 为主，多伴生 As、Sb、Bi、Cd 等化学元素。异常具规模大，元素组合复杂，含量高，多数地表已见铜、铅锌多金属矿化。此外紫金山北侧的连城姑田、太平山以及珠地等以 Cu、Mo、Au、Pb、Zn、Ag 为主的地球化学异常发育，已发现铜钼矿化，是与斑岩型铜矿有关的地球化学综合异常。

2. 铅锌综合异常

1)综合异常分布特征

铅锌综合异常主要集中分布于以下几个带：

(1)受一定含矿层位控制为主的 Pb、Zn、Cu、Ag 综合异常带。该类异常主要分布闽中裂谷带，呈北东向分布于建瓯八外洋—政和厦山地区，长近 100km，宽 50km。主要包括政和厦山、湖屯、顺昌山后、尤溪梅仙、建瓯八外洋、建阳水吉等较大规模分布的以 Cu、Pb、Zn、Ag 元素组合为主的区域地球化学综合异常。

(2)受构造带控制的为 Cu、Pb、Zn、Ag 及 Au、W、Sn、Mo、Bi 等综合异常带。主要分布于浦城—政和、浦城—南平、建阳—将乐、上杭—云霄以及光泽地区等主要受构造带控制的异常带，呈带状或串珠状较大规模分布为主要特征。为较复杂的 Cu、Pb、Zn、Ag、Au、W、Sn、Mo、Bi 以及 As、Sb 等多元素组合的特征。该类型的区域化探异常，一般综合异常规模较大，面积在 30～50km^2。并成带展布长达百余千米，反映受断裂构造控制的热液矿化活动特点，主要成矿元素含量高，浓度分带明显，元素组合均较复杂，异常特征较明显。

(3)主要受接触交代控制的 Cu、Pb、Zn、Ag 及 Au、W、Sn、Mo、Bi 等综合异常带。

2)综合异常解释评价

福建省铅锌矿成矿的特定成矿层位，其不同预测类型铅锌矿的产出与特定的层位有较密切的关系。如水吉式沉积变质-热液改造型铅锌矿产要产于中晚元古代老变质地层当中，特别是含钙镁铁硅酸盐岩建造("绿片岩"建造)，矿体呈层状、似层状，且含矿层位在区域上分布较稳定；大排式、珠地式、钟魏式和张硐式矽卡岩型铅锌矿除了与岩浆岩的侵入接触有关外，与含碳酸盐岩建造层位的分布也有较密切的关系；此外，少量出露的陆相火山岩型铅锌矿则与火山喷发形成的火山岩层位的分布有关。

铅锌异常主要集中分布区有：

(1)闽中裂谷铅锌多金属成矿亚带的闽西北成矿区。分布于政和厦山、建阳水吉、建瓯八外洋顺昌山后尤溪梅仙地区。异常以 Pb-Zn-Cu-Ag 组合为主，具一定规模，与(海相火山)沉积-变质改造型铅锌矿、(火山)沉积-改造型有关，是福建省主要铅锌矿成矿类型。区内已发现了受中—晚元古代海相火山沉积-变质地层控制的东岩、枣兜、山后、峰岩、八外洋等铜、铅锌多金属矿。区域化探异常分布与出露的变质基底"天窗"的分布以及与该类矿化有关的矿床点高度吻合。一批大、中、小型矿床就位于"天窗"中的变质岩地层中或周边，异常以 Pb-Zn-Cu-Ag 为主，伴生 W-Mo-Bi-Sn 等元素异常，该类异常与其他类型相比较属中等规模。

(2)闽西南成矿区的大田—龙岩地区。元素组合复杂：Pb-Zn-Cu-W-Au-As-Sb-Ag-Mn-Cd 等，主成矿元素 Pb-Zn-Cu-Ag 含量高，Pb-Zn 含量一般为(300～700)×10^{-6}，Pb 极大值(大田南坑)为3 269×10^{-6}，Zn 极大值为 1 411×10^{-6}，反映为与接触交代型铅锌矿有关的地球化学异常特征。

此外，闽东成矿区铅锌为主的地球化常异常主要反映热液脉型等铅锌矿化，Pb-Zn 含量一般为(200～400)×10^{-6}，组分亦较复杂，并有较强的 Mo-Bi 元素异常。

3. 金综合异常

1)综合异常分布特征

金综合异常对应于成矿区集中三大片区分布，主要有：

(1)闽中地区的德化、尤溪及永泰三县交界的中仙地区。Au 区域地球化学异常集中区分布面积近 900km^2 包括德化安村等多处以 Au 为主的区域化探异常。Au 异常具有含量高(德化安村，极大值 190×10^{-9})，规模大(德化安村，异常面积 118km^2)等特点。除 Au 异常规模大外，Cu、Pb、Zn、Ag、As、Sb 异常也有较大规模分布。

(2)政和—建瓯—建阳书坊地区。Au 区域地球化学异常集中区分布面积近 1 500km^2。包括建瓯岭源 35-Z-8 甲类、建瓯党城 35-Z-7 甲类、建阳书坊 35-Z-4 乙类等多处以 Au 为主的区域化探异常。Au 异常具有含量高(建瓯岭源，极大值 315.2×10^{-9})，规模大，元素组合较复杂等特点。除 Au 异常规模大外，Ag、As、Sb 异常也有较大规模分布。

(3)泰宁县上青—建宁椒坑地区。区域地球化学 Au 异常沿近北东向集中区分布面积达近 2 500km^2。区内分布规模较大的 Au 异常有 10 多处。异常具规模大，含量高，分布成片集中分布等特点。但该区与其他片区相比，元素组合简单，或以单 Au 异常分布为主，尤其建宁椒坑地区，目前该区找矿未有大的突破。

2)综合异常解释评价

金区域化探综合异常主要分两大类：一是变质碎屑岩中热液型金矿化探异常。异常元素组合一般较简单，但规模大，区域异常分布区面积可达百余平方千米。金异常浓集中心明显，浓集中心多见有金矿床(点)分布。该类综合异常集中分布在闽西北基底隆起区的建瓯东游—建宁椒坑一带以及闽中地区的德化、尤溪及永泰三县交界的中仙一带。Au 呈北东东向高背景分布，分布面积极为广泛，其间分布有何宝山、太阳山、王母山、东游、白仁岩等多处金矿床点，对应分布有较大规模的地球化学 Au 异常。而德化、尤溪及永泰三县交界的中仙一带处于闽东成矿带大片火山岩分布区中局部出露的老变质岩分布区中，异常规模大，含量高，区域化探异常极大值达 190×10^{-9}，分布有肖坂等多处金矿床点。二是火山热液型金矿异常。该类金异常主要以共伴生金矿形式形成的区域化探综合异常，主要以局部异常形式存在。如上杭紫金山地区的化探综合异常。

4. 钨综合异常

1)综合异常分布特征

钨综合异常分布主要受岩浆岩(燕山早期黑云母花岗岩等)控制，主要有：

(1)宁化-南平 W、Sn、Mo、Bi 综合异常带。沿宁化—南平近北东向带状分布的以 W 为主的 W、Sn、Mo、Bi 地球化学异常带，异常带长近 100km，宽 10～20km，包括清流行洛坑、北坑、明溪洋坊、九天山、南平夏茂、建瓯上房等多处以 W、Mo 元素为主的局部地球化学异常。其中清流行洛坑、北坑、建瓯上房等为已知钨矿床异常。

(2)浦城-宁德 Mo、W、Sn、Bi 综合异常带。沿浦城—宁德北西带分布 10 多处以 Mo 为主的局部异常面积为 20～70km^2 的地球化学异常带，长近 180km，宽 50km。其中主要异常经查证已发现武夷山坪地、浦城上厂、建阳井后、松溪大林坑、周宁芹溪、福安赤路等多处钼矿床。

(3)古田西朝-漳平北坑场 Mo、W、Sn、Bi 综合异常带。沿政和-大埔断裂带东西两侧近北东向呈带状展布，主要元素组合为 Mo-W-Sn-Bi，其中 Mo 异常带断续分布，长 150km，宽近 30km，主要包括建瓯罗山、古田西朝、古田三保、漳平北坑场等。局部异常面积一般为 20～50km^2，其中古田西朝呈北东向展布的 Mo 异常带($>2.5\times10^{-6}$)长 50km，宽 10km，形成较大规模的区域性异常分布。

2)综合异常解释评价

对应钨成矿区带，以 W 为主的地球化学综合异常带主要分布于福建省西部地区的武夷山龙渡—邵武周远山、邵武大埠岗—将乐新路口、清流行洛坑—明溪九内、龙岩老虎洞尖—龙岩马坑、建瓯上房—古田西朝地区以及东部成矿区的华安洋竹径等地区。高含量异常成区带分布，受岩浆岩(燕山早期黑云母花岗岩等)及断裂构造的双重控制。已知钨矿区域化探异常显示具有复杂的元素组合以及异常规模巨大且集中成区(带)展布。

宁化行洛坑大型斑岩型钨矿，区域化探为 W-Mo-Cu-Pb-Zn-Au-Ag-Bi-Sn-As-Sb-Cd-Mn 异常组合，具复杂得多元素组合特征。异常规模大，含量高。W 极大值 454.0×10^{-6}，异常面积达 114km^2。综合异常面积为 227.59km^2，其 W 的异常规模排序在福建省 250 个 W 单元素异常评序中排名第 3 位，显示大型钨矿床的地球化学异常分布特征，同时显示了矿化规模与异常规模呈正相关关系。建瓯上房钨矿化探综合异常 1∶20 万区域化探显示为 W-Mo-Bi-Sn-Cu-Zn-Ag 异常元素组合，分布面积近 100km^2。元素相互套合，异常略具分带，中北部 Cu-Zn-Ag，主要分布变质岩区；中南部以 W-Mo 为主，主要分布于变质岩与岩体接触带附近。经查证，已发现规模较大的钨矿体分布。

闽西南成矿区的龙岩东宝山区域化探异常，综合异常面积 167.96km^2，异常元素组合有 W-Pb-Zn-Cu-Mo-Au-Bi-Sn-As-Sb-Ag-Mn 等。区内已发现多处钨矿点，W 极大值达 $1\,070.0\times10^{-6}$，异常规模排序在福建省 250 个 W 单元素异常评序中排名第 1 位，显示该区钨的矿化规模及其找矿潜力。同时福建西部地区分布的大规模以 W 为主的多元素组合地球化学异常也显示了作为南岭钨成矿带东部的福建西部地区具很好的钨矿找矿前景。

5. 钼综合异常

1)综合异常分布特征

钼地球化学综合异常带主要分布以下几个地区：

(1)武夷山—将乐地区。处于闽西北加里东隆起带西侧，区域化探异常带呈近南北向展布，主要分布以钼为主的综合异常有 35-Z-2 乙类、35-Z-7 乙类、35-Z-10 乙类、35-Z-15 甲类 4 处。区内已知有邵武观音山钼矿点。

(2)浦城—建阳地区。处于闽西北加里东隆起带东侧，区域化探异常带呈近南北向展布，主要分布以钼为主的综合异常有 35-Z-1 甲类、35-Z-6 甲类、35-Z-4 甲类、35-Z-5 乙类、35-Z-8 甲类、35-Z-9 甲类、35-Z-11 乙类、35-Z-12 乙类 8 处。分布有浦城九里、浦城苦竹元、武夷山上西坑、松溪大林坑、浦城上厂、建阳井后、建瓯安国寺等多处钼矿床点。

(3)建瓯—尤溪地区。处于闽西北加里东隆起带东南侧，区域化探异常带呈北东向展布，主要分布以钼为主的综合异常有 35-Z-13 乙类、35-Z-17 乙类、35-Z-16 甲类、35-Z-20 乙类、35-Z-24 乙类、35-Z-19 乙类、35-Z-26 乙类、35-Z-27 甲类、35-Z-25 乙类、35-Z-32 甲类 10 处。分布有建瓯罗山、古田西朝、南平巨口、尤溪卓坑等多处钼矿床点。

(4)闽侯—闽清地区。处于闽东燕山期陆内造山带中部，区域化探异常带呈北东向展布，主要分布以钼为主的综合异常有 35-Z-29 乙类、35-Z-28 乙类、35-Z-35 甲类、35-Z-34 甲类、35-Z-33 乙类 5 处。分布有闽侯赤坪里、闽侯大池、闽侯广坪、闽清斜湾等多处钼矿床点。

(5)赤路及外围地区。处于闽东燕山期陆内造山带北部，区域化探异常主要分布以钼为主的综合异常有 35-Z-14 甲类、35-Z-18 甲类 2 处。分布有福安赤路、周宁东山、周宁仙岭尾、周宁咸格、周宁紫云、周宁吴山底等多处钼矿床点。

(6)大田—漳平地区。处于闽西南加里东期—印支期陆内叠合造山带西北部，区域化探异常带呈北东向展布，主要分布以钼为主的综合异常有 35-Z-38 乙类、35-Z-40 乙类、35-Z-46 甲类、35-Z-45 乙类 4 处。分布有漳平北坑场钼矿床。

(7)连城—上杭地区。处于闽西南加里东期—印支期陆内叠合造山带，区域化探异常带呈近北东向展布，主要分布以钼为主的综合异常有 35-Z-37 乙类、35-Z-36 甲类、35-Z-44 乙类、35-Z-50 乙类、35-Z-54 甲类、35-Z-53 乙类、35-Z-63 甲类、35-Z-52 甲类 8 处。已知有连城姑田、上杭上王、上杭翁基、上杭仙师岩等多处钼矿床点。

(8)龙岩马坑—安溪潘田。处于闽西南加里东期—印支期陆内叠合造山带，区域化探异常带呈近北东东向展布，主要分布以钼为主的综合异常有 35-Z-55 乙类、35-Z-56 乙类、35-Z-66 甲类、35-Z-64 乙类、35-Z-57 乙类、35-Z-58 乙类 6 处。已知有龙岩马坑钼矿。

(9)上杭—云霄地区。处于上杭-云霄铜金钼多金属成矿带中、南段，区域化探异常带呈近北西向展布，主要分布以钼为主的综合异常有 35-Z-68 甲类、35-Z-69 乙类、35-Z-70 乙类、35-Z-71 甲类、35-Z-72 乙类、35-Z-73 乙类、35-Z-75 甲类、35-Z-77 甲类、35-Z-78 甲类、35-Z-81 甲类、35-Z-80 甲类、35-Z-82 乙类、35-Z-84 乙类 13 处。已知有上杭岗背、永定山口、南靖南坑、平和黄帝殿、平和铜钟坑、平和锦溪、平和下际、平和福里石等多处钼矿床点。

(10)永泰—南安地区。处于闽东燕山期陆内造山带中部，区域化探异常带呈北东向展布，主要分布以钼为主的综合异常有 35-Z-41 甲类、35-Z-49 乙类、35-Z-48 乙类、35-Z-51 甲类、35-Z-59 甲类、35-Z-60 乙类、35-Z-61 乙类、35-Z-62 甲类、35-Z-65 乙类、35-Z-67 甲类、35-Z-74 甲类 11 处。分布有永泰黎壁坑、仙游砺山、泉州大林山、南安池子头、南安蔡西等多处钼矿床点。

2)综合异常解释评价

不同类型以 Mo 为主的化探异常在元素组合、主成矿元素含量、异常分布区域等特征上略有不同。

斑岩型钼矿主要分布在东西向构造带与北东向构造带交会处附近，矿化与燕山晚期浅、超浅成酸性、中酸性斑状地体密切相关。斑岩型钼矿或铜钼矿有闽东地区的福安赤路、漳平北坑场，处于两组断裂的交会地带。福安赤路钼矿典型矿床其元素组合为 Mo-W-Pb-Zn-Bi-Ag-Cd-Cu-Au 等，Mo 异常面积 58.66km^2，极大值 73.0×10^{-6}；漳平北坑场元素组合为 Mo-W-Cu-Pb-Zn-Bi-Sb-Ag-Sn-Mn-Cd，Mo 异常面积 160.96km^2，极大值 19.90×10^{-6}；元素组合以 Mo、W 为主，具较大异常规模，其他元素 Pb、Zn、Cu 等也有一定规模分布。连城—上杭、赤路及外围地区、大田—漳平等地区分布的地球化学异常带可能与上述类型异常有关。

矽卡岩型钼矿与铁铅锌共伴生，分布在武平-仙游东西向构造带与大田-龙岩北东向复式向斜交叉处附近。矿体产于燕山早期花岗岩与上古生界灰岩接触带上及附近。矽卡岩型主要分布于大田—龙岩地区，与铁等矿产共伴生，该类地球化学异常元素组合复杂，形成共伴生矿床，龙岩马坑铁钼矿，元素组合复杂，有 Mo-Cu-Pb-Zn-W-Sn-Au-Bi-As-Sb-Ag-Cd-Mn 等元素组合。Mo 异常面积 77.32km^2，极大值 128.0×10^{-6}，异常面积中等，但异常值高，多形成共伴生矿床。除 Mo 外，Cu、Pb、Zn 等异常规模也相当大。如龙岩马坑—安溪潘田地区地球化学异常带。

岩浆-热液型钼矿，矿体大多产于燕山早期黑云母花岗岩、晚期花岗闪长岩以及南园组、石帽山群火山岩中。分布较广，主要分布于东部地区，形成的元素组合相对简单一些，综合异常元素组合以 W-Mo-Bi-Sn 为主，其他元素异常规模小，多形成单独钼矿床。闽西南地区永定山口钼矿典型矿床为 Mo-Cu-Pb-Zn-Ag-W-As-Bi-Cd-Mn 组合，其中 Mo 为主成矿元素，Mo 异常面积 44.41km^2，极大值 13.8×10^{-6}，其他元素含量不是很高。同样，闽西北武夷山上西坑钼矿典型矿床，其元素组合为 Cu-Pb-Zn-Mo-W-Ag-Bi-As-Cd，其中 Mo 异常面积 54.56km^2，极大值 18.9×10^{-6}，异常规模均不大，反映了该类矿床地球化学综合异常特征。属该类的综合异常带有永泰—南安、上杭—云霄、闽侯—闽清、武夷山—将乐地区、建瓯—尤溪地区等。

可以认为，矽卡岩型 Mo 元素组合复杂，多元素含量高异常规模大；斑岩型 Mo 综合异常相对元素组合及异常规模略小；而岩浆-热液型钼矿综合异常一般元素组合略差且主成矿元素异常规模相对较小，含量不高。

根据典型矿床研究成果以及划分的多处地球化学综合异常带，同时带内套合分布的多处已知矿床点，反映上述地区具有较大的钼矿找矿潜力。

6. 锡综合异常

1)综合异常分布特征

福建省锡地球化学综合异常主要分布于以下地区。

(1)武夷山大安—将乐万安地区。处于闽西北加里东隆起带西侧，区域化探异常带呈近南北向展布，主要分布以锡为主的综合异常有 35-Z-2 乙类、35-Z-3 乙类、35-Z-4 乙类、35-Z-6 甲类 4 处。已知分布有将乐泰村锡矿。

(2)宁化松岭—明溪东坑地区。处于闽西南加里东期—印支期陆内叠合造山带北部，区域化探异常带呈近北东东向展布，主要分布以锡为主的综合异常有 35-Z-10 甲类、35-Z-11 乙类、35-Z-14 乙类、35-Z-12乙类 4 处。区内已知有宁化下伊、宁化龙头、宁化食竹窝、宁化水口里、宁化松树断、宁化乌竹管、明溪东坑等锡矿床点。

(3)三明莘口—永春五里街地区。处于闽西南加里东期—印支期陆内叠合造山带东侧，区域化探异常带呈近北西向展布，主要分布以锡为主的综合异常有 35-Z-11 乙类、35-Z-17 乙类、35-Z-18 乙类、35-Z-21乙类、35-Z-22 乙类、35-Z-23 乙类、35-Z-28 乙类 7 处。

(4)连城庙前—龙岩中甲地区。处于闽西南加里东期—印支期陆内叠合造山带东南侧，区域化探异常带呈近东西向展布，主要分布以锡为主的综合异常有 35-Z-25 乙类、35-Z-30 乙类、35-Z-28 乙类、35-Z-29乙类、35-Z-31 甲类、35-Z-32 乙类 6 处。已知有龙岩中甲龙岩杨梅坪漳平雷仔林等锡矿。

(5)永定鹞子岽—云霄孙坑地区。处于上杭-云霄铜金钼多金属成矿带南段，区域化探异常带呈近北西向展布，主要分布以锡为主的综合异常有35-Z-34乙类、35-Z-35乙类、35-Z-36乙类、35-Z-37乙类、35-Z-38乙类、35-Z-39乙类6处。已知有永定鹞子岽、云霄孙坑、平和石砌路、平和浦时地、平和鲫鱼岽、平和下龙子、云霄东圩、云霄大坑、云霄孙坑等多处锡矿点。

2)综合异常解释评价

闽西北隆起区中的锡主要以石英脉型为主，这种综合异常元素组合复杂，主要包括Sn-Mo-W-Bi、Pb-Zn-Cu-Ag-Cd两组，Sn-Mo-W-Bi反映岩浆热液活动产物，Pb-Zn-Cu-Ag-Cd反映围岩物质的叠加，同时异常形态上形成具一定的分带特征。此外矿化也具一定分带，一般锡钨钼等在内接触带分布，铅锌银等则在外接触带。如宁化松岭石英脉型锡矿(典型矿床)，铅锌矿主要分布于锡矿北东侧的溪源一带，异常也有类似区域性分带特征。同时作为主成矿元素Sn异常反映大规模分布特征，具有很高的含量值。如邵武大埠岗区域化探综合异常，Sn异常面积104km^2，极大值123×10^{-6}；将乐新路口区域化探异常，Sn异常面积179km^2，极大值165×10^{-6}。而其主成矿元素为Sn、W、Pb、Zn、Ag。

闽西南凹陷区，锡主要以云英岩型为主，综合异常同样具有相当复杂的元素组合，除Sn外Mo-W-Pb-Zn-Ag同样具较大异常规模分布，主成矿元素有Sn、W、Mo、Pb、Zn、Ag。

闽东地区，成矿类型以石英脉型为主。以锡为主的综合异常主要分布于闽东南地区，主要成矿元素以Mo、Sn、W为主，元素组合较复杂，异常也具一定规模，主成矿元素Sn、Mo、W、Pb、Zn、Ag相对弱。

综上所述，以及典型矿床研究成果，与锡有关的综合异常，其中作为主成矿元素的Sn具相当大的异常规模，同时多与铅锌、钨钼等形成复杂的套合程度高的多元素组合异常。

7. 银综合异常

1)综合异常分布特征

银地球化学综合异常带主要分布于以下几个地区：

(1)武夷山—建宁地区。处于闽西北加里东隆起区西北部，崇安-石城北东向深大断裂带北段。以银为主的地球化学综合异常断续呈北东向展布。分布有35-Z-2甲类、35-Z-1乙类、35-Z-7乙类、35-Z-13乙类、35-Z-19乙类5处化探异常。区内已知有武夷山山口银矿床。

(2)浦城古楼—建瓯地区。处于闽西北加里东隆起区中部，区域化探异常带呈近南北向展布，主要分布以银为主的综合异常有35-Z-3乙类、35-Z-6乙类、35-Z-8甲类、35-Z-15乙类、35-Z-23乙类、35-Z-22乙类6处化探异常。已知有建阳黄地、建阳水吉、建阳际面、建阳三宝山、武夷山市龙井坑、浦城银场、浦城畲源等多处银矿点。

(3)建阳大金山—宁化行洛坑地区。处于闽西北加里东隆起带南侧，区域化探异常带呈北东向展布，主要分布以银为主的综合异常有35-Z-14甲类、35-Z-21乙类、35-Z-20甲类、35-Z-31乙类、35-Z-34乙类5处。已知有将乐万安、将乐南排山、将乐际下等银矿点。

(4)政和—周宁—寿宁地区。处于闽东燕山期陆内造山带北部，寿宁-华安火山基底隆起带北段西侧，为长期活动的构造岩浆活动带，属中生代大陆火山沉积建造，北西向的浦城-宁德断裂带通过成矿带南部。晚侏罗世—早白垩世火山岩大规模喷发，其中中酸性碎斑熔岩呈带状分布，火山构造发育。区域化探异常主要分布以银为主的综合异常呈近环状分布于政和县—周宁—寿宁等地区，主要有35-Z-9甲类、35-Z-10甲类、35-Z-16乙类、35-Z-24乙类、35-Z-25甲类、35-Z-26乙类、35-Z-27乙类、35-Z-17甲类、35-Z-12乙类、35-Z-11乙类、35-Z-28乙类11处化探异常。区内已知有政和香炉坪、政和锦屏、政和西岩、柘荣東山、周宁芹溪、屏南罗厝、寿宁外楼、寿宁伏际等多处银矿床点，是福建省重要银成矿区。

(5)永安—大田地区。处于闽西南加里东期—印支期陆内叠合造山带东侧，区域化探异常带呈近北东东向展布，主要分布以银为主的综合异常有35-Z-40乙类、35-Z-41乙类、35-Z-43甲类、35-Z-42甲类、35-Z-44乙类、35-Z-45甲类、35-Z-49甲类7处。已知分布有永安溪柄、大田龙山崎、大田旺建、大田下地、尤溪龙门场、大田三角园等银矿床点。

(6)连城庙前—安溪潘田地区。处于闽西南加里东期—印支期陆内叠合造山带东南侧，区域化探异常带呈近东西向展布，主要分布以银为主的综合异常有35-Z-47乙类、35-Z-48乙类、35-Z-54甲类、35-Z-56乙类、35-Z-57乙类、35-Z-62乙类、35-Z-58乙类、35-Z-59乙类、35-Z-60乙类9处。已知有连城坪上银矿点。

(7)平和双峰—云霄陈岱地区。处于上杭-云霄铜金钼多金属成矿带南段，区域化探异常带呈近北西向展布，主要分布以银为主的综合异常有35-Z-68乙类、35-Z-67甲类、35-Z-65乙类3处。区内已知有平和大望山银矿。

(8)福清凤迹—永春杏田地区。处于闽东燕山期陆内造山带中部，以大面积分布上侏罗统火山岩、火山碎屑岩为特征，成矿主要与燕山期火山-侵入作用有关，伴有一定量同期中酸性侵入岩。铅、锌、银主要产于上侏罗统—下白垩统火山岩、火山碎屑岩中，矿化受区域性构造和火山构造复合控制。区域化探异常带呈近东西向展布，主要分布以银为主的综合异常有35-Z-52乙类、35-Z-53乙类、35-Z-51乙类、35-Z-50乙类、35-Z-61乙类5处。已知有莆田银坑、莆田乌寨尖、福清下溪底、仙游修园等多处银矿床点分布。

2)综合异常解释评价

以银为主的重点地球化学综合异常集中分布于以下几个地区：

(1)闽东北部地区的寿宁、周宁、福安一带。区内广泛出露上侏罗统南园组，以及下白垩统石帽山群黄坑组等火山岩地层，并见前震旦系基底“天窗”出露。侵入岩主要有早白垩世酸性岩体。区内断裂构造发育，主要有北东向、北西向及近南北向断裂分布。区内矿(化)点以银多金属为主。同时区内以银为主的地球化学异常发育，异常面积大，并成带状展布，综合异常以Ag为主、Pb、Zn相对弱，为单银矿异常特征，是寻找火山-次火山热液型银矿的有利地区。

(2)闽东中部地区的福清、莆田一带。处于闽东火山断陷带中段东侧，区内大面积出露侏罗系南园群及石帽山群火山岩，晚侏罗世酸性侵入岩及早白垩世中酸性岩体发育，北东及北西向断裂构造发育，分布有福清下溪底、莆田银坑、乌寨尖银铅锌矿床点。综合异常以Ag-Pb-Zn为主，Ag-Pb-Zn异常均较强，异常规模较大，异常集中成带展布，反映铅锌银矿化特征。成矿作用主要与火山-次火山活动有关。

(3)光泽—武夷山地区。区内主要出露地层有上元古界万全岩群，上侏罗统火山岩产出，沿崇安-石城断裂带分布；以北东向、北北东向断裂为主；加里东期变质交代型混合花岗岩、白云母花岗岩发育、燕山期黑云母花岗岩呈岩基产出。区内发育较大规模以Pb-Zn-Ag-Sn为主的地球化学综合异常带，集中呈北东向分布于光泽—建宁地区、建阳大金山—将乐新路口地区以及南北向展布的浦城—建阳地区等。Ag主要与Pb、Zn、Sn共伴生，均为主成矿元素，异常元素组合复杂。

(5)上杭—龙岩地区。位于清流—武平晚古生代凹陷带南段，出露地层以上泥盆统—中三叠统为主，基底地层为中元古界桃溪岩组，其次为震旦系砂泥质-硅质岩系，上叠式盆地沿北东向、北西向两个断裂带分布，构造以广泛发育北东向褶皱及北东、北西向断裂、断陷为特征，中生代侵入岩及火山岩广布。综合异常集中分布于大田—龙岩、连城林坊—上杭等地区。区内分布较大规模以Cu-Mo-Pb-Zn-Ag-W为主的多元素组合异常。

从上述异常特征、典型矿床研究成果分析可知，不同地区、不同类型银矿地球化学综合异常具有不同的异常特征，主要包括元素组合、综合异常分布、几种主要成矿元素的异常规模间的相对强弱等。

(四)地球化学解释推断地质构造

1. 断裂构造的推断

与成矿作用有关的断裂构造，控制了地球化学异常的发育及矿床的分布，并在区域上形成一定的地球化学元素含量的空间分布特征。

1）重要断裂构造

主要指构造活动最强烈，影响深度大、对不同地史阶段的沉积作用和岩浆活动具有明显的控制作用，从而将福建省内的区域构造切割为不同构造单元的断裂构造带，一般为一级构造。下面对主要断裂构造特征进行描述。

（1）政和-大埔断裂带（F_8）。分布于政和、南平东、尤溪、大田、漳平、龙岩东一带，西南与广东莲花山断裂带相接，属丽水-海丰深断裂带的一部分，长约390km，宽20km左右，总体走向NE30°～35°，由一系列平行分布倾向南东的陡倾角断裂组成。为闽东燕山断坳带与闽西北隆起带及闽西南凹陷带的分区界线。断裂带明显控制着震旦纪细碧-角斑岩建造、早古生代和晚古生代的沉积中心、晚侏罗世火山喷发带、加里东期变质带及印支期浅变质带的分布，使断裂两侧的地层沉积有较大的差异，并有海西期—印支期和燕山期花岗岩大规模侵入，断裂带标志明显，大断裂成束出现，单条断裂延伸长可达百余千米，多为高角度压性冲断裂，其中挤压片理、构造透镜体、糜棱岩化带、劈理化带十分发育，断裂旁侧的岩层揉皱强烈，该断裂带北段，政和长城等地有超基性岩出露，说明断裂切割较深。

政和-大埔深大断裂带在地球化学图上反映以Co、Cr、Ni、Ti等化学元素区域性背景分布，以政和-大埔深大断裂带为界明显形成福建东部及西部两大不同区块为特征，较清晰地反映了闽东燕山断坳带与闽西北隆起带及闽西南凹陷带的分区界线。

（2）仙游-上杭断裂带（F_{18}）。呈近东西向分布于漳平、永春、仙游一带。走向东西，以南倾为主，倾角多在70°以上，长250km，宽5～2km，由一系列冲断裂、褶皱、基底隆起带和侵入岩体组成。

该带形成较明显的Cu、Pb、Zn、Au、Ag元素异常，呈串珠状展布，其中由西至东贯穿整个福建省。分布有上杭紫金山、上杭华家、上杭太山头、龙岩黄土安、雁石、漳平洛阳、安溪潘田、安溪福安、永春五里街、永春县、仙游内碧、仙游县等10多处以Cu、Mo、Au、Pb、Zn为主的区域化探综合异常。综合异常面积分布15～50km²，并以5～25km间隔，沿近东西向排列分布。该带串珠状排列的地球化学异常带是铜铅锌金多金属矿的找矿远景靶区。

（3）上杭-云霄断裂带（F_{19}）。分布于上杭、永定、云霄、东山一带，向北西延至江西吉安，总体走向315°，由规模较大的断裂、断陷盆地、侵入体等组成，福建省内长约200km，宽20km。

2）其他断裂构造（表5-6）

表5-6　省级地球化学推断断裂构造表

断裂名称及编号	断裂规模	断裂走向	断裂长度(km)	推断断裂构造地化特征
九技断裂 F_1	Ⅱ级	NEE	150	带状异常
古委断裂 F_2	Ⅱ级	近SN	120	带状异常
山下断裂 F_3	Ⅲ级	NE	80	带状异常
松溪断裂 F_4	Ⅱ级	NE	250	带状、串珠状异常
拖溪断裂 F_5	Ⅲ级	近EW	70	带状异常
七步断裂 F_6	Ⅲ级	NE	60	带状异常
鹤塘断裂 F_7	Ⅱ级	NE	220	带状、串珠状异常
将乐断裂 F_9	Ⅲ级	近SN	100	带状异常
大田断裂 F_{10}	Ⅱ级	NWW	170	带状异常
马莲断裂 F_{11}	Ⅱ级	NE	130	带状异常
甘棠断裂 F_{12}	Ⅲ级	NW	120	带状异常
罗坊断裂 F_{13}	Ⅱ级	NE	200	带状、串珠状异常

续表 5-6

断裂名称及编号	断裂规模	断裂走向	断裂长度(km)	推断断裂构造地化特征
上京断裂 F_{14}	Ⅲ级	近 SN	150	带状异常
桃园断裂 F_{15}	Ⅲ级	NEE	110	带状异常
剑斗断裂 F_{16}	Ⅲ级	NNE	100	带状、串珠状异常
同安断裂 F_{17}	Ⅱ级	NW	280	带状、串珠状异常
南靖断裂 F_{20}	Ⅲ级	近 SN	150	带状异常
上白石断裂 F_{21}	Ⅲ级	NW	120	带状异常

其他断裂构造主要指推断的Ⅱ、Ⅲ级构造。推测多条不同方向展布的一般性断裂构造，如北东向断裂：山下 F_3、九牧 F_1、罗坊 F_{13} 等；北西向断裂：上白石 F_{21}、大田 F_{10} 等。其地球化学特征表现为 Cu、Pb、Zn、Au、Ag、W、Sn、Mo、Bi 等化学元素异常呈带状、局部串珠状沿南北向展布，区内分布有铜、铅、锌、钨、钼等多处多金属矿床点。控制了异常及多金属矿的展布。

根据地球背景、异常分布特征推断的断裂构造，一方面为成矿地质背景研究提供参考信息，另一方面为地球化学找矿、找矿远景区划分提供依据。

2. 侵入岩体的推断

福建省侵入岩十分发育，各构造期均伴有规模不等的岩浆侵入活动。侵入岩的总面积占福建省陆地总面积的 34.87%，可划分晋宁期、加里东期、印支期、燕山期 4 个侵入期，其中燕山期的侵入活动规模最大。

本次主要对大面积出露的酸性岩类进行推断，主要推断花岗岩体。在岩体推断方法方面也做了因子分析等，但结果不理想。后考虑到福建一些花岗岩与钾高背景有密切关系，反映良好，并由地化图提取高背景特征线，以此作为岩体推断依据。多数推断岩体与实际地质体分布相符，西北部地区推断的岩体范围偏大较多，分析认为该区变质岩盖层薄，可局部已剥露地表。

根据地球化学 K 等元素高背景分布提取特征线进行花岗岩体的推断。福建省共推断 14 处侵入岩体。其中推测的才溪 012、小陶 013 岩体与铜多金属矿关系密切，其内外接触带见多处矿床点；胡坊 009、夏阳007 岩体与钨钼矿关系密切，已有钨矿床点分布；宣和 010 岩体与锡钨关系密切，已有锡矿分布；宁化、光泽岩体与金、银关系密切，已见多处金银矿点；旧镇 006 岩体与钼关系密切，已知有钼矿床分布；石陂岩体 001 与铜关系密切，已有铜矿分布等。

（五）地球化学找矿预测

在元素异常图、组合异常图以及综合异常图完成编制的基础上，结合不同矿种预测类型特征，开展了地球化学找矿预测。福建省共划分圈定了钼、锡、银、锰、萤石、重晶石、铅、锌、金、钨、铜、稀土 12 个矿种和地球化学找矿预测区 182 处，其中钼 25 处，银 25 处，锡 8 处，锰 9 处，萤石 15 处，重晶石 4 处，铅、锌各 21 处，金 9 处，钨 12 处，铜 22 处，稀土 11 处。现就各Ⅲ级成矿带中部分重点找矿预测区成矿地质条件，预测依据等简述如下。

1. 大田龙凤场铜预测区(35-Y-B-11)

预测区地理坐标：东经 117°44′00″—117°55′00″，北纬 25°57′00″—26°22′00″，面积 715km²。

预测区位于永(安)-梅(州)凹陷区的东北边缘、政和-大埔断裂西侧，大田-龙岩凹陷带北段，岩性主要有二叠纪灰岩或含钙质岩层以及燕山期的岩浆侵入花岗闪长岩、二长花岗岩、石英闪长岩、花岗岩、花岗闪长斑岩等，为燕山期基性—中酸性、酸性岩浆活动有关的矿床成矿系列，形成矽卡岩型铜多金属矿、热液型铜铁矿、铜铅矿和铜矿等。铅锌铜多金属矿主要赋存于燕山期侵入的花岗闪长岩与二叠纪灰岩或含铁质层位的接触带中。主要控矿构造以政和-大埔北东向断裂带为主。已知多处铅锌铜多金属矿床点。本区的地层、构造及侵入作用等特点以及地球化学异常特征，表明具备矽卡岩型-斑岩型及黄铁矿型铜矿的成矿地质条件。区内分布多处铜、铅锌、锰多金属矿床及矿点，地球化学异常发育，规模大。已发现铜、铅、锌、银、铁、硫和钨矿床(点)多处，主要产于经畲组—栖霞组。本区虽尚未发现大型铜多金属矿，但具找矿潜力。

区内圈定 3 处化探综合异常，重点异常特征见表 5-7。

2. 连城张地铜预测区(35-Y-A-13)

预测区地理坐标：东经 116°44′00″—117°05′00″，北纬 25°30′00″—25°53′00″，面积 856km²。

表 5-7　大田龙凤场铜预测区综合异常特征表

异常名称	地质特征	异常特征			
		元素	面积(km²)	平均值	极大值
大田龙凤场 35-Z-43 甲类	主要出露上元古界马面山岩群龙北溪岩组($Pt_3^{1-2}l.$)变质岩；泥盆系安砂群天瓦岽组(D_3t)，石炭系林地组(C_1l)，二叠系童子岩组(P_2t)、栖霞组(P_2q)、文笔山组(P_2w)以及象牙群下村组(J_1x)等沉积岩地层。侵入岩有志留纪浅灰、灰白色似斑状中细(中粗)粒二长花岗岩($S\eta\gamma$)及灰白色细粒二云母正长花岗岩($S\xi\gamma$)。区内北东北西向断裂构造发育。已知有大田奇韬银场热液型铅矿-锌矿小型矿床、大田建爱风化壳型铅矿-锌矿中型矿床、大田龙山崎矽卡岩型铅矿-锌矿小型矿床等	Cu	97.87	43.40	188.00
		Pb	115.19	153.00	730.00
		Zn	103.18	140.00	280.00
		W	45.99	5.96	12.80
		Au	33.27	2.38	8.30
		Ag	62.83	516.00	2 600.00
		Cd	110.39	736.00	2 800.00
		Sb	116.34	0.52	1.20
		Mn	78.76	973.00	2 430.00
		As	173.06	10.00	37.00
沙县下大山岬 35-Z-39 乙类	主要出露上元古界马面山岩群龙北溪岩组($Pt_3^{1-2}l.$)变质岩、二叠系童子岩组(P_2t)、侏罗系梨山组(J_1l)碎屑岩以及白垩系赤石群崇安组(K_2c)、石帽山群寨下组上段(K_1z^2)、赤石群沙县组(K_2s)火山岩等。侵入岩有志留纪灰白色似斑状中(细)粒二云母正长花岗岩($S\xi\gamma$)、早白垩世($K_1\gamma\delta$)浅肉红色(似斑状)中细粒花岗闪长岩以及晚白垩世($K_2\xi o\pi$)浅肉红色石英正长(斑)岩等。见 3 组北东向断裂穿过本区。已发现沙县坂坑热液型硫铁矿点	Cu	64.41	21.80	33.00
		Pb	110.74	76.50	200.00
		W	71.13	5.69	8.90
		Mo	92.87	2.77	10.60
		Au	60.69	5.95	58.50
		Ag	75.99	182.00	450.00
		Cd	99.05	280.00	680.00
		Sb	42.31	0.30	0.43
		Mn	125.55	865.00	2 120.00
		As	34.36	4.11	5.10
		Bi	55.99	2.26	7.74

说明 Cd、Ag、Au 单位为$\times10^{-9}$，其他单位为$\times10^{-6}$。

预测区位于闽西南凹陷带的胡坊-永定隆起带中段，隆起带南部出露下震旦统楼子坝群，北部和东部出露古生界、侏罗系—白垩系，其余地段被燕山早期似斑状黑云母花岗岩所占据。岩浆岩以燕山早期似斑状黑云母花岗岩[$\gamma_5^{2(2)}$]为主，属古田岩体的一部分。该岩体呈北东东向长椭圆状，为一个复式岩体，以似斑状黑云母花岗岩为主，次为花岗闪长岩、黑云母花岗岩、细粒花岗岩等。岩体遭受强烈的绿帘石化、黄铁矿化、辉钼矿化和黄铜矿化。与成矿有关的燕山晚期花岗闪长斑岩侵入于黑云母花岗岩体中，呈小岩瘤产出。岩体及其内外接触带蚀变强烈，并见铜钼矿化。区内褶皱构造属胡坊-永定复式背斜的一部分，断裂构造以北北东—北东向为主，次为北西和南北向。

区内圈定 3 处区域化探异常，其主要综合异常特征见表 5-8。该区位于紫金山矿床北东侧，有相似的成矿背景，部分地段已发现铜钼矿化，是寻找斑岩铜矿的有利地区。

表 5-8 连城铜预测区综合异常特征表

异常名称	地质特征	异常特征			
		元素	面积(km^2)	平均值	极大值
连城张地 35-Z-51 乙类	大规模出露不同时期侵入岩体，主要有晚侏罗世浅肉红色似斑状中细(粗)粒正长花岗岩($J_3\xi\gamma$)、早侏罗世肉红色(似斑状)中(细)粒正长花岗岩($J_1\xi\gamma$)、早白垩世浅肉红色(似斑状)中细粒花岗闪长岩($K_1\gamma\delta$)、早白垩世肉红色似斑状中(细)粒晶洞正长花岗岩($K_1\xi\gamma$)等。见北东东向断裂。区内已发现连城华林厂块热液型钨矿点、张地铜钼矿点等	Cu	65.93	33.20	147.00
		Pb	75.83	92.30	214.00
		Zn	29.12	112.00	183.00
		W	52.92	11.50	40.40
		Mo	104.27	4.70	10.20
		Ag	42.41	229.00	370.00
		Mn	89.22	821.00	1 770.00
		Cd	64.23	701.00	2 500.00
连城营溪 35-Z-57 乙类	侵入岩大面积分布，有晚侏罗世浅肉红色似斑状中细(粗)粒正长花岗岩($J_3\xi\gamma$)、早侏罗世肉红色(似斑状)中(细)粒正长花岗岩($J_1\xi\gamma$)以及早白垩世($K_1\delta$)闪长岩晚白垩世晶洞碱长花岗岩($K_2\kappa\rho\gamma$)等	Cu	49.81	57.3	254.00
		Mo	74.03	5.36	14.90
		Pb	84.37	106.00	177.00
		Zn	58.92	116.00	193.00
		Ag	67.25	549.00	3 800.00
		Bi	65.01	1.60	4.40
		Mn	97.93	987.00	1 480.00
		Cd	71.59	691.00	1 500.00

说明：Cd、Ag、Au 单位为$\times10^{-9}$，其他单位为$\times10^{-6}$。

3. 上杭太山头铜预测区(35-Y-A-18)

预测区地理坐标：东经 116°20′00″—116°52′00″，北纬 25°07′00″—25°24′00″，面积 1 118km^2。

预测区位于上杭-云霄北西向断裂带北段，闽西南凹陷带次级隆起带，火山构造盆地边缘。区内主要出露震旦系楼子坝群浅变质岩，盖层为泥盆系桃子坑组，石炭系林地组碎屑岩、黄龙组、船山组灰岩；白垩纪盆地沿北西向断裂带分布，截切北东向基底背斜。侵入岩晚侏罗纪似斑状中粗(中)粒含黑云母花岗岩及钾长花岗岩和白垩纪花岗闪长岩体，后者与成矿关系密切。以 Cu、Au 为主的多元素组合地球化学异常分布面积百余平方千米。较大规模分布的地球化学异常有 3 处，分布面积 40～90km^2，异常有 Au、Cu、Pb、Zn、Ag，以 Au 为主。已发现有紫金山铜金矿床、悦洋金银矿床及中寮、龙江亭铜矿床等，是铜、金为主的找矿远景区。主要是与燕山期基性—中酸性、酸性岩浆活动有关的矿床成矿系列，形成斑岩型铜钼矿、热液型铜矿、矽卡岩型铜矿等。

区内已圈定上杭紫金山、连城庙前、上杭华家、上杭太山头区域化探综合异常 4 处(表 5-9)。经查证已发现较大规模铅锌钼矿化以及局部铜矿化，是寻找斑岩型铜钼矿有利地区，找矿前景良好。

表 5-9　上杭太山头铜预测区综合异常特征表

异常名称	地质特征	异常特征			
		元素	面积(km^2)	平均值	极大值
连城庙前 35-Z-62 甲类	出露地层主要有泥盆系安砂群天瓦岽组(D_3t)、桃子坑组(D_3tz)，石炭系经畲组(C_2j)，二叠系栖霞组(P_2q)、童子岩组(P_2t)，三叠系溪口组(T_1x)、文宾山组(T_3w)以及侏罗系南园组等。侵入岩主要有晚侏罗世浅肉红色似斑状中细(粗)粒正长花岗岩($J_3\xi\gamma$)以及浅成—超浅成花岗斑岩、石英斑岩脉等。区内褶皱构造复杂，断裂十分发育，其中断裂构造以北东向和北西向两组为主，其次为东西向和南北向两组。已知矿床有连城珠地热液型小型锌矿床、连城珠地热液型小型钨矿床、连城铜坑上杭大源矽卡岩型(接触交代型)铜矿点	Cu	87.94	88.80	343.00
		Pb	82.73	361.00	1 460.00
		Zn	70.31	503.00	2 810.00
		W	129.50	34.80	171.00
		Mo	167.70	8.05	33.20
		Au	88.37	5.86	40.00
		Sn	108.85	64.20	260.00
		Ag	111.24	1 093.00	11 700.00
		Cd	89.98	2 465.00	9 600.00
		Sb	73.67	1.89	12.60
		Mn	98.25	1 892.00	6 500.00
		As	82.84	20.50	134.00
		Bi	71.25	8.35	66.10
上杭华家 35-Z-64 乙类	上杭紫金山矿区东侧约 15km 处的华家一带，主要出露侵入岩有志留纪浅灰、灰白色似斑状中细(中粗)粒二长花岗岩($S\eta\gamma$)和晚侏罗世青灰色片麻状似斑状中(粗)粒二长花岗岩($J_3\eta\gamma$)以及早白垩世($K_1\delta$)闪长岩等。新元古界变质岩见于东西两侧，呈北东向带状分布。北东向、北西向等多组断裂发育。深部隐伏有中酸性小岩体，地表硅化、黄铁矿化蚀变较普遍，区内已见含铜矿化，成矿地质条件与紫金山铜金矿相似	Cu	69.33	34.30	119
		Pb	90.22	122.00	245.00
		Zn	98.99	175.00	291.00
		W	56.03	14.60	38.90
		Mo	40.63	3.86	7.80
		Ag	68.03	300.00	550.00
		Sn	29.05	13.60	29.60
		Bi	72.62	3.85	10.90
		Mn	75.60	1 334.00	2 260.00
上杭太山头 35-Z-65 乙类	处于紫金山金铜成矿区的东缘。区内地层主要出露于南部，有震旦系楼子坝组浅变质碎屑岩、泥盆系天瓦岽组粗碎屑岩，沉积于基底变质岩之上。区内岩浆岩分布广泛，主要有中三叠世浅肉红色白云母化似斑状中(细)粒正长花岗岩($T_2\xi\gamma$)及早白垩世($K_1\eta\delta o$)浅灰色细粒石英二长闪长岩等。构造以断裂为主，有北西向及北东向，以北西向构造最为发育。其中北西向断裂与区内矿化关系密切。区内已发现矿点有龙岩黄斜热液型铜矿点；上杭太山头热液型铅矿点	Cu	78.92	49.80	186.00
		Pb	72.55	224.00	1 220.00
		Zn	54.92	343.00	1 210.00
		Au	74.45	20.50	336.00
		Mo	27.38	3.81	12.50
		Sn	18.94	14.30	32.00
		Ag	84.23	410.00	1 300.00
		Cd	52.14	2 530.00	11 000.00
		Sb	60.27	0.37	1.20
		Mn	51.87	2 010.00	5 350.00
		As	75.02	8.86	35.90
		Bi	48.53	4.53	16.10

说明：Cd、Ag、Au 单位为$\times10^{-9}$，其他单位为$\times10^{-6}$。

4. 将乐万安铅、锌预测区(35-Y-B-6)

预测区地理坐标：东经117°23′30″—117°38′00″，北纬26°41′30″—27°14′00″，面积960km²。

预测区位于闽西北隆起带中西部、崇安-石城北北东向断裂带与将乐-华安南北向断裂带交会处。断裂以北东、北东东、南北向断裂构造为主，是本区的主要控矿构造，已发现多处铜铅锌多金属矿床点。

区域上与成矿作用有关的地层主要为震旦系西溪组和寒武系林田组，该层位地层W元素背景值相对较高。侵入岩活动较频繁，呈现多期次、多阶段的特征，与成矿作用关系密切的是燕山早期黑云母花岗岩的侵入。新路口式石英脉型钨矿矿体主要赋存于震旦系西溪组和寒武系林田组与燕山早期黑云母花岗岩的内外接触带，侵入岩体控制比较明显。遥感解译区域上北东向线形影像发育，线形影像主要是断裂构造的反映；环状影像也较发育，主要是隐伏岩体的反映。

区内圈定邵武大埠岗、将乐新路口综合异常两处。异常元素组合复杂，以W-Cu-Pb-Zn-Mo-Au为主，伴生As-Sb-Bi-Ag-Mn-Cd-Sn等(表5-10)。异常所处地区对钨成矿地质背景有利，形成较大规模，沿不同断裂构造以及与成矿关系密切的含钙质沉积建造和燕山期岩浆侵入的侵入岩体接触带方向展布的地球化学异常带，是寻找中小型矽卡岩型(接触交代型)、热液型脉型铅锌钨多金属矿的有利地区。

表5-10　将乐万安铅锌预测区重点异常特征表

异常名称	地质特征	异常特征			
		元素	面积(km²)	平均值	极大值
邵武大埠岗35-Z-16 乙类	出露元古界麻源岩群大金山岩组(Pt_1d)、万全岩群下峰岩组($Pt_3x.$)、震旦系西溪组(Zx)变质岩以及侏罗系梨山组(J_1l)碎屑岩等。侵入岩主要有晚侏罗世($J_3\xi\gamma$)浅肉红色似斑状中细(粗)粒正长花岗岩，见北北东向断裂穿过本区。已见源毛炉矽卡岩型(接触交代型)小型锌矿床、邵武界头矽卡岩型(接触交代型)铜矿点等	Cu	115.38	28.60	58.10
		Pb	31.66	78.70	171.00
		Zn	111.59	164.00	757.00
		Mo	139.81	2.79	5.50
		W	112.92	10.20	21.60
		Sn	103.24	27.20	123.00
		Au	73.03	24.70	424.00
		Ag	69.52	224.00	460.00
		Bi	72.97	4.54	24.80
		As	68.17	4.52	9.00
将乐新路口35-Z-23 甲类	出露万全岩群下峰岩组(Pt_3x)、西溪组(Zx)、林田组($\in_{1-3}l$)变质岩以及石炭系经畲组(C_2j)、二叠系栖霞组(P_2x)、童子岩组($P_2t.$)、翠屏山组(P_3cp)等沉积岩。侵入岩主要有晚侏罗世浅肉红色似斑状中细(粗)粒正长花岗岩($J_3\xi\gamma$)。断裂构造发育。已发现主要矿床有将乐新路口热液型钨矿-锡矿小型矿床，探明储量为WO_3 A+B+C级12.7×10^4t；将乐肖公洞热液型钨矿点；将乐际下热液型铜矿-铅矿矿点；将乐余厝矽卡岩型(接触交代型)铅矿矿点；将乐万安矿区灯头矿段矽卡岩型(接触交代型)铅矿-锌矿小型矿床；将乐当头矽卡岩型(接触交代型)铅矿-锌矿矿点等	Cu	63.38	31.00	81.20
		Pb	146.01	92.90	501.00
		Zn	133.39	172.00	425.00
		Ag	188.90	297.00	1 100.00
		W	254.63	21.50	256.00
		Mo	85.89	5.04	14.90
		Sn	179.86	38.20	165.00
		Au	41.59	2.27	14.30
		Bi	153.34	9.19	86.10
		Cd	164.55	1 084.00	3 500.00
		Sb	81.70	0.40	1.05
		As	130.55	7.46	13.80

说明：Ag、Cd、Au单位为$\times10^{-9}$，其他单位为$\times10^{-6}$。

区内已发现较大规模分布的 Pb、Zn、Ag 以及 W 为主的地球化学综合异常，尚未发现与之相匹配的矿床，找矿潜力较大。如将乐新路口：Pb 异常面积 146km^2，极大值 501×10^{-6}；Zn 异常面积 133km^2，极大值 425×10^{-6}；Ag 异常面积 188km^2，极大值 1 100×10^{-9}；此外其他成矿元素也有较大规模异常反映，为矿异常特征。区内开展过 1∶5 万化探工作，发现多处较大规模地球化学异常，通过异常评价，发现多处矿床点，具有寻找中小型铅锌矿的找矿潜力。

5. 顺昌山后-建瓯八外洋铅锌预测区(35-Y-B-10)

预测区地理坐标：东经 117°56′00″—118°29′00″，北纬 26°40′00″—26°56′00″，面积 725km^2。

预测区位于闽西北隆起带与闽东火山断坳带交接处，政和-大埔北东向深大断裂与近南北向浦城-尤溪构造带交会部位。区内晚元古界龙北溪岩组、东岩岩组等含矿层位呈“天窗”状出露，岩性主要为石英岩、片岩和绿色片岩，周边为中生代地层或岩浆岩，与南侧的尤溪梅仙、峰岩大型铅锌矿床成矿地质条件相似，是寻找层控的块状硫化物型铅锌矿的重点突破区。中元古界为裂陷槽沉积，以发育细碧角斑岩建造及砂泥质复理石建造为特征，盖层沉积不发育，在南段零星分布上古生界。印支运动后以断块活动为主导，沿南北向、北东向及北西向断裂带有中生代断陷盆地分布，发育中生代沉积岩夹含煤沉积建造及火山岩、火山碎屑岩建造。为四堡期—晋宁期变质作用及燕山期岩浆侵入活动有关的矿床成矿系列，主要矿种以铜、铅、锌、银组合为特点，矿床成因类型为沉积变质-热液改造型。是寻找大中型沉积变质-热液改造型铅锌矿床的最为有利地区之一。

区内已发现建瓯八外洋、顺昌山后中型铅锌矿矿床，是典型的与晚元古界东岩岩组“绿片岩”有关的海底火山沉积变质-热液改造型矿床。区内另见多处铜多金属矿点。

区内圈定顺昌山后、建瓯八外洋、建瓯东岩 3 处综合异常(表 5-11)。

表 5-11　顺昌山后-建瓯八外洋铅锌预测区重点异常特征表

异常名称	地质特征	异常特征			
		元素	面积(km^2)	平均值	极大值
顺昌山后 35-Z-25 甲类	区内主要出露上元古界马面山岩群大岭岩组($Pt_3^{1-2}dl.$)、龙北溪岩组($Pt_3^{1-2}l.$)变质岩。已发现顺昌山后海底火山沉积变质-热液改造型小型铅锌矿矿床，矿体主要赋存于晚元古代马面山岩群东岩岩组透辉(透闪)石岩、透闪透辉石岩、斜长角闪片岩、绿帘(钠长)阳起片岩等组成的“绿片岩”中，探求的资源量达中型矿床规模	Pb	33.51	73.00	169.00
		Zn	39.17	184.00	536.00
		Ag	20.08	207.00	340.00
		Cd	42.87	532.00	1 620.00
建瓯八外洋 35-Z-26 甲类	广泛出露马面山岩群基底变质岩，其中中基性、酸性火山岩夹层具“双峰式”火山岩特征，已发现建瓯八外洋铅锌矿矿床；矿体主要赋存于晚元古代马面山岩群东岩岩组透辉石岩、绿帘片岩、钠长绿帘片岩等组成的“绿片岩”中，经查证，已发现矿体 19 个，共估算(333+334-1)金属 Pb+Zn 资源量为 578 323.08t，平均品位 6.54%；伴生 Ag 金属量 816 004.43kg，平均品位 92.24×10^{-9}。区内另分布有建瓯郑源矽卡岩型(接触交代型)铅矿点	Cu	88.21	37.60	65.60
		Pb	51.20	63.00	217.00
		Zn	37.68	107.00	163.00
		Mo	57.04	3.18	6.40
		Ag	39.82	175.00	250.00
		W	64.42	3.92	8.00
		Cd	41.13	311.00	403.00
		Bi	33.62	2.67	6.84

续表 5-11

异常名称	地质特征	异常特征			
		元素	面积(km^2)	平均值	极大值
建瓯东岩 35-Z-27 甲类	出露元古界迪口岩组(Pt_1 *dk.*)、马面山岩群龙北溪岩组(Pt_3^{1-2} *l.*)、东岩岩组(Pt_3^{1-2} *d.*)及大岭岩组(Pt_3^{1-2} *dl.*)变质岩。区内断裂构造发育，有北东及近南北向。已知矿有建瓯东岩层控型铜矿点(小型矿床)。另见多处铜多金属矿点，主要有南平下明洋热液型铅锌矿矿点、建瓯黄地后矽卡岩型(接触交代型)铜矿点、建瓯龙岗沉积变质型铜矿-铅矿矿点、建瓯西坑矽卡岩型(接触交代型)铅矿点等	Cu	34.09	42.50	86.00
		Pb	45.65	57.30	121.00
		Zn	49.81	120.00	167.00
		Au	66.59	3.30	21.00
		Ag	33.04	192.00	510.00
		Cd	56.69	386.00	852.00

说明：Ag、Cd、Au 单位为$\times10^{-9}$，其他单位为$\times10^{-6}$。

根据 1∶20 万区域地球化学异常，建瓯八外洋、建瓯东岩及外围地区开展过 1∶5 万化探工作，在此基础上开展异常查证工作，发现八外洋等铅锌矿床。此外，在建瓯南雅以及建瓯八外洋、建瓯东岩及外围地区发现规模较大以铅锌银铜为主的地球化学异常，其成矿地质背景与建瓯八外洋相同，这些成矿地质背景有利且化探异常发育地区，是寻找中大型沉积-变质热液改造型铅锌矿产的有利地区，具有较好的找矿前景。与区内已知八外洋铅锌矿典型矿床相比，其预测区内圈定的其他化探异常元素组合，主成矿元素 Pb、Zn 含量特征以及地质背景等与其较类似，具寻找同类型矿床找矿潜力，主要以寻找中大型铅锌矿为主的地球化学预测区。

6. 尤溪梅仙铅锌预测区(35-Y-A-13)

预测区地理坐标：东经 117°58′00″—118°25′02″，北纬 26°07′00″—26°19′55″，面积 607km^2。

预测区位于政和-大埔断裂带东侧，闽东燕山期陆内造山带之次级构造单元寿宁-华安火山基底断隆带内；在中—晚元古代时，是一个发育于晚太古代—早元古代基底之上的裂陷槽。为上元古界东岩岩组、龙北溪岩组含钙镁铁硅酸盐岩建造(“绿片岩”建造)，燕山期花岗岩、花岗斑岩等侵入。主要是与四堡期—晋宁期变质作用及燕山期岩浆侵入活动有关的矿床成矿系列，矿种以铜、铅、锌、银组合为特点，矿床成因类型为沉积变质-热液改造型。其外围地区是寻找大中型沉积变质-热液改造型铅锌矿床的最为有利地区之一。

已知有峰岩铅锌矿床。矿床其主体位于政和-大埔断裂带以东的火山基底隆起带内。矿床位于北东向寿宁-华安火山基底断隆带中段的变质岩“天窗”东部。“天窗”周边广泛分布上侏罗统火山岩，不整合(或断层)覆盖在基底变质岩之上；“天窗”内发育上元古界东岩岩组。铅锌矿体赋存在东岩岩组的第一、三、五绿片岩段，受细碧角斑岩建造控制。

区内地球化学异常发育，已圈定龙溪朱源里、龙溪梅仙两处区域化探综合异常(表 5-12)。

龙溪梅仙异常区开展过中大比例尺化探工作，圈定多处以 Pb、Zn、Cu、Ag 为主化探异常。根据异常开展的地质工作发现多处铅锌多金属矿床。此外，龙溪朱源里异常化探工作程度较低，异常具一定规模，成矿地质背景有利，有较大的找矿潜力，与区内已知龙溪梅仙铅锌矿典型矿床相比，其预测区内龙溪朱源里化探异常元素组合，主成矿元素 Pb、Zn 含量特征以及地质背景等与其较类似，找矿潜力较大，同时龙溪梅仙矿区外围仍有扩大找矿远景可能，该区是寻找中大型沉积变质-热液改造型铅锌多金属矿床有利地区。主要以寻找中大型铅锌矿为主的地球化学预测区。

表 5-12 尤溪梅仙铅锌预测区重点异常特征表

异常名称	地质特征	异常特征			
		元素	面积(km^2)	平均值	极大值
龙溪梅仙 35-Z-36 甲类	区内主要出露上元古界马面山岩群东岩岩组($Pt_3^{1-2}d.$)变质岩,局部见焦坑组(T_3j)碎屑岩及南园组火山岩。侵入岩有晚侏罗世浅肉红色似斑状中细(粗)粒正长花岗岩($J_3\xi\gamma$)及花岗斑岩脉等。区内断裂构造复杂,主要有北东向、北东东向等。已知有尤溪峰岩陆相火山岩型小型铅锌矿矿床、尤溪梅仙层控型铅锌矿矿点、尤溪丁家山海相火山岩型中型锌铅矿矿床、尤溪峰岩矿区东矿段层控型小型铅锌矿矿床、尤溪丁家山矿床经济坑矿段小型铅锌矿矿床	Cu	121.30	28.90	79.50
		Pb	99.14	200.00	1 230.00
		Zn	97.42	171.00	524.00
		Au	100.10	2.87	8.40
		W	55.24	7.55	23.20
		Ag	140.25	263.00	1 070.00
		Cd	121.87	411.00	1 080.00
		Mn	82.00	1 702.00	4 140.00
		Bi	104.66	2.39	9.35
龙溪朱源里 35-Z-37 乙类	主要出露上元古界马面山岩群龙北溪岩组($Pt_3^{1-2}l.$)变质岩以及侏罗系梨山组(J_1l)碎屑岩。侵入岩有晚侏罗世灰色片麻状似斑状中(粗)粒花岗闪长岩($J_3\gamma\delta$)、青灰色片麻状似斑状中(粗)粒二长花岗岩($J_3\eta\gamma$)、石英二长闪长岩($J_3\delta\eta o$)等。区内断裂构造发育,有北东向、北西向以及南北向等。已发现尤溪铁炉亭矽卡岩型(接触交代型)小型铅锌矿矿床等	Pb	67.45	81.90	140.00
		Zn	90.76	151.00	368.00
		Cu	23.28	19.30	34.60
		W	27.80	6.56	12.90
		Ag	43.86	261.00	570.00
		Mn	75.40	821.00	1 260.00
		Cd	62.11	426.00	1 300.00

说明:Ag、Cd、Au 单位为$\times10^{-9}$,其他单位为$\times10^{-6}$。

7. 泰宁何宝山金预测区(35-Y-A-3)

预测区地理坐标:东经 117°00′00″—117°19′00″,北纬 26°36′00″—27°01′00″,面积 811km^2。

预测区位于华南加里东褶皱系东部,闽北隆起带浦城-顺昌隆起中部、北东向崇安-石城断裂带东侧的元古界变质岩系中。地层以上元古界万全岩群及震旦系西溪组为主,晚侏罗世园盘组、下渡组和白垩系寨下组、沙县组和崇安组,呈盆地不整合于其上。区内断裂发育,以北东向为主,次为北东东向、北西向,少量近南北向。侵入岩以志留纪石英闪长岩、斑状二长花岗岩、二云母钾长花岗岩为主,少量侏罗纪钾长花岗岩。金土壤、重砂异常发育,主要分布于何宝山、上地、金坑等地段的交溪组变质岩系中,已发现何宝山金矿床 1 处,矿(化)点数十处。矿化类型多为构造蚀变岩型,潜在韧性剪切带型。

区内圈定重点异常有泰宁何宝山等 3 处化探综合异常(表 5-13)。异常以 Au-Cu-Pb-Zn-W-Mo 元素组合为主,伴生 Sb-Ag-Sn-Mn-Cd-Au-Cu-Pb-Zn-W-Mo 等,区域化探异常集中分布区面积达数百平方千米,是福建省 4 处金异常及金矿化集中分布区之一,找矿潜力巨大。

8. 德化石头坂金预测区(35-Y-A-9)

预测区地理坐标:东经 118°10′30″—118°31′00″,北纬 25°46′00″—26°03′00″,面积 1008km^2。

预测区位于政和-大埔断裂带中段的东侧,闽东火山基底断隆带上。金矿体赋存于呈"天窗"状基底变质岩中,"天窗"的分布范围约 400km^2。"天窗"周边广泛分布侏罗系陆相碎屑岩、中—酸性火山岩;"天窗"内主要发育上元古界大岭岩组变质岩及二叠系碳酸盐岩、碎屑岩。大岭岩组是主要含矿层位。区内已发现主要矿床点有:德化双旗山水门、尤溪-德化双旗山十三层控型小型金矿床,尤溪肖坂层控型金矿点，尤溪肖坂上村矿段、德化吉山热液型金矿点，尤溪官田层控型金矿点，德化邱村热液型中型金矿床，德化雷潭、德化安村、德化下坂等热液型小型金矿床，德化石头坂、淳湖、前洋、仙公寨、(潦)头、淳湖、永泰长潭、岐尾山、岭头坪等热液型金矿点以及德化彭园热液型金矿点钨矿点等。区内区域化探异常集中分布区面积达数百平方公里，是福建省4处金异常及金矿化集中分布区之一。区内重点圈定有德化石头坂等区域化探综合异常，异常为Cu、Au组合。Au异常极大值含量190.0×10^{-9}，平均29.6×10^{-9}，异常面积147.81km^2，异常规模较大。根据1∶20万区域化探异常。区内先后于20世纪80年代未开展过1∶5万化探土壤测量工作，圈定大量化探Au异常，通过异常查证，发现10多处金矿床点，金矿找矿潜力较大。

表5-13　泰宁何宝山金预测区重点异常特征表

异常名称	地质特征	异常特征			
		元素	面积(km^2)	平均值	极大值
泰宁何宝山35-Z-11甲类	主要出露上元古界万全岩群黄潭岩组($Pt_3^{1-2}h.$)、下峰岩组($Pt_3^{1-2}x.$)变质岩。侵入岩有志留纪灰白色似斑状中(细)粒二云母正长花岗岩($S\xi\gamma$)，灰色中细(细)粒石英闪长岩($S\delta o$)以及晚侏罗世浅肉红色似斑状中细(粗)粒正长花岗岩($J_3\xi\gamma$)等。区内地质构造复杂，混合岩化作用强烈。断裂构造以北北东向、近南北向为主。已发现泰宁何宝山、梅桥南矿段等热液型小型金矿床；泰宁洋坑、邱家排、外凹、农场等热液型金矿矿点；将乐肖家地热液型银矿-金矿矿点	Au	73.41	81.80	736.00
		Pb	75.76	66.40	140.00
		Zn	79.17	137.00	214.00
		W	64.42	3.92	8.00
		Mo	52.15	2.10	7.80
		Cu	36.32	32.10	47.90
		Ag	46.39	154.00	240.00
		Cd	21.51	450.00	660.00
		Sb	56.42	0.29	0.50
泰宁杨家35-Z-16乙类	主要出露前泥盆系西溪组(Zx)、林田组($\in_{1-3}l$)变质岩。侵入岩有志留纪($S\delta o$)灰色中细(细)粒石英闪长岩。区内已发现将乐山头热液型铅锌矿矿点	Au	47.45	6.01	34.10
		Cu	122.88	23.30	37.60
		Ag	139.27	211.00	370.00
		As	49.36	4.13	7.10
		Sb	62.00	0.28	0.41
泰宁下地35-Z-19乙类	出露上元古界万全岩群黄潭岩组($Pt_3^{1-2}h.$)、下峰岩组($Pt_3^{1-2}x.$)变质岩。侵入岩有早白垩世($K_1\gamma o$)浅肉红色似斑状细粒石英二长岩。见北东向断裂穿过本区	Au	70.60	23.10	368.00
		Mo	38.56	3.19	23.60

说明：Ag、Cd、Au单位为$\times10^{-9}$，其他单位为$\times10^{-6}$。

9. 将乐新路口钨预测区(35-Y-B-3)

预测区地理坐标：东经117°15′00″—117°41′00″，北纬26°42′00″—27°17′00″，面积1 437km^2。

预测区位于闽西北隆起带中西部、崇安-石城北北东向断裂带与将乐-华安南北向断裂带交会处。断裂以北东向、北东东向、南北向断裂构造为主，是本区的主要控矿构造，已发现有将乐新路口钨多金属矿床和多处矿(化)点。

区域上与成矿作用有关的地层主要为震旦系西溪组和寒武系林田组，该层位地层W元素背景值相对较高。侵入岩活动较频繁，呈现多期次、多阶段的特征，与成矿作用关系密切的是燕山早期黑云母花岗岩的侵入。新路口式石英脉型钨矿矿体主要赋存于震旦系西溪组和寒武系林田组与燕山早期黑云母花岗岩的内外接触带，侵入岩体控制比较明显。遥感解译区域上北东向线形影像发育，线形影像主要是断裂构造的反映；环状影像也较发育，环状影像主要是隐伏岩体的反映。

区内圈定邵武黎舍、邵武大埠岗、将乐新路口综合异常 3 处。异常元素组合复杂，以 W-Cu-Pb-Zn-Mo-Au 为主，伴生 As-Sb-Bi-Ag-Mn-Cd-Sn 等（表 5-14）。将乐新路口 W 异常面积 254.63km^2，极大值 256.0×10^{-6}；邵武黎舍：W 异常面积 63.4km^2，极大值 274.0×10^{-6}，此外其他成矿元素也有较大规模异常反映，为矿异常特征。区内开展过 1∶5 万化探工作，发现多处较大规模地球化学异常，通过异常评价，发现多处矿床点，但针对钨评价的异常查证工作程度较低，尤其深部验证工作基本未开展，具有寻找中大型钨矿的找矿潜力。

表 5-14　将乐新路口钨预测区重点异常特征表

异常名称	地质特征	异常特征			
		元素	面积(km^2)	平均值	极大值
邵武黎舍 35-Z-6 乙类	出露新元古界万全岩群下峰岩组($Pt_3x.$)、前泥盆系西溪组(Zx)变质岩、侏罗系梨山组(J_1l)碎屑岩地层等。侵入岩主要有晚侏罗世($J_3\xi\gamma$)浅肉红色似斑状中细（粗）粒正长花岗岩，早白垩世($K_1\eta o$)浅肉红色似斑状细粒石英二长岩等。见北北东向和北东向断裂在本区交会。区内已发现邵武黎舍、邵武广坪、邵武山坊等热液型钨矿点	Cu	43.05	17.20	25.80
		Pb	87.56	76.10	95.50
		Zn	40.59	143.00	180.00
		Au	45.81	3.72	11.00
		Mo	27.73	2.33	3.60
		W	63.40	55.20	274.00
		Ag	36.53	227.00	660.00
		Bi	57.48	4.70	21.80
		Cd	44.43	545.00	1 300.00
邵武大埠岗 35-Z-8 乙类	出露元古界麻源岩群大金山岩组($Pt_1d.$)、万全岩群下峰岩组($Pt_3x.$)、震旦系西溪组(Zx)变质岩以及侏罗系梨山组(J_1l)碎屑岩地层等。侵入岩主要有晚侏罗世($J_3\xi\gamma$)浅肉红色似斑状中细（粗）粒正长花岗岩，见北北东向断裂穿过本区。已见源毛炉矽卡岩型（接触交代型）小型锌矿床、邵武界头矽卡岩型（接触交代型）铜矿矿点等	Cu	115.38	28.60	58.10
		Pb	31.66	78.70	171.00
		Zn	111.59	164.00	757.00
		Mo	139.81	2.79	5.50
		W	112.92	10.20	21.60
		Sn	103.24	27.20	123.00
		Au	73.03	24.70	424.00
		Ag	69.52	224.00	460.00
		Bi	72.97	4.54	24.80
将乐新路口 35-Z-11 甲类	出露前泥盆系万全岩群下峰岩组($Pt_3x.$)、西溪组(Zx)、林田组($\in_{1-3}l$)变质岩以及石炭系经畲组(C_2j)、二叠系栖霞组(P_2q)、童子岩组(P_2t)、翠屏山组(P_3cp)等沉积岩。侵入岩主要有晚侏罗世浅肉红色似斑状中细（粗）粒正长花岗岩($J_3\xi\gamma$)。断裂构造发育。已发现主要矿床有将乐新路口热液型钨矿-锡矿小型矿床，探明储量为 WO_3 A+B+C 级 12.7×10^{4}t；将乐肖公洞热液型钨矿点；将乐际下热液型铜矿-铅矿矿点；将乐余厝矽卡岩型（接触交代型）铅矿矿点；将乐万安矿区灯头矿段矽卡岩型（接触交代型）铅锌矿小型矿床；将乐当头矽卡岩型（接触交代型）铅锌矿矿点等	Cu	63.38	31.00	81.20
		Pb	146.01	92.90	501.00
		Zn	133.39	172.00	425.00
		Ag	188.90	297.00	1 100.00
		W	254.63	21.50	256.00
		Mo	85.89	5.04	14.90
		Sn	179.86	38.20	165.00
		Au	41.59	2.27	14.30
		Bi	153.34	9.19	86.10
		Cd	164.55	1 084.00	3 500.00
		Sb	81.70	0.40	1.05
		Mn	88.31	1 408.00	2 830.00
		As	130.55	7.46	13.80

说明：Ag、Cd、Au 单位为×10^{-9}，其他单位为×10^{-6}。

10. 建瓯上房钨预测区(35-Y-A-4)

预测区地理坐标:东经 118°29′30″—118°40′00″,北纬 26°56′30″—27°07′46″,面积 314km²。

预测区位于闽西北隆起带东南部,北北东向政和-大埔、北东东向南平-宁化、南北向浦城-永泰等断裂带交会处。区域内断裂以北北东向、北东向、北东东向、南北向断裂构造为主。主要控矿构造以北东向为主,北北东向、南北向次之。已发现的建瓯上房大型钨矿床位于区域大构造带上(北东向与南北向断裂带的交会部位)。

区域上与成矿作用有关的地层主要为下元古界大金山岩组,该层位中斜长角闪岩,其原岩为砂泥质岩(含碳质)、泥灰岩及中基性火山岩,W 元素相对含量较高。侵入岩活动较频繁,呈现多期次、多阶段的特征,与成矿作用关系密切的是燕山中期(晚侏罗世)正长花岗岩的侵入,以及晚期花岗斑岩体(脉)的侵位。

区内通过异常查证发现上房白钨矿矿床。钨矿具有全岩矿化的特点,产在浅肉红色含斑中细粒正长花岗岩(斑岩体)外接触带钾长石化、硅化、磁黄铁矿化、阳起石化带中,矿床具有垂直分带的特点,岩体外接触带为钨矿化,内接触带为钼矿化。钨矿体受浅肉红色含斑中细粒正长花岗岩隐伏岩体(斑岩体)控制。区内圈定建瓯上房等综合异常(表 5-15)。区内钨矿找矿潜力巨大,通过进一步工作,资源量可望达到大型。此外,上房北部的石呈、生元坪等地仍发育较大规模以 W 为主的 1∶5 万化探异常,区内钨矿找矿潜力巨大。

表 5-15　建瓯上房钨预测区重点异常特征表

异常名称	地质特征	异常特征			
		元素	面积(km²)	平均值	极大值
建瓯上房 35-Z-9 甲类	区域上出露的地层主要有元古界麻源岩群大金山岩组($Pt_1d.$)、马面山岩群龙北溪岩组($Pt_3l.$)变质岩。侵入岩有晚侏罗世浅肉红色似斑状中细(粗)粒正长花岗岩($J_3\xi\gamma$)。在岩浆末期多形成各种斑岩体(脉)。北北东向、近南北向断裂构造发育,并以北东向断裂为主。区内建瓯上房矽卡岩型钨矿床	W	89.15	13.00	77.50
		Cu	60.61	48.30	237.00
		Zn	62.90	128.00	190.00
		Mo	42.42	4.45	11.00
		Ag	32.08	166.00	210.00
		Sn	71.02	11.50	40.00
		Bi	102.76	2.04	4.45

说明:Ag、Cd 单位为 $\times10^{-9}$,其他单位为 $\times10^{-6}$。

11. 清流行洛坑钨预测区(35-Y-A-5)

预测区地理坐标:东经 116°50′00″—117°30′00″,北纬 26°14′00″—26°32′00″,面积 1 058km²。

预测区位于闽西北隆起带西南部,邵武-将乐-清流构造岩浆带的西南段,光泽-武平北北东向断裂带、南平-宁化北东东向断裂带、清流-安溪北西向断裂带、泰宁-龙岩南北向断裂带等交切复合部位。区域内断裂以北北东向、北东向、北东东向、北西向断裂构造为主。主要控矿构造以北东向、北东东向断裂为主,北西向断裂次之,已发现有清流行洛坑特大型钨多金属矿床、清流北坑小型钨矿床以及多处矿(化)点,其区域位置与主要控矿构造方向一致。

区域上与成矿作用有关的地层主要为震旦系三溪寨组和寒武系东坑口组、高滩组、林田组、牛角河组,该层位地层 W 元素背景值相对较高。侵入岩活动较频繁,呈现多期次、多阶段的特征,与成矿作用关系密切的是加里东期(志留纪)黑云母正长花岗岩、燕山中期(晚侏罗世)正长花岗岩、黑云母二长花岗岩等岩体的侵入。

区内有1处特大型钨多金属矿床(清流行洛坑)、1处小型钨矿床(清流北坑),矿床类型主要为斑岩型钨矿,以清流行洛坑钨矿为典型矿床。此外矿点7处,以沿成矿岩体、岩株、岩脉与震旦系三溪寨组和寒武系东坑口组、高滩组、林田组、牛角河组接触带处分布为特征。

区内圈定清流行洛坑、明溪九内、将乐水仙崎等重点综合异常。异常元素组合以W-Mo-Cu-Pb-Zn-Au为主,伴生Ag-Bi-Sn-As-Sb-Cd-Mn等(表5-16)。

主成矿元素W具异常规模大等特点,反映了钨可能存在的大规模矿化,所处成矿地质背景有利,地表已发现钨矿化,区内开展过1∶5万化探工作,发现行洛坑、国母洋等多处较大规模以W为主的地球化学异常,通过异常评价,发现多处矿床点。其外围地区的明溪九内、将乐水仙崎等化探异常处于同一成矿带,异常规模大,元素组合复杂,类比认为该区找矿潜力较大,且针对钨评价的异常查证工作程度较低,尤其深部验证工作基本未开展。具有寻找中大型钨矿的找矿潜力。

表5-16　清流行洛坑钨预测区重点异常特征表

异常名称	地质特征	异常特征			
		元素	面积(km²)	平均值	极大值
清流行洛坑35-Z-23甲类	主要出露震旦系西溪组(*Zx*)、寒武系林田组($\in_{1-3}l$)变质岩以及泥盆系安砂群天瓦岽组(D_3t)、二叠系栖霞组(P_2q)、文笔山组(P_2w)等沉积岩。侵入岩有志留纪灰白色似斑状中(细)粒二云母正长花岗岩($S\xi\gamma$)、晚侏罗世肉红色片麻状似斑状细中(粗)粒正长花岗岩($J_3\xi\gamma$)等。区内已知矿有清流行洛坑斑岩型钨矿-钼矿特大型矿床,清流北坑热液型小型钨矿床,清流国母洋、清流时州、清流堪家地热液型钨矿矿点	Cu	96.26	67.20	388.00
		Pb	50.45	56.20	96.40
		Zn	84.50	200.00	1 050.00
		W	114.02	76.50	454.00
		Mo	59.93	1.68	10.30
		Au	65.51	12.50	103.00
		Sn	57.09	19.10	100.00
		Ag	127.78	695.00	4 500.00
		Cd	106.77	2 429.00	25 500.00
		Bi	102.03	19.20	147.00
明溪九内35-Z-17乙类	主要出露震旦系西溪组(*Zx*)、楼前组(*Zl*)变质岩。二叠系船山与栖霞组并层灰岩,二叠系栖霞组(P_2q)、文笔山组(P_2w),石炭系林地组(C_1l)、经畲组(C_2j)等沉积岩。侵入岩有晚侏罗世肉红色片麻状似斑状细中(粗)粒正长花岗岩($J_3\xi\gamma$)等。已发现矿点有将乐堪厚、明溪雪峰、明溪九内热液型钨矿矿点	Cu	94.92	21.40	67.60
		Pb	112.34	107.00	398.00
		Zn	57.18	122.00	358.00
		W1	42.71	11.20	70.70
		W2	67.59	47.10	793.00
		Mo	79.81	2.64	17.20
		Au	75.42	6.17	52.00
		Sn	74.75	19.50	150.00
		Ag	50.85	273.00	850.00
		Bi	59.64	2.40	9.00
将乐水仙崎35-Z-18乙类	主要出露志留纪灰白色似斑状中(细)粒二云母正长花岗岩($S\xi\gamma$)以及晚侏罗世肉红色片麻状似斑状细中(粗)粒正长花岗岩($J_3\xi\gamma$)侵入岩。区内已发现将乐古楼、明溪水仙崎热液型钨矿矿点	W	70.92	17.10	106.00
		Bi	63.21	3.88	12.90

说明:Ag、Cd、Au单位为$\times10^{-9}$,其他单位为$\times10^{-6}$。

12. 周宁地区钼预测区(35-Y-A-6)

预测区地理坐标:东经 119°13′00″—119°34′00″, 北纬 26°56′00″—27°11′00″,面积 564km²。

预测区位于浦城-宁德北西向断裂带、寿宁-连江南北向断裂带及寿宁-华安北东向断裂带复合部位。以大面积分布上侏罗统火山岩、火山碎屑岩为特征,伴有一定量同期中酸性侵入岩,主要有以岩基状产出的似斑状花岗岩及岩脉产出的石英辉绿玢岩、辉绿玢岩、富碱正长斑岩等。其中似斑状花岗岩与钼矿关系密切,呈东西向展布,大部分隐伏于火山岩之下,呈穹隆状隆起,岩体属幔源成因。构造以断裂为主,其中北东东向具长期多次活动特点,控制了成矿岩体的延伸方向;北西向为张扭性断裂,与北东东向断裂联合控制矿床的展布;而近南北向断裂,以扭性及压扭性陡倾斜为主,控制矿脉的产出。

区内矿化普遍,矿产地众多,矿化较分散。成矿主要与燕山期火山-侵入作用有关。受酸性—超酸性火山-碎屑岩层控制,为火山期后热液交代的产物。矿化类型以斑岩型、火山热液型为主,次为火山热液-沉积型。已知矿床有福安赤路、周宁吴山底、周宁紫云、周宁东山、周宁仙岭尾、周宁咸格等多处钼矿床点。

区内以 Cu、Mo 、Au 、Ag、Pb、Zn 为主的区域地球化学异常主要包括了福安赤路、周宁吴山底 2 处(表 5-17)。上述地区地质成矿背景有利,赤路外围地区 Cu、Mo 、Au 、Ag、 Pb、Zn 元素地化异常发育,具有较大的找矿潜力。

表 5-17　周宁地区钼预测区异常特征表

综合异常	元素	面积(km²)	平均值	极大值
周宁吴山底 35-Z-14 甲类	Mo	65.21	6.5	28.00
	W	64.65	31.69	523.00
	Sn	75.95	8.61	21.00
	B	58.69	6.93	62.90
福安赤路 35-Z-18 甲类	W	56.33	12.59	47.60
	Mo	58.67	15.20	73.00
	Ag	28.53	217.50	270.00
	Cu	87.47	44.95	142.00
	Pb	23.16	83.83	166.00
	Zn	25.69	134.14	194.00
	Au	49.73	2.24	10.60
	Bi	77.94	5.74	21.40
	Cd	36.20	358.78	559.00

说明:Ag、Cd、Au 单位为 $\times 10^{-9}$,其他单位为 $\times 10^{-6}$。

13. 大田汤泉—漳平北坑场地区钼预测区(35-Y-A-12)

预测区地理坐标:东经 117°38′00″—117°10′00″, 北纬 25°28′00″—26°03′00″,面积 1 501km²。

预测区位于闽西南凹陷带的东缘,政和-大埔断裂带南段,广泛出露晚古生代沉积岩地层。该区沉积地层出露较全,从晚泥盆世—晚白垩世各时段均有沉积地层发育。侵入岩主要为加里东期的侵入岩、海西期—印支期的酸性侵入岩和燕山期的(中)酸性侵入岩类。区内火山岩较发育,主要有上侏罗统南园组第二段酸性火山岩、第三段中酸性火山岩,早白垩世早期下渡组酸性火山岩;早白垩世晚期黄坑组上段酸性火山岩、寨下组上段酸性火山岩。区内断裂带以北东向为主,其次为北西向,以及北北东向和近南北向。

区内已圈定永安溪柄 35-Z-38 乙类、漳平北坑场 35-Z-46 甲类、漳平新炉 35-Z-45 乙类、大田银顶格 35-Z-39 乙类 4 处重点区域化探综合异常。异常组合复杂，以 Pb-Zn-Cu-Ag-Mo 为主，伴生有 W-Au-As-Sb-Mn-Cd 等。主成矿元素异常规模大，其中钼异常面积可达 50～160km^2。Mo 一般含量(5～10)×10^{-6}；极大值：永安溪柄 78.0×10^{-9}，漳平北坑场 19.9×10^{-9}，银顶格 74×10^{-6}。异常均具有元素组合复杂、规模大、套合程度高等特征，反映热液矿化特点。漳平北坑场 1∶5 万化探 Mo 异常极大值达 500×10^{-6}，具明显的浓集中心及浓度梯度变化。区内钼具有较好的找矿前景。

该区大规模的元素地球化学异常反映较强的热液矿化作用，是寻找接触交代型铜铁钼多金属矿非常有利地区。

14. 政和锦屏—建瓯小坑地区银预测区(35-Y-A-7)

预测区地理坐标：东经 118°43′00″—119°18′00″，北纬 27°06′00″—27°35′00″，面积 1515km^2。

预测区位于华南加里东褶皱系东部，闽北隆起带与闽东火山断坳带的交界处，北东向政和-大埔断裂带的北端。为四堡期—晋宁期(火山)沉积、加里东期区域变形变质成矿构造、燕山期构造岩浆(火山)成矿期。主要分布地层属上元古界变质岩系的龙北溪岩组、东岩岩组；下白垩统石帽山群英安质晶屑凝灰岩、流纹质晶玻屑凝岩、安山岩、流纹岩及火山碎屑岩等。侵入岩为燕山晚期花岗闪长岩及花岗岩、花岗斑岩。发育韧脆性剪切带及构造破碎带。已发现有建瓯白仁岩、东游热液型金矿点，政和马仑头、建瓯岭尾、建瓯岭源热液型小型金矿床，政和东际热液型小型金矿-银矿矿床，政和锦屏岩浆热液型金银矿小型矿床以及政和香炉坪热液型小型银矿床等。

区内圈定有政和夏山、建瓯小坑、政和锦屏等区域化探综合异常(表 5-18)。

表 5-18　政和锦屏—建瓯小坑地区银预测区异常特征表

异常名称	地质特征	异常特征			
		异常元素及编号	面积(km^2)	平均值	极大值
政和夏山 35-Z-9 甲类	闽西北加里东隆起区的东部。政和-大埔断裂带与浦城-宁德北西向断裂带交会部位，出露变质岩基底及火山岩覆盖。主要地层由新元古界马面山岩群大岭岩组($Pt_3dl.$)、东岩岩组($Pt_3d.$)、龙北溪岩组($Pt_3l.$)和震旦纪稻香组。侏罗系梨山组、南园群下渡组、园盘组、鹅宅组、赤水组，白垩纪石帽山群黄坑组及寨下组等组成。区内岩浆活动强烈，主要有燕山晚期钾长花岗岩，花岗斑岩呈岩脉状，与铅锌矿床成因有关系。断裂以北北东向为主，其次为北西向和东西向。已发现的主要矿床点有：政和夏山、政和湖屯矽卡岩型沉积-变质热液改造型锌铅矿中型矿床，政和星溪、政和王母山热液型小型金矿床，政和富美层控型小型金矿床，政和东峰热液型铜矿矿点等	Au41	49.74	10.85	48.00
		Cu51	114.19	50.64	145.00
		Pb51	124.32	185.93	967.00
		Zn44	61.75	1 132.03	10 500.00
		Mo46	90.43	4.19	11.60
		Sn25	52.67	8.25	12.40
		W48	47.14	11.96	81.60
		Ag55	60.98	770.59	2 730.00
		Bi45	83.86	2.60	13.40
		Mn37	124.69	1 575.13	6 610.00
		Cd41	61.23	15 929.75	118 000.00
		As25	57.90	9.55	21.10
		Sb36	72.84	0.81	1.94

续表 5-18

异常名称	地质特征	异常特征			
		异常元素及编号	面积(km^2)	平均值	极大值
政和锦屏 35-Z-10 甲类	区内出露上侏罗统南园组第二段(J_3n^2)，主要岩性为流纹质晶屑凝灰熔岩、流纹岩、流纹质晶屑凝灰岩及流纹质含角砾晶屑玻屑凝灰岩，岩石普遍硅化、绢云岩化、叶蜡石化等。区内构造以断裂为主，主要断裂北西—北北西向。区内未发现侵入岩。已发现政和锦屏岩浆热液型金银矿小型矿床、政和香炉坪热液型小型银矿床	Au1	50.69	21.10	146.00
		Au2	45.40	12.60	66.00
		Ag1	65.40	966.00	2 500.00
		Ag2	69.81	545.00	2 000.00
		Cu	63.13	29.60	46.70
		Mo	30.82	3.02	4.30
		W	63.11	5.66	7.30
		Sb	25.60	0.93	1.37
建瓯小坑 35-Z-16 乙类	闽西北加里东隆起区的东部。政和-大埔断裂带与浦城-宁德北西向断裂带交会部位，龙北溪岩组(Pt_3l)变质岩，侏罗系长林组(J_3c)碎屑岩、南园组第三段 J_3n^3、第二段 J_3n^2、火山岩和火山碎屑岩及白垩系石帽山等地层。侵入岩为晚侏罗世浅肉红色似斑状中细(粗)粒正长花岗岩($J_3\xi\gamma$)以及次花岗斑岩等。区内见北东向、北东东向及东西向断裂。已发现有建瓯小坑热液型金矿-银矿矿点，建瓯川石盆地沉积变质型金矿点、政和马仑头、建瓯岭尾、建瓯岭源热液型小型金矿床，政和东际热液型小型金矿-银矿矿床，政和上山岗热液型金矿矿点等	Au	56.26	18.52	80.00
		Ag	95.03	285.83	1 000.00
		Mo	89.75	4.73	10.70
		Pb	19.77	101.42	134.00
		W	75.70	5.99	10.20
		Bi	42.19	1.66	2.41
		Mn	49.19	987.40	1 200.00
		Cd	50.12	455.60	940.00
		Sb	11.43	0.59	0.75
		As	111.01	9.16	20.70

说明：Ag、Cd、Au 单位为$\times10^{-9}$，其他单位为$\times10^{-6}$。

根据区域化探异常各异常区均不同程度开展过 1∶5 万化探及大比例尺异常查证工作，圈定多处较大规模以 Au、Ag 为主的地球化学异常，并发现多处矿床点。从异常分布特征、地表矿化规模以及化探工作程度分析，目前发现的多为小规模矿化点，区域地球化学异常集中分布区分布面积达数百平方千米，是福建省 4 处 Au、Ag 异常及矿化集中分布区之一。其成矿地质背景有利，但尚未发现与之相匹配的矿床，仍有寻找中小型金银矿床的找矿潜力。

15. 寿宁大安地区银预测区(35-Y-B-8)

预测区地理坐标：东经 118°37′00″—118°53′00″，北纬 27°45′00″—27°04′00″，面积 581km^2。

预测区位于福建省寿宁-连江南北向构造带北段，寿宁-柘荣北西向构造交会部位以及寿宁-梅林晚侏罗世火山喷发带北部，浙南(南雁荡)环状火山机构边缘。区内广泛出露上侏罗统南园组第四段(J_3n^4)流纹质晶屑角砾凝灰岩、熔结凝灰岩、石英正长斑岩体、沉凝灰岩等。构造主要为北东东—近南北向及北东向断裂为主，次有北东东向断裂，在断裂交会处有石英正长斑岩等侵入，区内主要侵入岩为燕山晚期“T”形复式岩体。与喷发带配套的区域性断裂纵横交错；强烈的火山作用、岩浆作用以及断裂的叠加改造，致使区内蚀变矿化广泛、类型多样；古开采硐星罗棋布。区内已发现大熟、伏际、大安、官田场、老厝-外楼、溪坛、炭山、炭岔头、寨坪等热液型银矿点具有较好的含矿远景。可见本区成矿背景优越。区内圈定有寿宁大安(35-Z-11 乙类)等区域化探异常。其异常特征见表 5-19。

异常以 Au、Ag 为主，伴生有 W、Mo、As、Sb 等元素异常。其中 Au、Ag 异常规模大，相互套合，内带异常发育。异常处于银矿成矿有利地区，已发现众多银矿点，规模较大。区内开展过1∶5万化探，发现多处规模较大以Au、Ag、Pb、Zn为主的地球化学异常，局部地段经查证，发现较好的银金矿体。根据已发现异常特征结合地质背景分析，该区是银金矿找矿非常有利地区，找矿潜力较大。

表 5-19　寿宁大安地区银找矿预测区异常特征表

元素	面积(km^2)	平均值	极大值	异常规模
Mo	45.80	5.55	26.80	254.21
W	67.78	6.00	7.40	406.70
Au	39.22	17.48	162.00	685.49
Ag	62.90	632.67	2 600.00	39 793.91
Sd	58.98	0.67	0.93	39.29
As	61.81	9.73	21.80	601.64

说明：Ag、Au单位为$\times10^{-9}$，其他单位为$\times10^{-6}$。

16. 柘荣英山地区银预测区(35-Y-A-9)

预测区地理坐标：东经119°42′00″—119°53′00″，北纬27°06′00″—27°24′00″，面积479km^2。

预测区位于寿宁-连江南北向构造带北段与寿宁-柘荣北西向构造交会部位以及寿宁-梅林晚侏罗世火山喷发带北部。区内断裂构造发育。已发现福安不老洋、岭头热液型铅锌矿点、柘荣南山热液型铅矿-锌矿矿点。

区内重点圈定柘荣英山等化探综合异常(表5-20)。根据1∶20万区域地球化学异常，区内开展过化探异常查证工作，发现多处银铅锌等矿点，尤其柘荣英山，目前经验证，银可达中型规模。该地区以Ag-Pb-Zn-Cu为主化探异常规模较大，断裂构造发育，形成较大规模沿不同断裂构造方向展布的地球化学异常带，是寻找中小型热液脉型铅锌银多金属矿的有利地区。

表 5-20　柘荣英山地区银找矿预测区异常特征表

异常名称	地质特征	异常特征			
		元素	面积(km^2)	平均值	极大值
柘荣英山35-Z-17 甲类	出露侏罗系南园组第四段(J_3n^4)、第三段(J_3n^3)以及小溪组上段(K_1x^2)火山岩地层。区内见北西向断裂穿过。已发现福安不老洋、福安岭头热液型锌铅矿矿点	Pb	40.99	128.00	276.00
		Zn	16.35	206.00	475.00
		Au	66.57	2.82	13.80
		Mo	95.74	3.76	6.80
		Ag	67.74	1 117.00	3 800.00

说明：Ag、Cd、Au单位为$\times10^{-9}$，其他单位为$\times10^{-6}$。

17. 周宁芹溪—桐岔地区银预测区(35-Y-A-10)

预测区地理坐标：东经119°05′00″—119°35′00″，北纬27°00′00″—27°14′00″，面积627km^2。

预测区位于寿宁-连江南北向构造带北段与寿宁-柘荣北西向构造交会部位以及寿宁-梅林晚侏罗世火山喷发带北部。区内断裂构造发育。已发现周宁芹溪热液型小型银矿-金矿矿床、福安半岭热液型铅矿-锌矿矿点、周宁洋后热液型铅矿-锌矿矿点、周宁高际头热液型铜矿点、周宁桐岔热液型锌矿点等。

区内圈定寿宁斜滩、周宁桐岔、周宁芹溪3处综合异常(表5-21)。根据1∶20万区域地球化学异常，区内开展过1∶5万化探工作，发现多处以Pb-Zn-Ag-Cu为主的地球化学异常，并在此基础上开展化探异常查证工作，发现多处银铅锌等矿点。该地区以 Pb-Zn-Ag-Cu 为主，化探异常规模大，断裂构造发育，形成较大规模沿不同断裂构造方向展布的地球化学异常带，是寻找中小型热液脉型铅锌银多金属矿的有利地区，且区内化探工作程度相对较低，银矿找矿工作未有大的突破，根据异常元素组合特征、异常规模及所处有利成矿地质背景分析，该区具有较好的找矿前景。

表 5-21　周宁芹溪—桐岔地区银预测区异常特征表

异常名称	地质特征	异常特征			
		元素	面积(km^2)	平均值	极大值
寿宁斜滩 35-Z-27 乙类	出露侏罗系南园组第四段(J_3n^4)、第一段(J_3n^1)以及白垩系石帽山群黄坑组上段(K_1h^2)、下段(K_1h^1)，寨下组上段(K_1z^2)、下段(K_1z^1)等火山岩地层。侵入岩主要有早白垩世($K_1\xi\gamma$)肉红色似斑状中(细)粒正长花岗岩。区内见北东向南北向断裂穿过。已发现福安半岭热液型铅矿-锌矿矿点	Cu	92.42	17.00	30.00
		Pb	152.34	96.30	216.00
		Zn	72.59	142.00	236.00
		Au	47.55	2.22	5.90
		Ag	62.26	853.00	5 000.00
		As	58.05	10.90	18.80
		Sb	53.61	0.60	1.19
周宁桐岔 35-Z-26 乙类	主要出露侏罗系南园组第四段(J_3n^d)、第三段(J_3n^c)、第二段(J_3n^b)以及白垩系石帽山群寨下组上段($K_1^2z.$)火山岩。侵入岩有早白垩世($K_1\xi\gamma$)肉红色似斑状中(细)粒正长花岗岩。区内已发现周宁东山热液型钼矿点、周宁洋后热液型铅矿-锌矿矿点、周宁高际头热液型铜矿点、周宁桐岔热液型锌矿点等	Pb	85.99	211.00	2 210.00
		Zn	43.34	210.00	970.00
		Ag	65.22	517.00	5 200.00
		Mo	29.75	7.78	19.60
		Bi	39.55	3.24	10.30
		Mn	170.18	1 455.00	3 800.00
		Cd	29.80	539.00	1 910.00
周宁芹溪 35-Z-25 甲类	异常区位于Ⅵ-4 东南沿海岩浆弧(K_2)。浦城-宁德北西向断裂带与闽东火山断坳带交会附近，浦城-宁德北西向钼银铜多金属矿成矿带南东段，寿山早白垩世火山喷发盆地南西缘，浦源复式岩体西侧。区内已发现周宁芹溪热液型小型银矿-金矿矿床	Au	91.94	6.23	86.00
		Ag	84.29	492.38	3 300.00
		Pb	28.46	64.28	87.60
		Cu	39.28	12.08	17.20

说明：Ag、Cd、Au 单位为$\times10^{-9}$，其他单位为$\times10^{-6}$。

第四节　遥感资料地质解释

一、遥感影像特征

福建省遥感影像分区采用了华东片区分区要求，将全省分 3 个影像区，分别为Ⅸ-武夷山影像区、Ⅺ-永梅惠凹陷影像区、Ⅻ-浙南闽东沿海火山岩影像区(图 5-10)。

1. Ⅸ-武夷山影像区

该区跨福建、浙江、江西三省的三角区域，主体在福建，大致呈菱形。

东北段为丘陵地貌，影纹较平滑，色调黄绿色、紫红色，且蓝色斑点状富水地较多。

图 5-10 福建省遥感影像分区图

中北部为高山区，主要山脉为武夷山、仙露岭、杉岭等，武夷山脉断裂构造非常发育，在影像图上的地形切割深，切砍状影纹特别发育，呈较均匀的绿—黄绿色调。

南部变质岩、岩浆岩、侵入岩广布，发育众多沉积盆地、断陷盆地以及火山岩盆地，线形构造较不发育，河流呈树枝状，整体流向为东。

2. Ⅺ-永梅惠凹陷影像区

该区域呈北东向斜三角形展布，地理位置上包括江西赣州和瑞金的南部及闽西南武平—永定、龙岩—漳平等地区，南与广东相连接。

在构造上属于闽西南凹陷盆地，地表主要为元古代变质岩、(南华纪—寒武纪)浅变质岩、中生代陆相火山盆地沉积；区内各期次岩浆均有活动，加里东期、海西期—印支期和燕山期活动均较强烈，以酸性为主，中酸性次之，呈岩基状沿北东向分布，燕山期部分中酸性侵入体呈小岩株、岩脉状沿断裂带侵入。大型断裂带发育北北东向光泽-武平断裂带、北东向浦城-武平断裂带以及北西向永安-晋江大断裂带，其中，永安-晋江大断裂带由一系列延伸很长的压、压扭性断裂及呈北西向串珠状排列的沉积盆地所形成的环形构造组成。环形构造发育，多为盆地、侵入岩体引起；在长汀县北部发育少量逆冲推翻滑脱构造。

主要山脉有武夷山南段、玳瑁山脉、博平岭，呈北北东向、北东向。在 TM741 影像上，整体绿色植被，夹杂紫红色长条形河谷冲积盆地和花岗岩风化盆地，侵入岩体具明显的线性交错纹理特征或发育树枝状水系。武夷山以西江西省部分广布寒武纪和泥盆纪变质岩，受后期风化影响，地势相对低平，线性构造较不发育且杂乱无章；武夷山以东福建省部分以花岗岩和火山岩为主，构造较为发育，特别是在早白垩时期的正长花岗岩地区，因形成时间较新，岩石质地坚硬，形成沟谷纵横，切割陡峭的刀砍斧剁式格局。

3. Ⅻ—浙南闽东沿海火山岩影像区

该区向北东延至浙江，向西南延至广东，其范围与福建省一级大地构造单元-闽东火山断坳带相当，是以政和-大埔断裂带为界的东部区域。地理上包括福建省东部以及浙江省苍南—景宁—温州地区，几乎占福建省一半的面积。

西侧在构造上是一个火山基底隆起带，中生代火山岩地层和燕山早期黑云母花岗岩分布广，前震旦纪基底零星出露，总体为北东向；出露的火山岩基底主要为新古生界和下三叠统，具有较明显的过渡带特点。影像纹理主要由纵横交错的线形构造所组成，以北东东的线形影像带最为发育。色调表现一般，整体为黄绿色，周宁—寿宁地区有明显的黄棕色异常，多发育在侵入岩体周围。

东侧大部区域地表主要分布于晚侏罗世—早白垩世中酸性火山岩，侵入岩次之，而沉积地层不发育，古生代地层在东北部零星分布，变质岩仅出现于沿海地带。断层较为发育，出露大型断裂带两条，北为福鼎-福清断裂带，南为长乐-南澳断裂带。火山岩和火山碎屑岩在影像上反映为隆起的正地形地貌，纹理较粗糙，发育网格状水系，火山机构通常还显示有环形构造，在永泰周围的白垩世火山岩区，断层呈北东向和北西向格子状交叉发育，平直清晰，沟谷陡峭。侵入岩体在影像上通常反映为负地形盆地，色调灰紫色、紫红色，盆地边缘多有是相互交错的裂隙或节理发育，内部有时发育树枝状或羽状水系。沿海区域多表现为台地、滨海平原，多为第四系松散沉积物所覆盖。

二、遥感资料地质解释

（一）遥感地质构造解译

福建省内共解译出线要素（断层）1 829 条、脆韧性变形构造带要素 25 处、遥感逆冲推覆滑脱构造要素 98 处、环状要素 272 个、块状要素 38 个，带状要素 40 块，以及其他一些近矿找矿标志。

1. 线要素解译

线形构造是指遥感影像上由各种断裂引起的由色调（色彩）、微地貌、水系等标志沿一定方向展布所显示的线形（或带状）影像特征，包括各种性质的断层、大型节理（遥感大节理）或裂隙密集带、脆韧性变形构造带、逆冲推覆滑脱构造，以及未出露地表的隐伏断裂等。

线形构造在遥感影像上显示形式有两种：一种是结构型，是以影像显示清晰的结构（影纹）特征为主要标志，如影像地貌特征明显的断层崖或由影纹结构突变反映出的岩层错位线等；另一种是色调型，是影像上以色线或色调界面为主，表示以岩性地球化学或地球物理为主要识别标志的断裂构造，如通过图像处理显示的有规律分布的岩脉群等。

福建省构造比较复杂，以断裂发育为其特点，通过对研究区 TM 影像进行人机交互及目视解译，得出福建省遥感影像线形构造图。分析得出研究区线形构造总体展布特征。

1）断裂构造解译

区域性深（大）断裂带在 TM741 影像上有着清晰的显示，主要表现为区域性的色彩分界线，影纹图案差别界线及色线带。地质上则表现为不同地层单位的界线，地质体切割错动明显。地貌上多沿较大的沟谷及山脊分布。沿断层发育直线形沟谷和水系，河流具直角、同步拐弯等现象。研究区内几组走向不同的构造带对区内构造单元划分、构造格局的形成和控制具有重要影响，它们将福建分割成大小不等的块体（地块、断块），构成了“东西分带，南北分块”的基本构造格架。其中北东—北北东方向构造发育规模较大，构造形迹较为清楚，构造线大多延伸较远，旁侧构造线较为密集。区内主干构造带主要有北东向崇安-石城断裂带、浦城-武平大断裂带、古田-上杭大断裂带、政和-大埔断裂带、福安-南靖深断裂带、福鼎-福清北东向构造在TM影像上有清晰的显示（图5-11），是测区最发育的一组线形构造，断裂线清晰，分段连续性较好，地貌多为山间沟谷和线状洼地、水系遇断裂出现拐折。

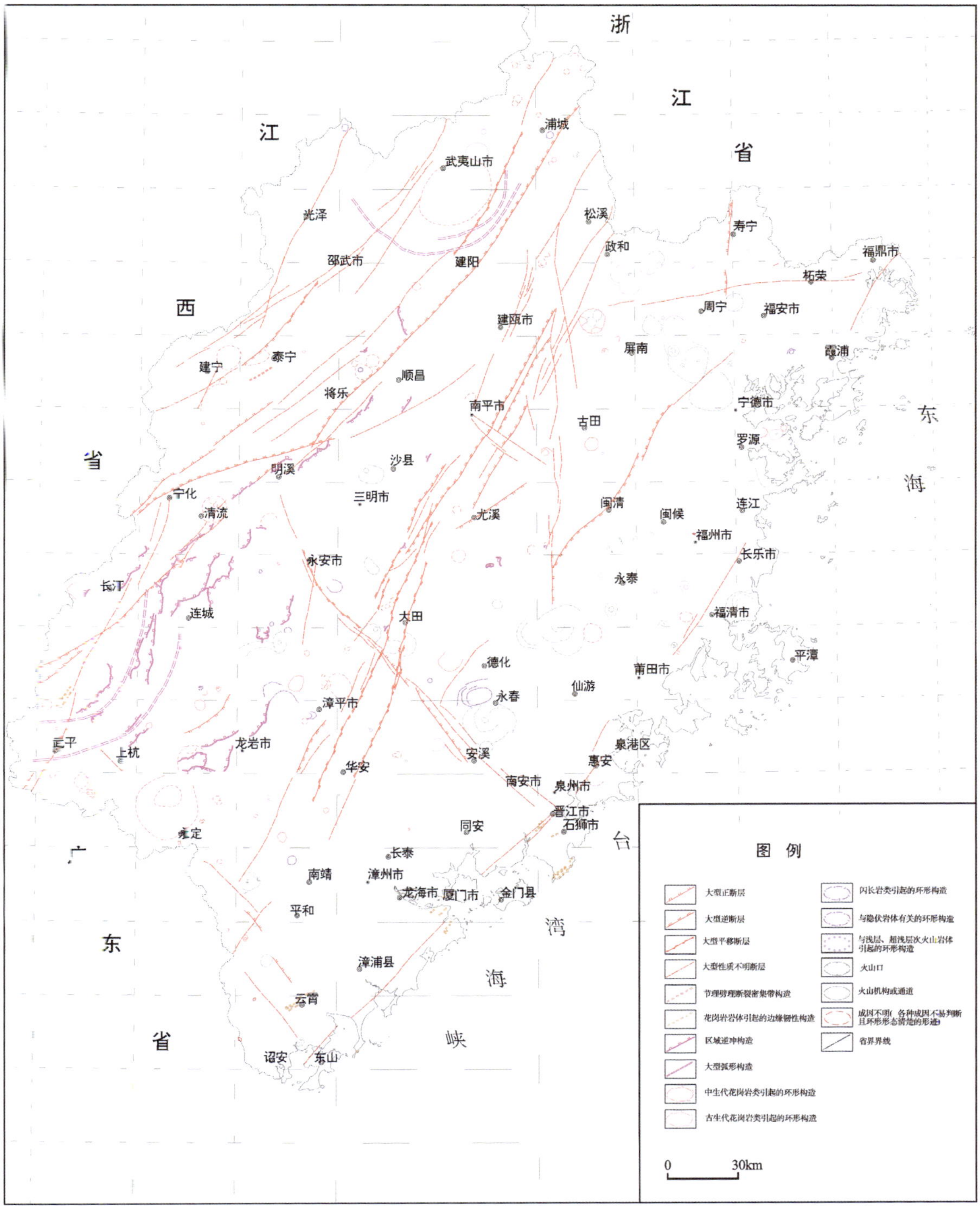

图5-11 福建省遥感重大地质构造简图

崇安-石城断裂带两端均延入江西省。总体上呈 NE35°～40°，宽 10～30km，长大于 250km。该断裂沿武夷山、邵武、宁化安远一带展布，断裂线清晰，分段连续性好，断裂两侧影纹明显不同，为山间沟谷、盆地边界，直线状水系和地貌分界线，数条水系遇断裂出现拐折。带内已发现多处金、锡、银、铅、锌多金属矿床、矿点，矿化点更是星罗棋布。与燕山期断裂活动有关的蚀变构造岩型金、银等多金属矿床(化)，断裂构造控制明显。

政和-大埔断裂带，呈 NE30°左右展布，沿政和—南平—尤溪—漳平一线延伸，北端延入浙江省，南端出露形迹不明显。大部分断裂线迹清晰，分段连续性较好，为山间沟谷、线状破碎带和洼地，是不同构造单元和新构造的分区界线。部分地段断裂线迹较模糊，断续延伸。断裂带中分布的岩石地层比较复杂，其中以中生代沉积-火山地层及花岗岩类为主。断裂带由一系列走向 NE25°～35°断裂组成。这些断裂的产状、性质、特征比较复杂，既有冲断层、正断层，也有缓断层。该断裂带在尤溪营前一带与北北东向松溪-南靖大断裂带交错。

长乐-南澳断裂带位于福建东南沿海，沿长乐—惠安—晋江—厦门—东山一带大致呈北东向平行海岸线分布，东北端没入海中，西南端延到广东南澳岛一带。宽 38～58km，长大于 400km。大部分断裂线迹较清晰，部分地段线迹较模糊(如长乐—福清地段)，分段连续性较好，为线状沟谷、港湾、盆地边界、直线状水系和破碎带。断裂带两侧地貌存在显著差异，东侧沉降，西侧上升，并控制海岸基本形态。该断裂带控制着岩浆活动、沉积及变质作用。并沿线形成许多断陷盆地，如漳浦的古雷半岛、六鳌半岛、东山岛的第四纪断陷盆地等。沿断裂带出露一系列低—中变质岩相和断续分布的侵入体及温泉群。

(1)北东向构造。浦城-武平断裂带分布于浦城、建阳、将乐、明溪、清流、长汀、武平一带，总体走向 NE45°左右，长约 400km，宽约 10km。TM 影像上呈断续出露，断裂线迹清晰，分段连续性较好，为山间沟谷和线状洼地，北段线迹醒目，呈“V”形沟谷，断裂两侧阴阳坡面色调反差强烈。该断裂带明显控制晚古生代和中生代地层的展布及侵入岩的分布。

此外，古田-上杭大断裂、福安-南靖深断裂带、福鼎-福清断裂带 3 条断裂带 TM 出露断裂线迹清晰，分段连续性一般，多为断续出露，为线状沟谷、直线状水系和破碎带。

(2)北北东向构造。该方向的构造在 TM 影像上表现出不同的规模和特征，主要分布于西部。断裂线迹清晰，大部分地段连续性较好，部分地段为谷地、洼地边界，两侧影纹略有不同，水系沿断裂展布或遇断裂急促拐折。松溪-南靖大断裂带沿松溪、建瓯、南平、大田、华安良村、南靖一线呈 NNE15°左右展布。长约 420km，宽 5～15km。主要有 3 条剪切性显著、延伸很长的断层组成，以平直为特色，在走向上并具侧幕式斜列。断裂带中分布的岩石地层比较复杂，其中以中生代沉积-火山地层及花岗岩类为主。

光泽-武平断裂带南北两端均延出省外，长约 37km。断裂线迹清晰，大部分地段连续性较好，中部形迹不明显，部分地段为谷地、洼地边界，两侧影纹略有不同。水系沿断裂展布或遇断裂急促拐折。主要为逆冲性质，既控制了中生代沉积-火山盆地的展布，又破坏了完整性。

将乐-华安断裂带在区内出露形迹较少，较为模糊，只在永安到漳平赤水一带可见。

(3)北西向构造。该方向断裂带在 TM741 影像上为山间、线状洼地和洼地边界或直线状水系，表现出来的发育规模和数量都较小，稀疏散布于区内。

永安-晋江大断裂带，全长 200km 以上，宽几千米至 10km，沿永安、永春一都、安溪剑斗、南安、晋江一线分布。该断裂带由一系列北西走向，延伸很长的压、压扭性断裂及呈北西向串珠状排列的沉积盆地所形成的环形构造组成。呈北西向较窄，南东向略宽的构造形迹。分别与大田谢洋、永春一都和政和-大埔、松溪-南靖两大断裂带交错。该断裂带控制了南园组火山岩的分布，形成了一连串北西向的小型断陷盆地。

上杭-云霄断裂带分布于上杭、永定、云霄和东山一带。断裂带中部、西北端的断裂缺失或变少，东南部断裂线清晰，分段连续性较好，为山间沟谷、地貌分区界线。

顺昌-闽清断裂带形迹见于南平东南侧，其两端因大面积中生代火山岩覆盖及岩浆侵入破坏而形迹不清晰。

(4)北东东向构造。南平-宁化断裂带是一条重要的构造岩浆带，呈北北东向展布于南平、宁化一线，长约 140km，宽 20～30km，往西进入江西境内，其东北端在南平一带被浦城-武平断裂带斜切，因大面积中生代火山岩覆盖及岩浆侵入破坏而形迹不明。

(5)南北向和东西向构造。南北向寿宁-连江断裂带 TM 影响两端较清晰，中段未见明显形迹，主要沿寿宁北、福安晓阳、连江潘渡、福州鼓岭一线展布，由一组平直正断层和南北向展布的花岗岩体组成。长约 180km，宽 3～10km。

南北向浦城-永泰断裂带，北起浦城以北，经政和东平、建瓯朝阳、古田巨口，至永泰嵩口。构造形迹清晰，分段性较好，为山间沟谷、线状洼地和洼地边界，部分地段断裂两侧影纹明显不同，多呈"S"形展布。长约 240km，宽几千米至 20km。

柘荣-建阳断裂带呈东西向延伸，长约 200km，TM 影像上为一条连续性较好的线形构造。

2)脆韧性变形构造带要素解译

脆韧性变形构造带呈北东向，多数分布于东部沿海的晋江、石狮、龙海港尾和云霄一带，在空间上大致平行于海岸线展布，为花岗岩类岩体侵位引发的边缘韧性构造。在 TM 影像形迹上花岗岩类岩体呈扁豆状形态，两头较尖锐，中间膨胀，岩体外围伴有韧性变形构造带。

3)逆冲推覆滑脱构造要素解译

逆冲推覆滑脱构造较为发育，是另一重要的线形构造形式，TM 影像上主要表现为区域性的色彩分界线，影纹图案差别界线及色线带。地质上则表现为不同地层单位的界线，地质体切割错动明显，在地貌上组成飞来峰的外来岩系均分布在地形上的相对高处，形成山系的主体和山峰，而其四周低处则为原地岩系。构造要素总体呈北东向展布，多为区域性逆冲构造。大致可分为邵武大埠岗-泰宁梅口、浦城石陂-武平东留、建瓯南雅-永定虎岗 3 个逆冲推覆滑脱构造带。

邵武大埠岗-泰宁梅口构造带分布于西边，位于北东向崇安-石城断裂带的东侧，为区域逆冲构造。

浦城石陂-武平东留构造带位于中部，为区域逆冲和大型弧形构造。沿浦城石陂、建阳、将乐白莲、清流嵩口、连城宣和、武平东留一线分布。带内单一逆冲推覆滑脱构造走向不一，形状各异，但总体走向呈北东向，平行展布于浦城-武平断裂带。逆冲推覆滑脱构造或位于断裂带、或分布于断裂带外，还有与断裂带交错。构造带两端为大型弧型构造，中间为区域逆冲构造。

分布于东边的建瓯南雅-永定虎岗构造带则是沿建瓯南雅、沙县高砂、大田广平、龙岩雁石、永定虎岗断续出露，为区域逆冲构造。

这 3 个逆冲推覆滑脱构造带位于分别以政和-大埔和浦城-武平两大断裂带为东西边界的闽中裂谷带中。裂谷带两边界断裂或逆冲推覆滑脱构造带的旁侧或沿裂谷带内有隐伏断裂带分布。带内有一定的金属矿化分带。纵向上北段以铜为主，其次铅锌；中段铜、铅锌兼有；南段以铅锌、铜、金为主，有北铜，南铅锌、金为主的特征。横向上东西两侧以金为主，中间以铅锌多金属为主。而福建省分布于晚古生代地层的铁、硫多金属矿床，几乎都受推覆构造控制，已成为福建省金属矿产的控矿、储矿构造，如大田前锋铅锌矿、清流余朋铅锌矿。

2. 环状要素解译

区内的环形要素较为发育，除闽西南外，福建省各地大多可见，影像特征以异常环形色线、色块，地貌上以环形山脊、山沟、发育环形水系、放射状水系等环状展布为特征。在形态上表现为圆形、环形、准圆形、准环形或未封闭的弧形影像。有单一分布，也有呈套叠状展布。环形构造大小不一，大者直径可达 30km，如位于武夷山市周边的准圆形、环形构造，小者直径小于 1km，区内多可见。主要有小岩株/斑岩体、岩浆侵入作用、火山喷发相关，以及成因不明的环形体。其成因类型以火山机构或通道为主，其次为环形形态清晰但成因不明的环状构造，另外还有与浅层和超浅层次火山岩体有关、中生代花岗岩类引起的、闪长岩类引起的等不同成因类型的环形构造。

位于永春东平-魁斗的环形构造，呈套叠状，中心为准圆形，周围套叠着多个未封闭的弧形。TM 影像表现为不同色彩的环形分界线，地貌上构造成环形(弧)形山脊、环(弧)形水系。影像特征显示该环形构造与火山喷发有关，为火山构造或通道。

德化下洋的环形构造大致分布于侵入岩与围岩外接触带区，中心为花岗岩，明显显示与岩浆活动有关，呈未封闭的弧形构造。影像为不同色彩的弧(环)形分界线，地貌上构造弧形山脊。其环状范围大致与侵入体一致。

3. 块状要素解译

图内解译的块要素也是以色异常环形色线、色块及山脊、山沟、水系呈环状展布为特征。主要分布于中部，为环状块体。分布于东部的块状要素多为小岩株/斑岩体、岩浆侵入作用形成的环形块状体。位于西部的则与断陷盆地有关。

分布于罗源中房-连江丹阳、古田鹤塘、安溪龙门、南安英都、南安省新和长泰坂里等地的环形块状体，其中心皆为花岗岩，环形分布范围与侵入体大致一致，显示这些块状体与构造岩浆活动有关。

位于泰宁、建宁、将乐等地的环形块要素分布于断裂两侧，多以断裂为界，形成类似蛋形体态，长轴方向呈北东向，大致平行于崇安-石城和浦城-武平两大断裂带的环状构造体。

4. 色状要素解译

福建省由于植被覆盖率很高，出露的异常颜色大多在河谷或者居民区，干扰性很大，很难做出定性评价，仅在元古代地层表现为浅棕黄色色调，部分疑似铁帽的山顶山脊线上表现为棕黄色色调、红色砂岩砂砾岩区域表现为紫红色色调，以及部分燕山期侵入岩岩体外围有少许异常色调，对围岩蚀变的反映作用不大，为了不给以后资料使用者带来误导，故未作色要素的解译。

5. 带状要素解译

福建省遥感解译带要素主要由赋矿岩层组成，参考 1∶50 万和 1∶25 万区域地质调查资料，地层解释可识别到“组”级岩石地层单元，即上元古界大岭岩组、龙北溪岩组，寒武系林田组、东坑口组，石炭系林地组、船山组，二叠系栖霞组、童子岩组，三叠系溪口组，侏罗系下渡组、坂头组、南园组，白垩系黄坑组、寨下组、沙县组、崇安组，第三系佛昙组。另外还有形成于晚侏罗世和早白垩世的正长花岗岩、二长花岗岩、花岗闪长岩、石英闪长岩等侵入岩。带状要素类型以岩浆岩为主，其次为变质岩、沉积岩。带状体长轴总体呈北东向分布。可大致分为 4 条带状，自西而东分别为：

(1)浦城-武平带状要素带，走向大致与北东向浦城-武平断裂带一致。带内有出露于清流嵩口-长汀馆前的寒武系林田组、东坑口组的变质石英砂岩夹千枚状变质泥岩、变质杂砂岩、变质细砂岩、重晶石矿层，清流林畲二叠系船山组厚层质纯微晶灰岩、生物屑灰岩，还有位于浦城永兴—建阳漳墩、顺昌浦土、沙县夏茂—明溪盖洋和长汀新桥—濯田的晚侏罗世正长花岗岩、二长花岗岩、花岗闪长岩。林田组、东坑口组与钨、铅锌等成矿有关。船山组与石灰岩发育有关。正长花岗岩、二长花岗岩、花岗闪长岩则与稀土、萤石、铁、铜、钨、锡、钼、铅锌等矿种发育有关。

(2)政和-漳平永福带状要素带，与北东向政和-大埔断裂带大致重合。有上元古界大岭岩组、龙北溪岩组，三叠系溪口组和晚侏罗世正长花岗岩-花岗闪长岩等赋矿岩层。大岭岩组、龙北溪岩组位于政和石屯—建瓯玉山，为云母石英片岩、二云石英片岩、斜长角闪片岩岩性组，与铅锌、锡、钨等成矿有关。位于大田前坪—石牌一带的溪口组为粉砂岩-泥岩岩性组合，与铁、铅锌成矿有关。位于尤溪新阳—大田太华和漳平永福的正长花岗岩-花岗闪长岩则与钨、锡、钼、稀土、萤石等成矿有关。

(3)福安-华安沙建带状要素带，大致沿北东向福安-靖深断裂带分布。北端位于福安周围，为晚侏罗世正长花岗岩-花岗闪长岩，与钨、锡、钼、稀土、萤石等成矿有关。南端的侏罗系南园组，分布于安溪西坪—华安沙建，为火山碎屑岩-火山碎屑熔岩-流纹岩组合，与铁、锰、铅锌、黏土等矿种有关。

(4)莆田-东山带状要素带，其展布位置和方向与北东向长乐-南澳断裂带大致相同。有南园组的火山碎屑岩-流纹岩组合，佛昙组的玄武岩-粗玄岩组合，还有晚侏罗世正长花岗岩、二长花岗岩、花岗闪长岩等。这一带的赋矿岩层与与银、铅锌、叶蜡石、高岭土、铝土矿等成矿有关。

另外还有位于清流灵地一带，与煤、铁、锰矿种发育有关，为石英砂砾岩建造的林地组。位于北东东向南平-宁化断裂带西南端宁化淮土一带的沙县组赋矿岩层，为粉砂岩-泥岩、砂砾岩，与铁、铅锌、黏土发育有关。龙岩雁石的栖霞组、童子岩组地层，为含煤碎屑岩建造-硅质碳酸盐岩建造，与煤、铅锌等矿种发育有关等。

（二）遥感异常提取

1. 福建省遥感羟基异常

福建省内的羟基异常主要分布在福建中西部地区和东山厦门一带，一般在水系比较发育的地方，或者在沿大河两岸分布，还有部分在海岸线的异常可以初步判断为假异常。主要具体分布为南平市浦城县的白垩纪—侏罗纪侵入岩区，建瓯市新元古界大岭岩组、龙北溪岩组、东岩岩组地层的变质岩区，三明市建宁县新太古界天坪井组斜长变粒岩、角闪岩区，三明市区和永安市区的异常主要分布在沙溪、九龙溪两岸，不好界定是否为假异常；三明市宁化县上侏罗统南园组的正长花岗岩和二长花岗岩区，龙岩市长汀县侏罗系漳平组砂岩细砂岩粉砂岩区，龙岩市武平县和上杭县交界处晚侏罗世正长、二长花岗岩区，大田县和尤溪县交界处的文江溪支流地区侏罗系下村组砂岩杂砂岩区，漳州市诏安县晚侏罗世正长花岗岩二长花岗岩区，云霄县东南部早白垩世正长花岗岩、二长花岗岩区。

2. 福建省遥感铁染异常

省内铁染信息的相对集中，宏观上有一条带状分布，从南平市浦城县到漳州市长泰县一线，受松溪-南靖大断裂带和政和-大埔深断裂带影响。主要具体分布为南平市浦城县晚侏罗世正长、晚侏罗世二长花岗岩、早白垩世正长花岗岩、晚白垩世花岗斑岩区；武夷山市东部大金山岩组变粒岩区；建瓯市新元古界大岭岩组、龙北溪岩组、东岩岩组的变质岩区；南平市周围侏罗系梨山组砾岩、砂砾岩区；大田县早白垩世正长花岗岩、二长花岗岩区；德化县晚侏罗世正长、二长花岗岩区；安溪县侏罗系流纹岩、凝灰岩等火山岩类；长泰县晚侏罗世正长、二长花岗岩区。还有比较零散的屏南县、政和县西部、周宁县侏罗纪火山岩碎斑熔岩区。

3. 遥感异常组合的分布

既有铁染又有羟基异常分布的地区，福建省很少，又极为分散，一般集中在晚侏罗世花岗岩区。

4. 异常与矿的关系

总的来说，福建省由于植被覆盖率很高，所以异常提取很不容易，要找到有价值的异常更不容易，一般呈片状的异常分布在沿河流、河滩、海岸线分布，参考价值不高，还有一部分推测为晚侏罗世正长花岗岩、二长花岗岩风化而导致的异常反映。不过，剩余零散分布的异常参考价值颇高，综合已有矿点资料、地质图和遥感影像图来看，有多处异常和已知矿点矿床吻合。

铁染异常主要是指三价铁离子相关的蚀变异常信息，能指示黄铁矿化、黄钾铁矾、褐铁矿化、矽卡岩化等矿化信息以及铁帽的存在，与铁、铜、硫、铅锌、镍、锰等矿种成矿密切。在龙岩地区，特别是马坑矿区及周围，铁染异常反映不是特别好，因为该地区矿点多地下开采，地上出露的矿区废弃物，可能受图像处理时去白泥地的影响而舍去。但对几处疑似铁帽反映很好，在闽西北香炉山—黄岗山地区，一、二、三级异常都有很强烈的反映。

羟基异常是指在组成成分中有 OH^- 的矿物，是多种蚀变矿化异常的统称，包括矽卡岩化、高岭土化、绿泥石化、蛇纹石化、青磐岩化、绢云母化及次生硅化等蚀变，能较好的反映金、铜、铅锌、钨等矿床的存在，这些地区由于矿山的开发，会有表面的土层被剥离，使一些含氢氧根离子的蚀变矿物出露。另外，羟基在提取稀土矿分布信息上最为直接和显著。

第五节　自然重砂资料地质解释

一、自然重砂特征

(一)主要重砂矿物分布规律

(1)钨矿物。主要分布于福建西北部和西南部，多处于燕山早期黑云母花岗岩体与前泥盆系、泥盆系—上三叠统、上侏罗统的接触带附近，少数出现在远离花岗岩体而断裂发育的围岩中。重砂矿物异常往往呈北东向带面型展布，且规模大。

主要来源于钨矿(化)体，一部分为其他矿种矿(化)体的伴生矿物，少部分来自地质体中的副矿物。白钨矿单独分布富集区，其矿物则要来自矽卡岩型钨矿(伴生有铅矿物)和层控型钨矿中，以黑钨矿为主的重砂异常，其矿物来自石英脉型钨矿。

(2)锡石。异常多分布于燕山早期黑云母花岗岩体附近，且多与黑钨矿、白钨矿等形成组合异常。锡石一部分来源于锡矿(化)体，矿物组分差异与其成因类型关系密切，相当一部分锡石是钨矿(化)体和其他矿种矿(化)体的伴生矿物，部分属于侵入岩和火山岩的副矿物，以燕山早期黑云母花岗岩中含量最高。

(3)自然金。主要分布闽西北变质岩区和闽东南火山岩区，集中在政和、泰宁、德化、尤溪等地。自然金主要来自各种成因类型的金矿(化)体，围绕矿(化)体附近自然金富集程度高。

(4)铅族矿物。主要分布于变质岩、溪口组、南园组、石帽山群中的断裂发育地带，以及侵入岩与围岩的接触带附近。在重砂中的铅族矿物保存较差，主要来自铅锌多金属矿(化)体。

(5)稀有、稀土矿物。铌钽铁矿主要与花岗岩及伟晶岩有关，其中与燕山早期黑云母花岗岩、钾长花岗岩有关的异常常与黑钨矿异常伴生，分布于闽北、闽西一带。

磷钇矿主要分布于闽北、闽东南沿海一带。主要与加里东期混合花岗岩、海西期—印支期片麻状黑云母花岗岩及燕山早期黑云母花岗岩、二长花岗岩有关。

稀有、稀土矿物除部分来源于铌钽铁矿源于伟晶岩型铌钽铁矿矿床(点)外，大部分来源于各类地质体中的副矿物，一些侵入岩体中磷钇矿、铌钽铁矿等矿物含量较多，经风化淋滤富集成矿(化)体。

(6)辉钼矿。多分布于燕山早期黑云母花岗岩与南园组地层接触带附近。重砂中辉钼矿一部分来自钼矿(化)体，但其重砂矿物多伴生于黑钨矿异常中，这于辉钼矿本身的物理性质有关。有的辉钼矿来白钨、锡矿(化)体的伴生矿物，在重砂中与黑钨矿、白钨矿、锡石等矿物密切共生，在重砂中还有少量辉钼矿来自各类地质体的副矿物。

(二)成矿类型的重砂矿物特征

福建省开展矿产预测的矿产有银、铜、铅锌、金、钨、钼、锡、铁、锰、铬镍、稀土、锂、铝土、萤石、重晶石、磷、硫等。在不同的矿产预测类型中，与自然重砂异常有密切关系的矿种有金、钨、钼、锡、稀土；有一定关系的矿种有铅锌、银、铜、重晶石、铁；关系不是很密切的、未形成区域重砂异常的矿种有铝土、萤石、磷、硫等(表 5-22)。

表 5-22　福建与重砂关系密切的主要矿床类型矿物组合简表

矿种	矿床类型		矿物组合	主要重矿物	代表矿床(点)
钨矿	斑岩型		辉钼矿-白钨矿、黑钨矿-锡石、绿柱石-黑(白)钨矿-硫化物	黑钨矿、白钨矿、辉钼矿	行洛坑
	石英脉型		黑钨矿-石英、黑钨矿-辉钼矿(辉铋矿)-石英、黑钨矿-锡石-石英	黑钨矿、辉钼矿、辉铋矿、白钨矿、锡石	北坑、新路口
锡矿	伟晶岩型		铌钽铁矿-锡石	铌钽铁矿、锡石	西坑
	云英岩型		锡石-云英岩	锡石、辉钼矿、辉铋矿、磷钇矿、独居石	中甲
	石英脉型		锡石-黑钨矿-石英	锡石、黑钨矿、辉铋矿	松岭
金矿	沉积变质-热液改造、再造型		黄金-黄铁矿-绢云母-石英组合	自然金、黄铜矿、方铅矿	政和王母山
	变质热液充填交代型		黄金-毒砂-黄铁矿-绢云母-石英组合	自然金、方铅矿、黄铜矿	建瓯东游
	热液蚀变型		黄金-黄铁矿-绢云母-石英组合、黄金-黄铜矿-黄铁矿-石英组合	自然金、方铅矿、黄铜矿	尤溪官田
	火山热液充填交代型		黄金-金银矿(或辉银矿)-方铅矿-黄铁矿-石英组合;黄金-硫多金属-石英组合	自然金、金银矿、自然银、方铅矿、黄铜矿	闽侯罗桥
钼矿	斑岩型	斑状酸性岩体型	黄铁矿-辉钼矿、磁铁矿-黄铁矿-辉钼矿、黄铜矿-辉钼矿	辉钼矿、黑钨矿、白钨矿、辉铋矿、黄铜矿、方铅矿	赤路
		中酸性斑岩体型	石英-绢云母-绿泥石-黄铁矿-黄铜矿、钾长石-黄铁矿-黄铜矿-辉钼矿-绿泥石、黑云母-钾长石-磁铁矿-磁黄铁矿-辉铜矿-黄铜矿	黄铜矿、辉钼矿	钟腾
		酸性斑岩体型	钾长石-辉钼矿-黄铁矿-磁黄铁矿-磁铁矿-黄铜矿	辉钼矿、黄铁矿	西坑、蔡西
	矽卡岩型	铁-钼型	透辉石-钙铁辉石-钙铁石榴子石-磁铁矿-辉钼矿、透辉石-钙铁榴石-符山石-绿帘石-磁铁矿-辉钼矿	辉钼矿	马坑
		铜-钼型	黄铁矿-辉铜矿-石英-长石-绿泥石、闪锌矿-黄铜矿-黄铁矿、辉钼矿-黄铁矿-石英-长石-黑云母-绢云母	辉钼矿、黄铜矿	铜坑
		多金属-钼型	方铅矿-闪锌矿-黄铜矿-辉钼矿	方铅矿、辉钼矿、黄铜矿	大排
	热液型	石英脉型	辉钼矿-石英、辉钼矿-黄铁矿-石英、辉钼矿-赤(镜)铁矿-石英、辉钼矿-方铅矿-闪锌矿-黄铜矿-石英	辉钼矿、方铅矿、黄铜矿	林前镶、西寮

(三)单矿物异常特征

1. 黑钨矿异常

福建省分布有黑钨矿异常 180 处,异常范围小者 5～10km²,一般在 15～125km² 之间,大者 210～1 135km²。异常集中分布于武夷山市、邵武、将乐、明溪、德化、安溪、华安、龙岩等地,这些地区异常分布面积大,含量高,多密集成带分布。

异常与已知的钨床、矿(化)点吻合程度较好,省内已知的钨床(点)均处于异常分布范围或外围富集略低的区域内。

异常带(区)总体上受深大断裂带控制,在异常分布较密集的区域,次一级断裂构造发育。

1)闽北富集区

(1)武夷山-建宁富集带:大致位于武夷山-石城断裂带西北侧,与燕山早期黑云母花岗岩体带分布较为一致,呈北东向展布,长约230km,宽约30km,由20多处大小不等的矿物异常组成,较大的异常有12、17、18、19、21、39号黑钨矿异常等。

(2)邵武-清流富集带:大致位于邵武南,经将乐、明溪至清流一带,长约150km,宽约20～30km,富集带处于新甸-杨厝黑云母花岗岩体带与外屯-河田黑云母花岗岩体带交接地带,较大的异常有41、42、44、70、73、75号黑钨矿异常等,其中以41号黑钨矿异常规模最大,面积达491km^2,为Ⅰ级异常。

2)闽南富集区

(1)大田-龙岩富集带:处于政和-大埔断裂带西南部的北西侧,富集区主要在珠地—永福一带,较大的异常有94、97、133、134号黑钨矿异常等,其中以133号黑钨矿异常规模最大,面积达244km^2,为Ⅰ级异常。

(2)德化-南靖富集带:呈北东向延长约200km,燕山早期黑云母花岗岩体带分布关系密切,该带的西南部多组成面积较大的聚丛状富集,其中高安异常面积达525km^2,阳山面积达528km^2,均为Ⅰ级异常。

(3)武平-云霄富集带:呈北西向分布,与上杭-云霄断裂带和武平-下洋燕山早期黑云母花岗岩体带分布关系密切,异常断续分布,较大的有湖山异常,面积达458km^2,为Ⅰ级异常。

2. 白钨矿异常

全省分布有白钨矿异常141处,异常范围一般不大,小者在3～8km^2左右,一般为10～58km^2,大者达90～150km^2。

白钨矿异常与黑钨矿异常密切伴生,与已知的矿床、矿(化)点吻合程度较好。

1)闽西北富集区

闽西北富集区异常在邵武、建阳、顺昌、明溪、建宁等区域较密集分布。大部分白钨矿富集地段,均处于或交错于黑钨矿富集地段,区内广泛分布变质岩。

2)闽南富集区

闽南富集区异常以大田—永定下洋一线为中心,呈北东向串珠状分布,两头较富集,中间低的分布格局。

3. 自然金异常

福建省内共有自然金异常83处,异常范围小者5～10km^2,一般为10～60km^2,大者可达145～305km^2。

异常带(区)总体上受控于深大断裂带和变质岩带。异常与已知金矿床及矿(化)点吻合程度较好,一些矿床及矿点处于异常分布区或外围富集略低的区域内。

异常集中分布于政和、建瓯、建阳、邵武、泰宁、建宁和德化、仙游两个地区,长汀、平和和南靖也有少部分异常分布。

(1)建阳-建宁富集带:大体呈北东向展布,处于武夷山-宁化变质岩区。富集带内由于所处的地质构造条件的差异,其富集程度也有所不同,以建宁、泰宁一带富集地段面积大,含量高。

(2)政和-建瓯富集带:处于松溪-南平变质岩带东南侧,多为龙北溪岩组和上震旦统—下古生界出露区。呈北东向延伸长约70km,以537号自然金异常规模最大,为Ⅰ级异常。

(3)德化杨梅富集区:以550号自然金异常为主体,异常面积大,含量高。区内有已知肖板、双旗山、丘村等多个金矿床分布。

(4)郊尾-洪濑富集带:呈北东向展布,以564、565号自然金异常为主体,异常范围大,目前仅发现有一些金矿(化)点。

4. 铅族矿物异常

全省分布有铅族矿物异常 105 处，异常范围小，小者 2～5km^2，一般为 8～43km^2，大者可达 50～85km^2。

深大断裂带控制了铅族矿物异常带（区）的分布，异常与已知铅矿床及矿（化）点吻合程度较好。已知矿床及矿点多处于异常分布范围或外围富集略低的区域内。

表现为分散、面积小和富集程度低的特点，以小面积富集为主。

夏山富集区：处于政和-大埔断裂带北段的东南侧，以 583、584、599 号铅族矿物异常为主体。

安溪-漳平富集带：多为小面积富集，呈小面状断续分布。

云霄-永定富集带：与上杭-云霄断裂带关系密切，沿北西向分布，除个别（Pb670、Pb673）外，多呈小面积富集。

5. 铌钽铁矿异常

福建省分布有铌钽铁矿异常 90 处，异常范围小者 5～10km^2，一般在 20～70km^2 之间，大者 100～265km^2。

闽西北地区异常密集成带分布，主要受控于构造岩浆岩带和变质岩带，已知矿床及矿点多有异常或重砂矿物显示。

在闽北富集程度较高，其他区域富集较弱，多呈星散状小面积分布。

武夷山-建宁富集带：分布范围与黑钨矿武夷山-建宁富集带较一致，呈北东向延长约 250km，异常面积较大的异常有 689、690、699、700、701、705、706 号铌钽铁矿异常，其他多为小面积富集。

建瓯-清流富集带：呈北东向延长约 170km，富集带北东和南西地区富集地段相对较集中，但多为小范围散面状分布，北东区与麻源岩群中伟晶岩发育有关，南西区与变质岩区内伟晶岩和燕山早期黑云母花岗岩体有关。

6. 磷钇矿异常

福建省内共有磷钇矿异常 102 处，异常范围小者 5～10km^2，一般为 15～125km^2，大者可达 210～1 135km^2，异常集中分布于建阳—建宁和漳平—华安—南靖一带。

异常带（区）主要受控于构造岩浆岩带和变质岩带，已知磷钇矿矿（化）点与异常吻合程度较好。

福建省内分布为闽西北、西部和南部较集中，与变质岩带和构造岩浆岩带关系密切。

（1）建阳-建宁富集带：明显受控于武夷山-宁化变质岩带，呈北东向分布，延伸长约 310km，北东和西南两头富集较集中，中部低，以 788 号磷钇矿异常规模最大，其次为 782 号磷钇矿异常。

（2）河田-武平富集带：呈北东向小面积分布，位于闽西南明溪-武平复式背斜中。

（3）连城-永定富集带：呈近南北向小面积断续分布，位于闽西南宣和复式背斜中。

（4）德化-华安富集带：处于政和-大埔断裂带东南侧，与燕山早期黑云母花岗岩体带分布关系密切，规模最大的有 834 号磷钇矿异常，为Ⅱ级异常。

（5）云霄-上杭富集带：呈北西向分布，与沿云霄-上杭断裂带侵入的燕山早期黑云母花岗岩体关系密切，以 859、861 号磷钇矿异常为构成带内主要异常。

7. 锡石异常

福建省内共有锡石异常 169 处，异常范围大，分布广，分布范围多在 5～10km^2，中等范围为 20～275km^2，大异常可达 433～985km^2，主要分闽北和闽南两个富集区，在浦城—建阳—建瓯—南平—沙县—明溪—宁化一线西北部和长汀—永安—大田—德化—南靖—云霄一线的西南部，异常最为密集，异常范围大，含量高，多呈带状分布。

锡石异常带除在建阳、建瓯、南平和顺昌一带和铌钽铁矿异常常相伴分布在变质岩区之伟晶岩带外，锡石异常多与黑钨矿异常密切相伴，锡石异常富集带与黑钨矿基本上是一致的，在空间上锡石和黑钨矿自然重砂吻合程度较好，总体展布也基本上一致，但就富集程度而言，锡石在相同地段内，则比黑钨矿高得多，主要受控于构造岩浆岩带。

（四）组合异常特征

福建省自然重砂区域异常的分布有一定的规律性及矿物组合规律，有集中成带或成片分布，受一定的地质背景以及构造控制，如钨锡钼铋组合矿物类重砂异常，铌钽、稀土组合矿物类重砂异常，自然金、铅铜银组合矿物异常，钛铁矿、铬铁矿组合矿物类重砂异常，辰砂、雄黄（雌黄）、磷灰石、重晶石组合矿物类重砂异常等。不同组合分布一定程度反映不同成矿类型，不同矿化作用，可形成一定的空间分布特征。

根据区域自然重砂异常特征，福建省自然重砂异常主要形成以下几类组合。

1. 黑钨矿、白钨矿、锡石矿物组合重砂异常

由西向东划分为4个带：武夷山-建宁黑钨矿、白钨矿、锡石、铋族矿物异常带，松溪-上杭黑钨矿、白钨矿、锡石、铋族矿物异常带，福安-永定黑钨矿、白钨矿、锡石、铋族矿物、辉钼矿异常带，连江-诏安黑钨矿、白钨矿、锡石、辉钼矿异常带。

2. 铌钽、稀土类矿物组合重砂异常

形成以下几个带展布：荼富-金坑、独居石、钍石、铌钽铁矿异常带，浦城-建宁磷钇矿、铌钽铁矿、褐钇铌矿独居石异常带，松溪-上杭独居石、磷钇矿、褐钇铌矿钍石、铌钽铁矿异常带，寿宁-华安磷钇矿、褐钇铌矿、钍石、褐帘石异常带，长乐-诏安独居石、铌钽铁矿异常带等。

3. 自然金、铅、银矿物组合重砂异常

形成以下几个带展布：武夷山市-宁化自然金异常带，政和-上杭自然金、铅族矿物异常带，柘荣-诏安自然金、铅族矿物、自然银异常带等。

4. 辰砂、雄黄（雌黄）类矿物组合重砂异常

主要有浦城-永定辰砂异常带，福安-福清辰砂、雄黄（雌黄）异常带等。

上述不同组合异常带内形成不同重砂矿物异常，也分布具有一定特征的不同成因类型的矿床。

二、自然重砂资料地质解释

（一）自然重砂单矿物异常

1. 钨矿物

主要分布于福建西北部和西南部，多处于燕山早期黑云母花岗岩体与前泥盆系、泥盆系—上三叠统、上侏罗统的接触带附近，少数出现在远离花岗岩体而断裂发育的围岩中。重砂矿物异常往往呈北东向带面型展布且规模大。

主要来源于钨矿（化）体，一部分为其他矿种矿（化）体的伴生矿物，少部分来自地质体中的副矿物。

白钨矿单独分布富集区，其矿物则要来自矽卡岩型钨矿(伴生有铅矿物)和层控型钨矿中，以黑钨矿为主的重砂异常，其矿物来自石英脉型钨矿。

2. 锡石

异常多分布于燕山早期黑云母花岗岩体附近，且多与黑钨矿、白钨矿等形成组合异常。

锡石一部分来源于锡矿(化)体，矿物组分差异与其成因类型关系密切，相当一部分锡石是钨矿(化)体和其他矿种矿(化)体的伴生矿物，部分属于侵入岩和火山岩的副矿物，以燕山早期黑云母花岗岩中含量最高。

3. 自然金

主要分布闽西北变质岩区和闽东南火山岩区，集中在政和、泰宁、德化、尤溪等地。

自然金主要来自各种成因类型的金矿(化)体，围绕矿(化)体附近自然金富集程度高。

4. 铅族矿物

主要分布于变质岩、溪口组、南园组、石帽山群地层中的断裂发育地带，以及侵入岩与围岩的接触带附近。在重砂中的铅族矿物保存较差，主要来自铅锌多金属矿(化)体。

5. 稀有、稀土矿物

铌钽铁矿主要与花岗岩及伟晶岩有关，其中与燕山早期黑云母花岗岩、钾长花岗岩有关的异常常与黑钨矿异常伴生，分布于闽北、闽西一带。

磷钇矿主要分布于闽北、闽东南沿海一带。主要与加里东期混合花岗岩、海西期—印支期片麻状黑云母花岗岩及燕山早期黑云母花岗岩、二长花岗岩有关。

稀有、稀土矿物除部分来源于铌钽铁矿源于伟晶岩型铌钽铁矿矿床(点)外，大部分来源于各类地质体中的副矿物，一些侵入岩体中磷钇矿、铌钽铁矿等矿物含量较多，经风化淋滤富集成矿(化)体。

6. 辉钼矿

多分布于燕山早期黑云母花岗岩与南园组接触带附近。

重砂中辉钼矿一部分来自钼矿(化)体，但其重砂矿物多伴生于黑钨矿异常中，这于辉钼矿本身的物理性质有关。有的辉钼矿来白钨、锡矿(化)体的伴生矿物，在重砂中与黑钨矿、白钨矿、锡石等矿物密切共生，在重砂中还有少量辉钼矿来自各类地质体的副矿物。

(二)自然重砂综合异常

根据异常圈定结果，编制自然重砂综合异常图，其主要的自然重砂综合异常作如下分析评价。

1. Ⅰ-7 山下乡(W-Sn-Pb)Ⅰ

异常区出露建瓯群绢云母片岩、变粒岩，兜岭群英安岩、凝灰熔岩、粒状碎斑凝灰熔岩。侵入岩发育有黑云母花岗岩[$\gamma^{52(3\cdot c}$]，呈岩瘤、岩株、岩床侵入。

异常以25、27号黑钨矿、194、195、196号白钨矿、348、349、350号锡石为主，577、578号铅族矿物异常零星分布，异常总体上呈北北东向展布，577号铅族矿物异常与银场铅锌矿吻合较好。

区内已发现银场中型铅锌矿、武夷山祝源中型钼矿、金竹洋、杨梅岭钨矿化点等多处。异常区中部钨锡异常重叠较好，异常面积较大，异常含量也较高，但未发现已知矿，钨锡有一定找矿远景，部分锡石可能与伟晶岩有关，值得进一步工作。

2. Ⅰ-12 房道镇(W-Sn-Nb-Ta-Pb-Au)Ⅰ

区内广泛分布前震旦系云英片岩、黑云斜长变粒岩、片麻岩及少量石英岩、大理岩，褶皱断裂极为发育。

异常以锡石、白钨矿为主，伴有黑钨矿、铌钽铁矿、铅族矿物等异常，其中以373号锡石异常规模最大，面积达787km^2，异常规模巨大，异常总体上呈北东和北西2个方向展布，矿物组合较全。锡石几颗到1.91g，最高2.35g，粒径达1mm；黑钨矿几颗至0.15g，最高0.71g；白钨矿12颗至0.12g。

区内已发现顺昌山后中型铅锌矿、上白小型铜铅锌矿，以及富头街、房道、徐坑3处铌铁矿、锡石等矿(化)点。经检查，异常区内广泛分布白云母花岗伟晶岩，远景甚佳，应进一步检查。

3. Ⅰ-11 东峰镇(Sn-Au)Ⅰ

异常以535、536号自然金为主，伴有384、385号锡石异常，位于东溪河的Ⅰ级阶地及河漫滩砂砾层中，异常延伸十余千米。

附近见建瓯钟山中型多金属矿。异常经检查，在霞镇附近河漫滩中的砂砾层见砂金矿，厚度大于3m，异常较砂金矿范围大，尚需进一步工作。

4. Ⅰ-8 铁山镇(Pb-Au-W)Ⅰ

异常区主要出露兜岭群英安质、流纹质凝灰熔岩及溪口组灰绿色安山岩，建瓯群变粒岩、片岩、角闪岩夹大理岩，坂头组(J_3b)、长林组(J_3c)由流纹质凝灰岩、熔凝灰岩等，侵入岩主要有石英闪长岩[$\delta o^{52(3)b}$]及黑云母花岗岩[$\gamma^{52(3)c}$]、细粒黑云母花岗岩[$\gamma^{52(3)d}$]、花岗斑岩[$\gamma\pi^{61b}$]。有一条北东向断裂带通过。围岩蚀变有矽卡岩化、硅化、绿帘石化。

异常以583、584号铅族矿物为主，伴有201号黑钨矿、500、501号自然金的异常，异常范围较大、含量高、连续性好，已有夏山铅锌矿，大林源、东山铅锌矿点，富美金矿点等，成矿条件尚佳，有较大的找矿远景。

5. Ⅱ-21 嵩溪镇(Sn-W-Nb-Ta)Ⅰ

区内出露丁屋岭组、上震旦统林田群、天瓦崠组等，侵入岩有行洛坑、北坑等燕山早期黑云母花岗岩体呈岩瘤产出，北东向与北西向断裂发育。

异常以70号黑钨矿，397、401号锡石为主，局部白钨矿、铌钽铁矿异常；黑钨矿含量为0～1.88g/cm^3，最高为5.29～37.2g/cm^3；锡石0～2.34g/cm^3。异常吻合较好，异常值较高，总体呈北西向展布。

异常区完全与行洛坑钨矿区吻合，另见钨矿(点)多处。

从异常方面来看，具有矿物组合简单、含量高等特点，还有白钨矿、铌钽铁矿等矿物伴生。成矿地质条件好，有扩大矿床远景的希望，值得注意。

6. Ⅵ-4 前坪乡(W-Pb)Ⅰ

处在张地中粗粒黑云母花岗岩体内，前坪花岗闪长岩体及其外接触带中，及上泥盆统—下石炭统变质岩和龙潭组与溪口组砂岩、钙质砂岩分布区，区内断裂发育，并有花岗闪长岩小岩株侵入。围岩普遍具矽卡岩化、硅化、绿泥石化。

异常以103、103号黑钨矿，279、278号白钨矿，631、628号铅族矿物为主，异常总体重叠较差，异常可能与附近的铅多金属矿、钨矿有关。区内分布有大田太华、汤泉、万湖、南坑等10多个铁矿(点)，银顶格多金属矿、铅山、张地3处铅矿，小华钨矿、汤泉锌矿，还有大田小华钨矿等矿床(点)密布，从异常组合和分布特征分析，异常与铅锌矿及钨矿关系密切。

推测异常引起与已知矿床(点)有关，钨矿物的来源还应注意。

7. Ⅶ-2 杨梅乡(Au-Pb)Ⅰ

出露地层有麻源组第三段绢云片岩、云母片岩，船山组—栖霞组灰岩，文笔山组粉砂岩，加福组煤系地层，溪口组钙质粉砂岩，长林组砂砾岩、粉砂岩，南园组第一段含砾砂岩、凝灰质砂砾岩等，长林组含砾砂岩、粉砂岩、砂岩夹硅化叶蜡石化凝灰熔岩和南园组第二段流纹质晶屑凝灰熔岩、建瓯群云母石英片岩、石英岩、大理岩、角闪片岩等，其次有下二叠统灰岩、龙潭组碳质粉砂岩、石英砂岩及长林组凝灰质砂砾岩等。有海西期石英闪长岩侵入。

异常区位于古田-青溪深断裂带南端，地质情况极复杂。断裂极发育，主要有北北东向及北西西向两组。

异常以 55 号自然金为主，局部见铅族矿物异常，自然金异常规模大，面积达 252km^2。

经检查，在南园组第一段中，发现含金砂砾岩和含金凝灰质砂砾岩。

区内有尤溪肖坂、德化双旗山、安村、雷潭等多处金矿(点)。

发现还有赤官汤铅锌矿化点、下樟板铁矿化点、青溪下川砂金矿点，南部官田附近有原生金矿点。本异常区是金矿的重要成矿远景区。

8. Ⅶ-4 桂洋镇(Sn-W-Nb-Ta-Pb)Ⅰ

地层：出露零星，有林地组石英岩、船山组—栖霞组灰岩、文笔山组粉砂岩、加福组含煤地层、翠屏山组细砂岩夹粉砂岩、溪口组钙质粉砂岩。侵入岩：燕山早期片麻状二长花岗岩、黑云母花岗岩、燕山晚期钾长花岗岩，但以黑云母花岗岩为主。

位于燕山早期黑云母花岗岩与经畲组绢云母石英片岩、千枚岩，船山组—栖霞组灰岩，文笔山组泥质粉砂岩，加福组黑色粉砂岩、石英细砂岩夹页岩，南园组第二段流纹质晶屑凝灰熔岩、第三段英安质晶屑凝灰熔岩、第四段流纹岩的内外接触带上。

以 436 号锡石Ⅱ级异常、107 号黑钨矿Ⅰ级异常、755 号铌钽铁矿Ⅰ级异常为主，634 号铅族矿物Ⅱ级异常，锡石、黑钨矿、铌钽铁矿异常重合好，异常含量高，规模大。异常面积：锡石 255km^2，黑钨矿 226km^2，铌钽铁矿 205km^2。

经检查，已在黑云母花岗岩内外接触带翠屏山组细砂岩中发现含黑钨矿石英脉。

区内分布有德化阳山中型铁矿、雄峰中型铅锌矿、后溪坑锌矿点、大乾稀土矿点，苏园、天湖山铜坑锌矿点，鸡母庄钨矿点及多处铁矿点等。

成矿地质条件良好，阳山铁矿、雄峰铅锌矿均处在异常区的边缘，有一定的钨、锡、稀土矿找矿远景。

9. Ⅶ-6 永福镇(Sn-W-Y-Nb-Ta-Pb)Ⅰ

出露南园组流纹岩、流纹质晶屑凝灰熔岩，翠屏山组细砂岩，加福组灰黑色粉砂岩，奥陶系—志留系变质砂岩，变质粉砂岩，下三叠统。被燕山早期细粒、中细粒花岗岩、花岗闪长岩侵入。花岗岩岩枝与围岩接触带内外侧，发现热液型钨锡钼矿化，围岩云英岩化。

出露燕山早期含黑云母花岗岩，岩体垂直相带发育，有中粒相和细粒相。异常沿花岗岩体中的南北向挤压片理化带呈南北向延伸。

异常以 133、137 号黑钨矿，452、455、457、458、459、464 号锡石，834、835 号磷钇矿为主；另有白钨矿、铅族矿物、铌钽铁矿等矿物异常，异常规模巨大，呈北西向展布，黑钨矿、锡石、磷钇矿异常重叠性好。

已有洋竹径等热液石英脉型钨矿床和矿点分布，矿脉带长 600～700m，宽 50～100m。围岩云英岩化、绢英岩化蚀变普遍。已知在外接触带的变质砂岩、变质粉砂岩中，分布有黑钨矿石英脉，围岩云英岩化，内接触带也见含黑钨矿云英岩矿化。同时沿断裂带还有细粒花岗岩、花岗闪长岩岩瘤侵入。经检查，在细粒花岗岩瘤与翠屏山组砂岩接触带内外侧，发现含黑钨矿和辉钼矿石英细脉矿化。

钨矿床已做普查勘探工作，具有工业意义。区内钨矿脉已为当地群众开采，有一定规模。异常规模大，成矿地质条件良好，是一个钨锡磷钇矿矿产成矿远景区，值得进一步工作。

10. Ⅱ-5 邵武—横坑(W-Sn-Nb-Ta-Y)Ⅱ

地层主要分布于震旦系、罗峰溪群、大坑组、梨山群和兜岭群等。新华夏系及其与华夏系、东西向构造等的复合断裂屡见不鲜，沿断裂中细粒黑云母花岗岩体[$\gamma^{52(3)c}$]、细粒花岗岩体[$\gamma^{52(3)d}$]广泛分布，呈岩基、岩株或岩瘤产出，大部分岩体形状复杂，有利于成矿。

异常以12、17、18、19号黑钨矿，334、337、338、343、342、333号锡石，689、690号铌钽铁矿为主；另有白钨矿、铅族矿物、磷钇矿等矿物异常，异常规模巨大，呈北东向展布，黑钨矿、锡石、铌钽铁矿异常重叠性好。矿物组合较全，含量亦较高，黑钨矿0～0.9g，最高1.61g；白钨矿0～0.266g；锡石0.03～1.16g，最高达3.27g；铋族矿物几颗至少数颗。

程垱、横坑、周远山等处通过路线踏勘，已发现钨矿石英脉，找矿远景较好。同时还有铌钽矿、褐钇铌矿、独居石、磷钇矿等伴生，应注意综合找矿。

11. Ⅱ-15 将乐县(Sn-W-Pb)Ⅱ

区内主要出露震旦系变粒岩和罗峰溪群变质砂岩、千枚岩，建瓯群上亚群顶部的变粒岩、云母石英片岩、千枚岩和震旦系变粒岩等，中泥盆统—下石炭统，船山组—栖霞组，文笔山组等。侵入岩有中粒、中细粒黑云母花岗岩[$\gamma^{52(3)c}$]，侵入于震旦系下段变粒岩中。区内主要出露局部见细粒花岗岩脉。

异常以41号黑钨矿，360、361、363号锡石为主；另有222、228、233号白钨矿，587号铅族矿物等矿物异常，异常呈北东向展布，规模巨大，41号黑钨矿异常面积达468km^2。

异常区在新路口钨锡矿区和肖公洞钨矿区周围，为一南北向挤压带。

经原303地质队普查勘探，已在内接触带发现原生黑钨矿和大量不规则乳白色石英脉，另在杨家村东见一黄铁矿化、方铅矿化石英脉，值得进一步检查。新路口为小型钨锡矿床，其北部上湖一带工作程度尚低，矿床远景仍可能扩大。已于里源村附近发现黑钨矿石英脉，值得进一步工作。

12. Ⅱ-8 半岭(W-Sn-Nb-Ta-Pb)Ⅱ

出露罗峰溪群变质砂岩、千枚岩、云母石英片岩，建瓯群上亚群混合岩化变粒岩、云母石英片岩。侵入岩有二云母花岗岩、黑云母花岗岩，后者侵入前者。有北北西向、北东向断裂通过。

异常以42号黑钨矿、362号锡石、706号铌钽铁矿为主；另有226、227、231、232号白钨矿，588号铅族矿物等矿物异常，异常呈近等轴状向展布，规模较大，黑钨矿、锡石异常重叠性好，42号黑钨矿异常面积达390km^2。

经野外踏勘检查，在内外接触带均见有云母线、云母石英细脉及普遍的云英岩化，在前排、葛坳、朱公洋等地发现黑钨矿化，是寻找黑钨矿较有利的地段。成矿条件较好，找矿远景较好。

13. Ⅱ-19 白莲镇(Sn-W-Nb-Ta)Ⅱ

位于白莲-国母洋隐伏大断裂带中。白莲黑云母花岗岩体[$\gamma^{52(3)c}$]纵贯全区，还有黑云母花岗岩小岩瘤等零星分布。地层分布有建瓯群—罗峰溪群变质岩，南靖群—龙潭组砂砾岩、灰岩、砂页岩及梨山群、兜岭群等。内外接触带已见普遍的云英岩化、矽卡岩化等。

以404号锡石异常为主，还有255、257号白钨矿，408号锡石，73、75号黑钨矿，737、740、739号铌钽铁矿等异常。404号锡石异常面积达480km^2，规模较大，重砂中磷钇矿、独居石、锆石分布普遍，含量高。

本区异常范围大，含量高。经检查，于花岗岩内外接触带发现了钨、锡、铋、钼矿化石英脉，远景很好，寻找稀土矿产也很有找矿远景。

14. Ⅶ-10 官陂镇(Sn-W-Y-Pb)Ⅱ

出露龙伞崇黑云母花岗岩体，东部侵入兜岭群英安岩，南东侧侵入二长花岗岩，岩体中北西向张扭性断裂较发育。

异常区处于黑云母花岗岩[$\gamma^{52(3)c}$]与兜岭群石英砂岩、凝灰岩、英安岩、凝灰熔岩的内外接触带，断裂裂隙较发育，围岩具云英岩化、绢云母化、硅化。经检查，在黑云母花岗岩与凝灰岩的接触带，发现含铍、钼、锡的云英岩带，岩体内接触带已发现含钨、钼、锡云英岩-石英脉。

以470号锡石异常为主，异常面积达430km^2，还有白钨矿、锡石、黑钨矿、铅族矿物、磷钇矿等异常，异常规模较大，锡石、黑钨、磷钇矿异常重叠性好。

区内云英岩化强烈，已发现钨、钼、锡矿化、多金属矿化，异常面积大，成矿地质条件良好，是一个值得进一步工作的普查找矿远景区。

第六章　典型矿床及成矿规律

第一节　矿产资源概况

一、已探明矿产资源基本情况

中华人民共和国成立60多年来，福建省较系统地完成了铁、煤、钨、铌、钽、铜、金、铅、锌等矿产的勘查工作，发现并探明了一大批大中型矿产地。截至2011年底，全省已发现各类矿产133种，占全国已发现矿产总数的77.8%；已探明储量的矿产101种，占全国的63.5%，其中能源矿产1种，金属矿产27种，非金属矿产71种，水气矿产2种。全国确定为国民经济支柱性重要矿产15种，其中福建省有10种。全省已探明储量的固体矿区数(上储量表)1 058处，按探明储量规模分类，其中特大型矿区3处、大型矿区63处、中型矿区157处。

本次福建省潜力评价重要矿产为铁、锰、铜、铅、锌、镍、钨、锡、锂、钼、金、银、稀土、煤、磷、硫、重晶石、萤石18种，截至2011年底，已探明的矿产资源量见表6-1。

表6-1　福建省主要矿种(组)已探明矿产资源量基本特征表

主矿种	主矿产储量	保有储量	储量单位	特大型矿床(处)	大型矿床(处)	中型矿床(处)	小型矿床(处)	矿点(处)
铁	6.731 659	3.568 199	$\times10^8$ t(矿石)		1	4	90	172
锰	617.668 8	468.222	$\times10^4$ t(氧化锰)				21	15
铜	2 187 015.159	2 109 268.90	t(金属量)		1		21	55
铅	1 696 414.9	905 155	t(金属量)		1	3	69	130
锌	2 797 490.5	1 286 845.43	t(金属量)		1	3	69	130
镍	49 945.93	49 945.93	t(氧化镍)			1	1	
钨	376 303.89	297 600.0	t(氧化钨)	1			16	87
锡	30 098.6096	14 777.63	t(金属量)		1	2	4	33
锂	5 004.01	5 004.01	t(氧化锂)			1	2	5
钼	527 099.1	283 456	t(金属量)			8	15	33
金	94 933.367 9	1 621 500	kg(金属量)	1		1	29	46
银	4 684.11	3 994.21	t(金属量)		1	5	18	16
稀土	38 320.689 8	17 900.0	t(氧化稀土)			2	59	40
普通萤石	1 223.420 4	597.585	$\times10^4$ t(矿石)		3	7	55	38

续表 6-1

主矿种	主矿产储量	保有储量	储量单位	特大型矿床(处)	大型矿床(处)	中型矿床(处)	小型矿床(处)	矿点(处)
硫铁	4 336.866	3 869.112	$\times10^4$ t(矿石)			10	21	27
磷	1 116.070	1 116.070	$\times10^4$ t(矿石)			2	2	1
重晶石	1 669.24	583.836	$\times10^4$ t(矿石)		1			1
煤	145 098.152	110 515.532	$\times10^4$ t(原煤)			1	256	

二、预测矿种基本特征

福建省开展潜力评价的 18 个矿种的矿床类型有内生矿床、外生矿床、变质矿床和叠生矿床。在矿床成因分类方面按照全国矿产资源潜力评价办公室有关文件精神，结合福建省的实际情况，划分一级分类 4 种、二级分类 8 种、三级分类 12 种，具体见表 6-2 及表 6-3。

表 6-2　福建省矿床成因分类表

一级分类	二级分类	三级分类	代表性矿床
内生矿床	岩浆矿床	岩浆分结矿床	莆田长基镍矿
		斑岩型矿床	行洛坑斑岩型钨钼矿
	伟晶岩矿床		南平西坑伟晶岩型铌钽锡(锂)矿
	接触交代矿床		龙岩马坑铁矿
	热液矿床	岩浆热液矿床	浦城管查岩浆热液型铜多金属矿
		火山热液矿床	上杭紫金山陆相火山岩型铜金矿
外生矿床	风化矿床	残余矿床	长汀河田离子吸附型稀土矿
		淋积矿床	连城兰桥风化淋积型锰矿
	沉积矿床	胶体化学沉积矿床	永安李坊重晶石矿
		生物-化学沉积矿床	永安坑边灰岩矿
变质矿床	变质碎屑岩中热液矿床		德化双旗山金矿
叠生矿床	层控矿床		建阳水吉铅锌矿、山口式沉积变质-热液型银矿

表 6-3　福建省主要矿种(组)成因及总体分布情况简表

预测矿种	成因类型	总体分布
煤	沉积型	主要为二叠系，其次为三叠系等，前者为 3 个条带，即将乐-武平、永安(大田)-永定、尤溪-永春
铁	矽卡岩型、热液型、风化壳型	以矽卡岩型为主，分布于龙岩马坑、漳平洛阳、大田(汤泉)等地，属闽西南陆表海地区
锰	沉积型、风化型	分布局限，见于连城、清流、大田建设等地
铜	矽卡岩型(接触交代型)、热液型、陆相火山岩型、斑岩型、沉积型、沉积变质型	陆相火山岩型主要有上杭紫金山，矽卡岩型在大田建设—龙岩等闽西南陆表海地区，沉积变质型分布于建瓯东岩等地，斑岩型主要分布于上杭罗卜岭、平和钟腾

续表 6-3

预测矿种	成因类型	总体分布
铅锌	热液型、矽卡岩型(接触交代型)、沉积变质-热液交代型	沉积变质-热液交代型主要分布于闽西北变质岩分布区,矽卡岩型分布于闽西南陆表海分布区;热液型则见于全省,分布较广泛,在闽东南地区多与火山岩有关
镍	基性—超基性岩型	主要分布在莆田长基
钨	斑岩型、热液型、矽卡岩型	主要分布在闽西北、闽北地区,有清流行洛坑、建瓯上房等钨矿,其余地区以小型矿床出现
锡(锂)	斑岩型、伟晶岩型	斑岩型分布于宁化、长汀等地,伟晶岩型为南平西坑
钼	热液型、斑岩型	全省均有分布,早白垩世为单一钼矿,以(岩浆)热液型为主,如古田西朝;斑岩型见于赤路等地。晚侏罗世为钨钼矿,主要有行洛坑钨钼矿
金	陆相火山岩型、热液型、砂矿型	陆相火山岩型有紫金山,(变质)热液型金矿有泰宁何宝山、德化双旗山、建阳太阳山、政和王母山等
银	热液型、陆相火山-潜火山岩型、矽卡岩型	分布十分广泛,此矿种全省均有分布,多与铅锌、铜等矿相伴出现
稀土	风化壳型、砂矿型	风化壳型主要在闽西地区,如长汀、宁化等地
磷	岩浆型、层控型、矽卡岩型(接触交代型)	分布较少,如松溪洋墩等,非福建省重要矿种
硫	沉积变质-热液交代型、热液型、沉积变质型	分布广泛,主要与铅锌矿相伴出现,主要有浦城、大田龙凤场、上蔡等
重晶石	沉积变质型	分布局限,主要在永安李坊等地
普通萤石	岩浆热液型	分布于闽西北、闽北等地区,如建阳回潭、顺昌、将乐常口等地

第二节　矿产预测类型划分及其分布

一、矿产预测类型

福建省此次预测评价的 18 个主要矿种的矿产预测类型划分,均按陈毓川、王登红等编著的《重要矿产和区域成矿规律研究技术要求》进行,具体见表 6-4。

表 6-4　福建省矿产预测类型简表

矿种	矿床预测类型	典型矿床
铁	马坑式广义矽卡岩型铁矿	马坑铁矿
锰	兰桥式风化淋积型、庙前式碳酸盐岩型锰矿	兰桥锰矿、庙前锰矿
铜	紫金山式陆相火山岩型、罗卜岭式斑岩型、钟腾式斑岩型、龙山崎式矽卡岩型、铜坑式矽卡岩型、管查式岩浆热液型、钟山式岩浆热液型、东岩式沉积变质-热液改造型	紫金山铜金矿、罗卜岭铜矿、龙山崎铜矿、管查铜矿等
铅锌	峰岩式沉积变质-热液改造型、大排式矽卡岩型	峰岩铅锌矿、大排铅锌矿
镍	基性—超基性铜镍硫化物型	长基镍矿
钨	行洛坑式斑岩型钨钼矿、新路口式石英脉型钨锡矿、洋竹径式石英脉型钨矿、上房式矽卡岩型	行洛坑钨钼矿、新路口钨矿、上房钨矿

续表 6-4

矿种	矿床预测类型	典型矿床
锡(锂)	松岭式斑岩型、西坑式伟晶岩型	松岭锡矿、西坑铌钽锡(锂)矿
钼	赤路式斑岩型钼矿、西朝式岩浆-热液型钼矿、山口式岩浆-热液型钼矿、马坑式广义矽卡岩型铁钼矿	赤路钼矿、西朝钼矿、山口钼矿、马坑铁钼矿
金	紫金山式陆相火山岩型、双旗山式变质碎屑岩中热液型	紫金山铜金矿、双旗山金矿、何宝山金矿
银	山口式热液型、峰岩式沉积变质-热液改造型、英山式陆相火山-次火山岩型、悦洋式陆相火山-次火山岩型、旺建式矽卡岩型、银硐式矽卡岩型	山口银矿、英山银矿、悦洋银多金属矿
稀土	花岗岩风化壳离子吸附型	长汀南塘稀土矿
煤	二叠系童子岩组的煤层	大田上京煤矿等
磷	洋墩式沉积变质型磷灰石矿	洋墩磷灰石矿
硫	屏峰式岩浆热液型、峰岩式沉积变质-热液改造型、龙凤场式矽卡岩型、银硐式矽卡岩型、水源式沉积变质型	屏峰铜(硫)矿、峰岩铅锌(硫)矿
重晶石	李坊式沉积(变质)型重晶石矿	李坊重晶石矿
萤石	南山下式岩浆热液型萤石矿	邵武南山下萤石矿

二、预测矿种(组)的矿产预测类型及其分布

福建省本次预测矿种(组)矿产预测类型划分的依据、特征和预测工作区分布，分述如下。

(一)铁矿

1. 矿产预测类型划分

福建省铁矿产预测类型见表 6-5，主要预测类型 1 种，即马坑式广义矽卡岩型铁矿，典型矿床有龙岩马坑、大田汤泉铁矿，其他较重要铁矿床有德化阳山铁矿、漳平洛阳铁矿、安溪潘田铁矿等，分布见图 6-1。

表 6-5　福建省铁矿产预测类型一览表

矿产预测类型	时代			矿种	典型矿床	构造分区	成矿构造时段	远景区(预测工作区)	预测方法类型
	基底建造时代	成矿时代(Ma)	叠加时代(Ma)						
马坑式广义矽卡岩型铁矿	C_1—P_1 或 T_1	石英磁铁矿 Rb-Sr：356～334	莒舟岩体(正长花岗岩)的 Rb-Sr：146.2 马坑矽卡岩金云母 K-Ar：128；阳山含氯角闪石 K-Ar：113～102	铁(钼、铅、锌、硫)	马坑	闽西南陆表海盆地	C_1—P_1	龙岩马坑、安溪潘田-剑斗、漳平洛阳、德化阳山、上杭湖洋、漳平挂山、龙岩蕉山-漳平大坂	复合内生型
	C_1—P_1 或 T_1	汤泉岩体(花岗闪长岩)黑云母 Rb-Sr：135		铁(铜、铅、锌、银、硫)	汤泉		C_1—P_1	永安溪南-大田龙凤场、大田银顶格、将乐万安	侵入岩体型

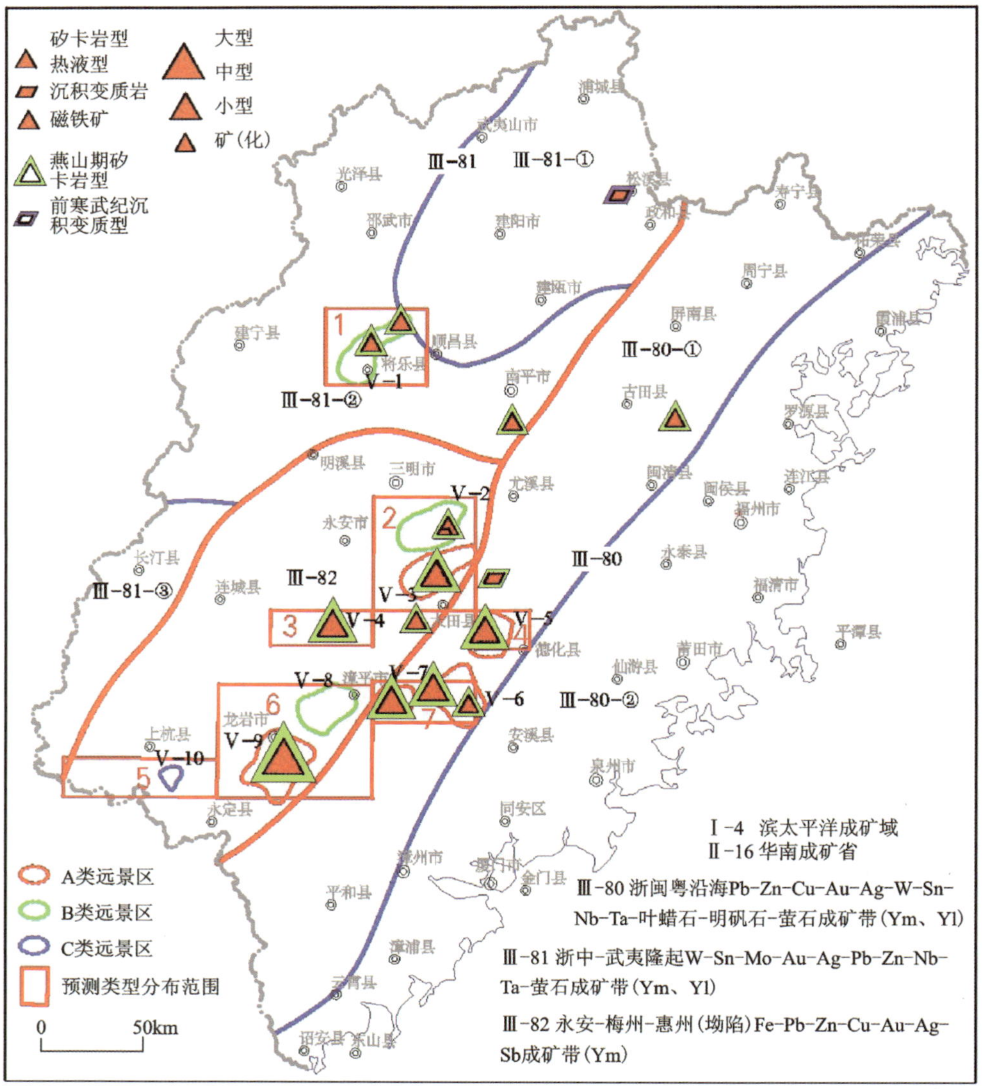

图 6-1　福建省铁矿成矿规律及预测类型分布略图

Ⅲ-80-①. 浙东-华安 Au-Pb-Zn-Ag-Mo-Cu-叶蜡石-明矾石成矿亚带(J、C、V、Yl[1]、H)；Ⅲ-80-②. 福鼎-云霄 Ag-Cu-W-Mo-Sn-Pb-Zn-明矾石-叶蜡石成矿亚带(J、V、Ym、Yl[1]、H)；Ⅲ-81-①. 遂昌-建阳 Cu-Mo-Pb-Zn-Ag-萤石-叶蜡石-地开石成矿亚带(J、Yl[1])；Ⅲ-81-②. 武夷隆起 W-Mo-Sn-Pb-Zn-Nb-Ta-Cu-Au-Ag-稀土-萤石-磷成矿亚带(Ym、Yl[1]、H)；Ⅲ-81-③. 南武夷 Mn-Sn-Cu-Au-Ag-Pb-Zn-稀土成矿亚带(H)

成矿远景区：Ⅴ-1. 将乐万安区；Ⅴ-2. 永安溪南-大田龙凤场区；Ⅴ-3. 大田银顶格区；Ⅴ-4. 漳平挂山铁矿区；Ⅴ-5. 德化阳山区；Ⅴ-6. 安溪潘田-剑斗区；Ⅴ-7. 漳平洛阳区；Ⅴ-8. 龙岩蕉山-漳平大坂区；Ⅴ-9. 龙岩马坑区；Ⅴ-10. 上杭湖洋区

预测类型分布范围：1. 将乐万安预测工作区(马坑式广义矽卡岩型)；2. 永安溪南-大田龙凤场预测工作区(马坑式广义矽卡岩型)；3. 漳平挂山预测工作区(马坑式广义矽卡岩型)；4. 德化阳山及外围预测工作区(马坑式广义矽卡岩型)；5. 上杭湖洋预测工作区(马坑式广义矽卡岩型)；6. 龙岩马坑预测工作区(马坑式广义矽卡岩型)；7. 漳平洛阳预测工作区(马坑式广义矽卡岩型)

2. 远景区分布

福建省划分的铁矿产预测类型为马坑式广义矽卡岩型铁矿，据全国矿产预测类型划分方案，划归为马坑式(广义)矽卡岩型。全省铁矿成矿远景区划分为 10 个，即将乐万安区(Ⅴ-1)、永安溪南-大田龙凤场(Ⅴ-2)、大田银顶格(Ⅴ-3)、漳平挂山铁矿(Ⅴ-4)、德化阳山(Ⅴ-5)、安溪潘田-剑斗(Ⅴ-6)、漳平洛阳(Ⅴ-7)、龙岩蕉山-漳平大坂(Ⅴ-8)、龙岩马坑(Ⅴ-9)、上杭湖洋(Ⅴ-10)。

马坑式广义矽卡岩型铁矿主要分布于闽西南陆表海盆地之大田-龙岩被动陆缘与陆表海盆地的南东缘永定、龙岩、漳平、安溪、德化、大田等地。区内以发育泥盆纪—中三叠世稳定型盖层沉积为特色，海西期—印支期主要为克拉通陆表海盆地沉积。中—晚泥盆世安砂群及下石炭统林地组主要为单陆屑建造，不整合于前泥盆系变质基底之上。晚石炭世—早三叠世为缓坡-台地碳酸盐岩建造、海陆交互相含煤建造、钙泥质细碎屑建造，属相对稳定的构造背景及克拉通陆表海盆地环境。经畲组为主要成矿建造，是本区铁多金属最重要的含矿物质来源；中三叠统安仁组沉积物中含碎屑增多、红色层增多，沉积环境和构造背景发生了改变，已由稳定环境变为次稳定环境。燕山早期及晚期的大规模岩浆活动使先存的铁多金属矿发生矽卡岩化，形成矽卡岩型矿床。

本区为铁铅锌多金属矿床集中分布区，目前已发现多处铁多金属矿床，主要有马坑、漳平洛阳、安溪潘田、德化阳山、大田汤泉、漳平挂山铁矿及永定大排铁铅锌矿等。

(二)铜矿

福建省铜矿床类型较多，主要有陆相火山岩型、斑岩型、矽卡岩型、沉积变质-热液改造型和沉积型等，全省已查明的铜资源量 2 186 727t，其中热液型(包括陆相火山岩型、斑岩型等)查明的铜资源量占 94.86%，有大型矿床 2 处；沉积型占 0.23%，有小型矿床 3 处；矽卡岩型占 1.72%，有小型矿床 2 处；沉积变质型占 3.19%。由此可见，福建省以闽西南地区上杭紫金山陆相火山岩型铜矿及上杭罗卜岭斑岩型铜矿占绝对优势。

1. 矿产预测类型划分

根据福建省铜矿床点现有的资料，参照全国矿产资源潜力评价项目铜矿预测类型划分情况，福建省铜矿预测类型划分见表 6-6。

表 6-6 福建省铜矿预测类型一览表

矿产预测类型	矿种	典型矿床	远景区(预测工作区)	预测方法类型
紫金山式陆相火山岩型	铜、金	紫金山	上杭紫金山及外围	火山岩型
罗卜岭式斑岩型	铜、钼	罗卜岭	上杭紫金山及外围	侵入岩体型
			上杭太山头	
			连城姑田-太平	
钟腾式斑岩型	铜、钼	钟腾	平和钟腾-大矾山	侵入岩体型
			宁德九曲岭	
			闽清井后	
			永春蓬壶	
			尤溪官田	
			云霄安吉-诏安建华	
龙山崎式矽卡岩型	铜、铅、锌	龙山崎	大田建设-太华	侵入岩体型
			大田上京-厚德	
铜坑式矽卡岩型	铜、铅、锌	铜坑	连城铜坑	侵入岩体型
			将乐万安	

续表 6-6

矿产预测类型	矿种	典型矿床	远景区(预测工作区)	预测方法类型
管查式岩浆热液型	铜、铅、锌	管查	浦城官路-管查	复合内生型
			建阳大金山-顺昌黄梓厂	
			光泽太银厂-羊角尖	
钟山式岩浆热液型	铜、铅、锌	钟山	建瓯钟山	复合内生型
东岩式沉积变质-热液改造型	铜	东岩	建瓯东岩	复合内生型

根据福建省铜矿产资源现状与全国铜矿产预测方法类型的分析比较，确定了福建省铜矿产预测方法类型为火山岩型、侵入岩体型(包括斑岩型和矽卡岩型)、复合内生型(包括岩浆热液型和沉积变质-热液改造型)3 种。

2. 远景区分布

根据福建省铜矿产预测类型和铜矿床点分布，确定预测工作区 19 个，见图 6-2。

(三)铅锌矿

1. 矿产预测类型划分

本次福建省划分的铅锌矿产预测类型为峰岩式沉积变质-热液改造型铅锌矿(建阳水吉、尤溪梅仙)和大排式矽卡岩型铅锌矿(永定大排、连城珠地、福鼎银硐)，预测类型划分见表 6-7。

表 6-7　福建省铅锌矿产预测类型一览表

矿产预测类型	时代			矿种	典型矿床	成矿构造时段	远景区(预测工作区)	预测方法类型
	基底建造时代	成矿时代	叠加时代					
峰岩式沉积变质-热液改造型	Pt	Pt_3	燕山期	铅、锌	建阳水吉	燕山期	建阳水吉、尤溪梅仙、政和夏山、顺昌山后、建瓯八外洋、屏南洋地-黛溪、宁化溪源	复合内生型
	Pt	Pt_3	燕山期	铅、锌	尤溪梅仙	燕山期		
大排式矽卡岩型	P_2	燕山期		铅、锌	大排	燕山期	清流仁场、龙岩铁山-永定大排、连城珠地、永春上姚、安溪后坪山、长泰钟魏、福鼎银硐	侵入岩体型
	T_1	燕山期		铅、锌	珠地	燕山期		
	T_1	燕山期		铅、锌	钟魏	燕山期		
	C_2	燕山期		铅、锌	银硐	燕山期		

2. 远景区分布

峰岩式沉积变质-热液改造型铅锌矿共划分为建阳水吉、政和夏山、顺昌山后、建瓯八外洋、屏南洋地-黛溪、宁化溪源、尤溪梅仙共 7 个预测工作区(远景区)(图 6-3)；大排式矽卡岩型铅锌矿共划分为清流仁场、龙岩铁山-永定大排、连城珠地、永春上姚、安溪后坪山、长泰钟魏、福鼎银硐共 7 个预测工作区(远景区)。

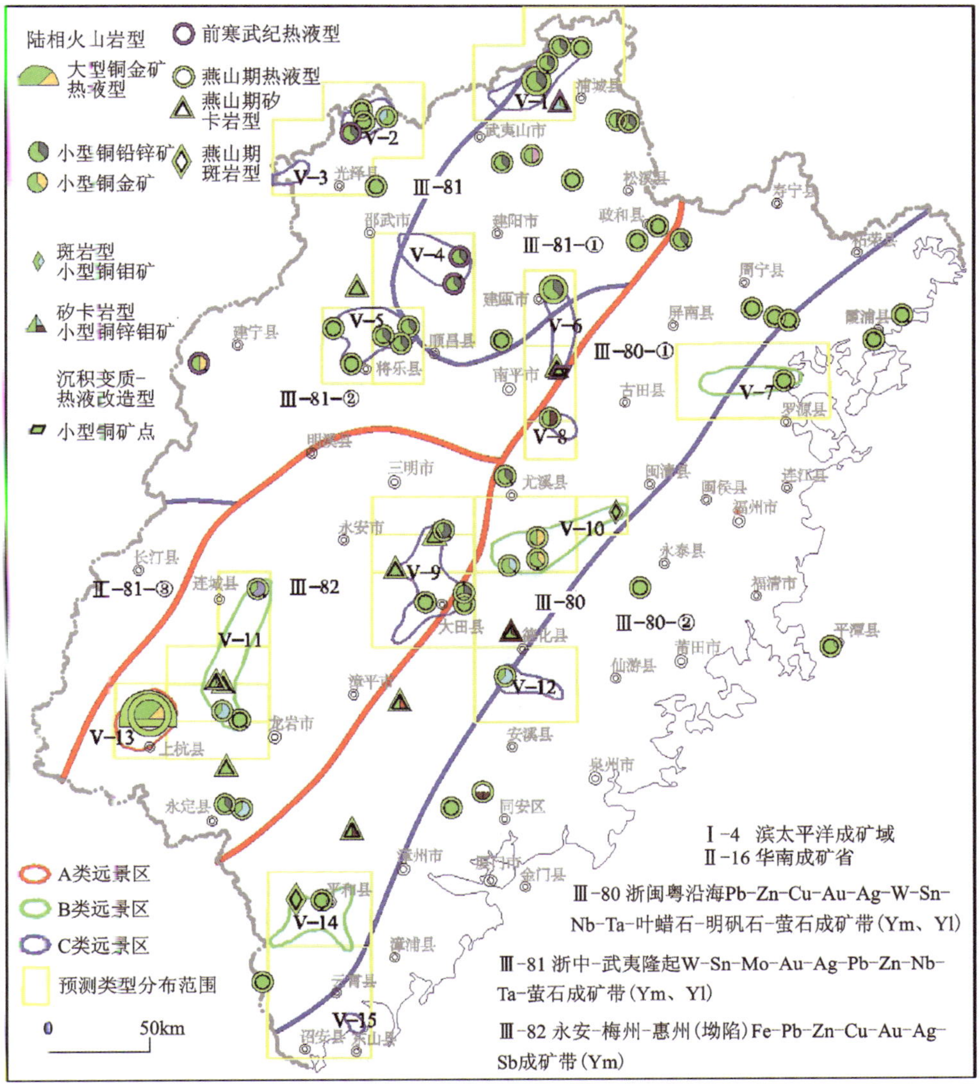

图 6-2　福建省铜矿成矿规律及预测类型分布略图

Ⅲ-80-①. 浙东-华安 Au-Pb-Zn-Ag-Mo-Cu -叶蜡石-明矾石成矿亚带(J、C、V、Yl¹、H)；Ⅲ-80-②. 福鼎-云霄 Ag-Cu-W-Mo-Sr-Pb-Zn -明矾石-叶蜡石成矿亚带(J、V、Ym、Yl¹、H)；Ⅲ-81-①. 遂昌-建阳 Cu-Mo-Pb-Zn-Ag -萤石-叶蜡石-地开石成矿亚带(J、Yl¹)；Ⅲ-81-②. 武夷隆起 W-Mo-Sn-Pb-Zn-Nb-Ta-Cu-Au-Ag -稀土-萤石-磷成矿亚带(Ym、Yl¹、H)；

Ⅲ-81-③. 南武夷 Mn-Sn-Cu-Au-Ag-Pb-Zn -稀土成矿亚带(H)

成矿远景区：V-1. 浦城九牧-武夷山上村(铜多金属矿)；V-2. 光泽铜钱坑-叶坊金山(铜多金属矿)；V-3. 光泽大禾山-左家(铜多金属矿)；V-4. 邵武南山下-建阳大金山(铜多金属矿)；V-5. 将乐万安-顺昌黄梓厂(铜多金属矿)；V-6. 建瓯钟山-东岩(铜多金属矿)；V-7. 屏南杉洋-宁德镜台山(铜钼矿)；V-8. 南平下清风(铜多金属矿)；V-9. 大田建设-漳平为林(铜多金属矿)；V-10. 德化葛坑-闽清井后(铜钼矿)；V-11. 连城姑田-上杭太山头(铜钼矿)；V-12. 永春蓬壶(铜钼矿)；V-13. 上杭紫金山及外围(铜矿)；V-14 平和钟腾-南胜(铜钼矿)；V-15. 云霄大帽山(铜钼矿)

预测类型分布范围：1. 光泽太银厂-羊角尖管查式岩浆热液型铜矿预测工作区；2. 浦城官路-管查管查式岩浆热液型铜矿预测工作区；3. 将乐万安铜坑式矽卡岩型铜矿预测工作区；4. 建阳大金山-顺昌黄梓厂管查式岩浆热液型铜矿预测工作区；5. 建瓯钟山钟山式岩浆热液型铜矿预测工作区；6. 建瓯东岩东岩式沉积变质-热液改造型铜矿预测工作区；7. 南平下清风东岩式沉积变质-热液改造型铜矿预测工作区；8. 宁德九曲岭钟腾式斑岩型铜矿预测工作区；9. 连城姑田-太平罗卜岭式斑岩型铜矿预测工作区；10. 上杭紫金山及外围紫金山式陆相火山岩型铜矿预测工作区、上杭紫金山及外围罗卜岭式斑岩型铜矿预测工作区；11. 连城铜坑铜坑式矽卡岩型铜矿预测工作区；12. 上杭太山头罗卜岭式斑岩型铜矿预测工作区；13. 大田建设-太华龙山崎式矽卡岩型铜矿预测工作区；14. 大田上京-厚德龙山崎式矽卡岩型铜矿预测工作区；15. 尤溪官田(钟腾式斑岩型铜矿预测工作区；16. 闽清井后钟腾式斑岩型铜矿预测工作区；17. 永春蓬壶钟腾式斑岩型铜矿预测工作区；18. 平和钟腾-大矾山钟腾式斑岩型铜矿预测工作区；19. 云霄安吉-诏安建华钟腾式斑岩型铜矿预测工作区

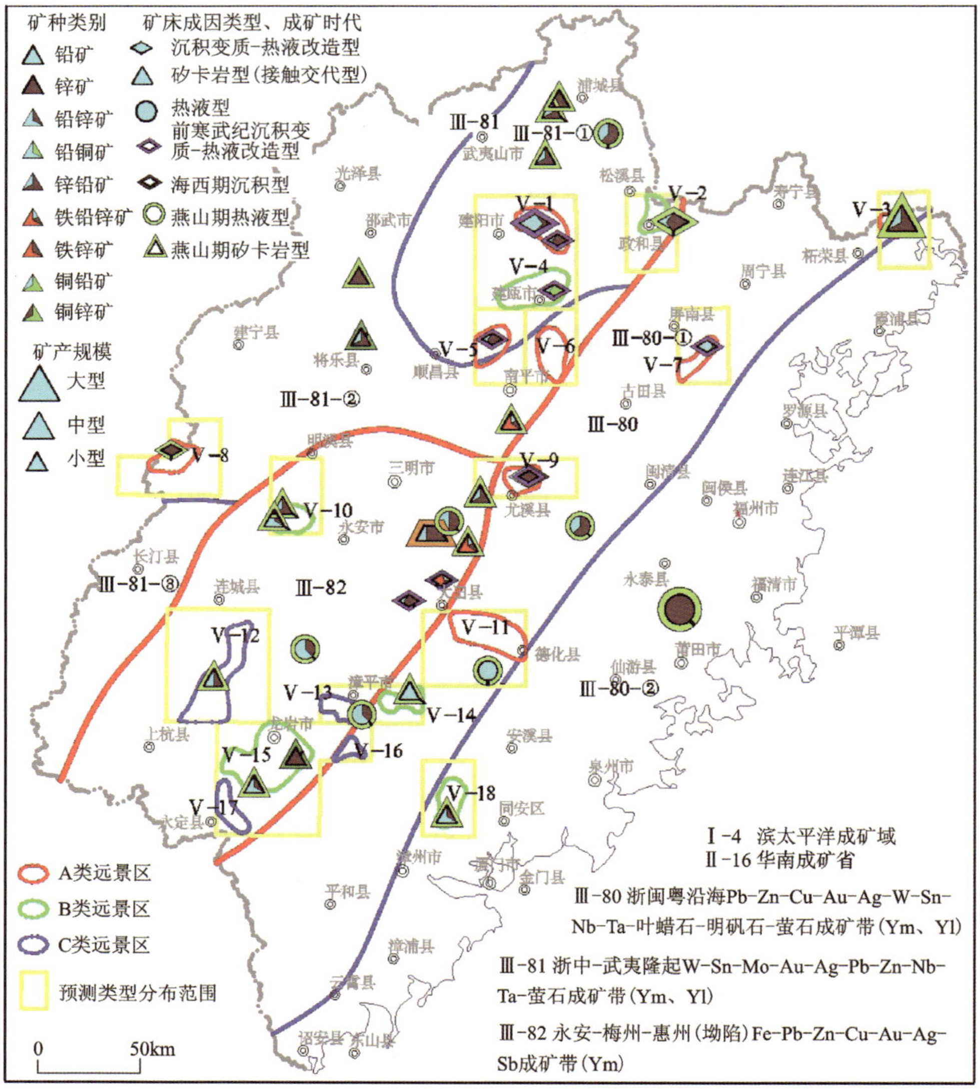

图 6-3　福建省铅锌矿成矿规律及预测类型分布略图

Ⅲ-80-①. 浙东-华安 Au-Pb-Zn-Ag-Mo-Cu -叶蜡石-明矾石成矿亚带(J、C、V、Yl¹、H)；Ⅲ-80-②. 福鼎-云霄 Ag-Cu-W-Mo-Sn-Pb-Zn -明矾石-叶蜡石成矿亚带(J、V、Ym、Yl¹、H)；Ⅲ-81-①. 遂昌-建阳 Cu-Mo-Pb-Zn-Ag -萤石-叶蜡石-地开石成矿亚带(J、Yl¹)；Ⅲ-81-②. 武夷隆起 W-Mo-Sn-Pb-Zn-Nb-Ta-Cu-Au-Ag -稀土-萤石-磷成矿亚带(Ym、Yl¹、H)；Ⅲ-81-③. 南武夷 Mn-Sn-Cu-Au-Ag-Pb-Zn -稀土成矿亚带(H)

成矿远景区：V-1. 建阳水吉区；V-2. 政和夏山区；V-3. 福鼎银硐区；V-4. 建瓯徐坑-钟山区；V-5. 顺昌山后区；V-6. 建瓯郑源-龙岗区；V-7. 屏南洋地-半溪里区；V-8. 宁化溪源-东华山区；V-9. 尤溪梅仙区；V-10. 清流仁场-永市安砂区；V-11. 三明大田-德化溪板洋区；V-12. 上杭太山头-连城南坂区；V-13. 漳平中界-石板坑区；V-14. 漳平洛阳-安溪铅山区；V-15. 永定大排-龙岩铁山区；V-16. 漳平李庄区；V-17. 永定湖洋塔-岐岭区；V-18. 长泰钟魏-银洞尖区

预测类型分布范围：1. 建阳水吉铅锌矿预测工作区(峰岩式沉积变质-热液改造型)；2. 政和夏山-王母山铅锌矿预测工作区(峰岩式沉积变质-热液改造型)；3. 福鼎银硐铅锌矿预测工作区(大排式矽卡岩型)；4. 顺昌山后铅锌矿预测工作区(峰岩式沉积变质-热液改造型)；5. 建瓯八外洋铅锌矿预测工作区(峰岩式沉积变质-热液改造型)；6. 屏南洋地-黛溪铅锌矿预测工作区(峰岩式沉积变质-热液改造型)；7. 宁化溪源铅锌矿预测工作区(峰岩式沉积变质-热液改造型)；8. 清流仁场铅锌矿预测工作区(大排式矽卡岩型)；9. 尤溪梅仙铅锌矿预测工作区(峰岩式沉积变质-热液改造型)；10. 连城珠地铅锌矿预测工作区(大排式矽卡岩型)；11. 永春上姚铅锌矿预测工作区(大排式矽卡岩型)；12. 安溪后坪山铅锌矿预测工作区(大排式矽卡岩型)；13. 龙岩铁山-永定铅锌矿预测工作区(大排大排式矽卡岩型)；14. 长泰钟魏铅锌矿预测工作区(大排式矽卡岩型)

（四）金矿

1. 矿产预测类型划分

本次福建省金矿产预测类型有紫金山式陆相火山岩型金矿和双旗山式变质碎屑岩中热液型金矿 2 个类型，预测类型划分见表 6-8。

表 6-8　福建省金矿产预测类型一览表

矿产预测类型	时代			矿种	典型矿床	构造分区	成矿构造时段	远景区（预测工作区）	预测方法类型
	基底建造时代	成矿时代	叠加时代						
紫金山式陆相火山岩型		中生代，以 J_3—K_1 为主		铜、铅、锌、银、金	紫金山	闽西南被动陆缘与陆表海盆地（Ⅵ-3-2）、闽东岩浆弧（Ⅵ-4-1）	J_3—K_1	上杭紫金山、闽侯罗桥及外围、德化淳湖-永泰盖洋等	火山岩型
双旗山式变质碎屑岩中热液型	Pt_2—Pt_3	Pt_2—Pt_3	加里东期、印支期—燕山期	金等	双旗山	武夷古弧盆系（Ⅵ-3-1）、闽东岩浆弧（Ⅵ-4-1）基底	Pt_2—Pt_3 及加里东期、印支期—燕山期	建阳书坊-太阳山、政和王母山-建瓯东游、泰宁何宝山及外围、建宁及尤溪-德化等	复合内生型

2. 远景区分布

紫金山式陆相火山岩型金矿共划分为上杭紫金山、德化淳湖-永泰盖洋区、闽侯罗桥及外围区共 3 个远景区；双旗山式变质碎屑岩中热液型金矿共划分建阳书坊-太阳山区、政和王母山-建瓯东游区、泰宁何宝山及外围区、建宁椒坑区、尤溪官田-德化葛坑远景区（图 6-4）。

（五）银矿

1. 矿产预测类型划分

本次福建省划分的银矿产预测类型为英山式、悦洋式陆相火山-次火山岩型，山口式热液型，旺建式和银铜式矽卡岩型，峰岩式沉积变质-热液改造型，预测类型划分见表 6-9。

表 6-9　福建省银矿产预测类型一览表

矿产预测类型	矿种	典型矿床	远景区（预测工作区）	预测方法类型
山口式热液型	银	武夷山山口	武夷山洋庄-浦城临江	复合内生型
峰岩式沉积变质-热液改造型	银、铅、锌	尤溪梅仙	建阳小湖-顺昌高阳	
			尤溪梅仙	
英山式陆相火山-次火山岩型	银	柘荣英山	建瓯水源-柘荣英山	火山岩型
			仙游书峰-莆田萩芦	
			平和山格-诏安金星	
悦洋式陆相火山-次火山岩型		武平悦洋	上杭才溪-湖洋	

续表 6-9

矿产预测类型	矿种	典型矿床	预测区(预测工作区)	预测方法类型
旺建式矽卡岩型	银、铅、锌	大田旺建	将乐万安	侵入岩体型
			明溪林畲-永安安砂	
			大田广平-谢洋	
			连城林坊-上杭古田	
			尤溪龙门场	
银硐式矽卡岩型	银、铅、锌	福鼎银硐	福鼎银硐	

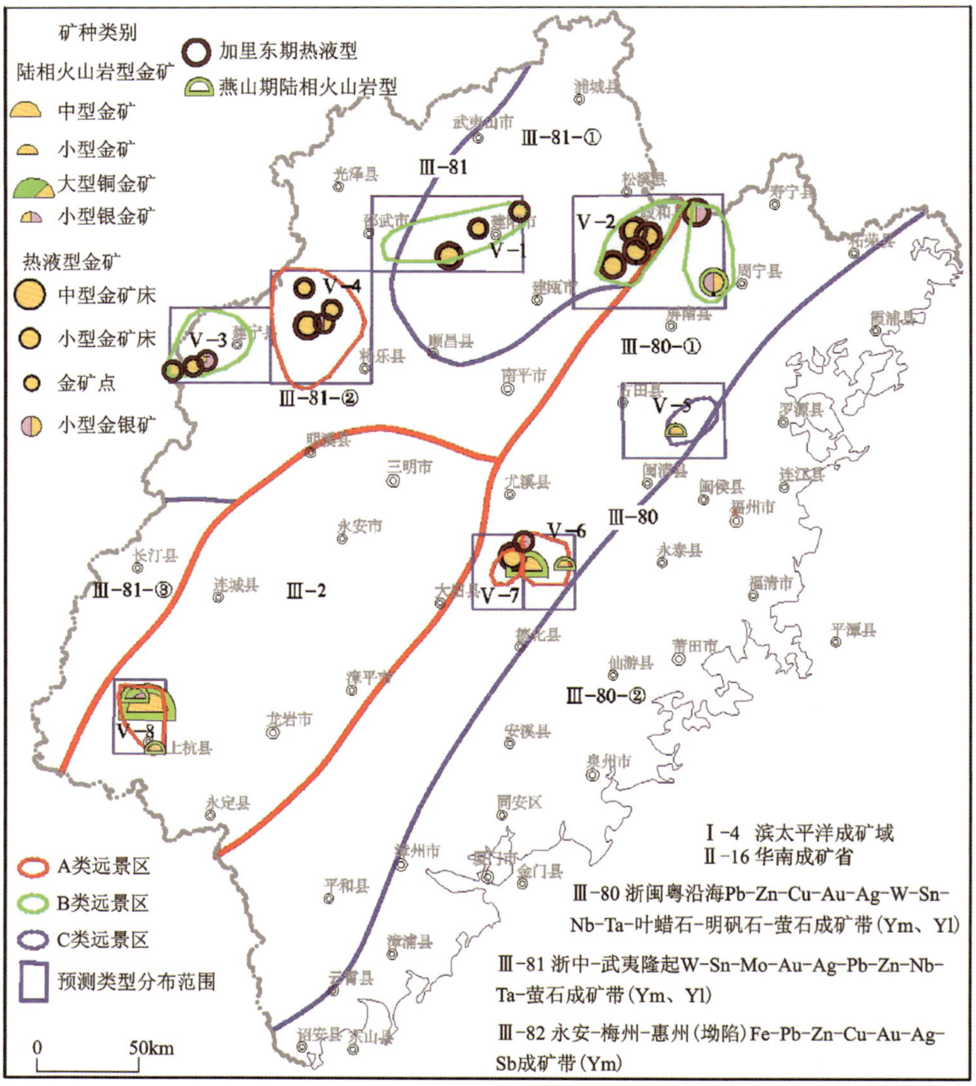

图 6-4　福建省金矿成矿规律及预测类型分布略图

Ⅲ-80-①. 浙东-华安 Au-Pb-Zn-Ag-Mo-Cu -叶蜡石-明矾石成矿亚带(J、C、V、Yl[1]、H)；Ⅲ-80-②. 福鼎-云霄 Ag-Cu-W-Mo-Sn-Pb-Zn -明矾石-叶蜡石成矿亚带(J、V、Ym、Yl[1]、H)；Ⅲ-81-①. 遂昌-建阳 Cu-Mo-Pb-Zn-Ag -萤石-叶蜡石-地开石成矿亚带(J、Yl[1])；Ⅲ-81-②. 武夷隆起 W-Mo-Sn-Pb-Zn-Nb-Ta-Cu-Au-Ag -稀土-萤石-磷成矿亚带(Ym、Yl[1]、H)；Ⅲ-81-③. 南武夷 Mn-Sn-Cu-Au-Ag-Pb-Zn -稀土成矿亚带(H)

成矿远景区：V-1. 建阳书坊-太阳山区；V-2. 政和王母山-建瓯东游区；V-3. 建宁椒坑区；V-4. 泰宁何宝山及外围区；V-5. 闽侯罗桥及外围区；V-6. 德化淳湖-永泰盖洋区；V-7. 尤溪官田-德化葛坑区；V-8. 上杭紫金山及外围区

预测类型分布范围：1. 建宁椒坑预测工作区(双旗山式变质碎屑岩中热液型)；2. 泰宁何宝山及外围预测工作区(双旗山式变质碎屑岩中热液型)；3. 建阳书坊-太阳山预测工作区(双旗山式变质碎屑岩中热液型)；4. 政和王母山-建瓯东游预测工作区(双旗山式变质碎屑岩中热液型)；5. 闽侯罗桥及外围预测工作区(紫金山式陆相火山岩型)；6. 尤溪官田-德化葛坑预测工作区(双旗山式变质碎屑岩中热液型)；7. 德化淳湖-永泰盖洋预测工作区(紫金山式陆相火山岩型)；8. 上杭紫金山及外围预测工作区(紫金山式陆相火山岩型)

2. 远景区分布

山口式热液型银矿有武夷山洋庄-浦城临江远景区；峰岩式沉积变质-热液改造型共划分尤溪梅仙、建阳小湖-顺昌高阳远景区；英山式陆相火山-次火山岩型共划分建瓯水源-柘荣英山、仙游书峰-莆田萩芦、平和山格-诏安金星3个远景区；悦洋式陆相火山-次火山岩型银矿有上杭才溪-湖洋远景区；旺建式矽卡岩型银矿有将乐万安、明溪林畲-永安安砂、大田广平-谢洋、连城林坊-上杭古田、尤溪龙门场5个远景区；银硐式矽卡岩型银矿有福鼎银硐远景区，远景区分布见图6-5。

图6-5 福建省银矿成矿规律及预测类型分布略图

Ⅲ-80-①. 浙东-华安Au-Pb-Zn-Ag-Mo-Cu-叶蜡石-明矾石成矿亚带(J、C、V、Yl[1]、H)；Ⅲ-80-②. 福鼎-云霄Ag-Cu-W-Mo-Sn-Pb-Zn-明矾石-叶蜡石成矿亚带(J、V、Ym、Yl[1]、H)；Ⅲ-81-①. 遂昌-建阳Cu-Mo-Pb-Zn-Ag-萤石-叶蜡石-地开石成矿亚带(J、Yl[1])；Ⅲ-81-②武夷隆起W-Mo-Sn-Pb-Zn-Nb-Ta-Cu-Au-Ag-稀土-萤石-磷成矿亚带(Ym、Yl[1]、H)；Ⅲ-81-③. 南武夷Mn-Sn-Cu-Au-Ag-Pb-Zn-稀土成矿亚带(H)

成矿远景区：V-1. 武夷山洋庄-浦城石陂区；V-2. 建阳水吉区；V-3. 松溪郑墩-政和洋源区；V-4. 寿宁大安-柘荣英山区；V-5. 建瓯房道-南平大横区；V-6. 泰宁余坊-将乐万安区；V-7. 清流余朋区；V-8. 永安上坪-大田前坪区；V-9. 尤溪梅仙-中仙区；V-10. 仙游象溪-莆田白沙区；V-11. 连城宣和-庙前区；V-12. 武平悦洋区；V-13. 平和霞寨-云霄和平区

预测类型分布范围：1. 武夷山洋庄-浦城临江银矿区(山口式热液型)；2. 建阳小湖-顺昌高阳银矿区(峰岩式沉积变质-热液改造型)；3. 建瓯水源-柘荣英山银矿区(英山式陆相火山-次火山岩型)；4. 福鼎银硐银矿区(银硐式矽卡岩型)；5. 将乐万安铜银矿区(旺建式矽卡岩型)；6. 明溪林畲-永安安砂银矿区(旺建式矽卡岩型)；7. 尤溪梅仙银矿区(峰岩式沉积变质-热液改造)型)；8. 大田广平-谢洋银矿区(旺建式矽卡岩型)；9. 尤溪龙门场银矿区(旺建式矽卡岩型)；10. 连城林坊-上杭古田银矿区(旺建式矽卡岩型)；11. 仙游书峰-莆田萩芦(英山式陆相火山-次火山岩型)；12. 上杭才溪-湖洋银矿区(悦洋式陆相火山-次火山岩型)；13. 平和山格-诏安金星银矿区(英山式陆相火山-次火山岩型)

（六）锰矿

根据锰矿床（点）的分布及成矿有利条件分析，福建省主要锰矿床预测类型有 2 种：兰桥式风化淋积型锰矿、庙前式沉积型（主要为碳酸锰型）锰矿。研究区范围主要是闽西南清流、永安、大田、连城、武平等地，详见表 6-10，图 6-6。

表 6-10　福建省锰矿产预测类型划分一览表

矿产预测类型	矿种	时代			典型矿床	构造分区名称	成矿构造时段	远景区（预测工作区）	预测方法类型
		基底建造时代	成矿时代（Ma）	叠加时代					
兰桥式风化淋积型	锰	C_2	Q		兰桥、仁场	闽西南陆表海盆地	C_2—P_1、Q	清流-永安小陶、大田广平-张地、连城-武平	沉积型
庙前式沉积型（主要为碳酸锰型）			C_2		庙前	闽西南陆表海盆地	C_2—P_1	清流-永安小陶、大田广平-张地、连城-武平	沉积型

（七）镍矿

根据镍矿床（点）的分布及成矿有利条件分析，福建省划分镍矿床预测类型 1 种：长基式基性—超基性铜镍硫化物型镍矿。确定研究区为长基一带，集中于超基性岩（蛇纹石化）出露的范围，详见表 6-11，图 6-7。

表 6-11　福建省镍矿产预测类型划分一览表

矿产预测类型	矿种	时代		典型矿床	构造分区名称	成矿构造时段	远景区（预测工作区）	预测方法类型
		基底建造时代	成矿时代（Ma）					
基性—超基性铜镍硫化物型	镍		K-Ar:101	长基	东南沿海岩浆弧	K_1	莆田长基	侵入岩体型

（八）钨矿

福建省钨矿产预测类型主要为斑岩型钨矿和石英脉型钨矿，与全国矿产预测类型划分方案一致，矿产预测类型见表 6-12，主要有行洛坑式斑岩型、新路口式石英脉型、洋竹径式石英脉型、上房式矽卡岩型钨矿。斑岩型钨矿分布局限，仅见于清流行洛坑一带，其外围的北坑-国母洋钨矿则归为石英脉型，本次将行洛坑斑岩型与热液型一并作为热液型进行预测；石英脉型钨矿分布较广，有将乐新路口、将乐白莲、清流行洛坑及外围、华安洋竹径、建瓯上房、松溪半岭共 6 个远景区，具体见图 6-8。

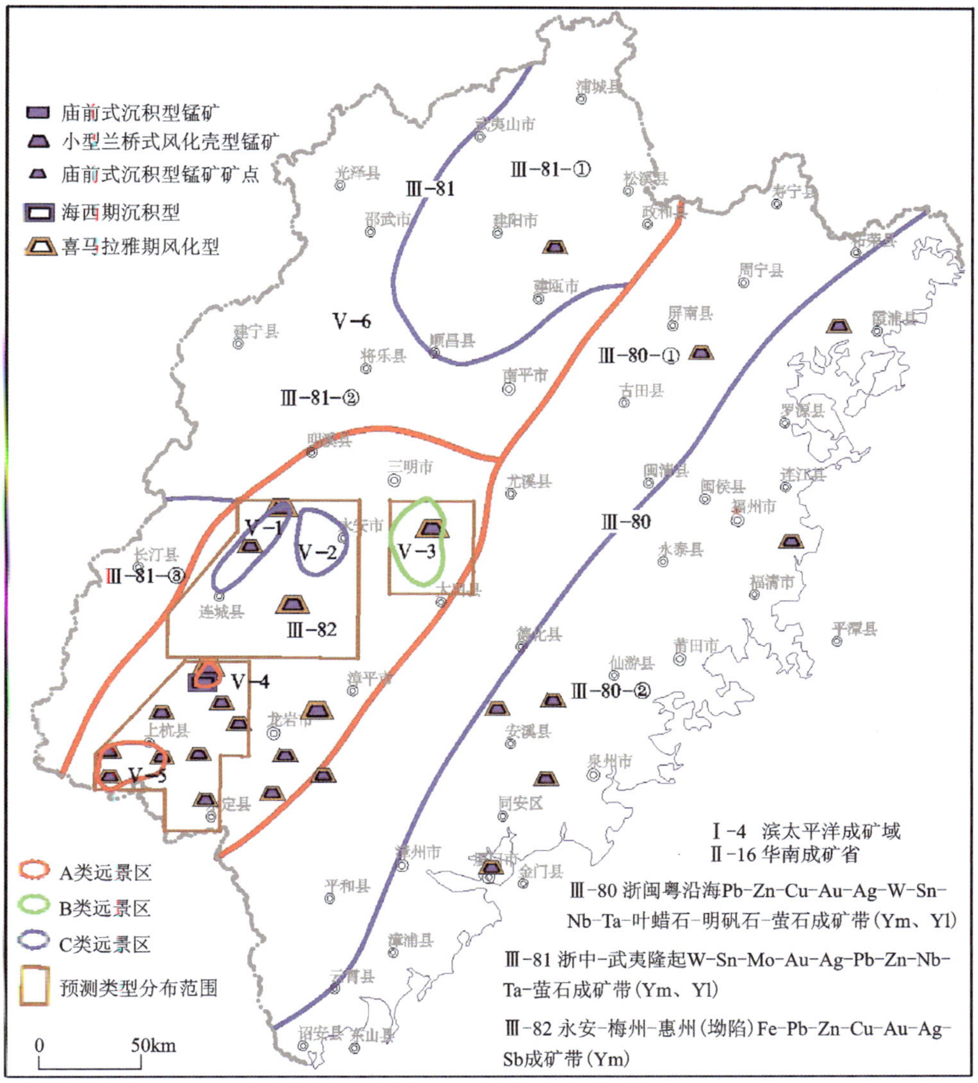

图 6-6　福建省锰矿成矿规律及预测类型分布略图

Ⅲ-80-①. 浙东-华安 Au-Pb-Zn-Ag-Mo-Cu -叶蜡石-明矾石成矿亚带(J、C、V、Yl[1]、H)；Ⅲ-80-②. 福鼎-云霄 Ag-Cu-W-Mo-Sn-Pb-Zn -明矾石-叶蜡石成矿亚带(J、V、Ym、Yl[1]、H)；Ⅲ-81-①. 遂昌-建阳 Cu-Mo-Pb-Zn-Ag -萤石-叶蜡石-地开石成矿亚带(J、Yl[1])；Ⅲ-81-②. 武夷隆起 W-Mo-Sn-Pb-Zn-Nb-Ta-Cu-Au-Ag -稀土-萤石-磷成矿亚带(Ym、Yl[1]、H)；Ⅲ-81-③. 南武夷 Mn-Sn-Cu-Au-Ag-Pb-Zn -稀土成矿亚带(H)

成矿远景区：Ⅴ-1. 清流-连城锰矿成矿远景区；Ⅴ-2. 永安锰矿成矿远景区；Ⅴ-3. 大田锰矿成矿远景区；Ⅴ-4. 庙前锰矿成矿远景区；Ⅴ-5. 岩前锰矿成矿远景区

预测类型分布范围：1. 清流-永安兰桥式风化淋积型锰矿研究区(清流-永安庙前式沉积型锰矿研究区)；2. 大田广平-张地兰桥式风化淋积型锰矿研究区(大田广平-张地庙前式沉积型锰矿研究区)；3. 连城-武平兰桥式风化淋积型锰矿研究区(连城-武平庙前式沉积型锰矿研究区)

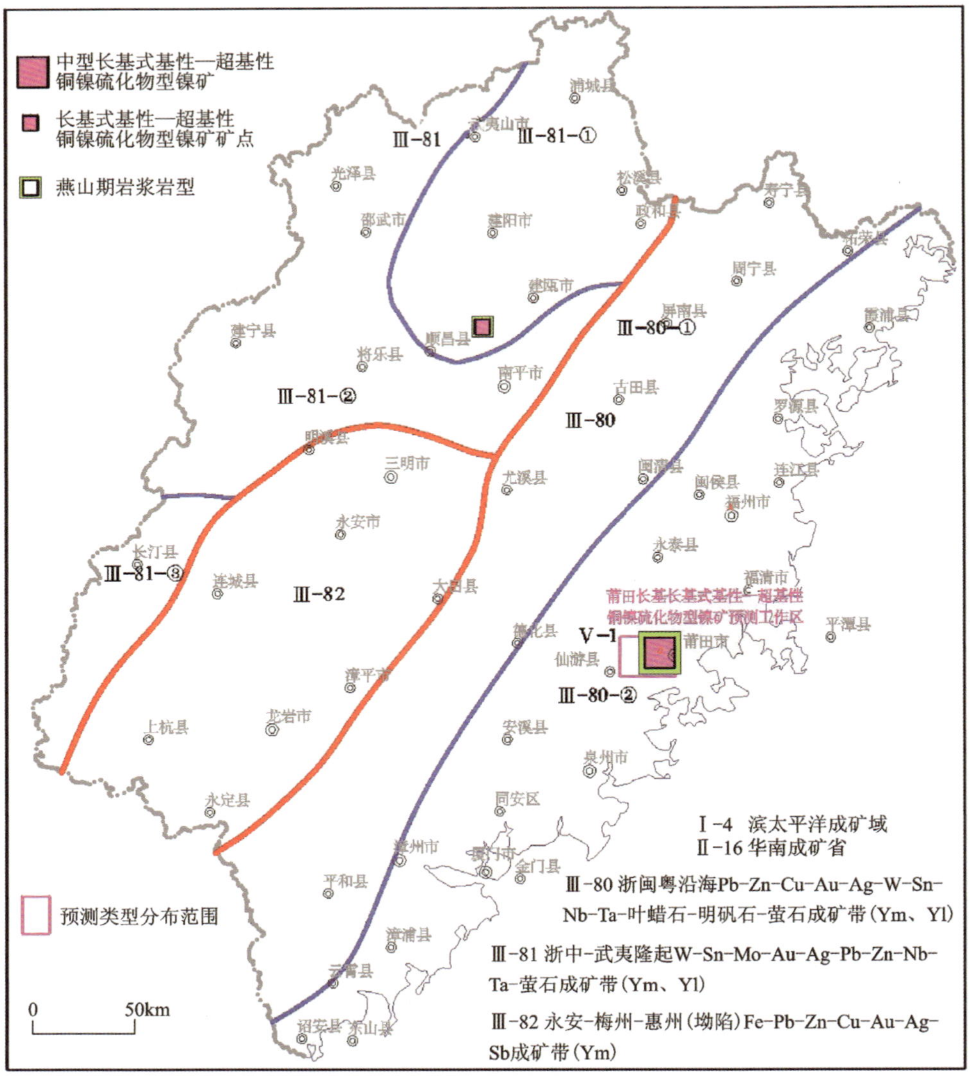

图 6-7　福建省镍矿成矿规律及预测类型分布略图

Ⅲ-80-①. 浙东-华安 Au-Pb-Zn-Ag-Mo-Cu -叶蜡石-明矾石成矿亚带(J、C、V、Yl^1、H)；Ⅲ-80-②. 福鼎-云霄 Ag-Cu-W-Mo-Sn-Pb-Zn -明矾石-叶蜡石成矿亚带(J、V、Ym、Yl^1、H)；Ⅲ-81-①. 遂昌-建阳 Cu-Mo-Pb-Zn-Ag -萤石-叶蜡石-地开石成矿亚带(J、Yl^1)；Ⅲ-81-②. 武夷隆起 W-Mo-Sn-Pb-Zn-Nb-Ta-Cu-Au-Ag -稀土-萤石-磷成矿亚带(Ym、Yl^1、H)；Ⅲ-81-③. 南武夷 Mn-Sn-Cu-Au-Ag-Pb-Zn -稀土成矿亚带(H)

成矿远景区：Ⅴ-1. 莆田长基镍矿远景区

表 6-12　福建省钨矿产预测类型一览表

矿产预测类型	时代			矿种	典型矿床	构造分区名称	成矿构造时段	远景区（预测工作区）	预测方法类型
	基底建造	成矿时代(Ma)	叠加时代						
行洛坑式斑岩型	Z	Rb-Sr：157～146		钨、钼	行洛坑	闽西南陆表海盆地	J_3	清流行洛坑及外围	侵入岩体型
新路口式石英脉型	∈	Rb-Sr 或 K-Ar：107.7～99.3		钨、锡	新路口	闽西南陆表海盆地	K_1	将乐新路口、将乐白莲、松溪半岭	侵入岩体型
洋竹径式石英脉型钨矿		K-Ar：118（围岩）		钨	洋竹径	东南沿海岩浆弧	K	华安洋竹径	侵入岩体型
上房式矽卡岩型	Pt_1			钨、钼	上房	武夷基底杂岩	K	建瓯上房	侵入岩体型

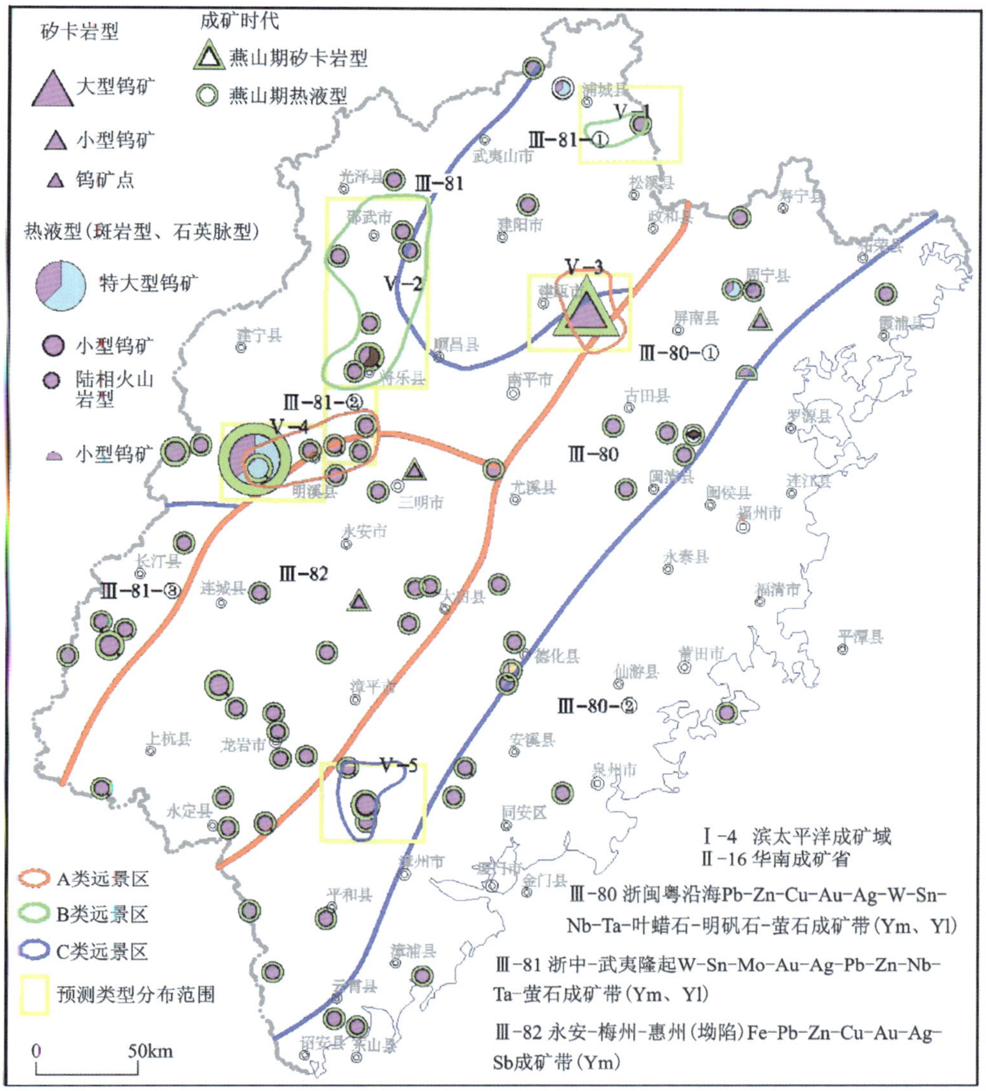

图 6-8 福建省钨矿成矿规律及预测类型分布略图

Ⅲ-80-①. 浙东-华安 Au-Pb-Zn-Ag-Mo-Cu -叶蜡石-明矾石成矿亚带(J、C、V、Yl[1]、H);Ⅲ-80-②. 福鼎-云霄 Ag-Cu-W-Mo-Sn-Pb-Zn -明矾石-叶蜡石成矿亚带(J、V、Ym、Yl[1]、H);Ⅲ-81-①. 遂昌-建阳 Cu-Mo-Pb-Zn-Ag -萤石-叶蜡石-地开石成矿亚带(J、Yl[1]);Ⅲ-81-②. 武夷隆起 W-Mo-Sn-Pb-Zn-Nb-Ta-Cu-Au-Ag -稀土-萤石-磷成矿亚带(Ym、Yl[1]、H);Ⅲ-81-③. 南武夷 Mn-Sn-Cu-Au-Ag-Pb-Zn -稀土成矿亚带(H)

成矿远景区:V-1. 松溪半岭区;V-2. 将乐新路口-邵武区;V-3. 建瓯上房区;V-4. 清流行洛坑-将乐白莲区;V-5. 华安洋竹径区

预测类型分布范围:1. 松溪半岭区(新路口式石英脉型钨矿);2. 将乐新路口区(新路口式石英脉型钨矿);3. 建瓯上房区(上房式矽卡岩型钨矿);4. 清流行洛坑及外围(斑岩型钨矿);5. 将乐白莲区(新路口式石英脉型钨矿);6. 华安洋竹径区(洋竹经式石英脉型钨矿)

(九)锡(锂)矿

本次福建省的锡(锂)矿产预测类型主要为斑岩型锡矿和伟晶岩型锡(锂)矿 2 种(表 6-13),共划分出 8 个远景区(图 6-9)。

表 6-13　福建省锡(锂)矿产预测类型一览表

矿产预测类型	时代		矿种	典型矿床	构造分区名称	成矿构造时段	远景区(预测工作区)	预测方法类型
	基底建造时代	成矿时代(Ma)						
松岭式斑岩型	Pt_3		锡	宁化松岭锡矿	武夷基底杂岩	J_3	武夷山洋庄-邵武水北	侵入岩体型
							将乐新路口-明溪	
							宁化石壁	
							古田三堡-闽清	
							长汀濯田	
							永定-云霄	
中甲式斑岩型	Pz_2	Rb-Sr：157～146	锡	龙岩中甲	闽西南陆表海盆地	J_3	连城庙前-龙岩中甲	侵入岩体型
西坑式伟晶岩型	Pt_3		锡(锂)	南平西坑	武夷基底杂岩	J_3	建瓯-南平-沙县	侵入岩体型

(十)钼矿

本次福建省钼矿产预测类型主要为行洛坑式斑岩型钨钼矿(J_3)、赤路式斑岩型钼矿(K_1)、西朝式岩浆热液型钼矿、山口式岩浆热液型钼矿、马坑式广义矽卡岩型铁钼矿共 5 种预测类型(表 6-14),共划分出 17 个远景区(图 6-10)。

表 6-14　福建省钼矿产预测类型一览表

矿产预测类型	时代		矿种	典型矿床	构造分区名称	成矿构造时段	远景区(预测工作区)	预测方法类型
	基底时代	成矿时代(Ma)						
行洛坑式斑岩型	Pt_3	Rb-Sr：157～146	钨、钼	清流行洛坑	闽西南陆表海盆地	J_3	清流行洛坑及外围	侵入岩体型
赤路式斑岩型	Mz	Re-Os：112	钼	福安赤路	东南沿海岩浆弧	K_1	福安赤路、浦城上厂-松溪大林坑、连城姑田、永安槐南-漳平北坑场	侵入岩体型
西朝式岩浆热液型	Pt_3	Re-Os：103	钼	古田西朝	武夷基底杂岩	K_1	建阳井后-古田西朝、尤溪卓坑-南平巨口、将乐万安、长泰枋洋、武夷山洋庄-邵武水北、古田三堡-永泰、连城庙前、浦城九里-武夷山上西坑、仙游砺山-泉州大林山	侵入岩体型
山口式岩浆热液型	Mz	Re-Os：165	钼	永定山口	东南沿海岩浆弧	J_3	永定-云霄	侵入岩体型
马坑式广义矽卡岩型	Pz_2	Re-Os：132	铁、钼	龙岩马坑	闽西南陆表海盆地	J_3	龙岩马坑、安溪潘田	复合内生型

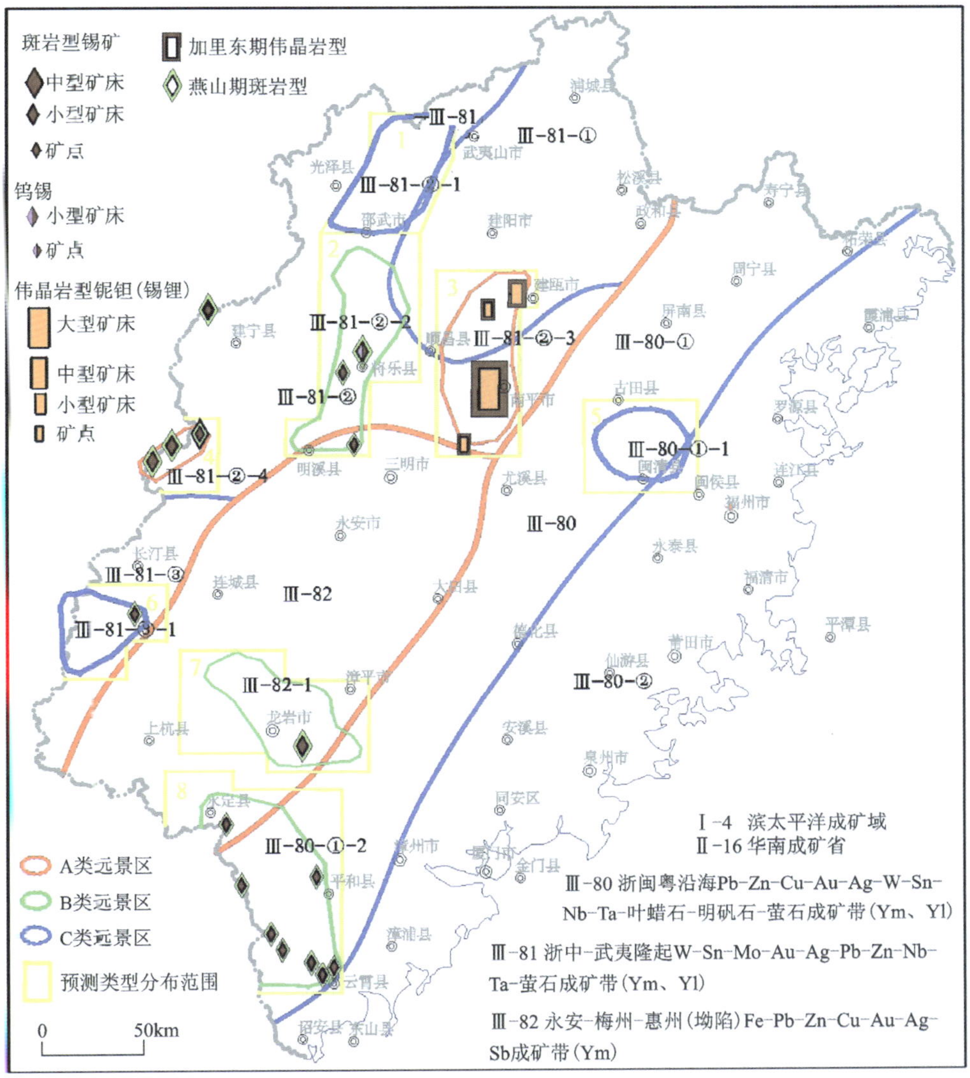

图 6-9　福建省锡(锂)矿成矿规律及预测类型分布略图

Ⅲ-80-①. 浙东-华安 Au-Pb-Zn-Ag-Mo-Cu-叶蜡石-明矾石成矿亚带(J、C、V、Yl^1、H)；Ⅲ-80-②. 福鼎-云霄 Ag-Cu-W-Mo-Sn-Pb-Zn-明矾石-叶蜡石成矿亚带(JV、Ym、Yl^1、H)；Ⅲ-81-①. 遂昌-建阳 Cu-Mo-Pb-Zn-Ag-萤石-叶蜡石-地开石成矿亚带(J、Yl^1)；Ⅲ-81-②. 武夷隆起 W-Mo-Sn-Pb-Zn-Nb-Ta-Cu-Au-Ag-稀土-萤石-磷成矿亚带(Ym、Yl^1、H)；Ⅲ-81-③. 南武夷 Mn-Sn-Cu-Au-Ag-Pb-Zn-稀土成矿亚带(H)

成矿远景区斑岩型：Ⅲ-80-①-1. 武夷山洋庄-邵武水北；Ⅲ-80-①-2. 将乐新路口-明溪；Ⅲ-80-①-1. 古田三堡-闽清；Ⅲ-81-②-4. 宁化石壁；Ⅲ-81-③-1. 长汀濯田；Ⅲ-82-1. 连城庙前-龙岩中甲；Ⅲ-80-①-2. 永定-云霄；伟晶岩型：Ⅲ-80-①-3. 建瓯-南平-沙县

预测类型分布范围：1. 武夷山洋庄-邵武水北锡矿区(松岭式岩浆热液型锡矿)；2. 将乐新路口-明溪锡矿区(松岭式岩浆热液型锡矿)；3. 建瓯-南平-沙县锡(锂)矿区[西坑式伟晶岩型锡(锂)矿]；4. 宁化石壁锡矿区(松岭式岩浆热液型)；5. 古田三堡-闽清钨锡矿区(松岭式岩浆热液型)；6. 长汀濯田锡钼矿区(松岭式岩浆热液型)；7. 连城庙前-龙岩中甲钨锡矿区(中甲式岩浆斑岩型)；8. 永定-云霄锡矿区(松岭式岩浆热液型)

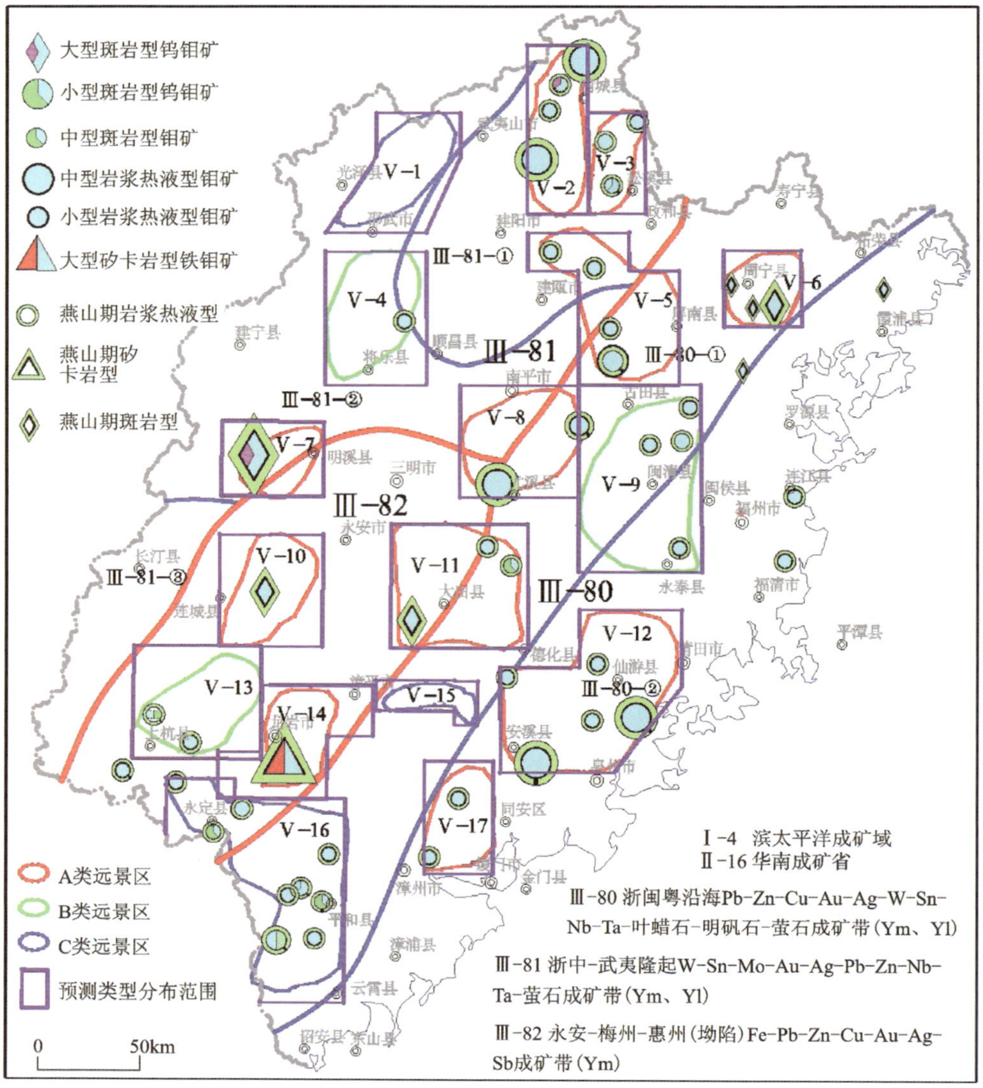

图 6-10　福建省钼矿成矿规律及预测类型分布略图

Ⅲ-80-①. 浙东-华安 Au-Pb-Zn-Ag-Mo-Cu-叶蜡石-明矾石成矿亚带(J、C、V、Yl^1、H)；Ⅲ-80-②. 福鼎-云霄 Ag-Cu-W-Mo-Sn-Pb-Zn-明矾石-叶蜡石成矿亚带(J、V、Ym、Yl^1、H)；Ⅲ-81-①. 遂昌-建阳 Cu-Mo-Pb-Zn-Ag-萤石-叶蜡石-地开石成矿亚带(J、Yl^1)；Ⅲ-81-②. 武夷隆起 W-Mo-Sn-Pb-Zn-Nb-Ta-Cu-Au-Ag-稀土-萤石-磷成矿亚带(Ym、Yl^1、H)；Ⅲ-81-③. 南武夷 Mn-Sn-Cu-Au-Ag-Pb-Zn-稀土成矿亚带(H)

成矿远景区：V-1. 武夷山洋庄-邵武区；V-2. 浦城九里-武夷山上西坑区；V-3. 浦城上厂-松溪大林坑区；V-4. 将乐万安区；V-5. 建阳井后-古田西朝区；V-6. 福安赤路区；V-7. 清流行洛坑及外围区；V-8. 尤溪卓坑-南平巨口区；V-9. 古田三堡-永泰区；V-10. 连城姑田区；V-11. 永安槐南-漳平北坑场区；V-12. 泉州市泉港区大林山；V-13. 连城庙前区；V-14. 龙岩马坑区；V-15. 安溪潘田区；V-16. 永定-云霄区；V-17. 长泰枋洋区

预测类型分布范围：1. 武夷山洋庄-邵武区(西朝式岩浆热液型)；2. 浦城九里-武夷山上西坑区(西朝坑式岩浆热液型)；3. 浦城上厂-松溪大林坑区(赤路式斑岩型)；4. 将乐万安区(西朝式岩浆热液型)；5. 建阳井后-古田西朝区(西朝式岩浆热液型)；6. 福安赤路区(赤路式斑岩型)；7. 清流行洛坑斑岩型区；8. 尤溪卓坑-南平巨口区(西朝式岩浆热液型)；9. 古田三堡-永泰区(西朝式岩浆热液型)；10. 连城姑田区(赤路式斑岩型)；11. 永安槐南-漳平北坑场区(赤路式斑岩型)；12. 连城庙前区(西朝式岩浆热液型)；13. 龙岩马坑区(马坑式广义矽卡型)；14. 安溪潘田区(马坑式广义矽卡型)；15. 仙游砺山-泉州大林山区(西朝式岩浆热液型)；16. 永定-云霄区(山口式岩浆热液型)；17. 长泰枋洋区(西朝式岩浆热液型)

（十一）稀土矿

按照全国矿产预测类型划分方案，福建省稀土矿预测类型为花岗岩风化壳离子吸附型（轻稀土），本次工作中选取典型矿床 1 处，划分矿产预测类型 1 种（表 6-15），划分远景区 2 个（图 6-11）。

表 6-15　福建省稀土矿产预测类型一览表

矿产预测类型	时代			矿种	典型矿床	构造分区名称	成矿构造时段	远景区（预测工作区）	预测方法类型
	基底建造时代	成矿时代（Ma）	叠加时代						
花岗岩风化壳离子吸附型稀土矿	J_{1-3}	Q	S—J	稀土	长汀南塘	闽西南陆表海盆地	喜马拉雅期	宁化地区、长汀河田地区	沉积型

（十二）磷矿

福建省磷矿床可分为沉积变质型、沉积型和岩浆岩型 3 种成因类型。福建省磷矿有一定品位及规模的主要有沉积变质型磷矿、沉积型磷矿。

本次福建省划分的磷矿产预测类型为沉积-变质型、沉积型（表 6-16）。洋墩式沉积变质型磷矿主要有松溪洋墩、南平芹山 2 处预测工作区。沉积型以邻近江西省的朝阳磷矿为典型矿床，朝阳式沉积型磷矿主要有长汀寨山、宁化石壁岭 2 处远景区（图 6-12）。

表 6-16　福建省磷矿矿产预测类型一览表

矿产预测类型	时代		矿种	典型矿床	构造分区名称	成矿构造时段	远景区（预测工作区）	预测方法类型
	基底建造时代	成矿时代（Ma）						
洋墩式沉积变质型	—	Pt_3	磷灰石	洋墩	闽西北陆块区	Pt_3	松溪洋墩、南平芹山	变质型
朝阳式（江西）沉积型	—	Z	磷块岩	朝阳	闽西南陆表海盆地	Z	长汀寨山、宁化石壁岭	沉积型

（十三）硫矿

福建省硫矿床类型较多，主要有矽卡岩型、热液型、沉积变质-热液改造型和沉积变质型等，以矽卡岩型和岩浆热液型硫矿的矿石量占绝对优势。本次福建省划分的硫矿产预测类型为屏峰式岩浆热液型、龙凤场式和银硐式矽卡岩型、峰岩式沉积变质-热液改造型、水源式沉积变质岩型等，矿产预测类型及成矿远景区分布情况见表 6-17，图 6-13。

表 6-17　福建省硫矿产预测类型一览表

矿产预测类型	矿种	典型矿床	远景区（预测工作区）	预测方法类型
屏峰式岩浆热液型	硫	浦城屏峰	浦城山下-石陂	复合内生型
			周宁七步-寿宁厚溪	
峰岩式沉积变质-热液改造型	铅、锌、硫	建阳水吉	政和王母山、南平夏道-迪口、建阳水吉、尤溪梅仙	

续表 6-17

矿产预测类型	矿种	典型矿床	远景区(预测工作区)	预测方法类型
龙凤场式矽卡岩型	硫	大田旺建	将乐万安-顺昌埔上、政和铁山、三明陈大-沙县南霞、大田广平-太华、长汀南山-连城北团、漳平福田-安溪剑斗、上杭湖洋	侵入岩体型
银硐式矽卡岩型	硫、铅、锌	福鼎银硐	福鼎银硐	
水源式沉积变质型	硫	泰宁水源	泰宁新桥-邵武和平	变质型

图 6-11　福建省稀土矿成矿规律及预测类型分布略图

Ⅲ-80-①. 浙东-华安 Au-Pb-Zn-Ag-Mo-Cu -叶蜡石-明矾石成矿亚带(J、C、V、Yl^1、H)；Ⅲ-80-②. 福鼎-云霄 Ag-Cu-W-Mo-Sn-Pb-Zn -明矾石-叶蜡石成矿亚带(J、V、Ym、Yl^1、H)；Ⅲ-81-①. 遂昌-建阳 Cu-Mo-Pb-Zn-Ag -萤石-叶蜡石-地开石成矿亚带(J、Yl^1)；Ⅲ-81-②. 武夷隆起 W-Mo-Sn-Pb-Zn-Nb-Ta-Cu-Au-Ag -稀土-萤石-磷成矿亚带(Ym、Yl^1、H)；Ⅲ-81-③. 南武夷 Mn-Sn-Cu-Au-Ag-Pb-Zn -稀土成矿亚带(H)

成矿远景区：Ⅴ-1. 宁化离子吸附型稀土矿成矿远景区；Ⅴ-2. 长汀河田离子吸附型稀土矿成矿远景区；Ⅴ-3. 松溪郑墩-政和洋源区；Ⅴ-4. 寿宁大安-柘荣英山区；Ⅴ-5. 建瓯房道-南平大横区；Ⅴ-6. 泰宁余坊-将乐万安区；Ⅴ-7. 清流余朋区；Ⅴ-8. 永安上坪-大田前坪区；Ⅴ-9. 尤溪梅仙-中仙区；Ⅴ-10. 仙游象溪-莆田白沙区；Ⅴ-11. 连城宣和-庙前区；Ⅴ-12. 武平悦洋区；Ⅴ-13. 平和霞寨-云霄和平区

图 6-12　福建省磷矿成矿规律及预测类型分布略图

Ⅲ-80-①. 浙东-华安 Au-Pb-Zn-Ag-Mo-Cu-叶蜡石-明矾石成矿亚带(J、C、V、Yl¹、H)；Ⅲ-80-②. 福鼎-云霄 Ag-Cu-W-Mo-Sn-Pb-Zn-明矾石-叶蜡石成矿亚带(J、V、Ym、Yl¹、H)；Ⅲ-81-①. 遂昌-建阳 Cu-Mo-Pb-Zn-Ag-萤石-叶蜡石-地开石成矿亚带(J、Yl¹)；Ⅲ-81-②. 武夷隆起 W-Mo-Sn-Pb-Zn-Nb-Ta-Cu-Au-Ag-稀土-萤石-磷成矿亚带(Ym、Yl¹、H)；Ⅲ-81-③. 南武夷 Mn-Sn-Cu-Au-Ag-Pb-Zn-稀土成矿亚带(H)

成矿远景区：Ⅴ-1. 南平芹山区矿；Ⅴ-2. 松溪洋墩区矿；Ⅴ-3. 宁化石壁岭区矿；Ⅴ-4. 长汀寨山区

图 6-13　福建省硫矿成矿规律及预测类型分布略图

Ⅲ-80-①. 浙东-华安 Au-Pb-Zn-Ag-Mo-Cu -叶蜡石-明矾石成矿亚带(J、C、V、Yl^{1}、H)；Ⅲ-80-②. 福鼎-云霄 Ag-Cu-W-Mo-Sn-Pb-Zn -明矾石-叶蜡石成矿亚带(J、V、Ym、Yl^{1}、H)；Ⅲ-81-①. 遂昌-建阳 Cu-Mo-Pb-Zn-Ag -萤石-叶蜡石-地开石成矿亚带(J、Yl^{1})；Ⅲ-81-②. 武夷隆起 W-Mo-Sn-Pb-Zn-Nb-Ta-Cu-Au-Ag -稀土-萤石-磷成矿亚带(Ym、Yl^{1}、H)；Ⅲ-81-③. 南武夷 Mn-Sn-Cu-Au-Ag-Pb-Zn -稀土成矿亚带(H)

成矿远景区：V-1. 浦城屏峰-山后区；V-2. 建阳水吉区；V-3. 建瓯钟山-徐坑区；V-4. 政和夏山-王母山区；V-5. 寿宁铁场区；V-6. 福安后洋-高岩区；V-7. 福安赤路区；V-8. 福鼎银硐区；V-9. 泰宁水源-邵武枫林区；V-10. 泰下渠-邵武王家岭区；V-11. 将乐新路口-邵武大王头区；V-12. 南平东坑-建瓯张坑区；V-13. 三明陈大-洋口仔区；V-14. 尤溪梅仙区；V-15. 大田广平-上察区；V-16. 大田三阳-漳平内奇和区；V-17. 长汀大埔-朱坊区；V-18. 连城田心-罗坊区；V-19. 漳平洛阳区；V-20. 安溪潘田-霞春区；V-21. 上杭湖洋-黄坊区

预测类型分布范围：1. 浦城山下-石陂区(屏峰式岩浆热液型)；2. 泰宁新桥-邵武和平区(水源式沉积变质型)；3. 建阳水吉区(峰岩式沉积变质-热液改造型)；4. 政和王母山区(峰岩式沉积变质-热液改造型)、政和铁山区(龙凤场式矽卡岩型)；5. 周宁七步-寿宁厚溪区(屏峰式岩浆热液型)；6. 福鼎银硐区(银硐式矽卡岩型)；7. 将乐万安-顺昌埔上区(龙凤场式矽卡岩型)；8. 南平夏道-迪口区(峰岩式沉积变质-热液改造型)；9. 三明陈大-沙县南霞区(龙凤场式矽卡岩型)；10. 尤溪梅仙区(峰岩式沉积变质-热液改造型)；11. 长汀南山-连城北团区(龙凤场式矽卡岩型)；12. 大田广平-太华区(龙凤场式矽卡岩型)；13. 漳平福田-安溪剑斗区(龙凤场式矽卡岩型)；14. 上杭湖洋区(龙凤场式矽卡岩型)

（十四）萤石矿

福建省萤石矿的矿产预测类型为南山下式热液充填型萤石矿 1 种，预测类型见表 6-18。根据萤石矿床（点）分布特征及成矿地质条件分析，省内萤石矿的研究区主要位于闽西（北）地区，共有 5 个预测工作区，分布情况见图 6-14。

表 6-18　福建省萤石、重晶石矿产预测类型划分一览表

矿产预测类型	矿种	时代		典型矿床	构造分区名称	成矿构造时段	远景区（预测工作区）	预测方法类型
		基底建造时代	成矿时代（Ma）					
南山下式热液充填型	萤石	—	K	南山下、回潭、常口	闽西北陆块区	K	浦城-建阳回潭、光泽司前-李坊、邵武南山下-龙湖、顺昌-将乐、明溪-连城	复合内生型
李坊式沉积（变质）型	重晶石	—	$\in_{1\text{-}2}$（岩相及化石组合）	李坊	闽西南陆表海盆地	$\in_{1\text{-}2}l$	永安-明溪、长汀古城	沉积型

（一五）重晶石

本次福建省划分的重晶石矿产预测类型为李坊式沉积（变质）型重晶石矿 1 种，预测类型见表 6-18，成矿远景区主要分布于闽西一带，共有 2 个预测工作区，分布情况见图 6-15。

（十六）煤

福建省煤矿矿产预测类型为沉积型煤矿，以福建闽西南陆表海内二叠系童子岩组煤矿为主，成矿远景区主要有永春-尤溪、永安-大田煤田、龙岩-永定煤田、将乐-武平煤田，分布情况见图 6-16。

第三节　铁矿典型矿床及成矿规律

一、铁矿典型矿床

福建省铁矿主要分布于闽西南陆表海盆地之大田—龙岩地区，成矿作用分两个阶段，早期为石炭纪—二叠纪（海西期）（火山）沉积作用形成的铁多金属矿胚层；晚期为燕山期，花岗岩类对先存的铁多金属矿胚层改造成矽卡岩型矿床，同时有共伴生钼矿产出，马坑铁矿为其典型代表。本次工作，将铁矿矿产预测类型划分为广义矽卡岩型铁矿，选取的典型矿床分别为龙岩马坑铁矿和大田汤泉铁矿。下面以马坑铁矿床为例对福建省典型矿床成矿要素及成矿模式研究成果进行总结。

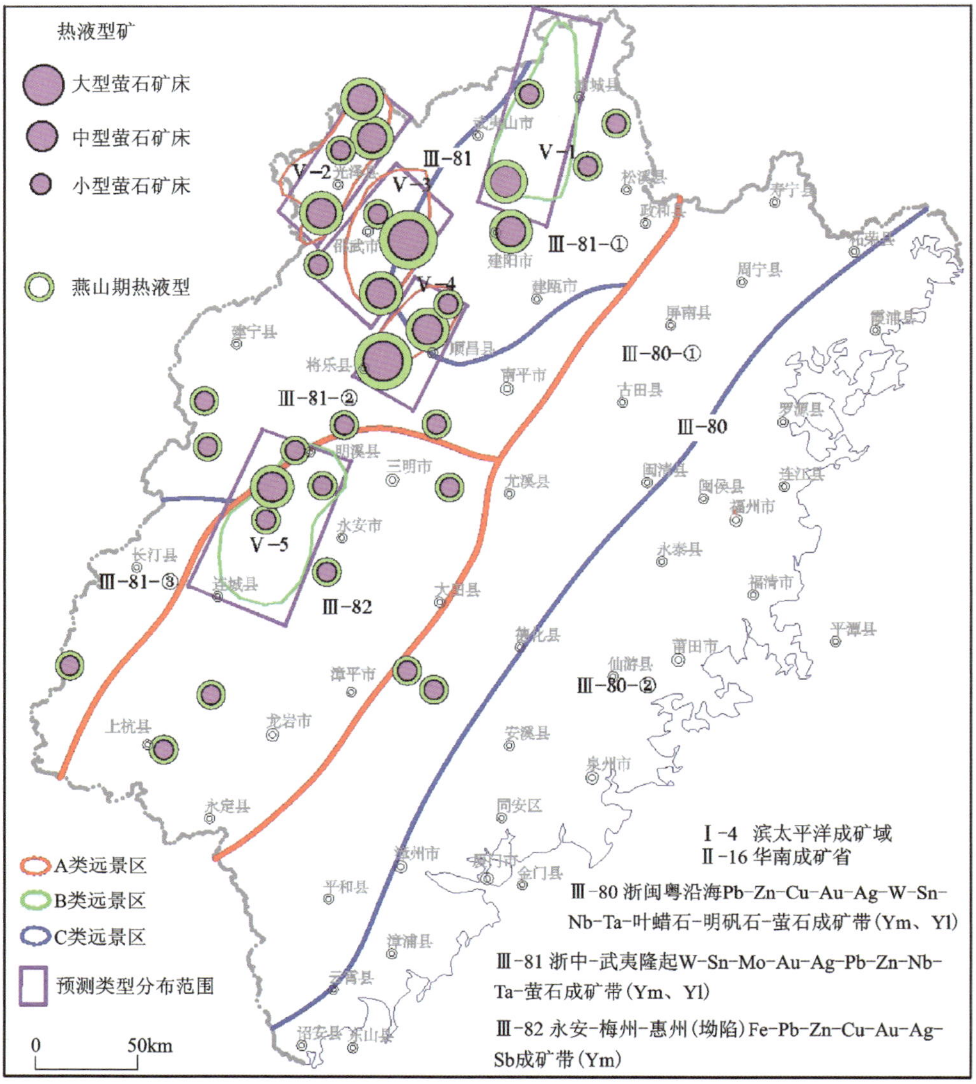

图 6-14　福建省萤石矿成矿规律及预测类型分布略图

Ⅲ-80-①. 浙东-华安 Au-Pb-Zn-Ag-Mo-Cu -叶蜡石-明矾石成矿亚带(J、C、V、Yl^{1}、H)；Ⅲ-80-②. 福鼎-云霄 Ag-Cu-W-Mo-Sn-Pb-Zn -明矾石-叶蜡石成矿亚带(J、V、Ym、Yl^{1}、H)；Ⅲ-81-①. 遂昌-建阳 Cu-Mo-Pb-Zn-Ag -萤石-叶蜡石-地开石成矿亚带(J、Yl^{1})；Ⅲ-81-②. 武夷隆起 W-Mo-Sn-Pb-Zn-Nb-Ta-Cu-Au-Ag -稀土-萤石-磷成矿亚带(Ym、Yl^{1}、H)；Ⅲ-81-③. 南武夷 Mn-Sn-Cu-Au-Ag-Pb-Zn -稀土成矿亚带(H)

成矿远景区：V-1. 浦城-建阳回潭；V-2. 光泽司前-李坊；V-3. 邵武南山下-龙湖；V-4. 顺昌-将乐；V-5. 明溪-连城

预测类型分布范围：1. 浦城-建阳回潭南山下式热液型萤石矿分布区；2. 光泽司前-李坊南山下式热液型萤石矿分布区；3. 邵武南山下-龙湖南山下式热液型萤石矿分布区；4. 顺昌-将乐南山下式热液型萤石矿分布区；5. 明溪-连城南山下式热液型萤石矿分布区

图 6-15 福建省重晶石矿成矿规律及预测类型分布略图

Ⅲ-80-①. 浙东-华安 Au-Pb-Zn-Ag-Mo-Cu-叶蜡石-明矾石成矿亚带(J、C、V、Yl^1、H)；Ⅲ-80-②. 福鼎-云霄 Ag-Cu-W-Mo-Sn-Pb-Zn-明矾石-叶蜡石成矿亚带(J、V、Ym、Yl^1、H)；Ⅲ-81-①. 遂昌-建阳 Cu-Mo-Pb-Zn-Ag-萤石-叶蜡石-地开石成矿亚带(J、Yl^1)；Ⅲ-81-②. 武夷隆起 W-Mo-Sn-Pb-Zn-Nb-Ta-Cu-Au-Ag-稀土-萤石-磷成矿亚带(Ym、Yl^1、H)；Ⅲ-81-③. 南武夷 Mn-Sn-Cu-Au-Ag-Pb-Zn-稀土成矿亚带(H)

成矿远景区：Ⅴ-1. 永安-明溪重晶石矿成矿远景区；Ⅴ-2. 长汀古城重晶石矿成矿远景区

预测类型分布范围：1. 永安-明溪李坊式沉积(变质)型重晶石矿研究区；2. 长汀古城李坊式沉积(变质)型重晶石矿研究区

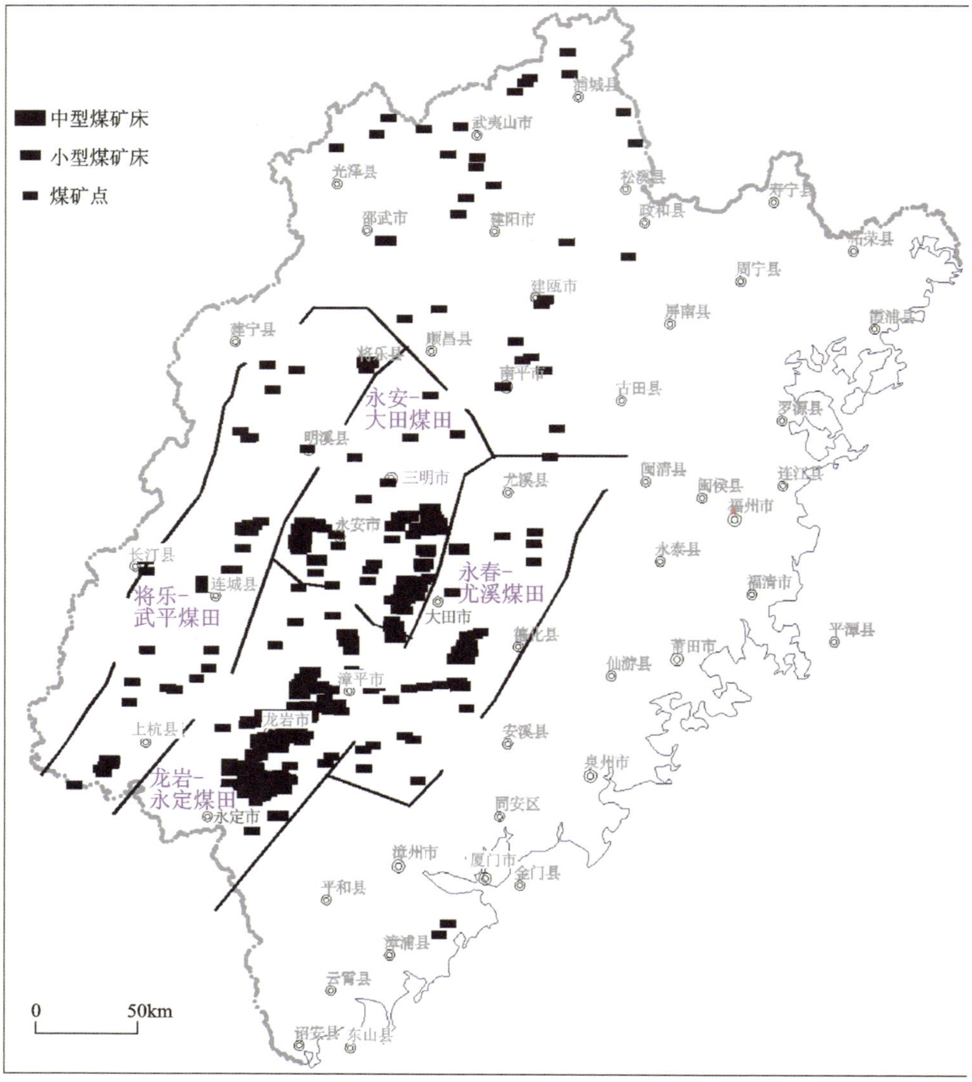

图 6-16　福建省煤矿成矿规律及预测类型分布略图

（一）龙岩马坑铁矿

1. 成矿要素研究

马坑铁矿（图 6-17）位于永安-梅州-惠阳（凹陷）Fe-Pb-Zn-Cu-Au-Ag-Sb 成矿带（Ⅲ-82）南部，属大型铁（钼）矿，铁矿石资源量 4.61×10^{8}t，平均品位 TFe 37.17%、Mo 0.087%。

广义矽卡岩型铁矿的成矿必要要素有 5 个（表 6-19），其中沉积建造、侵入岩建造尤为重要。沉积建造为石炭纪—二叠纪（C—P）含铁碎屑岩建造、碳酸盐岩建造，尤以经畲组硅铁质沉积建造为主。侵入岩建造为晚侏罗世正长花岗岩，因其热液与石炭纪—二叠纪（C—P）含铁碎屑岩建造、碳酸盐岩建造发生接触交代作用或渗滤交代作用，而形成铁多金属矿床。

2. 成矿模式研究成果总结

福建省广义矽卡岩型成矿模式如图 6-18 所示。成矿主要分为两个阶段，即沉积成矿、燕山期岩浆岩交代富集成矿。

沉积成矿：石炭纪至二叠纪，闽西南陆表海外围的风化剥蚀作用提供了大量铁多金属矿质，局部可能有火山作用带来铁多金属矿质，在合适的构造位置（如局部凹陷或断陷盆地）沉积（淀）形成铁多金属矿的矿源层，如经畲组的中下部形成含铁多金属建造（矿源层）。

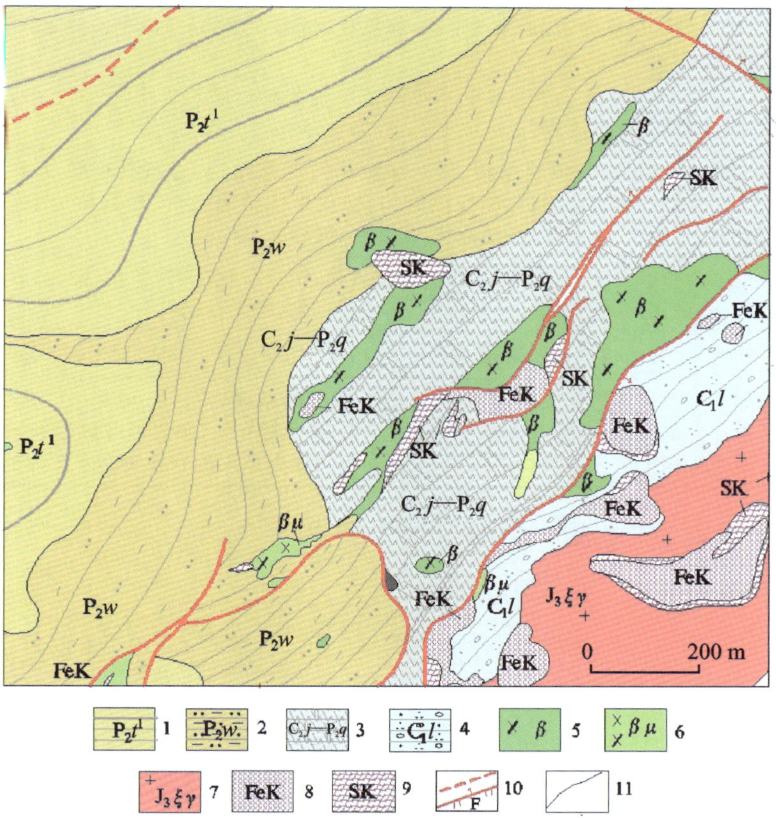

图 6-17 福建省龙岩马坑铁矿地质略图

（据福建省地质八队《福建省龙岩马坑铁矿区西矿段详细勘探地质报告》修编，1984）

1. 中二叠统童子岩组第一段含煤碎屑岩建造；2. 中二叠统文笔山组粉砂岩-泥岩建造；3. 上石炭统经畲组至中二叠统栖霞组；4. 下石炭统林地组石英砂砾岩建造；5. 辉绿岩类；6. 辉长辉绿岩；7. 燕山期上侏罗统正长花岗岩；8. 褐铁矿；9. 矽卡岩；10. 实测、推测断层及编号；11. 实测地质界线

表 6-19 福建省龙岩马坑铁矿典型矿床成矿要素及成矿模式一览表

成矿要素	描述内容	成矿要素分类
成矿时代	沉积成矿时代为 346～334Ma，叠加改造期为燕山晚期（晚侏罗世黑云母正长花岗岩）	必要
大地构造背景	大地构造位于闽西南被动陆缘与陆表海盆地（Ⅵ-3-2）大田-龙岩次级坳陷带的东南侧。矿床构造位于永安-梅县铁成矿带（Ⅲ级）之大田-龙岩成矿亚带（Ⅳ级）中的德化-龙岩矿带（Ⅴ级）内	必要
大地构造演化阶段	海西期海进沉积旋回系列底部，燕山期岩浆喷发	必要
沉积建造	石炭纪—二叠纪（C—P）含铁碎屑岩建造、碳酸盐岩建造，尤以经畲组硅铁质沉积建造为主	必要
侵入岩建造	燕山晚期的岩浆侵入，本区主要为龙岩莒舟—大洋黑云母正长花岗岩体，中—细粒花岗结构，块状构造，莒舟岩体 Rb-Sr 等时线年龄为 146.2Ma；成因类型为Ⅰ型（同熔型）花岗岩	必要
岩相古地理	局限海水潮坪相砂坪亚相	重要

续表 6-19

成矿要素		描述内容	成矿要素分类
成矿特征	矿体形态	以似层状、层状为主，部分透镜状、扁豆状，与围岩产状一致；主矿体延长约 3 350m，延深 440～1 540m	重要
	矿物组合	以磁铁矿为主，次为赤铁矿和后期热液叠加的辉钼矿等硫化物；脉石矿物主要为石英、次透辉石-钙铁辉石、钙铁榴石、透闪石等	重要
	结构构造	云雾状结构、变余鲕状结构、微—细粒花岗变晶结构，显微他形粒状变晶结构、他形—半自形镶嵌结构、花岗变晶结构、交代熔蚀结构、交代残留结构等；条带-条纹状、残余块状、变余豆状、浸染状、斑杂状、网脉状等构造	次要
	围岩蚀变	主要为矽卡岩化，其次为角岩化、大理岩化、绢云母化、黄铁矿化、硅化、碳酸盐化、萤石化、钾化、高岭土化以及绿帘石化、透闪石化、绿泥石化等	重要
矿床储量		铁矿 43 043.17×10^4t、钼金属量 82 931t；平均品位 TFe 36.35%、Mo 0.052%	次要
找矿线索		印支期古海岸边缘或断陷盆地中，富含铁质的基底岩系、石炭系—二叠系碳酸盐岩建造底部假整合带、重力梯度带与磁异常梯度复合处，围岩蚀变以矽卡岩化为特征；地表见褐铁矿为直接找矿线索，上覆文笔山组等地层的存在有利于矿体的保存	重要

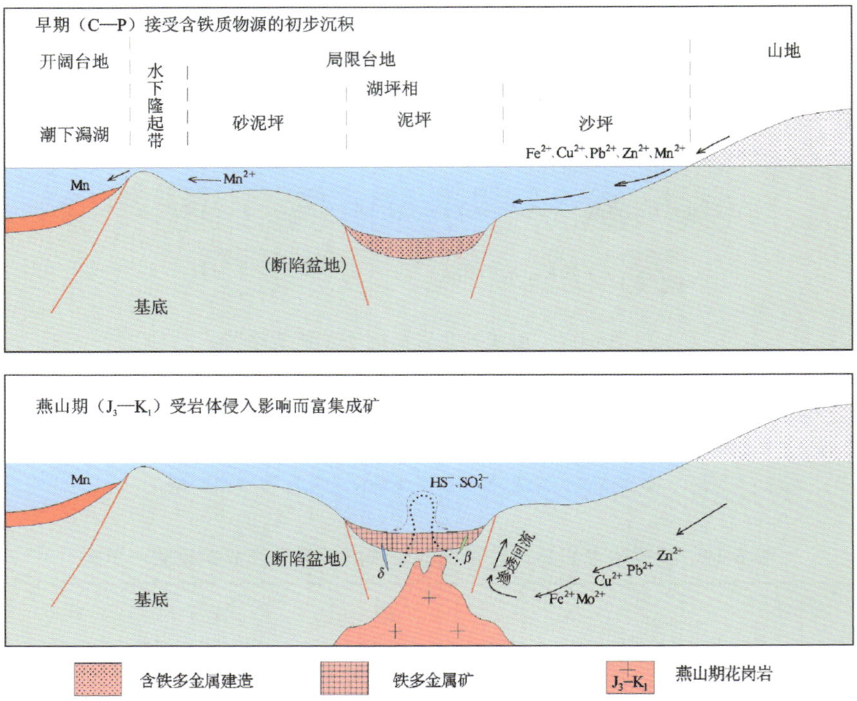

图 6-18　福建省龙岩马坑铁矿成矿模式图

燕山期岩浆岩成矿：燕山晚期花岗岩的侵入带来了热量及含矿（钼等）热液，对外接触带的铁多金属矿源层进行交代改造，形成矽卡岩型铁（钼）多金属矿。

二、铁矿预测工作区成矿规律

本次福建省铁矿预测工作区共 7 处。从区域成矿构造角度进行分析，各预测区具有成矿作用的共性，总体都位于闽西南陆表海盆地中，有相似的成矿环境，在成矿建造和侵入岩浆活动对成矿及改造作用的重要性等方面存在部分差异。

（一）区域成矿要素研究成果总结

铁矿的总体区域成矿要素见表 6-20。根据各要素对成矿作用的重要性，划分为必要、重要和次要要素。必要要素主要有石炭纪—二叠纪（C—P）含铁碎屑岩建造（经畲组等）、碳酸盐岩建造，尤以经畲组硅铁质沉积建造最为重要；侵入岩建造主要为燕山期花岗岩类，如龙岩马坑的大洋岩体、莒舟岩体及大田的汤泉岩体等。

表 6-20　福建省马坑式广义矽卡岩型铁矿区域成矿要素一览表

区域成矿要素		描述内容	成矿要素分类
区域成矿地质环境	大地构造位置	位于闽西南被动陆缘与陆表海盆地（Ⅵ-3-2），大凹陷带	必要
	主要控矿构造	以北东向的褶皱、断裂构造等为主	必要
	主要赋矿地层	石炭系林地组、经畲组、船山组，二叠系栖霞组等	必要
	沉积建造	石炭纪—二叠纪（C—P）含铁碎屑岩建造、碳酸盐岩建造，尤以经畲组硅铁质沉积建造为主	必要
	侵入岩建造	燕山晚期（晚侏罗世）的岩浆侵入，主要为中酸性—酸性花岗闪长岩-二长花岗岩-正长花岗岩，Rb-Sr 等时线年龄 160～146Ma，成因类型为 I 型（同熔型）花岗岩	必要
	区域变质作用及建造	区域变质程度低，多属低绿片岩相变质建造，局部地区发育绿片岩相变质建造	次要
区域成矿地质特征	区域成矿类型和成矿期	主要是与海西期—印支期海底中基性—酸性火山活动有关的矿床成矿系列，主要矿种以铁、铜、铅、锌、银、硫组合为特点，矿床成因类型为广义矽卡岩型，如龙岩马坑铁矿、德化阳山铁矿等	重要
	广义矽卡岩型铁矿	以经畲组为主，石炭纪—二叠纪（C—P）碳酸盐岩建造（底部），黑云母正长花岗岩的侵入	必要
		闽西南凹陷盆地	必要
		矿石以磁铁矿-褐铁矿石为主，后期受矽卡岩化作用改造	重要
		区内铁矿带普遍发育矽卡岩化、角岩化等	次要
		矿床式主要为马坑式广义矽卡岩型（沉积-改造型）铁矿	重要

（二）区域成矿模式研究成果总结

在分析区域成矿特征、成矿要素分析提取工作的基础上，参考前人资料，建立福建省闽西南一带的马坑式广义矽卡岩型铁矿的成矿模式，编制铁矿区域成矿模式图（图 6-19）。

（三）铁矿区域成矿规律总结

1. 铁矿形成的时间分布规律

（1）海西成矿期：是福建省最重要的铁矿形成时期，以广义矽卡岩型（沉积-改造型）为主，如龙岩马坑、德化阳山等。矿体规模大小不等，最大矿体长达 4 000m，宽 1 000 余米，具有很高的经济价值。

（2）印支成矿期：在局部地区形成了广义矽卡岩型（沉积-改造型）铁矿，如漳平挂山、安溪下西坑等。

（3）燕山成矿期：也是福建省最重要的一次成矿期，主要对晚古生代地层中的铁矿质进行改造，形成矽卡岩型矿床，典型矿床有龙岩马坑、漳平洛阳、安溪潘田等。原来称为"沉积-改造型"铁矿，因燕山期构造-岩浆作用，也被称为"燕山期"矿床。

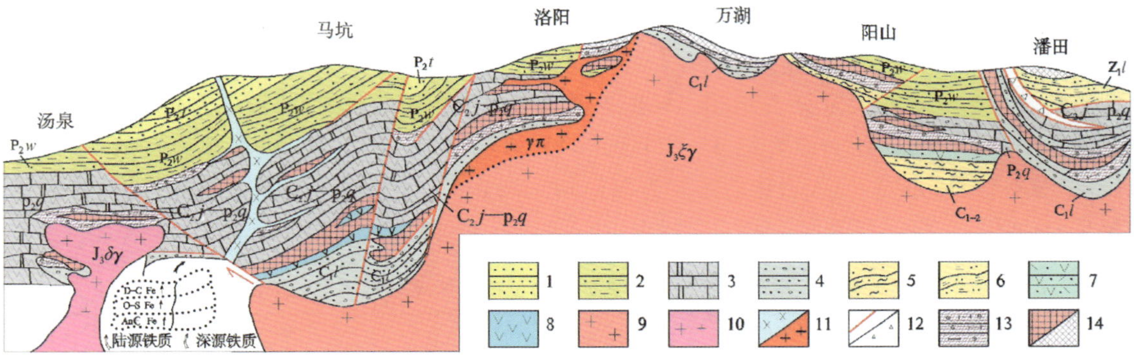

图 6-19　福建省龙岩马坑—德化阳山地区铁矿区域成矿模式图

（据福建省地质矿产局《福建省区域矿产总结》修编，1985）

1. 童子岩组（P_2t）细碎屑岩；2. 文笔山组（P_2w）泥质粉砂岩；3. 经畲组—栖霞组（C_2j—P_2q）灰岩（大理岩）；4. 林地组（C_1l）砂砾岩；5. 中下石炭统（C_{1-2}）片岩（变质粉砂岩）；6. 楼子坝组（Z_1l）石英云母片岩；7. 中酸性火山碎屑岩；8. 安山玄武岩；9. 燕山期花岗岩（$J_3\zeta\gamma$）；10. 燕山期花岗闪长岩（$J_3\delta\gamma$）；11. 辉绿岩、花岗斑岩（β、$\gamma\pi$）；12. 断层及破碎带；13. 矽卡岩；14. 原生铁矿、风化铁矿

2. 铁矿形成的空间分布规律

1）铁矿的区域分布

福建省铁矿主要集中分布在闽西南陆表海，在这个带上有龙岩马坑、德化阳山、漳平洛阳等重要矿床，占矿床总数及储量的 90%以上，以马坑铁矿为代表，属广义矽卡岩型。

此外，在这个铁矿富集带两侧，东部火山岩区铁矿点有 118 处，均属岩浆热液型或火山热液型铁矿化（点）。西侧的加里东隆起区内，铁矿主要是风化淋滤型和岩浆热液型铁矿。

2）海西期同生断陷盆地或凹陷盆地是铁质富集的有利空间

从闽西南地区广义矽卡岩型（沉积-改造型）铁矿产出位置来看，多与区域断裂带附近滨浅海断陷盆地或凹盆构造环境有关。如马坑铁矿主体产于北东向与北西向两组断裂构成的向北西倾斜的断陷盆地中。在这些盆地中地层，矿体厚度以及岩性、岩相特征变化较大。阳山铁矿与东西向和北东向断裂复合构成的同生沉积断陷盆地有关。

第四节　铜矿典型矿床及成矿规律

一、铜矿典型矿床

据福建省铜矿产的区域成矿地质构造背景、成矿地质环境和成矿特征等综合研究，选择紫金山、罗卜岭、管查、龙山崎、东岩 5 个矿床作为典型矿床，分别代表 5 种矿产预测类型，即陆相火山岩型、斑岩型、岩浆热液型、矽卡岩型和沉积变质-热液改造型。以下对各预测类型的典型矿床成矿要素及成矿模式研究成果进行总结。

（一）紫金山铜金矿

1. 成矿要素研究成果总结

福建省上杭紫金山铜金矿床（图 6-20）位于闽西南陆表海的西南部，为大型铜金矿床，属陆相火山岩型铜矿，其成矿要素见表 6-21，其中必要要素 4 个，即成矿时代、大地构造背景、大地构造演化阶段及火山建造/火山作用等。

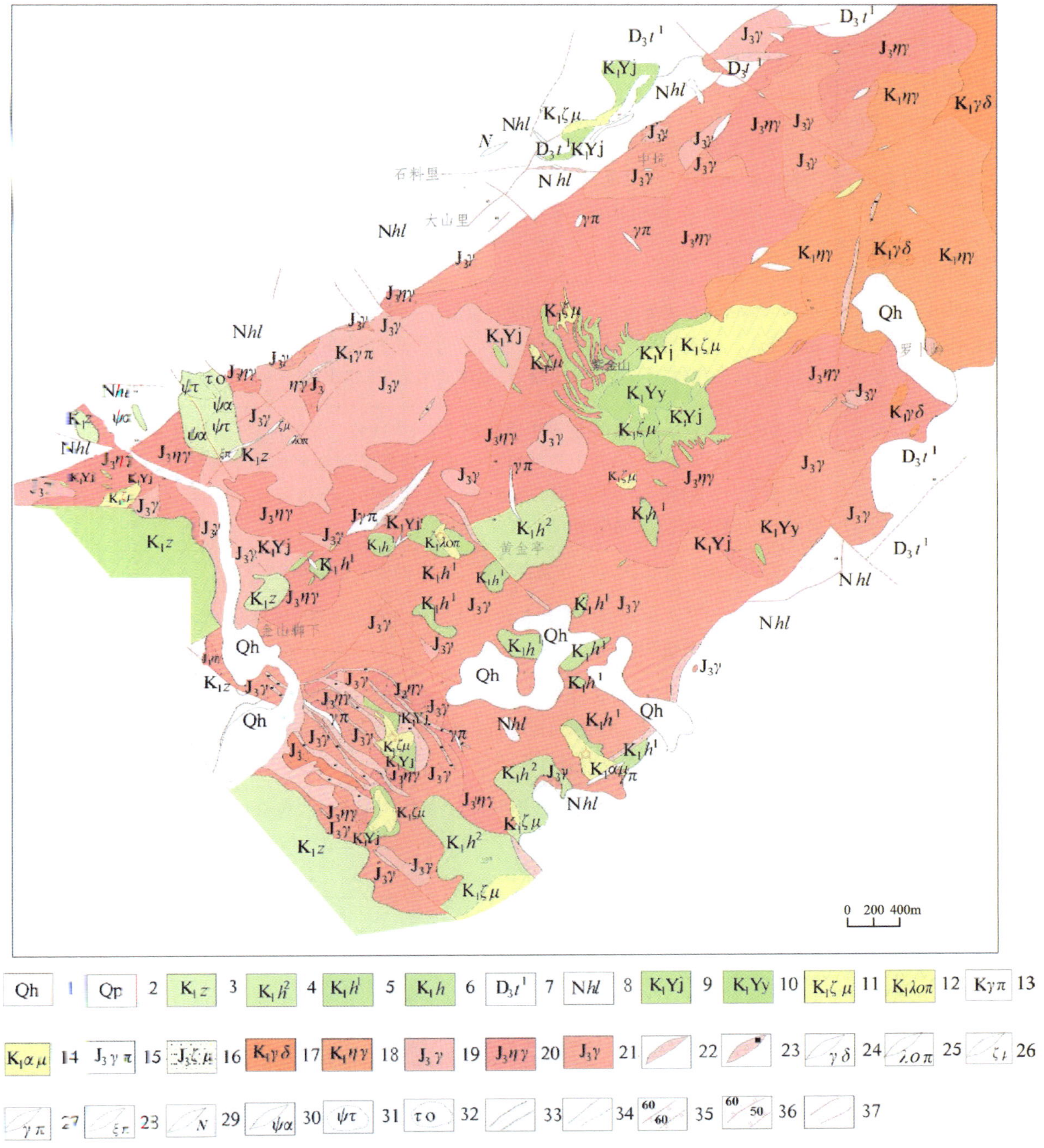

图 6-20　福建省上杭紫金山铜金矿床地质略图

据福建省闽西地质大队《福建省上杭县紫金山铜金矿区西北矿段铜矿详查地质报告》修编，1995）

1.第四系全新统；2.第四系更新统；3.下白垩统寨下组；4.下白垩统黄坑组上段；5.下白垩统黄坑组下段；6.黄坑组（未分）7.上泥盆统天瓦岽组下段；8.南华系楼子坝组；9.早白垩世隐爆角砾岩；10.早白垩世隐爆凝灰岩；11.早白垩世英安玢岩；12.早白垩世石英斑岩；13.早白垩世花岗斑岩；14.早白垩世安山玢岩；15.晚侏罗世花岗斑岩；16.晚侏罗世英安玢岩；17.早白垩世中粒花岗闪长岩（四坊岩体）；18.早白垩世斑状细粒黑云二长花岗岩（仙师岩体）；19.晚侏罗世细粒白云母花岗岩（金龙桥岩体）；20.晚侏罗世碎裂中、中细粒二长花岗岩（五龙子岩体）21.晚侏罗世碎裂粗、中粗粒、三粒花岗岩（迳美岩体）；22.断裂破碎带；23.花岗碎裂岩带；24.花岗闪长岩脉；25.石英斑岩脉；26.英安玢岩脉；27.花岗斑岩脉；28.正长斑岩脉；29.基性岩脉、安山玢岩脉；30.角闪安山岩脉；31.角闪粗面岩；32.石英粗面岩；33.实测、推测不整合地质界线；34.实测、推测地质界线；35.实测、推测逆断层及产状；36.实测、推测正断层及产状；37.实测、推测性质不明断层

表 6-21　福建省紫金山铜金矿典型矿床成矿要素一览表

成矿要素		描 述 内 容	成矿要素分类
成矿时代		与主矿化同期的 2 件明矾石和 1 件绢云母单矿物 K-Ar 年龄为 117.78～94.1Ma，1 件金矿石 Rb-Sr 全岩等时线年龄 99.6±9.1Ma	必要
大地构造背景		位于华南加里东褶皱系东部，东南沿海火山活动带西部亚带，闽西南晚元古代凹陷之西南侧，上杭-云霄北西向深断裂带与北东向宣和复背斜的交会部位，上杭北西向白垩纪陆相火山-沉积盆地东缘	必要
大地构造演化阶段		燕山期的火山-侵入活动	必要
火山建造/火山作用		紫金山火山机构主要发展过程：爆发—喷溢—中酸性次火山岩侵入—大规模中心式隐蔽爆发—小规模裂隙式爆发—酸性次火山岩侵入；火山作用形成的主要岩性为火山角砾岩、凝灰岩、英安岩、英安玢岩、隐爆碎屑岩、脉状隐爆碎屑岩—石英斑岩	必要
侵入岩建造		燕山期的岩浆侵入，晚侏罗世有中粗粒花岗岩、中细粒二长花岗岩、细粒白云母花岗岩，花岗结构，块状构造，其中中—细粒二长花岗岩是铜金矿体的重要围岩，岩浆成因类型显示 S 型花岗岩特征；早白垩世有细粒黑云母二长花岗岩、中粒花岗闪长岩，岩浆成因类型为 I 型(同熔型)花岗岩	重要
成矿构造		燕山期的北东向与北西向构造交会为矿区的主要成矿控矿构造	重要
成矿特征	矿体形态	矿体主要分布于火山北西侧的脉状角砾岩的内外接触带中，呈脉状、透镜状成群分布，具有“上金下铜”的垂直分带特点	重要
	矿物组合	铜矿矿物组合，金属矿物含量 5%～10%，以黄铁矿、蓝辉铜矿为主，铜蓝、硫砷铜矿次之，脉石矿物为石英、明矾石、地开石；金矿矿物组合，金属矿物主要为自然金、褐铁矿、赤铁矿，脉石矿物主要为石英，少量地开石	重要
	结构构造	矿石结构有：他形粒状结构、半自形—自形结构、填隙结构、包含结构、交代残余结构、固溶分离结构等；矿石构造有：胶状-变胶状构造、团包状构造、细脉-微细脉状构造、细脉浸染状构造、角砾状构造等	次要
	围岩蚀变	强硅化蚀变带、石英-明矾石蚀变带、石英-地开石混合蚀变带、石英-绢云母蚀变带	重要
矿床储量		平均品位 Cu 0.44%，伴生 Ag 品位(0.1～0.26)$\times 10^{-6}$，金矿石平均品位 0.58$\times 10^{-6}$；铜金属量 1 967 162t，金金属量 313 394kg	次要
找矿线索		Cu、Au 化探异常是其矿化的直接标志；中酸性次火山岩体(脉)的发育，并伴生与之有成因联系的角砾岩类；多期次蚀变组合，其中明矾石化带是铜矿的重要蚀变标志，低温硅化带是金矿的重要蚀变标志；断裂构造与火山构造复合部位是矿体赋存的有利部位；氧化带发育是金矿的重要标志；硅化带是紫金山式铜金矿床的上部蚀变标志，绢云母化带是下部蚀变标志；Ag、Au、Bi(Mo)是铜矿床的上部元素组合，Cr 是铜矿的尾晕元素；Au 异常及矿体的存在，是矿床未受较大剥蚀的标志；次火山岩及隐爆角砾岩普遍保存，也是浅剥蚀的标志	重要

2. 成矿模式研究成果总结

矿床形成于一个与燕山晚期深源中酸性潜火山作用有关的成矿环境中，定位于火山机构潜火山岩岩筒外接触带的隐爆角砾岩、热液角砾岩脉带及周围。矿化具“上金下铜”的垂向分带，铜矿带分布在潜水面以下，“铁帽型”金矿带叠置在铜矿带之上的潜水面以上。矿床形成于早白垩世，其成矿的物理化学环境为中低温、低盐度、酸性、近地表处形成的，成矿物质铜、金主要来源于燕山晚期的中酸性岩浆，硫主要来源于深源岩浆，水以天水为主，混合部分岩浆水(图 6-21)。

在成矿后期，近地表裂隙密集地带大气降水作用进一步增强，浅部的铁铜硫化物被氧化，产生含 H_2SO_4 的强酸强烈淋滤围岩，致使除 SiO_2 外的其他组分被淋失，从而形成了浅部多孔状强硅化含褐铁矿-自然金组合的金矿体。

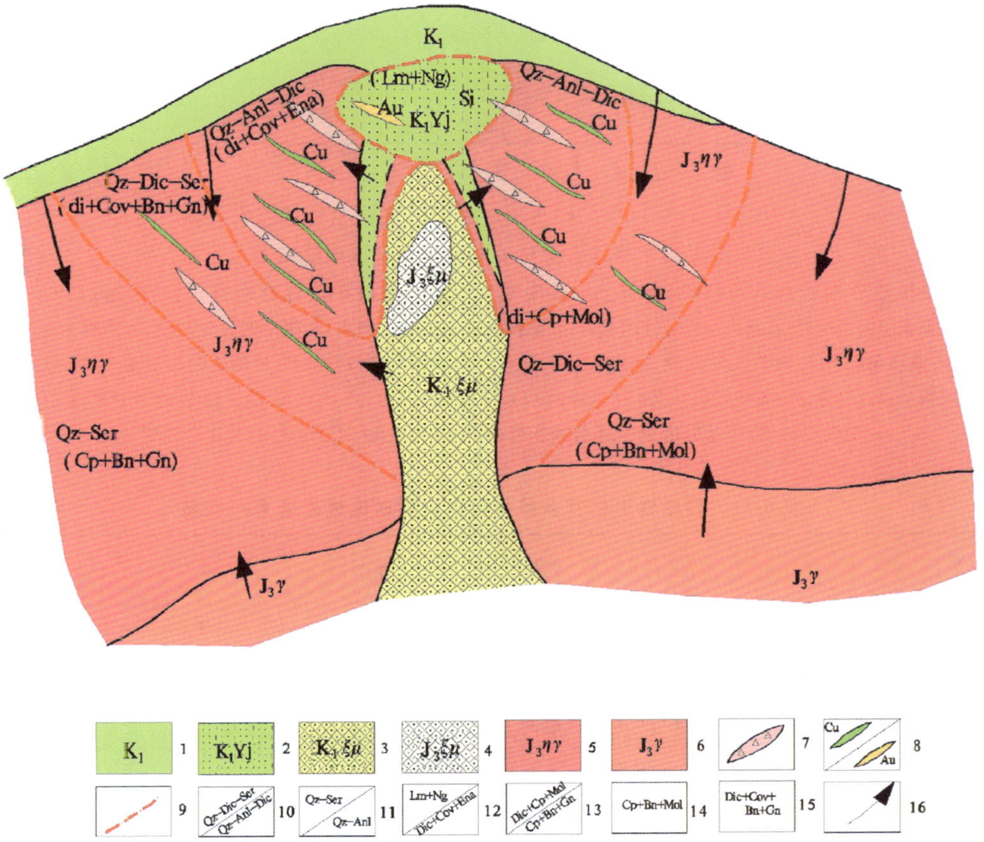

图 6-21　福建省上杭紫金山铜金矿成矿模式图(据石礼炎等,1998)

1. 早白垩世火山岩；2. 隐爆角砾岩；3. 第二脉动次英安玢岩；4. 第一脉动次英安玢岩；5. 碎裂中—中细粒二长花岗岩；6. 碎裂粗—中粗粒、巨粒花岗岩；7. 断裂破碎带；8. 脉状铜矿体、金矿体；9. 蚀变带界线；10. 石英-地开石化-绢云母化带、石英-明矾石化-地开石化带；11. 石英-绢云母化、石英-明矾石化；12. 褐铁矿＋自然金、地开石＋铜蓝＋硫砷铜矿；13. 地开石＋黄铜矿＋辉钼矿、黄铜矿＋斑铜矿＋方铅矿；14. 黄铜矿＋斑铜矿＋辉钼矿；15. 地开石＋铜蓝＋斑铜矿＋方铅矿；16. 岩浆热液流体、大气降水

(二)上杭罗卜岭铜钼矿

1. 成矿要素研究成果总结

上杭罗卜岭铜钼矿床(图 6-22)位于永安-梅州-惠阳(凹陷) Fe-Pb-Zn-Cu-Au-Ag-Sb 成矿带(Ⅲ-82)南部，上杭紫金山矿田东北部，属斑岩型铜矿。早白垩世花岗闪长斑岩侵入带来的铜钼矿质在岩体之内外接触带形成矿体，其成矿要素见表 6-22。

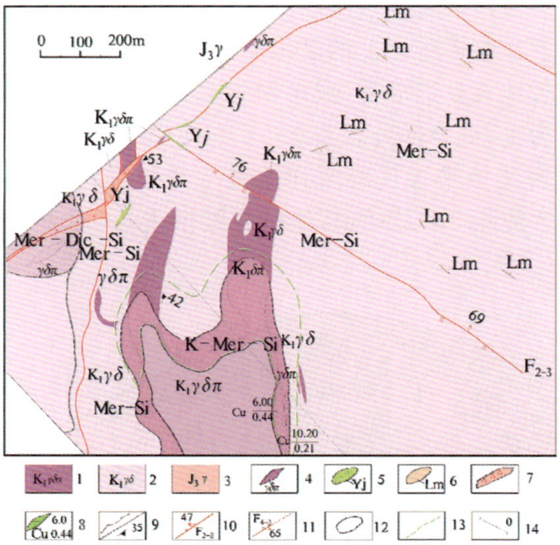

图 6-22 福建省上杭罗卜岭铜钼矿床地质略图

（据福建省地质八队资料《福建省上杭县中寮铜矿区罗卜岭矿段普查地质报告》修编，1999）

1. 早白垩世花岗闪长斑岩；2. 早白垩世花岗闪长岩；3. 晚侏罗世中细粒花岗岩；4. 花岗闪长斑岩脉；5. 隐爆角砾岩；6. 褐铁矿脉；7. 断层角砾岩；8. 铜矿体；9. 实测、推测地质界线/侵入接触面产状；10. 实测、推测正断层及编号；11. 实测、推测逆断层及编号；12. 组合蚀变带界线；13. 铜矿化带界线；14. 勘探线及编号；Mer-Dic-Si. 绢云母化-地开石化-硅化组合蚀变带；Mer-Si. 绢云母化-硅化组合蚀变带；K-Mer-Si. 钾化-绢云母化-硅化组合蚀变带

表 6-22 福建省上杭罗卜岭铜钼矿典型矿床成矿要素一览表

成矿要素		描 述 内 容	成矿要素分类
成矿时代		花岗闪长斑岩的活动期为燕山晚期（早白垩世），成矿同位素（Rb-Sr）年龄为 111～105Ma，蚀变时间延至早白垩世末	必要
大地构造背景		位于华南加里东褶皱系东部，东南沿海火山活动带西部亚带，闽西南晚古生代凹陷之西南侧，北西向上杭-云霄深断裂带与北东向上杭-宣和复背斜南西倾伏端的交会部位	必要
大地构造演化阶段		燕山期的岩浆侵入-火山活动	必要
侵入岩建造		燕山期的岩浆侵入，晚侏罗世有中粗粒二长花岗岩、中细粒花岗岩，似斑状结构，块状构造，岩石主要由石英、钾长石、斜长石及少量黑云母组成，普遍遭受蚀变；早白垩世有中细粒花岗闪长岩和花岗闪长斑岩，中细粒花岗闪长岩呈浅灰白色，中细粒花岗结构，块状构造，原岩蚀变强烈，主要由钾长石、更—中长石、石英、黑云母及角闪石组成，花岗闪长斑岩，呈灰—灰白色，变余斑状结构，块状构造，斑晶由石英、长石、黑云母、角闪石等组成；基质由石英、钾长石、斜长石等组成，岩石普遍遭受蚀变，花岗闪长斑岩体内外接触带是矿段主要赋矿部位	重要
成矿构造		燕山期的北东向与北西向构造交会为主要成矿控矿构造，北东向裂隙密集带是矿段的主要容矿构造，北西向裂隙密集带是次要容矿构造	重要
成矿特征	矿体形态	矿体主要产于罗卜岭斑岩体的内外接触带，矿体呈似层状、扁豆状、透镜状	重要
	矿物组合	矿石的金属矿物含量 5%～15%，以黄铁矿、黄铜矿为主，少量磁铁矿、赤铁矿、磁黄铁矿、辉钼矿、铜蓝、斑铜矿等；脉石矿物以石英、绢云母为主，次为蚀变钾长石、黑云母、地开石等	重要
	结构构造	矿石结构有：他形粒状结构、半自形—自形结构、填隙结构、包含结构等；矿石构造有：浸染状构造、脉状构造、网脉状构造等	次要
	围岩蚀变	矿段内的岩体均遭受热液蚀变，蚀变分带环绕斑岩体作同心环状分布，大致分为 5 个带，自斑岩体中心往外依次为钾化-硅化带→弱钾化-硅化-绢云母化带→绢云母化-硅化带→绢母化-地开石化-硅化带→明矾石化-硅化带	重要

续表 6-22

成矿要素	描　述　内　容	成矿要素分类
矿床储量	矿石类型可分为铜矿石和铜钼矿石，铜矿石含 Cu 一般 0.4%～0.66%，平均品位 0.54%；铜钼矿含 Cu 0.3%～1.7%，主矿体平均品位：Cu 0.54%，Mo 0.070%；金属储量：铜 81 303.34t，钼 3 964.58t，银 28.33t	次要
找矿线索	矿化露头；采矿遗址；区域水系沉积物 Cu、Au 等大面积异常，矿区土壤测量 Cu-Mo 组合异常；蚀变围岩及蚀变分带；有斑岩侵入的区域构造带；存在 Cu-Mo 和 Cu-Pb-Zn-Mo 异常组合带对寻找盲矿体具有一定的意义	重要

2. 成矿模式研究成果总结

罗卜岭斑岩铜钼矿床位于紫金山铜金矿床的东北侧，属同一地质构造条件，由于成矿环境的差异产生不同的矿化类型。该矿床形成于一个与早白垩世深源中酸性侵入-火山作用有关的成矿系列中，定位于花岗闪长斑岩体内外接触带上。早白垩世紫金山地区由于深切上地幔的北西向深大断裂诱发了上地幔以下地壳物质的局部熔融，所产生的含矿中酸性岩浆在其上升过程中以不同方式、不同深度定位，形成一个较完整的火山-侵入岩体系。罗卜岭斑岩铜钼矿床是在构造裂隙不发育的条件下，在低氧逸度、低硫逸度、高中温、中等压力的物理化学环境下，由源于深部的中酸性岩浆携带成矿物质在接触带附近富集而成的矿床（图 6-23）。

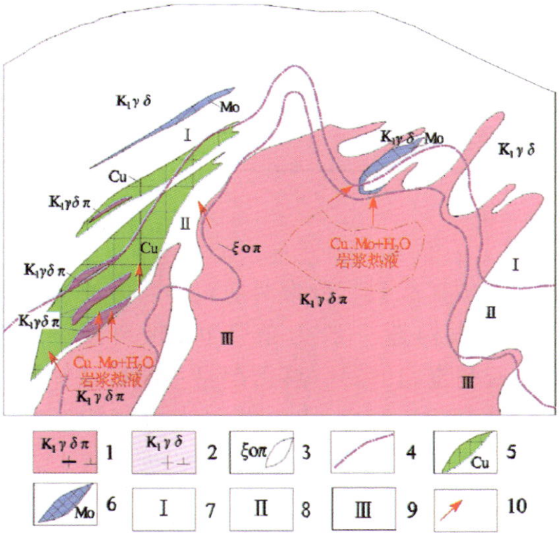

图 6-23　福建省上杭罗卜岭铜钼矿成矿模式图

1. 早白垩世花岗闪长斑岩；2. 早白垩世花岗闪长岩；3. 石英正长斑岩脉；4. 蚀变带界线；5. 铜矿体；6. 钼矿体；7. 泥化带；8. 青磐岩化带；9. 钾长带；10. 富含 Cu、Mo 岩浆热液运动方向

（三）浦城管查铜多金属矿

1. 成矿要素研究成果总结

管查铜多金属矿床位于浙中-武夷隆起 W-Sn-Mo-Au-Ag-Pb-Zn-Nb-Ta-萤石成矿带（Ⅲ-81）北部，属岩浆热液型铜矿床，其成矿要素见表 6-23。

表 6-23　福建省管查铜多金属矿典型矿床成矿要素一览表

成矿要素		描述内容	成矿要素分类
成矿时代		燕山晚期岩浆活动引起的热液叠加改造作用与铜多金属矿的成矿作用有较密切的关系	重要
大地构造背景		位于闽西北变质基底隆起边缘的浦城-尤溪闽中裂谷带北部，地层主要由加里东期变质基底和中生代盖层两部分组成，其间构造带内岩浆活动频繁	必要
岩浆建造/岩浆作用		本区岩浆活动较为强烈，加里东期白云母花岗岩呈岩基侵入于南山岩组，常见伟晶岩脉穿插；燕山晚期见花岗斑岩、闪长玢岩、流纹斑岩等侵入，沿北东向断裂呈岩墙侵入于早白垩世火山岩中，长数百米至数千余米，宽十几米至几十米	必要
成矿构造		区内发育北北东向构造，见 9 条断裂呈近平行斜列式排列，断裂一般延伸数百米至数千米，断裂具压扭性质，构造透镜体、浑圆状角砾、片理、擦痕、断层泥等发育；矿体充填于断裂中，其形状大小严格受断裂控制，常呈透镜体出现，走向上有膨大、侧列、菱形环节、分支、复合、尖灭再现	重要
成矿特征	矿体形态	矿体多为隐伏矿体，常呈透镜体充填于断裂中	次要
	矿物组合	矿石工业类型以黄铜矿石为主，也见铜铅锌矿石，主要金属矿物有黄铜矿，其次有方铅矿、闪锌矿、黄铁矿、毒砂	重要
	结构构造	矿石结构一般为自形—他形粒状结构、包含结构、乳浊状结构，矿石构造有条带状构造、斑点状构造、斑点浸染状构造、角砾状构造、脉状构造等数种	重要
围岩蚀变		有硅化、绢云母化、绿泥石化、叶蜡石化、萤石化、碳酸盐化等，与矿化关系密切的有绿泥石化、萤石化，其中的绿泥石化是近矿蚀变，与铜矿关系密切	重要
矿床储量		Cu 矿石品位 0.85%～1.49%，全区平均品位 1.07%，探明铜金属量 14 716.73t	次要
找矿线索		北北东向压扭性断裂集中分布区或构造叠加区是铜多金属矿成矿富集的有利部位；燕山晚期花岗(斑)岩出露的外围区域；地表见氧化带或绿泥石化带为近矿蚀变的标志；物化探异常区是重要的成矿指示标志	重要

2. 成矿模式研究成果总结

管查岩浆热液型铜多金属矿床成矿大致可分为两期。早期为加里东期混合岩化作用过程中变质基底受交代重熔，形成铅锌铜矿，矿石构造一般为条带状、碎裂浸染条带状，其方铅矿模式年龄为435.16Ma(据宜昌地质矿产研究所测定，1992)。燕山期是主要的成矿期，燕山期岩体侵入使得加里东期变质基底中的含矿元素活化迁移到附近围岩(火山岩)中的断裂构造带中富集，形成了铜(铅锌)矿床，矿石构造主要呈斑点状、斑点浸染状、角砾状，脉石呈条带状，近矿侵入岩主要为石英斑岩-流纹斑岩-英安玢岩组合。

本区古元古界南山岩组变质岩基底及下白垩统下渡组火山岩受控于北北东向断裂，呈北北东向带状展布。早白垩世花岗斑岩亦沿北东向断裂呈岩墙侵入于断陷盆地边缘，盆地边缘亦是构造-岩浆活动较强烈的地区。基底变质岩系富含铜、铅、锌、金、银，是铜多金属的主要矿源层和成矿围岩，成矿热液来源于岩浆，属岩浆热液成因(图 6-24)。

(四)大田龙山崎铜多金属矿

1. 成矿要素研究成果总结

大田龙山崎铜多金属矿床位于滨太平洋成矿域(Ⅰ-4)华南成矿省(Ⅱ-16)的永安-梅州-惠阳(凹陷)Fe-Pb-Zn-Cu-Au-Ag-Sb 成矿带(Ⅲ-82)东北部。全区矿床平均品位为：Cu 1.94%、Pb 1.69%、Zn 2.27%；金属储量：铜金属量 1 538t，铅金属量 18 811.40t，锌金属量 20 190.03t，其成矿要素见表 6-24。

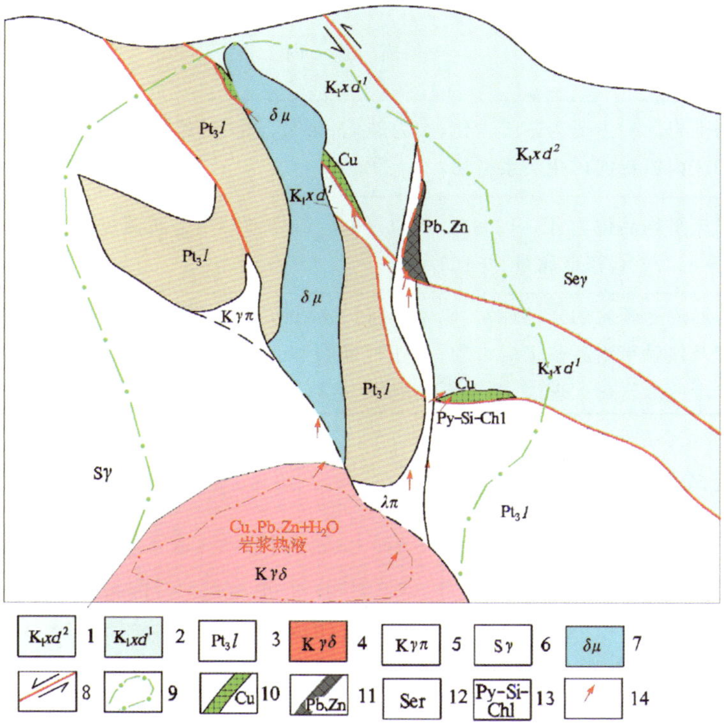

图 6-24　福建省浦城管查铜矿成矿模式图

1. 下白垩统下渡组上段英安质凝灰熔岩、流纹质角砾凝灰岩、流纹质熔结凝灰岩；2. 下白垩统下渡组下段流纹质晶屑凝灰熔岩；3. 新元古界龙北溪岩组石英云母片岩；4. 下白垩统流纹斑岩；5. 上白垩统花岗斑岩；6. 志留纪白云母花岗岩；7. 闪长玢岩；8. 断裂；9. 蚀变带界线；10. 铜矿体；11. 铅锌矿体；12. 绢云母化带；13. 黄铁矿化-硅化-绿泥石化带；14. 富含 Cu、Pb、Zn 的岩浆热液运动方向

表 6-24　福建省龙山崎铜多金属矿典型矿床成矿要素一览表

成矿要素		描 述 内 容	成矿要素分类
成矿时代		成矿主要分为两个阶段：一是中晚古生代的原始沉积矿源层(C—P)；二是燕山期的花岗闪长岩侵入时期，本区主要的矿化在此时期，取得黑云母 K-Ar 年龄约 110Ma	重要
大地构造背景		矿区位于永梅惠凹陷带与浙闽中生代断陷带接触带附近(属永梅惠凹陷带的东部边缘)，大田-龙岩次一级凹陷带北段的广平倒转向斜中，汤泉花岗岩岩体北东端与桃州-龙山崎向斜南西端的接触带上	必要
岩浆建造/岩浆作用		本区岩浆活动强烈，燕山期花岗闪长岩广泛分布，与围岩呈侵入接触，跟成矿关系密切；另有与花岗闪长岩同源的花岗闪长斑岩呈脉状零星分布	必要
成矿构造		花岗闪长岩沿北北东—北东向压扭性断裂侵入，与围岩发生接触交代(矽卡岩化)作用而成矿	重要
成矿特征	矿体形态	矿体呈似层状、透镜状，走向北北东向、局部北东向，倾向南东东向、局部南东向，倾角一般 50°～60°、局部 70°～85°	次要
	矿物组合	矿石分铜锌矿石、铅锌矿石、闪锌矿石、方铅矿石、黄铜矿石、氧化铅矿石 6 种自然类型，其中以铅锌矿石、铜锌矿石为主，矿石的金属矿物主要为方铅矿、闪锌矿、黄铜矿，次为磁铁矿、白钨矿等	重要
	结构构造	矿石结构主要有交代结构、交代-充填结构、固溶体结构及半自形—他形粒状结构；矿石构造主要为团块状构造，次为条带状构造、浸染状构造、网脉状构造、蜂窝状构造	重要

续表 6-24

成矿要素	描 述 内 容	成矿要素分类
围岩蚀变	矿区内围岩蚀变主要为矽卡岩化,次为硅化、绿泥石化、叶蜡石化、碳酸盐化等,其中矽卡岩化与矿区内铅锌铜矿化关系密切	重要
矿床储量	全区矿床平均品位为:Cu 1.94%、Pb 1.69%、Zn 2.27%;金属储量:铜金属量 1 538t,铅金属量 18 811.40t,锌金属量 20 190.03t	次要
找矿线索	矿床的形成受围岩的岩性控制,矿体产在二叠纪钙质层(钙质粉砂岩和灰岩)与花岗闪长岩接触带及接触带附近矽卡岩带中;压扭性断裂和张性断裂交会处是成矿的有利部位;由内而外出现矽卡岩化大理岩、绿帘石大理岩、透辉石大理岩的地段	重要

2. 成矿模式研究成果总结

龙山崎铜多金属矿床的成因主要属于矽卡岩(接触交代)型,成矿主要因素有:①围岩条件,中晚古生代(C—P)地层中的含钙质岩层是形成矽卡岩矿床的外部条件;②构造条件,本区北北东向压扭性构造的发育,为后期岩浆热液的侵入提供了良好的通道和成矿空间;③岩浆条件,区内花岗闪长岩的侵入,直接使含矿围岩地层形成矽卡岩化,局部对矿产生改造或局部成矿(图 6-25)。

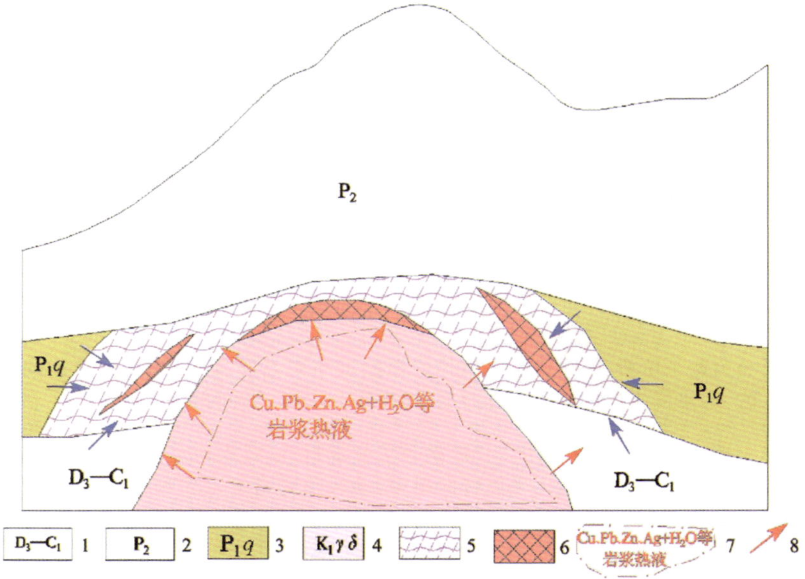

图 6-25　福建省大田龙山崎铜矿成矿模式图

1.晚泥盆世—早石炭世地层;2.中二叠统;3.下二叠统栖霞组(灰岩);4.早白垩世花岗闪长岩;5.花岗闪长斑岩;6.矽卡岩化;7.铜多金属矿体;8.富含铜、铅、锌、银矿质的岩浆热液运动方向

(五)建瓯东岩铜矿

1. 成矿要素研究成果总结

东岩铜矿床(图 6-26)位于浙中-武夷隆起 W-Sn-Mo-Au-Ag-Pb-Zn-Nb-Ta -萤石成矿带东部,属沉积变质-热液改造型铜矿床,成矿要素见表 6-25,图 6-27。

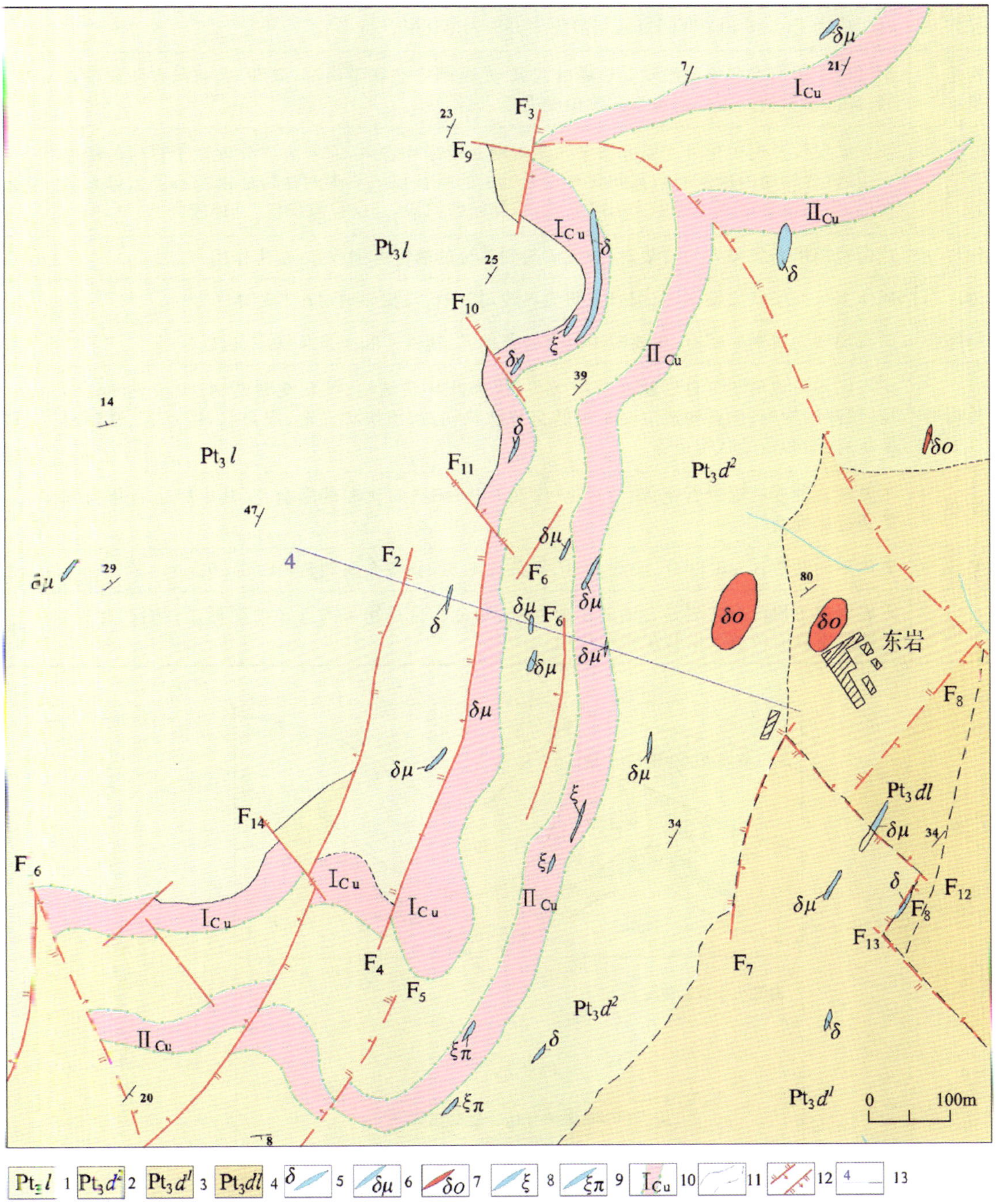

图 6-26　福建省建瓯东岩铜矿地质略图

（据福建省闽北地质大队《福建省建瓯东岩铜矿地质详查报告》修编，1974）

1. 新元古界龙北溪岩组；2. 新元古界东岩岩组上段；3. 新元古界东岩岩组下段；4. 新元古界大岭岩组；5. 闪长岩；6. 闪长玢岩；7 石英闪长岩；8. 正长岩；9. 正长斑岩；10. 铜矿化带及编号；11. 实测、推测地质界线；12. 正断层/逆断层；13. 剖面线

表 6-25　福建省东岩铜矿典型矿床成矿要素一览表

<table>
<tr><th colspan="2">成矿要素</th><th>描　述　内　容</th><th>成矿要素分类</th></tr>
<tr><td colspan="2">成矿时代</td><td>含矿层位原岩恢复为新元古代的中酸性火山岩，受区域变质作用而使得矿质富集成矿，其时代应为 Pt_3，其 Pb-Pb 同位素年龄为 1 398～1 318Ma</td><td>重要</td></tr>
<tr><td colspan="2">大地构造背景</td><td>矿区位于闽西北变质基底隆起边缘的浦城-尤溪闽中裂谷带南部，政和-大埔深大断裂带西侧；矿区出露新元古代变质岩和燕山晚期侵入岩</td><td>必要</td></tr>
<tr><td colspan="2">岩浆建造/岩浆作用</td><td>铜含矿层位及铜矿化带主要分布于东岩岩组上段绿片岩中，原岩为成分近似于富碱的酸性火山岩(含铜质的凝灰岩)，其间含有正常沉积的特征层——碳酸盐岩层以及石英云母片岩夹层，反映原岩形成过程中火山喷发-沉积旋回的韵律，且层位较稳定，延伸较大</td><td>必要</td></tr>
<tr><td colspan="2">岩浆作用</td><td>燕山晚期沿断裂侵入的岩浆岩，对成矿起到部分的热液叠加改造-富集作用</td><td>必要</td></tr>
<tr><td rowspan="3">成矿特征</td><td>矿体形态</td><td>矿体多呈似层状透镜体，与围岩无明显界线，其产状与相邻地层产状基本一致</td><td>次要</td></tr>
<tr><td>矿物组合</td><td>矿石类型为黄铜矿矿石，主要矿物组合有黄铜矿、镜铁矿和少量黄铁矿、磁铁矿等</td><td>重要</td></tr>
<tr><td>结构构造</td><td>矿石结构以他形—半自形粒状结构为主，次为叶片状结构、脉状交替结构，少量乳滴状结构、填隙结构等；矿石构造主要有细脉交替脉状构造、团块状构造、浸染状(散点状、密集浸染状)构造和条带状构造等</td><td>重要</td></tr>
<tr><td colspan="2">围岩蚀变</td><td>主要围岩蚀变有绿帘石化、钾长石化、绿泥石化、阳起石化和碳酸盐化，其中绿帘石化为铜矿的近矿蚀变</td><td>重要</td></tr>
<tr><td colspan="2">矿床储量</td><td>矿体平均品位：Cu 0.86%，最低 0.30%，最高 1.65%；铜金属储量：1 631.53t</td><td>次要</td></tr>
<tr><td colspan="2">找矿线索</td><td>东岩岩组上段的绿片岩是含铜的主要层位；绿帘石化是铜矿的近矿蚀变标志；物探、化探、遥感异常区有较重要的找矿指示作用</td><td>重要</td></tr>
</table>

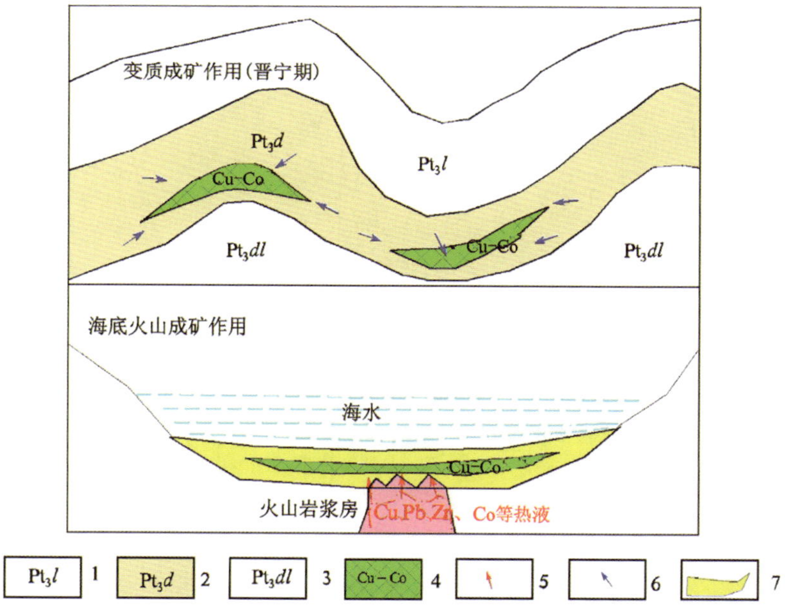

图 6-27　福建省建瓯东岩铜矿成矿模式图

1.新元古界马面山岩群龙北溪岩组/岩浆房；2.新元古界马面山岩群东岩岩组；3.新元古界马面山岩群大岭岩组；4.铜-钴矿体；5.富含铜、铅、锌、钴等矿质的热液至火山岩浆房中向海底运动；6.变质作用时成矿物质以热液形式运动并聚集成矿体；7.海底火山-沉积层

2. 成矿模式研究成果总结

东岩沉积变质-热液改造型铜矿床成矿大致可分为 3 个时期。首先是含矿原岩的形成期，绿片岩原岩恢复为玄武岩，属细碧角斑岩系列。其岩性组合含有正常沉积的特征层——碳酸盐岩层以及石英云母片岩夹层，它们之间常呈过渡关系，反映原岩形成过程中火山喷发—沉积旋回的韵律变化特征。其次在区域变质过程中，含铜质的凝灰岩-凝灰质岩发生变质分异作用，促使分散的 Cu 元素顺层理、片理相对集中，形成似层状黄铜矿化的钠长绿帘片岩、阳起绿帘片岩。最后由于岩浆活动，引起含铜绿片岩在中偏高、中—低温热液成矿作用下，Cu 元素进一步沿片理和层理富集，形成层控内生型铜矿床（图 6-27）。

二、铜矿预测工作区成矿规律

1. 区域成矿要素研究成果总结

福建省铜矿预测工作区主要有 20 个，预测类型有 5 个，即陆相火山岩型、斑岩型、矽卡岩型、岩浆热液型、沉积变质-热液改造型，区域成矿要素研究成果分别介绍如下。

1）陆相火山岩型铜矿

陆相火山岩型铜矿主要分布于龙岩紫金山及外围区，属紫金山式陆相火山岩型。区域成矿要素见表 6-26，将成矿要素划分为必要、重要和次要 3 类，必要要素 6 个，其中火山岩建造及侵入岩建造尤为重要，燕山期携带的成矿热液通过火山作用及岩浆侵入的方式在成矿有利部分富集成矿。

表 6-26　福建省龙岩紫金山及外围区紫金山式陆相火山岩型铜金矿区域成矿要素表

区域成矿要素		描　述　内　容	成矿要素分类
区域成矿地质环境	大地构造位置	位于闽西南凹陷带次级隆起带，火山构造盆地边缘	必要
	主要控矿构造	以上杭-云霄北西向断裂构造、宣和北东向复背斜等为主	必要
	主要赋矿层位	金矿主要赋存于隐爆角砾岩筒内外接触带，铜矿主要赋存于晚侏罗世侵入二长花岗岩中，铜钼矿赋存于早白垩世花岗闪长斑岩接触带中	必要
	火山岩建造	火山作用形成的主要岩性为：火山角砾岩、凝灰岩-英安岩-英安玢岩、隐爆碎屑岩、石英斑岩等	必要
	侵入岩建造	以燕山期的岩浆侵入为主，早侏罗世是二长花岗岩建造，晚侏罗世是石英二长岩建造、二长花岗岩建造和正长花岗岩建造，早白垩世是石英闪长岩建造、花岗闪长岩建造、花岗闪长斑岩建造、二长花岗岩建造、正长花岗岩建造和花岗斑岩建造	必要
区域成矿地质特征	区域成矿类型和成矿期	主要是与燕山期基性—中酸性、酸性岩浆活动有关的矿床成矿系列，形成陆相火山岩型铜金矿、斑岩型铜钼矿等	重要
	陆相火山岩型铜金矿	成矿与隐爆角砾岩、英安玢岩、花岗斑岩、花岗闪长斑岩、花岗闪长岩、石英闪长斑岩、二长花岗岩等关系密切	必要
		闽西南凹陷盆地	必要
		矿石以蓝辉铜-黄铁矿石、自然金矿石等为主	重要
		区内铜金矿带发育明矾石化、硅化、地开石化、绢云母化等	次要
		矿床式主要为紫金山式陆相火山岩型铜金矿	重要

2）斑岩型铜矿

斑岩型铜矿主要分布于上杭紫金山及外围、上杭太山头、连城姑田-太平、平和钟腾-大矾山、宁德九曲岭、闽清井后、永春蓬壶、尤溪官田及云霄安吉-诏安建华共9个预测工作区，其区域成矿要素见表6-27。其中必要要素有5个，大地构造位置主要分布于有深大断裂附近，钟腾铜矿在政和-大埔断裂带的附近等；主要控矿构造为深大断裂，如罗卜岭铜钼矿受上杭云霄断裂控制带、钟腾铜矿受政和-大埔断裂带等的次级断裂控制等；成矿与花岗闪长岩等有关，矿体在其附近；侵入岩建造主要为花岗闪长岩类。其中紫金山及外围罗卜岭式斑岩型铜矿、平和钟腾-大矾山区钟腾式斑岩型铜钼矿区域成矿要素见表6-27、表6-28。

表6-27　福建省上杭紫金山及外围区罗卜岭式斑岩型铜钼矿区域成矿要素表

<table>
<tr><th colspan="2">区域成矿要素</th><th>描　述　内　容</th><th>成矿要素分类</th></tr>
<tr><td rowspan="4">区域成矿地质环境</td><td>大地构造位置</td><td>位于深大断裂附近，如罗卜岭位于上杭-云霄断裂带附近，火山构造盆地边缘</td><td>必要</td></tr>
<tr><td>主要控矿构造</td><td>深大断裂带(上杭-云霄北西向断裂等)，与北东向断裂交会</td><td>必要</td></tr>
<tr><td>主要赋矿层位</td><td>主要赋存于燕山晚期侵入花岗岩、花岗闪长斑岩和英安玢岩中</td><td>必要</td></tr>
<tr><td>侵入岩建造</td><td>以燕山期的岩浆侵入为主，早侏罗世是二长花岗岩建造，晚侏罗世是石英二长岩建造、二长花岗岩建造和正长花岗岩建造，早白垩世是石英闪长岩建造、花岗闪长岩建造、花岗闪长斑岩建造、二长花岗岩建造、正长花岗岩建造和花岗斑岩建造</td><td>必要</td></tr>
<tr><td rowspan="6">区域成矿地质特征</td><td>区域成矿类型和成矿期</td><td>主要是与燕山期基性—中酸性、酸性岩浆活动有关的矿床成矿系列，形成斑岩型铜钼矿、岩浆热液型铜矿等</td><td>重要</td></tr>
<tr><td rowspan="5">斑岩型铜钼矿</td><td>成矿与英安玢岩、花岗斑岩、花岗闪长斑岩、花岗闪长岩、石英闪长斑岩、二长花岗岩等关系密切</td><td>必要</td></tr>
<tr><td>闽西南凹陷盆地</td><td>重要</td></tr>
<tr><td>矿石以黄铜矿、黄铁矿等为主</td><td>重要</td></tr>
<tr><td>区内铜钼矿带发育钾长、地开石化、硅化、绢云母化等</td><td>次要</td></tr>
<tr><td>矿床式主要为罗卜岭式斑岩型铜钼矿</td><td>重要</td></tr>
</table>

表6-28　福建省平和钟腾-大矾山区钟腾式斑岩型铜钼矿区域成矿要素表

<table>
<tr><th colspan="2">区域成矿要素</th><th>描　述　内　容</th><th>成矿要素分类</th></tr>
<tr><td rowspan="4">区域成矿地质环境</td><td>大地构造位置</td><td>位于永安-梅州晚古生代凹陷带与浙闽中生代断陷带间，政和-大埔深大断裂带南端的东南侧，浙闽中生代陆相火山岩带的西南端</td><td>必要</td></tr>
<tr><td>主要控矿构造</td><td>以上杭-云霄北西向断裂构造和福安-南靖北东向断裂构造等为主</td><td>必要</td></tr>
<tr><td>主要赋矿层位</td><td>铜钼矿主要赋存于燕山晚期侵入的石英闪长岩、花岗闪长斑岩和英安玢岩等岩体内外接触带中</td><td>必要</td></tr>
<tr><td>侵入岩建造</td><td>以燕山中晚期的岩浆侵入为主，晚侏罗世(燕山中期)有石英闪长岩建造、花岗闪长岩建造、二长花岗岩建造和正长花岗岩建造；早白垩世有辉石闪长岩建造、石英二长闪长岩建造、花岗闪长岩建造、二长花岗岩建造、正长花岗岩建造、石英闪长岩建造、碱长花岗岩建造；晚白垩世有闪长(玢)岩建造、花岗闪长(斑)岩建造、二长花岗斑岩建造</td><td>必要</td></tr>
</table>

续表 6-28

区域成矿要素		描述内容	成矿要素分类
区域成矿地质特征	区域成矿类型和成矿期	主要是与燕山期基性—中酸性、酸性岩浆活动有关的矿床成矿系列，形成斑岩型铜钼、热液型铜矿等	重要
	斑岩型铜钼矿	成矿与花岗闪长斑岩、英安玢岩、花岗斑岩、花岗闪长岩、石英闪长斑岩、二长花岗岩等关系密切	必要
		闽东火山基底隆起带	必要
		矿石以黄铜矿、蓝辉铜、黄铁矿等为主，少量磁黄铁矿	重要
		区内铜钼矿带普遍发育钾长石化、硅化、黑云母化、绿帘石化、绿泥石化、绢英岩化和黄铁矿化等	次要
		矿床式主要为钟腾式斑岩型铜钼矿	重要

3）岩浆热液型铜矿

岩浆热液型铜矿主要有管查式铜矿和钟山式铜矿，前者分布于浦城官路-管查、建阳大金山-顺昌黄梓厂、光泽太银厂-羊角尖，后者见于建瓯钟山。成矿要素分为必要、重要、次要 3 种，其中必要要素有 5 个。以浦城官路-管查管查式岩浆热液型铜矿（表 6-29）、建瓯钟山钟山式岩浆热液型铜矿（表 6-30）为代表预测工作区。燕山期由于构造活动，深部的富含铜多金属矿质的中酸性或酸性花岗岩沿断裂带向上运动，在断裂合适的位置形成热液型铜多金属矿。

表 6-29　福建省浦城官路-管查管查式岩浆热液型铜矿区域成矿要素表

区域成矿要素		描述内容	成矿要素分类
区域成矿地质环境	大地构造位置	位于闽西北变质基底隆起边缘的浦城-尤溪闽中裂谷带北部，崇安-石城断裂带东侧，毛洋头-谢安坪断裂带经过本区	必要
	主要控矿构造	以北东向断裂构造为主	必要
	主要赋矿层位	古元古界大金山岩组、南山岩组，新元古界龙北溪岩组，中生代（T—K）焦坑组、梨山组、下渡组等	必要
	赋矿沉积建造	石英砂砾岩建造、碎屑岩建造	重要
	侵入岩建造	燕山期的岩浆侵入	必要
	变质作用及建造	区域变质作用强烈，变质程度从低到高均存在，变质建造主要有富铝变粒岩、云母石英片岩等变质建造	必要
区域成矿地质特征	区域成矿类型和成矿期	与燕山期基性、中酸性、酸性岩浆活动有关的铜、钼、铅、锌、银矿床成矿亚系列，如浦城管查、毛铺热液脉型铜多金属矿等	重要
	岩浆热液型铜多金属矿	加里东期变质基底、三叠纪—侏罗纪（T—J）碎屑岩建造，花岗岩体侵入	重要
		闽西北变质基底隆起带边缘	重要
		矿石以铜铅锌矿石和铅锌矿石为主	重要
		区内铜多金属矿化带普遍发育硅化、黄铁矿化等	次要
		矿床式主要为管查式岩浆热液型铜多金属矿	重要

表 6-30 福建省建瓯钟山钟山式岩浆热液型铜矿区域成矿要素表

区域成矿要素		描 述 内 容	成矿要素分类
区域成矿地质环境	大地构造位置	位于闽西北变质基底隆起边缘的浦城-尤溪闽中裂谷带北部北东向政和-大埔断裂带西侧	必要
	主要控矿构造	以北东向断裂构造为主	必要
	主要赋矿层位	新元古界龙北溪岩组、中生代侏罗系梨山组	必要
	赋矿沉积建造	侏罗系石英砂砾岩-石英砂岩建造	重要
	侵入岩建造	燕山期的岩浆侵入	必要
	变质作用及建造	区域变质程度低，多属低绿片岩相变质建造；新元古代石英岩、云母片岩建造	必要
区域成矿地质特征	区域成矿类型和成矿期	与燕山期基性、中酸性、酸性岩浆活动有关的铜、钼、铅、锌、银矿床成矿亚系列，如建瓯钟山热液脉型铜矿等	重要
	岩浆热液型铜多金属矿	三叠纪—侏罗纪(T—J)碎屑岩建造	重要
		闽西北变质基底隆起带边缘	重要
		矿石以铜铅锌矿石和铅锌矿石为主	重要
		区内普遍发育硅化	次要
		矿床式主要为钟山式岩浆热液型铜多金属矿	重要

4)矽卡岩型铜矿

矽卡岩型铜矿主要有龙山崎式和铜坑式。前者分布于大田建设-太华、大田上京-厚德；后者分布于连城铜坑、将乐万安。成矿要素分为必要、重要、次要 3 种，其中必要要素有 5 个，侵入岩建造及含灰岩层位十分重要。代表预测工作区：龙山崎式矽卡岩型铜矿为大田建设-太华区，区域成矿要素见表 6-31；铜坑式矽卡岩型铜多金属矿为连城铜坑区铜坑，区域成矿要素见表 6-32。区域成矿要素表基本上反映了燕山期中酸性岩浆成矿作用，即燕山期富含矿质的热液运动至岩体的接触带，与灰岩或钙质含量较高(可能富含铜多金属矿质)的围岩发生作用形成矽卡岩型铜多金属矿。

表 6-31 福建省大田建设-太华龙山崎式矽卡岩型铜多金属矿区域成矿要素表

区域成矿要素		描 述 内 容	成矿要素分类
区域成矿地质环境	大地构造位置	位于永安-梅州-惠阳 Fe-Pb-Zn-Cu-Au-Ag-Sb 成矿带，政和-大埔深大断裂带通过本区	必要
	主要控矿构造	以政和-大埔北东向断裂带为主	必要
	主要赋矿层位	铜多金属矿主要赋存于燕山期侵入的花岗闪长岩与二叠纪灰岩或含钙质层位的接触带中	必要
	侵入岩建造	燕山期的岩浆侵入，岩性主要有花岗闪长岩、二长花岗岩、石英闪长岩、花岗岩、花岗闪长斑岩等	必要
区域成矿地质特征	区域成矿类型和成矿期	主要是与燕山期基性—中酸性、酸性岩浆活动有关的矿床成矿系列，形成矽卡岩型铜多金属矿、热液型铜铁、铜铅和铜矿等	重要
	矽卡岩型铜多金属矿	成矿与花岗闪长岩、二叠纪灰岩或含钙质岩层等关系密切	必要
		闽西南凹陷带与闽东火山断坳带接触部位	重要
		矿石以铜锌矿石、铅锌矿石、黄铜矿石等为主	重要
		区内矿体的围岩蚀变主要为矽卡岩化，次为硅化、绿泥石化、叶蜡石化等	次要
		矿床式主要为龙山崎式矽卡岩型铜多金属矿	重要

表 6-32　福建省连城铜坑铜坑式矽卡岩型铜多金属矿区域成矿要素表

区域成矿要素		描　述　内　容	成矿要素分类
区域成矿地质环境	大地构造位置	位于闽西南凹陷带次级隆起带，火山构造盆地边缘	必要
	主要控矿构造	以北东向断裂构造、连城-上杭北东向复向斜构造为主	必要
	主要赋矿层位	铜多金属矿主要赋存于燕山晚期侵入的中酸性花岗岩与C—P中含钙物质作用所形成的矽卡岩化带中	必要
	侵入岩建造	燕山晚期的岩浆侵入，有正长花岗岩建造、花岗斑岩建造、二长花岗岩建造及晚白垩世的二长斑岩建造、石英二长斑岩建造、花岗斑岩建造等，其中与成矿关系密切的是燕山晚期的花岗斑岩建造	必要
区域成矿地质特征	区域成矿类型和成矿期	主要是与燕山期基性—中酸性、酸性岩浆活动有关的矿床成矿系列，形成热液型铜钼矿、矽卡岩型铜矿等	重要
	矽卡岩型铜多金属矿	成矿与中酸性花岗岩、C—P含钙质层位等关系密切	必要
		闽西南凹陷盆地	必要
		矿石以黄铜矿石、闪锌矿石、辉钼矿石等为主	重要
		区内普遍发育矽卡岩化、角岩化、硅化、黄铁矿化、叶蜡石化等	次要
		矿床式主要为铜坑式矽卡岩型铜多金属矿	重要

5)沉积变质-热液改造型铜矿

沉积变质-热液改造型铜矿为东岩式，主要分布于建瓯东岩、南平下清风，代表性预测工作区建瓯东岩区域成矿要素见表 6-33。区域成矿要素表基本上反映了闽西北地区在新元古代发生裂陷形成闽中裂谷的过程中，慢源富含铜多金属矿质随着海相基性喷发(流)作用形成矿质(源)层，在加里东期受到区域变质作用形成东岩式沉积变质-热液改造型铜矿的过程。

表 6-33　福建省建瓯东岩东岩式沉积变质-热液改造型铜矿区域成矿要素表

区域成矿要素		描　述　内　容	成矿要素分类
区域成矿地质环境	大地构造位置	位于闽西北变质基底隆起边缘的浦城-尤溪闽中裂谷带南部，政和-大埔断裂带西侧	必要
	主要控矿构造	以北东向断裂构造为主	重要
	主要赋矿层位	新元古界东岩岩组	必要
	赋矿原岩建造	细碧角斑岩建造	必要
	变质作用及建造	区域变质程度中—低，属高绿片岩-低角闪岩相，主要变质建造有石英岩、云母片岩、绿片岩-钠长绢云石英片岩变质建造等	必要
区域成矿地质特征	区域成矿类型和成矿期	与四堡期—晋宁期海底中基性、中酸性火山活动有关的铜、钼、铅、锌、银等矿床成矿亚系列，如建瓯东岩沉积变质-热液改造型铜矿等	必要
	沉积变质-热液改造型铜矿	绿片岩变质建造，花岗岩体侵入	重要
		闽西北变质基底隆起带边缘	重要
		矿石以铜铅锌矿石和铅锌矿石为主	重要
		区内与铜有关的矿化蚀变有黄铁矿化、硅化、叶蜡石化	重要
		矿床式主要为东岩式沉积变质-热液改造型铜矿	重要

2. 区域成矿模式研究成果总结

从区域成矿条件分析，福建省铜矿主要集中分布于上杭紫金山、平和钟腾等地，主要在闽西北隆起区、闽东火山断坳带和闽西南凹陷区，而所选定的 20 个铜矿预测工作区全部分布在这 3 个区带内，因此各预测工作区区域成矿模式简化到这 3 个区带的铜矿成矿模式图中(图 6-28～图 6-30)。

(1)闽西北隆起区：本区位于武夷隆起区，元古宙时为裂谷构造环境，中生代为燕山期岩浆构造活动区；本区基底为元古宙的富铝变粒岩、二长变粒岩、云母石英片岩等变质建造，盖层为中生代石英砂砾岩

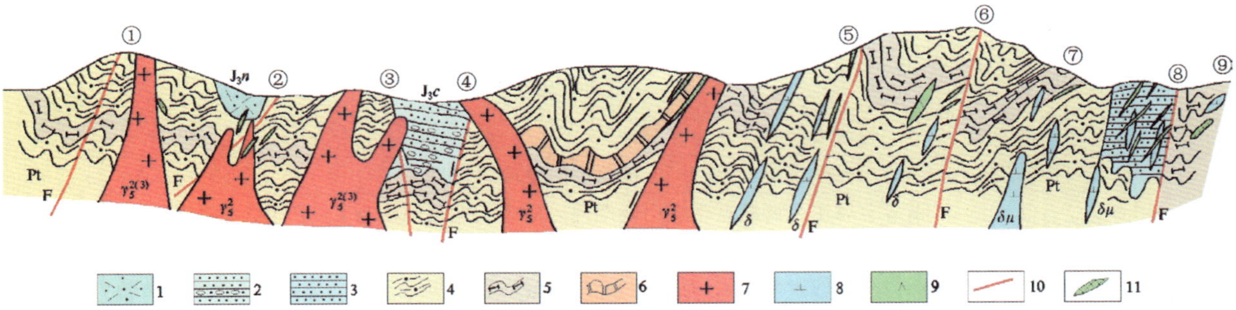

图 6-28 闽西北隆起区铜及铜多金属矿预测工作区区域成矿模式图

1. 上侏罗统南园组中酸性火山岩；2. 上侏罗统长林组砂岩、砂砾岩；3. 下侏罗统梨山组砂岩；4. 元古宙变粒岩、云英片岩；5. 元古宙绿片岩系(海底喷发岩)；6. 大理岩；7. 花岗岩；8. 闪长岩；9. 橄榄岩；10. 断层；11. 矿体(①毛铺铜铅锌矿；②管查铜多金属矿；③溪东硫锌铜矿；④夏山铅锌银矿；⑤水吉铅锌银矿；⑥王母山硫铜金矿；⑦东岩铜钴矿；⑧钟山铜铅锌矿；⑨南平下清风铜矿)

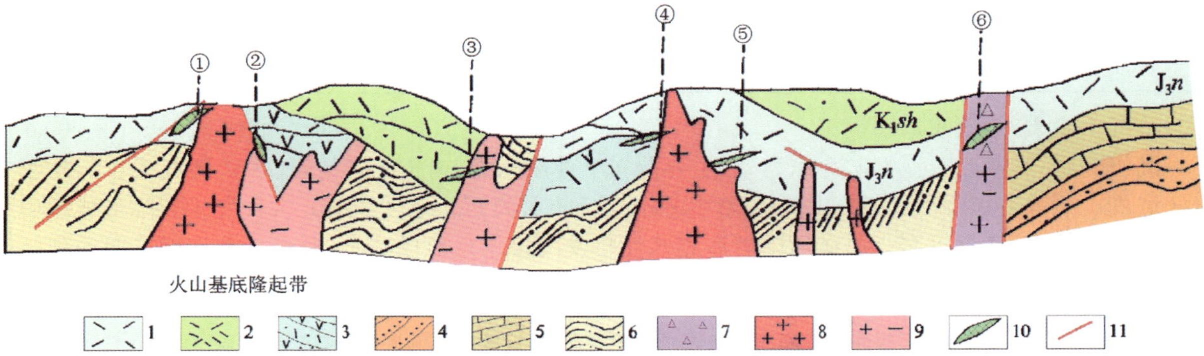

图 6-29 闽东火山断坳带铜及铜多金属矿预测工作区区域成矿模式图

1. 上侏罗统南园组火山岩；2. 下白垩统石帽山组火山岩；3. 上侏罗统长林组火山沉积碎屑岩；4. 下石炭统林地组—上泥盆统天瓦岽组碎屑岩；5. 上石炭统经畲组—下二叠统栖霞组；6. 前泥盆系；7. 隐爆角砾岩；8. 酸性侵入岩；9. 中酸性侵入岩；10. 矿体；11. 断裂(①建华铜钼矿；②钟腾铜钼矿；③蓬壶铜钼矿；④官田铜钼矿；⑤井后铜钼矿；⑥九曲岭铜钼矿)

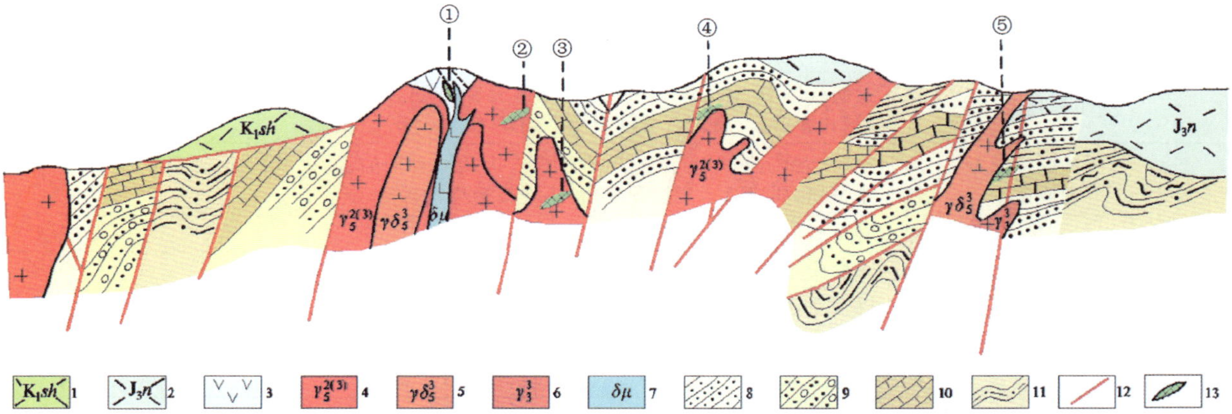

图 6-30 闽西南凹陷带铜及铜多金属矿预测工作区区域成矿模式图

1. 石帽山组；2. 南园组；3. 英安玢岩；4. 燕山早期花岗岩；5. 燕山晚期花岗闪长岩；6. 加里东期花岗岩；7. 闪长玢岩；8. 细沉积碎屑岩；9. 粗沉积碎屑岩；10. 灰岩；11. 前泥盆系变质岩；12. 断裂；13. 矿体(①紫金山铜金矿；②罗卜岭、太山头；③姑田铜钼矿；④铜坑铜多金属矿；⑤上京、建设铜多金属矿)

建造和中酸性火山碎屑岩建造等。侵入岩浆活动在燕山期时最发育，晚期的热液叠加改造作用使得 Cu、Pb、Zn 等金属元素进一步富集成矿，矿床类型有岩浆热液型、沉积变质-热液改造型矽卡岩型等。

(2)闽东火山断坳带：本带位于政和-大埔北北东向断裂带以东，是福建省中生代陆相火山岩最发育的地区，同时燕山期的侵入岩也广泛发育，岩性以酸性、中酸性的火山岩和侵入岩为主，矿床类型以斑岩型为主。

(3)闽西南凹陷区：本区位于北西向、北东向构造岩浆活动带与古裂陷槽盆复合部位，区内矿床产出受构造岩浆带、沉积岩相和岩性特征的控制，在凹陷盆地西部的上杭地区潜火山-侵入作用强烈，控制了陆相火山岩型铜金矿和斑岩型铜钼矿的分布。矿床类型有陆相火山岩型、矽卡岩型和斑岩型。

第五节　铅锌矿典型矿床及成矿规律

一、铅锌矿典型矿床

据福建省铅锌矿产的成矿特征分析，预测类型有 2 种，即沉积变质-热液改造型、矽卡岩型。前者选取的典型矿床为尤溪峰岩铅锌矿；后者选取的典型矿床为永定大排铅锌矿、连城珠地铅锌矿、福鼎银硐铅锌矿，对典型矿床成矿规律研究成果进行总结。

(一)尤溪峰岩铅锌矿

1. 成矿要素研究成果总结

尤溪峰岩铅锌矿床(图 6-31)位于永安-梅州-惠阳(凹陷) Fe-Pb-Zn-Cu-Au-Ag-Sb 成矿带(Ⅲ-82)的

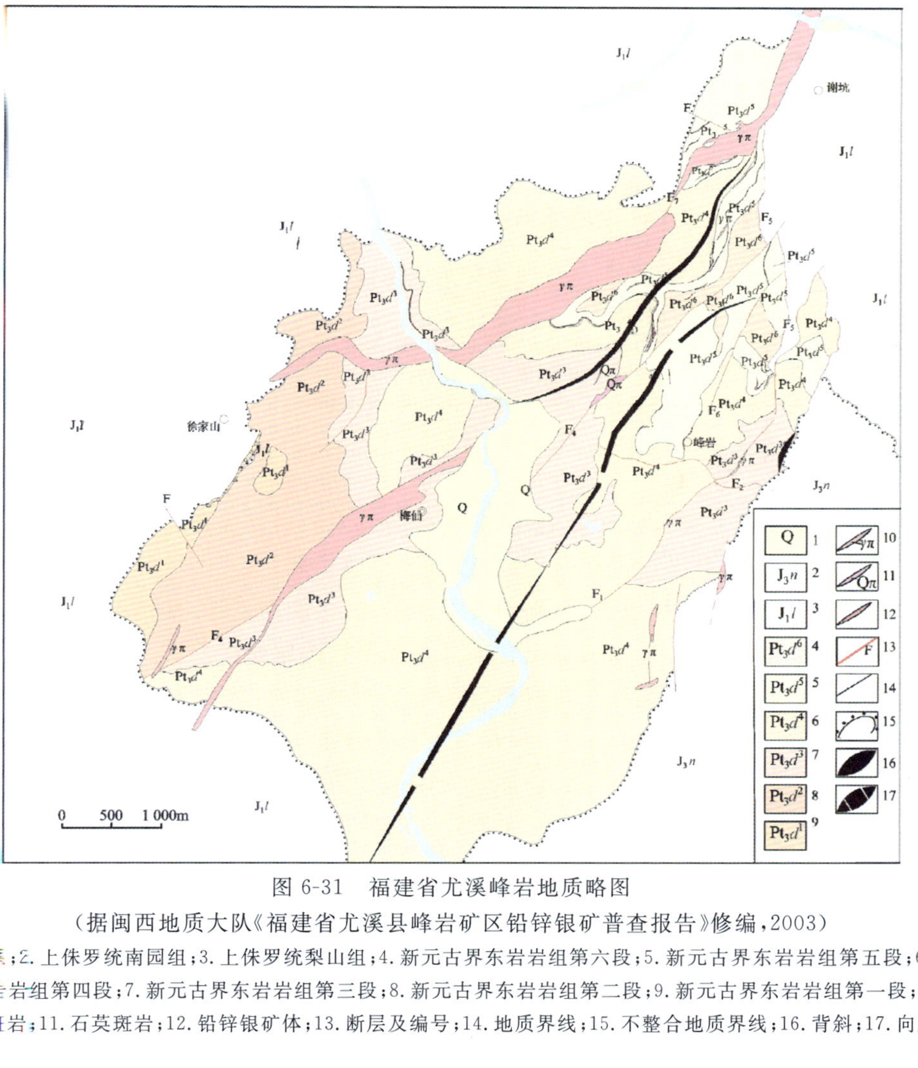

图 6-31　福建省尤溪峰岩地质略图

(据闽西地质大队《福建省尤溪县峰岩矿区铅锌银矿普查报告》修编，2003)

1.第四系；2.上侏罗统南园组；3.上侏罗统梨山组；4.新元古界东岩岩组第六段；5.新元古界东岩岩组第五段；6.新元古界东岩岩组第四段；7.新元古界东岩岩组第三段；8.新元古界东岩岩组第二段；9.新元古界东岩岩组第一段；10.花岗斑岩；11.石英斑岩；12.铅锌银矿体；13.断层及编号；14.地质界线；15.不整合地质界线；16.背斜；17.向斜

北部，属典型的沉积变质-热液改造型矿床。成矿必要要素主要有控矿变质岩建造及岩浆建造岩浆作用。燕山晚期含矿岩浆热液沿断裂裂隙侵入到新元古界东岩岩组上段含钙镁铁硅酸盐岩建造中，并于有利部位以岩脉岩墙的形式富集成矿，成矿要素见表 6-34。

表 6-34　福建省尤溪峰岩铅锌多金属矿典型矿床成矿要素一览表

成矿要素	描　述　内　容	成矿要素分类
成矿时代	主要的成矿时代应为中新元古代裂谷火山喷发沉积形成矿胚，四堡期—晋宁期的区域变质期形成铅锌银矿体，以及燕山期的岩浆气液叠加改造期铅锌银矿体进一步富集	重要
大地构造背景	位于政和-大埔断裂带东，闽东燕山期陆内造山带之次级构造单元寿宁-华安火山基底断隆带内；在中—新元古代时，是一个发育于新太古代—古元古代基底之上的裂陷槽	重要
控矿变质岩建造	新元古界东岩岩组：第一、三、五段为绿片岩段，是本区铅锌矿的主要含矿层位；第二、四、六段为变粒岩段，局部见透镜状铅锌矿	必要
岩浆建造岩浆作用	燕山晚期花岗斑岩脉较发育；花岗斑岩脉主要沿北东向断裂侵入，呈岩脉、岩墙产出	必要
成矿构造	本矿床形成于大陆裂谷构造环境下，在海底张性断裂深处的地球内部热能的驱动下，含矿热流水沿张裂带喷出，遇海水冷却后逐渐形成矿源层	重要
成矿特征	矿体主要呈层状、似层状，与围岩层理产状基本一致；矿石自然类型主要为铅锌矿石、铅锌银矿石、锌矿石，部分为硫铅锌矿石、磁铁矿石、铜矿石和硫铁矿石；矿石的矿物成分复杂，以闪锌矿、方铅矿为主，有时出现大量黄铁矿、磁黄铁矿、磁铁矿或黄铜矿；矿石结构以结晶结构为主，次为交代结构；矿物构造主要有条带状构造、斑点—斑杂状构造、次块状—块状构造，次为浸染状构造、斑点状构造；近矿围矿蚀变主要有方解石化、绿泥石化、阳起石化等	重要
围岩蚀变	围岩蚀变类型有方解石化、绿泥石化、绢云母化、石英化、绿帘石化、阳起石化	重要
资源量	铅锌银矿层属半隐伏—隐伏矿，呈层状、似层状产于绿帘透辉石岩中，产状平缓，倾角 5°～30°，资源量：铅金属量 17.663 6 $\times10^4$ t，平均品位 1.92%；锌 50.229 3$\times10^4$ t，平均品位 4.09%	次要
找矿线索	矿床构造：背斜核部扩容带和断裂构造有利于成矿物质的富集，形成厚大的富矿； 岩性标志：绿帘透辉岩； 地球物理标志：航磁为带状正磁场带，地磁表现为规整的带状异常，可作为寻找富含磁黄铁矿、磁铁矿的标志； 地球化学标志：水系沉积物、土壤 Cu-Pb-Zn-Ag 组合异常，规模大，浓度高，分带明显； 铁帽标志：地表出现硫化矿床氧化带的铁帽	重要

2. 成矿模式研究成果总结

尤溪峰岩铅锌多金属矿主要是沉积变质-热液改造型成因的铅锌多金属矿(图 6-32)。

矿床的形成经历了长期、复杂的成矿过程，大致有 3 个成矿期。

中新元古代裂谷火山喷发沉积成矿期：闽中裂谷的形成，多旋回基性、酸性火山喷发，金属硫化物喷流沉积和火山间歇碳酸盐沉积，形成东岩岩组含矿岩系和铅锌的原始矿层。

加里东期变质成矿期：晋宁运动使东岩岩组含矿岩系褶皱变质，原岩为基性火山岩、泥灰岩变质形成绿片岩的矿物组合——透辉石＋绿帘石＋阳起石＋石英＋长石；原岩为酸—中酸性火山岩变质形成变粒岩的矿物组合——石英＋长石＋阳起石；原岩为碳酸盐岩变质形成大理岩、白云质大理岩；原始沉积矿层进行变质重结晶，并且在变质热液参与下发生了物质成分的转移，导致矿化在不同地段出现富集或贫化，是铅锌矿的主要改造期。

燕山构造岩浆改造期：燕山期大规模岩浆作用和断块活动，导致地层和矿层的破坏。热液沿构造裂隙贯入形成脉状分布的方解石、绿泥石等线型蚀变；部分岩层发生退变质，形成绢云母化、阳起石化；部分铅锌等成矿物质向构造裂隙迁移，在断裂、火山岩中的构造裂隙中沉淀，形成脉状铅锌矿。

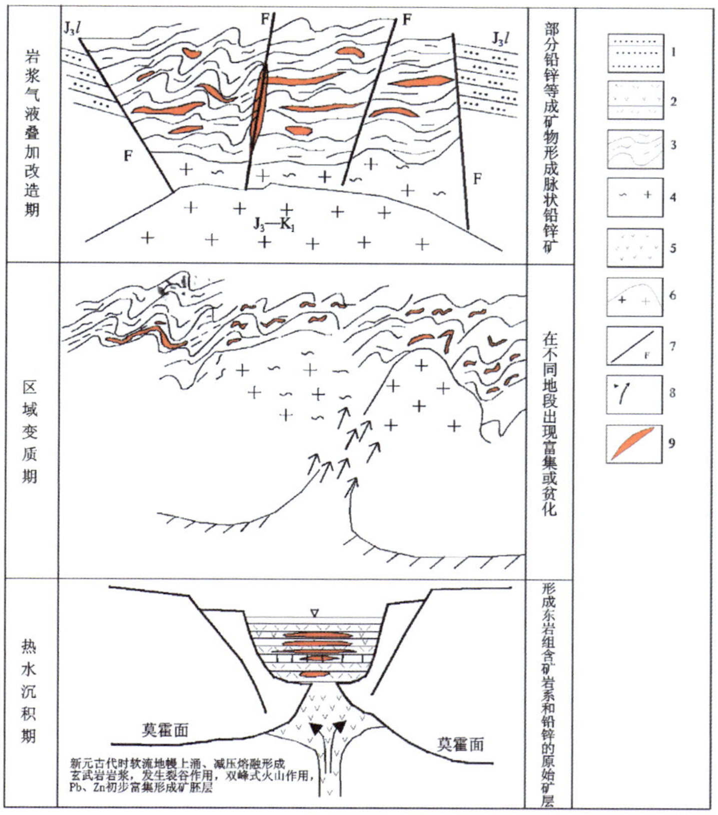

图 6-32　福建省尤溪峰岩铅锌多金属矿床成矿模式图

1. 梨山组粉砂岩；2. 火山喷发沉积层；3. 东岩岩组变质岩；4. 混合岩；5. 玄武岩；6. 花岗岩；
7. 控矿断裂(破碎带)；8. 张裂带含矿热水及火山射气物；9. 铅锌矿体

(二)永定大排铅锌矿

1. 成矿要素研究成果总结

永定大排铅锌矿(图 6-33)位于永安-梅州-惠阳(凹陷) Fe-Pb-Zn-Cu-Au-Ag-Sb 成矿带内(Ⅲ-82)，属矽卡岩型矿床，成矿要素见表 6-35。

2. 成矿模式研究成果总结

矿体赋存于二长花岗斑岩与栖霞组、文笔山组灰岩的接触带矽卡岩中，属接触面控矿，矿体产状受接触面控制。铅锌矿与矽卡岩在成因、时间、空间上关系密切。在成因上，铅锌矿化与二长花岗斑岩的侵入有关。在时间上，铅锌矿化是矽卡岩形成过程中的一个阶段，铅锌矿形成后尚有少量石榴子石、绿帘石、方解石及金属硫化物等晚期矽卡岩矿物和热液期矿物形成，构成了完整的矽卡岩期—热液期矿化阶段。在空间上，铅锌矿体是矽卡岩体的一个组成部分(图 6-34)。

(三)连城珠地铅锌矿

1. 成矿要素研究成果总结

连城珠地铅锌矿床(图 6-35)位于永安-梅州-惠阳(凹陷) Fe-Pb-Zn-Cu-Au-Ag-Sb 成矿带(Ⅲ-82)南部，属矽卡岩型矿床，其成矿要素见表 6-36。

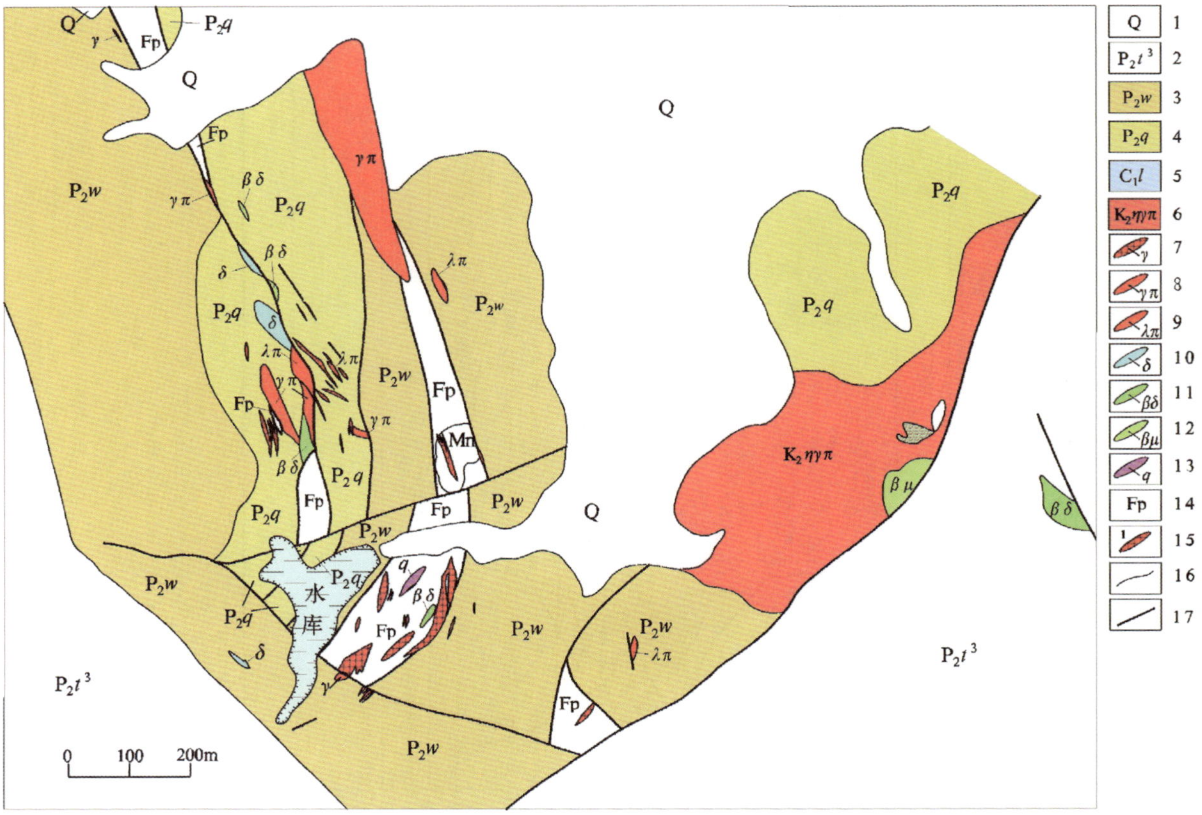

图 6-33　福建省永定大排铅锌矿地质略图

（据福建省第八地质大队《福建省永定县大排铅锌矿区普查评价地质报告》修编，1982）

1.第四系；2.中二叠统童子岩组第三段；3.中二叠统文笔山组；4.中二叠统栖霞组；5.下石炭统林地组；6.燕山晚期二长花岗斑岩；7.花岗岩；8.花岗斑岩；9.石英斑岩；10.闪长岩；11.辉绿闪长岩；12.辉绿岩；13.石英脉；14.断层破碎带；15.铅锌矿体；16.地质界线；17.断层

表 6-35　福建省永定大排铅锌多金属矿典型矿床成矿要素一览表

成矿要素	描　述　内　容	成矿要素分类
成矿时代	主要成矿期为二长花岗斑岩等侵入的矽卡岩化阶段，其时代为燕山晚期	必要
大地构造背景	位于华南加里东褶皱系东部，闽西南凹陷带之东南缘	重要
沉积建造	主要赋矿层位为二叠系栖霞组和文笔山组的碳酸盐岩建造	必要
侵入岩及时代	铅锌多金属矿主要产于花岗闪长斑岩及花岗斑岩脉的外接触带，侵入时代为燕山晚期	必要
成矿构造	主要的含矿构造是推覆构造，赋矿部位主要在推覆构造所夹持的层间构造破碎带中	重要
成矿特征	矿体形态一般为似层状、透镜状、脉状等产出，主要矿体走向基本为北东向，倾向南东，总体上向深部逐渐变陡；硫化铅锌矿石中主要金属矿物以闪锌矿、方铅矿为主，共生有辉钼矿、黄铜矿、黄铁矿等；矿石结构有柱状—放射状结构、交代结构、交代熔融结构等；矿石构造有团块状—块状构造、角砾状构造、浸染状构造等；区内蚀变分带以接触热变质和接触交代变质作用形成的矽卡岩蚀变为主	重要
资源量	据 2007 年储量表：铅 58 600t，平均品位 1.94%；锌 47 517t，平均品位 3.30%	次要
找矿线索	矿体主要赋存于二长花岗斑岩与栖霞组和文笔山组灰岩接触带矽卡岩中，区内推覆构造所夹持的层间构造破碎带是成矿有利部位，可为找矿标志之一；矽卡岩化蚀变较强的区域可作为近矿围岩蚀变的重要标志；区域化探异常及磁异常可作为本区铅锌多金属矿床找矿的间接标志	重要

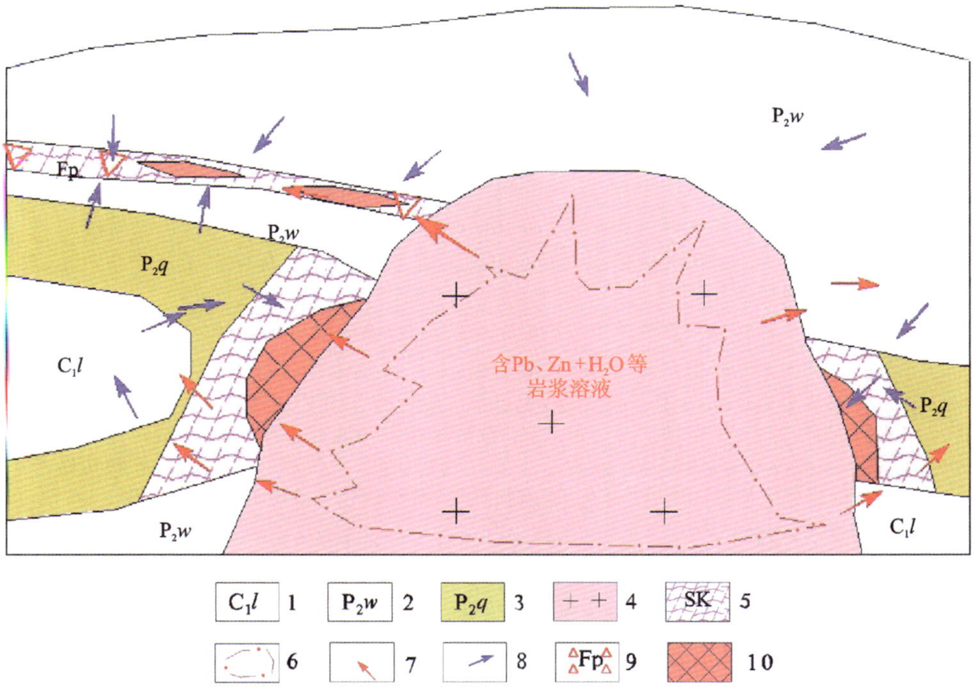

图 6-34　福建省永定大排铅锌矿床成矿模式图

1.早石炭统林地组；2.中二叠统文笔山组；3.中二叠统栖霞组；4.燕山晚期花岗岩；5.矽卡岩；6.含铅锌矿质及水的岩浆热液；7.岩浆热液运动方向；8.地层(冷)热液运动方向；9.构造破碎带；10.铅锌矿体

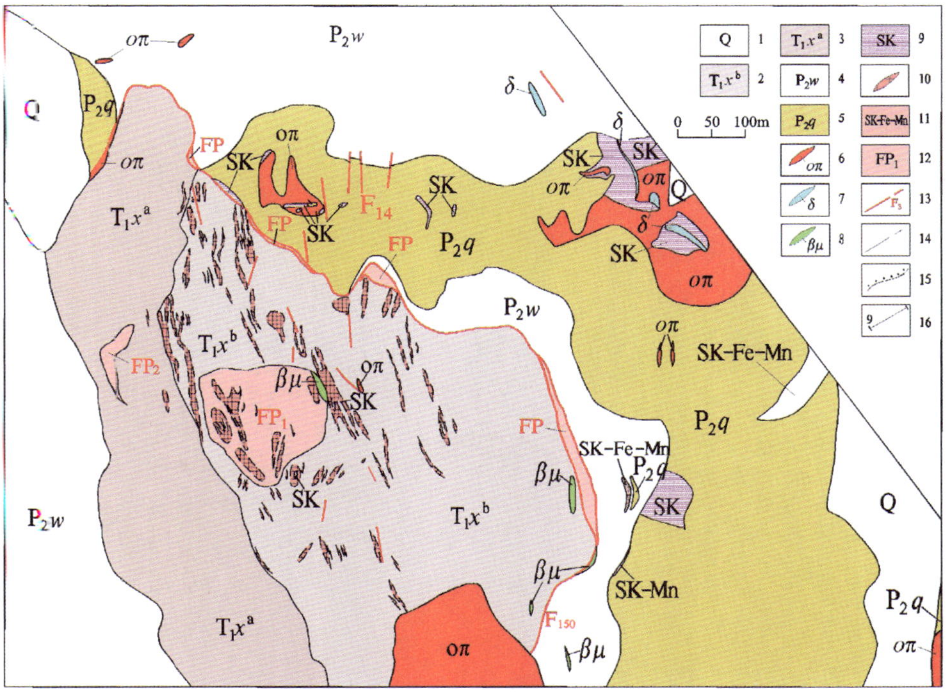

图 6-35　福建省连城珠地铅锌矿地质矿产略图

(据中国有色金属工业总公司江西地质勘探二队《福建省连城县珠地矿区铅锌矿普查地质报告》修编，1991)

1.第四系；2.下三叠统溪口组上段；3.下三叠统溪口组下段；4.中二叠统文笔山组；5.中二叠统栖霞组；6.石英斑岩；7.闪长岩；8.辉绿岩；9.矽卡岩；10.铅锌矿体；11.风化矽卡岩铁锰帽；12.构造角砾岩带及编号；13.实测、推测断层及编号；14.实测、推测地层界线；15.实测、推测不整合界线；16.勘探线及编号

表 6-36　福建省连城珠地铅锌多金属矿典型矿床成矿要素一览表

成矿要素	描　述　内　容	成矿要素分类
成矿时代	主要成矿期为燕山晚期中酸性岩浆沿构造复合部位侵入二叠系—三叠系中引起热液改造阶段	重要
大地构造背景	位于武夷隆起带东南缘，永安-梅州-惠州凹陷带的西侧，姑田复式背斜西翼	重要
沉积建造	主要赋矿层位为溪口组上段矽卡岩化硅质岩、角岩层，次为栖霞组含钙质灰岩	必要
侵入岩及时代	铅锌矿均产于岩体接触带矽卡岩或附近钙质岩中，少数矿体赋存于斑岩中，侵入时代为燕山晚期	必要
成矿构造	褶皱构造中轴部及翼侧是主要的赋矿场所，构造破碎带与褶皱交会处是成矿有利部位	重要
成矿特征	矿体形态主要为似层状、脉状等，规模较小，矿体总体产状与围岩一致，矿体受褶曲影响倾角变化较大，一般上陡下缓，主要金属矿物有方铅矿、闪锌矿；矿区矿物组合简单，闪锌矿、方铅矿、黄铁矿共生形式；矿石结构主要有自形—他形粒状结构、交代溶蚀结构、固溶体分解结构等；矿石构造主要有致密块状、条带状、浸染状、角砾状构造等；主要围岩蚀变有矽卡岩化、硅化、碳酸盐化等，铅锌矿化与矽卡岩化关系密切	重要
资源量	据 2007 年储量表：铅 3.714 8×10^4t，平均品位 1.73%；锌 4.476 7×10^4t，平均品位 2.09%	次要
找矿线索	本区围岩蚀变中矽卡岩化与成矿关系最为密切，是寻找深部盲矿体的良好标志，多次活动的断裂构造带发育部位、酸性小岩体、含钙-镁质碳酸盐地层三位一体是成矿的主要条件，也是找矿的间接标志之一	重要

2. 成矿模式研究成果总结

连城珠地铅锌矿体赋存于燕山晚期侵入岩与栖霞组灰岩的接触带矽卡岩中，属接触面控矿，矿体产状受接触面控制。铅锌矿与矽卡岩在成因、时间、空间上关系密切。在成因上，与燕山晚期侵入岩有关。在时间上，铅锌矿化是矽卡岩形成过程中的一个阶段，铅锌矿形成后尚有少量石榴子石、绿帘石、方解石及金属硫化物等晚期矽卡岩矿物和热液期矿物形成，构成了完整的矽卡岩期—热液期矿化阶段。在空间上，铅锌矿体是矽卡岩体的一个组成部分（图 6-36）。

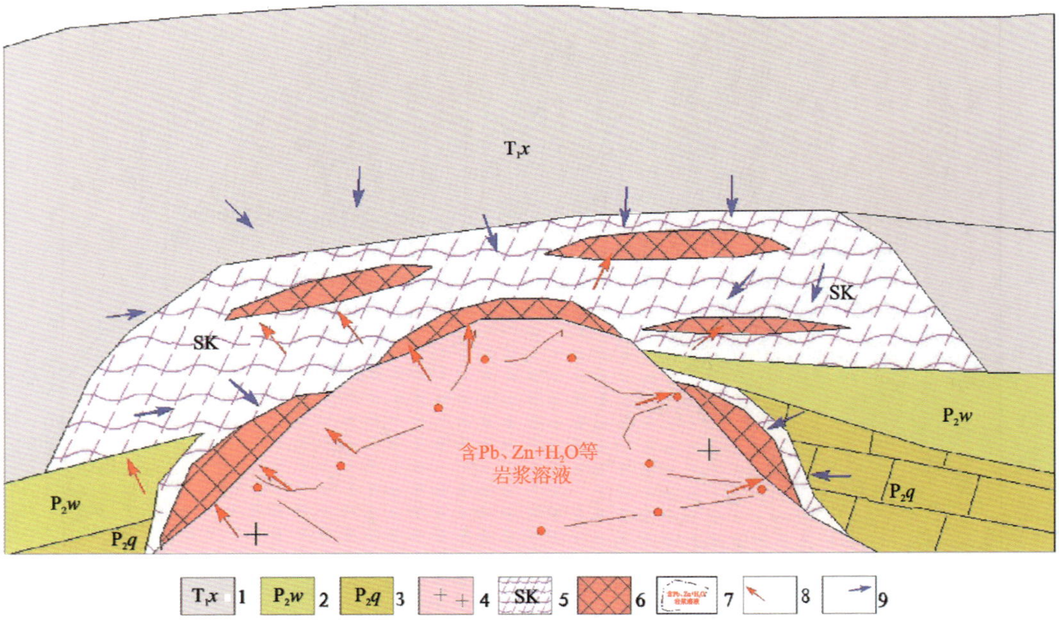

图 6-36　福建省连城珠地铅锌矿成矿模式图

1. 下三叠统溪口组；2. 中二叠统文笔山组；3. 下二叠统栖霞组灰岩；4. 燕山晚期花岗岩；5. 矽卡岩；6. 铅锌矿体；7. 富含铅锌矿质的岩浆热液；8. 岩浆热液运动方向；9. 沉积岩（冷）热液运动方向

（四）福鼎银砩铅锌矿

1. 成矿要素研究成果总结

福鼎银砩铅锌矿床（图 6-37）位于浙闽粤沿海 Pb-Zn-Cu-Au-Ag-W-Sn -Nb-Ta-叶蜡石-明矾石-萤石成矿带（Ⅱ-80）东北部，属矽卡岩型矿床，成矿要素见表 6-37。

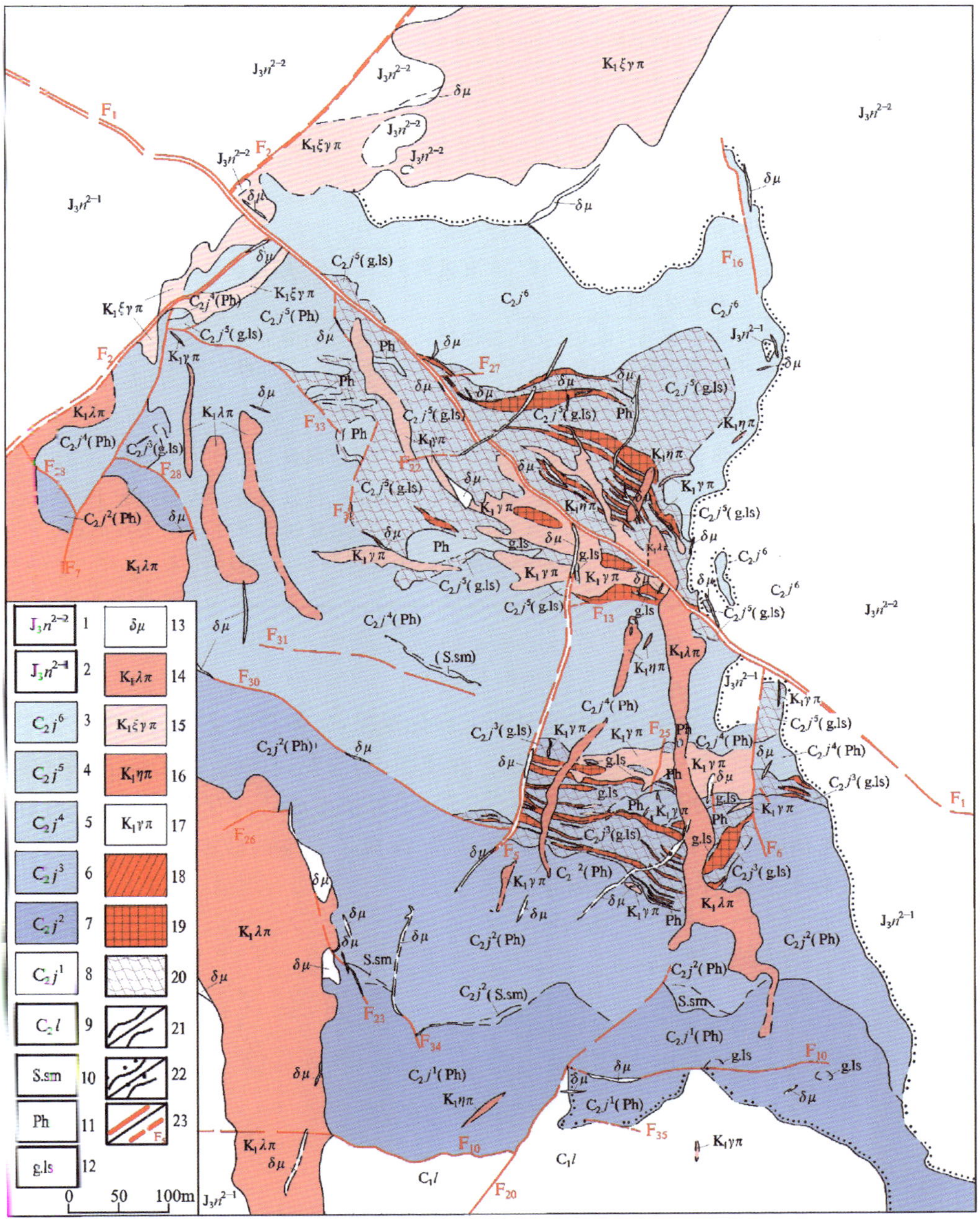

图 6-37　福建省福鼎银砩铅锌矿地质矿产略图

（据福建省闽东南地质大队《福建省福鼎县银砩铅锌矿区详细普查地质报告》修编，1982）

1. 上侏罗统南园组第二段上部；2. 上侏罗统南园组第二段下部；3. 中石炭统经畲组第六段；4. 中石炭统经畲组第五段 5. 中石炭统经畲组第四段；6. 中石炭统经畲组第三段；7. 中石炭统经畲组第二段；8. 中石炭统经畲组第一段；9. 中石炭统林地组；10. 中石炭统变质砂岩；11. 千枚状泥岩、粉砂泥岩、粉砂岩；12. 钙硅质岩、硅质岩、泥质灰岩；13. 闪长玢岩；14. 燕山晚期石英斑岩；15. 燕山晚期钾长花岗斑岩；16. 燕山晚期二长斑岩；17. 燕山晚期花岗斑岩；18. 低品位矿体；19. 矿体；20. 矽卡岩化；21. 实测、推测地质界线；22. 实测、推测不整合界线；23. 实测、推测断层及编号

表 6-37　福建省福鼎银硐铅锌矿典型矿床成矿要素一览表

成矿要素		描述内容	成矿要素分类
成矿时代		本矿床铅锌矿主要成矿期为花岗斑岩、二长斑岩等侵入的矽卡岩化阶段，其时代为燕山晚期	必要
大地构造背景		位于东南沿海的浙闽粤中生代火山岩的中段，云霄-管阳火山喷发隆起带北端	重要
沉积建造		主要赋矿层位为上石炭统经畲组钙硅质岩建造	必要
侵入岩及时代		矿区侵入岩主要有花岗斑岩、二长斑岩、钾长花岗斑岩、石英斑岩等岩脉，侵入时代为燕山晚期	必要
成矿构造		位于我国东南沿海的浙闽粤中生代火山岩的中段，云霄-管阳火山喷发隆起带北端，主要的含矿构造是单斜构造	重要
成矿特征	矿体形态	矿体产于经畲组钙硅质岩中，呈层状、似层状、透镜状产出	重要
	矿物组合	矿石矿物主要有方铅矿、闪锌矿、黄铁矿，次有黄铜矿、磁铁矿、磁黄铁矿，还有少量辉铋矿、辉银矿、赤铁矿、菱锌矿、白铅矿	
	结构构造	矿石结构有自形一半自形晶粒结构、交代溶蚀结构、浮滴状固溶体分离结构、镶嵌结构等；主要矿石构造有不规则浸染—细脉状、不规则团块状、条带状、层纹状构造等	
围岩蚀变		围岩蚀变主要是角岩化、硅灰石化、透辉石、石榴子石化、绿帘石化	重要
资源量		据 2007 年储量表：铅金属量 84 165t，平均品位 1.39%；锌金属量 256 200t，平均品位 1.82%	次要
找矿线索		角岩化、硅灰石化、透辉石、石榴子石化、绿帘石化等蚀变组合以及近矿内带地表上常形成的铁帽，是找矿的重要标志之一；具有 Cu、Pb、Zn、Mo 等元素的异常往往是重要的找矿标志，其中 Pb、Zn 是直接的找矿标志，Cu 往往是含矿层存在的标志；磁异常及次生晕 Pb、Zn、Cu 等元素异常重叠区是找矿有利部位	重要

2. 成矿模式研究成果总结

矿体赋存于经畲组钙硅质岩，含矿层位普遍具矽卡岩化现象，矿体产状受含矿层位及矽卡岩化带控制。铅锌矿与矽卡岩在成因、时间、空间上关系密切。在成因上，与花岗斑岩、二长斑岩等脉体的侵入有关。在时间上，铅锌矿化是矽卡岩形成过程中的一个阶段，铅锌矿形成后尚有少量石榴子石、绿帘石、方解石及金属硫化物等晚期矽卡岩矿物和热液期矿物形成，构成了完整的矽卡岩期—热液期矿化阶段。在空间上，铅锌矿体是矽卡岩体的一个组成部分(图 6-38)。

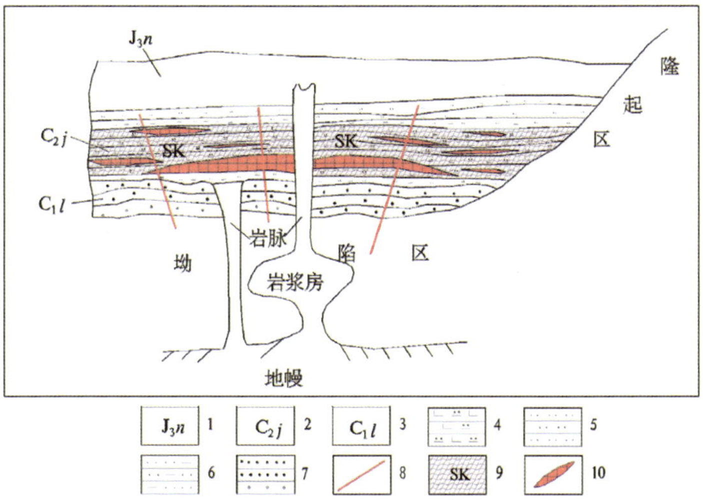

图 6-38　福建省福鼎银硐铅锌矿成矿模式图

1. 上侏罗统南园组火山碎屑岩；2. 中石炭统经畲组；3. 下石炭统林地组；4. 钙硅质岩；5. 粉砂岩；6. 泥质粉砂岩；7. 碎屑岩；8. 断裂；9. 矽卡岩化；10. 铅锌矿体

二、铅锌矿预测工作区成矿规律

（一）区域成矿要素研究成果总结

福建省铅锌矿预测工作区有 14 个，为沉积变质-热液改造型和矽卡岩型。

1. 沉积变质-热液改造型铅锌矿

沉积变质-热液改造型铅锌矿以尤溪梅仙预测工作区为代表，区域成矿要素见表 6-38，区域成矿模式见图 6-39。

表 6-38　福建省尤溪梅仙峰岩式沉积变质-热液改造型铅锌矿区域成矿要素表

区域成矿要素		描　述　内　容	成矿要素分类
区域成矿地质环境	大地构造位置	闽西南凹陷带和闽东火山断坳带的交会部位，闽中裂谷带中浦城-南平硫多金属成矿带的南段，在中—新元古代时，是一个发育于新太古代—古元古代基底之上的裂陷槽	重要
	主要控矿构造	以北东向的断裂构造等为主	重要
	主要赋矿层位	新元古界东岩岩组、龙北溪岩组等	必要
	控矿变质岩建造	新元古界东岩岩组、龙北溪岩组含钙镁铁硅酸盐岩建造（绿片岩建造）	必要
	侵入岩建造	燕山期岩浆侵入，主要为酸性花岗岩、花岗斑岩	必要
	区域变质作用及建造	区域变质程度高，大部分属高绿片岩相变质建造	重要
区域成矿地质特征	区域成矿类型和成矿期	主要是与四堡期—晋宁期变质作用及燕山期岩浆侵入活动有关的矿床成矿系列，主要矿种以铜、铅、锌、银组合为特点，矿床成因类型为沉积变质-热液改造型	重要
	沉积变质-热液改造型铅锌矿	新元古界东岩岩组、龙北溪岩组含钙镁铁硅酸盐岩建造（绿片岩建造），燕山期花岗岩、花岗斑岩等侵入	必要
		闽西北加里东隆起区	重要
		矿石以银铅锌矿石和铅锌矿石为主，近矿围岩蚀变多为黄铁矿化、硅化、碳酸盐化、矽卡岩化等	重要
		区内铅锌矿带普遍发育透辉石化、绿帘石化、阳起石化等	重要
		矿床式主要为水吉式沉积变质-热液改造型铅锌矿	重要

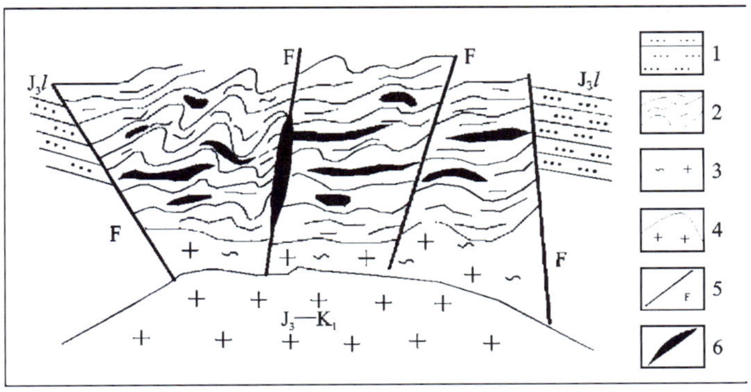

图 6-39　福建省尤溪梅仙预测工作区铅锌矿区域成矿模式图

1. 中生代梨山组；2. 东岩岩组变质岩；3. 混合岩；4. 花岗岩；5. 控矿断裂（破碎带）；6. 铅锌矿体

2. 矽卡岩型铅锌矿

矽卡岩型铅锌矿预测工作区有清流仁场、龙岩铁山-永定大排、连城珠地、永春上姚、安溪后坪山、长泰钟魏、福鼎银硐等，其中以永定大排预测工作区具代表性，其区域成矿要素见表 6-39，区域成矿模式见图 6-40。

表 6-39　福建省龙岩铁山-永定大排大排式矽卡岩型铅锌矿区域成矿要素表

区域成矿要素		描述内容	成矿要素分类
区域成矿地质环境	大地构造位置	位于闽西南凹陷带之东南缘	重要
	主要控矿构造	以北东向的褶皱、断裂构造及层间破碎带等为主	重要
	主要赋矿层位	二叠系栖霞组和文笔山组等	必要
	控矿沉积建造	三叠系溪口组和石炭系经畲组含钙质沉积建造、二叠系栖霞组和文笔山组的碳酸盐岩建造	必要
	侵入岩建造	燕山期的岩浆侵入	必要
	区域变质作用及建造	区域变质程度低，多属低绿片岩相变质建造	重要
区域成矿地质特征	区域成矿类型和成矿期	与燕山晚期中酸性岩浆活动有关的铅、锌、铜、钼、银矿床成矿亚系列，如大排矽卡岩型铅锌矿等	重要
	矽卡岩型铅锌矿	三叠系溪口组和石炭系经畲组含钙质沉积建造、二叠系栖霞组和文笔山组的碳酸盐岩建造，花岗岩、花岗斑岩体侵入	必要
		闽西南凹陷盆地边缘	重要
		矿石以银铅锌矿石和铅锌矿石为主，且多为矽卡岩化矿石	重要
		矿床式主要为大排式矽卡岩型铅锌矿	重要

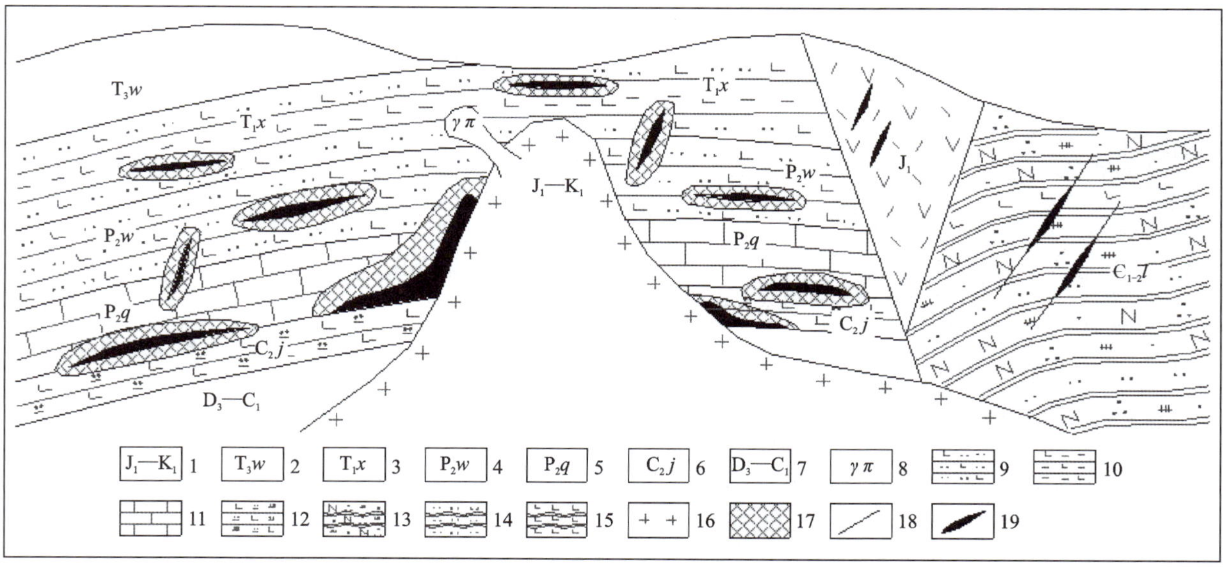

图 6-40　福建省龙岩铁山-永定大排预测工作区铅锌矿区域成矿模式图

1. 上侏罗统—下白垩统；2. 上三叠统文宾山组；3. 下三叠统溪口组；4. 中二叠统文笔山组；5. 中二叠统栖霞组；6. 上石炭统经畲组；7. 上泥盆统—下石炭统；8. 花岗斑岩；9. 钙质粉砂岩；10. 钙质泥岩；11. 灰岩；12. 钙硅质岩；13. 变质长石石英杂砂岩；14. 变质粉砂岩；15. 钙质板岩；16. 花岗岩；17. 矽卡岩化；18. 断裂(破碎带)；19. 矿体

（二）铅锌矿区域成矿规律总结

1. 区域成矿地质环境

福建省铅锌矿床受一定层位、一定岩相控制，其赋矿部位具有共同的特征，即受不同岩性接触界面或滑脱构造、缓断裂构造面的控制，含矿岩系往往夹中基性、中酸性、酸性火山岩及火山沉积碎屑岩。福建省与铅锌矿有关的赋矿层位，从老到新主要见表6-40。

表 6-40　福建省与铅锌矿有关的赋矿层位统计表

序号	地层名称	构造环境及主要岩性	矿区	矿种
1	新元古代老变质岩（东岩岩组、龙北溪岩组等）	浅海细碧角斑岩相透辉绿帘片岩、纳长绿帘片岩；细碧角斑岩相片岩、变粒岩夹大理岩；细碧角斑岩相变粒岩夹大理	建阳水吉	铅、锌、银
			政和夏山	铅、锌、银
			屏南洋地	铅、锌
2	上石炭统经畲组	滨浅海-浅海硅质灰岩夹火山碎屑岩	福鼎银硐	铅、锌、银
3	上石炭统经畲组—中二叠统栖霞组	浅海台地相灰岩、硅质岩为主 浅海台地-潮下相灰岩、粉砂岩、泥岩	永定大排	铅、锌
			大田建爱	硫、铅、锌
4	下三叠统溪口组	潮坪相钙硅质岩夹凝灰岩	连城珠地	铅、锌、银

2. 构造对成矿的控制作用

区域构造对于成矿起着明显的控制作用，区域性的隆起、凹陷、深断裂带及大断裂带往往控制成矿带，次级断裂及推覆剥离构造控制矿床矿体产出部位。

1）隆起、凹陷构造单元控矿

浙中-武夷隆起 W-Sn-Mo-Au-Ag-Pb-Zn-Nb-Ta-萤石成矿带（Ⅲ-81）（Ym、Yl^{1}）铅锌矿床成因类型主要是沉积变质-热液改造型，主要成矿层位为元古宇桃溪岩组及东岩岩组、龙北溪岩组，燕山期岩浆热液侵入使之进一步富集。

闽西南凹陷带永安-梅州-惠阳（凹陷）Fe-Pb-Zn-Cu-Au-Ag-Sb 成矿带（Ⅲ-82）（Ym）铅锌主要矿床类型是矽卡岩型、热液型，以前者为主，后者次之。矽卡岩型铅锌主要受燕山期中酸性侵入岩体的控制，同时又与上石炭统经畲组灰岩下部、上石炭统经畲组—中二叠统栖霞组灰岩顶部、中二叠统文笔山组泥质砂岩界面、下三叠统溪口组硅质灰岩及硅质岩层位关系密切，推覆缓断裂剥离构造推覆体之下断裂破碎带是矽卡岩型铅锌矿床的有利成矿部位。

闽东火山断坳带相当于浙闽粤沿海 Pb-Zn-Cu-Au-Ag-W-Sn-Nb-Ta-叶蜡石-明矾石-萤石成矿带（Ⅲ-80）（Ym、Yl^{1}）的火山基底隆起带上的构造"天窗"，除其基底变质岩地层形成的沉积变质-热液改造型铅锌矿床外，在断裂发育、燕山期岩浆活动强烈地区还形成矽卡岩型矿床。

2）区域性构造控矿

福建省主要控矿断裂构造有北东向和北西向两组，其次是东西向和南北向以及北东向断裂带。

北东向断裂带：政和-大埔断裂带有政和夏山、尤溪梅仙等铅锌矿床，福安-南靖断裂带有长泰钟魏、安溪铅山、屏南洋地等铅锌矿床。

北西向断裂带：涓城-宁德断裂带有政和夏山、政和铁山、浦城金竹坑等铅锌矿床，清流-泉州断裂带有清流仁场、安溪铅山等铅锌矿床。

南北向断裂带：浦城-尤溪断裂带上分布有建阳水吉等铅锌矿床。

东西向断裂带：厦门-南靖断裂带有铅锌矿（化）点 20 余处。

3）推覆断裂构造控矿

福建省各种规模的推覆缓断裂、剥离构造发育，尤其闽西南地区，这种断裂规模更大，对铅锌矿起着明显的控制作用。

3. 沉积岩相与建造对成矿的控制作用

福建省晚石炭世沉积总体应属浅海堡坝体系，位于有障壁海域，虽范围较大，但接受台地-潮坪沉积。在闽西南的凹陷盆地中，其沉积基底起伏不一，主要由古隆起的堡岛、浅滩、沙坝和凹陷的障壁盆地组成，形成“指状海湾”式的局限、半局限流通的陆表海。盆地内沉积物主要是陆源碎屑，潮汐作用影响大于波浪作用。控矿沉积相主要为潮坪海湾潟湖相。

区域上有利的沉积岩相为局限海台地相、浑水潮坪相砂坪亚相。有利于铅锌矿成矿的地层及建造主要是石炭纪—三叠纪碳酸盐岩建造，尤其在其底部是铅锌矿原始富集的重要部位。

4. 侵入岩对成矿的控制作用

福建省铅锌矿产丰富，大部分与岩浆活动有关，尤其与花岗岩类有密切的成因联系。花岗岩本身既是成矿物质的携带者，又是成矿必需的热流水的能源供给者，同时在成岩过程中，又可淬取围岩中的成矿物质在有利部位成矿。福建省自加里东期—燕山期均有岩浆活动，但以燕山期活动最为强烈。加里东期岩体主要分布在闽西北隆起带，与铅锌矿成矿关系不大，海西期、印支期岩体主要沿永（安）梅（州）凹陷盆地边部分布，与铅锌矿有关；燕山早期岩体主要分布在政和-大埔断裂带以西，与铅锌矿有关，燕山晚期侵入岩主要分布在政和-大埔断裂以东的沿海中生代火山岩分布地区上杭-云霄北西向岩浆喷发构造带上，与铅锌矿成矿有关。含矿斑岩体成矿元素丰度普遍较高，如永定大排、连城珠地等矿区花岗斑岩为成矿母岩，富含 Pb、Zn 等元素，矿体多产在岩体与围岩接触的内外带。

5. 铅锌矿床在时间上的产出与演化规律

前加里东及加里东成矿期：是福建省最早的一次铅锌矿成矿期，也是福建省最重要的铅锌矿成矿期之一，常形成沉积变质-热液改造型铅锌矿的矿源层，如建阳水吉、尤溪梅仙、顺昌山后、宁化溪源、政和夏山等，矿体规模较大。

海西期—印支成矿期：晚古生代，福建省处在拉张、挤压的板内裂陷及造山带的构造环境，岩浆活动与断陷作用密切相关。在继承性断裂带，特别在海西期凹陷盆地内北东向与北西向、东西向的断裂带复合部位，有石炭纪海相中基性火山岩（玄武岩类、辉长辉绿岩和安山岩类等），主要形成铅锌矿的矿源层。

燕山成矿期：燕山早期（晚侏罗世）位于陆缘造山带挤压环境，主要为岩浆成因的花岗岩，其中晚阶段与铅锌矿关系密切。燕山晚期（白垩纪）岩浆活动与晚侏罗世末期至早白垩世初期由强烈挤压转变为拉张阶段的断陷或塌陷构造作用有关，以被动的岩浆活动为特点。以中心式火山喷发为主，形成火山洼池和深成侵入岩体。以福州-永定北东东向断裂分界，以北火山岩发育，侵入岩次之，与铅锌矿化有关。而南部侵入岩发育，火山岩次之，反映铅锌矿源层接触交代作用明显，是铅锌化富集的重要阶段。本期是福建省最重要铅锌矿成矿期之一。

综上所述，铅锌矿在闽西北隆起区，主要成矿期是加里东期，其次是燕山期。闽西南凹陷带，铅锌矿源层是海西期—印支期，成矿期是燕山期。闽东火山断坳带，铅锌矿在加里东期和燕山期均有成矿。

6. 铅锌矿床的空间分布特征及矿化的分带性

1)铅锌矿的区域分布

福建省铅锌矿主要分布于3个成矿带,具体如下。

(1)浙中-武夷山(隆起)W-Sn-Mo-Au-Ag-Pb-Zn-Nb-Ta-萤石成矿带(Ⅲ-81)(Ym、Yl[1]):铅锌矿主要矿床类型为沉积变质-热液改造型,主要分布在隆起区东部边缘和建阳、政和地区,如建阳水吉、政和夏山、宁化溪源、顺昌山后等铅锌矿。

(2)永安-梅州-惠阳(凹陷)Fe-Pb-Zn-Cu-Au-Ag-Sb 成矿带(Ⅲ-82)(Ym):该带构造岩浆活动十分强烈,北西向、北东向断裂岩浆带与凹陷盆地横跨复合。受构造岩浆活动和岩相古地理沉积特征的控制,铅锌矿主要分布在凹陷带的西部,矿床类型主要为矽卡岩型、热液型铅锌矿,如连城珠地、清流仁场、永定大排等铅锌矿。

(3)浙闽粤沿海 Pb-Zn-Cu-Au-Ag-W-Sn-Nb-Ta-叶蜡石-明矾石-萤石成矿带(Ⅲ-80)(Ym、Yl[1]):铅锌矿主要矿床类型为陆相、海相火山岩型、沉积变质-热液改造型、热液型和矽卡岩型,如尤溪梅仙、屏南泮地、长泰钟魏、福鼎银硐等铅锌矿。

2)特定的成矿层位

福建省不同预测类型铅锌矿的产出与特定的层位有较密切的关系。如峰岩式沉积变质-热液改造型铅锌矿主要产于新元古代老变质地层当中,特别是含钙镁铁硅酸盐岩建造(绿片岩建造),与岩浆岩的侵入接触也有很大的关系;大排式矽卡岩型铅锌矿除了与岩浆岩的侵入接触有关外,与含碳酸盐岩建造层位的分布也有较密切的关系;此外,少量出露的陆相火山岩型铅锌矿则与火山喷发形成的火山岩层位的分布有关。

第六节 金矿典型矿床及成矿规律

据福建省金矿产的成矿特征,预测类型有2个,即陆相火山岩型与变质碎屑岩中热液型。

一、金矿典型矿床

福建省金矿预测类型主要有陆相火山岩型与变质碎屑岩中热夜型两类。其中陆相火山岩型有紫金山式铜金矿、永泰岭头坪金矿等典型矿床,紫金山式铜金矿见本章第四节铜矿部分,下面以永泰岭头坪金矿为例;变质碎屑岩中热夜型主要有德化双旗山、泰宁何宝山等矿床,以德化双旗山金矿为例,对福建省金矿成矿要素研究成果进行总结。

(一)永泰岭头坪金矿

1. 成矿要素研究成果总结

永泰岭头坪陆相火山岩型金矿床产于闽西南凹陷与闽东南火山带的过渡带(图6-41)。岭头坪金矿中成矿时代、大地构造背景、大地构造演化阶段、火山建造/火山作用及成矿构造为成矿必要要素(表6-41)。其中火山建造/火山作用尤为重要,燕山期的构造火山作用使得携带金银等成矿热液以火山爆发及火山喷溢的形式,在成矿构造有利部位富集成矿。

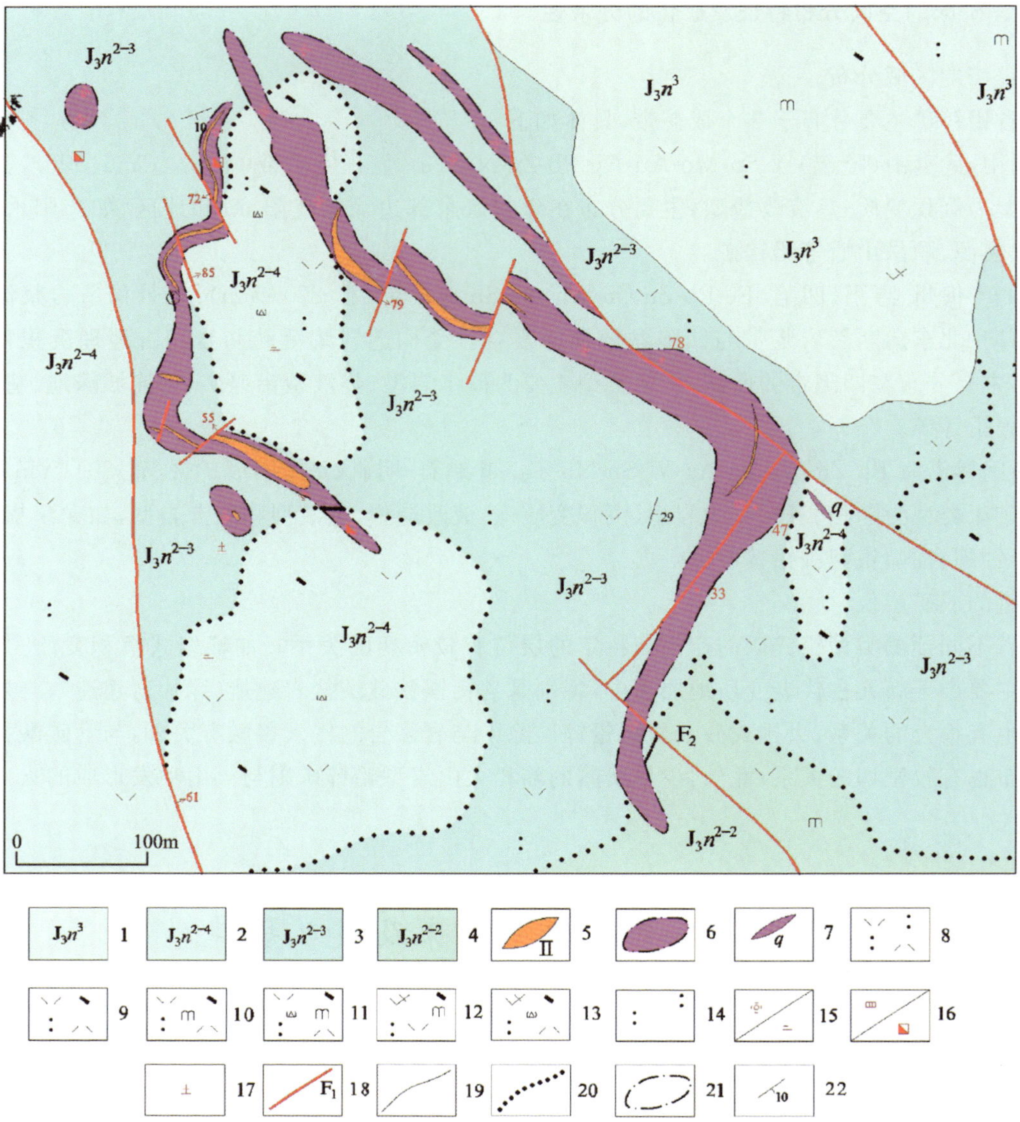

图 6-41　福建省永泰岭头坪矿区地质略图

(据闽东南地质大队《福建省永泰县岭头坪金矿区普查地质报告》修编,1993)

1.上侏罗统南园组第三段;2.上侏罗统南园组第二段第四亚段;3.上侏罗统南园组第二段第三亚段;4.上侏罗统南园组第二段第二亚段;5.金矿体;6.蚀变带;7.石英脉;8.流纹质凝灰岩;9.流纹质晶屑凝灰岩;10.流纹质晶屑熔结凝灰岩;11.流纹质含角砾晶屑熔结凝灰岩;12.英安流纹质晶屑熔结凝灰岩;13.英安流纹质含角砾晶屑凝灰岩;14.沉凝灰岩;15.硅化/绢云母化;16.黄铁矿化/褐铁矿化;17.高岭土化;18.断层及编号;19.地质界线;20.亚段界线;21.蚀变带界线;22.地层产状

表 6-41　福建省永泰岭头坪金矿典型矿床成矿要素一览表

成矿要素	描　述　内　容	成矿要素分类
成矿时代	燕山早期及燕山晚期	必要
大地构造背景	位于华南褶皱系闽东火山断坳带之周宁-华安断隆带中段东侧,永泰早白垩世火山盆地北西侧,淳湖北西向断裂带内,介于区域北西向断裂和淳湖火山机构环状断裂之间	必要
大地构造演化阶段	燕山期的构造火山活动	必要

续表 6-41

成矿要素		描　述　内　容	成矿要素分类
火山建造/火山作用		淳湖火山机构主要发展过程：爆发—喷溢—火山构造形成	必要
成矿构造		燕山期的北东向与北西向构造为矿区的主要成矿控矿构造	必要
成矿特征	矿体形态	矿体主要分布于火山中心东侧的脉状石英二长斑岩有关的蚀变带中，呈脉状、透镜状成群分布，金铜铅锌多金属矿于同一矿区出现	重要
	矿物组合	含金褐铁矿石：褐铁矿、石英、自然金及高岭土等；硫化物型矿石：黄铁矿、方铅矿、闪锌矿、黄铜矿、自然金、石英等；含金石英硫化物型矿石：石英、褐铁矿（或黄铁矿）、自然金等	重要
	结构构造	矿石为半自形—自形粒状结构，胶状、蜂窝状、块状构造；硫化物型矿石金属矿有黄铁矿及黄铜矿，黄铁矿呈半自形—自形粒状，晶体多呈立方体，黄白色，黄铜矿呈他形浸染状	次要
围岩蚀变		主要蚀变有硅化、黄铁矿化、褐铁矿化、高岭土化和绢云母化；硅化、黄铁矿化沿断裂发育，较矿化带宽，分布与火山环状断裂一致	重要
矿床储量		金金属量：1 978.409kg，平均品位 14.37×10^{-6}	次要
找矿线索		火山岩带中区域性断裂旁侧次级断裂或多组区域性断裂复合处；火山活动旋回后期复活的断裂带、层间破碎带等；该类型金矿围岩蚀变类型繁多，主要有硅化、黄铁矿化、绢云母化、绿泥石化等，其中以硅化和黄铁矿与金矿关系最为密切；火山岩型金矿常伴有金（银）等重砂异常和多元素地球化学异常展布，分带性明显，元素衬度高，见有 Au、Ag、As、Bi、Cu、Pb、Zn 等元素组合异常，重叠性好	重要

2. 成矿模式研究成果总结

福建省永泰岭头坪典型矿床成矿模式图主要表达成矿物质的来源、矿化多阶段的特点（图 6-42）。矿区的成矿热液来源：本区以火山岩分布广泛为特征，其中晚侏罗世火山岩含金较高，可能表明成矿热液与之有关。晚侏罗世火山活动形成了南园组火山碎屑岩，火山作用期后，岩浆热液沿火山（环状、放射状）构造所形成的通道运移，并在构造有利部位沉淀形成矿体。

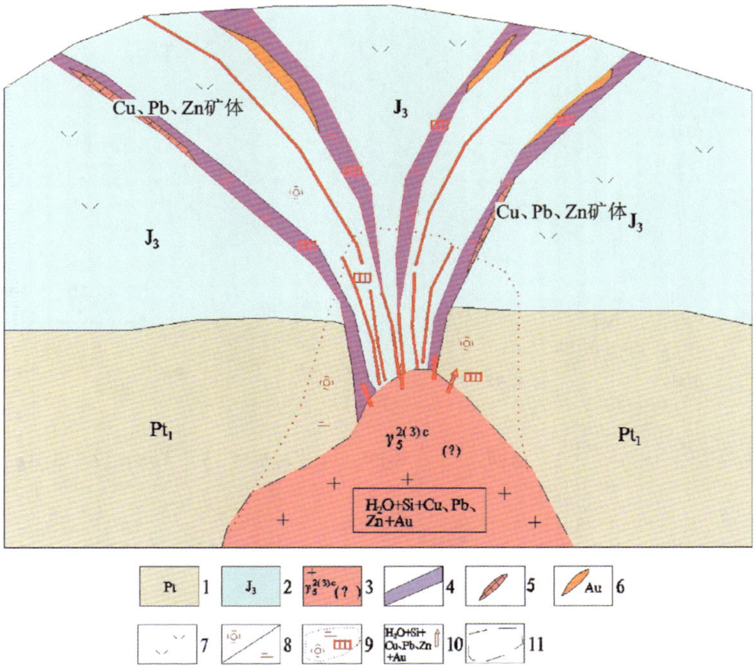

图 6-42　福建省永泰岭头坪金矿成矿模式图

1. 古元古代变质岩；2. 晚侏罗世火山岩；3. 推测燕山早期花岗岩；4. 蚀变体；5. 铜、铅、锌矿体；6. 金矿体（脉）；7. 流纹质火山岩；8. 燕山早期蚀变（硅化、绢云母化）；9. 燕山晚期矿化蚀变（硅化、绢云母化、黄铁矿化、金矿化、铜铅锌矿化）；10. 热液及其运动方向；11. 推测地质体界线火山作用形成的火山构造，特别是环状构造及其与放射状构造的交会部，是含矿热液的主要通道，即含矿热液主要沿环状断裂带（运矿热液通道），同时沿着周围有利构造部位定位，形成了多期矿化蚀变。早期矿化（石英-黄铁矿期）可能为含金富高硅热液，沿着火山环状等断裂带活动，并开辟活动空间，局部形成石英脉型金矿；多金属硫化物期：火山岩浆期的多金属硫化物矿液沿先存的构造热液通道，并在各合适的构造空间定位形成矿体。

（二）德化双旗山金矿

1. 成矿要素研究成果总结

德化双旗山金矿床主要有肖坂（图 6-43）、金钟形（水门）、十三金 3 个矿段。金钟形（水门）矿段：金金属量 818.00kg，平均品位 22.06×10^{-6}；十三金矿段：金金属量 3 481.00kg，平均品位 3.68×10^{-6}；肖坂矿段：金金属量 5 870.49kg，平均品位 2.11×10^{-6}。共 10 169.49kg。德化双旗山金矿（表 6-42）成矿必要条件主要有 5 个，其中以变质建造/变质变形作用、成矿构造作用最为重要。印支期—燕山早期，受岩浆活动所携带的热量影响，部分地下水萃取的地层中的 Au 元素，运移至成矿有利部位充填富集成硅化岩型金矿体及小规模脉状充填脉型金矿体。

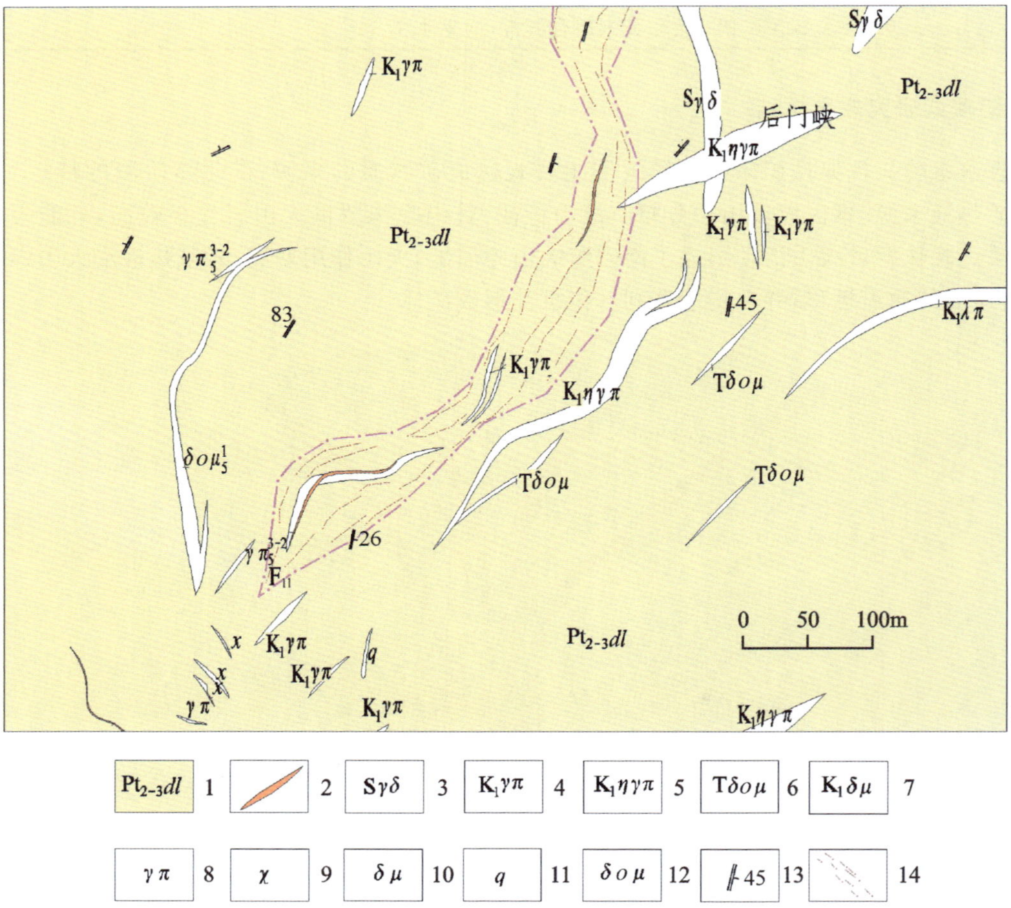

图 6-43 福建省德化双旗山矿区肖坂矿段地质略图

（据福建省闽西地质大队《福建省双旗山肖坂矿段普查地质报告》修编，1999）

1. 中新元古界大岭岩组；2. 金矿体；3. 加里东期片麻状花岗闪长岩；4. 燕山晚期花岗斑岩；5. 燕山晚期二长花岗斑岩；6. 印支期石英闪长玢岩；7. 燕山晚期闪长玢岩；8. 花岗斑岩；9. 煌斑岩；10. 闪长玢岩；11. 石英脉；12. 石英闪长玢岩；13. 片理产状；14. 韧性断层带

表 6-42 福建省德化双旗山金矿典型矿床成矿要素一览表

成矿要素		描 述 内 容	成矿要素分类
成矿时代		主成矿期为四堡期—晋宁期火山沉积成矿期、加里东期区域变质变形成矿期、燕山期成矿期	必要
大地构造背景		华南加里东褶皱系东部，闽东中生代火山断坳带(Ⅱ级)西部、北东向政和-大埔及福安-南靖深大断裂所夹持的周宁-华安断隆带的中部；葛坑-龙门场北东向断隆带的“天窗”内	必要
大地构造演化阶段		四堡期—晋宁期海相火山-沉积作用，扬子期—加里东期变质作用，燕山期的火山-侵入活动	必要
变质建造/变质变形作用		本区经历了在四堡期—晋宁期、扬子期—加里东期的区域构造演化(褶皱、变质和岩浆活动)及海西期—印支期的强烈变形和动力学变质的基础上，印支期—燕山早期岩浆热液作用下，部分地下水萃取地层中的 Au 元素，进入韧性剪切带中，部分进入较陡的破碎带中，形成了脆韧性剪切带中硅化岩型金矿体及小规模脉状充填脉型金矿体	必要
成矿构造		四堡期—晋宁期的火山沉积形成的金矿源体在加里东期变质，在韧性剪切带中相对富集，印支期—燕山期岩浆构造作用时活化，形成主要容矿构造	必要
矿床特征	矿体形态	矿体主要分布于变质岩的韧脆性构造带中，脉状为主，常成群分布；次为脉型分布于变质岩中	重要
	矿物组合	矿石中主要金属矿物为自然金、黄铁矿，次为磁铁矿、赤铁矿、褐铁矿、黄铜矿、方铅矿、闪锌矿、斑铜矿、辉铜矿等，硫化物含量多小于 5%，属贫硫化物型金矿；非金属矿物主要有石英、绢云母、斜长石、钾长石、白云母、黑云母、绿泥石、绿帘石、碳酸盐等	重要
	结构构造	金矿石结构以半自形—自形粒状结构为主，次为他形粒状结构、交代残余结构、充填结构、压碎结构等；金矿石构造以条带状、浸染状为主，次为脉状、块状	次要
	围岩蚀变	矿区围岩蚀变普遍且较强烈，各类岩石均具不同程度的蚀变。蚀变类型有绢云母化、绿泥石化、方解石化、水云母化、硅化、黄铁矿化、黄铜矿化等，以绢云母化、绿泥石化、方解石化分布广，强度大，并形成多种蚀变组合。其中金矿化与硅化、黄铁矿化关系密切；蚀变不具明显的分带现象，含金蚀变带在地表由于氧化作用常形成大范围的紫红色褐铁矿浸染带	重要
矿床储量		金钟形(水门)矿段：金金属量 818.00kg，平均品位 22.06×10^{-6}；十三金矿段：金金属量 3 481.00kg，平均品位 3.68×10^{-6}；肖坂矿段：金金属量 5 870.49kg，平均品位 2.11×10^{-6}。共 10 169.49kg	次要
找矿线索		矿化-蚀变带：系找矿最可靠的直接标志； 侵入接触带：各种岩脉分布，金矿常在酸性岩脉的外接触带变质岩中； 构造带：金矿体主要受低级别、晚序次多组断裂复合构造控制，韧性剪切带、断层破碎带及脆性断裂叠加韧性剪切带，为金矿赋存的有利部位； 水系土壤金高浓度：岩石中 Au、Ag、Pb、Co、Bi、As 等高； 重砂异常：在变质岩分布区的Ⅲ级～Ⅳ级水系中，有 Au 异常； 地表采矿遗迹多，古采硐规模大，是找矿的重要标志； 地表出现“棕色土”，含有斑点状、团块状褐铁矿及石英团块	重要

2. 成矿模式研究成果总结

福建省德化双旗山金矿典型矿床成矿模式见图 6-44，主要说明矿质来源、矿质运移通道及储矿构造。前人基本将双旗山金矿归为与变质作用有关的多期次作用形成的金矿。由于其围岩(变质岩)中含金较高，分布不均匀，与变形变质作用、岩浆作用、构造作用有关。成矿大致可分为 3 期：大岭岩组形成过程中，与中酸性火山作用有关的 Au 元素较丰富；加里东期的变形变质作用，使 Au 元素进一步富集，尤其是韧性剪切带，对金的富集更为有利；后期为印支期—燕山期，断裂(伴有岩浆侵入活动及火山作用)，使矿液发生活化，沿断裂运移，在有利的构造部位沉淀富集形成矿体。

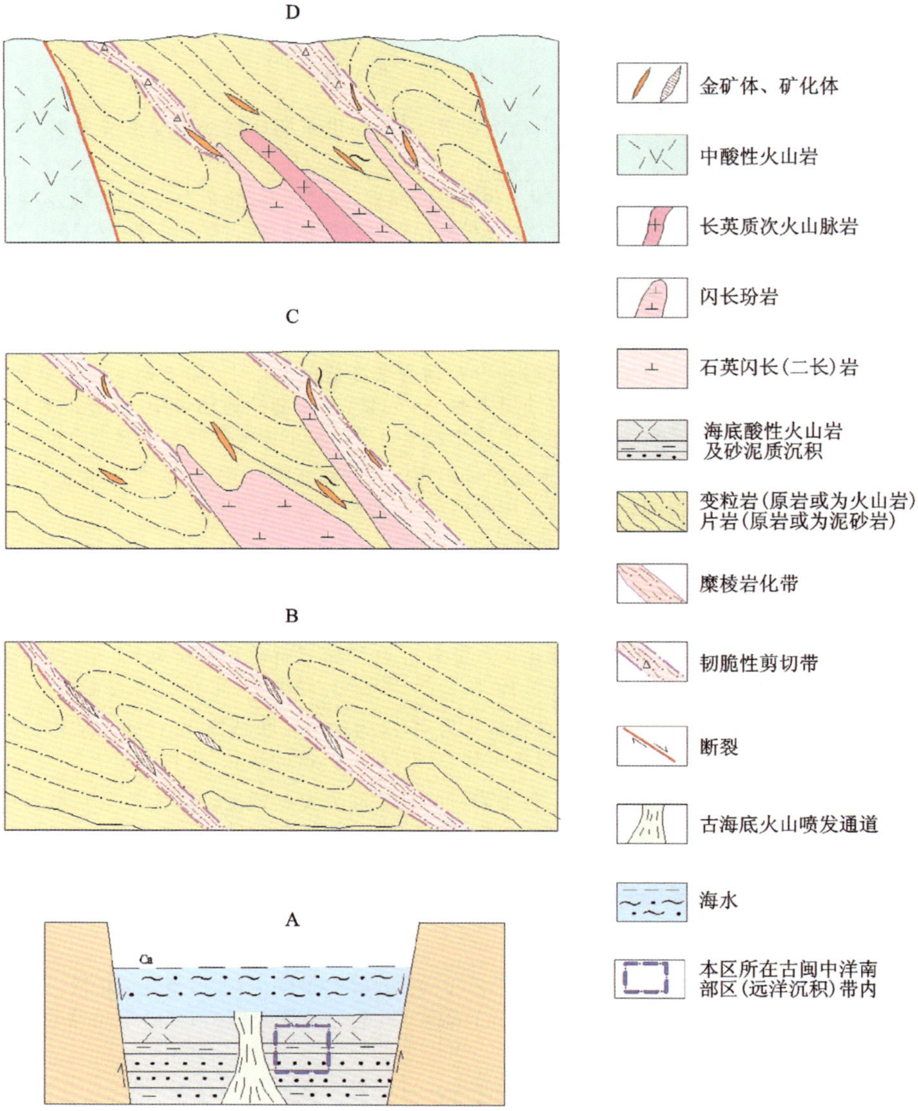

图 6-44　福建省德化双旗山金矿成矿地质模式图

A. 地槽沉积时期;B. 区域变质时期;C. 岩浆侵入热液活动时期;D. 火山、次火山活动时期

二、金矿预测工作区成矿规律

根据成矿地质特征等信息,选取预测工作区 8 个,金矿预测类型 2 个,即紫金山式陆相火山岩型与双旗山式变质碎屑岩中热液型。前者有上杭紫金山及外围、闽侯罗桥及外围、德化淳湖-永泰盖洋共 3 个预测工作区,后者有尤溪官田-德化葛坑、建阳书坊-太阳山、政和王母山-建瓯东游、泰宁何宝山及外围、建宁椒坑共 5 个预测工作区。

(一) 紫金山式陆相火山岩型金矿

该类型金矿共 3 个预测工作区,以德化淳湖-永泰盖洋为例说明区域成矿要素(表 6-43)及成矿模式(图 6-45)。

表 6-43　福建省德化淳湖-永泰盖洋紫金山式陆相火山岩型金矿区域成矿要素表

区域成矿要素		描　述　内　容	成矿要素分类
区域成矿地质环境	大地构造位置	位于华南褶皱系闽东岩浆弧Ⅵ-4-1之周宁火山弧Ⅵ-4-1-1(Mz)中段东侧，永泰早白垩世火山盆地北西侧	必要
	主要控矿构造	淳湖北西向断裂带内，介于区域北西向断裂和淳湖火山机构环状断裂之间。燕山期的北西向断裂与淳湖火山机构环状构造	必要
	主要赋矿地层	南园组第二段	必要
	控矿火山机构	燕山期的北西向断裂与淳湖火山机构环状构造，为晚侏罗世火山喷发盆地之火山机构	必要
	火山岩建造/火山作用	晚侏罗世的火山作用主要为岩浆活动形成的火山构造作用，火山岩浆期后热液作用使岩浆期后的Au元素进入火山机构(断裂)，聚集形成金矿体	必要
区域成矿地质特征	区域成矿类型和成矿期	属陆相火山岩型金矿，主成矿期为燕山早期火山成矿期	重要
	陆相火山岩型金矿	晚侏罗世火山沉(堆)积建造	必要
		政和-大埔北东向断裂带的次级断裂构造及中生代火山岩系中；金矿体赋存于火山构造等有利部位	必要
		矿石以黄铁矿型岩金矿石为主	重要
		主要蚀变有硅化、黄铁矿化、褐铁矿化、高岭土化和绢云母化，硅化、黄铁矿化沿断裂发育，矿化带宽，分布与火山环状断裂一致	重要
		矿床式主要为紫金山式火山岩型金矿	重要
物探	航磁异常	本区航磁异常较明显，并推断出多个岩体，金矿分布与之关系不清	次要
	重力布格异常	本区有正重力异常，金矿(点)位于北西向和北东向重力梯级带相交部位	次要
化探异常特征		1∶5万水系沉积物测量，Au以2.5×10^{-9}为异常下限，圈出Au异常3处；邱村、岭头坪等金矿处于Au异常高浓度中心	重要
重砂异常特征		有2处黄金重砂异常，异常面积较大，多数金矿产于其中	重要
遥感解译		区域上北东向和北西向线形影像发育，矿床处于北东向和北西向线形影像交会处，附近伴有环形影像及色异常；线形影像主要是断裂构造的反映，环形影像多为火山机构或(隐伏)侵入岩体的反映，色异常多为热液蚀变的反映	次要

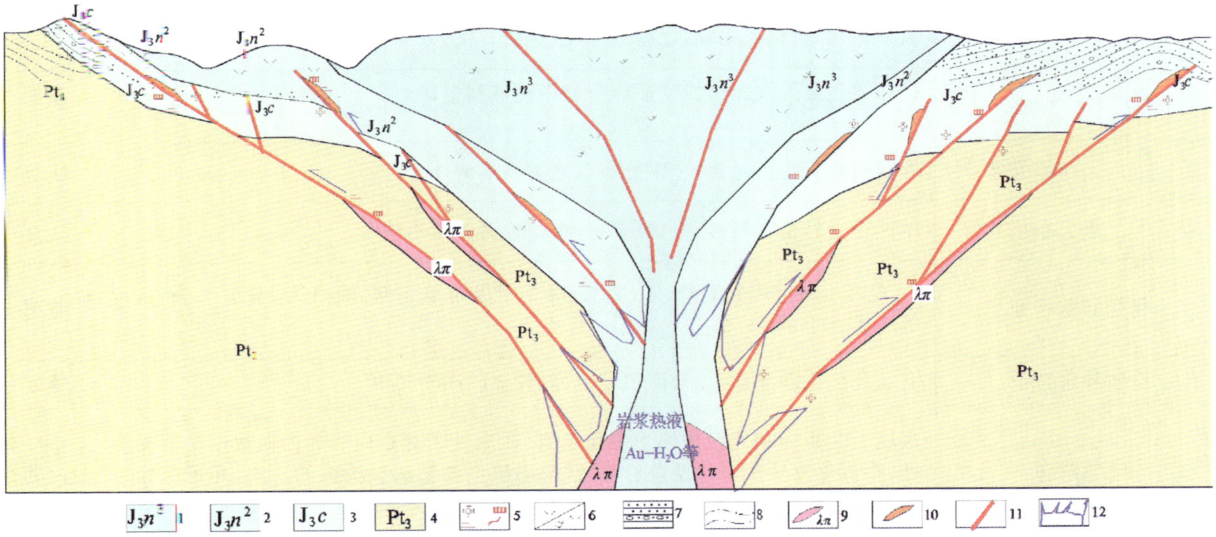

图 6-45　福建省德化淳湖-永泰盖洋紫金山式陆相火山岩型金矿区域成矿模式图

1.上侏罗统南园组第三段；2.上侏罗统南园组第二段；3.上侏罗统长林组；4.新元古界；5.硅化、黄铁矿化、绢云母化、绿泥石化；6.流纹质火山岩/流纹英安质火山岩；7.砂砾岩、砂岩；8.变粒岩、片岩；9.石英斑岩；10.金矿体；11.火山有关的断层；12.流体流动方向

(二)变质碎屑岩中热液型金矿

该类型金矿共有 5 个预测工作区,以尤溪官田-德化葛坑工作区为例说明本预测类型区域成矿要素(表 6-44)及成矿模式图(图 6-46)。

表 6-44 福建省尤溪官田-德化葛坑金矿预测工作区区域成矿要素表

区域成矿要素		描述内容	成矿要素分类
区域成矿地质环境	大地构造位置	华南加里东褶皱系东部,武夷古弧盆系(Ⅵ-3-1)的南部,北东向政和-大埔断裂带的中部,葛坑-龙门场北东向断隆带的“天窗”内	必要
	主要控矿构造	矿体主要分布于变质岩的韧脆性构造带中,脉状为主,常成群分布;次为脉型分布于变质岩中	必要
	主要赋矿地层	新元古代火山碎屑岩,主要为大岭岩组(Pt_3dl)	必要
	变质建造	新元古代火山沉积含金变质碎屑岩建造	必要
	岩浆侵入作用/侵入岩建造	燕山早期(晚侏罗世)的岩浆侵入,主要为花岗岩及燕山期岩浆(火山)构造作用,岩浆热液作用使先期已相对富集的 Au 元素进入韧性剪切带中,形成了金矿体	必要
	区域变质作用及建造	本区经历了四堡期—晋宁期、扬子期—加里东期的区域变质作用,同时形成了韧性剪切带,成矿物质在韧性剪切带等构造有利部位聚集,形成了金矿体	重要
区域成矿地质特征	区域成矿类型和成矿期	属变质碎屑岩中热液型金矿,主成矿期为四堡期—晋宁期(火山)沉积成矿期、加里东期区域变形变质成矿构造、燕山期构造岩浆(火山)成矿期	重要
	变质碎屑岩中热液型金矿	中—新元古代(火山)沉积岩建造	必要
		华南加里东褶皱系东部,北东向政和-大埔断裂带中部,元古宙变质岩系,金矿带发育韧脆性剪切带	必要
		矿石以黄铁矿型岩金矿石为主	重要
		围岩蚀变较强烈,蚀变类型有绢云母化、绿泥石化、方解石化、水云母化、硅化、黄铁矿化、黄铜矿化等,以绢云母化、绿泥石化、方解石化为主	重要
		矿床式主要为双旗山式变质碎屑岩中热液型金矿	重要
物探	航磁异常	本区航磁有正负异常,金矿分布与之关系不清	次要
	重力布格异常	本区重力异常不明显,金矿(点)分布与重力关系不清	次要
化探异常特征		1∶5 万水系沉积物测量,Au 以 2.5×10^{-9} 为异常下限,圈出 Au 异常 2 处;椒坑等金矿处于 Au 异常中	重要
重砂异常特征		有 2 处金重砂异常,异常面积较大,多数金矿产于其中	重要
遥感解译		区域上北东向和北西向线形影像发育,矿床处于北东向和北西向线形影像交会处,附近伴有环形影像及色异常;线形影像主要是断裂构造的反映,环形影像多为火山机构或(隐伏)侵入岩体的反映,色异常多为热液蚀变的反映	次要

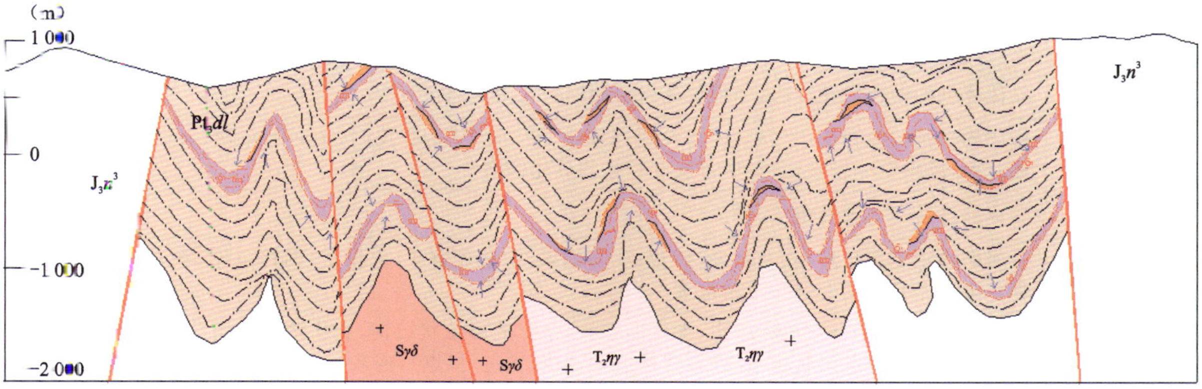

图 6-46　福建省尤溪官田-德化葛坑金矿预测工作区区域成矿模式图

1.上侏罗统南园组第二段(酸性火山岩);2.新元古界大岭岩组;3.中二叠世二长花岗岩;4.志留纪花岗闪长岩;5.蚀变(硅化、黄铁矿化、绢云母化、绿泥石化);6.糜棱岩化体及糜棱岩化;7.变粒岩、片岩;8.金矿体;9.(燕山期)断层;10.成矿流体流动方向

第七节　银矿典型矿床及成矿规律

一、银矿典型矿床

福建省银矿预测类型有陆相火山-次火山岩型、热液型、矽卡岩型,分别以武平悦洋陆相火山岩型银矿、梅宗英山陆相火山-次火山岩型银矿、武夷山山口热液型银矿、大田旺建矽卡型银多金属矿介绍其成矿要素及成矿模式。

(一)武平悦洋银矿

1. 成矿要素研究成果总结

武平悦洋银多金属矿矿床(图 6-47)位于闽西南陆表海之陆缘,永安-梅州-惠阳(凹陷)Fe-Pb-Zn-Cu-Au-Ag-Sb-成矿带(Ⅲ-82)内,属陆相火山-次火山岩型银矿,其成矿要素见表 6-45。

表 6-45　福建省武平悦洋银多金属矿典型矿床成矿要素一览表

成矿要素	描　述　内　容	成矿要素分类
成矿时代	K_1	必要
含矿岩系时代	J_3、K_1	重要
成因类型	属与火山-次火山作用有成因联系的中高—中低温热液硫化矿床,即陆相火山岩型-次火山岩型	必要
矿床规模	大型	重要
共生矿产	金、铜	次要

续表 6-45

成矿要素		描述内容	成矿要素分类
岩浆建造		早侏罗世的中粗粒花岗岩、中细粒花岗岩和细粒花岗岩建造	重要
成矿构造		成矿构造主要发育于中细粒、中粗粒花岗岩中，受“向型”基底控制，走向近东西，倾向南东或北西，倾角总体较缓，断裂中普遍有较强的硅化蚀变	重要
成矿特征	矿体形态	矿体形态呈不规则透镜状、透镜状	次要
	矿物组合	金属矿物主要有自然银、自然金、辉银矿、黄铜矿，少量斑铜矿、方铅矿、闪锌矿等；非金属矿物主要有微晶石英、玉髓、水云母等	重要
	结构构造	矿石结构主要有：自形粒状结构、半自形粒状结构、他形粒状结构、交代熔蚀结构、包含结构等；矿石构造有：斑杂状构造、浸染状构造、团块状构造、星点状构造以及稠密浸染状构造等	重要
围岩蚀变		主要蚀变为：硅化、水云母化、黄铁矿化、绢云母化、绿泥石化、地开石化、冰长石化和碳酸盐化、硅化、黄铁矿化、绿帘石化、叶蜡石化、褐铁矿化等	重要
矿床储量		累计查明银矿石量 722.702×10⁴t，银金属量 1 659.59t，平均品位 133.50×10⁻⁶（据 2009 年储量表）	重要

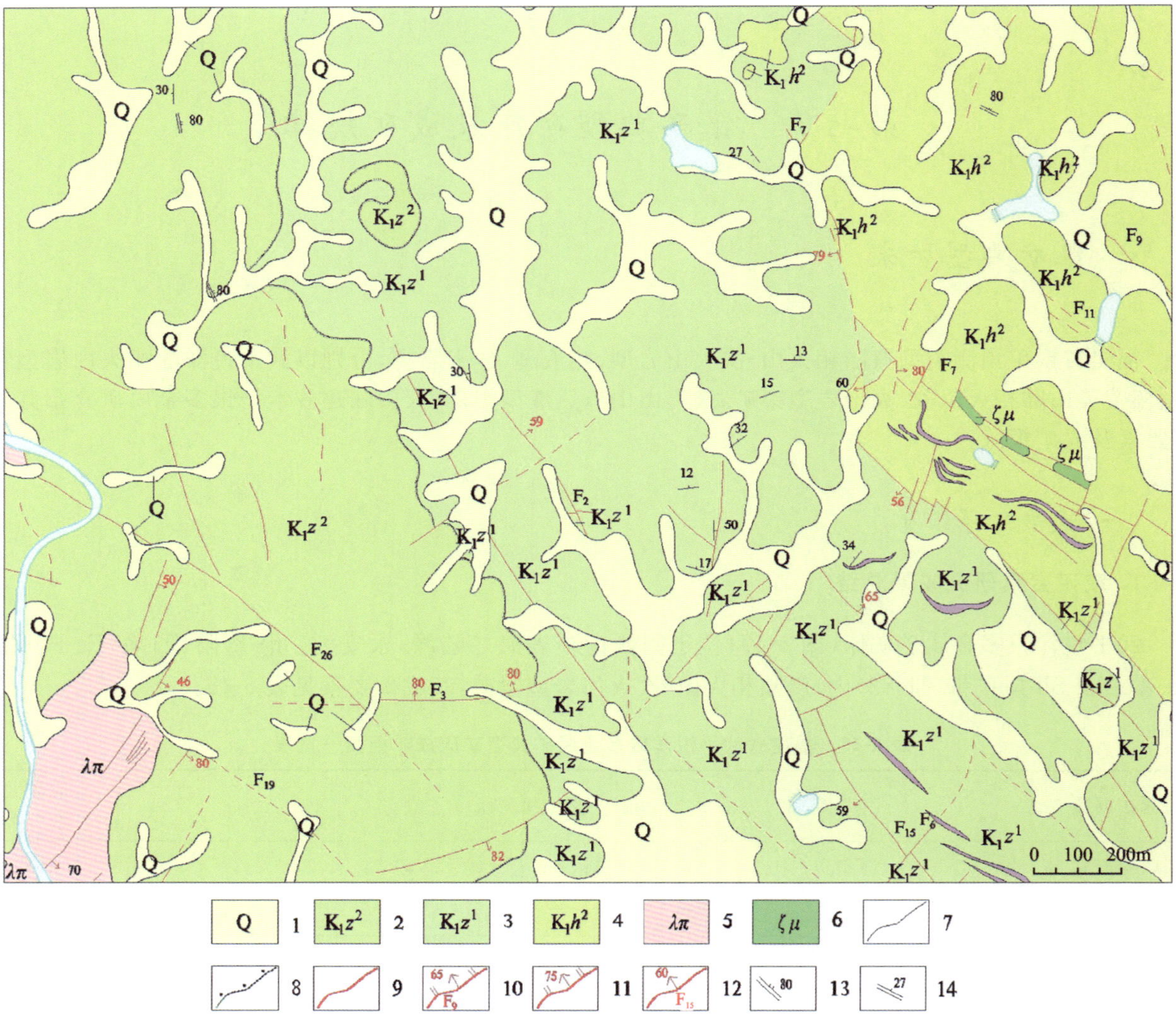

图 6-47　福建省武平悦洋银多金属矿区地质略图

（据福建省第八地质大队《福建省武平县悦洋矿区银多金属矿资源量核实报告》修编，2010）

1. 第四系；2. 下白垩统寨下组中段；3. 下白垩统寨下组下段；4. 下白垩统黄坑组中段；5. 次流纹（斑）岩；6. 英安玢岩；7. 实测、推测地质界线；8. 不整合地质界线；9. 实测、推测断裂；10. 实测、推测正断层及编号、产状；11. 实测、推测逆断层及产状；12. 平移断层及编号、产状；13. 劈理产状；14. 产状

2. 成矿模式研究成果总结

据中国地质科学院矿床研究所等单位研究，悦洋银多金属矿受断裂夹持的地堑控制，成矿物质来源于陆相火山-次火山作用及浅成、超浅成岩体侵入和断裂构造活动过程中萃取基底地层中丰度较高成矿元素，成矿热液沿着断裂运移，在温度、压力、物理化学条件等发生变化时，沉淀于中细粒花岗岩内外接触带中，尤其是花岗岩岩体的"舌状体"附近（图 6-48）。

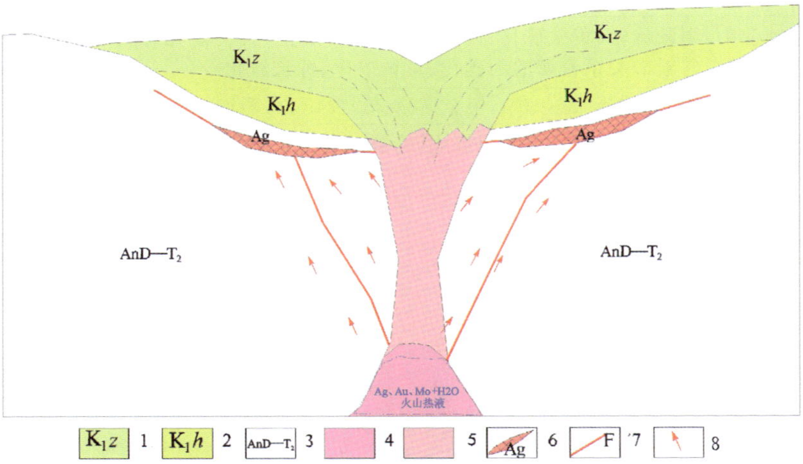

图 6-48　福建省武平悦洋银矿成矿模式图

1. 下白垩统寨下组；2. 下白垩统黄坑组；3. 前中生代基底；4. 晚侏罗世花岗岩；5. 晚侏罗世二长花岗岩；6. 银矿体；7. 断裂；8. 富含银金钼矿质的火山热液流动方向

（二）柘荣英山银矿

1. 成矿要素研究成果总结

柘荣英山银矿矿床（图 6-49）位于浙闽粤沿海 Pb-Zn-Cu-Au-Ag-W-Sn-Nb-Ta -叶蜡石-明矾石-萤石成矿带（Ⅲ-80）（Ym、Yl）的北部，属典型的陆相火山-次火山岩型银矿，成矿要素见表 6-46。

表 6-46　福建省柘荣英山银矿典型矿床成矿要素一览表

成矿要素	描　述　内　容	成矿要素分类
大地构造及Ⅲ级成矿区带	闽东岩浆弧，浙闽粤沿海 Pb-Zn-Cu-Au-Ag-W-Sn-Nb-Ta -叶蜡石-明矾石-萤石成矿带（Ⅲ-80）（Ym、Y1）	重要
含矿岩系特征	矿体赋存于南园组第三段（J_3n^3），岩性主要为灰色及深灰色英安岩、英安质凝灰熔岩、流纹英安质凝灰熔岩等，受北西向断裂和北东向断裂破碎带控制	必要
成矿时代	J_3	必要
含矿岩系时代	J_3	重要
成因类型	中低温热液交代型	必要
矿床规模	中型	重要
共生矿产	无	次要
成矿构造	北西向断裂和北东向断裂破碎带	重要

续表 6-46

成矿要素		描述内容	成矿要素分类
成矿特征	矿体形态	矿体呈脉状产于上侏罗统南园组第三段(J_3n^3)中	次要
	矿物组合	金属矿物主要有辉银矿及少量方铅矿、闪锌矿、黄铜矿、黄铁矿等；非金属矿物有大量方解石，少量透闪石、石榴子石、石英、绢云母、水云母、绿泥石、绿帘石、磁铁矿、锆石、磷灰石等	重要
	结构构造	矿石结构主要有：他形粒状结构、碎裂结构、乳浊状结构等；矿石构造有：团块状构造、稀疏浸染状构造、角砾状构造、条带状构造等	重要
围岩蚀变		主要蚀变为：绢云母化、黄铁矿化、闪锌矿化、方铅矿化、黄铜矿化、绿泥石化、褐铁矿化、钾长石化，其中与银矿关系密切的为硅化、黄铁矿化、钾长石化	重要
矿床储量		(332＋333)矿石量 110.99×10^4t，银金属量 339.749 8t，平均品位 321×10^{-6}	重要
找矿线索		矿体出露地表后经氧化形成红褐色铁帽，为找矿间接标志；断裂破碎带中硅化、黄铁矿化叠加并存时，可作为寻找矿体的直接标志	重要

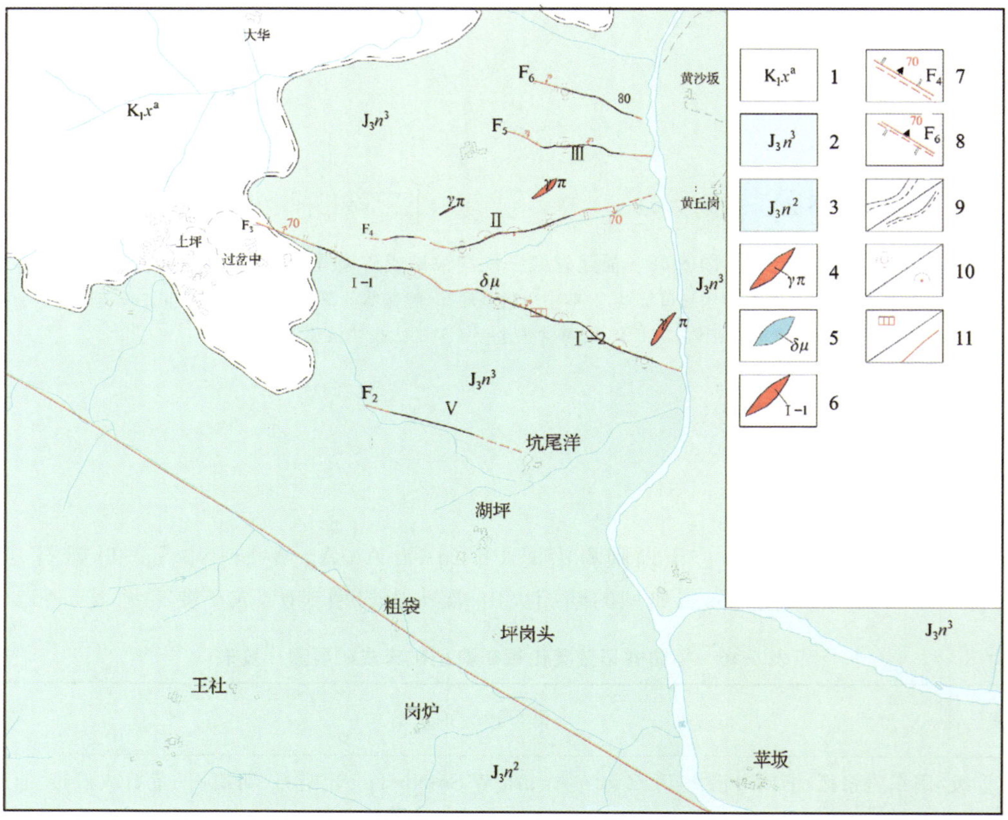

图 6-49　福建省柘荣英山银矿区地质略图

(据福建省闽北地质大队《福建省柘荣县英山矿区西矿段银矿详查地质报告》修编，2009)

1.下白垩统小溪组下段；2.上侏罗统南园组第三段；3.上侏罗统南园组第二段；4.花岗斑岩；5.闪长玢岩；6.工业品位以上银矿体及编号；7.实测、推测正断层及编号；8.实测、推测逆断层及编号；9.实测、推测地质界线/假整合界线；10.硅化/叶蜡石化；11.黄铁矿化/断裂

2. 成矿模式研究成果总结

英山银矿是在陆相火山作用后期，由于岩浆萃取围岩中的成矿物质而形成的。成矿物质可能主要来源于上侏罗统南园组，据有关研究成果(福建省地质矿产局、浙江省地质矿产厅，1994)，南园组火山岩中 Ag 丰度是地壳克拉克值的 2.5 倍，含矿热液沿着断裂运移，在温度、压力、物理化学条件等发生变化时，在断裂破碎带中沉淀成矿(图 6-50)。

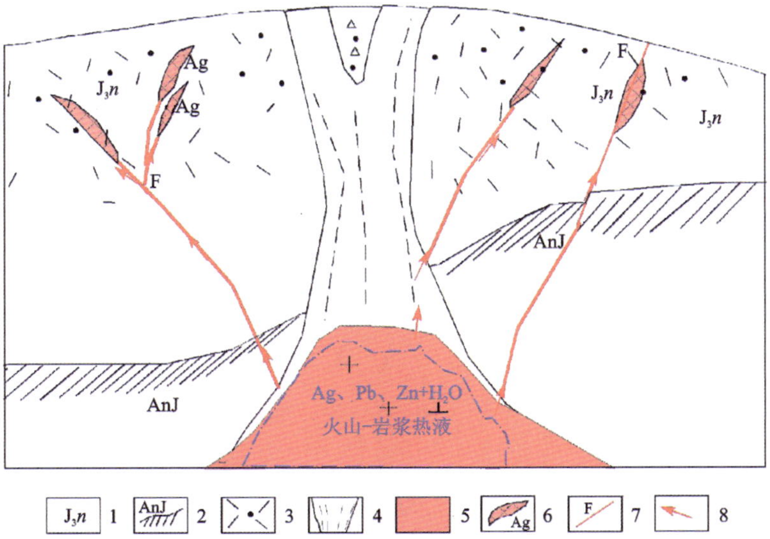

图 6-50　福建省柘荣英山银成矿模式图

1. 上侏罗统南园组；2. 前侏罗系；3. 爆发相火山岩；4. 管道相次火山岩；5. 火山岩浆热液；6. 银矿体；7. 断裂；8. 热液运动方向

(三)武夷山山口银矿

1. 成矿要素研究成果总结

武夷山山口银矿矿床(图 6-51)位于浙中-武夷隆起 W-Sn-Mo-Au-Ag-Pb-Zn-Nb-Ta-萤石成矿带(Ⅲ-81)，属热液型银矿，其成矿要素见表 6-47。

表 6-47　福建省武夷山山口银矿典型矿床成矿要素一览表

成矿要素		描　述　内　容	成矿要素分类
成矿时代		燕山晚期	必要
含矿岩系时代		T_3(主要)、Pt_1	重要
成因类型		中低温热液充填交代型脉状矿床	必要
矿床规模		中型	次要
共生矿产		无	次要
岩浆建造		区内岩浆建造为早白垩世浅肉红色含斑细粒正长花岗岩建造，岩石具似斑状细粒花岗结构，块状构造，钾长石似斑晶呈自形—半自形板状、宽板状，似斑晶约占 3%～5%，粒径 2～6mm；基质为斜长石，呈他形不规则状，含量约占 47%；石英呈他形不规则粒状，含量约占 26%；黑云母呈片状，含量约占 2%	重要
成矿构造		北东向断裂破碎带	重要
成矿特征	矿体形态	焦坑组中银矿体呈似层状、长透镜状赋存在焦坑组下段砾岩、砂砾岩及砂岩层内的缓倾角层间滑动断裂带中，南山岩组中银矿体呈“脉状”或“大脉状”，赋存在黑云斜长变粒岩、二云石英岩中的北东向，在断裂破碎带构造角砾岩或石英脉中	次要
	矿物组合	矿石的金属矿物主要有硫银锡矿、辉银矿、自然银、方铅矿、闪锌矿、磁铁矿、钛铁矿、硬锰矿、黄铁矿，少量黄铜矿以及褐铁矿-自然铅等；非金属矿物主要有长石、石英、方解石、萤石、白云母、磷灰石、锆石等	重要
	结构构造	矿石结构有：自形粒状结构、半自形粒状结构、他形粒状结构、交代熔蚀结构、包含结构、乳滴(虫)状结构等；矿石构造有：斑杂状构造、浸染状构造、团块状构造、角砾状构造、星点状构造以及稠密浸染状构造等	重要
围岩蚀变		主要蚀变为：硅化、黄铁矿化、绿帘石化、叶蜡石化、褐铁矿化、绿泥石化等	重要

续表 6-47

成矿要素	描　述　内　容	成矿要素分类
矿床储量	对Ⅰ-1～Ⅶ-3号银矿体345m标高以上的资源量进行估算，探明(332＋333)银矿石量110.244 0×10⁴t，银金属量238.413t，平均品位216.26×10⁻⁶	重要
找矿线索	地表矿化露头是找矿直接标志；硅化、黄铁矿化、绿帘石化、碳酸盐化蚀变组合是间接找矿标志；矿石的转石是间接找矿标志；老采矿硐是直接找矿标志；铁锰矿化是直接找矿标志	重要

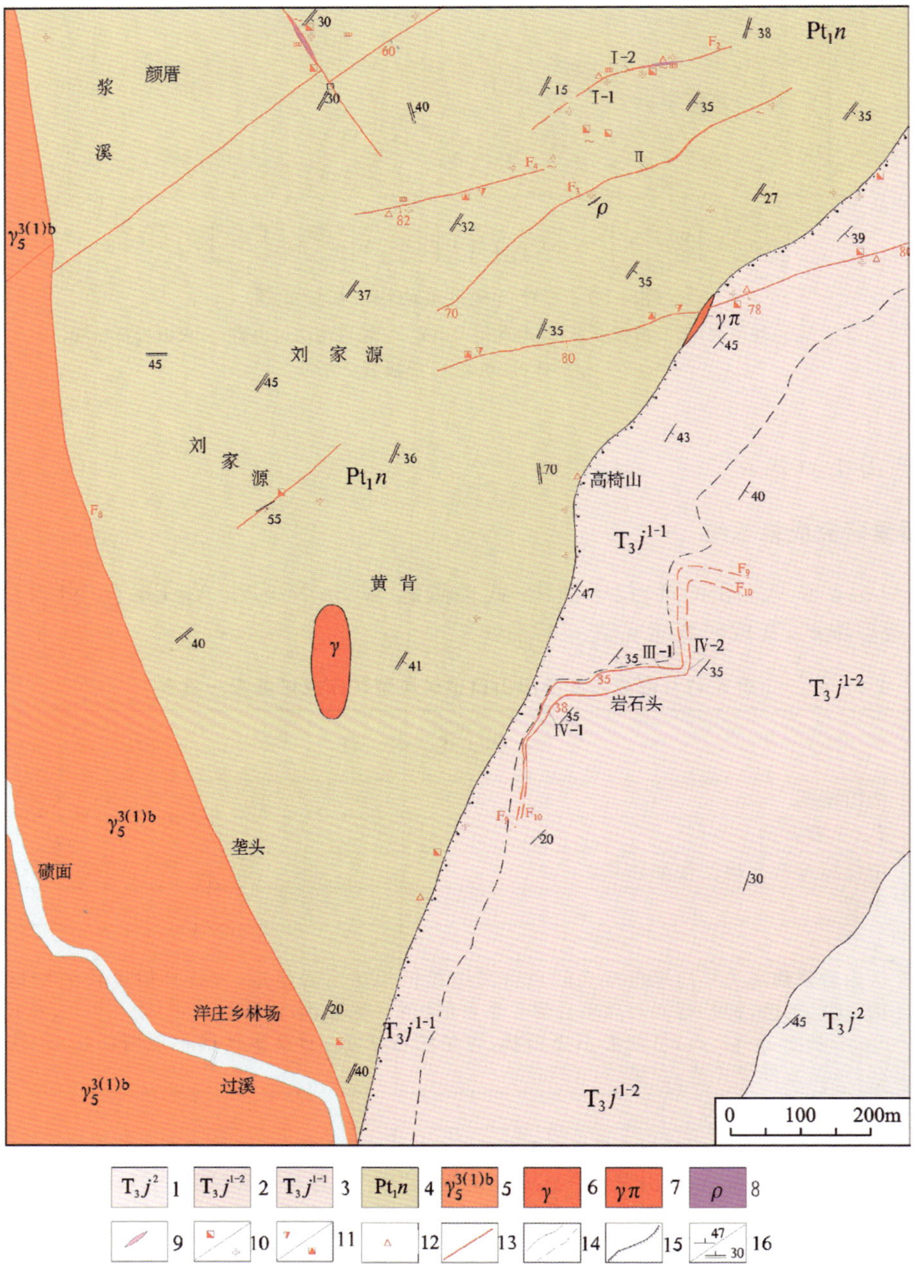

图 6-51　福建省武夷山山口银矿区地质略图

(据福建省地质调查研究院《福建省武夷山市山口矿区岩石头矿段银矿详查报告》(修编，2010)

1.上三叠统焦坑组上段；2.上三叠统焦坑组下段上亚段；3.上三叠统焦坑组下段下亚段；4.古元古界南山岩组；5.燕山晚期第一阶段第二次侵入含斑细粒正长花岗岩；6.中细粒花岗岩；7.花岗斑岩脉；8.伟晶岩脉；9.银矿体；10.褐铁矿化/硅化；11.闪锌矿化/方铅矿化；12.断层角砾；13.断层；14.实测、推测地质界线；15.不整合地质界线；16.地层产状/片理产状

2. 成矿模式研究成果总结

矿体赋存于焦坑组和南山岩组断裂带中，银矿与燕山晚期岩浆岩在成因、时间、空间上关系密切。在早白垩世，随着岩浆活动，岩浆活化了古元古代的武夷基底杂岩，使其中的 Ag、Au 元素发生迁移，形成含矿热液，含矿热液沿断裂破碎带在温压条件发生变化的地段，即上三叠统焦坑组下段(T_3j^1)碎屑岩和南山岩组变质岩中富集，成矿具有多期多阶段的特点，为浅成低温热液型银矿(图 6-52)。

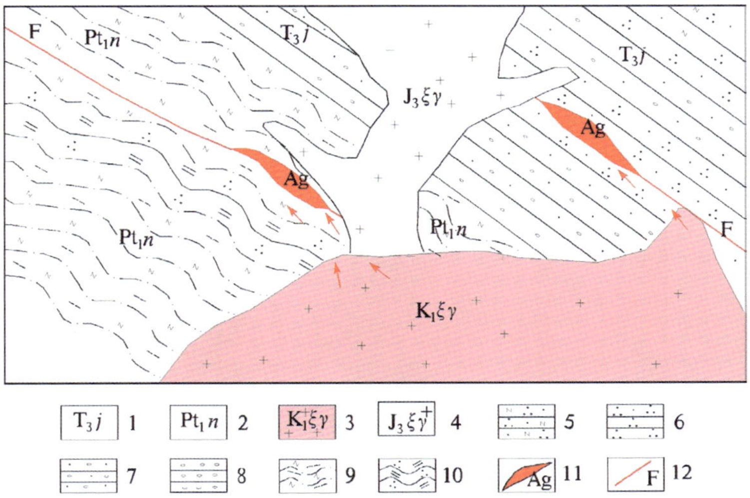

图 6-52　福建省武夷山山口银矿成矿模式图

1.上三叠统焦坑组；2.古元古界南山岩组；3.早白垩世正长花岗岩；4.晚侏罗世正长花岗岩；5.长石石英砂岩；6.石英砂岩；7.砂砾岩；8.砾岩；9.黑云斜长变粒岩；10.二云(石英)片岩；11.银矿体；12.断裂

(四)大田旺建银多金属矿

1. 成矿要素研究成果总结

大田旺建银多金属矿床(图 6-53)位于永安-梅州-惠阳(凹陷)Fe-Pb-Zn-Cu-Au-Ag-Sb 成矿带(Ⅲ-82)，属典型的矽卡岩型银(多金属)矿床，成矿要素见表 6-48。

2. 成矿模式研究成果总结

矿体赋存于中二叠统栖霞组上部、下部，栖霞组灰岩已全部大理岩化或矽卡岩化(图 6-54)。银多金属矿的形成与燕山晚期花岗岩侵入导致栖霞组灰岩的矽卡岩化在成因、时间、空间上关系密切。在成因上，花岗岩的侵入为成矿带来了热源和矿源。在时间上，燕山晚期花岗岩的侵入，使栖霞组灰岩发生矽卡岩化和大理岩化，而银多金属矿化是矽卡岩形成过程中的一个阶段，使银多金属矿沉淀于栖霞组上部、下部的矽卡岩中。在空间上，银多金属矿体是矽卡岩体的一个组成部分。

二、银矿预测工作区成矿规律

根据福建省银矿产预测类型，全省共选择了 13 个预测工作区。福建省银矿主要集中于柘荣英山、武平悦洋及政和等地，分布于闽东岩浆弧、闽西南凹陷区和闽西北隆起区，尤其是闽东岩浆弧。选择 4 个预测工作区分别说明预测工作区的区域成矿要素与成矿模式。

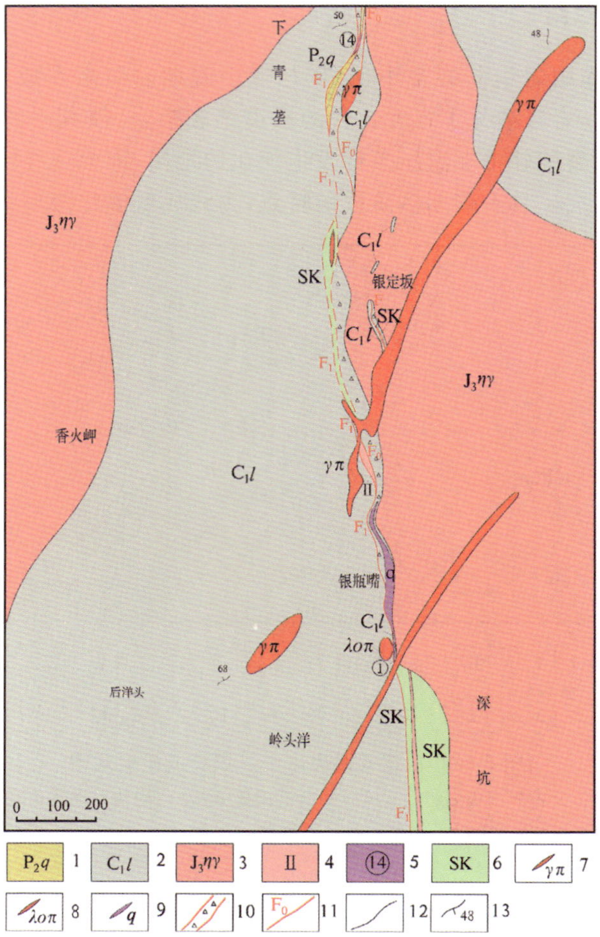

图 6-53　福建省大田旺建银多金属矿区地质略图

(据中化地质矿山总局福建地质勘查院《福建省大田县旺建矿区银定坂矿段银多金属矿详查地质报告》修编,2003)

1. 中二叠世栖霞组;2. 早石炭世林地组;3. 晚侏罗世二长花岗岩;4. 原生矿体及编号;5. 氧化矿体及编号;6. 矽卡岩;7. 花岗斑岩脉;8. 石英斑岩脉;9. 石英脉;10. 破碎带;11. 断裂及编号;12. 地质界线;13. 片理面产状

表 6-48　福建省大田旺建银多金属矿典型矿床成矿要素一览表

成矿要素		描　述　内　容	成矿要素分类
成矿时代		J_3	必要
含矿岩系时代		T_2	重要
成因类型		矽卡岩型	必要
矿床规模		中型	重要
共生矿产		铅、锌、铜	次要
岩浆建造		晚侏罗世花岗岩	重要
成矿构造		南北向断裂破碎带	重要
成矿特征	矿体形态	矿体呈似层状、长透镜状、透镜状	次要
	矿物组合	金属矿物主要为辉银矿、方铅矿、闪锌矿、黄铜矿,次为黄铁矿;非金属矿物为透辉石、绿帘石、石榴子石、石英、方解石、萤石、绿泥石等	重要
	结构构造	矿石结构有:半自形—他形粒状、自形粒状变晶结构、交代熔蚀结构、交代包含结构、乳浊状结构;矿石构造有:条带-条纹状构造、块状构造、斑杂状构造、细脉状构造和网脉状等	重要
围岩蚀变		主要蚀变为矽卡岩化,次要蚀变有大理岩化、硅化、碳酸盐化等	重要

续表 6-48

成矿要素	描 述 内 容	成矿要素分类
矿床储量	银金属量 214.52t,平均品位 120.29×10^{-6};铅金属量 2.33×10^4t,平均品位 1.30%;锌金属量 3.66×10^4t,Zn 平均品位 1.99%;铜金属量 27.94t,平均品位 0.46%(以上为 332+333 资源量,未上储量表)	重要
找矿线索	栖霞组赋矿层位出露地段;矽卡岩化发育地段;老采硐分布地段	重要

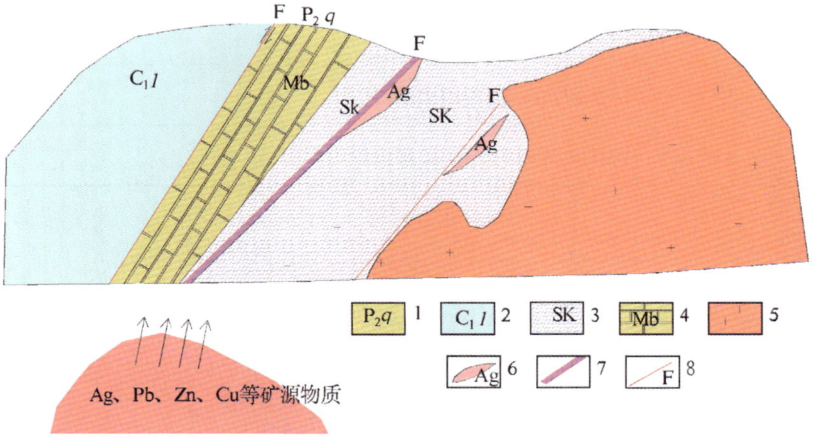

图 6-54 大田旺建银多金属矿成矿模式图

1. 中二叠统栖霞组;2. 下石炭统林地组;3. 矽卡岩;4. 大理岩;5. 花岗岩;6. 银多金属矿体;7. 断裂破碎带;8. 断层

(一)陆相火山-次火山岩型银矿

陆相火山-次火山岩型银矿以上杭才溪-湖洋悦洋式陆相火山-次火山岩型银矿区域(表 6-49,图 6-55)、建瓯水源-柘荣英山英山式陆相火山-次火山岩型银矿区域(表 6-50,图 6-56)为例说明其区域成矿要素及成矿模式。

表 6-49 福建省上杭才溪-湖洋悦洋式陆相火山-次火山岩型银矿区域成矿要素表

区域成矿要素		描 述 内 容	成矿要素分类
区域成矿地质环境	大地构造位置	位于闽西南被动陆缘与陆表海盆地次级隆起带,火山构造盆地边缘	必要
	主要控矿构造	以上杭-云霄北西向断裂构造、宣和北东向复背斜等为主	必要
	赋矿层位	主要赋存于下白垩统黄坑组、下白垩统寨下组及燕山期的花岗岩中	必要
	火山岩建造	火山作用形成的主要岩性为:火山角砾岩、凝灰岩-英安岩-英安玢岩-隐爆碎屑岩、石英斑岩等	必要
	侵入岩建造	以燕山期的岩浆侵入为主,下侏罗统为二长花岗岩建造;上侏罗统为二长花岗岩建造、石英二长岩建造和正长花岗岩建造;下白垩统为石英闪长岩建造、花岗闪长岩建造、花岗闪长斑岩建造、二长花岗岩建造、正长花岗岩建造和花岗斑岩建造	重要

续表 6-49

区域成矿要素		描　述　内　容	成矿要素分类
区域成矿地质特征	区域成矿类型和成矿期	主要是与燕山期基性—中酸性、酸性岩浆活动有关的矿床成矿系列，形成陆相火山岩-次火山岩型银金矿等	重要
	陆相火山-次火山岩型银矿	成矿与隐爆角砾岩、英安玢岩、花岗斑岩、花岗闪长斑岩、花岗闪长岩、二长花岗岩等关系最密切	必要
		闽西南凹陷盆地	必要
		矿石以银铅锌矿石和银矿石为主	必要
		区内普遍发育明矾石化、硅化、绢云母化等	重要
		矿床式主要为悦洋式陆相火山-次火山岩型银矿	重要

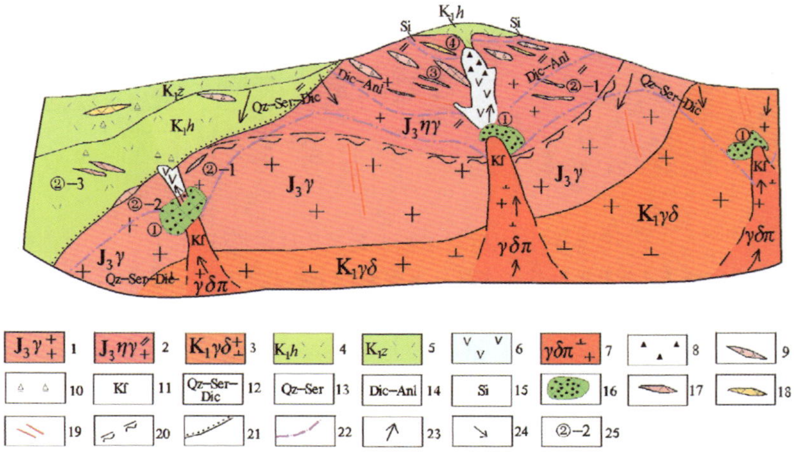

图 6-55　福建省上杭才溪-湖洋悦洋式陆相火山-次火山岩型银矿区域成矿模式图

1. 晚侏罗世粗粒花岗岩；2. 晚侏罗世中细粒二长花岗岩；3. 早白垩世花岗闪长岩；4. 下白垩统黄坑组中酸性火山岩；5. 下白垩统寨下组酸性火山岩；6. 英安玢岩；7. 花岗闪长斑岩；8. 隐爆角砾岩；9. 热液角砾岩；10. 层间破碎带；11. 钾长石化；12. 石英绢云母地开石化；13. 石英绢云母化；14. 地开石明矾石化；15. 低温硅化；16. 浸染状铜（钼）矿体；17. 脉状银、铜、金矿体；18. 网脉状银（金）矿体；19. 断裂-裂隙带；20. 岩体接触（破碎）带；21. 不整合界线；22. 蚀变分带界线；23. 岩浆流体；24. 大气水；25. 矿体类型编号（①斑岩型铜（钼）矿；②-1 产于花岗岩中的中低温热液型铜矿；②-2 产于火山基底不整合面上的低温热液型金（银）矿；②-3 产于火山岩层间破碎带的中低温热液型金（银）矿；③陆相火山岩型铜（金）矿；④"铁帽"型次生金矿）

表 6-50　福建省建瓯水源-柘荣英山英山式陆相火山-次火山岩型银矿区域成矿要素表

区域成矿要素		描　述　内　容	成矿要素分类
区域成矿地质环境	大地构造位置	位于武夷基底杂岩和闽东岩浆弧的交会部位，政和-大埔断裂的北段和松溪-宁德北西向断裂的构造复合部位	必要
	主要控矿构造	受北西向断裂和北东向断裂破碎带控制	必要
	主要赋矿层位	矿体赋存于上侏罗统南园组第三段（J_3n^3）	必要
	赋矿火山岩岩性岩相	主要为灰色及深灰色英安岩、英安质凝灰熔岩、流纹英安质凝灰熔岩等	必要
	侵入岩建造	燕山期岩浆侵入	必要
	区域变质作用及建造	中低变质岩相，大部分属石英岩、云母片岩变质建造	重要

续表 6-50

区域成矿要素		描 述 内 容	成矿要素分类
区域成矿地质特征	区域成矿类型和成矿期	主要是与燕山期基性—中酸性、酸性岩浆活动有关的矿床成矿系列，形成主要矿种以银、铜、铅、锌组合为特点，矿床成因类型为陆相火山-次火山岩型	重要
	陆相火山-次火山岩型银矿	成矿与英安岩、英安质凝灰熔岩、流纹英安质凝灰熔岩等有关	必要
		武夷基底杂岩和闽东岩浆弧的交会部位	必要
		矿石以银铅锌矿石和银矿石为主，近矿围岩蚀变多为黄铁矿化、硅化、碳酸盐化、矽卡岩化等	重要
		区内普遍发育绢云母化、黄铁矿化、闪锌矿化等	重要
		矿床式主要为英山式陆相火山-次火山岩型银矿	重要

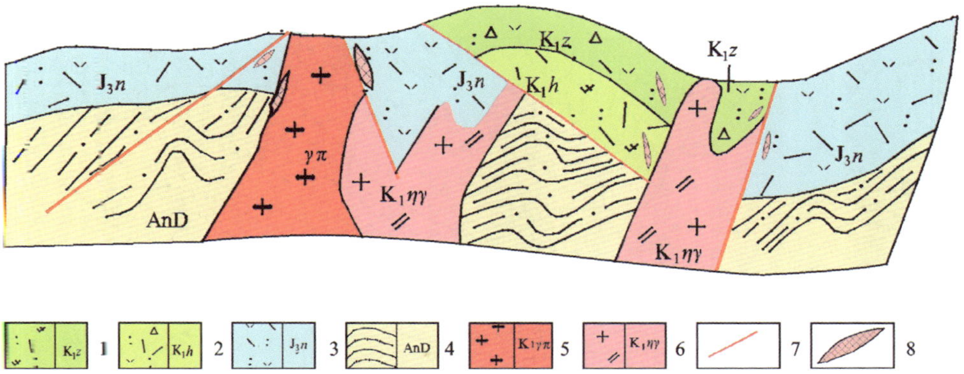

图 6-56 福建省建瓯水源-柘荣英山英山式陆相火山-次火山岩型银矿区域成矿模式图

1. 下白垩统寨下组火山岩；2. 下白垩统黄坑组火山岩；3. 上侏罗统南园组火山岩；4. 前泥盆纪变质基底；5. 燕山期花岗斑岩；6. 燕山期酸性侵入岩；7. 断裂；8. 矿体

（二）热液型银矿

热液型银矿以武夷山洋庄-浦城临江山口式热液型银矿区域为例说明其区域成矿要素及成矿模式（表 6-51，图 6-57）。

表 6-51 福建省武夷山洋庄-浦城临江山口式热液型银矿区域成矿要素表

区域成矿要素		描 述 内 容	成矿要素分类
区域成矿地质环境	大地构造位置	位于武夷基底杂岩的浦城-尤溪闽中裂谷带北部，崇安-石城断裂带东侧，毛洋头-谢安坪断裂带经过本区	必要
	主要控矿构造	以北东向断裂构造为主	必要
	主要赋矿地层	古元古界南山岩组、新元古界龙北溪岩组，中生代上三叠统焦坑组等	必要
	赋矿沉积建造	石英砂砾岩建造、碎屑岩建造	必要
	侵入岩建造	燕山期的岩浆侵入	必要
	区域变质作用及建造	区域变质作用强烈，变质程度从低到高均存在，变质建造主要有富铝变粒岩、云母石英片岩等	次要

续表 6-51

区域成矿要素		描 述 内 容	成矿要素分类
区域成矿地质特征	区域成矿类型和成矿期	与燕山期基性、中酸性、酸性岩浆活动有关的铜、钼、铅、锌、银矿床成矿亚系列，如武夷山山口热液型银矿等	重要
	热液型银矿	加里东期变质基底、三叠纪—白垩纪碎屑岩建造，花岗岩岩体侵入	必要
		武夷基底杂岩	必要
		与银金属矿化有关的区域蚀变	重要
		矿石以银矿石和银铅锌矿石为主	重要
		矿床式主要为山口式热液型银矿	重要

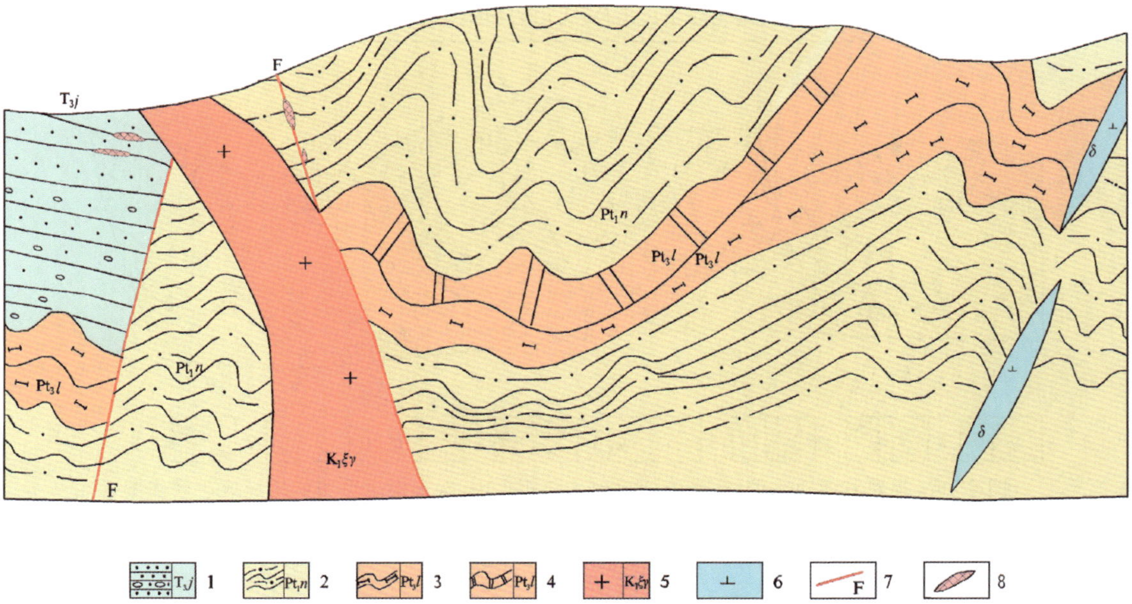

图 6-57　武夷山洋庄-浦城临江山口式热液型银矿区域成矿模式图

1.上三叠统焦坑组砂岩、砂砾岩；2.新元古界南山岩组变粒岩、云英片岩；3.新元古界龙北溪岩组绿片岩系（海底喷发岩）；4.新元古界龙北溪岩组大理岩；5.燕山晚期正长花岗岩；6.闪长岩；7.断层；8.银矿体

（三）矽卡岩型银矿

矽卡岩型银矿以大田广平-谢洋旺建式矽卡岩型银多金属矿区域来说明区域成矿要素表及成矿模式（表 6-52，图 6-58）。

表 6-52　大田广平-谢洋旺建式矽卡岩型银多金属矿区域成矿要素表

区域成矿要素		描 述 内 容	成矿要素分类
区域成矿地质环境	大地构造位置	位于闽西南被动陆缘与陆表海盆地永安-梅州-惠阳 Fe-Pb-Zn-Cu-Au-Ag-Sb 成矿带内，政和-大埔深大断裂带通过本区	必要
	主要控矿构造	以政和-大埔北东向断裂构造为主	必要
	主要赋矿层位	银多金属矿主要赋存于燕山期侵入的花岗闪长岩与二叠纪灰岩或含钙质层位的接触带中	必要

续表 6-52

区域成矿要素		描　述　内　容	成矿要素分类
区域成矿地质特征	侵入岩建造	燕山期侵入的花岗闪长岩	必要
		以燕山期的岩浆侵入为主，主要有二长花岗岩建造、正长花岗岩建造、二长花岗斑岩建造、花岗斑岩建造等	重要
	沉积建造	厚—中厚层质纯灰岩、含燧石灰岩、泥岩、粉砂岩、细砂岩、石英砂岩等，其中二叠系童子岩组是福建省主要含煤地层	必要
	区域成矿类型和成矿期	主要是与燕山期基性—中酸性、酸性岩浆活动有关的矿床成矿系列，形成矽卡岩型银多金属矿等	重要
	矽卡岩型银多金属矿	成矿与花岗闪长岩、二叠纪灰岩或含钙质岩层等关系密切	必要
		闽西南被动陆缘与陆表海盆地、闽东岩浆弧交接部位	必要
		以银铅锌矿石等为主	重要
		区内矿体的围岩蚀变主要为矽卡岩化，次为硅化、绿泥石化、叶蜡石化等	次要
		矿床式主要为旺建式矽卡岩型银多金属矿	重要

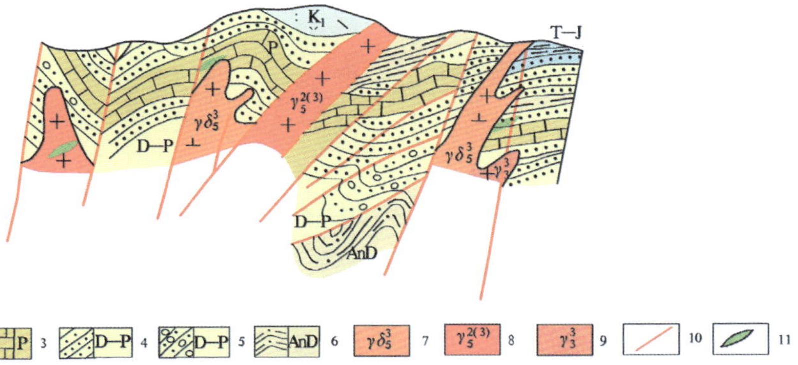

图 6-58　大田广平-谢洋旺建式矽卡岩型银多金属矿区域成矿模式图

1.早白垩世火山岩；2.三叠纪—侏罗纪沉积碎屑岩；3.二叠纪灰岩；4.泥盆纪—二叠纪细沉积碎屑岩；5.泥盆纪—二叠纪粗沉积碎屑岩；6.前泥盆纪变质岩；7.燕山晚期花岗闪长岩；8.燕山早期花岗岩；9.加里东期花岗岩；10.断裂；11.矿体

（四）银矿区域成矿规律总结

从区域成矿条件分析，福建省银矿在闽东岩浆弧、闽西南被动陆缘与陆表海盆地、武夷基底杂岩中均有分布，但在三大构造单元中有局部成群密集分布的特点。

(1)闽东岩浆弧：位于政和-大埔北北东向断裂带以东，是福建中生代陆相火山岩最发育的地区，同时燕山期的侵入岩也广泛发育，岩性以酸、中酸性的火山岩和侵入岩为主，成矿条件非常有利。银矿床点相对集中分布于北部的柘荣、政和及周宁一带，中部的莆田和尤溪等地区以及西南部的平和及云霄一带。

典型银矿床有柘荣英山银矿（中型）、福清下溪底银矿（小型）、周宁芹溪银铅锌矿（小型）、莆田银坑银铅锌矿（小型）及平和大望山银铅锌矿（小型）等，共发现矿床（点）20 处。

(2)闽西南被动陆缘与陆表海盆地：位于北西向、北东向构造岩浆活动带与古裂陷槽盆复合部位，区内矿床产出受构造岩浆带、沉积岩相和岩性特征的控制。西部的上杭地区潜火山-侵入作用强烈，控制了陆相火山-次火山岩型银金矿的分布；东部的大田地区岩浆活动强烈，浅海相不纯灰岩和硅质岩发育，成为矽卡岩型银多金属矿有利的产出部位。

典型银矿床有武平悦洋银金矿（大型）、大田旺建银多金属矿（中型）、尤溪龙门场银金矿（中型）、大田龙山崎银铅锌矿（小型）等，共发现矿床点 14 处。

（3）武夷基底杂岩：位于闽西北隆起区，元古宙时为裂谷构造环境，中生代为燕山期岩浆构造活动区；本区基底为元古宙的富铝变粒岩、二长变粒岩、云母石英片岩等变质建造，盖层为中生代石英砂砾岩建造和中酸性火山碎屑岩建造等。侵入岩浆活动在燕山期时最发育，晚期的热液叠加改造作用使得 Ag、Pb、Zn 等金属元素进一步富集成矿，成矿条件较有利。矿床（点）主要分布于武夷山、浦城和建阳等地区。

典型矿床有武夷山山口银矿（中型）、建阳水吉银铅锌矿（中型）、浦城银场银铅锌矿（小型）等，共发现矿床（点）22 处。

第八节　锰矿典型矿床及成矿规律

本次工作据福建省锰矿产的成矿特征分析，选取的典型矿床为连城庙前沉积型锰矿床。

一、锰矿典型矿床

（一）连城庙前锰矿

1. 成矿模式研究成果总结

福建连城庙前锰矿（图 6-59）位于闽西南陆表海的南西部，永安-梅州-惠阳（凹陷）Fe-Pb-Zn-Cu-Au-Ag-Sb 成矿带（Ⅲ-82）的中西部，属沉积型锰矿（因受后期风化的作用，可形成风化淋滤型锰矿）。成矿要素见表 6-53，尤以沉积建造为必要成矿要素，下二叠统船山组的含锰碳酸盐岩于海西期海进沉积旋回中沉积形成锰矿。

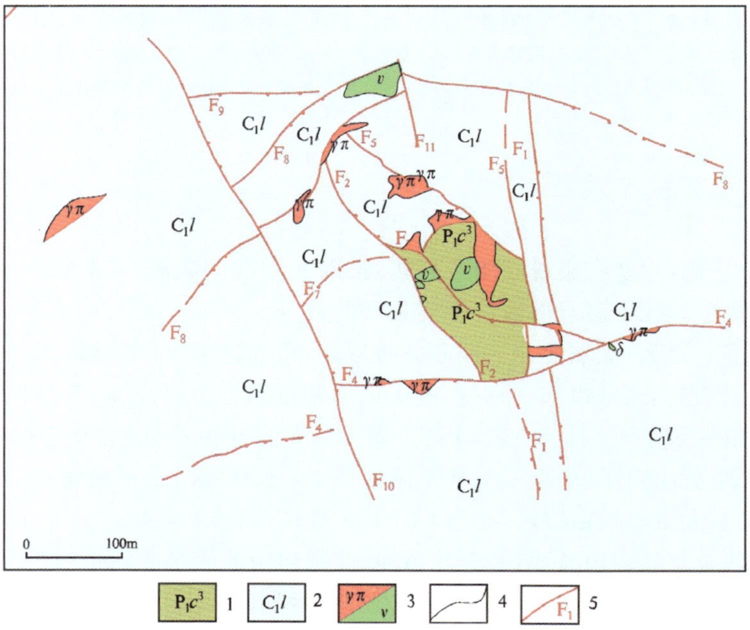

图 6-59　福建省连城庙前锰矿区地质略图

（据福建省第八地质大队《福建省连城县庙前矿区锰矿资源量调查报告》修编，2010）

1. 下二叠统船山组上段；2. 下石炭统林地组；3. 花岗斑岩/辉绿闪长玢岩；4. 地质界线；5. 断裂及编号

表 6-53　福建省连城庙前锰矿典型矿床成矿要素一览表

成矿要素		描　述　内　容	成矿要素分类
成矿时代		产于早二叠世(P_1)	必要
大地构造背景		位于闽西南被动陆缘与陆表海盆地(Ⅵ-3-2)长汀-上杭陆缘斜坡(Ⅵ-3-2-3)的东侧	必要
大地构造演化阶段		海西期海进沉积旋回系列	必要
沉积建造		下二叠统(P_1)船山组含锰碳酸盐岩建造	必要
岩相古地理		浅海碳酸盐岩建造	重要
成矿特征	矿体形态	矿体主要有 3 个,呈似层状,层位稳定。其中Ⅰ号矿体规模最大,长 164m,厚度最小 5.23m,最大 51.12m,平均 24.18m。矿体中有夹层 2 处,分别厚 2.9m 和 7.00m。矿体产状与地层一致,倾向 45°～70°,倾角 10°～70°,北西部平缓,南东部较陡,最陡处可达 71°,矿体向南东侧伏,侧伏角最少 30°,一般约为 55°。矿体延深(沿倾斜方向)47～147m。埋藏标高最高 472m,最低 315m	重要
	矿物组合	混合原生锰矿以菱锰矿、硫锰矿、石英、铁硫锰矿、钙蔷薇辉石、锰铝榴石、尖晶石和其他泥质物等为主;此外,还伴生有方铅矿、闪锌矿、碲银矿、蓝辉铜矿等金属矿物	重要
	结构构造	矿石结构多为胶状结构、隐晶—显晶状结构;构造为块状构造、松软土状构造、粉末状构造、网脉状构造、葡萄状构造、环带状构造、碎裂状构造等	次要
	围岩蚀变	围岩蚀变较为强烈,主要有硫锰矿化、蔷薇辉石化、碳酸盐化、黄铁矿化、绢云母化、绿泥石化	重要
矿床储量		矿区内锰矿石量(111b+122b)152.9×10^4t,其中保有锰矿石量(111b+122b)48.092×10^4t,平均品位 Mn 29.76%,一般为 24.75%～41.70%	次要
找矿线索		海西期古海岸边缘或断陷盆地中;下二叠统船山组含锰碳酸盐岩建造,硫锰矿化、蔷薇辉石化等围岩蚀变	重要

2. 成矿模式研究成果总结

本矿床成因类型为原生沉积型矿床,主要锰矿石为菱锰矿。该矿床矿体呈层状产出,产状与围岩一致,层位稳定,矿体与围岩构成一套有规律的韵律沉积层,原生碳酸锰矿石含有丰富的海相生物化石,泥晶状、鲕状结构。在混合矿石中含有大量的硫锰矿、蔷薇辉石、锰铝榴石等含锰变质矿物,但仍然残留有原生沉积的泥晶质菱锰矿。下部含锰铅锌矿是在混合原生锰矿形成的同时,进一步发生了热液充填、变质、矿化富集等作用的结果(图 6-60)。

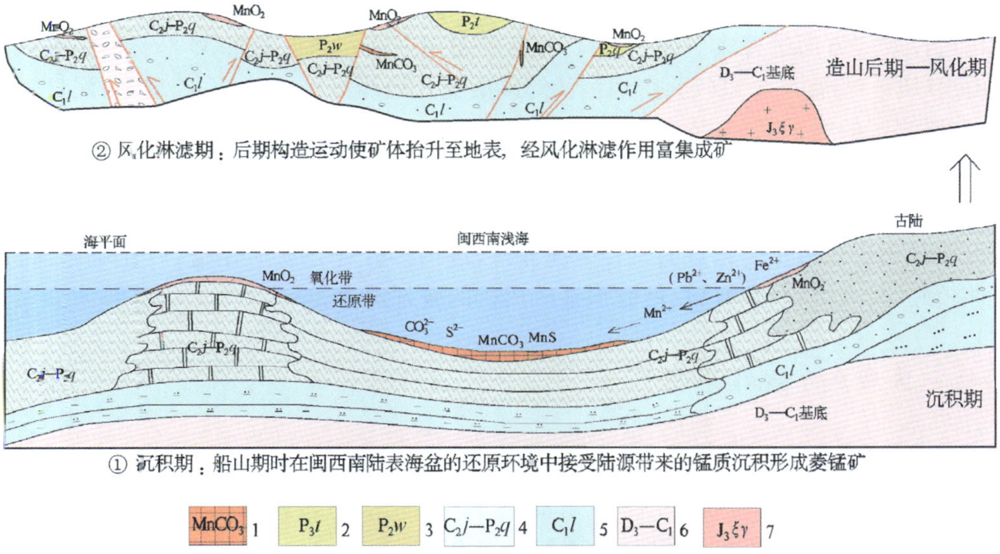

图 6-60　福建省连城庙前锰矿成矿模式图

1. 锰矿富集层位;2. 上二叠统童子岩组;3. 中二叠统文笔山组;4. 上石炭统经畲组—中二叠统栖霞组含锰质碎屑岩;5. 下石炭统林地组;6. 晚泥盆世—早石炭世沉积;7. 晚侏罗世正长花岗岩

二、锰矿预测工作区成矿规律

(一)区域成矿要素研究成果总结

福建省锰矿圈定预测区 3 处，以连城-武平预测工作区(表 6-54，图 6-60)为例进行总结。

表 6-54　福建省连城-武平庙前式沉积型锰矿预测工作区成矿要素一览表

区域成矿要素		描　述　内　容	成矿要素分类
区域成矿地质环境	大地构造位置	位于闽西南被动陆缘与陆表海盆地(Ⅵ-3-2)长汀-上杭陆缘斜坡(Ⅵ-3-2-3)	必要
	成矿时代	沉积成矿时代为早中二叠世(P_2)	必要
	沉积建造	海西期海进沉积旋回系列底部，下二叠统船山组(P_1c)含锰碳酸盐岩建造	必要
	岩相古地理	局限浅海台地相碳酸盐岩建造	必要
区域成矿地质特征	区域成矿类型和成矿期	主要有沉积型、沉积-改造型、接触交代型等金属—非金属矿产，成矿期主要与晚古生代的沉积建造及燕山期岩浆侵入相关	重要
	庙前式沉积型锰矿	赖坊—庙前、北东向断裂构造是本区的控矿构造；矿体上、下盘岩石为石英砂岩、泥岩、角砾岩、石英岩、灰岩等；在氧化带内，岩石较松软破碎，氧化带以下的原生带岩石致密坚硬	必要
		锰矿体产于早—中二叠世(P_{1-2})船山组—栖霞组含锰碳酸盐岩建造中	必要
		矿床式主要为庙前式沉积型锰矿	重要

(二)区域成矿模式研究成果总结

各预测工作区锰矿的矿产预测类型为兰桥式风化淋滤型锰矿，其原含锰层位为下二叠统船山组碳酸盐岩建造。

矿床的形成经历了含锰灰岩的原始沉积—构造改造—表生氧化富集 3 个阶段，含锰层位是区域上锰矿形成的先决条件，表生风化淋滤富集是重要因素。

预测区位于闽西南凹陷带中部，区内广泛出露晚古生代沉积地层、中生代沉积-火山地层以及燕山期侵入岩。本区各地质体岩石建造类型主要为沉积岩建造及火山岩、侵入岩建造。从成矿地质背景、成矿特征及构造控矿等方面进行成矿潜力分析，本区经畲组(C_2j)、老虎洞组(C_2lh)、船山组(P_1c)、栖霞组(P_2q)、鸣山组(P_2m)与锰矿关系较为密切。浅海碳酸盐台地相沉积的灰岩、硅质岩、泥岩等与锰矿关系较为密切，是预测区的“目的层”，特别是在有硅质岩、粉砂质泥岩夹层的灰岩中发育锰矿层，矿体直接底板为硅质岩，顶板为薄层状硅质岩、粉砂质泥岩。因此，晚石炭世—中二叠世时期的碳酸盐岩建造是寻找锰矿床的重要层位。

从区内已知含矿建造及矿床点的赋存情况分析，区内多处存在含矿建造，以连城庙前、武平岩前一带成矿条件较好，具有沉积型和风化淋滤型锰矿成矿的较好潜力。

(三)锰矿区域成矿规律总结

(1)矿产预测类型：矿床式为沉积型锰矿和风化淋滤型锰矿。

(2)大地构造位置：位于闽西南凹陷带(永安-梅州-惠阳凹陷带)西侧。

(3)沉积建造：下二叠统船山组(P_1c)的碳酸盐岩建造。

(4)风化淋滤作用：成矿后期的风化淋滤富集成矿作用。

(5)岩相古地理:为局限浅海台地相环境。

(6)找矿线索:含锰碳酸盐岩分布区、Mn元素异常区、地表的锰帽等为直接的找矿线索。

第九节　镍矿典型矿床及成矿规律

本次工作据福建省镍矿产的成矿特征分析,划分出的矿产预测类型为基性—超基性铜镍硫化物型镍矿一种,选取的典型矿床为莆田长基中型镍矿床。

一、镍矿典型矿床

(一)莆田长基镍矿

1. 成矿要素研究成果总结

莆田长基镍矿区地质情况见图6-61,长基镍矿床成矿要素见表6-55。

2. 成矿模式研究成果总结

长基镍矿属于基性—超基性铜镍硫化物型镍矿床,其成矿模式机理如下:燕山中—晚期闽东岩浆-火山弧活动,使得基性—超基性岩浆在侵位后发生强烈的蛇纹石化、透闪石化、滑石化等蚀变成矿(图6-62)。

据基性—超基性铜镍硫化物矿床的形成机理分析,本区镍矿的形成与岩浆结晶分异作用紧密相关,早期结晶形成了橄榄岩,在定向压力作用下,使部分矿体产生明显的条带状构造和韵律特征,而且使局部矿浆与围岩岩浆产生了相对位移,以致矿体与围岩有明显的界线。成岩之后发生自变质作用及热液蚀变等改造,形成了蛇纹岩化、滑石化及透闪石化等蚀变岩石,矿体后期还受到以北东向为主的华夏系断裂构造的破坏。

二、镍矿预测工作区成矿规律

(一)区域成矿要素研究成果总结

福建省镍矿的矿产预测类型确定为1种,即长基式基性—超基性铜镍硫化物型镍矿。对莆田长基镍矿预测工作区的成矿地质环境和矿床特征两方面主要特征进行分析,编制区域成矿要素表(表6-56)。

(二)区域成矿模式研究成果总结

莆田长基镍矿预测工作区位于闽东岩浆弧中段,区内以上侏罗统南园组火山碎屑岩为主,成矿超基性岩体仅长基镍矿区1处。根据长基超基性岩出露位置,推测其是沿早期深断裂的次一级构造侵入。燕山期大范围火山岩,经构造变形为轴向北东—南西的霞镇-新县背斜,长基即位于背斜的东南翼,呈缓倾斜的单斜层,继之产生了北东向为主的断裂,超基性岩体沿断裂侵入。但由于与镍矿相关的超基性岩仅发现长基1处,在区域上找矿潜力不大。

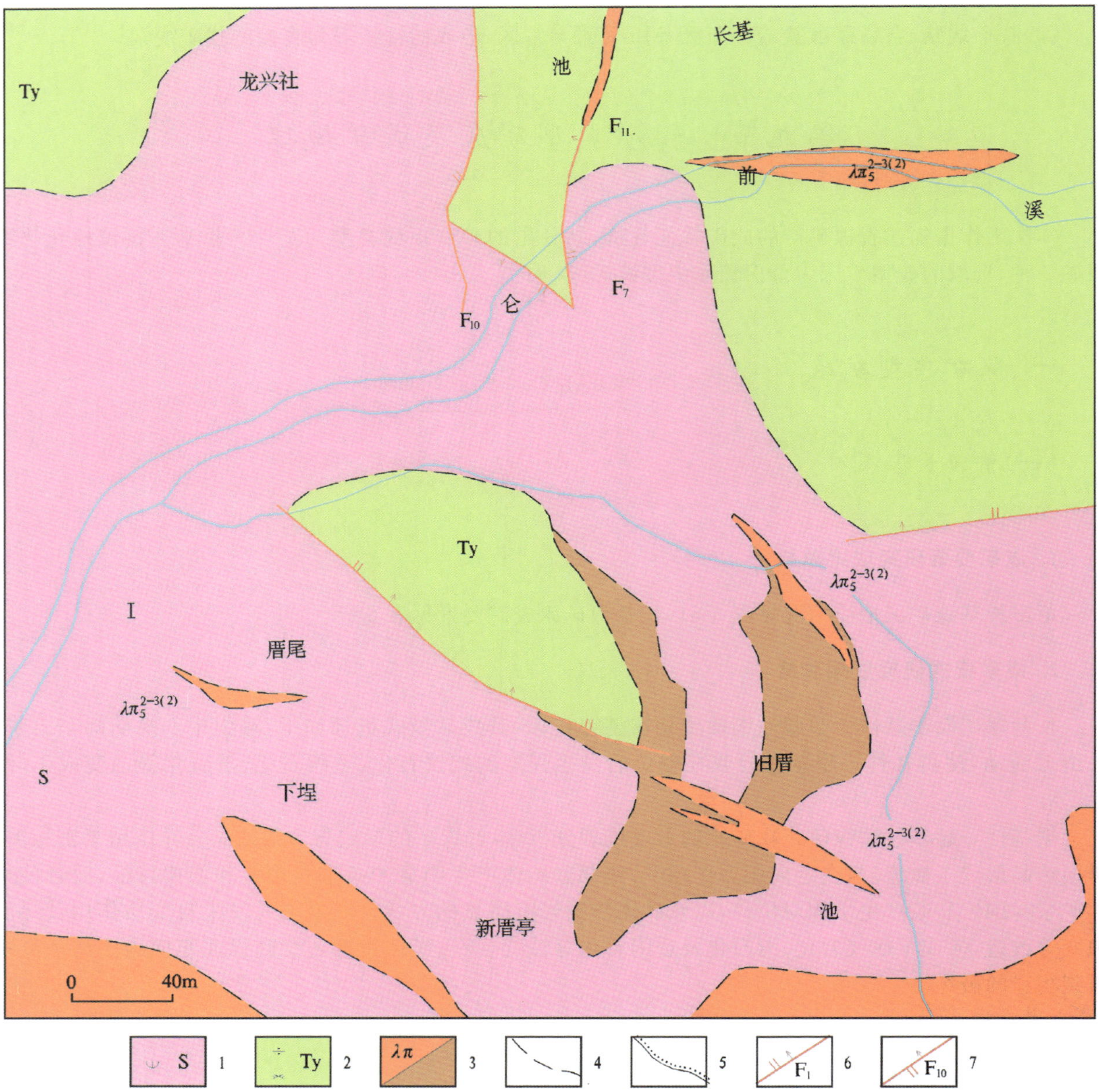

图 6-61　福建省莆田长基镍矿区地质略图

（据闽北地质大队《福建省莆田市长基矿区镍矿资源量调查报告》修编，2010）

1.蛇纹岩；2.阳起透闪岩；3.流纹岩、流纹斑岩；4.推测整合界线；5.实测不整合界线；6.正断层及编号；7.逆断层及编号

表 6-55　福建省莆田长基镍矿典型矿床成矿要素一览表

成矿要素	描述内容	成矿要素分类
成矿时代	K-Ar 测得岩体年龄为 101Ma	必要
大地构造背景	位于闽东岩浆弧宁德-云霄火山弧的中段	必要
大地构造演化阶段	燕山中—晚期的东南沿海火山-岩浆活动	必要
沉积建造围岩	上侏罗统南园组二段（J_3n^2）火山碎屑沉积岩建造	必要
侵入岩浆构造	燕山中—晚期基性—超基性岩浆侵入	必要

续表 6-55

成矿要素		描述内容	成矿要素分类
成矿特征	矿体形态	Ⅰ号主矿体：位于矿区西南，规模最大，控制长900m，最宽400m，平均宽250m，矿体平均厚90m，面积约0.25km²。在西、北两侧因断层与Ⅱ、Ⅲ、Ⅵ矿体隔开；南面被流纹斑岩侵入包围；东部因断层及流纹斑岩侵入使矿体缺失。在矿体中13线11块段残留小块阳起透闪岩。后期流纹斑岩侵入于3线至7线之间，将矿体割成东、西两段，为似层（蘑菇帽）状。Ⅱ号矿体：分布于Ⅰ号矿体北东侧的13～19线之间。矿体长400m，宽90m，平均宽60m，由于矿体无深部工程控制，推测其厚度在50m以上，矿体面积0.024km²，呈橄榄状	重要
	矿物组合	金属矿物主要有：暗镍蛇纹石、镍黄铁矿、黄铜矿、磁黄铁矿等；非金属矿物主要有：滑石、蛇纹石和绿泥石等	重要
	结构构造	矿石结构主要有半自形—自形粒状结构、他形粒状结构，次有乳浊状结构，少量包含结构、压碎结构，偶有叶片状结构；矿石主要构造类型为致密块状、片状，少量呈片理化构造	次要
	围岩蚀变	具有强烈的蛇纹石化、透闪石化、滑石化等蚀变	重要
矿床储量		截至2009年12月31日，矿区累计查明（332+333）类型资源量：矿石量3 260.308×10⁴t，镍金属量46 817.93t，平均品位0.144%	次要
找矿线索		燕山中—晚期基性—超基性岩浆侵入体，具强烈蛇纹石化、透闪石化、滑石化等蚀变	重要

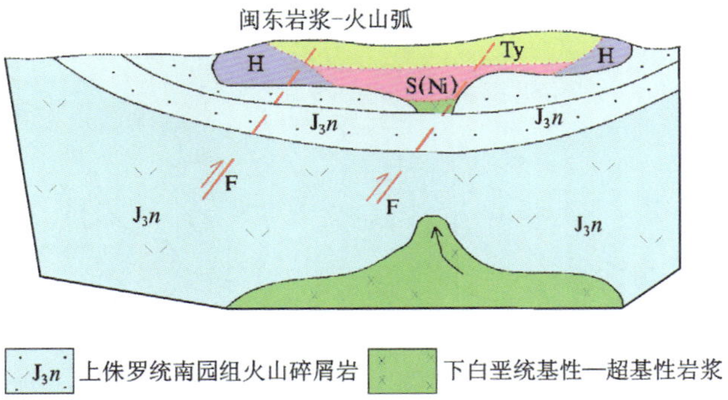

图 6-62 福建省莆田长基镍矿成矿模式图

H. 滑石岩；Ni. 镍矿；S. 蛇纹岩；Ty. 阳起透闪石岩

表 6-56 福建省长基式基性—超基性铜镍硫化物型镍矿区域成矿要素一览表

区域成矿要素		描述内容	成矿要素分类
区域成矿地质环境	大地构造位置	位于闽东沿海岩浆弧（Ⅴ-4-1）	必要
	主要控矿构造	以北东向的岩浆-火山喷发构造为主	必要
	侵入岩建造	燕山晚期（早白垩世）的岩浆侵入，主要以基性—超基性的斜辉橄榄岩为主，K-Ar法同位素年龄为101Ma，成因类型为幔源型花岗岩	必要
区域成矿地质特征	区域成矿类型和成矿期	主要是与燕山晚期基性—超基性火山活动有关的矿床成矿系列，主要矿种以铅、锌、银、钼、蛇纹石、镍等组合为特点，矿床成因类型为侵入岩体型、火山岩型，如长基镍矿等	重要
	长基式基性—超基性铜镍硫化物型镍矿	闽东沿海岩浆弧（Ⅴ-4-1）	必要
		早白垩世基性—超基性岩的侵入，其中主要是斜辉橄榄岩	必要
		镍矿产于蛇纹岩中，与（超）基性岩区蛇纹岩化关系密切	必要
		区内镍矿普遍伴随着蛇纹岩化、滑石化及透闪石化等	重要
		矿床式主要为长基式基性—超基性铜镍硫化物型镍矿	重要

第十节　钨矿典型矿床及成矿规律

据福建省钨矿产的成矿特征特点，分为斑岩型、石英脉型、矽卡岩型 3 个预测类型。典型矿床分别为清流行洛坑钨矿、将乐新路口钨矿及建瓯上房钨矿。

一、钨矿典型矿床

（一）清流行洛坑斑岩型钨钼矿

1. 成矿要素研究成果总结

清流行洛坑斑岩型钨矿床（图 6-63）累计探明资源量 30.401 2×10^4 t，保有资源量29.298 1×10^4 t，达特大型，WO_3 平均品位 0.228%；伴生钼资源量 3.064 6×10^4 t，Mo 平均品位 0.024%。成矿要素见表 6-57。

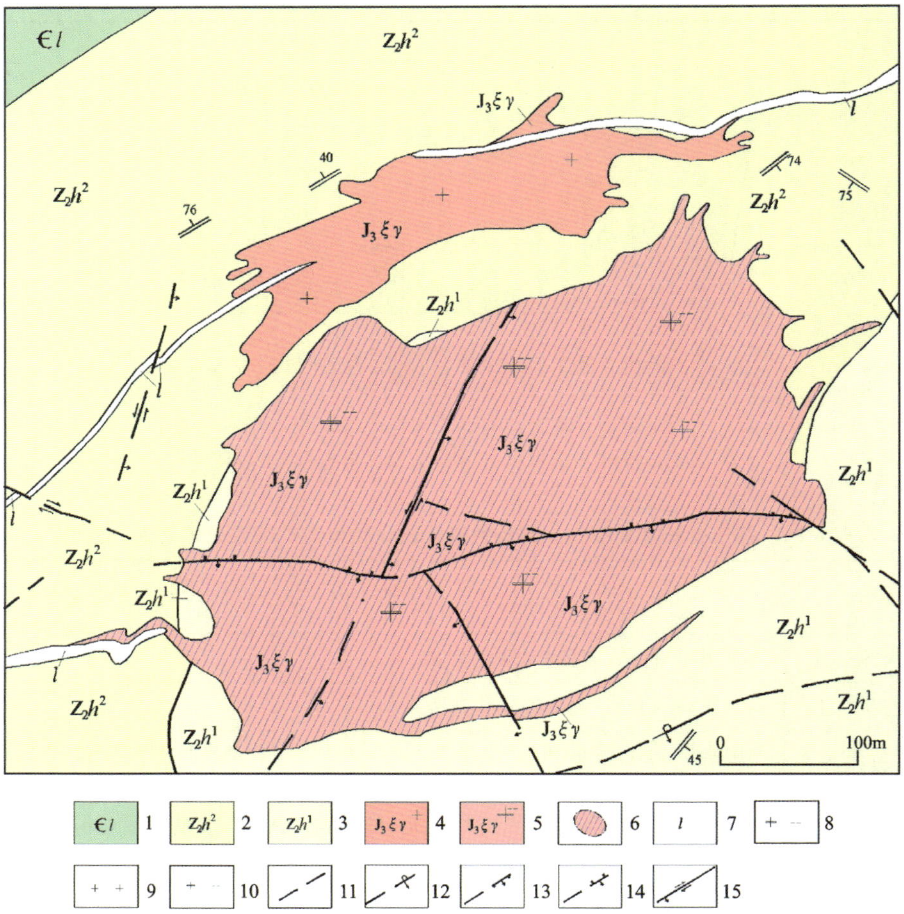

图 6-63　福建省清流行洛坑钨钼矿区地质略图

（据福建省地质局 306 地质队《福建省清流县行洛坑钨钼矿地质研究报告》修编，1966）

1. 寒武系林田组变质粉砂岩、千枚岩夹含碳千枚岩；2. 上震旦统黄连组上段变质砂岩、凝灰岩夹变质粉砂岩、千枚岩；3. 上震旦统黄连组下段变质粉砂岩、细砂岩；4. 晚侏罗世细粒花岗岩；5. 晚侏罗世似斑状中细粒黑云母花岗岩；6. 钨矿体；7. 细晶岩脉；8. 似斑状中细粒黑云母花岗岩；9. 细中粒花岗岩；10. 似斑状细粒花岗岩；11. 性质不明断层；12. 倒转背斜轴；13. 正断层；14. 逆断层；15. 平推断层

表 6-57　福建省清流行洛坑钨钼矿典型矿床成矿要素表

成矿要素		描　述　内　容	成矿要素分类
成矿时代		成矿年龄为 156.3～147.5Ma,形成于晚侏罗世中期	必要
大地构造背景		闽西北隆起带与闽西南凹陷带的过渡地带,南平-宁化铌钽、钨锡成矿亚带的西南端	必要
大地构造演化阶段		燕山早期地壳硅铝层重熔成因系列的花岗岩浆多次侵入分异演化晚期的产物	必要
岩浆建造/岩浆作用		晚侏罗世正长花岗岩体的侵入	必要
成矿构造		与钨矿相关的成矿构造主要是北东东向的黄连组褶皱,为晚侏罗世行洛坑花岗岩体侵入提供了有利条件,成矿后构造主要有北东东向、北西向及近南北向	重要
成矿特征	矿体形态	以细网脉型钨钼矿体为主	重要
	矿物组合	主要有黑钨矿、白钨矿、辉钼矿,次有绿柱石、锡石、黄铜矿、黄铁矿、毒砂、铁闪锌矿、硫铅铋矿、自然铋等	重要
	结构构造	常见自形—半自形粒状结构、不等粒状结构、蚀变斑状结构、花岗变晶交代结构,白钨矿以细脉和石英大脉的块状构造、脉状式细脉构造、条带状构造为主	次要
围岩蚀变		主要有钾长石化、蒙脱石-绢云母化、云英岩化、绢云母化	重要
矿床储量		累计探明资源量 30.401 2×10⁴ t,保有资源量 29.298 1×10⁴ t,达特大型,WO_3 平均品位 0.228%;伴生钼资源量 3.064 6×10⁴ t,Mo 平均品位 0.024%	重要
找矿线索		北东东向的构造-岩浆成矿带;含钨花岗岩的分布是找钨的重要前提;含钨花岗岩体多以小岩株产出,且与区域浅变质岩地层围岩呈侵入接触关系;区域浅变质岩具一定规模的接触热变质晕圈;热液蚀变脉体;钨、锡重砂异常及水系沉积物异常	重要

2. 成矿模式研究成果总结

清流行洛坑钨钼矿成矿岩体为钙碱性系列正长花岗岩体,为地壳重熔型,是钨、钼矿成矿物质的主要来源(图 6-64)。其成矿模式:正长花岗岩体侵入到浅部,在结晶末期,钨、钼等矿质在残余岩浆中以热液形式聚集。富含钨、钼矿质的热液在岩浆的顶部及外围的构造有关部位形成矿体。

(二)建瓯上房钨矿

1. 成矿要素研究成果总结

建瓯上房钨矿床(图 6-65)位于浙中-武夷隆起 W-Sn-Mo-Au-Ag-Pb-Zn-Nb-Ta-萤石成矿带(Ⅲ-81)东北部,成矿受到燕山期花岗岩体[晚侏罗世正长花岗岩($J_3\xi\gamma$)及晚侏罗世二长花岗岩($J_3\eta\gamma$)等]的控制,成矿要素见表 6-58。

2. 成矿模式研究成果总结

上房钨矿体产在浅肉红色含斑中细粒正长花岗岩外接触带硅化、磁黄铁矿化、阳起石化斜长角闪岩或变粒岩中。矿床具有垂直分带的特点,岩体外接触带钨矿化,内接触带钼矿化(即上钨下钼)。钨矿体受浅肉红色含斑中细粒正长花岗岩隐伏岩体控制,随着岩体向北东方向倾伏,矿体也跟着向北东方向倾伏。矿未的成矿作用是:燕山期构造-岩浆作用形成富含钨、钼等矿质的岩浆,并在中浅部形成浅肉红色含斑中细粒正长花岗岩岩体;在岩浆结晶成岩期后,岩浆热液的钨、钼矿质可能以离子或络离子形式存在与运移,主要沿围岩结构面运动与定位形成矿体;在钙质含矿较低的围岩中形成石英脉型钨(钼)矿,如半岭钨钼矿等。当围岩中钙质含矿高时,如角闪片岩等,则形成类似于矽卡岩型钨钼矿。热液使围岩中的钙质与水、硅等结合,形成含水钙硅酸盐矿物如阳起石或透闪石等,类似于矽卡岩,钙质与钨离子或络离子结合形成白钨矿。本次将此类矿床作为矽卡岩型矿床(图 6-66)。

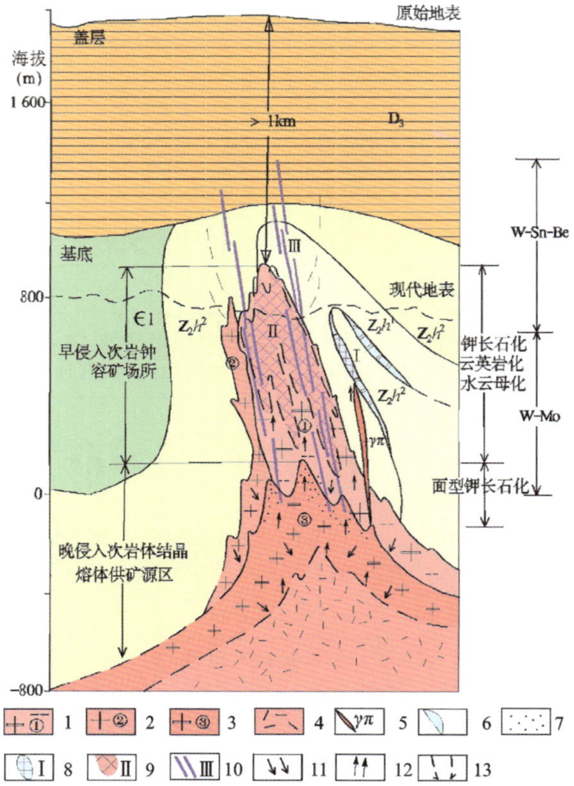

图 6-64 福建省清流行洛坑钨矿成矿模式图

（据福建省闽西地质大队《福建省清流行洛坑钨(钼)矿矿床地质特征》修改，1985）

1.中细粒似斑状黑云母花岗岩；2.细粒花岗岩；3.细粒似斑状花岗岩；4.结晶熔体；5.花岗斑岩脉；6.白云质灰岩夹层；7.面型钾长石化；8.矽卡岩白钨矿(化)体；9.细网脉状钨(钼)矿体；10.石英大脉钨矿体；11.岩浆退缩侵位分异结晶方向；12.成矿流体运移方向；13.下降大气水

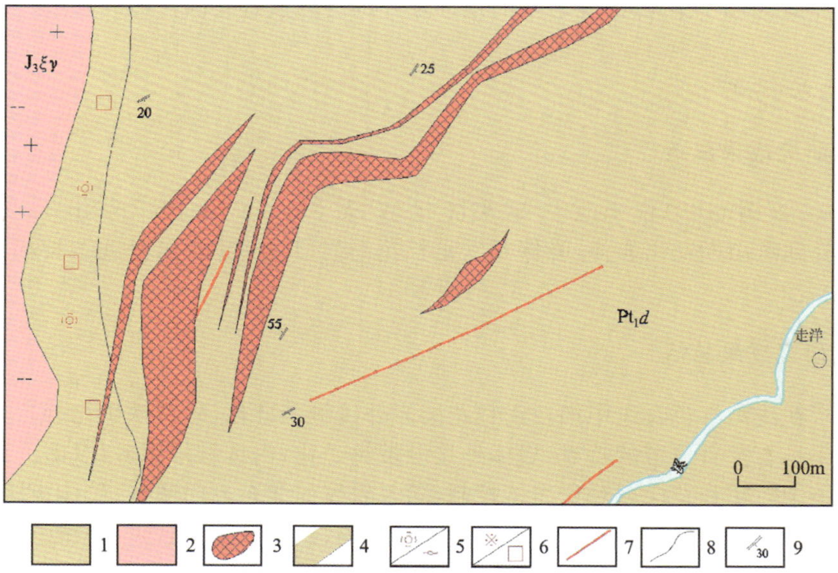

图 6-65 福建省建瓯上房钨矿区地质略图

（据福建地质调查研究院《福建省建瓯市上房矿区下房矿段详查及外围普查报告》修编，2011）

1.大金山岩组；2.晚侏罗世黑云母正长花岗岩；3.钨矿体；4.同化混染带；5.硅化/绿泥石化；6.绢英岩化/黄铁矿化；7.实测、推测断层；8.地质界线；9.片理产状

表 6-58　福建省建瓯上房矽卡岩型钨矿区域成矿要素一览表

区域成矿要素		描　述　内　容	成矿要素分类
区域成矿地质环境	成矿时代	主成矿期为燕山中期(晚侏罗世)岩浆侵入成矿期	必要
	大地构造位置	闽中古裂谷(Ⅴ-3-6)(Pt_3)	必要
	主要控矿构造	以北东向断裂为主,北北东向、南北向断裂次之	必要
	主要赋矿地层	古元古界大金山岩组	重要
	侵入岩建造	晚侏罗世浅肉红色黑云母正长花岗岩,晚侏罗世岩体 Rb-Sr 同位素年龄为 145.6Ma、U-Pb 同位素年龄为 152.2Ma、K-Ar 同位素年龄为 153.4～146.7Ma,属于中深成壳幔混合型岩浆	必要
	区域变质作用及建造	区域变质程度较高,原岩为砂泥质岩(含碳质)、泥灰岩及中基性火山岩,为海相环境形成的岩石组合,为砂泥质复理石建造的陆源碎屑岩,经区域变质作用形成一套低角闪岩相区域变质岩,具有不同程度的混合岩化,主要岩性为黑云斜长变粒岩、黑云石英片岩、石英云母片岩、斜长角闪岩等	必要
区域成矿地质特征	含钨岩系岩性组合	正长花岗岩、斜长角闪岩	必要
	矿体形态	钨矿体主要分布在正长花岗岩外接触带之斜长角闪岩中,矿体受正长花岗岩体和大金山岩组中的斜长角闪岩控制,多呈似层状展布	重要
	矿物组合	矿石中金属矿物主要为白钨矿、辉钼矿、磁黄铁矿、黄铁矿;脉石矿物主要有钾长石、石英、阳起石、绢云母、黑云母、角闪石等	重要
	结构构造	矿石结构主要为半自形、他形粒状(白钨矿),常与磁黄铁矿、阳起石、透闪石、辉钼矿、石英等共生;钨矿石主要为细脉-浸染状构造、条带状构造,在矿体中心白钨矿颗粒粗大,呈比较密的浸染状,到矿体边缘矿化减弱,白钨矿颗粒细小,呈稀疏的浸染状	重要
	矿石类型	以阳起石磁黄铁矿型白钨矿、透辉石石英脉型白钨矿为主,次为石英脉型辉钨矿	重要
	围岩蚀变	石榴子石-透辉石阶段(矽卡岩阶段)、湿矽卡岩阶段(透闪石-阳起石-白钨矿阶段)、石英-硫化物阶段、碳酸盐岩阶段	重要
	矿化资源情况	1 处大型矿床(建瓯上房),WO_3 资源量 50 016t,平均品位 0.236%;此外,矿点 1 处(建瓯罗山)	次要

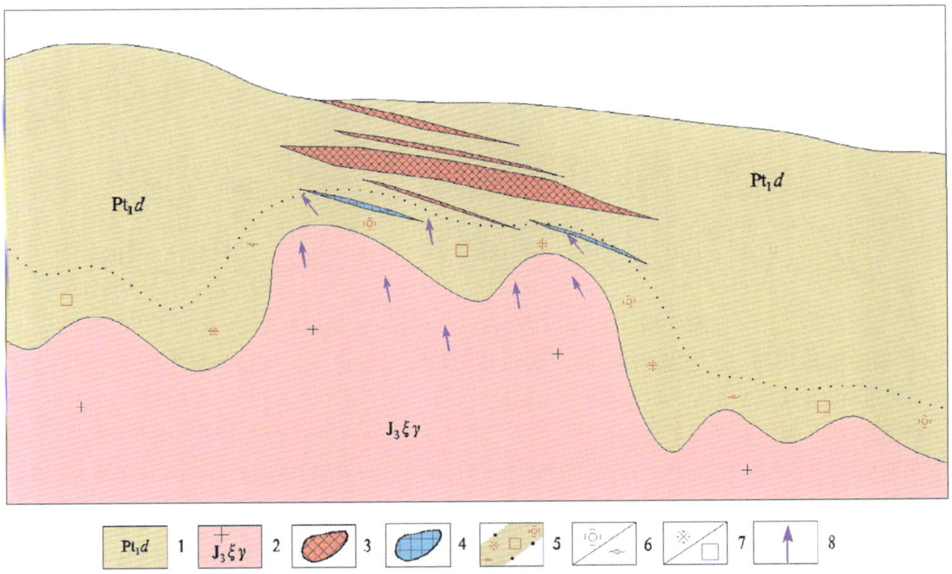

图 6-66　福建省建瓯上房钨矿成矿模式图

1. 大金山岩组;2. 晚侏罗世黑云母正长花岗岩;3. 钨矿体;4. 低品位钨矿体;5. 同化混染带;6. 硅化/绿泥石化;7. 绢英岩化/黄铁矿化;8. 岩浆运移方向

（三）将乐新路口钨矿

1. 成矿要素研究成果总结

将乐新路口钨矿床（图 6-67）位于闽西北地区的浙中-武夷隆起 W-Sn-Mo-Au-Ag-Pb-Zn-Nb-Ta -萤石成矿带（Ⅲ-81）内，属典型石英脉型钨矿，受燕山期酸性花岗岩富含矿质的热液在接触带附近的成矿作用控制，成矿要素见表 6-59。

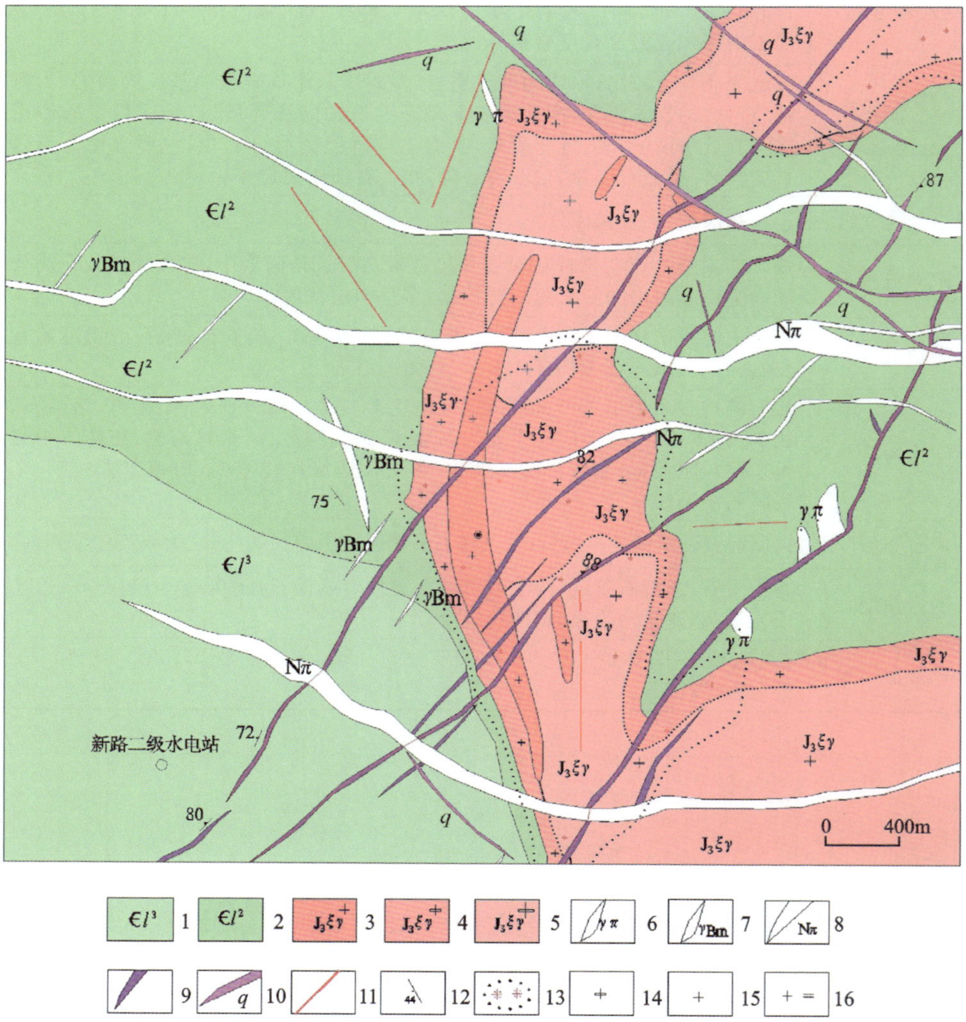

图 6-67　福建省将乐新路口钨矿区地质略图

（据福建省地质局三〇三地质队《福建将乐新路口钨锡矿详查评价地质报告》修编，1969）

1. 寒武系林田组第三段变质含长细砂岩、细砂岩夹薄层状粉砂岩、泥岩；2. 寒武系林田组第二段变质粉砂岩、泥岩夹细砂岩、含长细砂岩；3. 晚侏罗世似斑状细粒黑云母正长花岗岩；4. 晚侏罗世似斑状中粗粒黑云母正长花岗岩；5. 晚侏罗世似斑状粗粒黑云母正长花岗岩；6. 花岗斑岩；7. 二云母花岗岩；8. 斜长斑岩脉；9. 含钨石英脉；10. 石英脉；11. 断裂；12. 地层产状；13. 云英岩化蚀变带；14. 似斑状细粒黑云母花岗岩；15. 细粒花岗岩；16. 二云母花岗岩

表 6-59　福建省将乐新路口钨矿典型矿床成矿要素表

成矿要素		描述内容	成矿要素分类
成矿时代		J_3	必要
大地构造背景		闽北隆起带中部,位于邵武-将乐-清流北东向构造岩浆成矿带上	必要
岩浆建造/岩浆作用		晚侏罗世花岗岩	必要
成矿地层		外接触带为寒武系林田组,岩性为变质砂岩、粉砂岩	重要
成矿构造		本区与钨矿相关的成矿构造主要是北东向断裂,走向 40°～50°,倾向北西,倾角多为 65°～85°,是以扭性为主的张扭复合裂隙,成矿后构造主要有北西向及近东西向断裂	重要
成矿特征	矿体形态	多呈单脉产出,形态较规则稳定,脉幅变化系数为 42%～56%	重要
	矿物组合	黑钨矿、锡石、辉铋矿、辉钼矿、黄铜矿、方铅矿、闪锌矿	重要
	结构构造	自形半—自形晶粒结构、他形晶粒结构;矿石构造主要有条带状构造,其次有网格状构造、块状构造、浸染状构造	次要
围岩蚀变		内接触带云英岩化最发育;外接触带主要为硅化	必要
矿床储量		该矿床累计探明 WO_3 资源量为 2 450t,保有资源量 2 011.75t,WO_3 品位 0.46%	次要
找矿线索		邵武-将乐-清流北东向构造岩浆成矿带;发育晚侏罗世花岗岩,其 WO_3 浓度高;地层为震旦系或寒武系;强烈云英岩化、硅化	重要

2. 成矿模式研究成果总结

矿床成因类型属高—中温热液石英脉型,产于黑云母花岗岩与林田组浅变质粉砂岩、细砂岩的内外接触带中,受一组北东 45°的张剪复合裂隙控制,而成平行排列形式出现,其成矿时代为晚侏罗世。

成矿过程较复杂,伴随控制矿脉的裂隙构造的多次活动而有多次矿化作用。有工业意义的钨矿产主要生成于高温热液黑钨-石英脉期及中温热液硫化物期(图 6-68)。矿化过程:气化-高温热液钨、锡成矿期;中温热液硫化物-绿泥石期:为本区硫化物的主要成矿期,沉淀大量的黄铜矿、闪锌矿、方铅矿、黄铁矿等;低温热液期;表生氧化期。

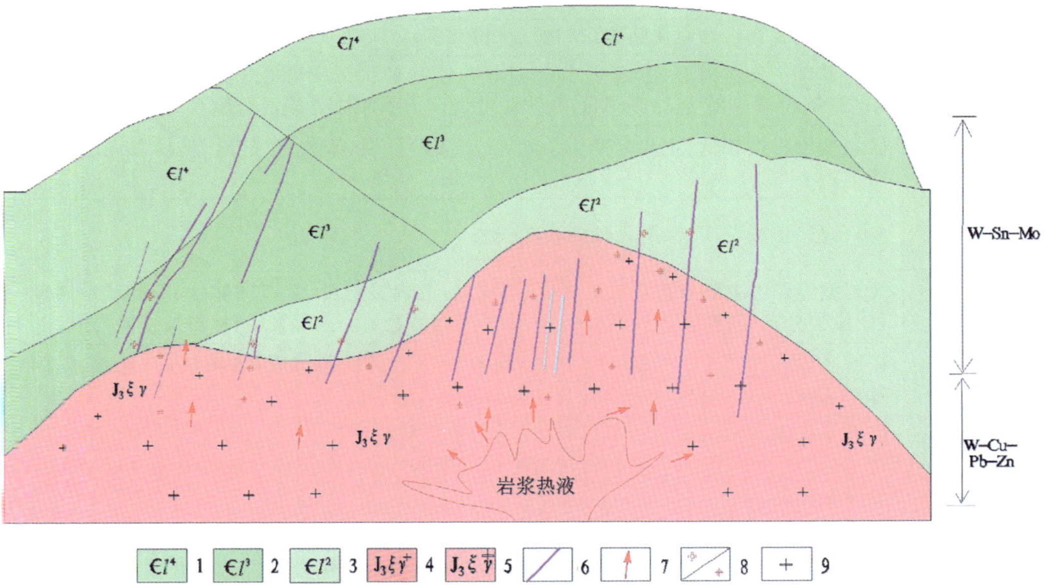

图 6-68　福建省将乐新路口钨矿成矿模式图

1. 寒武系林田组第四段:变质粉砂岩、泥岩夹含长细砂岩、细砂岩;2. 寒武系林田组第三段:变质含长细砂岩、细砂岩夹薄层状粉砂岩、泥岩;3. 寒武系林田组第二段:变质粉砂岩、泥岩夹细砂岩、含长细砂岩;4. 晚侏罗世似斑状细粒黑云母正长花岗岩;5. 晚侏罗世似斑状中粗粒黑云母正长花岗岩;6. 含钨石英脉;7. 岩浆运移方向;8. 硅化、云英岩化;9. 似斑状细粒黑云母花岗岩

二、钨矿预测工作区成矿规律

本次钨矿预测工作区共6处，即将乐新路口、将乐白莲、清流行洛坑、建瓯上房、华安洋竹径和松溪半岭。以清流行洛坑、建瓯上房及将乐新路口为例，说明福建省钨矿预测区成矿要素及成矿模式。

（一）成矿要素研究成果总结

清流行洛坑预测工作区的侵入岩以晚侏罗世正长花岗岩为主，少量志留纪正长花岗岩、二长花岗岩和早白垩世石英正长岩，前泥盆纪变质地层主要有震旦系西溪组、楼前组及寒武系林田组，区域性构造以北东向、北东东向为主，次为北西向。

建瓯上房预测工作区的侵入岩以晚侏罗世正长花岗岩为主，变质地层主要有古元古界大金山岩组等富含钙质的变质岩，区域性构造及花岗岩带以北东向、北东东向为主，成矿与正长花岗岩及高钙质的变质岩有关。

将乐新路口预测工作区的侵入岩以晚侏罗世正长花岗岩、二长花岗岩为主，少量早侏罗世二长花岗岩、早白垩世正长花岗岩，前泥盆纪变质地层主要有古元古界大金山岩组、南山岩组，新元古界黄潭岩组、下峰岩组，震旦系西溪组及寒武系林田组，区域性构造以北东向为主，次为北西向。各预测工作区成矿要素特征详见表6-60～表6-62。

表6-60　福建省清流行洛坑区斑岩型钨矿区域成矿要素一览表

区域成矿要素		描述内容	成矿要素分类
区域成矿地质环境	成矿时代	晚侏罗世岩浆侵入成矿期	必要
	大地构造位置	明溪-宁化（陆内）裂谷（Ⅴ-3-2）（Z）	必要
	主要控矿构造	以北东东向、北东向断裂构造等为主，北西向断裂次之	重要
	主要赋矿地层	震旦系三溪寨组和寒武系东坑口组、林田组	重要
	侵入岩建造	晚侏罗世正长花岗岩、黑云母二长花岗岩，晚侏罗世U-Pb同位素年龄为150.5Ma，Rb-Sr同位素年龄为145.6Ma，晚侏罗世岩体为中深成壳幔混合源和壳源	必要
	区域变质作用及建造	区域变质程度较低，主要为变质杂砂岩、变质粉砂岩、千枚岩、硅质岩，属砂泥质岩变质建造	重要
区域成矿地质特征	含钨岩系岩性组合	（黑云母）正长花岗岩、黑云母二长花岗岩	必要
	矿体形态	斑岩型钨矿体主要分布于成矿岩体、岩株、岩脉内接触带，常以网脉状、细脉状形式成群、成带分布；或者岩体呈隐伏状，矿体产于岩体之上的三溪寨组、林田组变质岩中	次要
	矿物组合	矿石主要以黑钨矿、白钨矿、辉钼矿，次有绿柱石、锡石、黄铜矿、黄铁矿、毒砂、铁闪锌矿、硫铅铋矿、自然铋等组合为特征	重要
	结构构造	矿石结构主要为自形—半自形粒状结构、他形粒状结构、不等粒状结构、蚀变斑状结构、花岗变晶交代结构等；矿石构造主要有带状构造，其次有网格状构造、块状构造、浸染状构造	重要
	矿石类型	以细网脉型黑钨矿、白钨矿为主，石英脉型黑钨矿、白钨矿次之，矽卡岩型白钨矿较少	重要
	围岩蚀变	主要有钾长石化、蒙脱石-绢云母化、云英岩化、绢云母化、硅化	重要
	矿化资源情况	1处特大型矿床（清流行洛坑），WO_3资源量30.401 2×10^4t，平均品位0.233%，伴生钼资源量0.680 3×10^4t；1处小型矿床（清流北坑），WO_3资源量7 642t，平均品位1.047%，伴生铋资源量54t，伴生铜资源量124t。此外，另有矿点7个，其中清流邓芳WO_3资源量115.5t，平均品位0.556%；清流国母洋WO_3资源量324t，平均品位2.74%	次要

表 6-61　福建省建瓯上房区矽卡岩型钨矿区域成矿要素一览表

区域成矿要素		描述内容	成矿要素分类
特征描述		上房式石英脉型钨矿	
区域成矿地质环境	成矿时代	燕山中期(晚侏罗世)岩浆侵入成矿期	必要
	大地构造位置	闽中古裂谷(Ⅴ-3-6)(Pt_3)	必要
	主要控矿构造	以北东向断裂为主,北北东向、南北向断裂次之	必要
	主要赋矿地层	古元古界大金山岩组	重要
	侵入岩建造	晚侏罗世浅肉红色黑云母花岗岩,晚侏罗世岩体 Rb-Sr 同位素年龄为 145.6Ma、U-Pb 同位素年龄为 152.2Ma、K-Ar 同位素年龄为 153.4～146.7Ma,属于中深成壳幔混合型岩浆	必要
	区域变质作用及建造	区域变质程度较高,原岩为砂泥质岩(含碳质)、泥灰岩及中基性火山岩,为海相环境形成的岩石组合,为砂泥质复理石建造的陆源碎屑岩,经区域变质作用形成一套低角闪岩相区域变质岩,具有不同程度的混合岩化,主要岩性为黑云斜长变粒岩、黑云石英片岩、石英云母片岩、斜长角闪岩等	必要
区域成矿地质特征	含钨岩系岩性组合	正长花岗岩、斜长角闪岩	必要
	矿体形态	钨矿体主要分布在正长花岗岩外接触带之斜长角闪岩中,矿体受正长花岗岩体和大金山岩组中的斜长角闪岩控制,多呈似层状展布	重要
	矿物组合	矿石中金属矿物主要为白钨矿、辉钼矿、磁黄铁矿、黄铁矿;脉石矿物主要有钾长石、石英、阳起石、绢云母、黑云母、角闪石等	重要
	结构构造	矿石结构主要为半自形结构、他形粒状结构(白钨矿),常与磁黄铁矿、阳起石、透闪石、辉钼矿、石英等共生;钨矿石主要为细脉-浸染状构造、条带状构造。在矿体中心白钨矿颗粒粗大,呈比较密的浸染状,到矿体边缘矿化减弱,白钨矿颗粒细小,呈稀疏的浸染状	重要
	矿石类型	以阳起石磁黄铁矿型白钨矿、透辉石石英脉型白钨矿为主,次为石英脉型辉钨矿	重要
	围岩蚀变	石榴子石-透辉石阶段(矽卡岩阶段)、湿矽卡岩阶段(透闪石-阳起石-白钨矿阶段)、石英-硫化物阶段、碳酸盐岩阶段	重要
	矿化资源情况	1 处大型矿床(建瓯上房),WO_3 资源量 50 016t,平均品位 0.236%;此外,矿点 1 处(建瓯罗山)	次要

表 6-62　福建省将乐新路口石英脉型钨矿区域成矿要素一览表

区域成矿要素		描述内容	成矿要素分类
特征描述		新路口式石英脉型钨矿	
区域成矿地质环境	成矿时代	J_3	重要
	大地构造位置	武夷古弧盆系(Ⅴ-3-1)(Pt)	必要
	主要控矿构造	以北东向断裂构造等为主	重要
	主要赋矿地层	前泥盆纪变质地层,如下峰岩组、西溪组和林田组	重要
	侵入岩建造	晚侏罗世岩浆侵入,主要为酸性二长花岗岩和正长花岗岩建造,U-Pb 等时线年龄为 150.5～138Ma	必要
	区域变质作用及建造	区域变质程度较低,属高绿片岩相建造,主要为变质杂砂岩、变质粉砂岩、千枚岩以及片岩、变粒岩建造	重要

续表 6-62

区域成矿要素		描　述　内　容	成矿要素分类
区域成矿地质特征	含钨岩系岩性组合	黑云母正长花岗岩、二长花岗岩	必要
	矿体形态	矿体主要分布于燕山早期花岗岩的内外接触带上，呈细脉状，常成群分布	重要
	矿物组合	矿石主要以黑钨矿、锡石、辉铋矿、辉钼矿、黄铜矿、方铅矿、闪锌矿等组合为特征	重要
	结构构造	矿石结构主要为自形—半自形晶粒结构、他形晶粒结构；矿石构造主要有带状构造，其次有网格状构造、块状构造、浸染状构造	重要
	矿石类型	黑钨矿	重要
	围岩蚀变	内接触带为云英岩化，外接触带为硅化	重要
	矿化资源情况	小型矿床 1 处，WO_3资源量 2 584.39t，平均品位 0.46%，此外矿点 13 处	次要

（二）成矿模式研究成果总结

在分析区域成矿特征、成矿要素分析提取工作的基础上，建立了福建省斑岩型及石英脉型钨矿的成矿模式并绘制了钨矿区域成矿模式图（图 6-69）。福建省斑岩型及石英脉型钨的成矿时代为晚侏罗世，大地构造位置以闽西北隆起带西南部及闽东火山喷发带西南部为主，主要控矿构造为北东向、北北东向断裂构造，侵入岩建造以晚侏罗世正长花岗岩、二长花岗岩为主，主要赋矿地层为前泥盆系，矿体分布于岩体的内外接触带上，形态以网脉状、细脉状为主，矿石类型以黑钨矿、白钨矿为主，外接触带区域浅变质岩具一定规模的接触热变质晕圈，常具钾化、云英岩化等蚀变类型。

（三）钨矿区域成矿规律总结

（1）构造对成矿的控制作用。福建省钨多金属矿主要受深大断裂的控制，主要控矿断裂有北东东向南平-宁化断裂，北北东向崇安-石城断裂、政和-大埔断裂，南北向将乐-华安断裂带，北东东向连城-永定断裂。上述区域性的断裂带，控制了福建省铜、铅、锌、金、银、钨、钼等矿产的分布，使这些矿产具有成群出现、成带分布和分区集中的特点。福建省最主要的斑岩型钨矿主要分布在南平-宁化断裂带上，石英脉型钨矿则分布较广。

（2）岩浆岩对成矿的控制作用。据统计，与花岗岩有成因关系的钨矿床（点）占钨矿总数 88%以上。成矿时代主要为燕山早期，成矿（控矿）岩体年龄为 167～138Ma，岩性主要为正长花岗岩、二长花岗岩。钨矿一般赋存在岩体顶部、边缘与残留围岩的接触处或围岩曲折的港湾状接触带附近，尤以岩体倾伏端、突出部位更为有利，有的直接产在复式岩体早期次、早阶段的相带内（如行洛坑、北坑、洋竹径等）。这些部位是挥发分和成矿元素富集的有利空间。由于热源集中，冷却迅速，温压梯度急剧变化，岩体裂隙发育，为含矿溶液运移和沉淀提供了聚矿场所。

（3）钨矿床（点）空间分布规律。从区域成矿条件分析，福建省钨矿主要集中分布于闽西北隆起区、闽西南凹陷区，闽西北隆起区是福建省最重要的钨矿床聚集区；而闽东中生代火山断坳带钨矿分布相对较为零星，钨矿的成矿远景欠佳。

（4）矿床成矿系列（亚系列）。根据与钨矿成矿有关的岩浆岩的时代、矿床成因以及矿化组合特征，福建省钨矿同属 1 个矿床成矿系列，即燕山期钨、锡、钼成矿系列。

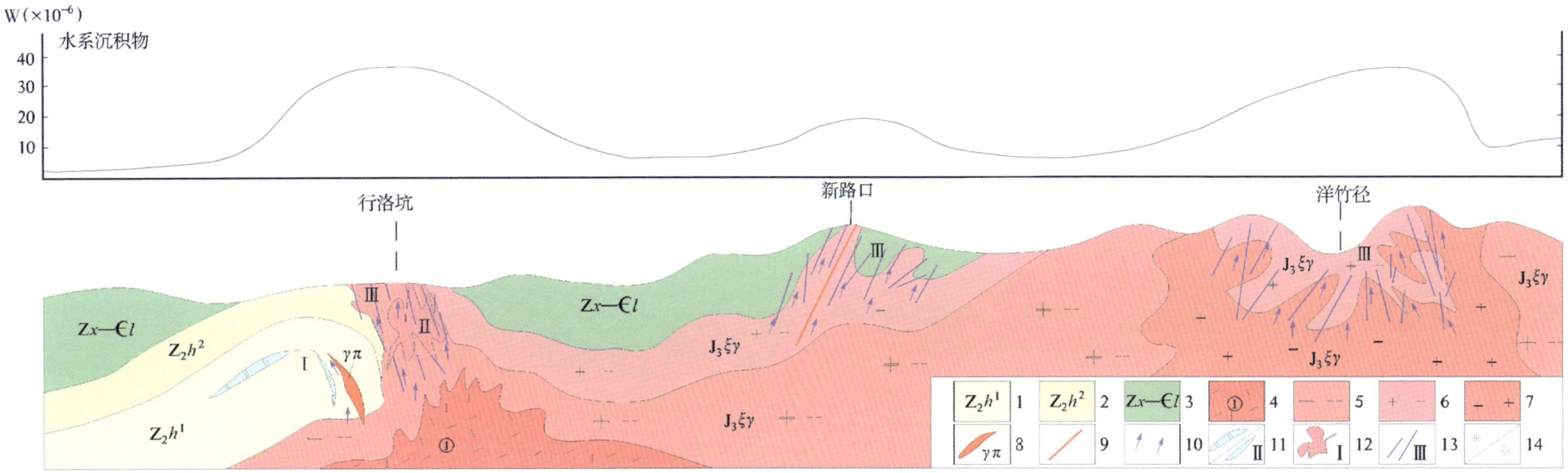

图 6-69　福建省钨矿区域成矿模式图

1.上震旦统黄连组下段；2.上震旦统黄连组上段；3.震旦系西溪组—寒武系林田组；4.结晶熔体；5.似斑状中粒黑云母花岗岩；6.似斑状细粒黑云母花岗岩；7.斑状细粒花岗岩；8.花岗斑岩；9.断层；10.成矿流体运移方向；11.白云质灰岩夹层、矽卡岩白钨矿（化）体；12.细网脉状钨（钼）矿体；13.含钨石英脉；14.硅化、云英岩化

第十一节 钼矿典型矿床及成矿规律

钼矿的矿产预测类型有斑岩型、岩浆热液型、广义矽卡岩型等，其中广义矽卡岩型主要分布于马坑铁（钼）矿，在铁矿潜力评价中进行研究。故本节仅对斑岩型、岩浆热液型钼矿进行研讨。

一、钼矿典型矿床

福建省钼矿产的成矿作用与燕山期构造-岩浆作用有关，受花岗岩类的控制，可分为斑岩型和岩浆热液型，前者选择福安赤路、漳平北坑场为典型矿床；后者选择古田西朝为典型矿床分别说明成矿要素与成矿模式特征。

（一）福安赤路钼矿

1. 成矿要素研究成果总结

福安赤路钼矿床（图 6-70）位于浙闽粤沿海 Pb-Zn-Cu-Au-Ag-W-Sn-Nb-Ta -叶蜡石-明矾石-萤石成矿带（Ⅲ-80）的中部，属典型的斑岩型钼矿床，其成矿受到早白垩世花岗岩控制，矿体主要产于岩体的内外接触带，成矿要素见表 6-63。

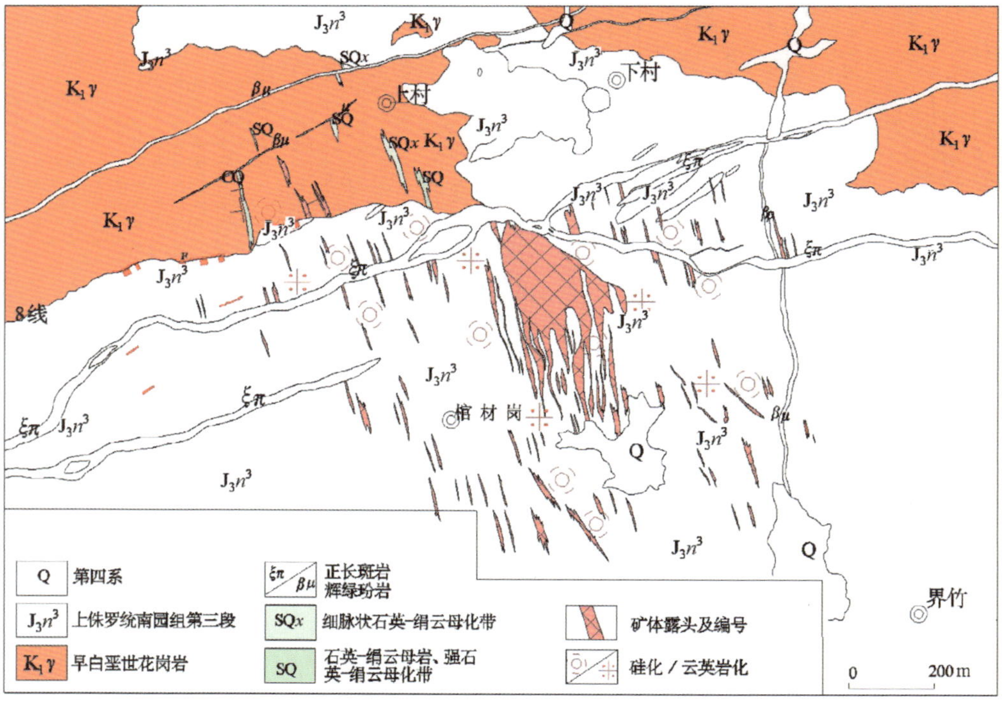

图 6-70 福建省福安赤路钼矿区地质略图

（据福建省第四地质大队《福建省福安市赤路矿区钼矿资源量核查报告》修编，2010）

表 6-63 福建省福安赤路钼矿典型矿床成矿要素一览表

成矿要素		描述内容	成矿要素分类
成矿时代		K_1	重要
大地构造背景		位于东南沿海岩浆弧(Ⅰ-4)(K_2),宁德-松溪北西向闽东火山断坳带,宁德-松溪北西向断裂带与福安-南靖北东向断裂带交会处,早白垩世寿山火山盆地东缘	重要
岩浆建造/岩浆作用		燕山晚期中—细粒似斑状花岗岩侵入	必要
成矿构造		燕山晚期侵入岩内外接触带,以北西向为主,次为北东向等,裂隙为储矿构造	必要
赋矿地层		上侏罗统南园组第三段	重要
成矿特征	矿体形态	根据控矿因素及矿体产出空间,分为内带矿、外带矿。内带矿主要赋存于花岗岩中,以及沿花岗岩顶面上下侧呈缓倾角的似层状、透镜状矿体,主矿体走向近东西,倾向南或北,倾角在20°~45°之间,矿体形态呈似层状、条带状、豆荚状;后者赋存于花岗岩体外接触带的围岩中,主要为陡倾角的脉状矿体,走向北北西,倾向南西西,倾角70°以上	次要
	矿物组合	金属矿物:主要为辉钼矿、黄铁矿,次为黑钨矿、白钨矿、磁铁矿、黄铜矿、辉铋矿等;非金属矿物:主要为石英、长石、绢云母、白云母,次为绿泥石、绿帘石、黑云母等	次要
	结构构造	辉钼矿呈半自形—他形叶片状单晶及集合体,同其他金属和非金属矿物共生;矿石构造类型以细脉状、细脉浸染状为主,次为条带状、团块状、晶洞状、脉状等	次要
围岩蚀变		围岩蚀变主要为钾长石化、云英岩化、绢英岩化、硅化、黄铁矿化	重要
矿床储量		钼矿石量:10 763.526×10^4t,钼金属量:68 684.47t;平均品位 0.11%	重要
找矿线索		本区矿化与燕山晚期侵入岩有关;具有强烈的围岩蚀变现象;化探 Mo 异常特征明显	重要

2. 成矿模式研究成果总结

福安赤路钼矿床为斑岩型钼矿,属燕山晚期花岗岩浆侵入活动成矿的产物,主要经历了花岗岩侵入—岩浆热液活动—矿液富集定位 3 个阶段(图 6-71)。本区在燕山晚期花岗岩浆侵入形成了花岗岩体,在岩浆成岩过程中,含矿热液在有利部位活动及岩体的内接触带形成厚大矿体,矿浆沿先期形成的裂隙向围岩运移,在构造等有利部位富集成矿。

矿体围岩蚀变与工业钼矿体主要在中—细粒似斑状花岗岩接触带附近,尤其内带工业钼矿赋存于接触带下百米左右(在构造复合处可深达 250m 以上),根据人工重砂磁铁矿单矿体光谱半定量分析结果显示此区域普遍含钼,主矿体成矿时代为早白垩世。成矿物质来源于岩浆热液,在上覆岩层厚约 2km 的封闭环境内,超酸性岩浆期后含矿气化-高温热液沿上述的断裂带上侵,沿裂隙充填交代而形成钼矿。在侵入岩的接触带附近形成云英岩化、钾长石化、硅化为主的围岩蚀变,或虽没有侵入体出露,但形成了一定的蚀变分带,特别是出现多期次蚀变矿化脉,应是重要的找矿标志。

(二)漳平北坑场钼矿

1 成矿要素研究成果总结

漳平北坑场钼矿床(图 6-72)位于永安-梅州-惠阳(凹陷)Fe-Pb-Zn-Cu-Au-Ag-Sb 成矿带(Ⅲ-82)东部,为典型斑岩型钼矿,成矿要素见表 6-64,岩浆建造/岩浆作用及成矿构造为矿区成矿必要要素。燕山晚期中—细粒黑云母花岗岩沿北东向断裂裂隙侵入到上二叠统翠屏山组至下三叠统溪口组中,含矿热液在围岩中交代充填成矿。

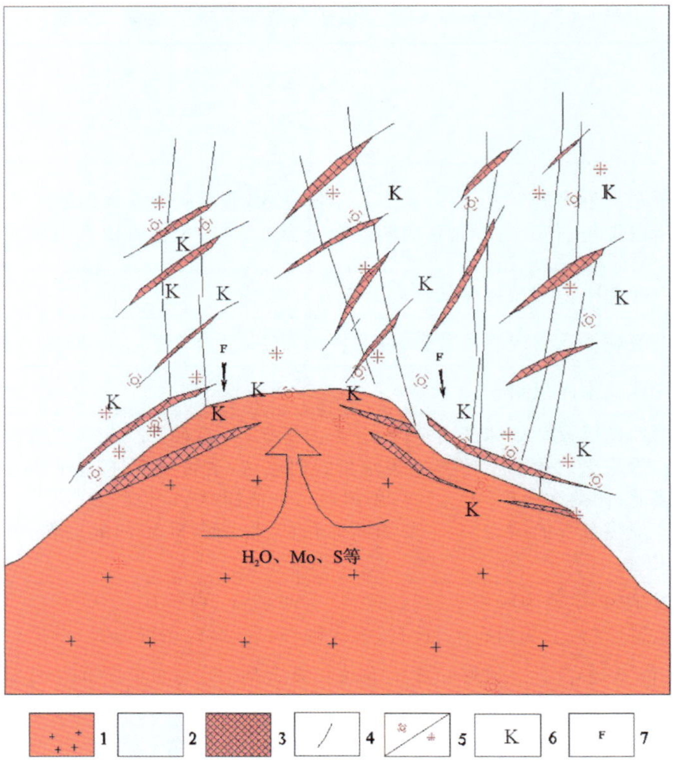

图 6-71　福建省福安赤路钼矿成矿模式图

1. 花岗岩；2. 流纹质晶屑凝灰熔岩；3. 矿（化）体；4. 地层裂隙；5. 硅化/云英岩化；6. 钾长石化；7. 上覆地层压力

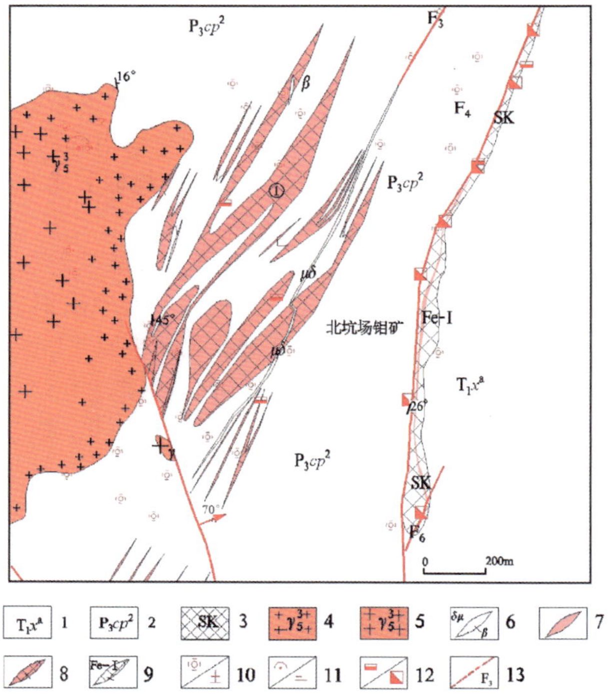

图 6-72　福建省漳平北坑场钼矿区地质略图

（据福建省地质调查研究院《福建省漳平市北坑场矿区大盂岭矿段钼铁矿详查及外围普查报告》修编，2010）

1. 下三叠统溪口组下段；2. 上二叠统翠屏山组上段；3. 矽卡岩；4. 细粒花岗岩；5. 中粒花岗岩；6. 闪长玢岩/辉长辉绿岩；7. 细粒花岗岩；8. 钼矿体；9. 铁矿体（褐铁矿）；10. 硅化/高岭石化；11. 叶蜡石化/绢云母化；12. 辉钼矿/褐铁矿化；13. 实测、推测断层及编号

表 6-64　福建省漳平北坑场钼矿典型矿床成矿要素一览表

成矿要素		描述内容	成矿要素分类
成矿时代		K_1	重要
大地构造背景		北坑场矿区位于华夏地块(Ⅵ-3)闽西南凹陷东侧,处于北东向政和-大埔断裂带与北西向永安-晋江大断裂带交会处,太华-长塔背斜的轴部	重要
岩浆建造/岩浆作用		燕山晚期中—细粒黑云母花岗岩体侵入	必要
成矿构造		燕山晚期侵入岩内外接触带,以北东向为主,次为北西向和近南北向,裂隙为储矿构造	必要
赋矿地层		上二叠统翠屏山组至下三叠统溪口组	重要
成矿特征	矿体形态	矿体分叉呈脉状、树枝状、条带状	次要
	矿物组合	金属矿物以辉钼矿为主,含少量的闪锌矿、黄铜矿、黄铁矿、磁铁矿等,脉石矿物成分较复杂,且矿物结晶均较细小	次要
	结构构造	矿石结构:矿石主要呈他形—半自形粒状结构、半自形片状结构或半自形粒状变晶结构;矿石构造:以细脉状、网脉状构造为主,少数为星散浸染状、条带状、角砾状构造	次要
围岩蚀变		主要的围岩蚀变有硅化、绢英岩化、碳酸盐化、萤石化等	重要
矿床储量		钼金属量 33 600t,平均品位 0.08%	重要
找矿线索		在水系沉积物中有 Mo、W 等元素的异常,是重要的找矿标志;在 1∶1 万土壤测量中具有强度高、规模大、异常形规整、浓度变化显著的 Mo 异常,是重要找矿的标志;本区矿化与燕山晚期侵入岩有关;具有强烈的围岩蚀变现象	重要

2. 成矿模式研究成果总结

北坑场钼矿形成大致经历了一个主要成矿期,在白垩纪花岗岩体的侵入过程中,成矿物质被运移至浅部,在岩体成岩后期或期后,发生热液及矿质富集。矿质沿岩体接触带的裂隙运动并在有利部位富集成矿,主成矿时代为白垩纪(图 6-73)。

(三)古田西朝钼矿

1. 成矿要素研究成果总结

古田西朝岩浆热液型钼矿床(图 6-74)位于浙闽粤沿海 Pb-Zn-Cu-Au-Ag-W-Sn-Nb-Ta -叶蜡石-明矾石-萤石成矿带(Ⅲ-80)东部,为典型岩浆热液型钼矿,成矿要素见表 6-65,富含钼矿质的早白垩世黑云母花岗岩沿北东向断裂、裂隙侵入到晚侏罗世的二长花岗岩及南园组火山岩中,矿质在合适的部位定位形成岩浆热液型钼矿。

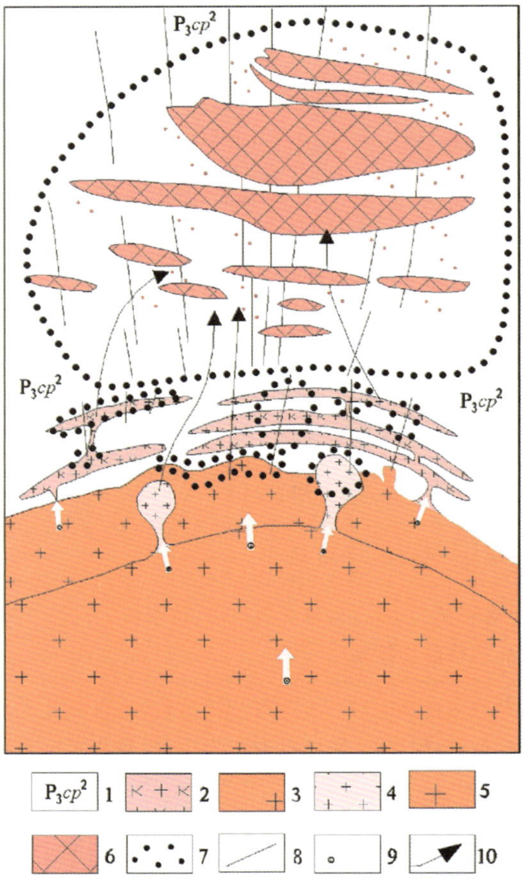

图 6-73　福建省漳平北坑场矿区钼矿床成矿模式图(据张达等修改,2010)

1.上二叠统翠屏山组砂岩及粉砂岩;2.细粒钾长花岗岩;3.细粒花岗岩;4.花岗斑岩;5.中粗粒花岗岩;6.辉钼矿体;7.硅化角岩化蚀变;8.断裂破碎带;9.岩浆侵位方位;10.成矿热液运移方向

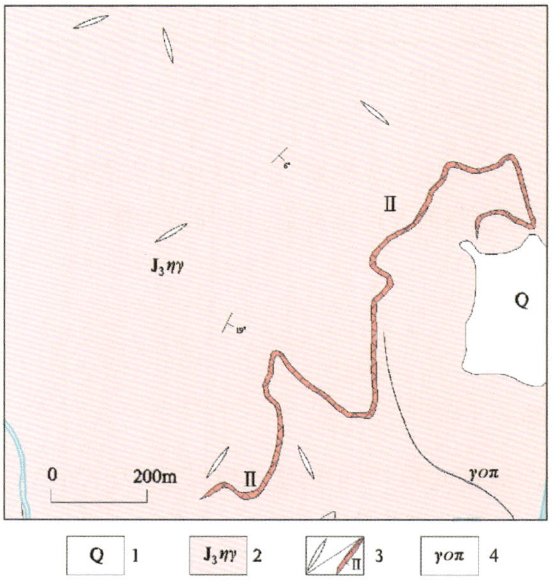

图 6-74　福建省古田西朝钼矿区地质略图

(据福建省闽北地质大队《福建省古田县西朝矿区钼矿资源量核查报告》修编,2010)

1.第四系;2.晚侏罗世二长花岗岩;3.石英斑岩钼矿体及编号;4.斜长花岗斑岩

表 6-65　福建省古田西朝钼矿典型矿床成矿要素一览表

成矿要素		描　述　内　容	成矿要素分类
成矿时代		K_1(Re-Os 同位素年龄约 113.4Ma)	重要
大地构造背景		位于东南沿海岩浆弧(Ⅵ-4)(K_2),屏南-梅林断陷带中部,政和-大埔深断裂北段南东侧	重要
岩浆建造/岩浆作用		早白垩世黑云母花岗岩侵入	重要
成矿构造		早白垩世花岗岩体外接触带及北东向断裂(裂隙)等	必要
赋矿地层		晚侏罗世二长花岗岩以及南园组火山岩	必要
成矿特征	矿体形态	以呈似层状为主,次为豆荚状、透镜状,具膨缩、分支、复合现象,受侵入岩体的原生层节理带控制,主矿层总体呈背型分布,往北东略倾伏,两翼倾角较缓	次要
	矿物组合	金属矿物有辉钼矿、磁铁矿、褐铁矿、钼华和黄铁矿,脉石矿物主要为石英、钾长石、斜长石、绢云母、黑云母及绿泥石等	次要
	结构构造	矿石的主要结构有自形—半自形片状结构,自形—半自形鳞片状结构等;矿石构造主要有星点状(浸染状)构造、细脉状构造、角砾状构造、薄膜状构造、细脉浸染状构造和网脉状构造	次要
围岩蚀变		主要蚀变有硅化、绢云母化、黄铁矿化、绿泥石化,次要有钾化、绢英岩化、绿帘石化、角岩化、碳酸盐化等,绢云母化、绿泥石化、钾化是近矿围岩蚀变	重要
矿床储量		钼矿石量 2 695.970 83×10^4t,钼金属量 57 540.83t,平均品位 0.213%	重要
找矿线索		地表氧化、原生矿石露头、冲沟内矿石转石是找矿的直接标志;缓倾斜伴有黄铁矿化的石英脉是重要的找矿标志;钾长石化、绢英岩化-黄铁矿化组合蚀变带是重要的间接找矿标志;Mo 地球化学异常是重要的找矿标志;黑云母二长花岗岩原生节理裂隙带发育区,并伴随有后期岩体持续侵入的地区是寻找本类型矿床的有利地区	重要

2. 成矿模式研究成果总结

西朝钼矿属早白垩世花岗岩侵入活动成矿产物,其主要成矿时代为 K_1[Re-Os 同位素年龄为113.4Ma(据赵芝等,2012)],主要经历了花岗岩侵入—岩浆热液活动—矿液富集定 3 个阶段。在岩浆侵入过程中,岩体的围岩构造发生活化,含矿热液沿此类断裂(裂隙)运移,并在成矿有利部位沉淀富集形成矿体,成矿过程形成了有关围岩蚀变(图 6-75)。

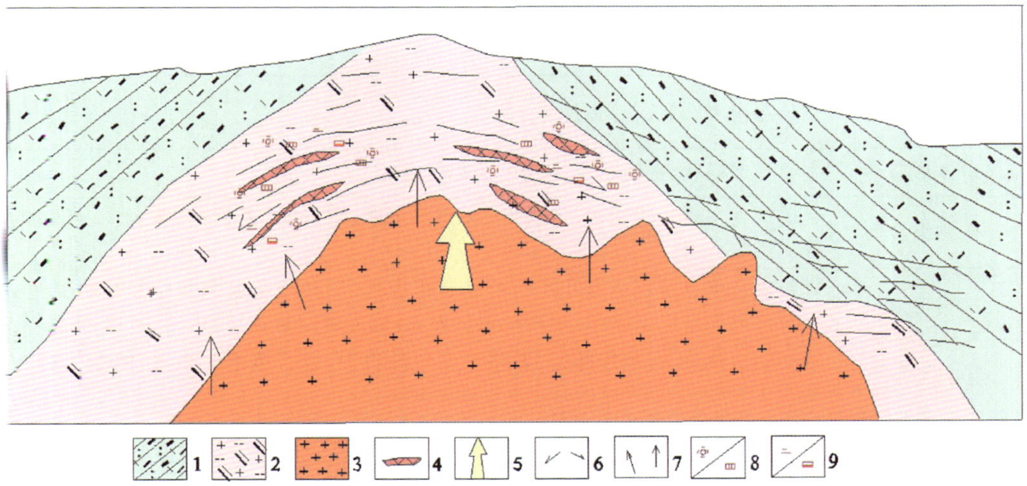

图 6-75　福建省古省田西朝矿区钼矿成矿模式图

1.火山凝灰岩地层;2.似斑状黑云母二长花岗岩;3.黑云母花岗岩;4.矿体;5.后期岩浆侵入顶托应力方向;6.滑托应力方向;7.热液上侵花岗岩中 Mo 元素析出被带入早期形成滑托构造中沉淀成矿;8.硅化/黄铁矿化;9.绢云母化/辉钼矿化

二、钼矿预测工作区成矿规律

本次钼矿预测工作区共17处，其中具有代表性的2处，即福安赤路、建阳井后-古田西朝。以下对上述预测工作区进行区域成矿要素及成矿模式研究成果总结，在区域成矿特征分析、成矿要素分析提取工作的基础上，建立了福建省斑岩型及岩浆热液型钼矿的区域成矿模式并绘制了钼矿区域成矿模式图。

1. 赤路式斑岩型钼矿成矿模式

赤路式斑岩型钼矿的成矿模式主要为白垩纪花岗岩侵入于中生代或古生代等碎屑岩地层中，在岩浆演化的后期析出的含钼矿热液，在岩体的内外接触带形成厚大的矿体。内接触带的岩体常位于岩体的顶部，外接触带的矿体呈脉状，并向外矿体变小。预测工作区有福安赤路、浦城上厂-松溪大林坑、连城姑田、永安槐南-漳平北坑场共4个区。

2. 西朝式岩浆热液型钼矿成矿模式

西朝式岩浆热液型钼矿的成矿模式主要为白垩纪花岗岩侵入于围岩中，在岩浆后期或期后生成大量的含钼矿热液，沿着岩浆侵入作用形成的构造裂隙带运动，在构造有利部位定位形成了矿体。围岩可为新元古代变质岩、中生代火山碎屑岩及先存的花岗岩等。矿体主要定位于外接触带的裂隙中，常呈脉状、网脉状等。产状平缓，如古田西朝、武夷山上西坑等，各预测工作区成矿要素特征详见表6-66，图6-76，表6-67，图6-77。

表6-66　福建省福安赤路预测工作区赤路式斑岩型钼矿区域成矿要素一览表

区域成矿要素		描述内容	成矿要素分类
特征描述		赤路式斑岩型钼矿	
区域成矿地质环境	大地构造位置	东南沿海岩浆弧(Ⅵ-4)，松溪-宁德北西向断裂带南部	必要
	成矿时代	早白垩世岩浆侵入成矿期	重要
	主要控矿构造	燕山晚期侵入岩内外接触带，以北西向为主，次为北东向等，裂隙为储矿构造	重要
	主要赋矿地层	上侏罗统南园组	重要
	侵入岩建造	燕山晚期中—细粒似斑状花岗岩	必要
区域成矿地质特征	含矿岩系岩性组合	正长花岗岩、二长花岗岩	必要
	矿体形态	主要呈似层状、透镜状、条带状、豆荚状、脉状	重要
	矿物组合	金属矿物主要为辉钼矿、黄铁矿，次为黑钨矿、白钨矿、磁铁矿、黄铜矿、辉铋矿等	重要
	结构构造	辉钼矿呈半自形—他形叶片状单晶及集合体，同其他金属和非金属矿物共生；矿石构造类型以细脉状、细脉浸染状为主，次为条带状、团块状、晶洞状、脉状等	重要
	矿石类型	石英(大)脉型、石英细脉型、裂隙型和角砾岩型，以石英细脉型、裂隙型矿石为主	重要
	围岩蚀变	主要为钾长石化、云英岩化、绢英岩化、硅化、黄铁矿化	重要
	矿化资源情况	中型钼矿床1处，小型钼矿床4处，钼矿点1处	次要

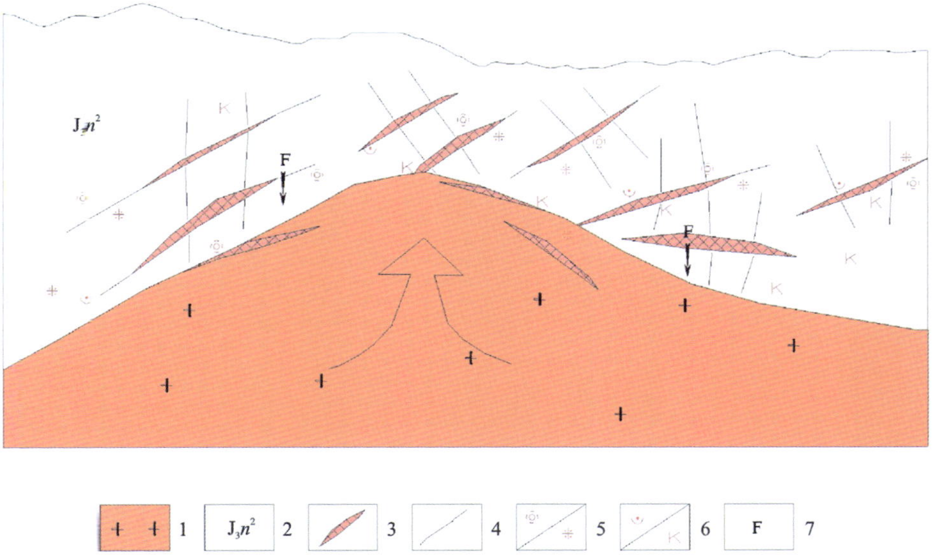

图 6-76　福建省福安赤路钼矿区域成矿模式图

1. 花岗岩；2. 南园组第二段流纹质晶屑凝灰熔岩；3. 矿（化）体；4. 地层裂隙；5. 硅化/云英岩化；6. 绢英岩化/钾长石化；7. 上覆地层压力

表 6-67　福建省建阳井后-古田西朝区西朝式岩浆热液型钼矿区域成矿要素表

区域成矿要素		描　述　内　容	成矿要素分类
特征描述		西朝式岩浆热液型钼矿	
区域成矿地质环境	大地构造位置	主要位于华夏地块	必要
	成矿时代	早白垩世岩浆侵入成矿期	重要
	主要控矿构造	早白垩世花岗岩体外接触带及北东向断裂（裂隙）等	重要
	主要赋矿地层	晚侏罗世花岗岩及南园组等	次要
	侵入岩建造	早白垩世花岗岩	必要
区域成矿地质特征	含矿岩系岩性组合	似斑状黑云母二长花岗岩	必要
	矿体形态	呈似层状，次为豆荚状、透镜状，具膨缩、分支、复合现象，受侵入岩体的原生层节理带控制，主矿层总体呈背型分布，往北东略倾伏，两翼倾角较缓	重要
	矿物组合	金属矿物有辉钼矿、磁铁矿、褐铁矿、钼华和黄铁矿，脉石矿物主要为石英、钾长石、斜长石、绢云母、黑云母及绿泥石等	重要
	结构构造	矿石的主要结构有自形—半自形片状结构，自形—半自形鳞片状结构等；矿石构造主要有星点状（浸染状）构造、细脉状构造、角砾状构造、薄膜状构造、细脉浸染状构造和网脉状构造	重要
	矿石类型	石英脉型	重要
	围岩蚀变	主要蚀变有硅化、绢云母化、黄铁矿化、绿泥石化，次要有钾化、绢英岩化、绿帘石化、角岩化、碳酸盐化等，绢云母化、绿泥石化、钾化是近矿围岩蚀变	重要
	矿化资源情况	中型钼矿床 2 处，小型钼矿床 1 处，钼矿点 1 处	重要

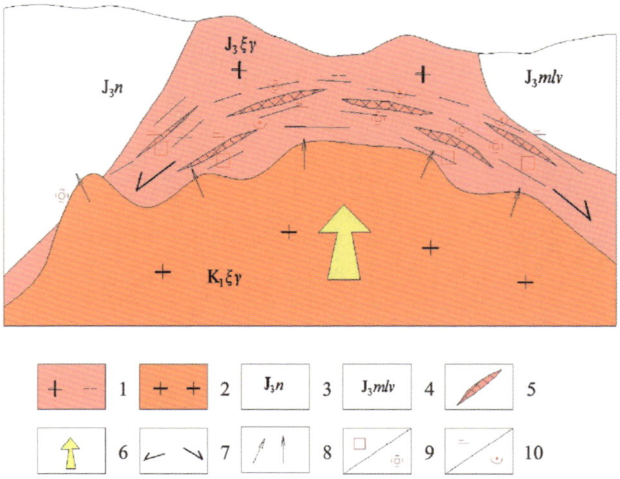

图 6-77　福建省建阳井后-古田西朝钼矿成矿模式图

1. 少斑中粒黑云母花岗岩；2. 黑云母花岗岩；3. 南园组；4. 晚侏罗世碎斑熔岩；5. 钼矿（化）体；6. 后期岩浆侵入顶托应力方向；7. 滑脱应力方向；8. 热液上侵花岗岩中 Mo 元素析出带入早期形成滑托构造中沉淀成矿；9. 黄铁矿化/硅化；10. 绢云母化/绢英岩化

钼矿在福建省各主要构造单元中均有分布，如闽西北隆起区有浦城九里、上厂、武夷山上西坑，闽西南凹陷区有漳平北坑场、连城姑田、永定山口钼矿等，在闽东岩浆弧见有福安赤路钼矿、古田西朝钼矿等。闽西南凹陷带内的钼矿主要为近年所发现，这些钼矿多与深大断裂或区域性断裂有关。在政和-大埔北东向深大断裂带分布有漳平北坑场钼矿、龙岩马坑铁钼矿等，松溪-宁德北西向断裂带有福安赤路钼矿等，上杭-云霄北西向断裂带有永定山口及上杭地区钼矿等。

总之，福建省钼矿在空间上与燕山期构造岩浆带关系密切，在时间上为燕山期构造-岩浆活动的产物。

第十二节　锡（锂）矿典型矿床及成矿规律

福建省锡（锂）矿产主要有斑岩型和花岗伟晶岩型，分别选择典型矿床和预测工作区进行成矿规律研究。

一、锡（锂）矿典型矿床

斑岩型锡矿选择宁化松岭锡矿为典型矿床，花岗伟晶岩型选择南平西坑锡（锂）矿为典型矿床。

（一）宁化松岭锡矿

1. 成矿要素研究成果总结

宁化松岭锡矿（图 6-78）位于浙中-武夷隆起 W-Sn-Mo-Au-Ag-Pb-Zn-Nb-Ta -萤石成矿带（Ⅲ-81）内，属斑岩型锡矿，富含锡矿质的燕山期花岗岩沿着断裂（裂隙）侵入在岩体的内外接触带形成矿体，成矿要素见表 6-68。

2. 成矿模式研究成果总结

本矿床属斑岩型锡矿，成矿与燕山期花岗岩、岩浆期后含矿热液有关（图 6-79）。成矿作用主要经过

3 个阶段，即燕山期岩浆侵入阶段、岩浆后期岩脉侵入阶段、含矿热液运移与定位阶段。酸性岩浆侵入时代为 J_3，主要形成构造环境为压扭性—张性—张扭性的转化过程。在此过程中形成大量的构造裂隙，为成矿提供了有利条件。岩浆期后残余岩浆活动形成酸性岩脉，主要成矿作用期是在岩脉形成之后，富含矿质的热液在构造有利部位沉淀形成矿体。

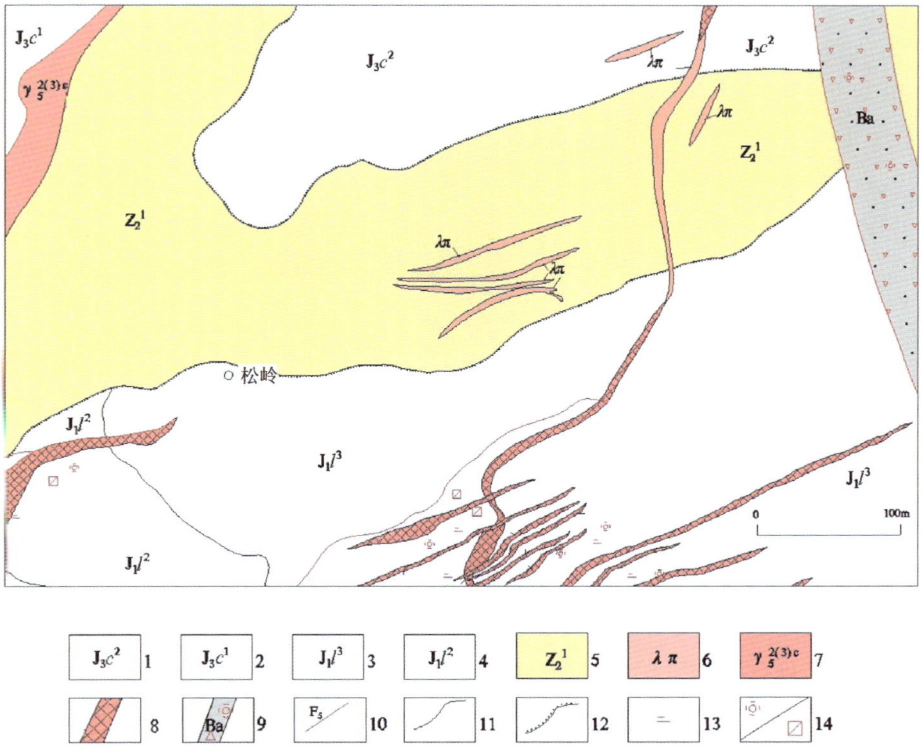

图 6-78　福建省宁化松岭锡矿区地质略图

（据福建省闽北地质大队《福建省宁化县松岭矿区锡矿资源量调查报告》修编，2010）

1. 上侏罗统长林组上段复成分砾岩夹中粒长石石英砂岩；2. 上侏罗统长林组下段复成分砾岩；3. 上侏罗统梨山组上段细粒长石石英砾岩夹粉砂岩含泥砾中细粒长石石英砾岩；4. 上侏罗统梨山组中段中粒长石石英砂岩与粉砂岩；5. 上震旦统下岩组变质细粒长石石英砂岩夹云母石英片岩；6. 黄玉化石英斑岩；7. 上侏罗统锂云母钠长石化花岗岩；8. 矿体及编号；9. 硅化破碎带；10. 断层及编号；11. 地质界线；12. 不整合地质界线；13. 绢云母化；14. 硅化/黄玉化

表 6-68　福建省宁化松岭锡矿典型矿床成矿要素一览表

成矿要素		描　述　内　容	成矿要素分类
成矿时代		燕山早期	重要
大地构造背景		华夏地块（Ⅵ-3）闽西北隆起带，光泽-武平断裂带与南平-宁化断裂带交会处	重要
岩浆建造/岩浆作用		燕山早期黑云母花岗岩侵入	必要
成矿特征	成矿构造	燕山早期花岗岩体外接触带及北东向、北北东向断裂（裂隙）等	必要
	赋矿地层	梨山组沉积岩及震旦系变质岩	重要
	矿体形态	呈脉状、网脉状产出，局部形态有膨大缩小、分支、复合、弯曲现象，总体倾向北西，倾角 50°～80°	次要
	矿物组合	锡石、黑钨矿、黄铜矿、黄铁矿、方铅矿、斑铜矿、辉钼矿、褐铁矿、石英、长石、绢云母、绿泥石等	次要
	结构构造	自形—半自形片状结构、他形粒状结构、包含结构等；细脉状构造、条带状构造、环带状构造、浸染状构造等	次要
围岩蚀变		硅化、黄玉化、绢云母化-锂白云母化、绿泥石化、萤石化、石英岩化	重要
矿床储量		累计查明锡矿石量 121.175 2×10^4t，锡金属量 5 512.79t，平均品位 0.436%	重要
找矿线索		锡石重砂异常区；水系沉积物 Sn 元素高异常区；燕山晚期石英斑岩脉产出带；北东向、北北东向断裂构造发育区；具硅化、黄玉化、绢云母化-锂白云母化等蚀变组合	重要

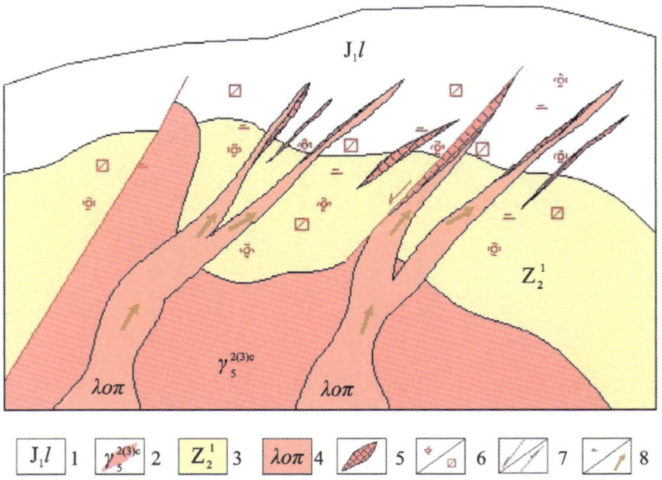

图 6-79 福建省宁化松岭矿区锡矿成矿模式图

1.下侏罗统梨山组;2.燕山早期花岗岩;3.上震旦统下岩组变质细粒长石石英砂岩夹云母石英片岩;4.燕山晚期石英斑岩;5.锡矿体;6.硅化/黄玉化;7.逆断层/正断层;8.绢云母化/成矿流体运移方向

(二)南平西坑锡(锂)矿

1. 成矿要素研究成果总结

南平西坑锡(锂)矿床(图 6-80)位于浙中-武夷隆起 W-Sn-Mo-Au-Ag-Pb-Zn-Nb-Ta -萤石成矿带(Ⅲ-81)内,属花岗伟晶岩型铌钽锡(锂)矿,成矿要素见表 6-69。成矿必要要素有岩浆建造/岩浆作用及成矿构造,加里东期花岗岩沿北东向断裂侵入到元古宙变质岩中,形成花岗伟晶岩及其矿体。

2. 成矿模式研究成果总结

南平西坑矿区锡(锂)矿为伟晶岩型矿,属加里东期花岗岩浆侵入活动成矿的产物。在加里东期岩浆活动的后期,形成大量的富含挥发分的残余岩浆,此类岩浆富含铌、钽、锡(锂)等物质,沿断裂(裂隙)运移,并在构造等有利部位富集,形成厚大矿体(图 6-81)。

矿区内花岗伟晶岩的形成与加里东期花岗岩关系密切,岩石化学成分及形成时代都说明了这一点。在挥发分大量集中的条件下,Sn 等元素逐步富集而随残余熔浆侵入到变质岩中,才形成本区含锡等金属矿产的花岗伟晶岩。伟晶岩流体沿变质岩内构造裂隙运移,分异过程中高熔融与低活动性组分先结晶,逐步演化。主要矿物生成顺序为:原生期钠更长石—微斜长石—锂辉石—白云母—石英;交代期钠长石—石英、细鳞白云母—绢云母。交代阶段,经钠长石化、云英岩化、矿化进一步加强,形成近岩体到远离岩体、由低类型到高类型花岗伟晶岩、花岗伟晶岩围绕岩体呈带状分布。矿段内花岗伟晶岩型的矿化特点是:矿化自南而北、从西到东由弱到强,与含矿气液运移方向吻合。

二、锡(锂)矿预测工作区成矿规律

本次锡(锂)矿预测工作区共 8 处,即宁化石壁、将乐新路口-明溪、古田三堡-闽清、永定-云霄、武夷山洋庄-邵武水北、连城庙前-龙岩中甲、长汀濯田、建瓯-南平-沙县,其中斑岩型锡矿选择宁化石壁为代表,花岗伟晶岩型锡(锂)矿选择建瓯-南平-沙县进行说明,各预测工作区成矿要素见表 6-70,图 6-82,表 6-71,图 6-83。

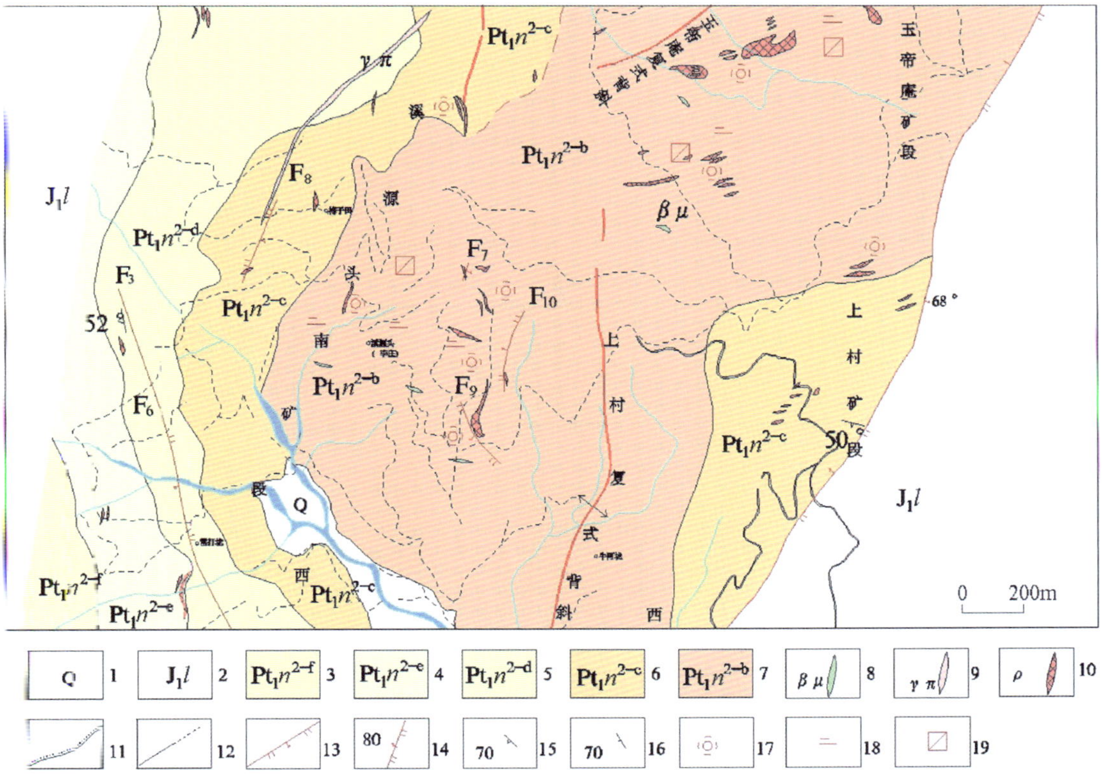

图 6-80　福建省南平西坑矿区地质略图

（据福建省闽北地质大队《福建省南平市西坑矿区溪源头南矿段、西坑南矿段铌钽矿资源量核实报告》修编，2007）

1. 第四系；2. 下侏罗统梨山组；3. 古元古界南山岩组上段第六亚段；4. 古元古界南山岩组上段第五亚段；5. 古元古界南山岩组上段第四亚段；6. 古元古界南山岩组上段第三亚段；7. 古元古界南山岩组上段第二亚段；8. 辉绿（玢）岩；9. 花岗斑岩；10. 未编号伟晶岩；11. 不整合地层接触界线；12. 实测、推测地层界线；13. 正断层；14. 逆断层；15. 片理产状；16. 侵入体与围岩接触面产状；17. 硅化；18. 绢云母化；19. 黄玉化

表 6-69　福建省南平西坑锡（锂）矿典型矿床成矿要素一览表

成矿要素		描述内容	成矿要素分类
成矿时代		加里东期	重要
大地构造背景		华夏地块（Ⅵ-3）闽西北隆起带东南缘	重要
岩浆建造/岩浆作用		本区构造活动频繁，岩浆活动强烈，从加里东期均有岩浆岩形成，加里东期花岗岩是伟晶岩的母岩	必要
成矿构造		主体构造线为北东向，受后期南北向褶皱叠加改造使其方位局部发生偏转	必要
赋矿地层		古元古界南山岩组	重要
成矿特征	矿体形态	脉体以扁长透镜状为主，脉状次之，不规则状少见；脉体（群）在平、剖面上多呈斜列式；空间上多呈“S”或反“S”形弯曲	次要
	矿物组合	主要造岩矿物有石英、钠长石、腐锂辉石、微斜长石、白云母、绢云母等，次要矿物有钠更长石，副矿物有磁铁矿、钛铁矿、锆石、锡石、方铅矿、闪锌矿、黄铜矿、电气石、磷灰石、软锰矿、褐铁矿、黄铁矿、钛铁矿、金红石、重晶石、天蓝石、钙铁榴石等	次要
	结构构造	矿石的结构包括原生结构（花岗伟晶结构、粒状镶嵌结构、似文象结构和包容结构）和交代结构（不完全交代结构、完全交代结构）；矿石的构造主要有块状构造、斑杂状构造、条带状构造、片状构造等	次要

续表 6-69

成矿要素	描 述 内 容	成矿要素分类
围岩蚀变	主要有硅化、黑鳞云母化和黑电气石化	重要
矿床储量	南平西坑锡(锂)矿累计探明铌(333)储量 4 400.62t;钽 5 582.79t;锡11 507.68t;平均品位 0.067%(据西坑南矿段),锂 5 004.01t,平均品位 0.135%	重要
找矿线索	①花岗伟晶岩岩脉及残坡积物是直接的找矿标志;②花岗伟晶岩的钠长石化、云英岩化是铌钽矿化的直接标志,在花岗伟晶岩顶底板、黑电气石化、硅化、黑鳞云母化往往可作为间接找矿标志;③重砂异常,以锡石为主的综合性(含锆石、磷钇石、铌钽铁矿等)自然重砂异常和铌钽重砂异常区(点)是重要的找矿标志;④Sn 次生晕异常,区内锡矿化往往与铌钽矿化相伴生;⑤Li、Rb、Cs 原生晕异常,可作为间接找矿标志;⑥物探(电法)异常—西坑铌钽矿区电剖面法试验表明:高阻窄带异常分布范围多数与花岗伟晶岩出露形态一致	重要

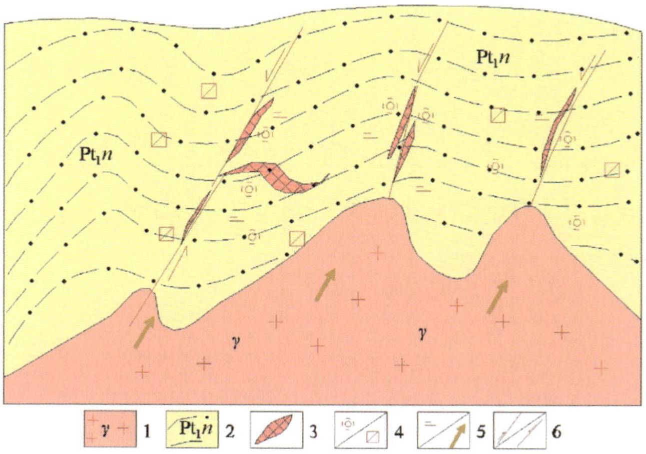

图 6-81 福建省南平西坑矿区锡(锂)矿成矿模式图

1.花岗岩;2.古元古界南山岩组;3.锡矿体;4.硅化/黄玉化;5.绢云母化/成矿流体运移方向;6.逆断层/正断层

表 6-70 福建省宁化石壁松岭式斑岩型锡矿区域成矿要素表

区域成矿要素		描 述 内 容	成矿要素分类
特征描述		松岭式斑岩型锡矿	
区域成矿地质环境	大地构造位置	华夏地块	必要
	成矿时代	主成矿期为燕山早期	重要
	主要控矿构造	以北北东向断裂构造等为主,区域上主要是崇安-石城北东向断裂带南段	重要
	主要赋矿地层	以新元古代变质岩地层为主,次为梨山组等	次要
	侵入岩建造	燕山早期岩浆侵入,主要为酸性正长花岗岩、二长花岗岩,成因类型为中深成的壳源以及壳幔混合源	必要
区域成矿地质特征	含矿岩系岩性组合	黑云母花岗岩,钻探证实深部存在隐伏黑云母花岗岩	必要
	矿体形态	矿体主要分布于燕山早期花岗岩的外接触带上,往往沿断裂破碎带等填充,呈脉状、网脉状产出	重要
	矿物组合	金属矿物有锡石、黄铁矿、方铅矿、闪锌矿;非金属矿物有长石、石英、绢云母等	重要
	结构构造	矿石结构主要为自形—半自形片状结构、他形粒状结构、包含结构、固溶体分离结构等;矿石构造主要以浸染状构造为主,次为脉状构造、块状构造	重要
	矿石类型	石英网脉状矿石	重要
	围岩蚀变	黄玉化、云英岩化、硅化、黄铁矿化、绢云母化等	重要

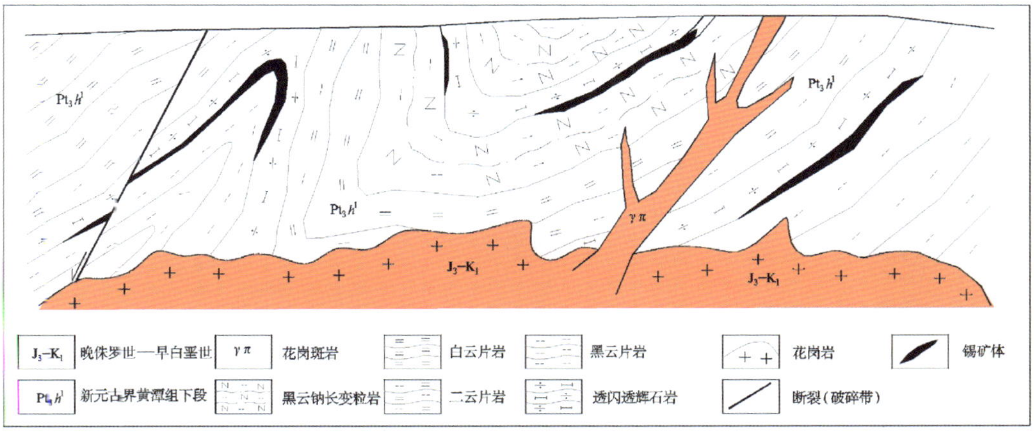

图 6-82　福建省宁化石壁锡矿区域成矿模式图

表 6-71　福建省建瓯-南平-沙县预测工作区西坑式伟晶岩型锡(锂)矿区域成矿要素一览表

区域成矿要素		描　述　内　容	成矿要素分类
特征描述		西坑式伟晶岩型锡(锂)矿	
区域成矿地质环境	大地构造位置	华夏地块(Ⅵ-3)	必要
	成矿时代	志留纪岩浆侵入成矿期	重要
	主要控矿构造	以北东向、北北东向断裂构造为主	重要
	主要赋矿地层	志留纪花岗伟晶岩、龙北溪岩组、下峰岩组	次要
	侵入岩建造	志留纪正长花岗岩、二长花岗岩	必要
	区域变质岩及建造	区域变质程度较高,原岩为砂泥质岩(含碳质)、泥灰岩及中基性火山岩,为海相环境形成的岩石组合,为砂泥质大理石建造的陆源碎屑岩,经区域变质作用形成一套低角闪岩相区域变质岩,具有不同程度的混合岩化;主要岩性为黑云斜长变粒岩、黑云二长变粒岩、云母石英片岩、斜长角闪片岩、英云闪长质变麻岩等	必要
区域成矿地质特征	含矿岩系岩性组合	正长花岗岩、二长花岗岩、花岗伟晶岩	必要
	矿体形态	主要呈脉状	重要
	矿物组合	金属矿物为锡石、黑钨矿、黄铜矿、黄铁矿等	重要
	结构构造	矿石的主要结构有自形—半自形片状结构,自形—半自形鳞片状结构等;矿石构造主要有星点状(浸染状)构造、细脉状构造、角砾状构造、薄膜状构造、细脉浸染状构造和网脉状构造	次要
	矿石类型	伟晶岩型	重要
	围岩蚀变	主要蚀变有电气石化、云英岩化、硅化、钠长石化等	重要
	矿化资源情况	中型锡(锂)矿床 1 处,锡矿点 1 处,其中中型矿床锡(锂)储量 0.352×10^4 t,平均品位 Sn 0.049 4%,Li 0.0317%	重要

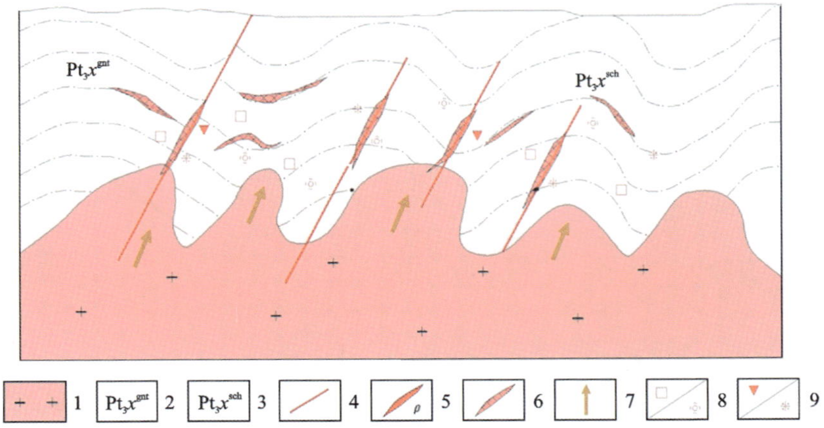

图 6-83　福建省建瓯-南平-沙县锡(锂)矿区域成矿模式图

1. 花岗岩；2. 新元古界下峰(岩)组变粒岩段；3. 新元古界下峰(岩)组片岩段；4. 断层；5. 花岗伟晶岩脉；6. 锡矿(化)体；7. 成矿流体运移方向；8. 黄铁矿化/硅化；9. 电气石化/云英石化

总之，福建省斑岩型锡矿多为燕山早期(晚侏罗世)酸性岩浆作用的产物，空间上位于燕山早期花岗岩的接触带及附近，伟晶岩型锡(锂)矿在空间上与加里东期伟晶岩关系密切。

第十三节　稀土矿典型矿床及成矿规律

一、稀土矿典型矿床

福建省稀土矿床资源较丰富，已发现有 90 个稀土矿床(点)，以风化壳离子吸附型稀土矿为主，相对集中于闽西地区。按照全国矿产预测类型划分方案，稀土矿预测类型为花岗岩风化壳离子吸附型，选取的典型矿床为长汀南塘稀土矿床。

(一)长汀南塘离子吸附型稀土矿

1. 成矿要素研究成果总结

长汀南塘离子吸附型稀土矿床(图 6-84)位于浙中-武夷隆起 W-Sn-Mo-Au-Ag-Pb-Zn-Nb-Ta -萤石成矿带(Ⅲ-81)内，属典型风化壳中离子吸附型稀土矿，成矿要素见表 6-72。晚侏罗世黑云母花岗岩侵入岩体经地壳抬升，在物理、化学作用下稀土矿物与全风化层富集成矿。

2. 成矿模式研究成果总结

1)风化壳稀土成矿作用的主要控制因素

(1)原岩中稀土元素的丰度、分布形式和赋存状态：稀土元素主要赋存于造岩矿物中，占 70%，其中长石中的稀土元素占 50%，石英占 15%，云母占 5%。原岩的副矿物含稀土元素约 30%，主要赋存于独居石、褐帘石、褐钇铌矿中。可见，离子吸附型的稀土矿主要来源于长石等造岩矿物的风化分解。

(2)风化壳的发育和保存：矿区温热湿润的亚热带气候，有利于风化壳的发育和形成。但是风化壳形成以后，由于剥蚀、冲刷的原因，加上植被不发育，风化壳完好程度较差，大部分矿体裸露地表，因此矿体厚度较小。

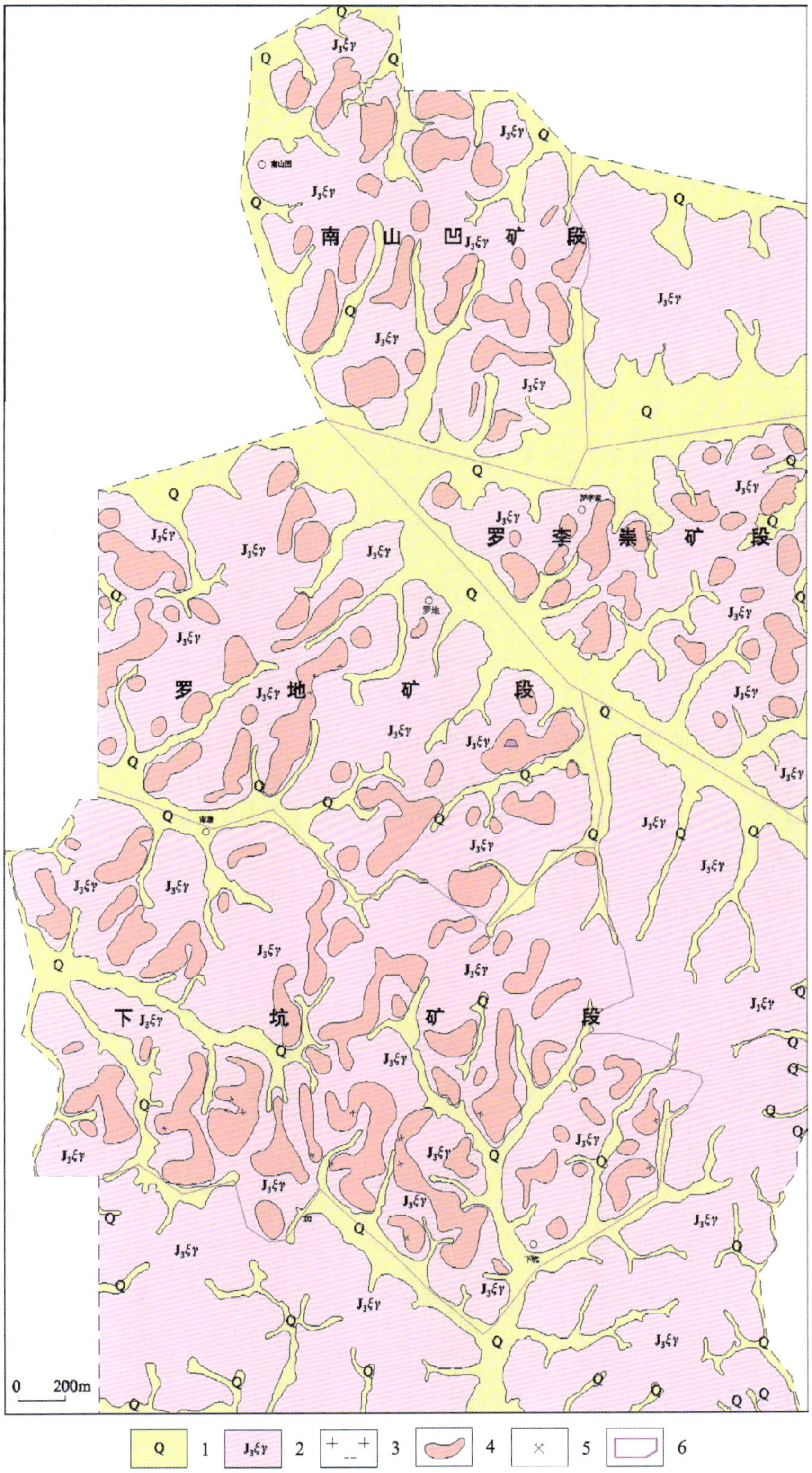

图 6-84　福建省长汀南塘矿区地质略图
（据福建省闽西地质大队《福建省长汀县南塘稀土矿床详查地质报告》修编，1988）
1. 第四系冲洪积物；2. 晚侏罗世黑云母正长花岗岩；3. 黑云母正长花岗岩；
4. 矿体；5. 稀土采矿场；6. 矿段范围

表 6-72　福建省长汀南塘稀土矿典型矿床成矿要素一览表

成矿要素		描 述 内 容	成矿要素分类
古气候		温热湿润的亚热带气候	必要
地形地貌		低山缓坡、丘陵地带	必要
成矿时代		Q	必要
大地构造背景		闽西南凹陷带西部，清流-武平复式背斜	重要
大地构造演化阶段		燕山期岩浆喷发，燕山期后地壳抬升	必要
侵入岩建造		晚侏罗世侵入岩，花岗岩建造	必要
成矿特征	矿体形态	似层状，倾角与地形坡度基本相同，与围岩无明显界线，呈渐变过渡	重要
	矿物组合	以黏土类次生矿物为主，如高岭石、埃洛石、蒙脱石、伊利石、水云母等	重要
	结构构造	镶嵌碎裂结构，准块状构造	次要
围岩蚀变		绢英岩化、云英岩化、硅化	次要
矿床储量		轻稀土氧化物 1.168 9×10^4t，保有储量 1.116 7×10^4t，规模达中型	次要
找矿线索		闽西南凹陷带；晚侏罗世花岗岩；低缓丘陵地带；风化壳发育	重要

2）矿床成因

黑云母花岗岩由于物理、化学风化作用，原岩中所含的稀土矿物风化分解，稀土元素以水合离子状态进入弱酸的天然水中，与此同时长石、云母等造岩矿物也因风化作用变成次生高岭石、水云母等黏土矿物。上述含稀土的溶液在不断向下、向两侧渗透迁移过程中，稀土阳离子被黏土矿物——天然离子交换剂吸附或置换，在风化作用不断进行的长期演化过程中，稀土元素逐渐在全风化层中的上部淋滤富集成矿，形成离子吸附型稀土矿床（图 6-85）。

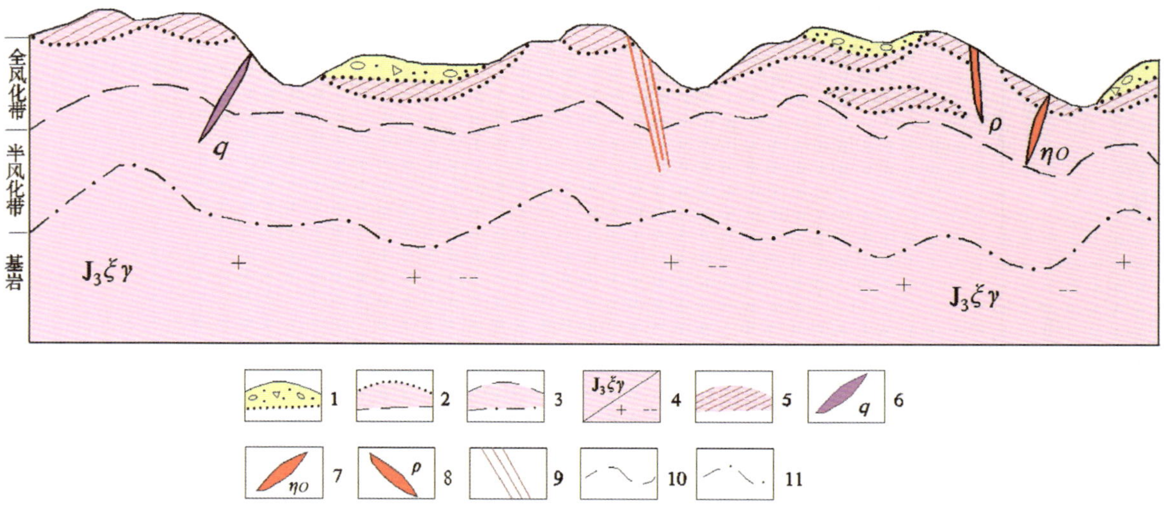

图 6-85　福建省长汀南塘离子吸附型稀土矿成矿模式图

1.第四纪残坡积层；2.全风化带（正长花岗岩）；3.半风化带（正长花岗岩）；4.晚侏罗世正长花岗岩（基岩）；5.稀土矿体（层）；6.石英脉；7.石英二长岩脉；8.伟晶岩脉；9.裂隙带；10.全风化与半风化界线；11.半风化与基岩界线

二、稀土矿预测工作区成矿规律

福建省划分的稀土矿预测类型为花岗岩风化壳离子吸附型，根据典型矿床的成矿背景特征分析，确定了预测工作区2处(长汀河田地区、宁化地区)。

(一)区域成矿要素研究成果总结

对2处预测工作区的成矿地质环境和矿床特征两方面的主要特征进行分析，将成矿要素划分为必要、重要和次要3个等级，形成预测工作区区域成矿要素表，并编制预测工作区成矿要素图。以长汀河田预测工作区为代表，其区域成矿要素见表6-73，区域成矿模式见图6-86。

表6-73　福建省长汀河田花岗岩风化壳离子吸附型稀土矿区域成矿要素一览表

区域成矿要素		描　述　内　容	成矿要素分类
区域成矿地质环境	成矿时代	Q	必要
	大地构造位置	闽西北隆起带西南端，闽西南凹陷带西部	重要
	侵入岩建造	新元古代、志留纪、晚三叠世、早侏罗世、晚侏罗世、早白垩世的正长花岗岩、二长花岗岩、石英二长岩建造	必要
区域成矿地理特征	地形地貌	低山缓坡(<700m)、丘陵地带	必要
区域成矿地质特征	矿体形态	似层状，倾角与地形坡度基本相同，与围岩无明显界线，呈渐变过渡	重要
	矿物组合	以黏土类次生矿物为主，如高岭石、埃洛石、蒙脱石、伊利石、水云母等	重要
	结构构造	镶嵌碎裂结构，准块状构造	次要
	矿化资源情况	区内中型矿床1处，小型矿床3处，矿点28处，已探明稀土资源量26 922.18t	重要

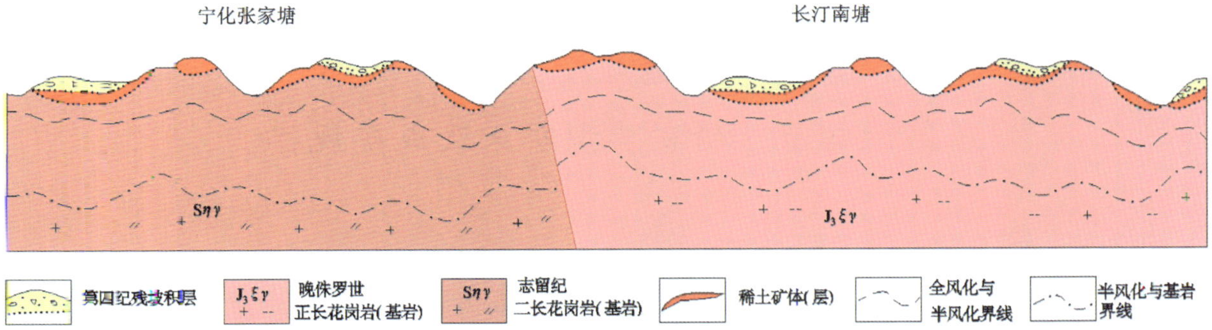

图6-86　福建省长汀—宁化地区花岗岩风化壳离子吸附型稀土矿区域成矿模式图

(二)区域成矿模式研究成果总结

花岗岩风化壳离子吸附型稀土矿床具有成矿物质来源单一、成矿阶段和矿床成因简单的特点。其成矿物质全部来自各时期的侵入体(长汀河田地区以晚侏罗世正长花岗岩为代表，宁化地区以志留纪二长花岗岩为代表)，成矿阶段主要经历了含矿(稀土元素)岩体的形成，区域构造演化(地壳抬升)和含矿岩体接受风化、淋滤、富集形成风化壳离子吸附型矿体3个阶段。前两个阶段主要为第三阶段的发生提供条件，对矿化富集没有明显的影响，第三阶段主要为矿化富集、形成矿体阶段。在第三阶段进行过程中需要必不可少的古地理和古气候条件，即低山丘陵古地理环境和湿热多雨(强化学风化)的古气候条件。

(三)稀土矿区域成矿规律总结

(1)稀土矿产资源空间分布广泛。找矿范围可扩大到全省境内，包括纬度N27°以北地区的光泽、浦城等地岩体，成矿带较邻省明显向北推移。从矿体出露标高来看，不仅低山丘陵可见，高海拔(800～1 000m的中低山)亦有较好的矿体发现。稀土矿化的富集作用与岩浆侵入的时间、空间、演化有着成生的联系，表现出一定的成矿专属性。

(2)含矿岩体形成时代长。自加里东期、海西期—印支期至燕山期，各期次的深成岩、浅成岩及喷出岩类均有矿体发现。岩体时代从海西期—印支期→燕山早期→燕山晚期，稀土丰度有降低的趋势。

(3)含矿岩体种类较多。石英二长岩、二长花岗岩、正长花岗岩等不同岩石类型，在风化作用有利条件下，都能较好地富集成矿。基岩稀土丰度与钾长石含量呈正消长关系，即从石英二长岩→二长花岗岩→正长花岗岩，随钾长石含量逐渐递增，岩石中稀土元素含量亦逐渐增大。

(4)稀土元素组合属铈族配分型，Eu元素常高度富集。福建省内稀土分析成果平均值LREE 66.01%、HREE 32.57%。相当部分矿床(点)及资源远景区，因Eu元素常高度富集而形成中—高铕型矿床，提高了稀土矿产价值。

(5)区域断块差异活动对风化壳发育程度具有制约作用，进而对稀土矿富集产生制约作用。衡量风化壳的发育程度，一般均按风化壳发育的厚度、剖面的完整性和矿物分解、稀土元素的富集3方面进行度量。

(6)(古)气候对稀土元素富集成矿产生一定的影响。福建省境内属较典型炎热温湿气候带，直接影响岩石化学风化作用、剥蚀作用程度，从而控制了稀土元素和金属元素的地球化学行为、矿物溶解度等的变化。

(7)岩体pH值对稀土元素富集成矿产生一定的影响。对26个岩体的263个pH值样进行统计，pH值变化在5.3～7.8之间，呈弱酸—中性—弱碱性反应，以中性为主。不同构造单元具有不同的pH值，显示pH值中性对稀土成矿有利，弱酸、弱碱性对稀土成矿效果较差。

第十四节　磷矿典型矿床及成矿规律

一、磷矿典型矿床

福建省已查明磷矿(床)点7处，主要分布在闽北、闽西北一带。福建省磷矿主要为沉积变质型，选取松溪洋墩磷矿为典型矿床。

1. 成矿要素研究成果总结

松溪洋墩磷矿床(图6-87)位于浙中-武夷隆起W-Sn-Mo-Au-Ag-Pb-Zn-Nb-Ta-萤石成矿带(Ⅲ-81)内，属沉积变质型磷矿床，即在新元古代形成矿源层，经后期变质作用形成矿床。

沉积变质型磷矿的成矿要素见表 6-74，其中以变质建造/变质变形作用最为重要。变质建造主要为含磷较高的新元古界龙北溪岩组绿片岩和东岩岩组高绿片岩，经后期变质变形、岩浆活动，磷矿逐步富集成矿。

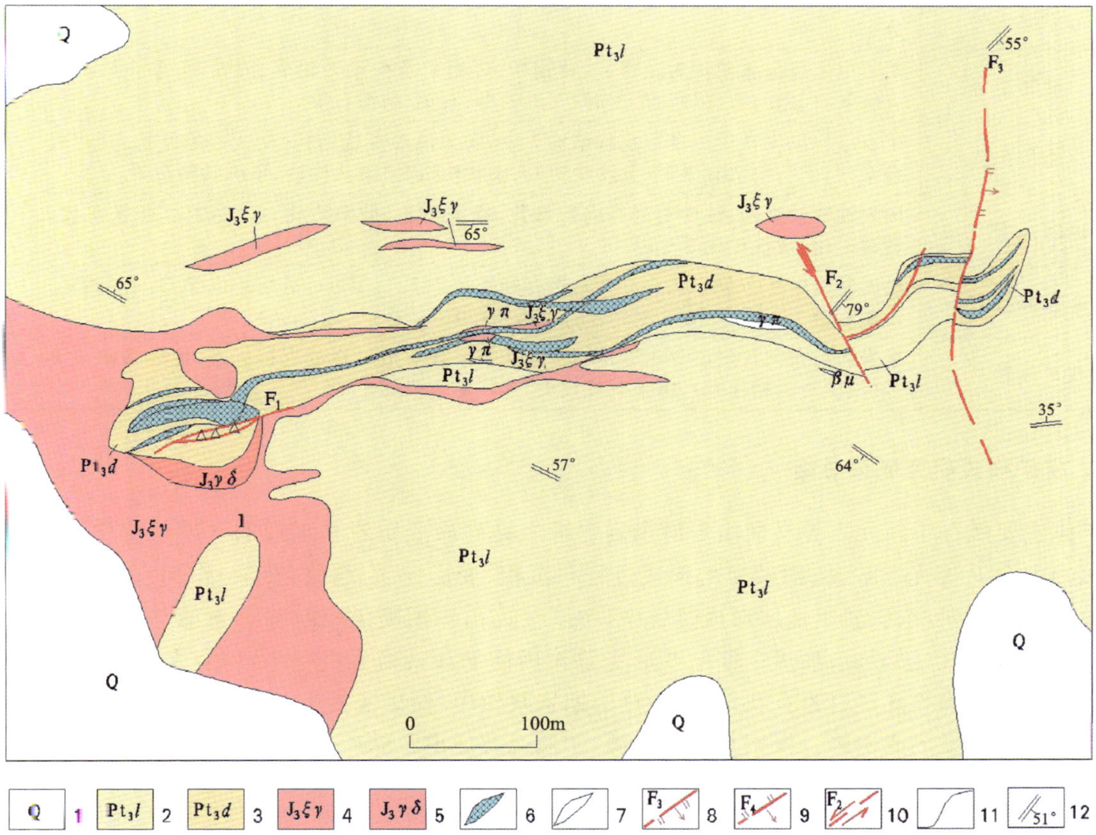

图 6-87　福建省松溪洋墩磷矿区地质略图

（据福建省闽北地质大队《福建省松溪县洋墩磷矿普查地质报告》修编，2000）

1.第四系；2.新元古界龙北溪岩组：云母石英片岩；3.新元古界东岩岩组：角闪片岩；4.晚侏罗世黑云母钾长花岗岩；5.晚侏罗世花岗闪长岩；6.磷矿体；7.花岗斑岩、辉绿玢岩；8.实测、推测正断层及编号；9.实测、推测逆断层及编号；10.推测平移断层及编号；11.实测地质界线；12.片理及倾角

表 6-74　福建省松溪洋墩磷矿典型矿床成矿要素一览表

成矿要素		描　述　内　容	成矿要素分类
地质背景	成矿时代	主成矿期为四堡期—晋宁期海相火山沉积成矿期、加里东期区域变质变形成矿期，Sm-Nd 等时线年龄为 860±33～840±38Ma	必要
	大地构造背景	华南加里东褶皱系东部，闽西北隆起带东部，闽中裂谷北部	必要
	大地构造演化阶段	四堡期—晋宁期海相火山-沉积作用，扬子期—加里东期变质作用	必要
	变质建造/变质变形作用	龙北溪岩组绿片岩和东岩岩组高绿片岩建造；本区经历了四堡期—晋宁期、扬子期—加里东期的区域构造演化（褶皱、变质和岩浆活动）	必要
	成矿构造	四堡期—晋宁期的海相火山沉积形成矿源层在加里东期变质，在成矿有利部位相对富集，燕山期岩浆构造作用时活化，形成主要容矿构造	重要

续表 6-74

成矿要素		描　述　内　容	成矿要素分类
成矿特征	矿体形态	矿体主要分布于新元古界东岩岩组角闪片岩中，呈似层状、脉状、透镜状等，常成群分布	次要
	矿物组合	矿石中主要金属矿物为磁铁矿、黄铜矿、辉钼矿及少量方铅矿、闪锌矿；非金属矿物有磷灰石、角闪石、阳起石、透辉石、绢云母、石英、绿泥石等	重要
	结构构造	矿石结构以半自形—自形粒状结构为主，次为他形粒状结构、交代假象结构、交代残余结构；矿石构造有条带-条纹状构造、块状构造、浸染状构造、角砾状构造等	重要
围岩蚀变		围岩蚀变较强烈，蚀变类型有绢云母化、绿泥石化、矽卡岩化、硅酸盐化、磁铁矿化、黄铜矿化、黄铁矿化等	重要
矿床储量		松溪洋墩磷矿石量 502.6×10^4 t，保有资源量 485.1×10^4 t，平均品位 P_2O_5 4.323%；铁矿石量 161.27×10^4 t，平均品位 TFe 34.57%	次要
找矿线索		东岩岩组角闪片岩层分布区；矿化-蚀变带系找矿最可靠的直接标志；地表采矿遗迹多（铁矿与磷相伴生），古采硐规模大，是找矿重要标志	重要

2. 成矿模式研究成果总结

矿体主要赋存于新元古界马面山岩群东岩岩组之钙硅质变质岩系组成的含磷地层中，由于其围岩（变质岩）中含 P 等元素较高，而磷矿的形成过程与沉积、变形变质、岩浆（热液）作用有关（图 6-88）。成矿大致可分为三期：东岩岩组地层形成过程中，中基性火山作用喷溢（铌、稀土可能与之相关）及海相沉积的磷、铁矿原始矿层形成；加里东期的变形变质作用使 P、Fe、稀土进一步富集，尤其是其中的角闪片岩-大理岩段，对磷的富集更为有利；后期为燕山期岩浆作用，使矿液发生活化，沿蚀变带运移，在有利的构造部位沉淀富集形成矿体。根据其矿质来源、矿质运移通道及储矿构造，将洋墩磷矿归为与变质作用有关的多期次作用形成的沉积变质矿床。

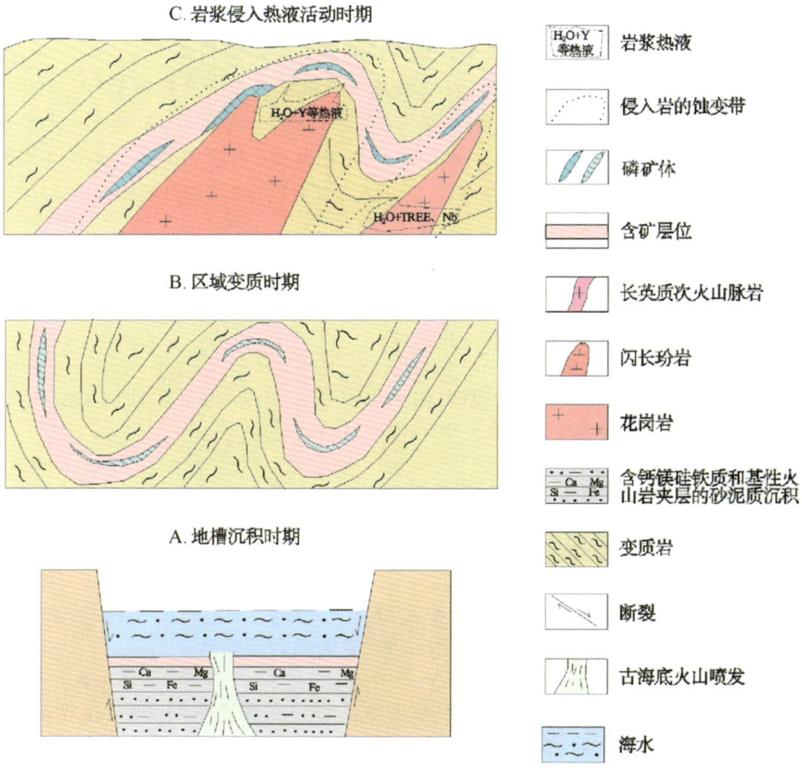

图 6-88　福建省松溪洋墩磷矿成矿模式图

二、磷矿预测工作区成矿规律

福建省划分的磷矿产预测类型为沉积变质型、沉积型，根据典型矿床的基本成矿背景特征分析，确定了预测工作区4处（松溪洋墩、南平芹山、长汀寨山、宁化石壁岭）。

（一）区域成矿要素研究成果总结

对4处预测工作区的成矿地质环境和矿床特征两方面的主要特征进行分析，将成矿要素划分为必要、重要和次要3个等级，形成预测工作区区域成矿要素表。以松溪洋墩预测工作区为代表，其区域成矿要素见表6-75。

表6-75　福建省松溪洋墩区沉积变质型磷矿区域成矿要素一览表

区域成矿要素		描述内容	成矿要素分类
区域成矿地质环境	成矿时代	主成矿期为四堡期—晋宁海相火山沉积成矿期、加里东期区域变质变形成矿期，Sm-Nd等时线年龄为860±33～840±38Ma	必要
	大地构造位置	闽西北隆起带新元古代变质基底东部、闽中裂谷北部	必要
	主要控矿构造	以北东向断裂构造等为主	重要
	主要赋矿地层	新元古界龙北溪岩组及东岩岩组	必要
	侵入岩建造	晚侏罗世的岩浆侵入，主要为中酸性—酸性花岗闪长岩-二长花岗岩-正长花岗岩建造	次要
	区域变质作用及建造	区域变质程度较低，属高绿片岩相变质建造，属细碧角斑岩-碳酸盐岩建造	必要
区域成矿地质特征	含磷岩系岩性组合	透辉石英岩、透辉岩、大理岩、绿片岩	必要
	矿体形态	呈似层状、脉状、透镜状等，常成群分布	次要
	矿物组合	矿石中主要金属矿物为磁铁矿、黄铜矿、辉钼矿及少量方铅矿、闪锌矿；非金属矿物有磷灰石、角闪石、阳起石、透辉石、绢云母、石英、绿泥石等	重要
	结构构造	矿石结构以半自形—自形粒状结构为主，次为他形粒状结构、交代假象结构、交代残余结构；矿石构造有条带-条纹状构造、块状构造、浸染状构造、角砾状构造等	重要
	矿石类型	磷灰石	重要
	矿化资源情况	矿床1处，磷矿石量502.6×10^4t，保有资源量485.1×10^4t，平均品位P_2O_5 4.323%；铁矿石量161.27×10^4t，平均品位TFe 34.57%	次要

（二）区域成矿模式研究成果总结

沉积变质型磷矿区域成矿作用经历了三期：①在闽中古洋的深裂谷阶段出现中基性火山作用喷溢

形成磷矿质，同时形成的地层为东岩岩组（细碧角斑岩）；②加里东期的变形变质作用使富含的磷、铁、稀土发生变质，并使矿质分化重组，或进一步富集，角闪片岩-大理岩地段对磷的富集更为有利；③燕山期构造-岩浆作用在福建省成矿作用影响广泛，对沉积变质型磷矿的改造也较明显，主要是对磷矿的热液蚀变改造，在松溪一带较明显（图 6-89）。

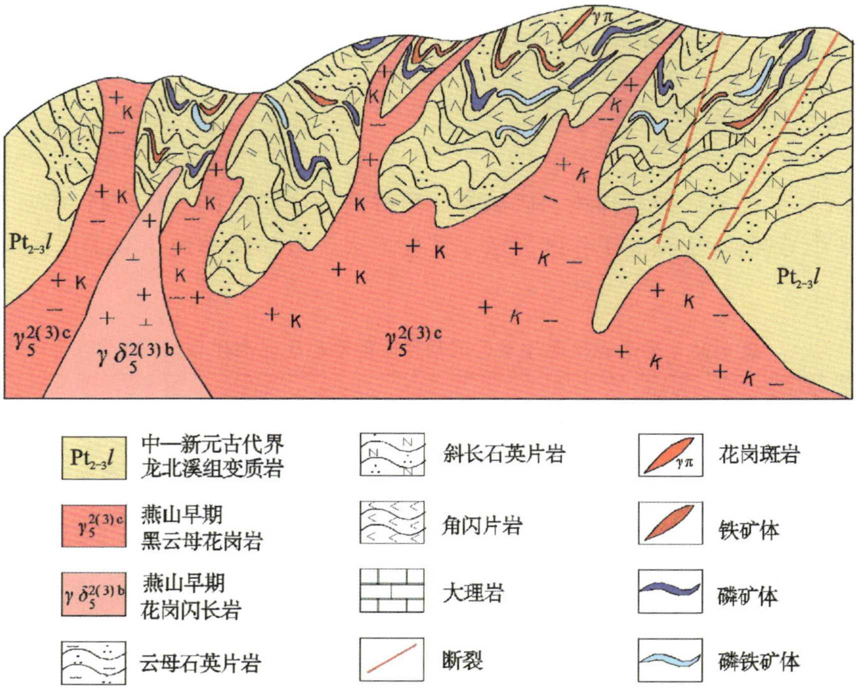

图 6-89　磷矿区域成矿模式图

第十五节　硫矿典型矿床及成矿规律

一、硫矿典型矿床

福建省硫矿床类型较多，以矽卡岩型和岩浆热液型硫矿为主，次为沉积变质-热液改造型和沉积变质型。据福建省硫矿的成矿特征，选择 5 处作为典型矿床，其中以浦城屏峰岩浆热液型硫铁矿、大田龙凤场矽卡岩型硫多金属矿为代表，说明如下。

（一）浦城屏峰硫铁矿典型矿床

1. 成矿要素研究成果总结

浦城屏峰硫矿床（图 6-90）位于浙中-武夷隆起 W-Sn-Mo-Au-Ag-Pb-Zn-Nb-Ta -萤石成矿带（Ⅲ-81）北部，属岩浆热液型硫铁矿床，成矿要素见表 6-76。

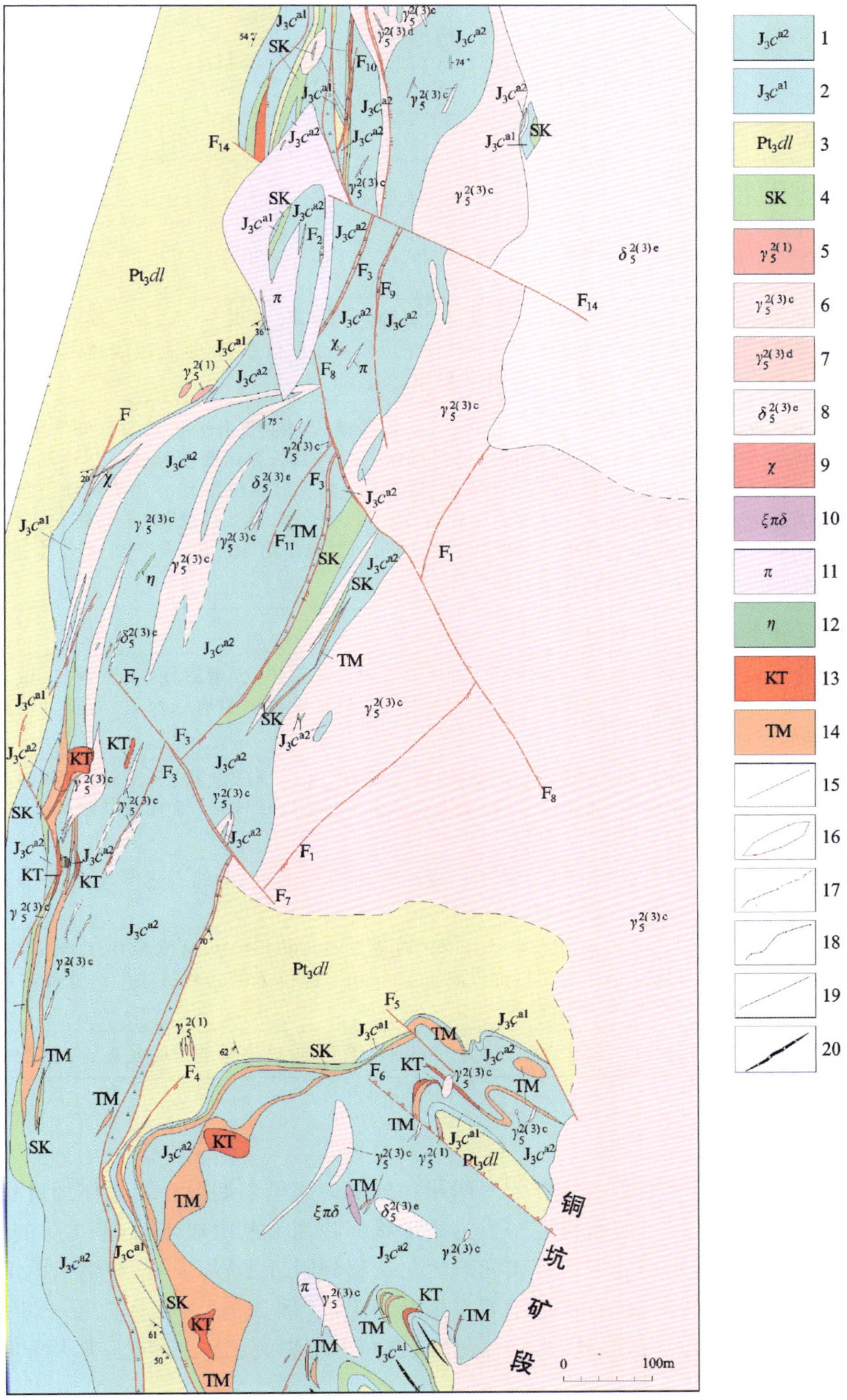

图 6-90 福建省浦城屏峰硫铁矿区地质略图

(据福建省地质三队《福建浦城屏峰硫铅锌矿地质勘探报告》修编,1997)

1.上侏罗统长林组下段上岩性段;2.上侏罗统长林组下段下岩性段;3.新元古界大岭岩组;4.矽卡岩;5.印支期花岗岩;6.燕山早期第三次侵入黑云母花岗岩;7.燕山早期第四次侵入;8.燕山早期第五次侵入;9.煌斑岩;10.二长岩;11.二长斑岩;12.辉绿岩;13.矿体;14.铁帽;15.断裂;16.破碎带;17.实测、推测地质界线;18.不整合地质界线;19.劈理产状、片理产状;20.向斜轴

表 6-76　福建省浦城屏峰硫铁矿典型矿床成矿要素一览表

成矿要素		描述内容	成矿要素分类
成矿时代		J_3	必要
含矿岩系时代		J_3	重要
成因类型		热液充填型矿床	必要
矿床规模		中型	重要
共生矿产		铅、锌	次要
侵入岩建造		燕山早期的岩浆侵入活动在矿区表现十分强烈和频繁，矿区东、西、北 3 面均为岩浆岩所环绕，其中与成矿有关的黑云母花岗岩[$Y_5^{2(3)C}$]位于屏峰东部（系石陂岩体西部边缘），该岩体由东向西大致以 40 度超覆于长林组之上	重要
成矿构造		第一期构造带走向 150°～200°，宽 2～3m，构造破碎带主要由棱角状的角砾岩组成，胶结物为方解石脉和黄铁矿，断裂面微呈锯齿状，并有擦痕，显示张扭性特征。该期构造活动导致矿区东部花岗岩的侵入，并伴随一次较强烈的含矿热液活动。含矿热液沿角砾岩带及其旁侧的构造裂隙进行充填和交代，形成了以致密块状、团块状为主的硫铁矿体；第二期北北东向的压扭性挤压带和断裂，如 F_1、F_2、F_9 均在此期形成，含矿热液交代了早期的矿体而形成角砾状、脉状、网脉状矿体	重要
成矿特征	矿体形态	矿体多为似层状、透镜状	次要
	矿物组合	金属矿物主要有黄铁矿、磁黄铁矿，次有闪锌矿、方铅矿，少量磁铁矿、黄铜矿，微量方黄铜矿、黝锡矿、毒砂以及褐铁矿和水胆矾等；非金属矿物主要有绿泥石、石英、石榴子石、绿帘石、透辉石等	重要
	结构构造	矿石结构主要有：粒状结构、残余结构、压碎结构、花岗压碎结构、乳浊状结构、骸晶结构等；矿石构造主要有：块状构造、浸染条带状构造、浸染状构造、细脉浸染状构造、角砾状构造、斑杂状构造、团块状构造等	重要
围岩蚀变		有硅化、绿泥石化、矽卡岩化、角岩化、碳酸盐化、绢云母化、叶蜡石化等，前 4 种为近矿围岩蚀变	重要
矿床储量		保有矿石量 1 708.00×10^4t，累计查明矿石量 1 912.00×10^4t，品位 S 18.00%；共生铅金属量 57 557t，品位 Pb 0.91%；锌金属量 194 865t，品位 Zn 2.94%；伴生铜金属量 9 685t，品位 Cu 0.90%（2009 年储量表）	次要
找矿线索		硅化、绿泥石化、矽卡岩化、角岩化为近矿围岩蚀变，地表出露的铁帽是直接找矿标志	重要

2. 成矿模式研究成果总结

屏峰岩浆热液型硫铁矿床成矿大致可分为两期。早期为加里东期混合岩化作用过程中变质基底受交代重熔，形成硫铁矿的预富集，矿石构造一般为条带状。晚期为燕山成矿期，是主要的成矿期，燕山期岩体的侵入使得加里东期变质基底中的含矿元素活化迁移到附近围岩——长林组火山沉积碎屑岩的断裂构造带中富集，形成了硫铁矿，矿石构造主要呈细脉浸染状（图 6-91）。矿体充填于断裂中，其形状大小受压扭性断裂严格控制，常呈似层状、透镜体出现，走向上有膨大、分支、复合、尖灭再现。

（二）大田龙凤场硫多金属矿典型矿床

1. 成矿要素研究成果总结

龙凤场硫多金属矿位于闽西南凹陷带的东北部，处于闽西南成矿区之大田-龙岩成矿亚带的北段，政和-大埔断裂带的西侧，上杭-屏南北东向断裂带通过矿区，属矽卡岩型硫多金属矿床，成矿要素见表 6-77。

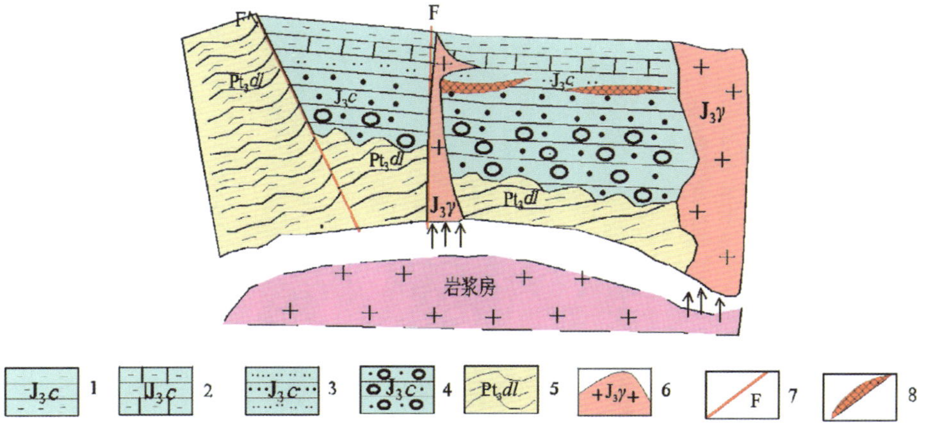

图 6-91　福建省浦城屏峰硫矿成矿模式图

1. 上侏罗统长林组泥岩；2. 上侏罗统长林组泥灰岩；3. 上侏罗统长林组粉砂岩、砂岩石；4. 上侏罗统长林组砂砾岩；5. 新元古界大岭组变质岩；6. 晚侏罗世花岗岩；7. 断裂；8. 硫铅锌矿体

表 6-77　福建省大田龙凤场硫多金属矿典型矿床成矿要素一览表

成矿要素		描　述　内　容	成矿要素分类
大地构造及Ⅲ级成矿区带		闽西南被动陆缘与陆表海盆地，永安-梅州-惠阳(凹陷)Fe-Pb-Zn-Cu-Au-Ag-Sb 成矿带(Ⅲ-82)(Ym)	重要
含矿岩系特征		含矿地层主要为船山组—栖霞组和林地组；矽卡岩有石榴子石矽卡岩和透辉石矽卡岩及透闪石矽卡岩；矽卡岩在矿体顶底部均有分布，与矿体多呈渐变关系	必要
成矿时代		燕山晚期(K_1)	必要
含矿岩系时代		早二叠世—中二叠世	重要
成因类型		矽卡岩型	必要
矿床规模		中型	重要
共生矿产		铁矿(磁铁矿)、铅锌矿、硫锌矿、铜矿	次要
侵入岩建造		燕山晚期花岗岩、燕山晚期潜火山岩	重要
成矿构造		笔架山-广平倒转向斜北西翼和断裂构造破碎带	重要
成矿特征	形态	矿体呈似层状、透镜状、薄板状、团块状	次要
	矿物组合	金属矿物成分主要为磁黄铁矿、黄铁矿、闪锌矿、方铅矿、黄铜矿、斑铜矿、黝铜矿、磁铁矿、辉铜矿；脉石矿物主要为钙铁石榴子石、钙铝石榴子石、透灰石、矽灰石、绿帘石、绿泥石、石英、方解石和萤石	重要
	结构构造	矿石结构：自形—半自形晶粒结构、他形晶粒结构、交代结构、包含结构、乳浊状结构、交代熔蚀结构；矿石构造：致密块状构造、团块状构造、星点状构造、条带状构造、细脉状构造、角砾状构造等	重要
围岩蚀变		主要围岩蚀变：黄铁矿化、硅化、碳酸盐化、矽卡岩化以及大理岩化等	重要
矿床储量		累计查明硫矿石量 294.924 2×10^4t，品位 16.52%；锌金属量1.824 044×10^4t，平均品位 2.78%	重要

2. 成矿模式研究成果总结

矽卡岩型硫多金属矿床成矿模式：晚古生代船山组—栖霞组含钙质岩层富含硫等矿质；燕山期岩浆侵入活动过程中带来的热液改造灰岩等形成矽卡岩，同时使矿质富集，形成矽卡岩型硫多金属矿(图 6-92)。

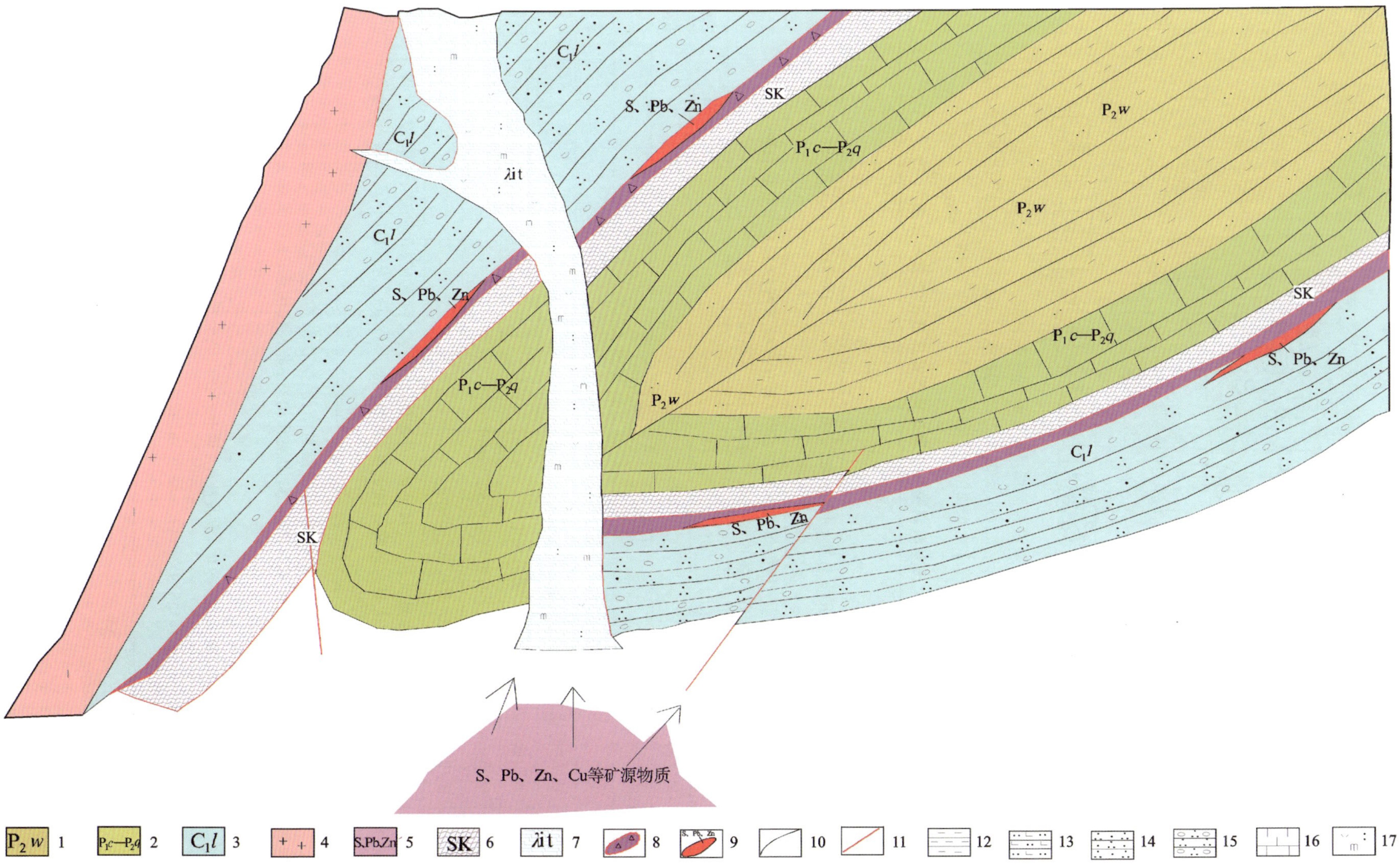

图 6-92　龙凤场式矽卡岩型硫多金属矿典型矿床成矿模式图

1.中二叠统文笔山组；2.中二叠统船山组—栖霞组；3.下石炭统长林组；4.花岗岩；5.硫、铅、锌等矿质；6.矽卡岩；7.潜火山岩；8.断层破碎带；9.硫铅锌金属矿体；10.地质界线；11.断层；12.泥岩；13.钙质粉砂岩；14.石英砂岩；15.石英砾岩；16.灰岩；17.流纹质熔结凝灰岩

二、硫矿预测工作区成矿规律

福建省划分的硫矿产预测类型为屏峰式岩浆热液型、龙凤场式和银硐式矽卡岩型、峰岩式沉积变质-热液改造型、水源式变质岩型，其中以岩浆热液型、矽卡岩型为主。根据典型矿床的基本成矿背景特征分析，确定了预测工作区15处(其中政和王母山、建阳水吉、尤溪梅仙和福鼎银硐4个预测工作区引用铅锌矿潜力评价成果)。

对10处预测工作区的成矿地质环境和矿床特征两方面的主要特征进行分析，将成矿要素划分为必要、重要和次要3个等级，形成预测工作区区域成矿要素表，编制预测工作区成矿要素图，以浦城山下-石陂岩浆热液型、大田广平-太华矽卡岩型预测工作区为代表。

(一)岩浆热液型硫铁矿

岩浆热液型硫铁矿的成矿要素见表6-78，图6-93，必要要素以侵入岩、控矿构造较为重要。侵入岩为燕山期中酸性侵入岩体，控矿构造为张扭性断裂，是含矿热液的运移通道和储矿构造。

表6-78 浦城山下-石陂屏峰式岩浆热液型硫矿区域成矿要素一览表

区域成矿要素		描述内容	成矿要素分类
区域成矿地质环境	大地构造位置	位于闽西北变质基底隆起北缘	必要
	主要控矿构造	张扭性断裂(早期)和压扭性构造挤压带(晚期)	重要
	主要赋矿地层	侏罗系长林组(J_3c)	必要
	侵入岩建造	燕山期侵入岩	必要
	沉积岩建造	上侏罗统长林组富钙质陆相碎屑沉积岩	必要
区域成矿地质特征	区域成矿类型和成矿期	主要是与燕山中期、燕山晚期的侵入岩活动有关的矿床成矿系列，形成热液充填型矿、火山沉积矿床等	重要
	屏峰式岩浆热液型硫矿	成矿与中生界长林组火山沉积岩地层以及燕山期岩浆活动皆有关系	必要
		大地构造位于闽西北变质基底隆起北缘	必要
		矿石以硫铁矿、铅锌多金属硫化物矿床为主	重要
		区内矿体的围岩蚀变主要为硅化、绿泥石化、矽卡岩化、角岩化	次要
		矿床式主要为屏峰式岩浆热液型硫矿	重要

(二)矽卡岩型硫多金属矿

矽卡岩型硫多金属矿成矿要素见表6-79，图6-94，其中以侵入岩建造、灰岩等赋矿层位等尤为重要。侵入岩建造为燕山期的中酸性侵入岩体，富含矿热液；赋矿层位为侵入岩体与上古生界船山组—栖霞组灰岩接触带。

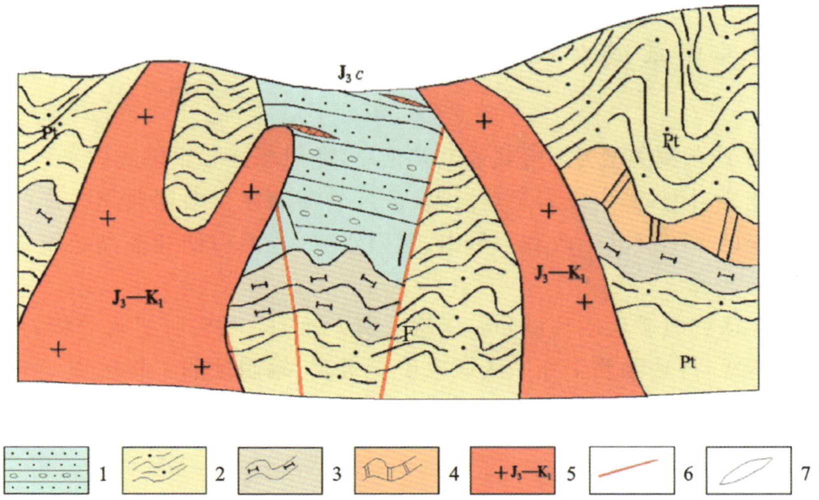

图 6-93　浦城山下—石陂屏峰式岩浆热液型硫矿成矿模式图

1.上侏罗统长林组砂岩、砂砾岩；2.元古宙变粒岩、云英片岩；3.元古宙绿片岩系(海底喷发岩)；4.大理岩；5.晚侏罗世—早白垩世花岗岩；6.断层；7.矿体

表 6-79　大田广平-太华龙凤场式矽卡岩型硫多金属矿区域成矿要素一览表

区域成矿要素		描　述　内　容	成矿要素分类
区域成矿地质环境	大地构造位置	位于永安-梅州-惠阳 Fe-Pb-Zn-Cu-Au-Ag-Sb 成矿带(Ⅲ-82)，政和-大埔深大断裂带通过本区	必要
	主要控矿构造	以政和-大埔北东向断裂带为主	必要
	主要赋矿层位	硫多金属矿主要赋存于燕山期侵入的花岗闪长岩与二叠纪灰岩或含钙质层位的接触带中	必要
	侵入岩建造	以燕山期的岩浆侵入为主，主要有花岗闪长岩建造、二长花岗岩建造、正长花岗岩建造、二长花岗斑岩建造、花岗斑岩建造等	必要
区域成矿地质特征	区域成矿类型和成矿期	主要是与燕山期基性—中酸性、酸性岩浆活动有关的矿床成矿系列，形成矽卡岩型硫多金属矿、热液型硫多金属矿等	重要
	矽卡岩型硫多金属矿	成矿与燕山期花岗岩、二叠纪灰岩或含钙质岩层等关系密切	必要
		闽西南凹陷带与闽东火山断坳带接触部位	必要
		矿石以磁黄铁矿石、黄铁矿石等为主	重要
		区内矿体的围岩蚀变主要为矽卡岩化，次为硅化、绿泥石化、叶蜡石化等	次要
		矿床式主要为龙凤场式矽卡岩型硫多金属矿	重要

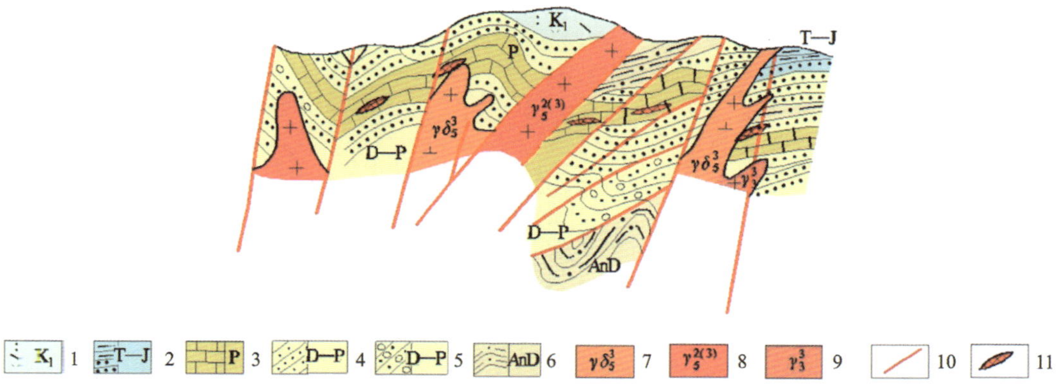

图 6-94 大田广平-太华龙凤场式矽卡岩型硫多金属矿成矿模式图

1. 早白垩世火山岩；2. 三叠纪—侏罗纪沉积碎屑岩；3. 二叠纪灰岩；4. 泥盆纪—二叠纪细沉积碎屑岩；5. 泥盆纪—二叠纪粗沉积碎屑岩；6. 前泥盆纪变质岩；7. 燕山晚期花岗闪长岩；8. 燕山早期花岗岩；9. 加里东期花岗岩；10. 断层；11. 矿体

第十六节 萤石矿典型矿床及成矿规律

一、萤石矿典型矿床

福建省萤石资源较丰富，是福建省的优势矿种，已上储量表的萤石矿区 57 处，其中大型矿床 3 处，中型矿床 4 处，小型矿床 50 处，已查明的资源量 845.83×10^4 t。萤石矿床主要产于闽西地区各时代的花岗岩中，根据其矿床特征分析，均属破碎带热液充填型脉状矿床。选取典型矿床 3 处(邵武南山下、建阳回潭、将乐常口等大型萤石矿床)，以邵武南山下热液型萤石矿为代表论述其成矿要素。

1. 成矿要素研究成果总结

邵武南山下萤石矿床(图 6-95)位于浙中-武夷隆起 W-Sn-Mo-Au-Ag-Pb-Zn-Nb-Ta -萤石成矿带(Ⅲ-81)内，属热液型萤石矿床。热液型萤石矿的成矿要素见表 6-80，必要要素有 5 个，其中以侵入岩建造、成矿构造最为重要。

2. 成矿模式研究成果总结

晚侏罗世中粗粒黑云母花岗岩($J_3\xi\gamma$)为富含氟钙的矿质，岩浆期后含矿热液沿构造裂隙运动，在有利的构造部位富集形成矿床。

二、萤石矿预测工作区成矿规律

福建省萤石矿矿产预测类型为南山下式热液型萤石矿。根据邵武南山下热液型萤石矿典型矿床的基本成矿背景特征分析，确定了预测工作区 5 处(浦城-建阳、光泽-李坊、邵武-龙湖、顺昌-将乐、明溪-连城)。

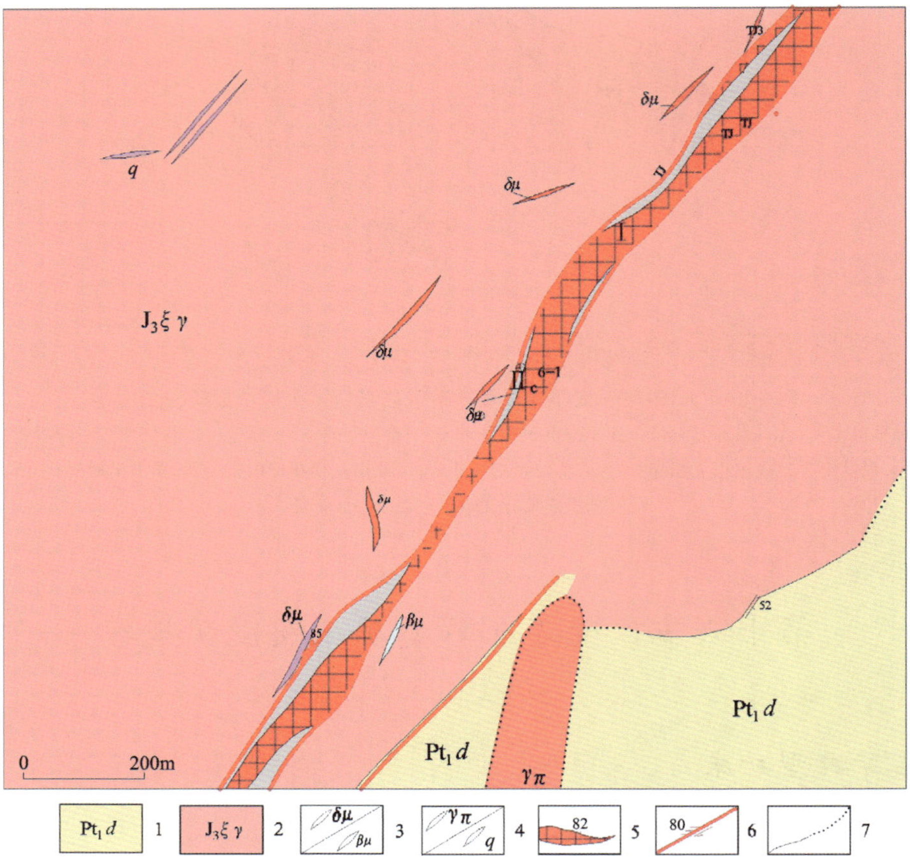

图 6-95　福建省邵武南山下萤石矿区地质略图

（据福建省闽北地质大队《福建省邵武市南山下矿区萤石矿资源量调查报告》修编，2010）

1. 古元古界大金山岩组；2. 上侏罗统黑云母正长花岗岩；3. 闪长玢岩脉/辉绿岩脉；4. 花岗斑岩脉/石英脉；5. 平面萤石矿体及产状；6. 压扭性断裂；7. 实测及推测地质界线

表 6-80　福建省邵武南山下萤石矿典型矿床成矿要素一览表

成矿要素		描 述 内 容	成矿要素分类
成矿时代		燕山期	必要
大地构造背景		位于闽西北基底杂岩区（Ⅵ-3-1-2）	必要
大地构造演化阶段		燕山期北东向构造挤压造山-岩浆活动	必要
侵入岩建造		燕山期岩浆侵入，以中粗粒黑云母花岗岩为主	必要
成矿构造		北东向压扭性断裂构造带	必要
成矿特征	矿体形态	主矿体呈扁豆状、透镜状、舒缓波状，主矿体近直立	重要
	矿物组合	矿物组合简单，基本上是萤石和石英，硫化物极低	重要
	结构构造	区内矿石主要为半自形粒状结构、碎粒结构、碎斑胶结结构，次为交代溶蚀结构、自形晶结构，少量为同心环状结构、包含结构、放射状结构；矿石主要构造类型为致密块状构造、角砾状构造和网脉状构造，次为条带状构造、晶簇晶洞状构造、细脉状构造	次要
	围岩蚀变	矿体围岩、夹石均受不同程度的硅化、碳酸盐化、绢云母化、叶蜡石化、绿泥石化、黄铁矿化等，与成矿关系密切的主要为硅化、碳酸盐化	重要

续表 6-80

成矿要素	描述内容	成矿要素分类
矿床储量	矿区总储量 238.6×10^4 t，其中主矿体储量 232.22×10^4 t，占总储量的 97.3%，全矿区平均品位 57.05%	次要
找矿线索	矿区找矿标志主要为燕山期花岗岩及邻近区的北东向断裂构造破碎带，围岩蚀变主要是硅化和叶蜡石化等，其中硅化具有更重要的指示意义	重要

（一）区域成矿要素研究成果总结

对 5 处预测工作区的区域成矿地质环境和矿床特征两方面的主要特征进行分析，以邵武-龙湖预测工作区为代表，其区域成矿要素见表 6-81，图 6-96。

表 6-81 福建省邵武-龙湖南山下式热液型萤石矿预测工作区成矿要素一览表

区域成矿要素		描述内容	成矿要素分类
区域成矿地质环境	大地构造位置	位于武夷古弧盆系（Ⅴ-3-1）光泽-泰宁古弧间盆地（Ⅴ-3-1-2）(Pt_3)	重要
	大地构造演化阶段	燕山期北东向构造挤压造山-岩浆活动	重要
	侵入岩浆构造	燕山期岩浆侵入，以花岗岩、二长花岗岩等为主	必要
	成矿构造	北东向压扭性断裂构造带为本区的控矿构造	必要
区域成矿地质特征	区域成矿类型和成矿期	本区主要成矿类型为岩浆热液型、热液交代-充填型，已知矿产有邵武界头铜矿点、龙湖铅锌矿点，非金属矿产则以邵武南山下萤石矿等为主，成矿期多为燕山期，且与该期岩浆的侵入作用相关	重要
	南山下式热液型萤石矿	北东向崇安-泰宁大断裂带贯穿工作区，为压扭性断裂构造带，北东向拿口-张厝断裂亦为本区的控矿断裂	必要
		燕山期岩浆侵入，以晚侏罗世的正长花岗岩($J_3\xi\gamma$)、二长岩($J_3\eta\gamma$)、闪长岩为主	必要
		本区的萤石矿赋矿围岩多为早期形成的花岗岩，少量矿体围岩为变质岩，且矿体产于构造裂隙中	重要
		矿体围岩、夹石均受不同程度的硅化、碳酸盐化、绢云母化、叶蜡石化、绿泥石化、黄铁矿化等，与成矿关系密切的主要为硅化、碳酸盐化	重要
		矿床式主要为南山下式热液型萤石矿	重要

（二）区域成矿模式研究成果总结

福建省燕山期岩浆活动十分强烈，形成多个花岗岩带，本次所选的 5 个预测工作区位于花岗岩带内，均存在岩浆、构造等成矿必要要素。主要区域成矿大致可分为两个阶段：①燕山期正长花岗岩为主的侵入，带来了矿质（富含氟钙等矿质）；②当岩浆结晶之后，富含氟钙等矿质的热液析出，沿构造有利部位运动，在构造有利部位定位形成热液型萤石矿。

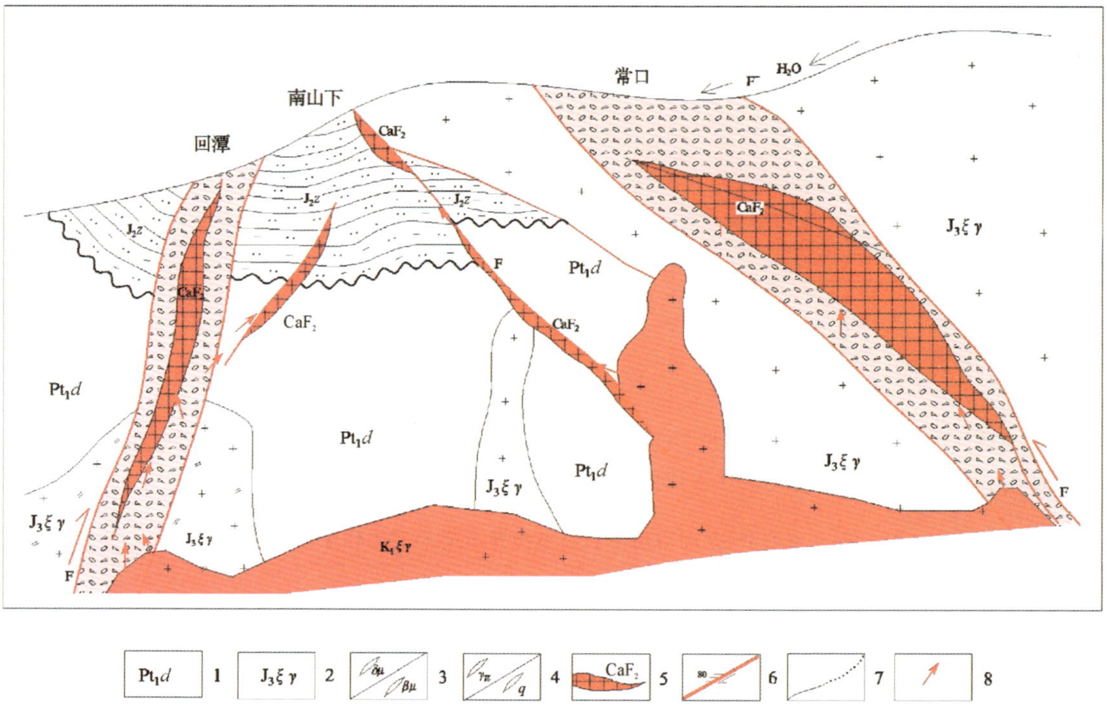

图 6-96　福建省邵武南山下萤石矿成矿模式图

1. 古元古界大金山岩组；2. 晚侏罗世正长花岗岩；3. 晚侏罗世黑云母正长花岗岩；4. 晚侏罗世二长花岗岩；5. 萤石矿体；6. 构造破碎带；7. 断层；8. 热液流动方向

第十七节　重晶石矿典型矿床及成矿规律

一、重晶石矿典型矿床

福建省发现的重晶石矿床数量较少，已探明的资源量 1 669.248×10^4 t。重晶石矿产预测类型为李坊式沉积（变质）型重晶石矿，选取典型矿床为永安李坊沉积（变质）型重晶石矿床。

1. 成矿要素研究成果总结

永安李坊重晶石矿床（图 6-97）位于永安-梅州-惠阳（凹陷）Fe-Pb-Zn-Cu-Au-Ag-Sb 成矿带内（Ⅲ-82），属沉积（变质）型重晶石矿床，成矿要素见表 6-82，基本反映了早古生代闽西北地区在半深海—深海环境下，出现重晶石等海相化学沉积的成矿要素。

2. 成矿模式研究成果总结

早中寒武世晚期，永安李坊地区为华南海的组成部分，其北部为浦城-顺昌陆块，因而具有边缘海小型浅水盆地的特征，陆源物质由北部的陆块提供，南面为水下高地。在这种水流不畅的沉积环境下，形成一套以砂泥质细碎屑为主、含钙硅质较丰富、伴有大量重晶石的沉积建造。来自古陆的 Ba^{2+} 被硅质和泥质所吸附，在李坊海底盆地里由于水介质 pH 值的变化，Ba^{2+} 从吸附状态释放出来而与 SO_4^{2-} 结合形成 $BaSO_4$ 沉淀，而硅质、泥质亦先后沉积形成硅质岩和泥质岩，组成矿层的顶底板和夹层。加里东运动，使本区普遍发生区域低温动力变质，使岩、矿层发生轻微的变质重结晶(图 6-98)。

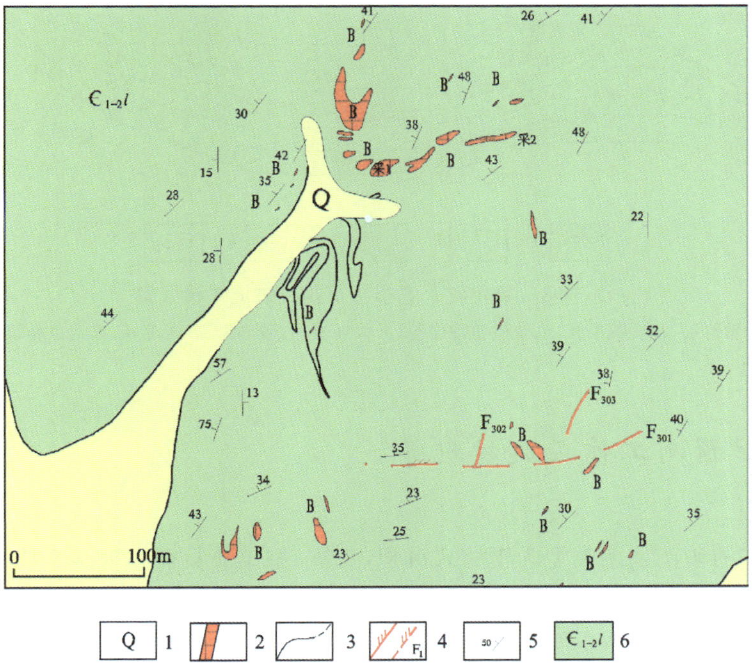

图 6-97 福建省永安李坊矿区地质略图

(据福建省闽西地质大队《福建省永安市李坊矿区重晶石矿资源量调查报告》修编，2010)

1. 第四纪；2. 矿体；3. 实测、推测地质界线；4. 实测、推测压扭性断层及编号；5. 岩层产状；6. 寒武系林田组浅变质岩

表 6-82 福建省永安李坊重晶石矿典型矿床成矿要素一览表

成矿要素		描 述 内 容	成矿要素分类
成矿时代		$\in_{1-2}$	必要
大地构造背景		位于闽西南凹陷带(永安-梅州-惠阳凹陷带)北缘，永安-晋江北西向断裂带北东侧	必要
大地构造演化阶段		加里东期区域低温动力变质作用	必要
沉积建造		下—中寒武统林田组的浅变质岩建造	必要
岩相古地理		浅海半还原环境，滨岸海盆边缘	重要
成矿特征	矿体形态	矿区由北西至南东共划分为Ⅰ、Ⅱ、Ⅲ、Ⅳ、Ⅴ、Ⅵ6 个矿段，矿体长 50～478m，延深 50～275m，多在地表出露，其中Ⅰ、Ⅱ、Ⅲ矿段矿体相对集中，为主要矿段，矿体多为透镜状、似层状，产状与围岩地层一致	重要
	矿物组合	矿石矿物为重晶石，脉石矿物为石英、绢云母、黄铁矿(部分已氧化为褐铁矿)及少量方解石、白云母、黑云母、金红石，尚见微量榍石、绿泥石	重要
	结构构造	矿石的结构主要为粒状变晶结构、微粒变晶结构和鳞片变晶结构；矿石普遍具条纹状构造，次为致密块状构造，少量脉状构造、晶簇状构造，后两种为次生构造	次要
	围岩蚀变	围岩蚀变不明显	次要
矿床储量		重晶石矿累计查明资源量 1 649.340×10^4 t，保有资源量(未占用)549.143×10^4 t，矿石品位大致在 75%～90%之间	次要
找矿线索		①地层标志：下—中寒武统林田组；②岩性标志：在上述地层中，重晶石矿产于千枚岩夹硅质岩和大理岩透镜体的岩性组合中，若为单一厚层的千枚岩或变质粉砂岩则一般无工业矿体；③矿砾标志：重晶石原生矿经长期机械风化剥蚀后，生成大量的砾石，由于矿砾体重大，不易长距离搬运，一般只分布在原生矿附近约 200m 范围内，形成残坡积层，仅见少量矿砾被水流搬运至离原生矿 1km 左右的低洼处，利用这一特点寻找重晶石原生矿，是一种行之有效的找矿方法	重要

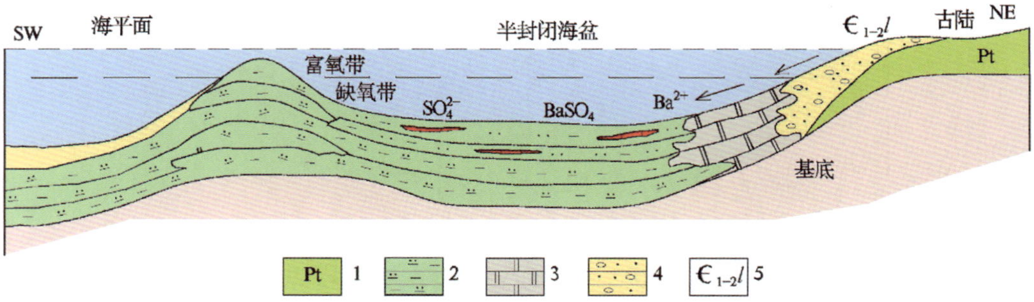

图 6-98 福建省永安李坊重晶石矿成矿模式图

1.元古宙变质地层；2.石英千枚岩、变质粉砂岩等；3.大理岩；4.砂砾岩、砂岩等；5.寒武系林田组浅变质岩

二、重晶石矿预测工作区成矿规律

福建省重晶石矿的矿产预测类型为李坊式沉积(变质)型重晶石矿。根据李坊式沉积(变质)型重晶石矿的基本成矿背景特征分析，确定了预测工作区范围2处(永安-明溪、长汀古城)。

(一)区域成矿要素研究成果总结

永安-明溪、长汀古城2个预测工作区的成矿地质环境和矿床特征两方面的主要特征相近，以永安-明溪预测工作区为代表，说明区域成矿要素(表6-83)。

表6-83 福建省永安-明溪李坊式沉积(变质)型重晶石预测工作区成矿要素一览表

区域成矿要素		描述内容	成矿要素分类
区域成矿地质环境	大地构造位置	位于闽西南凹陷带(永安-梅州-惠阳凹陷带)北缘	必要
	沉积(变质)建造	下—中寒武统林田组浅变质岩建造	必要
	变质作用	加里东期区域低温动力变质作用	必要
	岩相古地理	浅海半还原环境，滨岸海盆边缘	必要
区域成矿地质特征	区域成矿类型和成矿期	沉积(变质)型重晶石矿、接触交代型铁矿、沉积型煤矿等，成矿期以加里东期、燕山期为主	重要
	李坊式沉积(变质)型重晶石矿	永安-晋江北西向断裂带北东侧	必要
		下—中寒武统林田组	必要
		重晶石矿产于上述地层千枚岩夹硅质岩和大理岩透镜体的岩性组合中，若为单一厚层的千枚岩或变质粉砂岩则一般无工业矿体	必要
		重晶石原生矿经长期机械风化剥蚀后，生成大量的砾石，由于矿砾体重大，不易长距离搬运，一般只分布在原生矿附近约200m范围内，形成残坡积层，仅见少量矿砾被水流搬运至离原生矿1km左右的低洼处，利用这一特点寻找重晶石原生矿，是一种行之有效的找矿方法	重要
		矿床式主要为李坊式沉积(变质)型重晶石矿	重要

（二）区域成矿模式研究成果总结

早古生代永安-明溪、长汀古城等地为内陆海，是华南海的组成部分，其北部为浦城-顺昌陆块，因而具有边缘海小型浅水盆地的特征，陆源物质由北部的陆块提供，南面为水下高地。在这种水流不畅的沉积环境下，形成一套以砂泥质细碎屑为主、含钙硅质较丰富、伴有大量重晶石的沉积建造。来自古陆的 Ba^{2+} 被硅质和泥质所吸附，在相应海盆的合适条件下形成重晶石矿或 $BaSO_4$ 沉淀。加里东运动使本区普遍发生区域低温动力变质，使岩层、矿层发生轻微的变质重结晶。

第十八节　煤矿成矿规律

福建省已探明煤炭资源的煤类品种单一，绝大部分为无烟煤，只有少量的贫瘦煤及褐煤。福建省煤系有二叠系和三叠系，二叠系煤系基本分布于闽西南凹陷内，成矿建造为二叠系含煤碎屑岩沉积建造。煤矿均属沉积型，其预测类型为沉积型。煤矿成矿受到含煤地层的控制，其聚煤具有自身的规律。

一、二叠纪聚煤规律及其控制因素

（一）含煤性

据沉积环境和聚煤规律，划分为 3 个含煤带，含煤地层主要为童子岩组，次为翠屏山组。

东含煤带：漳平永福—尤溪一线以东，包括华安区、天湖山煤矿区、德化曾坂煤矿、尤溪古迹口煤矿、安溪及大田东部地区，即永春-尤溪煤田。

中含煤带：东侧与东含煤带毗邻，西以武平象洞—上杭古田—连城姑田—明溪胡坊—顺昌—建阳一线为界；其北段在闽西北地区为印支期隆起剥蚀；中—南段为永安含煤区、大田含煤区、漳平含煤区、龙永含煤区，即龙岩-永定煤田、永安-大田煤田。

西含煤带：东侧与中含煤带毗邻，包括武平宁洋、连城庙前、清流-连城、将乐、宁化甘木潭等煤矿区，即将乐-武平煤田。

童子岩组共含煤 16～113 层，平均总厚度 19.1m，含煤系数 2.9%，其中可采煤层 1～31 层，平均可采煤层总厚度 3 个含煤带分别是：东部 19.85m，中部 11.27m，西部 3.13m，平均有效含煤系数 2.1%。主要煤层的单层厚度平均 0.6～1.53m，最厚近 2.6m，大多属薄煤层，总体稳定性较差，但在含煤区或矿区范围内稳定性较好。

1. 第一段第一带的含煤性

本带是童子岩组主要含煤段之一，含煤 5～23 层，含煤性差异很大，西部不含煤，中含煤带的龙永矿区最多达 16 层，东含煤带的天湖山一带增加到 23 层，自西向东煤层增多，平均总厚度 1.26～9.57m，含煤系数 1.1%～4.8%。其中可采煤层 1～9 层，龙永及大田矿区含 37 号、38 号、39 号、41 号、43 号 5 层；而天湖山矿区含 51 号、53 号、54 号、59 号、60 号、61 号、62 号、63 号、64 号 9 层。最后计算出总体平均可采总厚度 1.05～5.39m，有效含煤系数 0.9%～3.1%。煤层分布具有以下特点：

(1)可采厚度大于 4m 的厚煤带，分布于长塔—龙潭—文溪—翠屏山—陆家地—苏帮一线以东及天湖山含煤区以西，呈北东向展布。

(2)有效含煤系数自南向北减少,含煤性从西往东变好。

(3)主要煤层较稳定,如龙永含煤区的 38 号、39 号煤层全区稳定,43 号煤层在南部呈局部不可采,而 37 号、41 号为局部可采,稳定性较差。

2. 第一段第二带的含煤性

本带含煤 2～22 层,龙永含煤区一般含 6～12 层,上京-广平矿区含 15 层,天湖山含煤 22 层,从西往东煤层显著增多。平均煤层总厚度 3.1m,含煤系数 2.5%,其中可采煤层主要分布于大田和天湖山两煤区。煤层绝大多数是不可采或煤线,可采和局部可采的只有 33 号、34 号、35 号、和 36 号煤,各含煤区之间的含煤性及含煤系数差异较大。

3. 第三段第一带的含煤性

本带含煤 2～35 层,西含煤带通常含 2～6 层,龙永矿区和上京矿区含煤 10～14 层,天湖山含煤 35 层,自西向东含煤层数增多。煤层总厚度 0.2～11.07m,含煤系数 2.2%,其中可采煤层 1～9 层,大多数为薄煤层,可采总厚度 0.6～5.35m,平均 1.8m 左右,有效含煤系数 1.6%,各地含煤系数差别极大。本带主要可采煤层为 16 号、19 号,局部可采有 14 号、17 号煤层(按统一编号),煤层发育较好的地段为龙永含煤区和东阳—上京一带,由此向西和向东煤层均变薄,厚煤带呈南北向或北东向。

4. 第三段第二带的含煤性

本带是童子岩组另一个主要含煤段,无论是含煤厚度、可采程度以及分布范围都居各亚段之首。此带含煤 10～24 层,西含煤带含煤 4～12 层,中含煤带含煤 12～24 层,东含煤带天湖山矿区含煤 16 层以上,平均总厚 4.1m,含煤系数 4%。其中可采和局部可采煤层 2～6 层,可统一对比和编号的煤层是 5 号、9 号,可采煤层总厚 2～4m,有效含煤系数 2.4%。总厚度较大的地段有 4 片:长塔-洽溪、顶峰山-苏邦、古迷口附近及北团-加福-牛角坑-石林。这些地段含煤层数也最多,由此向两侧煤层数逐渐减少,厚度也逐渐变薄。煤层走向及厚煤带呈北东方向。

5. 第三段第三带的含煤性

本带含煤 5～16 层,个别井田达 33 层(昌福山),多属极薄煤层和煤线,煤层总厚 0.3～11.74m,平均 2.6m,含煤系数 2.3%。局部可采煤层 1～4 层,按统一编号的有 1 号、2 号。区内含煤性变化甚大,可采范围已明显缩小,仅分布于将乐—加福—苏邦—坑柄—牛栏山—洽溪一带,呈北北东向展布,可采总厚度 0.55～9.5m,平均 1.7m,有效含煤系数小于 1%。由此向两侧煤层厚度变薄。

(二)聚煤规律

福建省中二叠世气候温湿,雨量充沛,植物广布,童子岩组属阳新统的以碎屑滨岸带沉积体系为主的含煤岩系,总体在海水进退的背景下,控制海岸线内外侧各个时期聚煤作用的发生和发展;主要聚煤作用类型有障壁-潟湖环境、潮坪-潮道环境、滨海湖泊环境,其中位于潟湖朝陆一侧与早期滨海湖泊环境成煤条件最好,现将童子岩组各亚段的聚煤规律总结如下。

1. 童子岩组第一段的聚煤规律

1)第一段第一带的聚煤规律

本带发育时总的古地理景观是稳定的,由西向东为浅海—障壁—潟湖—滨岸湖泊,障壁岛的位置在每个准层序内由东向西进积与障壁岛砂带总体迁移,但其主体部位始终在龙永矿区或其附近。在这种景观下的聚煤作用具有如下规律。

(1)从西往东,即由障壁岛砂的西部边界至障壁岛砂主体(最大含砂率)的内缘或再靠里一些,含煤层明显递增,含煤性由差变好;再往东,在潟湖和滨海湖泊范围内,煤层数已基本保持稳定。

(2)在障壁岛砂主体外侧,总体属极薄煤层或煤线,只个别煤层在部分地段达到可采厚度;在其内侧,煤层则相对较厚,有几层达到主采或局部可采,厚煤带(平均可采煤厚大于 4m)基本平行最大含砂率带延伸,可采总煤厚 1m 的等值线也具类似形态伸展。至于单个煤层而言,由于障壁岛后潟湖和滨岸湖泊沉积地形的复杂性,煤厚变化还是比较大的,如在同一亚段内,不同煤层的可采、不可采范围亦是变化的。

2)第一段第二带的聚煤规律

本带的古地理景观与下亚段基本类似,总体上障壁岛-潟湖环境有往东后退的趋势。潟湖主体部分大致位于大田县境内,而天湖山一带的潟湖已近边缘。因此,聚煤规律与下亚段也基本相同,例如位于障壁岛砂主体外侧的加福矿区,无可采煤层发育;位于障壁岛砂主体位置的龙永矿区,含煤性也较差,大致在龙潭—龙岩—苏邦等一线以东,有局部可采煤层出现,表明已逐步进入障壁岛砂主体内侧。位于潟湖主体部位的大田县境内,煤层聚积最佳,可采总厚度最大,往天湖山一带潟湖濒临边缘,则可采总煤厚变薄。上述两个地区构成本亚段唯一的厚煤带(可采总煤厚>2.0m)。

2. 童子岩组第三段的聚煤规律

1)第三段第一带的聚煤规律

本带与第一段第二带比较,除障壁岛砂向西部进积到将乐、清流、连城、武平宁洋等一带,及东部潟湖主体部分往北蔓延外,其他并无明显差别。所以古地理景观大体与第一段基本相似,聚煤规律亦大致相同,主要补充以下几点变化规律:

(1)东部在古迹口—天湖山一带,因处于潟湖边缘和滨岸湖泊环境,含煤层数虽多,但厚度很薄,只局部地段有个别煤层达到可采厚度;往南到东阳一带、向西至大田县境内都位于潟湖主体部分,含煤性变好,如含主采、局采煤层 2~9 层,可采总厚分别为 2.04m、5.35m,并构成东部一个厚煤带(可采总煤厚>2m),呈近南北向分布。

(2)在龙永矿区,由于自下部的障壁岛过渡到上部的障壁岛—潟湖,含煤性也由下往上变好,含主采、局采煤层 1~5 层,可采总厚 0.77~4.56m。通过主要煤层(16、19 煤层)可采范围的圈定,发现煤层有厚、薄带相间的分布特点。它与本区圈定的白沙-苏邦-红炭山-昌福山-龙潭的厚煤带分布均反映障壁岛内侧沉积地形的复杂性,而且不排除与入潮口或潮道地形有关。这种现象具有一定的普遍性。

(3)在将乐、加福、北团、宁洋等地,因沉积环境属于障壁岛砂主体的外侧,煤层发育较差,只个别煤层达局部可采,如将乐 B_2煤层、加福 11 号煤层、北团 6 号煤层等。

2)第三段第二带的聚煤规律

本带古地理景观发生了显著变化,天湖山一带仍保持潟湖环境,龙永矿区大部分为潟湖环境,但在北部苏邦一带发育潮坪-潮道沉积组合,此时障壁岛砂已进积到北部永安附近及西部武平宁洋一带,西部甘木潭一带首次出现了障壁岛-潟湖沉积组合。清流、连城一带由开阔海缩小成湾,发育了海湾充填层序,北部将乐一带广泛发育潮坪-潮道沉积。这种古地理景观,对带的聚煤作用直接影响有 3 点:

(1)龙永矿区首次完全成为障壁岛后潟湖环境,与各亚段相比较,本亚段含煤是最好的。其含煤 13~21层,其中主采、局采总煤厚大于 2.5m 的煤厚带呈北东向延展。

(2)北团—加福—牛角坑一带,虽有一部分位于最大含砂率带的外侧,但因海域收缩变成海湾充填环境,表现出较好的含煤性,含煤 9~23 层,而主采、局部可采煤层为 3~6 层,可采总煤厚达 2.4~4.4m。此外,北部将乐石林一带是以潮坪-潮道为主的聚煤环境,含煤性亦较好,含煤 10~12 层,主采、局部可采煤层 4 层,可采总煤厚 3.6m。

(3)福建省最西部甘木潭一带,本亚段出现两层局部可采煤层,这是西部地区沉积地形抬升和海水逐步退出的结果。

由于前述特征,使本带聚煤面积扩大,含煤性也最佳,成为童子岩组最主要的含煤段。

3)第三段第三带的聚煤规律

本带在全区内,除龙水、北团、罗口、加福、石林等一带有潟湖和潮坪-潮道沉积,其余地区都属于滨岸湖泊沉积。煤厚带(可采总煤厚>2m)分布于龙永矿区中的苏邦—坑柄—洽溪—昌福山—龙潭等一带和加福矿区—洪田一带;其余地区聚煤作用差,只个别煤层达到局部可采。

总之,童子岩组的聚煤规律总体是在海水进退的背景下,煤厚带发生有规律迁移,剖面上从老至新、平面上自东往西,主要煤层与厚煤带有向上迁移现象。通过层序地层分析,海进体系域内一般无聚煤作用发生。那些厚度较大、展布较广的煤层在层序地层格架中的位置分别位于S3、S4高位体系域中,尤其是障壁岛内侧。童子岩组聚煤作用发生在碎屑滨岸带条件下,并与障壁岛-潟湖、潮坪-潮道以及滨岸湖泊这3种环境类型直接相关。障壁岛-潟湖环境的聚煤作用是童子岩组最重要的聚煤作用类型,形成了多层具有工业价值的煤层。在龙永矿区,这类煤层主要发育在Z2、Z4、Z7三级层序中,尤以Z2和Z7层序最佳。滨岸湖泊环境的聚煤作用是本区又一个重要的聚煤作用类型,特别是在东部条带的天湖山矿区,若干主要煤层都属于这种成因。

(三)"三下"找煤

福建省二叠纪煤层形成之后,受到了后期印支期—燕山期构造-岩浆、沉积作用的改造,即构造、火山作用及沉积作用对二叠纪煤层的"覆盖",主要表现为:印支期—燕山期强烈挤压,在含煤地区形成广泛的推覆构造,在大田广平、龙岩、永定等地发现广泛的推覆构造,并在推覆构造之下发现煤矿,如大田广平—铭溪一带的推覆构造外来岩系为新元古代变质岩,原地岩系为童子岩组,并发现多层具工业意义的煤矿;火山作用是燕山期重要的地质作用,将煤系地层覆盖于火山岩之下,如天湖山煤矿外围均为火山岩覆盖,其下已发现多层具工业意义的煤层;福建省中生代的陆相碎屑沉积作用,形成的碎屑岩覆盖了煤系地层,如在清流马地、连城坪上等地的白垩纪碎屑岩之下发现煤层。

二、晚三叠世含煤岩系的聚煤规律

(一)含煤性特征

福建省晚三叠世煤系可划分为下部大坑组和上部焦坑组(闽西南地区称文宾山组),由于两个含煤组的聚煤作用于所处的区域古构造位置不同,煤层厚度、含煤性及变化规律都有差异。

1. 大坑组的含煤特征

本组分布局限,仅分布在漳平含煤区内,含煤性相对尚好,煤层层数较多,单煤层厚度较薄。该组含煤5~20层,其中可采煤层1~6层,平均可采煤层总厚度2.23m,最厚达4.04m,有效含煤系数0.15%~0.92%。多属简单结构煤层,少部分复杂结构煤层,含夹矸2~6层,最多可达12层,但在短距离内尖灭,主要可采煤层位于该组煤系下段。

2. 焦坑组(文宾山组)的含煤性特征

本组煤系分布广,福建省各地均可见及,主要特征为煤层数与煤层厚度的变化大,闽西北与闽西南有较大的差别。

1)闽西北地区(焦坑组)

该地区含煤性相对较好,一般含煤2~9层,最多达28层(泰宁大布),其中含可采煤层1~4层,平均可采煤层总厚度1.83m,最厚达2.82m,有效含煤系数0.2%~2.94%,平均为0.9%。煤体多为层状或似层状，个别井田呈透镜状或煤包形态，时有分叉尖灭现象，多属复杂结构煤层，含夹矸 1～6 层。含煤性特征概述如下：在东部凹陷带内，以建瓯梨山井田煤层聚积最厚，往南、往北含煤性变差，煤层变薄，向东、西均无可采煤层。

2)闽西南地区(文宾山组)

本区含煤性相对闽西北地区差，一般含 2～5 层，最多达 39 层(上杭矶头)，其中含可采煤层 0～5 层，除漳平大坑、安靖、永安煤炭塘、安溪白荇等井田的含煤性较好，有可采煤层外，其余井田都属极不稳定煤层。全区平均可采总煤厚 1.2m 左右，平均有效含煤系数约 0.47%；煤层多为似层状、透镜状，属较简单至复杂结构。

(二)聚煤规律

福建省晚三叠世气候温暖湿润，植被广布。闽西北地区以蕨类植物为主，闽西南地区以本内苏铁植物为主，生长茂盛，为聚煤作用提供了丰富的物质基础，成为福建省第二个重要的聚煤期。在晚三叠世的大坑期与焦坑期(文宾山期)，全区发育了一套以冲积扇-扇三角洲-湖泊或冲积扇-湖泊沉积体系组合的陆相含煤岩系，其中以冲积扇、扇三角洲沉积体系为重要的聚煤场所，形成了具有工业开采价值的煤层。

含煤岩系的沉积与主要煤层的聚积，除沉积环境控煤的重要作用外，古构造对煤系分布的控制也起了主导作用。根据晚三叠世的沉积时间差和所处不同的构造单元，本区大致以南平—三明—清流一线为界，划分为南北两个不同的地区，即闽西北(主要为建瓯断凹)和闽西南(主要为连城断凹)，分组总结其聚煤规律如下。

1)大坑组的聚煤规律

该组主要发育于连城断凹内，在继承性的断陷-凹陷盆地内沉积一套大坑组含煤岩系，发育以扇三角洲为主体的聚煤环境，聚积了重要煤层(称 D 煤组)。沉积范围：北至武陵、金坑一带，西南到龙岩苏坂，东南到仁甲山、安靖。但具工业价值的煤层只限于武陵、大坑、产盂等井田范围内，为一长约十余千米的南北向狭长条带，含煤层 5～20 层，其中可采、局部可采煤层 1～6 层，平均可采总煤厚 2.23m，最厚达 4.04m，成为福建省主要的烟煤产地。

2)焦坑组(文宾山组)的聚煤规律

印支运动形成了一系列以北东向、南北向为主的褶皱、断裂，构成区内若干个断陷、凹陷盆地，沉积了以闽西北地区焦坑组、闽西南地区文宾山组为代表的同期异相含煤岩系，现分述如下。

(1)闽西北地区(主要为建瓯台凸)焦坑组的聚煤规律。本区冲积扇-湖泊沉积体系组合和扇三角洲-湖泊沉积体系组合，构成重要聚煤场所。两种沉积体系组合在东、西两个凹陷带内聚煤环境略有差异。例如东部凹陷带自南平以北、浦城南口塘之南，主要发育以冲积扇体系为主的聚煤作用。西部凹陷包括泰宁大布—邵武煤矿—武夷山下枚—浦城杉坊等一线，在下枚一带主要发育以扇三角洲体系为主的聚煤作用，并在向北东与向南西方向逐渐被冲积扇体系为主的聚煤环境所取代，往西方向过渡为湖泊聚煤环境。

(2)闽西南地区(主要为连城台凹)文宾山组聚煤规律。该区文宾山组含煤岩系，除武陵—大坑—苏坂—安靖等受南北向断裂控制而继承性沉积外，其余地区在大坑期地势较高，随着凹陷沉降逐渐超覆盖扩张，开始接受沉积。并使原先一些不连续的断陷盆地逐渐连成一片，形成较为开阔的超覆于不同基底地层之上的含煤盆地。以发育扇三角洲、湖泊、洪泛平原等沉积环境为主体，其中以扇三角洲沉积体系为重要的聚煤场所；其次为湖泊沉积体系的聚煤作用，但后者只能形成不稳定局部可采煤层。这些盆地在连城台凹为胡坊-永定隆起两侧，受北东—北北东向与南北向断裂控制，亦形成东、西两凹陷带，各零星分布比较重要的煤产地，其分布方向与煤体形态呈南北向雁行排列。在聚煤作用和变化规律上，东、西两凹陷带略有差异。

（三）控煤因素

煤层的形成、发育及变化与原生聚煤条件及成煤后改造是分不开的，现着重总结原生控煤因素。

（1）同沉积构造控煤作用。煤盆地内煤系沉积受同沉积背斜、向斜，同沉积断裂控制，导致煤系地层增厚、变薄，直至尖灭。

（2）沉积环境控煤作用。不同沉积环境的聚煤作用，控制着煤层的发育程度与煤层形态。例如冲积扇环境为主体聚煤，煤层可采范围多数分布在废弃的冲积平原主体地带，厚煤带位于冲积平原中靠扇顶区，由此向扇头、扇尾、湖盆等方向煤层均有变薄、分叉及尖灭现象。扇三角洲为主体聚煤除具与冲积扇类似的特点外，还表现受古湖岸线控制，使前后期聚积的煤层具有继承性。煤层可采范围与厚煤带的迁移，一般潮源区方向进积扩大，厚煤带也同步迁移。

（3）基底古地形的控煤作用。印支运动形成的断陷、凹陷盆地，不仅控制了晚三叠世焦坑期（文宾山期）的沉积，造成全区煤系地层厚薄悬殊，而且由于基底古地形形态不同，直接影响煤层聚积与煤体形态的变化。例如闽西北地区，含煤岩系几乎直接沉积于前寒武纪地层的古剥蚀面上，在一些地势低洼地段，先期发育了沼泽或泥炭沼泽，堆积了少量的泥炭层，形成不连续、零星分布的煤层。随着基底适度沉降与古高地逐渐夷平，除先期地段泥炭加积而形成较厚煤体外，泥炭沼泽还继续往古高地地段蔓延扩大，到聚煤期终则连成一片，因此，煤体也出现了厚薄形态变化。当古地形高出泥沼面时，则形成无煤地段。总之，基底地形对煤层聚积具有明显控制作用。

第七章　矿产预测

福建省矿产资源潜力评价对铁、铜、铅、锌、金、银、锰、镍、钨、锡、锂、钼、稀土、煤、磷、硫、萤石和重晶石 18 个矿种进行预测工作，下面对这些矿产资源的潜力评价工作分别进行描述。

第一节　铁矿资源潜力评价

福建省铁矿资源潜力评价确定典型矿床 2 个，预测工作区 7 个，预测工作区范围见表 7-1。划分的铁矿产预测类型为马坑式广义矽卡岩型(沉积-改造型)铁矿和汤泉式接触交代型铁矿，根据全国矿产预测类型划分方案，均划归为马坑式广义矽卡岩型铁矿。

表 7-1　福建省铁矿典型矿床和预测工作区范围一览表

典型矿床名称	预测工作区名称	预测工作区范围
龙岩马坑铁矿	龙岩马坑-漳平	116°45′00″—117°30′00″ 24°50′00″—25°20′00″
	安溪潘田	117°30′44″—118°00′15″ 25°09′29″—25°21′34″
	德化阳山	117°55′39″—118°14′28″ 25°25′06″—25°41′28″
	漳平挂山	117°12′07″—117°24′04″ 25°30′33″—25°39′58″
	上杭湖洋	116°26′30″—116°35′00″ 24°50′00″—25°00′00″
大田汤泉铁矿	将乐万安	117°15′00″—117°45′00″ 26°40′00″—27°00′00″
	永安-大田	117°30′00″—118°00′00″ 25°40′00″—26°10′00″

一、铁矿预测模型

(一)龙岩马坑式广义矽卡岩型铁矿预测模型

龙岩马坑式广义矽卡岩型铁矿典型矿床提取的预测要素见表 7-2，建立的预测模型见图 7-1，建立的预测工作区预测模型见图 7-2。

表 7-2　龙岩马坑式广义矽卡岩型铁矿典型矿床预测要素表

预测要素		描述内容	预测要素分类
成矿时代		沉积成矿时代为 346～334Ma，叠加改造期为燕山期(128Ma)	重要
大地构造背景		闽西南陆表海盆地	必要
大地构造演化阶段		印支期海进沉积旋回系列底部，燕山期岩浆喷发	必要
沉积建造		石炭纪—二叠纪(C—P)碳酸盐岩建造的底部，以经畲组为主含铁碎屑岩建造	必要
侵入岩浆建造		大洋、莒州岩体的侵入	必要
岩相古地理		局限海浑水潮坪相砂坪亚相	重要
矿床特征	矿体形态	以似层状、层状为主，部分透镜状、扁豆状，与围岩产状一致，主矿体延长约 3 350m，延深 440～1 540m	重要
	矿物组合	以磁铁矿为主，次为赤铁矿和后期热液叠加的辉钼矿等硫化物，脉石矿物主要为石英、次透辉石、钙铁辉石、钙铁榴石、透闪石等	重要
	结构构造	云雾状结构、变余鲕状结构、微粒—细粒花岗变晶结构、显微他形粒状变晶结构、他形—半自形镶嵌结构、花岗变晶结构、交代熔蚀结构、交代残留结构等；条带—条纹状构造、残余块状构造、变余豆状构造、浸染状构造、斑杂状构造、网脉状构造等	次要
	围岩蚀变	主要为矽卡岩化，次为角岩化、大理岩化、绢云母化、黄铁矿化、硅化、碳酸盐化、萤石化、钾化、高岭土化、绿帘石化、透闪石化、绿泥石化等	重要
地球物理特征	磁法	航磁异常形态规则、梯度陡、强度大、正负伴生的带状异常，走向北东，延伸 3.5km，ΔT_{max}＝980nT，ΔT_{min}＝－880nT；地磁异常为 NE 45°之宽带状，东段转折成近南北向，正负伴生，正异常峰值一般 2 000～3 000nT，负异常一般 300～600nT；4 400nT 异常范围长 4 500m，平均宽 1 500m	重要
	重力	多位于重力变化梯度带上	次要
地球化学特征		区域化探异常：元素组合复杂、异常规模大($150km^2$)；异常有一定分带性 Mo、Sn-Bi-W、Fe-Mn-Pb-Zn-Ag-Cd-Au-As-Sb-Cu-Th-Be；矿区地表土壤 Sn、W、Mo、Mn、Zn、Cu、Pb 等多元素组合异常，有一定分带性；地表铁矿“铁帽”微量元素特点为：Mn＞2%、Sn(40)、Pb(42)、Cu(30)、Zn(391)含量稍高，含 Ge(15×10^{-6})	重要
矿床储量		$43\ 043.17\times10^4$t，平均品位 TFe 36.35%	次要
找矿线索		海西期古海岸边缘或断陷盆地中；富含铁质的基底岩系；石炭系—二叠系碳酸盐岩建造底部假整合带；重力梯度带与磁异常梯度复合处；化探异常见 Pb-Zn-Sn 或 Sn-Mo-Zn 组合等；围岩蚀变以矽卡岩化为特征；地表见褐铁矿为直接找矿线索；上覆文笔山组等地层的存在有利于矿体的保存	重要

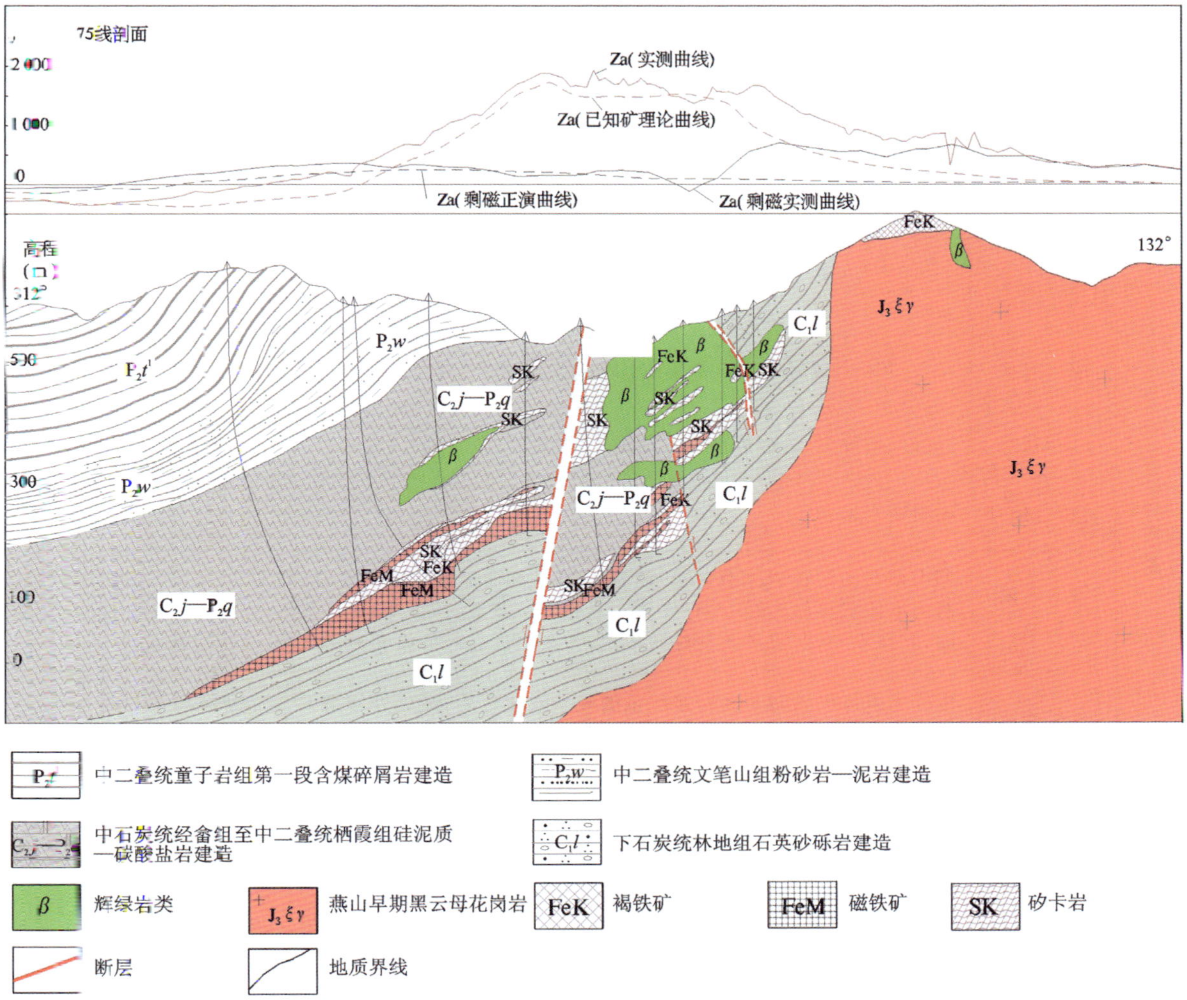

图 7-1　龙岩马坑式广义矽卡岩型铁矿典型矿床成矿预测模型图

［据福建省地质八队《福建省龙岩马坑铁矿区西矿段详细勘探地质报告》(修编,1984)］

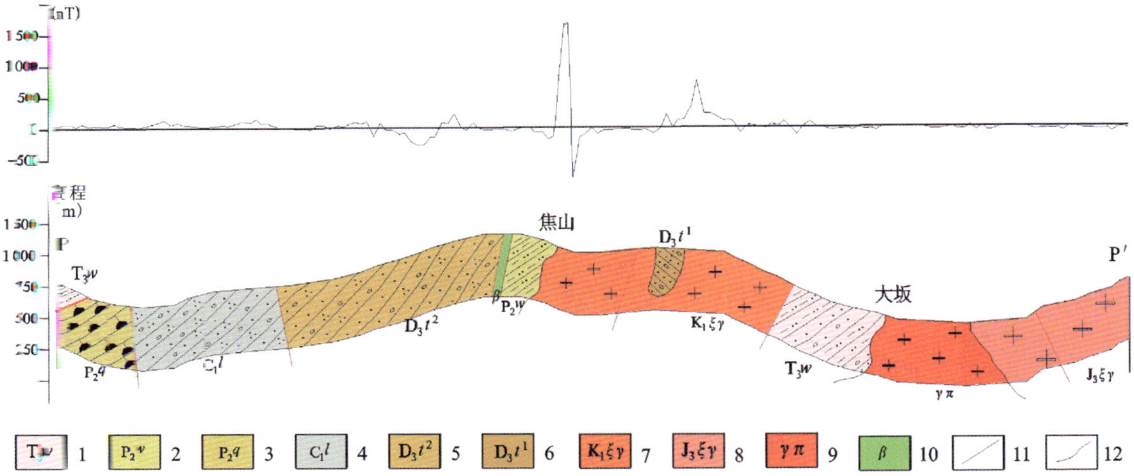

图 7-2　龙岩马坑式广义矽卡岩型铁矿区域成矿预测模型图

1. 上三叠统文宾山组；2. 中二叠统文笔山组；3. 中二叠统栖霞组；4. 下石炭统林地组；5. 上泥盆统天瓦岽组上段；6. 上泥盆统天瓦岽组下段；7. 下白垩统正长花岗岩；8. 上侏罗统正长花岗岩；9. 花岗斑岩；10. 粗玄岩；11. 断层；12. 地质界线

(二)大田汤泉式矽卡岩型铁矿预测模型

大田汤泉式矽卡岩型铁矿典型矿床提取的预测要素见表 7-3,建立的预测模型见图 7-3,建立的预测工作区的预测模型见图 7-4。

表 7-3　大田汤泉式矽卡岩型铁矿典型矿床预测要素表

预测要素		描　述　内　容	预测要素分类
地质背景	成矿时代	K-Ar 年龄 110Ma,成矿期为燕山晚期	重要
	沉积建造	二叠系栖霞组(P_2q)碳酸盐岩建造中(底部)	必要
	岩相古地理	局限海台地相	必要
	侵入岩浆构造	燕山期花岗闪长岩体沿太华-汤泉复式背斜轴部侵入上古生界,形成北北东—南南西向港湾状接触界线,并有许多小岩枝穿入矿区中部,构造复杂的凸凹不平的侵入面,陡缓不一,对成矿起良好的作用,花岗闪长岩局部相变为花岗岩,蚀变较普遍	必要
	成矿构造	主要为岩体侵入时与围岩接触带的矽卡岩化作用,尤其在以北北东向断裂为主的构造带中更有利于有用矿物的交代富集	重要
成矿特征	矿体形态	透镜状—脉状,总体产状与岩体接触面基本一致,走向北北东,主矿体延长约 750m,斜深约 165～250m,平均厚度 11.24m	次要
	矿物组合	金属矿物主要为磁铁矿,少量赤铁矿、穆磁铁矿、磁赤铁矿;其他金属矿物有黄铜矿、黄铁矿、方铅矿等;脉石矿物以石榴子石为主,次为透辉石、透闪石、阳起石等;褐铁矿石主要为褐铁矿,一般含有磁铁矿,少量软锰矿	重要
	结构构造	矿石结构主要为自形—半自形粒状结构、交代结构,次为纤束状结构;磁铁矿石构造主要为块状构造、细脉状构造、浸染状构造,偶见斑杂状构造、角砾状构造;褐铁矿石主要为块状构造、土状构造、胶状构造	次要
	围岩蚀变	围岩顶底板为石榴子石矽卡岩、透辉石矽卡岩,主要蚀变为矽卡岩化、磁铁矿化,次为绿帘石化、绿泥石化、角岩化等	必要
地球物理特征	磁法	异常强度为 300～900nT,最高为 1 900nT,北部伴有大于 100nT 的负异常,异常形态规则、宽缓,是典型的低缓磁异常	重要
	重力	矿区位于重力梯度变化较平缓区	重要
矿床资源量		378.02×10^4t,平均品位 TFe 41.45%	次要
找矿线索		花岗闪长岩与栖霞灰岩接触带矽卡岩;矽卡岩化及矽卡岩风化后的铁帽是本区重要的找矿标志	重要

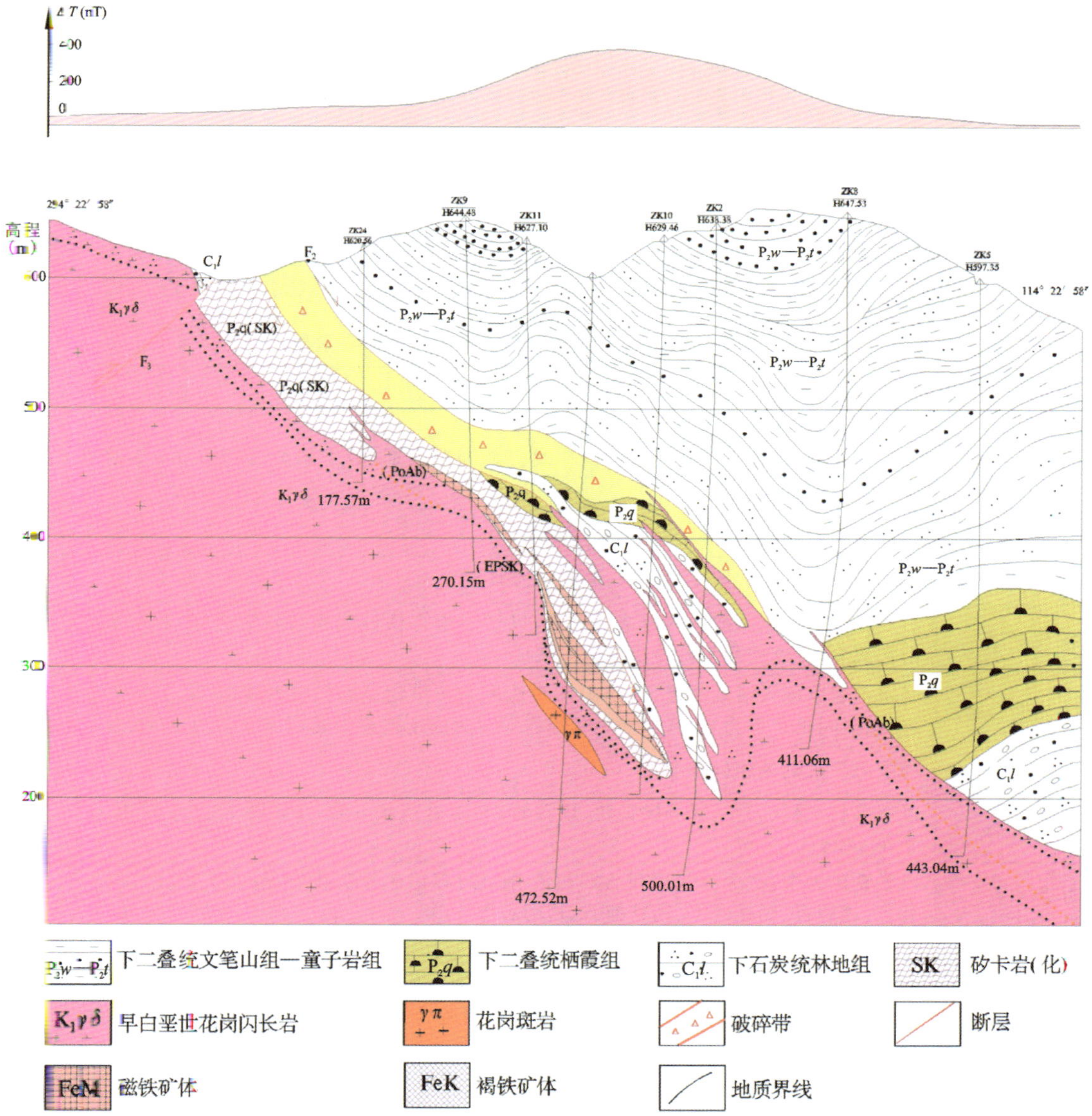

图 7-3　大田汤泉式矽卡岩型铁矿典型矿床成矿预测模型图

(据闽西地质大队《福建省大田县汤泉铁矿区资源储量核实报告》修改,2008)

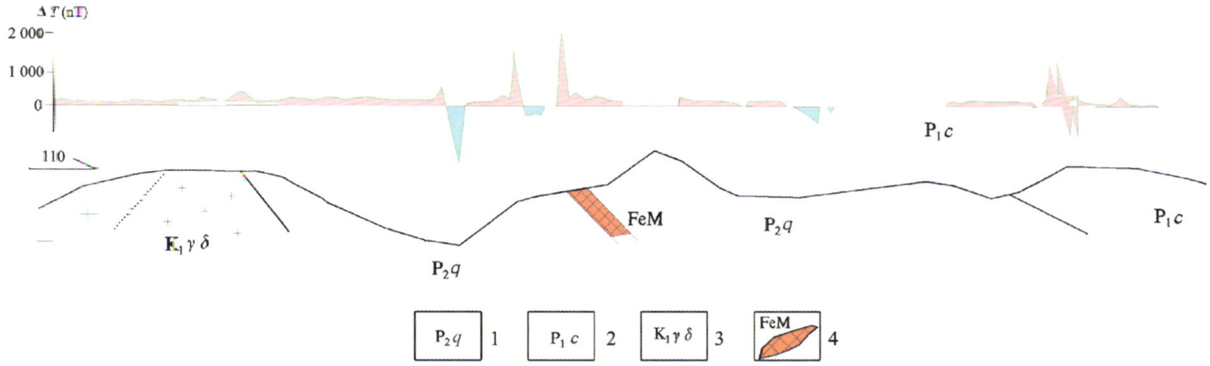

图 7-4　大田汤泉式矽卡岩型铁矿区域成矿预测模型图

1.中二叠统栖霞组;2.下二叠统船山组;3.早白垩世花岗闪长岩;4.铁矿体

二、预测方法类型确定及区域预测要素

(一)龙岩马坑式广义矽卡岩型铁矿预测方法类型及区域预测要素

通过综合分析已有矿区及综合研究资料,确定马坑式铁矿的成矿类型为广义矽卡岩型(沉积-改造型),预测方法类型为复合内生型,编制的预测区底图为建造构造图,区域预测要素见表7-4。

表 7-4　龙岩马坑式广义矽卡岩型铁矿区域预测要素表

预测要素		描　述　内　容	预测要素分类
地质背景	成矿时代	沉积成矿时代为346～334Ma,叠加改造期为燕山期,矽卡岩金云母K-Ar年龄为128Ma	重要
	大地构造背景	闽西南陆表海盆地	必要
	大地构造演化阶段	印支期海进沉积旋回系列底部,燕山期岩浆喷发	必要
	沉积建造	石炭纪—二叠纪碳酸盐岩建造的底部,以经畲组含铁硅泥质岩建造为主,其间见安山玄武岩、流纹质凝灰质砂质泥岩的夹层	必要
	侵入岩浆建造	区域上岩浆侵入活动频繁,以燕山期晚侏罗世—早白垩世的正长花岗岩、二长花岗岩、花岗闪长岩等为主,区域上见辉绿岩等多为后期构造引起而非成矿的主导因素	必要
	岩相古地理	局限海浑水潮坪相砂坪亚相	重要
矿床特征	矿体形态	以似层状、层状为主,部分透镜状、扁豆状,与围岩产状一致,主矿体延长约3 350m,延深440～1 540m	重要
	矿物组合	以磁铁矿为主,次为赤铁矿和后期热液叠加的辉钼矿等硫化物;脉石矿物主要为石英、次透辉石、钙铁辉石、钙铁榴石、透闪石等	重要
	结构构造	云雾状结构、变余鲕状结构、微粒—细粒花岗变晶结构,显微他形粒状变晶结构、他形—半自形镶嵌结构、花岗变晶结构、交代熔蚀结构、交代残留结构等;条带-条纹状构造、残余块状构造、变余豆状构造、浸染状构造、斑杂状构造、网脉状构造等	次要
	围岩蚀变	主要为矽卡岩化,次为大理岩化、绢云母化、黄铁矿化、硅化、碳酸盐化、萤石化、钾化、绿帘石化、绿泥石化等	重要
地球物理特征	磁法	航磁异常形态规则、梯度陡、强度大、正负伴生的带状异常,走向北东,延伸3.5km,$\Delta T_{max}=980nT$,$\Delta T_{min}=-880nT$;地磁异常为NE 45°之宽带状,正负伴生,正异常峰值一般2 000～3 000nT,负异常一般300～600nT,4 400nT异常范围长4 500m,平均宽1 500m	重要
	重力	多位于重力变化梯度带上	次要
地球化学特征		区域化探异常:元素组合复杂、异常规模大(150km²);异常有一定分带性Mo、Sn-Bi-W、Fe-Mn-Pb-Zn-Ag-Cd-Au-As-Sb-Cu-Th-Be;矿区地表土壤Sn、W、Mo、Mn、Zn、Cu、Pb等多元素组合异常,有一定分带性;地表铁矿"铁帽"微量元素特点为:Mn>2%、Sn(40)、Pb(42)、Cu(30)、Zn(391)含量稍高,含Ge(15×10^{-6})	次要
矿床储量		43 042.17×10⁴t,平均品位TFe 36.35%	次要
找矿线索		海西期古海岸边缘或断陷盆地中;富含铁质的基底岩系;石炭系—二叠系碳酸盐岩建造底部假整合带;重力梯度带与磁异常梯度复合处;化探异常见Pb-Zn-Sn或Sn-Mo-Zn组合等;围岩蚀变以矽卡岩化为特征;地表见褐铁矿为直接找矿线索;上覆文笔山组等地层的存在有利于矿体的保存	重要

马坑式广义矽卡岩型(沉积-改造型)铁矿原先共圈出龙岩马坑、安溪潘田-剑斗、漳平洛阳、德化阳山、上杭湖洋、漳平挂山、龙岩蕉山-漳平大坂共7个预测工作区(研究区)。由于龙岩马坑与龙岩蕉山-

漳平大坂(合并后称龙岩马坑-漳平地区)、安溪潘田-剑斗与漳平洛阳(合并后称安溪潘田-漳平洛阳)工作区的分布范围邻近,故合并进行编图后只有5个预测工作区。本次马坑式铁矿预测工作中编制的研究底图为1∶5万建造构造图,龙岩马坑、安溪潘田-剑斗、漳平洛阳、上杭湖洋等底图资料为1∶5万区调的实际材料图,德化阳山、漳平挂山、龙岩蕉山-漳平大坂地区由于没有进行1∶5万区调工作,其底图则以1∶20万区调资料(1∶5万的实际材料图)为基础,并补充最新完成的1∶25万区调成果资料。根据典型矿床的研究结果,建造构造图主要突出反映的是石炭纪—二叠纪(C—P)含铁碎屑岩相、碳酸盐相,以及晚侏罗世(燕山晚期)中酸—酸性花岗岩。

(二)大田汤泉式接触交代型铁矿预测方法类型及区域预测要素

通过综合分析已有矿区及综合研究资料,并参考福建省内专家意见,确定汤泉式铁矿的成因类型为接触交代型,预测方法类型为侵入岩型,编制的预测区底图为侵入岩浆构造图,区域预测要素见表7-5。

表7-5 大田汤泉式矽卡岩型铁矿区域预测要素表

预测要素		描述内容	预测要素分类
成矿时代		K-Ar年龄110Ma,成矿期为燕山期	重要
沉积建造		二叠系栖霞组(P_2q)碳酸盐岩建造、二叠系船山组(P_1c)碳酸盐岩建造	必要
岩相古地理		局限海台地相	必要
侵入岩浆构造		燕山期花岗闪长岩体沿太华-汤泉复式背斜轴部侵入上古生界地层,形成北北东—南南西向港湾状接触界线,并有许多小岩枝穿入矿区中部,构造复杂的凸凹不平的侵入面,陡缓不一,对成矿起良好的作用,花岗闪长岩局部相变为花岗岩,蚀变较普遍	必要
成矿作用		主要为岩体侵入时与围岩接触带的矽卡岩化作用,尤其在以北北东向断裂为主的构造带中更有利于有用矿物的交代富集	重要
成矿特征	矿体形态	透镜状—脉状,总体产状与岩体接触面基本一致,走向北北东主矿体延长约750m,斜深约165~250m,平均厚度11.24m	重要
	矿物组合	磁铁矿石的金属矿物主要为磁铁矿,少量赤铁矿、穆磁铁矿、磁赤铁矿;其他金属矿物有黄铜矿、黄铁矿、方铅矿等;脉石矿物以石榴子石为主,次为透辉石、透闪石、阳起石等;褐铁矿石主要为褐铁矿,少量软锰矿	重要
	结构构造	矿石结构主要为自形—半自形粒状结构、交代结构,次为纤束状结构;磁铁矿石构造主要为块状构造、细脉状构造、浸染状构造,偶见斑杂状构造、角砾状构造;褐铁矿石主要为块状构造、土状构造、胶状构造	次要
	围岩蚀变	围岩顶底板为石榴子石矽卡岩、透辉石矽卡岩,主要蚀变为矽卡岩化、磁铁矿化,次为绿帘石化、绿泥石化、角岩化等	重要
矿床储量		东北矿段(含北矿段)保有(122b)磁铁矿石量280.4×10^4t,褐铁矿33.2×10^4t;南矿段保有(122b)磁铁矿石量11.207×10^4t;平均品位TFe 41.17%(北东、北)~52.35%(南)	次要
找矿线索		石炭系—二叠系碳酸盐岩建造底部假整合带;重力梯度带与磁异常梯度复合处;化探异常见Pb-Zn-Sn或Sn-Mo-Pb组合等;围岩蚀变以矽卡岩化为特征;地表见褐铁矿为直接找矿线索;上覆文笔山组等地层的存在有利于矿体的保存	重要
磁测资料		磁铁矿和矽卡岩浅露地段显示强度很高、跳跃很厉害(甚至正负相间)的杂乱磁异常;在磁铁矿含量较少地段,异常强度会稍低些;而在有一定规模的磁铁矿与矽卡岩体隐伏地区,则可能会显示具一定强度的低缓磁异常	重要
化探资料		铁矿区及矽卡岩带中多分布有Pb、Zn、Ag、Cu等多元素异常	重要

汤泉式接触交代型铁矿原先共圈出永安溪南-大田龙凤场、大田银顶格、将乐万安3个预测工作区（研究区），由于永安溪南-大田龙凤场与大田银顶格（合并后称大田地区）预测工作区的分布范围较近且矿产预测类型相同，故合并进行编图，实际只有2个预测工作区。

汤泉式接触交代型铁矿预测工作中编制的研究底图为1∶5万侵入岩浆构造图，使用的底图资料为1∶5万区调的实际材料图，部分没有完成1∶5万区调工作的地区则以1∶20万区调资料（1∶5万的实际材料图）为基础，补充最新完成的1∶25万区调成果资料。根据典型矿床的研究结果，侵入岩浆构造图主要突出反映的是石炭纪—二叠纪碳酸盐岩相，以及晚侏罗世（早白垩世期）中酸—酸性花岗岩。

三、最小预测区圈定及优选

（一）马坑式广义矽卡岩型铁矿最小预测区圈定及优选

1. 马坑式广义矽卡岩型铁矿最小预测区圈定

在圈定马坑式广义矽卡岩型（沉积-改造型）铁矿预测单元时，根据铁矿床控矿要素特征，确定的划分方案为：（含矿建造∪矿床点缓冲区）∩（航磁异常区∪地磁异常区），其中由含矿建造与其余各要素的并集求交来进行预测区的初步圈定。需说明的是，在具体选择各区的含矿建造时马坑式铁矿选择了C—P含矿建造，而在漳平挂山区选择了三叠系溪口组的角岩建造，具体操作过程如下。

（1）选择圈区要素：根据各预测工作区广义矽卡岩型（沉积-改造型）铁矿成矿地质特征，分析该区成矿的预测要素特征，选择该区以下5个要素进行成矿远景区的圈定工作（表7-6）。其中，地磁异常采用1∶2.5万异常区线的1km缓冲区，铁矿床（点）采用1km缓冲区，成矿建造区采用300m半径作缓冲区。航磁异常区与地磁异常区求并集，再与成矿建造区与矿床点缓冲区的并集求交集而得。

表7-6　马坑式广义矽卡岩型铁矿最小预测区圈定要素（要素叠加法）

矿产预测类型	要素类别	要素名称	要素级别	要素属性	缓冲区半径设置
马坑式广义矽卡岩型（沉积-改造型）	区域地质环境	石炭纪—二叠纪含铁硅质岩-碎屑岩、碳酸盐岩建造等	必要	面元	0.3km
		岩体与成矿建造的外接触带	重要	面元	2km
	区域成矿特征	铁矿床（点）	重要	点元—面元	矿床2km、矿点1km
	区域磁异常特征	1∶5万航磁异常区	必要	面元	1km
		地磁异常区	必要	面元	1km

（2）使用建模器建模：在MRAS操作平台上，利用建模器，进行“（石炭纪—二叠纪碳酸盐岩建造∪矿床点缓冲区）∩（航磁异常区∪地磁异常区）”的求交并集等计算，初步进行预测单元的圈区。

（3）人工圈区：依据以上预测单元区的圈定原则，在使用建模器圈定靶区的基础上，结合全国矿产资源潜力评价办公室关于“磁性矿体预测区圈定原则及要求”，以物探、化探、遥感自然重砂课题组提供的《马坑地区航磁异常分布范围图》磁性体边界为基础，通过与铁矿床（点）的比较，航磁异常、地磁异常等的研究工作，对磁性体的范围进行适当的合并、拆分，最终初步圈定全省5个马坑式铁矿预测研究区中预测单元47处。

2. 马坑式广义矽卡岩型铁矿最小预测区优选

最小预测区的优选实际上是一个预测区的求异过程，即通过一定的数学或地质方法将预测区分级，预测区级别划分的主要依据是控制预测区级别的变量(控矿因素或找矿标志),通过控制预测变量的差异性将预测区区分开来,这些变量一般是与矿床的形成以及优劣有密切关系的变量,但并不是控矿的必要条件。

1)原始要素组合

根据马坑式广义矽卡岩型(沉积-改造型)铁矿床的成控矿特征,以及在区域上对比,选择以下变量作为预测区优选的原始要素组合,如表 7-7 所示。

表 7-7 马坑式广义矽卡岩型铁矿最小预测区优选的原始要素组合表

要素类别	要素名称
重要	石炭纪—二叠纪含铁硅质岩、碳酸盐岩建造
	岩体与含矿建造外接触带
	铁矿床(点)的出现
	航磁异常区
	地磁异常区

2)优选变量的二值化

采用相关频数比值法、找矿信息量法等数学统计方法进行优选变量的二值化工作。通过上述预测要素变量的构置,在 MRAS 技术平台的基础上,对定位预测要素变量进行优选研究。

根据本地区铁矿工作的实际情况,设置该区铁矿床规模级别等级为 4 级:即 2 级大型(储量为≥10 000×10^4 t),3 级中型[储量为(1 000～10 000)×10^4 t],4 级小型[储量为(10～1 000)×10^4 t],5 级矿点[储量为(0～100)×10^4 t]。

为了准确进行预测要素变量二值化工作,尽可能与该区实际相符,克服人为因素,本次预测要素二值化时采用计算找矿信息量法。

利用 MRAS 软件提供的功能,通过特征分析法对福建省 5 个马坑式铁矿预测区共 31 个预测区单元进行优选。具体步骤:先对各要素进行二值化处理;采用相似系数法选择进行定位预测的变量,计算出各要素的权重值及成矿概率值;在成矿概率曲线图上按拐点位置进行预测区的分类。

马坑式铁矿预测区优选结果:A 级预测区 12 个,B 级预测区 12 个,C 级预测区 7 个,共计 31 个,见图 7-5 及表 7-8。

(二)汤泉式接触交代型铁矿最小预测区圈定及优选

1. 汤泉式矽卡岩型铁矿最小预测区圈定

根据各预测工作区广义矽卡岩型(沉积-改造型)铁矿成矿地质特征,分析该区成矿的预测要素特征,选择该区以下 5 个要素进行成矿远景区的圈定工作(表 7-9)。

其中,地磁异常采用 1∶2.5 万异常区线的 1km 缓冲区,铁矿床点采用 1km 缓冲区,成矿建造区采用 300m 半径作缓冲区。二者求并集,再与成矿建造区与矿床点缓冲区的并集求交集而得。

在 MRAS 操作平台上,利用建模器,进行"(石炭纪—二叠纪碳酸盐岩建造∪矿床点缓冲区)∩(航磁异常区∪地磁异常区)"的求交并集等计算,初步进行预测单元的圈区。

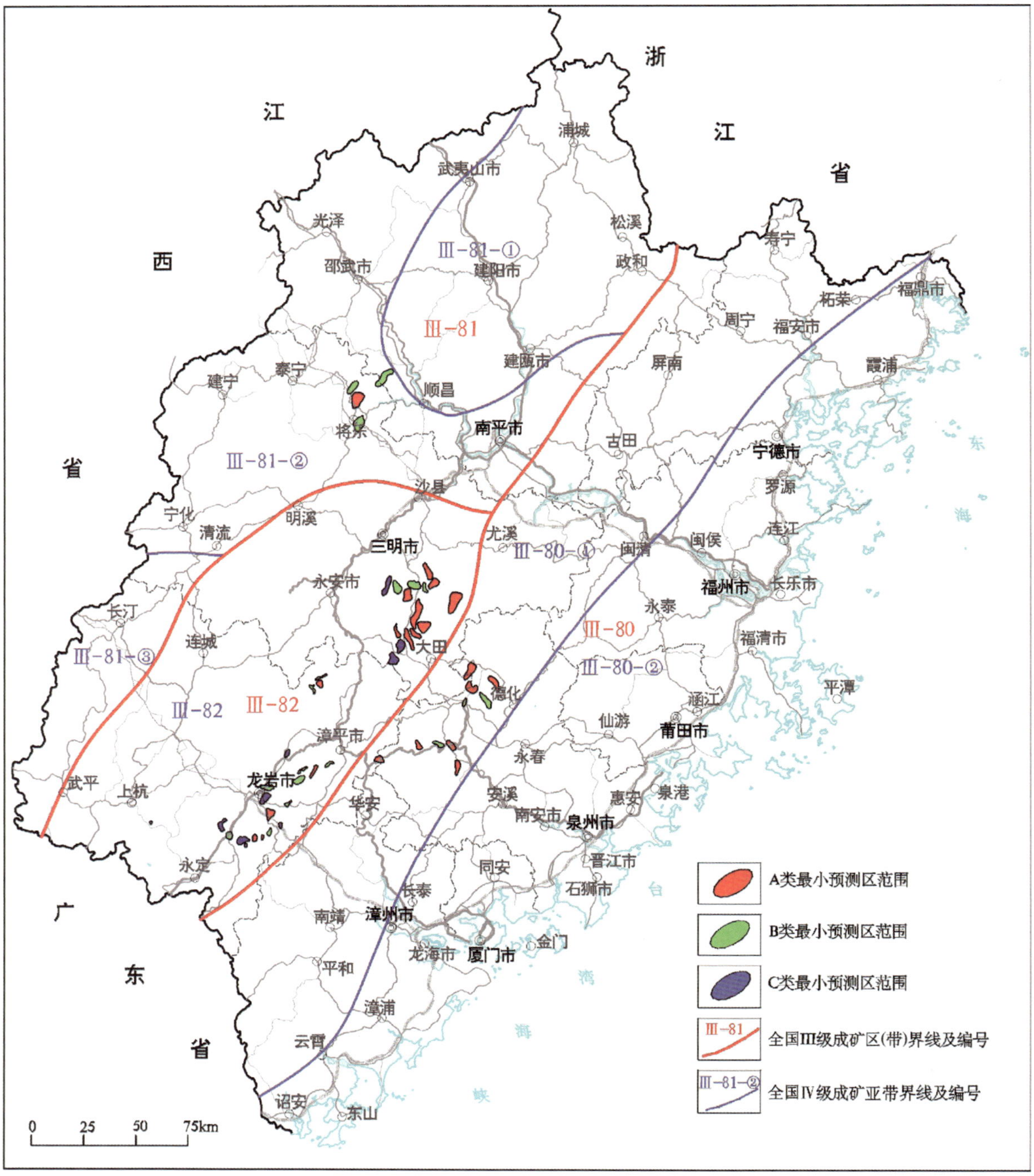

图 7-5　福建省铁矿最小预测区分布及其优选结果图

表 7-8 福建省马坑式及汤泉式铁矿最小预测区优选结果表(地质单元法)

最小预测区编号	最小预测区名称	最小预测区面积(km²)	矿产预测类型	模型	已知资源量(×10⁸t)	单元得分	岩体外接触带	建造	矿床点	航磁上地磁异常区	成矿概率	优选分类
1	顺昌黄坑岭	28.63	汤泉式	0	0.013 84	0.736 48	1	1	1	0	1.217	B
2	将乐涂厝	17.11	汤泉式	0	0	0.736 48	1	1	1	0	1.217	B
3	将乐上湖	32.46	汤泉式	1	0.012 4	1	1	1	1	1	2.153	A
4	将乐玉华	26.71	汤泉式	0	0	0.736 48	1	1	0	1	1.217	B
5	大田广平镇	18.57	汤泉式	0	0	1	1	1	1	1	2.153	A
6	永安新村	18.81	汤泉式	0	0	0.472 95	1	1	0	0	0.282	C
7	永安溪南	18.9	汤泉式	0	0.047 21	0.790 57	0	1	1	1	1.409	B
8	大田龙凤场	20.01	汤泉式	0	0	0.736 48	1	1	0	1	1.217	B
9	大田建爱	6.78	汤泉式	0	0	0.736 48	1	1	0	1	1.217	B
10	大田文径	16.34	汤泉式	0	0.034 56	1	1	1	1	1	2.153	A
11	永安槐南	20.49	汤泉式	0	0.003 15	1	1	1	1	1	2.153	A
12	大田沈岭	42.44	汤泉式	0	0	1	1	1	1	1	2.153	A
13	大田汤泉	37.85	汤泉式	1	0.037 01	1	1	1	1	1	2.153	A
14	大田华溪	9.56	汤泉式	0	0	1	1	1	1	1	2.153	A
15	大田太华	20.63	汤泉式	0	0.027 71	1	1	1	1	1	2.153	A
16	大田张地	12.5	汤泉式	0	0.040 49	1	1	1	1	1	2.153	A
17	大田银顶格	24.68	汤泉式	0	0.223 88	1	1	1	1	1	2.153	A
18	大田仕坑	18.34	汤泉式	0	0	0.527 05	0	1	0	1	0.474	C
19	大田溪口	20.24	汤泉式	0	0	0.527 05	0	1	0	1	0.474	C
20	漳平赤洋埔	4.49	马坑式	0	0	0.790 57	0	1	1	1	1.409	B
21	漳平挂山	8.34	马坑式	1	0.124 72	1	1	1	1	1	2.153	A
22	漳平黄山	5.27	马坑式	0	0	0.736 48	1	1	0	1	1.217	B
23	德化前格	24.82	马坑式	0	0	1	1	1	1	1	2.153	A
24	德化阳山	20.9	马坑式	1	0.239 37	1	1	1	1	1	2.153	A
25	德化后溪坑	17.28	马坑式	0	0	1	1	1	1	1	2.153	A

续表 7-8

最小预测区编号	最小预测区名称	最小预测区面积(km²)	矿产预测类型	模型	已知资源量($\times10^8$ t)	单元得分	岩体外接触带	建造	矿床点	航磁+地磁异常区	成矿概率	优选分类
26	永春下洋	4.98	马坑式	0	0	0.736 48	1	1	1	0	1.217	B
27	德化壶永	18.24	马坑式	0	0	0.736 48	1	1	1	0	1.217	B
28	龙岩赤坑	9.05	马坑式	0	0	0.527 05	0	1	1	0	0.474	C
29	龙岩北山	4.72	马坑式	0	0	0.736 48	1	1	0	1	1.217	B
30	龙岩焦山	18.44	马坑式	0	0.001 38	0.736 48	1	1	0	1	1.217	B
31	漳平大坂	24.63	马坑式	0	0.003 22	1	1	1	1	1	2.153	A
32	漳平岩高	5.39	马坑式	0	0	0.736 48	1	1	1	0	1.217	B
33	漳平洛阳	11.48	马坑式	1	0.320 44	1	1	1	1	1	2.153	A
34	安溪潘田	8.72	马坑式	1	0.295 64	0.790 57	0	1	1	1	1.409	A
35	安溪霞云	8.98	马坑式	0	0	0.736 48	1	1	0	1	1.217	B
36	安溪剑斗	13.6	马坑式	0	0	1	1	1	1	1	2.153	A
37	安溪珍地	19.04	马坑式	0	0.154 58	1	1	1	1	1	2.153	A
38	龙岩东宝山	10.74	马坑式	0	0.002 56	0.790 57	0	1	1	1	1.409	B
39	龙岩黄坑村	38.31	马坑式	0	0	0.527 05	0	1	0	1	0.474	C
40	龙岩中甲	4.57	马坑式	1	0.006 79	0.790 57	0	1	1	1	1.409	B
41	龙岩马坑	15.61	马坑式	1	4.601 8	1	1	1	1	1	2.153	A
42	永定郑坑	18.61	马坑式	0	0	0.263 52	0	1	0	0	−0.461	C
43	龙岩公祠	3.82	马坑式	0	0	0.527 05	0	1	0	1	0.474	C
44	永定坎市	9.53	马坑式	0	0	0.790 57	0	1	1	1	1.409	B
45	永定漳坑	14.66	马坑式	0	0.006 02	1	1	1	1	1	2.153	A
46	龙岩竹子炉	2.34	马坑式	0	0	1	1	1	1	1	2.153	A
47	龙岩赖保田	5.92	马坑式	0	0.008 34	0.736 48	1	1	1	0	1.217	B
48	永定桥河下	24.99	马坑式	0	0	0.527 05	0	1	0	1	0.474	C
49	永定山背	2.28	马坑式	0	0	0.527 05	0	1	0	1	0.474	C
50	上杭莲塘背	1.53	马坑式	0	0	0.263 52	0	1	0	0	−0.461	C

依据以上预测单元区的圈定原则，在使用建模器圈定靶区的基础上，结合全国矿产资源潜力评价办公司办关于"磁性矿体预测区圈定原则及要求"，以物探、化探、遥感自然重砂课题组提供的《航磁异常分布范围图》磁性体边界为基础，通过与铁矿床(点)的比较，航磁异常、地磁异常等的研究工作，对磁性体的范围进行适当合并、拆分，最终初步圈定福建省2个预测研究区中最小预测区19处。

表7-9　汤泉式铁矿预测区圈定要素表(要素叠加法)

矿产预测类型	要素类别	要素名称	要素级别	要素属性	缓冲区半径设置
汤泉式接触交代型	区域地质环境	石炭纪—二叠纪碳酸盐岩建造等	必要	面元	0.3km
		岩体与成矿建造的外接触带	重要	面元	2km
	区域成矿特征	铁矿床(点)	重要	点元—面元	矿床2km、矿点1km
	磁异常特征	1∶5万航磁异常区	必要	面元	1km
		地磁异常区	必要	面元	1km

2. 汤泉式矽卡岩型铁矿最小预测区优选

根据汤泉式矽卡岩型矿床的成控矿特征，以及在区域上对比，初步选择以下变量作为预测区优选的要素组合，如表7-10所示。

采用相关频数比值法、找矿信息量法等数学统计方法进行优选变量的二值化工作。通过上述预测要素变量的构置，在MRAS技术平台的基础上，对定位预测要素变量进行优选研究。

表7-10　预测区优选的原始要素组合表

要素类别	要素名称
重要	石炭纪—二叠纪碳酸盐岩建造
	花岗闪长岩体与含矿建造外接触带
	铁矿床(点)的出现
	航磁异常区
	地磁异常区

根据本地区铁矿工作的实际，设置该区铁矿床规模级别等级为4级：即2级大型(储量为≥10 000×10^4t)，3级中型[储量为(1 000～10 000)×10^4t]，4级小型[储量为(100～1 000)×10^4t]，5级矿点[储量为(0～100)×10^4t]。

为了准确进行预测要素变量二值化工作，尽可能与该区实际相符，克服人为因素，本次预测要素二值化时采用计算找矿信息量法。汤泉式铁矿预测模型区本次分别在图上选取大田汤泉、银顶格、龙凤场、将乐上湖4个矿区作为模型单元，在本区具有较好的代表性。

对福建省2个汤泉式铁矿预测工作区中共19个预测单元进行优选的结果：A级预测区10个，B级预测区6个，C级预测区3个，共计19个(表7-8，图7-5)。全省50个最小预测区最终优选结果：A级预测区22个，B级预测区18个，C级预测区10个。

四、资源定量预测

(一)典型矿床查明资源量、深部及外围资源量估算

福建省马坑式广义矽卡岩型和汤泉式接触交代型铁矿典型矿床查明资源量见表7-11，深部及外围资源量估算结果见表7-12，典型矿床预测总资源量见表7-13。

表 7-11　福建省铁矿典型矿床查明资源量表

编号	名称	经度	纬度	查明资源量($\times10^4$t)		面积(m^2)	延深(m)	品位(%)	体重(t/m^3)	体积含矿率(t/m^3)
				矿石量	金属量					
1	马坑	117°04′48″	25°00′10″	43 043.17	15 646.19	10 302 500	1 060	36.35	3.8	0.039 414
2	汤泉	117°46′00″	25°54′00″	378.02	156.688	1 740 000	500.01	41.45	4.21	0.004 345

表 7-12　福建省典型铁矿床深部及外围预测资源量表

编号	名称	经度	纬度	预测面积(m^2)	预测延深(m)	体积含矿率(t/m^3)	预测资源量($\times10^8$t)
1	马坑	117°04′48″	25°00′10″	3 690 000	500	0.158 003	2.915 2
2	汤泉	117°46′00″	25°54′00″	410 900	500	0.088 424	0.181 7

表 7-13　福建省铁矿典型矿床预测总资源量表

编号	名称	经度	纬度	查明资源量($\times10^8$t)	预测资源量($\times10^8$t)	总资源量($\times10^8$t)	总面积(m^2)	总延深(m)	体积含矿系数(t/m^3)
1	马坑	117°04′48″	25°00′10″	4.304 3	2.915 2	7.219 5	6 260 000	1 560	0.073 928
2	汤泉	117°46′00″	25°54′00″	0.037 8	0.181 7	0.219 5	496 400	500	0.088 424

(二)模型区预测资源量及其估算参数

福建省铁矿模型区预测资源量及其估算参数见表 7-14，铁矿模型区含矿系数见表 7-15。

表 7-14　福建省铁矿模型区预测资源量及其估算参数表

编号	名称	经度	纬度	模型区预测资源量($\times10^8$t)	模型区面积(km^2)	总延深(m)	含矿地质体面积(km^2)	含矿地质体面积参数
1	龙岩马坑	117°04′48″	25°00′10″	7.219 5	15.61	1 560	2.57	0.164 6
2	安溪潘田	117°47′39″	25°18′29″	0.295 6	8.72	375.57	0.432 5	0.049 6
3	漳平洛阳	117°33′52″	25°14′00″	0.320 4	11.48	541	0.558 8	0.048 7
4	德化阳山	118°02′14″	25°33′42″	0.416 6	20.9	451.48	0.595 4	0.028 5
5	大田汤泉	117°46′00″	25°54′00″	0.219 5	37.85	500	0.496 4	0.013 1

表 7-15　福建省铁矿模型区含矿系数表

编号	名称	经度	纬度	含矿地质体含矿系数(t/m^3)	资源总量($\times10^8$t)	总体积($\times10^4m^3$)
1	龙岩马坑	117°04′48″	25°00′10″	0.180 07	7.219 5	24 351 600
2	安溪潘田	117°47′39″	25°18′29″	0.181 98	0.295 6	327 497.040 0
3	漳平洛阳	117°33′52″	25°14′00″	0.105 98	0.320 4	621 068
4	德化阳山	118°02′14″	25°33′42″	0.154 979	0.416 6	943 593.200 0
5	大田汤泉	117°46′00″	25°54′00″	0.884 367	0.219 5	1 892 500

（三）最小预测区预测资源量及其估算参数

福建省铁矿共选择了5个模型区进行含矿系数的计算，在进行最小预测区资源量估算的过程中，以各个预测工作区为单位，选择相应的参数。有模型区的选择本预测工作区内的模型区参数，没有模型区的预测工作区则以就近相似为原则选择确定参数，具体参数的确定见表7-16。

本次预测资源量方法为地质体积法，由于各预测工作区最小预测区的含矿地质体难以确切圈定边界，所以其资源量估算按技术方案提供的地质体积法中的第二种情况进行计算，其计算公式为

$$Z_{预}=S_{预}\times H_{预}\times K_S\times K\times\alpha \qquad (7-1)$$

式中：$Z_{预}$为预测区预测资源量；$S_{预}$为预测区面积；$H_{预}$为预测区延深（指预测区含矿地质体延深）；K_S为含矿地质体面积参数；K为模型区矿床的含矿系数；α为相似系数。

福建省铁矿50个最小预测区2 000m以浅的预测资源量估算结果详见表7-17。

表7-16　福建省铁矿预测工作区含矿系数和含矿地质体面积参数表

矿产预测类型	预测工作区名称	$K(t/m^3)$	K_S	备注
汤泉式接触交代型铁矿	将乐万安区	0.884 367	0.001 311	参考汤泉模型区
	永安溪-大田区	0.884 367	0.001 311	参考汤泉模型区
	大田银顶格区	0.884 367	0.001 311	参考汤泉模型区
马坑式广义矽卡岩型铁矿	漳平挂山区	0.105 984	0.048 676	参考洛阳模型区
	德化阳山区	0.154 979	0.028 488	参考阳山模型区
	龙岩-漳平区	0.180 07	0.164 64	参考马坑模型区
	漳平洛阳区	0.105 984	0.048 676	参考洛阳模型区
	安溪潘田区	0.181 98	0.049 60	参考潘田模型区
	龙岩马坑区	0.180 07	0.164 64	参考马坑模型区
	上杭湖洋区	0.180 07	0.164 64	参考马坑模型区

表7-17　福建省铁矿最小预测区预测资源量一览表

最小预测区编号	预测工作区名称	$S_{预}$ (km^2)	$H_{预}$ (m)	K_S	K (t/m^3)	α	$Z_{预}$ $(\times10^8t)$
B3501201001	顺昌黄坑岭	28.63	1 300	0.001 311	0.884 367	0.642	0.263 16
B3501201002	将乐涂厝	17.11	650	0.001 311	0.884 367	0.642	0.082 77
A3501201003	将乐上湖	32.46	950	0.001 311	0.884 367	1.000	0.345 13
B3501201004	将乐玉华	26.71	500	0.001 311	0.884 367	0.642	0.099 39
A3501201005	大田广平镇	18.57	500	0.001 311	0.884 367	1.000	0.107 65
C3501201006	永安新村	18.81	500	0.001 311	0.884 367	0.284	0.030 99
B3501201007	永安溪南	18.90	500	0.001 311	0.884 367	0.715	0.031 17
B3501201008	大田龙凤场	20.01	500	0.001 311	0.884 367	0.642	0.074 46
B3501201009	大田建爱	6.78	500	0.001 311	0.884 367	0.642	0.025 23

续表 7-17

最小预测区编号	预测工作区名称	$S_预$ (km²)	$H_预$ (m)	K_S	K (t/m³)	α	$Z_预$ (×10⁸ t)
A3501201010	大田文径	16.34	650	0.001 311	0.884 367	1	0.088 58
A3501201011	永安槐南	20.49	500	0.001 311	0.884 367	1	0.115 63
A3501201012	大田沈岭	42.44	450	0.001 311	0.884 367	1	0.221 42
A3501201013	大田汤泉	37.85	500	0.001 311	0.884 367	1	0.181 62
A3501201014	大田华溪	9.56	450	0.001 311	0.884 367	1	0.049 88
A3501201015	大田太华	20.63	1 000	0.001 311	0.884 367	1	0.211 48
A3501201016	大田张地	12.50	1 000	0.001 311	0.884 367	1	0.104 44
A3501201017	大田银顶格	24.68	1 500	0.001 311	0.884 367	1	0.205 33
C3501201018	大田仕坑	18.34	450	0.001 311	0.884 367	0.358	0.034 23
C3501201019	大田溪口	20.24	450	0.001 311	0.884 367	0.358	0.037 77
B3501501020	漳平赤洋埔	4.49	900	0.048 676	0.105 984	0.715	0.149 14
A3501501021	漳平挂山	8.34	900	0.048 676	0.105 984	1	0.262 50
B3501501022	漳平黄山	5.27	900	0.048 676	0.105 984	0.642	0.157 07
A3501501023	德化前格	24.82	450	0.028 488	0.154 979	1	0.493 12
A3501501024	德化阳山	20.90	450	0.028 488	0.154 979	1	0.175 86
A3501501025	德化后溪坑	17.28	550	0.028 488	0.154 979	1	0.419 61
B3501501026	永春下洋	4.98	450	0.028 488	0.154 979	0.642	0.063 51
B3501501027	德化壶永	18.24	450	0.028 488	0.154 979	0.642	0.232 63
C3501501028	龙岩赤坑	6.64	400	0.164 638	0.180 073	0.358	0.281 65
B3501501029	龙岩北山	4.72	400	0.164 638	0.180 073	0.642	0.359 31
B3501501030	龙岩焦山	14.68	400	0.164 638	0.180 073	0.642	1.116 13
A3501501031	漳平大坂	8.78	400	0.164 638	0.180 073	1	1.037 98
B3501501032	漳平岩高	5.39	400	0.164 638	0.180 073	0.642	0.410 31
A3501501033	漳平洛阳	11.48	600	0.048 676	0.105 984	1	0.034 902
A3501501034	安溪潘田	8.72	1 000	0.049 599	0.181 982	0.715	0.267 42
B3501501035	安溪霞云	8.98	800	0.049 599	0.181 982	0.642	0.416 25
A3501501036	安溪剑斗	13.245 4	800	0.049 599	0.181 982	1	0.956 44
A3501501037	安溪珍地	13.20	850	0.049 599	0.181 982	1	0.858 15
B3501501038	龙岩东宝山	12.67	750	0.164 638	0.180 073	0.715	2.012 80
C3501501039	龙岩黄坑村	16.87	750	0.164 638	0.180 073	0.358	1.341 72
B3501501040	龙岩中甲	4.57	500	0.164 638	0.180 073	0.715	0.477 83
A3501501041	龙岩马坑	15.61	1 560	0.164 638	0.180 073	1	2.915 20
C3501501042	永定郑坑	11.8	700	0.164 638	0.180 073	0.100	0.244 88
C3501501043	龙岩公祠	3.82	700	0.164 638	0.180 073	0.358	0.283 56

续表 7-17

最小预测区编号	预测工作区名称	$S_{预}$ (km^2)	$H_{预}$ (m)	K_S	K (t/m^3)	α	$Z_{预}$ ($\times 10^4 t$)
B3501501044	永定坎市	9.53	700	0.164 638	0.180 073	0.715	1.414 84
A3501501045	永定漳坑	6.57	700	0.164 638	0.180 073	1	1.357 44
A3501501046	龙岩竹子炉	2.34	700	0.164 638	0.180 073	1	0.485 62
B3501501047	龙岩赖保田	5.92	700	0.164 638	0.180 073	0.642	0.780 31
C3501501048	永定桥河下	16.19	700	0.164 638	0.180 073	0.358	1.201 80
C3501501049	永定山背	2.28	700	0.164 638	0.180 073	0.358	0.169 25
C3501501050	上杭莲塘背	1.53	500	0.164 638	0.180 073	0.1	0.022 68
总计							22.710 23

第二节　铜矿资源潜力评价

福建省铜矿资源潜力评价确定的典型矿床有 8 个，预测工作区有 20 个（表 7-18）；划分的福建省铜矿产预测类型为紫金山式陆相火山岩型铜金矿、罗卜岭式斑岩型铜钼矿、钟腾式斑岩型铜钼矿、管查式岩浆热液型铜多金属矿、钟山式岩浆热液型铜多金属矿、龙山崎式矽卡岩型铜多金属矿、铜坑式矽卡岩型铜多金属矿和东岩式沉积变质-热液改造型铜钴矿 8 个，根据全国矿产预测类型划分方案，划归为陆相火山岩型、斑岩型、矽卡岩型、岩浆热液型和火山-沉积变质（沉积变质-热液改造）型。

表 7-18　福建省铜矿典型矿床和预测工作区范围一览表

典型矿床名称	预测工作区名称	预测工作区范围
上杭紫金山铜金矿	上杭紫金山及外围	116°15′00″—116°30′00″ 25°00′00″—25°20′00″
上杭罗卜岭铜钼矿	上杭太山头	116°30′00″—117°00′00″ 25°00′00″—25°20′00″
	连城姑田-太平	116°45′00″—117°00′00″ 25°30′00″—25°50′00″
平和钟腾铜钼矿	平和钟腾-大矾山	117°00′00″—117°30′00″ 23°40′00″—24°30′00″
	宁德九曲岭	119°00′00″—119°45′00″ 26°30′00″—26°50′00″
	闽清井后	118°30′00″—118°45′00″ 26°00′00″—26°10′00″
	永春蓬壶	118°00′00″—118°30′00″ 25°10′00″—25°30′00″
	尤溪官田	118°00′00″—118°30′00″ 25°50′00″—26°10′00″
	云霄安吉-诏安建华	117°00′00″—117°30′00″ 23°40′00″—24°30′00″

续表 7-18

典型矿床名称	预测工作区名称	预测工作区范围
浦城管查铜多金属矿	浦城官路-管查	118°00′00″—118°45′00″ 27°50′00″—28°20′00″
	建阳大金山-顺昌黄梓厂	117°30′00″—118°00′00″ 26°40′00″—27°20′00″
	光泽太银厂-羊角尖	117°00′00″—117°45′00″ 27°30′00″—28°00′00″
建瓯钟山铜多金属矿	建瓯钟山	118°15′00″—118°30′00″ 26°50′00″—27°10′00″
大田龙山崎铜多金属矿	大田上京-厚德	117°30′00″—118°00′00″ 25°30′00″—26°10′00″
	大田建设-太华	117°30′00″—118°00′00″ 25°30′00″—26°10′00″
连城铜坑铜多金属矿	连城铜坑	116°30′00″—117°00′00″ 25°10′00″—25°30′00″
	将乐万安	117°15′00″—117°45′00″ 26°40′00″—27°00′00″
建瓯东岩铜矿	建瓯东岩	118°15′00″—118°30′00″ 26°30′00″—26°50′00″
	南平下清风	118°15′00″—118°30′00″ 26°20′00″—26°30′00″

一、铜矿预测模型

(一)上杭紫金山式陆相火山岩型铜金矿预测模型

上杭紫金山式陆相火山岩型铜金矿典型矿床提取的预测要素见表 7-19,建立的预测模型见图 7-6,建立的预测工作区预测模型见图 7-7。

表 7-19　上杭紫金山式陆相火山岩型铜金矿典型矿床预测要素表

预测要素	描　述　内　容	预测要素分类
成矿时代	与主矿化同期的 2 件明矾石和 1 件绢云母单矿物 K-Ar 年龄为 117.78～94.1Ma,金矿石 Rb-Sr 全岩等时线年龄为 99.6±9.1Ma	重要
大地构造背景	闽西南陆表海盆地,上杭-云霄北西向深断裂带与北东向宣和复背斜的交会部位,上杭北西向白垩纪陆相火山-沉积盆地东缘	必要
大地构造演化阶段	燕山期的火山-侵入活动	必要
火山建造/火山作用	紫金山火山机构主要发展过程:爆发—喷溢—中酸性次火山岩侵入—大规模中心式隐蔽爆发—小规模裂隙式爆发—酸性次火山岩侵入;火山作用形成的主要岩性:火山角砾岩、凝灰岩、英安岩、英安玢岩、隐爆碎屑岩、脉状隐爆碎屑岩-石英斑岩	必要

续表 7-19

预测要素		描　述　内　容	预测要素分类
侵入岩建造		燕山期的岩浆侵入，晚侏罗世有中粗粒花岗岩、中细粒二长花岗岩、细粒白云母花岗岩，花岗结构，块状构造，其中中细粒二长花岗岩是铜金矿体的重要围岩，岩浆成因类型显示S型花岗岩特征；早白垩世有细粒黑云母二长花岗岩、中粒花岗闪长岩，岩浆成因类型为Ⅰ型(同熔型)花岗岩	重要
成矿构造		燕山期的北东向与北西向构造交会为矿区的主要成矿控矿构造	重要
成矿特征	矿体形态	矿体主要分布于火山北西侧脉状角砾岩的内外接触带中，呈脉状、透镜状成群分布，具有“上金下铜”的垂直分带特点	重要
	矿物组合	铜矿矿物组合，金属矿物含量5%～10%，以黄铁矿、蓝辉铜矿为主，铜蓝、硫砷铜矿次之，脉石矿物为石英、明矾石、地开石；金矿矿物组合，金属矿物主要为自然金、褐铁矿、赤铁矿；脉石矿物主要为石英，少量地开石	重要
	结构构造	矿石主要结构有：他形粒状结构、半自形—自形结构、填隙结构、包含结构、交代残余结构、固溶分离结构等；矿石构造有：胶状变胶状构造、团包状构造、细脉—微细脉状构造、细脉浸染状构造、角砾状构造等	次要
	围岩蚀变	主要蚀变带：强硅化蚀变带、石英-明矾石蚀变带、石英-地开石混合蚀变带、石英-绢云母蚀变带	重要
矿床储量		品位Cu 0.44%，单样最高可达42.7%，伴生Ag品位$(0.1\sim0.26)\times10^{-6}$；金矿石平均品位$0.58\times10^{-6}$；铜金属量1 967 162t，金金属量313 394kg	次要
重力资料		位于北西向和北东向重力梯级带相交部位	重要
磁测资料		矿区位于负值转化为正值场附近，总体反映平缓负值	重要
化探资料		区域原生晕测量圈出了Au和以Au为主的组合异常11处，Cu和以Cu为主的组合异常7处，以Pb为主的组合异常6处，Mo和以Mo为主的组合异常3处，Zn和以Zn为主的组合异常2处，以Bi为主的组合异常1处，其中Au和以Au为主的、Cu和以Cu为主的组合异常面积较大。区域水系沉积物测量，Au异常浓集中心位于紫金山矿区，呈不规则近等轴状，异常面积$15\sim24km^2$，金含量一般$(20\sim80)\times10^{-9}$，最高$1\,416\times10^{-9}$；Cu异常规模较大的有紫金山矿田、珊瑚、邹屋3处，紫金山矿田异常面积$32km^2$，铜含量一般大于60×10^{-6}，最高360×10^{-6}；Au、Cu各自分带明显，两者异常套合好。矿区内土壤测量圈出了面积较大的Au和Cu异常，Au和Cu异常分带均明显，都具浓集中心，而且两者套合良好	重要
遥感资料		区域上北东向和北西向线形影像发育，矿床处于北东向和北西向线形影像交会处，交会处附近伴有环形影像及色异常；线形影像主要是断裂构造的反映，环形影像多为火山机构或(隐伏)侵入岩体的反映，色异常多为热液蚀变的反映	重要
找矿线索		Cu、Au化探异常是其矿化的直接标志；中酸性次火山岩体(脉)的发育，并伴生与之有成因联系的角砾岩类；多期次蚀变组合，其中明矾石化带是铜矿的重要蚀变标志，低温硅化带是金矿的重要蚀变标志；断裂构造与火山构造复合部位是矿体赋存的有利部位；氧化带发育是金矿的重要标志；硅化带是紫金山式铜金矿床的上部蚀变标志，绢云母化带是下部蚀变标志；Ag、Au、Bi(Mo)是铜矿床的上部元素组合，Cr是铜矿的尾晕元素；Au异常及矿体的存在，是矿床未受较大剥蚀的标志；次火山岩及隐爆角砾岩普遍保存，也是浅剥蚀的标志	重要

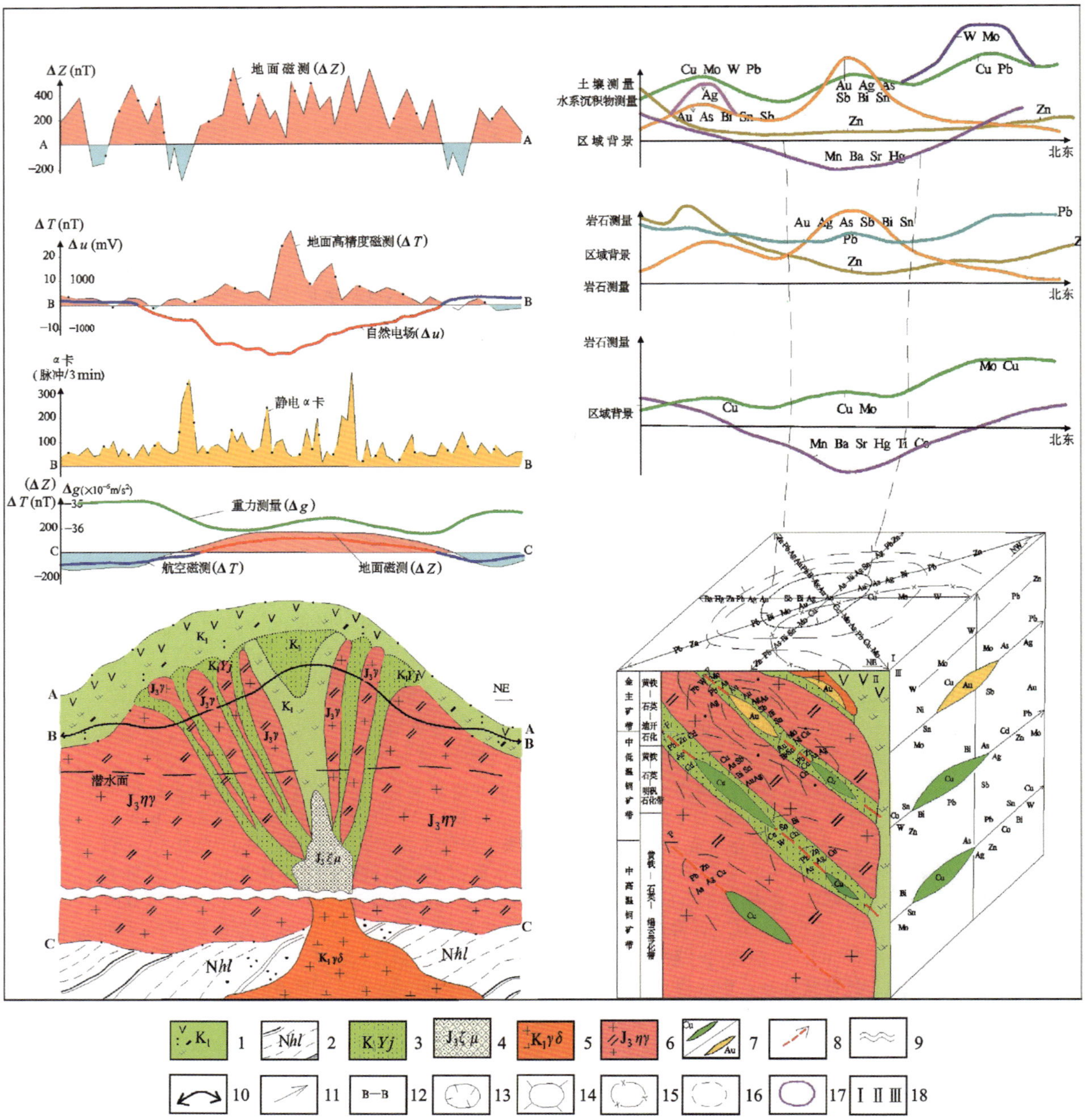

图 7-6　上杭紫金山式陆相火山岩型铜金矿典型矿床成矿预测模型图

（据福建省闽西地质大队《福建省上杭县紫金山铜金矿区西北矿段铜矿详查地质报告》修编，1995）

1. 早白垩世火山岩；2. 南华系楼子坝组千枚岩、千枚状粉砂岩、细砂岩夹板岩、硅质岩、变质石英细砂岩；3. 隐爆角砾岩；4. 英安玢岩；5. 早白垩世中粒花岗闪长岩（四坊岩体）；6. 晚侏罗世碎裂中、中细粒二长花岗岩（五龙子岩体）；7. 脉状铜矿体、金矿体；8. 断裂及热液运移方向；9. 断续线；10. 剥蚀面；11. 元素分带序列；12. 地质分层面及对应的物化探异常基准线；13. 金铜矿床主矿区；14. 圈外表示 Pb、Zn、Ag 高值区；15. 圈内表示 Cu、Mo、Pb 高值区；16. 矿体前后晕及矿体晕；17. Mn、Ba、Sr、Hg、Co、Ti 等元素负异常区；18. Ⅰ-矿区地表原生晕水平分带断面、Ⅱ-矿床原生晕轴向分带断面（矿体倾向）、Ⅲ-矿床原生晕垂向分带断面（矿体走向）

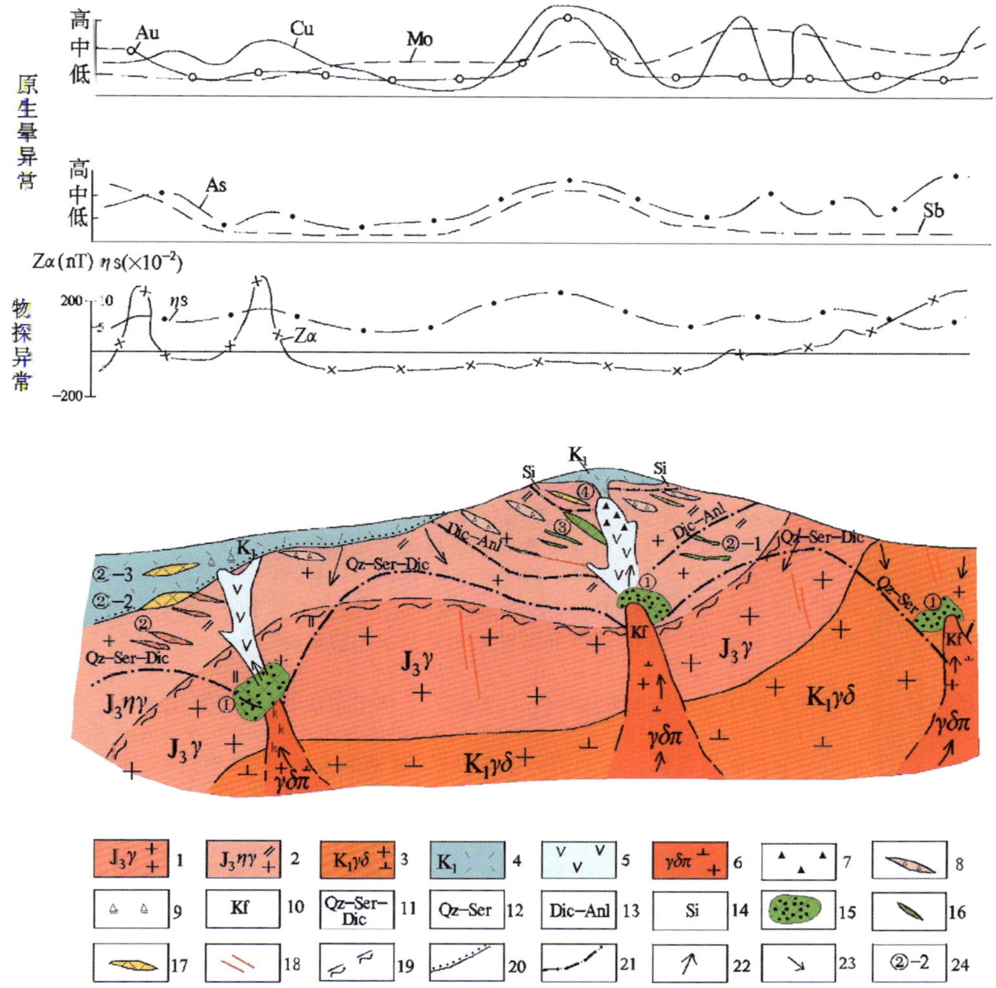

图 7-7 紫金山式陆相火山岩型铜金矿和罗卜岭式斑岩型铜钼矿预测工作区区域预测模型图

1. 晚侏罗世粗粒花岗岩；2. 晚侏罗世中细粒二长花岗岩；3. 早白垩世花岗长岩；4. 早白垩世中酸性火山岩；5. 英安玢岩；6. 花岗闪长斑岩；7. 隐爆角砾岩；8. 热液角砾岩；9. 层间破碎带；10. 钾长石化；11. 石英绢云母地开石化；12. 石英绢云母化；13. 地开石明矾石化；14. 低温硅化；15. 浸染状铜(钼)矿体；16. 脉状铜金(银)矿体；17. 网脉状金(银)矿体；18. 断裂—裂隙带；19. 岩体接触(破碎)带；20. 不整合界线；21. 蚀变分带界线；22. 岩浆流体；23. 大气水；24. 矿床类型编号(①斑岩型铜(钼)矿；②-1 产于花岗岩中的中低温热液型铜矿；②-2 产于火山基底不整合面上的中低温热液型金(银)矿；②-3 产于火山岩层间破碎带的中低温热液型金(银)矿；③陆相火山岩型铜(金)矿；④铁帽型次生金矿)

(二)上杭罗卜岭式斑岩型铜钼矿预测模型

上杭罗卜岭式斑岩型铜钼矿典型矿床提取的预测要素见表 7-20，建立的预测模型见图 7-8，建立的预测工作区预测模型见图 7-7。

(三)平和钟腾式斑岩型铜钼矿预测模型

平和钟腾式斑岩型铜钼矿典型矿床提取的预测要素见表 7-21，建立的预测模型见图 7-9，建立的预测工作区预测模型见图 7-10。

表 7-20　上杭罗卜岭式斑岩型铜钼矿典型矿床预测要素表

预测要素		描　述　内　容	预测要素分类
成矿时代		花岗闪长斑岩的活动期为燕山晚期(K_1),成矿同位素(Rb-Sr)年龄为 111～105Ma	重要
大地构造背景		闽西南陆表海盆地,北西向上杭-云霄深断裂带与北东向上杭-宣和复背斜南西倾伏端的交会部位	必要
大地构造演化阶段		燕山期的岩浆侵入-火山活动	必要
侵入岩建造		燕山期岩浆侵入,早白垩世有中细粒花岗闪长岩和花岗闪长斑岩,中细粒花岗闪长岩呈浅灰白色,中细粒花岗结构,块状构造,原岩蚀变强烈,主要由钾长石、更一中长石、石英、黑云母及角闪石组成;花岗闪长斑岩呈灰一灰白色,变余斑状结构,块状构造,斑晶由石英、长石、黑云母、角闪石等组成,基质由石英、钾长石、斜长石等组成,岩石普遍遭受蚀变,花岗闪长斑岩体内外接触带是矿段主要赋矿部位	必要
成矿构造		燕山期的北东向与北西向构造交会为矿段的主要成矿控矿构造,北东向裂隙密集带是矿段的主要容矿构造,北西向裂隙密集带是次要容矿构造	重要
成矿特征	矿体形态	矿体主要产于罗卜岭斑岩体的内外接触带,矿体呈似层状、扁豆状、透镜状	重要
	矿物组合	矿石的金属矿物含量 5%～15%,以黄铁矿、黄铜矿为主,少量磁铁矿、赤铁矿、磁黄铁矿、辉钼矿、铜蓝、斑铜矿等;脉石矿物以石英、绢云母为主,次为蚀变钾长石、黑云母、地开石等	重要
	结构构造	矿石主要结构有:他形粒状结构、半自形一自形结构、填隙结构、包含结构等;矿石构造有:浸染状构造、脉状构造、网脉状构造等	次要
	围岩蚀变	矿段内的岩体均遭受热液蚀变,蚀变分带环绕斑岩体作同心环状分布,大致分为 5 个带,自斑岩体中心往外依次为钾化-硅化带→弱钾化-硅化-绢云母化带→绢云母-硅化带→绢母化-地开石化-硅化带→明矾石化-硅化带	重要
矿床储量		矿石类型可分为铜矿石和铜钼矿石,铜矿石含 Cu 一般 0.4%～0.66%,平均品位 0.54%;铜钼矿含 Cu 0.3%～1.7%,主矿体平均品位:Cu 0.54%,Mo 0.070%;金属储量:铜 81 303.58t,钼 3 964.58t,银 28.33t	次要
重力资料		位于北西向和北东向重力梯级带相交部位	重要
磁测资料		矿段位于航磁负值与正值场变化带附近,总体磁场为平缓的正值区	重要
化探资料		区域原生晕测量在罗卜岭矿段圈出了 Cu、Mo 组合异常 2 处;区域水系沉积物测量,Cu 异常面积 $32km^2$ 的紫金山矿田包括了罗卜岭矿段,Cu 异常分带明显,罗卜岭矿段处于异常内带,同时还有 Mo、Ag、Pb 异常;矿段内土壤测量圈出了 Cu 异常 5 处、Mo 异常 11 处、Au 异常 12 处、Pb 异常 6 处,Cu、Mo 异常套合好	重要
遥感资料		区域上北东向和北西向线形影像发育,矿床处于北东向和北西向线形影像交会处,线形影像主要是断裂构造的反映	重要
找矿线索		矿化露头、铁帽、采矿遗址;区域原生晕铜钼组合异常、区域水系沉积物 Cu 大面积异常、矿段土壤测量 Cu、Mo 异常;蚀变围岩及蚀变分带;有斑岩侵入的区域构造带	重要

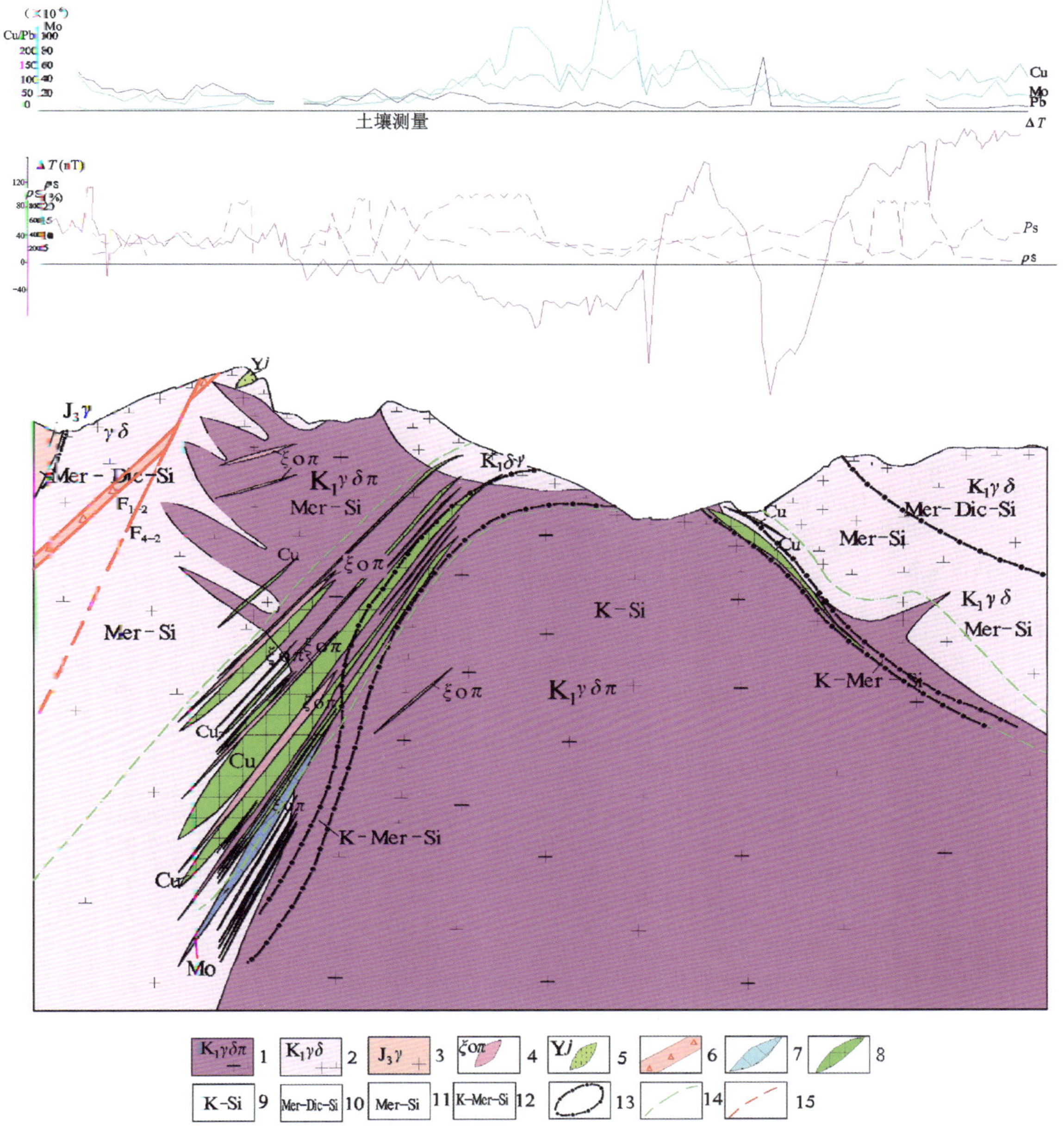

图 7-8 上杭罗卜岭式斑岩型铜钼矿典型矿床成矿预测模型图

[据福建省地质八队《福建省上杭县中寮铜矿区罗卜岭矿段普查地质报告》(修编,1999)]

1.早白垩世第一次侵入第二脉动花岗闪长斑岩;2.早白垩世第一次侵入第一脉动次花岗闪长岩;3.晚侏罗世第三次侵入第二脉动次中细粒花岗岩;4.石英正长斑岩;5.隐爆角砾岩脉;6.构造角砾岩;7.钼矿体;8.铜矿体;9.钾化-硅化组合蚀变带;10.绢云母化-地开石化-硅化组合蚀变带;11.绢云母化-硅化蚀变组合带;12.钾化-绢云母化-硅化组合蚀变带;13.组合蚀变带界线;14.铜矿化带界线;15.断层

表 7-21　平和钟腾式斑岩型铜钼矿典型矿床预测要素表

预测要素		描述内容	预测要素分类
成矿时代		含矿斑岩体的年龄为 116.3～101.9Ma，辉钼矿的 Re-Os 等时线年龄为 105.7±9.1Ma	必要
大地构造背景		矿区处于闽东沿海岩浆弧南端	必要
大地构造演化阶段		燕山期的岩浆侵入活动	必要
侵入岩建造		区内侵入岩为燕山晚期，属钟腾复式岩体的一部分，岩性以石英闪长岩和花岗闪长岩为主，次为花岗岩，多呈岩株状；后期有浅成—超浅成侵入的花岗闪长斑岩、石英二长闪长玢岩、花岗斑岩、安山玢岩等，分布零星，多呈岩瘤、岩脉、岩枝产出	重要
成矿构造		铜钼矿体大多分布于燕山晚期玢岩、斑岩体的外(内)接触带，受近东西向和北东向断裂构造及其交会部位控制	重要
成矿特征	矿体形态	矿体呈豆透镜状、脉状及豆荚状产出，分叉复合现象频繁，产状变化较大	重要
	矿物组合	矿石的矿物成分比较简单，金属矿物以黄铜矿、辉钼矿和黄铁矿为主，少量磁黄铁矿，偶见磁铁矿、辉铜矿、斑铜矿、方铅矿、闪锌矿等；脉石矿物以石英、钾长石、白云母、方解石等为主，次为绿泥石、萤石等	重要
	结构构造	矿石主要结构有：他形粒状结构、半自形—自形结构、交代残留结构、板片状结构等；矿石构造有：浸染状构造、细脉条带状构造、蜂窝状构造等	次要
	围岩蚀变	围岩蚀变具有面状蚀变特征，绢英岩化发育；以玢岩、斑岩体为中心向外，蚀变具有钾化(钾长石化、黑云母化)→黄铁矿化-绿泥石化→绿帘石化-绢英岩化等分带特点，矿(化)体主要产于钾长石带中	重要
矿床储量		矿床平均品位：Cu 0.56%，Mo 0.09%，Au 0.063×10^{-6}，Ag 6.90×10^{-6}，S 2.70%。探明金属储量：铜 16 366.02t，钼 1 177.32t	次要
重力		矿区是福建省Ⅰ级深部构造单元重力场的过渡区，其东南侧为闽东上地幔隆起带，西北侧为闽中上地幔凹陷带。总体上重力梯级带呈北东向展布，区中部出现重力高异常($>-38\times10^{-5}m/s^2$)推断为钟腾中酸性侵入岩引起，区内重力异常等值线以北西向为主，异常等值线相对较稀疏	次要
物探资料		高背景中的下降平稳场或低负磁异常区；极化率高，一般≥8%；视电阻率小，一般为 100～400Ω·m	次要
化探资料		1∶20 万水系沉积物测量圈出了 Cu、Mo、Pb、Bi 组合异常，其中 Cu$>30\times10^{-6}$，而土壤异常的 Cu、Mo 元素浓度较高，浓集中心明显，且异常具有一定规模，面积$>0.15km^2$。裸露矿的 Cu $>300\times10^{-6}$，Mo$>40\times10^{-6}$；隐伏矿(埋深>100m)的 Cu 100～200×10^{-6}，Mo$>10\times10^{-6}$	重要
遥感信息		区内发育北东向、北西向及北东东向、南北向线形影像，与区内主要断裂构造的分布相吻合；环形影像多出现于多组线形断裂交会处，具大环套小环的分布特点，形态有椭圆及圆形等	次要
自然重砂		1∶20 万自然重砂异常主要有锡石、黑钨矿、白钨矿、黄金、铅族矿物、辰砂、黄铜矿、辉钼矿等异常	重要
找矿线索		矿体严格受断裂构造控制，矿区以近东西向和北东向断裂为主要控矿构造，两组构造复合部位可作为找矿标志；成矿与斑岩体有内在关系，当斑岩体成群出现时，是良好的找矿标志；围岩蚀变中帽盖状绢英岩化可作为选矿标志，而细脉状绢英岩化、硅化、绿泥石化、钾长石化可作为近矿标志；氧化带上地表常见褐铁矿铁帽、灰状辉铜矿；物化探异常对寻找隐伏矿体具有重要的指导作用	重要

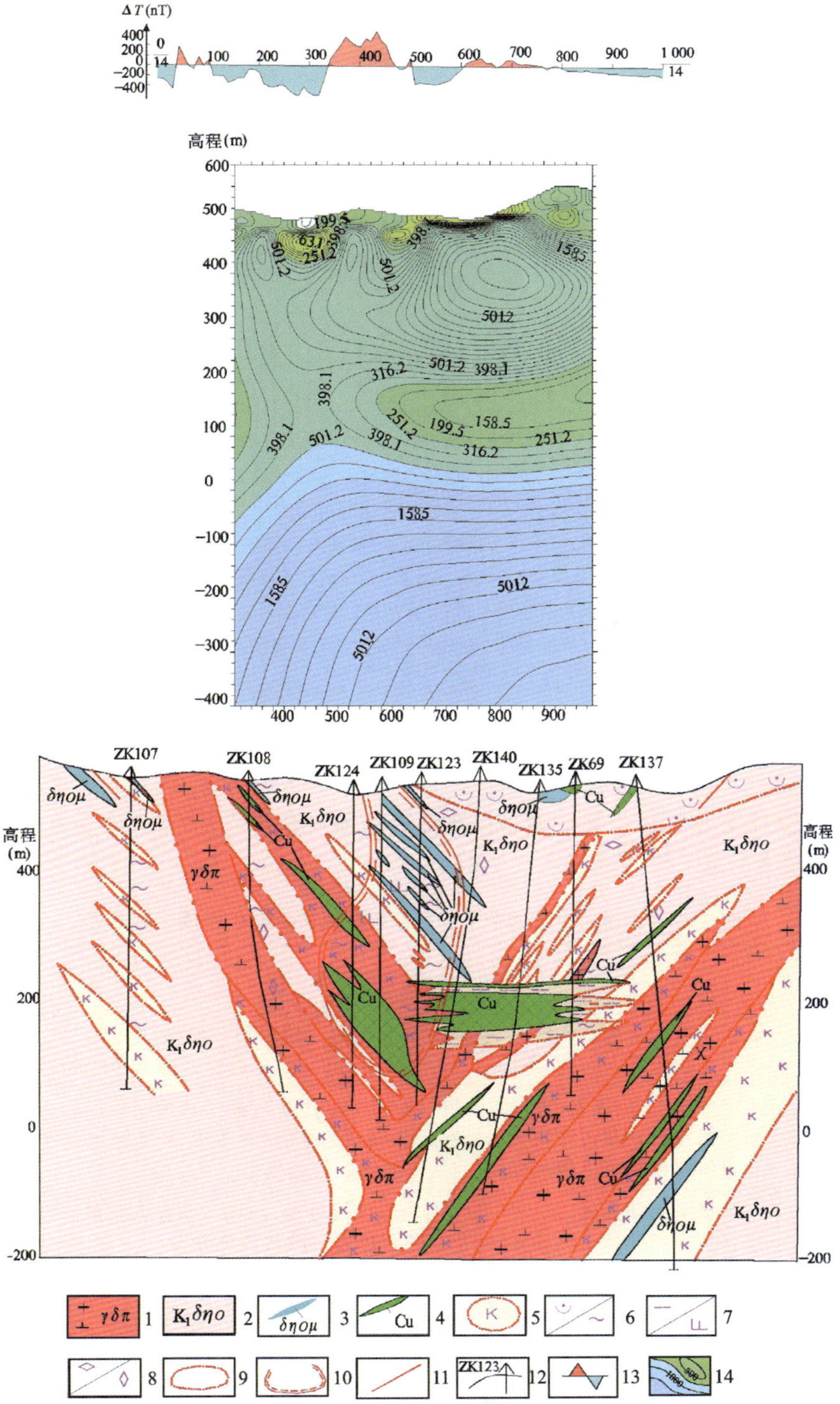

图 7-9　平和钟腾式斑岩型铜钼矿典型矿床预测模型图

（据福建省地质七队《福建省平和县钟腾铜矿区铜坑矿段地质勘探报告》1974，

修编物探剖面据福建省地质调查研究院 2008 年资料）

1. 花岗闪长斑岩；2. 燕山晚期石英（二长）闪长岩；3. 石英二长闪长玢岩脉；4. 铜矿体；5. 钾长石化；6. 绢英岩化/绿泥石化；7. 黑云母化/菱沸石化；8. 碳酸盐化/方解石化；9. 蚀变带界线；10. 隐爆震碎裂隙带；11. 断裂；12. 钻孔及编号；13. 高精度磁测 ΔT 曲线；14. CSAMT 反演视电阻率等值线（Ω · m）

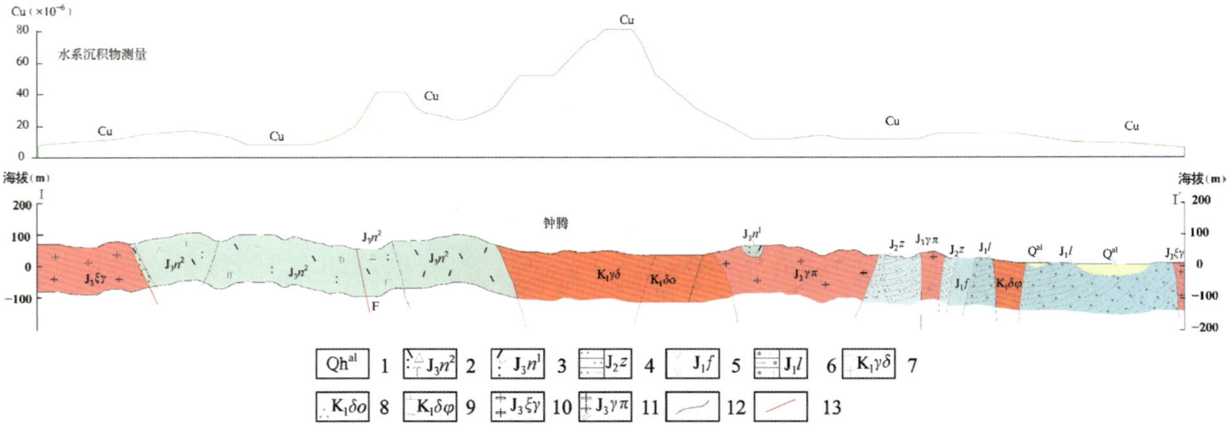

图 7-10　钟腾式斑岩型铜矿平和钟腾-大矾山预测工作区区域预测模型图

1.全新世冲积物：浅黄色、灰黄色粉砂、黏土、砂砾软石，二元结构明显；2.上侏罗统南园组第二段：酸性火山碎屑岩夹火山碎屑沉积岩；3.上侏罗统南园组第一段：英安岩-中酸性火山碎屑熔岩；4.中侏罗统漳平组：紫灰色、浅灰色中厚层状长石石英砂岩、粉砂岩、粉砂质泥岩；5.下侏罗统藩坑组：中酸性火山碎屑熔岩-火山碎屑岩及安山岩-英安岩组合；6.下侏罗统梨山组：下部石英砾岩、砂砾岩、长石石英砂岩，上部长石石英砂岩夹煤线，含动植物化石；7.早白垩世花岗闪长岩；8.早白垩世浅灰色、灰色细粒石英闪长岩；9.深灰色细粒辉石闪长岩；10.晚侏罗世肉红色似斑状正长花岗岩；11.晚侏罗世花岗斑岩；12.岩性岩相界线；13.断层

（四）大田龙山崎式矽卡岩型铜多金属矿预测模型

大田龙山崎式矽卡岩型铜多金属矿典型矿床提取的预测要素见表 7-22，建立的预测模型见图 7-11，建立的大田建设-太华预测工作区预测模型见图 7-12。

表 7-22　大田龙山崎式矽卡岩型铜多金属矿典型矿床预测要素表

预测要素		描述内容	预测要素分类
成矿时代		成矿主要分为两个阶段，一是中晚古生代的原始沉积矿源层（C—P）；二是燕山期的花岗闪长岩侵入时期，本区主要的矿化在此时期，取得黑云母 K-Ar 年龄约 110Ma	重要
大地构造背景		矿区位于永安-梅州-惠阳凹陷带与浙闽中生代断陷带接触带附近（属永安-梅州-惠阳凹陷带的东部边缘），大田-龙岩次一级凹陷带北段的广平倒转向斜中，汤泉花岗岩岩体北东端与桃州-龙山崎向斜南西端的接触带上	必要
岩浆建造/岩浆作用		本区岩浆活动强烈，燕山期花岗闪长岩广泛分布，与围岩呈侵入接触，跟成矿关系密切，另有与花岗闪长岩同源的花岗闪长斑岩呈脉状零星分布	必要
成矿构造		花岗闪长岩沿北北东—北东向压扭性断裂侵入，与围岩发生接触交代（矽卡岩化）作用而成矿	重要
成矿特征	矿体形态	矿体呈似层状、透镜状，走向北北东向、局部北东向，倾向南东东向、局部南东向，倾角一般 50°～60°，局部 70°～85°	次要
	矿物组合	矿石分铜锌矿石、铅锌矿石、闪锌矿石、方铅矿石、黄铜矿石、氧化铅矿石 6 种自然类型，其中以铅锌矿石、铜锌矿石为主，矿石的金属矿物主要为方铅矿、闪锌矿、黄铜矿，次为磁铁矿、白钨矿等	重要
	结构构造	矿石结构主要有交代结构、交代-充填结构、固溶体结构及半自形—他形粒状结构；矿石构造主要为团块状构造，次为条带状构造、浸染状构造、网脉状构造、蜂窝状构造	重要
围岩蚀变		矿区内围岩蚀变主要为矽卡岩化，次为硅化、绿泥石化、叶蜡石化、碳酸盐化等，其中矽卡岩化与矿区内铅锌铜矿化关系密切	重要
矿床储量		全区矿床平均品位：Cu 1.94%，Pb 1.69%，Zn 2.27%，金属储量：铜金属量 1 822.26t，铅金属量 18 811.40t，锌金属量 20 190.03t	次要

续表 7-22

预测要素	描述内容	预测要素分类
物探资料	矿体位于磁正负异常交接部位	重要
化探资料	矿区 Cu 异常明显，峰值较高	重要
找矿线索	矿床的形成受围岩的岩性控制，矿体产在二叠系钙质层（钙质粉砂岩和灰岩）与花岗闪长岩接触带及附近矽卡岩带中；压扭性断裂和张性断裂交会处是成矿有利部位；由内而外出现矽卡岩化大理岩、绿帘石大理岩、透辉石大理岩的地段	重要

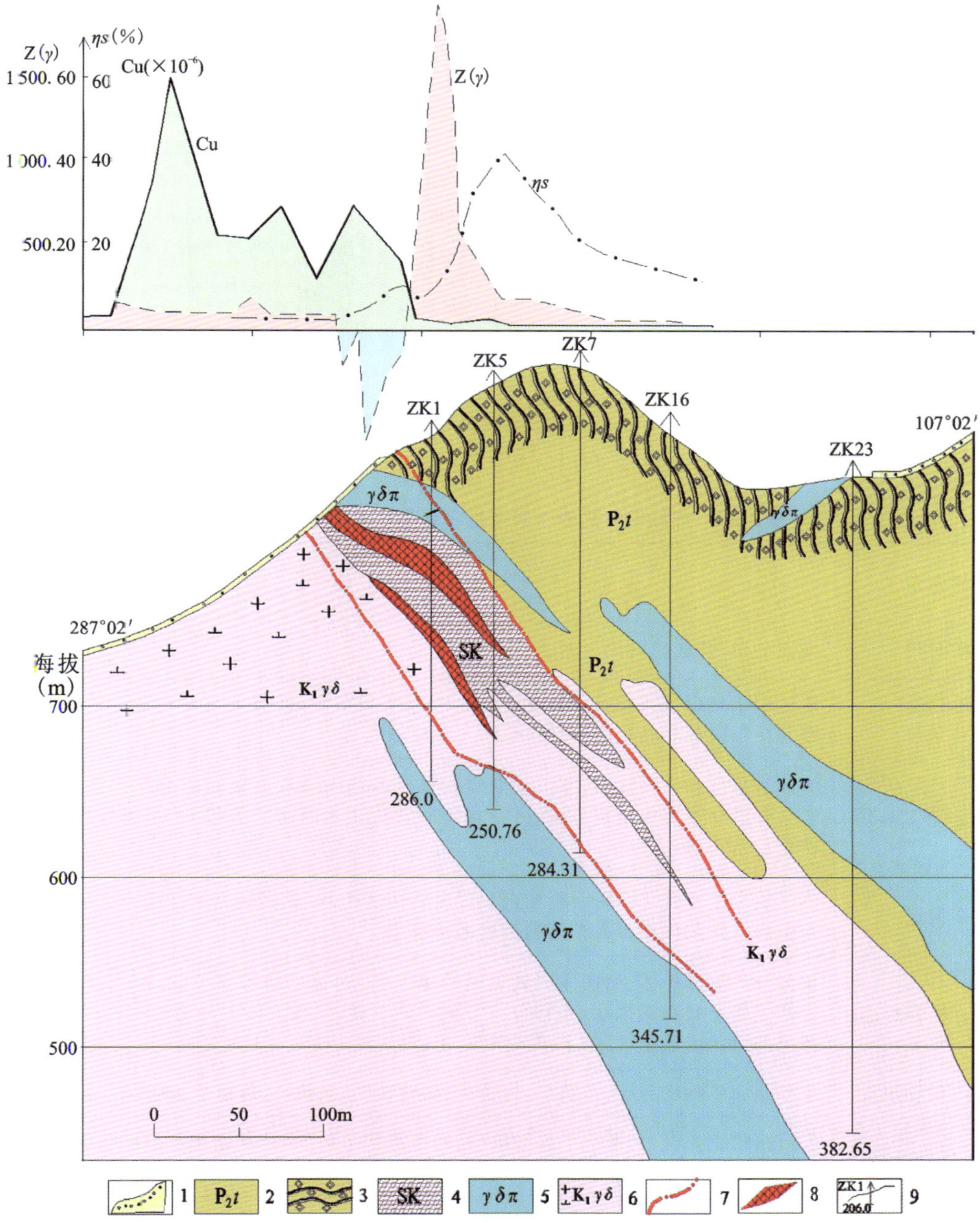

图 7-11 大田龙山崎式矽卡岩型铜多金属矿典型矿床预测模型图

（据福建省地质局地质二团《福建省大田龙山崎铅锌铜矿地质详查报告》修编，1975）

1. 残坡积层；2. 中二叠统童子岩组；3. 空晶石板岩；4. 矽卡岩；5. 花岗闪长斑岩；6. 花岗闪长岩；7. 蚀变带界线；8. 矿体；9. 钻孔编号及孔深

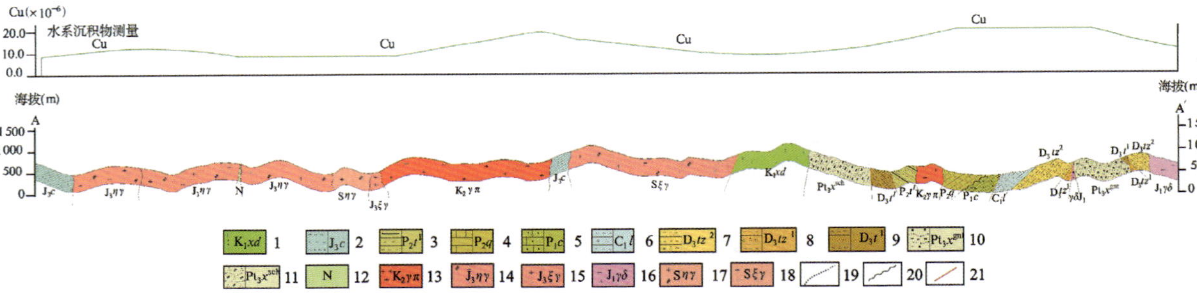

图 7-12　龙山崎式矽卡岩型铜多金属矿大田建设-太华预测工作区区域预测模型图

1.下白垩统下渡组:流纹质(含角砾)晶屑熔结凝灰岩;2.上侏罗统长林组:凝灰质砂砾岩、砾岩、砂岩、粉砂岩;3.中二叠统童子岩组下段:细砂岩、粉砂岩、泥岩夹薄煤层及煤线;4.中二叠统栖霞组:含燧石微晶灰岩、生物屑灰岩;5.下二叠统船山组:质纯微晶灰岩、生物屑灰岩;6.下石炭统林地组:石英砾岩、砂砾岩夹粉砂岩、千枚岩;7.上泥盆统桃子坑组上段:千枚状粉砂岩、页岩与石英砂砾岩互层;8.上泥盆统桃子坑组下段:石英砂砾岩夹千枚状粉砂岩、千枚岩;9.上泥盆统天瓦岽组下段:石英砾岩、砂砾岩夹千枚岩;10.新元古界下峰(岩)组变粒岩段:黑云斜长变粒岩、二长石英片岩夹黑云二长变粒岩、二云片岩;11.新元古界下峰(岩)组片岩段:二云石英片岩、二元片岩夹黑云(二长)变粒岩,含微晶石墨;12.基性岩;13.晚白垩世花岗斑岩;14.晚侏罗世二长花岗岩;15.晚侏罗世正常花岗岩;16.早侏罗世花岗闪长岩;17.志留纪二长花岗岩;18.志留纪正常花岗岩;19.岩性岩性界线;20.平行不整合;21.断层

(五)连城铜坑式矽卡岩型铜多金属矿预测模型

连城铜坑式矽卡岩型铜多金属矿典型矿床提取的预测要素见表 7-23,建立的预测模型见图 7-13;建立的将乐万安预测工作区预测模型见图 7-14。

表 7-23　连城铜坑式矽卡岩型铜多金属矿典型矿床预测要素表

预测要素		描　述　内　容	预测要素分类
成矿时代		成因分析,其成矿时代为 K_1	重要
大地构造背景		矿区位于姑田复式背斜西翼,赖坊-庙前大断裂东侧,区域上主要构造为北北西向,而北西西向和北北东向两组断裂在本区亦较发育	必要
岩浆建造/岩浆作用		本区岩浆活动较为强烈,燕山早期斑状黑云母花岗岩和石英斑岩分布广泛,石英斑岩主要沿北西西向断裂分布,另有花岗斑岩沿北北西向断裂侵入,花岗斑岩与铜钼矿化关系密切	必要
成矿构造		本区成矿主要受北西向断裂构造和背向斜构造控制,花岗斑岩矿液带来的成矿元素与围岩发生交代作用而在有利构造部位富集	重要
成矿特征	矿体形态	矿体分为铜锌矿体、钼矿体和氧化铜矿体 3 类,铜锌矿体呈豆荚状,两侧多分支;钼矿体呈似层状和透镜状,大部分位于铜矿体下盘,产状大体上与铜矿一致;氧化铜矿体呈扁豆状或透镜状,位于矿区东部,出露标高在 735～900m 之间	次要
	矿物组合	主要金属矿物成分有:黄铜矿、黄铁矿、磁黄铁矿、磁铁矿、辉铜矿、斑铜矿、铜蓝等	重要
	结构构造	矿石结构主要有:自形—半自形结构、他形粒状结构、鳞片状结构、交代残余结构等;矿石构造主要有:细脉浸染状构造、块状构造等	重要
围岩蚀变		围岩蚀变有矽卡岩化、蛇纹石化、角岩化、硅化、黄铁矿化、叶蜡石化及褐铁矿化等,原生铜矿与矽卡岩化、蛇纹石化关系密切;角岩化与钼矿关系较密切;褐铁矿化则与与氧化铜、氧化铅矿关系密切	重要

续表 7-23

预测要素	描　述　内　容	预测要素分类
矿床储量	全区平均品位：Cu 0.76％，Mo 0.058％，Zn 1.55％；金属储量：铜 4 726.56t，钼 3 558.28t，锌 10 178.17t	次要
磁测资料	矿体处于地磁高异常区或正负异常交接带	次要
找矿线索	原生铜矿与矽卡岩化、蛇纹石化关系密切；角岩化与钼矿关系较密切；褐铁矿化则与氧化铜矿、氧化铅矿关系密切，可作为野外找矿的标志，物化探异常可作为重要的找矿线索	重要

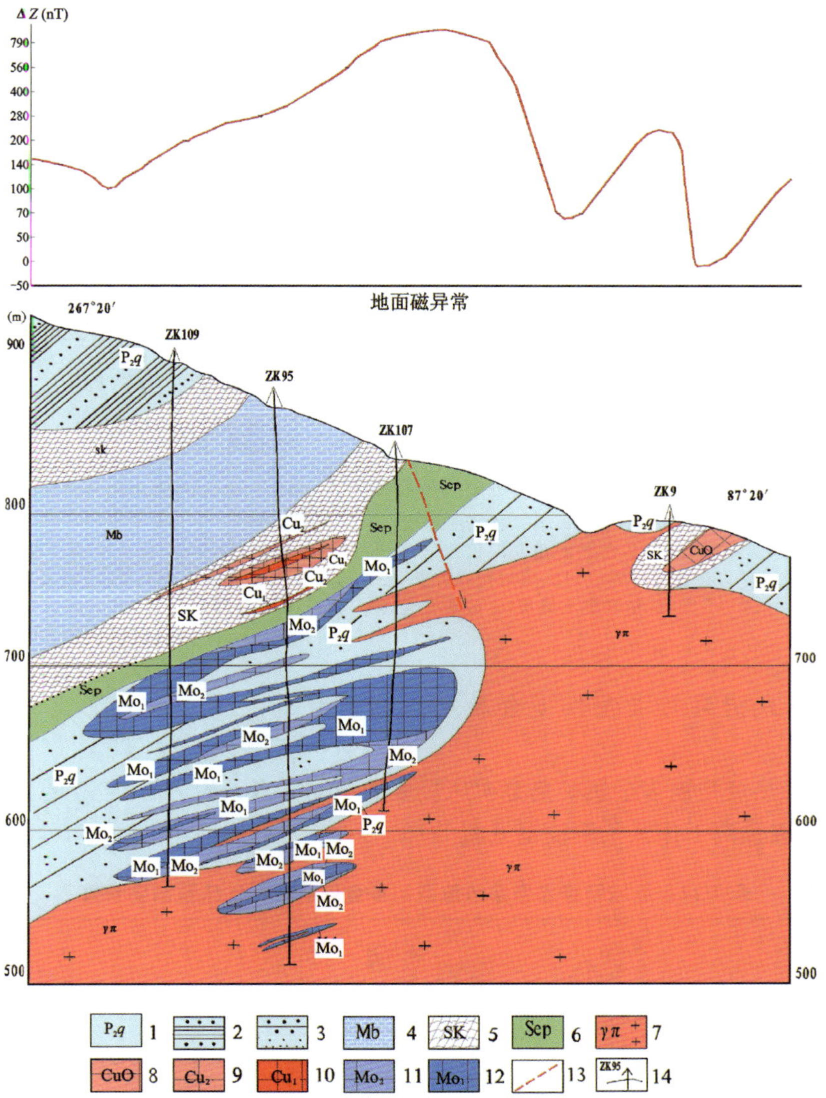

图 7-13　连城铜坑式矽卡岩型铜多金属矿典型矿床预测模型图

[据福建省地质局地质一团《福建省连城铜坑铜钼矿地质勘探报告》(修编，1973)]

1. 中二叠统栖霞组；2. 砂岩-页岩互层；3. 砂岩夹石英岩；4. 大理岩；5. 矽卡岩；6. 蛇纹岩；7. 花岗斑岩；8. 氧化铜矿体；9. 表外铜矿体；10. 表内铜矿体；11. 表外钼矿体；12. 表内钼矿体；13. 断裂；14. 钻孔及编号

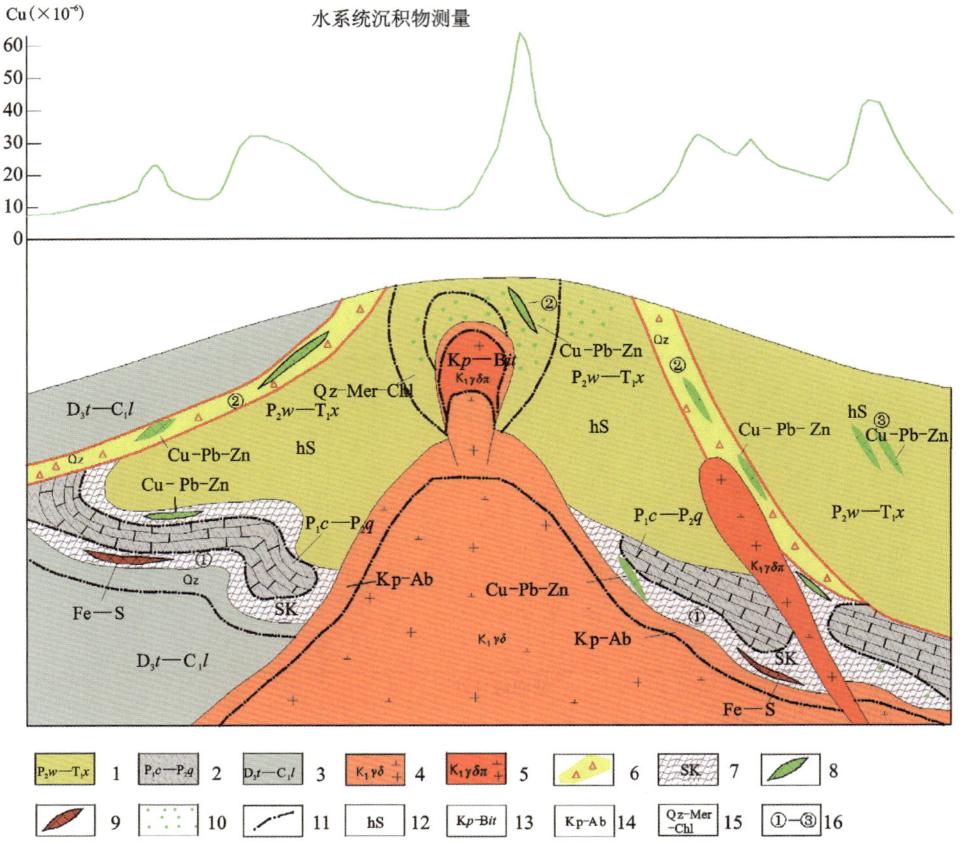

图 7-14 铜坑式矽卡岩型铜多金属矿将乐万安预测工作区区域预测模型图

1.中二叠统文笔山组—下三叠统溪口组；2.下二叠统船山组—中二叠统栖霞组；3.上泥盆统天瓦岽组—下石炭统林地组；4.早白垩世花岗闪长岩；5.早白垩世花岗闪长斑岩；6.断裂破碎带；7.矽卡岩(化)；8.铜多金属矿；9.铁矿；10.浸染状铜多金属矿；11.蚀变带界线；12.角岩化；13.钾化-黑云母化；14.钾钠化；15.石英、绢云母、绿泥石化；16.矿床类型编号(①矽卡岩性；②热液型；③层控角岩型)

(六)浦城管查式岩浆热液型铜多金属矿预测模型

浦城管查式岩浆热液型铜多金属矿典型矿床提取的预测要素见表 7-24，建立的预测模型见图 7-15，建立的浦城官路-管查预测工作区预测模型见图 7-16。

表 7-24 浦城管查式岩浆热液型铜多金属矿典型矿床预测要素表

预测要素	描 述 内 容	预测要素分类
成矿时代	燕山晚期的岩浆活动引起的热液叠加改造作用对铜多金属矿的成矿作用有较密切的关系	重要
大地构造背景	位于闽西北变质基底隆起边缘的浦城-尤溪闽中裂谷带北部，地层主要由加里东期变质基底和中生代盖层两部分组成，其间构造带内岩浆活动频繁	必要
岩浆建造/岩浆作用	本区岩浆活动较为强烈，加里东期白云母花岗岩呈岩基侵入于龙北溪岩组，常见伟晶岩脉穿插；燕山晚期见花岗斑岩、英安玢岩、流纹斑岩等侵入，沿北东向断裂呈岩墙侵入于早白垩世火山岩中，长数百米至数千余米，宽十几米至几十米	必要
成矿构造	区内发育北北东向构造，见 9 条断裂呈近平行斜列式排列，断裂一般延伸数百米至数千米。断裂具压扭性质，构造透镜体、浑圆状角砾、片理、擦痕、断层泥等发育。矿体充填于断裂中，其形状大小严格受断裂控制，常呈透镜体出现，走向上有膨大、侧列、菱形环节、分支、复合、尖灭再现等现象	重要

续表 7-24

预测要素		描　述　内　容	预测要素分类
成矿特征	矿体形态	矿体多为隐伏矿体，常呈透镜体充填于断裂中	次要
	矿物组合	矿石工业类型以黄铜矿石为主，也见铜铅锌矿石，主要金属矿物有黄铜矿，次有方铅矿、闪锌矿、黄铁矿、毒砂	重要
	结构构造	矿石结构一般为自形—他形粒状结构、包含结构、乳浊状结构；矿石构造有条带状构造、斑点状构造、斑点浸染状构造、角砾状构造、脉状构造等数种	重要
围岩蚀变		区内蚀变种类较多，有硅化、绢云母化、绿泥石化、叶蜡石化、萤石化、碳酸盐化等，与矿化关系密切的有绿泥石化、萤石化，其中绿泥石化是近矿蚀变，与铜矿关系密切	重要
矿床储量		矿石品位 Cu 0.85%～1.49%，全区平均 1.07%，探明铜金属量 14 716.73t	次要
重力		矿区处于负布格重力异常低值区	次要
磁测资料		矿体位于地磁异常宽缓的负值区	次要
化探资料		矿点落在 1∶20 万水系沉积物异常浓集中心部位	重要
遥感信息		遥感解译矿体附近有线性断裂通过	次要
找矿线索		北北东向压扭性断裂集中分布区或构造叠加区是铜多金属矿成矿富集的有利部位；燕山晚期花岗(斑)岩出露的外围区域；地表见氧化带或绿泥石化带为近矿蚀变的标志；物化探异常区是重要的成矿指示标志	重要

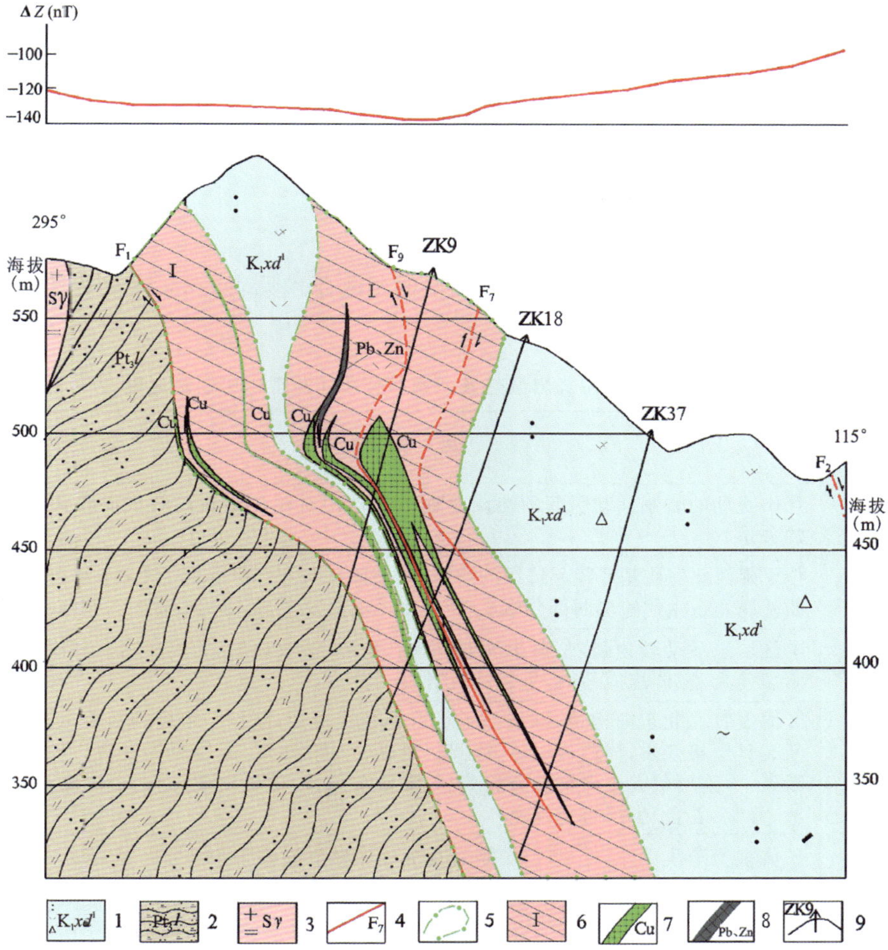

图 7-15　浦城管查式岩浆热液型铜多金属矿典型矿床预测模型图

(据福建省地质三团《福建浦城管查铜矿深部探索及西部详查评价报告》修编，1974)

1. 下白垩统下渡组下段流纹质晶屑凝灰熔岩；2. 新元古界龙北溪组石英云母片岩；3. 志留纪白云母花岗岩；4. 断裂及编号；5. 蚀变矿化带界线；6. 铜矿化带及编号；7. 铜矿体；8. 铅锌矿体；9. 钻孔及编号

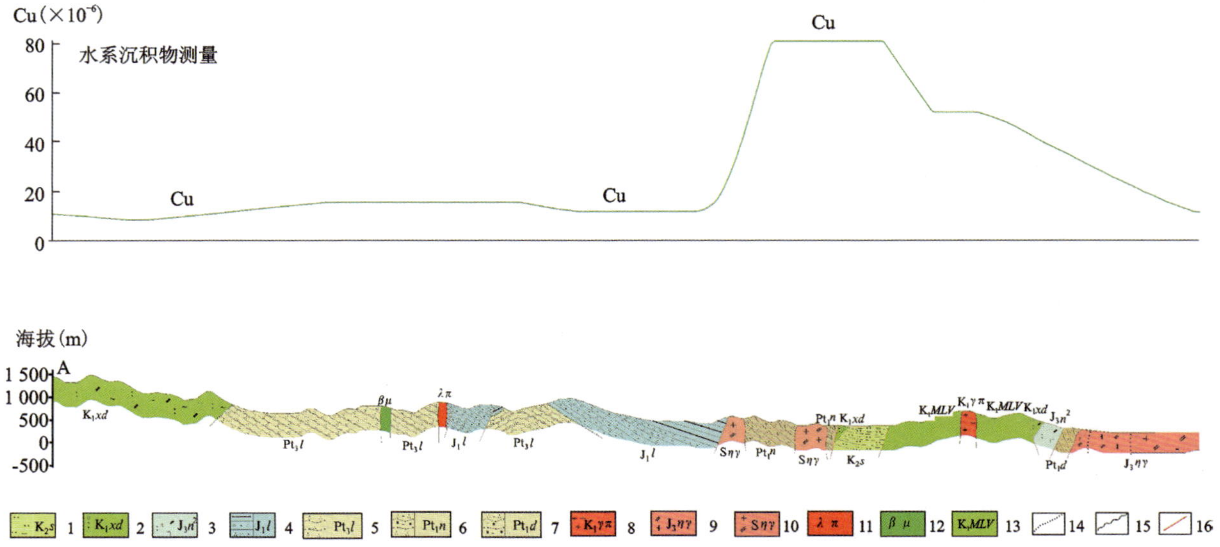

图 7-16　管查式岩浆热液型铜多金属矿浦城官路-管查预测工作区区域预测模型图

1. 上白垩统沙县组：粉砂岩、泥岩；2 下白垩统下渡组：流纹质（含角砾）晶屑熔结凝灰岩；3. 上侏罗统南园组第二段：流纹英安质凝灰熔岩、熔结凝灰岩；4. 下侏罗统梨山组：石英砂岩、细砂岩夹煤线；5. 新元古界龙北溪组：石英岩；6. 古元古界南山（岩）组：黑云斜长变质岩；7. 古元古界大金山（岩）组：黑云斜长变粒岩、黑云变粒岩；8. 早白垩世花岗斑岩；9. 晚侏罗世二长花岗岩；10. 志留纪二长花岗岩；11. 石英斑岩脉；12. 闪长玢岩脉；13. 早白垩世碎斑熔岩；14. 岩性岩相界线；15. 平行不整合；16. 断层

（七）建瓯钟山式岩浆热液型铜多金属矿预测模型

建瓯钟山式岩浆热液型铜多金属矿典型矿床提取的预测要素见表 7-25，建立的预测模型见图 7-17，建立的建瓯钟山预测工作区预测模型见图 7-18。

表 7-25　建瓯钟山式岩浆热液型铜多金属矿典型矿床预测要素

预测要素		描　述　内　容	预测要素分类
成矿时代		燕山晚期的岩浆活动引起的热液叠加改造作用对铜多金属矿的成矿作用有较密切的关系	重要
大地构造背景		位于闽西北变质基底隆起边缘的浦城-尤溪闽中裂谷带北部，地层主要由加里东期变质基底和中生代盖层两部分组成，新华夏系构造发育，其间构造带内岩浆活动频繁	必要
岩浆建造/岩浆作用		本区岩浆活动较为强烈，燕山晚期有闪长玢岩、流纹斑岩、石英斑岩和辉绿玢岩等沿断裂侵入，岩体规模不大，呈岩脉或岩墙产出	必要
成矿构造		区内发育北北东向构造，断裂呈近平行斜列式排列，断裂一般延伸数百米至数千米。断裂具压扭性质，构造透镜体、浑圆状角砾、片理、擦痕、断层泥等发育。矿体充填于断裂中，其形状大小严格受断裂控制，常呈透镜体、脉状出现，走向上有膨大、菱形环节、分支、复合、尖灭再现现象	重要
成矿特征	矿体形态	矿体多为隐伏矿体，常呈脉状、透镜体充填于断裂破碎带中	次要
	矿物组合	主要金属矿物有黄铜矿、方铅矿、闪锌矿、黄铁矿等，脉石矿物主要为石英、绿泥石、绢云母等	重要
	结构构造	矿石结构一般为自形—他形粒状结构、包含结构、乳浊状结构，矿石构造有致密块状构造、细脉状构造、浸染状构造、脉状构造等数种	重要

续表 7-25

预测要素	描　述　内　容	预测要素分类
围岩蚀变	区内蚀变种类较多，有硅化、绢云母化、绿泥石化、叶蜡石化、碳酸盐化等，与矿化关系密切的有绿泥石化、绢云母化，其中的绿泥石化是近矿蚀变，与铜矿关系密切	重要
矿床储量	矿石品位：全区 Cu 平均 1.62%，探明储量 5 571.80t	次要
化探资料	土壤 Cu 异常（30×10^{-6}）有 7 处，其中 1 处面积较大，并且具有异常浓集中心	重要
物探资料	激发极电异常总体呈北北东向长条形	重要
找矿线索	北北东向压扭性断裂集中分布区或构造叠加区是铜多金属矿成矿富集的有利部位；燕山晚期花岗（斑）岩出露的外围区域；地表见氧化带或绿泥石化带为近矿蚀变的标志；物化探异常区是重要的成矿指示标志	重要

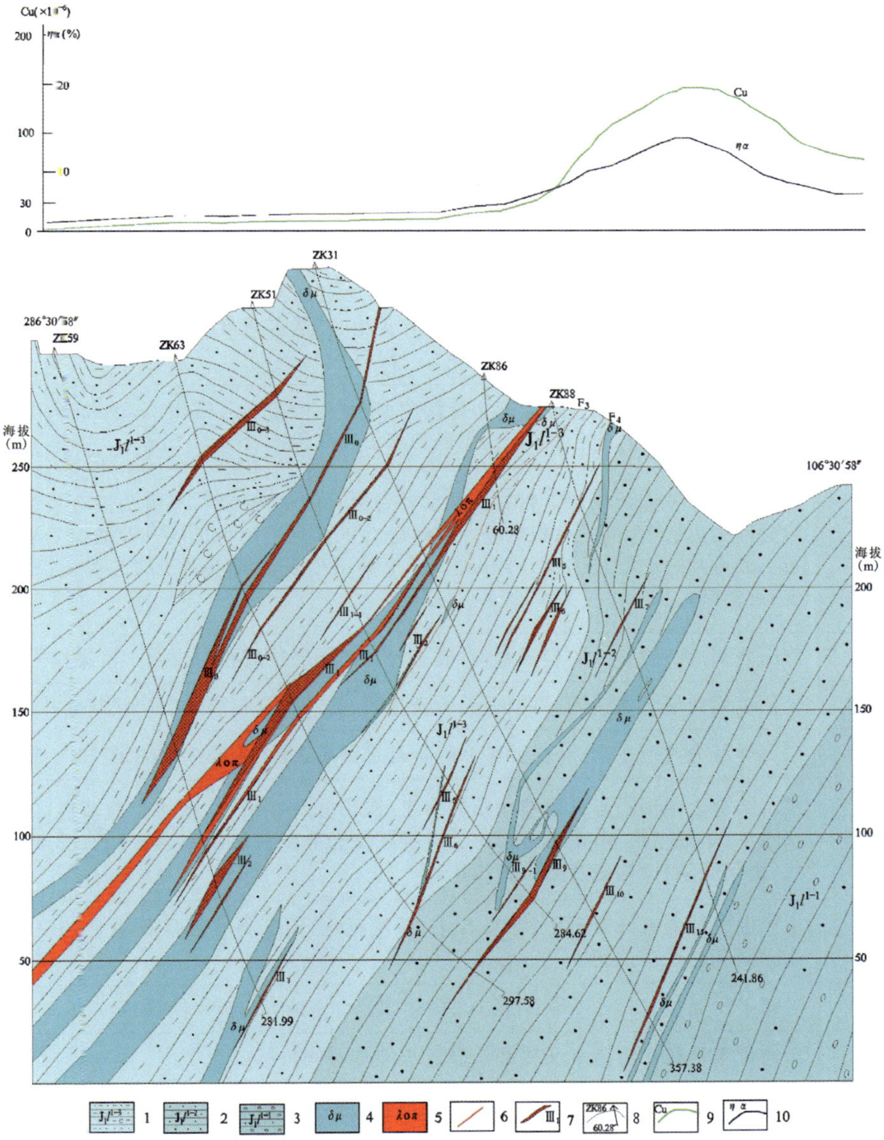

图 7-17　建瓯钟山式岩浆热液型铜多金属矿典型矿床预测模型图

（据福建省地质三团《福建建瓯钟山铜铅锌矿地质勘探报告》修编，1975）

1.下侏罗统梨山组下段上部砂质泥岩夹泥岩、碳质泥岩；2.下侏罗统梨山组下段中部中粗粒砂岩；3.下侏罗统梨山组下段下部角砾岩夹砂岩；4.闪长玢岩；5.石英斑岩；6.断层；7.铜矿及编号；8.钻孔编号及终孔孔深；9.水系测量铜含量线；10.激电曲线

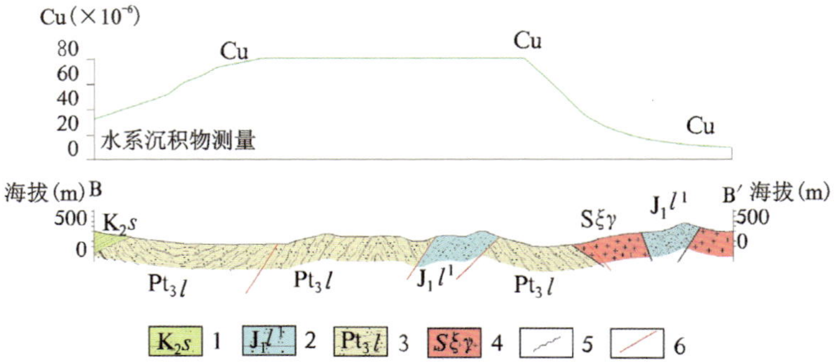

图 7-18 钟山式岩浆热液型铜多金属矿建瓯钟山预测工作区区域预测模型图

1. 上白垩统沙县组：粉砂岩、泥岩；2. 上侏罗统梨山组：砂砾岩、细砂岩；3. 新元古界龙北溪组：石英片岩；4. 志留纪正长花岗岩；5. 不整合；6. 断层

(八)建瓯东岩式沉积变质-热液改造型铜矿预测模型

建瓯东岩式沉积变质-热液改造型铜矿典型矿床提取的预测要素见表 7-26，建立的预测模型见图7-19，建立的预测工作区预测模型见图 7-20。

表 7-26 建瓯东岩式沉积变质-热液改造型铜矿成矿预测要素一览表

预测要素		描 述 内 容	预测要素分类
成矿时代		含矿层位原岩恢复为新元古代的中酸性火山岩，受区域变质作用而使得矿质富集成矿，其 Pb-Pb 同位素年龄为 1 398～1 318Ma	重要
大地构造背景		矿区位于闽西北变质基底隆起边缘的浦城-尤溪闽中裂谷带南部，政和-大埔深大断裂带西侧；矿区出露新元古代变质岩和燕山晚期侵入岩	必要
岩浆建造/岩浆作用		铜含矿层位及铜矿化带主要分布于东岩岩组上段绿片岩中，原岩为成分近似于富碱的酸性火山岩(含铜质的凝灰岩)，其间含有正常沉积的特征层—碳酸盐岩岩层以及石英云母片岩夹层，反映原岩形成过程中火山喷发—沉积旋回的韵律，且层位较稳定，延伸较大	必要
岩浆作用		燕山晚期沿断裂侵入的岩浆岩，对成矿起到部分的热液叠加改造—富集作用	必要
成矿体特征	矿体形态	矿体多呈似层状透镜体，与围岩无明显界线，其产状与相邻地层产状基本一致	次要
	矿物组合	矿石类型为黄铜矿矿石，主要矿物组合有黄铜矿、镜铁矿和少数的黄铁矿、磁铁矿等	重要
	结构构造	矿石结构以他形—半自形粒状结构为主，次为叶片状结构、脉状交替结构，少量乳滴状结构、填隙结构等；矿石构造主要有细脉交替脉状构造、团块状构造、浸染状(散点状、密集浸染状)构造和条带状构造等	重要
围岩蚀变		主要围岩蚀变有绿帘石化、钾长石化、绿泥石化、阳起石化和碳酸盐化，其中绿帘石化为铜矿的近矿蚀变	重要
矿床储量		矿体平均品位 Cu 0.86%，最低 0.30%，最高 1.65%；铜金属储量：1 631.53t	次要
磁测资料		矿体位于地磁正负异常交接部位靠近正异常一侧	次要
找矿线索		东岩岩组上段的绿片岩是含铜的主要层位；绿帘石化是铜矿的近矿蚀变标志；物化遥异常区有较重要的找矿指示作用	重要

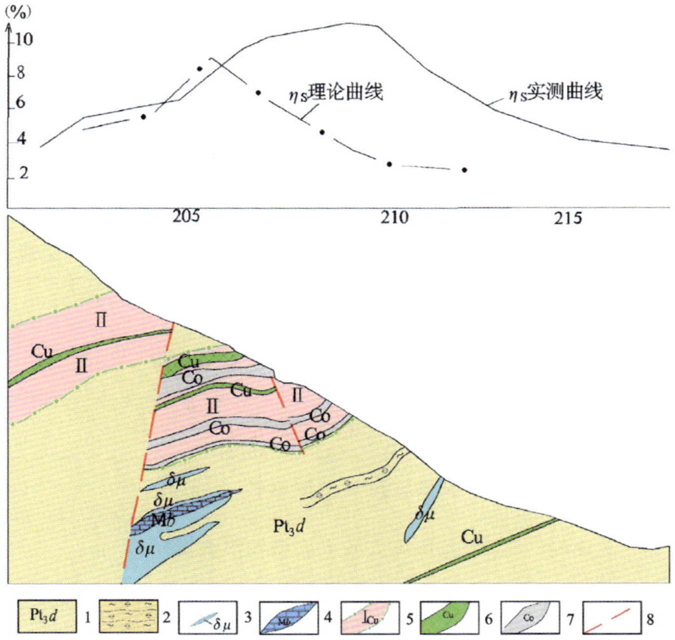

图 7-19　建瓯东岩式沉积变质-热液改造型铜钴矿典型矿床预测模型图

（据福建省地质三团《福建建瓯东岩铜矿地质详查报告》修编，1974）

1. 新元古界东岩岩组；2. 绿帘绿泥片岩；3. 闪长玢岩；4. 大理岩；5. 铜矿化带及编号；6. 铜矿体；7. 钴矿体；8. 断层

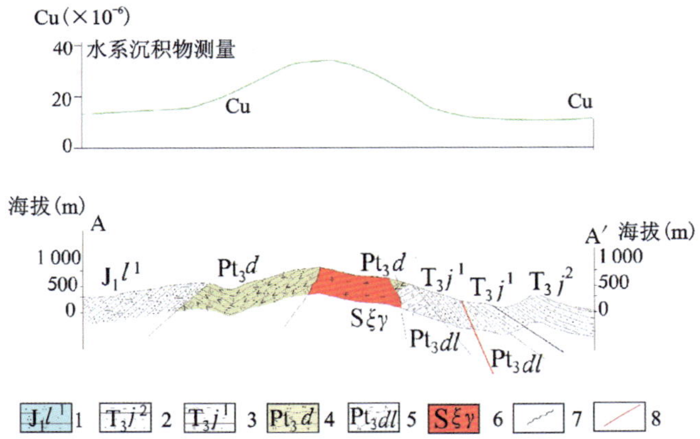

图 7-20　东岩式沉积变质-热液改造型铜矿建瓯东岩预测工作区区域预测模型图

1. 下侏罗统梨山组下段：长石石英砂岩、砂砾岩；2. 上三叠统焦坑组上段：砂岩、粉砂岩、泥岩；3. 上三叠统焦坑组下段：砂砾岩、长石砂岩、粉砂岩；4. 新元古界东岩岩组：斜长角闪片岩、钠长阳起片岩；5. 新元古界大岭(岩)组：黑云钠长片岩；6. 志留纪正长花岗岩；7. 不整合；8. 断层

二、预测方法类型确定及区域预测要素

（一）铜矿预测方法类型确定

根据福建省铜矿产资源现状与全国铜矿产预测方法类型的分析比较，确定了福建省铜矿产预测方法类型为火山岩型、侵入岩体型（包括斑岩型和矽卡岩型）、复合内生型（包括岩浆热液型和沉积变质-热液改造型）3种（表7-27）。

表7-27　福建省铜矿预测方法类型与全国预测类型划分对比表

全国预测类型	矿床式	福建省典型矿床	预测方法类型
陆相火山岩型	紫金山式	紫金山式陆相火山岩型铜金矿	火山岩型
斑岩型	罗卜岭式	罗卜岭式斑岩型铜钼矿	侵入岩体型
	钟腾式	钟腾式斑岩型铜钼矿	
矽卡岩型	龙山崎式	龙山崎式矽卡岩型铜多金属矿	
	铜坑式	铜坑式矽卡岩型铜多金属矿	
岩浆热液型	管查式	管查式岩浆热液型铜多金属矿	复合内生型
	钟山式	钟山式岩浆热液型铜多金属矿	
沉积变质-热液改造型	东岩式	东岩式沉积变质-热液改造型铜矿	

火山岩型编图重点是成矿侵入角砾岩（隐爆角砾岩）、火山岩性岩相、矿体围岩、成矿断裂、矿产地、矿化蚀变标志、火山构造、铜与金地球化学异常、磁法推断地质体、遥感解译环状断层、自然重砂异常等图层。编制的研究底图为1∶5万火山岩性岩相构造图，突出下白垩统黄坑组和寨下组火山岩性岩相及其火山构造。

侵入岩体型编图重点是含矿岩体、斑岩体、成矿侵入角砾岩、成矿断裂、矿产地、矿化蚀变标志、铜与钼地球化学异常、磁法推断地质体、遥感解译断层、自然重砂异常等图层。编制的研究底图为1∶5万侵入岩浆构造图，突出成矿地质岩体。

复合内生型编图重点是矿床围岩地质体、含矿岩体、成矿断裂、矿产地、矿化蚀变标志、铜地球化学异常、磁法推断地质体、遥感解译断层、自然重砂异常等图层。编制的研究底图为1∶5万建造构造图，突出成矿岩体和赋矿围岩。

（二）铜矿预测工作区区域预测要素

提取的紫金山式陆相火山岩型铜金矿预测工作区区域预测要素见表7-28，罗卜岭式斑岩型铜钼矿预测工作区区域预测要素见表7-29，钟腾式斑岩型铜钼矿预测工作区区域预测要素见表7-30，龙山崎式矽卡岩型铜多金属矿预测工作区区域预测要素见表7-31，铜坑式矽卡岩型铜多金属矿预测工作区区域预测要素见表7-32，管查式岩浆热液型铜多金属矿预测工作区区域预测要素见表7-33，钟山式岩浆热液型铜多金属矿预测工作区区域预测要素见表7-34，东岩式沉积变质-热液改造型铜预测工作区区域预测要素见表7-35。

表 7-28　紫金山式陆相火山岩型铜金矿预测工作区区域预测要素表

区域预测要素		描述内容	预测要素分类
区域成矿地质环境	大地构造位置	闽西南陆表海盆地	必要
	主要控矿构造	以上杭-云霄北西向断裂构造、宣和北东向复背斜等为主	必要
	主要赋矿层位	金矿主要赋存于隐爆角砾岩筒内外接触带，铜矿主要赋存于晚侏罗世侵入的二长花岗岩中	必要
	火山岩建造	火山作用形成的主要岩性为火山角砾岩、凝灰岩-英安岩-英安玢岩、隐爆碎屑岩、石英斑岩等	必要
	侵入岩建造	以燕山期的岩浆侵入为主，早侏罗世是二长花岗岩建造，晚侏罗世有石英二长岩建造、二长花岗岩建造和正长花岗岩建造，早白垩世有石英闪长岩建造、花岗闪长岩建造、花岗闪长斑岩建造、二长花岗岩建造、正长花岗岩建造和花岗斑岩建造	重要
区域成矿地质特征	区域成矿类型和成矿期	主要是与燕山期基性—中酸性、酸性岩浆活动有关的矿床成矿系列，形成陆相火山岩型铜金矿、斑岩型铜钼、热液型铜矿等	重要
	陆相火山岩型铜金矿	成矿与英安玢岩、花岗斑岩、花岗闪长斑岩、花岗闪长岩、石英闪长斑岩、二长花岗岩等关系密切	必要
		闽西南凹陷盆地	必要
		矿石以蓝辉铜-黄铁矿石、自然金矿石等为主	重要
		区内铜金矿带普遍发育明矾石化、硅化、绢云母化等	次要
		矿床式主要为紫金山式陆相火山岩型铜金矿	重要
物探	布格重力异常	区域上本区处于布格重力负异常区，紫金山矿区位于北西向和北东向重力梯级带相交部位	次要
	航磁异常	区域上本区航磁异常呈北低南高的态势，紫金山矿区位于正负航磁异常之间	次要
化探异常		1∶5 万水系沉积物测量，Au 以 2.5×10^{-9} 为异常下限，圈出 Au 异常 11 处；Cu 以 35×10^{-6} 为异常下限，圈出 Cu 异常 12 处，紫金山矿区处于 Cu、Au 异常高浓度中心	重要
遥感解译		区域上北东向和北西向线形影像发育，矿床处于北东向和北西向线形影像交会处，交会处附近伴有环形影像及色异常；线形影像主要是断裂构造的反映，环形影像多为火山机构或火山口的反映	次要
重砂异常		区域上有 2 处金重砂异常，异常面积较大	重要

表 7-29　罗卜岭式斑岩型铜钼矿预测工作区区域预测要素表

区域预测要素		描述内容	预测要素分类
区域成矿地质环境	大地构造位置	位于闽西南陆表海盆地，火山构造盆地边缘	必要
	主要控矿构造	以上杭-云霄北西向断裂构造、宣和北东向复背斜等为主	必要
	主要赋矿层位	铜矿主要赋存于晚侏罗世侵入的二长花岗岩中，铜钼矿赋存于早白垩世花岗闪长斑岩接触带中	必要
	侵入岩建造	早白垩世花岗闪长斑岩接触带	必要
		燕山期的岩浆侵入为主，早侏罗世是二长花岗岩建造，晚侏罗世有石英二长岩建造、二长花岗岩建造和正长花岗岩建造，早白垩世有石英闪长岩建造、花岗闪长岩建造、花岗闪长斑岩建造、二长花岗岩建造、正长花岗岩建造和花岗斑岩建造	重要

续表 7-29

区域预测要素		描 述 内 容	预测要素分类
区域成矿地质特征	区域成矿类型和成矿期	主要是与燕山期基性—中酸性、酸性岩浆活动有关的矿床成矿系列，形成陆相火山岩型铜金矿、斑岩型铜钼、热液型铜矿等	重要
	斑岩型铜钼矿	成矿与英安玢岩、花岗斑岩、花岗闪长斑岩、花岗闪长岩、石英闪长斑岩、二长花岗岩等关系密切	必要
		闽西南凹陷盆地	必要
		矿石以蓝辉铜-黄铁矿石、自然金矿石等为主	重要
		区内铜钼矿带普遍发育明矾石化、硅化、绢云母化等	次要
		矿床式主要为罗卜岭式斑岩型铜钼矿	重要
物探	布格重力异常	区域上本区处于布格重力负异常区，罗卜岭矿区位于北西向和北东向重力梯级带相交部位	次要
	航磁异常	区域上本区航磁异常呈北低南高的态势，罗卜岭矿区位于正负航磁异常之间	次要
化探异常		1∶5 万水系沉积物测量，Cu 以 35×10^{-6} 为异常下限，圈出 Cu 异常 12 处；Mo 以 5×10^{-9} 为异常下限，圈出 Mo 异常 6 处；罗卜岭矿区处于 Cu、Mo 异常高浓度中心	重要
遥感解译		区域上北东向和北西向线形影像发育，矿床处于北东向和北西向线形影像交会处，交会处附近伴有环形影像及色异常；线形影像主要是断裂构造的反映，环形影像多为火山机构或火山口的反映	次要
重砂异常		区域上有 2 处金重砂异常，异常面积较大	次要

表 7-30　钟腾式斑岩型铜钼矿预测工作区区域预测要素表

区域预测要素		描 述 内 容	预测要素分类
区域成矿地质环境	大地构造位置	闽东沿海岩浆弧南端，政和-大埔深大断裂带南端的东南侧	必要
	主要控矿构造	以上杭-云霄北西向断裂构造和福安-南靖北东向断裂构造等为主	必要
	主要赋矿层位	铜钼矿主要赋存于燕山晚期侵入的石英闪长岩、花岗闪长斑岩和英安玢岩等岩体内外接触带	必要
	侵入岩建造	燕山晚期侵入的石英闪长岩、花岗闪长斑岩和英安玢岩	必要
		以燕山中晚期的岩浆侵入为主，晚侏罗世(燕山中期)有石英闪长岩建造、花岗闪长岩建造、二长花岗岩建造和正长花岗岩建造；早白垩世有辉石闪长岩建造、石英二长闪长岩建造、花岗闪长岩建造、二长花岗岩建造、正长花岗岩建造、石英闪长岩建造、碱长花岗岩建造；晚白垩世有闪长(玢)岩建造、花岗闪长(斑)岩建造、二长花岗斑岩建造	重要
区域成矿地质特征	区域成矿类型和成矿期	主要是与燕山期基性—中酸性、酸性岩浆活动有关的矿床成矿系列，形成斑岩型铜钼、热液型铜矿等	重要
	斑岩型铜钼矿	成矿与石英二长闪长岩、花岗闪长斑岩、闪长(玢)岩、花岗斑岩、花岗闪长岩、二长花岗岩等关系最密切	必要
		闽东火山基底隆起带	必要
		矿石以黄铜矿、蓝辉铜、黄铁矿等为主，少量磁黄铁矿	重要
		区内铜钼矿带普遍发育钾长石化、硅化、黑云母化、绿帘石化、绿泥石化、绢英岩化和黄铁矿化等	次要
		矿床式主要为钟腾式斑岩型铜钼矿	重要

续表 7-30

区域预测要素		描述内容	预测要素分类
物探	布格重力异常	区域上本区处于布格重力负异常区，布格重力异常值处于(－48～－28)×10^{-5} m/s^2之间；区内中东部之间出现较大规模南北向的相对重力高条带	次要
	航磁异常	区域上本区航磁异常呈北东走向，钟腾铜矿区处于负异常梯级带上	次要
化探异常		1∶20万水系沉积物测量，圈出Cu异常19处，其中有8处具异常浓集中心，且面积较大；区内铜矿床点与Cu异常套合良好	重要
遥感解译		区域上北西向线形影像发育，北东向次之，线形影像主要是断裂构造的反映；环状影像也较发育，环状影像主要是火山机构的反映	次要
重砂异常		区域上有3处黄金重砂异常，其中1处异常面积较大，无铅族矿物重砂异常	次要

表 7-31 龙山崎式矽卡岩型铜多金属矿预测工作区区域预测要素表

区域预测要素		描述内容	预测要素分类
区域成矿地质环境	大地构造位置	位于永安-梅州-惠阳Fe-Pb-Zn-Cu-Au-Ag-Sb成矿带(Ⅲ-82)，政和-大埔深大断裂带通过本区	必要
	主要控矿构造	以政和-大埔北东向断裂带为主	必要
	主要赋矿层位	铜多金属矿主要赋存于燕山期侵入的花岗闪长岩与二叠纪灰岩或含钙质层位的接触带中	必要
	侵入岩建造	燕山期侵入的花岗闪长岩	必要
		以燕山期的岩浆侵入为主，主要有花岗闪长岩、二长花岗岩、正长花岗岩、二长花岗斑岩、花岗斑岩等建造	重要
区域成矿地质特征	区域成矿类型和成矿期	主要是与燕山期基性—中酸性、酸性岩浆活动有关的矿床成矿系列，形成矽卡岩型铜多金属矿以及热液型铜铁矿、铜铅矿和铜矿等	重要
	矽卡岩型铜多金属矿	成矿与花岗闪长岩、二叠纪灰岩或含钙质岩层等关系密切	必要
		闽西南凹陷带与闽东火山断坳带接触部位	必要
		矿石以铜锌矿石、铅锌矿石、黄铜矿石等为主	重要
		区内矿体的围岩蚀变主要为矽卡岩化，次为硅化、绿泥石化、叶蜡石化等	次要
		矿床式主要为龙山崎式矽卡岩型铜多金属矿	重要
物探	布格重力异常	区域上本区处于布格重力负异常区，布格重力异常值处于(－72～－53)×10^{-5} m/s^2之间，布格重力异常值由南往北逐渐升高	次要
	航磁异常	区域上本区航磁异常呈北东走向，正负异常相间出现；矿点处于低缓正异常或负异常部位	次要
化探异常		1∶20万水系沉积物测量，圈出Cu异常10处，其中有5处具异常浓集中心，且面积较大；大田建设-太华区的铜矿床点与Cu异常套合良好	重要
遥感解译		区域上北东向和北北东向线形影像发育，线形影像主要是断裂构造的反映；环状影像也比较发育，环状影像主要是隐伏岩体和火山机构的反映	次要
重砂异常		区域上无铅族矿物重砂异常	次要

表 7-32 铜坑式矽卡岩型铜多金属矿预测工作区区域预测要素表

<table>
<tr><th colspan="2">区域预测要素</th><th>描 述 内 容</th><th>预测要素分类</th></tr>
<tr><td rowspan="5">区域成矿地质环境</td><td>大地构造位置</td><td>位于闽西南凹陷带次级隆起带，火山构造盆地边缘</td><td>必要</td></tr>
<tr><td>主要控矿构造</td><td>以北东向断裂构造、连城-上杭北东向复向斜构造为主</td><td>必要</td></tr>
<tr><td>主要赋矿层位</td><td>铜多金属矿主要赋存于燕山晚期侵入的中酸性花岗岩与 C—P 中含钙物质作用所形成的矽卡岩化带中</td><td>必要</td></tr>
<tr><td rowspan="2">侵入岩建造</td><td>燕山晚期的花岗斑岩</td><td>必要</td></tr>
<tr><td>燕山晚期的岩浆侵入，有正长花岗岩建造、花岗斑岩建造、二长花岗岩建造及晚白垩世的二长斑岩建造、石英二长斑岩建造、花岗斑岩建造等</td><td>重要</td></tr>
<tr><td rowspan="6">区域成矿地质特征</td><td>区域成矿类型和成矿期</td><td>主要是与燕山期基性—中酸性、酸性岩浆活动有关的矿床成矿系列，形成热液型铜钼矿、矽卡岩型铜矿等</td><td>重要</td></tr>
<tr><td rowspan="5">矽卡岩型铜多金属矿</td><td>成矿与中酸性花岗岩、C—P 含钙质层位等关系密切</td><td>必要</td></tr>
<tr><td>闽西南凹陷盆地</td><td>必要</td></tr>
<tr><td>矿石以黄铜矿石、闪锌矿石、辉钼矿石等为主</td><td>重要</td></tr>
<tr><td>区内普遍发育矽卡岩化、角岩化、硅化、黄铁矿化、叶蜡石化等</td><td>次要</td></tr>
<tr><td>矿床式主要为铜坑式矽卡岩型铜多金属矿</td><td>重要</td></tr>
<tr><td rowspan="2">物探</td><td>布格重力异常</td><td>区域上本区处于布格重力负异常区，布格重力异常值处于(－75～－57)×10^{-5} m/s^{2}之间，从西向东布格重力异常值逐渐变小，区内在北部出现 1 处相对重力高</td><td>次要</td></tr>
<tr><td>航磁异常</td><td>区域上本区航磁异常呈北东和近东西走向，东南部和西部以正异常为主，北部、中部和西南部以负异常为主；矽卡岩型铜矿处于负异常靠近核部的位置，热液型铜和铜铅矿处于正异常梯级带上</td><td>次要</td></tr>
<tr><td colspan="2">化探异常</td><td>1∶20 万水系沉积物测量，圈出 Cu 异常 4 处，其中 3 处具异常浓集中心，面积大，4 处与 Cu 有关的矿点均处于异常内</td><td>重要</td></tr>
<tr><td colspan="2">遥感解译</td><td>区域上北东向线形影像发育，北西向次之，线形影像主要是断裂构造的反映；环状影像也较发育，环状影像主要是火山机构和隐伏岩体的反映</td><td>次要</td></tr>
<tr><td colspan="2">重砂异常</td><td>区域上有 2 处铅重砂异常，异常面积较大</td><td>次要</td></tr>
</table>

表 7-33 管查式岩浆热液型铜多金属矿预测工作区区域预测要素表

<table>
<tr><th colspan="2">区域预测要素</th><th>描 述 内 容</th><th>预测要素分类</th></tr>
<tr><td rowspan="6">区域成矿地质环境</td><td>大地构造位置</td><td>位于闽西北变质基底隆起边缘的浦城-尤溪闽中裂谷带北部. 崇安-石城断裂带东侧，毛洋头-谢安坪断裂带经过本区</td><td>必要</td></tr>
<tr><td>主要控矿构造</td><td>以北东向断裂构造为主</td><td>必要</td></tr>
<tr><td>主要赋矿层位</td><td>古元古界南山岩组、新元古界龙北溪岩组，中生代上三叠统焦坑组、下侏罗统梨山组、下白垩统下渡组等</td><td>必要</td></tr>
<tr><td>赋矿沉积建造</td><td>石英砂砾岩建造、碎屑岩建造</td><td>必要</td></tr>
<tr><td>侵入岩建造</td><td>燕山期的岩浆侵入</td><td>必要</td></tr>
<tr><td>变质作用及建造</td><td>区域变质作用强烈，变质程度从低到高均存在；变质建造主要有富铝变粒岩、云母石英片岩等变质建造</td><td>必要</td></tr>
</table>

续表 7-33

区域预测要素		描　述　内　容	预测要素分类
区域成矿地质特征	区域成矿类型和成矿期	与燕山期基性、中酸性、酸性岩浆活动有关的铜、钼、铅、锌、银矿床成矿亚系列，如浦城管查、毛铺岩浆热液型铜多金属矿等	重要
	岩浆热液型铜多金属矿	加里东期变质基底、三叠纪—侏罗纪(T—J)碎屑岩建造，花岗岩体侵入	必要
		闽西北变质基底隆起带边缘	必要
		矿石以铜铅锌矿石和铅锌矿石为主	重要
		区内铜多金属矿化带普遍发育硅化、黄铁矿化等	次要
		矿床式主要为管查式岩浆热液型铜多金属矿	重要
物探	布格重力异常	区域上本区处于布格重力负异常区，布格重力异常值处于$(-74\sim-50)\times10^{-5}m/s^2$之间，区内有 3 处为相对重力高	次要
	航磁异常	区域上本区航磁异常呈北东和北北东走向，北部以正异常为主，中部以负异常为主，南部正负异常相间出现	次要
化探异常		1∶20 万水系沉积物测量，圈出 Cu 异常 9 处，其中 3 处具异常浓集中心；区内与 Cu 有关的矿点有 7 处，其中 4 处位于异常内	重要
遥感解译		区域上北东向和北西向线形影像发育，线形影像主要是断裂构造的反映；环状影像也较发育，环状影像主要是岩体的反映	次要
重砂异常		区域上无铅族矿物重砂异常	次要

表 7-34　钟山式岩浆热液型铜多金属矿预测工作区区域预测要素表

区域预测要素		描　述　内　容	预测要素分类
区域成矿地质环境	大地构造位置	位于闽西北变质基底隆起缘的浦城-尤溪闽中裂谷带北部，北东向政和-大埔断裂带西侧	必要
	主要控矿构造	以北东向断裂构造为主	必要
	主要赋矿层位	古元古界南山岩组，新元古界龙北溪岩组，中生代上三叠统焦坑组、下侏罗统梨山组、下白垩统下渡组等	必要
	赋矿沉积建造	侏罗纪石英砂砾岩-石英砂岩建造	必要
	侵入岩建造	燕山期的岩浆侵入	必要
	变质作用及建造	区域变质程度低，多属低绿片岩相变质建造；新元古代石英岩、云母片岩建造	必要
区域成矿地质特征	区域成矿类型和成矿期	与燕山期基性、中酸性、酸性岩浆活动有关的铜、钼、铅、锌、银矿床成矿亚系列，如建瓯钟山岩浆热液型铜多金属矿等	重要
	岩浆热液型铜多金属矿	三叠纪—侏罗纪(T—J)碎屑岩建造，花岗岩体侵入	必要
		闽西北变质基底隆起带边缘	必要
		矿石以铜铅锌矿石和铅锌矿石为主	重要
		区内普遍发育硅化	次要
		矿床式主要为钟山式岩浆热液型铜多金属矿	重要
物探	布格重力异常	区域上本区处于布格重力负异常区，布格重力异常值处于$(-62\sim-36)\times10^{-5}m/s^2$之间，从西向东布格重力异常值逐渐变小	次要
	航磁异常	区域上本区航磁异常呈北东走向，西北部以正异常为主，东南部以负异常为主；矿点处于宽缓的低缓正异常部位	次要
化探异常		1∶20 万水系沉积物测量，圈出 Cu 异常 2 处，2 处均具异常浓集中心，且面积较大；本区小型铜矿床与 Cu 异常套合良好	重要

续表 7-34

区域预测要素	描述内容	预测要素分类
遥感解译	区域上北东向线形影像发育，线形影像主要是断裂构造的反映；环状影像也较发育，环状影像主要是花岗岩和隐伏岩体的反映	次要
重砂异常	区域上无铅族矿物重砂异常	次要

表 7-35　东岩式沉积变质-热液改造型铜矿预测工作区区域预测要素表

区域预测要素		描述内容	预测要素分类
区域成矿地质环境	大地构造位置	位于闽西北变质基底隆起边缘的浦城-尤溪闽中裂谷带南部，政和-大埔断裂带西侧	必要
	主要控矿构造	以北东向断裂构造为主	必要
	主要赋矿层位	新元古界东岩岩组	必要
	赋矿原岩建造	细碧角斑岩建造	必要
	侵入岩建造	燕山期的岩浆侵入	重要
	变质作用及建造	区域变质程度中—低，属高绿片岩-低角闪岩相，主要变质建造有石英岩、云母片岩、绿片岩-钠长绢云石英片岩变质建造等	必要
区域成矿地质特征	区域成矿类型和成矿期	与四堡期—晋宁期海底中基性、中酸性火山活动有关的铜、钼、铅、锌、银等矿床成矿亚系列，如建瓯东岩沉积变质-热液改造型铜矿等	重要
	沉积变质-热液改造型铜矿	绿片岩变质建造，花岗岩体侵入	必要
		闽西北变质基底隆起带边缘	必要
		矿石以铜铅锌矿石和铅锌矿石为主	重要
		区内与铜有关的矿化蚀变有黄铁矿化、硅化、叶蜡石化	重要
		矿床式主要为东岩沉积变质-热液改造型铜矿等	重要
物探	布格重力异常	区域上本区处于布格重力负异常区，布格重力异常值处于$(-57\sim-40)\times10^{-5}\,m/s^2$之间，区内在中北部有1处相对重力高	次要
	航磁异常	区域上本区航磁异常呈北东走向，东南部以正异常为主，西北部以负异常为主；沉积型铜矿点处于正异常梯级带和负异常核部，矽卡岩型铜矿点处于宽缓的正低异常部位，热液型铜锌矿点处于正负异常交接部位	次要
化探异常		1∶5万水系沉积物测量，Cu以95×10^{-6}为异常下限，圈出Cu异常12处，其中1处具异常浓集中心，且面积较大，区内铜矿床点与Cu异常套合良好	重要
遥感解译		区域上北东向和北西向线形影像发育，线形影像主要是断裂构造的反映；环状影像也较发育，环状影像主要是隐伏岩体的反映	次要
重砂异常		区域上无铅族矿物重砂异常	次要

三、最小预测区圈定及优选

（一）最小预测区圈定

铜矿最小预测区的圈定采用了综合信息地质单元法，主要是利用预测要素叠加综合的方法。

陆相火山岩型：利用（火山岩建造∪矿床点缓冲区∪水系铜异常∪火山口机构缓冲区∪环状构造缓冲区）∩（隐爆角砾岩体）的方案，其中由隐爆角砾岩体与其余各要素的并集求交进行预测区的初步圈定。在使用建模器圈定靶区的基础上，结合岩体和水系异常边界范围进行适当合并、拆分，并进行优选，最终圈定最小预测区1个。

斑岩型：利用（矿体围岩∪矿床点缓冲区∪水系铜异常∪航磁推断隐伏中酸性岩体）∩（斑岩体）的方案，其中由斑岩体与其余各要素的并集求交进行预测区的初步圈定。在使用建模器圈定靶区的基础上，结合岩体和水系异常边界范围进行适当合并、拆分，并进行优选，最终圈定最小预测区18个。

矽卡岩型：利用（侵入岩体缓冲区∪矿床点缓冲区∪水系铜异常∪航磁推断隐伏中酸性岩体）∩（石炭纪—二叠纪碳酸盐岩建造）的方案，其中由碳酸盐岩建造与其余各要素的并集求交进行预测区的初步圈定。在使用建模器圈定靶区的基础上，结合岩体和水系异常边界范围进行适当合并、拆分，并进行优选，最终圈定最小预测区7个。

岩浆热液型：（矿体围岩∪矿床点缓冲区∪水系铜异常∪航磁推断隐伏中酸性岩体）∩（含矿侵入岩体或赋矿地层）的方案，其中由含矿侵入岩体或赋矿地层与其余各要素的并集求交进行预测区的初步圈定。在使用建模器圈定靶区的基础上，结合含矿岩体或赋矿地层和水系铜异常边界范围进行适当合并、拆分，并进行优选，最终圈定最小预测区10个。

沉积变质-热液改造型：利用（侵入体∪矿床点缓冲区∪水系铜异常∪航磁推断隐伏中酸性岩体）∩（赋矿地层）的方案，其中由赋矿地层与其余各要素并集求交进行预测区初步圈定。在使用建模器圈定靶区的基础上，结合控矿地层和水系异常边界范围等进行适当合并、拆分，并进行优选，最终圈定最小预测区2个。

（二）最小预测区优选

福建省铜矿变量初步优选方法：①陆相火山岩型。含矿隐爆角砾岩体为必要条件，火山岩建造、矿床点、火山构造和铜、金水系沉积物异常及重砂金异常为重要条件，航磁、遥感推断的隐伏岩体和构造为辅助条件。②斑岩型。含矿斑岩体为必要条件，侵入岩体、矿体围岩、矿床点和铜水系沉积物异常为重要条件，重砂异常、航磁、遥感推断的隐伏岩体和构造为辅助条件。③矽卡岩型。以含矿碳酸盐岩建造为必要条件，侵入岩体、矿床点、水系沉积物铜异常为重要条件，重砂异常、航磁、遥感推断的隐伏岩体和构造为辅助条件。④岩浆热液型。含矿侵入岩和含矿地层为必要条件，矿床点和铜水系沉积物异常为重要条件，重砂异常、航磁、遥感推断的隐伏岩体和构造为辅助条件。⑤沉积变质-热液改造型。赋矿地层为必要条件，侵入岩体、矿床点、水系沉积物铜异常为重要条件，重砂异常、航磁、遥感推断的隐伏岩体和构造为辅助条件。

福建省铜矿38个最小预测区分布及其优选结果：A类1个，B类5个，C类32个（图7-21）。

四、资源定量预测

（一）典型矿床查明资源量、典型矿床深部及外围资源量估算

福建省铜矿预测工作区典型矿床已查明铜矿资源量及其估算参数见表7-36，深部及外围预测铜资源量估算结果见表7-37。

（二）模型区预测资源量及其估算参数

福建省铜矿模型区预测资源量及其估算参数见表7-38。

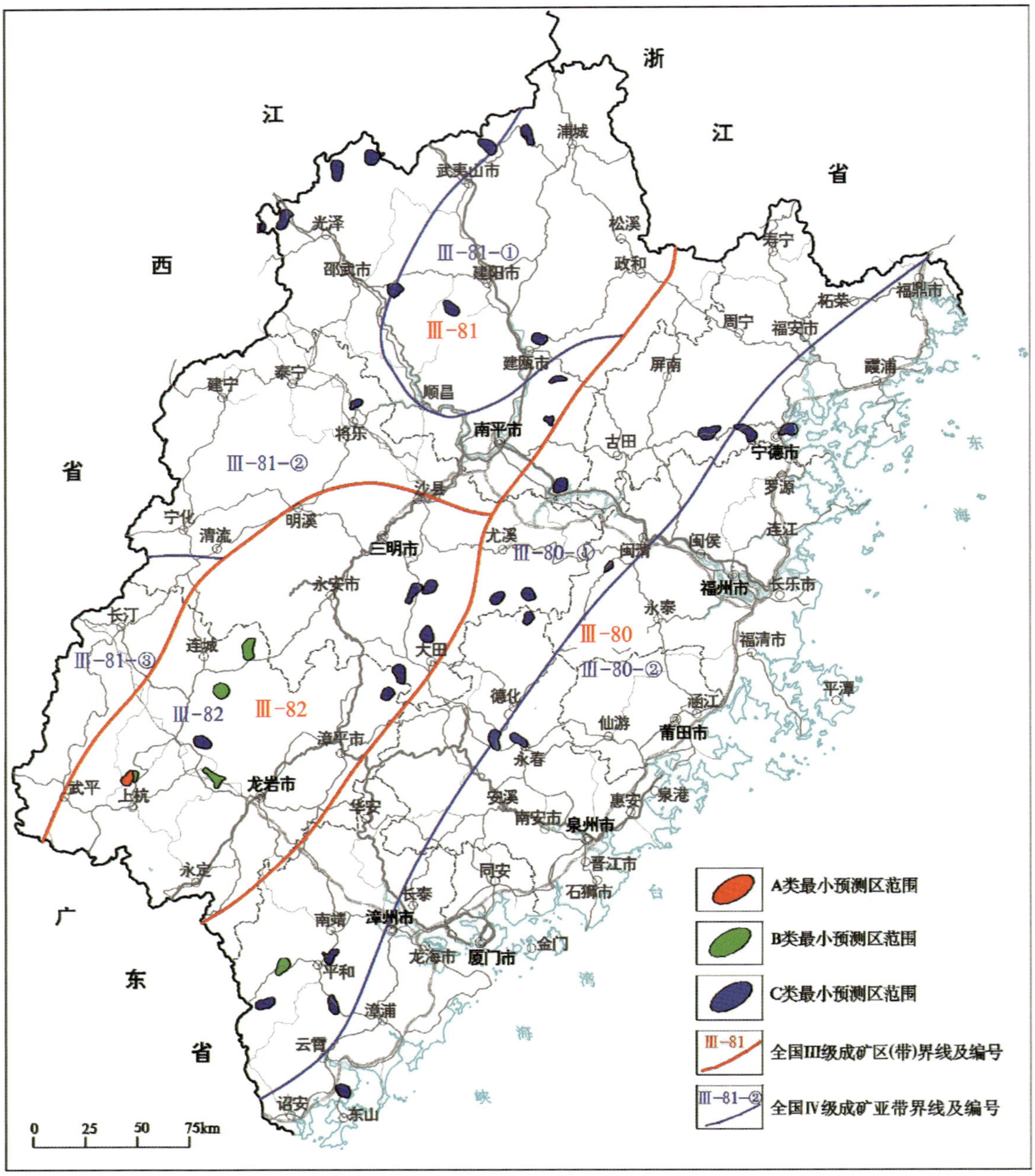

图 7-21　福建省铜矿最小预测区分布及其优选结果图

表 7-36　福建省铜矿预测工作区典型矿床已查明铜矿资源量及其估算参数表

名称	经度	纬度	查明资源量		面积（km^2）	总延深（km）	平均品位（%）	小体重（t/m^3）	体积含矿率（t/km^3）
			矿石量（$\times10^4$t）	金属量（t）					
紫金山式陆相火山岩型	116°24′00″	25°10′41″	44 970.594	1 967 162	2.56	1.00	0.44	2.76	768 422.65
罗卜岭式斑岩型	116°25′50″	25°11′18″	1 529.432	81 303.34	1.23	0.60	0.54	2.60	110 167.12
钟腾式斑岩型	117°07′46″	24°22′00″	265.100	16 366.02	1.56	0.40	0.56	2.80	26 227.59
管查式岩浆热液型	118°18′15″	27°59′57″	182.786	14 716.73	1.44	0.25	1.07	2.99	40 879.80

续表 7-36

名称	经度	纬度	查明资源量		面积(km²)	总延深(km)	平均品位(%)	小体重(t/m³)	体积含矿率(t/km³)
			矿石量($\times10^4$t)	金属量(t)					
钟山式岩浆热液型	118°23′00″	27°04′00″	34.300	5 571.80	0.55	0.35	1.62	3.06	28 944.41
东岩沉积变质-热液改造型	118°23′58″	26°44′58″	19.049	1 631.53	0.63	0.38	0.86	3.17	6 815.07
龙山崎式矽卡岩型	117°48′17″	25°59′22″	122.542	1 822.36	0.24	0.15	1.94	3.38	50 621.11
铜坑式矽卡岩型	116°44′22″	25°20′26″	78.179	4 726.56	0.3	0.28	0.76	3.00	56 268.57

注:数据来源于福建省2010年铜矿资源利用现状调查报告,体积含矿率为查明资源量/(面积×延深)。

表 7-37 福建省铜矿预测工作区典型矿床深部和外围预测铜资源量估算表

矿产预测类型及典型矿床名称	经度	纬度	预测对象	预测资源量(金属量,t)	面积(km²)	总延深(km)	体积含矿率(t/km³)
陆相火山岩型 紫金山铜金矿	116°24′00″	25°10′41″	深部 1～1.5km	983 580.99	2.56	0.5	768 422.65
			外围延深 1km	2 243 794.14	2.92	1	768 422.65
			预测资源量小计	3 227 375.13	—	—	—
斑岩型 罗卜岭铜钼矿	116°25′50″	25°11′18″	深部 0.6～1km	54 202.22	1.23	0.4	110 167.12
			外围延深 0.6km	54 863.23	0.83	0.6	110 167.12
			预测资源量小计	109 065.45	—	—	—
斑岩型 钟腾铜钼矿	117°07′46″	24°22′00″	深部 0.4～0.8km	16 366.02	1.56	0.4	26 227.59
			外围延深 0.4km	139 845.51	13.33	0.4	26 227.59
			预测资源量小计	156 211.53	—	—	—
岩浆热液型 管查铜多金属矿	118°18′15″	27°59′57″	深部 0.25～0.8km	32 376.80	1.44	0.55	40 879.8
			外围延深 0.25km	6 642.97	0.65	0.25	40 879.8
			预测资源量小计	39 019.77	—	—	—
岩浆热液型 钟山铜多金属矿	118°23′00″	27°04′00″	深部 0.35～0.8km	7 163.74	0.55	0.45	28 944.41
			外围延深 0.35km	18 133.67	1.79	0.35	28 944.41
			预测资源量小计	25 297.41	—	—	—
沉积变质-热液改造型 东岩铜矿	118°23′58″	26°44′58″	深部 0.38～1km	2 661.97	0.63	0.62	6 815.07
			外围延深 0.38km	4 039.97	1.56	0.38	6 815.07
			预测资源量小计	6 701.94	—	—	—
矽卡岩型 龙山崎铜多金属矿	117°48′17″	25°59′22″	深部 0.15～0.5km	4 252.18	0.24	0.35	50 621.11
			外围延深 0.15km	34 397.04	4.53	0.15	50 621.11
			预测资源量小计	38 649.22	—	—	—
矽卡岩型 铜坑铜多金属矿	116°44′22″	25°20′26″	深部 0.28～0.5km	3 713.73	0.3	0.22	56 268.57
			外围延深 0.28km	8 192.70	0.52	0.28	56 268.57
			预测资源量小计	11 906.43	—	—	—
预测资源量合计				3 614 226.88	—	—	—

注:预测矿床外围延深时的面积是指扣除矿床面积以外的含矿地质体的面积,含矿地质体面积在1∶5万模型预测工作区成矿要素图上根据含矿地质体的范围圈定。

表 7-38　福建省铜矿模型区预测资源量及其估算参数表

名称	经度	纬度	模型区预测资源总量(t)	模型区预测资源量(t)	模型区查明资源量(t)	模型区面积(km^2)	总延深(km)	含矿地质体面积(km^2)	含矿地质体面积参数
紫金山模型区	116°24′00″	25°10′41″	5 264 224.13	3 227 375.13	2 036 849.00	30.88	1.50	5.48	0.177 46
罗卜岭模型区	116°25′50″	25°11′18″	190 368.79	109 065.45	81 303.34	10.35	1.00	2.06	0.199 03
平和钟腾模型区	110°07′00″	24°22′00″	172 577.55	156 211.53	16 366.02	38.07	0.80	14.89	0.391 12
管查模型区	118°18′15″	27°59′57″	58 196.63	39 019.77	19 176.86	41.54	0.80	2.09	0.050 31
钟山模型区	118°23′00″	27°04′00″	30 869.21	25 297.41	5 571.80	32.81	0.80	2.34	0.071 32
东岩模型区	118°23′58″	26°44′58″	8 333.47	6 701.94	1 631.53	14.88	1.00	2.19	0.147 18
龙山崎模型区	117°48′17″	25°59′22″	40 867.76	38 649.22	2 218.54	34.85	0.50	4.77	0.136 87
铜坑模型区	116°44′22″	25°20′26″	16 974.99	11 906.43	5 068.56	41.19	0.50	0.82	0.019 91
资源量小计			5 782 412.53	3 614 226.88	2 168 185.65				

(三)最小预测区预测资源量及其估算参数

福建省铜矿最小预测区预测资源量估算采用地质体积参数法，由于除模型区外的其他最小预测区含矿地质体难以确切圈定边界，所以应用预测区预测资源量的公式为式(7-1)，即：

$$Z_{预}=S_{预}\times H_{预}\times K_S\times K\times \alpha$$

式中：$Z_{预}$为预测区预测资源量；$S_{预}$为预测区面积；$H_{预}$为预测区延深(指预测区含矿地质体延深)；K_S为含矿地质体面积含矿率；K为模型区矿床的含矿系数；α为相似系数。

模型区的含矿系数由总资源量/(含矿地质体面积×预测总延深)，各模型区求得的含矿系数见表7-39，铜矿最小预测区预测资源量及其估算参数见表7-40。

表 7-39　铜矿预测模型区含矿系数表

名称	经度	纬度	总资源量(t)	总面积(km^2)	总延深(km)	含矿系数(t/km^3)
上杭紫金山	116°24′00″	25°10′41″	5 264 224.13	5.48	1.5	640 416.56
上杭罗卜岭	116°25′50″	25°11′18″	190 368.79	2.06	1	92 412.03
平和钟腾	110°07′00″	24°22′00″	172 577.55	14.89	0.8	14 487.71
浦城管查	118°18′15″	27°59′57″	58 196.63	2.09	0.8	34 806.60
建瓯钟山	118°23′00″	27°04′00″	30 869.21	2.34	0.8	16 489.96
建瓯东岩	118°23′58″	26°44′58″	8 333.47	2.19	1	3 805.24
大田龙山崎	117°48′17″	25°59′22″	40 867.76	4.77	0.5	17 135.33
连城铜坑	116°44′22″	25°20′26″	16 974.99	0.82	0.5	41 402.41

表 7-40 铜矿最小预测区预测资源量及其估算参数表

预测工作区名称	最小预测区名称	$S_{预}$ (km²)	$H_{预}$ (km)	K_S	K (t/km³)	α	$Z_{预}$ (t)	精度	所属模型区
浦城官路-管查区	浦城管查	41.54	0.8	—	—	1	39 019.77	334-1	浦城管查
	武夷山上村	44.45	0.5	0.050 31	34 806.60	0.4	15 567.46	334-3	
光泽太银厂-羊角尖	光泽铜钱坑	45.49	0.5	0.050 31	34 806.60	0.8	31 863.38	334-2	
	光泽叶坊金山	47.81	0.5	0.050 31	34 806.60	0.6	25 116.31	334-2	
	光泽大禾山	44.04	0.5	0.050 31	34 806.60	0.4	15 423.87	334-3	
	光泽左家	14.03	0.5	0.050 31	34 806.60	0.4	4 913.64	334-3	
建阳大金山-顺昌黄梓厂	邵武南山下	39.01	0.5	0.050 31	34 806.60	0.4	13 662.24	334-3	
	建阳大金山	38.05	0.5	0.050 31	34 806.60	0.8	26 652.05	334-1	
建瓯钟山	建瓯钟山	32.81	0.8	—	—	1	25 297.41	334-1	建瓯钟山
	建瓯高门	18.87	0.5	0.071 32	16 489.96	0.6	6 657.7	334-3	
建瓯东岩	建瓯东岩	14.88	1	—	—	1	6 701.94	334-1	建瓯东岩
南平下清风	南平九潭	39.77	0.5	0.147 18	3 805.24	0.6	6 682.02	334-3	
宁德九曲岭	屏南杉洋	48.99	0.5	0.391 12	14 487.71	0.4	55 519.71	334-3	平和钟腾
	宁德棋盘	46.17	0.5	0.391 12	14 487.71	0.4	52 323.84	334-3	
	宁德镜台山	40.23	0.5	0.391 12	14 487.71	0.6	68 388.18	334-2	
闽清井后	闽清井后	13.36	1	0.391 12	14 487.71	0.8	60 562.84	334-1	
尤溪官田	尤溪古迹口	30.8	0.5	0.391 12	14 487.71	0.4	34 905.23	334-3	
	尤溪龙门场	32.02	0.5	0.391 12	14 487.71	0.4	34 413.62	334-2	
	德化青云山	23.43	1	0.391 12	14 487.71	0.6	74 596.59	334-1	
永春蓬壶	永春蓬壶	42.09	0.5	0.391 12	14 487.71	0.4	47 700.03	334-3	
	永春五里街	32.77	0.5	0.391 12	14 487.71	0.4	37 137.8	334-3	
平和钟腾-大矾山	平和山格	30.81	0.5	0.391 12	14 487.71	0.4	34 916.56	334-3	
	平和福里石	39.55	0.5	0.391 12	14 487.71	0.4	44 821.49	334-3	
	平和南胜	33.91	0.5	0.391 12	14 487.71	0.4	38 429.75	334-3	
	平和钟腾	38.07	0.8	—	—	1	156 211.53	334-1	
云霄安吉-诏安建华	云霄大帽山	36.46	0.5	0.391 12	14 487.71	0.4	41 319.63	334-3	
连城姑田	连城姑田	49.33	0.5	0.199 03	92 412.03	0.6	272 194.55	334-2	上杭罗卜岭
	连城中隔	43.71	0.5	0.199 03	92 412.03	0.4	160 789.56	334-3	
上杭紫金山及外围	上杭罗卜岭	10.35	1	—	—	1	109 065.45	334-1	
上杭太山头	上杭太山头	38.99	0.5	0.199 03	92 412.03	0.6	215 140.19	334-1	

续表 7-40

预测工作区名称	最小预测区名称	$S_预$ (km^2)	$H_预$ (km)	K_S	K (t/km^3)	α	$Z_预$ (t)	精度	所属模型区
将乐万安	将乐新路口	19.73	0.5	0.136 87	17 135.33	0.4	9 254.60	334-3	大田龙山崎
大田建设-太华	大田建爱	39.32	0.5	0.136 87	17 135.33	0.6	27 665.31	334-3	
	大田龙山崎	34.85	0.5	—	17 135.33	1	38 649.22	334-1	
大田上京-厚德	大田银顶格	39.78	0.5	0.136 87	17 135.33	0.4	18 659.31	334-3	
	大田武陵	43.46	0.5	0.136 87	17 135.33	0.4	20 385.46	334-3	
	漳平内林	30.56	0.5	0.136 87	17 135.33	0.4	14 334.55	334-3	
连城铜坑	连城铜坑	41.19	0.5	—	41 402.41	1	11 906.43	334-1	连城铜坑
上杭紫金山及外围	上杭紫金山	30.88	1.5	—	—	1	3 227 375.13	334-1	上杭紫金山
合计							5 124 224.35		

第三节　铅锌矿资源潜力评价

福建省铅锌矿资源潜力评价确定的典型矿床有6个，预测工作区有14个(表7-41)，划分的福建省铅锌矿产预测类型为大排式矽卡岩型和峰岩式沉积变质-热液改造型。

表 7-41　福建省铅锌矿预典型矿床和预测工作区范围一览表

典型矿床名称	预测工作区名称	预测工作区范围
永定大排铅锌矿	龙岩铁山-永定大排	116°45′00″—117°30′00″ 24°40′00″—25°10′00″
	清流仁场	117°00′00″—117°15′00″ 26°00′00″—26°20′00″
连城珠地铅锌矿	连城珠地-田心	116°30′00″—117°00′00″ 25°10′00″—25°40′00″
长泰钟魏铅锌矿	长泰钟魏	117°45′00″—118°00′00″ 24°40′00″—25°00′00″
	永春上姚	117°45′00″—118°15′00″ 25°20′00″—25°40′00″
	安溪后坪山	117°15′00″—117°45′00″ 25°10′00″—25°20′00″
福鼎银硐银铅锌矿	福鼎银硐	120°00′00″—120°15′00″ 27°10′00″—27°30′00″

续表 7-41

典型矿床名称	预测工作区名称	预测工作区范围
建阳水吉铅锌银矿	建阳水吉	118°00′00″—118°30′00″ 27°00′00″—27°30′00″
	顺昌山后	118°00′00″—118°15′00″ 26°40′00″—27°00′00″
	建瓯八外洋	118°15′00″—118°30′00″ 26°40′00″—27°00′00″
	屏南泮地-黛溪	119°00′00″—119°15′00″ 26°40′00″—27°00′00″
	政和夏山-王母山	118°45′00″—119°00′00″ 27°10′00″—27°30′00″
	宁化溪源	118°00′00″—118°30′00″ 26°10′00″—26°20′00″
尤溪峰岩铅锌银矿	尤溪梅仙	116°15′00″—116°45′00″ 26°10′00″—26°30′00″

一、铅锌矿预测模型

（一）永定大排式矽卡岩型铅锌矿预测模型

永定大排式矽卡岩型铅锌矿典型矿床预测要素见表 7-42，建立的预测模型见图 7-22，建立的龙岩铁山-永定大排预测工作区预测模型见图 7-23。

表 7-42　永定大排式矽卡岩型铅锌矿典型矿床预测要素表

预测要素	描述内容	预测要素分类
成矿时代	本矿床铅锌多金属矿主要成矿期为二长花岗斑岩等侵入的矽卡岩化阶段，其时代为燕山晚期	重要
大地构造背景	闽西南陆表海盆地，主要的含矿构造是推覆构造，赋矿部位主要在推覆构造所夹持的层间构造破碎带中	重要
沉积建造	主要赋矿层位为二叠系栖霞组和文笔山组的碳酸盐岩建造	必要
侵入岩及时代	铅锌多金属矿主要产于花岗闪长斑岩及花岗斑岩脉的外接触带，侵入时代为燕山晚期	必要
成矿构造	主要的含矿构造是推覆构造，赋矿部位主要在推覆构造所夹持的层间构造破碎带	必要
成矿特征	矿体形态一般为似层状、透镜状、脉状等产出，主要矿体走向基本为北东向，倾向南东，总体上向深部逐渐变陡；硫化铅锌矿石中主要金属矿物以闪锌矿、方铅矿为主，共生有辉钼矿、黄铜矿、黄铁矿等；矿石结构有柱状—放射状结构、交代结构、交代熔融结构等；矿石构造有团块状—块状构造、角砾状构造、浸染状构造等；区内蚀变分带以接触热变质和接触交代变质作用形成的矽卡岩蚀变为主	重要
资源量	据 2007 年储量表：铅 5.86×10^4 t，平均品位 1.94%；锌 4.7517×10^4 t，平均品位 3.30%	次要

续表 7-42

预测要素	描　述　内　容	预测要素分类
找矿线索	矿体主要赋存于二长花岗斑岩与栖霞组和文笔山组灰岩接触带矽卡岩中，区内推覆构造所夹持的层间构造破碎带是成矿有利部位，可为找矿标志之一；矽卡岩化蚀变较强的区域可作为近矿围岩蚀变的重要标志	重要
磁测资料	矽卡岩地表风化成褐铁矿、软锰矿，形成铁锰帽，尚见磁铁矿网脉沿裂隙分布。地表见出露铅钒、铅铁钒等氧化铅小矿体，在地表亦反映有较强磁异常，梯度较陡且与 Pb、Zn 化探异常相伴出现，表时磁法可作为间接寻找铅锌矿的方法之一	次要
化探资料	土壤异常规模较大，为 Pb、Zn、Mn、Mo、Cu 等组合异常，栖霞组、文笔山组及构造角砾岩发育部位 Pb、Zn、Cu 异常套合较好，Pb、Zn 具有浓度内带，Cu 具有浓度中带，浓集中心明显，明显是由铅锌矿体引起的异常，所以化探异常是寻找铅锌矿的重要手段	重要

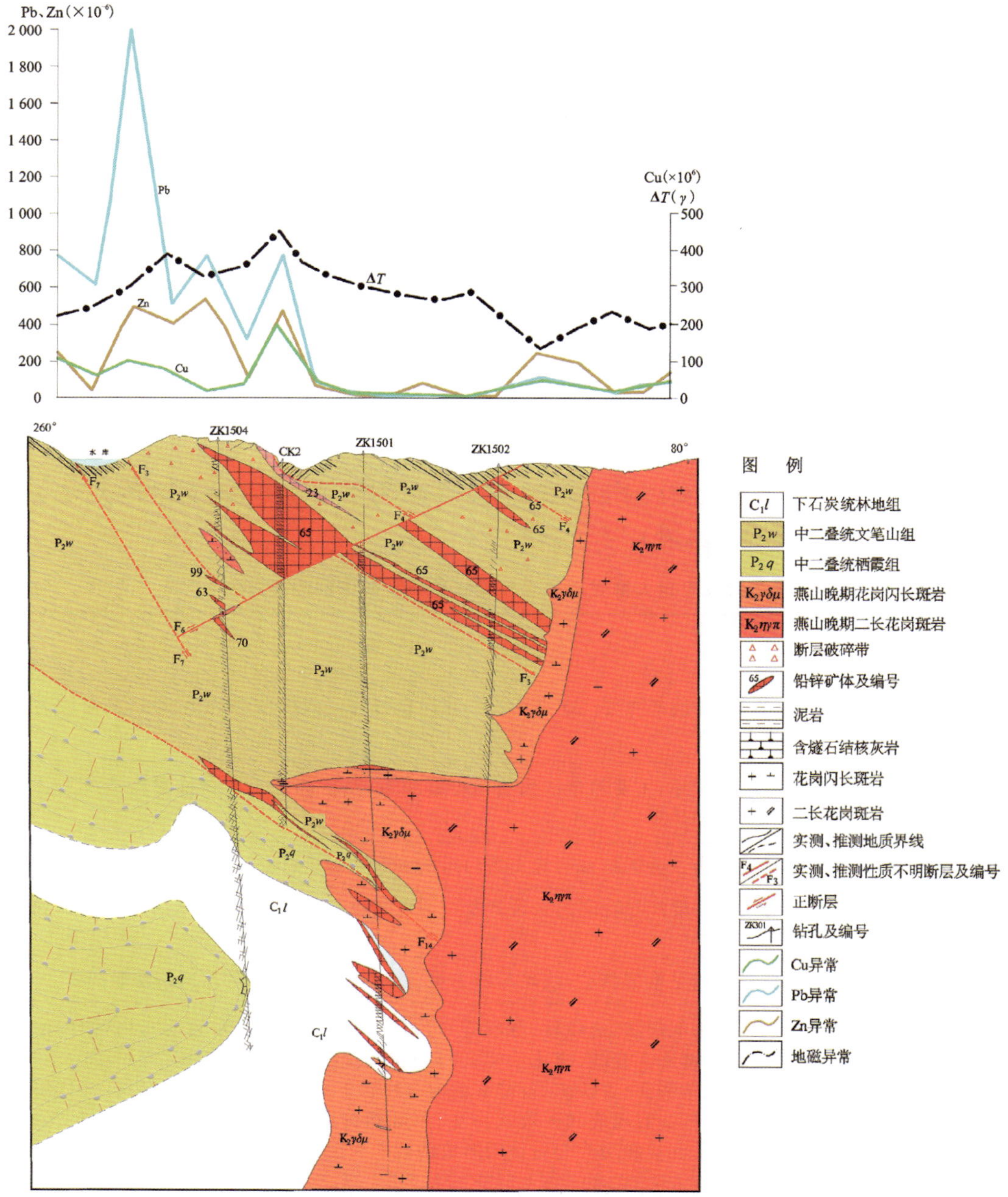

图 7-22　永定大排式矽卡岩型铅锌矿典型矿床成矿预测模型图

（据福建省第八地质大队《福建省永定县大排铅锌矿区普查评价地质报告》修编，1982）

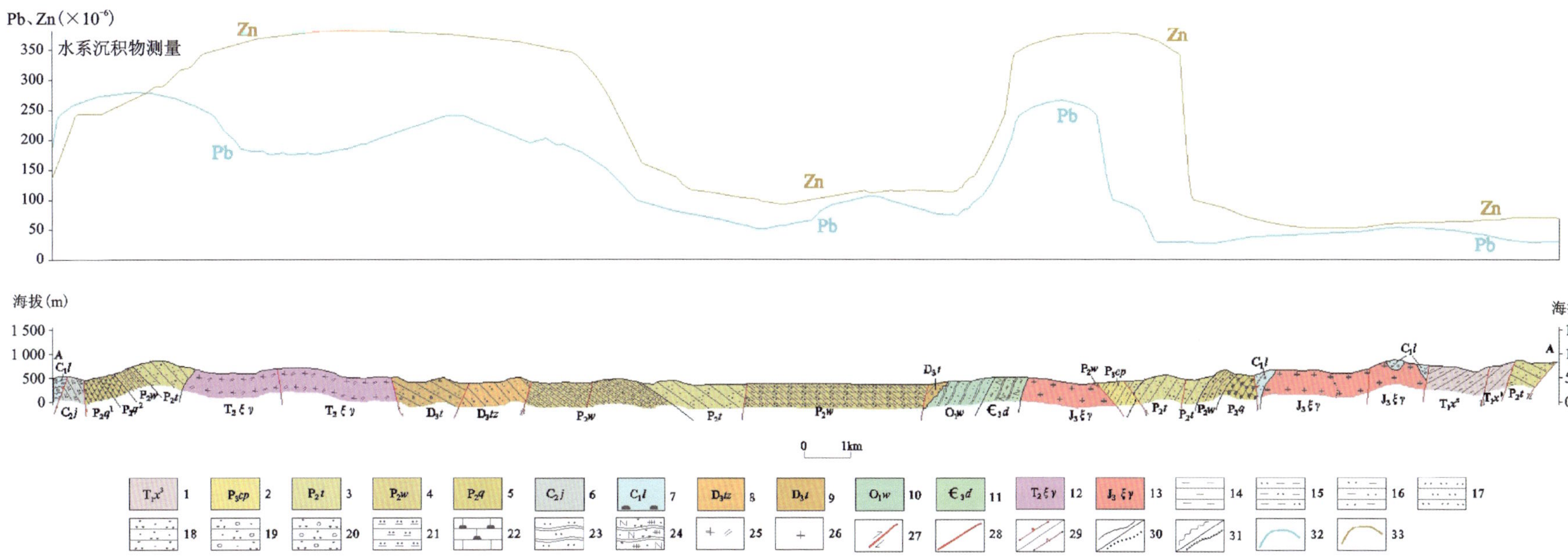

图 7-23　大排式矽卡岩型铅锌矿龙岩铁山-永定大排预测工作区区域预测模型图

1.下三叠统溪口组泥岩段；2.上二叠统翠屏山组；3.中二叠统童子岩组；4.中二叠统文笔山组；5.中二叠统栖霞组；6.上石炭统经畲组；7.下石炭统林地组；8.上泥盆统桃子坑组；9.上泥盆统天瓦岽组；10.下奥陶系魏坊组；11.上寒武系东坑口组；12.中三叠世正长花岗岩；13.晚侏罗世正长花岗岩；14.泥岩；15.粉砂质泥岩；16.泥质粉砂岩；17.粉砂岩；18.石英砂岩；19.石英砂砾岩；20.石英砾岩；21.硅质岩；22.火燧石灰岩；23.变质粉砂岩；24.变质长石石英杂砂岩；25.少斑状二长花岗岩；26.似斑状；27.正断层；28.实测断层；29.覆断层/滑脱断层；30.实测地质界线/岩、相界线；31.角度不整合界线/平行不整合界线；32.水系沉积物测量Pb异常；33. 水系沉积物测量Zn异常

(二)尤溪峰岩式沉积变质-热液改造型铅锌矿预测模型

尤溪峰岩式沉积变质-热液改造型铅锌银(硫)矿典型矿床提取的预测要素见表7-43,建立的预测模型见图7-24,建立的尤溪梅仙预测工作区预测模型见图7-25。

表7-43 尤溪峰岩式沉积变质-热液改造型铅锌银(硫)矿典型矿床预测要素表

预测要素	描 述 内 容	预测要素分类
成矿时代	主要的成矿时代为新元古代裂谷火山喷发沉积——形成矿胚,四堡期—晋宁期的区域变质期——形成铅锌银矿体,以及燕山期的岩浆气液叠加改造期——铅锌银矿体进一步富集	重要
大地构造背景	松溪-尤溪蛇绿混杂岩	重要
控矿变质岩建造	新元古界东岩岩组:第一、三、五段为绿片岩段,是本区铅锌矿的主要含矿层位;第二、四、六段为变粒岩段,局部见透镜状铅锌矿	必要
岩浆建造岩浆作用	燕山晚期花岗斑岩脉较发育,主要沿北东向断裂侵入,呈岩脉、岩墙产出	必要
成矿构造	本矿床形成于大陆裂谷构造环境下,在海底张性断裂深处的地球内部热能的驱动下,含矿热液沿张裂带喷出,遇海水冷却后逐渐形成矿源层	重要
成矿特征	矿体主要呈层状、似层状,与围岩层理产状基本一致。矿石自然类型主要为铅锌矿石、铅锌银矿石、锌矿石为主,部分为硫铅锌矿石、磁铁矿石、铜矿石和硫铁矿石。矿石的矿物成分复杂,主要以闪锌矿、方铅矿为主,有时出现大量黄铁矿、磁黄铁矿、磁铁矿或黄铜矿。矿石结构以结晶结构为主,次为交代结构。矿物构造主要有条带状构造、斑点—斑杂状构造、次块状—块状构造,次为浸染状构造、斑点状构造。近矿围矿蚀变主要有方解石化、绿泥石化、阳起石化等	重要
围岩蚀变	围岩蚀变类型有方解石化、绿泥石化、绢云母化、石英化等	重要
资源量	铅锌银矿层属半隐伏—隐伏矿,呈层状、似层状产于绿帘透辉岩中,产状平缓,倾角5°~30°。资源量:铅金属量17.663 6×10^{4}t,平均品位1.92%;锌50.229 3×10^{4}t,平均品位4.09%	次要
找矿线索	构造:背斜核部扩容带和断裂构造有利于成矿物质的规程,形成厚大的富矿;岩性标志:绿帘透辉岩;地球物理标志:航磁为低缓带状正磁场带,地磁表现为规整的带状异常,可作为寻找富含磁黄铁矿、磁铁矿的标志;地球化学标志:水系沉积物、土壤CU-Pb-Zn-Ag组合异常,规模大,浓度高,分带明显;铁帽标志:地表出现铁帽	重要
磁测资料	1∶10万航磁反映梅仙地区磁场特征是在低缓正磁场(约100nT)背景上,出现有规律的带状局部异常和多处单峰跳跃异常(丁家山、峰岩、关兜),且与已知矿床对应	重要
化探资料	1∶2.5万土壤测量圈出3个北东向Cu-Pb-Zn异常带:①西带丁家山-关兜Zn-Pb-Cu组合异常带,长5km,宽500~1 000m,Zn含量(300~3 000)×10^{-6},Pb(600~1 000)×10^{-6},Cu(60~200)×10^{-6},各元素套合较好,带内发现丁家山、关兜矿床;②中带坪仑-谢坑Pb-Zn-Cu组合异常带,长4.5km,宽1.2km,Pb含量(500~2 500)×10^{-6},Zn(150~2 000)×10^{-6},Cu(100~400)×10^{-6},各元素异常中心套合好,该带处在峰岩矿区西北部;③东带通演-峰岩Cu-Pb-Zn组合异常带,长6.5km,宽300~1 200m,Cu(60~400)×10^{-6},Pb(500~10 000)×10^{-6},Zn(500~1 500)×10^{-6},由后湾、彭坑、科第3个浓集中心组成,该带北段处在峰岩矿区东南部	重要

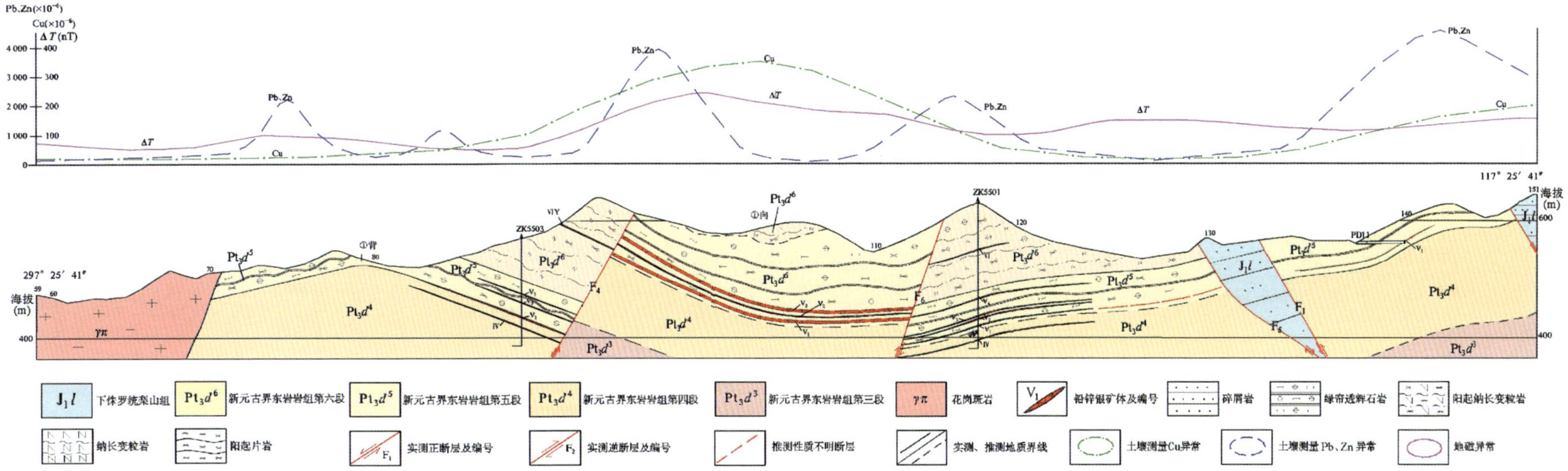

图 7-24 尤溪峰岩式沉积变质-热液改造型铅锌银(硫)矿典型矿床成矿预测模型图

(据闽西地质大队《福建省尤溪县峰岩矿区铅锌银矿普查报告》修编，2003)

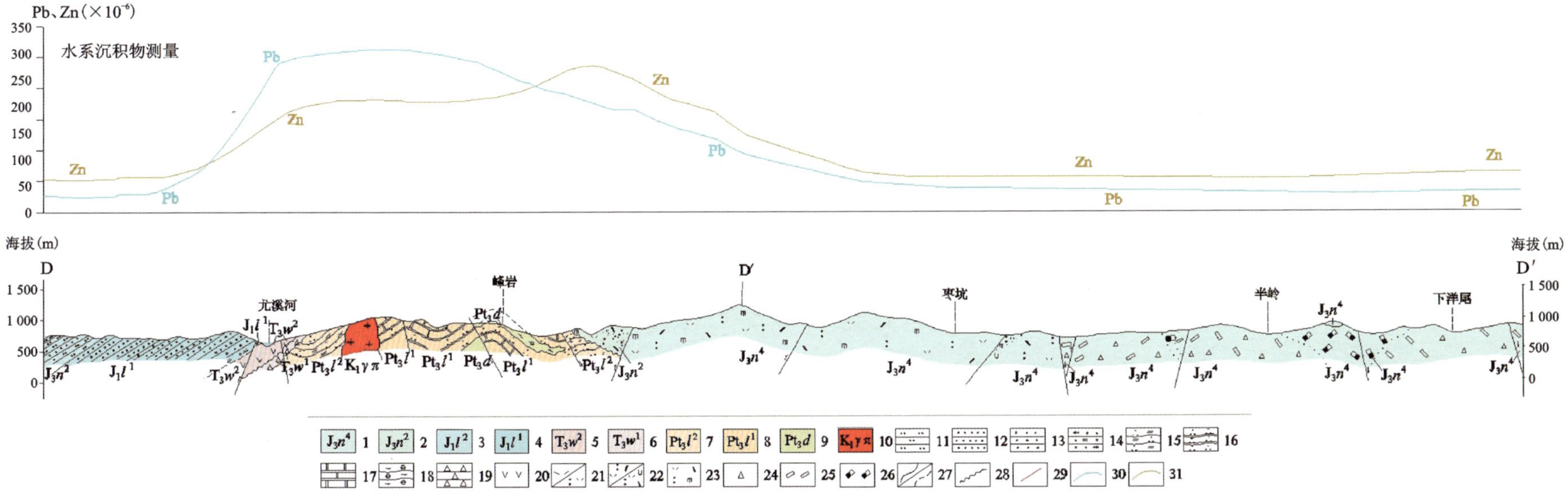

图 7-25　峰岩式沉积变质-热液改造型铅锌银(硫)矿尤溪梅仙预测工作区区域预测模型图

1.上侏罗统南园组第四段；2.上侏罗统南园组第二段；3.下侏罗统梨山组上段；4.下侏罗统梨山组下段；5.上三叠统文宾山组上段；6.上三叠统文宾山组下段；7.新元古界龙北溪组上段；8.新元古界龙北溪组下段；9.新元古界东岩岩组；10.早白垩世花岗斑岩；11.粉砂岩；12.细砂岩；13.砂砾岩；14.杂砂岩；15.石英云母片岩；16.变质石英岩；17.大理岩；18.红柱石绿帘片岩；19.角砾岩；20.安山岩；21.流纹岩/凝灰岩；22.流纹质晶屑凝灰岩/流纹质晶屑凝灰熔岩；23.流纹质晶屑熔结凝灰岩；24.角砾；25.粒状碎斑熔岩；26.碎斑熔岩；27.实测、推测地质体界线；28.角度不整合界线；29.断层；30.水系沉积物测量Pb异常；31.水系沉积物测量Zn异常

二、预测方法类型确定及区域预测要素

（一）铅锌矿预测方法类型确定

福建省铅锌矿的成因类型主要为沉积变质-热液改造型及矽卡岩型，对照全国铅锌矿预测方法类型，福建省铅锌矿产预测方法类型分别为复合内生型和侵入岩体型。热液型铅锌矿主要共伴生于铜矿中，如管查、钟山热液型铜多金属矿等，其资源量在铜矿中进行预测。

复合内生型对应采用的预测研究底图为建造构造图，编图重点为与成矿有关的变质岩、断裂、矿产地、侵入岩体、矿化蚀变标志、Pb 元素地球化学异常、Zn 元素地球化学异常、磁法推断隐伏岩体等图层。选择建阳水吉和尤溪梅仙作为模型区，因建阳水吉和尤溪梅仙为福建省大中型铅锌矿产地，已经过勘探，工作程度高。

侵入岩体型对应采用的预测研究底图为侵入岩浆构造图，编图重点为与成矿有关的侵入岩体、断裂、矿产地、矿化蚀变标志、Pb 元素地球化学异常、Zn 元素地球化学异常、磁法推断地质体等图层。矽卡岩型铅锌矿选择永定大排、连城珠地、长泰钟魏、福鼎银硐作为模型区，因它们为福建省中小型铅锌矿产地，工作程度高，为普查至详查阶段。

（二）铅锌矿预测工作区区域预测要素

提取的大排式矽卡岩型预测工作区区域预测要素见表 7-44，峰岩式沉积变质-热改造型铅锌银（硫）矿预测工作区区域预测要素见表 7-45。

表 7-44　大排式矽卡岩型铅锌矿预测工作区区域预测要素表

区域预测要素		描述内容	预测要素分类
区域成矿地质环境	大地构造位置	闽西南陆表海盆地	重要
	主要控矿构造	以北东向的褶皱、断裂构造及层间破碎带等为主	重要
	主要赋矿层位	二叠系栖霞组和文笔山组等	必要
	控矿沉积建造	二叠系栖霞组和文笔山组的碳酸盐岩建造	必要
	侵入岩建造	燕山期的岩浆侵入	必要
	区域变质作用及建造	区域变质程度高，多属高绿片岩相变质建造	重要
区域成矿地质特征	区域成矿类型和成矿期	与燕山晚期中酸性岩浆活动有关的铅、锌、铜、钼、银矿床成矿亚系列，如大排矽卡岩型铅锌矿等	重要
	矽卡岩型铅锌矿	二叠系栖霞组和文笔山组的碳酸盐岩，花岗岩、花岗斑岩体侵入	必要
		闽西南凹陷盆地边缘	重要
		以银铅锌矿石和铅锌矿石为主，且多为矽卡岩化矿石	重要
		矿床式主要为大排式矽卡岩型铅锌矿	重要

续表 7-44

区域预测要素	描　述　内　容	预测要素分类
航磁资料	区域上本区航磁异常呈北东走向，东南部及西北部以正异常为主，中部以负异常为主；矿床点总体处于负异常区，其中永定大排矿区处于负异常区	次要
重力资料	区域上本区处于布格重力负异常区，布格重力异常值处于$(-71\sim-47)\times10^{-5}\ m/s^2$之间	次要
化探资料	1∶25 万水系沉积物测量结果：Pb、Zn 异常面积较大，浓集中心明显，套合性较好，其中永定大排、龙岩后田矿区与 Pb、Zn 异常套合较好	重要

表 7-45　峰岩式沉积变质-热液改造型铅锌矿预测工作区区域预测要素表

区域预测要素		描　述　内　容	预测要素分类
区域成矿地质环境	大地构造位置	松溪-尤溪蛇绿混杂岩	重要
	主要控矿构造	以北东向的断裂构造等为主	重要
	主要赋矿层位	新元古界东岩岩组、龙北溪岩组等	必要
	控矿变质岩建造	新元古界东岩岩组、龙北溪岩组含钙镁铁硅酸盐岩建造（绿片岩建造）	必要
	侵入岩建造	燕山期岩浆侵入，主要为酸性花岗岩、花岗斑岩	重要
	区域变质作用建造	区域变质程度高，大部分属高绿片岩相变质建造	重要
区域成矿地质特征	区域成矿类型和成矿期	主要是与四堡期—晋宁期变质作用及燕山期岩浆侵入活动有关的矿床成矿系列，主要矿种以铜、铅、锌、银组合为特点，矿床成因类型为沉积变质-热液改造型	重要
	沉积变质-热液改造型铅锌矿	新元古界东岩岩组、龙北溪岩组含钙镁铁硅酸盐岩建造（绿片岩建造），燕山期花岗岩、花岗斑岩等侵入	必要
		晚元古代闽中裂谷带，中生代火山断坳带的基底隆起区，呈构造“天窗”出现	重要
		矿石以银铅锌矿石和铅锌矿石为主，近矿围岩蚀变多为黄铁矿化、硅化、碳酸盐化、矽卡岩化等	重要
		区内铅锌矿带普遍发育方解石化、绿泥石化、绢云母化、绿帘石化、阳起石化等	重要
		矿床式主要为峰岩式沉积变质-热液改造型铅锌矿	重要
航磁资料		区域上本区航磁异常呈北东走向，以正异常为主，在东南及西南局部出现负异常；峰岩矿区处于正异常梯级带	次要
重力资料		区域上本区处于布格重力负异常区，布格重力异常值处于$(-62\sim-47)\times10^{-5}\ m/s^2$之间，典型矿床峰岩矿区处于相对重力较高	次要
化探资料		1∶20 万水系沉积物测量结果发现 2 处 Pb、Zn 异常，面积较大，浓集中心明显，套合性较好，且区内矿床点与 Pb、Zn 异常套合良好	重要

三、最小预测区圈定及优选

（一）最小预测区圈定

铅锌矿最小预测区的圈定采用综合信息地质单元法，主要是利用预测要素叠加综合的方法，选择复合内生型和侵入岩体型，最小预测区圈定要素见表 7-46。

在初始预测区的基础上，综合地层、燕山期侵入岩、断裂、围岩蚀变等综合信息以及水系沉积物铅锌异常强度，通过与铅锌矿床（点）比较等研究工作，对初始预测区进行适当取舍、合并、拆分，最终圈定福建省14个预测工作区共38个最小预测区。

表 7-46 福建省铅锌矿最小预测区圈定要素表（要素叠加法）

矿产预测方法类型	要素类别	要素名称	要素级别	要素属性	缓冲区半径设置
复合内生型	区域地质环境	变质型矿产地成矿建造	必要	面元	500m
		复合内生型矿产地侵入体	必要	面元	500m
	区域成矿特征	铅锌矿床（点）	重要	点元	大型 2km，中型 1.5km，小型与矿点 1km
		区域成矿构造（线）	重要	线元	1km
	区域预测特征	水系沉积物铅锌异常	必要	面元	500m
		磁法推断隐伏岩体	重要	面元	
侵入岩体型	区域地质环境	沉积型矿产地成矿建造	必要	面元	
		侵入岩型矿产地侵入体	必要	面元	1km
	区域成矿特征	铅锌矿床（点）	重要	点元	中型 1.5km，小型与矿点 1km
		区域成矿构造（线）	重要	线元	1km
	区域预测特征	水系沉积物铅锌异常	必要	面元	500m
		磁法推断隐伏岩体	重要	面元	500m

（二）最小预测区优选

变量购置：根据福建省复合内生型及侵入岩体型铅锌矿床的成矿控矿特征，按矿产预测方法类型初步选择如表7-47所示变量作为预测区优选的要素组合。

优选变量的二值化：采用找矿信息量法等数学统计方法进行优选变量的二值化工作。通过上述预测要素变量的构置，在MRAS技术平台基础上，对定位预测要素变量进行优选研究。

根据本地区铅锌矿工作的实际情况，设置该区铅锌矿床规模级别等级为4级：2级大型（资源量≥50×10^4t）；3级中型（资源量≥10×10^4t，且<50×10^4t）；4级小型（资源量≥5×10^4t，且<10×10^4t）；5级矿点（资源量<5×10^4t）。

表 7-47 最小预测区优选的原始要素组合表

矿产预测方法类型	要素类别	要素名称
复合内生型	必要	变质型矿产地成矿建造
		水系沉积物铅锌异常
		复合内生型矿产地侵入体
	重要	铅锌矿床（点）
		断裂构造
		磁法推断隐伏岩体

续表 7-47

矿产预测方法类型	要素类别	要素名称
侵入岩体型	必要	沉积型矿产地成矿建造
		侵入岩型矿产地侵入体
		水系沉积物铅锌异常
	重要	铅锌矿床(点)
		断裂构造
		磁法推断隐伏岩体
		区域蚀变地质体

为了准确进行预测要素变量二值化工作，尽可能与该区实际相符，克服人为因素，本次预测要素二值化时采用计算找矿信息量法进行。

定位变量二值化结果：铅锌矿预测变量的二值化工作主要在 MRAS 软件平台基础上进行，根据计算找矿信息量法进行变量初步计算工作，各最小预测区的变量二值化结果见表 7-48 和表 7-49。

表 7-48　复合内生型铅锌矿最小预测区变量二值化结果表

预测区编号	预测区名称	模型	资源量级别	单元得分	Pb 异常标志	Zn 异常标志	变质岩标志	矿点标志	侵入岩体标志	断裂标志	隐伏岩体标志
1	宁化东华山	0	5	0.901 98	1	1	1	1	1	1	0
2	宁化溪源	0	4	0.901 98	1	1	1	1	1	1	0
3	尤溪梅仙	1	2	0.901 98	1	1	1	1	1	1	0
4	顺昌山后	0	4	0.748 28	1	1	1	1	1	0	0
5	建瓯郑源西	1	0	0.854 80	1	1	1	0	1	1	1
6	建瓯郑源	0	5	1.000 00	1	1	1	1	1	1	1
7	建阳水吉	0	3	1.000 00	1	1	1	1	1	1	1
8	建瓯钟山	0	4	0.726 12	1	1	1	1	0	1	0
9	屏南洋地	1	4	0.879 00	1	0	1	1	1	1	1
10	政和夏山	0	3	0.748 28	1	1	1	1	1	0	0
11	尤溪铁炉亭	1	4	1.000 00	1	1	1	1	1	1	1
12	建阳黄地	0	4	1.000 00	1	1	1	1	1	1	1
13	政和打银坑	0	5	1.000 00	1	1	1	1	1	1	1
14	政和大林源	0	5	0.824 15	1	1	0	1	1	1	1
15	屏南半溪里	0	5	0.824 15	1	1	0	1	1	1	1
16	建瓯龙岗	0	5	0.901 98	1	1	1	1	1	1	0
17	建瓯徐坑	0	5	0.780 97	1	0	1	1	1	1	0
18	松溪龙井山	1	5	0.650 60	0	0	1	1	1	1	0

表 7-49　侵入岩体型铅锌矿最小预测区变量二值化结果表

预测区编号	预测区名称	模型	资源量级别	单元得分	Zn 异常标志	Pb 异常标志	断裂标志	侵入岩体标志	沉积建造标志	矿点标志	隐伏岩体标志
19	福鼎银硐	1	3	0.580 76	1	0	1	0	1	1	0
20	清流仁场	0	3	1.000 00	1	1	1	1	1	1	1
21	永安安砂	1	0	0.854 62	1	1	1	1	1	0	1
22	大田武陵	1	5	0.809 74	0	1	1	1	1	1	0
23	德化苏园	0	5	1.000 00	1	1	1	1	1	1	1
24	永春上姚	0	0	0.854 62	1	1	1	1	1	0	1
25	连城珠地	1	4	1.000 00	1	1	1	1	1	1	1
26	漳平洛阳	0	0	0.854 62	1	1	1	1	1	0	0
28	漳平中界	0	0	0.755 50	1	0	1	1	1	1	0
27	安溪铅山	0	4	1.000 00	1	1	1	1	1	1	1
29	漳平上元山	0	5	1.000 00	1	1	1	1	1	1	1
30	龙岩铁山	0	0	0.854 62	1	1	1	1	1	0	0
31	龙岩西湖山	1	0	0.679 88	1	1	1	0	1	0	0
34	龙岩排坑	0	0	0.854 62	1	1	1	1	1	0	0
32	龙岩李家山	0	0	0.854 62	1	1	1	1	1	0	0
33	龙岩后田	0	4	1.000 00	1	1	1	1	1	1	0
35	永定高陂	0	0	0.679 88	1	1	1	0	1	0	1
36	永定大排	1	4	0.809 74	0	1	1	1	1	1	0
37	永定胡洋塔	0	5	0.754 88	1	1	0	1	0	1	1
38	长泰钟魏	0	4	1.000 00	1	1	1	1	1	1	1

福建省铅锌矿 38 个最小预测区分布及其优选结果：A 类 18 个，B 类 15 个，C 类 5 个（图 7-26，表 7-50）。

四、资源定量预测

（一）典型矿床查明资源量、深部及外围资源量估算

福建省铅锌矿典型矿床查明资源量见表 7-51，深部及外围预测资源量见表 7-52，典型矿床预测总资源量见表 7-53。

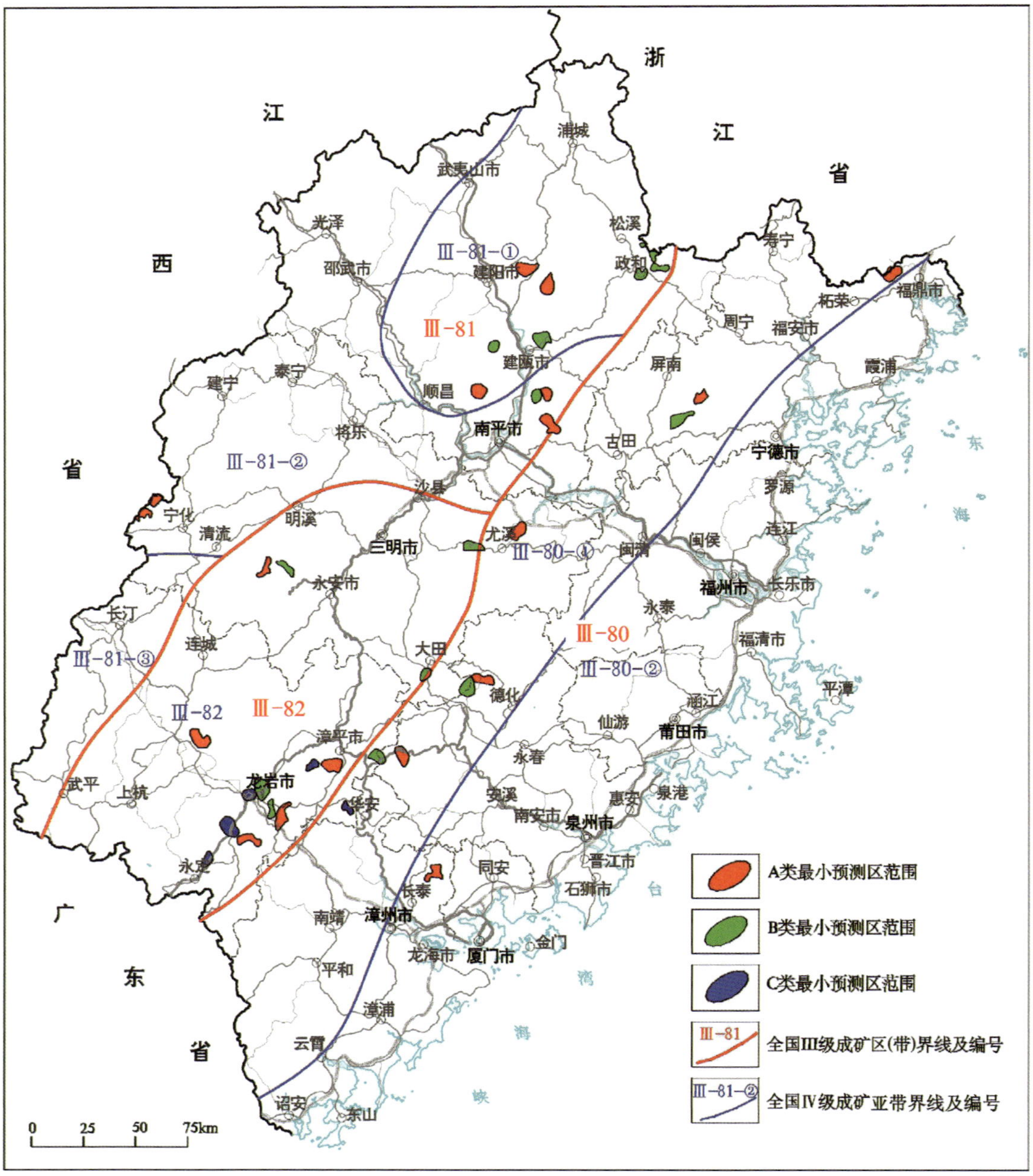

图 7-26　福建省铅锌矿最小预测区分布及其优选结果图

表 7-50 福建省复合内生型和侵入岩体型铅锌矿最小预测区优选结果表(地质单元法)

预测区编号	预测区名称	预测区面积(km²)	矿产预测类型	模型	资源量级别	单元得分	Pb 异常标志	Zn 异常标志	变质岩标志	矿点标志	岩体标志	断裂标志	隐伏岩体标志	成矿概率	优选分类
B3506601001	松溪龙井山	5.41	峰岩式沉积变质-热液改造型	1	5	0.650 6	0	0	1	1	1	1	0	0.399	B
B3506601002	政和大林源	16.12		0	5	0.824 15	1	1	0	1	1	1	1	0.697	B
A3506601003	建阳水吉	40.94		0	3	1	1	1	1	1	1	1	1	1	A
B3506601004	政和夏山	23.89		0	3	0.748 28	1	1	1	1	1	0	0	0.65	B
B3506601005	政和打银坑	26.27		0	5	0.75	1	1	1	1	1	1	1	1	B
A3506601006	建阳黄地	46.77		0	4	1	1	1	1	1	1	1	1	1	A
B3506601007	建瓯钟山	47.82		0	4	0.726 12	1	1	1	1	0	1	0	0.529	B
B3506601008	建瓯徐坑	23.6		0	5	0.780 97	1	0	1	1	1	1	0	0.623	B
A3506601009	顺昌山后	42.56		0	4	0.748 28	1	1	1	1	1	0	0	0.567	A
B3506601010	建瓯郑源西	25.37		1	0	0.854 8	1	1	1	0	1	1	1	0.75	B
A3506601011	建瓯郑源	25.38		0	5	0.75	1	1	1	1	1	1	1	1	A
A3506601012	屏南洋地	26.52		1	4	0.879	1	0	1	1	1	1	1	0.792	A
B3506601013	屏南半溪里	46.77		0	5	0.824 15	1	1	0	1	1	1	1	0.697	B
A3506601014	建瓯龙岗	51.85		0	5	0.901 98	1	1	1	1	1	1	0	0.831	A
A3506601015	宁化溪源	21.1		0	4	0.901 98	1	1	1	1	1	1	0	0.831	A
A3506601016	宁化东华山	24.93		0	5	0.901 98	1	1	1	1	1	1	0	0.831	A
A3506601017	尤溪梅仙	47.09		1	2	0.901 98	1	1	1	1	1	1	0	0.831	A
B3506601018	尤溪铁炉亭	37.07		1	4	0.75	1	1	1	1	1	1	1	1	A
A3506201001	福鼎银硐	45.88	大排式矽卡岩型	1	3	0.580 76	1	0	1	0	1	1	0	1.000	A
A3506201002	清流仁场	28.99		0	3	1.000 00	1	1	1	1	1	1	1	1.000	A

续表 7-50

预测区编号	预测区名称	预测区面积(km^2)	矿产预测类型	模型	资源量级别	单元得分	Pb 异常标志	Zn 异常标志	变质岩标志	矿点标志	岩体标志	断裂标志	隐伏岩体标志	成矿概率	优选分类
B3506201003	永安安砂	25.09	大排式矽卡岩型	1	0	0.854 62	1	1	1	1	1	0	1	0.786	B
B3506201004	大田武陵	23.41		1	5	0.809 74	0	1	1	1	1	1	0	0.720	B
A3506201005	德化苏园	39.31		0	5	1.000 00	1	1	1	1	1	1	1	1.000	A
B3506201006	永春上姚	49.81		0	0	0.854 62	1	1	1	1	1	0	1	0.786	B
A3506201007	连城珠地	59.94		1	4	1.000 00	1	1	1	1	1	1	1	1.000	A
B3506201008	漳平洛阳	38.85		0	0	0.854 62	1	1	1	1	1	0	0	0.786	B
A3506201009	安溪铅山	43.63		0	4	1.000 00	1	1	1	1	1	1	1	1.000	A
C3506201010	漳平中界	21.23		0	0	0.755 50	1	0	1	1	1	1	0	0.640	C
A3506201011	漳平上元山	52.6		0	5	1.000 00	1	1	1	1	1	1	1	1.000	A
B3506201012	龙岩铁山	56.15		0	0	0.854 62	1	1	1	1	1	0	0	0.786	B
C3506201013	龙岩西湖山	30.5		1	0	0.679 88	1	1	1	0	1	0	0	0.529	C
B3506201014	龙岩李家山	22.72		0	0	0.854 62	1	1	1	1	1	0	0	0.786	B
A3506201015	龙岩后田	52.22		0	4	1.000 00	1	1	1	1	1	1	0	1.000	A
C3506201016	龙岩排坑	19.21		0	0	0.854 62	1	1	1	1	1	0	0	0.786	B
C3506201017	永定高陂	63.65		0	0	0.679 88	1	1	1	0	1	0	1	0.529	C
A3506201018	永定大排	42.67		1	4	0.809 74	0	1	1	1	1	1	0	1.000	A
C3506201019	永定胡洋塔	26.75		0	5	0.754 88	1	1	0	1	0	1	1	0.639	C
A3506201020	长泰钟魏	48.43		0	4	1.000 00	1	1	1	1	1	1	1	1.000	A

表 7-51　福建省铅锌矿典型矿床查明资源量表

编号	名称	经度	纬度	查明资源量(t)		面积(km²)	总延深(m)	品位(%)		体重(g/cm³)	体积含矿率(t/km³)	
				铅	锌			铅	锌		铅	锌
1	建阳水吉	118°17′46″	27°22′46″	280 990.90	241 028.90	0.668	410	2.1	1.4	2.9	1 025 963.56	880 052.94
2	尤溪梅仙	118°15′52″	26°15′31″	176 636	502 293.48	3.078	800	1.92	4.09	3.23	717 33.27	203 985.33
3	永定上排	116°56′00″	24°52′50″	58 600	47 517	0.167	750	1.94	3.30	3.37	467 864.27	379 377.25
4	连城珠地	116°43′48″	25°21′10″	37 148	44 767	0.185	220	1.73	2.09	3.27	912 727.27	1 099 926.29
5	长泰钟魏	117°52′02″	24°45′20″	28 031.00	13 231.00	0.106	150	1.90	4.78	3.27	1 762 955.97	832 138.36
6	福鼎银铜	120°06′45″	27°22′05″	84 165.00	256 200.00	0.074 6	550	1.39	1.82	2.9	2 051 303.92	6 244 211.55

表 7-52　福建省铅锌矿典型矿床深部及外围预测资源量表

编号	名称	预测资源量(t)		面积(km²)	总延深(m)	体积含矿率(t/km³)		备注
		铅	锌			铅	锌	
1	建阳水吉(深部)	205 603.10	176 362.61	0.668	300	1 025 963.56	880 052.94	深部 410～710m 部分
	建阳水吉(外围)	402 557.32	345 306.37	0.957	410	1 025 963.56	880 052.94	矿区外围 410m 以浅
2	尤溪梅仙(深部)	55 198.75	156 966.71	3.078	250	71 733.27	203 985.33	深部 800～1050m 部分
	尤溪梅仙(外围)	558 773.47	1 588 964.14	9.737	800	71 733.27	203 985.33	矿区外围 800m 以浅
3	永定大排(深部)	23 440.00	19 006.80	0.167	300	467 864.27	379 377.25	深部 750～1 050m 部分
	永定大排(外围)	204 222.75	165 598.17	0.582	750	467 864.27	379 377.25	矿区外围 750m 以浅
4	连城珠地(深部)	33 770.91	40 697.27	0.185	200	912 727.27	1 099 926.29	深部 220～4 200m 部分
	连城珠地(外围)	31 726.40	38 233.44	0.158	220	912 727.27	1 099 926.29	矿区外围 2 200m 以浅
5	长泰钟魏(深部)	74 749.33	35 282.67	0.106	400	1 762 955.97	832 138.36	深部 150～550m 部分
	长泰钟魏(外围)	124 552.84	58 790.58	0.471	150	1 762 955.97	832 138.36	矿区外围 150m 以浅
6	福鼎银铜(深部)	68 862.27	209 618.18	0.075	450	2 051 303.92	6 244 211.55	深部 550～1 000m 部分
	福鼎银铜(外围)	400 291.45	1 218 495.44	0.355	550	2 051 303.92	6 244 211.55	矿区外围 550m 以浅

表 7-53　福建省铅锌矿典型矿床预测总资源量表

编号	典型矿床名称	查明资源量(t)		预测资源量(t)		总资源量(t)		含矿地质体总面积(km²)	总延深(m)	含矿系数(t/km³)	
		铅	锌	铅	锌	铅	锌			铅	锌
1	建阳水吉	280 990.90	241 028.90	608 160.42	521 668.98	889 151.32	762 697.88	1.625	710	770 662.03	661 059.92
2	尤溪梅仙	176 636.00	502 293.48	613 972.22	1 745 930.85	790 608.22	2 248 224.33	12.815	1 050	58 756.16	167 082.80
3	永定上排	58 600.00	47 517.00	227 662.75	184 604.97	286 262.75	232 121.97	0.749	1 050	363 993.58	295 151.59
4	连城珠地	37 148.00	44 767.00	65 497.31	78 930.71	102 645.31	123 697.71	0.343	420	712 517.76	858 654.11
5	长泰钟魏	28 031.00	13 231.00	199 302.17	94 073.24	227 333.17	107 304.24	0.577	550	716 348.43	338 125.86
6	福鼎银铜	341 65.00	256 200.00	469 153.72	1 428 113.62	553 318.72	1 684 313.62	0.429 4	1 000	1 288 585.75	3 922 481.66

(二)模型区预测资源量及其估算参数

福建省铅锌矿模型区预测资源量及其估算参数见表 7-54。

表 7-54　福建省铅锌矿模型区预测资源量及其估算参数表

编号	典型矿床名称	模型区预测资源量(t)		模型区面积(km^2)	总延深(m)	含矿地质体面积(km^2)	含矿地质体面积参数
		铅	锌				
1	建阳水吉	889 151.32	762 697.88	49.94	710	1.625	0.032 5
2	尤溪梅仙	790 608.22	2 248 224.33	47.09	1 050	12.815	0.272 1
3	永定大排	286 262.75	232 121.97	46.82	1 050	0.749	0.016 0
4	连城珠地	102 645.31	123 697.71	59.94	420	0.343	0.006 8
5	长泰钟魏	233 933.17	107 304.24	48.43	550	0.577	0.011 9
6	福鼎银硐	553 318.72	1 684 313.62	48.21	1 000	0.429	0.008 9

(三)最小预测区预测资源量及其估算参数

福建省铅锌矿最小预测区预测资源量估算采用地质体积参数法,由于除模型区外的其他最小预测区含矿地质体难以确切圈定边界,所以应用预测区预测资源量的公式为式(7-1),即

$$Z_{预}=S_{预}\times H_{预}\times K_S\times K\times \alpha$$

式中:$Z_{预}$为预测区预测资源量;$S_{预}$为预测区面积;$H_{预}$为预测区延深(指预测区含矿地质体延深);K_S为含矿地质体面积含矿率;K为模型区矿床的含矿系数;α为相似系数。

模型区的含矿系数由总资源量/(含矿地质体面积×预测总延深),各模型区求得的含矿系数见表7-55,铅锌矿最小预测区预测资源量及其估算参数见表 7-56。

表 7-55　福建省铅锌矿模型区含矿系数表

编号	模型区名称	含矿系数(t/km^3)		资源总量(t)		总体积(km^3)
		铅	锌	铅	锌	
1	建阳水吉	770 662.03	661 059.92	889 151.32	762 697.88	1.15
2	尤溪梅仙	58 756.16	167 082.80	790 608.22	2 248 224.33	13.46
3	永定大排	363 993.58	295 151.59	286 262.75	232 121.97	0.79
4	连城珠地	712 517.76	858 654.11	102 645.31	123 697.71	0.14
5	长泰钟魏	737 145.65	338 125.86	233 933.17	107 304.24	0.32
6	福鼎银硐	1 288 585.75	3 922 481.66	553 318.72	1 684 313.62	0.43

表 7-56 福建省铅锌矿最小预测区预测资源量及其估算参数表

（单位：t）

预测区编号	最小预测区名称	矿产预测类型	预测区级别	最小预测区面积（km^2）	总延深（m）	含矿地质体面积参数	含矿系数		相似系数	资源量估算方法	资源量 500m 以浅		资源量 1 000m 以浅		资源量 2 000m 以浅	
							铅	锌			铅	锌	铅	锌	铅	锌
B3506601001	松溪龙井山	峰岩式	B	5.41	400	0.032 5	770 662.03	661 059.92	0.399		21 666.22	12 581.26	21 666.22	12 581.26	21 666.22	12 581.26
B3506601002	政和大林源	峰岩式	B	16.12	400	0.032 5	770 662.03	661 059.92	0.697		112 697.18	96 669.60	112 697.18	96 669.60	112 697.18	96 669.60
A3506601003	建阳水吉	峰岩式	A	49.94	710	0.032 5	770 662.03	661 059.92	1.000		345 172.00	296 082.29	608 160.42	521 668.98	608 160.42	521 668.98
B3506601004	政和夏山	峰岩式	B	23.89	600	0.032 5	770 662.03	661 059.92	0.650		142 343.51	12 934.61	181 287.17	46 339.78	181 287.17	46 339.78
B3506601005	政和打银坑	峰岩式	B	26.27	400	0.032 5	770 662.03	661 059.92	0.750		197 634.42	169 527.23	197 634.42	169 527.23	197 634.42	169 527.23
A3506601006	建阳黄地	峰岩式	A	46.77	600	0.032 5	770 662.03	661 059.92	0.750		439 802.98	370 251.82	527 763.57	445 702.83	527 763.57	445 702.83
B3506601007	建瓯钟山	峰岩式	B	47.82	500	0.032 5	770 662.03	661 059.92	0.529		276 926.27	215 615.10	276 926.27	215 615.10	276 926.27	215 615.10
B3506601008	建瓯徐坑	峰岩式	B	23.6	500	0.032 5	770 662.03	661 059.92	0.623		184 344.95	158 127.75	184 344.95	158 127.75	184 344.95	158 127.75
A3506601009	顺昌山后	峰岩式	A	42.56	600	0.032 5	770 662.03	661 059.92	0.567		257 040.58	200 893.82	317 548.69	252 796.59	317 548.69	252 796.59
B3506601010	建瓯郑源西	峰岩式	B	25.37	250	0.032 5	770 662.03	661 059.92	0.750	地质参数体积法	119 269.63	102 307.32	119 269.63	102 307.32	119 269.63	102 307.32
A3506601011	建瓯郑源	峰岩式	A	25.38	250	0.032 5	770 662.03	661 059.92	0.750		119 341.08	102 368.61	119 341.08	102 368.61	119 341.08	102 368.61
A3506601012	屏南洋地	峰岩式	A	26.52	600	0.032 5	770 662.03	661 059.92	0.792		242 397.07	203 490.19	295 074.66	248 676.08	295 074.66	248 676.08
B3506601013	屏南半溪里	峰岩式	B	46.77	400	0.032 5	770 662.03	661 059.92	0.697		326 961.61	276 161.74	326 961.61	276 161.74	326 961.61	276 161.74
A3506601014	建瓯龙岗	峰岩式	A	51.85	800	0.032 5	770 662.03	661 059.92	0.831		540 224.84	463 395.07	864 359.74	741 432.12	864 359.74	741 432.12
A3506601015	宁化溪源	峰岩式	A	21.1	800	0.032 5	770 662.03	661 059.92	0.831		219 887.62	175 124.62	351 820.20	288 293.99	351 820.20	288 293.99
A3506601016	宁化东华山	峰岩式	A	24.93	800	0.032 5	770 662.03	661 059.92	0.831		259 710.13	222 774.65	415 536.21	356 439.43	415 536.21	356 439.43
A3506601017	尤溪梅仙	峰岩式	A	47.09	1 050	0.272 1	58 756.16	167 082.8	1.000		199 855.99	568 323.34	576 347.99	1 638 940.17	613 997.19	1 746 001.85
B3506601018	尤溪铁炉亭	峰岩式	A	37.07	500	0.272 1	58 756.16	167 082.8	0.750		201 547.25	602 890.87	201 547.25	602 890.87	201 547.25	602 890.87
A3506201001	福鼎银硐	大排式	A	45.88	1 000	0.008 9	1 288 585.8	3 922 481.7	1.000		179 123.35	545 255.19	442 411.70	1 346 710.37	442 411.70	1 346 710.37

续表 7-56

预测区编号	最小预测区名称	矿产预测类型	预测区级别	最小预测区面积（km^2）	总延深（m）	含矿地质体面积参数	含矿系数		相似系数	资源量估算方法	资源量 500m 以浅		资源量 1 000m 以浅		资源量 2 000m 以浅	
							铅	锌			铅	锌	铅	锌	铅	锌
A3506201002	清流仁场	大排式	A	28.99	1 200	0.016	363 993.58	295 151.59	1.000	地质参数体积法	78 384.77	50 966.09	162 788.64	119 406.68	196 550.19	146 782.92
B3506201003	永安安砂	大排式	B	25.09	400	0.016	363 993.58	295 151.59	0.786		45 933.27	37 245.92	45 933.27	37 245.92	45 933.27	37 245.92
B3506201004	大田武陵	大排式	B	23.41	600	0.011 9	737 145.65	338 125.86	0.720		71 274.90	31 559.90	86 077.86	38 349.96	86 077.86	38 349.96
A3506201005	德化苏园	大排式	A	39.31	600	0.0119	737 145.65	338 125.86	1.000		17 2618.64	79 179.50	207 142.37	95 015.41	207 142.37	95 015.41
B3506201006	永春上姚	大排式	B	49.81	800	0.016	363 993.58	295 151.59	0.786		113 986.45	92 428.23	182 378.32	147 885.16	182 378.32	147 885.16
A3506201007	连城珠地	大排式	A	59.94	420	0.005 7	712 517.76	858 654.11	1.000		65 497.31	78 930.71	65 497.31	78 930.71	65 497.31	78 930.71
B3506201008	漳平洛阳	大排式	B	38.85	1 200	0.011 9	737 145.65	338 125.86	0.786		134 090.57	61 506.82	268 181.13	123 013.65	321 817.36	147 616.38
A3506201009	安溪铅山	大排式	A	43.63	1 200	0.011 9	737 145.65	338 125.86	1.000		109 778.69	87 489.99	301 367.38	175 370.98	378 002.86	210 523.38
C3506201010	漳平中界	大排式	C	21.23	600	0.011 9	737 145.65	338 125.86	0.640		59 664.31	27 367.79	71 597.17	32 841.35	71 597.17	32 841.35
A3506201011	漳平上元山	大排式	A	52.6	1 200	0.011 9	737 145.65	338 125.86	1.000		230 977.89	105 948.66	461 955.77	211 897.33	554 346.93	254 276.79
B3506201012	龙岩铁山	大排式	B	56.15	800	0.016	363 993.58	295 151.59	0.786		128 495.06	104 192.83	205 592.10	166 708.53	205 592.10	166 708.53
C3506201013	龙岩西湖山	大排式	C	30.5	800	0.016	363 993.58	295 151.59	0.529		46 975.31	38 090.88	75 160.50	60 945.41	75 160.50	60 945.41
B3506201014	龙岩李家山	大排式	B	22.72	1 100	0.016	363 993.58	295 151.59	0.786		51 993.02	42 159.59	103 986.03	84 319.19	114 384.64	92 751.11
A3506201015	龙岩后田	大排式	A	52.22	1 100	0.011 9	737 145.65	338 125.86	1.000		200 761.99	82 600.95	430 071.22	187 784.21	475 933.06	208 820.86
C3506201016	龙岩排坑	大排式	B	19.21	700	0.011 9	737 145.65	338 125.86	0.786		66 303.21	30 413.03	92 824.50	42 578.24	92 824.50	42 578.24
C3506201017	永定高陂	大排式	C	63.65	800	0.016	363 993.58	295 151.59	0.529		98 032.08	79 491.30	156 851.33	127 186.09	156 851.33	127 186.09
A3506201018	永定大排	大排式	A	42.67	1 050	0.016	363 993.58	295 151.59	1.000		65 632.95	53 219.81	189 865.89	153 956.61	202 289.19	164 030.30
C3506201019	永定胡洋塔	大排式	C	26.75	300	0.016	363 993.58	295 151.59	0.639		29 860.02	24 212.60	29 860.02	24 212.60	29 860.02	24 212.60
A3506201020	长泰钟魏	大排式	A	48.43	550	0.011 9	737 145.65	338 125.86	1.000		17 8035.52	84 318.31	199 302.17	94 073.24	199 302.17	94 073.24

第四节　金矿资源潜力评价

福建省金矿资源潜力评价确定的典型矿床有6个，预测工作区有13个(表7-57)；划分的福建省金矿产预测类型为紫金山式陆相火山岩型铜金矿和双旗山式变质碎屑岩中热液型金矿，根据全国矿产预测类型划分方案，均划归火山岩型和变质碎屑岩中热液型。

表7-57　福建省金矿典型矿床和预测工作区范围一览表

典型矿床名称	预测工作区名称	预测工作区范围
上杭紫金山铜金矿	上杭紫金山及外围	116°15′00″—116°30′00″ 25°00′00″—25°20′00″
闽侯罗桥金矿	闽侯罗桥及外围	118°45′00″—119°15′00″ 26°20′00″—26°40′00″
永泰岭头坪金矿	德化淳湖-永泰盖洋	118°15′00″—118°30′00″ 25°40′00″—26°00′00″
建阳大金山金矿	建阳书坊-太阳山	117°30′00″—118°15′00″ 27°10′00″—27°30′00″
	政和王母山-建瓯东游	118°30′00″—119°15′00″ 27°00′00″—27°30′00″
泰宁何宝山金矿	泰宁何宝山及外围	117°00′00″—117°30′00″ 26°40′00″—27°10′00″
	建宁椒坑	116°30′00″—117°00′00″ 26°40′00″—27°00′00″
德化双旗山金矿	尤溪官田-德化葛坑	118°00′00″—118°15′00″ 25°40′00″—26°00′00″

一、金矿预测模型

(一)上杭紫金山式陆相火山岩型铜金矿预测模型

上杭紫金山式陆相火山岩型铜金矿典型矿床提取的预测要素见表7-58，建立的预测模型见图7-6，建立的预测工作区预测模型见图7-7。

表7-58　福建省紫金山式陆相火山岩型上杭紫金山铜金矿预测要素表

预测要素	描　述　内　容	预测要素分类
成矿时代	与主矿化同期的2件明矾石和1件绢云母单矿物K-Ar年龄为111.78～94.1Ma，金矿石Rb-Sr全岩等时线年龄为99.6±9.1Ma	重要
大地构造背景	华南加里东褶皱系东部，东南沿海火山活动带西部亚带，闽西南晚古生代凹陷之西南侧，上杭-云霄北西向深断裂带与北东向宣和复背斜的交会部位，上杭北西向白垩纪陆相火山-沉积盆地东缘	必要
大地构造演化阶段	燕山期的火山-侵入活动	必要

续表 7-58

预测要素		描 述 内 容	预测要素分类
火山建造/火山作用		紫金山火山机构主要发展过程：爆发—喷溢—中酸性次火山岩侵入—大规模中心式隐蔽爆发—小规模裂隙式爆发—酸性次火山岩侵入。火山作用形成的主要岩性为：火山角砾岩、凝灰岩-英安岩-英安玢岩-隐爆碎屑岩-脉状隐爆碎屑岩-石英斑岩，隐爆角砾岩是矿区铜金矿的主要赋矿围岩，与铜金矿化具直接联系	必要
成矿构造		燕山期的北东向与北西向构造交会为矿区的主要成矿控矿构造	重要
成矿特征	矿体形态	矿体主要分布于火山中心北西侧的脉状角砾岩内外接触带中，呈脉状、透镜状成群分布，具有“上金下铜”的垂直分带特点	次要
	矿物组合	铜矿矿物组合：金属矿物含量 5%～10%，以黄铁矿、蓝辉铜矿为主，铜蓝、硫砷铜矿次之；金矿矿物组合：主要为自然金、褐铁矿、赤铁矿，少量或微量的上述硫化物的氧化残余	重要
	结构构造	矿石主要结构有：他形粒状结构、半自形—自形结构、填隙结构、包含结构、交代残余结构、固溶分离结构等；矿石构造有：胶状变胶状构造、团包状构造、细脉—微脉状构造、细脉浸染状构造、角砾状构造等	重要
围岩蚀变		主要蚀变带为：强硅化蚀变带、石英-明矾石蚀变带、石英-地开石混合蚀变带、石英-绢云母蚀变带	重要
矿床储量		Cu 品位 0.8%～1.3%，单样最高可达 42.7%，伴生 Au 品位(0.1～0.26)×10^{-6}；金矿石品位一般(3～5)×10^{-6}，矿床平均品位 4.61×10^{-6}；铜金属量 1 711 706t，金金属量 173 611kg	重要
找矿线索		Cu、Au 元素化探异常是其矿化的直接标志；中酸性次火山岩体(脉)发育，并伴生有成因联系的角砾岩类；多期次蚀变组合，其中明矾石化带是铜矿的重要蚀变标志；低温硅化带是金矿的重要蚀变标志；断裂构造与火山构造复合部位是矿体赋存的有利部位；氧化带发育是金矿的重要标志；硅化带是铜金矿床的上部蚀变标志，绢云母化带是下部蚀变标志；Ag、Au、Bi(Mo)是铜矿床的上部元素组合，Cr 是铜矿的尾晕元素；Au 异常及矿体的存在，是矿床未受较大剥蚀的标志；次火山岩及隐爆角砾岩普遍保存，也是浅剥蚀的标志	重要
磁测资料		矿区位于负值转化为正值场附近，总体反映平缓负值	次要
重力资料		位于北西向与北东向重力梯级带相交部位，局部见重力低缓异常	次要
化探资料		区域水系沉积物 Au、Cu 多金属异常区面积大，成矿元素套合好，分带明显	重要
遥感资料		区域上线性断裂发育，特征明显，矿区影像特征杂乱，见有蚀变矿化异常	次要

(二)紫金山式陆相火山岩型永泰岭头坪金矿预测模型

紫金山式陆相火山岩型永泰岭头坪金矿典型矿床提取的预测要素见表 7-59，建立的预测模型见图 7-27，建立的德化淳湖-永泰盖洋预测工作区预测模型见图 7-28。

(三)德化双旗山式变质碎屑岩中热液型金矿预测模型

德化双旗山式变质碎屑岩中热液型金矿典型矿床提取的预测要素见表 7-60，建立的成矿预测模型见图 7-29，建立的尤溪官田-德化葛坑预测工作区预测模型见图 7-30。

表 7-59 紫金山式陆相火山岩型永泰岭头坪金矿典型矿床预测要素表

预测要素		描述内容	预测要素分类
成矿时代		燕山早期及燕山晚期	重要
大地构造背景		位于华南褶皱系闽东岩浆弧(Ⅵ-4-1)之周宁火山弧(Ⅵ-4-1-1)(Mz)中段东侧,永泰早白垩世火山盆地北西侧,淳湖北西向断裂带内,介于区域北西向断裂和淳湖火山机构环状断裂之间	必要
大地构造演化阶段		燕山期的构造火山活动	必要
火山建造/火山作用		淳湖火山机构主要发展过程:爆发—喷溢—火山构造形成	必要
成矿构造		燕山期的北东向与北西向构造为矿区的主要成矿控矿构造	必要
成矿特征	矿体形态	矿体主要分布于火山中心东侧与脉状石英二长斑岩有关的蚀变带中,呈脉状、透镜状成群分布,金铜铅锌多金属矿在同一矿区出现	重要
	矿物组合	含金褐铁矿石:褐铁矿、石英、自然金及高岭土等;硫化物型矿石:黄铁矿、方铅矿、闪锌矿、黄铜矿、自然金、石英等;含金石英硫化物型矿石:石英、褐铁矿(或黄铁矿)、自然金等	重要
	结构构造	矿石为半自形—自形粒状结构,胶状构造、蜂窝状构造、块状构造;硫化物型矿石金属矿有黄铁矿及黄铜矿,黄铁矿呈半自形—自形粒状,晶体多呈立方体,黄白色;黄铜矿呈他形浸染状	次要
围岩蚀变		主要蚀变有硅化、黄铁矿化、褐铁矿化、高岭土化和绢云母化;硅化、黄铁矿化沿断裂发育,较矿化带宽,分布与火山环状断裂一致	重要
矿床储量		金金属量:1 978.409kg,品位 Au 14.37g/t	次要
找矿线索		火山岩带中区域性断裂旁侧次级断裂或多组区域性断裂复合处;火山活动旋回后期复活的断裂带、层间破碎带等;该类型金矿围岩蚀变类型繁多,主要有硅化、黄铁矿化、绢云母化、绿泥石化等,其中以硅化和黄铁矿与金矿关系最为密切;火山岩型金矿常伴有金(银)等重砂异常和多元素地球化学异常展布,分带性明显,元素衬度高,见有 Au、Ag、As、Bi、Cu、Pb、Zn 等元素组合异常,重叠性好	重要
磁测资料		1∶5 万航磁 ΔT 反映为负异常,强度为−110～−100nT,走向北西	次要
重力资料		为重力异常低值区,总体走向北西,异常强度为$(-48\sim-45)\times10^{-5}m/s^2$	次要
水系沉积物化探资料		区内 1∶20 万水系沉积物见 Au 异常,最高值 170×10^{-9},平均值 19.18×10^{-9}	必要
土壤化探资料		1∶5 万土壤测量发育 Au 异常,异常下限为 10×10^{-9},最高值为 135×10^{-9},Au 异常($>20\times10^{-9}$)与 Au 蚀变带基本吻合,方向一致	必要
重砂资料		区内 1∶20 万自然重砂黄金异常不发育	次要
遥感资料		有与火山机构有关的环状、放射状构造及近南北向、北西向的隐伏断裂,特征明显	次要

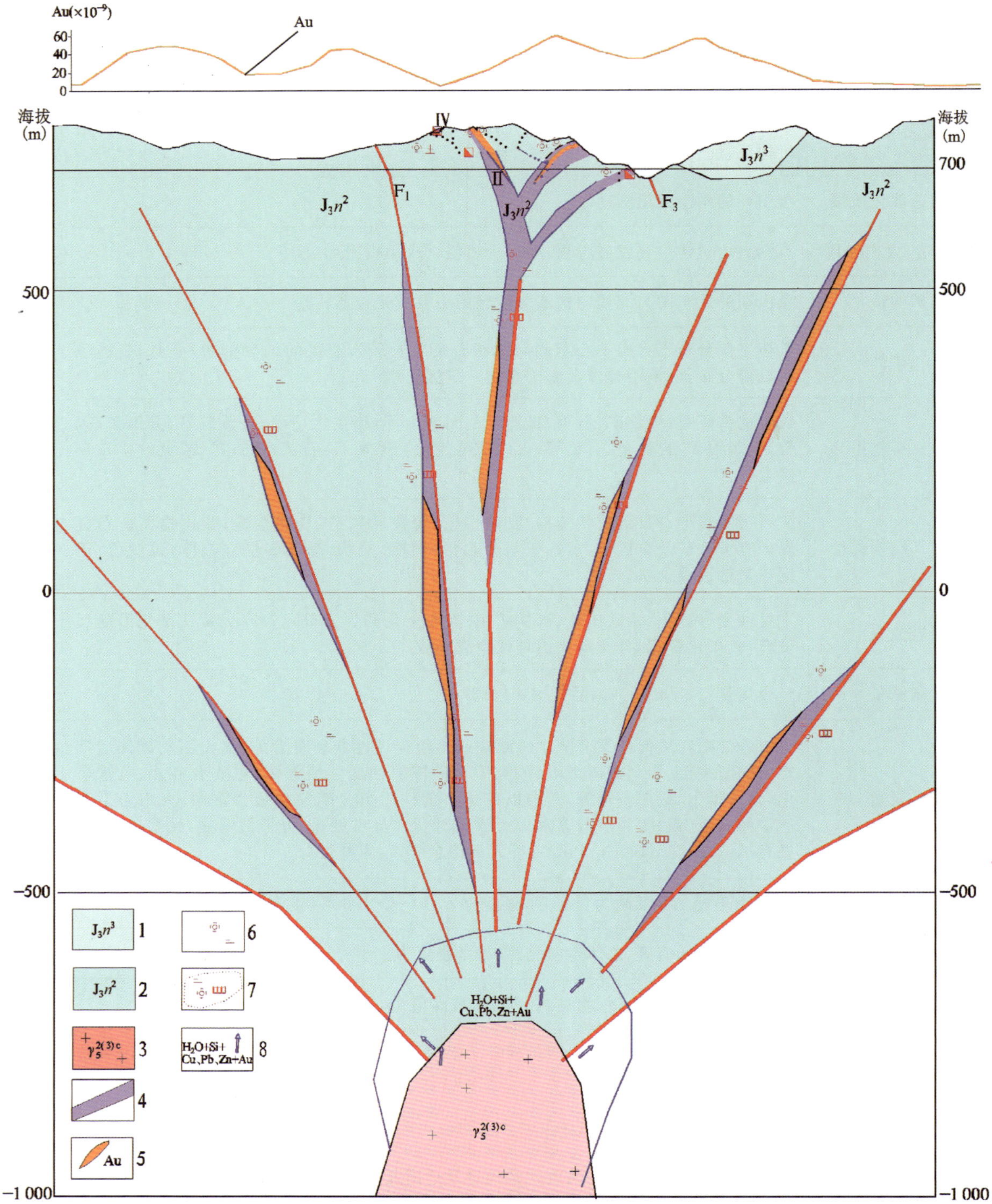

图 7-27　紫金山式陆相火山岩型永泰岭头坪金矿典型矿床成矿预测模型图

1.上侏罗统南园组第三段中酸性火山碎屑岩；2.上侏罗统南园组第二段酸性火山碎屑岩；3.燕山早期花岗岩；4.蚀变体(硅化、黄铁矿化等)；6.金矿体(脉)；7.蚀变(硅化、绢云母化)；8.热液及其运动方向

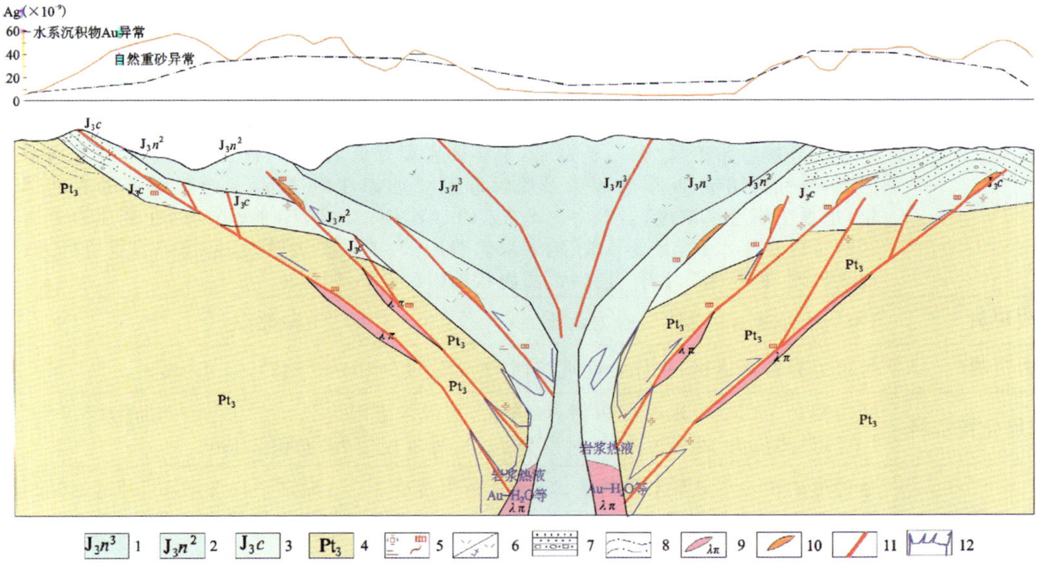

图 7-28　紫金山式陆相火山岩型金矿德化淳湖-永泰盖洋预测工作区区域预测模型图

1. 上侏罗统南园组第三段；2. 上侏罗统南园组第二段；3. 上侏罗统长林组；4. 新元古界；5. 硅化、黄铁矿化、绢云母化、绿泥石化；6. 流纹质火山岩/流纹英安质火山岩；7. 砂砾岩、砂岩；8. 变粒岩、片岩；9. 石英斑岩；10. 金矿体；11. 火山有关的断层；12. 流体流动方向

表 7-60　德化双旗山式变质碎屑岩中热液型金矿典型矿床预测要素表

预测要素		描　述　内　容	预测要素分类
成矿时代		主成矿期为四堡期—晋宁期火山沉积成矿期、加里东期区域变质变形成矿期、燕山期成矿期	必要
大地构造背景		闽东沿海岩浆弧，北东向政和-大埔及福安-南靖深大断裂所夹持的寿宁-梅林火山喷发带中部；葛坑-龙门场北东向断隆带的“天窗”内	必要
大地构造演化阶段		四堡期—晋宁期海相火山-沉积作用，扬子期—加里东期变质作用，燕山期火山-侵入活动	必要
变质建造/变质变形作用		本区经历了四堡期—晋宁期、扬子期—加里东期的区域构造演化（褶皱、变质和岩浆活动），海西期—印支期的强烈变形和动力学变质，印支期—燕山早期，岩浆热液作用下，部分地下水萃取地层中的 Au 元素，进入韧性剪切带中，部分进入较陡的破碎带中，形成了脆韧性剪切带中硅化岩型金矿体及小规模脉状充填脉型金矿体	必要
成矿构造		四堡期—晋宁期的火山沉积形成的金矿源体在加里东期变质，在韧性剪切带中相对富集，印支期—燕山期岩浆构造作用时活化，形成主要容矿构造	必要
矿床特征	矿体形态	矿体主要分布于变质岩的韧脆性构造带中，以脉状为主，常成群分布；次为脉型分布于变质岩中	重要
	矿物组合	矿石中主要金属矿物为自然金、黄铁矿，次为磁铁矿、赤铁矿、褐铁矿、黄铜矿、方铅矿、闪锌矿、斑铜矿、辉铜矿等，硫化物含量多小于 5%，属贫硫化物型金矿；非金属矿物主要有石英、绢云母、斜长石、钾长石、白云母、黑云母、绿泥石、绿帘石等	重要
	结构构造	金矿石结构以半自形—自形粒状结构为主，次为他形粒状结构、交代残余结构、充填结构、压碎结构等；金矿石构造以条带状构造、浸染状构造为主，次为脉状构造、块状构造	次要
	围岩蚀变	矿区围岩蚀变普遍且较强烈，各类岩石均具不同程度的蚀变。蚀变类型有绢云母化、绿泥石化、方解石化、水云母化、硅化、黄铁矿化、黄铜矿化等，以绢云母化、绿泥石化、方解石化，分布广，强度大，并形成多种蚀变组合，其中金矿化与硅化、黄铁矿化关系密切。蚀变不具明显的分带现象，含金蚀变带在地表由于氧化作用常形成大范围的紫红色褐铁矿浸染带	重要
矿床储量		金钟形（水门）矿段：金金属量 818.00kg，平均品位 22.06×10^{-6}；十三金矿段：金金属量 3 481.00kg，平均品位 3.68×10^{-6}；肖坂矿段：金金属量 5 870.49kg，平均品位 2.11×10^{-6}；共 10 169.49kg	次要

续表 7-60

预测要素	描 述 内 容	预测要素分类
找矿线索	矿化-蚀变带：系找矿最可靠的直接标志；侵入接触带：各种岩脉分布，金矿常在酸性岩脉的外接触带变质岩中；构造带：金矿体主要受低级别、晚序次多组断裂复合构造控制，韧性剪切带、断层破碎带及脆性断裂叠加韧性剪切带，为金矿赋存的有利部位；水系土壤金高浓度；岩石中 Au、Ag、Pb、Co、Bi、As 等高；重砂异常：在变质岩分布区的Ⅲ～Ⅳ级水系，有金异常；地表采矿遗迹多，古采硐规模大，是找矿的重要标志；地表出现“棕色土”，含有斑点状、团块状褐铁矿及石英团块	重要
磁测资料	1∶5 万航磁 ΔT 总体反映为低正异常，强度 0～40nT，走向北东	次要
重力资料	为重力异常低值区，总体走向近东西，异常强度(－54～－42)×10^{-5}m/s^2	次要
水系沉积物化探资料	区内发育 1∶20 万水系沉积物 Au 异常，其异常下限为 2.5×10^{-9}，平均值为 6.78×10^{-9}，最高值为 12.5×10^{-9}，衬度为 2.71，异常规模大，面积 24km^2	必要
土壤化探资料	金钟形矿段：1∶1 万土壤测量 Au 异常下限 20×10^{-9}，异常平均含量 137.25×10^{-9}，最高 302×10^{-9}，异常衬度 17.16，规模大；异常具浓度分带，浓集中心明显，异常与地表 6Au、21Au、22Au 矿体露头相对应	必要
重砂资料	区内西南侧见 1∶20 万自然重砂黄金异常——尤溪官田异常，矿物组合为黄金-铬铁矿-铬尖晶石，黄金含量最高为 89 颗	必要
遥感资料	区域上北东向线性断裂发育，但韧性剪切带不明显	次要

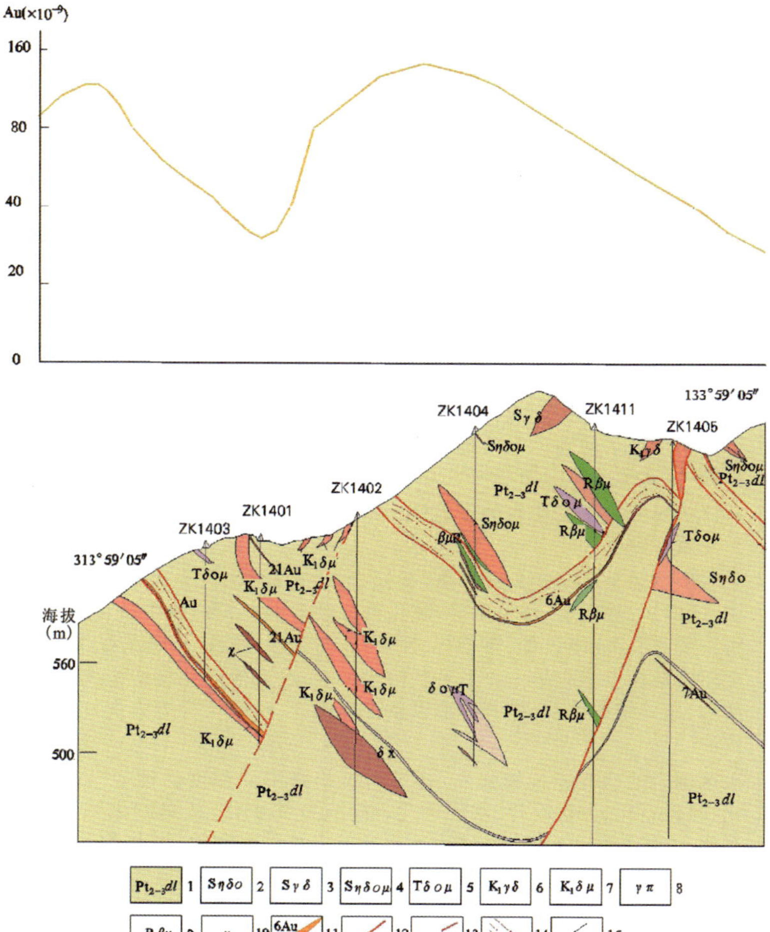

图 7-29　德化双旗山式变质碎屑岩中热液型金矿典型矿床成矿预测模型图

1. 中—上元古界大岭组；2. 志留纪片麻状石英二长闪长玢岩；3. 志留纪花岗闪长岩；4. 志留纪石英二长闪长岩；5. 二叠纪石英闪长玢岩；6. 早白垩世花岗闪长岩；7. 早白垩世闪长玢岩；8. 花岗斑岩；9. 辉绿玢岩脉；10. 煌斑岩；11. 金矿体编号；12. 断裂；13. 推测断裂；14. 韧性断层带；15. 地层界线

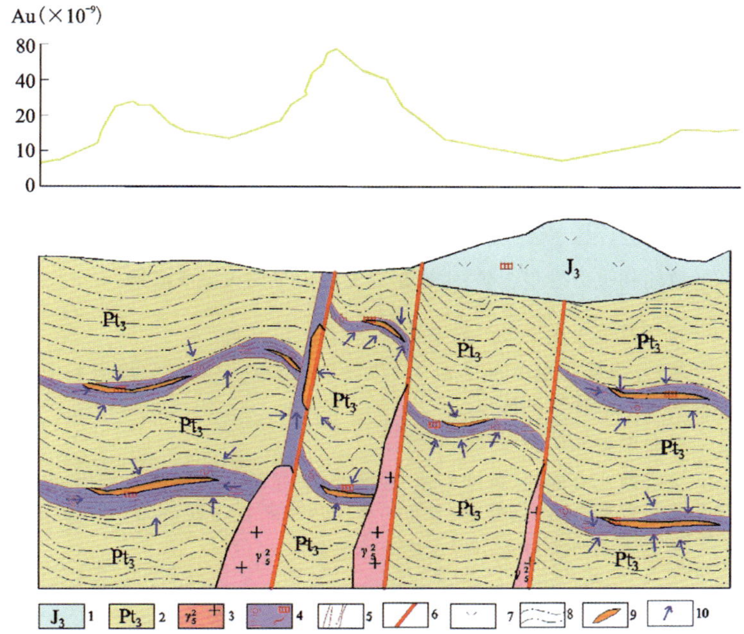

图 7-30　双旗山式变质碎屑岩中热液型金矿尤溪官田-德化葛坑区域预测模型图

1.上侏罗统；2.新元古界；3.燕山晚期花岗岩；4.蚀变（硅化、黄铁矿化、绢云母化、绿泥石化）；5.糜棱岩化体及糜棱岩化；6.燕山期断层；7.酸性火山岩；8.变粒岩、片岩；9.金（多金属）矿体；10.成矿流体流动方向

二、预测方法类型确定及区域预测要素

（一）金矿预测方法类型确定

通过福建省金矿预测类型与全国提供的金矿预测类型比照，确定的紫金山式陆相火山岩型铜金矿预测方法类型为火山岩型，双旗山式变质碎屑岩中热液型金矿预测方法类型为复合内生型。

紫金山式陆相火山岩型铜金矿预测工作区编制的研究底图为 1∶5 万火山岩性岩相构造图，图上突出陆相火山岩建造及构造；双旗山式变质碎屑岩中热液型金矿预测工作区的研究底图为 1∶5 万建造构造图，图上突出元古宙变质碎屑岩建造及构造。

（二）金矿预测工作区区域预测要素

提取的紫金山式陆相火山岩型金矿德化淳湖-永泰盖洋预测工作区区域预测要素见表 7-61，双旗山式变质碎屑岩中热液型金矿尤溪官田-德化葛坑预测工作区区域预测要素见表 7-62。

表 7-61　紫金山式陆相火山岩型金矿德化淳湖-永泰盖洋预测工作区区域预测要素表

区域预测要素		描　述　内　容	预测要素分类
区域成矿地质环境	大地构造位置	位于华南褶皱系闽东岩浆弧（Ⅵ-4-1）之周宁火山弧（Ⅵ-4-1-1）（Mz）中段东侧，永泰早白垩世火山盆地北西侧	必要
	主要控矿构造	淳湖北西向断裂带内，介于区域北西向断裂和淳湖火山机构环状断裂之间，燕山期北西向断裂与淳湖火山机构环状构造	必要
	主要赋矿地层	南园组第二段	必要

续表 7-61

区域预测要素		描述内容	预测要素分类
区域成矿地质环境	控矿火山机构	燕山期的北西向断裂与淳湖火山机构环状构造，为晚侏罗世火山喷发盆地之火山机构	必要
	火山岩建造/火山作用	晚侏罗世的岩火山作用，主要为岩浆活动形成的火山构造作用，火山岩浆期后热液作用使岩浆期后的 Au 元素进入火山机构(断裂)，聚集形成金矿体	必要
区域成矿地质特征	区域成矿类型和成矿期	属陆相火山岩型金矿；主成矿期为燕山早期火山成矿期	重要
	陆相火山岩型金矿	晚侏罗世火山沉(堆)积建造	必要
		政和-大埔北东向断裂带的次级断裂构造及中生代火山岩系中；金矿体赋存于火山构造等有利部位	必要
		矿石以黄铁矿型岩金矿石为主	重要
		主要蚀变有硅化、黄铁矿化、褐铁矿化、高岭土化和绢云母化，硅化、黄铁矿化沿断裂发育，较矿化带宽，分布与火山环状断裂一致	重要
		矿床式主要为紫金山式火山岩型金矿	重要
物探	航磁异常	本区航磁异常较明显，并推断出多个岩体，金矿分布与之关系不清	次要
	重力布格异常	本区有正异常，金矿(点)位于北西向和北东向重力梯级带相交部位	次要
化探异常特征		1∶5 万水系沉积物测量，Au 以 2.5×10^{-9} 为异常下限，圈出 Au 异常 3 处，邱村、岭头坪等金矿处于 Au 异常高浓度中心	重要
重砂异常特征		有 2 处金重砂异常，异常面积较大，多数金矿产于其中	重要
遥感解译		区域上北东向和北西向线形影像发育，矿床处于北东向和北西向线形影像交会处，附近伴有环形影像及色异常；线形影像主要是断裂构造的反映，环形影像多为火山机构或(隐伏)侵入岩体的反映	次要

表 7-62　双旗山式变质碎屑岩中热液型金矿尤溪官田-德化葛坑预测工作区区域预测要素表

区域预测要素		描述内容	预测要素分类
区域成矿地质环境	大地构造位置	华南加里东褶皱系东部，武夷古弧盆系(Ⅵ-3-1)的南部，北东向政和-大埔断裂带的中部，葛坑-龙门场北东向断隆带的“天窗”内	必要
	主要控矿构造	矿体主要分布于变质岩的韧脆性构造带中，脉状为主，常成群分布；次为脉型分布于变质岩中	必要
	主要赋矿地层	新元古代变质火山碎屑岩，主要为大岭岩组($Pt_3\mathit{dl}$)	必要
	变质建造	新元古代火山沉积含金变质碎屑岩建造	必要
	岩浆侵入作用/侵入岩建造	燕山早期(晚侏罗世)的岩浆侵入，主要为花岗岩及燕山期岩浆(火山)构造作用，岩浆热液作用使先期已相对富集的 Au 元素进入韧性剪切带中，形成了金矿体	重要
	区域变质作用及建造	本区经历了四堡期—晋宁期、扬子期—加里东期的区域变质作用，同时形成了韧性剪切带，成矿物质在韧性剪切带等构造有利部位聚集，形成了金矿体	必要
区域成矿地质特征	区域成矿类型和成矿期	属变质碎屑岩中热液型金矿，主成矿期为四堡期—晋宁期(火山)沉积成矿期、加里东期区域变形变质成矿构造期、燕山期构造岩浆成矿期	重要
	变质碎屑岩中热液型金矿	中—新元古代(火山)沉积岩建造	必要
		华南加里东褶皱系东部，北东向政和-大埔断裂带中部，元古宙变质岩系。金矿带发育韧脆性剪切带	必要
		矿石以黄铁矿型岩金矿石为主	重要
		围岩蚀变较强烈，蚀变类型有绢云母化、绿泥石化、方解石化、水云母化、硅化、黄铁矿化、黄铜矿化等，以绢云母化、绿泥石化、方解石化为主	重要
		矿床式主要为双旗山式变质碎屑岩中热液型金矿	重要

续表 7-62

区域预测要素		描　述　内　容	预测要素分类
物探	航磁异常	本区航磁有正负异常，金矿分布与之关系不清	次要
	重力布格异常	本区重力异常不明显，金矿(点)分布与重力关系不清	次要
化探异常特征		1∶5 万水系沉积物测量，Au 以 2.5×10^{-9} 为异常下限，圈出 Au 异常 2 处，椒坑等金矿处于 Au 异常中	重要
重砂异常特征		有 2 处金重砂异常，异常面积较大，多数金矿产于其中	重要
遥感解译		区域上北东向和北西向线形影像发育，矿床处于北东向和北西向线形影像交会处，附近伴有环形影像及色异常；线形影像主要是断裂构造的反映，环形影像多为火山机构或(隐伏)侵入岩体的反映，色异常多为热液蚀变的反映	次要

三、最小预测区圈定及优选

(一)最小预测区圈定

金矿最小预测区的圈定采用综合信息地质单元法，主要是利用预测要素叠加综合的方法。

圈区根据金矿床控矿要素特征确定划分方案为：(含矿建造∪矿床点集中区∪矿床点缓冲区)∩(化探 Au 异常区∪金矿重砂异常区)，其中由含矿建造与其余各要素的并集求交进行预测区的初步圈定。

紫金山式金矿最小预测区的圈定方法与双旗山式金矿最小预测区圈定的方法相类似，采用的预测要素见表 7-63，初圈结果：在全省 3 个紫金山式金矿预测工作区中圈出最小预测区 31 处，全省 5 个双旗山式金矿预测工作区中圈出最小预测区 39 处。

表 7-63　福建省金矿最小预测区圈定预测要素表(要素叠加法)

矿产预测类型	要素类别	要素名称	要素级别	要素属性	缓冲区半径设置
紫金山式陆相火山岩型金矿	区域地质环境	成矿火山岩建造等	必要	面元	
	区域成矿特征	金矿床(点)	重要	点元—面元	矿床 2km
		成矿构造区	重要	面元	
	区域化探特征	1∶5 万水系沉积物 Au 异常区	必要	面元	
	区域重砂特征	1∶5 万重砂 Au 异常区	必要	面元	
双旗山式变质碎屑岩型金矿	区域地质环境	元古宙变质岩建造等	必要	面元	
	区域成矿特征	金矿床(点)	重要	点元—面元	矿床 2km
		成矿构造区	重要	面元	
	区域化探特征	1∶5 万水系沉积物 Au 异常区	必要	面元	
	区域重砂特征	1∶5 万重砂 Au 异常区	必要	面元	

(二)最小预测区优选

变量购置：根据紫金山式陆相火山岩型金矿床、双旗山式变质碎屑岩中热液型金矿床的成矿和控矿特征，以及在区域上的对比，选择以下变量作为预测区优选的原始要素组合，如表 7-64 所示。

表 7-64 预测区优选的原始要素组合表

要素类别	要素名称
重要	变质岩或成矿火山岩(成矿)建造等
	金矿床(点)
	成矿构造
	1∶5 万水系沉积物 Au 异常区
	1∶5 万重砂 Au 异常区

优选变量的二值化：根据本地区金矿工作的实际，设置该区金矿床规模级别等级为 4 级：即 2 级大型(储量为≥20t)，3 级中型(储量为 20～5t)，4 级小型(储量为 5～0.5t)，5 级矿点。为了准确进行预测要素变量二值化工作，尽可能与该区实际相符，克服人为因素，本次预测要素二值化时采用计算找矿信息量法进行。

预测区优选：通过特征分析法进行优选，具体步骤有：①先对各要素进行二值化处理；②选择进行定位预测的变量，采用的是相似系数法；③计算出各要素的权重值及成矿概率值；④在成矿概率曲线图上按拐点位置进行预测区的优选分类。

经以上方法圈定及优选后的最小预测区最终结果见图 7-31 及表 7-65。福建省金矿最小预测区共 70 个，A 级预测区 7 个，B 级预测区 29 个，C 级预测区 34 个。

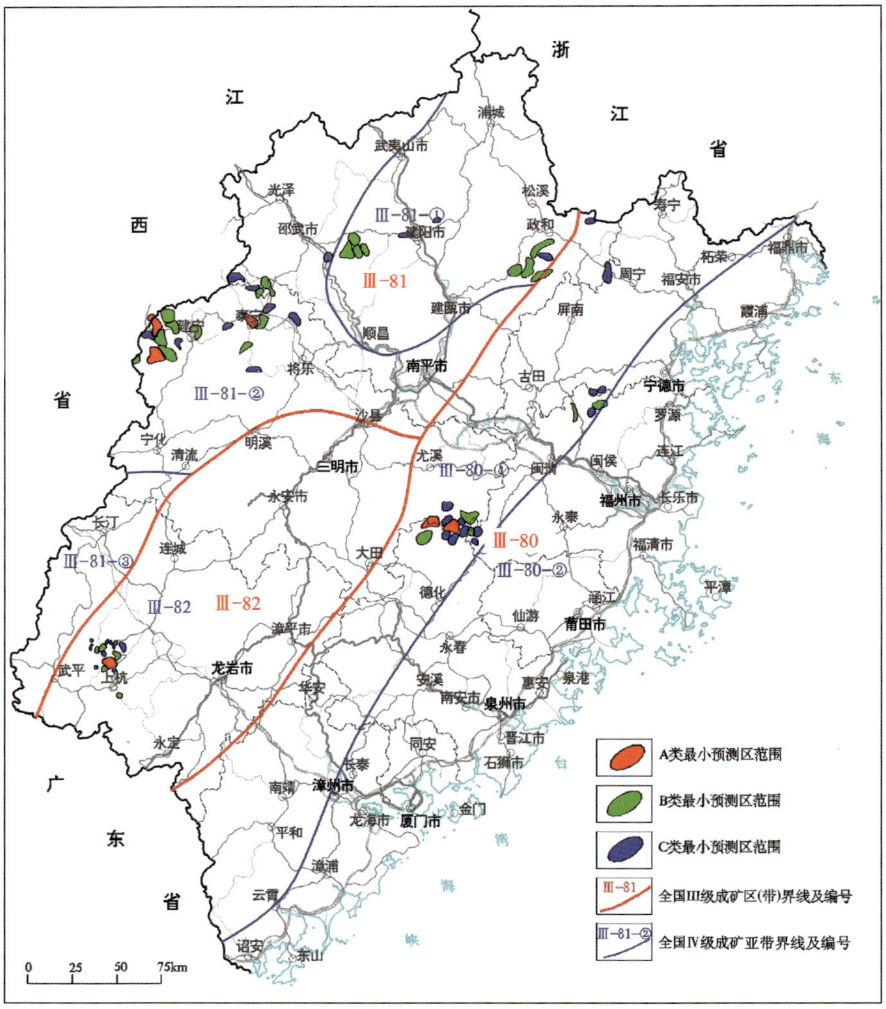

图 7-31 福建省金矿最小预测区分布及其优选结果图

表 7-65 各预测工作区最小预测区优选结果表

所属预测工作区	最小预测区编号	最小预测区名称	面积(km²)	参数确定依据	MRAS软件优选分级	采用优选分级	备注
建阳书坊-太阳山金矿	C3511601002	建阳麻源	10.29	地质体法含矿建造(元古宙变质岩)+综合信息法(化探、重砂异常)+专家修正	C	C	
	C3511601003	建阳马伏	20.92		A	C	预测资源量小于5t
	B3511601004	建阳冯墩	34.28		A	B	预测资源量5~10t
	C3511601006	建阳吴家塘	22.01		C	C	
	B3511601007	建阳太阳山	50.30		A	B	预测资源量5~10t
	B3511601008	建瓯江厝	27.82		A	B	预测资源量5~10t
	B3511601009	建阳书坊	22.19		B	B	
	A3511601010	建阳大金山	50.18		A	A	
政和王母山-建瓯东游金矿	C3511601011	政和锦屏	17.82		C	C	
	B3511601013	政和星溪	50.74		A	B	
	B3511601015	建瓯岭源	50.79		A	B	预测资源量5~10t
	C3511601016	建瓯岭尾	26.15		B	C	
	B3511601018	建瓯东游	42.44		A	B	预测资源量5~10t
	B3511601019	建瓯叶田	50.91		A	B	预测资源量5~10t
	B3511601020	建瓯川石	43.22		A	B	预测资源量5~10t
	C3511601022	周宁芹溪	45.27		B	C	
泰宁何宝山及外围金矿	C3511601023	泰宁余山	36.10		C	C	
	C3511601025	泰宁李家坊	19.80		B	C	预测资源量小于5t
	B3511601026	泰宁肖家坊	40.73		A	B	预测资源量5~10t
	B3511601027	泰宁岭官	16.25		A	B	预测资源量5~10t
	C3511601028	泰宁朱口	24.20		C	C	
	C3511601029	泰宁西坑	16.64		C	C	
	A3511601030	泰宁何宝山	38.64		A	A	
	B3511601031	将乐肖家地	32.16		B	B	
	C3511601032	泰宁王源	28.69		C	C	
	B3511601033	将乐王坑口	22.57		B	B	
	C3511601034	将乐万全	20.32		C	C	

续表 7-65

所属预测工作区	最小预测区编号	最小预测区名称	面积(km²)	参数确定依据	MRAS软件优选分级	采用优选分级	备注
建宁椒坑金矿	B3511601035	建宁刘家	47.83	地质体法含矿建造(元古宙变质岩)+综合信息法(化探、重砂异常)+专家修正	A	B	成矿条件一般
	A3511601036	建宁芦田	49.73		A	A	
	B3511601037	建宁溢溪	30.41		B	B	
	B3511601038	建宁上坑	34.86		A	B	成矿条件一般
	C3511601039	建宁叶源坑	23.91		B	C	成矿条件一般
	B3511601040	建宁里心	42.79		B	B	
	C3511601041	建宁排背	15.05		C	C	
	B3511601042	建宁椒坑	14.95		A	B	成矿条件一般
	A3511601043	建宁石舍	48.99		A	A	
	B3511601044	建宁古老前	50.02		A	B	成矿条件一般
尤溪官田-德化葛坑金矿	A3511601045	德化双旗山	46.33		A	A	
	B3511601046	德化吉山	50.31		A	B	
闽侯罗桥及外围金矿	C3511401049	闽侯浮垄	14.65	地质体法含矿建造(火山岩地层)+综合信息法(化探、重砂异常)+专家修正	C	C	
	C3511401050	闽侯文山岗	16.07		C	C	
	B3511401051	闽侯石坪洋	32.42		C	B	
	C3511401052	闽侯洋流桥	18.38		C	C	预测资源量5～10t
	B3511401053	闽侯罗桥	19.55		B	B	
德化淳湖-永泰盖洋金矿	C3511401054	尤溪寨头	27.36		B	C	
	B3511401055	尤溪山头顶	48.89		B	B	
	C3511401056	尤溪后格垄	19.66		A	C	预测资源量小于5t
	C3511401057	尤溪秘程	11.95		C	C	
	A3511401058	德化安村雷潭	45.52		A	A	
	C3511401059	德化邱村	18.73		A	C	预测资源量小于5t
	C3511401060	德化淳湖	24.04		A	C	预测资源量小于5t
	B3511401061	永泰岭头坪	21.77		B	B	
	C3511401062	永泰长潭	12.72		C	C	
	C3511401063	德化下坂	25.14		A	C	预测资源量小于5t
	C3511401064	德化东山	9.87		C	C	

续表 7-65

所属预测工作区	最小预测区编号	最小预测区名称	面积（km²）	参数确定依据	MRAS软件优选分级	采用优选分级	备注
上杭紫金山及外围铜金矿	C3511401065	上杭野地	2.88	地质体法含矿建造（火山岩地层）＋综合信息法（化探、重砂异常）＋专家修正	C	C	
	C3511401066	上杭坪山	3.55		C	C	
	C3511401067	上杭倒坑	3.04		C	C	
	C3511401068	上杭才溪	7.05		C	C	
	C3511401069	上杭秧地背	14.79		B	C	
	C3511401070	上杭园通山	3.68		C	C	
	B3511401071	武平悦洋	12.65		A	B	预测资源量 5～10t
	B3511401072	上杭珊瑚	6.68		A	B	预测资源量 5～10t
	C3511401073	武平上田垅	5.49		C	C	
	B3511401074	上杭石槽	15.04		B	B	
	A3511401075	上杭紫金山	37.75		A	A	
	C3511401076	上杭油箩寨	3.20		C	C	
	B3511401077	上杭碧田	8.88		A	B	预测资源量 5～10t
	C3511401078	上杭梅溪	3.73		C	C	
	B3511401079	上杭滩下	8.14		A	B	预测资源量 5～10t

四、资源定量预测

（一）典型矿床查明资源量、深部及外围资源量估算

福建省金矿典型矿床查明资源量见表 7-66，深部及外围预测资源量见表 7-67，典型矿床预测总资源量见表 7-68。

表 7-66　福建省金矿典型矿床查明资源量表

编号	名称	经度	纬度	查明资源量		面积（m²）	总延深（m）	品位（g/t）	体重（t/m³）	体积含矿率（kg/m³）
				矿石量（t）	金属量（kg）					
1	双旗山	118°11′48″	25°53′32″	444 932	10 169.49	3 236 275	499.82	17.95	2.58	$6.286\ 95\times10^{-6}$
2	何宝山	117°09′04″	26°54′13″	978 173	10 688.5	6 089 300	699.92	7.89	2.48	$2.507\ 85\times10^{-6}$
3	大金山	117°52′07″	27°14′38″	56 653	542	1 401 800	301.28	9.57	2.52	$1.283\ 34\times10^{-6}$
4	罗桥	118°59′27″	26°25′51″	60 079.36	306	1 007 925	298.96	5.09	3.39	$1.015\ 5\times10^{-6}$
5	岭头坪	118°24′09″	25°50′2″	137 684.56	1 978.409	2 417 250	510.28	14.37	2.36	$1.603\ 93\times10^{-6}$
6	紫金山	116°21′54″	25°08′32″	37 659 653	50 233.97	5 617 800	500	4.61	3.24	$1.788\ 39\times10^{-5}$

注：双旗山、何宝山、大金山为变质碎屑岩型，罗桥、岭头坪、紫金山为陆相火山岩型。

表 7-67　福建省金矿典型矿床深部和外围预测资源量表

编号	名称	位置坐标		面积	总延深	体积含矿率	相似	预测资源量(kg)		
		经度	纬度	(×10⁶m²)	(m)	(kg/m³)	系数	深部	外围	合计
500m 以浅										
1	双旗山	118°11′48″	25°53′32″	7.39	500	6.286 95×10⁻⁶	0.5	1.83	6 528.57	6 530.40
2	何宝山	117°09′04″	26°54′13″	6.52	500	2.507 85×10⁻⁶	0.8	0.00	432.05	432.05
3	大金山	117°52′07″	27°14″38″	8.68	500	1.283 34×10⁻⁶	0.7	250.25	3 269.15	3 519.40
4	罗桥	118°59′27″	26°25′51″	6.09	500	1.015 5×10⁻⁶	0.5	102.89	1 290.21	1 393.10
5	岭头坪	118°24′09″	25°50′2″	3.72	500	1.603 93×10⁻⁶	0.8		835.81	835.81
6	紫金山	116°21′54″	25°08′32″	15.62	500	1.788 39×10⁻⁵	0.25		22 359.74	22 359.74
1 000m 以浅										
1	双旗山	118°11′48″	25°53′32″	7.39	1 000	6.286 95×10⁻⁶	0.5	5 088.41	13 057.13	18 145.54
2	何宝山	117°09′04″	26°54′13″	6.52	1 000	2.507 85×10⁻⁶	0.8	3 666.02	864.10	4 530.12
3	大金山	117°52′07″	27°14′38″	8.68	1 000	1.283 34×10⁻⁶	0.7	879.89	6 538.30	7 418.19
4	罗桥	118°59′27″	26°25′51″	6.09	1 000	1.015 5×10⁻⁶	0.5	358.77	2 580.42	2 939.19
5	岭头坪	118°24′09″	25°50′2″	3.72	1 000	1.603 93×10⁻⁶	0.8	1 518.96	1 671.62	3 190.58
6	紫金山	116°21′54″	25°08′32″	15.62	500	1.788 39×10⁻⁵	0.25	0.00	22 359.74	22 359.74
2 000m 以浅										
1	双旗山	118°11′48″	25°53′32″	7.39	1 600	6.286 95×10⁻⁶	0.5	11 192.30	20 891.41	32 083.71
2	何宝山	117°09′04″	26°54′13″	6.52	1 414	2.507 85×10⁻⁶	0.8	8 723.79	1 221.84	9 945.63
3	大金山	117°52′07″	27°14′38″	8.68	1 466	1.283 34×10⁻⁶	0.7	1 466.72	9 585.15	11 051.87
4	罗桥	118°59′27″	26°25′51″	6.09	1 410	1.015 5×10⁻⁶	0.5	568.60	3 638.40	4 207.00
5	岭头坪	118°24′09″	25°50′2″	3.72	1 155	1.603 93×10⁻⁶	0.8	1 999.72	1 930.72	3 930.44
6	紫金山	116°21′54″	25°08′32″	15.62	500	1.788 39×10⁻⁵	0.25	0.00	22 359.74	22 359.74
延深确定说明										
1	双旗山	含矿层大岭岩组>765.6m,钻孔达 1 100m,有矿化,取 1 600m								
2	何宝山	含矿层下峰岩组>852.4m,黄潭岩组 561.4m,取总厚度>1 413.8m 为深度								
3	大金山	含矿层大金山岩组>1 465.5m,取其厚度 1 465.5m								
4	罗桥	南园组第二段 1 597m,取其厚度为最大深度,取 4/5,厚度 1 410m								
5	岭头坪	南园组第二段 1 183m,取其厚度为最大深度								
6	紫金山	金矿勘查已查明深度为 400～500m,取 500m,为最大深度								

表 7-68　福建省金矿典型矿床总资源量表

编号	名称	经度	纬度	面积(×10⁶m²)	总延深(m)	体积含矿率(kg/m³)	查明资源储量(kg)	预测资源量(kg)	总资源量(kg)
500m 以浅									
1	双旗山	118°11′48″	25°53′32″	7.39	500	6.286 95×10⁻⁶	10 169.49	6 530.40	16 699.89
2	何宝山	117°09′04″	26°54′13″	6.52	500	2.507 85×10⁻⁶	10 688.5	432.05	11 120.55
3	大金山	117°52′07″	27°14′38″	8.68	500	1.283 34×10⁻⁶	3 378.6	3 519.40	6 898
4	罗桥	118°59′27″	26°25′51″	6.09	500	1.015 5×10⁻⁶	306	1 393.10	1 699.1
5	岭头坪	118°24′09″	25°50′2″	3.72	500	1.603 93×10⁻⁶	1 978.409	835.81	2 814.219
6	紫金山	116°21′54″	25°08′32″	15.62	500	1.788 39×10⁻⁵	52 300.65	22 359.74	74 660.39

续表 7-68

编号	名称	经度	纬度	面积 ($\times10^6 m^2$)	总延深 (m)	体积含矿率 (kg/m^3)	查明资源储量(kg)	预测资源量(kg)	总资源量 (kg)
1 000m 以浅									
1	双旗山	118°11′48″	25°53′32″	7.39	1 000	$6.286\ 95\times10^{-6}$	10 169.49	18 145.54	28 315.03
2	何宝山	117°09′04″	26°54′13″	6.52	1 000	$2.507\ 85\times10^{-6}$	10 688.5	4 530.12	15 218.62
3	大金山	117°52′07″	27°14′38″	8.68	1 000	$1.283\ 34\times10^{-6}$	3 378.6	7 418.19	10 796.79
4	罗桥	118°59′27″	26°25′51″	6.09	1 000	$1.015\ 5\times10^{-6}$	306	2 939.19	3 245.19
5	岭头坪	118°24′09″	25°50′2″	3.72	1 000	$1.603\ 93\times10^{-6}$	1 978.409	3 190.58	5 168.989
6	紫金山	116°21′54″	25°08′32″	15.62	500	$1.788\ 39\times10^{-5}$	52 300.65	22 359.74	74 660.39
2 000m 以浅									
1	双旗山	118°11′48″	25°53′32″	7.39	1 600	$6.286\ 95\times10^{-6}$	10 169.49	32 083.71	42 253.2
2	何宝山	117°09′04″	26°54′13″	6.52	1 414	$2.507\ 85\times10^{-6}$	10 688.5	9 945.63	20 634.13
3	大金山	117°52′07″	27°14′38″	8.68	1 466	$1.283\ 34\times10^{-6}$	3 378.6	11 051.87	14 430.47
4	罗桥	118°59′27″	26°25′51″	6.09	1 410	$1.015\ 5\times10^{-6}$	306	4 207.00	4 513
5	岭头坪	118°24′09″	25°50′2″	3.72	1 155	$1.603\ 93\times10^{-6}$	1 978.409	3 930.44	5 908.849
6	紫金山	116°21′54″	25°08′32″	15.62	500	$1.788\ 39\times10^{-5}$	52 300.65	22 359.74	74 660.39

(二)模型区预测资源量及其估算参数

福建省金矿模型区预测资源量及其估算参数见表 7-69。

表 7-69 福建省金矿模型区预测资源量及其估算参数表

编号	名称	经度	纬度	模型区预测总资源量(kg)	模型区面积 (km^2)	总延深 (m)	含矿地质体面积(km^2)	含矿系数 (kg/m^3)
1	双旗山	118°11′48″	25°53′32″	42 253.2	50.18	1 600	50.18	$5.262\ 7\times10^{-7}$
2	何宝山	117°09′04″	26°54′13″	20 634.13	38.64	1 414	38.64	$3.776\ 59\times10^{-7}$
3	大金山	117°52′07″	27°14′38″	14 430.47	46.33	1 466	46.33	$2.124\ 63\times10^{-7}$
4	罗桥	118°59′27″	26°25′51″	4 513	19.55	1 410	19.55	$1.637\ 19\times10^{-7}$
5	岭头坪	118°24′09″	25°50′2″	5 908.849	21.77	1 155	21.77	$2.349\ 97\times10^{-7}$
6	紫金山	116°21′54″	25°08′32″	74 660.39	37.75	500	37.75	$3.955\ 52\times10^{-6}$

(三)最小预测区预测资源量及其估算参数

福建省金矿最小预测区预测资源量估算采用以下公式

$$Z_{预}=S_{预}\times H_{预}\times K\times K_Z \tag{7-2}$$

式中：$Z_{预}$为最小预测区资源量；$S_{预}$为最小预测区面积；$H_{预}$为最小预测区深度；K 为典型矿床求得的体含矿率；K_Z 为调整系数。

福建省金矿最小预测区预测资源量及其估算参数见表 7-70，共有最小预测区 70 个。

表 7-70 福建省金矿最小预测区预测资源量及其估算参数表

预测类型	所属预测工作区	最小预测区编号	最小预测区名称	探明资源量(kg)	$S_{预}$ (km²)	K (kg/m³)	K_Z	$H_{预}$(m) ≤500m	$H_{预}$(m) ≤1 000m	$H_{预}$(m) ≤2 000m	$Z_{预}$(kg) ≤500m	$Z_{预}$(kg) ≤1 000m	$Z_{预}$(kg) ≤2 000m
变质碎屑岩中热液型金矿	建阳书坊-太阳山区	C3511601002	建阳麻源		10.29	$1.706\ 99\times10^{-7}$	0.39	500	1 000	1 128	426.32	852.64	961.77
		C3511601003	建阳马伏		20.92		0.54	500	1 000	1 353	1 600.1	3 200.21	4 333.08
		B3511601004	建阳冯墩		34.28		0.6	500	1 000	1 710	2 913.3	5 826.6	9 969.31
		C3511601006	建阳吴家塘		22.01		0.33	500	1 000	1 247	771.59	1 543.19	1 925.9
		B3511601007	建阳太阳山		50.3		0.59	500	1 000	1 353	4 167.9	8 335.79	11 286.66
		B3511601008	建瓯江厝		27.82		0.6	500	1 000	1 657	2 216.52	4 433.05	7 354.43
		B3511601009	建阳书坊		22.19		0.5	500	1 000	1 657	1 579.38	3 158.76	5 240.38
		A3511601010	建阳大金山	3 378.6	50.18		0.8	500	1 000	1 823	3 519.4	7 418.19	11 051.87
		小计		3 378.6							17 194.51	34 768.43	52 123.4
	政和王母山-建瓯东游区	C3511601011	政和锦屏	3 302.12	17.82	$1.706\ 99\times10^{-7}$	0.3	200	700	1 665	208.75	985.41	2 812.21
		B3511601013	政和星溪	1 980	50.74		0.75	500	1 000	1 665	747.71	3 142.9	8 519.62
		B3511601015	建瓯岭源	4 229.7	50.79		0.57	500	1 000	1 872	1 985.74	3 971.47	11 122.9
		C3511601016	建瓯岭尾	628.6	26.15		0.43	200	700	1 529	390.51	1 471.54	3 958.7
		B3511601018	建瓯东游	1 695.5	42.44		0.75	500	1 000	1 611	1 685.86	5 067.21	9 199.23
		B3511601019	建瓯叶田		50.91		0.75	500	1 000	1 597	4 056.19	8 112.39	12 955.48
		B3511601020	建瓯川石	334	43.22		0.62	300	800	1 518	1 814.74	5 395.99	10 538.65
		C3511601022	周宁芹溪	722.3	17.82		0.45	200	700	1 510	1 490.51	3 317.35	7 991.81
		小计		12 892.22							12 380.01	31 464.26	67 098.6
	泰宁何宝山及外围区	C3511601023	泰宁余山		36.1	$3.776\ 59\times10^{-7}$	0.3	500	1 000	1 722	2 249.52	4 499.05	7 747.36
		C3511601025	泰宁李家坊	254	19.8		0.49	500	1 000	1 649	1 764.96	3 783.93	6 404.54
		B3511601026	泰宁肖家坊		40.73		0.6	500	1 000	1 279	6 152.82	12 305.64	15 738.91
		B3511601027	泰宁岭官		16.25		0.6	500	1 000	1 886	2 454.78	4 909.56	9 259.44

续表 7-70

预测类型	所属预测工作区	最小预测区编号	最小预测区名称	探明资源量(kg)	$S_{预}$ (km^2)	K (kg/m^3)	K_λ	$H_{预}$(m)			$Z_{预}$(kg)		
								≤500m	≤1 000m	≤2 000m	≤500m	≤1 000m	≤2 000m
变质碎屑岩中热液型金矿	泰宁何宝山及外围区	C3511601028	泰宁朱口		24.2	$3.776\ 59\times10^{-7}$	0.4	500	1 000	1 334	2 010.66	4 021.31	5 364.43
		C3511601029	泰宁西坑		16.64		0.27	500	1 000	1 467	942.64	1 885.27	2 765.7
		A3511601030	泰宁何宝山	10 688.5	38.64		0.8	500	1 000	1 532	432.05	4 530.12	9 945.63
		B3511601031	将乐肖家地		32.16		0.49	500	1 000	1 649	3 279.45	6 558.57	10 815.09
		C3511601032	泰宁王源		28.69		0.27	500	1 000	1 633	1 625.25	3 250.51	5 308.08
		B3511601033	将乐王坑口		22.57		0.5	500	1 000	1 633	2 386.65	4 773.31	7 794.81
		C3511601034	将乐万全		20.32		0.3	500	1 000	1 649	1 266.21	2 532.43	4 175.98
		小计		10 942.5							24 564.99	53 049.7	85 319.97
	建宁椒坑区	B3511601035	建宁刘家		47.83	$3.776\ 59\times10^{-7}$	0.35	500	1 000	1 140	4 154.59	8 309.17	9 472.46
		A3511601036	建宁芦田		49.73		0.6	500	1 000	1 349	7 042.86	14 085.73	19 001.65
		B3511601037	建宁溢溪		30.41		0.35	500	1 000	1 282	2 641.46	5 282.92	6 772.7
		B3511601038	建宁上坑		34.86		0.6	500	1 000	1 214	4 936.94	9 873.89	11 986.9
		C3511601039	建宁叶源坑		23.91		0.34	500	1 000	1 026	2 076.86	4 153.72	4 261.72
		B3511601040	建宁里心		42.79		0.34	500	1 000	1 368	3 716.8	7 433.61	10 169.18
		C3511601041	建宁排背		15.05		0.3	500	1 000	1 368	937.82	1 875.64	2 565.88
		B3511601042	建宁椒坑		14.95		0.5	500	1 000	1 618	2 117.25	4 234.5	6 851.42
		A3511601043	建宁石舍		48.99		0.5	500	1 000	1 368	7 400.6	1 4801.2	20 248.05
		B3511601044	建宁古老前		50.02		0.5	500	1 000	1 193	7 083.94	14 167.87	16 902.27
		小计									42 109.12	84 218.25	108 232.23
	尤溪官田-德化葛坑区	A3511601045	德化双旗山	10 169.49	46.33	$5.262\ 7\times10^{-7}$	0.8	500	1 000	1 600	6 530.4	18 145.54	32 083.71
		B3511601046	德化吉山		50.31		0.62	500	1 000	1 493	9 531.6	19 063.2	28 461.36
		小计		10 169.49							16 062	37 208.74	60 545.07
		双旗山式合计		37 382.81							112 310.63	240 709.38	373 319.27

续表 7-70

预测类型	所属预测工作区	最小预测区编号	最小预测区名称	探明资源量(kg)	$S_{预}$ (km^2)	K (kg/m^3)	K_Z	$H_{预}$(m)			$Z_{预}$(kg)		
								≤500m	≤1 000m	≤2 000m	≤500m	≤1 000m	≤2 000m
陆相火山岩型金矿	闽侯罗桥及外围区	C3511401049	闽侯浮垄		14.65	$1.637\ 19\times10^{-7}$	0.44	500	1 000	1 410	527.67	1 055.33	1 488.02
		C3511401050	闽侯文山岗		16.07		0.44	500	1 000	1 410	578.81	1 157.63	1 632.25
陆相火山岩型金矿	闽侯罗桥及外围区	B3511401051	闽侯石坪洋		32.42	$1.637\ 19\times10^{-7}$	0.44	500	1 000	1 476	1 167.71	2 335.42	3 447.08
		C3511401052	闽侯洋流桥		18.38		0.44	500	1 000	1 360	662.01	1 324.03	1 800.68
		B3511401053	闽侯罗桥	306	19.55		0.8	500	1 000	1 410	1 393.1	2 939.19	4 207
		小计		306							4 329.3	8 811.6	12 575.03
	德化淳湖-永泰盖洋区	C3511401054	尤溪寨头		27.36	$2.349\ 97\times10^{-7}$	0.75	500	1 000	1 044	2 411.07	4 822.14	5 034.31
		B3511401055	尤溪山头顶		48.89		0.76	500	1 000	1 155	4 365.82	8 731.65	10 085.05
		C3511401056	尤溪后格垄		19.66		0.76	500	1 000	1 155	1 755.62	3 511.23	4 055.47
		C3511401057	尤溪秘程		11.95		0.37	500	1 000	1 155	519.52	1 039.04	1 200.09
		A3511401058	德化安村雷潭	3 462	45.52		0.9	500	1 000	1 235	1 351.68	6 165.36	8 427.79
		C3511401059	德化邱村		18.73		0.8	500	1 000	1 155	1 760.6	3 521.2	4 348.68
		C3511401060	德化淳湖		24.04		0.8	500	1 000	1 092	2 259.73	4 519.46	4 935.25
		B3511401061	永泰岭头坪	1 978.41	21.77		0.8	500	1 000	1 155	835.81	3 190.58	3 930.44
		C3511401062	永泰长潭		12.72		0.74	500	1 000	1 092	1 105.99	2 211.98	2 415.48
		C3511401063	德化下坂		25.14		0.8	500	1 000	1 155	2 363.13	4 726.26	5 458.83
		C3511401064	德化东山		9.87		0.39	500	1 000	1 092	452.29	904.57	987.8
		小计		5 440.41							19 181.26	43 343.47	50 879.19

续表 7-70

预测类型	所属预测工作区	最小预测区编号	最小预测区名称	探明资源量(kg)	$S_{预}$ (km²)	K (kg/m³)	K_2	$H_{预}$(m) ≤500m	≤1 000m	≤2 000m	$Z_{预}$(kg) ≤500m	≤1 000m	≤2 000m
陆相火山岩型金矿	上杭紫金山及外围区	C3511401065	上杭野地		2.88	$3.846\ 02\times10^{-6}$	0.2	500	500	500	1 139.19	1 139.19	1 139.19
		C3511401066	上杭坪山		3.55		0.2	500	500	500	1 404.21	1 404.21	1 404.21
		C3511401067	上杭倒坑		3.04		0.3	500	500	500	1 803.72	1 803.72	1 803.72
		C3511401068	上杭才溪		7.05		0.2	500	500	500	2 788.64	2 788.64	2 788.64
		C3511401069	上杭秧地背		14.79		0.3	500	500	500	8 775.32	8 775.32	8 775.32
		C3511401070	上杭园通山		3.68		0.2	500	500	500	1 455.63	1 455.63	1 455.63
		B3511401071	武平悦洋	1 370	12.65		0.4	500	704	704	10 007.46	14 090.5	14 090.5
		B3511401072	上杭珊瑚		6.68		0.4	500	500	500	5 284.57	5 284.57	5 284.57
		C3511401073	武平上田垅		5.49		0.2	500	500	500	2 171.58	2 171.58	2 171.58
		B3511401074	上杭石槽		15.04		0.3	500	500	500	8 923.65	8 923.65	8 923.65
		A3511401075	上杭紫金山	52 300.65	37.75		0.4	500	500	500	22 359.74	22 359.74	22 359.74
		C3511401076	上杭油篓寨		3.2		0.2	500	500	500	1 265.77	1 265.77	1 265.77
		B3511401077	上杭碧田		8.88		0.4	500	704	704	7 025	9 891.2	9 891.2
		C3511401078	上杭梅溪		3.73		0.2	500	500	500	1 475.41	1 475.41	1 475.41
		B3511401079	上杭滩下		8.14		0.4	500	704	704	6 439.58	9 066.93	9 066.93
		小计		53 670.65							82 319.47	91 896.06	91 896.06
		紫金山式合计		59 417.06							105 830.03	144 051.13	155 350.28
		全省总计		96 799.87							218 140.66	384 760.51	528 669.55

第五节　银矿资源潜力评价

福建省银矿资源潜力评价确定的典型矿床有6个，预测工作区有13个(表7-71)。划分的福建省银矿产预测类型为山口式热液型银矿、峰岩式沉积变质-热液改造型银铅锌矿、英山式陆相火山-次火山岩型银矿、悦洋式陆相火山岩型银矿、旺建式矽卡岩型银多金属矿和银硐式银铅锌矿，根据全国矿产预测类型划分方案，划归为热液型、沉积变质型、陆相火山-次火山岩型和矽卡岩型。

表7-71　福建省银矿典型矿床和预测工作区范围一览表

矿床名称	预测工作区名称	预测工作区范围
武夷山山口银矿	武夷山洋庄-浦城临江	117°51′00″—118°30′00″ 27°32′00″—27°53′00″
尤溪峰岩银铅锌矿	建阳小湖-顺昌高阳	118°00′00″—118°30′00″ 26°40′00″—27°30′00″
	尤溪梅仙	118°00′00″—118°30′00″ 26°10′00″—26°20′00″
柘荣英山银矿	建瓯水源-柘荣英山	118°35′00″—119°53′00″ 27°00′00″—27°35′00″
	仙游书峰-莆田萩芦	118°34′00″—119°13′00″ 25°23′00″—25°42′00″
	平和山格-诏安金星	117°00′00″—117°30′00″ 23°40′00″—24°30′00″
武平悦洋银金矿	上杭才溪-湖洋	116°15′00″—116°30′00″ 25°00′00″—25°20′00″
大田旺建银多金属矿	将乐万安	117°15′00″—117°45′00″ 26°40′00″—27°00′00″
	明溪林畲-永安安砂	117°00′00″—117°15′00″ 26°00′00″—26°20′00″
	大田广平-谢洋	117°30′00″—118°00′00″ 25°30′00″—26°10′00″
	连城林坊-上杭古田	116°30′00″—117°00′00″ 25°10′00″—25°45′00″
	尤溪龙门场	118°15′00″—118°30′00″ 25°40′00″—26°00′00″
福鼎银硐银铅锌矿	福鼎银硐	120°00′00″—120°15′00″ 27°10′00″—27°30′00″

一、银矿预测模型

(一)武夷山山口式热液型银矿预测模型

武夷山山口式热液型银矿典型矿床提取的预测要素见表7-72，建立的预测模型见图7-32，建立的武夷山洋庄-浦城临江预测工作区预测模型见图7-33。

表 7-72　武夷山山口式热液型银矿典型矿床成矿要素表

预测要素		描　述　内　容	预测要素分类
成矿时代		燕山晚期	重要
大地构造及Ⅲ级成矿区带		华夏陆块武夷基底杂岩，浙中-武夷隆起 W-Sn-Mo-Au-Ag-Pb-Zn-Nb-Ta -萤石成矿带(Ⅲ-81)(Ym、Yl)	重要
含矿岩系特征		矿体赋存于上三叠统焦坑组(主要)和古元古界南山岩组中，受北东向断裂破碎带控制。焦坑组可划分为上、下两个岩性段，下段是本区银矿床的主要含矿层位，可进一步划分为上、下两个亚段，厚度大于 153.67m。焦坑组下段下亚段(T_3j^{1-1})：岩性以浅灰—灰黑色砾岩、砂砾岩、石英砂岩、粉砂岩为主夹(碳质)泥岩及煤层，底部以分选性、磨圆度差的复成分砾岩呈沉积不整合覆于古元古界南山岩组之上，厚度＞14.05～81.82m。焦坑组下段上亚段(T_3j^{1-2})：上部为灰白色长石石英砂岩，中厚层状，单层厚 30～85cm；下部为浅灰、浅灰白色石英砂岩、砂砾岩，局部夹薄层粉砂岩。屑物组分磨圆度、分选性较差，呈次棱角—次圆状，反映快速堆积环境。石英砂岩石沿走向、倾向局部相变为砂砾岩。本亚段厚度 23.89～72.47m。Ⅲ～Ⅶ号矿体主要赋存在砂砾岩、石英砂岩层内的缓倾角断裂带中，矿体产状与岩层产状宏观上具有顺层和穿层特点。焦坑组上段(T_3j^2)：岩性为深灰色中厚—中层状粉砂岩、泥岩夹浅灰白色细粒石英砂岩。碎屑物分选性、磨圆度较好，水平层理发育，矿区外围厚度可达 347.3m。南山岩组岩性比较单一，以灰色、深灰色条纹状、条带状黑云斜长变粒岩、含石榴黑云斜长变粒岩为主，夹深灰色矽线长石黑云片岩、长石矽线黑云石英片岩。岩石变形强烈，揉皱发育，变形后呈无根勾状褶皱、杆状石香肠产出，局部具混合岩化	必要
含矿岩系时代		T_3(主要)、Pt_1	重要
成因类型		中低温热液充填交代型脉状矿床	必要
矿床规模		中型	次要
岩浆建造		区内岩浆建造为早白垩世浅肉红色含斑细粒正长花岗岩建造，岩石具似斑状细粒花岗结构，块状构造，钾长石似斑晶呈自形—半自形板状、宽板状	重要
成矿构造		北东向断裂破碎带	重要
成矿特征	矿体形态	焦坑组中银矿体呈似层状、长透镜状赋存在焦坑组下段砾岩、砂砾岩及砂岩层内的缓倾角层间滑动断裂带中。南山岩组中银矿体呈脉状或大脉状赋存在黑云斜长变粒岩、二云石英岩中的北东向断裂破碎带构造角砾岩或石英脉中	次要
	矿物组合	矿石的金属矿物主要有：硫银锡矿、辉银矿、自然银、方铅矿、闪锌矿、磁铁矿、钛铁矿、硬锰矿、黄铁矿少量黄铜矿以及褐铁矿—自然铅等；非金属矿物主要有：长石、石英、方解石、萤石、白云母、磷灰石、锆石等	重要
	结构构造	矿石结构主要有：自形粒状结构、半自形粒状结构、他形粒状结构、交代熔蚀结构、包含结构、乳滴(虫)状结构等；矿石构造有：斑杂状构造、浸染状构造、团块状构造、角砾状构造、星点状构造以及稠密浸染状构造等	重要
围岩蚀变		主要蚀变为：硅化、黄铁矿化、绿帘石化、叶蜡石化、褐铁矿化、绿泥石化等	重要
矿床储量		对Ⅰ-1～Ⅶ-3 号银矿体 345m 标高以上的资源量进行估算，探明(332＋333)银矿石量 110.244×10^4t，银金属量 238.413t，平均品位 Ag 216.26×10^{-6}	次要
地球物理场特征		矿床位于平缓的正磁场区，幅值约 50nT	次要
找矿线索		地表矿化露头是找矿直接标志；硅化、黄铁矿化、绿帘石化、碳酸盐化蚀变组合是间接找矿标志；矿石的转石是间接找矿标志；老采矿硐、铁锰矿化是直接找矿标志	重要

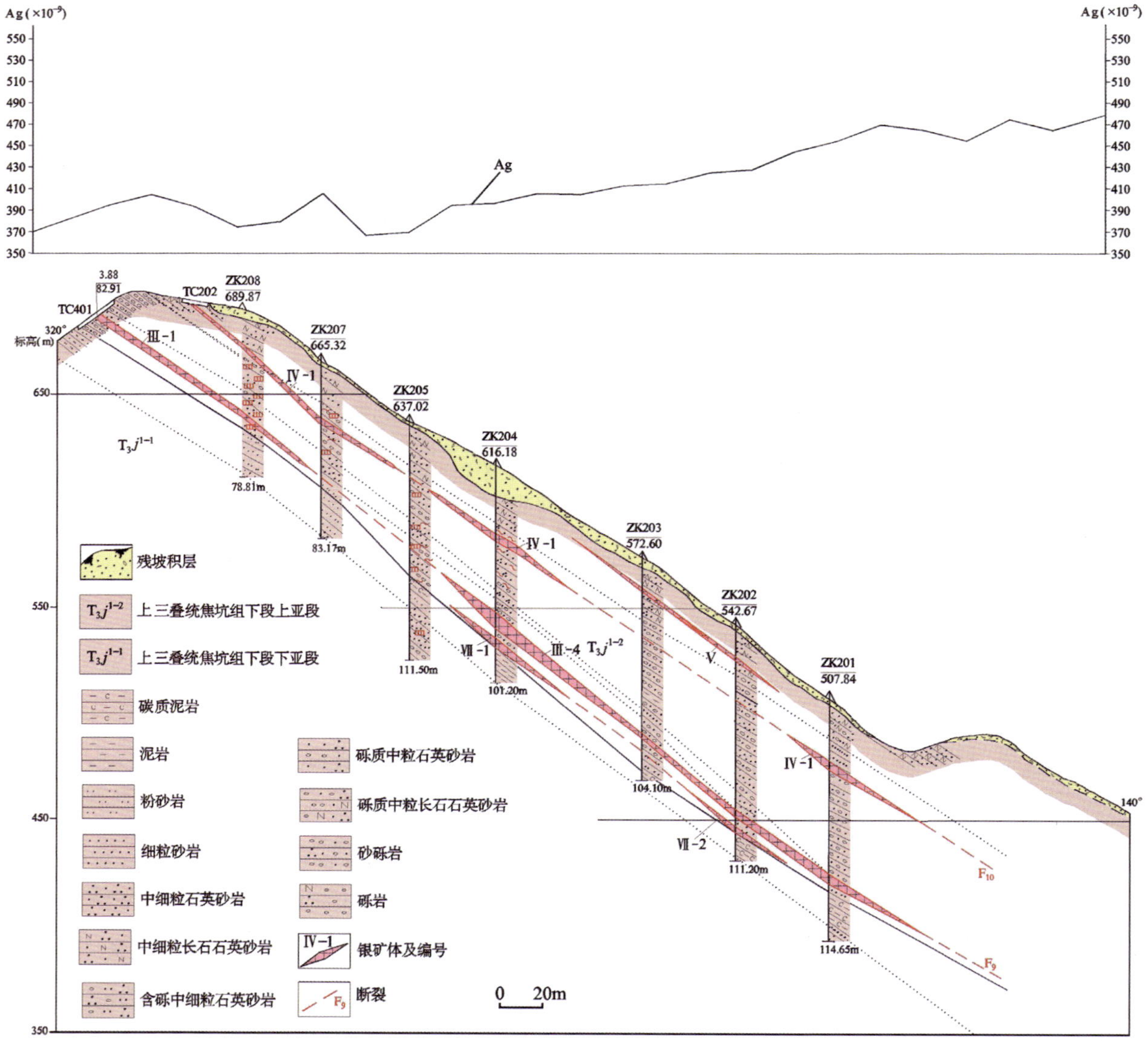

图 7-32　武夷山山口式银矿典型矿床成矿预测模型图

（据福建省地质调查研究院《福建省武夷山市山口矿区岩石头矿段银矿详查报告》修编，2010）

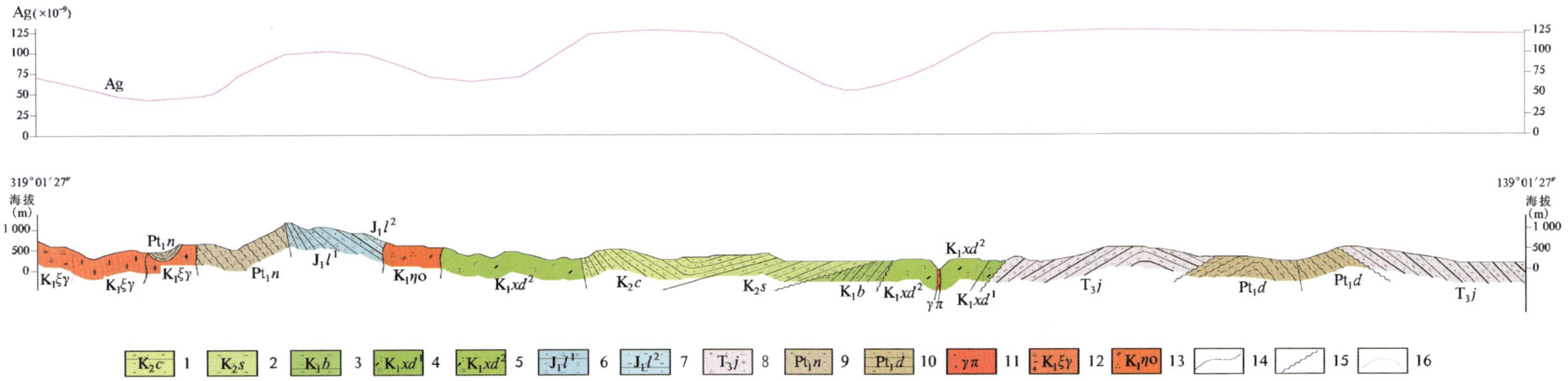

图 7-33 山口式热液型银矿武夷山洋庄-浦城临江预测工作区区域预测模型图

1.上白垩统崇安组复成分砂砾岩；2.上白垩统沙县组粉砂岩、泥岩；3.下白垩统坂头组粉砂岩、泥岩；4.下白垩统下渡组下段流纹质熔结晶屑凝灰岩；5.下白垩统下渡组上段流纹质熔结晶屑凝灰岩；6.下侏罗统梨山组下段砂砾岩、细砂岩；7.下侏罗统梨山组上段粉砂岩、细砂岩；8.上三叠统焦坑组泥岩、含砾中细粒石英砂岩；9.古元古界南山（岩）组黑云斜长变粒岩；10.古元古界大金山岩组黑云石英片岩；11.花岗斑岩；12.燕山晚期含角砾正长花岗斑岩；13.燕山中期白云母石英二长岩；14.岩性岩相界线；15.平行不整合；16.水系沉积物测量Ag异常

(二)柘荣英山式陆相火山-次火山岩银矿预测模型

柘荣英山式陆相火山-次火山岩型银矿典型矿床提取的预测要素见表 7-73,建立的预测模型见图 7-34,建立的建瓯水源-柘荣英山预测工作区预测模型见图 7-35。

表 7-73　柘荣英山式陆相火山-次火山岩银矿典型矿床预测要素表

<table>
<tr><th colspan="2">预测要素</th><th>描　述　内　容</th><th>预测要素分类</th></tr>
<tr><td colspan="2">成矿时代</td><td>J_3</td><td>重要</td></tr>
<tr><td colspan="2">大地构造及Ⅲ级成矿区带</td><td>闽东岩浆弧,浙闽粤沿海 Pb-Zn-Cu-Au-Ag-W-Sn-Nb-Ta-叶蜡石-明矾石-萤石成矿带(Ⅲ-80)(Ym、Y1)</td><td>重要</td></tr>
<tr><td colspan="2">含矿岩系特征</td><td>矿体赋存于南园组第三段(J_3n^3),岩性主要为灰色及深灰色英安岩、英安质凝灰熔岩、流纹英安质凝灰熔岩等,受北西向断裂和北东向断裂破碎带控制</td><td>必要</td></tr>
<tr><td colspan="2">含矿岩系时代</td><td>J_3</td><td>重要</td></tr>
<tr><td colspan="2">成因类型</td><td>中低温热液交代型银矿床</td><td>必要</td></tr>
<tr><td colspan="2">矿床规模</td><td>中型</td><td>重要</td></tr>
<tr><td colspan="2">成矿构造</td><td>北西向断裂和北东向断裂破碎带</td><td>重要</td></tr>
<tr><td rowspan="3">成矿特征</td><td>矿体形态</td><td>矿体呈脉状、透镜状</td><td>次要</td></tr>
<tr><td>矿物组合</td><td>金属矿物有:辉银矿及少量方铅矿、闪锌矿、黄铜矿、黄铁矿等等;非金属矿物有大量方解石,少量透闪石、石榴子石、石英、绢云母、水云母、绿泥石、绿帘石、磁铁矿、锆石、磷灰石等</td><td>重要</td></tr>
<tr><td>结构构造</td><td>矿石结构有:他形粒状结构、碎裂结构、乳浊状结构等;矿石构造有:团块状构造、稀疏浸染状构造、角砾状构造、条带状构造等</td><td>重要</td></tr>
<tr><td colspan="2">围岩蚀变</td><td>主要蚀变为:绢云母化、黄铁矿化、闪锌矿化、方铅矿化、黄铜矿化、绿泥石化、褐铁矿化、钾长石化,其中与银矿关系密切的为硅化、黄铁矿化、钾长石化</td><td>重要</td></tr>
<tr><td colspan="2">矿床储量</td><td>(332+333)矿石量 110.99×10^4t,银金属量 339.749 82t,平均品位 Ag 321×10^{-6}</td><td>次要</td></tr>
<tr><td colspan="2">地球物理场特征</td><td>矿床位于平缓的负磁场区,幅值约-60nT</td><td>次要</td></tr>
<tr><td colspan="2">找矿线索</td><td>矿体出露地表后经氧化形成红褐色铁帽,为找矿间接标志;断裂破碎带中硅化、黄铁矿化叠加并存时,可作为寻找矿体的直接标志</td><td>重要</td></tr>
</table>

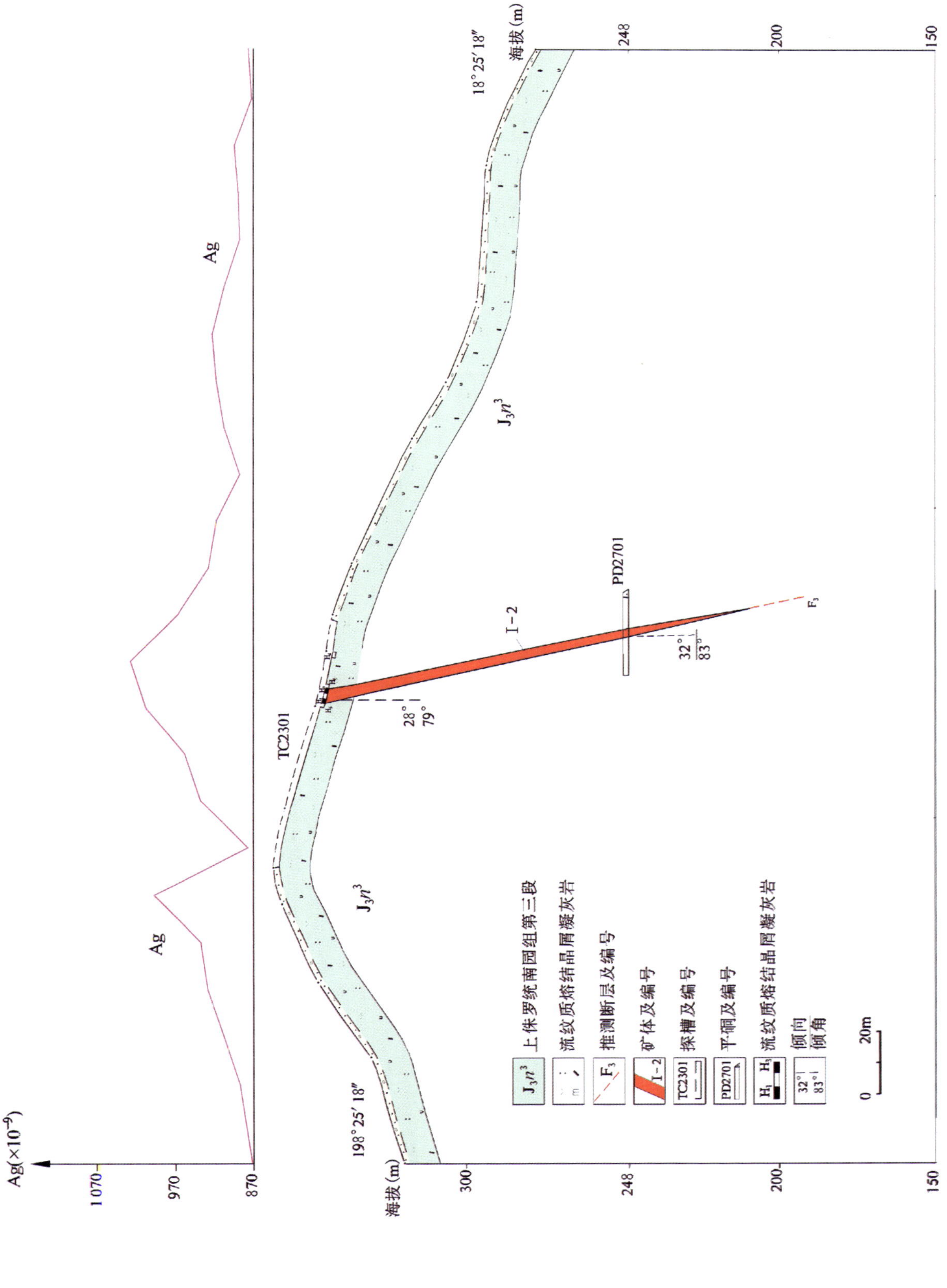

图7-34 英山式陆相火山-次火山岩型银矿典型矿床成矿预测模型图

(据福建省闽北地质大队《福建省柘荣县英山矿区西矿段银矿详查地质报告》修编,2019)

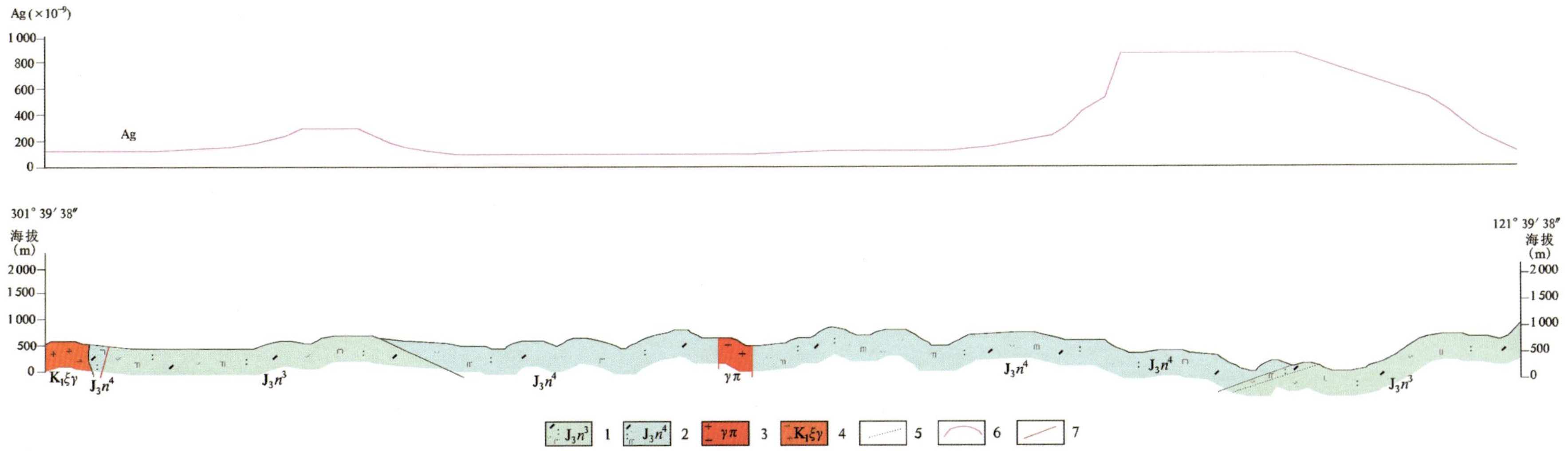

图 7-35 英山式陆相火山-次火山岩型银矿建瓯水源-柘荣英山预测工作区区域预测模型图

1.上侏罗统南园组三段英安质晶屑凝灰岩；2.上侏罗统南园组四段流纹质晶屑凝灰岩；3.花岗斑岩；4.燕山晚期正长花岗岩；5.岩性岩相界线；6.水系沉积物测量Ag异常；7. 断层

（三）武平悦洋式陆相火山-次火山岩银金矿预测模型

武平悦洋式陆相火山-次火山岩型银金矿典型矿床提取的预测要素见表7-74，建立的预测模型见图7-36，建立的上杭才溪-湖洋预测工作区预测模型见图7-37。

表7-74　武平悦洋式陆相火山-次火山岩型银金矿典型矿床预测要素表

预测要素		描述内容	预测要素分类
成矿时代		K_1	重要
大地构造及Ⅲ级成矿区带		闽西南被动陆缘与陆表海盆地，永安-梅州-惠阳（凹陷）Fe-Pb-Zn-Cu-Au-Ag-Sb成矿带（Ⅲ-82）（Ym）	重要
含矿岩系特征		矿体主要赋存于晚侏罗世细粒花岗岩内及其内外接触带，以及下白垩统寨下组（K_1z^1）凝灰质含砾粗砂岩、砂砾岩夹粉砂岩中。中粒花岗岩：石英30%～35%，钾长石（微斜长石为主）40%～45%，钠-更长石15%～20%，黑云母1%～3%；细粒花岗岩：石英30%～35%，钾长石（微斜长石为主）40%～45%，钠-更长石15%～20%，黑云母1%～2%；寨下组（K_1z^1）以火山碎屑为主，碎屑成分为石英、长石及复杂成分的岩石碎屑，岩石结构为凝灰质砂砾结构、砾砂结构；构造为块状构造	必要
含矿岩系时代		J_3、K_1	重要
成因类型		初步认为属于与火山次火山作用有成因联系的中高—中低温热液硫化矿床，即陆相火山岩型	必要
矿床规模		大型	重要
共生矿产		金、铜	次要
岩浆建造		晚侏罗世的中粗粒花岗岩、中细粒花岗岩和细粒花岗岩建造	重要
成矿构造		成矿构造主要发育于中细粒、中粗粒花岗岩中，受向型基底控制，走向近东西，倾向南东或北西，倾角总体较缓，断裂中普遍有较强硅化蚀变	重要
成矿特征	形态	矿体形态呈不规则透镜状、透镜状	次要
	矿物组合	金属矿物主要有：自然银、自然金、辉银矿、黄铜矿，少量斑铜矿、方铅矿、闪锌矿等；非金属矿物主要有：微晶石英、玉髓、水云母等	重要
	结构构造	矿石结构有：自形粒状结构、半自形粒状结构、他形粒状结构、交代熔蚀结构、包含结构等；矿石构造有：斑杂状构造、浸染状构造、团块状构造、星点状构造以及稠密浸染状构造等	重要
围岩蚀变		主要蚀变为：硅化、水云母化、黄铁矿化、绢云母化、绿泥石化、地开石化、冰长石化和碳酸盐化硅化、黄铁矿化、绿帘石化、叶蜡石化、褐铁矿化等	重要
矿床储量		累计查明银矿石量722.702×10^4t，银金属量1 659.59t，平均品位Ag 133.50×10^{-6}（据2009年储量表）	次要
地物场特征		位于低缓负磁异常区，北东、南西角为微弱正磁异常，推断为酸性岩体引起	次要
找矿线索		构造破碎、裂隙密集发育处；北东向构造夹持区内的凹陷部位；北西向和北东向断裂带交会部位；花岗岩舌状体内外接触带硅化角砾岩带处；硅化黄铁绢云岩化发育的破碎角砾岩带；火山机构旁侧次火山岩体发育部位	重要

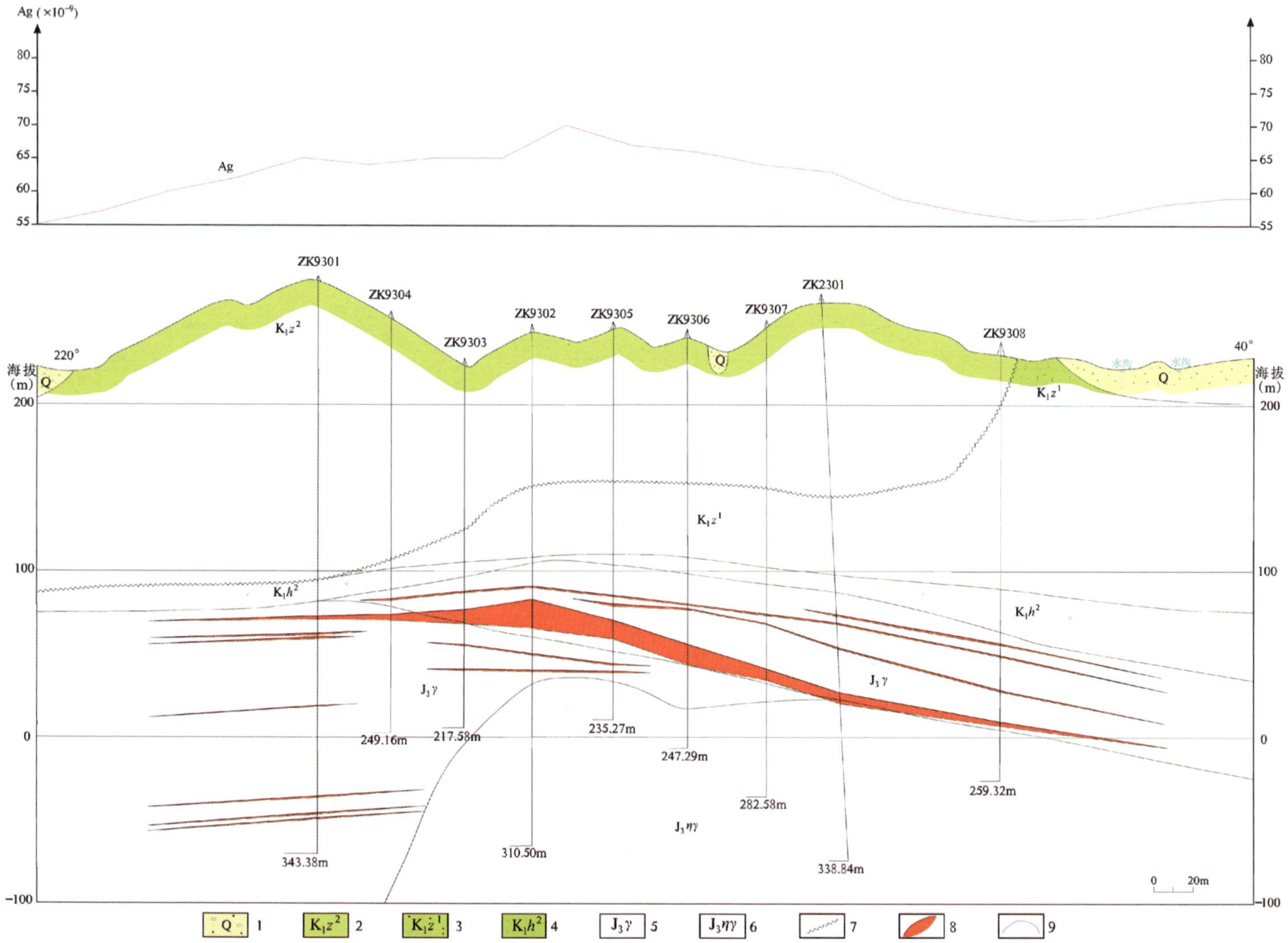

图 7-36 悦洋式银陆相火山-次火山岩型金矿典型矿床成矿预测模型图

（据福建省第八地质大队，2010，福建省武平县悦洋矿区银多金属矿资源储量核实报告，修编）

1.第四系；2.下白垩统寨下组中段灰白色流纹岩夹含砾粗砂岩、砂砾岩；3.下白垩统寨下组下段紫灰色凝灰质含砾粗砂岩、砂砾岩夹粉砂岩；4.下白垩统黄坑组上段紫灰色角闪粗安岩、局部英安岩；5.晚侏罗世花岗岩；6.晚侏罗世二长花岗岩；7.不整合地质界线；8.矿体；9.水系沉积物测量Ag异常

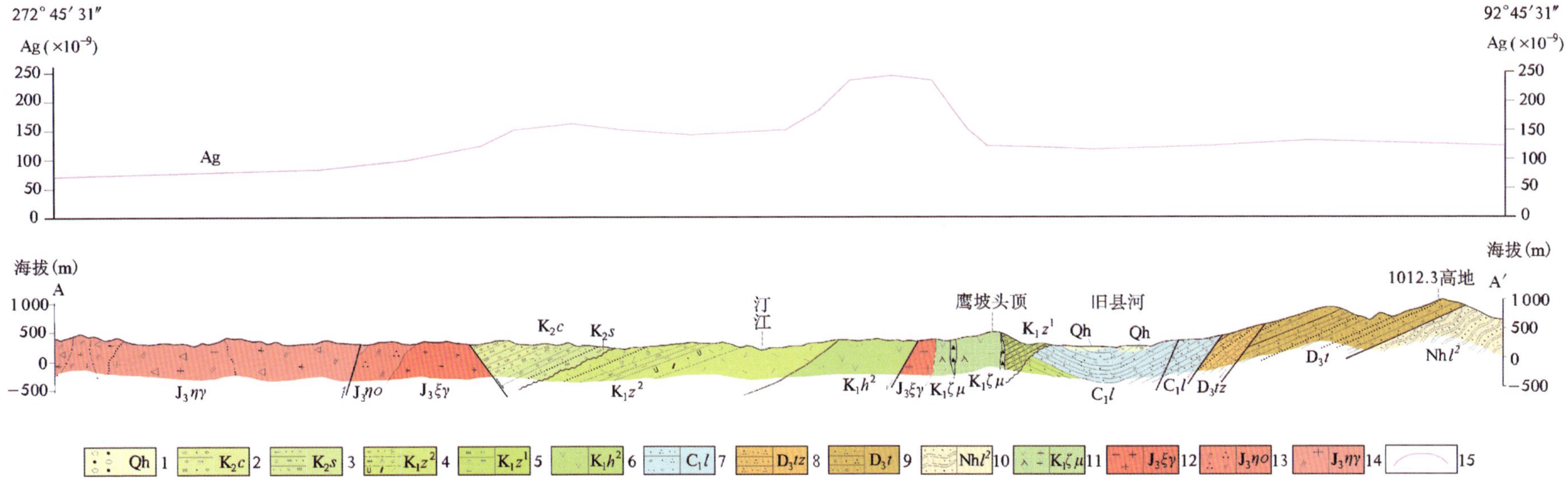

图 7-37 悦洋式陆相火山-次火山岩型银矿上杭才溪-湖洋预测工作区区域预测模型图

1.全新统：砂砾石；2.上白垩统崇安祖复成分砂砾岩；3.上白垩统沙县组粉砂岩夹复成分砂砾岩；4.上白垩统寨下组上段酸性火山碎屑岩、碎屑熔岩、流纹岩；5.上白垩统寨下组下段火山碎屑沉积岩；6.上白垩统黄坑组上段安山岩、流纹岩；7.下石炭统林地组：石英砂砾岩；8.下泥盆统桃子坑组石英砂岩；9.下泥盆统天瓦岽组石英砂砾岩石；10.楼子坝组第二段变质（钙质）砂岩；11.下白垩统英安玢岩；12.上侏罗统正长花岗岩；13.上侏罗统石英二长岩；14.上侏罗统二长花岗岩；15.水系沉积物测量Ag异常

(四)大田旺建式矽卡岩银多金属矿预测模型

大田旺建式矽卡岩型银多金属矿典型矿床提取的预测要素见表7-75,建立的预测模型见图7-38,建立的将乐万安预测工作区预测模型见图7-39。

表7-75　大田旺建式矽卡岩型银多金属矿典型矿床预测要素表

<table>
<tr><th colspan="2">预测要素</th><th>描　述　内　容</th><th>预测要素分类</th></tr>
<tr><td colspan="2">成矿时代</td><td>J_3</td><td>重要</td></tr>
<tr><td colspan="2">大地构造及Ⅲ级成矿区带</td><td>闽西南被动陆缘与陆表海盆地,永安-梅州-惠阳(凹陷)Fe-Pb-Zn-Cu-Au-Ag-Sb成矿带(Ⅲ-82)(Ym)</td><td>重要</td></tr>
<tr><td colspan="2">含矿岩系特征</td><td>矿体赋存于中二叠统栖霞组上部、下部,栖霞组岩性主要为浅灰色微晶灰岩、硅质灰岩,局部含硅质条带。岩石已全部蚀变为大理岩、矽卡岩,或被矿体交代</td><td>必要</td></tr>
<tr><td colspan="2">含矿岩系时代</td><td>P_2q</td><td>重要</td></tr>
<tr><td colspan="2">成因类型</td><td>矽卡岩型</td><td>必要</td></tr>
<tr><td colspan="2">矿床规模</td><td>中型</td><td>重要</td></tr>
<tr><td colspan="2">共生矿产</td><td>铅、锌、铜</td><td>次要</td></tr>
<tr><td colspan="2">岩浆建造</td><td>晚侏罗世花岗岩建造</td><td>重要</td></tr>
<tr><td colspan="2">成矿构造</td><td>南北向断裂破碎带</td><td>重要</td></tr>
<tr><td rowspan="3">成矿特征</td><td>矿体形态</td><td>矿体呈似层状、长透镜状、透镜状</td><td>次要</td></tr>
<tr><td>矿物组合</td><td>金属矿物主要为辉银矿、方铅矿、闪锌矿、黄铜矿,次为黄铁矿;非金属矿物有:透辉石、绿帘石、石榴子石、石英、方解石、萤石、绿泥石等</td><td>重要</td></tr>
<tr><td>结构构造</td><td>矿石结构有:半自形—他形粒状、自形粒状变晶结构,交代熔蚀、交代包含结构,乳浊状结构;矿石构造有:条带—条纹状、块状、斑杂状、细脉和网脉状等构造</td><td>重要</td></tr>
<tr><td colspan="2">围岩蚀变</td><td>主要蚀变为矽卡岩化,次要蚀变有大理岩化、硅化、碳酸盐化等</td><td>重要</td></tr>
<tr><td colspan="2">矿床储量</td><td>银金属量214.52t,平均品位120.29×10^{-6};铅金属量2.33×10^{4}t,平均品位1.30%;锌金属量3.66×10^{4}t,平均品位1.99%;铜金属量27.94t,平均品位0.46%[以上为(332+333)资源量,未上储量表]</td><td>次要</td></tr>
<tr><td colspan="2">地球物理场特征</td><td>位于平稳的正磁场区,化极后为北北西向正磁异常带</td><td>次要</td></tr>
<tr><td colspan="2">找矿线索</td><td>栖霞组赋矿层位出露地段,矽卡岩化发育地段,老采硐分布地段</td><td>重要</td></tr>
</table>

福鼎银硐式银铅锌矿典型矿床提取的预测要素见表 7-76，建立的预测模型见图 7-40，建立的福鼎银硐预测工作区预测模型见图 7-41。

表 7-76 福鼎银硐式矽卡岩型银铅锌矿典型矿床预测要素一览表

预测要素		描述内容	预测要素分类
成矿时代		本矿床铅锌矿主要成矿期为花岗斑岩、二长斑岩等侵入的矽卡岩化阶段，其时代为燕山晚期	重要
大地构造背景		位于东南沿海的闽浙粤中生代火山岩的中段，云霄-管阳火山喷发隆起带北端	必要
沉积建造		主要赋矿层位为上石炭统经畲组钙硅质岩建造	必要
侵入岩及时代		矿区侵入岩主要有花岗斑岩、二长斑岩、钾长花岗斑岩、石英斑岩等岩脉，侵入时代为燕山晚期	必要
成矿构造		福鼎银硐铅锌矿区位于我国东南沿海的闽浙粤中生代火山岩的中段，云霄-管阳火山喷发隆起带北端，主要的含矿构造是单斜构造	重要
成矿特征	矿体形态	矿体产于经畲组钙硅质岩，呈层状、似层状、透镜状产出	重要
	矿物组合	矿石矿物主要有方铅矿、闪锌矿、黄铁矿，次要有黄铜矿、磁铁矿、磁黄铁矿，还有少量辉铋矿、辉银矿、赤铁矿、菱锌矿、白铅矿	
	结构构造	矿石结构有自形—半自形晶粒结构、交代溶蚀结构、浮滴状固溶体分离结构、镶嵌结构等，矿石构造有不规则浸染—细脉状构造、不规则团块状构造、条带状构造、层纹状构造等	
围岩蚀变		围岩蚀变主要是角岩化、硅灰石化、透辉石、石榴石化、绿帘石化	重要
资源量		银硐矿区铅锌矿体产于晚石炭世的钙硅质岩中，据 2007 年储量表内铅金属量 84 165t，平均品位 1.39%；锌金属量 256 200t，平均品位 1.82%	次要
找矿线索		经畲组钙硅质岩层是本矿床的“矿源层”标志；角岩化、硅灰石化、透辉石、石榴子石化、绿帘石化等蚀变组合以及近矿内带地表上常形成的铁帽，是找矿的重要标志之一；具有 Cu、Pb、Zn、Mo 等元素的异常往往是重要的找矿标志，其中 Pb、Zn 元素是直接的找矿标志，Cu 往往是“含矿层”存在的标志；磁异常及次生晕 Pb、Zn、Cu 等元素异常重叠区且具水平分带地段是找矿的有利部位	重要
磁测资料		1∶5 万航磁测量反映矿区处于航磁正异常，一般在 140～190nT 之间	次要
化探资料		1∶20 万水系沉积物区域地球化学测量反映矿区位置具 Cu、Pb、Zn 等组合异常	重要

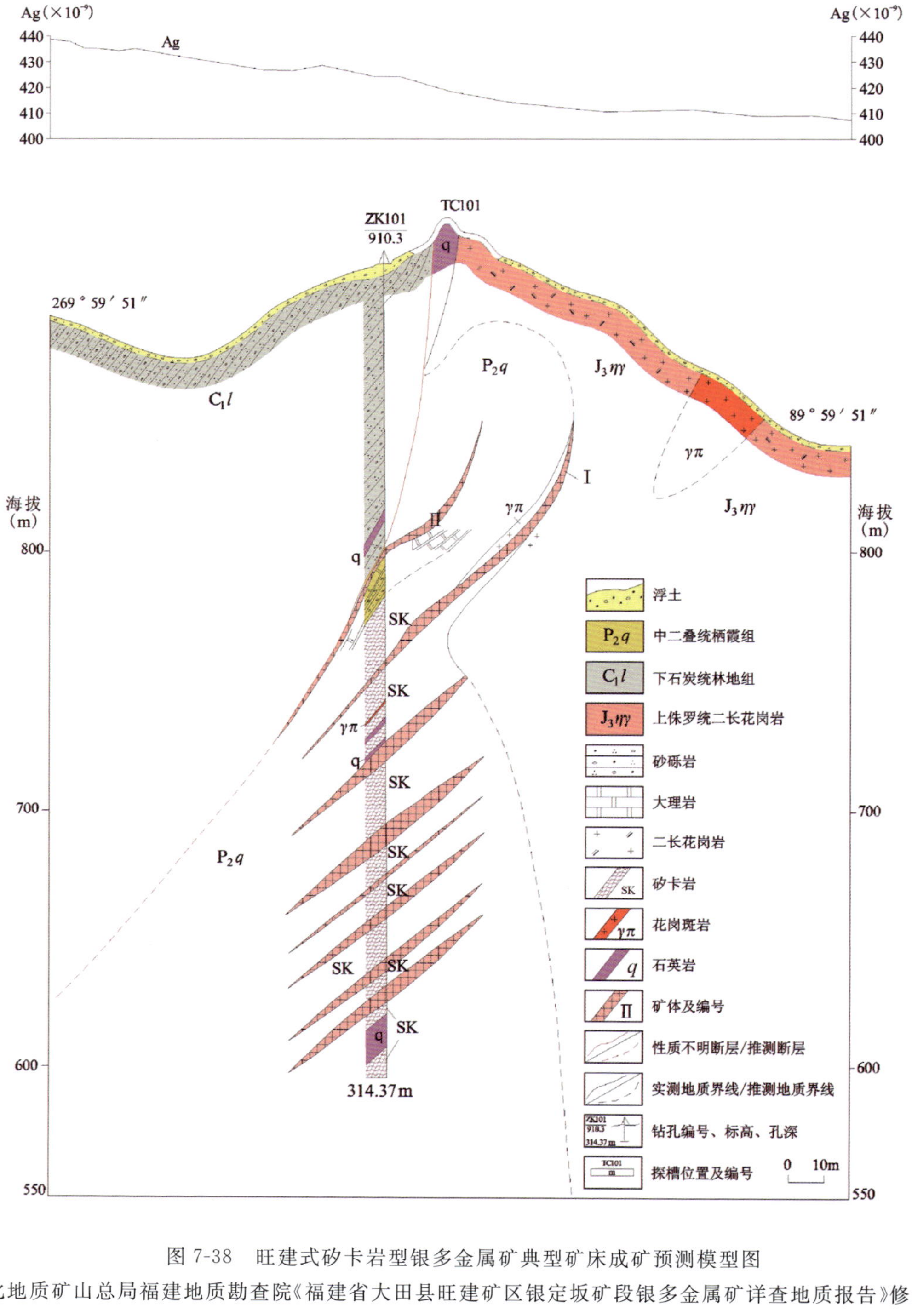

图 7-38　旺建式矽卡岩型银多金属矿典型矿床成矿预测模型图

(据中化地质矿山总局福建地质勘查院《福建省大田县旺建矿区银定坂矿段银多金属矿详查地质报告》修编,2009)

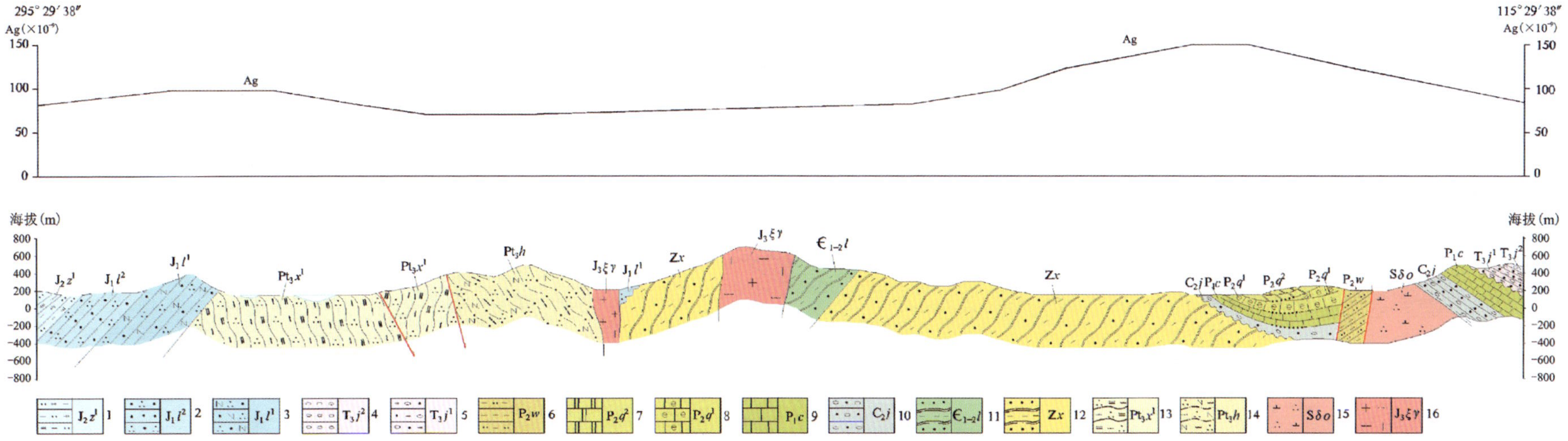

图 7-39　旺建式矽卡岩型银多金属矿将乐万安预测工作区区域预测模型图

1.中侏罗统漳平组下段黏土粉砂质杂砂岩；2.下侏罗统梨山组上段石英砂岩；3.下侏罗统梨山组下段长石石英砂岩；4.上三叠统焦坑组上段砾岩；5.上三叠统焦坑组下段杂砂质砾岩；6.中二叠统文笔山组黏土粉砂质砂岩；7.中二叠统栖霞组上段大理岩；8.中二叠统栖霞组下段含生物碎屑灰岩；9.上二叠统船山组灰岩；10.上石炭统经畲组砂砾岩；11.寒武系林田组变质砂岩夹泥岩；12.震旦系西溪组变质砂岩夹泥岩；13.新元古界下峰（岩）组二云石英片岩；14.新元古界黄潭（岩）组黑云斜长石英片岩；15.志留纪石英闪长岩；16.晚侏罗世正长花岗岩

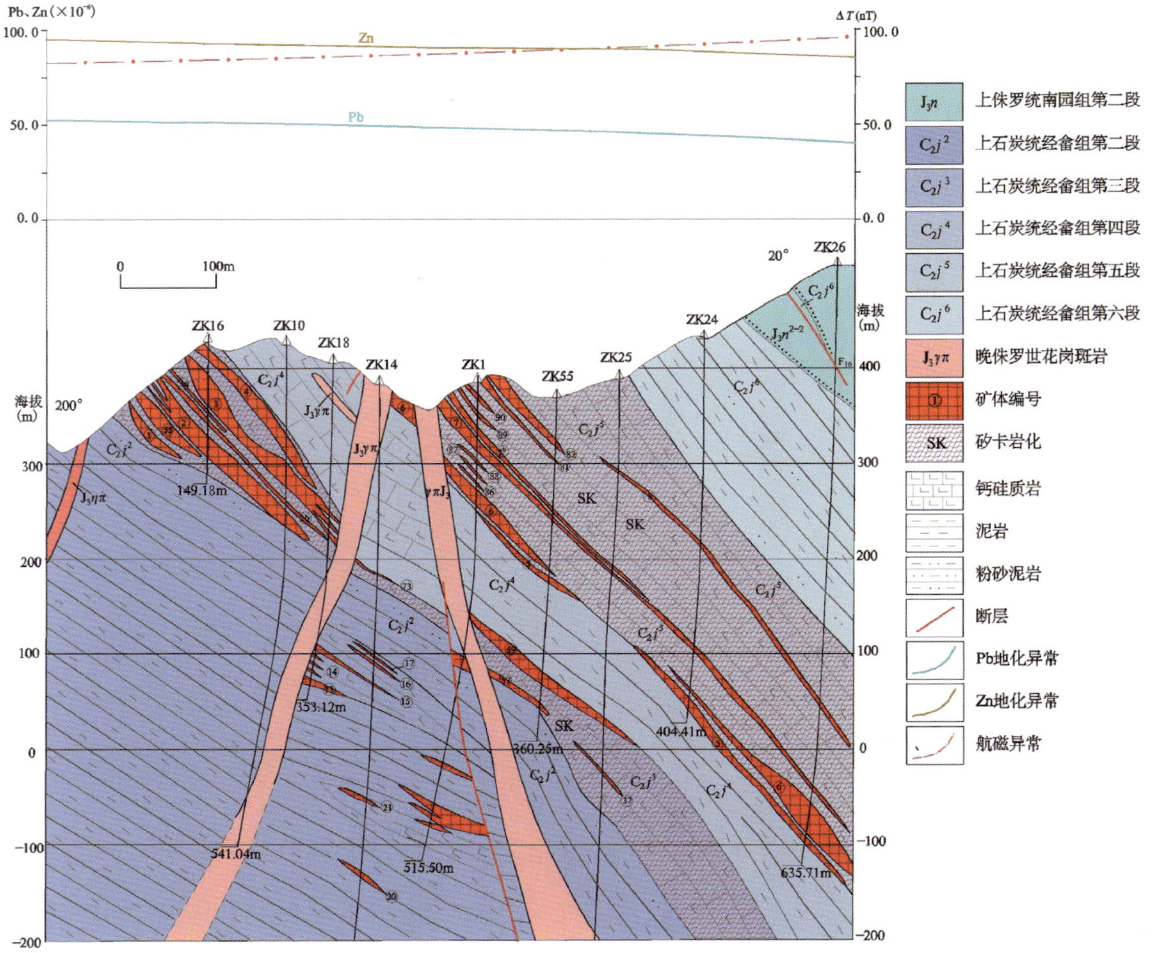

图 7-40 福鼎银硐式矽卡岩型银铅锌矿典型矿床预测模型图

（据福建省闽东南地质大队《福建省福鼎县银硐铅锌矿区详细普查地质报告》修编，1982）

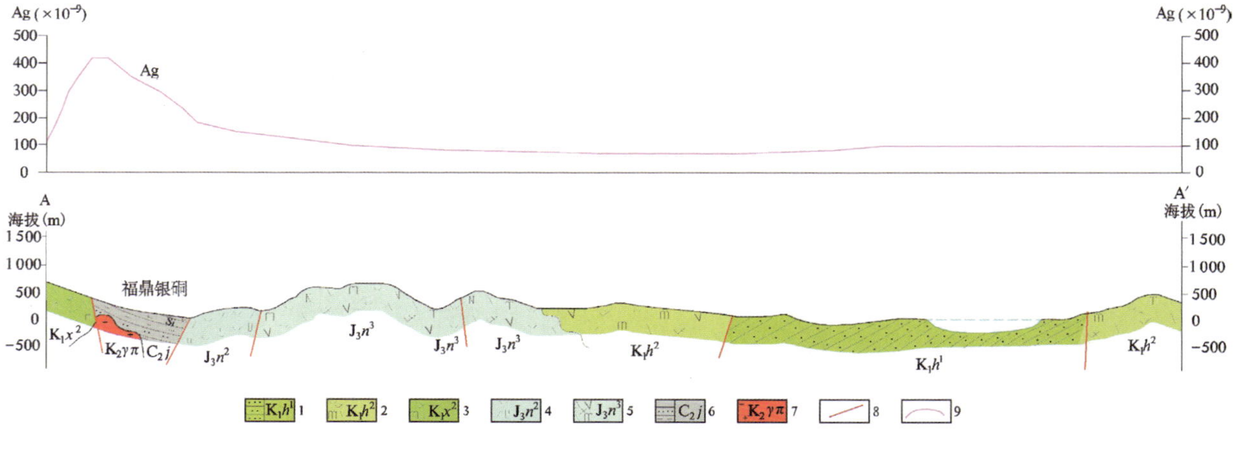

图 7-41 银硐式矽卡岩型银铅锌矿福鼎银硐预测工作区区域预测模型图

1.下白垩统黄坑组第一段细砂岩；2.下白垩统黄坑组第二段英安质熔流纹岩；3.下白垩统小溪组英安质熔结流纹岩；4.上侏罗统南园组第二段流纹质晶屑凝灰熔岩；5.上侏罗统南园组第三段英安质凝灰熔岩；6.上石炭统经畲组硅质粉砂岩、泥岩；7.燕山晚期花岗斑岩；8.断层；9.水系沉积物 Ag 异常

二、预测方法类型确定及区域预测要素

(一)银矿预测方法类型确定

通过福建省银矿预测类型与全国提供的金矿预测类型比照，确定的山口式热液型银矿、峰岩式沉积变质-热液改造型银铅锌矿的预测方法类型为复合内生型；英山式和悦洋式陆相火山-次火山岩型银矿的预测方法类型为陆相火山-次火山岩型，旺建式和银硐式矽卡岩型银多金属矿的预测方法类型为侵入岩体型(表 7-77)。

表 7-77　福建省银矿典型矿床、预测类型及预测方法类型表

全国预测类型	矿床式	福建省典型矿床	预测方法类型	备注
热液型	山口式	武夷山山口银矿	复合内生型	
沉积变质-热液改造型	峰岩式	尤溪梅仙银铅锌矿	复合内生型	引用铅锌矿成果
陆相火山-次火山岩型	英山式	柘荣英山银矿	火山岩型	
	悦洋式	武平悦洋银金矿		
矽卡岩型	旺建式	大田旺建银多金属矿	侵入岩体型	
	银硐式	福鼎银硐银铅锌矿	侵入岩体型	引用铅锌矿成果

福建省银矿预测要素图底图有火山岩性岩相构造图、侵入岩浆构造图和建造构造图。它们分别对应火山岩型矿床、侵入岩体型矿床和内生复合型矿床。

火山岩性岩相构造图编制方法：以 1∶25 万地质构造建造图为基础，详细补充 1∶5 万地质图上与成矿有关的成矿火山岩性岩相、矿体围岩、成矿断裂、矿产地、矿化蚀变标志、火山构造等。

侵入岩体型岩浆构造图编制方法：以 1∶25 万地质构造建造图为基础，详细补充 1∶5 万地质图上与成矿有关的含矿岩体、斑岩体或矽卡岩、成矿侵入角砾岩、成矿断裂、矿产地、矿化蚀变标志等。

建造构造图编制方法：以 1∶25 万地质构造建造图为基础，详细补充 1∶5 万地质图上与成矿有关的成矿地质体(包括控矿地层)、成矿断裂、矿产地、矿化蚀变标志等。

(二)银矿预测工作区区域预测要素

提取的山口式热液型武夷山洋庄-浦城临江预测工作区区域预测要素见表 7-78，英山式陆相火山-次火山岩型银金矿预测工作区区域预测要素见表 7-79，悦洋式陆相火山-次火山岩型银金矿预测工作区区域预测要素见表 7-80，旺建式矽卡岩型银多金属矿预测工作区区域预测要素见表 7-81，银硐式矽卡岩型银铅锌矿预测工作区区域预测要素见表 7-82。

表 7-78　山口式热液型银矿武夷山洋庄-浦城临江预测工作区区域预测要素表

区域预测要素		描　述　内　容	预测要素分类
区域成矿地质环境	大地构造位置	位于武夷基底杂岩的浦城-尤溪闽中裂谷带北部，崇安-石城断裂带东侧，毛洋头-谢安坪断裂带经过本区	必要
	主要控矿构造	以北东向断裂构造为主	必要
	主要赋矿地层	古元古界南山岩组、新元古界龙北溪岩组、中生代上三叠统焦坑组等	必要

续表 7-78

区域预测要素		描述内容	预测要素分类
区域成矿地质环境	赋矿沉积建造	石英砂砾岩建造、碎屑岩建造	必要
	侵入岩建造	燕山期的岩浆侵入	必要
	区域变质作用及建造	区域变质作用强烈，变质程度从低到高均存在，变质建造主要有富铝变粒岩、云母石英片岩等变质建造	次要
区域成矿地质特征	区域成矿类型和成矿期	与燕山期基性、中酸性、酸性岩浆活动有关的铜、钼、铅、锌、银矿床成矿亚系列，如武夷山山口式热液型银矿等	重要
	热液型银矿	加里东期变质基底、三叠纪—白垩纪碎屑岩建造，花岗岩体侵入	必要
		武夷基底杂岩	必要
		与银金属矿化有关的区域蚀变	重要
		矿石以银矿石和银铅锌矿石为主	重要
		矿床式主要为山口式热液型银矿	重要
物探	布格重力异常	本区处于布格重力负异常区，本区西南侧布格重力值相对较高，北东侧布格重力值相对较低	次要
	航磁异常	本区航磁异常呈北东低南西高的态势，区域内南西侧为航磁正异常，北东以航磁负异常为主，个别区域有零星正异常	次要
化探异常		根据水系沉积物测量结果，圈出 Ag 异常 9 处，Ag 异常面积 60～70km^2，平均含量(400～800)×10^{-9}，极大值：光泽排上 3 920×10^{-9}；光泽诸田岗 1 150×10^{-9}	重要
遥感解译		坑口-柘洋、新渠-城郊断层、虎鼻岩-桂林断层、岚骨-长坪断层与银矿关系密切	次要
重砂异常		区内有 3 处铅族矿物重砂异常，其中Ⅱ级异常 2 处，Ⅲ级异常 1 处	次要

表 7-79 英山式陆相火山-次火山岩型银矿建瓯水源-柘荣英山预测工作区区域预测要素表

区域预测要素		描述内容	预测要素分类
区域成矿地质环境	大地构造位置	位于武夷基底杂岩和闽东岩浆弧的交会部位，政和-大埔断裂的北段和松溪-宁德北西向断裂的构造复合部位	必要
	主要控矿构造	受北西向断裂和北东向断裂破碎带控制	必要
	主要赋矿层位	矿体赋存于上侏罗统南园组第三段(J_3n^3)	必要
	赋矿火山岩岩性岩相	岩性主要为灰色及深灰色英安岩、英安质凝灰熔岩、流纹英安质凝灰熔岩等	必要
	侵入岩建造	燕山期岩浆侵入	必要
	区域变质作用及建造	中低变质岩相，大部分属石英岩、云母片岩变质建造	重要
区域成矿地质特征	区域成矿类型和成矿期	主要是与燕山期基性—中酸性、酸性岩浆活动有关的矿床成矿系列，形成主要矿种以银、铜、铅、锌组合为特点，属陆相火山-次火山岩型	重要
	陆相火山-次火山岩型银矿	成矿与英安岩、英安质凝灰熔岩、流纹英安质凝灰熔岩等有关	必要
		武夷基底杂岩和闽东岩浆弧的交会部位	必要
		矿石以银铅锌矿石和银矿石为主，近矿围岩蚀变多为黄铁矿化、硅化、碳酸盐化、矽卡岩化等	重要
		区内普遍发育绢云母化、黄铁矿化、闪锌矿化等	重要
		矿床式主要为英山式陆相火山-次火山岩型银矿	重要

续表 7-79

区域预测要素		描述内容	预测要素分类
物探	布格重力异常	本区处于布格重力负异常区，本区西侧和东南侧布格重力值相对较高，中部布格重力值相对较低	次要
	航磁异常	本区航磁异常呈北低南高的态势，区域有2个大片的航磁正异常区域，分别位于区域的西南部和东南部，呈北东走向，其余以负异常为主	次要
化探异常		根据水系沉积物测量结果，圈出Ag异常25处，重点区域有寿宁大安、柘荣英山、建瓯岭源、建瓯小坑、政和锦屏等地区，Ag异常面积40～60km²，平均含量(400～800)×10⁻⁹，极大值：政和锦屏2 500×10⁻⁹；柘荣英山3 800×10⁻⁹；寿宁大安2 600×10⁻⁹	重要
遥感解译		建阳-柘荣断裂带、松溪-南靖大断裂、浦城-永泰断裂带、寿宁-连江断裂带等，火山构造和浅火山岩类引起的环形构造38处	次要
重砂异常		自然银重砂异常2处，面积较小；自然金重砂异常2处，面积较大；铅族重砂异常4处，面积较大	重要

表 7-80 悦洋式陆相火山-次火山岩型银矿上杭才溪-湖洋预测工作区区域预测要素表

区域预测要素		描述内容	预测要素分类
区域成矿地质环境	大地构造位置	位于闽西南被动陆缘与陆表海盆地次级隆起带，火山构造盆地边缘	必要
	主要控矿构造	以上杭-云霄北西向断裂构造、宣和北东向复背斜等为主	必要
	赋矿层位	主要赋存于下白垩统黄坑组、下白垩统寨下组及燕山期的花岗岩中	必要
	火山岩建造	火山作用形成的主要岩性为火山角砾岩、凝灰岩-英安岩-英安玢岩-隐爆碎屑岩、石英斑岩等	必要
	侵入岩建造	以燕山期的岩浆侵入为主，早侏罗世有二长花岗岩建造，晚侏罗世有二长花岗岩建造、石英二长岩建造和正长花岗岩建造，早白垩世有石英闪长岩建造、花岗闪长岩建造、花岗闪长斑岩建造、二长花岗岩建造、正长花岗岩建造和花岗斑岩建造	重要
区域成矿地质特征	区域成矿类型和成矿期	主要是与燕山期基性—中酸性、酸性岩浆活动有关的矿床成矿系列，形成陆相火山岩-次火山岩型银金矿等	重要
	陆相火山-次火山岩型银矿	成矿与隐爆角砾岩、英安玢岩、花岗斑岩、花岗闪长斑岩、花岗闪长岩、二长花岗岩等关系最密切	必要
		闽西南凹陷盆地	必要
		矿石以银铅锌矿石和银矿石为主	必要
		区内普遍发育明矾石化、硅化、绢云母化等	重要
		矿床式主要为悦洋式陆相火山岩-次火山岩型银矿	重要
物探	布格重力异常	本区处于布格重力负异常区，本区中部布格重力值相对较高，东侧布格重力值相对较低	次要
	航磁异常	本区航磁正异常区主要位于区域的南部，呈近东西、北东走向，航磁负异常主要位于区域西北部	次要
化探异常		区域圈定Ag异常区4处，圈定Ag化探异常重点区域有上杭紫金山(悦洋)1处，异常区浓度富集中心明显，Ag异常面积达28km²，平均含量1 159×10⁻⁹，极大值7 160×10⁻⁹	重要
遥感解译		山前断裂、梯子岭断层，环形构造56处	次要
重砂异常		自然金重砂异常2处，面积较小，均为Ⅱ级异常	次要

表 7-81 旺建式矽卡岩型银多金属矿将乐万安预测工作区区域预测要素表

区域预测要素		描述内容	预测要素分类
区域成矿地质环境	大地构造位置	位于闽西南被动陆缘与陆表海盆地、武夷基底杂岩交接部位，北东向南平-宁化断裂带和南北向将乐-华安断裂带交会处	必要
	主要控矿构造	以北东向南平-宁化断裂构造、褶皱构造等为主	重要
	主要赋矿层位	下二叠统船山组、中二叠统栖霞组、下白垩统侵入岩	必要
	控矿沉积构造	二叠纪碳酸盐岩建造	必要
	侵入岩建造	燕山期的岩浆侵入	必要
区域成矿地质特征	区域成矿类型和成矿期	与燕山晚期中酸性岩浆活动有关的铁、铜、钼、铅、锌、银、硫矿床成矿亚系列，如大田旺建矽卡岩型银多金属矿	重要
	矽卡岩型银多金属矿	二叠纪碳酸盐岩建造，闪长岩体侵入	必要
		闽西南被动陆缘与陆表海盆地、武夷基底杂岩交接部位	必要
		矿石以银铅锌矿石为主，且多为矽卡岩化矿石	重要
		区内普遍发育矽卡岩化、硅化、绢英岩化、黄铁矿化等	重要
		矿床式主要为旺建式矽卡岩型银多金属矿	重要
物探	布格重力异常	本区处于布格重力负异常区，西北部和东部布格重力值相对较高，中部布格重力值相对较低	次要
	航磁异常	本区航磁异常以正异常区为主，正异常中心位于区域的西南侧，少量航磁负异常位于区域东北、北部区域	次要
化探异常		区域中有 Ag 异常区 7 处，区内重点圈定顺昌黄梓厂、将乐新路口综合异常 2 处，Ag 异常面积 188km^2，极大值 1 100×10^{-9}	重要
遥感解译		华源底-漠口断层、常溪坑-白莲断层、余厝-杉坑断层等，逆冲推覆滑脱构造 8 处	次要
重砂异常		铅族重砂异常 2 处，面积较较小，为Ⅲ类异常，处于区域的南部	次要

表 7-82 银硐式矽卡岩型银铅锌矿福鼎银硐预测工作区区域预测要素表

区域预测要素		描述内容	预测要素分类
区域成矿地质环境	大地构造位置	位于东南沿海的闽浙粤中生代火山岩的中段，云霄-管阳火山喷发隆起带北端	必要
	主要控矿构造	以单斜构造为主	重要
	主要赋矿层位	石炭系经畲组	必要
	控矿沉积构造	石炭系经畲组钙硅质岩建造	必要
	侵入岩建造	燕山晚期的岩浆侵入，如花岗斑岩等	必要
	区域变质作用及建造	区域变质程度低，围岩蚀变主要是角岩化、硅灰石化、透辉石、石榴子石化、绿帘石化	重要
区域成矿地质特征	区域成矿类型和成矿期	与燕山晚期中酸性岩浆活动有关的铅、锌、铜、钼、银矿床成矿亚系列，如银硐式矽卡岩型银铅锌矿等	重要
	矽卡岩型银铅锌矿	石炭系经畲组钙硅质岩建造，花岗斑岩体侵入	必要
		闽浙粤中生代火山岩的中段，云霄-管阳火山喷发隆起带北端	必要
		矿石以银铅锌矿石为主，且多为矽卡岩化矿石	重要
		矿床式主要为银硐式矽卡岩型银铅锌矿	重要

续表 7-82

区域预测要素		描 述 内 容	预测要素分类
物探	布格重力异常	区域上本区处于负布格重力异常区，异常相对值西低东高，呈近南北向带状，银硐矿区位于重力梯级带高值与低值的中间部位	次要
	航磁异常	区域上本区航磁异常呈北东走向展布，以正异常为主，相间分布负异常，银硐矿区位于正航磁异常内	次要
化探异常		根据水系沉积物测量结果，区内圈定区域化探综合异常 4 处，其中重点异常区 1 处，以 Cu、Au、Zn、Ag 为主，异常规模较大，其中 Ag 异常面积 57.81km^2，一般含量 213.07×10^{-9}，极大值 1 400×10^{-9}	重要
遥感解译		线状构造解译本区断层多呈北东向，其次呈东西向、北西向展布，环形要素不发育，只有几个成因不明环形构造，多发育在火山岩地区	次要
重砂异常		区域上有 1 处铅族矿物重砂异常，异常面积小，银硐矿区处于该异常区内	重要

三、最小预测区圈定及优选

（一）最小预测区圈定

陆相火山-次火山岩型：利用（成矿断裂∪矿床点缓冲区∪水系银、金异常∪火山口机构缓冲区∪环状构造缓冲区）∩（含矿火山岩体）的方案，其中由含矿火山岩体与其余各要素的并集求交进行预测区的初步圈定。在使用建模器圈定靶区的基础上，结合岩体和水系异常边界范围进行适当合并、拆分并优选，最终圈定最小预测区。

矽卡岩型：利用（侵入岩体缓冲区∪矿床点缓冲区∪水系银异常∪航磁推断隐伏中酸性岩体）∩（含矿层位）的方案，其中由含矿层位与其余各要素的并集求交进行预测区的初步圈定。在使用建模器圈定靶区的基础上，结合岩体和水系异常边界范围进行适当合并、拆分并优选，最终圈定最小预测区。

热液型：（矿体围岩∪矿床点缓冲区∪水系银异常∪航磁推断隐伏中酸性岩体）∩（含矿侵入岩体或赋矿地层）的方案，其中由含矿侵入岩体或赋矿地层与其余各要素的并集求交进行预测区的初步圈定。在使用建模器圈定靶区的基础上，结合含矿岩体或赋矿地层和水系银异常边界范围进行适当合并、拆分并优选，最终圈定最小预测区。

沉积变质-热液改造型：该类型的最小预测区引用铅锌矿潜力评价所圈定的最小预测区。

（二）最小预测区优选

变量构置：福建省银矿产预测方法类型有火山岩型、复合内生型和侵入岩体型 3 种，各预测工作区初步优选确定的变量见表 7-83。

优选变量的二值化：采用找矿信息量法等数学统计方法进行优选变量的二值化工作，通过上述预测要素变量的构置，在 MRAS 技术平台的基础上，对定位预测要素变量进行优选研究。

表 7-83 预测区优选的原始要素组合

矿产预测方法类型	要素类别	要素名称
火山岩型	必要	含矿火山岩性岩相
		水系沉积物银异常
	重要	银矿床(点)
		成矿断裂
		航磁推断火山岩地层
		重砂银、铅锌异常
		遥感解译的火山成矿断裂
侵入岩体型	必要	含矿地层
		成矿侵入岩体
		水系沉积物银异常
	重要	银矿床(点)
		成矿断裂
		磁法推断隐伏岩体、地层
		重力推断岩体
		重砂银、铅锌异常
		遥感解译的成矿断裂
复合内生型	必要	含矿地层
		含矿侵入岩体
		水系沉积物银异常
	重要	银矿床(点)
		成矿断裂
		磁法推断隐伏岩体、地层
		重力推断岩体
		重砂银、铅锌异常
		遥感解译的成矿断裂

根据预测工作区银矿产地分布情况，设置银矿床规模级别等级：火山岩型为 4 级、侵入体岩型为 3 级、复合内生型为 3 级。

采用相似系数法选择进行定位预测的变量；计算出各要素的权重值及成矿概率值；在成矿概率曲线图上按拐点位置进行预测区的分类，得出最小预测区初步优选结果，再结合最小预测区所处的具体成矿环境，最终确定优选结果(表 7-84)。圈定的银矿最小预测区有 58 处，加上沉积变质-热液改造型引用铅锌矿预测成果圈定的最小预测区 11 处，全省共圈定银矿最小预测区 69 处，优选结果 A 级 35 个，B 级预测区 13 个，C 级预测区 21 个(图 7-42)。

表 7-84　福建省银矿最小预测区优选结果表(地质单元法)

预测区名称	面积(km²)	模型	资源量级别	单元得分	成矿概率	优选结果
武夷山洪源	46.12	1	3	0.90	1.00	A
武夷山吴屯	37.47	1	0	0.63	0.26	C
浦城洋村	45.19	0	4	0.86	1.00	A
武夷山长栋头	45.33	1	5	0.82	0.88	A
浦城上山后	33.55	1	5	0.93	1.00	A
浦城峰顶	29.93	0	0	0.71	0.53	B
武夷山星村	50.00	0	0	0.71	0.53	B
武夷山大水坑	35.10	0	0	0	0	C
建阳际面	43.71	1	5	0.93	1.00	A
浦城尺溪	49.10	0	5	0.82	0.88	A
松溪岩前	41.02	1	0	0.63	0.28	C
松溪铁岭	49.70	1	5	0.83	0.92	A
政和元山	44.59	0	6	0.83	0.92	A
政和锦屏	45.95	0	4	0.83	0.92	A
政和赤溪	45.76	0	0	0.63	0.28	C
寿宁外楼	44.99	1	5	0.83	0.92	A
寿宁铁场	32.82	1	0	0.80	0.82	B
建瓯南坪	41.10	0	4	0.83	0.92	A
政和宝岩	50.70	1	5	0.63	0.28	C
福安敦头	30.33	0	0	1.00	1.00	A
建瓯瓮坑	41.65	0	0	0.83	0.92	A
屏南龙潭	63.83	0	0	0	0	A
周宁芹溪	53.65	0	5	0.83	0.92	A
周宁八蒲	45.12	0	4	0.63	0.28	C
福安长面坑	40.51	0	0	1.00	1.00	A
将乐肖家地	9.31	1	5	0.76	0.89	B
将乐元洋	6.81	1	0	0.53	0.29	C
将乐八里桥	48.77	0	4	1.00	1.00	A
清流余朋	41.17	1	4	1.00	1.00	A
永安汇后	23.86	0	0	0.55	0.36	C
永安九龙	38.63	1	0	0.55	0.36	C
永安新村	46.99	0	5	0.78	0.96	B
大田大安	43.81	1	4	1.00	1.53	A
大田雄峰	43.07	0	5	0.78	0.96	B
大田东坂	39.45	0	0	0.77	0.93	B
大田前洋	52.88	1	3	0.78	0.96	A

续表 7-84

预测区名称	面积（km^2）	模型	资源量级别	单元得分	成矿概率	优选结果
大田武陵	49.63	0	0	0.55	0.36	C
漳平彭溪	39.01	0	0	0.55	0.36	C
尤溪龙门场	50.40	1	3	1.00	1.00	A
尤溪上湖顶	43.98	0	0	0	0	C
连城坪上	52.45	1	5	1.00	1.00	A
长汀官坊	49.37	0	0	0	0	C
连城木陂	45.72	0	0	0	0	C
连城冷水坑	49.32	1	0	0.55	0.36	C
上杭大坪	48.63	0	0	0	0	C
上杭太山头	27.53	0	0	0	0	C
莆田莲峰	31.68	1	5	0.83	0.92	A
仙游兴山	42.84	1	3	0.63	0.28	C
福清下溪底	38.37	1	0	1.00	1.00	A
仙游修园	36.19	0	4	0.83	0.92	A
武平悦洋	31.82	1	0	1.00	1.00	A
平和山美湖	51.71	0	0	0	0	C
平和犁壁斗	49.46	0	0	0	0	C
平和欧寮	22.17	0	0	0.80	0.82	B
平和宜盆	48.66	1	0	1.00	1.00	A
平和枫湖	48.08	1	0	0.80	0.82	B
诏安地凹	31.12	0	4	1.00	1.00	A
云霄吉仔	42.47	0	0	0.80	0.82	B
建阳水吉	49.94	0	3	1	1	A
建阳黄地	46.77	0	4	1	1	A
建瓯钟山	47.82	0	4	0.72	0.52	B
建瓯徐坑	23.60	0	5	0.78	0.62	B
顺昌山后	42.56	0	4	0.74	0.56	A
建瓯郑源西	25.37	0	0	0	0	C
建瓯郑源	25.38	0	5	0.75	1	A
建瓯龙岗	51.85	0	5	0.90	0.83	A
尤溪梅仙	47.09	1	3	0.90	0.83	A
尤溪铁炉亭	37.07	1	4	0.75	1	B
福鼎银硐	45.88	1	3	0.58	1	A

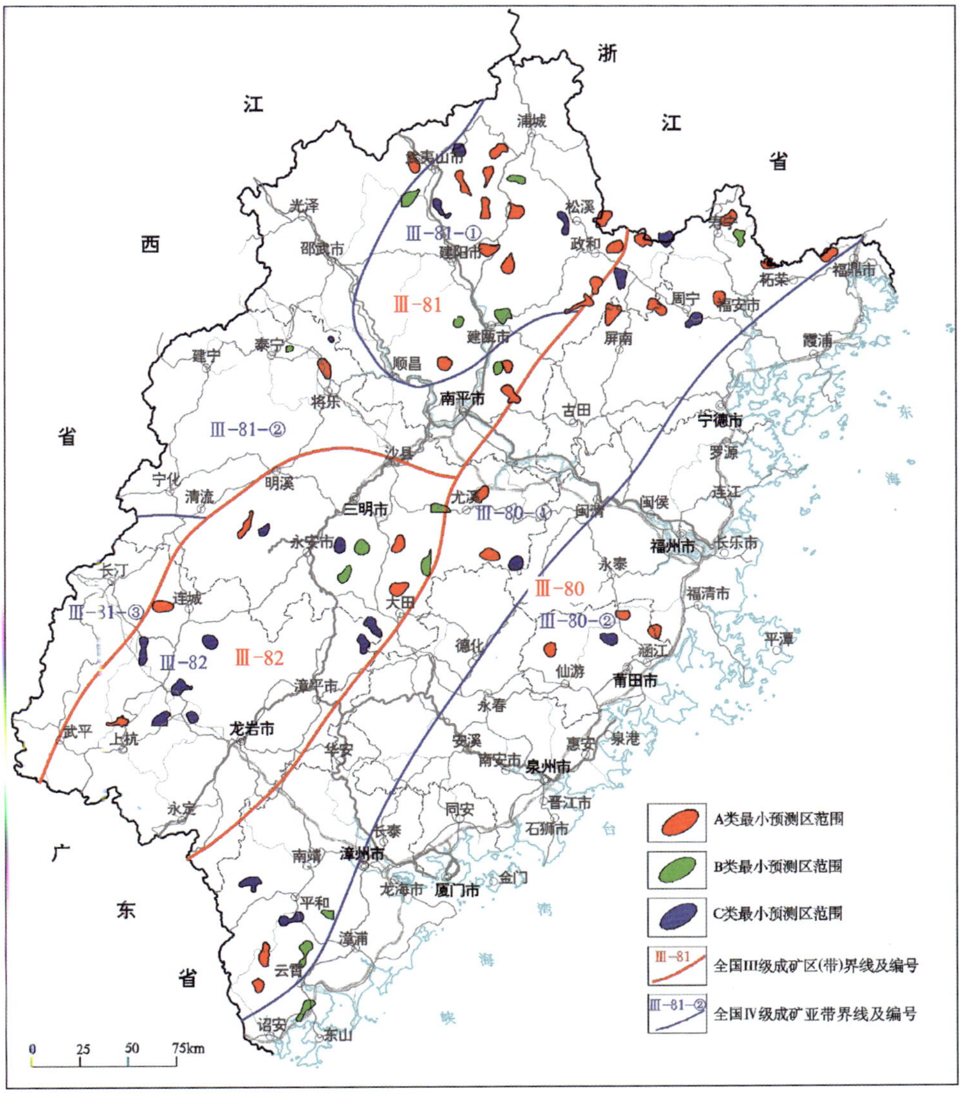

图 7-42　福建省银矿最小预测区分布及其优选结果图

四、资源定量预测

（一）典型矿床查明资源量、深部及外围资源量估算

福建省银矿典型矿床已查明资源量及其估算参数见表 7-85，深部及外围预测资源量见表 7-86。

表 7-85　福建省银矿典型矿床已查明银矿资源量及其估算参数表

名称	经度	纬度	查明资源量		面积 (km²)	总延深 (km)	平均品位 (×10⁻⁶)	小体重 (t/m³)	体积含矿率 (t/km³)
			矿石量 (×10³t)	金属量 (t)					
英山矿区	119°45′33″	27°18′42″	1 109.90	339.75	0.87	0.21	326.68	2.96	1 859.60
悦洋矿区	116°21′40″	25°09′50″	15 294.32	1 659.59	0.74	0.53	133.50	2.71	4 231.49

续表 7-85

名称	经度	纬度	查明资源量		面积 (km^2)	总延深 (km)	平均品位 ($\times10^{-6}$)	小体重 (t/m^3)	体积含矿率 (t/km^3)
			矿石量 ($\times10^3$t)	金属量 (t)					
山口矿区	117°54′27″	27°47′10″	1 102.44	238.41	0.75	0.3	216.26	2.96	1 059.61
旺建矿区	117°52′06″	25°49′50″	1 860.60	214.52	0.28	0.25	120.29	3.20	3 064.57
银硐矿区	120°06′45″	27°22′04″	5 185.00	217.00	0.075	0.55	41.85	2.90	5 260.61
梅仙矿田	118°14′51″	26°15′28″	6 843.85	303.08	3.078	0.8	44.29	3.23	123.08

注：数据来源于截至 2009 年底《福建省矿产资源量简表》《福建省 2010 年银矿资源调查核实报告》及近年来《银矿勘查成果报告》银硐矿区和梅仙矿田的平均品位用银金属量/矿石量求得，体积含矿率＝查明资源量/(面积×延深)，矿床面积在典型矿床成矿要素图上根据矿体、矿带边界确定，延深数据主要根据勘探剖面资料确定。

表 7-86　福建省银矿预测工作区典型矿床深部及外围预测银资源量表

矿产预测类型及典型矿床名称	经度	纬度	预测对象	预测资源量(金属量，t)	面积 (km^2)	总延深 (km)	体积含矿率 (t/km^3)
陆相火山-次火山岩型柘荣英山银矿	119°45′33″	27°18′42″	深部 0.21～0.5km	469.18	0.87	0.29	1 859.60
			外围延深 0.21km	23.43	0.06	0.21	1 859.60
			预测资源量小计	492.61			
陆相火山-次火山岩型武平悦洋银金矿	116°21′40″	25°09′50″	深部 0.53～0.8km	845.45	0.74	0.27	4 231.49
			外围延深 0.53km	1 502.60	0.67	0.53	4 231.49
			预测资源量小计	2 348.05			
热液型武夷山山口银矿	117°54′27″	27°47′10″	深部 0.3～0.5km	158.94	0.75	0.2	1 059.61
			外围延深 0.3km	432.32	1.36	0.3	1 059.61
			预测资源量小计	591.26			
矽卡岩型大田旺建银多金属矿	117°52′06″	25°49′50″	深部 0.25～0.5km	214.52	0.28	0.25	3 064.57
			外围延深 0.25km	91.94	0.12	0.25	3 064.57
			预测资源量小计	306.46			
矽卡岩型福鼎银硐银铅锌矿	120°06′45″	27°22′04″	深部 0.55～1.0km	177.55	0.075	0.45	5 260.61
			外围延深 0.55km	1 041.60	0.36	0.55	5 260.61
			预测资源量小计	1 219.15			
沉积变质-热液改造型尤溪梅仙银铅锌矿	118°14′51″	26°15′28″	深部 0.8～1.05km	94.71	3.08	0.25	123.08
			外围延深 0.8km	959.04	9.74	0.8	123.08
			预测资源量小计	1 053.75			
预测资源量合计				6 011.28			

注：预测矿床外围延深的面积是指扣除矿床面积以外的含矿地质体的面积，含矿地质体面积在典型矿床成矿要素图或 1∶5 万预测工作区成矿要素图上根据探明的矿体范围和含矿地质体的范围，并结合矿体形态进行圈定。

（二）模型区预测资源量及其估算参数

福建省银矿模型区预测资源量及其估算参数见表 7-87。

表 7-87 福建省银矿模型区预测资源量及其估算参数表

名称	经度	纬度	模型区预测资源总量（t）	模型区预测资源量（t）	模型区查明资源量（t）	模型区面积（km^2）	总延深（km）	含矿地质体面积（km^2）	含矿地质体面积参数
英山模型区	119°45′33″	27°18′42″	832.36	492.61	339.75	30.33	0.50	0.93	0.030 66
悦洋模型区	116°21′40″	25°09′50″	4 007.64	2 348.05	1 659.59	31.82	0.80	1.41	0.044 31
山口模型区	117°54′27″	27°47′10″	829.67	591.26	238.41	46.12	0.50	2.11	0.045 75
旺建模型区	117°52′06″	25°49′50″	532.79	306.46	226.33	52.88	0.50	0.4	0.007 56
银硐模型区	120°06′45″	27°22′04″	1 436.15	1 219.15	217.00	45.88	1.00	0.43	0.009 37
梅仙模型区	118°14′51″	26°15′28″	1 356.83	1 053.75	303.08	47.09	1.05	12.815	0.272 14
资源量小计			8 995.44	6 011.28	2 984.16				

注 ①模型区预测资源总量指典型矿床总资源量，多个矿床及矿点时应累计；②模型区面积由 MRAS 软件用叠加求并然后跟必要要素求交，再加以人工修正的方法确定；③延深即模型区延深，采用典型矿床总延深；④含矿地质体面积确定，根据不同的矿产方法类型分别确定；⑤含矿地质体面积参数＝含矿地质体面积/模型区面积。

（三）最小预测区预测资源量及其估算参数

福建省银矿最小预测区预测资源量估算采用地质体积参数法，由于除模型区外的其他最小预测区含矿地质体难以确切圈定边界，所以应用预测区预测资源量的公式为

$$Z_{预}=S_{预}\times H_{预}\times K_S\times K\times \alpha \tag{7-5}$$

式中：$Z_{预}$为预测区预测资源量；$S_{预}$为预测区面积；$H_{预}$为预测区延深（指预测区含矿地质体延深）；K_S为含矿地质体面积含矿率；K 为模型区矿床的含矿系数；α 为相似系数。

模型区的含矿系数由总资源量/（含矿地质体的面积×预测总延深）求得，各模型区求得的含矿系数见表 7-88，银矿最小预测区预测资源量估算结果及其估算参数见表 7-89。

表 7-88 银矿预测模型区含矿系数表

名称	经度	纬度	查明资源储量（t）	预测资源量（t）	总资源量（t）	总面积（km^2）	总延深（km）	含矿系数（t/km^3）
英山模型区	119°45′33″	27°18′42″	339.75	492.61	832.36	0.93	0.50	1 790.02
悦洋模型区	116°21′40″	25°09′50″	1 659.59	2 348.05	4 007.64	1.41	0.80	3 552.87
山口模型区	117°54′27″	27°47′10″	238.41	591.26	829.67	2.11	0.50	786.42
旺建模型区	117°52′06″	25°49′50″	214.52	306.46	532.79	0.40	0.50	2 663.95
银硐模型区	120°06′45″	27°22′04″	217.00	1 219.15	1 436.15	0.43	1.00	3 339.88
梅仙模型区	118°14′51″	26°15′28″	303.08	1 053.75	1 356.83	12.815	1.05	100.84

表 7-89　最小预测区预测资源量及估算参数表

预测工作区名称	最小预测区名称	$S_{预}$（km^2）	$H_{预}$（km）	K_S	K（t/km^3）	α	$Z_{预}$（t）	精度	所属模型区
武夷山洋庄-浦城临江	武夷山洪源	46.12	0.5	0.045 75	786.42	1	591.26	334-1	武夷山山口
	武夷山吴屯	37.47	0.5	0.045 75	786.42	0.4	269.62	334-3	
	浦城洋村	45.19	0.5	0.045 75	786.42	0.9	684.04	334-1	
	武夷山长栋头	45.33	0.5	0.045 75	786.42	0.8	647.17	334-2	
	浦城上山后	33.55	0.5	0.045 75	786.42	0.8	482.83	334-2	
	浦城峰顶	29.93	0.5	0.045 75	786.42	0.6	323.05	334-3	
	武夷山星村	50	0.5	0.045 75	786.42	0.6	539.68	334-3	
	武夷山大水坑	35.1	0.5	0.045 75	786.42	0.4	252.57	334-3	
	建阳际面	43.71	0.5	0.045 75	786.42	0.8	629.05	334-2	
	浦城尺溪	49.1	0.5	0.045 75	786.42	0.8	706.62	334-2	
建瓯水源-柘荣英山	松溪岩前	41.02	0.5	0.030 66	1 790.02	0.4	450.25	334-3	柘荣英山
	松溪铁岭	49.7	0.5	0.030 66	1 790.02	0.8	1 072.85	334-1	
	政和元山	44.59	0.5	0.030 66	1 790.02	0.6	734.16	334-2	
	政和锦屏	45.95	0.5	0.030 66	1 790.02	0.9	1 036.59	334-1	
	政和赤溪	45.76	0.5	0.030 66	1 790.02	0.4	502.28	334-3	
	寿宁外楼	44.99	0.5	0.030 66	1 790.02	0.6	740.74	334-2	
	寿宁铁场	32.82	0.5	0.030 66	1 790.02	0.5	450.31	334-3	
	建瓯南坪	41.1	0.5	0.030 66	1 790.02	0.8	902.26	334-2	
	政和宝岩	50.7	0.5	0.030 66	1 790.02	0.4	556.50	334-3	
	福安墩头	30.33	0.5	0.030 66	1 790.02	1	492.61	334-1	
	建瓯瓮坑	41.65	0.5	0.030 66	1 790.02	0.8	914.33	334-2	
	屏南龙潭	63.83	0.5	0.030 66	1 790.02	0.8	1 266.73	334-1	
	周宁芹溪	53.65	0.5	0.030 66	1 790.02	0.9	1 148.17	334-1	
	周宁八蒲	45.12	0.5	0.030 66	1 790.02	0.4	495.26	334-3	
	福安长面坑	40.51	0.5	0.030 66	1 790.02	0.6	666.98	334-2	
将乐万安	将乐肖家地	9.31	0.5	0.007 56	2 663.95	0.6	56.25	334-1	大田旺建
	将乐元洋	6.81	0.5	0.007 56	2 663.95	0.4	27.43	334-3	
	将乐八里桥	48.77	0.5	0.007 56	2 663.95	0.8	371.49	334-1	

续表 7-89

预测工作区名称	最小预测区名称	$S_{预}$ (km²)	$H_{预}$ (km)	K_S	K (t/km³)	α	$Z_{预}$ (t)	精度	所属模型区
明溪林畲-永安安砂	清流余朋	41.17	0.5	0.007 56	2 663.95	0.9	221.78	334-1	大田旺建
	永安江后	23.86	0.5	0.007 56	2 663.95	0.4	96.11	334-3	
大田广平-谢洋	永安九龙	38.63	0.5	0.007 56	2 663.95	0.4	155.60	334-3	
	永安新村	46.99	0.5	0.007 56	2 663.95	0.8	374.74	334-2	
	大田大安	43.81	0.5	0.007 56	2 663.95	0.8	301.14	334-1	
	大田雄峰	43.07	0.5	0.007 56	2 663.95	0.6	260.22	334-2	
	大田东坂	39.45	0.5	0.007 56	2 663.95	0.5	198.63	334-3	
	大田前洋	52.88	0.5	0.007 56	2 663.95	1	306.46	334-1	
	大田武陵	49.63	0.5	0.007 56	2 663.95	0.4	199.90	334-3	
	漳平彭溪	39.01	0.5	0.007 56	2 663.95	0.4	157.13	334-3	
尤溪龙门场	尤溪龙门场	50.4	0.5	0.007 56	2 663.95	0.9	243.77	334-1	
	尤溪上湖顶	43.98	0.5	0.007 56	2 663.95	0.4	177.15	334-3	
连城林坊-上杭古田	连城坪上	52.45	0.5	0.007 56	2 663.95	0.6	253.04	334-1	
	长汀官坊	49.37	0.5	0.007 56	2 663.95	0.4	198.86	334-3	
	连城木陂	45.72	0.5	0.007 56	2 663.95	0.4	184.16	334-3	
	连城冷水坑	49.32	0.5	0.007 56	2 663.95	0.4	198.66	334-3	
	上杭大坪	48.63	0.5	0.007 56	2 663.95	0.40	195.88	334-3	
	上杭太山头	27.53	0.5	0.007 56	2 663.95	0.4	110.89	334-3	
仙游书峰-莆田萩芦	莆田莲峰	31.68	0.5	0.030 66	1 790.02	0.9	742.40	334-1	柘荣英山
	仙游兴山	42.84	0.5	0.030 66	1 790.02	0.4	470.23	334-3	
	福清下溪底	38.37	0.5	0.030 66	1 790.02	0.9	857.62	334-1	
	仙游修园	36.19	0.5	0.030 66	1 790.02	0.6	588.42	334-2	
上杭才溪-湖洋	武平悦洋	31.82	0.8	0.04431	3 552.87	1	2 348.05	334-1	武平悦洋
平和山格-诏安金星	平和山美湖	51.71	0.5	0.030 66	1 790.02	0.4	567.59	334-3	柘荣英山
	平和犁壁斗	49.46	0.5	0.030 66	1 790.02	0.4	542.89	334-3	
	平和欧寮	22.17	0.5	0.030 66	1 790.02	0.6	365.02	334-3	
	平和宜盆	48.66	0.5	0.030 66	1 790.02	0.8	1030.05	334-1	
	平和枫湖	48.08	0.5	0.030 66	1 790.02	0.5	659.68	334-3	
	诏安地凹	31.12	0.5	0.030 66	1 790.02	0.6	450.18	334-1	
	云霄吉仔	42.47	0.5	0.030 66	1 790.02	0.5	582.71	334-3	

续表 7-89

预测工作区名称	最小预测区名称	$S_{预}$ (km^2)	$H_{预}$ (km)	K_S	K (t/km^3)	α	$Z_{预}$ (t)	精度	所属模型区
建阳小湖-顺昌高阳	建阳水吉	49.94	0.71	0.272 14	100.84	1	660.54	334-1	尤溪梅仙
	建阳黄地	46.77	0.6	0.272 14	100.84	0.8	597.58	334-1	
	建瓯钟山	47.82	0.5	0.272 14	100.84	0.4	262.46	334-3	
	建瓯徐坑	23.60	0.5	0.272 14	100.84	0.6	194.29	334-3	
	顺昌山后	42.56	0.6	0.272 14	100.84	0.6	420.46	334-3	
	建瓯郑源西	25.37	0.25	0.272 14	100.84	0.8	139.24	334-3	
	建瓯郑源	25.38	0.25	0.272 14	100.84	0.8	139.30	334-3	
	建瓯龙岗	51.85	0.8	0.272 14	100.84	0.8	910.66	334-3	
尤溪梅仙	尤溪梅仙	47.09	1.05			1	967.25	334-1	
	尤溪铁炉亭	37.07	0.5	0.272 14	100.84	0.8	406.92	334-3	
福鼎银硐	福鼎银硐	45.88	1			1	1 219.15	334-1	福鼎银硐
合计								35 967.89	

第六节　锰矿资源潜力评价

福建省锰矿资源潜力评价确定的典型矿床有3个，预测工作区有6个(表7-90)，由于矿产预测方法类型不同，出现同一个预测工作区2种矿产预测类型的情况，划分的福建省锰矿床预测类型有2种：兰桥式风化淋滤型锰矿、庙前式沉积型(主要为碳酸锰型)锰矿。

表 7-90　福建省重要矿种预测工作区范围一览表

典型矿床名称	预测工作区名称	预测工作区范围
连城庙前锰矿	清流-永安	116°30′00″—117°26′30″ 25°26′30″—26°08′30″
	大田广平-张地	117°35′00″—118°00′00″ 25°44′00″—26°10′00″
	连城-武平	116°30′00″—117°26′30″ 25°26′30″—26°08′30″
清流仁场锰矿	清流-永安	116°30′00″—117°26′30″ 25°26′30″—26°08′30″
连城兰桥锰矿	大田广平-张地	117°35′00″—118°00′00″ 25°44′00″—26°10′00″
	连城-武平	116°30′00″—117°26′30″ 25°26′30″—26°08′30″

一、锰矿预测模型

（一）连城庙前式沉积型锰矿预测模型

连城庙前式沉积型锰矿典型矿床提取的预测要素见表 7-91，由于连城庙前锰矿物化探研究工作缺乏，所以用成矿模式图代替预测模型（图 7-43），建立的预测工作区预测模型见图 7-44。

表 7-91　连城庙前沉积型锰矿典型矿床预测要素一览表

预测要素	描　述　内　容	预测要素分类
成矿时代	产于早二叠世（P_1）	必要
大地构造背景	位于闽西南被动陆缘与陆表海盆地（Ⅵ-3-2），长汀-上杭陆缘斜坡（Ⅵ-3-2-3）的东侧	必要
大地构造演化阶段	海西期海进沉积旋回系列	必要
沉积建造	下二叠统（P_1）船山组含锰碳酸盐岩建造	必要
岩相古地理	浅海碳酸盐岩建造	重要
Mn 元素异常	区域上见 Mn 元素异常，下限值为 1 891.625×10^{-6}，极大值为 6 500×10^{-6}，面积达 98.25km^2	重要
找矿线索	海西期古海岸边缘或断陷盆地中；下二叠统船山组含锰碳酸盐岩建造，硫锰矿化、蔷薇辉石化等围岩蚀变	重要

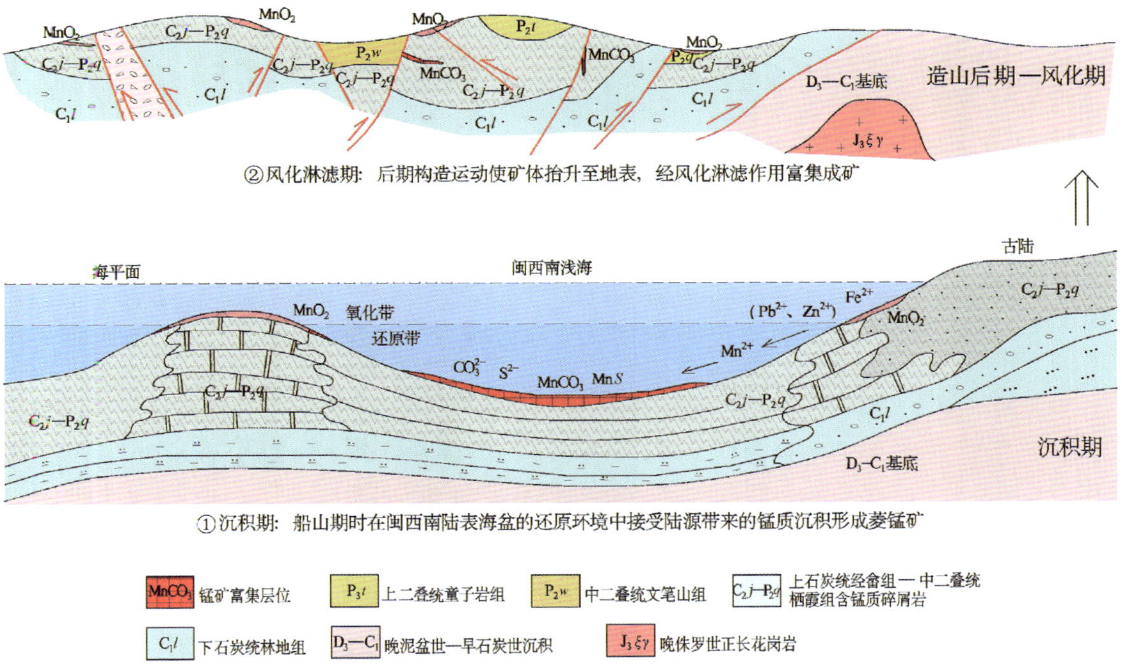

图 7-43　连城庙前式沉积型和兰桥式淋滤型锰矿典型矿床成矿模式图

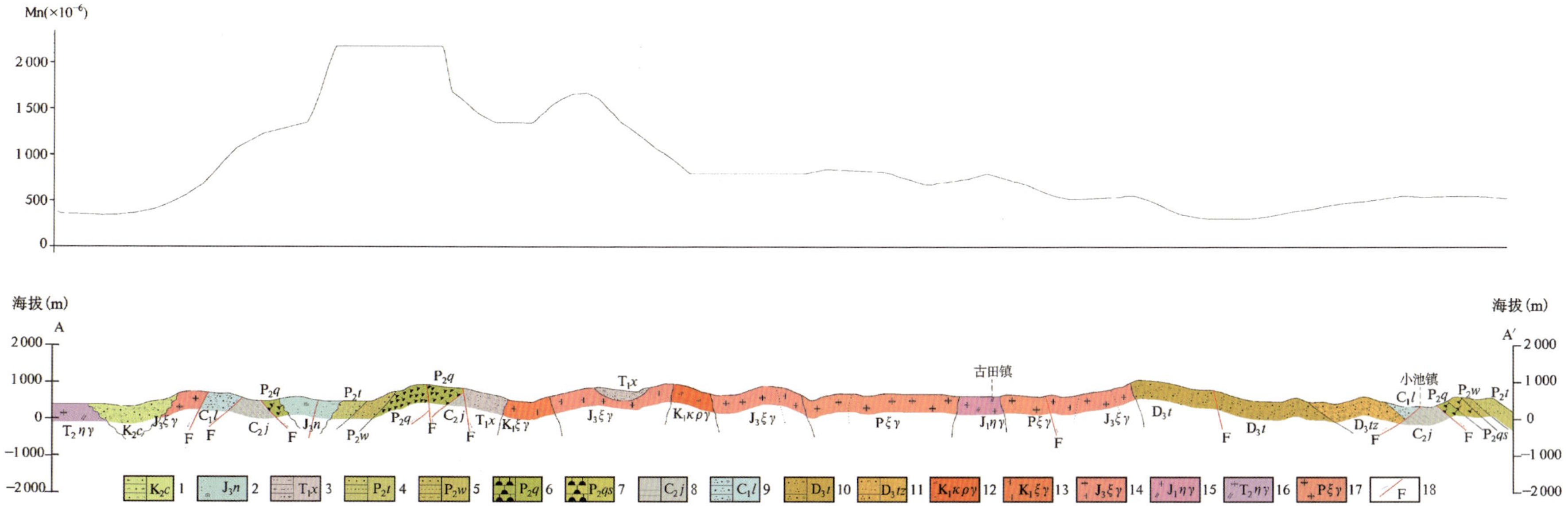

图 7-44 连城庙前式沉积型和兰桥式风化淋滤型锰矿区域预测模型图

1.上白垩统崇安组复成分砂砾岩；2.上侏罗统南园组流纹质熔结凝灰岩；3.下三叠统溪口组复成分泥质粉砂岩；4.中二叠统童子岩组细砂岩、泥岩；5.中二叠统文笔山组细砂岩、粉砂岩、泥岩；6.中二叠统栖霞组含遂石灰岩；7.中二叠统泉上组含遂石灰岩；8.上石炭统经畲组硅泥岩、硅质岩；9.下石炭统林地组石英砂砾岩；10.上泥盆统天瓦岽组石英砂砾岩；11.上泥盆统桃子坑组石英砂砾岩、粉砂岩；12.早白垩世晶洞碱长花岗岩；13.早白垩世正长花岗岩；14.晚侏罗世正长花岗岩；15.早侏罗世二长花岗岩；16.中三叠世二长花岗岩；17.中二叠世正长花岗岩；18.断层

(二)连城兰桥式风化淋滤型锰矿预测模型

连城兰桥风化淋滤型锰矿典型矿床提取的预测要素见表 7-92,建立的预测工作区预测模型见上图 7-44,建立的预测模型见图 7-45。

表 7-92 连城兰桥式风化淋滤型锰矿典型矿床预测要素一览表

预测要素	描 述 内 容	预测要素分类
成矿时代	晚古生代含锰较高的沉积原岩建造经淋滤作用,在有利的容矿空间淋滤富集成矿	必要
大地构造背景	位于闽西南被动陆缘与陆表海盆地(Ⅵ-3-2),长汀-上杭陆缘斜坡(Ⅵ-3-2-3)的东侧	必要
大地构造演化阶段	海西期海进沉积旋回系列底部	必要
沉积建造	晚古生代形成了一套含锰较高的沉积原岩(船山组、栖霞组等),后期在有利的容矿空间淋滤富集成矿	必要
岩相古地理	浅海碳酸盐岩建造	必要
Mn 元素异常	区域上见 Mn 元素异常,下限值为 1 891.625×10^{-6},极大值为 6 500×10^{-6},面积达 98.25km^2	重要
地球物理特征(激电)	本区激电异常主要沿北西向的破碎带分布,异常形态不甚规则,总的走向呈北北西向,即与本区的地层构造方向有密切关系	重要
找矿线索	海西期古海岸边缘或断陷盆地中;下二叠统船山组含锰碳酸盐岩建造,硫锰矿化、蔷薇辉石化等围岩蚀变;地表的锰帽为直接的找矿线索;地球化学 Mn 元素异常高背景值区及激电异常区等可能是锰矿赋存部位	重要

二、预测方法类型确定及区域预测要素

(一)锰矿预测方法类型确定

福建省庙前式沉积型锰矿和兰桥式风化淋滤型锰矿的矿产预测方法类型确定为沉积型,编制的底图为沉积建造构造和第四纪风化壳及地貌图,突出表达作为预测要素中必要的下二叠统船山组含锰碳酸盐岩建造的分布,图件比例尺统一为 1∶5 万。

(二)锰矿预测工作区区域预测要素

连城庙前式沉积型和兰桥式风化型锰矿区域提取的预测要素见表 7-93。

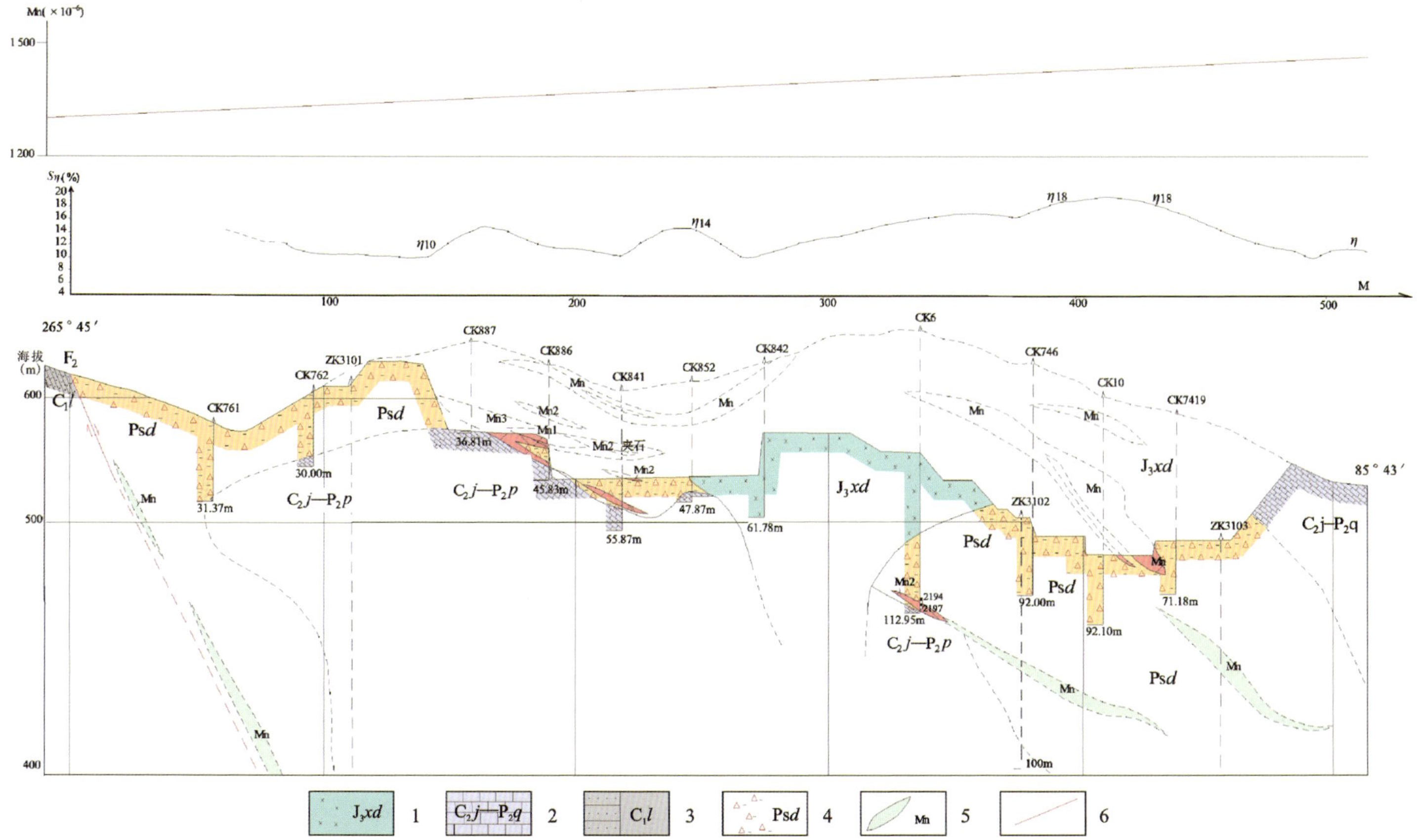

图 7-45 连城兰桥式风化淋滤型锰矿典型矿床预测模型图

（据福建省第八地质大队《福建省连城县兰桥矿区锰矿资源储量调查报告》修编，2010）

1.早侏罗世下渡组：流纹质晶屑凝灰岩；2.晚石炭世经畲组—中二叠世栖霞组：含锰质碎屑岩；3.早石炭世林地组：砂岩；4.构造角砾岩；5.锰矿体；6.断层

表 7-93　连城庙前式沉积型和兰桥式风化淋滤型锰矿区域预测要素表

区域预测要素		描述内容	预测要素分类
区域成矿地质环境	大地构造位置	闽西南陆表海盆地	必要
	成矿时代	T_{1-2}	必要
	沉积建造	海西期海进沉积旋回系列底部，下二叠统船山组（P_1c）含锰碳酸盐岩建造	必要
	岩相古地理	局限浅海台地相碳酸盐岩建造	必要
区域成矿地质特征	区域成矿类型和成矿期	主要有沉积型、沉积-改造型、接触交代型等金属—非金属矿产，成矿期主要与晚古生代的沉积建造及燕山期岩浆侵入相关	重要
	庙前式沉积型和兰桥式风化淋滤型锰矿	赖坊-庙前、北东向断裂构造是本区的控矿构造，矿体上下盘岩石为石英砂岩、泥岩、角砾岩、石英岩、灰岩等，在氧化带内岩石较松软破碎，氧化带以下的原生带岩石致密坚硬	必要
		锰矿体产于早—中二叠世（P_{1-2}）船山组—栖霞组含锰碳酸盐岩建造中，风化型锰矿是沉积锰矿体或富锰沉积建造经后期风化淋滤作用而富集成矿	必要
		矿床式主要为庙前式沉积型和兰桥式风化淋滤型锰矿	重要
地球化学特征		地球化学 Mn 元素高背景值及异常区，区域上 Mn 元素的高背景值取>799.2×10^{-6}，其中本预测区的 Mn 异常下限值为 $1\ 020.5\times10^{-6}$	重要

三、最小预测区圈定及优选

（一）最小预测区圈定

采用综合信息地质单元法进行最小预测区的圈定，其中主要考虑的是含矿建造船山组的展布，锰矿最小预测区的圈定按以下方法步骤进行。

选择圈区要素：根据各预测工作区庙前式沉积型锰矿与兰桥式风化淋滤型锰矿的成矿地质特征，分析该区成矿的预测要素特征，选择以下各要素进行最小预测区的圈定工作（表 7-94），其中风化淋滤型锰矿增加第四系风化层作为重要要素。

表 7-94　庙前式、兰桥式锰矿预测类型最小预测区圈定要素表（要素叠加法）

矿产预测类型	要素类别	要素名称	要素级别	要素属性	缓冲区半径设置
庙前式沉积型锰矿、兰桥式风化淋滤型锰矿	区域地质环境	早二叠世含锰碳酸盐岩建造等	必要	面元	0.3km
	区域成矿特征	已知锰矿床（点）	重要	点元—面元	矿床 0.5km、矿点 0.25km
	区域化探异常特征	Mn 元素高背景值区域及异常区	必要	面元	
	岩相古地理	浅海局限海台地相	必要	面元	
	区域矿化蚀变	矿化蚀变点	重要	点元	0.1km
	第四系风化	第四系风化层	重要	面元	

成矿建造区采用 0.3km 半径作缓冲区，锰矿床采用 0.5km 作缓冲区，锰矿点采用 0.3km 作缓冲区，化探 Mn 元素异常。三者求并集再与成矿建造区和矿床（点）缓冲区的并集求交集而得。

使用建模器建模：在 MRAS 操作平台上，利用建模器进行“（早二叠世含锰碳酸盐岩建造∪矿床点缓冲区)∩Mn元素高背景区”求交并集等计算,初步进行预测单元的圈定。

人工圈区:依据以上最小预测区的圈定原则,在使用建模器圈定预测区的基础上,通过与锰矿床、锰矿点的比较,化探Mn元素异常等的对比分析工作,对最小预测区的范围进行适当合并、拆分,淘汰面积过小者等,最终圈定全省3个锰矿预测区中的最小预测区46处。

(二)最小预测区优选

变量构置:按照区域预测要素选择了表7-93中所列各要素进行定量化取值,其数字化变量存在取值为1,不存在取值为0。

其中对预测区优选起作用的变量主要是含矿建造的可能分布区域,其分布产状、沿走向及倾向的延伸情况等,直接决定着该类型锰矿产的可能赋存范围。已知矿床、矿(化)点的存在是直接成矿的有利标志。同时,若区域上见有Mn元素的异常或高前景值区域则是成矿的有利地段。

根据3个预测区中锰矿床的成矿控矿特征以及在区域上的对比,选择如表7-95所示的变量作为预测区优选的要素组合。

以上主要为庙前式沉积型锰矿的优选要素组合,而兰桥式风化淋滤型锰矿的优选要素在上述基础上增加第四系风化壳参与优选要素组合。

表7-95　预测区优选的原始要素组合表

矿产预测类型	优选要素	要素级别	备注
庙前式沉积型锰矿	早二叠世含锰碳酸盐岩建造等	必要	
	已知锰矿床(点)	重要	分为矿床、矿(化)点
	Mn元素高背景区域或异常区	必要	元素含量>556.8×10^{-6},或已划定为异常区
	浅海局限海台地相	必要	
	第四系风化壳	重要	兰桥式风化淋滤型锰矿

采用相关频数比值法、找矿信息量法等数学统计方法进行优选变量的二值化工作。通过上述预测要素变量的构置,在MRAS技术平台的基础上,对定位预测要素变量进行优选研究。

根据本地区锰矿工作的实际情况,设置该区锰矿床规模级别等级为3级:4级小型(储量为200~2 000×10^4t),5级矿点(储量为<20×10^4t),6级矿化点(储量不清的矿化点)。

利用MRAS软件提供的功能,通过特征分析法进行优选,具体步骤为①先对各要素进行二值化处理;②选择进行定位预测的变量,采用的是相似系数法;③计算出各要素的权重值及成矿概率值;④在成矿概率曲线图上按拐点位置进行预测区的分类。在46个最小预测区中,最终优选出A级预测区11个,B级预测区22个,C级预测区13个(图7-46,表7-96、表7-97)。

四、资源定量预测

(一)典型矿床查明资源量、深部及外围资源量估算

福建省锰矿典型矿床查明资源量见表7-98,深部及外围资源量见表7-99,各典型矿床预测总资源量见表7-100。

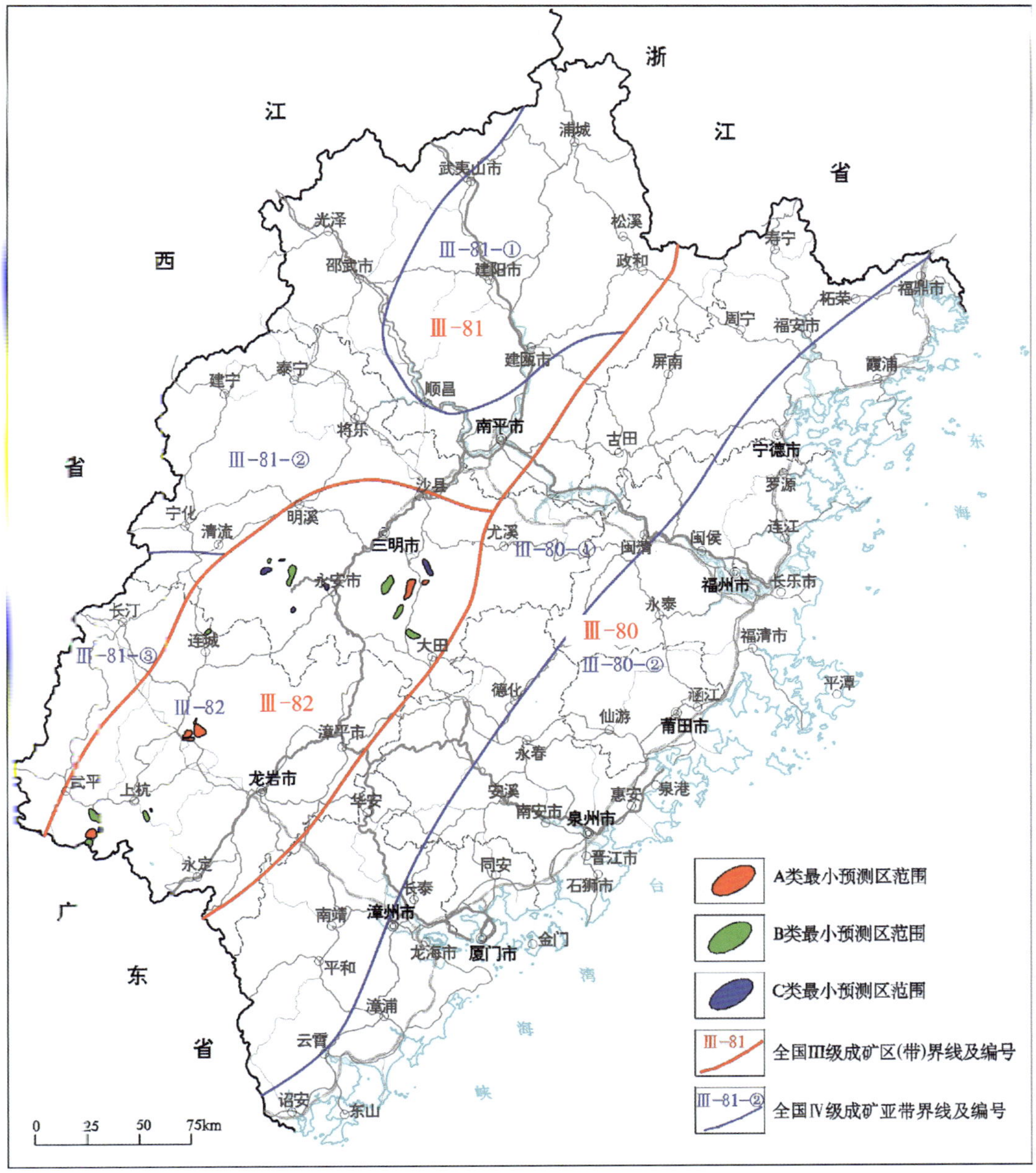

图 7-46　福建省锰矿最小预测区分布及其优选结果图

表 7-96　福建省庙前式沉积型锰矿最小预测区优选结果表

预测区名称	最小预测区编号	最小预测区名称	面积（km^2）	矿产预测类型	模型	已知资源量（$\times10^8$ t）	单元得分	岩相古地理	可能含矿建造	矿床点	Mn高背景	Mn异常	成矿概率	优选分类
清流-永安区	1	清流余朋	3.33	庙前式	0	4	0.75	1	1	1	1	0	0.544	B
	2	永安坑口	2.24	庙前式	0	0	0.5	1	1	0	1	0	0.056	C
	3	清流蛟坑	12.59	庙前式	0	0	0.5	1	1	0	1	0	0.056	C
	4	永安石碧	25.46	庙前式	0	0	0.75	1	1	0	1	1	0.544	B
	5	永安下渡	6.05	庙前式	0	0	0.5	1	1	0	1	0	0.056	C
	6	永安长川	4.38	庙前式	0	0	0.5	1	1	0	1	0	0.056	C
	7	连城王坑	6.22	庙前式	0	0	0.75	1	1	0	1	1	0.544	B
	8	永安南畲	31.42	庙前式	0	0	0.75	1	1	0	1	1	0.544	B
大田广平-张地区	9	大田广平	19.72	庙前式	0	0	0.5	1	1	0	1	0	0.056	C
	10	永安槐南	31.02	庙前式	0	5	1	1	1	1	1	1	1.033	A
	11	大田建爱	5.65	庙前式	0	4	1	1	0	1	1	1	1.033	A
	12	永安德安	16.25	庙前式	0	0	0.75	1	1	0	1	1	0.544	B
	13	大田张地	19.44	庙前式	0	0	0.75	1	0	0	1	1	0.544	B
	14	连城兰桥	2.2	庙前式	0	4	0.75	1	1	1	1	0	0.544	B
连城-武平区	15	连城坪头	11.13	庙前式	0	4	1	1	0	1	1	1	1.033	A
	16	连城珠地	26.43	庙前式	0	4	1	1	1	1	1	1	1.033	A
	17	连城庙前	6.7	庙前式	1	4	1	1	0	1	1	1	1.033	A
	18	武平叶坑	24.74	庙前式	0	5	0.75	1	1	1	1	0	0.544	B
	19	武平双坊	19.5	庙前式	0	5	1	1	1	1	1	1	1.033	A
	20	武平岩前	10.68	庙前式	0	0	0.75	1	1	0	1	1	0.544	B
	21	武平双河	5.83	庙前式	0	0	0.5	1	1	0	1	0	0.056	C
	22	上杭中坊	10.24	庙前式	0	5	0.75	1	1	1	1	0	0.544	B
	23	上杭安乡	1.23	庙前式	0	0	0.5	1	1	0	1	0	0.056	C

表 7-97　福建省兰桥式风化淋滤型锰矿最小预测区优选结果表

预测区名称	最小预测区编号	最小预测区名称	面积(km²)	矿产预测类型	模型	已知资源量(×10⁸t)	单元得分	岩相古地理	含矿建造	矿床点	Mn高背景	Mn异常	第四系	成矿概率	优选分类
清流-永安区	1	清流余朋	3.33	兰桥式	1	4	0.792 72	1	1	1	1	0	0	0.483	B
	2	永安坑口	2.24	兰桥式	0	0	0.627 93	1	1	0	1	0	0	0.074	C
	3	清流蛟坑	12.59	兰桥式	0	0	0.627 93	1	1	0	1	0	0	0.074	C
	4	永安石碧	25.46	兰桥式	0	0	0.731 57	1	1	0	1	1	0	0.331	B
	5	永安下渡	6.05	兰桥式	0	0	0.627 93	1	1	0	1	0	0	0.074	C
	6	永安长川	4.38	兰桥式	0	0	0.627 93	1	1	0	1	0	0	0.074	C
	7	连城王坑	6.22	兰桥式	0	0	0.731 57	1	1	0	1	1	0	0.331	B
大田广平-张地区	8	永安南畲	31.42	兰桥式	0	0	0.731 57	1	1	0	1	1	0	0.331	B
	9	大田广平	19.72	兰桥式	0	0	0.731 57	1	1	0	1	0	1	0.331	B
	10	永安槐南	31.02	兰桥式	1	5	0.896 36	1	1	1	1	1	0	0.741	A
	11	大田建爱	5.65	兰桥式	0	4	0.866 45	1	0	1	1	1	1	0.667	B
	12	永安德安	16.25	兰桥式	0	0	0.731 57	1	1	0	1	1	0	0.331	B
	13	大田张地	19.44	兰桥式	0	0	0.598 02	1	0	0	1	1	0	0	C
连城-武平区	14	连城兰桥	2.2	兰桥式	0	4	0.792 72	1	1	1	1	0	0	0.483	B
	15	连城坪头	11.13	兰桥式	1	4	0.866 45	1	0	1	1	1	1	0.667	B
	16	连城珠地	26.43	兰桥式	0	4	0.896 36	1	1	1	1	1	0	0.741	A
	17	连城庙前	6.7	兰桥式	0	4	0.866 45	1	0	1	1	1	1	0.667	B
	18	武平叶坑	24.74	兰桥式	0	5	0.896 36	1	1	1	1	0	1	0.741	A
	19	武平双坊	19.5	兰桥式	1	5	1	1	1	1	1	1	1	0.999	A
	20	武平岩前	10.68	兰桥式	0	0	0.835 21	1	1	0	1	1	1	0.589	B
	21	武平双河	5.83	兰桥式	0	0	0.627 93	1	1	0	1	0	0	0.074	C
	22	上杭中坊	10.24	兰桥式	1	5	0.896 36	1	1	1	1	0	1	0.741	A
	23	上杭安乡	1.23	兰桥式	0	0	0.731 57	1	1	0	1	0	1	0.331	B

表 7-98　福建省锰矿典型矿床查明资源量表

编号	名称	经度	纬度	查明资源量(×10^4t)		面积(m^2)	总延深(m)	品位(%)	体重(t/m^3)	体积含矿率(t/m^3)
				矿石量	金属量					
1	庙前	116°41′30″	25°19′12″	75.702		12 300	212.5	27.26	3.32	0.289 63
2	兰桥	116°42′18″	25°23′34″	121.467		2 456 300	195	29.76	2.61	0.002 536
3	仁场	117°03′15″	26°06′33″	63.088		453 106	196	39.02	1.97	0.007 104

表 7-99　福建省锰矿典型矿床深部及外围预测资源量表

编号	名称	经度	纬度	预测面积(m^2)	预测延深(m)	体积含矿率(t/m^3)	预测资源量(×10^4t)
1	庙前	116°41′30″	25°19′12″	0	212.5	0.289 63	0
2	兰桥	116°42′18″	25°23′34″	1 722 575	195	0.002 536	85.183
3	仁场	117°03′15″	26°06′33″	296 366	196	0.007 104	41.264

表 7-100　福建省锰矿各典型矿床预测总资源量表

编号	名称	经度	纬度	查明资源量(×10^4t)	预测资源量(×10^4t)	总资源量(×10^4t)	总面积(m^2)	总延深(m)	含矿系数(t/m^3)
1	庙前	116°41′30″	25°19′12″	75.702	0	75.702	12 300.00	212.5	0.289 63
2	兰桥	116°42′18″	25°23′34″	121.467	85.183	206.650	4 178 875	195	0.002 536
3	仁场	117°03′15″	26°06′33″	63.088	41.264	104.352	749 472	196	0.007 104

(二)模型区预测资源量及其估算参数

福建省锰矿模型区预测资源量及其估算参数见表 7-101。

表 7-101　福建省锰矿模型区预测资源量及其估算参数表

类型	模型区编号	模型区名称	经度	纬度	预测资源量(×10^4t)	模型区面积(km^2)	总延深(m)	含矿地质体面积(km^2)	含矿地质体面积参数
庙前式沉积型	A3502102017	连城庙前	116°40′45″	25°19′20″	75.702	6.70	212.5	0.006 175	0.000 921 64
兰桥式风化淋滤型	B3502101014	连城兰桥	116°42′30″	25°23′50″	206.650	2.20	195	0.076 675	0.034 852 27
	B3502101001	清流余朋	117°03′25″	26°06′40″	104.352	3.33	196	0.044 15	0.013 258 26

注:含矿地质体面积参数=模型区含矿地质体面积/模型区面积。

(三)最小预测区预测资源量及其估算参数

福建省锰矿最小预测区预测资源量估算采用地质体积参数法,计算公式与铜矿相同。

福建省模型区的含矿系数由总资源量/(含矿地质体的面积×预测总延深)求得,各模型区求得的含矿体含矿系数见表 7-102。

表 7-102　福建省锰矿模型区含矿地质体含矿系数表

类型	模型区编号	模型区名称	经度	纬度	含矿系数	资源总量（×10⁴ t）	总体积（m³）
庙前式沉积型	A3502102017	连城庙前	116°40′45″	25°19′20″	0.576 914 5	75.702	1 423 750 000
兰桥式风化淋滤型	B3502101014	连城兰桥	116°42′30″	25°23′50″	0.138 212 4	206.650	429 000 000
	B3502101001	清流余朋	117°03′25″	26°06′40″	0.120 590 8	104.352	652 680 000

福建省庙前式沉积型、兰桥式风化淋滤型锰矿最小预测区预测资源量估算结果及其估算参数见表7-103、表7-104。

表 7-103　福建省庙前式沉积型锰矿最小预测区预测资源量结果及估算参数表

预测工作区名称	最小预测区编号	最小预测区名称	$S_{预}$（km^2）	$H_{预}$（m）	K（t/m^3）	K_S	α	$Z_{预}$（×10⁴ t）
清流-永安区	B3502102001	清流余朋	3.33	212.5	0.576 914 5	0.000 921 64	0.40	15.050
	C3502102002	永安坑口	2.24	212.5	0.576 914 5	0.000 921 64	0.25	6.327
	C3502102003	清流蛟坑	12.59	212.5	0.576 914 5	0.000 921 64	0.25	35.563
	B3502102004	永安石碧	25.46	212.5	0.576 914 5	0.000 921 64	0.40	115.067
	C3502102005	永安下渡	6.05	212.5	0.576 914 5	0.000 921 64	0.25	17.089
	C3502102006	永安长川	4.38	212.5	0.576 914 5	0.000 921 64	0.25	12.372
	B3502102007	连城王坑	6.22	212.5	0.576 914 5	0.000 921 64	0.40	28.111
大田广平-张地区	B3502102008	永安南畲	31.42	212.5	0.576 914 5	0.000 921 64	0.40	142.003
	C3502102009	大田广平	19.72	212.5	0.576 914 5	0.000 921 64	0.25	55.703
	A3502102010	永安槐南	31.02	212.5	0.576 914 5	0.000 921 64	0.45	157.720
	A3502102011	大田建爱	5.65	212.5	0.576 914 5	0.000 921 64	0.60	38.303
	B3502102012	永安德安	16.25	212.5	0.576 914 5	0.000 921 64	0.40	73.442
	B3502102013	大田张地	19.44	212.5	0.576 914 5	0.000 921 64	0.40	87.859
连城-武平区	B3502102014	连城兰桥	2.2	212.5	0.576 914 5	0.000 921 64	0.40	9.943
	A3502102015	连城坪头	11.13	212.5	0.576 914 5	0.000 921 64	0.55	69.166
	A3502102016	连城珠地	26.43	212.5	0.576 914 5	0.000 921 64	0.55	164.245
	A3502102017	连城庙前	6.7	212.5	0.576 914 5	0.000 921 64	1.00	0
	B3502102018	武平叶坑	24.74	212.5	0.576 914 5	0.000 921 64	0.40	111.813
	A3502102019	武平双坊	19.5	212.5	0.576 914 5	0.000 921 64	0.60	132.196
	B3502102020	武平岩前	10.68	212.5	0.576 914 5	0.000 921 64	0.40	48.268
	C3502102021	武平双河	5.83	212.5	0.576 914 5	0.000 921 64	0.25	16.468
	B3502102022	上杭中坊	10.24	212.5	0.576 914 5	0.000 921 64	0.40	46.280
	C3502102023	上杭安乡	1.23	212.5	0.576 914 5	0.000 921 64	0.25	3.474
合计								1 386.462

表 7-104　福建省兰桥式风化淋滤型锰矿最小预测区预测资源量结果及估算参数表

预测工作区名称	最小预测区编号	最小预测区名称	$S_{预}$ (km^2)	$H_{预}$ (m)	K (t/m^3)	K_S	α	$Z_{预}$ ($\times 10^4$ t)
清流-永安区	B3502101001	清流余朋	3.33	196	0.120 590 8	0.013 258 26	1	41.264
	C3502101002	永安坑口	2.24	50	0.120 590 8	0.013 258 26	0.25	4.477
	C3502101003	清流蛟坑	12.59	50	0.120 590 8	0.013 258 26	0.25	25.161
	B3502101004	永安石碧	25.46	50	0.120 590 8	0.013 258 26	0.25	50.883
	C3502101005	永安下渡	6.05	50	0.120 590 8	0.013 258 26	0.25	12.091
	C3502101006	永安长川	4.38	50	0.120 590 8	0.013 258 26	0.25	8.754
	B3502101007	连城王坑	6.22	50	0.120 590 8	0.013 258 26	0.25	12.431
大田广平-张地区	B3502101008	永安南畲	31.42	110	0.120 590 8	0.013 258 26	0.25	138.146
	B3502101009	大田广平	19.72	110	0.120 590 8	0.013 258 26	0.25	86.704
	A3502101010	永安槐南	31.02	110	0.120 590 8	0.013 258 26	0.45	245.498
	B3502101011	大田建爱	5.65	110	0.120 590 8	0.013 258 26	1	18.967
	B3502101012	永安德安	16.25	110	0.120 590 8	0.013 258 26	0.25	71.447
	C3502101013	大田张地	19.44	110	0.120 590 8	0.013 258 26	0.25	85.473
连城-武平区	B3502101014	连城兰桥	2.2	195	0.138 212 4	0.034 852 27	1	85.183
	B3502101015	连城坪头	11.13	100	0.138 212 4	0.034 852 27	0.5	268.067
	A3502101016	连城珠地	26.43	100	0.138 212 4	0.034 852 27	0.5	636.569
	B3502101017	连城庙前	6.7	100	0.138 212 4	0.034 852 27	0.58	113.798
	A3502101018	武平叶坑	24.74	100	0.138 212 4	0.034 852 27	0.4	476.692
	A3502101019	武平双坊	19.5	100	0.138 212 4	0.034 852 27	0.4	375.727
	B3502101020	武平岩前	10.68	100	0.138 212 4	0.034 852 27	0.4	205.783
	C3502101021	武平双河	5.83	100	0.138 212 4	0.034 852 27	0.25	70.208
	A3502101022	上杭中坊	10.24	100	0.138 212 4	0.034 852 27	0.45	221.968
	B3502101023	上杭安乡	1.23	100	0.138 212 4	0.034 852 27	0.25	14.812
合计								3 270.103

第七节　镍矿资源潜力评价

福建省镍矿资源潜力评价确定的典型矿床有 1 个，预测工作区有 1 个(表 7-105)。

表 7-105　福建省镍矿典型矿床及预测工作区范围一览表

典型矿床名称	预测工作区名称	预测工作区范围
莆田长基镍矿	莆田长基	118°45′00″—119°00′00″ 25°20′00″—25°30′00″

一、镍矿预测模型

莆田长基式基性—超基性铜镍硫化物型镍矿典型矿床提取的预测要素见表7-106，建立的预测模型见图7-47，建立的预测工作区区域成矿预测模型见图7-48。

表7-106 莆田长基式基性—超基性铜镍硫化物型镍矿典型矿床预测要素表

预测要素		描述内容	预测要素分类
成矿时代		燕山晚期，K-Ar测得岩体年龄为101Ma	重要
大地构造背景		闽东沿海岩浆弧	重要
大地构造演化阶段		燕山晚期的闽东沿海岩浆带中火山-岩浆活动	重要
火山建造围岩		上侏罗统南园组二段(J_3n^2)火山碎屑沉积岩建造	次要
侵入岩浆构造		燕山晚期基性—超基性岩浆侵入	必要
成矿特征	矿体形态	Ⅰ号主矿体：位于矿区西南，规模最大，控制长度900m，最宽400m，平均宽250m，矿体平均厚度90m，面积约0.25km²。在西、北两侧因断层与Ⅱ、Ⅲ、Ⅵ矿体隔开；南面被流纹斑岩侵入包围；东部因断层及流纹斑岩侵入使矿体缺失。在矿体中13线11块段残留小块阳起透闪岩。后期流纹斑岩侵入于3线至7线之间，使矿体分割成东、西两段，为似层(蘑菇帽)状。Ⅱ号矿体：分布于Ⅰ号矿体北东侧的13～19线间，矿体长度400m，宽度90m，平均宽60m，由于矿体无深部工程控制，推测其厚度在50m以上，矿体面积0.024km²，呈橄榄状	次要
	矿物组合	金属矿物主要有：暗镍蛇纹石、镍黄铁矿、黄铜矿、磁黄铁矿等；非金属矿物主要有：滑石、蛇纹石和绿泥石等	次要
	结构构造	矿石结构主要有半自形—自形粒状结构、他形粒状结构，次有乳浊状结构，少量包含结构、压碎结构，偶有叶片状结构；矿石主要构造类型为致密块状、片状，少量呈片理化构造	次要
	围岩蚀变	具有强烈的蛇纹石化、透闪石化、滑石化等蚀变	重要
矿床储量		截至2009年12月31日，矿区累计查明(332+333)类型资源量：矿石量3 260.308×10⁴t，镍金属量46 817.93t，平均品位0.144%	次要
找矿线索		燕山晚期基性—超基性岩浆侵入体，同时具有强烈的蛇纹石化、透闪石化、滑石化等蚀变部位，物探磁法及激电异常为间接找矿标志	重要
磁法异常		地面磁法显示为强度大、梯度陡的正负跳变磁异常，最大值超过3 000nT，负值达到8 924nT	重要
激电异常		本区激电异常的背景值约4%，将$\eta s>6\%$作为异常下限，可圈出5个激电异常，异常值一般6%～12%，4号异常的极大值可达16%	重要

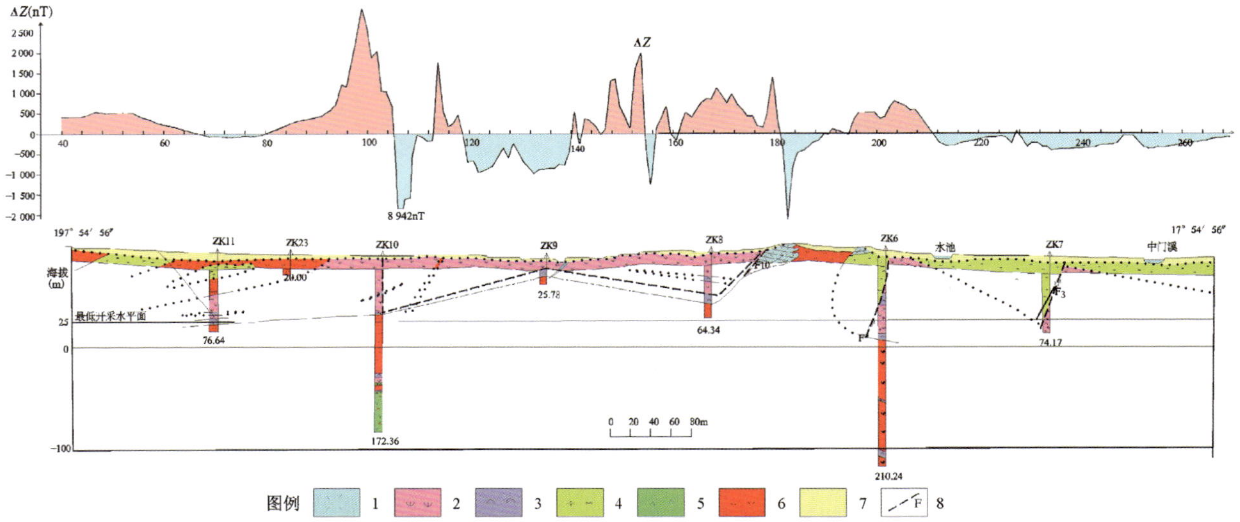

图 7-47　莆田长基式基性—超基性铜镍硫化物型镍矿典型矿床成矿预测模型图

(据福建省闽北地质大队《福建省莆田市长基矿区镍矿资源储量调查报告》修编,2010)

1.南园组第二段流纹质凝灰岩;2.蛇纹岩;3.滑石岩;4.阳起透闪岩;5.燕山晚期橄榄岩;6.第四系;7.断层

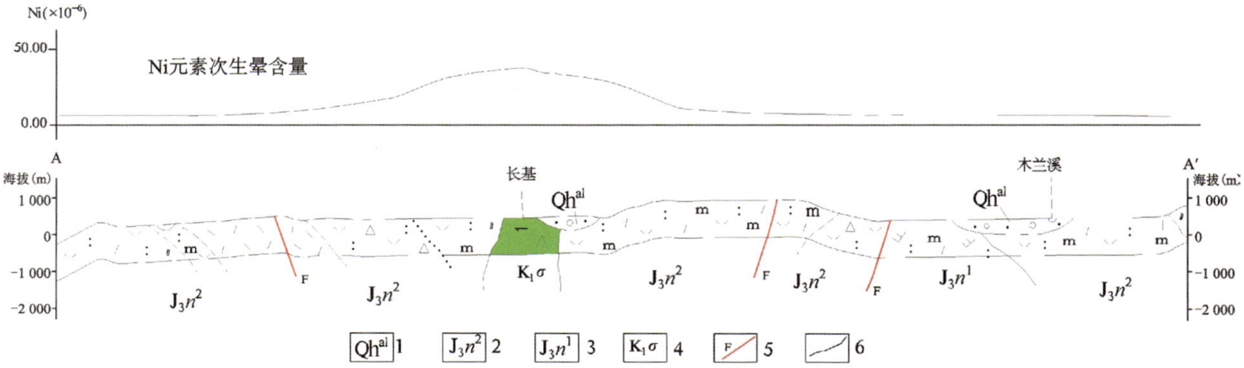

图 7-48　莆田长基式基性—超基性铜镍硫化物型镍矿预测工作区区域成矿预测模型图

1.第四纪全新统;2.上侏罗统南园组第二段;3.上侏罗统南园组第一段;4.斜辉橄榄岩;5.断层;6.地层界线

二、预测方法类型确定及区域预测要素

(一)镍矿预测方法类型确定

长基式基性—超基性铜镍硫化物型镍矿的预测方法类型确定为侵入岩体型,编制的底图为侵入岩浆构造图。编图内容着重突出表达预测工作区的含矿侵入岩建造的分布范围及蛇纹岩化等蚀变与镍矿成矿的关系,编图比例尺为 1∶5 万。

(二)镍矿预测工作区区域预测要素

提取的长基式基性—超基性铜镍硫化物型镍矿莆田长基预测工作区区域预测要素见表 7-107。

表 7-107　长基式基性—超基性铜镍硫化物型镍矿莆田长基预测工作区区域预测要素表

区域预测要素		描　述　内　容	预测要素分类
区域成矿地质环境	大地构造位置	闽东沿海岩浆弧	必要
	主要控矿构造	以北东向的岩浆-火山喷发构造为主	必要
	侵入岩建造	燕山早期(早白垩世)的岩浆侵入,主要以基性—超基性的斜辉橄榄岩为主,K-Ar 法同位素年龄 101Ma,成因类型为幔源型花岗岩	必要
区域成矿地质特征	区域成矿类型和成矿期	主要是与燕山早期基性—超基性火山活动有关的矿床成矿系列,主要矿种以铅锌、银、钼、蛇纹石、镍等组合为特点,矿床成因类型为侵入矽卡岩型、火山岩型,如长基镍矿等	重要
	长基式基性—超基性铜镍硫化物型镍矿	闽东沿海岩浆弧	必要
		早白垩世基性—超基性岩的侵入,其中主要是斜辉橄榄岩	必要
		镍矿产于蛇纹岩中,与(超)基性岩区蛇纹岩化关系密切	必要
		区内镍矿普遍伴随着蛇纹岩化、滑石化及透闪石化等	重要
		矿床式主要为长基式基性—超基性铜镍硫化物型镍矿	重要
区域地球物理特征	磁法	区域上 1∶2.5 万较大磁异常发现 10 处,据 1∶2 000 磁测资料显示,长基区磁异常为超基性岩引起,而其余 9 处均为酸性—中性侵入岩或具磁性的流纹斑岩、火山角砾岩引起	重要
	电法	本区激电异常的背景值约 4%,将 $\eta s>6\%$ 作为异常下限,可圈出 5 个激电异常,异常值一般 6%～12%,4 号异常的极大值可达 16%	重要
区域地球化学特征	区域	区域上 Ni 元素的次生晕异常背景值为 13×10^{-6},按超基性岩中矿体特征,设定的异常下限为 500×10^{-6}	重要
	矿区	本区 29 个 Ni 异常中有 13 个可能与硫化镍有关,局部有富集成矿	重要

三、最小预测区圈定及优选

(一)最小预测区圈定

采用综合信息地质单元法进行最小预测区的圈定,圈区过程:①确定已知含矿侵入岩体的分布范围;②叠加长基镍矿区的已圈定矿区及矿区外围范围;③叠加物探推断的基性岩体分布范围;④参考已知矿床及矿化信息等。本次最小预测区的圈定按以上步骤进行,仅圈出莆田长基 1 个最小预测区。

(二)最小预测区优选

变量构置:本次镍矿最小预测区仅圈出 1 处,无法进行预测要素的构置、变量数字化、定量化及变量优选等工作。

根据最小预测区的圈定要素进行专家优选。对上述圈区各要素进行全面综合分析,根据预测区中镍矿床的成矿控矿特征,以及在区域上对比,选择如表 7-108 所示的变量作为预测区优选的要素组合。

表 7-108　最小预测区优选的要素组合表

矿产预测类型	优选要素	要素级别	备注
长基式基性—超基性铜镍硫化物型镍矿	燕山晚期侵入基性岩建造	必要	
	物探推断的基性岩体分布区	重要	
	化探 Ni 元素原生晕分布区	重要	
	长基镍矿床	重要	
	北东向长乐-南澳断裂带	重要	控岩构造

从以上预测要素分析，本区圈定的莆田长基最小预测区为 A 类预测区，福建省镍矿最小预测区分布及其优选结果见图 7-49。

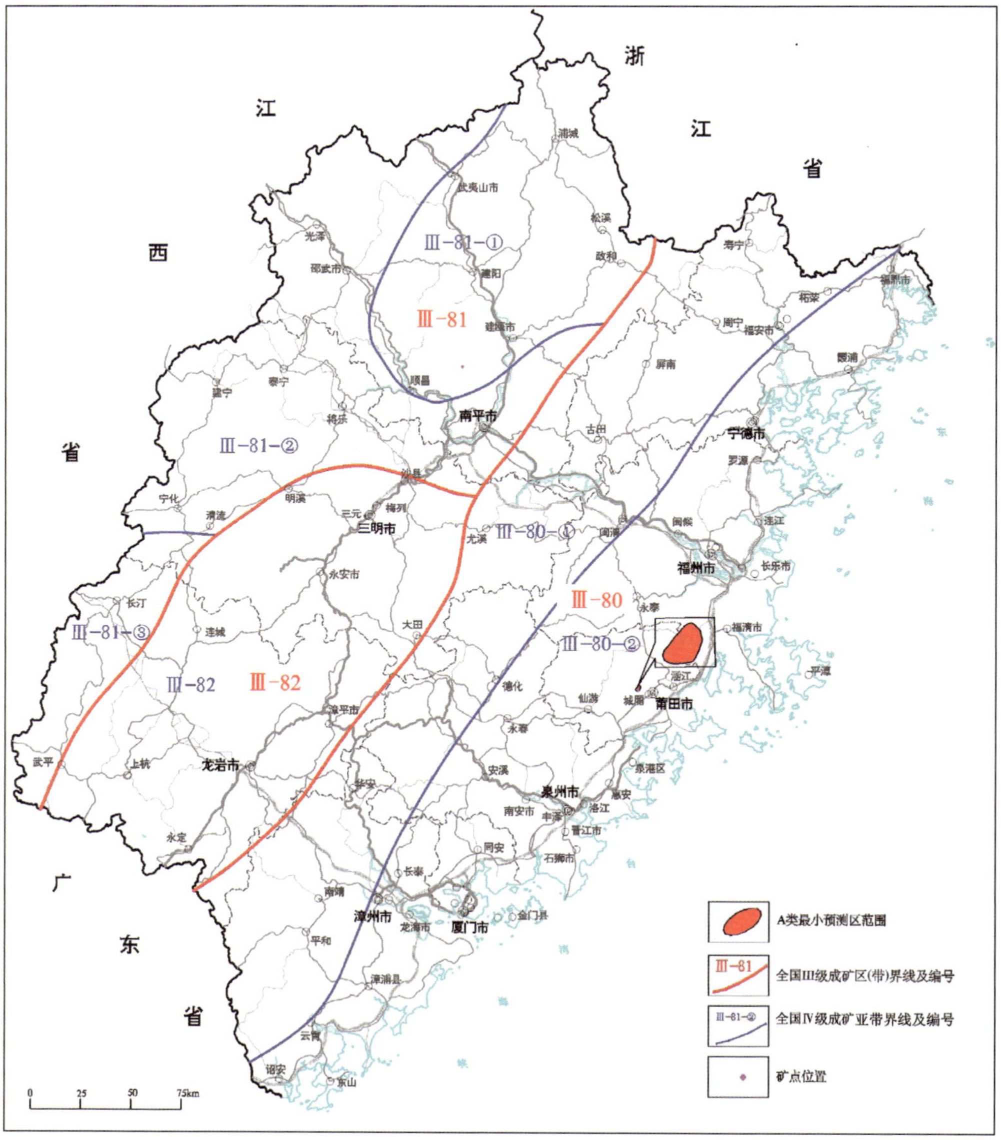

图 7-49　福建省镍矿最小预测区分布及其优选结果图

四、资源定量预测

（一）典型矿床查明资源量、深部及外围资源量估算

福建省镍矿典型矿床查明资源量见表 7-109，深部及外围资源量估算结果见表 7-110，典型矿床预测总资源量见表 7-111。

表 7-109　莆田长基镍矿典型矿床查明资源量表

名称	经度	纬度	查明资源量(t)		面积 (m^2)	总延深 (m)	品位 (%)	体重 (t/m^3)	体积含矿率 (t/m^3)
			矿石量	金属量					
长基	118°55′20″	25°26′23″	32 603 080	46 817.93	1 229 060	210.24	0.143 6		0.000 181

表 7-110　福建省长基镍矿典型矿床深部及外围预测资源量表

名称	经度	纬度	预测面积 (m^2)	预测总延深 (m)	体积含矿率 (t/m^3)	预测资源量 (t)
长基	118°55′20″	25°26′23″	914 580	210.24	0.000 181	31 354.75

（二）最小预测区预测资源量及其估算参数

本次镍矿的资源量定量估算采用地质参数体积法。因全省仅划出 1 个预测工作区，故圈定 1 个最小预测区，参照矿区外围的估算方法对其进行资源量的定量估算，预测区各项参数按以下方法确定。

（1）预测区的预测资源量：按最小预测区内所有矿床点的资源总量（查明资源量＋预测资源量）计，本区仅长基镍矿 1 处，镍金属资源总量为 78 172.68t（查明资源量 46 817.93t＋预测资源量 31 354.75t）。

（2）预测区的面积：按 1∶5 万图上最小预测区的圈定面积，计 4 192 200m^2。

（3）预测区的延深：采用长基镍矿典型矿床的总延深，已知深度为 210.24m。

（4）预测区的含矿系数：采用矿区计算所得数据 0.000 173（表 7-111）。

表 7-111　福建省镍矿典型矿床总资源量表

名称	经度	纬度	查明资源量 (t)	预测资源量 (t)	总资源量 (t)	总面积 (m^2)	总延深 (m)	含矿系数 (t/m^3)
长基	118°55′20″	25°26′23″	46 817.93	31 354.75	78 172.68	12 300.00	212.5	0.000 173

（5）预测区的相似性校正系数：按典型矿床计算外围预测资源量时的数值，以 0.9 计。

（6）资源量估算参考技术方案提供的地质体积法中第二种情况进行计算，计算公式为

$$Z_{预}=S_{预}\times H_{预}\times K\times\alpha-已知储量 \tag{7-6}$$

式中：$Z_{预}$ 为预测区预测资源量；$S_{预}$ 为预测区面积；$H_{预}$ 为预测区延深（指预测区含矿地质体延深）；K 为矿区外围的含矿系数；α 为相似系数。

镍矿最小预测区预测资源量及其估算参数见表 7-112。

表 7-112　镍矿最小预测区预测资源量及其估算参数表

预测工作区名称	编号	最小预测区名称	$S_{预}$ (km²)	$H_{预}$ (m)	K (t/m³)	α	$Z_{预}$ (t)
莆田长基区	A3507201001	莆田长基	4 192 200	210.24	0.000 173	0.9	90 772.32

第八节　钨矿资源潜力评价

福建省钨矿资源潜力评价确定的典型矿床有 4 个，预测工作区有 6 个(表 7-113)，划分的福建省钨矿预测类型有行洛坑式斑岩型钨矿，新路口式、洋竹径式石英脉型和上房式矽卡岩型钨矿。从全国矿产预测类型划分方案上来看，划归为斑岩型、石英脉型、矽卡岩型。

表 7-113　福建省钨矿典型矿床及预测工作区范围一览表

典型矿床名称	预测工作区名称	预测工作区范围
清流行洛坑钨钼矿	清流行洛坑及外围	116°45′00″—117°15′00″ 26°10′00″—26°30′00″
将乐新路口钨锡矿	将乐新路口	117°15′00″—117°45′00″ 26°40′00″—27°30′00″
	将乐白莲	117°15′00″—117°30′00″ 26°20′00″—26°40′00″
	松溪半岭	118°30′00″—119°00′00″ 27°40′00″—28°00′00″
华安洋竹径钨锡矿	华安洋竹径	117°15′00″—117°45′00″ 24°40′00″—25°00′00″
建瓯上房钨矿	建瓯上房	118°15′00″—118°45′00″ 26°50′00″—27°10′00″

一、钨矿预测模型

(一)清流行洛坑式斑岩型钨矿预测模型

清流行洛坑式斑岩型钨矿典型矿床提取的预测要素见表 7-114，建立的预测模型见图 7-50，建立的预测工作区区域成矿预测模型见图 7-51。

表 7-114　清流行洛坑式斑岩型钨钼矿典型矿床预测要素表

预测要素	描　述　内　容	预测要素分类
成矿时代	成矿年龄为 156.3～147.5Ma，形成于晚侏罗世中期	必要
大地构造背景	南平-宁化(夭折)裂谷	必要

续表 7-114

预测要素		描　述　内　容	预测要素分类
大地构造演化阶段		燕山早期地壳硅铝层重熔成因系列的花岗岩浆多次侵入分异演化晚期的产物	必要
岩浆建造/岩浆作用		晚侏罗世正长花岗岩体的侵入	必要
成矿构造		与钨矿相关的成矿构造主要是北东东向的黄连组褶皱，为晚侏罗世行洛坑花岗岩体侵入提供了有利条件，成矿后构造主要有北东东向、北西向及近南北向	重要
成矿特征	矿体形态	以细网脉型钨钼矿体为主	必要
	矿物组合	主要有黑钨矿、白钨矿、辉钼矿，次有绿柱石、锡石、黄铜矿、黄铁矿、毒砂、铁闪锌矿、硫铅铋矿、自然铋等	重要
	结构构造	常见自形—半自形粒状结构、不等粒状结构、蚀变斑状结构、花岗变晶交代结构，白钨矿以细脉和石英大脉的块状构造、脉状式细脉构造、条带状构造为主	次要
围岩蚀变		主要有钾长石化、蒙脱石-绢云母化、云英岩化、绢云母化	重要
矿床储量		累计探明资源量 30.401 2×10^4 t(WO_3)，保有资源量 29.298 1×10^4 t，达特大型，平均品位 WO_3 0.228%；伴生钼资源量 3.064 6×10^4 t，平均品位 Mo 0.024%	重要
找矿线索		北东东向的构造-岩浆成矿带；含钨花岗岩的分布是找钨的重要前提；含钨花岗岩体多以小岩株产出，且与区域浅变质岩地层围岩呈侵入接触关系；区域浅变质岩具有一定规模的接触热变质晕圈；热液蚀变脉体；钨、锡重砂异常及水系沉积物异常	重要
磁测资料		1∶20 万航磁 ΔT 反映为低缓正值，强度为 40～65nT，走向北东东；1∶5 万航磁 ΔT 反映为低缓正值，强度为 20～60nT，走向北东东；1∶5 万地磁 ΔZ 表现为小而弱的正负伴生磁场，场值为－180～120nT，总体走向北东	重要
重力资料		为重力异常低值区，总体走向北东，异常强度为(－48～－46)×10^{-5} m/s^2	次要
水系沉积物化探资料		矿区 1∶20 万水系沉积物以 W 为主成矿元素，异常规模大，大于 4.49×10^{-6} 异常面积 128km^2，极大值 287×10^{-6}，平均值 77.3×10^{-6}，浓集中心区大于 200×10^{-6} 异常面积 16km^2。伴有 Sn、Mo、Bi、Cu、Zn、Ag 异常，W、Sn、Mo、Bi 的浓集中心能相互重叠。1∶5 万水系沉积物综合异常面积为 32km^2，主要组合元素有 W、Bi、Mo、Sn、Cu、Ag、Be 等元素异常具一定规模和浓度分带，总体形态呈三角形展布，W、Bi、Sn、Mo 梯度变化明显，W 大于 10×10^{-6} 异常面积 32km^2，异常强度极大值 8 000×10^{-6}，浓集中心区大于 160×10^{-6}，异常面积 19.8km^2	必要
土壤化探资料		矿区 1∶5 万土壤异常以 W 为主成矿元素，异常规模大，大于 50×10^{-6} 高含量异常区近 2km^2，大于 200×10^{-6} 异常浓集中心区对应矿区分布，面积近 0.4km^2，形态较规则，极大值达 4 000×10^{-6}，异常显示反映很好的矿异常特征；为 W、Sn、Mo、Bi、Cu、Pb、Zn、Ag 多元素组合异常，规模 W 高-(Sn-Mo-Bi)中-(Cu-Pb-Zn-Ag)低；异常元素套合程度高，W 异常浓集中心主体显示单体异常，与斑岩型矿床展布吻合	必要
自然重砂资料		矿区 1∶20 万自然重砂异常组合为黑钨矿-锡石，面积 89km^2，还有少量的铬尖晶石、铬铁矿、辰砂及黄金等重砂矿物	必要

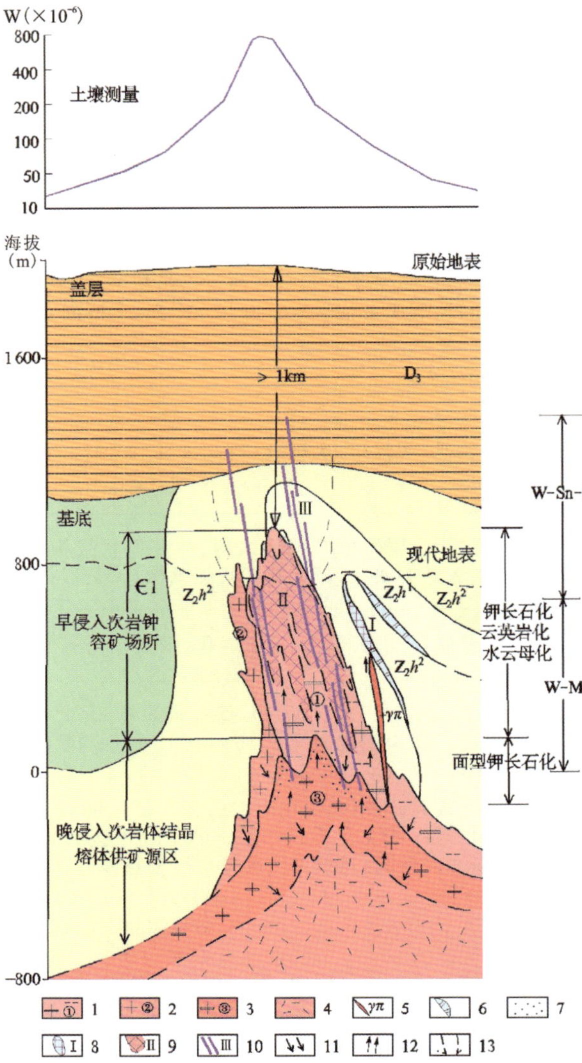

图 7-50　清流行洛坑式斑岩型钨钼矿典型矿床成矿预测模型图

（据福建省闽西地质大队修编，1985）

1. 中细粒似斑状黑云母花岗岩；2. 细粒花岗岩；3. 细粒似斑状花岗岩；4. 结晶熔体；5. 花岗斑岩脉；6. 白云质灰岩夹层；7. 面型钾长石化；8. 矽卡岩白钨矿(化)体；9. 细网脉状钨(钼)矿体；10. 石英大脉钨矿体；11. 岩浆退缩侵位分异结晶方向；12. 成矿流体运移方向；13. 大气降水

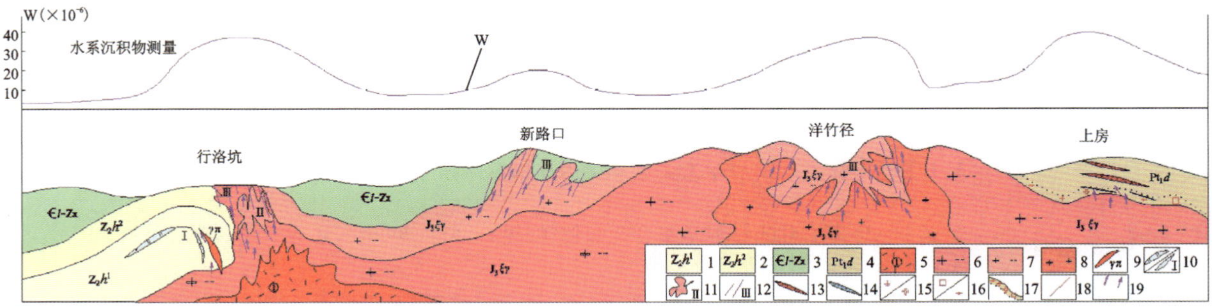

图 7-51　福建省清流行洛坑式斑岩型、将乐新路口式石英脉型钨矿预测工作区区域成矿预测模型图

1. 中震旦统黄连组下段；2. 中震旦统黄连组上段；3. 震旦系西溪组-寒武系林田组；4. 古元古界大金山组；5. 结晶熔体；6. 似斑状中粒黑云母花岗岩；7. 似斑状细粒黑云母花岗岩；8. 斑状细粒花岗岩；9. 花岗斑岩；10. 白云质灰岩夹层、矽卡岩白钨矿(化)体；11. 细网脉状钨(钼)矿体；12. 含钨石英脉；13. 似层状钨矿体；14. 似层状钼矿体；15. 云英岩化、硅化；16. 黄铁矿化、绿帘石化；17. 蚀变带；18. 断层；19. 成矿流体运移方向

(二)将乐新路口式石英脉型钨矿预测模型

将乐新路口式石英脉型钨矿典型矿床提取的预测要素见表 7-115,建立的预测工作区预测模型见图 7-51,建立的预测模型见图 7-52。

表 7-115 将乐新路口式石英脉型钨矿典型矿床预测要素表

预测要素		描述内容	预测要素分类
成矿时代		J_3	必要
大地构造背景		武夷古弧盆系	必要
岩浆建造/岩浆作用		晚侏罗世花岗岩	必要
成矿地层		外接触带为寒武系林田组,岩性为变质砂岩、粉砂岩	重要
成矿构造		本区与钨矿相关的成矿构造主要是北东向断裂,走向 40°~50°,倾向北西,倾角多为 65°~85°,是以扭性为主的张扭复合裂隙,成矿后构造主要有北西向及近东西向断裂	重要
成矿特征	矿体形态	多呈单脉产出,形态较规则稳定,脉幅变化系数为 42%~56%	重要
	矿物组合	黑钨矿、锡石、辉铋矿、辉钼矿、黄铜矿、方铅矿、闪锌矿	重要
	结构构造	自形—半自形晶粒结构、他形晶粒结构,矿石构造主要有条带状构造,次有网格状构造、块状构造、浸染状构造	次要
围岩蚀变		内接触带为云英岩化最发育;外接触带主要为硅化	必要
矿床储量		累计探明 WO_3 资源量 2 584.39t,保有资源量 2 011.75t,品位 WO_3 0.46%	次要
找矿线索		邵武-将乐-清流北东向构造岩浆成矿带;发育晚侏罗世花岗岩,其 WO_3 浓度高;地层为震旦系或寒武系;强烈云英岩化、硅化	重要
磁测资料		1∶20 万航磁 ΔT 反映为低缓正值,强度为 40~65nT,走向北东,1∶5 万航磁 ΔT 反映为低缓正值,强度为 0~30nT,走向北东	重要
重力资料		为重力异常低值区,总体走向北东,异常强度为$(-48\sim-46)\times10^{-5}m/s^2$	次要
水系沉积物化探资料		1∶20 万水系沉积物异常组合为 W-Sn-Mo-Bi,W、Sn 、Mo、Bi 异常规模大,且浓集中心能相互套合。W 异常大于 5.2×10^{-6} 面积 $246km^2$,极大值 256×10^{-6},平均值 25.9×10^{-6},矿区中 W 异常大于 12×10^{-6};Sn 异常大于 11.2×10^{-6} 面积 $200km^2$,极大值 165×10^{-6},平均值 40.8×10^{-6}。1∶5 万水系沉积物异常组合为 W-Sn-Mo-Bi-Cu-Pb-Zn-Ag,形态不规则,长轴近南北向,异常面积大,约 $34.2km^2$,异常值 W$(50\sim200)\times10^{-6}$,最高 $1\ 200\times10^{-6}$;Sn$(30\sim150)\times10^{-6}$,最高 450×10^{-6};Mo$(3\sim5)\times10^{-6}$,最高 15×10^{-6};Bi$(10\sim40)\times10^{-6}$,最高 120×10^{-6};Cu$(40\sim50)\times10^{-6}$,最高 $2\ 500\times10^{-6}$	必要
自然重砂资料		1∶20 万自然重砂异常组合为黑钨矿-白钨矿-锡石-铋族矿物,面积 $34km^2$,黑钨矿单样(30kg)一般含量 0.026~0.26g,最高 0.26g;白钨矿几颗;锡石一般含量 0.016~0.4g,最高 0.8g。1∶5 万自然重砂异常组合为黑钨矿-白钨矿-锡石,面积 $106km^2$,黑钨矿几颗,最高 8.86g;白钨矿几颗,最高 0.21g;锡石几颗,最高 1.48g,伴生有铋矿物,含量一般为几颗,最高 0.008g	必要

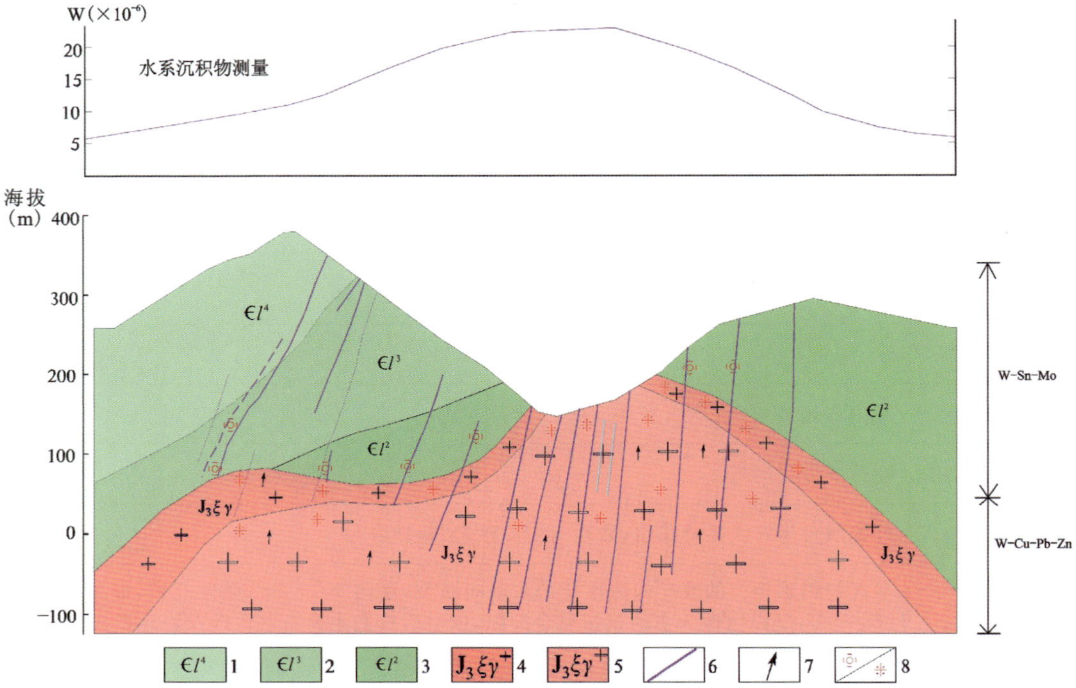

图 7-52　将乐新路口式石英脉型钨锡矿典型矿床成矿预测模型图

1.大林田组第四段变质粉砂岩、泥岩夹含长细砂岩、细砂岩；2.林田组第三段变质含长细砂岩、细砂岩夹薄层状粉砂岩、泥岩；3.林田组第二段变质粉砂岩、泥岩夹细砂岩、含长细砂岩；4.晚侏罗世似斑状细粒黑云母正长花岗岩；5.晚侏罗世似斑状中粗粒黑云母正长花岗；6.含钨石英脉；7.岩浆运移方向；8.硅化、云英岩化

（三）建瓯上房式钨矿预测模型

建瓯上房式钨矿典型矿床提取的预测要素见表 7-116，建立的预测模型见图 7-53，建立的预测工作区区域成矿预测模型见图 7-54。

表 7-116　建瓯上房式钨矿典型矿床预测要素表

预测要素		描　述　内　容	预测要素分类
成矿时代		J_3	重要
大地构造背景		松溪-尤溪蛇绿混杂岩	必要
岩浆建造/岩浆作用		晚侏罗世花岗岩侵入	必要
成矿构造		与钨矿相关的主要是北东向断裂	重要
赋矿地层		矿体主要赋存在大金山岩组斜长角闪岩中	重要
成矿特征	矿体形态	呈似层状产出，倾角缓，为 15°～35°	重要
	矿物组合	白钨矿、辉钼矿、磁黄铁矿、黄铁矿	重要
	结构构造	半自形粒状结构，细脉-浸染状构造、条带状构造	重要
围岩蚀变		主要有硅化、阳起石化、绿帘石化及磁黄铁矿化	重要
矿床储量		探明资源量 WO_3 50 016t，平均品位 WO_3 0.236%	次要

续表 7-116

预测要素	描　述　内　容	预测要素分类
找矿线索	北东向的构造岩浆成矿带；晚侏罗世花岗岩体（隐伏岩体）与区域变质岩（含钙）的接触带附近；硅化、阳起石化、雌黄铁矿化等蚀变；白钨矿自然重砂异常；水系和土壤 W 元素异常	重要
磁测资料	1∶5 万航磁 ΔT 反映为低缓的正异常，强度为 0～30nT，走向北东东	次要
重力资料	为重力异常低值区，总体走向北东，异常强度为$(-59\sim-58)\times10^{-5}m/s^2$	次要
水系沉积物化探资料	1∶20 万水系沉积物异常中 W、Mo、Bi 元素异常主要分布于西南部上房一带，为 Cu、Pb、Zn、Ag、W、Mo、Bi 组合，主要分布于大金山岩组、龙北溪岩组变质岩区，面积可达几十平方千米；1∶5 万水系沉积物测量，上房一带发现以 W、Bi 为主伴生 Mo、Cu、Zn、Ag 的异常，异常总体呈等轴状，面积约 $10km^2$。W、Bi 异常套合好，W、Bi 具浓度内带，W 最高值 357.6×10^{-6}，Bi 最高值 12.2×10^{-6}，二者完全套合，浓度梯度变化十分显著	必要
土壤测量化探资料	矿区 1∶1 万土壤测量异常，以 W、Mo、Bi 为主组成的综合异常，以 W 为主，异常呈近等轴状，并向北东侧递减延伸，说明矿体向北东方向逐渐埋深。异常规模大，长宽约 1.2km×2.0km，面积约 $2.1km^2$，最高 $5\,200\times10^{-6}$，大于 200×10^{-6} 面积约 $0.45km^2$	必要
自然重砂资料	自然重砂异常组合为白钨矿-锡石-黑钨矿-磷钇矿-黄金-铌钽铁矿-铅族矿物，白钨矿异常为一个Ⅲ级异常区（建瓯上房），单矿物异常面积 $45km^2$，矿物含量可达 99 颗	必要
遥感资料	矿区遥感显示为环状要素，环状规模中等，推测与隐伏岩体有关	次要

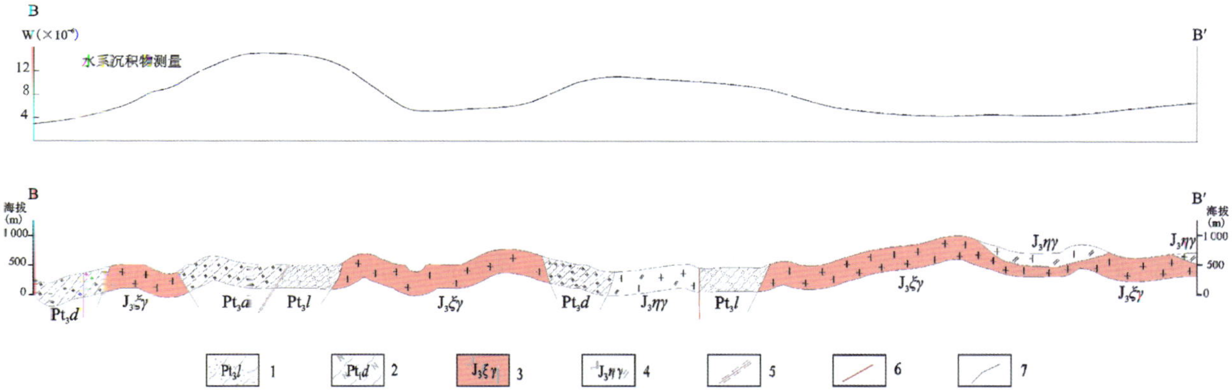

图 7-53　建瓯上房式钨矿典型矿床成矿预测模型图

（据福建地质调查研究院《福建省建瓯市上房矿区下房矿段详查及外围普查报告》修编，2011）

1. 新元古界龙北溪岩组；2. 古元古界大金山岩组；3. 晚侏罗世正长花岗岩；

4. 晚侏罗世二长花岗岩；5. 韧性剪切带；6. 断层；7. 地层界线

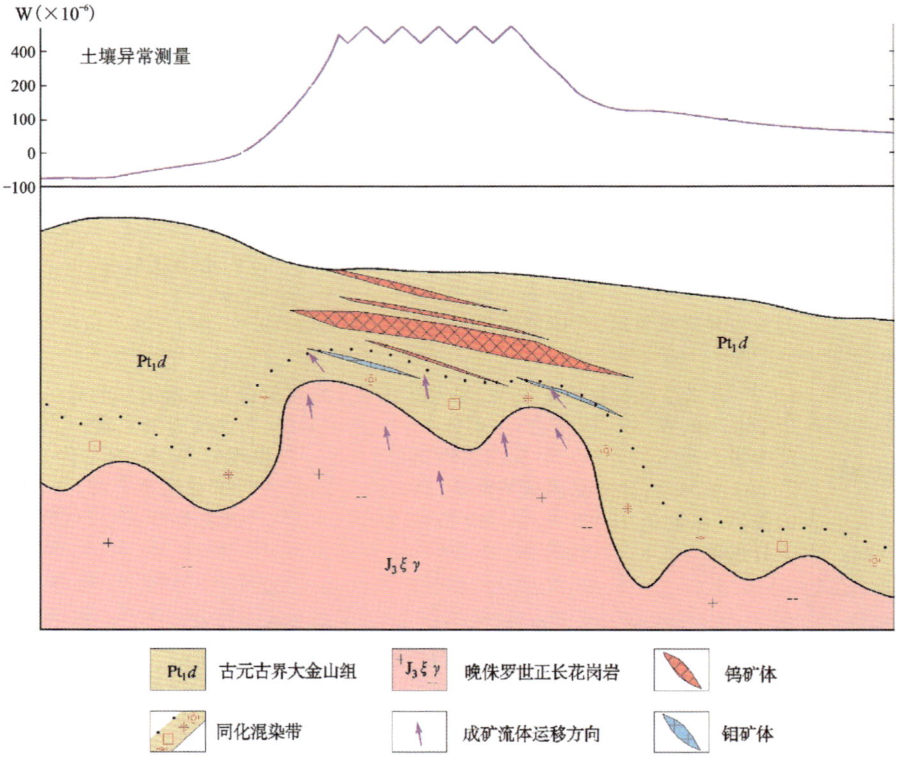

图 7-54　建瓯上房式矽卡岩型钨矿预测工作区区域成矿预测模型图

二、预测方法类型确定及区域预测要素

(一)钨矿预测方法类型确定

福建省钨矿的成因类型主要为斑岩型及石英脉型,矿产预测方法类型均为侵入岩体型,对应采用的预测研究底图为侵入岩浆构造图,编图比例尺为1∶5万,各预测工作区的地质构造专题底图特征如下。

将乐新路口预测工作区的侵入岩以晚侏罗世正长花岗岩、二长花岗岩为主,少量早侏罗世二长花岗岩、早白垩世正长花岗岩,前泥盆纪变质地层主要有古元古界大金山岩组、南山岩组,新元古界黄潭岩组、下峰岩组,震旦系西溪组及寒武系林田组,区域性构造以北东向为主,次为北西向。

将乐白莲预测工作区的侵入岩以晚侏罗世正长花岗岩、二长花岗岩为主,少量志留纪正长花岗岩、早白垩世正长花岗岩,前泥盆纪变质地层主要有新元古界黄潭岩组、下峰岩组,震旦系西溪组及寒武系林田组,区域性构造以北东向为主,次为北西向。

清流行洛坑预测工作区的侵入岩以晚侏罗世正长花岗岩为主,少量志留纪正长花岗岩、二长花岗岩及早白垩世石英正长岩,前泥盆纪变质地层主要有震旦系西溪组、楼前组及寒武系林田组,区域性构造以北东向、北东东向为主,次为北西向。

建瓯上房预测工作区的侵入岩以晚侏罗世正长花岗岩、二长花岗岩及志留纪正长花岗岩为主,少量侏罗世二长花岗岩及早白垩世花岗闪长岩、二长花岗岩,前泥盆纪变质地层主要有古元古界大金山岩组、迪口岩组,新元古界龙北溪岩组、东岩岩组、大岭岩组,区域性构造以北东向为主,次为近南北向。

华安洋竹径预测工作区的侵入岩以晚侏罗世正长花岗岩、二长花岗岩,早白垩世花岗闪长岩、二长花岗岩、正长花岗岩为主,零星出露寒武系林田组及东坑口组,区域性构造以北东向为主,次为北西向。

松溪半岭预测工作区的侵入岩以晚侏罗世正长花岗岩、二长岩及中三叠世石英闪长岩、石英二长岩、花岗闪长岩为主，变质地层主要有古元古界大金山岩组、南山岩组及新元古界龙北溪岩组，区域性构造以北东向为主，次为北西向。

(二)钨矿预测工作区区域预测要素

提取的行洛坑式斑岩型钨矿清流行洛坑及外围预测工作区区域预测要素见表7-117，新路口式石英脉型钨矿将乐新路口预测工作区区域预测要素见表7-118，上房式矽卡岩型钨矿建瓯上房预测工作区区域预测要素见表7-119。

表7-117 行洛坑式斑岩型钨矿清流行洛坑及外围预测工作区区域预测要素表

区域预测要素		描述内容	预测要素分类
特征描述		行洛坑式斑岩型钨矿	
区域预测地质环境	成矿时代	主成矿期为晚侏罗世岩浆侵入成矿期	必要
	大地构造位置	南平-宁化(夭折)裂谷	必要
	主要控矿构造	以北东东向、北东向断裂构造等为主，北西向断裂次之	重要
	主要赋矿地层	震旦系三溪寨组和寒武系东坑口组、林田组	重要
	侵入岩建造	晚侏罗世正长花岗岩、黑云母二长花岗岩	必要
	区域变质作用及建造	区域变质程度较低，主要为变质杂砂岩、变质粉砂岩、千枚岩、硅质岩，属砂泥质岩变质建造	重要
区域预测地质特征	含钨岩系岩性组合	(黑云母)正长花岗岩、黑云母二长花岗岩	必要
	矿体形态	斑岩型钨矿体主要分布于成矿岩体、岩株、岩脉内接触带，常以网脉状细脉状形式成群(带)分布；或者岩体呈隐伏状，矿体产于岩体之上的三溪寨组、林田组浅变质岩中	次要
	矿物组合	矿石主要以黑钨矿、白钨矿、辉钼矿为主，次以绿柱石、锡石、黄铜矿、黄铁矿、毒砂、铁闪锌矿、硫铅铋矿、自然铋等组合为特征	重要
	结构构造	矿石结构主要为自形—半自形粒状结构、他形粒状结构、不等粒状结构、蚀变斑状结构、花岗变晶交代结构等，矿石构造主要有带状构造，次有网格状构造、块状构造、浸染状构造	重要
	矿石类型	以细网脉型黑钨矿、白钨矿为主，石英脉型黑钨矿、白钨矿次之，矽卡岩型白钨矿较少	重要
	围岩蚀变	主要有钾长石化、蒙脱石-绢云母化、云英岩化、绢云母化、硅化	重要
	矿化资源情况	1处特大型矿床(清流行洛坑)，钨资源量30.401 2×10^4 t，平均品位WO_3 0.233%，伴生钼资源量0.680 3×10^4 t；1处小型矿床(清流北坑)，钨资源量7 642t，平均品位WO_3 1.047%，伴生铋资源量54t，伴生铜资源量124t。此外，另有矿点7个，其中清流邓芳钨资源量115.5t，平均品位WO_3 0.556%；清流国母洋钨资源量324t，平均品位WO_3 2.74%	次要

续表 7-117

区域预测要素		描　述　内　容	预测要素分类
区域预测特征	找矿标志	震旦系和寒武系构造低压区的花岗岩穹隆地段；北东向的构造-岩浆成矿带；含钨花岗岩带的分布是找钨的重要前提；含钨花岗岩体多以小岩株产出，且与区域浅变质岩地层围岩呈侵入接触关系；区域浅变质岩具一定规模的接触热变质晕圈；热液蚀变脉体；钨、锡重砂异常及水系沉积物异常；钾化、云英岩化等蚀变类型	重要
	磁测资料	磁场杂乱跳跃、变化剧烈，但整体仍为北东—南西向分布的正、负伴生带状磁场，局部出现正、负急速交替的异常带，圆状、椭圆状异常区	次要
	重力异常	剩余重力异常低值区呈现一定的带状，整体走向北东，异常强度为$(-72\sim-52)\times10^{-5}m/s^2$。矿床或矿点多位于相对低值区或其过渡带处	次要
	地球化学	区域化探中，W 元素浓度中心明显，呈圆状、椭圆状形态，其排列方向整体呈现北东向，与区域构造方向一致，共圈定异常区 6 个，4 个内带发育明显，异常下限为 15×10^{-6}，异常总面积为 $67.2km^2$，异常区以分布在成矿岩体、赋矿地层中及其接触带为特征，异常带与区内矿床、矿点的分布比较一致	必要
	自然重砂	自然重砂异常组合为黑钨矿-白钨矿-锡石，黑钨矿单矿物异常面积 $203km^2$，单样(30kg)最高可达 12 630 颗；白钨矿单矿物异常 $71km^2$，最高可达 1 515 颗；锡石单矿物异常 $846km^2$，最高可达 2 723 颗，预测区内矿床和矿点均位于黑钨矿异常区内	必要

表 7-118　新路口式石英脉型钨矿将乐新路口预测工作区区域预测要素表

区域预测要素		描　述　内　容	预测要素分类
特征描述		新路口式石英脉型钨矿	
区域预测地质环境	成矿时代	J_3	重要
	大地构造位置	武夷古弧盆系	必要
	主要控矿构造	以北东向断裂构造等为主	重要
	主要赋矿地层	前泥盆系变质地层，如下峰岩组、西溪组和林田组	重要
	侵入岩建造	晚侏罗世的岩浆侵入，主要为酸性二长花岗岩和正长花岗岩建造，U-Pb 等时线年龄为 150.5～138Ma	必要
	区域变质作用及建造	区域变质程度较低，属高绿片岩相建造，主要为变质杂砂岩、变质粉砂岩、千枚岩、片岩、变粒岩建造	重要
区域预测地质特征	含钨岩系岩性组合	黑云母正长花岗岩、二长花岗岩	必要
	矿体形态	矿体主要分布于燕山早期花岗岩的内外接触带上，呈细脉状，常成群分布	重要
	矿物组合	矿石主要以黑钨矿、锡石、辉铋矿、辉钼矿、黄铜矿、方铅矿、闪锌矿等组合为特征	重要
	结构构造	矿石结构主要为自形—半自形晶粒结构、他形晶粒结构，矿石构造主要有带状构造，次有网格状构造、块状构造、浸染状构造	重要
	矿石类型	黑钨矿	重要
	围岩蚀变	内接触带为云英岩化，外接触带为硅化	重要
	矿化资源情况	小型矿床 1 处，钨资源量 2 584.39t，平均品位 WO_3 0.46%，此外矿点 13 处	次要

续表 7-118

区域预测要素		描 述 内 容	预测要素分类
区域预测特征	找矿标志	邵武-将乐-清流北东东向构造岩浆成矿带；发育晚侏罗世花岗岩，其 WO_3 浓度高；地层为前泥盆系；强烈云英岩化、硅化	重要
	磁测资料	磁场杂乱跳跃、变化剧烈，但整体仍为北东—南西向分布的正、负伴生带状磁场，局部出现正、负急速交替的异常带，圆状、椭圆状异常区	次要
	重力异常	重力异常低值区呈现弧形，整体走向为北东向，北部少部分呈现一定的东西走向，异常强度为$(-64\sim-45)\times10^{-5}m/s^2$，矿点多位于相对低值区或其边缘	次要
	地球化学	区域化探异常中，元素组合复杂、异常规模大，异常有一定的分带性，W、Mo、Sn 具有较好的套合性，W 浓度中心整体呈北东向，其分布范围与燕山早期花岗岩分布具有一定的一致性	必要
	自然重砂	自然重砂异常组合为黑钨矿-白钨矿-锡石-磷钇矿-铌钽铁矿-铅族矿物-黄金，黑钨矿单矿物异常面积 1 267km^2，单样(30kg)最高可达 1 752 颗；白钨矿单矿物异常 380km^2，最高可达 728 颗；锡石单矿物异常 1 118km^2，最高可达 2 467 颗。此外，还有磷钇矿、铌钽铁矿、铅族矿物、黄金等异常	必要
	遥感资料	区内以北东向断裂为主，北西向断裂次之	重要

表 7-119 上房式矽卡岩型钨矿建瓯上房预测工作区区域预测要素表

区域预测要素		描 述 内 容	预测要素分类
特征描述		上房式矽卡岩型钨矿	
区域成矿地质环境	成矿时代	主成矿期为燕山中期(晚侏罗世)岩浆侵入成矿期	必要
	大地构造位置	松溪-尤溪蛇绿混杂岩	必要
	主要控矿构造	以北东向断裂为主，北北东向、南北向断裂次之	必要
	主要赋矿地层	古元古界大金山岩组	重要
	侵入岩建造	晚侏罗世浅肉红色黑云母正长花岗岩，晚侏罗世岩体 Rb-Sr 同位素年龄为 145.6Ma、U-Pb 同位素年龄为 152.2Ma、K-Ar 同位素年龄为 153.4～146.7Ma，属于中深成壳幔混合型岩浆	必要
	区域变质作用及建造	区域变质程度较高，原岩为砂泥质岩(含碳质)、泥灰岩及中基性火山岩，为海相环境形成的岩石组合，为砂泥质复理石建造的陆源碎屑岩，经区域变质作用形成一套低角闪岩相区域变质岩，具有不同程度的混合岩化，主要岩性为黑云斜长变粒岩、黑云石英片岩、石英云母片岩、斜长角闪岩等	必要
区域成矿地质特征	含钨岩系岩性组合	正长花岗岩、斜长角闪岩	必要
	矿体形态	钨矿体主要分布在正长花岗岩外接触带之斜长角闪岩中，矿体受正长花岗岩体和大金山岩组中的斜长角闪岩控制，多呈似层状展布	重要
	矿物组合	矿石中金属矿物主要为白钨矿、辉钼矿、磁黄铁矿、黄铁矿；脉石矿物主要有钾长石、石英、阳起石、绢云母、黑云母、角闪石等	重要
	结构构造	矿石结构主要为半自形结构、他形粒状(白钨矿)结构，常与磁黄铁矿、阳起石、透闪石、辉钼矿、石英等共生；钨矿石构造主要为：细脉-浸染状构造、条带状构造。在矿体中心白钨矿颗粒粗大，呈比较密的浸染状；矿体边缘矿化减弱，白钨矿颗粒细小，呈稀疏浸染状	重要
	矿石类型	以阳起石磁黄铁矿型白钨矿、透辉石石英脉型白钨矿为主，次为石英脉型辉钨矿	重要
	围岩蚀变	石榴子石-透辉石阶段(矽卡岩阶段)、湿矽卡岩阶段(透闪石-阳起石-白钨矿阶段)、石英-硫化物阶段、碳酸盐岩阶段	重要
	矿化资源情况	1 处大型矿床(建瓯上房)，钨资源量 50 016t，平均品位 WO_3 0.236%，矿点 1 处(建瓯罗山)	次要

续表 7-119

区域预测要素		描述内容	预测要素分类
区域预测特征	找矿标志	北北东向、南北向断裂岩浆成矿带；含钨花岗岩带的分布是找钨的重要前提；含钨花岗岩体多以小岩株产出，且与区域变质岩地层围岩呈侵入接触关系；呈现由高温到低温的蚀变分带特点，从矿床中心向外大致有硅化、阳起石化（透闪石化）、磁黄铁矿化（矿体赋存在磁带中），再向外为钾长石化、白云母化、绢英岩化-高岭土化、绿泥石化、青磐岩化等蚀变分带；钨、锡重砂异常及水系沉积物异常	重要
	磁测资料	磁场杂乱跳跃、变化剧烈，但整体仍表现为北东—南西向分布的正、负伴生带状磁场，略呈南北向，局部出现正、负急速交替的异常带，圆状、椭圆状异常区	次要
	重力异常	剩余重力异常低值区呈现一定的带状，整体走向为北北东向—南北向，与区域构造岩浆成矿带一致，异常强度为$(-71\sim-37)\times10^{-5}m/s^2$	次要
	地球化学	区域化探中，W元素浓度中心明显，呈圆状、椭圆状，共圈定异常区6个，2个内带发育明显[与区内发现矿床（点）分布一致]，异常下限为6.17×10^{-6}，极值为77.5×10^{-6}，异常总面积为296.2km²，异常区以分布在成矿岩体、赋矿地层中及其接触带为特征	重要
	自然重砂	自然重砂异常组合为白钨矿-锡石-黑钨矿-磷钇矿-黄金-铌钽铁矿-铅族矿物。白钨矿异常为1个Ⅲ级异常区（建瓯上房），单矿物异常面积45km²，矿物含量可达99颗；黑钨矿异常区为6个Ⅲ级异常区（其中包括建瓯罗山矿点），单矿物异常面积84km²，矿物含量可达819颗；锡石单矿物异常面积100km²，矿物含量可达834颗	必要
	遥感资料	遥感推测断层多呈北东—南西向，与区域构造方向一致；岩体内小构造错综复杂，多以北东向和南北向为主；遥感环状要素主要分布在岩体（岩株）附近，并与矿床（点）靠近	重要

三、最小预测区圈定及优选

（一）最小预测区圈定

采用综合信息地质单元法进行最小预测区的圈定，根据福建省斑岩型、石英脉型、矽卡岩钨矿成矿地质特征，分析该区成矿的预测要素特征，选择该区如表7-120所示4个要素进行成矿远景区的圈定工作。

表 7-120　福建省钨矿最小预测区圈定要素表（要素叠加法）

矿产预测方法类型	要素类别	要素名称	要素级别	要素属性	缓冲区半径设置
侵入岩体型	区域地质环境	岩体	必要	面元	1km
	区域成矿特征	钨矿床（点）	重要	点元	1km
	区域预测特征	自然重砂黑钨矿异常	必要	面元	
		水系沉积物钨异常	必要	面元	

岩体要素包括晚侏罗世正长花岗岩、磁法推断中酸性—酸性岩体、得到钻孔验证的隐伏酸性岩体（将乐肖公洞矿区钻孔见隐伏晚侏罗世正长花岗岩），缓冲区半径为1km，缓冲分析后还需扣除第四系及水体。建瓯上房预测区的自然重砂异常还包括白钨矿异常。

在MRAS操作平台上，利用建模器进行“(岩体建造∩自然重砂钨异常)∪(岩体建造∩水系沉积物钨异常)∪钨矿床(点)缓冲区”求交并集计算，初步进行预测单元的圈区，形成初始预测区。

在使用建模器圈定初始预测区的基础上，综合地层岩性(钨矿与前泥盆系地层关系密切)、断裂、围岩蚀变、重力推断半隐伏—隐伏酸性岩类等综合信息，以及水系沉积物钨异常强度、自然重砂黑钨矿(白钨矿)分级图，通过与钨矿床(点)的比较等研究工作，对初始预测区进行适当取舍、合并、拆分，最终圈定福建省6个预测工作区中共43个最小预测区。

(二)最小预测区优选

变量构置：根据福建省斑岩型及石英脉型钨矿床的成矿控矿特征，初步选择如表7-121所示的变量作为预测区优选的要素组合。

表7-121 预测区优选的原始要素组合表

要素类别	要素名称
必要	岩体
	自然重砂钨异常
	水系沉积物钨异常
重要	钨矿床(点)
	断裂构造

采用找矿信息量法等数学统计方法进行优选变量的二值化工作。通过上述预测要素变量的构置，在MRAS技术平台的基础上，对定位预测要素变量进行优选研究。

根据本地区钨矿工作的实际，设置该区钨矿床规模级别等级为3级：1级特大型(资源量≥25×10^4 t)，4级小型(资源量≥0.1×10^4 t且<1×10^4 t)，5级矿点(资源量<0.1×10^4 t)。

最小预测区优选过程：①先对各要素进行二值化处理；②采用相似系数法选择进行定位预测的变量；③计算各要素的权重值及成矿概率值；④成矿概率曲线图上按拐点位置进行预测区的分类。

福建省钨矿43个最小预测区最终优选出A级预测区16个，B级预测区14个，C级预测区13个(表7-122，图7-55)。

四、资源定量预测

(一)典型矿床查明资源量、深部及外围资源量估算

福建省钨矿典型矿床查明资源量见表7-123，深部及外围资源量估算结果见表7-124，典型矿床预测总资源量见表7-125。

(二)模型区预测资源量及其估算参数

福建省钨矿模型区预测资源量及其估算参数见表7-126。

表 7-122　福建省钨矿最小预测区优选结果表(地质单元法)

预测工作区名称	预测区编号	最小预测区名称	最小预测区面积（km^2）	矿产预测类型	模型	资源量级别	单元得分	岩体	断裂	矿区	水系异常	重砂异常	成矿概率	优选分类
将乐新路口	A3508202023	邵武天花山	28.57	新路口式石英脉型	1	5	1.000 00	1	1	1	1	1	1.000	A
	A3508202025	邵武广坪	49.72	新路口式石英脉型	1	5	1.000 00	1	1	1	1	1	1.000	A
	A3508203033	将乐新路口	48.31	新路口式石英脉型	1	4	1.000 00	1	1	1	1	1	1.000	A
	B3508202022	邵武上坪	49.87	新路口式石英脉型	0	0	0.647 27	1	1	0	1	1	0.504	B
	B3508202021	建阳米溪	45.05	新路口式石英脉型	0	0	0.647 27	1	1	0	1	1	0.504	B
	B3508202024	邵武炉上	19.45	新路口式石英脉型	0	5	0.712 48	1	1	1	0	1	0.596	B
	B3508202026	邵武谢山	36.78	新路口式石英脉型	0	0	0.647 27	1	1	0	1	1	0.504	B
	B3508202027	邵武半岭	49.08	新路口式石英脉型	0	0	0.647 27	1	1	0	1	1	0.504	B
	B3508202030	将乐林坑	42.04	新路口式石英脉型	1	5	0.712 48	1	1	1	0	1	0.596	B
	B3508202031	将乐涂厝	45.89	新路口式石英脉型	0	0	0.647 27	1	1	0	1	1	0.504	B
	B3508202032	将乐山坑	45.47	新路口式石英脉型	0	0	0.647 27	1	1	0	1	1	0.504	B
	B3508202034	将乐际下	32.73	新路口式石英脉型	1	5	0.712 48	1	1	1	0	1	0.596	B
	C3508202028	邵武黄土岭	27.25	新路口式石英脉型	0	0	0.336 00	1	1	0	1	0	0.250	C
	C3508202029	邵武长洲	32.20	新路口式石英脉型	0	0	0.336 00	1	0	0	1	0	0.250	C
	C3508202035	将乐松坑	41.38	新路口式石英脉型	0	0	0.336 00	1	1	0	0	1	0.250	C
	A3508202037	明溪水仙崎	49.81	新路口式石英脉型	1	5	1.000 00	1	1	1	1	1	1.000	A
将乐白莲	A3508202040	明溪东坑	43.22	新路口式石英脉型	1	5	1.000 00	1	1	1	1	1	1.000	A
	A3508202039	明溪九内	39.48	新路口式石英脉型	1	5	1.000 00	1	1	1	1	1	1.000	A
	B3508202038	将乐堪厚	20.39	新路口式石英脉型	1	5	0.712 48	1	1	1	0	1	0.596	B
	C3508202036	将乐石门楼	19.63	新路口式石英脉型	0	0	0.336 00	1	1	0	0	1	0.250	C

续表 7-122

预测工作区名称	预测区编号	最小预测区名称	最小预测区面积(km^2)	矿产预测类型	模型	资源量级别	单元得分	岩体	断裂	矿区	水系异常	重砂异常	成矿概率	优选分类
清流行洛坑	A3508202009	明溪雪峰	33.48	新路口式石英脉型	1	5	1.000 00	1	1	1	1	1	1.000	A
	A3508202012	清流国母洋	21.26	新路口式石英脉型	1	5	1.000 00	1	1	1	1	1	1.000	A
	A3508202013	清流北坑	15.03	新路口式石英脉型	1	4	1.000 00	1	1	1	1	1	1.000	A
	A3508201011	清流行洛坑	6.58	行洛坑式斑岩型	1	1	1.000 00	1	1	1	1	1	1.000	A
	B3508202014	清流元家亭	13.01	新路口式石英脉型	0	0	0.647 27	1	1	0	1	1	0.504	B
	C3508202010	明溪王坊	12.28	新路口式石英脉型	0	0	0.336 00	1	1	0	0	1	0.25	C
建瓯上房	A3508204017	建瓯上房	53.68	上房式矽卡岩型	1	2	1.000 00	1	1	1	1	1	1.000	A
	A3508204018	建瓯罗山	34.89	新路口式石英脉型	1	5	1.000 00	1	1	1	1	1	1.000	A
	B3508202016	建瓯马安	43.67	新路口式石英脉型	0	0	0.647 27	1	1	0	1	1	0.504	B
	B3508204043	建瓯生元坪	15.22	上房式矽卡岩型	0	0	0.647 27	1	1	0	1	1	0.504	B
	C3508202015	建瓯谢源	27.59	新路口式石英脉型	0	0	0.336 00	1	1	0	1	0	0.250	C
	C3508204020	建瓯鉴溪	9.40	上房式矽卡岩型	0	0	0.336 00	1	1	0	1	0	0.250	C
	C3508202019	建瓯盖赖	12.30	新路口式石英脉型	0	0	0.336 00	1	1	0	0	1	0.250	C
华安洋竹径	A3508203002	漳平陈村	27.40	洋竹径式石英脉型	1	5	1.000 00	1	1	1	1	1	1.000	A
	A3508203004	华安洋竹径	42.33	洋竹径式石英脉型	1	4	1.000 00	1	1	1	1	1	1.000	A
	A3508203005	华安柑仔坑	36.95	洋竹径式石英脉型	1	5	1.000 00	1	1	1	1	1	1.000	A
	B3508203008	南靖东溪头	40.52	洋竹径式石英脉型	1	5	0.712 48	1	1	1	0	1	0.596	B
	C3508203003	华安草仔山	10.11	洋竹径式石英脉型	0	0	0.336 00	1	1	0	0	1	0.250	C
	C3508203001	华安上雪	46.07	洋竹径式石英脉型	0	0	0.336 00	1	1	0	1	0	0.250	C
	C3508203006	华安大片	21.05	洋竹径式石英脉型	0	0	0.336 00	1	1	0	0	1	0.250	C
	C3508203007	南靖下东溪头	12.30	洋竹径式石英脉型	0	0	0.336 00	1	1	0	0	1	0.250	C
松溪半岭	A3508202042	松溪半岭	44.99	新路口式石英脉型	1	4	1	1	1	1	1	1	1.000	A
	C3508202041	浦城王元	25.17	新路口式石英脉型	0	0	0.336 00	1	1	0	1	0	0.250	C

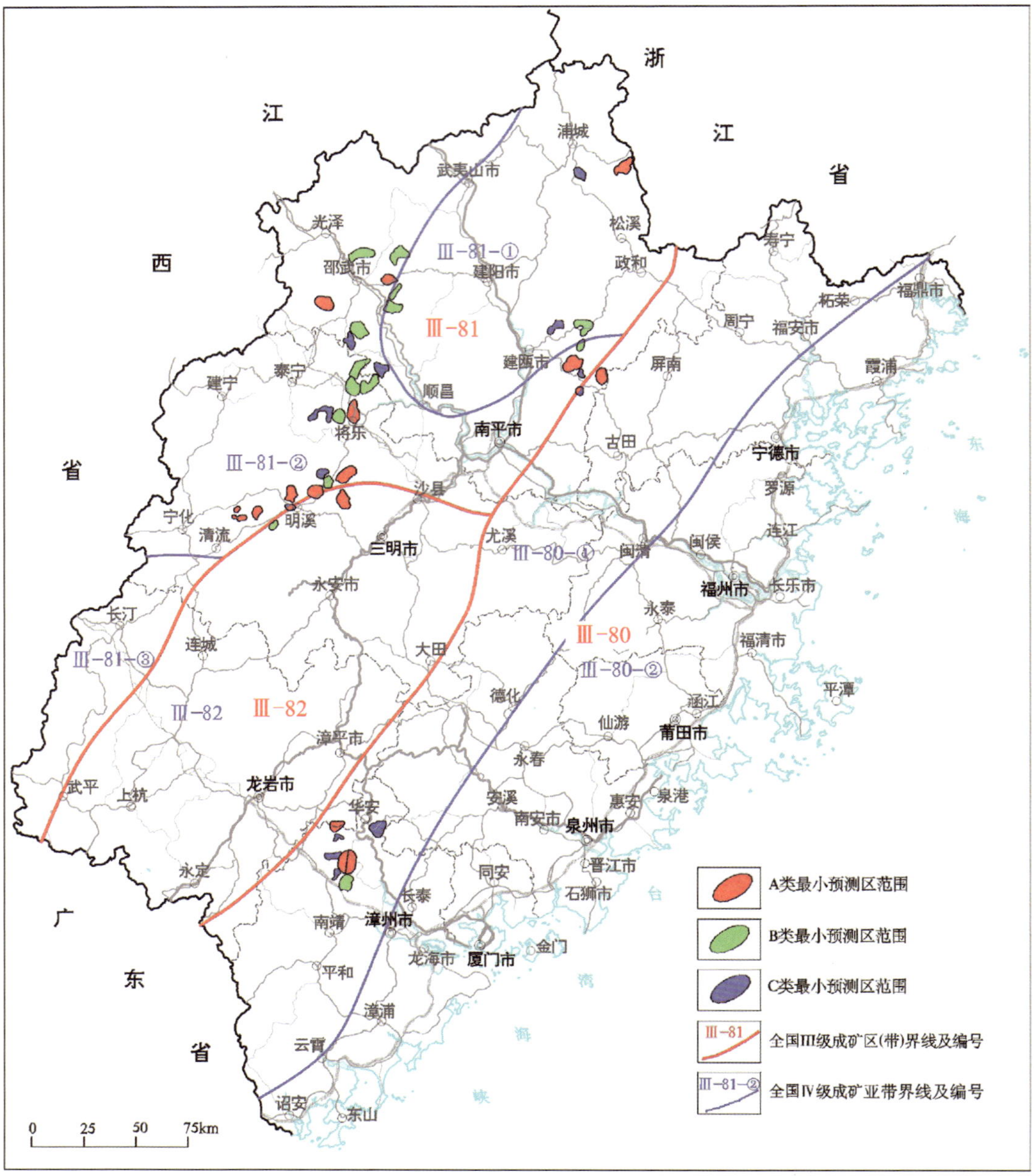

图 7-55　福建省钨矿最小预测区分布及其优选结果图

表 7-123　福建省钨矿典型矿床查明资源量表

编号	名称	经度	纬度	查明资源量(t)	面积(km^2)	总延深(m)	品位(%)	体重(t/m^3)	体积含矿率(t/km^3)	备注
1	行洛坑	116°54′30″	26°20′44″	304 012.0	0.112 5	577	0.233	2.27	4 683 412.29	延深据 0 线剖面图
2	新路口	117°28′00″	26°48′00″	2 584.39	0.588	220	0.46	2.72	19 978.28	延深据 2 线 8 号矿体
3	洋竹径	117°27′52″	24°49′18″	2 494.00	0.452 2	200	1.19	2.59	27 576.29	延深据 18 线剖面图 1 号矿体
4	上房	118°31′54″	26°59′14″	50 016	0.40	25.87	0.236	2.82	4 821 344.40	延深采用 3 个主矿体(Ⅲ号、Ⅳ号、Ⅴ号)平均厚度之和

表 7-124　福建省钨矿典型矿床深部及外围预测资源量表

编号	名称	预测资源量（t）	面积（km^2）	总延深（m）	体积含矿率（t/km^3）	备注
1	行洛坑深部	222 871.88	0.112 5	423	4 683 412.29	深部 577～1 000m 部分
	行洛坑外围					据已有资料，外围无斑岩型钨矿
2	新路口深部	3 289.22	0.588 0	280	19 978.28	深部 220～500m 部分
	新路口外围	4 568.03	0.457 3	500	19 978.28	矿区外围 500m 以浅
	肖公洞	2 869.08	0.287 22	500	19 978.28	肖公洞矿区 500m 以浅
	小计	10 726.33	1.332 5			
3	洋竹径深部	3 741.00	0.452 2	300	27 576.29	深部 200～500m 部分
	洋竹径外围	5 500.09	0.398 9	500	27 576.29	矿区外围 500m 以浅
	小计	9 241.09	0.851 1			
4	上房深部	7 984.77	0.400	4.13	4 833 397.76	其他矿体的厚度约为 4.13m
	上房外围	71 775.96	0.990	30	4 833 397.76	外围相似系数为 0.5
	小计	79 760.73	1.390			

表 7-125　福建省钨矿典型矿床预测总资源量表

编号	名称	查明资源量（t）	预测资源量（t）	总资源量（t）	含矿地质体总面积（km^2）	总延深（m）	含矿系数（t/km^3）
1	行洛坑	304 012.00	222 871.88	526 883.88	0.112 5	1 000	4 683 412.29
2	新路口	2 584.39	10 726.33	13 310.72	1.332 5	500	19 978.57
3	洋竹径	2 494.00	9 241.09	11 735.09	0.851 1	500	27 576.29
4	上房	50 016	79 760.73	129 776.73	1.390 0	30	3 112 151.80

注：上房矿床的总延深指矿体总厚度，下同。

表 7-126　福建省钨矿模型区预测资源量及估算参数表

预测区编号	名称	模型区总资源量（t）	模型区面积（km^2）	总延深（m）	含矿地质体面积（km^2）	含矿地质体面积参数
A3508201011	行洛坑	526 883.88	6.58	1 000	0.112 5	0.017 1
A3508203033	新路口	13 310.72	48.31	500	1.332 5	0.027 6
A3508203004	洋竹径	11 735.09	42.33	500	0.851 1	0.020 1
A3508204017	上房	129 776.73	53.68	30	1.390	0.025 9

（三）最小预测区预测资源量及其估算参数

福建省最小预测区预测资源量采用以下公式进行计算：

$$Z_{总}=S\times H\times K\times\alpha, Z_{预}=Z_{总}-Z_{查} \tag{7-7}$$

式中：$Z_{总}$ 为预测区预测资源量；S 为预测区面积；H 为预测区延深（指预测区含矿地质体延深）；K 为模

型区含矿系数；α 为相似系数，$Z_{预}$ 为预测区预测资源量；$Z_{查}$ 为预测区已查明资源量。

模型区的含矿系数由总资源量/（含矿地质体的面积×预测总延深）求得，福建省钨矿模型区求得的含矿系数见表 7-127，最小预测区预测资源量及其估算参数见表 7-128。

表 7-127　福建省钨矿模型区含矿系数表

最小预测区编号	模型区名称	含矿系数（t/km^3）	资源总量（t）	总体积（km^3）
A3508201011	清流行洛坑	80 073.538 0	526 883.88	6.580 0
A3508203033	将乐新路口	551.054 4	13 310.72	24.155 0
A3508203004	华安洋竹径	554.457 4	11 735.09	21.165 0
A3508204017	建瓯上房	80 586.643 1	129 776.73	1.610 1

注：模型区含矿系数＝模型区预测资源总量/模型区总体积。

表 7-128　福建省钨矿最小预测区预测资源量及其估算参数表

预测工作区名称	预测区编号	最小预测区名称	最小预测区面积（km^2）	总延深（m）	含矿系数（t/km^3）	相似系数	预测资源量（t）
将乐新路口	A3508202023	邵武天花山	28.57	500	551.054 4	1	7 871.81
	A3508202025	邵武广坪	49.72	500	551.054 4	1	13 699.21
	A3508203033	将乐新路口	48.31	500	551.054 4	1	10 189.75
	B3508202022	邵武上坪	49.87	500	551.054 4	0.7	9 618.38
	B3508202021	建阳米溪	45.05	500	551.054 4	0.6	7 447.50
	B3508202024	邵武炉上	19.45	500	551.054 4	0.7	3 751.30
	B3508202026	邵武谢山	36.78	500	551.054 4	0.6	6 080.33
	B3508202027	邵武半岭	49.08	500	551.054 4	0.7	9 466.01
	B3508202030	将乐林坑	42.04	500	551.054 4	0.7	8 108.21
	B3508202031	将乐涂厝	45.89	500	551.054 4	0.7	8 850.76
	B3508202032	将乐山坑	45.47	500	551.054 4	0.7	8 769.76
	B3508202034	将乐际下	32.73	600	551.054 4	0.7	7 575.12
	C3508202028	邵武黄土岭	27.25	500	551.054 4	0.5	3 754.06
	C3508202029	邵武长洲	32.20	500	551.054 4	0.5	4 435.99
	C3508202035	将乐松坑	41.38	500	551.054 4	0.5	5 700.66
将乐白莲	A3508202037	明溪水仙崎	49.81	500	551.054 4	0.9	12 351.61
	A3508202040	明溪东坑	43.22	500	551.054 4	0.9	10 717.46
	A3508202039	明溪九内	39.48	500	551.054 4	0.8	8 702.25
	B3508202038	将乐堪厚	20.39	500	551.054 4	0.7	3 932.60
	C3508202036	将乐石门楼	19.63	500	551.054 4	0.5	2 704.30

续表 7-128

预测工作区名称	预测区编号	最小预测区名称	最小预测区面积(km²)	总延深(m)	含矿系数(t/km³)	相似系数	预测资源量(t)
清流行洛坑	A3508202009	明溪雪峰	33.48	500	551.054 4	0.8	7 379.72
	A3508202012	清流国母洋	21.26	500	551.054 4	1	5 533.71
	A3508202013	清流北坑	15.03	1 000	551.054 4	1	618.25
	A3508201011	清流行洛坑	6.58	1 000	80 073.538	1	222 871.88
	B3508202014	清流元家亭	13.01	800	551.054 4	0.6	3 441.22
	C3508202010	明溪王坊	12.28	500	551.054 4	0.5	1 691.74
建瓯上房	A3508204017	建瓯上房	53.68	30	80 586.643 1	1	79 760.73
	A3508204018	建瓯罗山	34.89	500	551.054 4	0.9	8 651.83
	B3508202016	建瓯马安	43.67	500	551.054 4	0.6	7 219.36
	B3508204043	建瓯生元坪	15.22	30	80 586.643 1	0.6	22 077.52
	C3508202015	建瓯谢源	27.59	500	551.054 4	0.5	3 800.90
	C3508204020	建瓯鉴溪	9.40	30	80 586.643 1	0.5	11 361.39
	C3508202019	建瓯盖赖	12.30	500	551.054 4	0.5	1 694.49
华安洋竹径	A3508203002	漳平陈村	27.40	500	554.457 4	0.9	6 836.46
	A3508203004	华安洋竹径	42.33	500	554.457 4	1	9 241.09
	A3508203005	华安柑仔坑	36.95	500	554.457 4	1	10 243.60
	B3508203008	南靖东溪头	40.52	500	554.457 4	0.6	6 739.98
	C3508203003	华安草仔山	10.11	500	554.457 4	0.5	1 401.39
	C3508203001	华安上雪	46.07	500	554.457 4	0.5	6 385.96
	C3508203006	华安大片	21.05	500	554.457 4	0.5	2 917.83
	C3508203007	南靖下东溪头	12.30	500	554.457 4	0.5	1 704.96
松溪半岭	A3508202042	松溪半岭	44.99	500	551.054 4	0.7	12 078.97
	C3508202041	浦城王元	25.17	500	551.054 4	0.5	3 467.51
小计							590 847.56

第九节　锡(锂)矿资源潜力评价

福建省锡(锂)矿资源潜力评价确定的典型矿床有 3 个，预测工作区有 8 个(表 7-129)，划分的福建省锡(锂)矿预测类型为松岭式斑岩型锡矿、中甲式斑岩型锡矿和西坑式伟晶岩型锡(锂)矿。

表 7-129　福建省锡(锂)矿典型矿床及预测工作区范围一览表

矿种	典型矿床名称	预测工作区名称	预测工作区范围
锡	宁化松岭锡矿	长汀濯田	116°00′00″—116°30′00″ 25°20′00″—25°45′00″
		古田三堡-闽清	118°34′00″—119°08′00″ 26°35′00″—26°10′00″
		将乐新路口-明溪	117°05′00″—117°45′00″ 26°20′00″—27°20′00″
		宁化石壁	116°22′33″—116°45′00″ 26°10′00″—26°30′00″
		武夷山洋庄-邵武水北	117°15′00″—117°55′00″ 27°20′00″—27°52′00″
		永定-云霄	116°30′00″—117°22′00″ 23°55′00″—24°55′00″
	龙岩中甲钨矿	连城庙前-龙岩中甲	116°34′00″—117°30′00″ 24°55′00″—25°28′00″
锡(锂)	南平西坑锡(锂)矿	建瓯-南平-沙县	117°50′00″—118°20′00″ 26°20′00″—27°10′00″

一、锡(锂)矿预测模型

(一)宁化松岭式斑岩型锡矿预测模型

宁化松岭式斑岩型锡矿典型矿床提取的预测要素见表 7-130,建立的预测模型见图 7-56,建立的预测工作区区域成矿预测模型见图 7-57。

表 7-130　宁化松岭式斑岩型锡矿典型矿床预测要素表

预测要素		描　述　内　容	预测要素分类
成矿时代		燕山早期	重要
大地构造背景		南平-宁化(夭折)裂谷,光泽-武平断裂带与南平-宁化断裂带交会处	重要
岩浆建造/岩浆作用		燕山早期黑云母花岗岩侵入	必要
成矿特征	成矿构造	燕山早期花岗岩体外接触带及北东向、北北东向断裂(裂隙)等	必要
	赋矿地层	梨山组沉积岩及震旦系变质岩	重要
	矿体形态	呈脉状、网脉状产出,局部形态有膨大缩小,分支复合、弯曲,总体倾向北西,倾角 50°～80°	次要
	矿物组合	锡石、黑钨矿、黄铜矿、黄铁矿、方铅矿、斑铜矿、辉钼矿、褐铁矿以及石英、长石、绢云母、绿泥石等	次要
	结构构造	自形—半自形片状结构、他形粒状结构、包含结构等;细脉状构造、条带状构造、环带状构造、浸染状构造等	次要

续表 7-130

预测要素	描　述　内　容	预测要素分类
围岩蚀变	硅化、黄玉化、绢云母-锂白云母化、绿泥石化、萤石化、石英岩化	重要
矿床储量	累计查明锡矿资源量 121.175 2×10^{4}t,金属量 5 512.79t,平均品位 0.436%	重要
找矿线索	锡石重砂异常区;水系沉积物 Sn 元素高异常区;燕山晚期石英斑岩脉产出带;北东向、北北东向断裂构造发育区;具硅化、黄玉化、绢云母化-锂白云母化等蚀变组合	重要
磁测资料	1∶5 万航磁 ΔT 反映为低缓异常,强度为－120～20nT,走向北东	重要
土壤测量化探资料	本区未进行 1∶1 万土壤测量,据锡矿勘查经验,锡矿体均能引起 1∶1 万土壤 Sn 异常	必要
自然重砂资料	据 1∶5 万重砂异常以锡石、黑钨矿为主,伴白钨矿异常,异常范围较大,重砂矿物组合较全,异常值也高	重要
遥感资料	据 1∶5 万遥感影响资料表明矿区存在一组北东向、北东东向断裂构造	次要

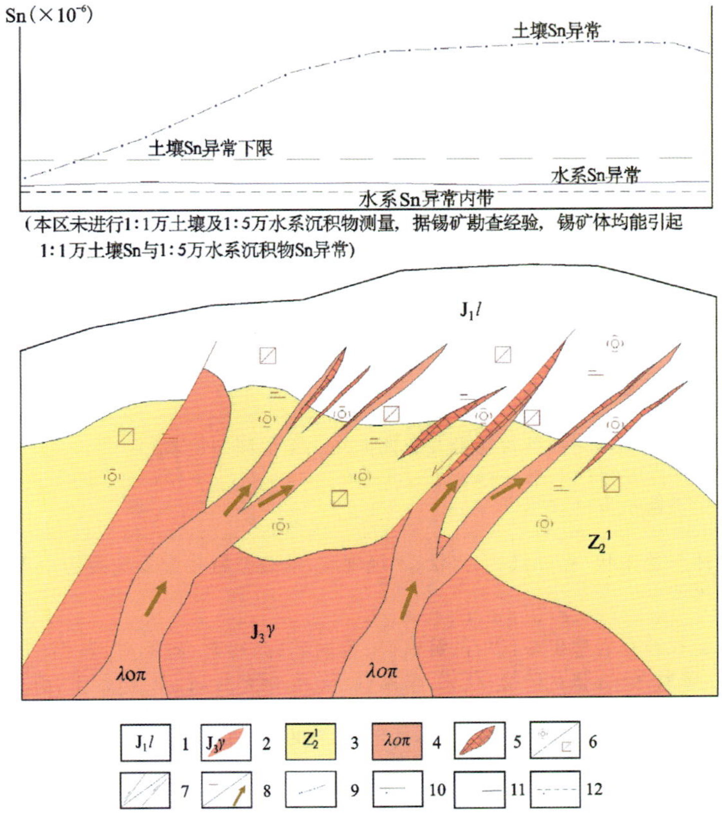

图 7-56　宁化松岭式斑岩型锡矿典型矿床成矿预测模型图

1.下侏罗统梨山组;2.燕山早期花岗岩;3.上震旦统变质岩;4.燕山晚期石英斑岩;5.锡矿体;6.硅化/黄玉化;7.逆断层/正断层;8.绢云母化/成矿流体运移方向;9.土壤 Sn 异常;10.土壤 Sn 异常下限;11.水系 Sn 异常;12.水系异常内带

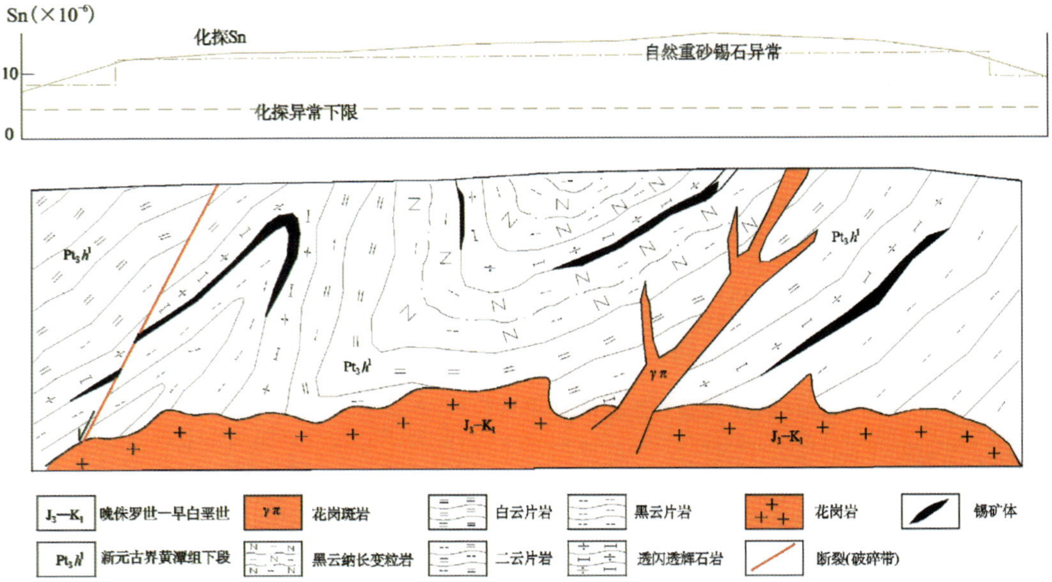

图 7-57　宁化松岭式斑岩型锡矿预测工作区区域成矿预测模型图

(二)龙岩中甲式斑岩型锡矿预测模型

龙岩中甲式斑岩型锡矿典型矿床提取的预测要素见表 7-131，建立的预测模型见图 7-58，建立的预测工作区区域成矿预测模型见图 7-59。

表 7-131　龙岩中甲式斑岩型锡矿典型矿床预测要素表

预测要素		描　述　内　容	预测要素分类
成矿时代		燕山早期	重要
大地构造背景		闽西南陆表海盆地	重要
岩浆建造/岩浆作用		燕山早期花岗岩侵入	必要
成矿构造		燕山早期花岗岩体外接触带及北西向和北东向断裂(裂隙)等	必要
赋矿地层		中上奥陶统罗峰溪组	重要
成矿特征	矿体形态	矿体呈透镜状、扁豆状、鸡窝状、不规则状，沿裂隙密集带及断裂带呈串珠状、倾向呈侧列式	次要
	矿物组合	绿泥石蚀变岩型矿石：锡石、黄铁矿、黄铜矿、辉铋矿、辉钼矿、黑钨矿、磁铁矿、赤铁矿、磁黄铁矿；脉石矿物：石英、绿泥石、黄玉、绢云母、长石、黑云母、磷灰石、高岭土	次要
		石英斑岩型矿石：锡石、黄铁矿、黄铜矿、辉钼矿、黑钨矿、磁铁矿、赤铁矿、褐铁矿、闪锌矿、白钨矿、铜蓝；脉石矿物：石英、黄玉、磷灰石	
		构造角砾岩型矿石：锡石、黄铁矿、辉钼矿、黑钨矿、黄铜矿、褐铁矿；脉石矿物：石英、黄玉、萤石、长石、黑云母、绿泥石、绢云母、高岭土	
	结构构造	矿石结构：自形—半自形晶粒状结构、他形粒状结构、交代-残余结构；矿物构造：浸染状构造、细脉状构造、细脉浸染状构造、角砾状构造、土状或粉末状构造	次要

续表 7-131

预测要素	描　述　内　容	预测要素分类
围岩蚀变	围岩蚀变主要为绿泥石化、黄玉化、硅化、云英岩化、萤石化、绢云母化、叶蜡石化、明矾石化、黄铁矿化	重要
矿床储量	锡金属量 2 275.34t,平均品位 0.91%	重要
找矿线索	几组断裂、裂隙构造交会的密集裂隙带;绿泥石-黄玉-硅化-黄铁矿化组合蚀变带;石英斑岩岩体的内、外接触带;Pb、Zn、Cu、Ag、W、Sn 等元素的化探异常是重要的找矿标志	重要
磁测资料	1∶5 万航磁 ΔT 反映为低缓负异常,强度为－85～－70nT,走向北西	重要
水系沉积物化探资料	1∶20 万区域化探水系沉积物测量显示:龙岩中甲矿区水系沉积物异常衬值大于 2.2,属强异常	必要
土壤测量化探资料	本区未进行 1∶1 万土壤测量,据锡矿勘查经验,锡矿体均能引起 1∶1 万土壤 Sn 异常	必要
自然重砂资料	1∶5 万自然重砂测量显示:异常以黑钨矿、锡石为主,另有白钨矿、铅族矿物、磷钇矿、铌钽铁矿等矿物异常,异常规模巨大,呈北东向展布;黑钨矿、锡石、磷钇矿异常重叠性好	重要
遥感资料	据 1∶5 万遥感影像资料显示矿区存在北西向和北东向断裂构造	次要

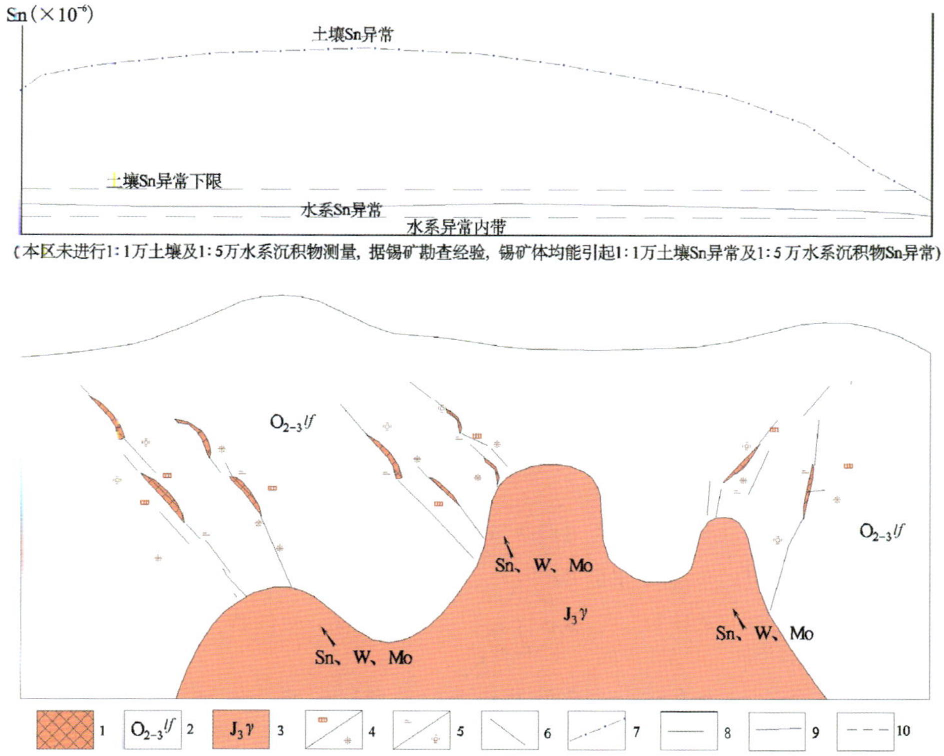

图 7-58　龙岩中甲式斑岩型锡矿典型矿床成矿预测模型图

1. 锡矿体;2. 中上奥陶统罗峰溪组;3. 燕山早期花岗岩;4. 黄铁矿化/云英岩化;5. 绢云母化/硅化;6. 断裂/裂隙;7. 土壤 Sn 异常;8. 土壤 Sn 异常下限;9. 水系 Sn 异常;10. 水系异常内带

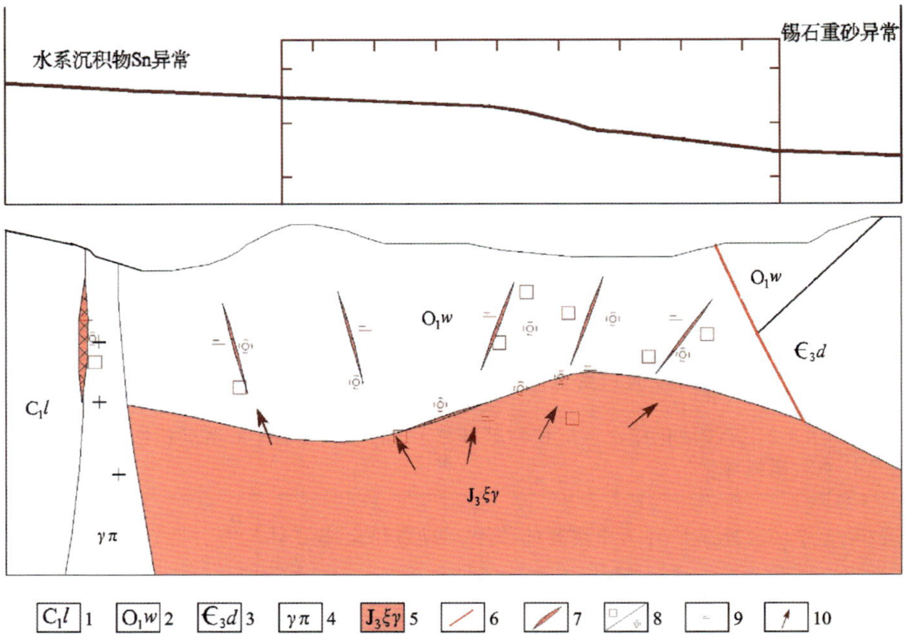

图 7-59　龙岩中甲式斑岩型锡矿预测工作区区域成矿预测模型图

1.下石炭统林地组;2.下奥陶统魏坊组;3.上寒武统东坑组;4.花岗斑岩;5.晚侏罗世黑云母花岗岩;
6.断层;7.锡矿体;8.黄铁矿化、硅化;9.绢云母化;10.成矿流体运移方向

(三)南平西坑式伟晶岩型锡(锂)矿预测模型

南平西坑式伟晶岩型锡(锂)矿典型矿床提取的预测要素见表 7-132,建立的预测模型见图 7-60,建立的预测工作区区域成矿预测模型见图 7-61。

表 7-132　南平西坑式伟晶岩型锡(锂)矿典型矿床预测要素表

预测要素		描　述　内　容	预测要素分类
成矿时代		加里东期	重要
大地构造背景		南平-宁化(夭折)裂谷与松溪-尤溪蛇绿混杂岩结合处	重要
岩浆建造/岩浆作用		本区构造活动频繁,岩浆活动强烈,从加里东期均有岩浆岩形成,加里东期花岗岩是伟晶岩的母岩	必要
成矿构造		主体构造线呈北东向,受后期南北向褶皱叠加改造其方位局部发生偏转	必要
赋矿地层		古元古界桃溪岩组、南山岩组	重要
成矿特征	矿体形态	脉体以扁长透镜状为主,脉状次之,不规则状少见,脉体(群)在平面、剖面上多呈斜列式,空间上多呈“S”或反“S”形弯曲	次要
	矿物组合	主要造岩矿物有石英、钠长石、腐锂辉石、微斜长石、白云母、绢云母等,次要矿物有钠更长石,副矿物有磁铁矿、钛铁矿、锆石、锡石、方铅矿、闪锌矿、黄铜矿、电气石、磷灰石、软锰矿、褐铁矿、黄铁矿、钛铁矿、金红石、重晶石、天蓝石、钙铁榴石等	次要
	结构构造	矿石的结构包括原生结构(花岗伟晶结构、粒状镶嵌结构、似文象结构和包容结构)和交代结构(不完全交代结构、完全交代结构),主要有块状构造、斑杂状构造、条带状构造、片状构造等	次要
围岩蚀变		主要有硅化、黑鳞云母化和黑电气石化	重要

续表 7-132

预测要素	描　述　内　容	预测要素分类
矿床储量	Nb_2O_5 D级储量 4 400.62t；Ta_2O_5 5 582.79t；Sn 11 507.68t；Li_2O 5 004.01t（其中 Nb_2O_5 和 Ta_2O_5 为矿区主矿种，其余为伴生矿种）	重要
找矿线索	①花岗伟晶岩岩脉及残坡积物是直接的找矿标志；②花岗伟晶岩的钠长石化、云英岩化是铌钽矿化的直接标志，花岗伟晶岩顶底板、黑电气石化、硅化、黑鳞云母化往往可作为间接找矿标志；③重砂异常，以锡石为主的综合性（含锆石、磷钇石、铌钽铁矿等）自然重砂异常和铌钽重砂异常区（点）是重要的找矿标志；④Sn 次生晕异常，区内锡矿化往往与铌钽矿化相伴生；⑤Li、Rb、Cs 原生晕异常，可作为间接找矿标志；⑥物探（电法）异常-西坑铌钽矿区电剖面法试验表明，高阻窄带异常分布范围多数与花岗伟晶岩出露形态一致	重要
磁测资料	1∶5 万航磁 ΔT 反映为低缓异常，强度为 $-20\sim120$nT，近南北走向	重要
水系沉积物化探资料	1∶5 万水系沉积物测量，矿区位于 Sn-Li 异常内带中	必要
土壤测量化探资料	本区未进行 1∶1 万土壤测量，据锡矿勘查经验，锡矿体均能引起 1∶1 万土壤 Sn 异常	必要
自然重砂资料	1∶5 万锡石自然重砂测量显示：仅在南平西坑至表洲一带见锡石重砂异常，异常较为单一，但区内断裂构造、伟晶岩脉普遍发育，成矿地质条件好，锡石异常值高，颗粒度大（0.3～2.5mm）	重要
遥感资料	据 1∶5 万遥感影像资料，矿区存在两组南北向及北西向断裂构造	次要

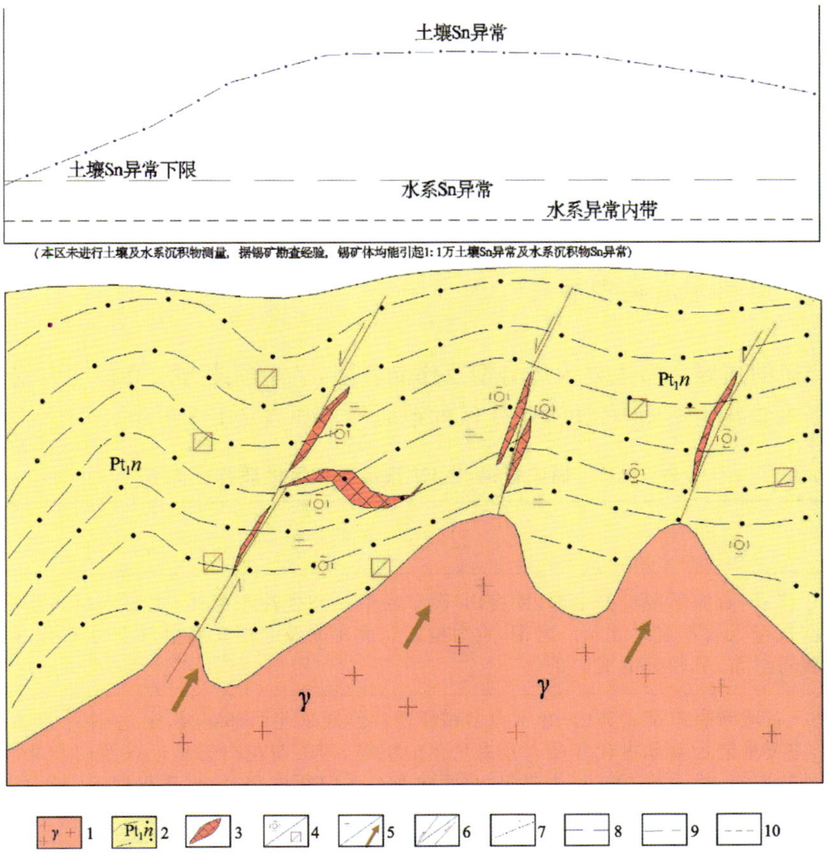

图 7-60　南平西坑式伟晶岩型锡（锂）矿典型矿床成矿预测模型图

1. 花岗岩；2. 古元古界南山岩组；3. 锡矿体；4. 硅化/黄玉化；5. 绢云母化/成矿流体运移方向；6. 逆断层/正断层；7. 土壤 Sn 异常；8. 土壤 Sn 异常下限；9. 水系 Sn 异常；10. 水系异常内带

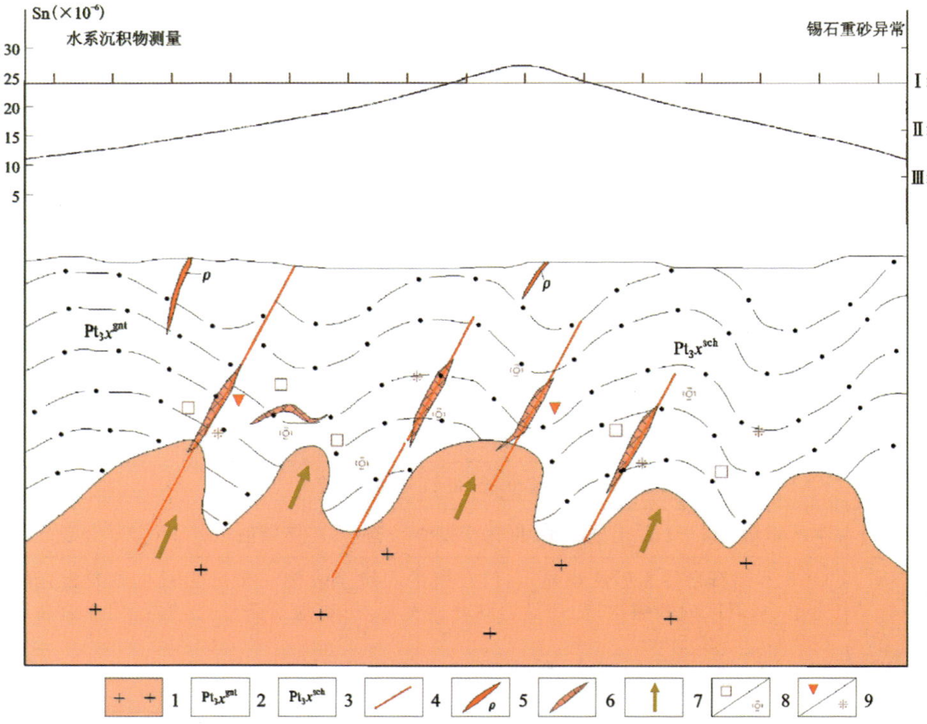

图 7-61　南平西坑式伟晶岩型锡(锂)矿预测工作区区域成矿预测模型图

1. 花岗岩；2. 下峰(岩)组变粒岩段；3. 下峰(岩)组片岩段；4. 断层；5. 花岗伟晶岩脉；6. 锡矿(化)体；7. 成矿流体运移方向；8. 黄铁矿化/硅化；9. 电气石化/云英岩化

二、预测方法类型确定及区域预测要素

(一)锡(锂)矿预测方法类型确定

福建省锡(锂)矿的成因类型主要为斑岩型及伟晶岩型，矿产预测方法类型均为侵入岩体型，编制的预测研究底图为侵入岩浆构造图，各预测工作区的地质特征如表 7-133 所示。

表 7-133　福建省锡(锂)矿预测工作区地质特征简表

预测工作区名称	地质特征
武夷山洋庄-邵武水北	位于崇安-石城断裂带的中部，武夷山-泰宁大型韧性逆冲断层带，主要地层为新元古代变质岩，燕山期酸性侵入岩形成北北东向岩带，重力推断北北东向及北西向断层，6 处水系化探 Sn 异常，大面积重砂锡石异常，具较好的成矿条件
将乐新路口-明溪	崇安-石城断裂带及武夷山-泰宁大型韧性逆冲断层从北西部穿过，宁化-南平东西向断裂带从中部通过，主要地层为新元古代变质岩及古生代地层等，燕山期花岗岩呈近东西向及北北东向岩带展布，有多处锡矿点，重力推断有北北东向、北西向及东西向断层交会，水系化探 Sn 异常，大面积重砂锡石异常，具较好的成矿条件
建瓯-南平-沙县	政和-大埔北北东向断裂带、政和-大埔大型韧性走滑型剪切带及宁化-南平近东西向断裂带通过本区，主要地层为新元古代变质岩，加里东期花岗岩及伟晶岩分布较广泛，有多处伟晶岩型锡(锂)矿，重力推断有北北东向及东西向断层，水系化探 Sn 异常，大面积重砂锡石异常，具很好的成矿条件

续表 7-133

预测工作区名称	地质特征
宁化石壁	崇安-石城断裂带西南段，宁化-南平东西向断裂带的西部，主要地层为新元古代变质岩及古生界等，燕山期花岗岩呈近东西向及北北东向岩带展布，有中型锡矿床1处及多处小型锡矿床，重力推断有北北东向、北西向及东西向断层交会，水系化探 Sn 异常，大面积重砂锡石异常，具很好的成矿条件
古田三堡-闽清	福安-南靖北北东向断裂带通过；在燕山期火山-花岗岩带上；具有北北东向断层带及中生代火山构造分布；有较广泛的蚀变现象；重力推断有北北东向断裂通过；航磁推断有4处北北东向中酸性隐伏岩体；化探 Sn 异常强度高，规模较大；重砂锡石异常，具较好的松岭式锡矿的成矿条件
长汀濯田	在次级北北东向断裂带上，主要地层为新元古代变质岩等，燕山期花岗岩呈北北东向岩带展布，有锡矿点分布，重力推断有北北东向、北西向及东西向断层交会，水系化探 Sn 异常，大面积重砂锡石异常，具良好的形成松岭式锡矿的成矿条件
连城庙前-龙岩中甲	位于燕山期岩体及接触带上，在政和-大埔断裂及大型变形带中部，地层为晚古生界；龙岩中甲锡矿有北北东向断裂通过；有良好的 Sn 异常；重砂锡石异常分布较广泛，与中甲锡矿成矿条件基本一样，具很好的成矿条件
永定-云霄	本区位于闽东沿海断坳带及闽西南凹陷带上；区内有上杭-云霄北北西向断裂带通过；燕山期发生强烈的酸性火山-岩浆侵入活动；具有北西向断层带分布；分布小型锡矿；有较广泛的蚀变现象；重力推断有北西向断层；航磁推断有多处中酸性隐伏岩体；化探 Sn 异常强度高，规模较大；重砂锡石异常分布较广泛，具良好的松岭式斑岩型锡矿的成矿条件

（二）锡（锂）矿预测工作区区域预测要素

提取的松岭式斑岩型锡矿宁化石壁预测工作区区域预测要素见表 7-134，中甲式斑岩型锡矿连城庙前-龙岩中甲预测工作区区域预测要素见表 7-135，西坑式伟晶岩型锡（锂）矿建瓯-南平-沙县预测工作区区域预测要素见表 7-136。

表 7-134　松岭式斑岩型锡矿宁化石壁预测工作区区域预测要素表

区域预测要素		描述内容	预测要素分类
特征描述		松岭式斑岩型锡矿	
区域成矿地质环境	大地构造位置	南平-宁化（夭折）裂谷，光泽-武平断裂带与南平-宁化断裂带交会处	必要
	成矿时代	主成矿期为燕山早期	重要
	主要控矿构造	以北北东向断裂构造等为主，区域上主要是武夷山-石城北东向断裂带南段	重要
	主要赋矿地层	以新元古代变质岩地层为主，次为梨山组等	次要
	侵入岩建造	燕山早期岩浆侵入，主要为酸性正长花岗岩、二长花岗岩，成因类型为中深成的壳源以及壳幔混合源	必要
区域成矿地质特征	含矿岩系岩性组合	黑云母花岗岩，钻探证实深部在隐伏黑云母花岗岩	必要
	矿体形态	矿体主要分布于燕山早期花岗岩的外接触带上，往往沿断裂破碎带等填充，呈脉状、网脉状产出	重要
	矿物组合	金属矿物有锡石、黄铁矿、方铅矿、闪锌矿，非金属矿物有长石、石英、绢云母等	重要
	结构构造	矿石结构主要为自形—半自形片状结构、他形粒状结构、包含结构、固溶体分离结构等，矿石构造主要以浸染状构造为主，次为脉状构造、块状构造	重要
	矿石类型	石英网脉状矿石	重要
	围岩蚀变	黄玉化、云英岩化、硅化、黄铁矿化、绢云母化等	重要

续表 7-134

区域预测要素		描　述　内　容	预测要素分类
物探	航磁异常	本区航磁异常较明显，并推断出 1 个酸性岩体	次要
	重力异常	本区有负重力异常	次要
化探异常特征		1∶20 万水系沉积物测量，共圈出 Sn 异常 4 处，区内元素组合复杂，异常元素规模大，多元素异常套合程度高	必要
重砂异常特征		区域上有 3 处锡石重砂Ⅰ级异常，异常面积较大	重要
遥感解译		区内以北东向断裂为主，北东东向断裂次之	次要

表 7-135　中甲式斑岩型锡矿连城庙前-龙岩中甲预测工作区区域预测要素表

区域预测要素		描　述　内　容	预测要素分类
区域成矿地质环境	大地构造位置	闽西南陆表海盆地	必要
	成矿时代	主成矿期为燕山期	重要
	主要控矿构造	以北东向、北北东向、南北向断裂构造等为主，区域上主要是泰宁-龙岩南北向断裂带、上杭-屏南北东向断裂带、政和-大埔北北东向断裂带	重要
	主要赋矿地层	古生代地层	次要
	侵入岩建造	燕山期岩浆侵入，主要为酸性黑云母正长花岗岩、二长花岗岩，K-Ar 同位素年龄为 151～121Ma，成因类型为中深成壳幔混合源	必要
区域成矿地质特征	含矿岩系岩性组合	黑云母花岗岩	必要
	矿体形态	矿体主要分布于燕山早期花岗岩的内外接触带上，呈透镜状、扁豆状、鸡窝状、不规则状，沿裂隙密集带及断裂带呈串珠状	重要
	矿物组合	金属矿物有锡石、黄铁矿、辉钼矿、黑钨矿、黄铜矿、褐铁矿，非金属矿物有石英、黄玉、萤石、长石、黑云母、绿泥石、绢云母等	重要
	结构构造	矿石结构主要为自形—半自形片状结构、他形粒状结构、交代-残余结构等，矿石构造主要以浸染状构造为主，次为脉状构造、角砾状构造	次要
	矿石类型	石英脉型	重要
	围岩蚀变	矽卡岩化、硅化、黄铁矿化、绿泥石化、云英岩化、萤石化、绢云母化、叶蜡石化、明矾石化、黄玉化	重要
	矿化资源情况	小型矿床 2 处，龙岩中甲锡矿床品位 0.89%，锡金属量 0.219 54×10^4 t；漳平雷仔林锡矿床品位 0.62%，锡金属量 0.255 399×10^4 t；此外矿点 2 处	重要
物探	航磁异常	本区航磁异常较明显，并推断出多个岩体，锡矿多分布在岩体内外接触带	次要
	重力异常	本区重力推断断裂构造有北东向、北西向、东西向	次要
化探异常特征		1∶20 万水系沉积物测量，共圈出 Sn 异常 12 处；龙岩中甲、漳平雷仔林、龙岩杨梅坪、龙岩青草盂等锡矿处于 Sn 异常高浓度中心	重要
重砂异常特征		区内共圈出 1 处锡石重砂Ⅰ级异常，5 处Ⅱ级异常，异常面积较大，多数锡矿产于其中	重要
遥感解译		区内以北东向断裂为主，南北向断裂次之	次要

表 7-136　西坑式伟晶岩型锡(锂)矿建瓯-南平-沙县预测工作区区域预测要素表

区域预测要素		描述内容	预测要素分类
特征描述		西坑式伟晶岩型锡(锂)矿	
区域成矿地质环境	大地构造位置	南平-宁化(夭折)裂谷与松溪-尤溪蛇绿混杂岩结合处	必要
	成矿时代	志留纪岩浆侵入成矿期	重要
	主要控矿构造	以北东向、北北东向断裂构造为主	重要
	主要赋矿地层	志留纪花岗伟晶岩,龙北溪岩组、下峰岩组	次要
	侵入岩建造	志留纪正长花岗岩、二长花岗岩	必要
	区域变质岩及建造	区域变质程度较高,原岩为砂泥质岩(含碳质)、泥灰岩及中基性火山岩,为海相环境形成的岩石组合,为砂泥质大理石建造的陆源碎屑岩,经区域变质作用形成一套低角闪岩相区域变质岩,具有不同程度的混合岩化,主要岩性为黑云斜长变粒岩、黑云二长变粒岩、云母石英片岩、斜长角闪片岩、英云闪长质变麻岩等	必要
区域成矿地质特征	含矿岩系岩性组合	正长花岗岩、二长花岗岩、花岗伟晶岩	必要
	矿体形态	主要呈脉状	重要
	矿物组合	金属矿物为锡石、黑钨矿、黄铜矿、黄铁矿等	重要
	结构构造	矿石的主要结构有自形—半自形片状结构、自形—半自形鳞片状结构等;矿石构造主要有星点状(浸染状)、细脉状、角砾状、薄膜状、细脉浸染状和网脉状构造	次要
	矿石类型	伟晶岩型	重要
	围岩蚀变	主要蚀变有电气石化、云英岩化、硅化、钠长石化等	重要
	矿化资源情况	中型锡(锂)矿床1处,锡矿点1处,其中中型矿床锡(锂)储量0.352×10^{4}t,平均品位Sn 0.049 4%,Li 0.031 7%	重要
区域预测特征	找矿标志	北东向、北西向控矿构造发育;元古宙变质岩基底是成矿母岩和容矿围岩,后期志留纪侵入岩与其呈侵入接触关系,花岗伟晶岩脉发育,矿体产于岩体外接触带上;围岩蚀变有电气石化、云英岩化、硅化等;水系沉积物锡异常;重砂锡石异常	重要
	航磁异常	磁法推断中酸性、酸性岩体15个,推断构造多为北东向断裂	次要
	重力异常	重力推断中酸性岩体5个,推断构造多为北东向逆断层	次要
	化探异常	区内异常元素组合以Sn、W、Mo、Bi、Au、Ag、Cu、Pb为主,其中较完整的Sn异常有10处,均具浓度中内带,面积一般30～70km^2,异常值高,规模较大,W-Mo-Bi异常与Sn异常套合较好,其中2处较大的Sn异常外围已发现南平石笋坑小型Sn矿床、建瓯土富头锡矿点,显示区内寻找伟晶岩型锡(锂)矿的潜力较大	重要
	自然重砂	区内自然重砂异常组合为锡石-白钨矿-黑钨矿,其中锡石单矿物异常8处,Ⅰ级异常2处,Ⅱ级异常1处,Ⅲ级异常5处,异常面积一般15～70km^2,矿物含量一般140～923颗。Ⅰ、Ⅱ级异常均已发现锡矿床、矿点,其中周地美Ⅰ级异常面积达787km^2,沿北东向、北西向构造带展布,Sn元素金属量巨大,具较大的找矿潜力	重要
	遥感解译	遥感显示区域线性构造发育,多为北东向断裂,间有北西向、南北向断裂,其中北东向、北西向断裂与区域成矿密切相关	次要

三、最小预测区圈定及优选

（一）最小预测区圈定

采用综合信息地质单元法进行最小预测区的圈定，根据福建省斑岩型及伟晶岩型锡（锂）矿成矿地质特征，分析该区成矿的预测要素特征，选择该区以下4个要素进行成矿远景区的圈定工作（表7-137）。

岩体要素包括晚侏罗世正长花岗岩、磁法推断中酸性—酸性岩体、得到钻孔验证的隐伏酸性岩体（宁化松岭等矿区钻孔见隐伏晚侏罗世正长花岗岩），缓冲区半径为2km，自然重砂锡石异常。在MRAS操作平台上，利用建模器，进行“（岩体建造∩自然重砂锡石异常）∪（岩体建造∩水系沉积物钨异常）∪锡（锂）矿床（点）缓冲区”求交并集计算，初步进行预测单元的圈区，形成初始预测区。依据以上预测区的圈定原则，综合燕山期侵入岩、断裂、围岩蚀变、重力推断半隐伏-隐伏酸性岩类等综合信息，以及水系沉积物Sn及重砂锡石异常，通过与锡（锂）矿床、点的比较等研究工作，对初始预测区进行适当取舍、合并、拆分，最终圈定8个预测工作区的最小预测区。

表7-137　福建省锡（锂）矿最小预测区圈定要素表（要素叠加法）

<table>
<tr><th>矿产预测方法类型</th><th>要素类别</th><th>要素名称</th><th>要素级别</th><th>要素属性</th><th>缓冲区半径设置</th></tr>
<tr><td rowspan="4">侵入岩体型</td><td>区域地质环境</td><td>岩体</td><td>必要</td><td>面元</td><td>2km</td></tr>
<tr><td>区域成矿特征</td><td>锡（锂）矿床（点）</td><td>重要</td><td>点元</td><td>2km</td></tr>
<tr><td rowspan="2">区域预测特征</td><td>自然重砂黑钨矿异常</td><td>必要</td><td>面元</td><td></td></tr>
<tr><td>水系沉积物钨异常</td><td>必要</td><td>面元</td><td></td></tr>
</table>

（二）最小预测区优选

变量构置：根据福建省斑岩型及伟晶岩型锡（锂）矿床的成矿控矿特征，初步选择如表7-138所示的变量作为预测区优选的要素组合。

表7-138　预测区优选的原始要素组合表

<table>
<tr><th>要素类别</th><th>要素名称</th></tr>
<tr><td rowspan="3">必要</td><td>岩体</td></tr>
<tr><td>自然重砂钨异常</td></tr>
<tr><td>水系沉积物钨异常</td></tr>
<tr><td rowspan="2">重要</td><td>锡（锂）矿床（点）</td></tr>
<tr><td>断裂构造</td></tr>
</table>

采用找矿信息量法等数学统计方法进行优选变量的二值化工作，通过上述预测要素变量的构置，在MRAS技术平台的基础上，对定位预测要素变量进行优选研究。

根据本地区锡（锂）矿工作的实际，设置该区锡（锂）矿床规模级别等级为3级：1级中型（资源量≥0.5×10^4t），4级小型（资源量<0.5×10^4t）、5级矿点。最终在122个最小预测区中优选出A类7个，B类71个，C类44个（图7-62）。

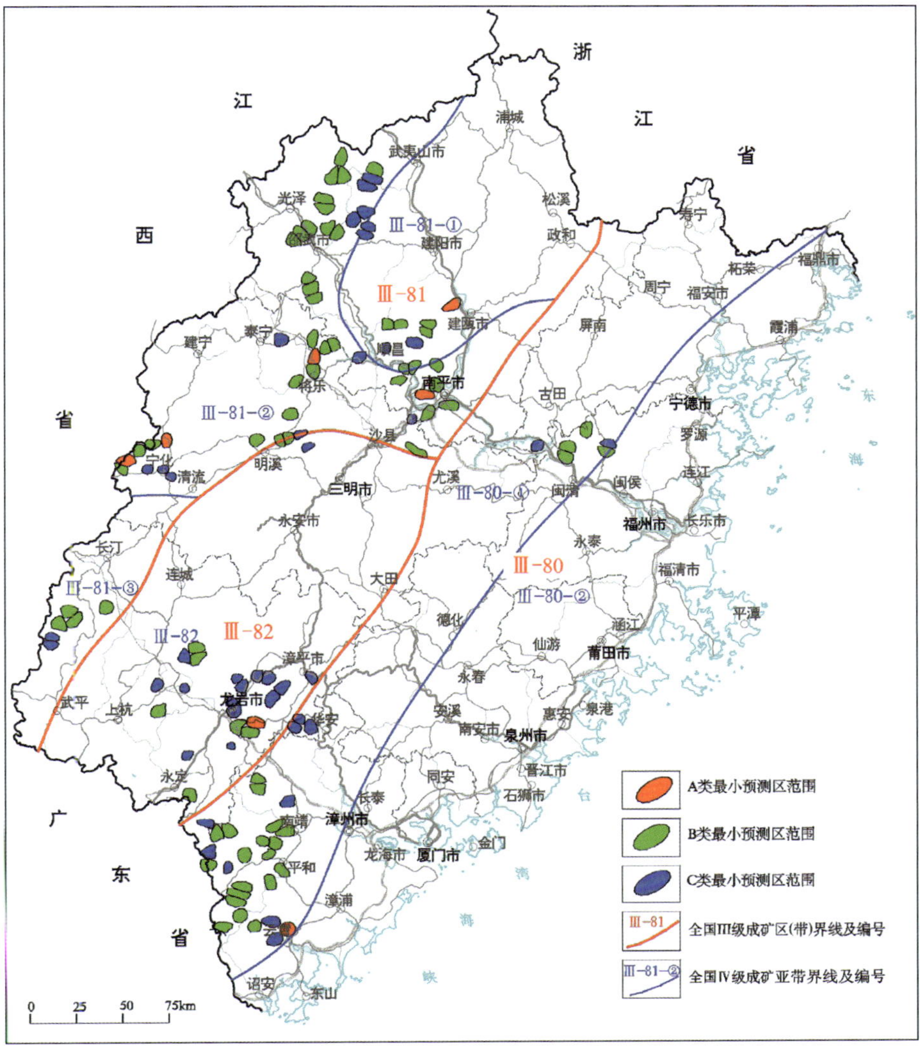

图 7-62　福建省锡(锂)矿最小预测区分布及其优选结果图

四、资源定量预测

(一)典型矿床查明资源量、典型矿床深部及外围资源量估算

福建省锡(锂)矿典型矿床查明资源量见表 7-139,深部及外围预测资源量见表 7-140。

表 7-139　福建省锡(锂)矿典型矿床查明资源量表

编号	名称	经度	纬度	查明资源量		面积 (m^2)	总延深 (m)	品位 (%)	体重 (t/m^3)	体积含矿率 (t/m^3)
				矿石量 ($\times10^4$ t)	金属量 (t)					
1	宁化松岭	119°28′20″	27°01′00″	17.78	5 512.79	11 383 200	400	0.031	2.58	$1.210\ 73\times10^{-6}$
2	龙岩中甲	117°41′03″	25°37′02″	0.50	2 275.34	1 919 832	200	0.455	2.48	$5.925\ 88\times10^{-6}$
3	南平西坑	116°54′35″	26°21′05″	37.12	11 507.68	10 999 400	1 000	0.031	2.52	$1.046\ 21\times10^{-6}$
4	南平西坑(锂矿)	116°54′35″	26°21′05″	16.14	5 004.01	10 999 400	1 000	0.031	2.52	$4.549\ 35\times10^{-7}$

表 7-140 福建省锡(锂)矿典型矿床深度及外围预测资源量表

编号	名称	经度	纬度	面积 (m^2)	总延深 (m)	体积含矿率 (t/m^3)	相似系数	预测资源量(t)		
								深部	外围	总和
1	宁化松岭	119°28′20″	27°01′00″	11 383 200	800	1.21073×10^{-6}	0.3	1 653.84		1 653.84
2	龙岩中甲	117°41′03″	25°37′02″	1 919 832	800	$5.925\ 88\times10^{-6}$	0.3	2 047.81		2 047.81
3	南平西坑	116°54′35″	26°21′05″	10 999 400	1 000	$1.046\ 21\times10^{-6}$	0.3	0.00		0.00
4	南平西坑(锂矿)	116°54′35″	26°21′05″	10 999 400	1 000	$4.549\ 35\times10^{-7}$	0.3	0.00		0.00

(二)模型区预测资源量及其估算参数

福建省锡(锂)矿模型区预测资源量及其估算参数见表 7-141。

表 7-141 福建省锡(锂)矿模型区预测资源量及其估算参数表

编号	名称	经度	纬度	预测总资源量 (t)	面积 (km^2)	总延深 (m)	含矿地质体面积 (m^3)
1	宁化松岭	119°28′20″	27°01′00″	10 686.63	48.13	600	48.13
2	龙岩中甲	117°41′03″	25°37′02″	6 877.14	49.88	600	49.88
3	南平西坑	116°54′35″	26°21′05″	12 543.37	46.13	1 000	46.13
4	南平西坑(锂矿)	116°54′35″	26°21′05″	5 454.37	46.13	1 000	46.13

(三)最小预测区预测资源量及其估算参数

福建省锡(锂)矿最小预测区预测资源量采用以下公式进行计算:

$$Z_{总}=S\times H\times K\times\alpha,Z_{预}=Z_{总}-Z_{查} \tag{7-8}$$

式中:$Z_{总}$为预测区预测资源总量;S为预测区面积;H为预测区延深(指预测区含矿地质体延深);K为模型区含矿系数;α为相似系数;$Z_{预}$为预测区预测资源量;$Z_{量}$为预测区已查明资源量。

模型区的含矿系数由总资源量/(含矿地质体的面积×预测总延深),福建省锡(锂)矿各模型区求得的含矿系数见表 7-142,最小预测区预测资源量估算结果及其估算参数见表 7-143。

表 7-142 福建省锡(锂)矿模型区含矿系数表

名称	经度	纬度	预测总资源量 (t)	面积 (km^2)	总延深 (m)	含矿地质体面积(m^3)	含矿系数 (t/m^3)
宁化松岭	119°28′20″	27°01′00″	10 686.63	48.13	600	48.13	$3.700\ 61\times10^{-7}$
龙岩中甲	117°41′03″	25°37′02″	6 877.14	49.88	600	49.88	$2.297\ 89\times10^{-7}$
南平西坑	116°54′35″	26°21′05″	12 543.37	46.13	1 000	46.13	$2.719\ 14\times10^{-7}$
南平西坑(锂矿)	116°54′35″	26°21′05″	5 454.37	46.13	1 000	46.13	$1.182\ 39\times10^{-7}$

表 7-143 福建省锡(锂)矿最小预测区资源量估算结果表

预测类型	预测区名称	最小预测区编号	最小预测区名称	探明资源量(t)	$S_{预}$ (km²)	含矿系数 (t/m³)	α	$H_{预}$(m)			$\Sigma_{预}$(t)		
								≤500m	≤1 000m	≤2 000m	≤500m	≤1 000m	≤2 000m
松岭式斑岩型	武夷山洋庄-邵武水北	B3509200101	光泽下岭头		49.90	0.000 000 370	0.84	500	600	600	7 738.77	9 286.52	9 286.52
		B3509200102	武夷山黄溪洲		49.75	0.000 000 370	0.84	500	600	600	7 715.50	9 258.60	9 258.60
		B3509200103	光泽米罗湾		49.48	0.000 000 370	0.84	500	600	600	7 673.63	9 208.36	9 208.36
		B3509200104	建阳大竹岚		48.78	0.000 000 370	0.84	500	600	600	7 565.07	9 078.08	9 078.08
		C3509200105	武夷山白叶坪		47.08	0.000 000 370	0.84	500	600	600	7 301.43	8 761.71	8 761.71
		C3509200106	武夷山竹坑		47.59	0.000 000 370	0.84	500	600	600	7 380.52	8 856.62	8 856.62
		B3509200107	邵武坪溪		47.60	0.000 000 370	0.84	500	600	600	7 382.07	8 858.48	8 858.48
		B3509200108	邵武桥头溪		47.55	0.000 000 370	0.84	500	600	600	7 374.32	8 849.18	8 849.18
		C3509200109	建阳溪头村		48.26	0.000 000 370	0.62	500	600	600	5 546.14	6 655.36	6 655.36
		C3509200110	建阳蕉溪伐木场		49.00	0.000 000 370	0.62	500	600	600	5 631.18	6 757.41	6 757.41
		B3509200111	邵武龙斗村		46.46	0.000 000 370	0.84	500	600	600	7 205.27	8 646.33	8 646.33
		B3509200112	邵武漠口		47.31	0.000 000 370	0.84	500	600	600	7 337.10	8 804.51	8 804.51
		B3509200113	邵武二都伐木场		43.58	0.000 000 370	0.84	500	600	600	6 758.63	8 110.35	8 110.35
		B3509200114	邵武大坡坳茶场		45.05	0.000 000 370	0.84	500	600	600	6 986.60	8 383.92	8 383.92
		C3509200115	建阳洲墩		32.09	0.000 000 370	0.62	500	600	600	3 669.44	4 403.33	4 403.33
		C3509200116	建阳竹田街		36.28	0.000 000 370	0.62	500	600	600	4 148.56	4 978.28	4 978.28
		B3509200117	邵武周源村		43.32	0.000 000 370	0.84	500	600	600	6 718.30	8 061.96	8 061.96
		小计									114 132.53	136 959.00	136 959.00

续表 7-143

预测类型	预测区名称	最小预测区编号	最小预测区名称	探明资源量(t)	$S_预$ (km^2)	含矿系数 (t/m^3)	α	$H_预$(m)			$Z_预$(t)		
								≤500m	≤1 000m	≤2 000m	≤500m	≤1 000m	≤2 000m
松岭式斑岩型	将乐新路口-明溪	B3509200201	邵武山心铺耕山队		36.94	0.000 000 370	0.84	500	600	600	5 728.86	6 874.63	6 874.63
		B3509200202	邵武铁洋村		49.98	0.000 000 370	0.84	500	600	600	7 751.17	9 301.41	9 301.41
		B3509200203	邵武洋半天		41.64	0.000 000 370	0.84	500	600	600	6 457.76	7 749.31	7 749.31
		C3509200204	将乐隆兴村		46.24	0.000 000 370	0.61	500	600	600	5 216.47	6 259.77	6 259.77
		B3509200205	将乐涂厝		46.63	0.000 000 370	0.84	500	600	600	7 231.64	8 677.96	8 677.96
		B3509200206	将乐山坑		33.24	0.000 000 370	0.94	500	600	600	5 784.74	6 941.69	6 941.69
		B3509200207	将乐曹地		36.26	0.000 000 370	0.94	500	600	600	6 310.31	7 572.37	7 572.37
		A3509200208	将乐新路口	723.84	44.73	0.000 000 370	1.00	500	600	600	7 551.21	9 206.22	9 206.22
		C3509200209	顺昌谟武村		38.13	0.000 000 370	0.44	500	600	600	3 084.74	3 701.68	3 701.68
		B3509200210	将乐张公村		49.21	0.000 000 370	1.00	500	600	600	9 103.85	10 924.62	10 924.62
		B3509200211	明溪翠竹洋		44.62	0.000 000 370	0.84	500	600	600	6 919.92	8 303.90	8 303.90
		B3509200212	明溪沙洲坑		42.21	0.000 000 370	0.84	500	600	600	6 546.16	7 855.39	7 855.39
		B3509200213	明溪杨坑		30.20	0.000 000 370	0.84	500	600	600	4 683.58	5 620.30	5 620.30
		B3509200214	将乐御岭村		30.56	0.000 000 370	1.00	500	600	600	5 653.60	6 784.32	6 784.32
		C3509200215	将乐石排场		26.37	0.000 000 370	0.84	500	600	600	4 089.60	4 907.53	4 907.53
		C3509200217	明溪下洋		24.79	0.000 000 370	0.84	500	600	600	3 844.57	4 613.48	4 613.48
		B3509200218	将乐泰村		39.53	0.000 000 370	1.00	500	600	600	7 313.05	8 775.66	8 775.66
		小计		723.84							103 271.23	124 070.24	124 070.24

续表 7-143

预测类型	预测区名称	最小预测区编号	最小预测区名称	探明资源量(t)	$S_{预}$ (km^2)	含矿系数 (t/m^3)	α	$H_{预}$(m)			$Z_{预}$(t)		
								≤500m	≤1 000m	≤2 000m	≤500m	≤1 000m	≤2 000m
伟晶岩型	建瓯-南平-沙县	B3509200301	建阳徐山坪		29.64	0.000 000 270	0.87	500	1 000	1 000	3 494.02	6 988.04	6 988.04
		A3509200302	建瓯占墩	2 275.34	47.48	0.000 000 270	0.76	500	1 000	1 000	2 600.59	7 476.53	7 476.53
		B3509200303	顺昌排子厂		34.53	0.000 000 270	0.87	500	1 000	1 000	4 070.47	8 140.93	8 140.93
		B3509200304	顺昌百益村		33.07	0.000 000 270	0.87	500	1 000	1 000	3 898.36	7 796.72	7 796.72
		B3509200305	建瓯江墩		33.57	0.000 000 270	0.76	500	1 000	1 000	3 447.45	6 894.91	6 894.91
		B3509200306	顺昌丁墩		29.50	0.000 000 270	0.76	500	1 000	1 000	3 029.49	6 058.98	6 058.98
		C3509200307	顺昌大历镇		47.05	0.000 000 270	0.62	500	1 000	1 000	3 926.02	7 852.03	7 852.03
		C3509200308	顺昌溪源		24.90	0.000 000 270	0.51	500	1 000	1 000	1 699.57	3 399.15	3 399.15
		B3509200309	南平麦源村		28.11	0.000 000 270	0.76	500	1 000	1 000	2 886.74	5 773.48	5 773.48
		B3509200310	南平峡阳镇		33.47	0.000 000 270	0.76	500	1 000	1 000	3 437.18	6 874.37	6 874.37
		B3509200311	南平聪坑村		41.20	0.000 000 270	0.62	500	1 000	1 000	3 437.87	6 875.74	6 875.74
		B3509200312	南平高埠村		32.58	0.000 000 270	0.62	500	1 000	1 000	2 718.59	5 437.18	5 437.18
		A3509200313	南平石笋坑	3 520.00	47.09	0.000 000 270	1.00	500	1 000	1 000	2 837.15	9 194.30	9 194.30
		A3509200314	南平西坑	11 507.68	46.09	0.000 000 270	1.00	500	1 000	1 000	468.31	936.62	936.62
		B3509200315	南平际头畜牧场		49.78	0.000 000 270	0.67	500	1 000	1 000	4 478.41	8 956.82	8 956.82
		C3509200316	沙县澄江楼村		23.42	0.000 000 270	0.51	500	1 000	1 000	1 598.56	3 197.11	3 197.11
		B3509200317	南平伏虎庙仓库		46.24	0.000 000 270	0.57	500	1 000	1 000	3 551.93	7 103.85	7 103.85
		B3509200318	沙县杜坑村		46.46	0.000 000 270	0.67	500	1 000	1 000	4 179.73	8 359.45	8 359.45
		小计		17 303.02							55 760.44	117 316.21	117 316.21

续表 7-143

预测类型	预测区名称	最小预测区编号	最小预测区名称	探明资源量(t)	$S_预$ (km^2)	含矿系数 (t/m^3)	α	$H_预$(m) ≤500m	≤1 000m	≤2 000m	$Z_预$(t) ≤500m	≤1 000m	≤2 000m
松岭式斑岩型	宁化石壁	A3509200401	宁化下伊	2 313.67	36.71	0.000 000 370	1.00	500	600	600	4 477.68	5 835.95	5 835.95
		B3509200402	宁化礼地村		40.04	0.000 000 370	0.92	500	600	600	6 786.66	8 143.99	8 143.99
		B3509200403	宁化溪源		35.55	0.000 000 370	0.98	500	600	600	6 415.62	7 698.74	7 698.74
		A3509200404	宁化乌竹管	9 032.79	48.13	0.000 000 370	1.00	500	700	700	1 677.82	3 432.88	3 432.88
		B3509200405	宁化江口村		29.51	0.000 000 370	0.92	500	600	600	5 001.86	6 002.23	6 002.23
		C3509200406	宁化陈家坑村		25.61	0.000 000 370	0.58	500	600	600	2 761.69	3 314.03	3 314.03
		C3509200407	宁化城郊乡		22.81	0.000 000 370	0.92	500	600	600	3 866.23	4 639.47	4 639.47
		C3509200408	宁化鱼龙林场		22.22	0.000 000 370	0.74	500	600	600	3 057.13	3 668.55	3 668.55
		小计		11 346.46							34 044.69	42 735.84	42 735.84
松岭式斑岩型	古田三堡-闽清	B3509200501	闽清石步坑村		49.01	0.000 000 370	0.67	500	600	600	6 036.71	7 244.05	7 244.05
		C3509200502	古田下汤湖		35.22	0.000 000 370	0.61	500	600	600	3 973.27	4 767.93	4 767.93
		B3509200503	闽清尚德村		44.83	0.000 000 370	0.84	500	600	600	6 952.48	8 342.98	8 342.98
		C3509200504	闽侯雪峰村		32.07	0.000 000 370	0.72	500	600	600	4 292.49	5 150.99	5 150.99
		B3509200505	闽清马池村		47.76	0.000 000 370	0.84	500	600	600	7 406.88	8 888.26	8 888.26
		B3509200506	闽侯双溪村		39.09	0.000 000 370	0.72	500	600	600	5 232.10	6 278.52	6 278.52
		小计									33 893.93	40 672.73	40 672.73
松岭式斑岩型	长汀濯田	B3509200603	长汀黄西桥		47.45	0.000 000 370	0.70	500	600	600	6 136.00	7 363.20	7 363.20
		B3509200604	长汀下东坑		46.08	0.000 000 370	0.92	500	600	600	7 810.42	9 372.51	9 372.51
		B3509200605	长汀红山乡		49.98	0.000 000 370	0.70	500	600	600	6 463.16	7 755.80	7 755.80
		B3509200606	长汀元岭村		47.11	0.000 000 370	0.70	500	600	600	6 092.03	7 310.44	7 310.44
		C3509200607	武平鸭罗坑		27.71	0.000 000 370	0.70	500	600	600	3 583.32	4 299.98	4 299.98
		C3509200608	武平小坪坑		31.92	0.000 000 370	0.70	500	600	600	4 127.73	4 953.28	4 953.28
		小计									34 212.66	41 055.21	41 055.21

续表 7-143

预测类型	预测区名称	最小预测区编号	最小预测区名称	探明资源量(t)	$S_{预}$ (km²)	含矿系数 (t/m³)	α	$H_{预}$(m)			$Z_{预}$(t)		
								≤500m	≤1 000m	≤2 000m	≤500m	≤1 000m	≤2 000m
中甲式斑岩型	连城庙前-龙岩中甲	B3509200701	连城青石坑		44.29	0.000 000 230	0.92	500	600	600	4 666.53	5 599.83	5 599.83
		C3509200702	连城马家坪		38.60	0.000 000 230	0.92	500	600	600	4 067.01	4 880.41	4 880.41
		B3509200703	上杭贵竹坪		42.21	0.000 000 230	0.92	500	600	600	4 447.37	5 336.85	5 336.85
		C3509200704	上杭邹坑村		36.49	0.000 000 230	0.44	500	600	600	1 835.06	2 202.08	2 202.08
		C3509200705	上杭文元村		22.22	0.000 000 230	0.52	500	600	600	1 316.49	1 579.79	1 579.79
		C3509200706	龙岩黄土庵		24.58	0.000 000 230	0.67	500	600	600	1 882.02	2 258.42	2 258.42
		C3509200707	龙岩桃仔坑		36.07	0.000 000 230	0.67	500	600	600	2 761.77	3 314.13	3 314.13
		C3509200708	龙岩益坑村		33.78	0.000 000 230	0.45	500	600	600	1 731.41	2 077.69	2 077.69
		C3509200709	龙岩石城头村		42.14	0.000 000 230	0.45	500	600	600	2 159.91	2 591.89	2 591.89
		C3509200710	漳平下界村		43.98	0.000 000 230	0.45	500	600	600	2 269.39	2 723.27	2 723.27
		C3509200711	漳平县良种场		33.62	0.000 000 230	0.44	500	600	600	1 690.73	2 028.88	2 028.88
		C3509200712	龙岩圆田塘村		26.74	0.000 000 230	0.51	500	600	600	1 552.93	1 863.51	1 863.51
		C3509200713	龙岩黄固村		49.66	0.000 000 230	0.45	500	600	600	2 562.48	3 074.98	3 074.98
		B3509200714	上杭俞家桥		48.83	0.000 000 230	0.84	500	600	600	4 707.43	5 648.92	5 648.92
		C3509200715	龙岩青草盂		41.58	0.000 000 230	0.51	500	600	600	2 414.76	2 897.71	2 897.71
		B3509200716	龙岩崎濑村		49.61	0.000 000 230	0.90	500	600	600	5 121.51	6 145.82	6 145.82
		A3509200718	龙岩中甲	4 829.33	49.90	0.000 000 230	1.00	500	800	800	909.17	4 352.27	4 352.27
		C3509200719	漳平高树岭		28.86	0.000 000 230	0.67	500	600	600	2 209.72	2 651.67	2 651.67
		C3509200720	漳平陈村		36.07	0.000 000 230	0.67	500	600	600	2 761.77	3 314.13	3 314.13
		C3509200721	漳平南家畲		45.24	0.000 000 230	0.67	500	600	600	3 463.89	4 156.67	4 156.67
		B3509200722	龙岩霞村		49.76	0.000 000 230	0.90	500	600	600	5 137.00	6 164.40	6 164.40
		C3509200723	龙岩清凉山		14.34	0.000 000 230	0.44	500	600	600	721.15	865.38	865.38
		小计		4 829.33							60 389.50	75 728.70	75 728.70

续表 7-143

预测类型	预测区名称	最小预测区编号	最小预测区名称	探明资源量(t)	$S_{预}$ (km²)	含矿系数 (t/m³)	α	$H_{预}$(m)			$Z_{预}$(t)		
								≤500m	≤1 000m	≤2 000m	≤500m	≤1 000m	≤2 000m
松岭式斑岩型	永定-云霄	C3509200801	永定堂堡		27.82	0.000 000 370	0.44	500	600	600	2 250.65	2 700.78	2 700.78
		B3509200802	南靖洋仔		32.94	0.000 000 370	0.84	500	600	600	5 108.52	6 130.22	6 130.22
		B3509200803	永定鹞子崇		46.92	0.000 000 370	0.84	500	600	600	7 276.61	8 731.93	8 731.93
		B3509200804	南靖深坑头		42.09	0.000 000 370	0.84	500	600	600	6 527.55	7 833.06	7 833.06
		C3509200806	南靖龙山		41.64	0.000 000 370	0.69	500	600	600	5 296.86	6 356.23	6 356.23
		C3509200807	永定下洋镇		34.35	0.000 000 370	0.67	500	600	600	4 230.99	5 077.19	5 077.19
		B3509200808	南靖塔石脚		46.27	0.000 000 370	0.71	500	600	600	6 095.54	7 314.65	7 314.65
		B3509200809	平和三来洲		47.46	0.000 000 370	0.84	500	600	600	7 360.36	8 832.43	8 832.43
		B3509200810	平和连益村		48.42	0.000 000 370	0.84	500	600	600	7 509.24	9 011.09	9 011.09
		B3509200811	南靖紫胶站		46.29	0.000 000 370	0.94	500	600	600	8 055.83	9 666.99	9 666.99
		B3509200812	平和双潭		32.51	0.000 000 370	0.84	500	600	600	5 041.83	6 050.20	6 050.20
		B3509200813	平和浦时地		39.66	0.000 000 370	0.90	500	600	600	6 586.51	7 903.82	7 903.82
		C3509200814	平和石砌路		46.66	0.000 000 370	0.73	500	600	600	6 260.00	7 512.00	7 512.00
		B3509200815	平和铜钟坑		49.48	0.000 000 370	0.84	500	600	600	7 673.63	9 208.36	9 208.36
		B3509200816	平和外白沙		29.01	0.000 000 370	0.90	500	600	600	4 817.82	5 781.39	5 781.39
		B3509200817	平和长乐圩		48.93	0.000 000 370	0.73	500	600	600	6 564.55	7 877.46	7 877.46
		C3509200818	平和双塘村		27.03	0.000 000 370	0.72	500	600	600	3 617.90	4 341.48	4 341.48

续表 7-143

预测类型	预测区名称	最小预测区编号	最小预测区名称	探明资源量(t)	$S_{预}$(km²)	含矿系数(t/m³)	α	$H_{预}$(m)			$Z_{预}$(t)		
								≤500m	≤1 000m	≤2 000m	≤500m	≤1 000m	≤2 000m
松岭式斑岩型	永定-云霄	B3509200819	平和山边村		44.11	0.000 000 370	0.94	500	600	600	7 676.44	9 211.73	9 211.73
		B3509200820	平和延山村		46.63	0.000 000 370	0.86	500	600	600	7 442.99	8 931.58	8 931.58
		B3509200821	平和溪头尾		47.72	0.000 000 370	0.80	500	600	600	7 089.04	8 506.85	8 506.85
		B3509200822	平和松柏背		49.09	0.000 000 370	0.80	500	600	600	7 292.56	8 751.08	8 751.08
		B3509200823	平和鲫鱼崇		49.28	0.000 000 370	0.80	500	600	600	7 320.79	8 784.95	8 784.95
		B3509200824	平和下龙子		46.48	0.000 000 370	0.80	500	600	600	6 904.84	8 285.80	8 285.80
		C3509200825	云霄东圩		47.72	0.000 000 370	0.59	500	600	600	5 172.44	6 206.93	6 206.93
		B3509200826	诏安溪林村		42.56	0.000 000 370	0.67	500	600	600	5 242.24	6 290.69	6 290.69
		B3509200827	云霄三星村		37.03	0.000 000 370	0.74	500	600	600	5 094.75	6 113.70	6 113.70
		A3509200828	云霄大坑		49.36	0.000 000 370	0.98	500	600	600	8 907.88	10 689.45	10 689.45
		B3509200830	云霄坎顶		48.03	0.000 000 370	0.51	500	600	600	4 514.75	5 417.70	5 417.70
		小计									172 933.11	207 519.74	207 519.74
	全省	合计		34 202.65							608 638.09	786 057.67	786 057.67
松岭式斑岩型				12 070.30							492 488.15	593 012.76	593 012.76
中甲式斑岩型				4 829.33							60 389.50	75 728.70	75 728.70
西坑式伟晶岩型				17 303.02							55 760.44	117 316.21	117 316.21

第十节　钼矿资源潜力评价

福建省钼矿资源潜力评价确定的典型矿床有 7 个，预测工作区有 17 个(包括与钨矿和铁矿共伴生，表 7-144)，划分的福建省钼矿预测类型有赤路式斑岩型钼矿、北坑场式斑岩型钼矿、行洛坑式斑岩型钨钼矿(引用福建省钨矿潜力评价资料)、西朝式岩浆-热液型钼矿、上西坑式岩浆-热液型钼矿、山口式岩浆-热液型钼矿和马坑式矽卡岩型铁钼矿(引用福建省铁矿潜力评价资料)。根据全国矿产预测类型划分方案，划归为斑岩型、岩浆-热液型和矽卡岩型。

表 7-144　福建省钼矿典型矿床及预测工作区范围一览表

矿种	典型矿床名称	预测工作区名称	预测工作区范围
钼矿	福安赤路钼矿	福安赤路	119°13′00″—119°36′00″ 26°55′00″—27°15′00″
		浦城上厂-松溪大林坑	118°33′00″—118°50′00″ 27°25′00″—27°52′00″
	漳平北坑场钼矿	连城姑田	116°45′00″—117°15′00″ 25°30′00″—26°00′00″
		永安槐南-漳平北坑场	117°35′00″—118°15′00″ 26°03′00″—25°30′00″
	古田西朝钼矿	建阳井后-古田西朝	118°15′00″—119°00′00″ 26°40′00″—27°20′00″
		尤溪卓坑-南平巨口	117°55′00″—118°30′00″ 26°10′00″—26°40′00″
		长泰枋洋	117°45′00″—118°05′00″ 24°30′00″—25°30′00″
		仙游砺山-泉州大林山	117°15′00″—117°55′00″ 27°20′00″—27°52′00″
		古田三堡-永泰	118°30′00″—119°06′00″ 25°55′00″—26°40′00″
		连城庙前	116°20′00″—116°57′37″ 25°00′00″—25°30′00″
	武夷山上西坑钼矿	浦城九里-武夷山上西坑	118°15′00″—118°33′00″ 27°25′00″—28°10′00″
		武夷山洋庄-邵武水北	118°15′00″—119°00′00″ 24°55′00″—25°40′00″
		将乐万安	117°15′00″—117°45′00″ 26°40′00″—27°15′00″
	永定山口钼矿	永定-云霄	116°30′00″—117°22′00″ 23°55′00″—24°55′00″
钨钼矿	清流行洛坑钨钼矿	清流行洛坑及外围	116°45′00″—117°15′00″ 26°10′00″—26°30′00″
铁钼矿	龙岩马坑铁钼矿	龙岩马坑	116°45′00″—117°30′00″ 24°50′00″—25°20′00″
		安溪潘田	117°30′44″—118°00′15″ 25°09′29″—25°21′34″

一、钼矿预测模型

(一)福安赤路式斑岩型钼矿预测模型

福安赤路式斑岩型钼矿典型矿床提取的预测要素见表 7-145,建立的预测模型见图 7-63,建立的预测工作区区域成矿预测模型见图 7-64。

表 7-145　福安赤路式斑岩型钼矿典型矿床预测要素表

预测要素		描述内容	预测要素分类
成矿时代		K_1	重要
大地构造背景		闽东沿海岩浆弧,宁德-松溪北西向断裂带与福安-南靖北东向断裂带交会处,早白垩世寿山火山盆地东缘	重要
岩浆建造/岩浆作用		燕山晚期中—细粒似斑状花岗岩侵入	必要
成矿构造		燕山晚期侵入岩内外接触带,以北西向为主,次为北东向等裂隙为储矿构造	必要
赋矿地层		上侏罗统南园组第三段	重要
成矿特征	矿体形态	矿体:根据控矿因素及矿体产出空间,分为内带矿、外带矿。前者主要赋存于花岗岩中以及沿花岗岩顶面上下侧呈缓倾角的似层状、透镜状矿体,主矿体走向近东西,倾向南或北,倾角在 20°～45°之间,矿体形态呈似层状、条带状、豆荚状;后者赋存于花岗岩体外接触带的围岩中,主要为陡倾角的脉状矿体,走向北北西,倾向南西西,倾角在 70°以上	次要
	矿物组合	金属矿物:主要为辉钼矿、黄铁矿,次为黑钨矿、白钨矿、磁铁矿、黄铜矿、辉铋矿等;非金属矿物:主要有石英、长石、绢云母、白云母,次为绿泥石、绿帘石、黑云母等	次要
	结构构造	辉钼矿呈半自形—他形叶片状单晶及集合体;矿石构造类型以细脉状、细脉浸染状为主,次为条带状、团块状、晶洞状、脉状等	次要
围岩蚀变		围岩蚀变主要为钾长石化、云英岩化、绢英岩化、硅化、黄铁矿化	重要
矿床储量		钼矿石量:10 763.526×10^4t,钼金属量:68 684.47t, 平均品位 0.11%	重要
找矿线索		具有强烈的围岩蚀变;化探 Mo 异常特征明显	重要
磁测资料		1∶5 万航磁 ΔT 反映为低缓异常,强度为−30～100nT,走向北西	重要
化探资料		根据 109 线原、次生晕光谱全分析异常组合为 Mo-W-Bi 等,次生晕钼量最大达 770×10^{-6},原生晕钼量最大达 1 720×10^{-6},在 329～331 点次生晕弱异常,钼量仅达 50×10^{-6},而原生晕达 1 700×10^{-6}	重要
自然重砂资料		1∶5 万重砂异常,主要为 W 异常	重要
遥感资料		据 1∶5 万遥感影像资料表明矿区存在一组北西向断裂构造	次要

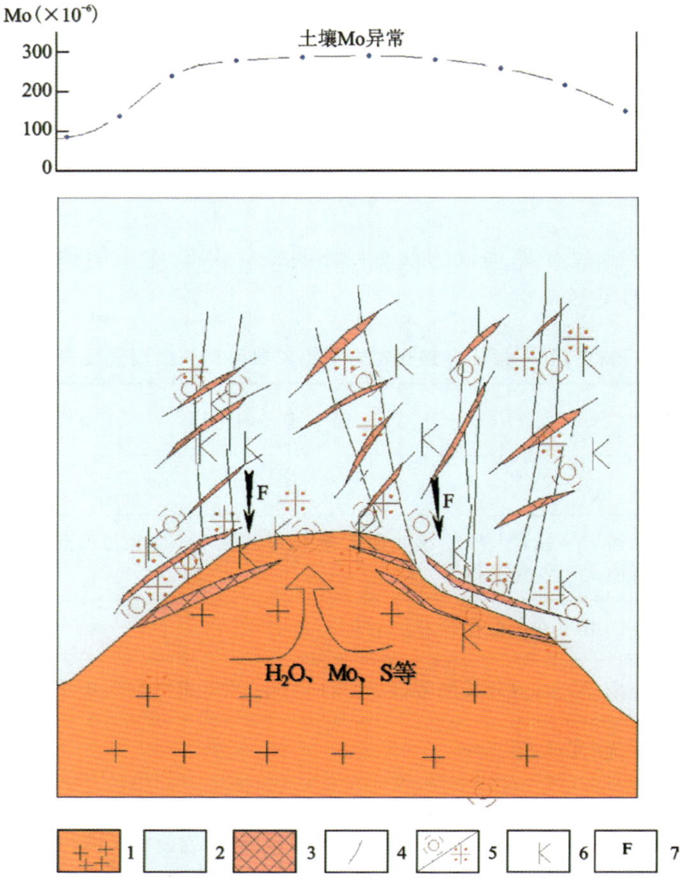

图 7-63　福安赤路式斑岩型钼矿典型矿床成矿预测模型图

1.花岗岩;2.流纹质晶屑凝灰熔岩;3.矿(化)体;4.地层裂隙;

5.硅化/云英岩化;6.钾长石化;7.上覆地层压力

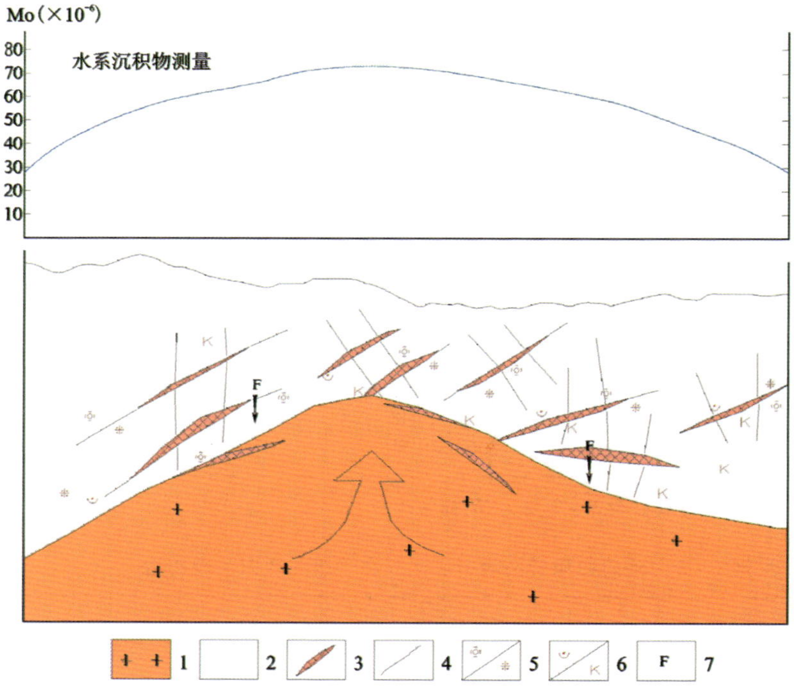

图 7-64　福安赤路式斑岩型钼矿预测工作区区域成矿预测模型图

1.花岗岩;2.流纹质晶屑凝灰熔岩;3.矿(化)体;4.地层裂隙;5.硅化/云英岩化;

6.绢英岩化/钾长石化;7.上覆地层压力

(二)漳平北坑场式斑岩型钼矿预测模型

漳平北坑场式斑岩型钼矿典型矿床提取的预测要素见表 7-146,建立的预测模型见图 7-65,建立的预测工作区区域成矿预测模型见图 7-66。

表 7-146　漳平北坑场式斑岩型钼矿典型矿床预测要素表

预测要素		描　述　内　容	预测要素分类
成矿时代		K_1	重要
大地构造背景		北坑场矿区位于华夏地块(Ⅵ-3)闽西南凹陷东侧,处于北东向政和-大埔断裂带与北西向永安-晋江大断裂带交会处,太华-长塔背斜的轴部	重要
岩浆建造/岩浆作用		燕山晚期中—细粒黑云母花岗岩体侵入	必要
成矿构造		燕山晚期侵入岩内外接触带,以北东向为主,次为北西向和近南北向,裂隙为储矿构造	必要
赋矿地层		上二叠统翠屏山组至上三叠统溪口组	重要
成矿特征	矿体形态	矿体分叉呈脉状、树枝状、条带状	次要
	矿物组合	金属矿物以辉钼矿为主,含少量的闪锌矿、黄铜矿、黄铁矿、磁铁矿等,脉石矿物成分较复杂,且矿物结晶均较细小	次要
	结构构造	矿石结构:矿石主要呈他形—半自形粒状结构、半自形片状结构或半自形粒状变晶结构;矿石构造:以细脉状、网脉状构造为主,少数为星散浸染状、条带状、角砾状构造	次要
围岩蚀变		主要的围岩蚀变有硅化、绢英岩化、碳酸盐化、萤石化等	重要
矿床储量		钼金属量 33 600t,平均品位 0.08%	重要
找矿线索		在水系沉积物中有 Mo、W 等元素的异常,是重要的找矿标志;在 1∶1 万土壤测量中具有强度高、规模大、异常形规整、浓度变化显著的 Mo 异常,是重要找矿的标志;本区矿化与燕山晚期侵入岩有关;具有强烈的围岩蚀变	重要
磁测资料		1∶5 万航磁 ΔT 反映为低缓异常,强度为 −10～20nT,走向北东;1∶20 万航磁 ΔT 反映为低缓异常,强度为 −120～180nT,走向北东	重要
水系沉积物化探资料		1∶20 万区域化探组合为以 Cu、Pb、Zn、Mo 为主的多元素异常。Pb 异常平均含量 141.3×10^{-6},极大值 162×10^{-6},异常面积 $16km^2$;Zn 异常平均含量 232.1×10^{-6},极大值 343×10^{-6},异常面积 $28km^2$;Sn 异常平均含量 25.6×10^{-6},极大值 44.0×10^{-6},异常面积 $28km^2$;Ag 异常平均含量 0.43×10^{-6},极大值 0.64×10^{-6},异常面积 $24km^2$。1∶5 万水系沉积物异常组合为 Cu、Mo、W、Pb、Zn。Mo 元素异常面积 $4.5km^2$,一般含量 $(10\sim200)\times10^{-6}$,极大值 500×10^{-6};Zn 异常面积 $6.0km^2$,一般含量 $(200\sim800)\times10^{-6}$,极大值 $1\,000\times10^{-6}$;W 异常面积 $4.0km^2$,一般含量 $(10\sim50)\times10^{-6}$,极大值 70×10^{-6};Pb 异常面积 $2.0km^2$,一般含量 $(100\sim200)\times10^{-6}$,极大值 300×10^{-6};Sn 异常面积 $3.0km^2$,一般含量 $(10\sim50)\times10^{-6}$,极大值 120×10^{-6}	必要
土壤测量化探资料		1∶1 万土壤测量异常组合为 Mo、W、Pb、Zn、Ag、Bi 和 Cu 多元素异常,其中 Mo>25×10^{-6} 异常面积 $1.8km^2$,Mo>100×10^{-6} 异常面积 $0.4km^2$,Mo>200×10^{-6} 异常面积 $0.3km^2$,Mo>400×10^{-6} 异常呈两条带状分布,分别长 900m 和 400m,宽 40～120m,其中心高值点分别为 833×10^{-6}、924×10^{-6}。极大值可达 880×10^{-6}。W>50×10^{-6} 异常面积约 $0.8km^2$,极大值 660×10^{-6}。Pb、Zn 含量一般 $(100\sim300)\times10^{-6}$,Cu 含量一般 $(50\sim1\,000)\times10^{-6}$,Ag 含量一般 $(0.5\sim0.8)\times10^{-6}$,Bi 含量一般 $(10\sim20)\times10^{-6}$	必要
遥感资料		1∶5 万遥感影像资料表明存在一组北北东方向断裂构造	次要

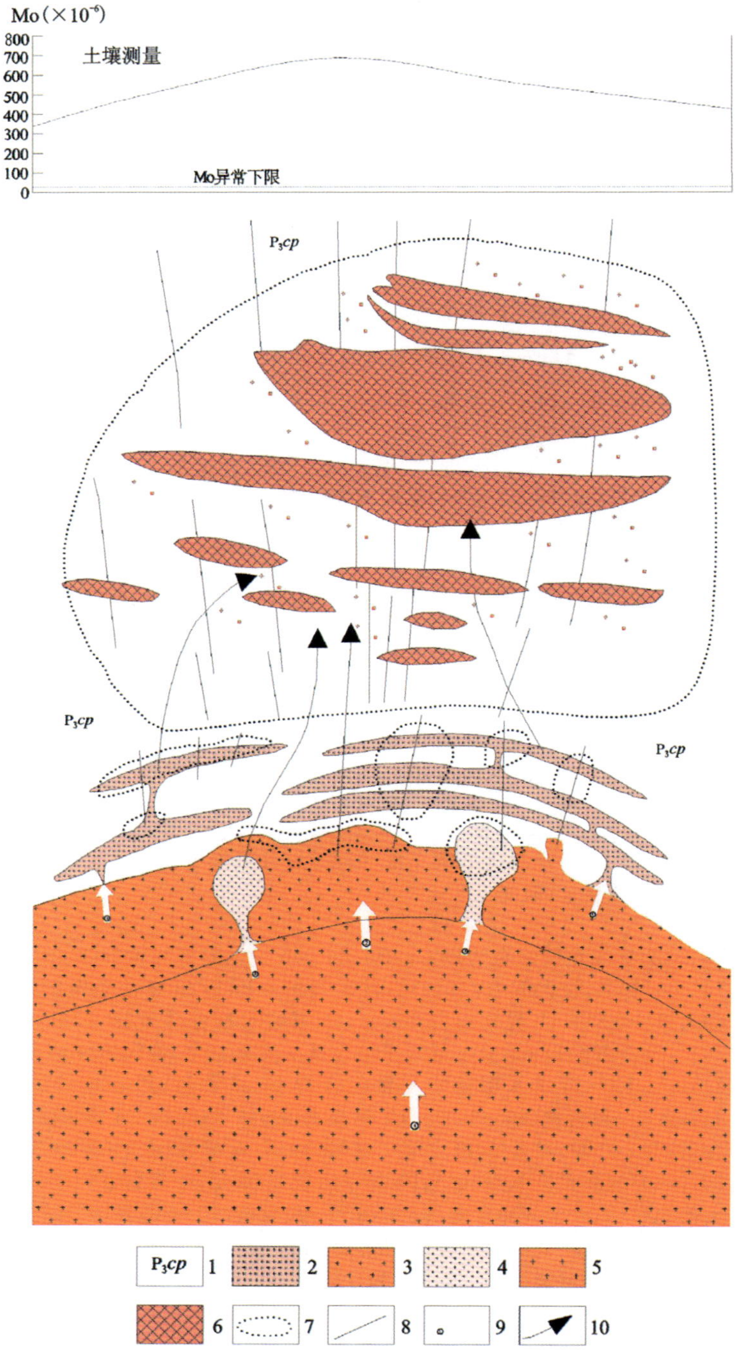

图 7-65　漳平北坑场式斑岩型钼矿典型矿床成矿预测模型图(据张达等,有改动,2010)

1.上二叠统翠屏山组砂岩及粉砂岩;2.细粒正长花岗岩;3.细粒花岗岩;4.花岗斑岩;5.中粗粒花岗岩;6.辉钼矿体;7.硅化角岩化蚀变;8.断裂破碎带;9.岩浆侵位方位;10.成矿热液运移方向

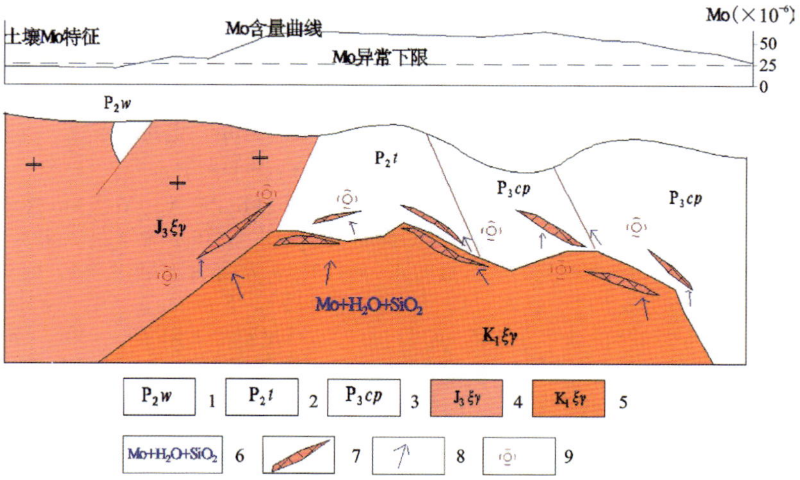

图 7-66　北坑场式斑岩型钼矿预测工作区区域成矿预测模型图

1. 中二叠统文笔山组；2. 中二叠统童子岩组；3. 上二叠统翠屏山组；4. 晚侏罗世正长花岗岩；5. 早白垩世正长花岗岩；6. 含钼热液；7. 钼矿体；8. 热液运动方向；9. 硅化

（三）古田西朝式岩浆热液型钼矿预测模型

古田西朝式岩浆热液型钼矿典型矿床提取的预测要素见表 7-147，建立的预测模型见图 7-67，建立的建阳井口-古田西朝预测工作区区域预测模型见图 7-68。

表 7-147　古田西朝式岩浆热液型钼矿典型矿床预测要素表

预测要素		描　述　内　容	预测要素分类
成矿时代		K_1（Re-Os 同位素年龄约 103Ma）	重要
大地构造背景		位于东南沿海岩浆弧（Ⅵ-4）（K_2）闽东火山断坳带，屏南-梅林断陷带中部，政和-大埔深断裂北段南东侧	重要
岩浆建造/岩浆作用		早白垩世黑云母花岗岩侵入	重要
成矿构造		早白垩世花岗岩体外接触带及北东向断裂（裂隙）等	必要
赋矿地层		晚侏罗世二长花岗岩以及南园组火山岩	必要
成矿特征	矿体形态	呈似层状，次为豆荚状、透镜状，具膨缩、分支、复合现象，受侵入岩体的原生层节理带控制，主矿层总体呈“背型”分布，往北东略具倾伏，两翼倾角较缓	次要
	矿物组合	金属矿物有辉钼矿、磁铁矿、褐铁矿、钼华和黄铁矿，脉石矿物主要为石英、钾长石、斜长石、绢云母、黑云母及绿泥石等	次要
	结构构造	矿石的主要结构有自形—半自形片状结构，自形—半自形鳞片状结构等；矿石构造主要有星点状（浸染状）构造、细脉状构造、角砾状构造、薄膜状构造、细脉浸染状构造和网脉状构造	次要
围岩蚀变		主要蚀变有硅化、绢云母化、黄铁矿化、绿泥石化，次有钾化、绢英岩化、绿帘石化、角岩化、碳酸盐化等，绢云母化、绿泥石化、钾化是近矿围岩蚀变	重要
矿床储量		钼矿石量 2 695.970 83×10^4t，钼金属量 57 540.83t，平均品位 0.213%	重要
找矿线索		地表氧化、原生矿石露头、冲沟内矿石转石是找矿的直接标志；缓倾斜伴有黄铁矿化的石英脉是重要的找矿标志；钾长石化、绢英岩化-黄铁矿化组合蚀变带是重要的间接找矿标志；Mo 地球化学异常是重要的找矿标志；黑云母二长花岗岩原生节理裂隙带发育区，并伴随有后期岩体持续侵入的地区是寻找本类型矿床的有利地区	重要

续表 7-147

预测要素	描　述　内　容	预测要素分类
磁测资料	1∶5 万航磁 ΔT 反映为正负异常，强度为－40～240nT，走向北东	重要
水系沉积物化探资料	1∶5 万水系沉积物测量异常组合为 Bi、W、Sn、Pb、Zn、Ag、Au。Mo 异常下限 6×10^{-6}，异常值一般$(10\sim20)\times10^{-6}$，最高 192×10^{-6}。Bi 异常下限 2.92×10^{-6}，异常值一般$(3.11\sim5.13)\times10^{-6}$，最高 9.05×10^{-6}。W 异常下限 14×10^{-6}，异常值一般$(14\sim40)\times10^{-6}$，最高 112×10^{-6}。Sn 异常下限 8.4×10^{-6}，异常值一般$(8.42\sim15.78)\times10^{-6}$，最高 19.62×10^{-6}。Pb 异常下限 100×10^{-6}，异常值一般$(100\sim150)\times10^{-6}$，最高 422×10^{-6}。Zn 异常下限 100×10^{-6}，异常值一般$(100\sim170)\times10^{-6}$，最高 475×10^{-6}。Ag 异常下限 0.25×10^{-6}，异常值一般$(0.25\sim0.45)\times10^{-6}$，最高 1.251×10^{-6}。Au 异常下限 1.9×10^{-9}，异常值一般$(1.9\sim3.2)\times10^{-9}$，最高 33.18×10^{-9}	必要
土壤测量化探资料	本区未收集到 1∶1 万土壤测量资料，据钼矿勘查经验，钼矿体均能引起 1∶1 万土壤 Mo 异常	重要
遥感资料	据 1∶5 万遥感影像资料显示矿区存在一组北东向断裂构造	次要

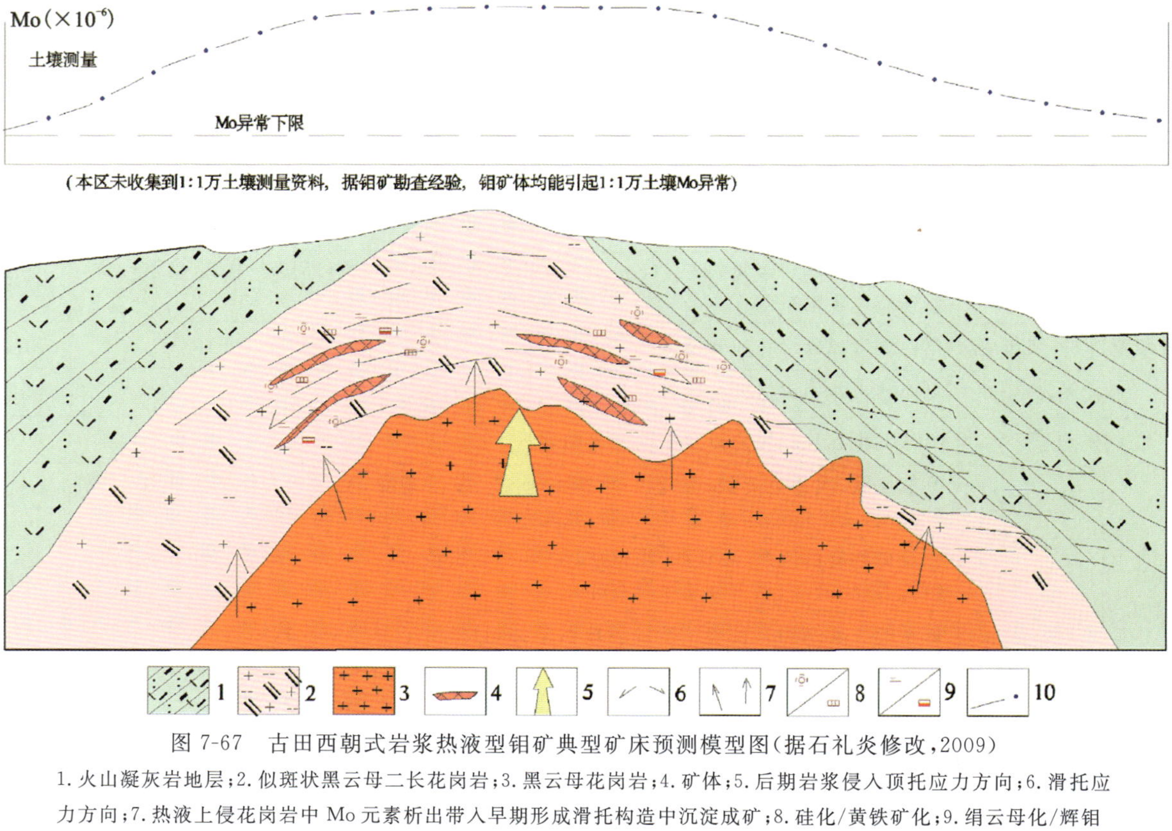

图 7-67　古田西朝式岩浆热液型钼矿典型矿床预测模型图(据石礼炎修改，2009)

1. 火山凝灰岩地层；2. 似斑状黑云母二长花岗岩；3. 黑云母花岗岩；4. 矿体；5. 后期岩浆侵入顶托应力方向；6. 滑托应力方向；7. 热液上侵花岗岩中 Mo 元素析出带入早期形成滑托构造中沉淀成矿；8. 硅化/黄铁矿化；9. 绢云母化/辉钼矿化；10. 土壤 Mo 异常

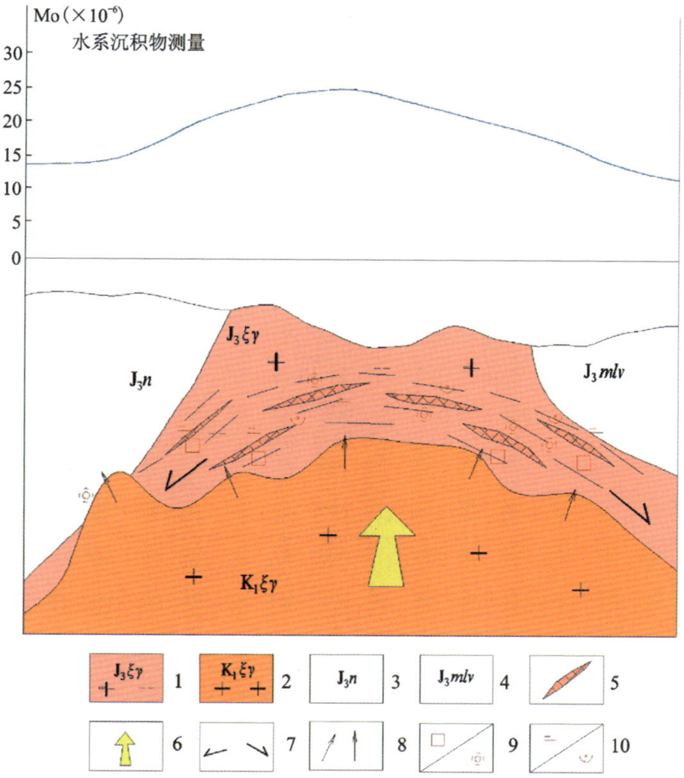

图 7-68　古田西朝式岩浆热液型钼矿建阳井后-古田西朝预测工作区区域成矿预测模型图

1.晚侏罗世少斑中粒黑云母花岗岩;2.早白垩世黑云母花岗岩;3.上侏罗统南园组;4.晚侏罗世碎斑熔岩;5.钼矿(化)体;6.后期岩浆侵入顶托应力方向;7.滑脱应力方向;8.热液上侵花岗岩中 Mo 元素析出带入早期形成滑托构造中沉淀成矿;9.黄铁矿化/硅化;10.绢云母化/绢英岩化

(四)永定山口式岩浆热液型钼矿预测模型

永定山口式岩浆热液型钼矿典型矿床提取的预测要素见表 7-148,建立的预测模型见图 7-69,建立的预测工作区区域成矿预测模型见图 7-70。

表 7-148　永定山口式岩浆热液型钼矿典型矿床预测要素表

预测要素		描　述　内　容	预测要素分类
成矿时代		燕山早期,辉钼矿 Re-Os 同位素年龄为 165±3.5Ma	重要
大地构造背景		闽西南陆表海盆地,上杭-云霄北西向断裂带中部	重要
岩浆建造/岩浆作用		侏罗纪花岗岩侵入	必要
成矿构造		侏罗纪花岗岩外接触带,以北西向裂隙为主	必要
赋矿地层		下侏罗统藩坑组	重要
成矿特征	矿体形态	矿体呈似层状、透镜状、串珠状、脉状成群分布,形态属中等—偏简单,走向北西,倾向北东,倾角中等,与地层产状基本一致	重要
	矿物组合	辉钼矿、黄铁矿、黄铜矿、磁铁矿等	重要
	结构构造	以细粒他形片状结构为主,次为斑状结构、花岗变晶结构、半自形粒状结构;矿石构造以细脉状构造为主,次为线脉状构造、稀疏浸染状构造	重要

续表 7-148

预测要素	描　述　内　容	预测要素分类
围岩蚀变	磁铁矿化、黄铁矿化、绿泥石化、硅化、绢云母化、钾化	重要
矿床储量	钼矿石量 1 528.04×10⁴t，钼金属量 1.309 5×10⁴t，矿床平均品位 0.086%	重要
找矿线索	燕山期花岗岩外接触带；北西向断裂（裂隙）带；土壤 Mo 异常浓集中心；具有磁铁矿化-绿泥石化-硅化蚀变带；钼矿体与磁铁矿共生，磁异常为直接标志；辉钼矿与黄铁矿共生，激电异常为间接标志	重要
磁测资料	1∶5 万航磁 ΔT 反映为低缓异常，强度为－20～100nT，走向北西	重要
土壤测量化探资料	1∶5 万土壤测量异常组合为 Cu、Mo、Pb、Zn。Cu 异常面积 18km²，一般（50～100）×10⁻⁶，最高可达 800×10⁻⁶。Mo 异常面积 4km²，一般（20～100）×10⁻⁶，最高可达（5～10）×10⁻⁶。Pb、Zn 异常呈零散状围绕山口 Mo、Cu 异常分布，为 Mo、Cu 异常的扩散晕外圈	必要
遥感资料	据 1∶5 万遥感影像资料表明矿区存在一组北西向断裂构造	次要

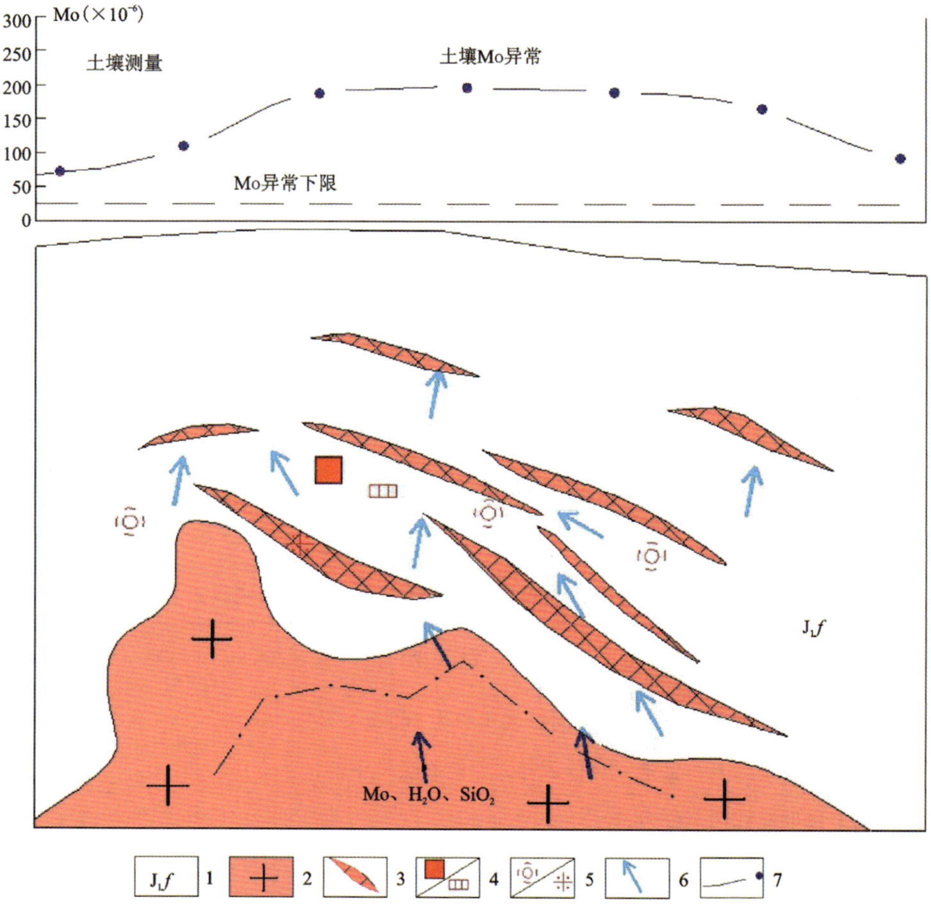

图 7-69　永定山口式岩浆热液型钼矿典型矿床成矿预测模型图

1.下侏罗统藩坑组；2.晚侏罗世侵入岩；3.钼矿体；4.磁铁矿化/黄铁矿化；5.硅化/绢英岩化；6.成矿流体运移方向；7.土壤 Mo 异常

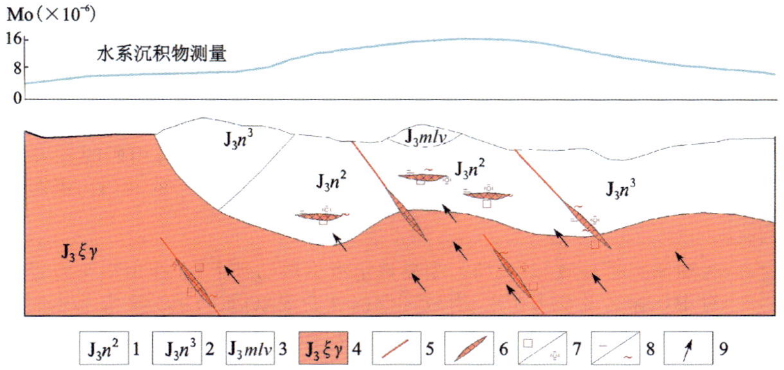

图 7-70　山口式岩浆热液型钼矿预测工作区区域成矿预测模型图

1. 上侏罗统南园组第二段；2. 上侏罗统南园组第三段；3. 晚侏罗世碎斑熔岩；4. 晚侏罗世黑云母正长花岗岩；5. 断层；6. 钼矿体；7. 黄铁矿化、硅化；8. 绢云母化、绿泥石化；9. 成矿流体运移方向

二、预测方法类型确定及区域预测要素

（一）钼矿预测方法类型确定

福建省钼矿的成因类型主要为斑岩型、矽卡岩型和岩浆热液型，确定的钼矿预测方法类型为侵入岩体型和复合内生型，编制相应的预测研究底图为侵入岩浆构造图和建造构造图，各预测工作区的地质特征见表 7-149。

表 7-149　福建省钼矿预测工作区地质特征简表

预测区工作区名称	地质特征
浦城上厂-松溪大林坑	位于浦城-宁德北西向断裂带与北北东向政和-大埔深大断裂带的交会处，也在浦城-宁德钼矿成矿带内，具有燕山期花岗岩及燕山期岩浆火山构造，区内有浦城上厂、松溪古同、后坪、大林坑等钼矿床，具钼的矿化蚀变，Mo 元素异常较强，常达内带
福安赤路	位于浦城-宁德北西向断裂带（钼矿成矿带）内，具有燕山期花岗岩及燕山期岩浆火山构造，区内有福安赤路中型钼矿床，具钼的矿化蚀变，Mo 元素异常较强，常达内带，赤路式斑岩型钼矿的成矿条件很好
连城姑田	位于闽北隆起带，为武夷山-泰宁大型韧性逆冲断层带的北段，经历了强烈的燕山期构造-岩浆作用，具有较好的成矿条件，同时具有 W、Mo 等元素异常，具有较好的形成西朝式岩浆-热液型钼矿的条件
永安槐南-漳平北坑场	位于闽东沿海断坳带及闽西南凹陷带的结合部；政和-大埔北北东向断裂带与永安-晋江北西向断裂带通过；燕山期强烈的酸性火山-岩浆侵入活动；具有北北东向断层带分布；有中型钼矿床 1 处及矿化点多处；有较广泛的蚀变现象；重力推断有北西向断层；航磁推断有多处中酸性隐伏岩体；化探 Mo 异常强度高，规模较大；具很好的赤路式斑岩型钼矿的成矿条件
清流行洛坑	位于闽北隆起带之次级隆起，经历了强烈的燕山期构造-岩浆作用，具有较好的成矿条件，行洛坑大型钨钼矿分布于本区，有 W、Mo 等元素异常，具有形成行洛坑式斑岩型钨钼矿的条件
武夷山洋庄-邵武水北	位于闽北隆起带，为武夷山-泰宁大型韧性逆冲断层带的北段，经历了强烈的燕山期构造-岩浆作用，具有较好的成矿条件，同时具有 W、Mo 等元素异常，具有较好的形成西朝式岩浆-热液型钼矿的条件
浦城九里-武夷山上西坑	位于浦城-宁德北西向断裂带与北北东向燕山期岩浆构造带的交会部，也在九里-上西坑钼矿成矿带内；分布有武夷山上西坑、浦城九里中型钼矿；具有燕山期花岗岩及多组构造分布，有 Mo 元素异常，具有形成西朝式岩浆-热液型钼矿的很好成矿条件

续表 7-149

预测区工作区名称	地质特征
将乐万安	位于闽北隆起带的西北部，武夷山-泰宁大型韧性逆冲断层带从北西部穿过；主要分布有新元古代及早古生代变质岩；燕山期花岗岩广泛分布，其中早白垩世花岗岩为钼矿的主要成矿母岩；重力推断有3条北北东向断裂及2条北西向断裂；多个Mo异常呈北北东向或北西向展布；是较好的西朝式钼矿成矿区带
建阳井后-古田西朝	位于政和-大埔断裂带与政和-大埔大型韧性走滑型剪切带上；在燕山期花岗岩带上；具有北北东向断层带；分布有中型钼矿及众多矿点；有较广泛的蚀变现象；重力推断有北北东向断裂通过；航磁推断有5处北北东向中酸性隐伏岩体；化探Mo异常强度高，规模较大；具很好的西朝式钼矿的成矿条件
尤溪卓坑-南平巨口	位于政和-大埔断裂带与宁化-南平近东西向断裂带的交会部，在政和-大埔大型韧性走滑型剪切带上；在燕山期花岗岩带上；具有北北东向断层与近东西向断层带分布；分布有中型钼矿及矿点；有较广泛的蚀变现象；重力推断有北北东向断裂通过；航磁推断有5处北北东向中酸性隐伏岩体；化探Mo异常强度高，规模较大；具有很好的西朝式钼矿的成矿条件
古田三堡-永泰	位于政和-大埔断裂带之东南侧，福安-南靖断裂带通过；在燕山期火山-花岗岩带上；具有北北东向断层带及中生代火山构造分布；分布钼矿床(点)；有较广泛的蚀变现象；重力推断有北北东向断裂通过；航磁推断有4处北北东向中酸性隐伏岩体；化探Mo异常强度高，规模较大；具有良好的西朝式钼矿的成矿条件
连城庙前	位于闽西南凹陷带的次级隆起带上；有大量燕山期花岗岩侵入；具有北北东向断层带等分布；分布钼矿床(点)；有较广泛的蚀变现象；重力推断有北北东向断裂通过；航磁推断有多处北北东向中酸性隐伏岩体；化探Mo异常强度高，规模较大；具有良好的西朝式钼矿的成矿条件
仙游砺山-泉州大林山	位于闽东沿海断坳带上；燕山期发生强烈的酸性火山-岩浆侵入活动；具有北北东向断层带分布；分布有中型钼矿床及众多矿点；有较广泛的蚀变现象；重力推断有北北东向断层；航磁推断有多处中酸性隐伏岩体；化探Mo异常强度高，规模较大；具有很好的西朝式钼矿的成矿条件
长泰枋洋	位于闽东沿海断坳带上；燕山期发生强烈的酸性火山-岩浆侵入活动；具有北北东向断层带分布；分布有中型钼矿床(点)；有较广泛的蚀变现象；重力推断有北北东向断层；航磁推断有多处中酸性隐伏岩体；化探Mo异常强度高，规模较大；具有较好的西朝式钼矿的成矿条件
永定-云霄	位于闽东沿海断坳带及闽西南凹陷带上；区内有上杭-云霄北北西向断裂带通过；燕山期发生强烈的酸性火山-岩浆侵入活动；具有北西向断层带分布；分布有中型钼矿床3处；有较广泛的蚀变现象；重力推断有北西向断层；航磁推断有多处中酸性隐伏岩体；化探Mo异常强度高，规模较大；具有很好的山口式岩浆热液型钼矿的成矿条件
龙岩马坑	位于闽西南凹陷带的次级隆起带上；有政和-大埔北北东向大断裂及相应的大型变形带通过；有大量燕山期花岗岩侵入于灰岩等地层中；具有北北东向断层带等分布；分布有铁钼矿床；有较广泛的蚀变现象；航磁推断有多处北北东向中酸性隐伏岩体；化探Mo异常强度高，规模较大；具有很好的西朝式钼矿的成矿条件
安溪潘田	位于闽东断坳带的次级隆起带上；有北东向永定-闽江口断裂通过；有大量燕山期花岗岩侵入于灰岩等地层中；具有北东向断层带分布；有与马坑相同的铁(钼)矿床；有较广泛的蚀变现象；航磁推断有多处北北东向中酸性隐伏岩体；化探Mo异常强度高，具有一定规模；具有较好的马坑式广义矽卡岩型铁钼矿的成矿条件

(二)钼矿预测工作区区域预测要素

提取的赤路式斑岩型钼矿福安赤路预测工作区区域预测要素见表7-150，北坑场式斑岩型钼矿永安槐南-漳平北坑场预测预测工作区区域预测要素见表7-151，西朝式岩浆热液岩型钼矿建阳井后-古田西朝预测工作区区域预测要素见表7-152，山口式岩浆热液岩型钼矿永定-云霄预测工作区区域预测要素见表7-153。

表 7-150 赤路式斑岩型钼矿福安赤路预测工作区区域预测要素表

区域预测要素		描述内容	预测要素分类
区域成矿地质环境	大地构造位置	闽东沿海岩浆弧,松溪-宁德北西向断裂带南部	必要
	成矿时代	主要成矿期为早白垩世岩浆侵入成矿期	重要
	主要控矿构造	燕山晚期侵入岩内外接触带,以北西向为主,次为北东向等,裂隙是储矿构造	重要
	主要赋矿地层	上侏罗统南园组地层	次要
	侵入岩建造	燕山晚期中—细粒似斑状花岗岩	必要
区域成矿地质特征	含矿岩性组合	正长花岗岩、二长花岗岩	必要
	矿体形态	主要呈似层状、透镜状、条带状、豆荚状、脉状	重要
	矿物组合	金属矿物主要为辉钼矿、黄铁矿,次为黑钨矿、白钨矿、磁铁矿、黄铜矿、辉铋矿等	重要
	结构构造	辉钼矿呈半自形—他形叶片状单晶及集合体,同其他金属和非金属矿物共生;矿石构造类型以细脉状、细脉浸染状为主,次为条带状、团块状、晶洞状、脉状等	次要
	矿石类型	石英脉型	重要
	围岩蚀变	主要为钾长石化、云英岩化、绢英岩化、硅化、黄铁矿化	重要
	矿化资源情况	中型钼矿床 1 处,小型钼矿床 4 处,钼矿点 1 处	重要
区域预测特征	找矿标志	北东向与北西向断裂复合部位;含钼花岗岩带的分布是找钼的重要前提;含钼花岗岩体多以岩基状产出,且与区域南园组火山岩地层呈侵入接触关系;在侵入岩的接触带附近形成云英岩化、钾长石化、硅化为主的围岩蚀变,或虽没有侵入体出露,但形成一定的蚀变分带,特别是出现多期次蚀变矿化脉;水系沉积物 Mo 异常	重要
	磁测资料	异常呈北西向展布,无推断隐伏岩体	次要
	重力异常	推断出 2 条断层,以北西向为主	次要
	地球化学	区内以 Cu、Mo 、Au 、Ag、Pb、Zn 为主的区域地球化学异常主要包括福安赤路、周宁吴山底 2 处,异常套合程度高,规模大,主成矿元素具明显浓度分带,找矿潜力较大	重要
	遥感资料	遥感推测断层多呈北东向,与区域构造方向一致;遥感带状、块状要素主要分布在白垩纪侵入岩附近,靠近矿床(点)	次要

表 7-151 北坑场式斑岩型钼矿永安槐南-漳平北坑场预测工作区区域预测要素表

区域预测要素		描述内容	预测要素分类
区域成矿地质环境	成矿时代	主成矿期为燕山晚期	重要
	大地构造位置	闽西南陆表海盆地	必要
	主要控矿构造	以北东向断裂构造等为主	重要
	主要赋矿地层	早古生代、晚古生代地层等	次要
	侵入岩建造	燕山晚期中—细粒似斑状花岗岩侵入	必要
区域成矿地质特征	含矿岩系岩性组合	正长花岗岩、二长花岗岩	必要
	矿体形态	矿体分叉呈脉状、树枝状、条带状	重要
	矿物组合	金属矿物主要为:辉钼矿、黄铁矿,次为黑钨矿、白钨矿、磁铁矿、黄铜矿、辉铋矿等	重要
	结构构造	矿石结构主要为自形—半自形晶粒结构、他形晶粒结构,矿石构造主要有带状构造、块状构造、脉状构造	次要
	矿石类型	石英脉型	重要
	围岩蚀变	硅化、绢英岩化、碳酸盐化、萤石化等	重要
	矿化资源情况	中型矿床 1 处,钼金属量 33 600t,平均品位 0.08%	重要

续表 7-151

区域预测要素		描　述　内　容	预测要素分类
区域预测特征	找矿标志	发育晚燕山期花岗岩，Mo 浓度高；强烈云英岩化、硅化、黄铁矿化	重要
	磁测资料	1∶5 万航磁 ΔT 反映为低缓异常，强度为 −30～100nT，走向北西，推断隐伏酸性岩体 3 个，对成矿具有一定意义	次要
	重力异常	重力推断断层 2 条，为北北东向	次要
	地球化学	1∶20 万水系沉积物测量，圈出 Mo 异常 10 处，其中有 5 处具异常浓集中心，且面积较大	重要
	遥感资料	区域上北东向线形影像发育，北西向次之，线形影像主要是断裂构造的反映；环状影像也比较发育，环状影像主要是隐伏岩体和火山机构的反映	次要

表 7-152　西朝式岩浆-热液型钼矿建阳井后-古田西朝预测工作区区域预测要素表

区域预测要素		描　述　内　容	成矿预测分类
特征描述		西朝式岩浆-热液型钼矿	
区域成矿地质环境	大地构造位置	华夏地块	必要
	成矿时代	早白垩世岩浆侵入成矿期	重要
	主要控矿构造	早白垩世花岗岩体外接触带及北东向断裂(裂隙)等	重要
	主要赋矿地层	晚侏罗世花岗岩及南园组等	次要
	侵入岩建造	早白垩世花岗岩	必要
区域成矿地质特征	含矿岩系岩性组合	似斑状黑云母二长花岗岩	必要
	矿体形态	呈似层状，次为豆荚状、透镜状，具膨缩、分支、复合现象，受侵入岩体的原生层节理带控制，主矿层总体呈“背型”分布，往北东略具倾伏，两翼倾角较缓	重要
	矿物组合	金属矿物主要为辉钼矿、磁铁矿、褐铁矿、钼华和黄铁矿，脉石矿物主要为石英、钾长石、斜长石、绢云母、黑云母及绿泥石等	重要
	结构构造	矿石的主要结构有自形—半自形片状结构，自形—半自形鳞片状结构等；矿石构造主要有星点状(浸染状)构造、细脉状构造、角砾状构造、薄膜状构造、细脉浸染状构造和网脉状构造	次要
	矿石类型	石英脉型	重要
	围岩蚀变	主要蚀变有硅化、绢云母化、黄铁矿化、绿泥石化，次有钾化、绢英岩化、绿帘石化、角岩化、碳酸盐化等，绢云母化、绿泥石化、钾化是近矿围岩蚀变	重要
	矿化资源情况	中型钼矿床 2 处，小型钼矿床 1 处，钼矿点 1 处	重要
区域预测特征	找矿标志	地表氧化、原生矿石露头、冲沟内转石；缓倾斜伴有黄铁矿化的石英脉；钾长石化、绢英岩化-黄铁矿化组合蚀变带；Mo 地球化学异常；黑云母二长花岗岩原生节理裂隙带发育区，并伴随有后期岩体持续侵入的地区是寻找本类型矿床的有利地区	重要
	磁测资料	呈北北东向异常，推断 3 个隐伏酸性岩体及众多北北东向断裂构造	次要
	重力异常	推断出 3 条断层，以北北东向为主，次为北西向等	次要
	地球化学	区域化探显示区内异常以 Mo、W、Au、Ag、Bi、Cu、Pb、Zn 为主，Mo 异常面积 809.19km^2，主要分布在西朝、南雅镇、大龙岗、白石岩一带，异常总体呈北东向—北北东向展布，异常值高、规模大，Mo 异常与 W、Bi 异常套合较好，其中多数异常区内已发现钼矿床、矿点，尚有许多局部异常区未发现矿床(点)，找矿潜力大，值得进一步工作	重要
	遥感资料	本区线形构造发育，走向以北东向、北西向为主，与区内主要断裂构造的分布相吻合	次要

表 7-153　山口式岩浆-热液型钼矿永定-云霄预测工作区区域预测要素表

区域预测要素		描　述　内　容	预测要素分类
区域成矿地质环境	大地构造位置	华夏地块	必要
	成矿时代	主成矿期为燕山期	重要
	主要控矿构造	以北西向、北北东向断裂构造等为主，区域上主要为上杭-云霄北西向断裂带、福安-南靖北北东向断裂带	重要
	主要赋矿地层	侏罗系等	次要
	侵入岩建造	燕山期岩浆侵入，主要为酸性正长花岗岩、石英闪长岩、二长花岗岩，K-Ar 同位素年龄为 140～68Ma	必要
区域成矿地质特征	含矿岩系岩性组合	黑云母花岗岩	必要
	矿体形态	呈脉状、网脉状、扁豆状，具膨缩、分支、复合现象，受侵入岩体的原生层节理带控制	重要
	矿物组合	金属矿物主要有：辉钼矿、黄铁矿、黑钨矿、方铅矿、闪锌矿、黄铜矿；非金属矿物主要有：长石、斜长石、绢云母、黑云母、绿泥石等	重要
	结构构造	矿石的主要结构有固溶体分离结构、他形晶粒状结构等，矿石构造主要有浸染状构造、脉状构造、条带状构造和网脉状构造	次要
	矿石类型	石英脉型	重要
	围岩蚀变	硅化、黄铁矿化、绢云母化、绿泥石化	重要
	矿化资源情况	中型矿床 3 处，永定山口钼矿床 Mo 品位 0.086%，钼金属量 $1.309\ 5\times10^4$ t；南靖南坑钼矿床 Mo 品位 0.11%，钼金属量 1.200×10^4 t；平和黄帝殿钼矿床 Mo 品位 0.08%，钼金属量 $4.403\ 2\times10^4$ t；此外小型矿床 3 处，矿点 3 处	重要
物探	航磁异常	本区航磁异常较明显，并推断出多个岩体	次要
	重力异常	重力推断出北西向、北东向二级断裂构造	次要
化探异常特征		1∶20 万水系沉积物测量，共圈出 Sn 异常 15 处，永定山口、南靖南坑、平和黄帝殿、上杭岗背、平和锦溪、平和福里石等钼矿处于 Mo 异常高浓度中心	重要
遥感解译		区内以北西向断裂为主，北东向断裂次之	次要

三、最小预测区圈定及优选

（一）最小预测区圈定

采用综合信息地质单元法进行最小预测区圈定，根据福建省斑岩型及岩浆热液型钼矿成矿地质特征，分析该区成矿的预测要素特征，选择该区如表 7-154 所示 4 个要素进行成矿远景区的圈定工作。

岩体要素包括早白垩世正长花岗岩、磁法推断中酸性—酸性岩体、得到钻孔验证的隐伏酸性岩体（古田西朝、福安赤路等矿区钻孔验证有早白垩世正长花岗岩），缓冲区半径为 1km，缓冲分析后还需扣除第四系及水体。

表 7-154 福建省钼矿最小预测区圈定要素表(要素叠加法)

矿产预测方法类型	要素类别	要素名称	要素级别	要素属性	缓冲区半径设置
侵入岩体型	区域地质环境	岩体	必要	面元	1km
	区域成矿特征	钼矿床(点)	重要	点元	1km
	区域预测特征	水系沉积物 Mo 异常	必要	面元	

在 MRAS 操作平台上,利用建模器进行"(岩体及外接触带(缓冲区)∪航磁推断的隐伏岩体),∩(变形∪重断)∩(钼矿缓冲区∪水系 Mo 异常)"求交并集计算,初步进行预测单元的圈区,形成初始预测区。在使用建模器圈定初始预测区的基础上,综合地层岩性、断裂、围岩蚀变、重力推断半隐伏-隐伏酸性岩类等综合信息,以及水系沉积物钼异常强度,通过与钼矿床(点)的比较等研究工作,对初始预测区进行适当取舍、合并、拆分,最终圈定 17 个预测工作区的 238 个最小预测区。

(二)最小预测区优选

根据福建省钼矿床的成矿控矿特征,初步选择以下变量作为预测区优选的要素组合见表 7-155。

表 7-155 福建省钼矿床预测区优选的原始要素组合表

要素类别	要素名称
必要	岩体
	隐伏岩体
	水系沉积物钼异常
重要	钼矿床(点)
	断裂构造
	重力推断的深断层

采用找矿信息量法等数学统计方法进行优选变量的二值化工作。通过上述预测要素变量的构置,在 MRAS 技术平台的基础上,对定位预测要素变量进行优选研究。

根据本地区钼矿工作的实际情况,设置该区钼矿床规模级别等级为 3 级:3 级中型(资源量<10×10^4t),4 级小型(资源量<1×10^4t),5 级矿点(资源量<0.1×10^4t)。最终 238 个最小预测区优选出 A 类 54 个,B 类 68 个,C 类 116 个(图 7-71)。

四、资源定量预测

(一)典型矿床查明资源量、深部及外围资源量估算

福建省钼矿典型矿床查明资源量见表 7-156,深部及外围资源量估算结果见表 7-157,典型矿床预测总资源量见表 7-158。

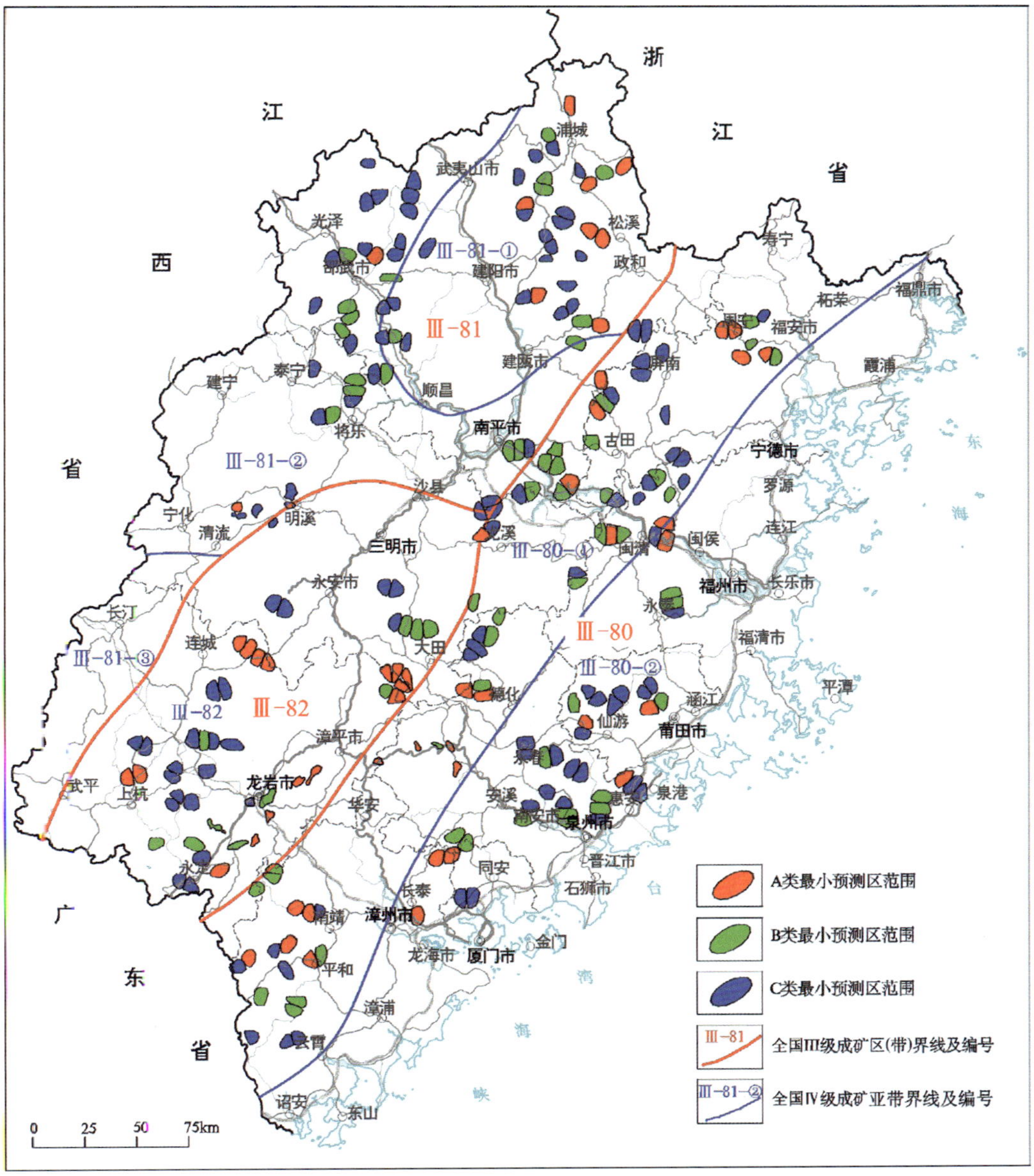

图 7-71　福建省钼矿最小预测区分布及其优选结果图

表 7-156　福建省钼矿典型矿床查明资源量表

名称	经度	纬度	查明资源量		面积	总延深	品位	体重	体含矿率
			矿石量(t)	金属量(t)	(m^2)	(m)	(%)	(t/m^3)	(t/m^3)
福安赤路	119°28′20″	27°01′00″	981 206.71	68 684.47	3 786 525	500	0.07	2.58	0.000 036 28
漳平北坑场	117°41′03″	25°37′02″	622 222.22	33 600	2 686 350	500	0.054	2.48	0.000 025 02
清流行洛坑	116°54′35″	26°21′05″	3 064 600.00	30 646	2 560 725	600	0.01	2.52	0.000 019 95
古田西朝	118°39′33″	26°46′36″	270 144.74	57 540.83	25 447 200	500	0.213	3.39	0.000 004 52
武夷山上西坑	118°18′15″	27°38′34″	66 492.29	14 827.78	9 197 925	500	0.223	2.36	0.000 003 22

续表 7-156

名称	经度	纬度	查明资源量		面积 (m^2)	总延深 (m)	品位 (%)	体重 (t/m^3)	体含矿率 (t/m^3)
			矿石量(t)	金属量(t)					
永定山口	116°52′03″	24°47′23″	152 267.44	13 095	7 682 600	500	0.086 0	3.24	0.000 003 41
龙岩马坑	117°04′42″	25°15′20″	953 229.89	82 931	9 835 400	1 000	0.087	3.53	0.000 008 43

表 7-157　福建省钼矿典型矿床深部及外围预测资源量表

名称	面积 (m^2)	总延深 (m)	体含矿率 (t/m^3)	相似系数	深部 (t)	外围 (t)	预测资源量 (t)
福安赤路	3 786 525	500	0.000 036 28	0.1	0.00		0
漳平北坑场	2 686 350	500	0.000 025 02	0.1	0.00		0
清流行洛坑	2 560 725	600	0.000 019 95	0.1	0.00		0
古田西朝	25 447 200	500	0.000 004 52	0.1	0.00		0
武夷山上西坑	9 197 925	500	0.000 003 22	0.1	0.00		0
永定山口	7 682 600	500	0.000 003 41	0.1	0.00		0
龙岩马坑	9 835 400	1 000	0.000 008 43	0.1	0.00		0

表 7-158　福建省钼矿典型矿床预测总资源量表

名称	面积 (m^2)	总延深 (m)	体含矿率 (t/m^3)	查明资源量 (t)	预测资源量 (t)	总资源量 (t)
福安赤路	3 786 525	500	0.000 036 28	68 684.47	0	68 684.47
漳平北坑场	2 686 350	500	0.000 025 02	33 600	0	33 600
清流行洛坑	2 560 725	600	0.00 001 995	30 646	0	30 646
古田西朝	25 447 200	500	0.000 004 52	57 540.83	0	57 540.83
武夷山上西坑	9 197 925	500	0.00 000 322	14 827.78	0	14 827.78
永定山口	7 682 600	500	0.000 003 41	13 095	0	13 095
龙岩马坑	9 835 400	1 000	0.000 008 43	82 931	0	82 931

(二)模型区预测资源量及其估算参数

福建省钼矿模型区预测资源量及其估算参数见表 7-159。

表 7-159 福建省钼矿模型区预测资源量及其估算参数表

编号	名称	模型区预测总资源量(t)	模型区面积(km^2)	总延深(m)	含矿地质体面积(m^3)	含矿系数(t/m^3)
1	福安赤路	68 684.47	32.56	500	32.56	0.000 004 22
2	漳平北坑场	33 600	34.37	500	34.37	0.000 001 96
3	清流行洛坑	30 646	19.05	700	19.05	0.000 002 30
4	古田西朝	57 540.83	47.83	500	47.83	0.000 002 41
5	武夷山上西坑	14 827.78	40.81	500	40.81	0.000 000 73
6	永定山口	82 931	49.14	500	49.14	0.000 003 38
7	龙岩马坑	82 931	40.03	1 000	40.03	0.000 002 07

(三)最小预测区预测资源量及其估算参数

福建省钼矿最小预测区预测资源量估算采用地质体积参数法,最小预测区预测资源量采用以下公式进行计算:

$$Z_{预}=S_{预}\times H_{预}\times K\times K_Z \tag{7-3}$$

式中:$Z_{预}$为最小预测区资源量;$S_{预}$为最小预测区面积;$H_{预}$为最小预测区深度;K 为据典型矿床求得的体含矿率;K_Z 为调整系数。

模型区的含矿系数由总资源量/(含矿地质体的面积×预测总延深)求得,各模型区求得的含矿系数见表 7-160,钼矿最小预测区预测资源量估算结果及其估算参数见表 7-161。

表 7-160 福建省钼矿模型区含矿系数表

名称	经度	纬度	模型区预测总资源量(t)	模型区面积(km^2)	总延深(m)	含矿地质体面积(m^3)	含矿系数(t/m^3)
福安赤路	119°28′20″	27°01′00″	68 684.47	32.56	500	32.56	$4.218\ 95\times10^{-6}$
漳平北坑场	117°41′03″	25°37′02″	33 600	34.37	500	34.37	$1.955\ 19\times10^{-6}$
清流行洛坑	116°54′35″	26°21′05″	30 646	19.05	700	19.05	$2.298\ 16\times10^{-6}$
古田西朝	118°39′33″	26°46′36″	57 540.83	47.83	500	47.83	$2.406\ 06\times10^{-6}$
武夷山上西坑	118°18′15″	27°38′34″	14 827.78	40.81	500	40.81	$7.266\ 74\times10^{-7}$
永定山口	116°52′03″	24°47′23″	82 931	49.14	500	49.14	$3.375\ 3\times10^{-6}$
龙岩马坑	117°04′42″	25°15′20″	82 931	40.03	1 000	40.03	$2.071\ 72\times10^{-6}$

表 7-161　福建省钼矿各预测工作区最小预测区估算成果表

预测类型	预测区名称	最小预测区编号	最小预测区名称	探明资源量(t)	$S_{预}$ (km^2)	K (t/m^3)	α	$H_{预}$(m)			$Z_{预}$(t)		
								≤500m	≤1 000m	≤2 000m	≤500m	≤1 000m	≤2 000m
赤路式斑岩型	浦城上厂-松溪大林坑	C3510200301	松溪黄碧洋		26.64	0.000 004 22	0.61	500	500	500	23 046.26	23 046.26	23 046.26
		B3510200302	浦城靖坑村		47.63	0.000 004 22	0.61	500	500	500	41 204.71	41 204.71	41 204.71
		A3510200303	松溪古同	30 646.00	49.93	0.000 004 22	1	500	500	500	74 706.3	74 706.3	74 706.3
		A3510200304	浦城上厂	839.00	41.64	0.000 004 22	0.87	500	500	500	75 599.55	75 599.55	75 599.55
		B3510200305	松溪北孟坑村		46.38	0.000 004 22	0.87	500	500	500	65 567.41	65 567.41	65 567.41
		A3510200306	松溪大林坑	8 300.00	49.55	0.000 004 22	0.87	500	500	500	61 748.84	61 748.84	61 748.84
		C3510200307	政和西表村		21.66	0.000 004 22	0.65	500	500	500	20 566.17	20 566.17	20 566.17
		小计		39 785.00							362 439.24	362 439.24	362 439.24
赤路式斑岩型	福安赤路	C3510200601	福安南源村		22.98	0.000 004 22	0.61	500	500	500	19 880	19 880	19 880
		A3510200602	周宁吴山底	8 142.81	41.90	0.000 004 22	0.87	500	500	500	68 773.02	68 773.02	68 773.02
		B3510200603	周宁洋庄村		42.64	0.000 004 22	0.87	500	500	500	60 280.17	60 280.17	60 280.17
		B3510200604	福安首笕		37.83	0.000 004 22	0.61	500	500	500	48 690.99	48 690.99	48 690.99
		A3510200605	周宁仙岭尾	3 288.29	49.72	0.000 004 22	0.87	500	500	500	87 982.71	87 982.71	87 982.71
		A3510200606	福安赤路	68 684.47	32.56	0.000 004 22	1	500	700	700	0	27 497.77	27 497.77
		B3510200607	福安芹洋村		36.40	0.000 004 22	0.91	500	500	500	54 530.84	54 530.84	54 530.84
		B3510200608	周宁东山	8 100.00	21.18	0.000 004 22	0.9	500	500	500	32 120.82	32 120.82	32 120.82
		小计		88 215.57							372 258.55	399 756.32	399 756.32
赤路式斑岩型	连城姑田	C3510201001	永安双百贵		47.60	0.000 001 96	0.65	500	500	500	20 991.6	20 991.6	20 991.6
		C3510201002	永安槐栋山		49.80	0.000 001 96	0.65	500	500	500	21 961.8	21 961.8	21 961.8

续表 7-161

预测类型	预测区名称	最小预测区编号	最小预测区名称	探明资源量(t)	$S_{预}$ (km^2)	K (t/m^3)	α	$H_{预}$(m)			$Z_{预}$(t)		
								≤500m	≤1 000m	≤2 000m	≤500m	≤1 000m	≤2 000m
赤路式斑岩型	连城姑田	A3510201003	连城黄沙瑶		36.97	0.000 001 96	0.91	500	500	500	29 346.79	29 346.79	29 346.79
		A3510201004	连城姑田	88 800.00	47.43	0.000 001 96	1	500	1 000	1 000	2 081.4	4 162.8	4 162.8
		A3510201005	连城管顶		38.18	0.000 001 96	0.91	500	500	500	30 307.28	30 307.28	30 307.28
		A3510201006	连城花公庙		40.43	0.000 001 96	0.89	500	500	500	27 338.77	27 338.77	27 338.77
		C3510201007	连城溪源村		49.70	0.000 001 96	0.61	500	500	500	19 969.46	19 969.46	19 969.46
		C3510201008	连城木陂村		49.95	0.000 001 96	0.61	500	500	500	20 069.91	20 069.91	20 069.91
		小计		88 800.00							172 067.01	174 148.41	174 148.41
赤路式斑岩型	永安槐南-漳平北坑场	C3510201101	永安柯山村		41.25	0.000 001 96	0.65	500	500	500	18 191.25	18 191.25	18 191.25
		C3510201102	永安苏坑		43.63	0.000 001 96	0.65	500	500	500	19 240.83	19 240.83	19 240.83
		C3510201103	永安黄年山		37.68	0.000 001 96	0.67	500	500	500	17 355.41	17 355.41	17 355.41
		B3510201104	大田五小八丹		47.81	0.000 001 96	0.67	500	500	500	31 392.05	31 392.05	31 392.05
		B3510201105	大田东山头		49.90	0.000 001 96	0.67	500	500	500	32 764.34	32 764.34	32 764.34
		B3510201106	大田高峰		49.95	0.000 001 96	0.67	500	500	500	32 797.17	32 797.17	32 797.17
		C3510201107	德化仙阳		37.18	0.000 001 96	0.61	500	500	500	14 938.92	14 938.92	14 938.92
		C3510201108	德化出米石		49.80	0.000 001 96	0.61	500	500	500	29 770.44	29 770.44	29 770.44
		C3510201109	德化狮子山		46.50	0.000 001 96	0.61	500	500	500	18 683.7	18 683.7	18 683.7
		C3510201110	德化宝山		31.40	0.000 001 96	0.61	500	500	500	12 616.52	12 616.52	12 616.52
		A3510201111	漳平一顶尖西侧		31.25	0.000 001 96	0.93	500	500	500	22 356.25	22 356.25	22 356.25
		A3510201112	漳平北坑场	33 600.00	34.37	0.000 001 96	1	500	700	700	3 442.6	37 133.46	37 133.46
		A3510201113	大田象山		31.38	0.000 001 96	0.93	500	500	500	25 524.49	25 524.49	25 524.49

续表 7-161

预测类型	预测区名称	最小预测区编号	最小预测区名称	探明资源量(t)	$S_{预}$(km²)	K(t/m³)	α	$H_{预}$(m)			$Z_{预}$(t)		
								≤500m	≤1 000m	≤2 000m	≤500m	≤1 000m	≤2 000m
赤路式斑岩型	永安槐南-漳平北坑场	B3510201114	漳平西山崎北侧		27.78	0.000 001 96	0.93	500	500	500	22 596.25	22 596.25	22 596.25
		B3510201115	漳平九仙峰		32.87	0.000 001 96	0.67	500	500	500	18 361.18	18 361.18	18 361.18
		B3510201116	漳平西山崎		42.66	0.000 001 96	0.67	500	500	500	28 010.56	28 010.56	28 010.56
		C3510201117	德化龙湖寺		49.57	0.000 001 96	0.6	500	500	500	29 147.16	29 147.16	29 147.16
		C3510201118	德化云头岐		39.84	0.000 001 96	0.61	500	500	500	23 816.35	23 816.35	23 816.35
		C3510201119	德化西天寺		43.40	0.000 001 96	0.65	500	500	500	19 139.4	19 139.4	19 139.4
		B3510201120	尤溪云路坑	1 360.00	33.99	0.000 001 96	0.95	500	500	500	30 284.69	30 284.69	30 284.69
		B3510201121	德化仙洋		36.16	0.000 001 96	0.67	500	500	500	23 742.66	23 742.66	23 742.66
		小计		34 960.00							47 4172.22	50 7863.08	50 7863.08
行洛坑式斑岩型	清流行洛坑	C3510200901	明溪县雪峰		33.48	0.000 002 3	0.8	500	500	500	19 251	19 251	19 251
		C3510200902	明溪县王坊		12.28	0.000 002 3	0.5	500	500	500	7 061	7 061	7 061
		A3510200903	清流县行洛坑	30 646.00	19.05	0.000 002 3	1	500	800	800	455.3	4 406	4 406
		C3510200905	清流县北坑		21.26	0.000 002 3	0.65	500	500	500	11 002.05	11 002.05	11 002.05
		C3510200904	清流县国母洋		15.03	0.000 002 3	0.58	500	700	700	8 296.56	11 615.18	11 615.18
		C3510200906	清流县元家亭		13.01	0.000 002 3	0.6	500	700	700	7 480.75	10 473.05	10 473.05
		小计		30 646.00							53 546.66	63 808.28	63 808.28
西朝式岩浆热液型	武夷山洋庄-邵武水北	C3510200101	光泽圳头垅		27.98	0.000 000 73	0.69	500	500	500	5 004.22	5 004.22	5 004.22
		C3510200102	武夷山黄溪洲		47.22	0.000 000 73	0.65	500	500	500	7 755.89	7 755.89	7 755.89
		C3510200103	光泽溪塘边		46.33	0.000 000 73	0.65	500	500	500	7 609.7	7 609.7	7 609.7
		C3510200104	光泽王坝溪		43.31	0.000 000 73	0.59	500	500	500	7 745.99	7 745.99	7 745.99

续表 7-161

预测类型	预测区名称	最小预测区编号	最小预测区名称	探明资源量(t)	$S_{预}$ (km^2)	K (t/m^3)	α	$H_{预}$(m) ≤500m	≤1 000m	≤2 000m	$Z_{预}$(t) ≤500m	≤1 000m	≤2 000m
西朝式岩浆热液型	武夷山洋庄-邵武水北	C3510200105	武夷山皮坑口		49.61	0.000 000 73	0.63	500	500	500	7 786.29	7 786.29	7 786.29
		C3510200106	武夷山桂林		45.60	0.000 000 73	0.55	500	500	500	7 489.8	7 489.8	7 489.8
		C3510200107	邵武彭家		47.76	0.000 000 73	0.67	500	500	500	8 193.23	8 193.23	8 193.23
		B3510200108	邵武漠口溪		49.54	0.000 000 73	0.75	500	500	500	9 945.16	9 945.16	9 945.16
		C3510200109	邵武高阳		34.72	0.000 000 73	0.68	500	500	500	6 082.94	6 082.94	6 082.94
		A3510200110	邵武大坡坳		48.88	0.000 000 73	0.75	500	500	500	11 596.78	11 596.78	11 596.78
		C3510200111	建阳杜潭村		32.04	0.000 000 73	0.6	500	500	500	5 847.3	5 847.3	5 847.3
		C3510200112	建阳周山坊		39.23	0.000 000 73	0.71	500	500	500	5 870.77	5 870.77	5 870.77
		C3510200113	建阳吴墩窠		48.87	0.000 000 73	0.43	500	500	500	7 670.15	7 670.15	7 670.15
		B3510200114	邵武电华山		35.15	0.000 000 73	0.69	500	500	500	5 773.39	5 773.39	5 773.39
		小计									104 371.61	104 371.61	104 371.61
西朝式岩浆热液型	浦城九里-武夷山上西坑	A3510200203	浦城九里	12 800	42.27	0.000 000 73	1	500	500	500	2 628.55	2 628.55	2 628.55
		B3510200204	浦城溪源		37.98	0.000 000 73	0.7	500	500	500	9 703.89	9 703.89	9 703.89
		C3510200205	浦城前源村		35.37	0.000 000 73	0.7	500	500	500	6 455.03	6 455.03	6 455.03
		C3510200206	浦城苦竹元		34.46	0.000 000 73	0.58	500	500	500	6 037.39	6 037.39	6 037.39
		C3510200208	浦城水源寺		34.67	0.000 000 73	0.59	500	500	500	6 200.73	6 200.73	6 200.73
		B3510200209	浦城大湖排		34.90	0.000 000 73	0.86	500	500	500	9 681.26	9 681.26	9 681.26
		B3510200210	浦城连墩种猪场		43.08	0.000 000 73	0.86	500	500	500	11 950.39	11 950.39	11 950.39
		A3510200211	武夷山上西坑	14 599.85	40.81	0.000 000 73	1	500	600	600	295.8	3 274.93	3 274.93
		C3510200212	武夷山上溪源		32.36	0.000 000 73	0.7	500	500	500	5 905.7	5 905.7	5 905.7

续表 7-161

预测类型	预测区名称	最小预测区编号	最小预测区名称	探明资源量(t)	$S_预$ (km²)	K (t/m³)	α	$H_预$(m)			$Z_预$(t)		
								≤500m	≤1 000m	≤2 000m	≤500m	≤1 000m	≤2 000m
西朝式岩浆热液型	浦城九里-武夷山上西坑	C3510200213	浦城洪山		40.74	0.000 000 73	0.61	500	500	500	6 096.74	6 096.74	6 096.74
		C3510200214	浦城濠村乡		43.25	0.000 000 73	0.61	500	500	500	6 472.36	6 472.36	6 472.36
		C3510200215	建阳浒洲村		32.16	0.000 000 73	0.5	500	500	500	5 869.2	5 869.2	5 869.2
		C3510200216	建阳杨梅际		31.89	0.000 000 73	0.5	500	500	500	5 819.93	5 819.93	5 819.93
		C3510200218	建阳下禀		17.75	0.000 000 73	0.5	500	500	500	3 239.38	3 239.38	3 239.38
		小计		27 360.59							86 356.35	89 335.48	89 335.48
西朝式岩浆热液型	将乐万安	C3510200401	邵武夫人庙		35.32	0.000 000 73	0.69	500	500	500	5 285.64	5 285.64	5 285.64
		C3510200402	邵武高坑		48.27	0.000 000 73	0.75	500	500	500	7 928.35	7 928.35	7 928.35
		C3510200403	邵武谢山		33.58	0.000 000 73	0.69	500	500	500	5 147.81	5 147.81	5 147.81
		C3510200404	邵武庄坛村		31.07	0.000 000 73	0.69	500	500	500	4 649.63	4 649.63	4 649.63
		B3510200405	邵武朱拱洋		37.97	0.000 000 73	0.75	500	500	500	7 622.48	7 622.48	7 622.48
		B3510200406	邵武谢厝		37.92	0.000 000 73	0.75	500	500	500	7 612.44	7 612.44	7 612.44
		C3510200407	邵武黄土岭		44.48	0.000 000 73	0.55	500	500	500	7 305.84	7 305.84	7 305.84
		C3510200408	邵武谢家边		35.46	0.000 000 73	0.69	500	500	500	5 565.45	5 565.45	5 565.45
		B3510200409	邵武外石村		36.03	0.000 000 73	0.69	500	500	500	7 759.06	7 759.06	7 759.06
		C3510200410	邵武槎溪		33.80	0.000 000 73	0.69	500	500	500	5 304.91	5 304.91	5 304.91
		C3510200411	将乐双溪庙		37.90	0.000 000 73	0.69	500	500	500	5 948.41	5 948.41	5 948.41
		B3510200412	将乐王林坑		45.62	0.000 000 73	0.86	500	500	500	9 324.73	9 324.73	9 324.73
		C3510200413	将乐山头洋		48.99	0.000 000 73	0.56	500	500	500	8 225.42	8 225.42	8 225.42
		C3510200414	邵武观音山		49.19	0.000 000 73	0.76	500	500	500	7 899.91	7 899.91	7 899.91

续表 7-161

预测类型	预测区名称	最小预测区编号	最小预测区名称	探明资源量(t)	$S_{预}$ (km²)	K (t/m³)	α	$H_{预}$(m)			$Z_{预}$(t)		
								≤500m	≤1 000m	≤2 000m	≤500m	≤1 000m	≤2 000m
西朝式岩浆热液型	将乐万安	C3510200415	将乐八里桥		45.92	0.000 000 73	0.86	500	500	500	7 039.54	7 039.54	7 039.54
		C3510200416	将乐新路		36.34	0.000 000 73	0.66	500	500	500	5 570.92	5 570.92	5 570.92
		C3510200417	吴村村		43.61	0.000 000 73	0.61	500	500	500	6 526.24	6 526.24	6 526.24
		C3510200418	将乐洋门地		49.74	0.000 000 73	0.81	500	500	500	7 443.59	7 443.59	7 443.59
		小计									122 160.37	122 160.37	122 160.37
西朝式岩浆热液型	建阳井后-古田西	C3510200501	建瓯擎天岩村		37.39	0.000 002 41	0.5	500	500	500	22 527.48	22 527.48	22 527.48
		C3510200502	建瓯古老山		38.26	0.000 002 41	0.76	500	500	500	21 207.52	21 207.52	21 207.52
		A3510200503	建瓯路口	37 117.30	45.21	0.000 002 41	1	500	500	500	17 360.75	17 360.75	17 360.75
		C3510200504	建瓯吴地洋		33.55	0.000 002 41	0.5	500	500	500	20 213.88	20 213.88	20 213.88
		C3510200505	建瓯圭阳		32.51	0.000 002 41	0.5	500	500	500	19 587.28	19 587.28	19 587.28
		B3510200506	建瓯安国寺		49.85	0.000 002 41	0.68	500	500	500	40 847.09	40 847.09	40 847.09
		A3510200507	建瓯上范村		48.93	0.000 002 41	0.68	500	500	500	40 093.24	40 093.24	40 093.24
		C3510200508	建瓯温洋村		48.04	0.000 002 41	0.5	500	500	500	28 944.1	28 944.1	28 944.1
		C3510200509	建瓯忠溪村		49.49	0.000 002 41	0.5	500	500	500	29 817.73	29 817.73	29 817.73
		C3510200510	建瓯大潦村		49.27	0.000 002 41	0.56	500	500	500	33 247.4	33 247.4	33 247.4
		C3510200511	屏南潘丘它		43.83	0.000 002 41	0.5	500	500	500	26 407.58	26 407.58	26 407.58
		C3510200512	屏南前坂		49.70	0.000 002 41	0.69	500	500	500	41 323.07	41 323.07	41 323.07
		A3510200513	建瓯罗山	14 000.00	48.22	0.000 002 41	0.58	500	500	500	19 700.96	19 700.96	19 700.96
		C3510200514	屏南里汾溪村		49.44	0.000 002 41	0.69	500	500	500	41 106.89	41 106.89	41 106.89
		C3510200515	古田秋峰坑		40.31	0.000 002 41	0.58	500	500	500	28 172.66	28 172.66	28 172.66

续表 7-161

预测类型	预测区名称	最小预测区编号	最小预测区名称	探明资源量(t)	$S_{预}$ (km^2)	K (t/m^3)	α	$H_{预}$(m)			$Z_{预}$(t)		
								≤500m	≤1 000m	≤2 000m	≤500m	≤1 000m	≤2 000m
西朝式岩浆热液型	建阳井后-古田西	C3510200516	古田上厝坪		44.97	0.000 002 41	0.58	500	500	500	31 429.53	31 429.53	31 429.53
		A3510200517	古田西朝	57 540.83	47.83	0.000 002 41	1	500	600	600	0	11 621.35	11 621.35
		C3510200518	古田前洋坂村		31.37	0.000 002 41	0.5	500	500	500	18 900.43	18 900.43	18 900.43
		小计		108 658.13							480 887.59	492 508.94	492 508.94
西朝式岩浆热液型	尤溪卓坑-南平巨口	B3510200701	南平际头畜牧场		45.42	0.000 002 41	0.92	500	500	500	33 933.28	33 933.28	33 933.28
		B3510200702	南平大洲贮木场		47.16	0.000 002 41	0.92	500	500	500	35 233.24	35 233.24	35 233.24
		C3510200703	南平吉溪电站		36.12	0.000 002 41	0.62	500	500	500	18 280.33	18 280.33	18 280.33
		C3510200704	南平横坑		36.01	0.000 002 41	0.69	500	500	500	29 940.51	29 940.51	29 940.51
		B3510200705	南平水坪峡		44.98	0.000 002 41	0.69	500	500	500	37 398.62	37 398.62	37 398.62
		C3510200706	南平前梅坑		49.24	0.000 002 41	0.69	500	500	500	40 940.6	40 940.6	40 940.6
		C3510200707	尤溪彩城村		48.02	0.000 002 41	0.55	500	500	500	31 825.26	31 825.26	31 825.26
		B3510200708	南平际后村		54.49	0.000 002 41	0.75	500	500	500	42 679.29	42 679.29	42 679.29
		B3510200709	尤溪尤溪口	1 028.84	44.24	0.000 002 41	0.89	500	500	500	35 754.51	35 754.51	35 754.51
		C3510200710	尤溪连云村		39.61	0.000 002 41	0.74	500	500	500	21 001.22	21 001.22	21 001.22
		C3510200711	尤溪箭坑村		37.83	0.000 002 41	0.64	500	500	500	20 057.47	20 057.47	20 057.47
		C3510200712	尤溪丈潦村		42.49	0.000 002 41	0.74	500	500	500	22 528.2	22 528.2	22 528.2
		C3510200713	尤溪上坑		38.48	0.000 002 41	0.62	500	500	500	19 474.73	19 474.73	19 474.73
		A3510200714	尤溪卓坑	15 100.00	37.51	0.000 002 41	1	500	500	500	30 099.55	30 099.55	30 099.55
		小计		16 128.84							419 146.81	419 146.81	419 146.81

续表 7-161

预测类型	预测区名称	最小预测区编号	最小预测区名称	探明资源量(t)	$S_{预}$ (km²)	K (t/m³)	α	$H_{预}$(m)			$Z_{预}$(t)		
								≤500m	≤1 000m	≤2 000m	≤500m	≤1 000m	≤2 000m
西朝式岩浆热液型	古田三堡-永泰	B3510200801	古田碗厂村		44.75	0.000 002 41	0.60	500	500	500	37 207.39	37 207.39	37 207.39
		C3510200802	闽侯山坪洋		34.49	0.000 002 41	0.42	500	500	500	17 455.39	17 455.39	17 455.39
		C3510200803	闽侯西坑村		42.83	0.000 002 41	0.42	500	500	500	21 676.26	21 676.26	21 676.26
		C3510200804	闽清石步坑村		45.19	0.000 002 41	0.69	500	500	500	37 573.23	37 573.23	37 573.23
		A3510200805	南平巨口		59.09	0.000 002 41	0.89	500	500	500	63 371.07	63 371.07	63 371.07
		C3510200806	闽清高港村		41.59	0.000 002 41	0.59	500	500	500	24 556.82	24 556.82	24 556.82
		B3510200807	古田金钟潭		33.06	0.000 002 41	0.69	500	500	500	27 487.74	27 487.74	27 487.74
		C3510200808	古田水潮村		43.45	0.000 002 41	0.59	500	500	500	25 655.05	25 655.05	25 655.05
		A3510200809	闽侯金田村		47.24	0.000 002 41	0.86	500	500	500	43 262.39	43 262.39	43 262.39
		B3510200810	闽清来洋头		45.52	0.000 002 41	0.86	500	500	500	36 202.06	36 202.06	36 202.06
		A3510200811	闽清古洋村		45.93	0.000 002 41	0.86	500	500	500	42 062.69	42 062.69	42 062.69
		B3510200812	闽清白云村		39.05	0.000 002 41	0.86	500	500	500	31 056.47	31 056.47	31 056.47
		C3510200813	闽清新民村		44.41	0.000 002 41	0.56	500	500	500	24 616.46	24 616.46	24 616.46
		B3510200814	闽侯南下村		59.70	0.000 002 41	0.86	500	500	500	61 867.11	61 867.11	61 867.11
		C3510200815	闽清霞峰寨		33.43	0.000 002 41	0.59	500	500	500	19 738.74	19 738.74	19 738.74
		B3510200816	闽清林中村		38.34	0.000 002 41	0.69	500	500	500	31 877.79	31 877.79	31 877.79
		C3510200817	永泰蕉坑村		43.54	0.000 002 41	0.58	500	500	500	30 430.11	30 430.11	30 430.11
		B3510200818	永泰黎壁坑	850.00	52.53	0.000 002 41	0.58	500	500	500	35 863.22	35 863.22	35 863.22
		C3510200819	永泰台口村		36.79	0.000 002 41	0.58	500	500	500	21 279.34	21 279.34	21 279.34
		C3510200820	闽侯林山		28.96	0.000 002 41	0.67	500	500	500	16 401.5	16 401.5	16 401.5

续表 7-161

预测类型	预测区名称	最小预测区编号	最小预测区名称	探明资源量(t)	$S_{预}$ (km^2)	K (t/m^3)	α	$H_{预}$(m)			$Z_{预}$(t)		
								≤500m	≤1 000m	≤2 000m	≤500m	≤1 000m	≤2 000m
西朝式岩浆热液型	古田三堡-永泰	B3510200821	闽侯大池	839.00	28.51	0.000 002 41	0.61	500	500	500	20 117.28	20 117.28	20 117.28
		C3510200822	闽清斜湾		25.40	0.000 002 41	0.61	500	500	500	12 548.87	12 548.87	12 548.87
		小计		1 689.00							682 306.98	682 306.98	682 306.98
西朝式岩浆热液型	连城庙前	C3510201201	上杭下村		33.86	0.000 002 41	0.59	500	500	500	17 136.55	17 136.55	17 136.55
		C3510201202	上杭大东村		39.58	0.000 002 41	0.59	500	500	500	20 031.44	20 031.44	20 031.44
		C3510201203	连城冷水坑		47.84	0.000 002 41	0.62	500	500	500	25 941.24	25 941.24	25 941.24
		B3510201204	连城洋稠村		40.83	0.000 002 41	0.62	500	500	500	30 504.09	30 504.09	30 504.09
		C3510201205	上杭大源村		33.18	0.000 002 41	0.62	500	500	500	17 991.86	17 991.86	17 991.86
		C3510201206	上杭梨岭村		49.88	0.000 002 41	0.5	500	500	500	25 244.27	25 244.27	25 244.27
		B3510201207	上杭迳美村		42.49	0.000 002 41	0.94	500	500	500	32 768.29	32 768.29	32 768.29
		A3510201208	上杭铁场村		48.43	0.000 002 41	0.94	500	500	500	43 185.03	43 185.03	43 185.03
		C3510201209	上杭芙蓉科		31.83	0.000 002 41	0.59	500	500	500	16 109.16	16 109.16	16 109.16
		C3510201210	上杭上郭车村		48.27	0.000 002 41	0.62	500	500	500	24 429.45	24 429.45	24 429.45
		C3510201211	上杭岭背村		32.62	0.000 002 41	0.56	500	500	500	16 508.98	16 508.98	16 508.98
		C3510201212	上杭俞家桥		29.49	0.000 002 41	0.76	500	500	500	14 924.89	14 924.89	14 924.89
		C3510201213	上杭翁基		30.07	0.000 002 41	0.76	500	500	500	15 218.43	15 218.43	15 218.43
		C3510201214	上杭溪口伐木场		49.26	0.000 002 41	0.69	500	500	500	24 930.49	24 930.49	24 930.49
		小计									324 924.17	324 924.17	324 924.17
西朝式岩浆热液型	仙游砺山-泉州大林山	C3510201501	仙游溪头		35.09	0.000 002 41	0.43	500	500	500	18 181.88	18 181.88	18 181.88
		C3510201502	仙游凤山		29.74	0.000 002 41	0.5	500	500	500	17 918.35	17 918.35	17 918.35
		C3510201503	仙游新莲村		45.41	0.000 002 41	0.5	500	500	500	27 359.53	27 359.53	27 359.53

续表 7-161

预测类型	预测区名称	最小预测区编号	最小预测区名称	探明资源量(t)	$S_{预}$ (km³)	K (t/m³)	α	$H_{预}$(m) ≤500m	≤1 000m	≤2 000m	$Z_{预}$(t) ≤500m	≤1 000m	≤2 000m
西朝式岩浆热液型	仙游砺山－泉州大林山	C3510201504	莆田马院村		30.71	0.000 003 41	0.5	500	500	500	18 502.78	18 502.78	18 502.78
		B3510201505	仙游半岭村		41.87	0.000 002 41	0.69	500	500	500	34 812.81	34 812.81	34 812.81
		C3510201506	仙游田楼村		41.05	0.000 002 41	0.43	500	500	500	21 270.06	21 270.06	21 270.06
		C3510201507	仙游汾山村		45.78	0.000 002 41	0.5	500	500	500	27 582.45	27 582.45	27 582.45
		B3510201508	莆田外东坪村		48.77	0.000 002 41	0.81	500	500	500	41 725.17	41 725.17	41725.17
		B3 510201509	莆田常太镇		41.91	0.000 002 41	0.81	500	500	500	40 906.26	40 906.26	40 906.26
		A3510201510	仙游砺山	5 868.00	34.86	0.000 002 41	0.95	500	500	500	34 037.99	34 037.99	34 037.99
		C3510201512	仙游溪车村		36.83	0.000 002 41	0.94	500	500	500	19 527.27	19 527.27	19 527.27
		C3510201513	永春县		49.66	0.000 002 41	0.52	500	500	500	25 132.93	25 132.93	25 132.93
		C3510201514	永春臭头山		38.06	0.000 002 41	0.53	500	500	500	24 307.02	24 307.02	24 307.02
		B3510201515	南安塔斗山		48.87	0.000 002 41	0.53	500	500	500	31 210.83	31 210.83	31 210.83
		C3510201516	南安卓云山		48.78	0.000 002 41	0.62	500	500	500	24 687.56	24 687.56	24 687.56
		C3510201517	南安潭溪村		47.94	0.000 002 41	0.56	500	500	500	26 573.14	26 573.14	26 573.14
		C3510201518	南安池子头		48.46	0.000 002 41	0.56	500	500	500	26 861.38	26 861.38	26 861.38
		A3510201519	泉州大林山	10 200.00	48.77	0.000 002 41	1	500	500	500	48 567.85	48 567.85	48 567.85
		C3510201520	泉港县良种场		49.86	0.000 002 41	0.56	500	500	500	27 637.4	27 637.4	27 637.4
		C3 510201521	南安仙台山		43.58	0.000 002 41	0.5	500	500	500	21 005.56	21 005.56	21 005.56
		C3510201522	泉州市田村		47.79	0.000 002 41	0.69	500	500	500	39 735	39 735	39 735
		C3510201523	泉港许厝村		47.72	0.000 002 41	0.56	500	500	500	26 451.2	26 451.2	26 451.2
		C3510201524	南安秀峰山		41.15	0.000 002 41	0.5	500	500	500	19 834.3	19 834.3	19 834.3

续表 7-161

预测类型	预测区名称	最小预测区编号	最小预测区名称	探明资源量(t)	$S_{预}$ (km^2)	K (t/m^3)	α	$H_{预}$(m) ≤500m	$H_{预}$(m) ≤1 000m	$H_{预}$(m) ≤2 000m	$Z_{预}$(t) ≤500m	$Z_{预}$(t) ≤1 000m	$Z_{预}$(t) ≤2 000m
西朝式岩浆热液型	仙游砺山-泉州大林山	C3510201525	南安油园		33.56	0.000 002 41	0.59	500	500	500	19 815.5	19 815.5	19 815.5
		B3510201526	泉州庄田村		49.72	0.000 002 41	0.69	500	500	500	35 348.43	35 348.43	35 348.43
		B3510201527	南安蔡西	551.00	45.05	0.000 002 41	0.76	500	500	500	35 277.27	35 277.27	35 277.27
		B3510201528	南安产田		46.88	0.000 002 41	0.69	500	500	500	38 978.38	38 978.38	38 978.38
		C3510201529	南安仙河村		36.46	0.000 002 41	0.69	500	500	500	30 314.67	30 314.67	30 314.67
		C3510201530	泉州前埭村		41.47	0.000 002 41	0.59	500	500	500	24 485.96	24 485.96	24 485.96
		小计	0	16 619.00							828 048.93	828 048.93	828 048.93
西朝式岩浆热液型	长泰枋洋	B3510201601	安溪彭溪		49.50	0.000 002 41	0.69	500	500	500	29 227.28	29 227.28	29 227.28
		B3510201602	安溪水洋村		46.18	0.000 002 41	0.69	500	500	500	27 266.98	27 266.98	27 266.98
		B3510201603	长泰枋洋镇		48.16	0.000 002 41	0.89	500	500	500	40 042.63	40 042.63	40 042.63
		B3510201604	长泰白交祠村		49.01	0.000 002 41	0.89	500	500	500	40 749.36	40 749.36	40 749.36
		C3510201605	长泰双岭村		44.36	0.000 002 41	0.5	500	500	500	21 381.52	21 381.52	21 381.52
		C3510201606	长泰后溪镇		49.66	0.000 002 41	0.5	500	500	500	23 936.12	23 936.12	23 936.12
		A3510201607	长泰东边洋		47.85	0.000 002 41	0.82	500	500	500	35 748.74	35 748.74	35 748.74
		小计									218 352.63	218 352.63	218 352.63
山口式岩浆热液型	永定-云霄	B3510201701	上杭稔田镇	488.29	36.76	0.000 003 38	0.54	500	500	500	39 271.33	39 271.33	39 271.33
		B3510201702	永定合溪		49.39	0.000 003 38	0.5	500	500	500	50 081.46	50 081.46	50 081.46
		C3510201703	永定富家地		49.50	0.000 003 38	0.5	500	500	500	33 462	33 462	33 462
		A3510201704	永定山口	13 095.00	49.14	0.000 003 38	1	500	500	500	69 951.6	69 951.6	69 951.6
		B3510201705	南靖坪坑工区		31.18	0.000 003 38	0.62	500	500	500	32 670.4	32 670.4	32 670.4
		C3510201706	南靖九云墩		33.01	0.000 003 38	0.62	500	500	500	34 587.88	34 587.88	34 587.88
		C3510201707	永定仙师		37.75	0.000 003 38	0.4	500	500	500	25 519	25 519	25 519

续表 7-161

预测类型	预测区名称	最小预测区编号	最小预测区名称	探明资源量(t)	$S_{预}$ (km²)	K (t/m³)	α	$H_{预}$(m) ≤500m	≤1 000m	≤2 000m	$Z_{预}$(t) ≤500m	≤1 000m	≤2 000m
山口式岩浆热液型	永定-云霄	C3510201708	永定上下湖		40.52	0.000 003 38	0.4	500	500	500	27 391.52	27 391.52	27 391.52
		B3510201709	南靖黄竹烟村		41.42	0.000 003 38	0.62	500	500	500	43 399.88	43 399.88	43 399.88
		B3510201710	南靖上汤村		45.10	0.000 003 38	0.62	500	500	500	47 255.78	47 255.78	47 255.78
		A3510201711	南靖南坑	12 000.00	39.75	0.000 003 38	1	500	500	500	55 177.5	55 177.5	55 177.5
		C3510201712	南靖三千山果林场		27.29	0.000 003 38	0.57	500	500	500	21 676.45	21 676.45	21 676.45
		B3510201713	平和铜钟坑		29.73	0.000 003 38	0.52	500	500	500	21 102.35	21 102.35	21 102.35
		A3510201714	平和鸡笼山	45 531.30	48.02	0.000 003 38	1	500	500	500	35 622.5	35 622.5	35 622.5
		B3510201715	平和上峰岩		42.57	0.000 003 38	0.68	500	500	500	48 921.44	48 921.44	48 921.44
		A3510201716	平和锦溪	409.00	41.28	0.000 003 38	0.7	500	500	500	48 834.24	48 834.24	48 834.24
		B3510201717	平和新陂村		41.40	0.000 003 38	0.7	500	500	500	48 976.2	48 976.2	48 976.2
		C3510201718	平和长乐圩		38.46	0.000 003 38	0.58	500	500	500	31 198.75	31 198.75	31 198.75
		C3510201719	平和寨北村		43.54	0.000 003 38	0.45	500	500	500	33 112.17	33 112.17	33 112.17
		B3510201720	平和福里石	1 273.12	49.34	0.000 003 38	0.46	500	500	500	37 083.8	37 083.8	37 083.8
		B3510201721	平和下际		38.67	0.000 003 38	0.7	500	500	500	39 211.38	39 211.38	39 211.38
		B3510201722	平和东寨村		37.45	0.000 003 38	0.7	500	500	500	37 974.3	37 974.3	37 974.3
		C3510201724	云霄溪林村		34.24	0.000 003 38	0.42	500	500	500	24 303.55	24 303.55	24 303.55
		C3510201725	云霄七高礤村		30.48	0.000 003 38	0.49	500	500	500	25 240.49	25 240.49	25 240.49
		C3510201726	云霄坡兜村		36.25	0.000 003 38	0.49	500	500	500	30 018.63	30 018.63	30 018.63
		小计		72 796.71							942 044.60	942 044.60	942 044.60
马坑式广义矽卡岩型	龙岩马坑	A3510601304	漳平市大坂	0.00	24.63	0.000 005 31	0.5	500	600	600	23 283.29	37 253.26	37 253.26
		A3510601305	龙岩焦山	0.00	18.44	0.000 005 31	0.5	500	800	800	41 136.04	69 931.27	69 931.27
		B3510601302	龙岩黄坑村	0.00	38.31	0.000 005 31	0.46	500	700	700	28 657.54	45 852.06	45 852.06

续表 7-161

预测类型	预测区名称	最小预测区编号	最小预测区名称	探明资源量(t)	$S_{预}$(km²)	K (t/m³)	α	$H_{预}$(m)			$Z_{预}$(t)		
								≤500m	≤1 000m	≤2 000m	≤500m	≤1 000m	≤2 000m
马坑式广义矽卡岩型	龙岩马坑	C3510601301	龙岩上洋	0.00	15.66	0.000 005 31	0.56	500	800	800	18 682.7	26 155.79	26 155.79
		B3510601306	永定桥河下	0.00	24.99	0.000 005 31	0.62	500	850	850	0	8 247.01	8 247.01
		B3510601303	永定郑坑	0.00	18.61	0.000 005 31	0.58	500	800	800	215 723.00	331 344.74	331 344.74
		A3510601307	永定漳坑	0.00	14.66	0.000 005 31	0.48	500	700	700	12 874.63	15 449.55	15 449.55
		A3510601308	龙岩马坑	82 931.00	15.61	0.000 005 31	1	500	1 100	1 100	12 501.86	15 002.24	15 002.24
		小计		82 931.00							19 498.32	23 397.98	23 397.98
马坑式广义矽卡岩型	安溪潘田	B3510601401	安溪霞云	0.00	8.98	0.000 005 31	0.54	500	600	600	12 874.63	15 449.55	15 449.55
		A3510601402	安溪潘田	0.00	8.72	0.000 005 31	0.54	500	600	600	12 501.86	15 002.24	15 002.24
		A3510601403	安溪剑斗	0.00	13.60	0.000 005 31	0.54	500	600	600	19 498.32	23 397.98	23 397.98
		A3510601404	漳平洛阳	0.00	11.48	0.000 005 31	0.54	500	600	600	16 458.88	19 750.65	19 750.65
		A3510601405	安溪珍地	0.00	19.04	0.000 005 31	0.68	500	600	600	34 374.82	41 249.78	41 249.78
		小计									95 708.51	15 449.55	15 449.55
全省				608 629.10							5 954 515.23	6 177 410.79	6 177 410.79
赤路式斑岩型				251 760.57							1 380 937.02	1 444 207.05	1 444 207.05
行洛坑式斑岩型				30 646.00							53 546.66	63 808.28	63 808.28
西朝式岩浆热液型				170 494.82							3 266 555.44	3 281 155.92	3 281 155.92
山口式岩浆热液型				72 796.71							942 044.60	942 044.60	942 044.60
马坑式广义矽卡岩型				82 931.00							311 431.51	446 194.94	446 194.94

第十一节　稀土矿资源潜力评价

福建省稀土矿资源潜力评价确定的典型矿床有 1 个，预测工作区有 2 个（表 7-162），划分的福建省稀土矿预测类型为南塘式风化壳离子吸附型，与全国稀土矿预测类型划分方案一致。

表 7-162　福建省稀土矿典型矿床及预测工作区范围一览表

典型矿床名称	预测工作区名称	预测工作区范围
长汀南塘稀土矿	宁化地区	116°30′00″—117°30′00″ 26°00′00″—27°00′00″
	长汀河田地区	116°00′00″—117°00′00″ 25°00′00″—26°00′00″

一、稀土矿预测模型

长汀南塘式风化壳离子吸附型稀土矿典型矿床提取的预测要素见表 7-163，建立的预测模型见图 7-72，建立的预测工作区区域成矿预测模型见图 7-73。

表 7-163　长汀县南塘式风化壳离子吸附型稀土矿典型矿床预测要素表

预测要素		描　述　内　容	预测要素分类
古气候		温热湿润的亚热带气候	必要
地形地貌		低山缓坡、丘陵地带	必要
成矿时代		Q	必要
大地构造背景		闽西南凹陷带西部，清流-武平复式背斜	重要
大地构造演化阶段		燕山期岩浆喷发，燕山期后地壳抬升	必要
侵入岩建造		晚侏罗世侵入岩，花岗岩建造	必要
成矿特征	矿体形态	似层状，倾角与地形坡度基本相同，与围岩无明显界线，呈渐变过渡	重要
	矿物组合	以黏土类次生矿物为主，如高岭石、埃洛石、蒙脱石、伊利石、水云母等	重要
	结构构造	镶嵌碎裂结构、准块状构造	次要
围岩蚀变		绢英岩化、云英岩化、硅化	次要
矿床储量		轻稀土氧化物 1.168 9×10^4t，保有储量 1.116 7×10^4t，规模达中型	次要
找矿线索		闽西南凹陷带；含稀土元素花岗岩；低缓丘陵地带；风化壳发育	重要
磁测资料		1∶5 万航磁 ΔT 总体反映为低异常值，强度为－10～40nT，方向呈北东	次要
重力资料		为重力异常低值区，总体走向北东，异常强度为（－68～－65）×10^{-5} m/s^2	次要
水系化探资料		具 1∶20 万水系沉积物 La 异常	次要

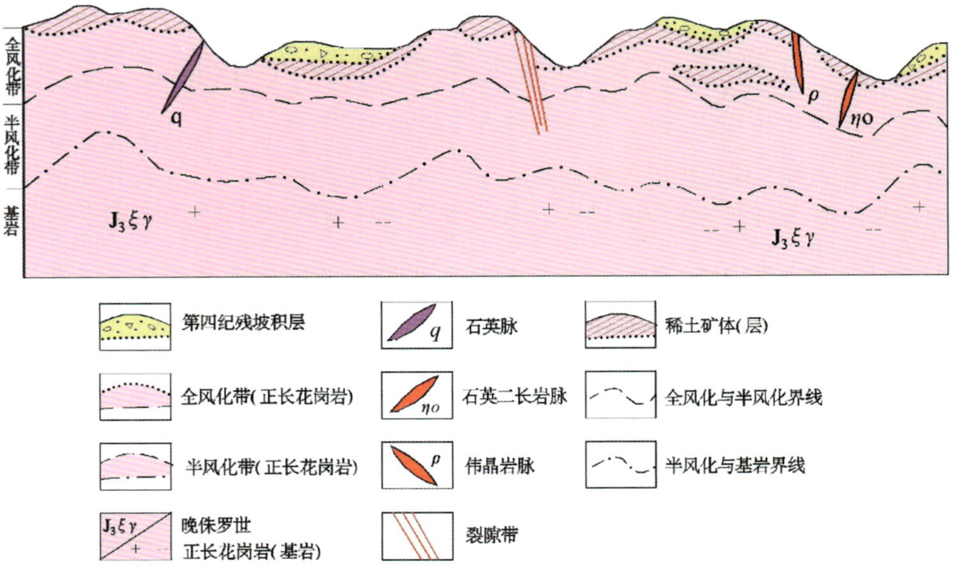

图 7-72　长汀南塘式风化壳离子吸附型稀土矿典型矿床成矿预测模型图

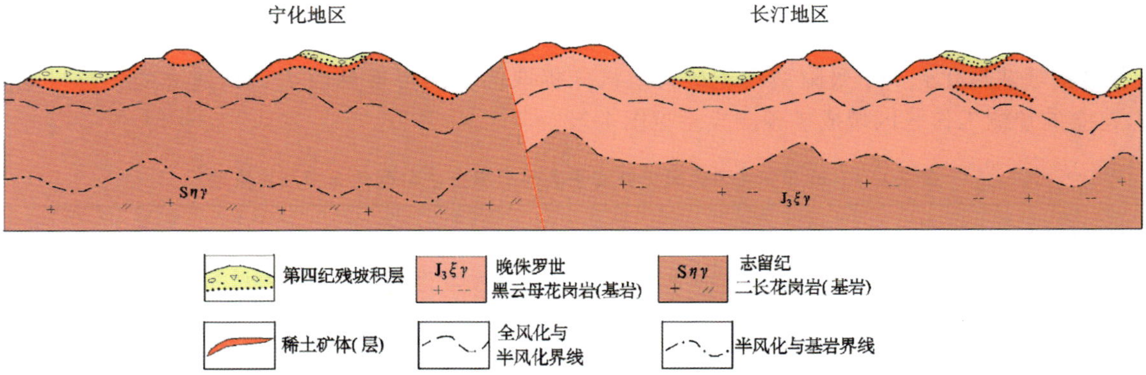

图 7-73　长汀南塘式风化壳离子吸附型稀土矿预测工作区区域成矿预测模型图

二、预测方法类型确定及区域预测要素

(一)稀土矿预测方法类型确定

福建省稀土矿的成因类型主要为花岗岩风化壳离子吸附型，矿产预测方法类型为沉积型。底图为侵入岩浆构造图和第四纪地质地貌图，编图比例尺为 1∶5 万，最终成图为 1∶25 万。

长汀河田预测工作区地质构造专题底图特征：该区侵入岩较发育，主要为燕山期的中酸性侵入岩类，此外，海西期—印支期、加里东期、晋宁期也有小规模的侵入活动。

宁化地区预测工作区地质构造专题底图特征：该区侵入岩较发育，主要为加里东期及燕山期的中—酸性侵入岩类，此外，还有少量晋宁期、海西期—印支期的侵入岩。

各预测工作区的地质构造专题底图重点突出与成矿有关岩体、第四系分布、地貌类型。

(二)稀土矿预测工作区区域预测要素

提取的南塘式风化壳离子吸附型稀土矿预测工作区区域预测要素见表 7-164。

表 7-164 长汀南塘式风化壳离子吸附型稀土矿预测工作区区域预测要素表

预测成矿要素		描述内容	预测要素分类
特征描述		花岗岩风化壳离子吸附型稀土矿	
区域成矿地质环境	成矿时代	Q	必要
	大地构造位置	闽西北隆起带西南端(Ⅲ-81-③),闽西南凹陷带西部(Ⅲ-82)	必要
	侵入岩建造	以晚侏罗世岩浆侵入为主,主要为酸性黑云母钾长花岗岩建造	必要
区域成矿地理特征	地形地貌	低山缓坡(<700m)、丘陵地带	必要
区域成矿地质特征	矿体形态	似层状,倾角与地形坡度基本相同,与围岩无明显界线,呈渐变过渡	重要
	矿物组合	以黏土类次生矿物为主,如高岭石、埃洛石、蒙脱石、伊利石、水云母等	重要
	结构构造	镶嵌碎裂结构、准块状构造	次要
	矿化资源情况	区内中型矿床 1 处、小型矿床 3 处、矿点 28 处,已探明稀土资源量 26 922.18t	重要
区域预测特征	找矿线索	闽西南坳陷带;低缓丘陵地带;含稀土花岗岩体;风化壳发育	重要
	磁测资料	磁场杂乱跳跃、变化剧烈,但整体仍为北东—南西向分布的正、负伴生带状磁场,局部出现正、负急速交替的异常带,椭圆状、长条状的异常区	次要
	重力资料	剩余重力异常低值区呈现一定的带状,整体走向北东,并呈现一定的南北向,南北两侧的相对高值区被中间呈北东向的带状相对低值区分割,异常强度为$(-75\sim-44)\times10^{-5}m/s^2$,矿床或矿点多位于相对低值区或其过渡带处	次要
	自然重砂资料	自然重砂磷钇矿异常为Ⅲ级异常,仅个别矿点位于异常区中	次要
	遥感资料	遥感推测断层整体表现为北东—南西向,与区域构造方向一致;小岩体(岩株)内断裂错综复杂;遥感环状(块状)要素规模较小,以分布在岩体及矿床(点)附近为特征	次要

三、最小预测区圈定及优选

(一)最小预测区圈定

采用综合信息地质单元法进行最小预测区的圈定,根据福建省花岗岩风化壳离子吸附型稀土矿成矿地质特征,分析该区成矿的预测要素特征,选择该区如表 7-165 所示的 2 个要素进行成矿远景区的圈定工作。

表 7-165 福建省稀土矿最小预测区圈定要素表(要素叠加法)

矿产预测方法类型	要素类别	要素名称	要素级别	要素属性
沉积型	区域地质环境	侵入岩	必要	面元
	区域地理特征	地貌单元	必要	面元

侵入岩要素包括新元古代至白垩纪的石英二长岩-二长花岗岩-正长花岗岩等侵入岩，地貌单元包括低山缓坡（海拔 500～700m，坡度 15°～25°）及高丘缓坡。

在 MRAS 操作平台上，利用建模器进行（侵入岩建造∩地貌单元）求交并集计算，初步进行预测单元的圈区，形成初始最小预测区。

在初始预测单元分布图上，结合稀土矿分布特点（如建宁水尾一带虽处于海拔 750～800m 的中低山地貌中，但集中分布有建宁水尾、中畲、官坑矿点），对初始预测单元进行适当取舍、合并、拆分，最终圈定最小预测区 31 个。

（二）最小预测区优选

选择稀土矿床（点）变量作为预测区优选的要素，A 类：存在已探明资源量的稀土矿床（点）；B 类：仅发现稀土矿点，未探明其资源量；C 类：目前未发现稀土矿点。最终 31 个最小预测区中优选出 A 类 17 个，B 类 4 个，C 类 10 个（图 7-74）。

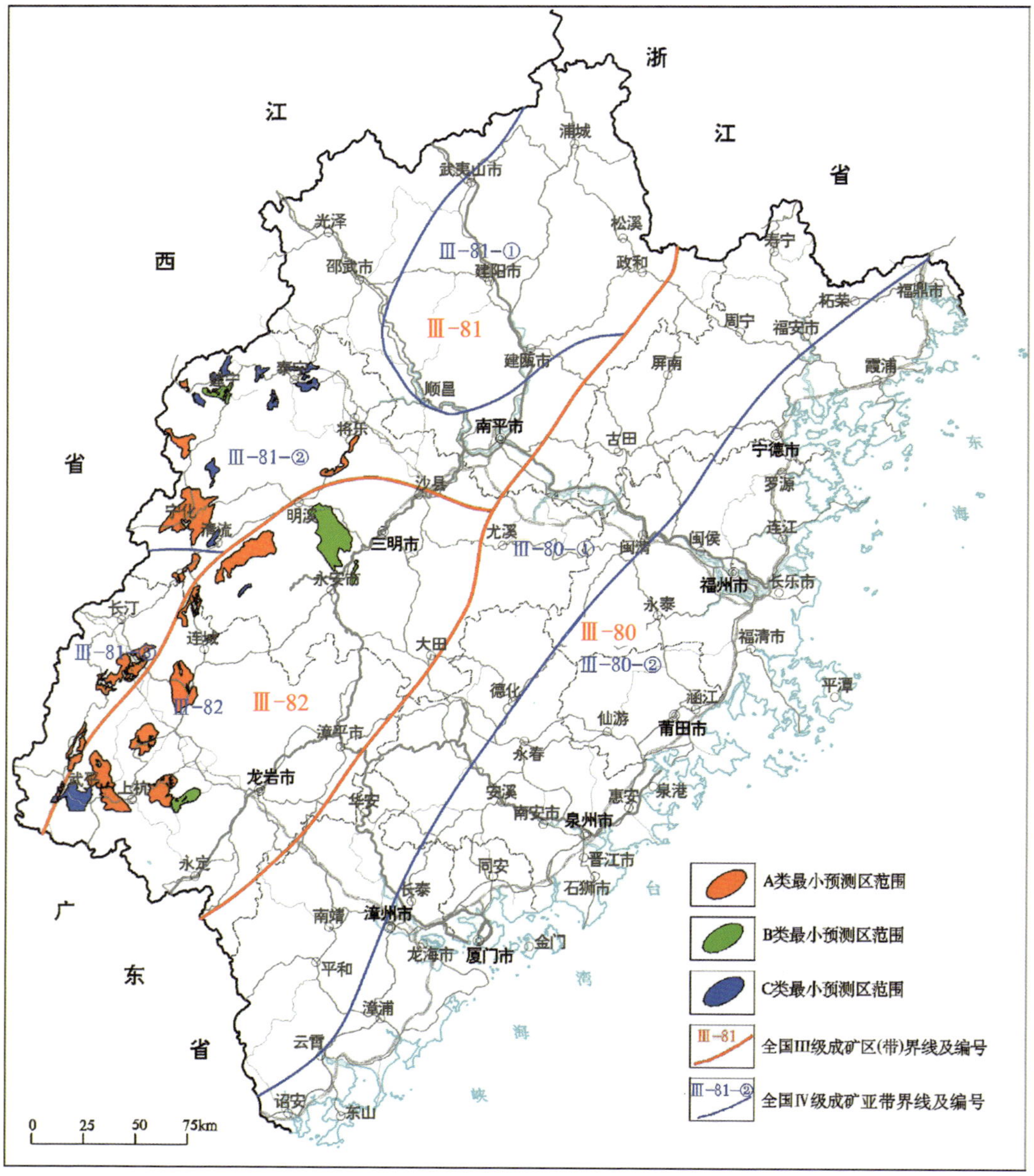

图 7-74　福建省稀土矿最小预测区分布及其优选结果图

四、资源定量预测

(一)典型矿床查明资源量、深部及外围资源量估算

福建省稀土矿典型矿床查明资源量见表7-166,深部及外围预测资源量见表7-167,典型矿床预测总资源量见表7-168。

表7-166 福建省稀土矿典型矿床查明资源量表

编号	名称	经度	纬度	查明资源量(t)	面积(km^2)	总延深(m)	品位(%)	体重(g/cm^3)	体积含矿率(t/km^3)	备注
1	长汀南塘	116°25′00″	25°37′08″	11 689.51	11.12	6.03	0.082	1.573	174 330.83	体重为干体重,延深为矿体平均厚度(据详查或普查报告);资源量及品位据2008年储量表
2	宁化张家塘	116°40′06″	26°17′35″	1 000	13.26	5.3	0.076 5	1.45	14 229.20	

表7-167 福建省稀土矿典型矿床深部及外围预测资源量表

编号	名称	查明资源量(t)	预测资源量(t)	面积(km^2)	总延深(m)	体积含矿率(t/km^3)	备注
1	长汀南塘深部			11.12	6.03	174 330.83	深部为半风化带、基岩,预测无资源量
	长汀南塘外围	1 365.45	***	78.42	8.47	174 330.83	模型区总面积为89.54km^2,延深为模型区内各矿点延深的平均值
2	宁化张家塘深部			13.26	5.30	14 229.20	深部为半风化带、基岩,预测无资源量
	宁化张家塘外围	1 506.37	***	333.38	5.12	14 229.20	模型区总面积为346.64km^2,延深为模型区内各矿点延深的平均值

表7-168 福建省稀土矿典型矿床预测总资源量表

编号	名称	查明资源量(t)	预测资源量(t)	总资源量(t)	含矿地质体总面积(km^2)	总延深(m)
1	长汀南塘	13 054.96	***	***	89.54	8.47
2	宁化张家塘	2 506.37	***	***	346.64	5.12

(二)模型区预测资源量及估算参数

福建省稀土矿模型区预测资源量及估算参数见表7-169。

表7-169 福建省稀土矿模型区预测资源量及估算参数表

预测区编号	名称	模型区预测资源量(t)	模型区面积(km^2)	总延深(m)	含矿地质体面积(km^2)	含矿地质体面积参数
A3514101021	长汀南塘	***	89.54	8.47	89.54	1
A3514101012	宁化张家塘	***	346.64	5.12	346.64	1

(三)最小预测区预测资源量及其估算参数

福建省稀土矿最小预测区预测资源量估算采用地质体积参数法，计算公式为

$$Z_{总}=S\times H\times K\times \alpha,\ Z_{预}=Z_{总}-Z_{查} \quad (7\text{-}4)$$

式中：$Z_{总}$为预测区预测资源总量；S为预测区面积；H为预测区延深(指预测区含矿地质体延深)；K为模型区含矿系数；α为相似系数；$Z_{预}$为预测区预测资源量；$Z_{查}$为预测区已查明资源量。

模型区的含矿系数由总资源量/(含矿地质体的面积×预测总延深)求得，各模型区求得的含矿系数见表7-170，稀土矿最小预测区预测资源量估算结果及其估算参数见表7-171。

表7-170　稀土矿模型区含矿系数表

最小预测区编号	模型区名称	含矿系数(t/km³)	资源总量(t)	含矿地质体总体积(km³)
A3514101021	长汀南塘	168 093.936	***	0.758 403 8
A3514101012	宁化张家塘	14 811.780	***	1.774 796 8

表7-171　福建省稀土矿最小预测区预测资源量及其估算参数表

序号	最小预测区编号	最小预测区名称	最小预测区面积(km²)	总延深(m)	含矿系数(t/km³)	相似系数	已查明资源量(t)	预测资源量(t)
1	A3514101021	长汀南塘	89.54	8.47	168 093.936	1	13 054.45	***
2	A3514101022	长汀丘坊	70.19	7.31	168 093.936	0.8	9 496.56	***
3	A3514101023	长汀山田段	30.69	5.06	168 093.936	0.7	207.27	***
4	A3514101024	连城江屋山	198.43	9.81	168 093.936	0.8	1 407.48	***
5	A3514101020	连城黄坊	6.4	4.44	168 093.936	0.7	512.04	***
6	A3514101026	上杭沙下坝	117.8	6.53	168 093.936	0.7	444	***
7	A3514101025	武平梁山	77.37	5.09	168 093.936	0.7	130.12	***
8	A3514101027	上杭大福全	137.75	6.33	168 093.936	0.7	86	***
9	A3514101029	上杭古楼	102.62	6.33	168 093.936	0.7	864.26	***
10	A3514101028	上杭白沙	128.43	7.29	168 093.936	0.8	4 252.8	***
11	B3514101031	上杭溪口	68.97	4.00	168 093.936	0.6		***
12	A3514101019	连城中村	67.6	4.86	168 093.936	0.7	172	***
13	C3514101018	清流下洋坑	11.84	4.44	168 093.936	0.5		***
14	C3514101030	武平高布	144.44	6.33	168 093.936	0.5		***
15	A3514101005	建宁芦田	11.84	7.00	14 811.780	0.8	439.2	***
16	A3514101009	宁化杜家	72.78	4.07	14 811.780	0.8	193.6	***
17	A3514101010	将乐张厝	61.04	4.75	168 093.936	0.8	230.5	***
18	A3514101012	宁化张家塘	346.64	5.12	14 811.780	1	2 506.37	***
19	A3514101017	宁化夏坊	50.24	7.50	14 811.780	0.8	233.37	***
20	B3514101007	建宁溪口	56.61	7.00	14 811.780	0.6		***

续表 7-171

序号	最小预测区编号	最小预测区名称	最小预测区面积(km^2)	总延深(m)	含矿系数(t/km^3)	相似系数	已查明资源量(t)	预测资源量(t)
21	B3514101014	三元下寨	338.55	7.70	168 093.936	0.6		* * *
22	B3514101016	永安上甘地	20.08	5.53	168 093.936	0.6		* * *
23	C3514101003	建宁下清	43.88	7.00	14 811.780	0.5		* * *
24	C3514101001	泰宁上田	23.89	5.12	14 811.780	0.5		* * *
25	C3514101002	泰宁南坑尾	36.92	5.12	14 811.780	0.5		* * *
26	C3514101004	将乐肖坑	38.05	5.12	14 811.780	0.5		* * *
27	C3514101006	建宁新圩	20.46	7.00	14 811.780	0.5		* * *
28	C3514101008	泰宁新坑	25.38	5.12	14 811.780	0.5		* * *
29	C3514101011	宁化棠地	34.8	5.12	14 811.780	0.5		* * *
30	C3514101013	清流南岐	21.62	8.47	168 093.936	0.5		* * *
31	A3514101015	清流大元	249.91	5.88	14 811.780	0.7	458	* * *
合计							34 688.02	* * *

注：序号 1—14 为长汀河田预测工作区，序号 15—31 为宁化地区预测工作区。

第十二节　磷矿资源潜力评价

福建省磷矿资源潜力评价确定的典型矿床有 2 个，预测工作区有 4 个（表 7-172），划分的福建省磷矿预测类型为洋墩式沉积变质型和朝阳式沉积型《江西省磷矿资源潜力评价成果报告》（2011 年），与全国磷矿预测类型划分方案一致。长汀寨山及宁化石壁岭 2 个预测工作区内未发现已上储量表的磷矿区，仅发现有矿化的含矿建造分布区（P_2O_5 为 2.97%～4.20%），据《全国钾盐、磷矿矿产预测及汇总工作交流与技术研讨会会议纪要》，沉积型磷矿除了上表的矿区以外，平均品位低于 8% 的磷矿层可以不作预测评价。故本次未对长汀寨山及宁化石壁岭预测区开展预测评价，仅对松溪洋墩及南平芹山预测工作区开展预测评价。

表 7-172　福建省磷矿典型矿床及预测工作区范围一览表

典型矿床名称	预测工作区名称	预测工作区范围
松溪洋墩磷矿	松溪洋墩	118°30′00″—119°00′00″ 27°20′00″—27°40′00″
	南平芹山	118°15′00″—118°30′00″ 26°30′00″—26°40′00″
朝阳（江西）磷矿	长汀寨山	116°15′00″—116°45′00″ 25°30′00″—26°00′00″
	宁化石壁岭	116°30′00″—117°15′00″ 26°00′00″—26°30′00″

一、磷矿预测模型

松溪洋墩式沉积变质型磷矿典型矿床提取的预测要素见表7-173，建立的预测模型见图7-75，建立的预测工作区区域成矿预测模型见图7-76。

表7-173 松溪洋墩式沉积变质型磷矿典型矿床预测要素表

预测要素		描述内容	预测要素分类
地质背景	成矿时代	主成矿期为四堡期—晋宁海相火山沉积成矿期、加里东期区域变质变形成矿期，Sm-Nd等时线年龄为期860±33～840±38Ma	必要
地质背景	大地构造背景	松溪-尤溪蛇绿混杂岩	必要
地质背景	大地构造演化阶段	四堡期—晋宁期海相火山-沉积作用，扬子期—加里东期变质作用	必要
地质背景	变质建造/变质变形作用	龙北溪岩组绿片岩和东岩岩组高绿片岩建造；本区经历了四堡期—晋宁期、扬子期—加里东期的区域构造演化（褶皱、变质和岩浆活动）	必要
地质背景	成矿构造	四堡期—晋宁期的海相火山沉积形成矿源层在加里东期变质，在成矿有利部位相对富集	重要
成矿特征	矿体形态	矿体主要分布于新元古界东岩岩组绿片岩中，呈似层状、脉状、透镜状等，常成群分布	次要
成矿特征	矿物组合	矿石中主要金属矿物为磁铁矿、黄铜矿、辉钼矿及少量方铅矿、闪锌矿；非金属矿物有磷灰石、角闪石、阳起石、透辉石、绢云母、石英、绿泥石等	重要
成矿特征	结构构造	矿石结构以半自形—自形粒状结构为主，次为他形粒状结构、交代假象结构、交代残余结构，矿石构造有条带—条纹状构造、块状构造、浸染状构造、角砾状构造等	重要
围岩蚀变		围岩蚀变较强烈，蚀变类型有绢云母化、绿泥石化、矽卡岩化、硅酸盐化、磁铁矿化、黄铜矿化、黄铁矿化等	重要
矿床储量		磷矿石量502.6×10^4t，保有资源量485.1×10^4t，平均品位P_2O_5 4.323%，铁矿石量367.6×10^4t，平均品位硅酸铁16%	次要
找矿线索		东岩岩组角闪片岩地层分布区；矿化-蚀变带系找矿最可靠的直接标志；地表采矿遗迹多（铁矿与磷相伴生），古采硐规模大，是找矿重要标志	重要
磁测资料		1∶5万高精度磁测ΔT范围为−120～280nT，方向北东东；1∶5万航磁ΔT范围为−50～10nT，方向北东	重要
重力资料		为重力异常低值区，总体走向北西，异常强度为(−63～−60)×10^{-5} m/s^2	次要
水系沉积物化探资料		1∶5万水系沉积物异常组合为P、Sn、Mo、Zn、Bi、Au、Ag、Cu、As，P异常浓度分带清晰，其异常下限为600×10^{-6}，矿体主要处于P异常区内	必要
土壤化探资料		1∶1万土壤异常为P、Cu、Pb、Zn、Ag组合，P异常呈长条状北东东向展布，有异常浓度中带出露，其异常下限为800×10^{-6}，在浓集中心套合有Pb异常的浓度内带和Zn异常浓度中带，磷矿在P、Pb浓集中心区出露	必要
自然重砂资料		1∶20万自然重砂未见磷灰石异常	次要

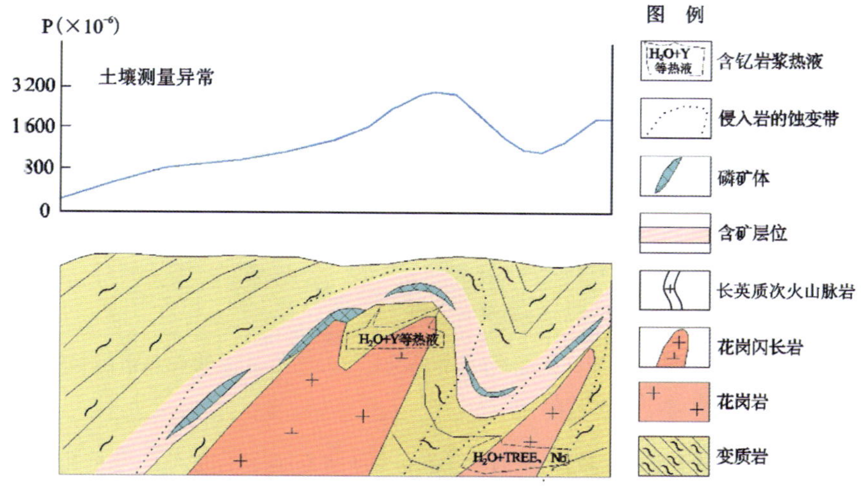

图 7-75　松溪洋墩式沉积变质型磷矿典型矿床成矿预测模型图

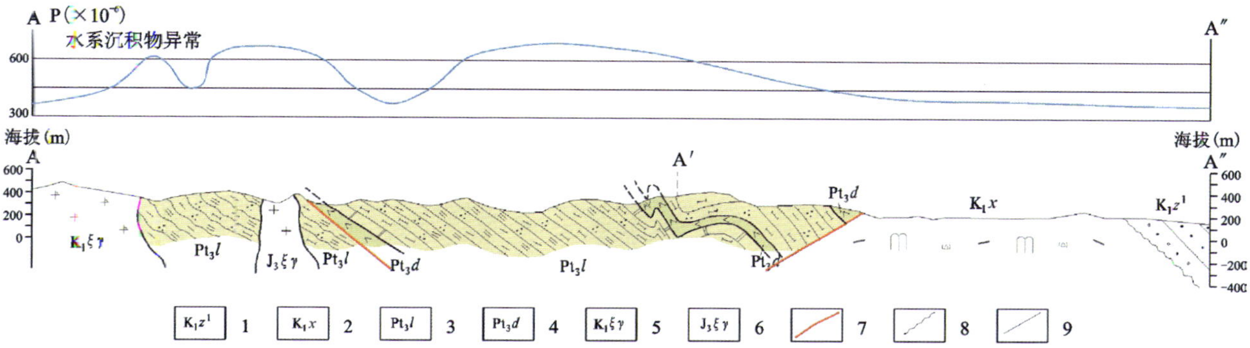

图 7-76　松溪洋墩式沉积变质型磷矿预测工作区区域成矿预测模型图

1.下白垩统寨下组下段；2.下白垩统小溪组；3.新元古界龙北溪组；4.新元古界东岩岩组；5.早白垩世正常花岗岩；6.晚侏罗世正长花岗岩；7.断裂；8.角度不整合界线；9.地层界线

二、预测方法类型确定及区域预测要素

（一）磷矿预测方法类型确定

福建省磷矿的成因类型主要为沉积变质型和沉积型，确定的矿产预测方法类型为变质型和沉积型。编制的研究底图为 1∶5 万变质建造构造图和沉积建造构造图，编图重点为与成矿有关的含矿建造图层，即突出新元古界龙北溪岩组（Pt_3l），使用的底图资料为 1∶5 万区调的实际材料图，部分没有完成 1∶5万区调工作的地区则以 1∶20 万区调资料（1∶5 万实际材料图）为基础，并补充最新完成的 1∶25 万区调成果资料。

（二）磷矿预测工作区区域预测要素

提取的洋墩式沉积变质型磷矿松溪洋墩预测工作区区域预测要素见表 7-174。

表 7-174　洋墩式沉积变质型磷矿松溪洋墩预测工作区区域预测要素表

区域预测要素		描述内容	预测要素分类
区域成矿地质环境	成矿时代	主成矿期为四堡期—晋宁海相火山沉积成矿期、加里东期区域变质变形成矿期，Sm-Nd 等时线年龄为 860±33～840±38Ma	必要
	大地构造位置	松溪-尤溪蛇绿混杂岩	必要
	主要控矿构造	以北东向断裂构造等为主	重要
	主要赋矿地层	新元古界龙北溪岩组及东岩岩组	必要
	侵入岩建造	燕山早期(晚侏罗世)的岩浆侵入，主要为中酸性—酸性花岗闪长岩-二长花岗岩-正长花岗岩建造	次要
	区域变质作用及建造	区域变质程度较低，属高绿片岩相变质建造，属细碧角斑岩-碳酸盐岩建造	必要
区域成矿地质特征	含磷岩系岩性组合	片岩、透辉石英岩、透辉岩、大理岩、绿片岩	必要
	矿体形态	呈似层状、脉状、透镜状等，常成群分布	次要
	矿物组合	矿石中主要金属矿物为磁铁矿、黄铜矿、辉钼矿及少量方铅矿、闪锌矿；非金属矿物有磷灰石、角闪石、阳起石、透辉石、绢云母、石英、绿泥石等	重要
	结构构造	矿石结构以半自形—自形粒状结构为主，次为他形粒状结构、交代残余结构；矿石构造为条带—条纹状构造、块状构造、浸染状构造、角砾状构造	重要
	矿石类型	磷灰石	重要
	矿化资源情况	矿床 1 处，磷矿石量 502.6×10^4 t，保有资源量 485.1×10^4 t，平均品位 P_2O_5 4.323%；铁矿石量 367.6×10^4t，平均品位硅酸铁 16%	次要
地球物理特征	磁法	1∶5 万航磁 ΔT 范围为－50～10nT，方向北东	重要
	重力	为重力异常低值区，总体走向北西、北东，异常强度为(－65～－47)×10^{-5} m/s^2	次要
地球化学特征		1∶5 万水系沉积物异常组合为 P、Sn、Mo、Zn、Bi、Au、Ag、Cu、As，P 异常浓度分带清晰，其异常下限为 600×10^{-6}，矿体主要处于 P 异常区内	必要
自然重砂特征		1∶20 万自然重砂未见磷灰石异常	次要
找矿线索		龙北溪岩组、东岩岩组地层分布区；水系沉积物 P 异常	重要

三、最小预测区圈定及优选

(一)最小预测区圈定

采用综合信息地质单元法进行最小预测区的圈定，根据福建省沉积变质型磷矿成矿地质特征，分析该区成矿的预测要素特征，选择该区如表 7-175 所示的 3 个要素进行最小预测区的圈定工作。

表 7-175　福建省磷矿最小预测区圈定要素表(要素叠加法)

矿产预测方法类型	要素类别	要素名称	要素级别	要素属性
变质型	区域地质环境	变质岩建造	必要	面元
	区域矿产特征	矿床(点)	重要	点元
	区域化探特征	水系沉积物 P 异常	重要	面元

变质岩建造包括东岩岩组角闪片岩、龙北溪岩组钙镁硅质岩建造。

在 MRAS 操作平台上，利用建模器进行(变质岩建造∩水系沉积物 P 异常)∪(变质岩建造∩矿床点或矿化点)求交并集计算，初步进行预测单元的圈区，形成初始预测区。

在初始预测单元分布图上，结合含矿变质岩建造分布特点，对初始预测单元进行适当取舍、合并、拆分，最终圈定最小预测区 4 处。

(二)最小预测区优选

选择磷矿床(点)变量作为预测区优选的要素，A 类：具含矿变质岩建造，存在已探明资源量的磷矿床(点)；B 类：具含矿变质岩建造、水系沉积物 P 异常，已发现磷矿(化)点；C 类：具含矿变质岩建造及水系沉积物 P 异常。

最终 4 个最小预测区中优选出 A 类 2 个，B 类 1 个，C 类 1 个(图 7-77)。

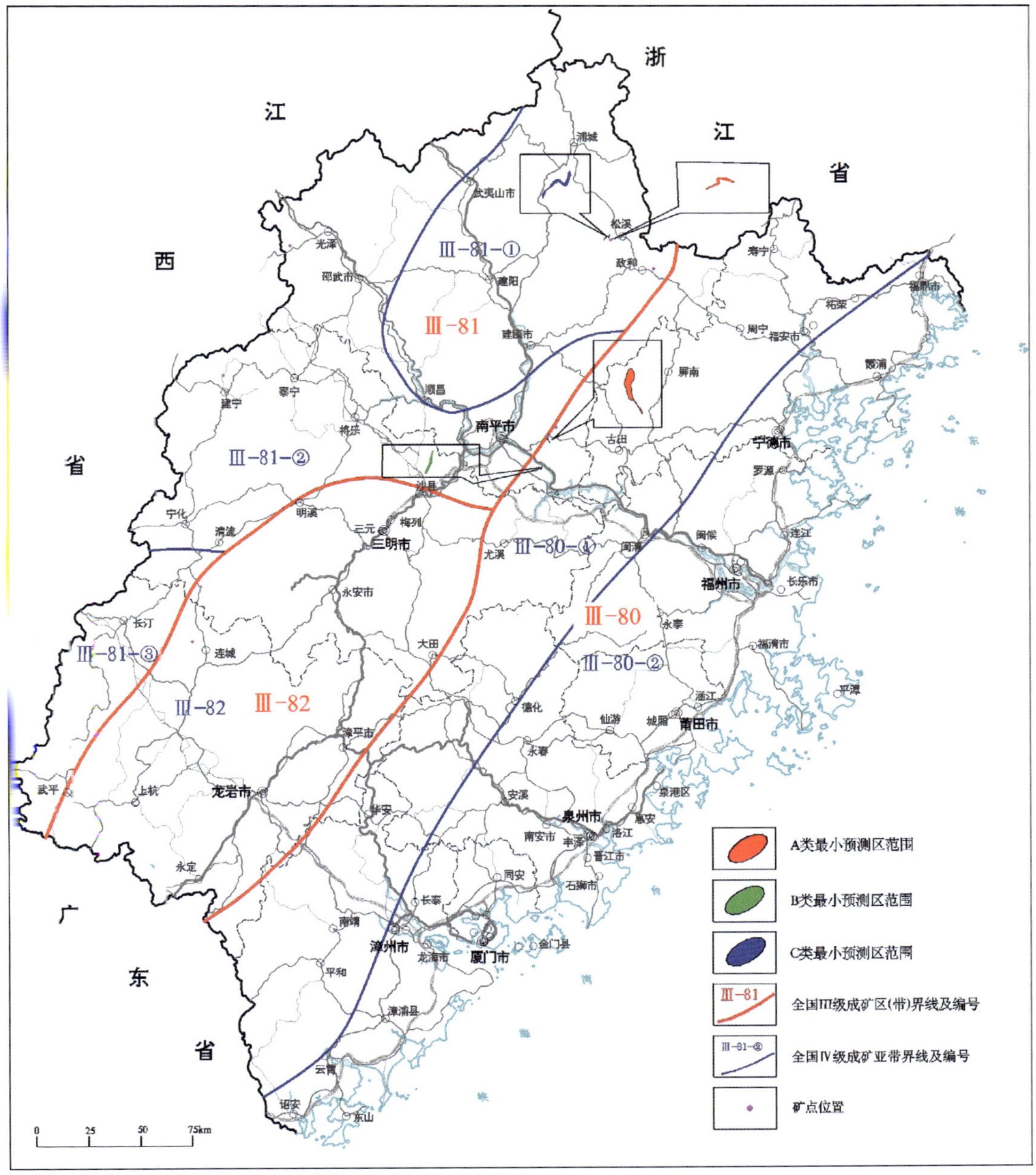

图 7-77　福建省磷矿最小预测区分布及其优选结果图

四、资源定量预测

(一)典型矿床查明资源量、深部及外围资源量估算

福建省磷矿典型矿床查明资源量见表7-176,深部及外围预测资源量见表7-177,典型矿床预测总资源量见表7-178。

表7-176　福建省磷矿典型矿床查明资源量表

编号	名称	经度	纬度	查明资源量($\times10^4$t)	面积(km^2)	总延深(m)	品位(%)	体重(g/cm^3)	体积含矿率(t/km^3)
1	松溪洋墩	118°42′34″	27°30′21″	502.6	0.20	234	4.323	4.1	107 393.2

表7-177　福建省磷矿典型矿床深部及外围预测资源量表

编号	名称	预测资源量($\times10^4$t)	含矿地质体面积(km^2)	总延深(m)	体积含矿率(t/km^3)	相似系数	备注
1	松溪洋墩深部	302.85	0.20	141	107 393.2	1.0	
2	松溪洋墩外围	966.54	0.48	375	107 393.2	0.5	外围的1∶5万水系沉积物P异常含量低

表7-178　福建省磷矿典型矿床预测总资源量表

编号	名称	查明资源量($\times10^4$t)	预测资源量($\times10^4$t)	总资源量($\times10^4$t)	含矿地质体总面积(km^2)	总延深(m)
1	松溪洋墩	502.6	1 269.39	1 771.99	0.68	375

注:含矿建造长750m,推测总延深为含矿建造的1/2,约为375m。

(二)模型区预测资源量及其估算参数

福建省磷矿模型区预测资源量及其估算参数见表7-179。

表7-179　福建省磷矿模型区预测资源量及其估算参数表

预测区编号	名称	预测资源量($\times10^4$t)	面积(km^2)	总延深(m)	含矿地质体面积(km^2)	含矿地质体面积参数
A3518301001	松溪洋墩	1 771.99	0.68	375	0.68	1

(三)最小预测区预测资源量及其估算参数

福建省磷矿最小预测区预测资源量估算采用地质体积参数法,计算公式为

$$Z=S\times H\times K\times\alpha-Z_{查} \tag{7-11}$$

式中:Z为预测区预测资源量(t);S为预测区面积;H为预测区延深(指预测区含矿地质体延深);K为

模型区含矿系数；α 为相似系数；$Z_{查}$ 为最小预测区内已查明资源量。

模型区的含矿系数由总资源量/(含矿地质体的面积×预测总延深)求得，各模型区求得的含矿系数见表 7-180，磷矿最小预测区预测资源量估算结果及其估算参数见表 7-181。

表 7-180　福建省磷矿模型区含矿系数表

预测区编号	模型区名称	含矿系数(t/km³)	资源总量(×10⁴t)	总体积(km³)
A3518301001	松溪洋墩	69 489.8	1 771.99	0.255

表 7-181　福建省磷矿最小预测区预测资源量及其估算参数表

预测区编号	预测区名称	含矿地质体面积(km²)	总延深(m)	含矿系数(t/km³)	相似系数	预测资源量(×10⁴t)	已查明资源量(×10⁴t)
A3518301001	松溪洋墩	0.68	375	69 489.8	1	1 269.39	502.6
C3518301002	松溪陈源	1.04	375	69 489.8	0.5	1 355.05	
A3518301003	南平芹山	1.88	300	69 489.8	0.4	1 526.89	40.8
B3518301004	南平梨埔尾	0.43	300	6 948.98	0.4	358.57	
小计						4 509.9	543.4

第十三节　硫矿资源潜力评价

福建省硫矿资源潜力评价确定的典型矿床有 5 个，预测工作区有 15 个(表 7-182)，划分的福建省硫矿预测类型有屏峰式岩浆热液型、龙凤场式和银硐式矽卡岩型、峰岩式沉积变质-热液改造型(引用铅锌矿成果，估算伴生硫量)、水源式沉积变质型。根据全国矿产预测类型划分方案，划归为岩浆热液型、矽卡岩型和变质型。

表 7-182　福建省硫矿典型矿床及预测工作区范围一览表

典型矿床名称	预测工作区名称	预测工作区范围
浦城屏峰硫矿	浦城山下-石陂	118°15′00″—118°28′00″ 27°40′00″—27°53′00″
	周宁七步-寿宁厚溪	119°21′00″—119°42′00″ 27°00′00″—27°30′00″
建阳水吉铅锌银(硫)矿	政和王母山	118°45′00″—119°00′00″ 27°10′00″—27°30′00″
	南平夏道-迪口	118°06′00″—118°30′00″ 26°30′00″—26°50′00″
	建阳水吉	118°00′00″—118°30′00″ 27°00′00″—27°30′00″
	尤溪梅仙	118°00′00″—118°30′00″ 26°10′00″—26°20′00″

续表 7-182

典型矿床名称	预测工作区名称	预测工作区范围
大田龙凤场硫多金属矿	将乐万安-顺昌埔上	117°24′00″—117°55′00″ 26°40′00″—27°00′00″
	政和铁山	118°45′00″—119°00′00″ 27°10′00″—27°30′00″
	三明陈大-沙县南霞	117°37′00″—118°00′00″ 26°10′00″—26°20′00″
	大田广平-太华	117°30′00″—118°00′00″ 25°30′00″—26°10′00″
	长汀南山-连城北团	116°30′44″—116°46′00″ 25°35′00″—25°53′00″
	漳平福田-安溪剑斗	117°30′00″—118°00′15″ 25°09′29″—25°21′33″
	上杭湖洋	116°26′30″—116°35′00″ 24°50′00″—25°00′00″
福鼎银硐硫银铅锌矿	福鼎银硐	120°00′00″—120°15′00″ 27°10′00″—27°30′00″
泰宁水源硫矿	泰宁新桥-邵武和平	117°00′00″—117°30′00″ 27°00′00″—27°18′00″

一、硫矿预测模型

(一)浦城屏峰式岩浆热液型硫矿预测模型

浦城屏峰式岩浆热液型硫矿典型矿床提取的预测要素见表 7-183,建立的预测模型见图 7-78,建立的预测工作区区域成矿预测模型见图 7-79。

(二)大田龙凤场式矽卡岩型硫多金属矿预测模型

大田龙凤场式矽卡岩型硫多金属矿典型矿床提取的预测要素见表 7-184,建立的预测模型见图 7-80,建立的上杭湖洋预测工作区区域成矿预测模型见图 7-81。

(三)泰宁水源式沉积变质型硫矿预测模型

泰宁水源式沉积变质型硫多金属矿典型矿床提取的预测要素见表 7-185,建立的预测模型见图 7-82,建立的泰宁新桥-邵武和平预测工作区区域成矿预测模型见图 7-83。

表 7-183　浦城屏峰式岩浆热液型硫矿典型矿床预测要素表

预测要素		描述内容	预测要素分类
大地构造及Ⅲ级成矿区带		华夏地块，武夷古弧盆系，浙中-武夷隆起 W-Sn-Mo-Au-Ag-Pb-Zn-Nb-Ta -萤石成矿带（Ⅲ-81）（Ym、Yl）	重要
含矿岩系特征		矿体赋存于上侏罗统长林组陆相碎屑沉积岩中，长林组总厚>500m，可分为两个岩性段。①下岩性段（J_3c^{a1}）为河床相的砂砾岩。下部灰白色、灰色石英砾岩，中部砂砾岩，上部含砾砂岩和细砂岩，夹薄层粉砂岩及含碳质的砂质泥岩，局部有钙质小透镜体。该岩性段厚度变化较大，最大厚度达 90m 以上，由南至北、从西往东逐渐变薄，甚至缺失，与下伏变质岩为角度不整合，局部为断层接触；②上岩性段（J_3c^{a2}）为湖泊相的泥质岩和砂质泥岩，分布在屏峰岗两侧和铜坑地段。底部常含一至数层泥灰岩、钙质泥岩，由于后期热液活动，多已矽卡岩化、大理岩化或硅化，形成透辉石矽卡岩、石榴石透辉石矽卡岩、透辉石绿帘石矽卡岩、绿帘石岩等。广泛发育硫铁矿化，局部出现较强的铜矿化，Ⅰ号矿体（群）即赋存其中。中部为一套厚层泥岩夹薄层粉砂岩（含有碳质斑点），偶尔也见到零星矽卡岩小透镜体。普遍发育强烈硅化、角岩化、黄铁矿化、磁黄铁矿化和局部的铅锌矿化，是矿区主要工业矿体的赋存部位。上部以泥岩为主，局部夹薄层砂岩、粉砂岩。普遍含粉砂质结核，偶见含磷结核，及条带状透辉石矽卡岩，内含铅锌小矿体，但其走向、倾向延伸均极有限。本岩性段厚大于 400m，与 J_3c^{a1} 为整合接触	必要
成矿时代		J_3	必要
含矿岩系时代		J_3	重要
成因类型		热液充填型矿床	必要
矿床规模		中型	重要
共生矿产		铅、锌	次要
岩浆建造		燕山早期的岩浆侵入活动在矿区表现十分强烈和频繁，矿区东、西、北 3 面均被岩浆岩环绕，其中与成矿有关的黑云母花岗岩［$\gamma_5^{2(3)c}$］位于屏峰东部（系石陂岩体西部边缘），该岩体由东向西大致以 40°角度超覆于长林组之上	重要
成矿构造		第一期构造带走向 15°～20°，宽 2～3m，构造破碎带主要由棱角状的角砾岩组成，胶结物为方解石脉和黄铁矿，断裂面微呈锯齿状，并有擦痕，显示张扭性特征。该期构造活动导致矿区东部花岗岩的侵入，并伴随一次较强烈的含矿热液活动。含矿热液沿角砾岩带及其旁侧的构造裂隙进行充填和交代，形成了以致密块状、团块状为主的硫铁矿体。第二期北北东向的压扭性挤压带和断裂，如 F_1、F_2、F_9 均在此期形成，含矿热液交代了早期的矿体而形成角砾状、脉状、网脉状矿体	重要
成矿特征	矿体形态	矿体多为似层状、透镜状	次要
	矿物组合	金属矿物主要有黄铁矿、磁黄铁矿，次有闪锌矿、方铅矿，少量磁铁矿、黄铜矿、微量方黄铜矿、黝锡矿、毒砂以及褐铁矿和水胆矾等；非金属矿物主要有绿泥石、石英、石榴子石、绿帘石、透辉石等	重要
	结构构造	矿石结构主要有粒状结构、残余结构、压碎结构、花岗压碎结构、乳浊状结构、骸晶结构等；矿石构造主要有块状构造、浸染条带状构造、浸染状构造、细脉浸染状构造、角砾状构造、斑杂状构造、团块状构造等	重要
围岩蚀变		有硅化、绿泥石化、矽卡岩化、角岩化、碳酸盐化、绢云母化、叶蜡石化等，前 4 种为近矿围岩蚀变	重要
矿床储量		保有矿石量 1 708.00×10^4t，累计查明矿石量 1 912.00×10^4t，品位 S 18.00%；共生铅金属量 57 557t（累计查明），品位 Pb 0.91%；锌金属量 194 865t（累计查明），品位 Zn 2.94%；伴生铜金属量 9 685t（累计查明），品位 Cu 0.90%（2009 年储量表）	次要
找矿线索		硅化、绿泥石化、矽卡岩化、角岩化为近矿围岩蚀变，地表出露的铁帽是直接找矿标志	重要
磁测资料		1∶5 万航磁测量反映矿区处于航磁正负异常变化处靠负异常一侧，一般在－20.8～－1.4nT 之间	重要

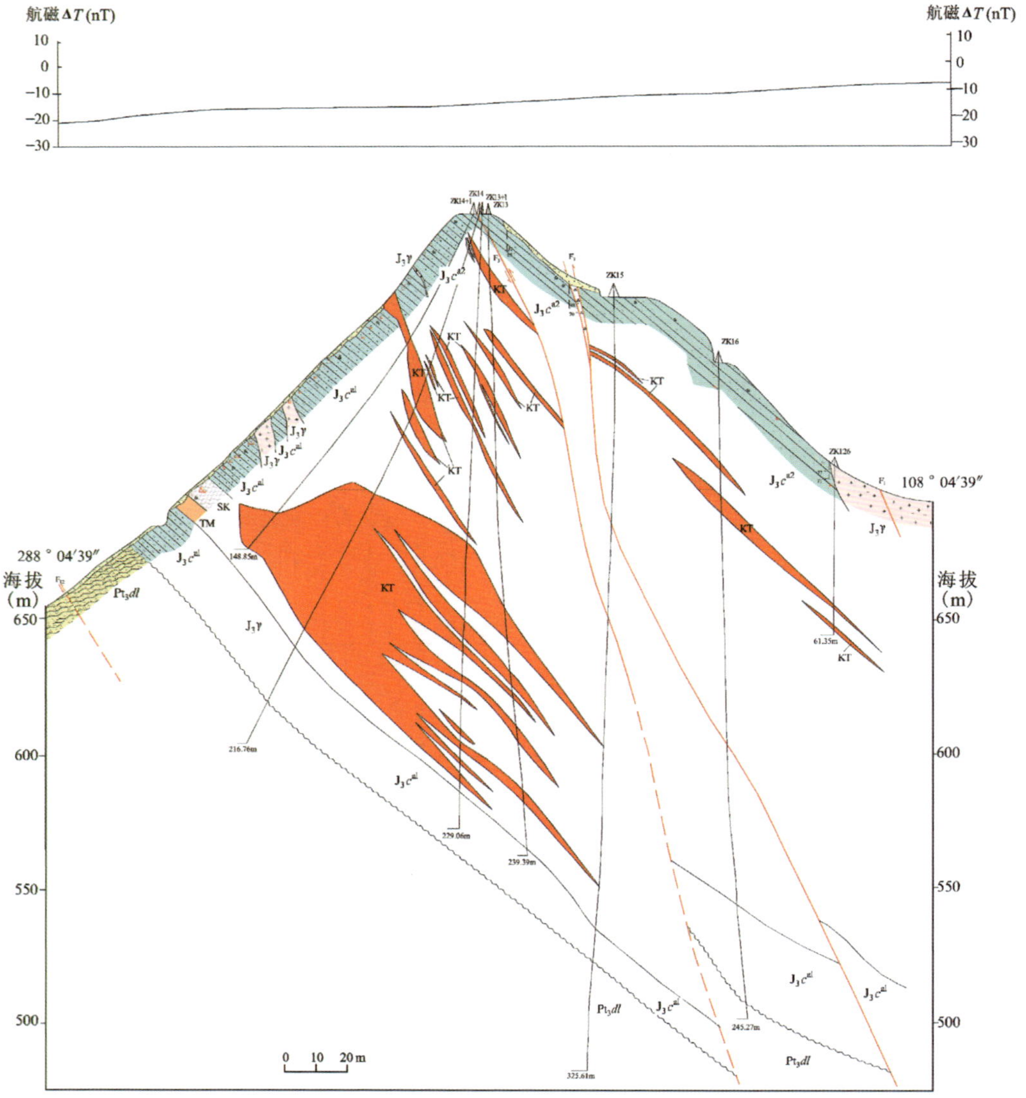

图 7-78　浦城屏峰式岩浆热液型硫矿典型矿床成矿预测模型图

（据福建省地质三队《福建浦城屏峰硫铅锌矿地质勘探报告》修编，1977）

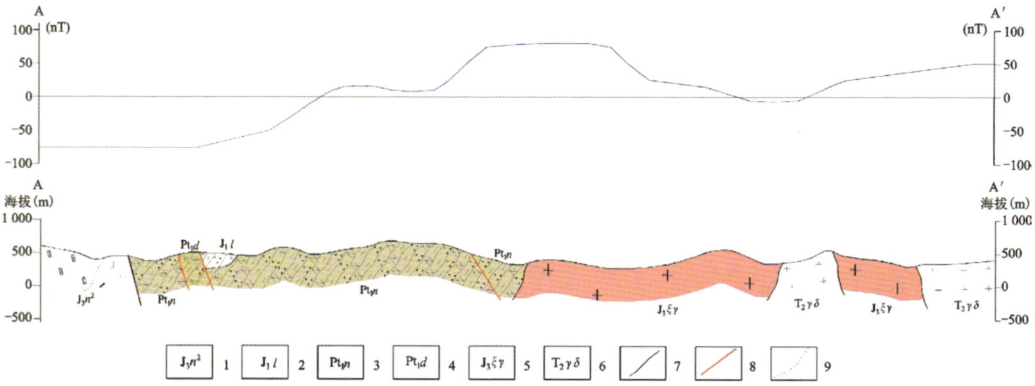

图 7-79　浦城屏峰式岩浆热液型硫矿预测工作区区域成矿预测模型图

1. 上侏罗统南园组第二段；2. 下侏罗统梨山组；3. 古元古界南山组；4. 古元古界大金山组；
5. 晚侏罗世正长花岗岩；6. 中三叠世花岗闪长岩；7. 地质界线；8. 断裂；9. 岩相界线

表 7-184　大田龙凤场式矽卡岩型硫多金属矿典型矿床预测要素表

预测要素		描　述　内　容	预测要素分类
大地构造及Ⅲ级成矿区带		闽西南被动陆缘与陆表海盆地，永安-梅州-惠阳(凹陷)Fe-Pb-Zn-Cu-Au-Ag-Sb 成矿带(Ⅲ-82)(Ym)	重要
含矿岩系特征		含矿地层主要为船山组—栖霞组和林地组；船山组—栖霞组岩性为灰色—深灰色中厚层状灰岩，夹有深灰色薄层状泥灰岩和白云质灰岩，与下伏林地组呈断层接触；林地组岩性以灰白色、灰色、浅紫红色巨厚层状、厚层状石英砾岩为主，次为薄层—中厚层状的石英砂岩，岩石主要由石英、石英砾石及少量片状白云母和硅泥质胶结物组成，绿泥石化、绢云母化、碳酸盐化、硅化、黄铁矿化均较强烈；在船山组—栖霞组与林地组的接触界面间，由于断裂构造的影响，岩石破碎，节理裂隙发育，与矿体接触界线不规则，但界线清楚；矽卡岩：有石榴子石矽卡岩和透辉石矽卡岩及透闪石矽卡岩，分布广，矿体顶底均有分布，与矿体多呈渐变关系；大理岩：多为矿体的顶底板，灰岩具有不同程度的重结晶现象，局部地段的灰岩中见有凸透镜燧石结核，与矿体界线明显但不规则，黄铁矿化强；灰岩：与大理岩及大理岩化灰岩伴生，岩石由方解石组成，与矿体接触界线清楚，但不规则；零星矿体顶底板为矽卡岩、大理岩、灰岩，局部为砂泥岩或直接赋存于石英砾岩中，个别矿体赋存于花岗斑岩和流纹质熔结凝灰岩中	必要
成矿时代		燕山晚期(K_1)	必要
含矿岩系时代		P_1—P_2	重要
成因类型		矽卡岩型	必要
矿床规模		中型	重要
共生矿产		铁矿(磁铁矿)、铅锌矿、硫锌矿、铜矿	次要
岩浆建造		燕山晚期花岗岩，燕山晚期潜火山岩	重要
成矿构造		笔架山-广平倒转向斜北西翼和断裂构造破碎带	重要
成矿特征	矿体形态	矿体呈似层状、透镜状、薄板状、团块状	次要
	矿物组合	金属矿物主要为磁黄铁矿、黄铁矿、闪锌矿、方铅矿、黄铜矿、斑铜矿、黝铜矿、磁铁矿、辉铜矿；脉石矿物主要为钙铁石榴子石、钙铝石榴子石、透灰石、矽灰石、绿帘石、绿泥石、石英、方解石和萤石	重要
	结构构造	矿石结构：自形—半自形晶粒结构、他形晶粒结构、交代结构、包含结构、乳浊状结构、交代熔蚀结构；矿石构造：致密块状构造、团块状构造、星点状构造、条带状构造、细脉状构造、角砾状构造等	重要
围岩蚀变		主要围岩蚀变有：黄铁矿化、硅化、碳酸盐化、矽卡岩化以及大理岩化等	重要
矿床储量		据 2009 年底福建省矿产资源量简表和 2010 年核实报告：累计查明硫矿石量 294.924 2×10^4t，品位 S 16.52%；锌金属量 1.824 044×10^4t，平均品位 2.78%	重要
找矿线索		船山组—栖霞组与林地组接触界面处矽卡岩化、硅化、大理岩化发育的地段；断裂构造破碎带中呈细脉状或浸染状黄铁矿化产出的地方	重要
磁测资料		1∶5 万航磁测量反映矿区处于航磁负异常，一般在－76～－38nT 之间	重要

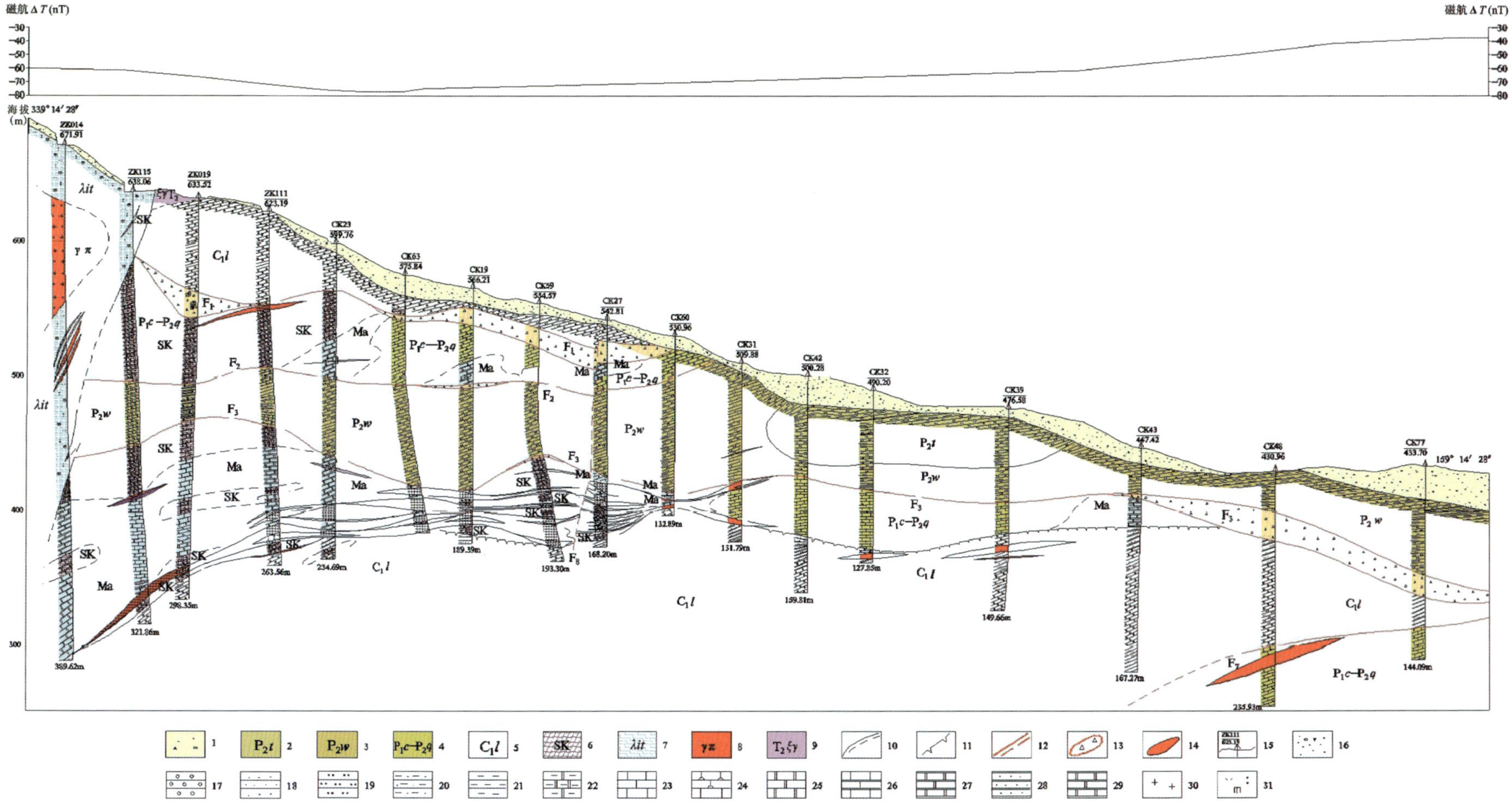

图 7-80　大田龙凤场式矽卡岩型硫多金属矿典型矿床预测模型

（据福建省闽西地质大队《福建省大田县龙凤场硫、多金属矿区资源储量核实报告》修编，2010）

1.第四系；2.下二叠统童子岩组；3.下二叠统文笔山组；4.上石炭统船山组—下二叠统栖霞组；5.下石炭统林地组；6.矽卡岩；7.流纹质熔结凝灰岩（隐爆火山岩）；8.花岗斑岩；9.印支期花岗岩；10.实测、推测地质界线；11.假整合面；12.实测、推测断层；13.断层破碎带；14.矿体；15.钻孔；16.浮土；17.石英砾岩；18.细砂岩；19.粉砂岩；20.粉砂质泥岩；21.泥岩；22.硅泥岩；23.灰岩；24.含燧石结核灰岩；25.硅质岩；26.硅质灰岩；27.大理岩；28.石英岩；29.矽卡岩；30. 花岗斑岩；31. 流纹质熔结凝灰岩

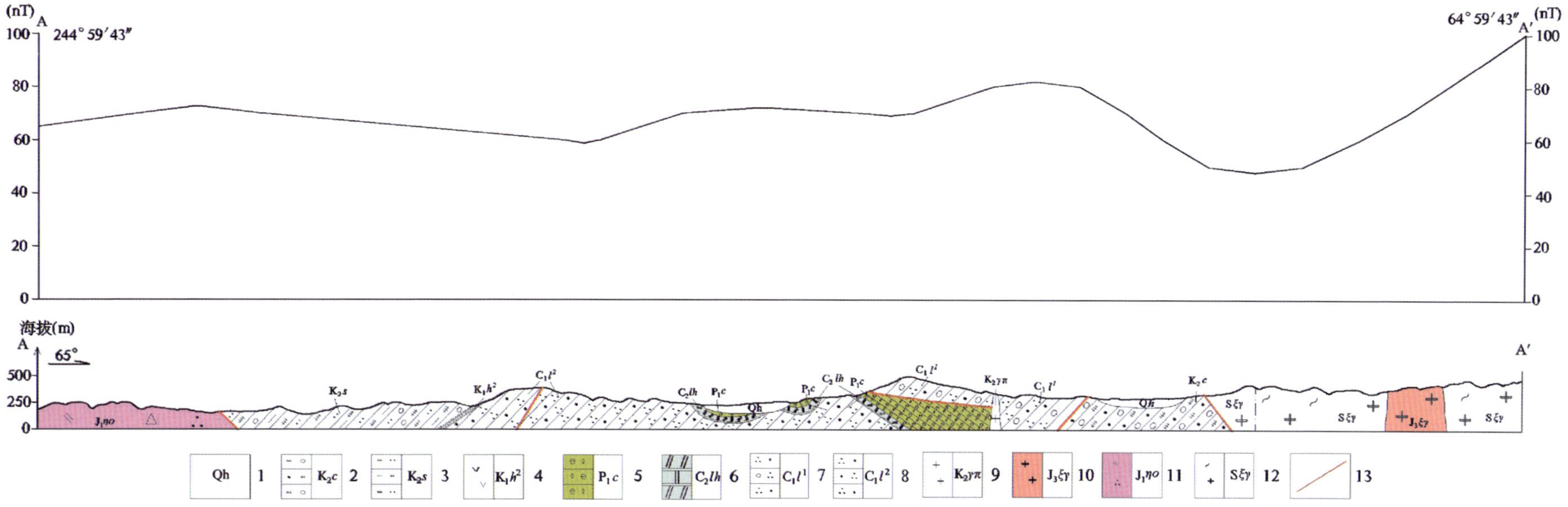

图 7-81 龙凤场式矽卡岩型硫多金属矿上杭湖洋预测工作区区域成矿预测模型图

1.第四纪浮土；2.上白垩统崇安组；3.上白垩统沙县组；4.下白垩统黄坑组上段；5.下二叠统船山组；6.上石炭统老虎洞组；7.下石炭统林地组下段；8.下石炭统林地组上段；9.晚白垩世花岗斑岩；10.晚侏罗世正长花岗岩；11.早侏罗世石英二长岩；12.志留纪正长花岗岩；13.断裂

表 7-185　泰宁水源式沉积变质型硫矿典型矿床预测要素表

预测要素		描述内容	预测要素分类
大地构造及Ⅲ级成矿区带		华夏地块，武夷古弧盆系，浙中-武夷隆起 W-Sn-Mo-Au-Ag-Pb-Zn-Nb-Ta -萤石成矿带(Ⅲ-81)(Ym、Yl)	重要
含矿岩系特征		矿区出露 Pt_3x 厚度大于 2 363m，未见顶底。根据原始沉积旋回特征，以矿层为标志层，分为无矿地段及矿层：无矿地段以黑云石英片岩及黑云斜长变粒岩为主；矿层部位以云母石英片岩、石英云母片岩、二云片岩、含磁铁二云片岩以及与硫铁矿层密切关系的石英岩、大理岩为主。大致每一矿层之间下部为云母石英片岩、黑云斜长片岩，向上逐渐变为石英云母片岩、二云片岩、含磁铁二云石英片岩，顶部为大理岩、石英岩、硫铁矿层。矿区内矿层延长较大，厚度变化较大，硫铁矿断续出现，但大理岩、石英岩等一套化学沉积岩仍连续稳定	必要
成矿时代		Pt_3	必要
含矿岩系时代		Pt_3	重要
成因类型		沉积变质型	必要
矿床规模		小型	重要
成矿构造		朱家际-新桥背斜西翼	重要
成矿特征	矿体形态	透镜状、层状、似层状	次要
	矿物组合	矿石有用矿物以黄铁矿为主，次为磁黄铁矿；脉石矿物以绿泥石、阳起石、透闪石、方解石、石英为主，次为斜长石及少量黑云母、白云母	重要
	结构构造	矿石结构呈自形结构、半自形结构或他形晶体结构；矿石构造以条带状构造、条纹状构造为主，致密块状构造、薄层状构造及星点状构造次之，局部出现脉状构造及网脉状构造	重要
围岩蚀变		褐铁矿化	重要
矿床储量		累计查明 426×10^4 t，品位 S 17.347%(2009 年储量表)	次要
找矿线索		铁帽、老硐	重要
磁测资料		1∶5 万航磁测量反映矿区处于航磁正异常，一般在 85～118nT 之间	重要

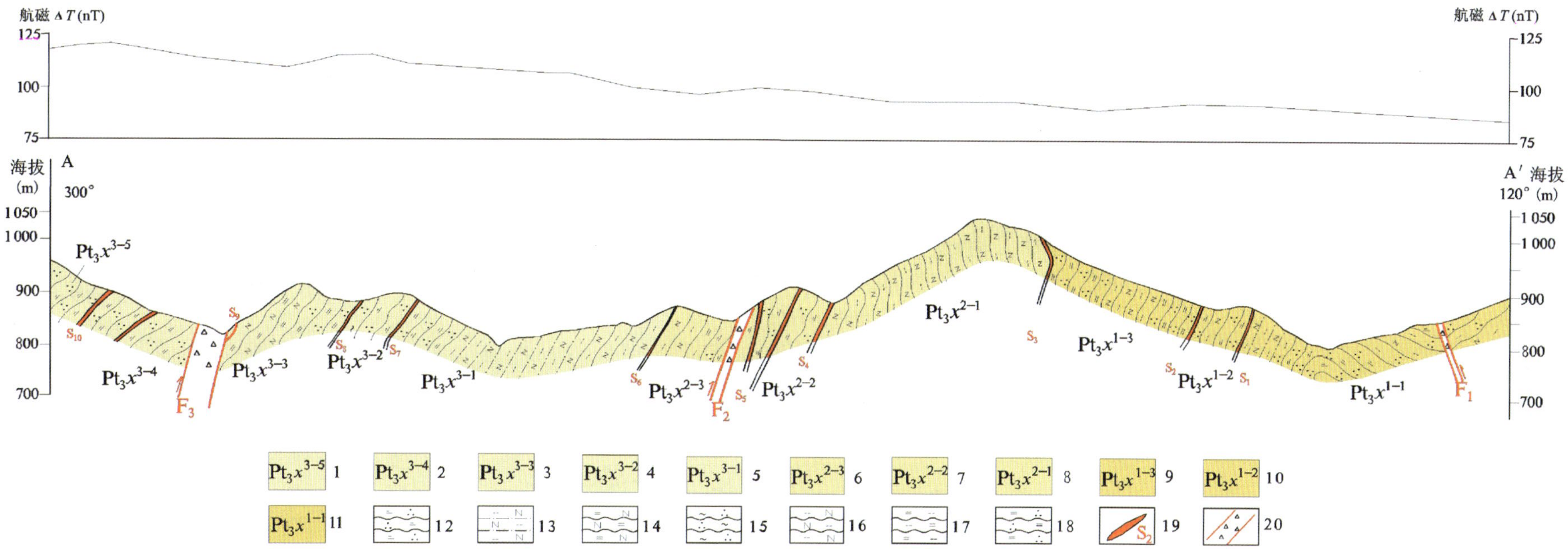

图 7-82　泰宁水源式沉积变质型硫矿典型矿床成矿预测模型图

（据福建省地质二团《福建省泰宁水源硫铁矿详查地质报告》修编，1974）

1.新元古界下峰(岩)组上段第五亚段；2.新元古界下峰(岩)组上段第四亚段；3.新元古界下峰(岩)组上段第三亚段；4.新元古界下峰(岩)组上段第二亚；5.新元古界下峰(岩)组上段第一亚段；6.新元古界下峰(岩)组中段第三亚段；7.新元古界下峰(岩)组中段第二亚段；8.新元古界下峰(岩)组中段第一亚段；9.新元古界下峰(岩)组下段第三亚段；10.新元古界下峰(岩)组下段第二亚段；11.新元古界下峰(岩)组下段第一亚段；12.云母石英片岩；13.黑云斜长变粒岩；14.白云斜长片岩；15.石英绿泥片岩；16.黑云斜长片岩；17.二云片岩；18.白云石英片岩；19.实测、推测硫铁矿层及编号；20.断层破碎带

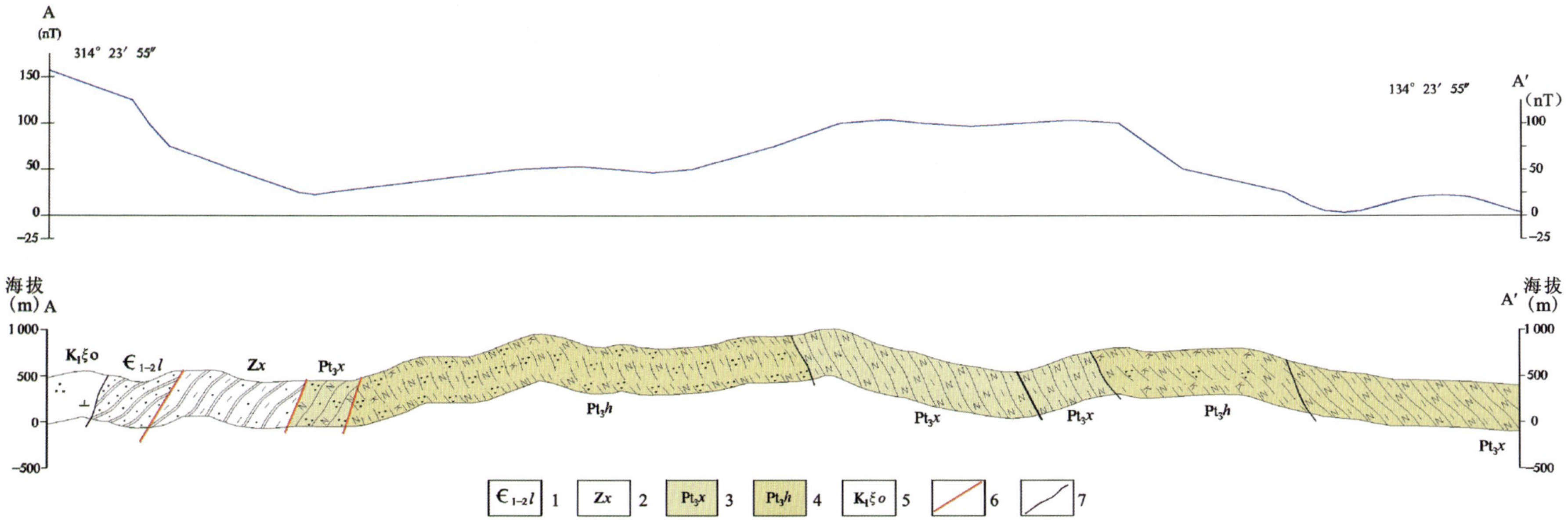

图 7-83　水源式沉积变质型硫矿泰宁新桥-邵武和平预测工作区区域成矿预测模型图

1. 下中寒武统林田组；2. 震旦系西溪组；3. 新元古界下峰组；4. 新元古界黄潭组；5. 早白垩世石英正长岩；6. 断层；7. 地层界线

二、预测方法类型确定及区域预测要素

(一)硫矿预测方法类型确定

确定的福建省硫矿预测方法类型为侵入岩体型、变质型和复合内生型(包括岩浆热液型和沉积变质-热液改造型)3 种,编制的研究底图为 1∶5 万建造构造图,各预测工作区建造构造特征见表 7-186。

表 7-186 福建省硫矿预测工作区建造构造特征一览表

预测工作区名称	建造构造特征
浦城山下-石陂	位于武夷基底杂岩边缘的光泽-浦城断裂带南侧,崇安-石城断裂带东侧,赋矿沉积岩建造为上侏罗统长林组富钙质陆相碎屑沉积岩,侵入岩建造为燕山中期、燕山晚期的侵入体
周宁七步-寿宁县厚溪	位于闽东火山断坳带北端的松溪-宁德北西向断裂带北东侧,福安-南靖北北东向断裂带北西侧,赋矿沉积建造为侏罗纪南园组(J_3n)、白垩系小溪组(K_1x)火山沉积碎屑岩建造,侵入岩建造为燕山中期、燕山晚期的侵入体
政和王母山	位于武夷基底杂岩和闽东岩浆弧的交会部位,政和-大埔断裂的北段和松溪-宁德北西向断裂的构造复合部位,主要赋矿层位为新元古界东岩岩组绿片岩建造,侵入岩建造为燕山期岩浆侵入,主要为酸性花岗岩、花岗斑岩
南平夏道-迪口	位于武夷基底杂岩东缘,宁化-南平北东东向构造岩浆带东段,浦城-龙溪北北东向断裂与政和-大埔断裂带的交接部位,主要赋矿层位为新元古界东岩岩组、龙北溪岩组含钙镁铁硅酸盐岩建造(绿片岩建造),侵入岩建造主要为燕山期岩浆侵入的酸性花岗岩、花岗斑岩
建阳水吉	位于武夷基底杂岩和闽东岩浆弧的交会部位,闽中裂谷带中部,浦城-南平硫多金属成矿带的中段,主要赋矿层位为新元古界东岩岩组、龙北溪岩组含钙镁铁硅酸盐岩建造(绿片岩建造),侵入岩建造主要为燕山期岩浆侵入的酸性花岗岩、花岗斑岩
尤溪梅仙	位于政和-大埔断裂带东,闽东岩浆弧之次级构造单元寿宁-华安基底弧杂岩带内,主要赋矿层位为新元古界东岩岩组、龙北溪岩组含钙镁铁硅酸盐岩建造(绿片岩建造),侵入岩建造主要为燕山期岩浆侵入的酸性花岗岩、花岗斑岩
福鼎银硐	位于东南沿海的闽东岩浆弧中段,云霄-管阳火山喷发隆起带北端,主要赋矿层位为上石炭统经畲组钙硅质岩建造,侵入岩建造以燕山晚期的岩浆侵入为主
将乐万安-顺昌埔上	位于南平-宁化北东东向构造-岩浆带以北、政和-大埔断裂带以西的武夷基底杂岩内,主要赋矿地层为石炭纪—二叠纪(C—P)碳酸盐岩建造(底部),侵入岩建造为燕山期的侵入体
政和铁山	位于武夷基底杂岩和闽东岩浆弧的交会部位,政和-大埔断裂的北段和松溪-宁德北西向断裂的构造复合部位,主要赋矿层位为新元古界龙北溪岩组含钙镁铁硅酸盐岩建造,侵入岩建造为燕山期酸性花岗岩、花岗斑岩
三明陈大-沙县南霞	位于南平-宁化北东东向构造-岩浆带以南、政和-大埔断裂带以西的闽西南被动陆缘与陆表海盆地内,硫多金属矿主要赋存于林地组与栖霞组—鸣山组之间的矽卡岩带,并受断裂、岩浆热液活动等因素控制。侵入岩建造以燕山期的岩浆侵入为主,主要有正长花岗岩建造、二长花岗岩建造、闪长岩建造等
大田广平-太华	位于闽西南被动陆缘与陆表海盆地的东缘,政和-大埔断裂带中南段,广泛出露晚古生代沉积岩地层,硫多金属矿主要赋存于燕山期侵入的花岗闪长岩与二叠纪灰岩或含钙质层位的接触带中,侵入岩建造以燕山期的岩浆侵入为主,主要有花岗闪长岩建造、二长花岗岩建造、正长花岗岩建造、二长花岗斑岩建造、花岗斑岩建造等
长汀南山-连城北团	位于闽西南被动陆缘与陆表海盆地西北缘,北北东向光泽-武平断裂带的东侧。硫多金属矿主要赋存于林地组与船山组—栖霞组之间的矽卡岩带,侵入岩建造主要有燕山期的正长花岗岩建造、二长花岗岩建造、闪长岩建造等
漳平福田-安溪剑斗	位于闽东岩浆弧之次级构造寿宁-华安弧基底杂岩中、政和-大埔大断裂(北东向)与仙游-漳平断裂(东西向)交会处,主要赋矿层位为上石炭统经畲组、下二叠统船山组、中二叠统栖霞组的灰岩或含钙质岩层,侵入岩建造主要有燕山期的中酸性—酸性花岗闪长岩-二长花岗岩-正长花岗岩

续表 7-186

预测工作区名称	建造构造特征
上杭湖洋	位于闽西南被动陆缘与陆表海盆地西南缘，北西向上杭-云霄断裂带穿过本区，主要赋矿地层为下二叠统船山组灰岩建造，侵入岩建造为燕山期的中酸性—酸性正长花岗岩
泰宁新桥-邵武和平	位于华夏古陆北部的武夷基底杂岩西缘，北北东向光泽-武平断裂带穿越本区。主要赋矿层位为新元古界黄潭岩组、下峰岩组、大源片麻岩的片岩、变粒岩、片麻岩等变质建造

（二）硫矿预测工作区区域预测要素

提取的屏峰式岩浆热液型硫矿浦城山下-石陂预测工作区区域预测要素见表 7-187，龙凤场式矽卡岩型硫多金属矿大田广平-太华预测工作区区域预测要素见表 7-188，水源式沉积变质型硫矿泰宁新桥-邵武和平预测工作区区域预测要素见表 7-189。

表 7-187　屏峰式岩浆热液型硫矿浦城山下-石陂预测工作区区域预测要素表

区域预测要素		描述内容	预测要素分类
区域成矿地质环境	大地构造位置	华夏地块，武夷古弧盆系	必要
	主要控矿构造	张扭性断裂（早期）和压扭性构造挤压带（晚期）	重要
	主要赋矿地层	侏罗纪长林组（J_3c）	必要
	侵入岩建造	燕山中期、燕山晚期的侵入岩	必要
	沉积岩建造	上侏罗统长林组富钙质陆相碎屑沉积岩	必要
区域成矿地质特征	区域成矿类型和成矿期	主要是与燕山中期、燕山晚期的侵入岩活动有关的矿床成矿系列，形成热液充填型矿床、火山沉积矿床等	重要
	屏峰式岩浆热液型硫矿	成矿与中生界长林组火山沉积岩地层以及燕山期岩浆活动皆有关系	必要
		闽西北变质基底隆起北缘	必要
		矿石以硫铁矿、铅锌多金属硫化物矿床为主	重要
		区内矿体的围岩蚀变主要为硅化、绿泥石化、矽卡岩化、角岩化	次要
		矿床式主要为屏峰式岩浆热液型硫矿	重要
物探	布格重力异常	本区处于布格重力负异常区，南部和西部区域布格重力值相对较低，而东部和北部区域布格重力值相对较高	次要
	航磁异常	本区航磁正异常在东南部、北部、西部有正异常零星分布，其余区域为负异常区域	重要
遥感解译		本区线形构造发育，共解译出遥感断层要素（线）32 条，遥感脆韧性变形构造带要素（线）1 处，遥感逆冲推覆滑脱构造要素（线）2 处，环形影像不发育	次要
重砂异常		铅族矿物重砂异常 2 处，其中Ⅱ类异常 2 个	重要

表 7-188　龙凤场式矽卡岩型硫多金属矿大田广平-太华预测工作区区域预测要素表

区域预测要素		描述内容	预测要素分类
区域成矿地质环境	大地构造位置	位于永安-梅州-惠阳 Fe-Pb-Zn-Cu-Au-Ag-Sb 成矿带，政和-大埔深大断裂带通过本区	必要
	主要控矿构造	以政和-大埔北东向断裂带为主	必要
	主要赋矿层位	主要赋存于燕山期侵入的花岗闪长岩与二叠纪灰岩或含钙质层位的接触带中	必要
	侵入岩建造	以燕山期的岩浆侵入为主，主要有花岗闪长岩建造、二长花岗岩建造、正长花岗岩建造、二长花岗斑岩建造、花岗斑岩建造等	必要

续表 7-188

区域预测要素		描　述　内　容	预测要素分类
区域成矿地质特征	区域成矿类型和成矿期	主要是与燕山期基性—中酸性、酸性岩浆活动有关的矿床成矿系列，形成矽卡岩型硫多金属矿、热液型硫多金属矿等	重要
	矽卡岩型硫多金属矿	成矿与燕山期花岗岩、二叠纪灰岩或含钙质岩层等关系密切	必要
区域成矿地质特征	矽卡岩型硫多金属矿	闽西南凹陷带与闽东火山断坳带接触部位	必要
		矿石以磁黄铁矿石、黄铁矿石等为主	重要
		区内矿体的围岩蚀变主要为矽卡岩化，次为硅化、绿泥石化、叶蜡石化等	次要
		矿床式主要为龙凤场式矽卡岩型硫多金属矿	重要
物探	布格重力异常	本区处于布格重力负异常区，具有中部低、四周高的特征，龙凤场矿区位于中北部的高低异常的过渡区	次要
航磁异常		本区航磁异常呈近北东向正负相间带状展布，龙凤场矿区位于正负航磁异常过渡地带	重要
遥感解译		本区线形构造非常发育，共解译出线形断层 111 条，脆韧性变形构造带 1 处，逆冲推覆构造 5 处，在中部有一组复合古生代花岗岩类引起的环形构造	次要
重砂异常		区域上有 7 处铅族矿物重砂异常，面积小，5 处为Ⅲ级异常，2 处为Ⅱ级异常	重要

表 7-189　水源式沉积变质型硫矿泰宁新桥-邵武和平预测工作区区域预测要素表

区域预测要素		描　述　内　容	预测要素分类
区域成矿地质环境	大地构造位置	华夏地块，武夷古弧盆系	重要
	主要控矿构造	主要控矿构造以北东—北北东向为主，南北向、北西向次之	重要
	主要赋矿层位	新元古界黄潭岩组、下峰岩组、大源片麻岩等	必要
	控矿变质岩建造	新元古界黄潭岩组、下峰岩组、大源片麻岩的片岩、变粒岩、片麻岩等变质建造	必要
	侵入岩建造	燕山期岩浆侵入，主要为酸性花岗岩、花岗斑岩	重要
	区域变质作用及建造	区域变质程度高，属高绿片岩相-低角闪岩相变质建造	重要
区域成矿地质特征	区域成矿类型和成矿期	主要是与四堡期—晋宁期变质作用有关的矿床成矿系列，主要矿种以铜、铅、锌、银组合为特点，矿床成因类型为沉积变质型	重要
	沉积变质型硫矿	新元古界黄潭岩组、下峰岩组、大源片麻岩等片岩、变粒岩、片麻岩变质建造	必要
		华夏古陆北部的闽西北隆起带西缘，北东向构造发育	重要
		矿石以黄铁矿为主，次为磁黄铁矿、褐铁矿等，脉石矿物以石英、绿泥石、黑云母为主	重要
		区内硫铁矿带普遍发育绿泥石化、绢云母化、透闪石化、阳起石化等	重要
		矿床式主要为水源式沉积变质型硫矿	重要
物探	布格重力异常	本区处于负布格重力异常区，异常等值线长轴呈北东向，相对值中部低两侧高，极大值在北西部，水源矿区位于重力梯级带低值区的相对高值部位	次要
	航磁异常	本区航磁异常呈北东走向展布，西北部以正异常为主，东南部以负异常为主，银铜矿区位于正航磁异常区内	重要
化探异常		缺	重要

续表 7-189

区域预测要素	描　述　内　容	预测要素分类
遥感解译	本区绝大部分断层皆北东走向,个别北西走向,且规模很小,通过测区的大断裂带有:武夷山-石城断裂带和光泽-武平断裂带,遥感逆冲推覆滑脱构造要素(线)发育于测区右侧	次要
重砂异常	区域上有1处铅族矿物重砂异常,为Ⅱ级异常	重要

三、最小预测区圈定及优选

(一)最小预测区圈定

采用综合信息地质单元法进行最小预测区的圈定,按照不同的矿产预测类型分别圈定最小预测区。

矽卡岩型:利用(侵入岩体缓冲区∪矿床点缓冲区∪航磁异常∪航磁推断隐伏中酸性岩体)∩(石炭纪—二叠纪碳酸盐岩建造)的方案,其中由碳酸盐岩建造与其余各要素的并集求交进行预测区的初步圈定。在使用建模器圈定靶区的基础上,结合岩体和航磁异常进行适当合并、拆分并优选,最终圈定最小预测区。

变质岩型:利用(赋矿地层∪矿床点缓冲区∪航磁异常∪航磁推断变质岩),在使用建模器圈定靶区的基础上,结合控矿地层和航磁异常等进行适当合并、拆分并优选,最终圈定最小预测区。

岩浆热液型:利用(矿体围岩∪矿床点缓冲区∪航磁异常∪航磁推断隐伏中酸性岩体)∩(含矿侵入岩体或赋矿地层)的方案,其中由含矿侵入岩体或赋矿地层与其余各要素的并集求交进行预测区的初步圈定。在使用建模器圈定靶区的基础上,结合含矿岩体或赋矿地层和航磁异常边界范围进行适当合并、拆分并优选,最终圈定最小预测区。

沉积变质-热液改造型:利用(侵入体∪矿床点缓冲区∪航磁异常∪航磁推断隐伏中酸性岩体)∩(赋矿地层)的方案,其中由赋矿地层与其余各要素的并集求交进行预测区的初步圈定。在使用建模器圈定靶区的基础上,结合控矿地层和航磁异常边界范围等进行适当合并、拆分并优选,最终圈定最小预测区。

最终圈定硫矿最小预测区66个。

(二)最小预测区优选

根据福建省侵入岩体型、变质岩型、复合内生型硫多金属矿床的成矿控矿特征,按矿产预测方法类型初步选择如表7-190所示的变量作为预测区优选的要素组合。

表 7-190　预测区优选的原始要素组合表

矿产预测方法类型	要素类别	要素名称
侵入岩体型	必要	沉积型矿产地成矿建造
		侵入岩体型矿产地侵入体
	重要	硫多金属矿床(点)
		成矿断裂构造
		磁法推断隐伏岩体
		航磁异常

续表 7-190

矿产预测方法类型	要素类别	要素名称
变质岩型	必要	变质型矿产地成矿建造
	重要	硫多金属矿床(点)
		成矿断裂构造
		磁法推断变质岩体
		航磁异常
复合内生型	必要	变质型矿产地成矿建造
		复合内生型矿产地侵入体
	重要	硫多金属矿床(点)
		成矿断裂构造
		磁法推断隐伏岩体
		航磁异常

根据福建省硫矿工作的实际情况,以 2009 年储量表硫矿床规模级别为依据,设置该区硫矿床规模等级为 3 级中型、4 级小型、5 级矿点。通过特征分析法进行优选,66 个最小预测区中优选出 A 类 17 个,B 类 20 个,C 类 29 个(图 7-84)。

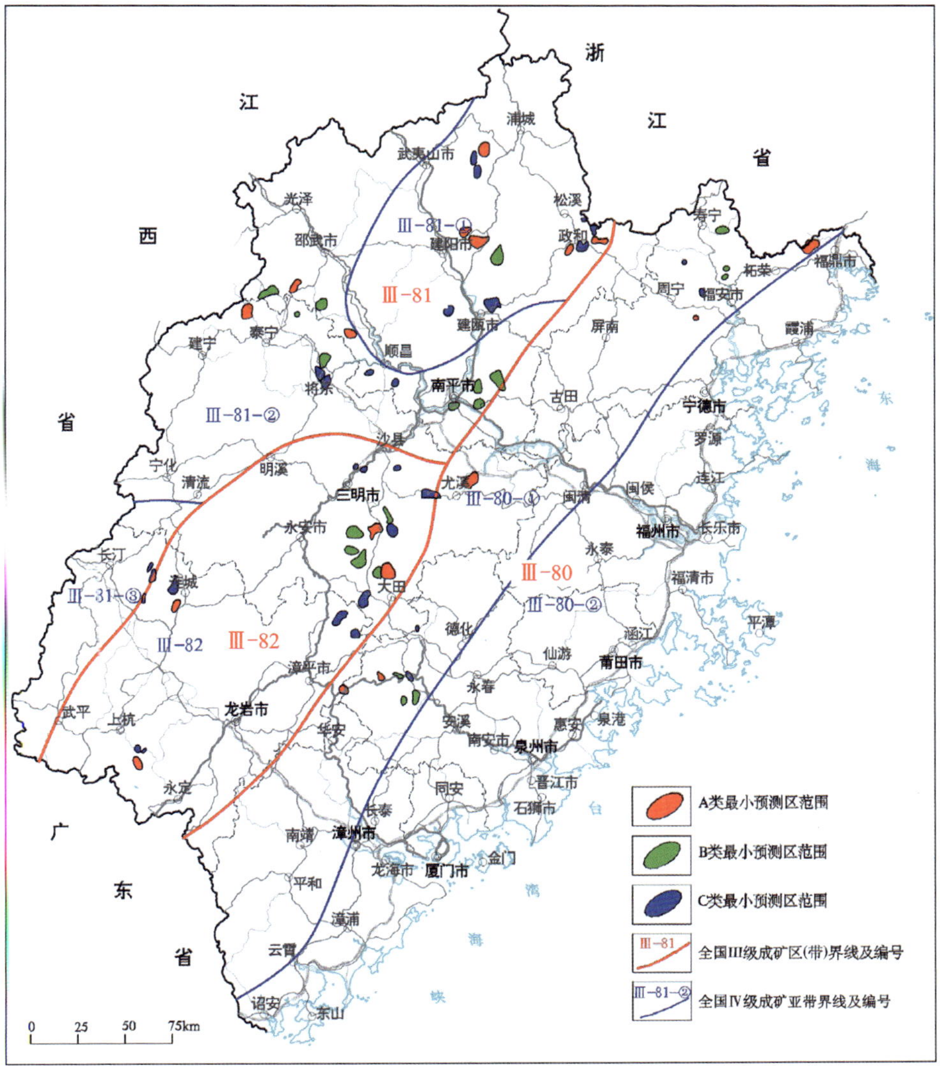

图 7-84 福建省硫矿最小预测区分布及其优选结果图

四、资源定量预测

(一)典型矿床查明资源量、深部及外围资源量估算

福建省硫矿典型矿床已查明资源量及估算参数见表7-191,深部及外围预测资源量见表7-192。

表7-191　福建省硫矿典型矿床已查明硫矿资源量及其估算参数表

典型矿床名称	经度	纬度	查明资源量(×10⁴t)		面积(km²)	总延深(km)	平均品位(%)	小体重(t/m³)	体积含矿率(t/km³)
			矿石量	硫量					
屏峰式岩浆热液型浦城屏峰	118°20′47″	27°51′30″	1 912		0.464	0.42	18.00	3.56	0.098 111 66
银硐式矽卡岩型福鼎银硐	120°06′45″	27°22′04″	214.5		0.075	0.55	14.43	2.90	0.052 000
龙凤场式矽卡岩型大田龙凤场	117°45′45″	26°01′42″	294.924		0.71	0.32	16.52	3.67	0.012 980 81
水源式沉积变质型泰宁水源	117°04′23″	27°02′33″	42.6		3.447	0.12	17.35	3.33	0.001 029 88
峰岩式沉积变质-热液改造型建阳水吉	118°17′48″	27°22′45″		321	0.668	0.41	5.56	3.23	0.001 172 05

注:数据来源于典型矿床各矿区勘探报告和福建省2010年硫矿资源储量调查报告,体积含矿率=查明资源量/(面积×延深)。建阳水吉矿区查明的是伴生硫量。

表7-192　福建省硫矿预测工作区典型矿床深部和外围预测硫资源量表

典型矿床名称	经度	纬度	预测对象	预测资源量(×10⁴t)		面积(km²)	总延深(km)	体积含矿率(t/m³)
				硫矿石量	硫量			
屏峰式岩浆热液型浦城屏峰	118°20′47″	27°51′30″	预测矿床延深到0.5km	364.190		0.464	0.08	0.098 111 66
			预测矿床延深0.7km	910.476		0.464	0.20	0.098 111 66
			预测外围延深0.42km	1 112.586		0.270	0.42	0.098 111 66
			预测量小计	2 387.252				
银硐式矽卡岩型福鼎银硐	120°06′45″	27°22′04″	预测矿床延深1km	175.500		0.075	0.45	0.052
			预测外围延深0.55km	1 015.300		0.355	0.55	0.052
			预测量小计	1 190.800				
龙凤场式矽卡岩型大田龙凤场	117°45′45″	26°01′42″	预测矿床延深到0.5km	165.895		0.710	0.18	0.012 980 81
			预测外围延深0.42km	299.857		0.550	0.42	0.012 980 81
			预测量小计	465.752				

续表 7-192

典型矿床名称	经度	纬度	预测对象	预测资源量（$\times 10^4$t）		面积（km^2）	总延深（km）	体积含矿率（t/m^3）
				硫矿石量	硫量			
水源式沉积变质型泰宁水源	117°04′23″	27°02′33″	预测矿床延深到 0.5km	134.900		3.447	0.38	0.001 029 88
			预测外围延深 0.12km	135.437		10.959	0.12	0.001 029 88
			预测量小计	270.337				
峰岩式沉积变质-热液改造型建阳水吉	118°17′48″	27°22′45″	预测矿床延深到 0.5km		7.046	0.668	0.09	0.001 172 05
			预测矿床延深 0.71km		16.442	0.668	0.21	0.001 172 05
			预测外围延深 0.41km		45.988	0.957	0.41	0.001 172 05
			预测量小计		69.476			
合计				4 314.141	69.476			

（二）模型区预测资源量及其估算参数

福建省硫矿模型区预测资源量及其估算参数见表 7-193。

表 7-193　福建省硫矿模型区预测资源量及其估算参数表

名称	经度	纬度	预测资源总量（$\times 10^4$t）	预测资源量（$\times 10^4$t）	查明资源量（$\times 10^4$t）	面积（km^2）	总延深（km）	含矿地质体面积（km^2）	含矿地质体面积参数	备注
屏峰模型区	118°20′47″	27°51′30″	4 366.452	2 387.252	1 979.2	37.91	0.700	0.73	0.019 4	硫矿石量
银洞模型区	120°06′45″	27°22′04″	1 405.3	1 190.8	214.5	45.88	1.000	0.43	0.009 4	
龙凤场模型区	117°45′45″	26°01′42″	762.376	465.752	296.624	36.02	0.500	1.26	0.035	
水源模型区	117°04′23″	27°02′33″	319.537	270.337	49.2	41.43	0.500	14.41	0.347 7	
水吉模型区	118°17′48″	27°22′45″	101.576	69.476	32.1	49.94	0.710	1.63	0.032 5	硫量

（三）最小预测区预测资源量及其估算参数

福建省硫矿最小预测区预测资源量估算采用地质体积参数法，由于除模型区外的其他最小预测区含矿地质体难以确切圈定边界，所以应用预测区预测资源量的公式为

$$Z_{预}=S_{预}\times H_{预}\times K_S\times K\times \alpha \qquad (7\text{-}5)$$

式中：$Z_{预}$ 为预测区预测资源量；$S_{预}$ 为预测区面积；$H_{预}$ 为预测区延深（指预测区含矿地质体延深）；K_S 为含矿地质体面积含矿率；K 为模型区矿床的含矿系数；α 为相似系数。

模型区的含矿系数由总资源量/（含矿地质体的面积×预测总延深）求得，各模型区求得的含矿系数见表 7-194，硫矿最小预测区预测资源量估算结果及其估算参数见表 7-195。

表 7-194　福建省硫矿预测模型区含矿系数表

名称	经度	纬度	总资源量 (×10⁴t)	含矿地质体面积 (km^2)	总延深 (km)	含矿系数 (t/m^3)	备注
浦城屏峰	118°20′47″	27°51′30″	4 366.452	0.734	0.70	0.084 983 5	矿石量
福鼎银硐	120°06′45″	27°22′04″	1 405.3	0.43	1.00	0.032 681 4	矿石量
大田龙凤场	117°45′45″	26°01′42″	762.376	1.26	0.50	0.012 101 21	矿石量
泰宁水源	117°04′23″	27°02′33″	319.537	14.406	0.50	0.000 443 62	矿石量
建阳水吉	118°17′48″	27°22′45″	101.576	1.625	0.71	0.000 880 4	伴生硫量

表 7-195　福建省硫矿最小预测区预测资源量及估算参数表

预测工作区名称	最小预测区名称	$S_{预}$ (km^2)	$H_{预}$ (km)	K_S	K (t/m^3)	α	$Z_{预}$ ($\times10^4$t)	精度	所属模型区
政和铁山	政和夏山	23.89	0.5	0.035	0.012 101 21	0.900	205.529	334-1	大田龙凤场
将乐万安-顺昌埔上	邵武大王头	25.58	0.5	0.035	0.012 101 21	0.800	407.399	334-1	大田龙凤场
	将乐新路口	32.44	0.5	0.035	0.012 101 21	0.800	535.389	334-2	大田龙凤场
	将乐肖公洞	24.26	0.5	0.035	0.012 101 21	0.400	205.503	334-3	大田龙凤场
	将乐水南	26.72	0.5	0.035	0.012 101 21	0.400	226.341	334-3	大田龙凤场
	顺昌元坑	11.36	0.5	0.035	0.012 101 21	0.400	96.229	334-3	大田龙凤场
	顺昌东坑	12.42	0.5	0.035	0.012 101 21	0.400	105.208	334-3	大田龙凤场
三明陈大-沙县南霞	三明陈大	6.29	0.5	0.035	0.012 101 21	0.600	79.922	334-3	大田龙凤场
	三明洋口仔	8.84	0.5	0.035	0.012 101 21	0.400	72.156	334-2	大田龙凤场
	沙县坂坑	8.8	0.5	0.035	0.012 101 21	0.400	74.543	334-2	大田龙凤场
大田广平-太华龙凤场	大田广平	19.8	0.5	0.035	0.012 101 21	0.800	335.446	334-3	大田龙凤场
	永安安隔头	44.4	0.5	0.035	0.012 101 21	0.800	752.211	334-3	大田龙凤场
	大田龙凤场	36.02	0.5	0.035	0.012 101 21	1.000	465.752	334-1	大田龙凤场
	大田大安	30.42	0.5	0.035	0.012 101 21	0.494	318.239	334-3	大田龙凤场
	永安东井	25.51	0.5	0.035	0.012 101 21	0.800	432.183	334-3	大田龙凤场
	永安辅弼	45.66	0.5	0.035	0.012 101 21	0.800	773.558	334-2	大田龙凤场
	永安莒坑	20.93	0.5	0.035	0.012 101 21	0.800	354.590	334-3	大田龙凤场
	大田上蔡	51.28	0.5	0.035	0.012 101 21	0.900	584.500	334-1	大田龙凤场
	大田三阳	37.85	0.5	0.035	0.012 101 21	0.400	320.622	334-3	大田龙凤场
	漳平灵地	33.99	0.5	0.035	0.012 101 21	0.400	287.924	334-3	大田龙凤场
	漳平内奇和	18.21	0.5	0.035	0.012 101 21	0.600	231.381	334-3	大田龙凤场
	大田上丰	4.97	0.5	0.035	0.012 101 21	0.400	42.100	334-2	大田龙凤场

续表 7-195

预测工作区名称	最小预测区名称	$S_{预}$（km^2）	$H_{预}$（km）	K_S	K（t/m^3）	α	$Z_{预}$（$\times 10^4 t$）	精度	所属模型区
长汀南山-连城北团	长汀大埔	7.82	0.5	0.035	0.012 101 21	0.400	66.242	334-2	大田龙凤场
	长汀南坑哩	17.07	0.5	0.035	0.012 101 21	0.400	144.597	334-3	大田龙凤场
	连城罗坊	28.94	0.5	0.035	0.012 101 21	0.600	367.719	334-3	大田龙凤场
	长汀朱坊	7.47	0.5	0.035	0.012 101 21	0.400	63.277	334-2	大田龙凤场
	连城田心	20.51	0.5	0.035	0.012 101 21	0.900	158.008	334-1	大田龙凤场
漳平福田-安溪剑斗	安溪潘田	11.89	0.5	0.035	0.012 101 21	0.800	102.637	334-1	大田龙凤场
	安溪霞云	8.97	0.5	0.035	0.012 101 21	0.600	113.975	334-3	大田龙凤场
	安溪剑斗	13.59	0.5	0.035	0.012 101 21	0.400	115.119	334-3	大田龙凤场
	漳平洛阳	19.25	0.5	0.035	0.012 101 21	0.800	248.028	334-1	大田龙凤场
	安溪陈吾阆山	22.28	0.5	0.035	0.012 101 21	0.800	377.461	334-2	大田龙凤场
	安溪霞春	10.96	0.5	0.035	0.012 101 21	0.800	86.901	334-1	大田龙凤场
上杭湖洋	上杭莲塘背石	10.34	0.5	0.035	0.012 101 21	0.400	87.589	334-3	大田龙凤场
	上杭黄坊	3.93	0.5	0.035	0.012 101 21	0.400	33.290	334-3	大田龙凤场
	上杭湖洋	24.98	0.5	0.035	0.012 101 21	0.900	147.104	334-1	大田龙凤场
福鼎银硐	福鼎银硐	45.88	1	0.009 4	0.032 681 4	1	1 190.800	334-1	福鼎银硐
泰宁新桥-邵武和平	邵武枫林	25.43	0.5	0.347 7	0.000 443 62	0.800	70.200	334-1	泰宁水源
	邵武桂林	41.07	0.5	0.347 7	0.000 443 62	0.400	126.698	334-3	泰宁水源
	邵武王家岭	30.6	0.5	0.347 7	0.000 443 62	0.400	94.399	334-3	泰宁水源
	泰宁水源	41.43	0.5	0.347 7	0.000 443 62	1.000	270.322	334-1	泰宁水源
	泰宁下渠	6.28	0.5	0.347 7	0.000 443 62	0.600	29.060	334-2	泰宁水源
浦城山下-石陂	浦城屏峰	37.91	0.7	0.019 4	0.084 983 5	1.000	2 387.252	334-1	浦城屏峰
	浦城山下	20.24	0.7	0.019 4	0.084 983 5	0.400	934.340	334-3	浦城屏峰
	浦城山后	24.96	0.7	0.019 4	0.084 983 5	0.600	1 728.344	334-3	浦城屏峰
周宁七步-寿宁厚溪	寿宁铁场	22.55	0.7	0.019 4	0.084 983 5	0.600	1 558.065	334-2	浦城屏峰
	寿宁刘厝	4.89	0.7	0.019 4	0.084 983 5	0.600	338.606	334-2	浦城屏峰
	福安后洋	7.48	0.7	0.019 4	0.084 983 5	0.600	517.949	334-2	浦城屏峰
	福安高岩	7.89	0.7	0.019 4	0.084 983 5	0.600	546.340	334-2	浦城屏峰
	福安打磺岭	11.46	0.7	0.019 4	0.084 983 5	0.400	529.028	334-2	浦城屏峰
	福安赤路	6.02	0.7	0.019 4	0.084 983 5	0.900	391.178	334-1	浦城屏峰
建阳水吉	建阳溪东	23.81	0.71	0.032 5	0.000 880 4	0.8	38.696	334-1	建阳水吉
	建阳水吉	49.94	0.71	0.032 5	0.000 880 4	1.000	69.476	334-1	建阳水吉
	建阳黄地	46.77	0.71	0.032 5	0.000 880 4	0.600	57.009	334-3	建阳水吉
	建瓯徐坑	23.6	0.71	0.032 5	0.000 880 4	0.600	28.766	334-3	建阳水吉
	建瓯钟山	47.82	0.71	0.032 5	0.000 880 4	0.400	38.859	334-3	建阳水吉

续表 7-195

预测工作区名称	最小预测区名称	$S_{预}$ (km²)	$H_{预}$ (km)	K_S	K (t/m³)	α	$Z_{预}$ (×10⁴t)	精度	所属模型区
政和王母山	松溪龙井山	5.41	0.71	0.032 5	0.000 880 4	0.400	4.396	334-3	建阳水吉
	政和大林源	16.12	0.71	0.032 5	0.000 880 4	0.400	13.099	334-3	建阳水吉
	政和打银坑	26.27	0.71	0.032 5	0.000 880 4	0.400	21.347	334-3	建阳水吉
	政和王母山	17.64	0.71	0.032 5	0.000 880 4	0.800	28.669	334-1	建阳水吉
南平夏道-迪口	建瓯张坑	51.31	0.71	0.032 5	0.000 880 4	0.600	62.542	334-2	建阳水吉
	南平石坑	26.27	0.71	0.032 5	0.000 880 4	0.600	32.021	334-3	建阳水吉
	南平东坑	19.93	0.71	0.032 5	0.000 880 4	0.800	32.391	334-2	建阳水吉
	南平南山	25.65	0.71	0.032 5	0.000 880 4	0.600	31.265	334-3	建阳水吉
尤溪梅仙	尤溪梅仙	47.09	0.71	0.032 5	0.000 880 4	0.900	45.998	334-1	建阳水吉
	尤溪铁炉亭	37.07	0.71	0.032 5	0.000 880 4	0.400	30.123	334-3	建阳水吉

第十四节　萤石矿资源潜力评价

福建省萤石矿资源潜力评价确定的典型矿床有 3 个，预测工作区有 5 个(表 7-196)，划分的福建省萤石矿预测类型为南山下式热液充填型，根据全国矿产预测类型划分方案，划归为层控热液型。

表 7-196　福建省萤石矿典型矿床和预测工作区范围一览表

典型矿床名称	预测工作区名称	预测工作区范围
邵武南山下萤石矿	邵武南山下-龙湖	117°15′30″—117°47′30″ 27°00′00″—27°36′30″
	光泽司前-李坊	117°00′00″—117°36′30″ 27°16′30″—28°00′00″
	明溪-连城	116°42′15″—117°18′30″ 25°38′30″—26°23′00″
将乐常口萤石矿	顺昌-将乐	117°30′00″—117°55′00″ 26°38′45″—27°06′00″
建阳回潭萤石矿	浦城-建阳回潭	118°05′45″—118°34′30″ 27°26′30″—28°16′45″

一、邵武南山下式热液充填型萤石矿预测模型

邵武南山下式热液充填型萤石矿典型矿床提取的预测要素见表 7-197，建立的预测模型见图 7-85，建立的预测工作区区域成矿预测模型见图 7-86。

表 7-197　邵武南山下式热液充填型萤石矿典型矿床预测要素表

预测要素		描　述　内　容	预测要素分类
成矿时代		燕山期	必要
大地构造背景		武夷古弧盆系	必要
大地构造演化阶段		燕山期北东向构造挤压造山-岩浆活动	必要
侵入岩浆建造		燕山期岩浆侵入，以中粗粒黑云母花岗岩为主	必要
成矿构造		北东向压扭性断裂构造带	必要
成矿特征	矿体形态	主矿体呈扁豆状、透镜状、舒缓波状，近直立	重要
	矿物组合	矿物组合简单，基本上是萤石和石英，硫化物含量极低	重要
	结构构造	区内矿石主要为半自形粒状结构、碎粒结构、碎斑胶结结构，次为交代溶蚀结构、自形晶结构，少量为同心环状结构、包含状结构、放射状结构；矿石构造主要类型为致密块状构造、角砾状构造和网脉状构造，次为条带状构造、晶簇晶洞状构造、细脉状构造	次要
	围岩蚀变	矿体围岩、夹石均受不同程度的硅化、碳酸盐化、绢云母化、叶蜡石化、绿泥石化、黄铁矿化等，与成矿关系密切的主要为硅化、碳酸盐化	重要
矿床储量		矿区总储量 238.6×10^4 t，其中主矿体储量 232.2×10^4 t，占总储量的 97.3%，全矿区平均品位 57.05%	次要
找矿线索		矿区找矿标志主要为燕山期花岗岩及邻近区的北东向断裂构造破碎带，围岩蚀变主要是硅化和叶蜡石化等，其中硅化具有更重要的指示意义	重要
地球化学特征		F 元素的高背景值及异常区	重要

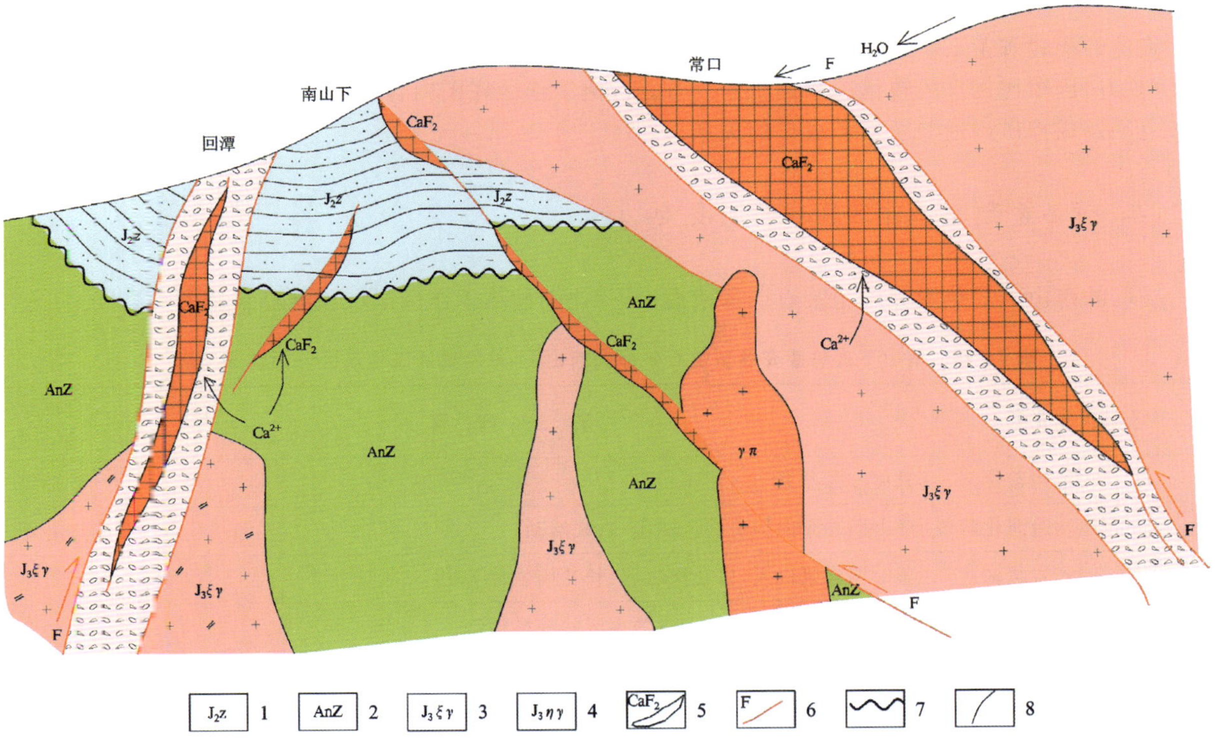

图 7-85　邵武南山下式热液充填型萤石矿典型矿床成矿预测模型图

1. 中侏罗统漳平组；2. 前震旦纪；3. 晚侏罗世正长花岗岩；4. 晚侏罗世二长花岗岩；5. 萤石矿体；6. 断裂；7. 不整合界线；8. 地质界线

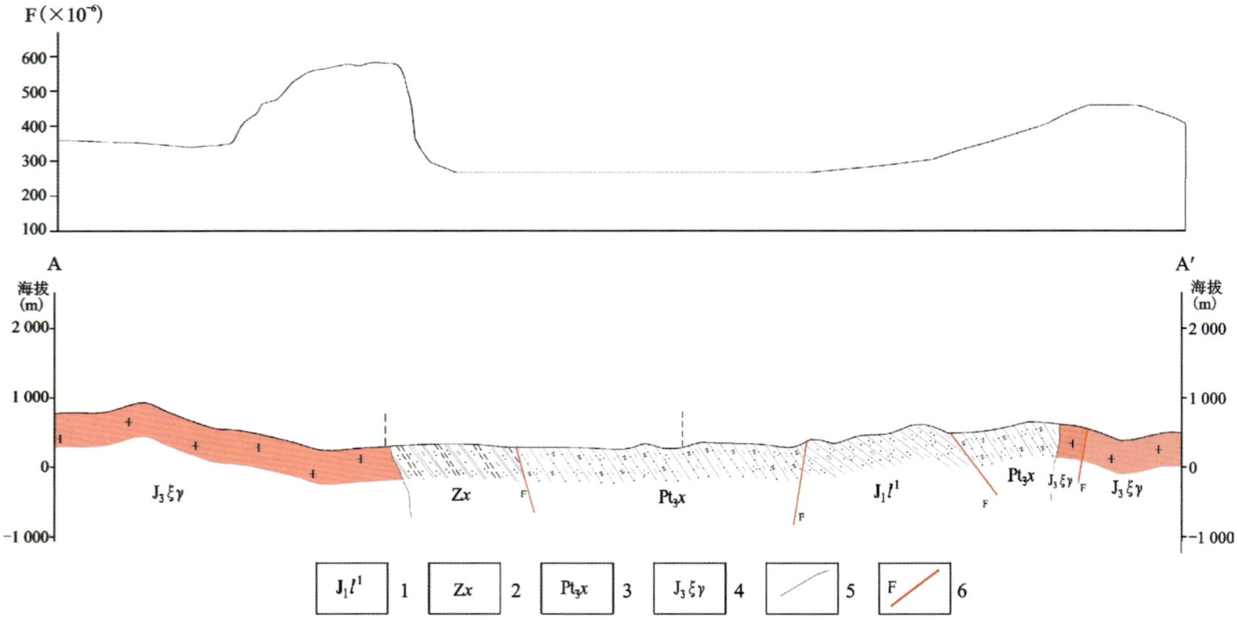

图 7-86　邵武南山下式热液充填型萤石矿预测工作区区域成矿预测模型图

1.下侏罗统梨山组;2.震旦纪西溪组;3.新元古界下峰组;4.晚侏罗世正长花岗岩;5.地质界线;6.断裂

二、预测方法类型确定及区域预测要素

(一)萤石矿预测方法类型确定

确定的福建省萤石矿预测方法类型为复合内生型,编制的研究底图为建造构造图,图件比例尺统一为1∶5万,出图比例尺可视情况采用1∶10万。预测工作区底图内容着重突出表达成矿侵入体建造的分布范围及成控矿构造与萤石矿成矿的关系。

(二)萤石矿预测工作区区域预测要素

提取的南山下式热液充填型萤石矿邵武南山下-龙湖预测工作区区域预测要素见表7-198。

表 7-198　南山下式热液充填型萤石矿邵武南山下-龙湖预测工作区区域预测要素表

区域预测要素		描　述　内　容	预测要素分类
区域成矿地质环境	大地构造位置	武夷古弧盆系	必要
	大地构造演化阶段	燕山期北东向构造挤压造山-岩浆活动	必要
	侵入岩浆构造	燕山期岩浆侵入,以花岗岩、二长花岗岩等为主	必要
	成矿构造	北东向压扭性断裂构造带为本区的控矿构造	必要
区域成矿地质特征	区域成矿类型和成矿期	本区主要成矿类型为岩浆热液型、热液交代-充填型,已知矿产有邵武界头铜矿点、龙湖铅锌矿点,非金属矿产则以邵武南山下萤石矿等为主,成矿期多为燕山期,且与该期岩浆的侵入作用相关	重要
	南山下式热液型萤石矿	北东向武夷山-泰宁大断裂带贯穿工作区,为压扭性断裂构造带,北东向拿口-张厝断裂亦为本区的控矿断裂	必要

续表 7-198

区域预测要素		描　述　内　容	预测要素分类
区域成矿地质特征	南山下式热液型萤石矿	燕山期岩浆侵入，以晚侏罗世的正长花岗岩、二长花岗岩、闪长岩为主	必要
		本区的萤石矿赋矿围岩多为早期形成的花岗岩，少量矿体围岩为变质岩，且矿体产于构造裂隙中	必要
		矿体围岩、夹石均受不同程度的硅化、碳酸盐化、绢云母化、叶蜡石化、绿泥石化、黄铁矿化等，与成矿关系密切的主要为硅化、碳酸盐化	重要
		矿床式主要为南山下式热液型萤石矿	重要
地球化学特征		区域 F 元素高背景值区及异常区	重要

三、最小预测区圈定及优选

（一）最小预测区圈定

采用综合信息地质单元法进行最小预测区的圈定，选择如表 7-199 所示的各要素进行最小预测区的圈定工作。其中，区域成矿侵入岩建造区采用 300m 半径作缓冲区，成矿、控矿断裂构造线参考典型矿床特征（实际在 0.2km 以内）采用 0.5km 缓冲区，萤石矿床点采用 0.2km 缓冲区，萤石矿（化）点采用 0.1km 缓冲区。

使用建模器建模：在 MRAS 操作平台上，利用建模器进行[含矿侵入岩＋建造矿床、矿（化）点＋物探、遥感推断侵入岩体]∩（成控矿构造＋推断构造）∪（含矿侵入岩∩F 元素高背景）∪矿床点的求交并集等计算，初步进行预测单元的圈区。

在使用建模器圈定预测区的基础上，通过与已知萤石矿床、矿点的比较，化探 F 元素异常等的对比分析工作，对最小预测区的范围进行适当合并、拆分，淘汰面积过小者等，最终初步圈定全省 5 个萤石矿预测工作区中最小预测区 63 个。

表 7-199　南山下式热液型萤石矿预测类型最小预测区圈定要素表（要素叠加法）

矿产预测类型	要素类别	要素名称	要素级别	要素属性	缓冲区半径设置
南山下式热液型萤石矿	区域含矿侵入岩建造	早—中燕山期（J_3—K_1）正长花岗岩、二长花岗岩建造	必要	面元	0.3km
	区域成控矿构造	北东向为主的断裂	必要	线元	0.5km
	区域化探异常特征	F 元素高背景值（$>352.2\times10^{-6}$）区及异常区	必要	面元	
	区域成矿特征	已知萤石矿床（点）	重要	点元	0.2km
	区域矿化蚀变	矿化蚀变点	重要	点元	0.1km
	区域推断岩体	物探、化探、遥感等推断岩体	重要	面元	0.3km
	区域推断构造	物探、遥感等推断构造	重要	面元	0.5km

（二）最小预测区优选

变量构置：根据 5 个预测区中萤石矿床的成矿控矿特征以及在区域上对比，选择如表 7-200 所示的变量作为萤石矿预测区优选的要素组合。

表 7-200　南山下式热液型萤石矿预测区优选的要素组合表

矿产预测类型	优选要素	要素级别	备注
南山下式热液型萤石矿	含矿侵入岩建造(J_3—K_1)	必要	
	已知萤石矿床(点)	重要	分为矿床、矿点、矿化点
	F 元素高背景区域或异常区	重要	高背景值区指 F 元素含量>352.2×10^{-6}，或已划定为 F 异常区
	北北东向、北东向成控矿断裂构造	重要	

采用相关频数比值法、找矿信息量法等数学统计方法进行优选变量的二值化工作，通过上述预测要素变量的构置，在 MRAS 技术平台的基础上，对定位预测要素变量进行优选研究。

根据本地区萤石矿工作的实际情况，设置该区萤石矿床规模级别等级为 4 级：2 级大型(CaF_2量≥100×10^4t)，3 级中型[CaF_2量$(20\sim100)\times10^4$t]，4 级小型[CaF_2量$(5\sim20)\times10^4$t]，5 级矿点(CaF_2量<5×10^4t)。

利用 MRAS 软件提供的功能，通过特征分析法进行优选，具体步骤有：先对各要素进行二值化处理；采用相似系数法选择进行定位预测的变量；计算各要素的权重值及成矿概率值；在成矿概率曲线图上按拐点位置进行预测区的分类。最终 63 个最小预测区优选出 A 类 19 个，B 类 20 个，C 类 24 个(图 7-87，表 7-201)。

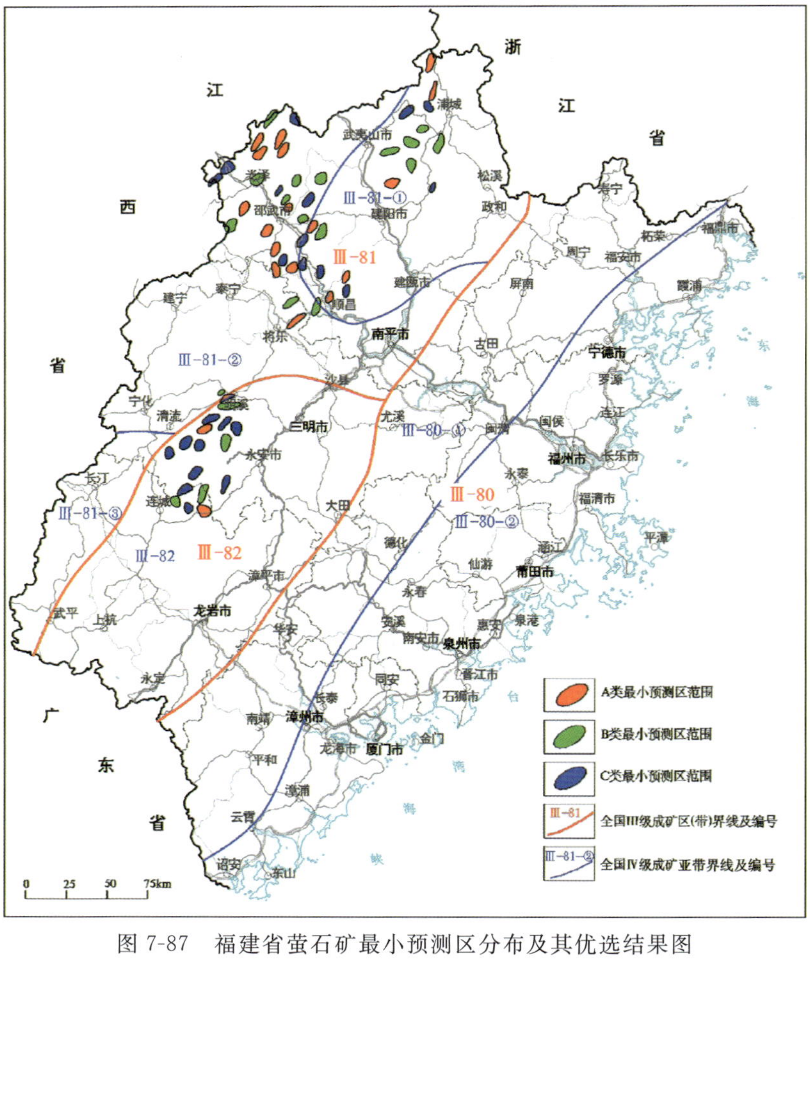

图 7-87　福建省萤石矿最小预测区分布及其优选结果图

表 7-201 福建省南山下式热液型萤石矿最小预测区优选结果表

预测工作区名称	编号	最小预测区名称	面积（km^2）	矿产预测类型	模型	已探明资源储量（CaF_2，$\times 10^4 t$）	单元得分	侵入岩建造	矿床点	磁法推断侵入岩	成矿断裂	磁法推断断裂	遥感推断断裂	F 元素高背景区	F 元素异常	见矿概率	优选分类
浦城-建阳回潭区	1	浦城盘亭	47.95	南山下式	0	0	0.866 34	1	1	1	1	0	1	1	1	1.37	A
	2	浦城仁峰	31.83	南山下式	0		0.938 09	1	1	1	1	1	1	1	0	1.65	A
	3	浦城溪洲	28.34	南山下式	0	0	0.652 79	1	0	1	1	0	1	1	0	0.537	C
	4	浦城杨高山	45.26	南山下式	0	14.962	0.590 88	0	1	0	1	0	1	1	0	0.295	C
	5	浦城青山	26.47	南山下式	0	0	0.786 45	1	0	1	1	1	1	1	0	1.058	B
	6	浦城山下	48.63	南山下式	0	0	0.786 45	1	0	0	1	1	1	1	1	1.058	B
	7	浦城山头庵	49.14	南山下式	0	0	0.786 45	1	0	1	1	1	1	1	0	1.058	B
	8	武夷山首阳	43.62	南山下式	0	0	0.848 36	1	0	1	1	1	1	1	1	1.3	B
	9	武夷山坪地	38.33	南山下式	0	0	0.786 45	1	0	1	1	1	1	1	0	1.058	B
	10	建阳回潭	44.54	南山下式	1	137.958	1	1	1	1	1	1	1	1	1	1.891	A
	11	建阳鸭仔坑	15.80	南山下式	0	0	0.634 81	1	0	1	1	1	0	1	0	0.467	C
光泽司前-李坊区	12	光泽关上	43.92	南山下式	0	76.85	0.848 36	0	1	1	1	1	1	1	1	1.3	B
	13	光泽里连坑	35.37	南山下式	0	0	0.590 88	1	0	0	1	0	1	1	0	0.295	C
	14	光泽王家山	45.21	南山下式	0	7.279	1	1	1	1	1	1	1	1	1	1.891	A
	15	光泽举安	49.19	南山下式	0		1	1	1	1	1	1	1	1	1	1.891	A
	16	光泽梅溪	44.17	南山下式	0	19.785	0.938 09	1	1	1	1	1	1	1	0	1.65	A
	17	光泽夫人村	40.92	南山下式	1	55.07	0.866 34	1	1	1	1	0	1	1	1	1.37	A
	18	光泽园岱	49.30	南山下式	0	0	0.634 81	1	0	0	1	1	0	1	1	0.467	C
	19	光泽双坑	34.69	南山下式	0	0	0.634 81	1	0	0	1	1	0	1	1	0.467	C
	20	光泽鸾凤	48.21	南山下式	0	0	0.848 36	1	0	1	1	1	1	1	1	1.3	B
	21	光泽羊古庵	39.27	南山下式	1	101.68	0.876 18	1	1	0	1	1	1	1	0	1.408	A
	22	光泽贯庄	45.23	南山下式	0	0	0.848 36	1	0	1	1	1	1	1	1	1.3	B

续表 7-201

预测工作区名称	编号	最小预测区名称	面积(km²)	矿产预测类型	模型	已探明资源储量(CaF_2, $\times10^4$t)	单元得分	侵入岩建造	矿床点	磁法推断侵入岩	成矿断裂	磁法推断断裂	遥感推断断裂	F元素高背景区	F元素异常	见矿概率	优选分类
邵武南山下-龙湖区	23	建阳畲上	31.51	南山下式	0	0	0.786 45	1	0	1	1	1	1	1	0	1.058	B
	24	武夷山大竹	44.00	南山下式	0	0	0.786 45	1	0	1	1	1	1	1	0	1.058	B
	25	邵武苏家窟	17.03	南山下式	0	0	0.588 59	1	0	0	0	1	1	1	0	0.286	C
	26	邵武上坪	19.71	南山下式	0	0	0.848 36	1	0	1	1	1	1	1	1	1.3	B
	27	建阳米溪	42.16	南山下式	0	0	0.724 54	1	0	0	1	1	1	1	0	0.817	C
	28	邵武上陂	23.15	南山下式	0	18.690	0.866 34	1	1	1	1	0	1	1	1	1.37	A
	29	邵武洛田	24.78	南山下式	0	5.663	0.786 45	1	1	1	1	1	0	1	0	1.058	B
	30	邵武高南	42.20	南山下式	0		0.938 09	1	1	1	1	1	1	1	0	1.65	A
	31	邵武南山下	32.87	南山下式	1	142.667	0.938 09	1	1	0	1	1	1	1	1	1.65	A
	32	建阳松坑	48.49	南山下式	0	0	0.848 36	1	0	1	1	1	1	1	1	1.3	B
	33	邵武吴家塘	37.11	南山下式	0	0.700	0.742 52	1	1	0	1	0	1	1	0	0.887	C
	34	邵武上芦	39.08	南山下式	0		0.938 09	1	1	0	1	1	1	1	1	1.65	A
	35	邵武三峰	32.20	南山下式	0	0	0.652 79	1	0	0	1	0	1	1	1	0.537	C
	36	邵武祝岭	39.56	南山下式	0	5.238	0.938 09	1	1	0	1	1	1	1	1	1.65	A
	37	邵武大坪	38.81	南山下式	1	51.372	0.876 18	1	1	0	1	1	1	1	0	1.408	A
	38	邵武南溪村	30.93	南山下式	0	20.200	0.730 39	1	1	1	0	0	1	1	1	0.84	C
	39	邵武王溪口	32.71	南山下式	0		0.652 79	1	0	1	1	0	1	1	0	0.537	C
顺昌-将乐区	40	顺昌洋墩	26.33	南山下式	0	17.830	0.938 09	1	1	1	1	1	1	1	0	1.65	A
	41	顺昌下王田	26.43	南山下式	0		0.634 81	1	0	1	1	1	0	1	0	0.467	C
	42	顺昌南舟	26.95	南山下式	1	67.700	0.938 09	1	1	1	1	1	1	1	0	1.65	A
	43	顺昌曹地	37.28	南山下式	0	0	0.848 36	1	0	1	1	1	1	1	1	1.3	B
	44	顺昌谟武	40.88	南山下式	0	0	0.786 45	1	0	1	1	1	1	1	0	1.058	B
	45	将乐高唐	41.56	南山下式	1	159.855	0.876 18	1	1	0	1	1	1	1	0	1.408	A

续表 7-201

预测工作区名称	编号	最小预测区名称	面积(km²)	矿产预测类型	模型	已探明资源储量(CaF_2,$\times10^4t$)	单元得分	侵入岩建造	矿床点	磁法推断侵入岩	成矿断裂	磁法推断断裂	遥感推断断裂	F元素高背景区	F元素异常	见矿概率	优选分类
明溪-连城区	46	明溪原坊	10.31	南山下式	0	19.566	0.786 45	0	1	1	1	1	1	1	0	1.058	B
	47	明溪大坪	23.63	南山下式	0	0	0.712 40	1	0	1	0	1	1	1	1	0.769	C
	48	明溪下汴	46.51	南山下式	0	18.809	0.802 14	1	1	0	0	1	1	1	1	1.12	B
	49	清流桐坑	38.46	南山下式	1	46.230	0.740 23	1	1	0	0	1	1	1	0	0.878	C
	50	清流梧地	31.53	南山下式	0	15.641	0.668 48	1	1	1	0	0	1	1	0	0.598	C
	51	清流四洲亭	36.89	南山下式	0	14.600	0.938 09	1	1	1	1	1	1	1	0	1.65	A
	52	明溪柏亭	43.61	南山下式	0	13.040	0.668 48	1	1	1	0	0	1	1	0	0.598	C
	53	清流和元	45.35	南山下式	0	0	0.634 81	1	0	1	1	1	0	1	0	0.467	C
	54	清流汶溪	35.22	南山下式	0	27.117	0.590 88	1	1	0	1	0	0	1	0	0.295	C
	55	永安石碧	48.85	南山下式	0		0.786 45	1	0	1	1	1	1	1	0	1.058	B
	56	清流田元	31.96	南山下式	0		0.634 81	0	0	1	1	1	1	1	0	0.467	C
	57	永安罗坊	44.92	南山下式	0	0	0.714 70	1	0	1	1	0	1	1	1	0.778	C
	58	永安圳头	39.06	南山下式	0	0	0.563 05	0	0	1	1	0	1	1	1	0.187	C
	59	连城罗地	41.58	南山下式	0	0	0.714 70	1	0	1	1	0	1	1	1	0.778	C
	60	连城下余	47.13	南山下式	0	0	0.786 45	1	0	1	1	1	1	1	0	1.058	B
	61	连城塘前	31.51	南山下式	0	0	0.786 45	1	0	1	1	1	1	1	0	1.058	B
	62	连城大洋地	26.32	南山下式	0	0	0.650 50	1	0	1	0	1	1	1	0	0.528	C
	63	连城新亭	48.40	南山下式	0	0.1	1.000 00	1	1	1	1	1	1	1	1	1.891	A

四、资源定量预测

（一）典型矿床查明资源量、深部及外围资源量估算

福建省萤石矿典型矿床查明资源量见表7-202，深部及外围预测资源量见表7-203，典型矿床预测总资源量见表7-204。

表 7-202　福建省萤石矿典型矿床查明资源量表

编号	名称	经度	纬度	查明资源量（$\times10^4$t）		面积（m^2）	总延深（m）	品位（%）	体重（t/m^3）	体积含矿率（t/m^3）
				矿石量	CaF_2					
1	南山下	117°41′01″	27°17′07″	238.59	136.248	423 804	380	57.05	2.96	0.008 46
2	回潭	118°09′49″	27°33′16″	245.433	137.954	224 415	330	56.21	2.82	0.018 63
3	常口	117°33′30″	26°45′49″	312.744	156.125	330 816	310	49.92	2.87	0.016 58

表 7-203　福建省萤石矿各典型矿床深部及外围预测资源量表

编号	名称	经度	纬度	预测面积（m^2）	预测延深（m）	体积含矿率（t/m^3）	与矿区相似性	预测资源量（$\times10^4$t）
1	南山下	117°41′01″	27°17′07″	384 912	380	0.008 46	0.5	61.871
2	回潭	118°09′49″	27°33′16″	224 176	330	0.018 63	0.5	68.911
3	常口	117°33′30″	26°45′49″	359 864	310	0.016 58	0.5	92.481

表 7-204　福建省萤石矿各典型矿床总资源量表

编号	名称	经度	纬度	查明资源量（$\times10^4$t）	预测资源量（$\times10^4$t）	总资源量（$\times10^4$t）	总面积（m^2）	总延深（m）	含矿系数（t/m^3）
1	南山下	117°41′01″	27°17′07″	136.248	61.871	198.119	808 716	380	0.006 45
2	回潭	118°09′49″	27°33′16″	137.958	68.911	206.869	448 591	330	0.013 97
3	常口	117°33′30″	26°45′49″	156.125	92.481	248.606	663 680	310	0.012 08

（二）模型区预测资源量及其估算参数

福建省萤石矿模型区预测资源量及其估算参数见表7-205。

表 7-205　福建省萤石矿模型区预测资源量及其估算参数表

类型	编号	名称	经度	纬度	预测资源量（$\times10^4$t）	面积（km^2）	总延深（m）	含矿地质体面积（km^2）	含矿地质体面积参数
南山下式热液型萤石矿	A3522603031	邵武南山下	117°41′07″	27°18′17″	204.538	32.87	380	0.012 172	0.000 37
	A3522601010	建阳回潭	118°10′27″	27°32′48″	206.869	44.54	330	0.062 046	0.001 39
	A3522604045	将乐高唐	117°34′56″	26°46′07″	252.336	41.56	310	0.033 78	0.000 81

（三）最小预测区预测资源量及其估算参数

福建省萤石矿最小预测区预测资源量估算采用地质体积参数法，由于除模型区外的其他最小预测区含矿地质体难以确切圈定边界，所以应用预测区预测资源量的公式为

$$Z_{预}=S_{预}\times H_{预}\times K_S\times K\times \alpha \tag{7-13}$$

式中：$Z_{预}$ 为预测区预测资源量；$S_{预}$ 为预测区面积；$H_{预}$ 为预测区延深（指预测区含矿地质体延深）；K_S 为含矿地质体面积含矿率；K 为模型区矿床的含矿系数；α 为相似系数。

福建省萤石矿模型区的含矿系数由总资源量/（含矿地质体的面积×预测总延深）求得，各模型区求得的含矿系数见表 7-206，萤石矿最小预测区预测资源量估算结果及其估算参数见表 7-207。

表 7-206　福建省萤石矿模型区含矿地质体含矿系数表

类型	模型区编号	模型区名称	经度	纬度	含矿地质体含矿系数	资源总量（$\times 10^4$ t）	总体积（$\times 10^9\ m^3$）
南山下式热液型萤石矿	A3522603031	邵武南山下	117°41′07″	27°18′17″	0.442 58	204.538	12.490 6
	A3522601010	建阳回潭	118°10′27″	27°32′48″	0.101 25	206.869	14.698 2
	A3522604045	将乐高唐	117°34′56″	26°46′07″	0.241 8	252.336	12.883 6

表 7-207　福建省萤石矿最小预测区预测资源量及其估算参数表

预测工作区	最小预测区编号	最小预测区名称	$S_{预}$（km^2）	$H_{预}$（m）	K（t/m^3）	K_S	α	$Z_{预}$（CaF_2，$\times 10^4$ t）
浦城-建阳回潭区	A3522601001	浦城盘亭	22.06	330	0.101 25	0.001 39	0.628	64.305
	A3522601002	浦城仁峰	29.92	330	0.101 25	0.001 39	0.819	113.742
	C3522601003	浦城溪洲	18.14	330	0.101 25	0.001 39	0.185	15.618
	C3522601004	浦城杨高山	23.99	330	0.101 25	0.001 39	0.092	10.255
	B3522601005	浦城青山	8.47	330	0.101 25	0.001 39	0.440	17.309
	B3522601006	浦城山下	22.86	330	0.101 25	0.001 39	0.440	46.716
	B3522601007	浦城山头庵	14.74	330	0.101 25	0.001 39	0.440	30.122
	B3522601008	武夷山首阳	16.14	330	0.101 25	0.001 39	0.583	43.718
	B3522601009	武夷山坪地	14.57	330	0.101 25	0.001 39	0.440	29.775
	A3522601010	建阳回潭	14.7	330	0.101 25	0.001 39	1.000	68.134
	C3522601011	建阳鸭仔坑	4.74	330	0.101 25	0.001 39	0.157	3.451
光泽司前-李坊区	B3522602012	光泽关上	17.13	380	0.442 58	0.000 37	0.583	62.091
	C3522602013	光泽里连坑	6.72	380	0.442 58	0.000 37	0.092	3.855
	A3522602014	光泽王家山	35.72	380	0.442 58	0.000 37	1.000	222.267
	A3522602015	光泽举安	18.2	380	0.442 58	0.000 37	1.000	113.253
	A3522602016	光泽梅溪	11.04	380	0.442 58	0.000 37	0.819	56.212
	A3522602017	光泽夫人村	17.19	380	0.442 58	0.000 37	0.628	67.083
	C3522602018	光泽园岱	17.75	380	0.442 58	0.000 37	0.157	17.316

续表 7-207

预测工作区	最小预测区编号	最小预测区名称	$S_{预}$（km^2）	$H_{预}$（m）	K（t/m^3）	K_S	α	$Z_{预}$（CaF_2，$\times 10^4$ t）
光泽司前-李坊区	C3522602019	光泽双坑	14.57	380	0.442 58	0.000 37	0.157	14.214
	B3522602020	光泽鸾凤	24.59	380	0.442 58	0.000 37	0.583	89.242
	A3522602021	光泽羊古庵	23.17	380	0.442 58	0.000 37	0.652	93.959
	B3522602022	光泽贯庄	7.69	380	0.442 58	0.000 37	0.583	27.908
邵武南山下-龙湖区	B3522603023	建阳畲上	16.39	380	0.442 58	0.000 37	0.440	44.877
	B3522603024	武夷山大竹	23.76	380	0.442 58	0.000 37	0.440	65.056
	C3522603025	邵武苏家窟	14.48	380	0.442 58	0.000 37	0.089	8.021
	B3522603026	邵武上坪	11.04	380	0.442 58	0.000 37	0.583	40.066
	C3522603027	建阳米溪	13.49	380	0.442 58	0.000 37	0.313	26.277
	A3522603028	邵武上陂	16.21	380	0.442 58	0.000 37	0.628	63.292
	B3522603029	邵武洛田	23.29	380	0.442 58	0.000 37	0.440	63.764
	A3522603030	邵武高南	32.92	380	0.442 58	0.000 37	0.819	167.677
	A3522603031	邵武南山下	12.49	380	0.442 58	0.000 37	0.819	63.475
	B3522603032	建阳松坑	29.09	380	0.442 58	0.000 37	0.583	105.573
	C3522603033	邵武吴家塘	27.83	380	0.442 58	0.000 37	0.348	60.315
	A3522603034	邵武上芦	23.06	380	0.442 58	0.000 37	0.819	117.455
	C3522603035	邵武三峰	15.46	380	0.442 58	0.000 37	0.185	17.834
	A3522603036	邵武祝岭	25.32	380	0.442 58	0.000 37	0.819	128.962
	A3522603037	邵武大坪	20.57	380	0.442 58	0.000 37	0.652	83.454
	C3522603038	邵武南溪村	2.78	380	0.442 58	0.000 37	0.324	5.592
顺昌-将乐区	C3522604039	邵武玉溪口	11.12	310	0.241 8	0.000 81	0.185	12.516
	A3522604040	顺昌洋墩	19.48	310	0.241 8	0.000 81	0.819	96.794
	C3522604041	顺昌下玉田	5.55	310	0.241 8	0.000 81	0.157	5.283
	A3522604042	顺昌南舟	16.17	310	0.241 8	0.000 81	0.819	80.294
	B3522604043	顺昌曹地	32.43	310	0.241 8	0.000 81	0.583	114.837
	B3522604044	顺昌谟武	23.3	310	0.241 8	0.000 81	0.440	62.248
	A3522604045	将乐高唐	9.14	310	0.241 8	0.000 81	0.652	36.044
明溪-连城区	B3522605046	明溪原坊	7.01	310	0.241 8	0.000 81	0.440	18.708
	C3522605047	明溪大坪	4.25	310	0.241 8	0.000 81	0.290	7.476
	B3522605048	明溪下汴	15.35	310	0.241 8	0.000 81	0.475	44.259
	C3522605049	清流桐坑	15.38	310	0.241 8	0.000 81	0.344	32.048
	C3522605050	清流梧地	2.52	310	0.241 8	0.000 81	0.211	3.219
	A3522605051	清流四洲亭	9.96	310	0.241 8	0.000 81	0.819	49.485
	C3522605052	明溪柏亭	11.77	310	0.241 8	0.000 81	0.211	15.094

续表 7-207

预测工作区	最小预测区编号	最小预测区名称	$S_{预}$ (km^2)	$H_{预}$ (m)	K (t/m^3)	K_S	α	$Z_{预}$ (CaF_2, $\times 10^4 t$)
明溪-连城区	C3522605053	清流和元	13.15	310	0.241 8	0.000 81	0.157	12.517
	C3522605054	清流汶溪	5.64	310	0.241 8	0.000 81	0.092	3.129
	B3522605055	永安石碧	15.14	310	0.241 8	0.000 81	0.440	40.448
	C3522605056	清流田元	15.02	310	0.241 8	0.000 81	0.157	14.297
	C3522605057	永安罗坊	20.21	310	0.241 8	0.000 81	0.294	36.081
	C3522605058	永安坩头	17.58	310	0.241 8	0.000 81	0.056	5.943
	C3522605059	连城罗地	21.21	310	0.241 8	0.000 81	0.294	37.867
	B3522605060	连城下余	18.85	310	0.241 8	0.000 81	0.440	50.359
	B3522605061	连城塘前	16.07	310	0.241 8	0.000 81	0.440	42.932
	C3522605062	连城大洋地	13.42	310	0.241 8	0.000 81	0.182	14.799
	A3522605063	连城新亭	11.13	310	0.241 8	0.000 81	1.000	67.577
合计	共 63 个		1 043.13					3 174.689

注：①各区预测资源量结果已扣除区内已探明的资源量。

②各预测区的最深预测深度均不超过 500m，仅按 500m 以浅计；1 000m 以浅及 2 000m 以浅两个深度值的预测资源量与 500m 以浅的资源量相同。

第十五节 重晶石矿资源潜力评价

福建省重晶石矿资源潜力评价确定的典型矿床有 1 个，预测工作区有 2 个（表 7-208），划分的福建省重晶石矿产预测类型为李坊式沉积型，根据全国矿产预测类型划分方案，划归为沉积型。

表 7-208 福建省重要矿种预测工作区范围一览表

典型矿床名称	预测工作区名称	预测工作区范围
永安李坊重晶石矿	永安-明溪	117°00′00″—117°20′45″ 25°55′30″—26°10′45″
	长汀古城	116°07′15″—116°24′15″ 25°44′00″—25°57′45″

一、李坊式沉积型重晶石矿预测模型

永安李坊式沉积型重晶石矿典型矿床提取的预测要素见表 7-209。

表 7-209 永安李坊式沉积型重晶石矿典型矿床预测要素表

预测要素	描 述 内 容	预测要素分类
成矿时代	$\epsilon_{1\text{-}2}$	必要
大地构造背景	闽西南陆表海盆地,永安-晋江北西向断裂带北东侧	必要
大地构造演化阶段	加里东期区域低温动力变质作用	必要
沉积建造	下—中寒武统林田组的浅变质岩建造	必要
岩相古地理	浅海半还原环境,滨岸的海盆边缘	重要
找矿线索	地层标志:早—中寒武世林田组;岩性标志:在上述地层中,重晶石矿产于千枚岩夹硅质岩和大理岩透镜体的岩性组合中,单一厚层的千枚岩或变质粉砂岩则一般无工业矿体;矿砾标志:重晶石原生矿经长期机械风化剥蚀后,生成大量的砾石,由于矿砾体重大,不易长距离搬运,一般只分布在原生矿附近约 200m 范围内,形成残坡积层,仅见少量矿砾被水流搬运至离原生矿 1km 左右的低洼处,利用这一特点寻找重晶石原生矿,是一种行之有效的找矿方法	重要

李坊重晶石矿床的预测要素主要与成矿地质构造背景、含矿建造的分布范围关系较密切,而其他的综合信息与该矿产的形成及预测关系不明显,因此永安李坊式沉积型重晶石矿典型矿床预测评价模型图未建立,建立的永安-明溪预测工作区预测模型见图 7-88。

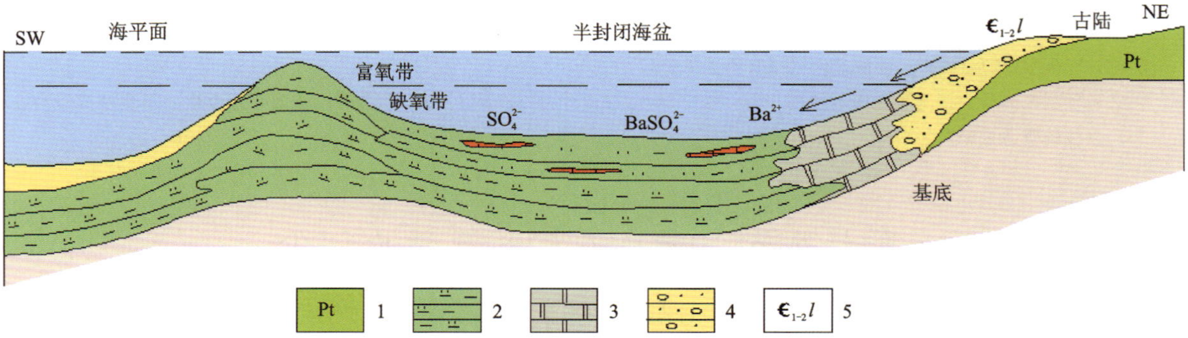

图 7-88 李坊式沉积型重晶石矿永安-明溪预测工作区区域预测模型图

1.元古代变质岩地层;2.石英千枚岩、变质粉砂岩等;3.大理岩;4.砂砾岩、砂岩等;5.下—中寒武统林田组浅变质岩

二、预测方法类型确定及区域预测要素

(一)重晶石矿预测方法类型确定

确定的福建省重晶石矿产预测方法类型为沉积型,编制的研究底图为沉积建造构造图,编图内容着重突出表达各预测工作区的含矿建造林田组浅变质岩地层分布范围及岩相古地理环境与重晶石成矿的关系分析。

(二)重晶石矿预测工作区区域预测要素

提取的李坊式沉积型重晶石矿永安-明溪预测工作区区域预测要素见表 7-210。

表 7-210　李坊式沉积型重晶石矿永安-明溪预测工作区区域预测要素表

区域预测要素		描述内容	预测要素分类
区域成矿地质环境	大地构造位置	闽西南陆表海盆地	必要
	沉积(变质)建造	早—中寒武世林田组的浅变质岩建造	必要
	变质作用	加里东期区域低温动力变质作用	必要
	岩相古地理	浅海半还原环境,滨岸的海盆边缘	必要
区域成矿地质特征	区域成矿类型和成矿期	沉积(变质)型重晶石矿、接触交代型铁矿、沉积型煤矿等,成矿期以加里东期、燕山期为主	重要
	李坊式沉积型重晶石矿	永安-晋江北西向断裂带北东侧	必要
		早—中寒武世林田组浅变质岩	必要
区域成矿地质特征	李坊式沉积型重晶石矿	重晶石矿产于林田组千枚岩夹硅质岩和大理岩透镜体的岩性组合中,单一厚层的千枚岩或变质粉砂岩一般无工业矿体	必要
		重晶石原生矿经长期机械风化剥蚀后,生成大量的砾石,由于矿砾体重大,不易长距离搬运,一般只分布在原生矿附近约 200m 范围内,形成残坡积层,仅见少量矿砾被水流搬运至离原生矿 1km 左右的低洼处,利用这一特点寻找重晶石原生矿,是一种行之有效的找矿方法	重要

三、最小预测区圈定及优选

(一)最小预测区圈定

采用综合信息地质单元法进行最小预测区的圈定,主要考虑的是含矿建造林田组地层的延展分布,各最小预测区的具体外推范围以已知的含矿建造边缘外侧为起点,根据产状及沿倾向方向的延伸情况进行推断,再作平面投影确定预测区的边界,同时确定出预测区的面积和延深数据。各最小预测区的详细推断方法数据说明如下:①研究分析已知含矿建造的分布及可能的延展情况,分析该区褶皱、断裂构造情况对地层延展的影响;②确定地层产状,按倾角计算垂直走向方向的可能延深及平面投影长度;③以延深所及区域,结合褶皱或断裂构造等因素,圈定最小预测区共 10 个;④以计算机属性列表中长度及范围等数据换算得实际延深、面积等数据。

(二)最小预测区优选

预测区优选主要参考成矿地质构造背景、含矿建造的分布范围等,以专家分析为主。10 个最小预测区专家优选结果:A 类 1 个,B 类 5 个,C 类 4 个(图 7-89)。

四、资源定量预测

(一)典型矿床查明资源量、深部及外围资源量估算

福建省重晶石矿典型矿床查明资源量见表 7-211,深部及外围资源量估算结果见表 7-212,典型矿床预测总资源量见表 7-213。

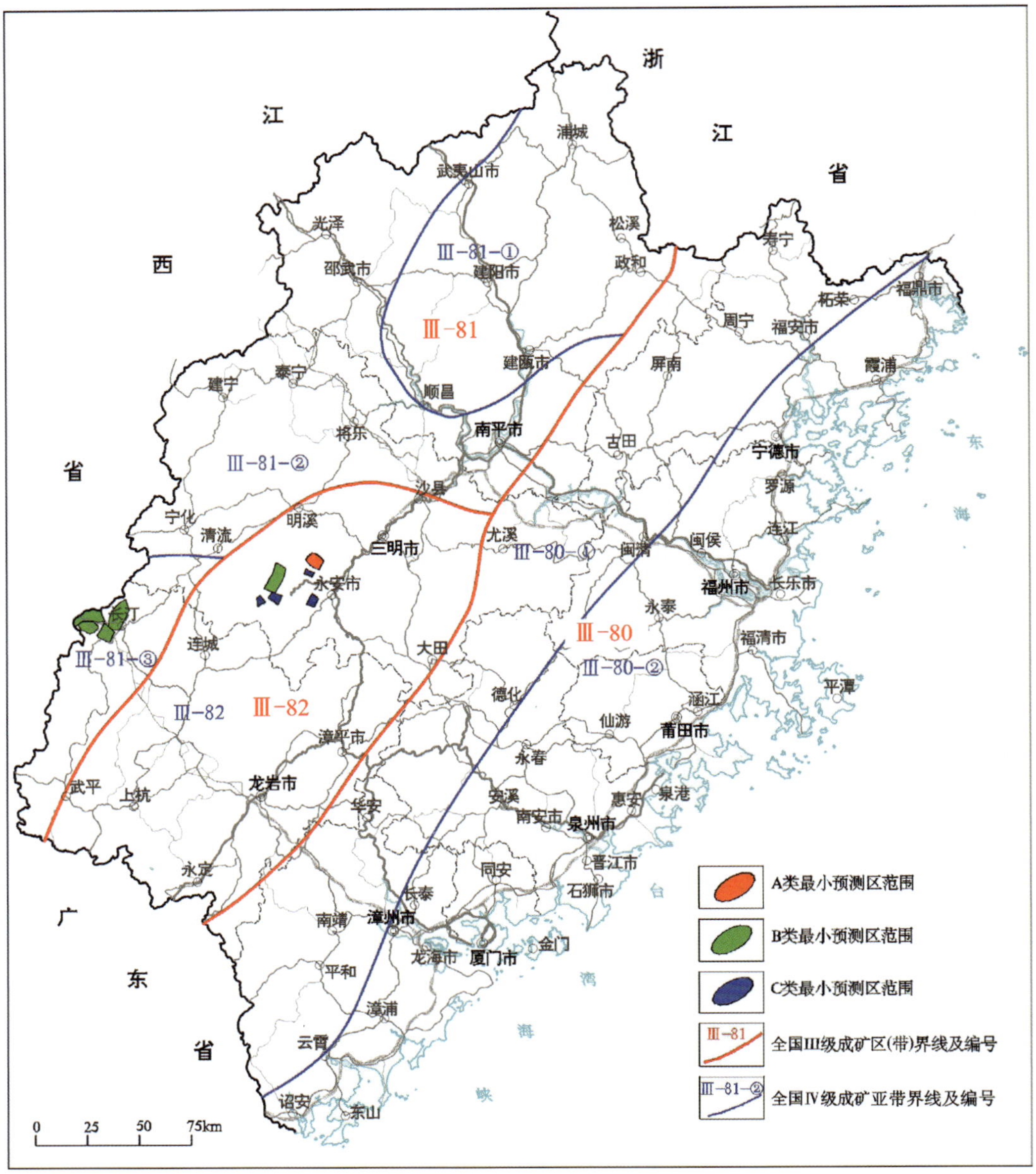

图 7-89　福建省重晶石矿最小预测区分布及其优选结果图

表 7-211　李坊式沉积型重晶石矿典型矿床查明资源量表

名称	经度	纬度	查明资源量（×10⁴ t）		面积（m²）	总延深（m）	品位（%）	体重（t/m³）	体积含矿率（t/m³）
			矿石量	金属量					
李坊	117°15′47″	26°07′52″	1 669.241		9 739 000	501	80.01	4.2	0.003 421 11

表 7-212　李坊式沉积型重晶石矿典型矿床深部及外围预测资源量表

名称	经度	纬度	预测面积（m²）	预测延深（m）	体积含矿率（t/m³）	预测资源量（×10⁴ t）
李坊	117°15′47″	26°07′52″	6 461 000	501	0.003 421 11	1 107.40

表 7-213 李坊式沉积型重晶石矿典型矿床总资源量表

名称	经度	纬度	查明资源量（$\times10^4$ t）	预测资源量（$\times10^4$ t）	总资源量（$\times10^4$ t）	总面积（m^2）	总延深（m）	含矿系数（t/m^3）
李坊	117°15′47″	26°07′52″	1 669.241	1 107.400	2 776.641	16 200 000	500	0.003 421 11

（二）模型区预测资源量及其估算参数

福建省重晶石矿模型区预测资源量及其估算参数见表 7-214。

表 7-214 福建省重晶石矿模型区预测资源量及其估算参数

名称	经度	纬度	模型区预测资源量（$\times10^4$ t）	模型区面积（km^2）	总延深（m）	含矿地质体面积（km^2）	含矿地质体面积参数
永安李坊	117°15′47″	26°07′52″	2 776.641	42.635	501	18.655	0.437 6

（三）最小预测区预测资源量及其估算参数

福建省重晶石矿最小预测区预测资源量估算采用地质体积参数法，由于除模型区外的其他最小预测区含矿地质体难以确切圈定边界，所以应用预测区预测资源量的公式为

$$Z_{预}=S_{预}\times H_{预}\times K_S\times K\times\alpha \tag{7-14}$$

式中：$Z_{预}$ 为预测区预测资源量；$S_{预}$ 为预测区面积；$H_{预}$ 为预测区延深（指预测区含矿地质体延深）；K_S 为含矿地质体面积含矿率；K 为模型区矿床的含矿系数；α 为相似系数。

模型区的含矿系数由总资源量/（含矿地质体的面积×预测总延深）求得，福建省李坊式沉积（变质）型重晶石矿模型区求得的含矿系数见表 7-215，各最小预测区预测资源量估算结果及其估算参数见表 7-216。

表 7-215 福建省李坊式沉积（变质）型重晶石矿模型区含矿地质体含矿系数表

模型区名称	经度	纬度	含矿地质体含矿系数	总资源量（$\times10^4$ t）	总体积（m^3）
永安李坊村	117°15′47″	26°07′52″	0.001 3	2 776.641	21 360 135 000

表 7-216 福建省各最小预测区重晶石矿预测资源量结果及估算参数表

预测工作区	最小预测区编号	最小预测区名称	$S_{预}$（km^2）	$H_{预}$（m）	K_S	K（t/m^3）	α	$Z_{预}$（$\times10^4$ t）
永安-明溪	A3523101001	永安李坊村	42.635	500	0.437 6	0.001 3	1.00	1 101.858
	C3523101002	永安富溪源村	10.344	500	0.437 6	0.001 3	0.40	268.927
	B3523101003	永安罗峰村	76.278	500	0.437 6	0.001 3	0.30	1 487.326
	C3523101004	永安马林桥	13.115	500	0.437 6	0.001 3	0.30	255.726
	C3523101005	永安双百贵	22.73	500	0.437 6	0.001 3	0.25	369.339
	C3523101006	永安林记顶	21.48	500	0.437 6	0.001 3	0.25	349.028

续表 7-216

预测工作区	最小预测区编号	最小预测区名称	$S_{预}$ (km^2)	$H_{预}$ (m)	K_S	K (t/m^3)	α	$Z_{预}$ ($\times 10^4 t$)
长汀古城	B3523101007	长汀大坑村	90.088	300	0.437 6	0.001 3	0.30	1 053.962
	B3523101008	长汀古城镇	66.725	289	0.437 6	0.001 3	0.30	752.010
	B3523101009	长汀东坑口	42.045	268	0.437 6	0.001 3	0.35	512.664
	B3523101010	长汀黄陂村	44.155	304	0.437 6	0.001 3	0.35	610.713
小计								6 761.553

注：①其中 A3523101001 号永安市李坊村为模型区，预测资源量结果已扣除探明的资源量，其余各区均无已知探明资源量。
②各预测区的最深预测深度仅按 500m 计，个别最小预测区中因受含矿建造的产状和构造(褶皱或断裂)影响，致使其预测深度小于 500m，以实际为准。

第十六节　煤矿资源潜力评价

本次煤炭资源潜力预测和评价工作，按照《全国煤田资源潜力预测评价技术要求》进行，根据福建省的具体情况确定的预测原则和方法如下。

一、预测方法

(一)预测区的确定

(1)预测区圈定是在 1∶5 万的地质图上进行，根据赋煤条件划定的预测区，参考周边井田的地质资料，在 1∶2 万、1∶5 万的地质图上修编预测区地质图。

(2)以周边现有的矿区(井田)为依据，编制 2 幅以上地质剖面图以确定测区构造形态及煤系地层埋藏深度。

(3)以一个预测区为基本预测单元，根据煤层的赋存状态，编制 1～2 层主要煤层底板(或煤系底界)等高线图，作为预测区含煤面积的依据，并以当地侵蚀基准面为基准，划分埋深 600m 以浅、600～1 000m、1 000～1 500m 3 个水平，在计算机上分别圈定和计算含煤面积。

(4)在第三次煤田预测基础上，重点收集和综合近十几年来煤田勘查、科研等成果，深化预测区研究。对小部分原预测区周边没再开展新的工作，本次仍采用第三次预测成果。

(5)对近年已开展勘查工作，探获资源量未列入 2007 年底福建省储量简表的预测区，仍作为本次预测区可靠级资源量统计。

(二)参数确定

预测小区煤层厚度的确定：根据预测区周边已勘查的矿区(井田)资料，如矿区(井田)的构造复杂程度、煤层厚度、煤层稳定性、产状变化、所处的古地理位置和聚煤规律等因素综合确定。一般采用已勘查矿区(井田)的较稳定可采煤层的层数和厚度累加，代表预测区的煤层厚度。

预测区煤质、煤类的确定：根据预测区周边已勘查的矿区(井田)的硫、灰分和煤类推定。根据福建省的具体情况，四大煤田煤类均为无烟煤，漳平煤矿区为贫瘦煤，邵武煤矿区为无烟煤。

(三)资源量预算方法

(1)勘查区周边的预测区采用该矿区(井田)的煤层厚度、煤质、煤类进行预测,采用地质块段法进行资源量预测。分埋深在煤层底板(或煤系底界)等高线上读取各水平埋深的煤层分布面积(本次预算采用平面积代表煤层分布面积),采用周边矿区(井田)的较稳定煤层的累加厚度代表预测区煤层厚度,并采月周边矿区(井田)的较稳定煤层的密度平均值代表预测区的煤层密度,求出预测区资源量原始预算值,其公式为

$$Q_k = S \times M \times d \tag{7-15}$$

式中:Q_k 为资源量($\times 10^4$ t);S 为预测区分埋深水平面积($\times 10^4$ m^2);M 为预测区煤层厚度(m);d 为煤视密度(t/m^3)。

(2)根据预测区地质构造复杂程度和煤层稳定程度,采用校正系数 β 对原始预算量进行校正,校正公式为

$$Q=\beta \times Q_k \text{ 或 } Q=\beta \times Q_f \tag{7-16}$$

校正系数 β 取值见表 7-217,预测区地质构造复杂程度和煤层稳定程度的确定以《煤、泥炭地质勘查规范》(DZ/T0215—2002 附录 D)为依据,当地质构造复杂程度和煤层稳定程度等级不一致时,取二者中 β 值较小者。

表 7-217 校正系数 β 取值表

地质条件	β 取值
简单构造、稳定煤层	0.8～1.00
中等构造、较稳定煤层	0.6～0.8
复杂和极复杂构造、不稳定和极不稳定煤层	0.4～0.6

根据福建省的煤田构造复杂程度和煤层稳定类型,构造基本为复杂—极复杂,煤层稳定类型为不稳定型,校正系数 β 取值一般采用 0.4～0.6。

二、预测区级别划分原则

根据预测可信度将潜在的煤炭资源量分为预测可靠的(334-1)、预测可能的(334-2)和预测推测的(334-3)三级,界定如下。

(1)预测可靠的(334-1):位于控煤构造的有利区块,浅部有一定密度的山地工程或矿点揭露以及少量钻孔控制;或有有效的地面物探工程控制;或位于生产矿区、已发现资源勘查区的周边;或进行了 1∶2.5 万及以上大比例尺煤炭地质填图的地区,结合地质规律分析,确定有含煤地层和煤层赋存。资源量主要估算参数可直接取得,煤类、煤质可以基本确定。

(2)预测可能的(334-2):位于控煤构造的比较有利区块,进行过小于 1∶2.5 万煤田地质填图;或少量山地工程、矿点揭露和个别钻孔控制;或有较有效的地面物探工作了解;或可靠级预测区的有限外推地段,结合地质规律分析,确定有含煤地层存在,可能有煤层赋存,地质构造格架基本清楚,估算参数与煤类、煤质是推定的。

(3)预测推断的(334-3):按照区域地质调查或物探、遥感资料,或可能级预测区的有限外推地段,结合聚煤规律推断有含煤地层、可采煤层赋存,估算参数和煤类、煤质等均为推测的。

根据预测区的地质特征和以往的开展地质工作,本次预测评价 85 个预测区的预测资源量大多数为

334-1(34 个)和 334-2(42 个),少数为 334-3(9 个)。

根据资源的地质条件、开采技术条件、外部条件和生态环境容量,将预测远景区分为三类:有利的(Ⅰ类)、次有利的(Ⅱ类)和不利的(Ⅲ类),界定如下。

(1)有利的(Ⅰ类):地质条件和开采技术条件好,外部条件和生态环境优越,埋深在 600m 以浅或预测资源量主要分布在埋深 600m 以浅,少数在 600～1 000m 之间,煤质优良。

(2)次有利的(Ⅱ类):地质条件和开采技术条件较好,外部条件和生态环境较优越,主要预测资源量埋藏在 1 000m 以浅,煤质较优良。

(3)不利的(Ⅲ类):资源量小、地质及开采技术条件复杂、外部开发条件差;或生态环境脆弱;或煤质差;或预测资源量主要埋藏在 1 000m 以深。

根据福建省煤炭资源的地质条件、开采技术条件、外部条件和生态环境容量,85 个预测区有利的(Ⅰ类)43 个,次有利的(Ⅱ类)34 个,不利的(Ⅲ类)8 个。

潜在资源开发利用优度的划分:在潜在煤炭资源分级、分类的基础上,从潜在煤炭资源的数量、质量、开采条件和生态环境等方面,进行潜在煤炭资源开发利用优度的综合评价,将预测资源的勘查开发利用前景划分为 3 等:优等(A)、良等(B)、差等(C),具体优度的划分见表 7-218。

表 7-218　潜在煤炭资源开发利用优度划分表

预测区类别	资源量级别		
	334-1 可靠级	334-2 可能级	334-3 推测级
有利的(Ⅰ类)	优等(A)	优等(A)	良等(B)
次有利的(Ⅱ类)	良等(B)	良等(B)	差等(C)
不利的(Ⅲ类)	差等(C)	差等(C)	差等(C)

85 个预测区按潜在资源开发利用优度划分为优等(A)39 个、良等(B)33 个、差等(C)13 个。

三、预测深度划分

据全国煤炭资源潜力预测评价技术要求规定,福建省预测深度以当地侵蚀基准面为基准,预测 1 500m以浅的煤炭资源。为便于利用和统计,进一步划分为:600m 以浅,600～1 000m,1 000～1 500m 三个深度级。

四、预测区分布及面积

(一)童子岩组的分布与含煤面积

该组煤炭资源分布于武夷山-石城断裂带以东,福安-南靖断裂带以西闽中断坳中段至南段的尤溪、德化、永春、安溪、华安、南靖、南平、沙县、大田、三明、永安、明溪、漳平、龙岩、永定、将乐、清流、宁化、连城、武平 20 个县市,总含煤面积 6 371km^2,其中已探获储量面积约 600km^2,本次预测资源量面积 1 427.19km^2。在全省各含煤区预测资源面积中以大田-永安(474.54km^2)、龙岩-永定(604.10km^2)两个煤田最大(1 078.64km^2),占全省总预测面积的 75.58%。闽西南凹陷的北段、东部,即南平—永泰长庆一线以北及曾坂—剑溪以东,童子岩组大部分被前寒武系推覆体及晚侏罗世火山岩系覆盖。

（二）大坑村组、文宾山组/焦坑组的分布及面积

上三叠统含煤地层广泛分布于闽西北、闽中、闽南、闽西南等地区的28个县市，总面积约1 826km²，其中含煤面积616km²。已探获储量面积48.58km²，计17个井田，本次预测3个预测区，预查面积44.90km²。

五、预测区煤类和资源量

（一）煤类

由于福建省二叠纪及晚三叠世成煤期后，经历了印支期—燕山期大规模的构造运动及其伴随的岩浆侵入和火山活动，造就了极其复杂的地质构造，除漳平煤矿区和武平尤井大坑村—文宾山组地层中保留少量贫瘦煤外，全属高变质无烟煤。按照《中国煤炭分类国家标准》(GB/T 5751—2009)，无烟煤绝大多数属一号，少数属二号。

（二）预测资源量

本次对分布于龙岩、三明、泉州、南平四地市所管辖的20个县市的童子岩组及部分上三叠统含煤组的煤炭资源进行了预测，总资源量为257 225.40×10⁴t，其中包括上三叠统煤组3个预测区，预测资源量4 594.5×10⁴t。

按预测深度统计：垂直深600m以浅预测资源量95 423.1×10⁴t，占总预测资源量的37.10%；600～1 000m预测资源量97 645.8×10⁴t，占总预测资源量的37.96%；1 000～1 500m预测资源量64 156.5×10⁴t，占总预测资源量的34.94%，见表7-219。

表7-219　福建省各煤田预测资源量汇总表

煤田名称	预测区数	预测区面积(km²)	预测资源量(×10⁴t)				备注
			0～600m	600～1 000m	1 000～1 500m	小计	
永春-尤溪	16	175.94	17 363.4	8 678.7	5 836.6	31 878.7	
大田-永安	41	491.90	32 556.9	34 052.2	20 009.4	86 618.5	
龙岩-永定	17	604.1	36 029.3	45 577.0	30 498.0	112 104.3	
将乐-武平	9	128.81	7 427.5	7 089.4	7 812.5	22 329.4	
零星预测区	2	43.8	2 046.0	2 248.5	0	4 294.5	
合计	85	1 444.55	95 423.1	97 645.8	64 156.5	257 225.4	

在行政区分布上，预测区主要分布于龙岩、三明两地市。龙岩市21个预测区，面积639.30km²，预测资源量112 104.3×10⁴t；三明市54个预测区，面积625.45km²，预测资源量86 618.5×10⁴t；泉州市9个预测区，面积100.84km²，预测资源量19 378.9×10⁴t；南平市1个预测区，面积34.6km²，预测资源量1 930.5×10⁴t。4个地市预测资源量分别占预测总资源量的43.58%、33.67%、7.53%和0.75%。

第十七节　利用磁测资料对磁性矿产的预测

磁性铁矿资源量的估算方法主要有磁异常拟合体积法和定量类比法两种。本次工作选择磁异常拟合体积法进行资源量估算。

一、磁性铁矿产资源量预测方法与参数

(一)铁矿矿致磁异常的确定

此次磁异常解释在以往磁异常解释基础上进行。因为以往磁测时都对磁异常进行过编号和解释工作,因此本次选取的磁异常原则上主要为以往已编号的磁异常。

具体来讲,本次研究的异常是以往航磁或地磁发现的、经地面初步评价难以最终定性的,但综合分析其他地质和地球物理特征具有良好找矿前景的异常(如航磁乙类异常),其次为性质不明的异常(航磁为丙类异常)。对于以往航磁或地磁发现的、经地面查证和评价已证实为磁性矿床(体)引起的异常(航磁为甲类异常),本次也进行重点研究并定量解释,估算资源量。

(二)磁性铁矿产资源量预测方法

福建省磁性铁矿产资源量预测方法只采用磁异常拟合体积法,预测方法介绍如下。

(1)根据以往研究成果、航磁异常图、地磁异常图、地检资料、地质矿产资料等,判断磁异常是否为推断铁矿矿致磁异常。

(2)选择 2.5D 人机交互定量拟合的计算剖面,提取剖面数据,确定剖面与磁异常走向的夹角和磁异常的背景值(零线)。

(3)从航磁异常图上量取推断铁矿矿致磁异常走向长度、远端距和近端距。

(4)确定矿石或直接围岩的磁性参数,如磁化倾角、磁化偏角、有效磁化强度等。磁化倾角 i、磁化偏角 D'、磁化强度 J:若有实测磁性资料可直接采用,其中磁化倾角 i 为地磁倾角 I 与剩磁倾角 i_r 的矢量合成,磁化偏角 D' 为地磁偏角 D 与剩磁偏角 d_r 的矢量合成,磁化强度 J 为感应磁化强度 J_i 与剩余磁化强度 J_r 的矢量合成,若缺少定向标本测量数据,则根据地磁倾角 I、邻近地区已知同类磁性铁矿产的剩磁方向和磁异常特征综合确定。

(5)应用 RGIS 2010 软件中 2.5D 人机交互定量拟合正反演功能,对推断铁矿矿致磁异常进行 2.5D人机交互定量计算。

(6)从拟合剖面上量取推断铁矿体的截面积。

(7)确定形态系数和含矿系数。

(8)确定矿体体重,估算资源量。收集矿区资源量核查报告中的矿体体重,如果没有资源量核查报告,大致按照 4.0t/m^3 计算。估算资源量公式为

$$Q=S\times L\times \sin\alpha\times K\times k\times d/10\ 000 \qquad (7\text{-}6)$$

式中:Q 为资源量($\times10^4$t),其余变量含义介绍如下。

截面积 S(m^2):磁性矿体的截面积。对已知矿体,根据查明结果确定;对磁法拟合矿体,根据 2.5D 拟合结果确定。

走向长度 L(m)：磁性矿体的走向长度。已知矿体的走向长度取已控制的长度；推断磁性矿体长度近似采用矿致磁异常的走向长度，从等值线图上量取。

形态系数 k：已知矿体根据查明结果确定；推测矿体根据异常平面形态、2.5D 拟合结果和地质矿产资料等确定。本次资源量估算用到的主要形体中，水平棱柱体形态系数取 1，锥体、棱台体形态系数取 1/3。

体重 d(t/m^3)：根据典型矿床或其他矿床的实测矿石平均体重确定。

夹角 α(°)：为矿致磁异常长轴线与拟合计算剖面线的夹角(必须为 70°～90°)，用于对截面积进行近似校正。

查明资源量 Q_t：指目前工程控制实际查明的全部资源量，不论类别，已经过评审备案的资源量。

含矿系数 k：主要受矿化和夹石两项因素影响，用典型矿床或其他矿床求取。若有实测资料，直接采用有关数据计算夹石修正系数(把矿化带当成夹石)或矿化体校正系数(把夹石当成矿化带)；若缺少实测资料，可用查明资源量 Q_t 与 2.5D 拟合软件求出，并经必要校正的矿床已控制矿体的体积(不包括矿床深部及外围未控制矿体的体积)和矿石平均比重乘积的比值表示，即 $K=Q_t/(S\times L\times k\times \sin\alpha\times d)$。

(9)资源量分级：利用磁测资料预测磁性铁矿产的资源量，其可靠性级别分为三级，即 334-1、334-2、334-3。334-1 资源量：在已知矿床的深部和周边，利用钻孔或勘探地质剖面进行建模，使用大比例尺≥1∶5万航磁或地磁测量数据计算的资源量。334-2 资源量：在已知矿床、矿点或矿化点的地区，使用测量比例尺≥1∶20 万的磁测资料(未利用钻孔或勘探地质剖面进行建模)估算的资源量。334-3 资源量：其他情况下得到的资源量。

(10)对预测资源量进行分类统计。本次定量预测是在筛选出预测区矿致磁异常的基础上，运用 2.5D反演技术对已知及推断矿致异常进行正反演计算，结合已知矿床地质勘探剖面推断磁性矿体的平面位置和形态(边界)，计算磁性矿体的埋深、规模等二级预测要素，估算资源量。

二、已知矿产地磁性铁矿产资源量预测

(一)典型矿床预测资源量

福建省铁矿预测类型有 2 种：马坑式广义矽卡岩型和汤泉式接触交代型。马坑式广义矽卡岩型的典型矿床选择龙岩马坑铁矿，汤泉式接触交代型的典型矿床选择大田汤泉铁矿。

1. 马坑铁矿典型矿床

(1)概况。马坑铁矿位于龙岩市南东约 15km 的马坑村东，面积约 $18km^2$。异常中心地理坐标：东经 117°04′47″，北纬 25°00′14″；航磁编号：闽 C5-1958-81。马坑铁矿为沉积-改造型铁矿，矿床规模为大型(目前控制的铁矿石资源量 $4.625\ 51\times10^8$ t，平均品位 TFe 37.99%。)，并伴生有益组分 Mo、Ga、Ge 等元素。

矿区为新古生界地层(C—P)发育，呈北东—南西向分布，倾向北，从南东往北西地层由老至新依序展布，组成马坑背斜北西翼。仅在北东边界外缘，偶见奥陶系—志留系罗峰溪群(O—S)。矿区主矿体呈连续单一的层状、似层状，主要赋存于中石炭统经畲组(C_2j)层位内，根据《福建省马坑铁矿区普查勘探各阶段物探的作用及东矿段剩余磁异常研究》福建省地质矿产局物探队 1983 年对矿区磁参数的统计结果，马坑铁矿区磁铁矿石(1 542 块)磁化率平均值为 $162\ 192\times4\pi\times10^{-6}$ SI、剩余磁化强度平均值为 $81\ 665\times10^{-3}$ A/m；磁铁矿化矽卡岩(167 块)磁化率平均值为 $41\ 943\times4\pi\times10^{-6}$ SI，剩余磁化强度平均值为 $14\ 076\times10^{-3}$ A/m；辉绿闪长岩(53 块)磁化率平均值为 $14\ 809\times4\pi\times10^{-6}$ SI，剩余磁化强度平均值为 $3\ 972\times10^{-3}$ A/m；其他岩石为无—弱磁性。

(2)马坑铁矿区磁异常及剖面设置。根据龙岩马坑铁矿典型矿床地磁 ΔZ 剖面平面图(图 7-90),马坑铁矿总体为单个地磁 ΔZ 异常引起,南西侧有一个孤立小异常。根据本区地质构造、矿产、岩矿石磁性和地磁 ΔZ 异常等特征,该局部地磁 ΔZ 异常由马坑磁铁矿体引起。根据局部地磁 ΔZ 异常的平面展布特点,设计了 2 条拟合剖面 67 线、82 线(图 7-91、图 7-92),2 条剖面均与地质勘探线一致。

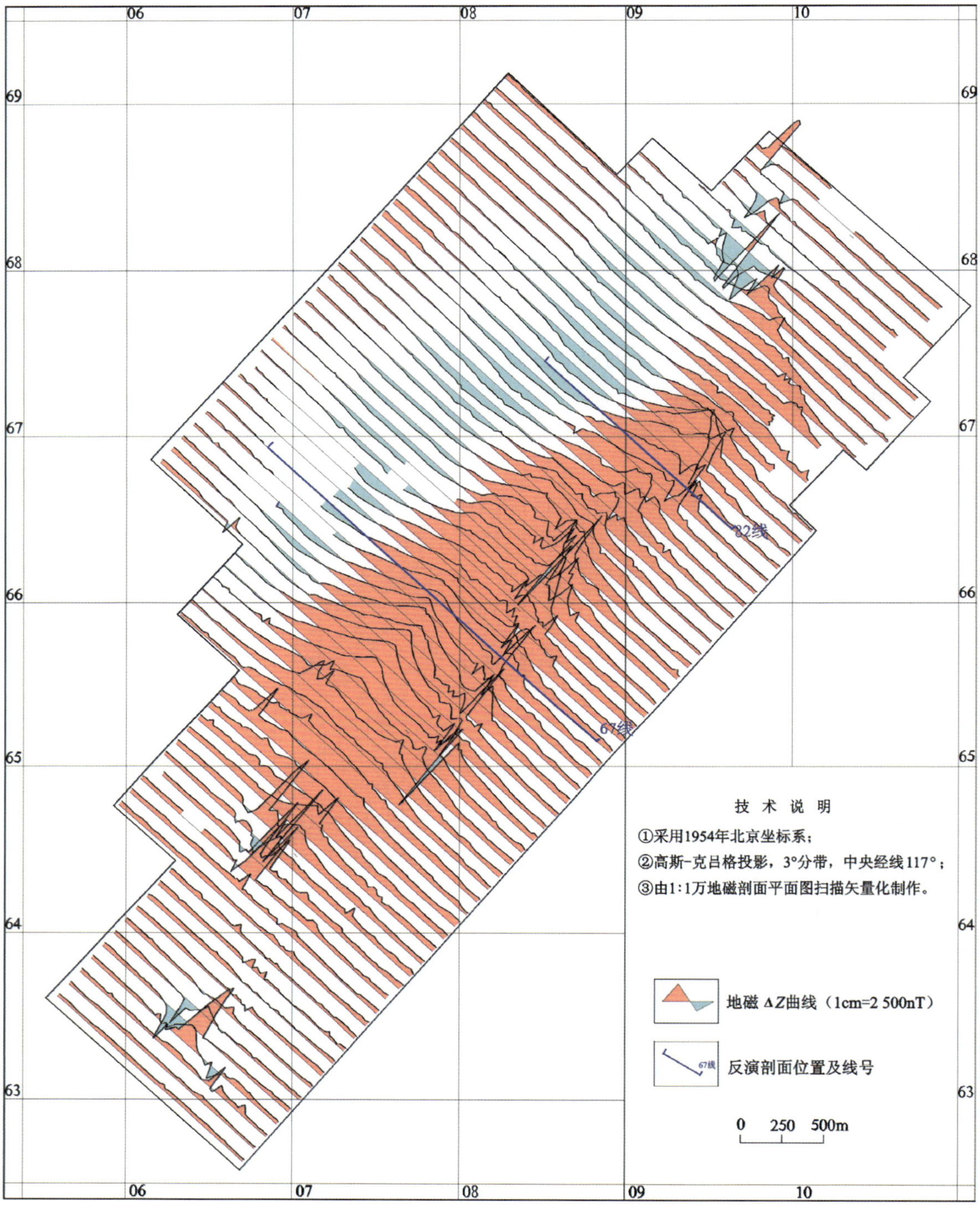

图 7-90　龙岩马坑铁矿典型矿床地磁 ΔZ 剖面平面图

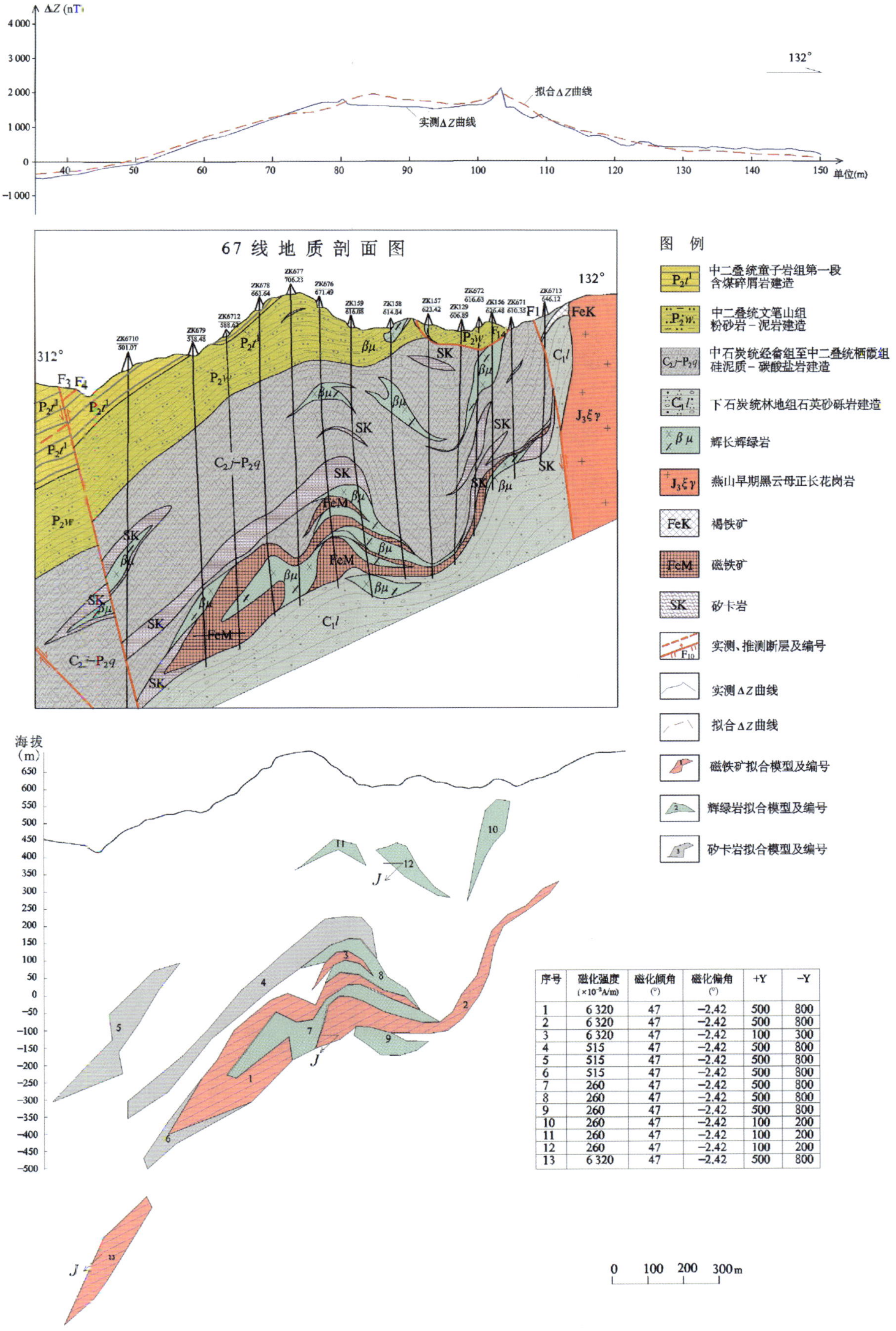

序号	磁化强度 ($\times10^{-3}$A/m)	磁化倾角 (°)	磁化偏角 (°)	+Y	−Y
1	6 320	47	−2.42	500	800
2	6 320	47	−2.42	500	800
3	6 320	47	−2.42	100	300
4	515	47	−2.42	500	800
5	515	47	−2.42	500	800
6	515	47	−2.42	500	800
7	260	47	−2.42	500	800
8	260	47	−2.42	500	800
9	260	47	−2.42	500	800
10	260	47	−2.42	100	200
11	260	47	−2.42	100	200
12	260	47	−2.42	100	200
13	6 320	47	−2.42	500	800

图 7-91 马坑铁矿典型矿床 67 线反演图

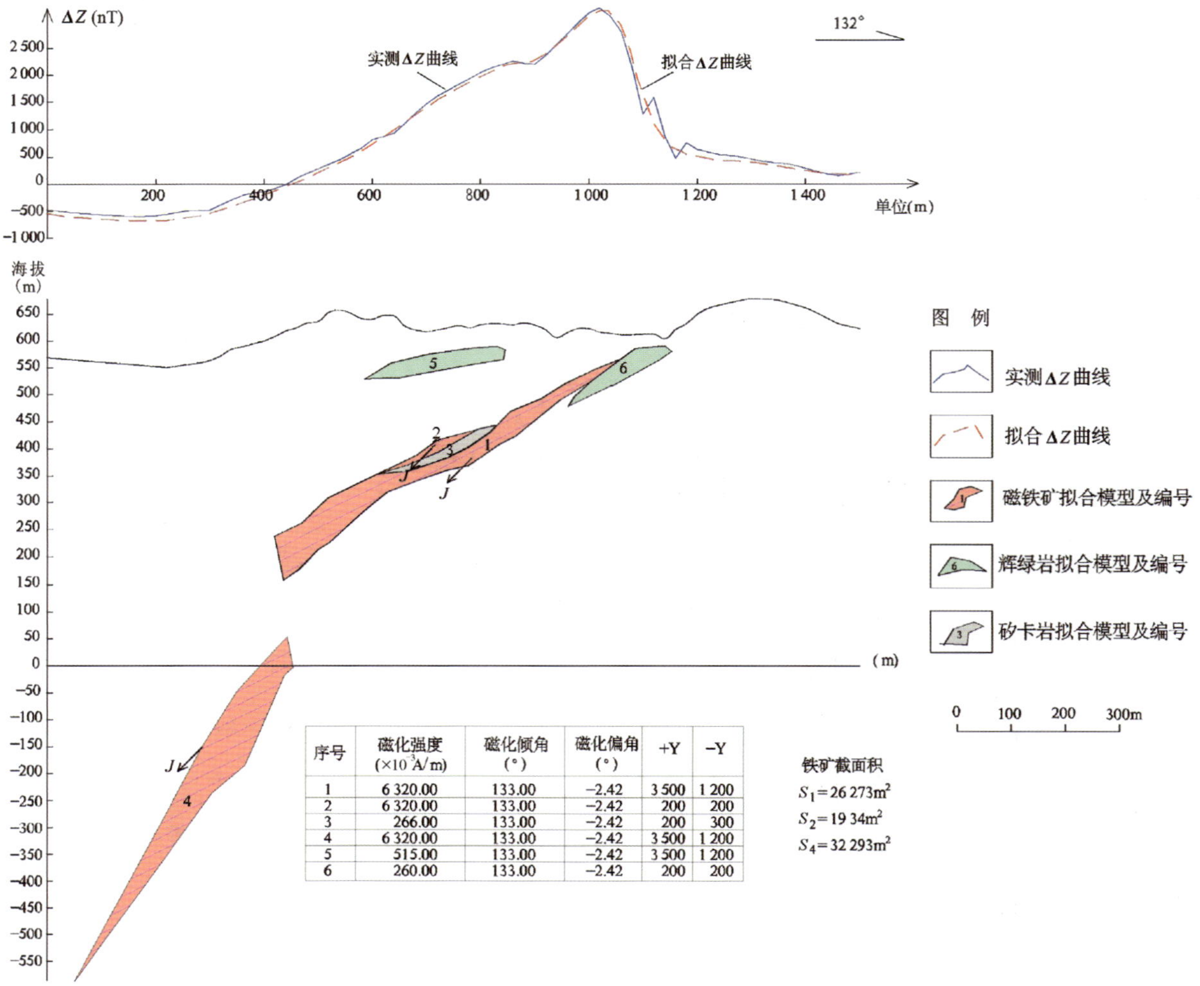

序号	磁化强度($\times10^{-3}$A/m)	磁化倾角(°)	磁化偏角(°)	+Y	−Y
1	6 320.00	133.00	−2.42	3 500	1 200
2	6 320.00	133.00	−2.42	200	200
3	266.00	133.00	−2.42	200	300
4	6 320.00	133.00	−2.42	3 500	1 200
5	515.00	133.00	−2.42	3 500	1 200
6	260.00	133.00	−2.42	200	200

图 7-92　马坑铁矿典型矿床 82 线反演图

(3)马坑 67 线正演计算。利用钻孔控制的地质剖面成果进行磁异常的正演计算，计算时共建立 3 个磁铁矿体模型、6 个辉绿岩模型和 3 个矽卡岩模型，剖面上其他岩性均属于弱磁或无磁，不参加计算。根据矿区内的岩矿石磁性参数确定正演计算参数。该剖面方位角 132°，地磁倾角 35.28°，地磁偏角 −2.42°，地磁场强度 45 233nT，磁铁矿 $k=162\ 192\times4\pi\times10^{-6}$SI、$J_r=81\ 666\times10^{-3}$A/m，计算其有效磁化强度 63 200×$10^{-3}$A/m、有效磁化倾角 133°；辉绿岩 $k=14\ 809\times4\pi\times10^{-6}$SI、$J_r=3\ 972\times10^{-3}$A/m，计算其有效磁化强度2 660×$10^{-3}$A/m、有效磁化倾角 133°；矽卡岩 $k=41\ 943\times4\pi\times10^{-6}$SI、$J_r=14\ 076\times10^{-3}$A/m，计算其有效磁化强度 5 150×$10^{-3}$A/m、有效磁化倾角 133°。正演计算结果与实测磁异常吻合较好(图 7-91)，磁异常所反映的矿体基本被工程控制。

(4)马坑 82 线磁异常拟合计算。使用以上相同的地磁参数和磁性参数，对其余 82 线剖面的磁异常进行了拟合，其结果如图 7-92 所示。

(5)矿体形态为棱台体，形态系数选择 1/3。

(6)截面积计算方法：以 67 线往南西至磁异常的最大斜率处为磁性矿体第一个块体，长约 2 100m，67 线拟合磁性矿体(已控制部分)的截面积为 105 024m²。82 线至东北端磁异常的最大斜率处为磁性矿体第二个块体，长约 1 218m，82 线拟合磁性矿体(已控制部分)的截面积为 28 207 m²。67 线至 82 线间长 1 500m 作为磁性体的第三个块体。这样矿体总长度 4 818m，根据以上剖面位置可以计算出矿体中间剖面的截面积约为 89 278.8 m²，作为矿床的截面积。

(7)含矿系数的计算：根据福建省地质八队于 2009 年 10 月提交的《福建省龙岩市马坑矿区铁矿核

查区资源量核查报告》，马坑铁矿查明资料量 Q_t 为 43 043.2×10⁴t。用实测勘探剖面采用 2.5D 拟合软件，求出矿体中间剖面的截面积 S 约为 89 278.8m²，矿体形态系数 k 取 1/3，矿体总长度 L 为 4 818m，体重 d 为储量核查报告中的实测数据，计算剖面垂直于矿体走向 α 角取 90°，根据公式 $K=Q_t/(S\times L\times k\times \sin\alpha\times d)$，计算出马坑铁矿典型矿床的含矿系数 K 为 0.79，结果见表 7-220。

表 7-220 马坑式广义矽卡岩预测类型龙岩马坑铁矿典型矿床磁性参数一览表

典型矿床编号	典型矿床名称	矿体编号	矿石或直接围岩名称	磁化倾角(°)	磁化偏角(°)	磁化强度($\times10^{-3}$ A/m)	走向长度(m)	截面积(m^2)	形态系数	含矿系数	夹角(°)	体重(t/m^3)	查明资源储量($\times10^4$t)	精度
闽 Fe-08-005	马坑铁矿	闽 Fe-08-005-01	磁铁矿	133	−2.42	63 200	4 818	89 278.8	1/3	0.79	90	3.8	43 043.2	331
			辉绿岩	133	−2.42	2 600								
			矽卡岩	133	−2.42	515								

2. 汤泉铁矿典型矿床

大田汤泉典型铁矿区位于东经 117°44′40″—117°47′52″，北纬 25°51′30″—25°55′30″范围内，属大田县太华镇管辖。区内居民点稀少，仅有黄沙村分布在测区中心，测区西界中部的汤泉村有公路通往大田、永安、三明等地，航磁编号：闽 C5-1958-66。

(1)典型矿床地磁资料：采用原福建省地球物理地球化学勘查大队于 1985 年 10 月提交的《福建省大田县太华汤泉-锦溪测区物化探详查工作报告》中的 1∶1 万地磁 ΔZ 剖面平面图(图 7-93)。

(2)地磁异常由已知汤泉铁矿床东北矿段的隐伏磁铁矿体引起。

(3)典型矿床选择 112 线剖面(图 7-94)进行反演计算，剖面长度、位置选择合理，方向垂直于异常走向，正常场选择正确，采用已知地质勘探剖面进行模型设计。

(4)磁化强度、磁化倾角采用矿区实测数据，磁化偏角采用矿区中心经纬度，用 RGIS 软件计算得到，走向长度取已控制矿体长度。

(5)矿体形态为棱台体，形态系数选择 1/3。

(6)截面积计算方法：以 112 线拟合磁性矿体(已控制部分)的截面积约为 3 456.2 m²。

(7)含矿系数的计算：根据闽西地质大队 2008 年 8 月提交的《福建省大田县汤泉铁矿区资源量核查报告》，汤泉铁矿查明总资源量为 280.35×10⁴t，其中东北矿段的查明资源量为 242.9×10⁴t。根据实测勘探剖面采用 2.5D 拟合软件求出的矿体平均截面积 S 约为 3 456.2 m²，矿体形态系数 k 取 1/3，矿体总长度 L 为 560m，体重 d 为储量核查报告中的实测数据，计算剖面垂直于矿体走向 α 角取 90°，根据公式 $K=Q_t/(S\times L\times k\times \sin\alpha\times d)$，计算出汤泉铁矿典型矿床的含矿系数 K 为 0.89。汤泉铁矿典型矿床磁性参数见表 7-221。

表 7-221 汤泉式接触交代预测类型大田汤泉铁矿典型矿床磁性参数一览表

典型矿床编号	典型矿床名称	矿体编号	矿石或直接围岩名称	磁化倾角(°)	磁化偏角(°)	磁化强度($\times10^{-3}$ A/m)	走向长度(m)	截面积(m^2)	形态系数	含矿系数	夹角(°)	体重(t/m^3)	查明资源量($\times10^4$t)	精度
闽 Fe-03-002	汤泉铁矿	闽 Fe-03-002-01	磁铁矿	125	−2.9	82 260	560	3 456.2	1/3	0.89	90	4.21	242.2	122b

3. 典型矿床深部及外围预测资源量及有关参数

典型矿床深部及外围预测资源量的估算，参数的选择方法如下：截面积采用 2.5D 反演方法减掉已

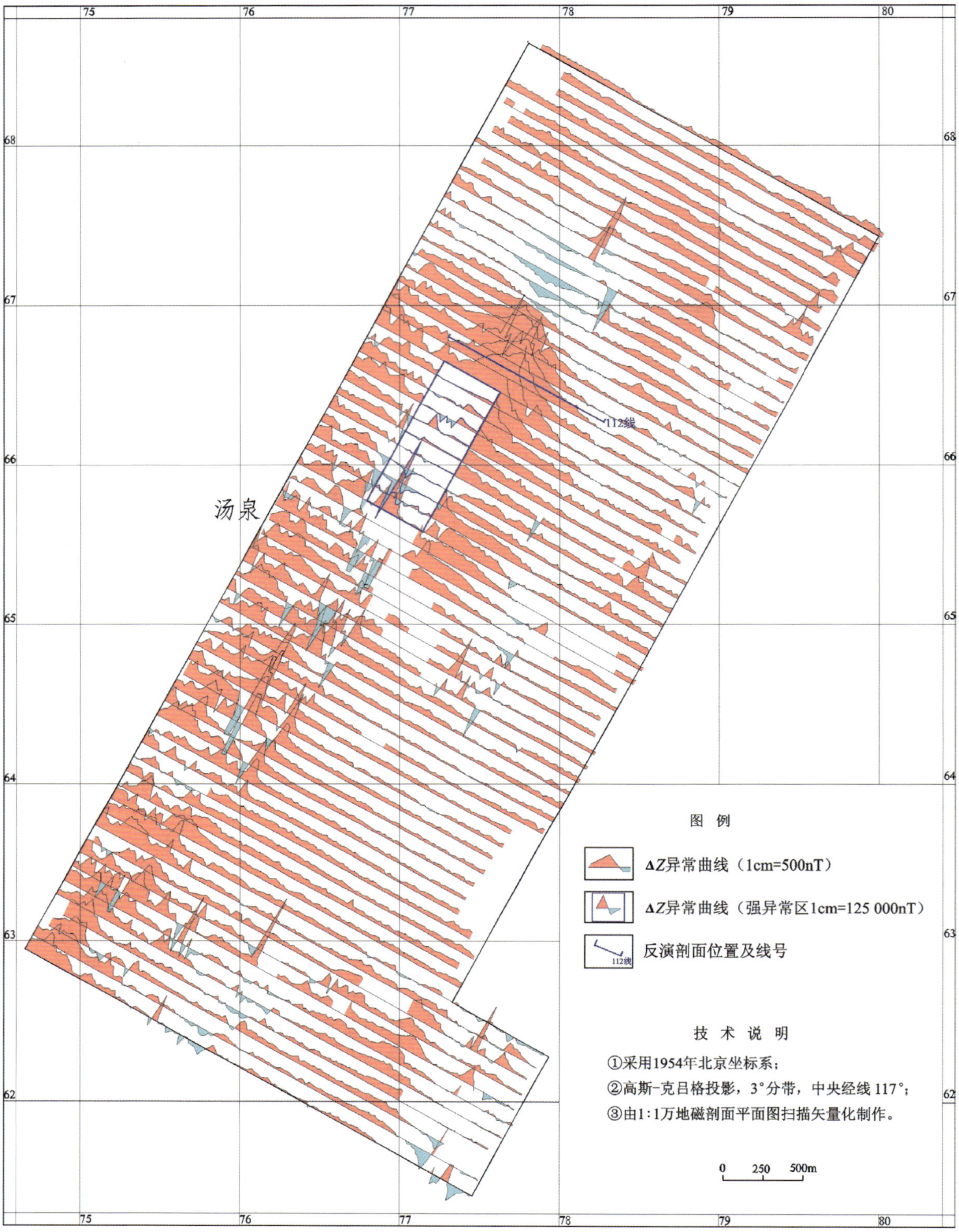

图 7-93　大田汤泉铁矿典型矿床地磁 ΔZ 剖面平面图

控制面积，含矿系数、体重采用典型矿床计算所得数值。预测资源量估算公式如式(7-16)。

乌龙奇、三井、山坪头铁矿剖面反演数据来源于原福建省地球物理探矿队于 1978 年 5 月提交的《福建省马坑铁矿外围田地-焦山工区物化探综合普查报告》中的 1∶2.5 万地磁 ΔZ 剖面平面图，中甲铁矿剖面反演数据来源于中甲铁矿区磁法详查剖面平面图(1∶5 000)。磁化倾角收集原详查报告中数据，

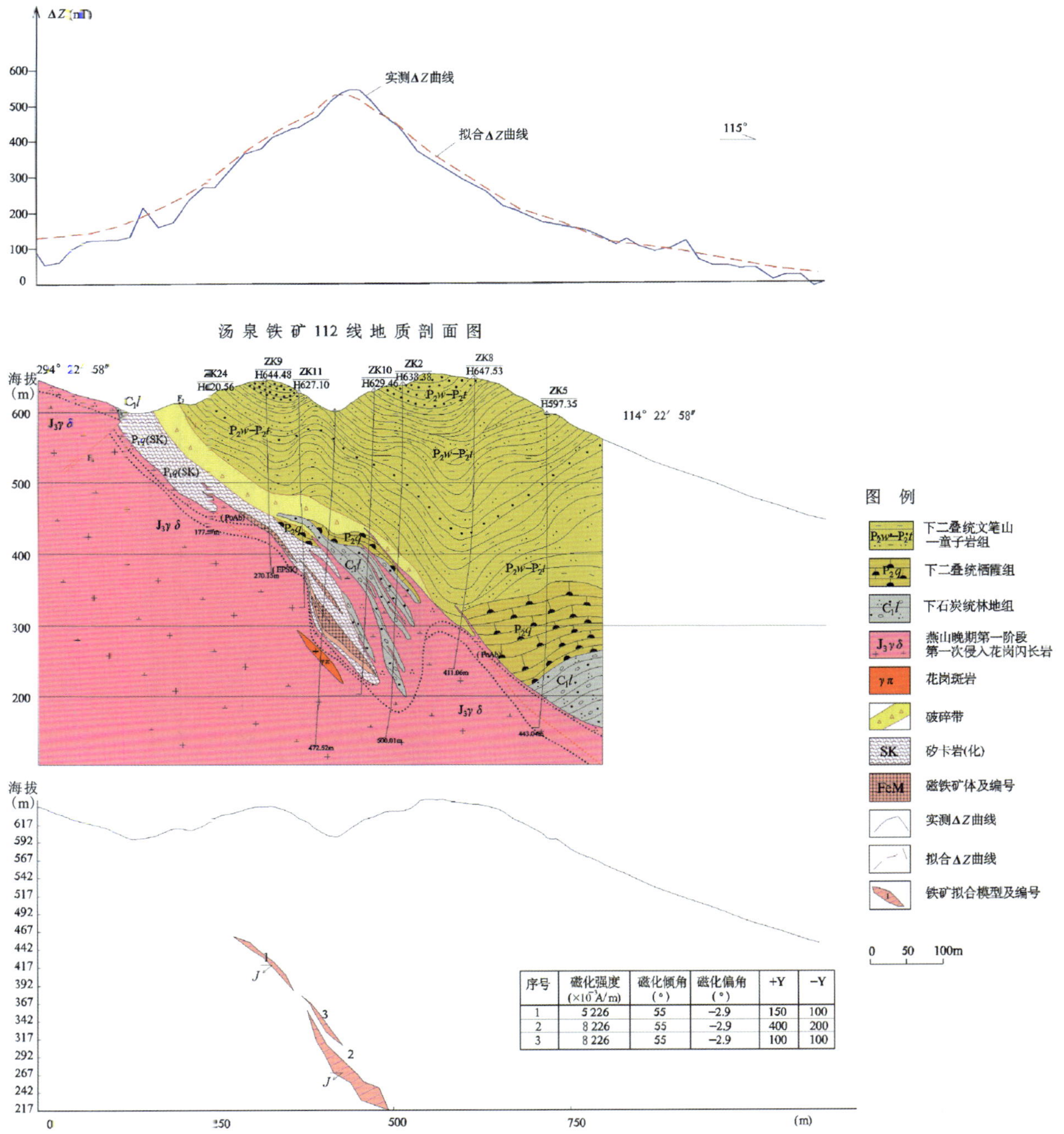

序号	磁化强度 (×10⁻³A/m)	磁化倾角 (°)	磁化偏角 (°)	+Y	−Y
1	5 226	55	−2.9	150	100
2	8 226	55	−2.9	400	200
3	8 226	55	−2.9	100	100

图 7-94　汤泉铁矿典型矿床 112 线反演剖面图

磁化偏角、磁化强度、体重、含矿系数等采用马坑铁矿典型矿床数据。形态系数根据地磁异常平面形态确定。马坑式广义矽卡岩预测类型龙岩马坑铁矿典型矿床深部及外围磁法预测资源量见表 7-222。

汤泉南矿剖面反演数据来源于原福建省地球物理地球化学勘查大队于 1985 年 10 月提交的《福建省大田县太华汤泉-锦溪测区物化探详查工作报告》中的 1∶1 万地磁 ΔZ 剖面平面图。磁化倾角收集原详查报告中数据，磁化偏角、磁化强度、体重、含矿系数等采用汤泉铁矿典型矿床数据。形态系数根据《福建省大田县汤泉铁矿区资源量核查报告》中的矿体形态确定。汤泉式接触交代预测类型大田汤泉铁矿典型矿床深部和外围磁法预测资源量见表 7-223。

表 7-222 马坑式广义矽卡岩预测类型龙岩马坑铁矿典型矿床深部及外围磁法预测资源量表

矿床编号	矿床名称	矿体编号	经度	纬度	矿石或直接围岩名称	磁化倾角(°)	磁化偏角(°)	磁化强度($\times10^{-3}$A/m)	走向长度(m)	截面积(m^2)	形态系数	含矿系数	夹角(°)	体重(t/m^3)	预测资源量($\times10^4$t)	精度
闽 Fe-08-005	马坑铁矿	闽 Fe-08-005-01	117°04′47″	25°00′14″	磁铁矿	133	−2.42	63 200	4 818	47 907.3	1/3	0.79	90	3.8	23 097.1	334-1
					辉绿岩	133	−2.42	2 600								
					矽卡岩	133	−2.42	515								
闽 Fe-08-004	中甲铁矿	闽 Fe-08-004-01	117°09′58″	25°03′07″	磁铁矿	35	−2.42	63 200	950	9 662.3	1/3	0.79	90	3.8	918.5	334-1
		闽 Fe-08-004-02	117°09′37″	25°02′38″	磁铁矿	93	−2.42	63 200	800	4 383.6	1/3	0.79	90	3.8	350.86	334-1
闽 Fe-08-006	乌龙奇铁矿	闽 Fe-08-006-01	117°06′15″	24°59′10″	磁铁矿	134	−2.42	63 200	650	3 634.8	1/3	0.79	90	3.8	236.37	334-2
闽 Fe-08-007	三井铁矿	闽 Fe-08-007-01	117°04′53″	24°57′37″	磁铁矿	134	−2.42	63 200	875	14 967.7	1/3	0.79	90	3.8	1 310.52	334-2
闽 Fe-08-008	山坪头(三井东)铁矿	闽 Fe-08-008-01	117°07′59″	24°56′07″	磁铁矿	134	−2.42	63 200	2 200	30 867	1/3	0.79	90	3.8	6 795.3	334-3

表 7-223　汤泉式接触交代预测类型大田汤泉铁矿典型矿床深部及外围磁法预测资源量表

矿床编号	矿床名称	矿体编号	矿石或直接围岩名称	磁化倾角(°)	磁化偏角(°)	磁化强度($\times10^{-3}$ A/m)	走向长度(m)	截面积(m^2)	形态系数	含矿系数	夹角(°)	体重(t/m^3)	预测资源量($\times10^4$ t)	精度
闽 Fe-03-002	汤泉铁矿	闽 Fe-03-002-01	磁铁矿	125	−2.9	82 260	1 000	1 237.5	1/3	0.89	90	4.21	154.5	334-1

4. 典型矿床总资源量

典型矿床总资源量＝查明资源量＋预测资源量，马坑式广义矽卡岩预测类型龙岩马坑铁矿典型矿床磁法预测总资源量见表 7-224。

表 7-224　马坑式广义矽卡岩预测类型龙岩马坑铁矿典型矿床磁法预测总资源量表

典型矿床编号	典型矿床名称	经度	纬度	包含矿体个数	查明资源量($\times10^4$ t)	预测资源量($\times10^4$ t)	总资源量($\times10^4$ t)	精度
闽 Fe-03-003	马坑铁矿	117°04′47″	25°00′14″	6	43 043.2	24 079.2	67 122.4	334-1

汤泉式接触交代预测类型大田汤泉铁矿典型矿床磁法预测总资源量见表 7-225。

表 7-225　汤泉式接触交代预测类型大田汤泉铁矿典型矿床磁法预测总资源量表

典型矿床编号	典型矿床名称	经度	纬度	包含矿体个数	查明资源量($\times10^4$ t)	预测资源量($\times10^4$ t)	总资源量($\times10^4$ t)	精度
闽 Fe-03-001	汤泉铁矿	117°46′00″	25°54′00″	2	280.35	116.45	396.8	334-1

(二)其他已知矿产地预测资源量

其他已知矿产地是指除典型矿床外的已知磁性铁矿床。福建省有较多资料的矿区为漳平洛铁矿和大田银顶格铁矿，现对这两个矿床进行资源量预测。

1. 漳平洛阳铁矿

洛阳铁矿位于漳平市南东 115°，直距 18km 的大深村，矿区面积约 6km²。地理坐标：东经 117°35′22″，北纬 25°14′42″，航磁编号：闽 C5-1958-136。

(1)矿床地磁资料：采用原福建省地球物理探矿队于 1979 年 10 月提交的《福建省漳平县洛阳铁矿区及其外围物化探综合报告》中的 1∶5 000 地磁 ΔZ 剖面平面图。

(2)地磁异常由已知洛阳铁矿床和后头山铁矿引起。

(3)洛阳矿区选择 9 线、15′线剖面(图 7-95、图 7-96)，后头山矿区选择 41 线、43 线剖面进行反演计算(图 7-97、图 7-98)，剖面长度、位置选择合理，方向垂直于异常走向，正常场选择正确，采用已知地质勘探剖面进行模型设计。

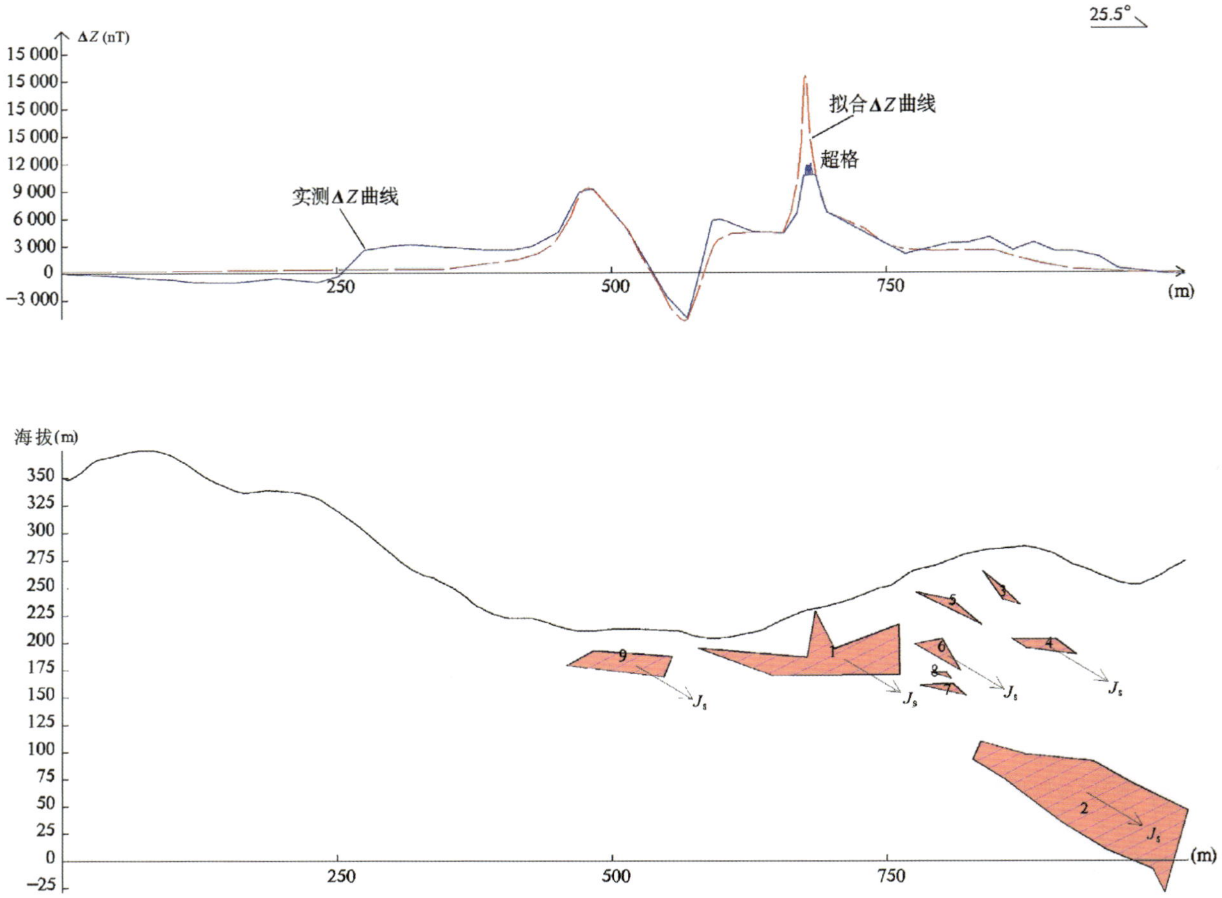

序号	磁化强度 $(\times10^{-3}$A/m)	磁化倾角 (°)	磁化偏角 (°)	+Y	−Y
1	8 060.00	39.00	−2.31	200	200
2	8 060.00	39.00	−2.28	600	1 000
3	8 060.00	39.00	−2.28	200	200
4	8 060.00	39.00	−2.21	200	200
5	8 060.00	39.00	−2.21	200	200
6	8 060.00	39.00	−2.21	200	200
7	8 060.00	39.00	−2.21	200	200
8	8 060.00	39.00	−2.21	200	200
9	8 060.00	39.00	−2.21	200	200

铁矿截面积

S_1=4 283m^2
S_2=10 375m^2
S_3=185m^2
S_4=441m^2
S_5=283m^2
S_6=395m^2
S_7=168m^2
S_8=42m^2
S_9=1 431m^2

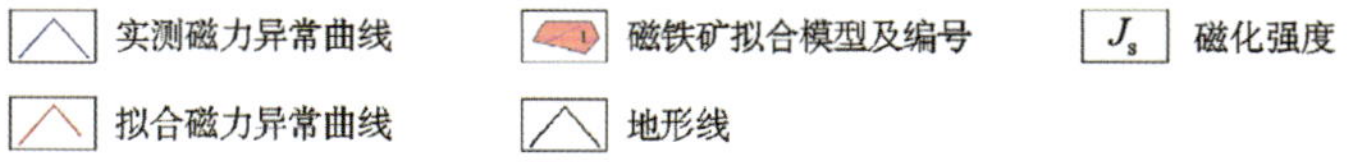

图 7-95　洛阳 9 线地磁 ΔZ 反演剖面图

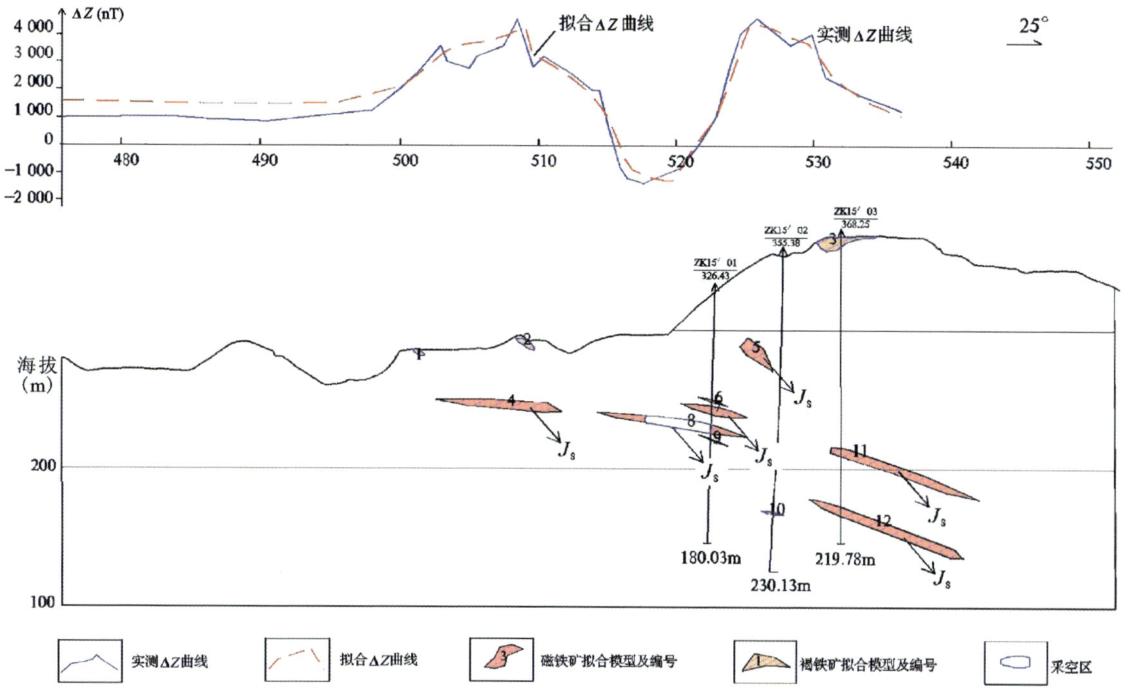

序号	磁化强度 (×10^3A/m)	磁化倾角 (°)	磁化偏角 (°)	+Y	−Y
1	200.00	45.50	−2.42	3 500	1 200
2	200.00	45.50	−2.42	3 500	1 200
3	200.00	45.50	−2.42	3 500	1 200
4	10 150.00	45.50	−2.42	3 500	1 200
5	10 150.00	45.50	−2.42	3 500	1 200
6	10 150.00	45.50	−2.42	3 500	1 200
7	10 150.00	45.50	−2.42	3 500	1 200
8	10 150.00	45.50	−2.42	3 500	1 200
9	10 150.00	45.50	−2.42	3 500	1 200
10	10 150.00	45.50	−2.42	3 500	1 200
11	10 150.00	45.50	−2.42	3 500	1 200
12	10 150.00	45.50	−2.42	3 500	1 200

铁矿截面积

S_1=21m^2　S_7=195m^2
S_2=51m^2　S_8=203m^2
S_3=222m^2　S_9=14m^2
S_4=447m^2　S_{10}=17m^2
S_5=227m^2　S_{11}=579m^2
S_6=22m^2　S_{12}=694m^2

横向比例尺1:5 000
高程1cm=50m

图 7-96　洛阳15′线地磁ΔZ反演剖面图

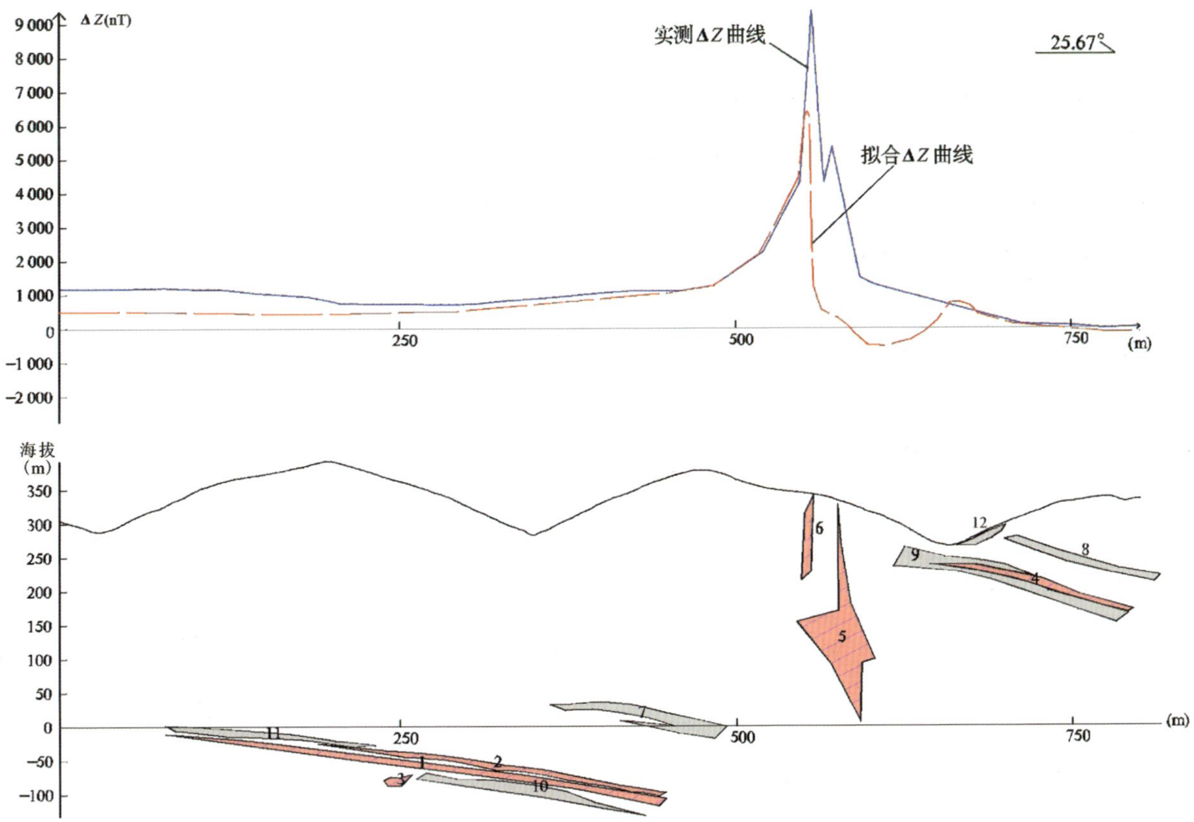

序号	模型密度 (g/cm³)	磁化强度 (×10⁻³A/m)	磁化倾角 (°)	磁化偏角 (°)	+Y	−Y
1	1.00	8 460.00	39.10	−2.28	500	600
2	1.00	8 460.00	39.10	−2.28	500	800
3	1.00	8 460.00	39.10	−2.28	200	400
4	1.00	5 460.00	39.10	−2.28	500	700
5	1.00	7 500.00	39.10	−2.28	300	400
6	1.00	5 000.00	39.10	−2.28	400	500
7	1.00	200.00	39.10	−2.28	200	200
8	1.00	200.00	39.10	−2.28	300	300
9	1.00	200.00	39.10	−2.28	200	200
10	1.00	200.00	39.10	−2.28	200	200
11	1.00	200.00	39.10	−2.28	200	200
12	1.00	200.00	39.10	−2.28	200	200

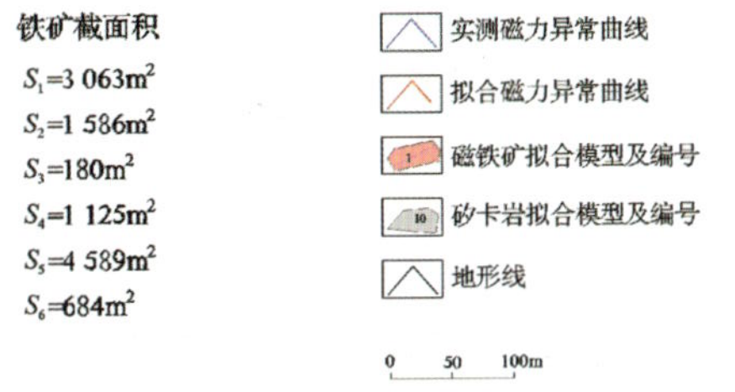

图 7-97　后头山41线地磁ΔZ反演剖面图

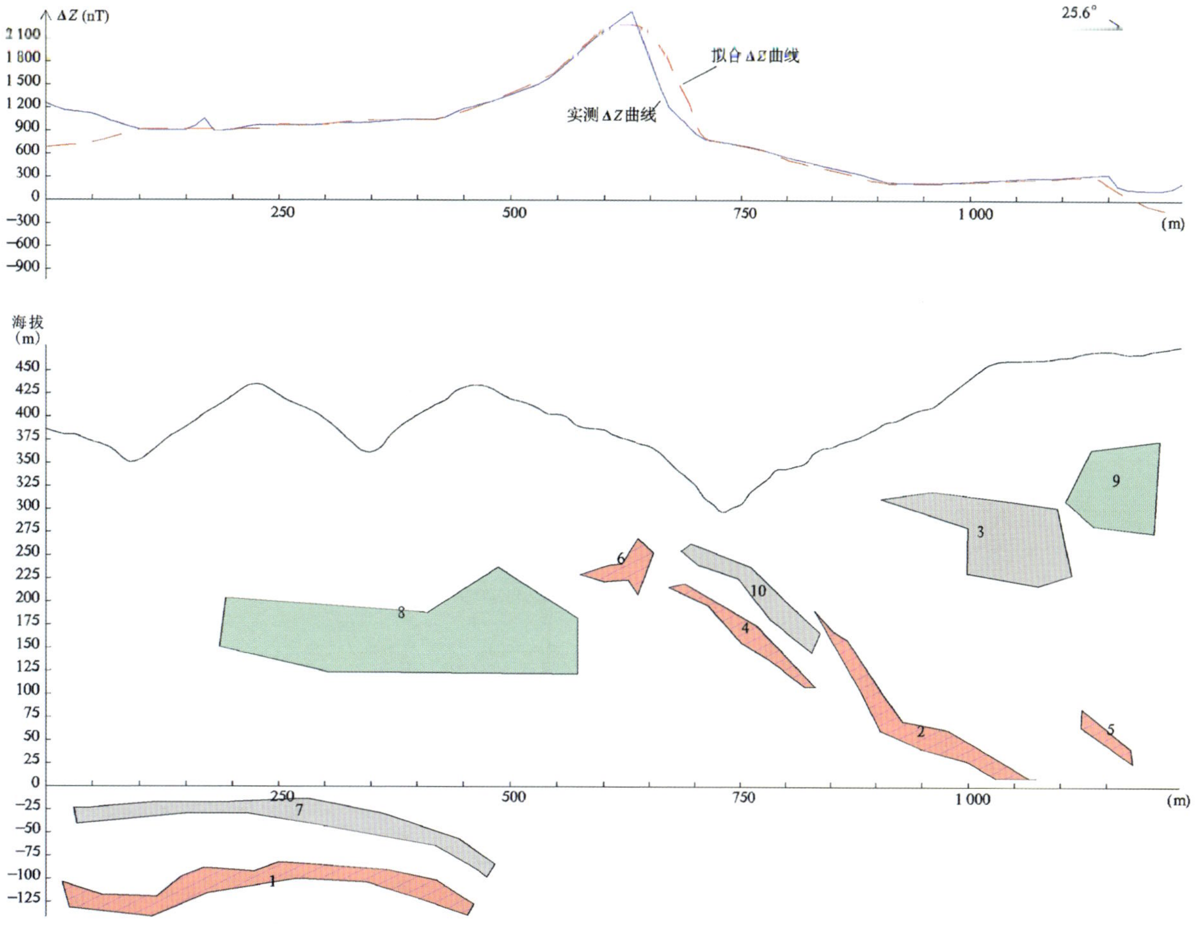

序号	磁化强度 (×10⁻³A/m)	磁化倾角 (°)	磁化偏角 (°)	+Y	−Y
1	8 450.00	39.00	−2.28	100	700
2	8 450.00	39.00	−2.28	100	700
3	2 00.00	39.00	−2.28	200	200
4	8 450.00	39.00	−2.28	100	700
5	8 450.00	39.00	−2.28	100	700
6	8 450.00	39.00	−2.28	100	700
7	200.00	39.00	−2.28	200	200
8	1 000.00	39.00	−2.28	200	200
9	1 000.00	39.00	−2.28	200	200
10	200.00	39.00	−2.28	200	200

铁矿截面积

S_1=12 663m²

S_2=6 566.5m²

S_3=3 254m²

S_4=929.3m²

S_5=1 640.9m²

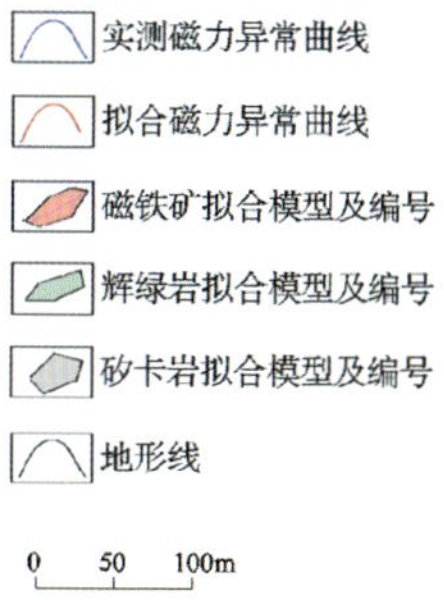

图 7-98　后头山43线地磁ΔZ反演剖面图

(4)磁化强度、磁化倾角采用矿区实测数据，磁化偏角采用矿区中心经纬度用 RGIS 软件计算得到。走向长度采用磁异常的走向长度。

(5)矿体形态为棱台体，形态系数选择 1/3。

(6)洛阳铁矿查明资源量、体重等数据资料来源于闽东南地质大队 2009 年 11 月提交的《福建省漳平市洛阳铁矿核查区资源量核查报告》。

(7)含矿系数采用马坑铁矿典型矿床资料，参数确定结果见表 7-226。

表 7-226　马坑式广义矽卡岩预测类型潘洛地区预测区其他已知矿产地磁性参数一览表

矿床编号	矿床名称	矿体编号	经度	纬度	矿石或直接围岩名称	磁化倾角(°)	磁化偏角(°)	磁化强度($\times10^{-3}$A/m)	走向长度(m)	截面积(m^2)	形态系数	含矿系数	夹角(°)	体重(t/m^3)	查明资源储量($\times10^4$t)	精度
闽 Fe-06-001	洛阳铁矿	闽 Fe-06-001-01	117°35′29″	25°15′04″	磁铁矿	45.5	−2.28	101 500	1 500	13 475.5	1/3	0.79	90	3.7	1 969.45	331
					褐铁矿	45.5	−2.28	2 000								
					矽卡岩	39.1	−2.28	2 000								

2. 大田银顶格铁矿

银顶格铁矿位于大田县北侧，直距约 14km 的湖坪村，地理坐标：东经 117°48′35″，北纬 25°49′01″，航磁编号：闽 C5-1958-65。

(1)矿床地磁资料：采用原福建省地球物理探矿队于 1960 年 1 月提交的《大田南坑-银顶格物化探工作报告》中的 1∶2 000 地磁 ΔZ 剖面平面图。

(2)地磁异常由银顶格铁矿引起。

(3)选择 300 线、417 线剖面进行反演计算(图 7-99、图 7-100)，剖面长度、位置选择合理，方向垂直于异常走向，正常场选择正确，采用已知地质勘探剖面进行模型设计。

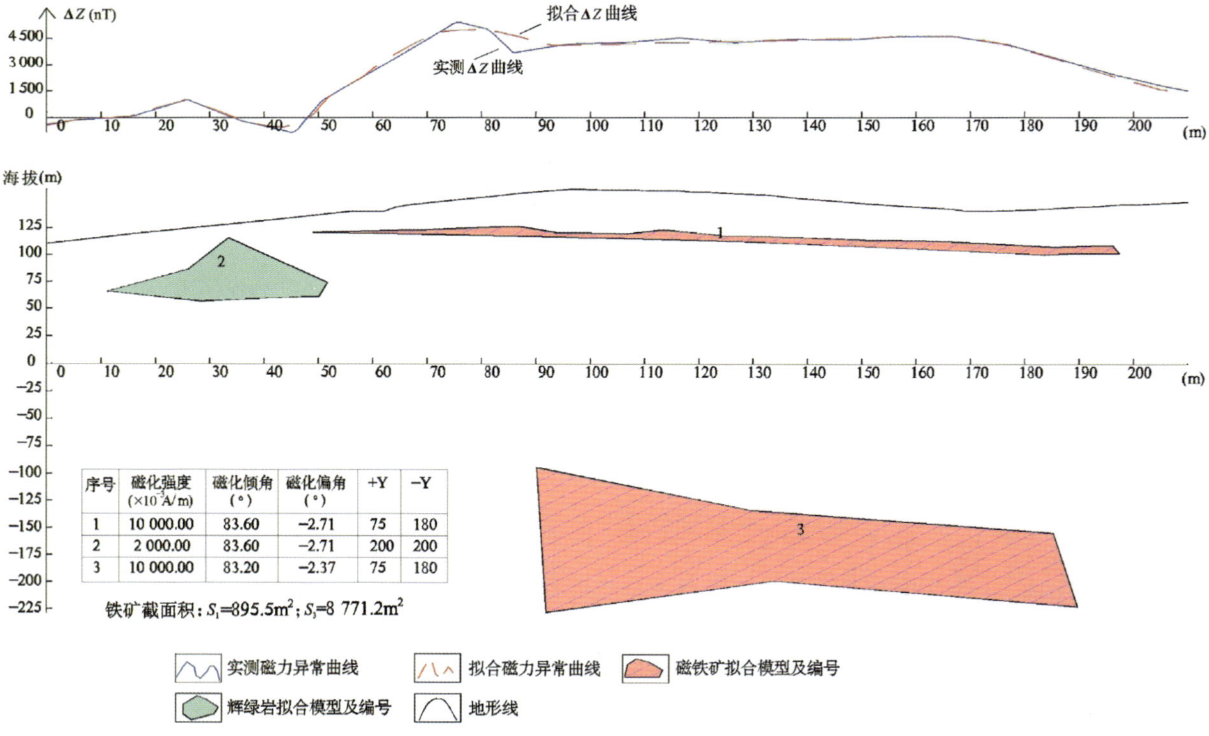

图 7-99　银顶格 300 线地磁 ΔZ 反演剖面图

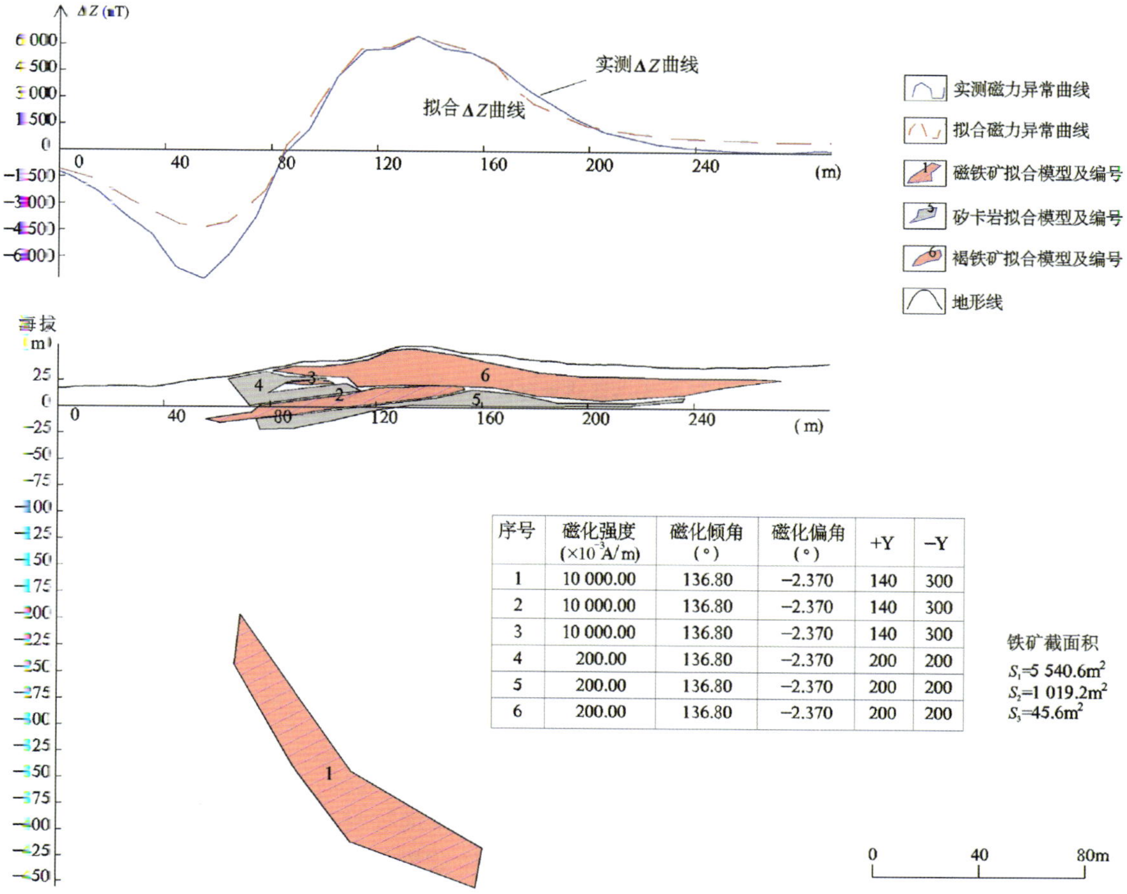

图 7-100 银顶格 417 线地磁 ΔZ 反演剖面图

(4)磁化强度、磁化倾角采用矿区实测数据，磁化偏角采用矿区中心经纬度用 RGIS 软件计算得到。走向长度采用磁异常的走向长度。

(5)矿体形态为棱台体，形态系数选择 1/3。

(6)银顶格铁矿查明资源量、体重等数据资料来源于闽西地质大队 2009 年 12 月提交的《福建省大田县银顶格铁矿核查区资源量核查报告》。

(7)含矿系数采用汤泉铁矿典型矿床资料，汤泉式接触交代预测类型大田地区预测区其他已知矿产地磁性参数见表 7-227。

表 7-227 汤泉式接触交代预测类型大田地区预测区其他已知矿产地磁性参数一览表

矿床编号	矿床名称	矿体编号	经度	纬度	矿石或直接围岩名称	磁化倾角(°)	磁化偏角(°)	磁化强度(×10⁻³A/m)	走向长度(m)	截面积(m²)	形态系数	含矿系数	夹角(°)	体重(t/m³)	查明资源储量(×10⁴t)	精度
闽 Fe-03-004	大田银顶格铁矿	闽 Fe-03-004-01	117°48′46″	25°49′05″	磁铁矿	83.6	−2.71	100 000	550	14 055.9	1/3	0.89	90	3.62	1 937.32	334-1
					褐铁矿	83.6	−2.71	2 000								
					矽卡岩	83.6	−2.71	2 000								
		闽 Fe-03-004-02	117°48′22″	25°49′01″	磁铁矿	83.6	−2.71	100 000	400	26 258.9	1/3	0.89	90	3.62		334-1
					褐铁矿	83.6	−2.71	2 000								

3. 预测资源量及其估算参数

其他已知矿床磁法预测资源量的估算，参数的选择方法如下：截面积采用 2.5D 反演方法减掉已控制面积，含矿系数、体重采用相应典型矿床计算所得数值。预测资源量估算公式如式(7-6)。

洛阳铁矿采用原福建省地球物理探矿队于 1979 年 10 月提交的《福建省漳平县洛阳铁矿区及其外围物化探综合报告》中的 1∶5 000 地磁 ΔZ 剖面平面图，郭埔铁矿采用 1∶5 万航磁数据。

磁化倾角收集原物化探综合报告中数据，磁化偏角、磁化强度、体重、含矿系数等采用马坑铁矿典型矿床数据。形态系数根据地磁异常平面形态确定。

马坑式广义矽卡岩预测类型潘洛地区预测区其他已知矿床磁法预测资源量见表 7-228。

表 7-228　马坑式广义矽卡岩预测类型潘洛地区预测区其他已知矿床磁法预测资源量表

矿床编号	矿床名称	矿体编号	经度	纬度	矿石或直接围岩名称	磁化倾角(°)	磁化偏角(°)	磁化强度($\times10^{-3}$ A/m)	走向长度(m)	截面积(m^2)	形态系数	含矿系数	夹角(°)	体重(t/m^3)	查明资源储量($\times10^4$ t)	精度
闽Fe-06-001	洛阳铁矿	闽Fe-06-001-01	117°35′29″	25°15′05″	磁铁矿	45.5	−2.42	101 500	1 500	4 757.2	1/3	0.79	90	3.7	3 303.09	334-1
					褐铁矿	45.5	−2.42	2 000								
闽Fe-06-002		闽Fe-06-002-01	117°36′14″	25°14′39″	磁铁矿	39.1	−2.28	84 600	900	29 739.2	1/3	0.79	90	3.7		334-1
					矽卡岩	39.1	−2.28	2 000								
闽Fe-06-003	漳平郭埔铁矿	闽Fe-06-003-01	117°38′01″	25°14′60″	磁铁矿	35.7	−2.28	85 000	3 600	10 608	1.3	0.79	90	3.7	3 720.9	334-3
					辉绿岩	35.7	−2.28	3 000								

大田湖坪铁矿采用 1∶5 万航磁数据。磁化倾角收集大田南坑-银顶格物化探工作报告中数据，磁化偏角、磁化强度、体重、含矿系数等采用汤泉铁矿典型矿床数据。形态系数根据地磁异常平面形态确定。汤泉式接触交代预测类型大田地区预测区其他已知矿床磁法预测资源量见表 7-229。

表 7-229　汤泉式接触交代预测类型大田地区预测区其他矿床磁法预测资源量表

矿床编号	矿床名称	矿体编号	经度	纬度	矿石或直接围岩名称	磁化倾角(°)	磁化偏角(°)	磁化强度($\times10^{-3}$ A/m)	走向长度(m)	截面积(m^2)	形态系数	含矿系数	夹角(°)	体重(t/m^3)	预测资源量($\times10^4$ t)	精度
闽Fe-03-003	大田湖坪	闽Fe-03-003-01	117°50′30″	25°50′28″	磁铁矿	134	−2.71	60 000	5 000	10 512	1/3	0.89	90	3.62	5 644.6	334-3

4. 资源量汇总

其他已知矿产地总资源量＝查明资源量＋预测资源量，马坑式广义矽卡岩预测类型潘洛地区预测区其他已知矿床磁法预测总资源量见表 7-230，汤泉式接触交代预测类型大田地区预测区其他已知矿床磁法预测总资源量见表 7-231。

表 7-230　马坑式广义矽卡岩预测类型潘洛地区预测区其他已知矿床磁法预测总资源量表

序号	已知矿产地编号	已知矿产地名称	经度	纬度	包含矿致异常个数	查明资源量($\times10^4$ t)	预测资源量($\times10^4$ t)	总资源量($\times10^4$ t)	精度
1	闽 Fe-06-001	洛阳铁矿	117°35′29″	25°15′04″	1	1 969.45	695.17	5 272.54	334-1
2	闽 Fe-06-002		117°36′13″	25°14′38″	1		2 607.83		334-1
3	闽 Fe-06-003	漳平郭埔铁矿	117°38′01″	25°14′60″	1	0	3 720.9	3 720.9	334-3

表 7-231 汤泉式接触交代预测类型大田地区预测区其他已知矿床磁法预测总资源量表

序号	已知矿产地编号	已知矿产地名称	经度	纬度	包含矿致异常个数	查明资源量（$\times10^4$ t）	预测资源量（$\times10^4$ t）	总资源量（$\times10^4$ t）	精度
1	闽 Fe-C3-004	大田银顶格铁矿	117°48′35″	25°49′00″	2	1 937.32	0	1 937.32	334-1
2	闽 Fe-C3-003	大田湖坪	117°50′30″	25°50′28″	1	0	5 644.6	5 644.6	334-3

二、预测区磁性铁矿产资源量预测

福建省铁矿预测工作区选择 10 处，由于龙岩马坑与龙岩蕉山-漳平大坂合并编图、漳平洛阳和安溪潘田-剑斗合并编图、大田银顶格和永安溪南-大田龙凤场合并编图，所以本次各类编图都只有 7 张。预测区合并为福建省将乐万安汤泉式接触交代型铁矿预测工作区、福建省大田地区汤泉式接触交代型铁矿预测工作区、福建省漳平挂山马坑式广义矽卡岩型铁矿预测工作区、福建省潘洛地区马坑式广义矽卡岩型铁矿预测工作区、福建省德化阳山马坑式广义矽卡岩型铁矿预测工作区、福建省龙岩马坑马坑式广义矽卡岩型铁矿预测工作区和福建省上杭湖洋马坑式广义矽卡岩型铁矿预测工作区共 7 处，均分布于闽西南凹陷区中的铁矿成矿带上。

以预测工作区为单位，首先判断所有筛选出的矿致磁异常的正确性，然后再对磁异常进行反演计算。应注意原始数据来源的可靠性、剖面选择合理性、选择的剖面长度是否已经到达正常场；对于磁化强度、磁化倾角等参数，在有矿区实测数据时引用实测数据，没有实测数据的引用其对应的典型矿床的数据；磁化偏角采用矿区中心经纬度用 RGIS 软件计算得到；磁性矿体的走向长度，对于已知矿体取已控制矿体长度，推断磁性矿体的长度近似采用矿致磁异常的走向长度，从等值线图或剖面平面图上量取。矿体形态多为棱台体，形态系数选择 1/3。含矿系数、体重等参数引用相应的典型矿床数据。

下面对各个预测区进行推断磁性矿体资源量预测，而后对各个推断磁性铁矿床的资源量进行汇总。

1. 福建省将乐万安汤泉式接触交代型铁矿预测工作区

汤泉接触交代预测类型将乐万安预测区推断磁性矿体预测资源量见表 7-232。

表 7-232 汤泉接触交代预测类型将乐万安预测区推断磁性矿体预测资源量表

铁矿矿致磁异常编号	经度	纬度	矿石或直接围岩名称	磁化倾角（°）	磁化偏角（°）	磁化强度（$\times10^{-3}$ A/m）	走向长度（m）	截面积（m^2）	形态系数	含矿系数	夹角（°）	体重（t/m^3）	预测资源量（$\times10^4$ t）	精度
闽 C5-1958-24	117°37′40″	26°56′30″	磁铁矿	38.5	−2.65	60 000	4 000	54 759	1/3	0.89	90	4.21	27 243.2	334-3
闽 DC-1966-02	117°28′54″	26°50′19″	磁铁矿	139	−2.23	82 260	150	3 567.7	1/3	0.89	90	4.21	66.81	334-1
闽 DC-1966-04	117°28′42″	26°50′02″	磁铁矿	141	−2.23	82 260	160	2 965.5	1/3	0.89	90	4.21	59.29	334-1
闽 DC-1966-06	117°28′27″	26°47′32″	磁铁矿	55	−2.23	82 260	600	4 282.3	1/3	0.89	90	4.21	320.9	334-1
闽 DC-1966-07	117°27′06″	26°45′46″	磁铁矿	93	−2.23	82 260	354	6 586.9	1/3	0.89	90	4.21	291.2	334-1

汤泉接触交代预测类型将乐万安预测区磁法推断磁性铁矿床预测总资源量见表 7-233。

表 7-233　汤泉接触交代预测类型将乐万安预测区磁法推断磁性铁矿床预测总资源量表

序号	推断磁性铁矿床编号	推断磁性铁矿床名称	经度	纬度	包含矿致异常个数	预测资源量($\times10^4$ t)	精度
1	闽 Fe-01-001	大头王	117°37′22″	26°55′31″	1	27 243.2	334-3
2	闽 Fe-01-002	上湖	117°28′45″	26°50′13″	2	126.1	334-1
3	闽 Fe-01-003	新路口	117°28′26″	26°47′32″	1	320.9	334-1
4	闽 Fe-01-004	肖公洞	117°27′19″	26°45′32″	1	291.2	334-1

2. 福建省大田地区汤泉式接触交代型铁矿预测工作区

汤泉接触交代预测类型大田地区铁矿预测区推断磁性矿体预测资源量见表 7-234。

表 7-234　汤泉接触交代预测类型大田地区铁矿预测区推断磁性矿体预测资源量表

铁矿矿致磁异常编号	经度	纬度	矿石或直接围岩名称	磁化倾角(°)	磁化偏角(°)	磁化强度($\times10^{-3}$ A/m)	走向长度(m)	截面积(m^2)	形态系数	含矿系数	夹角(°)	体重(t/m^3)	预测资源量($\times10^4$ t)	精度
闽C5-1980-40	117°44′20″	25°49′07″	磁铁矿	135	−2.71	60 000	2 385	8 478.5	1/3	0.89	90	4.21	3 002.1	334-3
闽C5-1958-58	117°44′37″	25°28′32″	磁铁矿	121	−2.71	60 000	650	8 681.9	1/3	0.89	90	4.21	704.9	334-3

汤泉接触交代预测类型大田地区铁矿预测区磁法推断磁性铁矿床预测总资源量见表 7-235。

表 7-235　汤泉接触交代预测类型大田地区铁矿预测区磁法推断磁性铁矿床预测总资源量表

序号	推断磁性铁矿床编号	推断磁性铁矿床名称	经度	纬度	包含矿致异常个数	预测资源量($\times10^4$ t)	精度
1	闽 Fe-03-001	文经	117°44′39″	25°28′32″	1	704.9	334-3
2	闽 Fe-03-004	太华	117°44′20″	25°49′07″	1	3 002.1	334-3

3. 福建省漳平挂山马坑式广义矽卡岩型铁矿预测工作区

马坑式广义矽卡岩预测类型漳平挂山铁矿预测区推断磁性矿体预测资源量见表 7-236。

表 7-236　马坑式广义矽卡岩预测类型漳平挂山铁矿预测区推断磁性矿体预测资源量表

铁矿矿致磁异常编号	经度	纬度	矿石或直接围岩名称	磁化倾角(°)	磁化偏角(°)	磁化强度($\times10^{-3}$ A/m)	走向长度(m)	截面积(m^2)	形态系数	含矿系数	夹角(°)	体重(t/m^3)	预测资源量($\times10^4$ t)	精度
闽DC-1978-04 闽DC-1978-05	117°18′31″	25°35′34″	磁铁矿	150	−2.53	60 530	2 400	9 432.8	1/3	0.79	90	3.8	2 265.4	334-1
闽C5-1958-73	117°19′41″	25°33′05″	磁铁矿	150	−2.53	85 000	2 500	17 668	1/3	0.79	90	3.8	4 420	334-3

马坑式广义矽卡岩预测类型漳平挂山铁矿预测区磁法推断磁性铁矿床预测总资源量见表 7-237。

表 7-237 马坑式广义矽卡岩预测类型漳平挂山铁矿预测区磁法推断磁性铁矿床预测总资源量表

序号	推断磁性铁矿床编号	推断磁性铁矿床名称	经度	纬度	包含矿致异常个数	预测资源量（$\times 10^4$ t）	精度
1	闽 Fe-04-001	挂山	117°18′31″	25°35′34″	2	2 265.4	334-1
2	闽 Fe-04-002	麻坑	117°19′37″	25°33′07″	1	4 420	334-3

4. 福建省潘洛地区马坑式广义矽卡岩型铁矿预测工作区

马坑式广义矽卡岩预测类型潘洛地区铁矿预测区推断磁性矿体预测资源量见表 7-238。

表 7-238 马坑式广义矽卡岩预测类型潘洛地区铁矿预测区推断磁性矿体预测资源量表

矿致异常编号	经度	纬度	矿石或直接围岩名称	磁化倾角（°）	磁化偏角（°）	磁化强度（$\times 10^{-3}$ A/m）	走向长度（m）	截面积（m^2）	形态系数	含矿系数	夹角（°）	体重（t/m^3）	预测资源量（$\times 10^4$ t）	精度
闽 DC-1964-4-01	117°47′30″	25°18′51″	磁铁矿	46	−2.27	63 200	900	14 581	1/3	0.79	90	3.7	1 278.61	334-1
闽 DC-1964-4-02	117°48′05″	25°18′21″	磁铁矿	40.66	−2.28	63 200	850	9 073	1/3	0.79	90	3.7	751.41	334-1
闽 DC-1964-08	117°59′09″	25°13′37″	磁铁矿	93	−2.27	63 200	400	13 581	1/3	0.79	90	3.7	529.31	334-2
闽 DC-1964-09	117°47′30″	25°18′51″	磁铁矿	93	−2.27	63 200	700	8 298	1/3	0.79	90	3.7	566.0	334-2
闽 DC-1964-02	117°54′49″	25°19′16″	磁铁矿	46	−2.27	60 000	3 400	10 890.6	1/3	0.79	80	3.7	3 535.23	334-1

马坑式广义矽卡岩预测类型潘洛地区铁矿预测区磁法推断磁性铁矿床预测总资源量见表 7-239。

表 7-239 马坑式广义矽卡岩预测类型潘洛地区铁矿预测区磁法推断磁性铁矿床预测总资源量表

序号	推断磁性铁矿床编号	推断磁性铁矿床名称	经度	纬度	包含矿致异常个数	预测资源量（$\times 10^4$ t）	精度
1	闽 Fe-05-001	潘田	117°47′30″	26°18′51″	1	1 278.61	334-3
2	闽 Fe-05-002	潘田	117°48′05″	25°18′21″	1	751.41	334-1
3	闽 Fe-05-003	剑斗	117°54′49″	25°19′16″	1	3 535.23	334-1
4	闽 Fe-05-004	珍地（青洋）	117°59′09″	25°13′37″	1	529.31	334-2
5	闽 Fe-05-005	青洋	117°58′05″	25°12′24″	1	566.0	334-2

5. 福建省德化阳山马坑式广义矽卡岩型铁矿预测工作区

马坑式广义矽卡岩预测类型德化阳山铁矿预测区推断磁性矿体预测资源量见表 7-240。

表 7-240 马坑式广义矽卡岩预测类型德化阳山铁矿预测区推断磁性矿体预测资源量表

矿致异常编号	经度	纬度	矿石或直接围岩名称	磁化倾角（°）	磁化偏角（°）	磁化强度（$\times 10^{-3}$ A/m）	走向长度（m）	截面积（m^2）	形态系数	含矿系数	夹角（°）	体重（t/m^3）	预测资源量（$\times 10^4$ t）	精度
闽 DC-1959-01（绮阳）	118°02′03″	25°34′01″	磁铁矿	62	−2.37	100 000	600	10 550	1/3	0.79	90	3.8	633.44	334-1
闽 C5-1959-122	118°02′13″	25°33′58″	磁铁矿	63	−2.37	60 000	1 100	58 587	1/3	0.79	90	3.8	6 398.52	334-1
闽 C1-1973-73	118°08′07″	25°35′48″	磁铁矿	141	−2.37	60 000	1 700	41 122	1/3	0.79	90	3.8	6 995.39	334-3

马坑式广义矽卡岩预测类型德化阳山铁矿预测区磁法推断磁性铁矿床预测总资源量见表7-241。

表7-241　马坑式广义矽卡岩预测类型德化阳山铁矿预测区磁法推断磁性铁矿床预测总资源量表

序号	推断磁性铁矿床编号	推断磁性铁矿床名称	经度	纬度	包含矿致异常个数	预测资源量(×10⁴t)	精度
1	闽Fe-07-001	吉岭	118°08′07″	25°35′48″	1	6 995.39	334-3
2	闽Fe-07-002	阳山	118°01′46″	25°33′41″	2	7 031.9	334-1

6. 福建省龙岩马坑马坑式广义矽卡岩型铁矿预测工作区

马坑式广义矽卡岩预测类型龙岩马坑铁矿预测区推断磁性矿体预测资源量见表7-242。

表7-242　马坑式广义矽卡岩预测类型龙岩马坑铁矿预测区推断磁性矿体预测资源量表

矿致异常编号	经度	纬度	矿石或直接围岩名称	磁化倾角(°)	磁化偏角(°)	磁化强度($\times10^{-3}$A/m)	走向长度(m)	截面积(m^2)	形态系数	含矿系数	夹角(°)	体重(t/m^3)	预测资源量($\times10^4$t)	精度
闽DC-1978-08(东宝山)	117°04′09″	25°07′15″	磁铁矿	133	−2.2	63 200	500	14 464	1/3	0.79	90	3.8	722.85	334-2
闽DC-1978-04(焦山)	117°14′43″	25°10′13″	磁铁矿	133	−2.2	63 200	500	8 530	1/3	0.79	90	3.8	426.31	334-2
闽C5-1958-84	116°50′23″	25°06′55″	磁铁矿	133	−2.2	63 200	6 700	53 084	1/3	0.79	90	3.8	35 590	334-3

马坑式广义矽卡岩预测类型龙岩马坑铁矿预测区磁法推断磁性铁矿床预测总资源量见表7-243。

表7-243　马坑式广义矽卡岩预测类型龙岩马坑铁矿预测区磁法推断磁性铁矿床预测总资源量表

序号	推断磁性铁矿床编号	推断磁性铁矿床名称	经度	纬度	包含矿致异常个数	预测资源量(×10⁴t)	精度
1	闽Fe-08-001	焦山	117°14′43″	25°10′13″	1	426.3	334-2
2	闽Fe-08-002	秀东坑	116°50′13″	25°06′50″	1	35 590.0	334-3
3	闽Fe-08-003	东宝山	117°04′09″	25°07′15″	1	722.9	334-2

7. 福建省上杭湖洋马坑式广义矽卡岩型铁矿预测工作区

马坑式广义矽卡岩预测类型上杭湖洋铁矿预测区推断磁性矿体预测资源量见表7-244。

表7-244　马坑式广义矽卡岩预测类型上杭湖洋铁矿预测区推断磁性矿体预测资源量表

矿致异常编号	经度	纬度	矿石或直接围岩名称	磁化倾角(°)	磁化偏角(°)	磁化强度($\times10^{-3}$A/m)	走向长度(m)	截面积(m^2)	形态系数	含矿系数	夹角(°)	体重(t/m^3)	预测资源量($\times10^4$t)	精度
闽DC-1966-01	116°30′37″	24°54′58″	磁铁矿	101	−2.23	40 460	1 200	9 516	1/3	0.79	90	3.8	1 142.64	334-1
闽DC-1966-05	116°31′23″	24°52′47″	磁铁矿	147	−2.23	62 560	1 700	9 628	1/3	0.79	75	3.8	1 572.22	334-1
闽DC-2009-29	116°12′02″	24°56′01″	磁铁矿	147	−2.23	40 460	1 150	8 115	1/3	0.79	90	3.8	933.85	334-2

马坑式广义矽卡岩预测类型上杭湖洋铁矿预测区磁法推断磁性铁矿床预测总资源量见表7-245。

表 7-245 马坑式广义矽卡岩预测类型上杭湖洋铁矿预测区磁法推断磁性铁矿床预测总资源量表

序号	推断磁性铁矿床编号	推断磁性铁矿床名称	经度	纬度	包含矿致异常个数	预测资源量(×10⁴t)	精度
1	闽 Fe-10-001	粪箕窝	116°12′02″	24°56′01″	1	933.8	334-3
2	闽 Fe-10-002	湖洋	116°30′37″	24°54′58″	1	1 142.6	334-1
3	闽 Fe-10-003	畲里	11 631.23	245 247.6	1	1 572.2	334-1

三、预测工作区磁性铁矿床预测资源量统计

以预测工作区为单位统计资源量，按预测方法类别、精度、延深和矿产预测类型分别进行统计。

(一)按方法统计

按预测方法类别，以预测工作区为单位统计资源量，福建省只采用磁法体积法一种预测方法(表7-246)，表中预测资源量不含查明资源量。

表 7-246 福建省铁矿预测工作区预测资源量方法统计表

预测工作区编号	预测工作区名称	预测资源量(×10⁴t)		
		磁法体积法	定量类比法	合计
1	将乐万安汤泉式接触交代型铁矿	27 981.4	—	27 981.4
2	大田地区汤泉式接触交代型铁矿	11 706.64	—	11 706.64
3	漳平挂山马坑式广义矽卡岩型铁矿	6 685.4	—	6 685.4
4	潘洛地区马坑式广义矽卡岩型铁矿	15 654	—	15 654
5	德化阳山马坑式广义矽卡岩型铁矿	14 027.35	—	14 027.35
6	龙岩马坑马坑式广义矽卡岩型铁矿	112 491.01	—	112 491.01
7	上杭湖洋马坑式广义矽卡岩型铁矿	3 648.71	—	3 648.71

(二)按精度统计

按预测精度，以预测工作区为单位统计资源量(表 7-247)，表中预测资源量不含查明资源量。

表 7-247 福建省铁矿预测工作区预测资源量精度统计表

预测工作区编号	预测工作区名称	预测资源量(×10⁴t)			
		334-1	334-2	334-3	合计
1	将乐万安汤泉式接触交代型铁矿	738.2	—	27 243.2	27 981.4
2	大田地区汤泉式接触交代型铁矿	2 355.04	—	9 351.6	11 706.64
3	漳平挂山马坑式广义矽卡岩型铁矿	2 265.4	—	4 420	6 685.4

续表 7-247

预测工作区编号	预测工作区名称	预测资源量（$\times 10^4$ t）			
		334-1	334-2	334-3	合计
4	潘洛地区马坑式广义矽卡岩型铁矿	10 652.38	1 280.72	3 720.9	15 654
5	德化阳山马坑式广义矽卡岩型铁矿	7 031.96	—	6 995.39	14 027.35
6	龙岩马坑马坑式广义矽卡岩型铁矿	66 491.16	3 614.55	42 385.3	112 491.01
7	上杭湖洋马坑式广义矽卡岩型铁矿	2 714.86	—	933.85	3 648.71

（三）按延深统计

以预测工作区为单位，按照 500m 以浅、1 000m 以浅统计预测资源量（表 7-248）。由于福建省磁法体积法所选择的磁测资料大部分为大比例尺地磁资料，其工作比例尺多为 1∶1 万、1∶5 000 甚至 1∶2 000，磁异常往往梯度大、幅值高，在进行反演计算时一般未进行大于 1 000m 的矿体计算，所以福建省对 1 000～2 000m 的资源量暂未进行预测。

表 7-248　福建省铁矿预测工作区预测资源量深度统计表

预测工作区编号	预测工作区名称	500m 以浅资源量（$\times 10^4$ t）				1 000m 以浅资源量（$\times 10^4$ t）			
		查明	334-1	334-2	334-3	查明	334-1	334-2	334-3
1	将乐万安汤泉式接触交代型铁矿	331.2	216.96	—	—	331.2	738.2	—	27 243.2
2	大田地区汤泉式接触交代型铁矿	4 140.1	2 355.04	—	—	4 140.1	2 355.04	—	9 351.6
3	漳平挂山马坑式广义矽卡岩型铁矿	1 247.2	2 265.4	—	—	1 247.2	2 265.4	—	4 420
4	潘洛地区马坑式广义矽卡岩型铁矿	7 706.6	9 476.53	1 280.72	—	7 706.6	10 652.38	1 280.72	3 720.9
5	德化阳山马坑式广义矽卡岩型铁矿	2 393.7	7 031.96	—	—	2 393.7	7 031.96	—	6 995.39
6	龙岩马坑马坑式广义矽卡岩型铁矿	46 301.1	43 394.06	2 696.05	6 795.3	46 301.1	66 491.16	3 614.55	42 385.3
7	上杭湖洋马坑式广义矽卡岩型铁矿	—	2 714.86	—	—	—	2 714.86	—	933.85

(四)按矿床预测类型统计

按矿产预测类型,以预测工作区为单位统计资源量(表 7-249)。福建省铁矿预测类型有 2 种:马坑式广义矽卡岩型和汤泉式接触交代型,汤泉式接触交代型属于矽卡岩型,马坑铁矿划归为广义矽卡岩型。

表 7-249　福建省铁矿预测工作区资源量矿产类型统计表

预测工作区编号	预测工作区名称	接触交代型(×10⁴ t)		矽卡岩型(×10⁴ t)	
		500m 以浅	1 000m 以浅	500m 以浅	1 000m 以浅
1	将乐万安汤泉式接触交代型铁矿	738.2	27 981.4	—	—
2	大田地区汤泉式接触交代型铁矿	2 355.04	11 706.64	—	—
3	漳平挂山马坑式广义矽卡岩型铁矿	—	—	2 265.4	6 685.4
4	潘洛地区马坑式广义矽卡岩型铁矿	—	—	11 933.1	15 654
5	德化阳山马坑式广义矽卡岩型铁矿	—	—	7 031.96	14 027.35
6	龙岩马坑马坑式广义矽卡岩型铁矿	—	—	52 885.41	112 491.01
7	上杭湖洋马坑式广义矽卡岩型铁矿	—	—	2 714.86	3 648.71

四、磁性铁矿产资源量预测结果

以省为单位统计资源量,按预测方法类别、预测精度、延深和矿产预测类型进行统计。

(一)按方法统计

按预测方法类别,以省为单位统计资源量,福建省只采用磁法体积法一种预测方法(表 7-250),表中预测资源量不含查明资源量。

表 7-250　福建省预测资源量方法统计表

省(市区)编号	省(市区)名称	预测资源量(×10⁴ t)		
		磁法体积法	定量类比法	合计
35	福建	192 194.51	—	192 194.51

(二)按精度统计

按预测精度,以省为单位统计资源量(表7-251),表中预测资源量不含查明资源量。

表7-251　福建省预测资源量精度统计表

省(市区)编号	省(市区)名称	预测资源量($\times10^4$t)		
		334-1	334-2	334-3
35	福建	92 249	4 895.27	95 050.24

(三)按延深统计

以省为单位,按照500m以浅、1 000m以浅统计预测资源量(表7-252)。

表7-252　福建省预测资源量深度统计表

省(市区)编号	省(市区)名称	500m以浅资源量($\times10^4$t)				1 000m以浅资源量($\times10^4$t)			
		查明	334-1	334-2	334-3	查明	334-1	334-2	334-3
35	福建	62 119.9	70 432.62	3 976.77	6 795.3	62 119.9	92 249	4 895.27	95 050.24

(四)按矿床预测类型统计

按矿产预测类型,以省为单位统计资源量(表7-253)。

表7-253　福建省预测资源量矿床类型统计表

省(市区)编号	省(市区)名称	矽卡岩型($\times10^4$t)		广义矽卡岩型($\times10^4$t)	
		500m以浅	1 000m以浅	500m以浅	1 000m以浅
35	福建	3 093.24	39 688.04	76 830.73	152 506.47

第十八节　利用地球化学资料的定量预测

一、确定铜定量预测类型

根据全省成矿地质条件,典型矿床特征、成矿模式及区域成矿规律分析,福建省铜多金属矿主要类型及矿产分布区如下。

(1)陆相火山岩型(紫金山式):在成因上和时间上与燕山期火山作用密切相关,主要分布于中生代火山喷发盆地内Ⅳ级或Ⅴ级火山构造的中心(火山通道)或边缘(断裂),成矿物质主要来源于中酸性岩浆,矿化呈脉状、细脉-浸染状。重点成矿区域为南部上杭-云霄构造带。

(2)斑岩型(罗卜岭式、钟腾式):在成因上和时间上与燕山期侵入作用有关,主要分布于中生代火山喷发盆地内,受两组或两组以上的区域断裂控制。火山喷发作用期后,中基性—中酸性岩浆沿火山构造中心(如破火山口)或周边浅成侵入定位,成矿物质主要来源于岩浆。矿化呈细脉-浸染状,分布于斑(玢)岩中或其内外接触带中,蚀变分带明显。重点成矿区域为武夷山南部上杭-云霄构造带、东北部浦城-宁德构造带。

(3)中生代火山-沉积断陷盆地边缘岩浆热液型(管查式):在成因上和时间上与燕山期酸性—中酸性岩浆侵入作用有关,主要分布于中生代火山-沉积断陷盆地边缘,下伏元古宙基底变质岩系(富含 Cu、Pb、Zn、Ag 等,属矿源层),二者之间常为断层接触。燕山晚期斑岩沿盆边侵入,成矿物质来自深部岩浆,矿体常呈脉状、平行脉带状,典型矿床为如管查等铜多金属矿。重点成矿区域在武夷山隆起带内,主要为福建浦城、松溪、建阳及光泽地区。

根据相关铜地球化学定量预测的有关技术要求,同时根据福建成矿区带、重要铜的矿产类型,以Ⅲ级成矿区划分为闽西北成矿区、闽西南成矿区以及闽东成矿区并选择主要类型开展铜的地球化学研究及定量预测工作。

二、确定铜典型矿床地质-地球化学找矿模型

根据定量预测要求开展了闽西北成矿区管查铜矿、闽西南成矿区罗卜岭铜钼矿以及闽东成矿区平和钟腾铜矿的典型矿床研究工作,并根据研究结果确定了地质地球化学找矿模型,为铜定量预测提供基本预测参数。

(一)平和钟腾斑岩型铜矿

1. 地质成矿条件和标志

矿区位于永(州)-梅(安)上古生代坳陷带与浙闽中生代断陷带间政和-华安深大断裂南端的东南侧,浙闽中生代陆相火山岩带的西南端。区内侵入岩为白垩世时期,早期岩性以石英闪长岩为主,次有花岗闪长岩,晚期岩性有石英二长闪长玢岩、二长花岗斑岩、安山玢岩等,分布零星,多呈岩瘤、岩脉、岩枝产出,属浅成—超浅成侵入岩。矿床位于钟腾复式杂岩体内,主要由闪长岩、石英闪长岩、花岗闪长斑岩、石英闪长玢岩、细粒花岗岩等组成。铜钼矿体大多分布于燕山晚期玢岩、斑岩体的外(内)接触带,同时受近东西向和北东向断裂控制。围岩蚀变以玢岩、斑岩为中心向外,总体具有钾化(钾长石、黑云母)-黄铁矿化-绿泥石化-绿帘石化-绢英岩化等分带特点,具工业价值的矿化主要产于钾化带中。

矿体呈脉状及透镜状产出,分叉复合现象频繁,产状变化较大。矿石的矿物成分比较简单,金属矿物以黄铜矿、辉钼矿、黄铁矿为主,少量磁黄铁矿,偶见磁铁矿、辉铜矿、斑铜矿、方铅矿、闪锌矿等。矿石结构主要为他形粒状结构和半自形状结构;矿石构造以浸染状为主,次为细脉状和团块状。

2. 地球化学异常特征

(1)区域化探异常。①异常为 Cu-Mo-Au-Bi 组合;②略有分带,以 Cu 为中心,分布与钟腾岩体(矿化体)基本一致,Au、Bi 异常偏北侧,Mo 偏南侧分布,Pb、Zn、Ag 分布不明显;③主成矿元素 Cu 异常分布具较大规模。

(2)矿区化探异常。①为 Cu-Mo-Bi-Pb-Zn-Ag 组合;②由内向外 Cu-Mo-Bi(矿体上方)-Pb-Zn-Ag(矿体外围);③主成矿元素 Cu 异常分布具较大规模,Pb、Zn、Ag 异常较弱。

上述研究成果可为该区在铜定量预测评价预测靶区提供相关参数,同时在确定剥蚀系数等方面提供重要地球化学参数依据。

(二)浦城管查热液脉型铜矿

1. 地质成矿条件和标志

浦城管查热液脉型铜矿位于闽西北变质基底隆起边缘的浦城-尤溪闽中裂谷带北部，地层主要由加里东期变质基底和中生代盖层两部分组成，新华夏系构造发育，其间构造带内岩浆活动频繁。

本区岩浆活动较为强烈，加里东期白云母花岗岩呈岩基侵入于大金山岩组，常见伟晶岩脉穿插。燕山晚期见花岗斑岩、英安玢岩、流纹斑岩等侵入，沿北东向断裂呈岩墙侵入于晚侏罗世火山岩中，长数百米至数千余米，宽十几米至几十米。区内发育北北东向构造，见9条断裂呈近平行斜列式排列，断裂一般延伸数百米至数千米。断裂具压扭性质，构造透镜体、浑圆状角砾、片理、擦痕、断层泥等发育。矿体充填于断裂中，其形状大小严格受断裂控制，常呈透镜体出现，走向上有膨大、侧列、菱形环节、分支、复合、尖灭再现现象。区内蚀变种类较多，有硅化、绢云母化、绿泥石化、叶蜡石化、萤石化、碳酸盐化等。与矿化关系密切的有绿泥石化、萤石化，其中的绿泥石化是近矿蚀变，与铜矿关系密切。

矿体多为隐伏矿体，常呈透镜体充填于断裂中。矿石工业类型以黄铜矿石为主，也见铜铅锌矿石，主要金属矿物有黄铜矿，次有方铅矿、闪锌矿、黄铁矿、毒砂。矿石结构一般为自形—他形粒状结构、包含状结构、乳浊状结构，矿石构造有条带状构造、斑点状构造、斑点浸染状构造、角砾状构造、脉状构造等数种。

北北东向压扭性断裂集中分布于区或构造叠加区是铜多金属矿成矿富集的有利部位；燕山晚期花岗(斑)岩出露的外围区域、地表见氧化带或绿泥石化带为近矿蚀变的标志。

2. 地球化学异常特征

(1)区域化探异常。①异常为Cu-Pb-Zn-Bi-Ag-Sn-As-Sb组合，并以Cu-Pb-Zn-Ag为主；②CU-Pb-Zn-Ag异常规模大，显示主成矿元素异常特征；③异常具有一定分带性：由内向外为Bi-(Pb-Zn-Cu-Sn)-(Ag-Sb-As)；④As-Sb-Ag前缘晕发育，Mo-Bi-W等尾晕弱，显示矿体未受剥蚀，剥蚀系数较低。

(2)矿区化探异常。①元素组合为Cu-Pb-Zn-Ag-As-Sn-Bi；②主要元素分带：矿体为Cu-As-Sn-Bi组合，向外为Pb-Zn-Ag组合；③矿化具有一定的分带性，垂直分带上部为黄铁矿、方铅矿、闪锌矿，下部为黄铜矿；④Pb-Zn-Ag异常规模较大，Mo-Bi-W等弱，反映矿前晕特征。

上述研究成果可为该区在铜定量预测评价预测靶区提供相关参数，同时在确定剥蚀系数等方面提供重要地球化学依据。

(三)罗卜岭斑岩型铜(钼)矿典型矿床

1. 地质成矿条件和标志

罗卜岭斑岩型铜(钼)矿典型矿床位于华南加里东褶皱系东部，东南沿海火山活动带西部亚带，闽西南晚古生代凹陷之西南侧，北西向上杭-云霄深断裂带与北东向上杭-宣和复背斜南西倾伏端的交会部位。

燕山期的岩浆侵入：燕山早期有中粗粒二长花岗岩、中细粒花岗岩，似斑状结构，块状构造，岩石主要由石英、钾长石、斜长石及少量黑云母组成，普遍遭受蚀变。燕山晚期有中细粒花岗闪长岩和花岗闪长斑岩，中细粒花岗闪长岩呈浅灰白色，中细粒花岗结构，块状构造，原岩蚀变强烈，主要由钾长石、更—中长石、石英、黑云母及角闪石组成。花岗闪长斑岩呈灰—灰白色，变余斑状结构，块状构造，斑晶由石英、长石、黑云母、角闪石等组成，基质由石英、钾长石、斜长石等组成，岩石普遍遭受蚀变，花岗闪长斑岩体内外接触带是矿段主要赋矿部位。燕山期的北东向与北西向构造交会部位为矿段的主要成矿控矿构造，北东向裂隙密集带是矿段的主要容矿构造，北西向裂隙密集带是次要容矿构造。矿段内的岩体均遭受热液蚀变，蚀变分带环绕斑岩体作同心环状分布，大致分为5个带，自斑岩体中心往外依次为钾化-硅化带→弱钾化-硅化-绢云母化带→绢云母-硅化带→绢母化-地开石化-硅化带→明矾石化-硅化带。

矿体主要产于罗卜岭斑岩体的内外接触带，矿体呈似层状、扁豆状、透镜状。矿石的金属矿物含量5%～15%，以黄铁矿、黄铜矿为主，少量磁铁矿、赤铁矿、磁黄铁矿、辉钼矿、铜蓝、斑铜矿等；脉石矿物以石英、绢云母为主，次为蚀变钾长石、黑云母、地开石等。矿石主要结构有：他形粒状结构、半自形—自形结构、填隙结构、包含结构等；矿石构造有：浸染状构造、脉状构造、网脉状构造等。

2. 地球化学异常特征

(1)区域化探异常。①元素组合为Au-Ag-Cu-Mo-W-Pb-Bi-As-Sb-Sn-Zn，主成矿元素Au-Ag-Cu-Mo，主成矿元素异常规模大，综合异常面积达百余平方千米；②元素组合分带，由南西往北东有(As-Sb)-(Au-Ag-Cu-Pb-Sn)-(Mo-Cu-Bi-W-Zn)；③区域上不同矿化空间，具有一定的元素组合分带现象，罗卜岭式特征组合为Cu-Mo-W，紫金山式特征组合为Au-Ag-Cu-Mo-Pb-Bi-As-Sb。

(2)矿区化探异常。①元素组合：Cu-Mo-W-Au-Ag-Pb；②水平分带(南西至北东)：(Au-Ag-Pb)-(Cu-Mo)-W；③垂直分带(上至下)：(Mo-Pb)-(Cu-Mo)-Au(Ag)-(Mo-W)；④剖面显示：矿体上方主要为相互套合的Cu-Mo异常。

上述研究成果可为该区在铜定量预测评价预测靶区提供相关参数，同时在确定剥蚀系数等方面提供重要地球化学依据。

三、确定铜定量预测靶区

(一)定量预测靶区的确定

按相关技术要求，前期准备地质、地球化学基础图件，包括地质矿产图、单元素地球化学图、主要元素衬值异常图、平均衬值异常图、剥蚀程度图、相似度图以及为圈定靶区编制的投点图等，这些图件资料是进行预测区圈定和可信度分级的基础材料，同时通过典型矿床研究确定必要的地球化学参数。在此基础上制定预测区分级指标和分级准则，并最后确定预测靶区。通过编制各类地球化学图、相似度图以及投点图结合成矿地质背景条件以及异常查证情况进行优选，确定3个成矿区各级靶区如下。

1. 闽东成矿区

(1)A级预测靶区。符合A级标准并满足条件的有A-YC-1、A-YC-2、A-YC-3、A-YC-4、A-YC-5、A-YC-6 6处预测靶区。

(2)B级预测靶区。符合B级标准并满足条件的有B-YC-1、B-YC-2、B-YC-3、B-YC-4、B-YC-5 5处预测靶区。

(3)C级预测靶区。符合C级标准并满足条件的有C-YC-1 1处预测靶区。

2. 闽西北成矿区

(1)A级预测靶区。符合A级标准并满足条件的有A-YC-1、A-YC-2、A-YC-3、A-YC-4、A-YC-5、A-YC-6、A-YC-7、A-YC-8 8处预测靶区。

(2)B级预测靶区。符合B级标准并满足条件的有B-YC-1、B-YC-2、B-YC-3、B-YC-4 4处预测靶区。

(3)C级预测靶区。符合C级标准并满足条件的有C-YC-1 1处预测靶区。

3. 闽西南成矿区

(1)A级预测靶区。符合A级标准并满足条件的有A-YC-1、A-YC-2、A-YC-3、A-YC-4、A-YC-5、A-YC-6 6处预测靶区。

(2)B级预测靶区。符合B级标准并满足条件的有B-YC-1、B-YC-2、B-YC-3、B-YC-4、B-YC-5、B-

YC-6；B-YC-7、B-YC-8；B-YC-9、B-YC-10 10处预测靶区。

(3)C级预测靶区。符合C级标准并满足条件的有C-YC-1、C-YC-2、C-YC-3、C-YC-4、C-YC-5 5处预测靶区。

(二)预测靶区分级举例

1. A级预测靶区

A-YC-3(上杭太山头)预测靶区位于上杭-云霄铜多金属成矿亚带的北段和闽西南凹陷带西南部，处在上杭北西向白垩纪陆相火山-沉积盆地与宣和复式背斜的交会处。区内岩浆活动强烈，以燕山早期的花岗岩规模最大，形成复式岩体，成因类型以壳源型为主；燕山晚期中酸性侵入岩多呈规模较小的岩株及岩脉产出，成因类型属壳幔混源型，是区内斑岩型铜矿的主要成矿母岩。本区围岩蚀变强烈，主要蚀变类型为硅化、绢云母化、明矾石化，次为青磐岩化、钾长石化等。蚀变矿物组合类型在空间上总体以火山岩筒为中心具有一定的分带规律，地表查证已发现铜钼矿化。

1∶20万区域化探太山头异常分布于紫金山外围东部地区，异常规模大，以Cu为主的地球化学异常元素组合复杂、含量高，所处成矿地质背景与紫金山铜金矿类似。

1∶5万水系沉积物测量发现较大规模以Cu-Mo-Pb-Zn-Ag为主的化探异常，Pb一般含量(100～300)$\times10^{-6}$，最高1 000$\times10^{-6}$，Zn一般含量(100～800)$\times10^{-6}$，最高1 000$\times10^{-6}$，Cu一般含量(30～100)$\times10^{-6}$，最高200$\times10^{-6}$，Mo一般含量(6～25)$\times10^{-6}$，最高60$\times10^{-6}$。各单元素异常互相重叠套合，并具有一定的分带性。

1∶1万土壤测量圈出Cu异常32个，其中较大规模的有4个，最长>1 000m，宽20～250m，异常值一般(100～600)$\times10^{-6}$，最高1 000$\times10^{-6}$；Pb共圈出大小异常30个，其中较大规模的有3个。主要异常区长1 500～2 000m，宽20～300m，异常值一般(300～3 500)$\times10^{-6}$，最高5 265$\times10^{-6}$；Zn圈出大小异常25个，其中较大规模的有4个，面积相对较小，分布较零星，异常值一般(200～1 000)$\times10^{-6}$，最高2 800$\times10^{-6}$。

该区位于紫金山矿田外围，与紫金山矿区西北矿段、罗卜岭矿段的成矿条件相似，异常特征与典型矿床的相似度高，具备罗卜岭式矿床的成矿条件。通过资料分析，有较大的寻找斑岩型铜矿、钼矿潜力，故以A级标准评定为A类靶区。

2. B级预测靶区

B-YC-10(龙岩东宝山)预测靶区位于永(安)-梅(州)凹陷区的东缘、政和-大埔断裂西侧，是福建省的重要成矿区和Cu、Pb、Zn、Ag、Mn等重要元素地球化学块体。区内矿床(点)矿化普遍、集中，异常强度大，主要集中分布于北部的大田建爱一带。基底为元古宙变质岩，盖层为主要出露有古生代地层和南园组火山岩，与本区铜、铅、锌的成矿有密切关系。

区内构造以北东向、北西向断裂为主，并有向东突出的弧形构造带。推覆构造、剥离构造极为发育。元古宙变质岩及泥盆系常推覆在石炭系—二叠系之上。本区北部有加里东期的混合花岗岩，燕山期侵入作用十分强烈，有黑云母花岗岩、花岗闪长岩、石英闪长玢岩及花岗斑岩、石英斑岩等。区内蚀变类型以矽卡岩化为主，还有钾长石化、硅化、角岩化、碳酸盐化、云英岩化等。重力及航磁资料反映本区处在大田-龙岩凹陷带中部，构造活动和地壳结构十分复杂，深部软流圈顶面突起，地壳中存在逆冲推覆构造。中部的负剩余重力异常反映上地壳以花岗质为主。本区的地层、构造及侵入作用等特点，表明具备矽卡岩型-斑岩型及黄铁矿型铜矿的成矿地质条件。区内分布多处铜、铅、锌、锰多金属矿床及矿点，地球化学异常发育，规模大，含量高，浓度梯度变化大，套合程度好，元素种类多，区内尚未发现具有一定规模的铜矿化，具矽卡岩型和斑岩型找矿潜力(具体特征见第六章第二节)。

B-YC-10龙岩东宝山异常区内尚未见铜矿化，但其异常特征与典型矿床的相似度高，具备罗卜岭式矿床的成矿条件。通过资料分析，有较大的寻找斑岩型铜矿、钼矿潜力，故以B级标准评定为B类靶区。

上述预测靶区根据地质背景条件以及区内已发现具有一定规模的以Cu为主的多元素组合异常，

同时该地区与典型矿床研究结果相比较，认为该地区寻找斑岩型铜矿具有一定前景。矽卡岩型铜为铅锌矿的伴生矿，矿化规模小，已知资源量仅为矿点或矿化点，故在本次定量预测中选择以斑岩型为标准矿床。

3. C级预测靶区

C-YC-5（漳平新炉）预测靶区位于永（安）-梅（州）凹陷区的东缘、政和-大埔断裂西侧，主要出露二叠系栖霞组、童子岩组、翠屏山组，三叠系溪口组等。侵入岩主要有晚侏罗世浅肉红色似斑状中细（粗）粒正长花岗岩以及二长花岗斑岩等，见北东向断裂构造。异常以W-Mo-Pb-Zn为主，伴生Cu-Bi-Cd-Ag-Sn等。区内未见铜矿化，与典型矿床相似度不高，但Cu、Mo、Pb、Zn、Ag 5个异常元素衬值均高于累频分级80%对应值。

四、铜资源量地球化学预测

（一）资源量预测方法

本次预测工作选用了类比法和面金属量法两种方法对A、B级预测靶区进行资源量估算，C级预测靶区由于相似度指标达不到要求（累积频率＞98%），不能计算资源量，只能作为有利的成矿远景区，仅汇总成一个统计表格。

上述两种方法均考虑剥蚀系数，类比法计算公式为：

$$V_d=[Q\times(1-F)\times R]/[K\times(1-F)] \tag{7-18}$$

式中：V_d为预测区资源量；Q为预测区异常规模；F为预测区剥蚀系数；R为相似系数；K为系数；F为典型矿床剥蚀系数。

面金属量法计算公式为：

$$V_s=[P\times(1-F)\times R]/[K\times(1-F)] \tag{7-19}$$

式中：V_s为预测区资源量；P为预测区面金属量；F为预测区剥蚀系数；R为相似系数；K为系数；F为典型矿床剥蚀系数。

最终取上述两类方法的加权平均（类比法加权系数为0.6，面金属量法加权系数为0.4）来确定资源量：

$$V=0.6\times V_d+0.4\times V_s \tag{7-20}$$

式中：V为预测资源量；V_d为类比法预测资源量；V_s为面金属量法预测资源量。

（二）资源量预测结果

（1）闽东成矿区：全区预测资源量23.357 3×10^4t（包括已探明资源量3.837 3×10^4t），新增预测A、B级预测区资源量19.52×10^4t，其中A级预测区预测资源量7.32×10^4t，B级预测区预测资源量12.20×10^4t（表7-254）。

（2）闽西北成矿区：全区预测资源量14.201 4×10^4t（包括已探明资源量5.181 4×10^4t），新增预测A、B级预测区资源量9.02×10^4t，其中A级预测区预测资源量7.32×10^4t，B级预测区预测资源量1.70×10^4t（表7-255）。

（3）闽西南成矿区：全区预测资源量677.99×10^4t（包括已探明资源量273.00×10^4t），新增预测A、B级预测区资源量404.99×10^4t，其中A级预测区预测资源量198.00×10^4t，B级预测区预测资源量206.99×10^4t（表7-256）。

（4）全省：预测资源量715.548 7×10^4t（包括已探明资源量282.018 7×10^4t），新增预测A、B级预测区资源量433.53×10^4t，其中A级预测区预测资源量212.64×10^4t，B级预测区预测资源量220.89×10^4t。

表 7-254　福建省闽东成矿区铜资源量预测成果表

序号	编号	矿种组合	经度	纬度	典型元素组合		衬值元素组合(≥80%)	剥蚀系数(F)	剥蚀程度	资源量(Pu，$\times 10^4$t)	Cu 异常规模(Q)	Cu 面金属量(P)	类比法系数 $K=(Q/Pu)$	面金属量法系数 $K=(P/Pu)$
1	平和钟腾	Cu-Mo	117°07′42″	24°22′33″	Au(2.2)-Bi(2.6)-Cu(119)-Mo(14.1)		Au(12.21)-Bi(3.03)-Cu(9.04)-Mo(4.99)	0.30	中浅剥蚀	2.24	3 602.02	2 882.32	1 608.04	1 286.75
序号	级别代号	编号	经度	纬度	最佳相似矿床	最佳相似元素组合	衬值异常元素组合(≥80%)	相似系数(R)	Cu 异常规模(Q)	Cu 面金属量(P)	剥蚀系数(F)	资源量(V_d)	资源量(V_s)	$V=0.6V_d+0.4V_s$
1	A	A-YC-1	119°21′38″	26°41′06″	平和钟腾	Au-Bi-Cu-Mo	Au(14.17)-Bi(6.22)-Cu(5.78)-Mo(2.48)	0.75	5 645.46	4 608.00	0.10	3.39	3.45	3.41
2	A	A-YC-2	119°34′56″	26°43′02″	平和钟腾	Au-Bi-Cu-Mo	Au(7.05)-Bi(6.01)-Cu(5.34)-Mo(4.78)	0.71	1 936.03	1 713.69	0.10	1.10	1.22	1.15
3	A	A-YC-3	118°41′20″	26°04′52″	平和钟腾	Au-Bi-Cu-Mo	Au(42.64)-Bi(8.40)-Cu(11.03)-Mo(2.62)	0.71	1 393.93	775.31	0.20	0.70	0.49	0.62
4	A	A-YC-4	118°08′48″	25°47′51″	平和钟腾	Au-Bi-Cu-Mo	Au(6.20)-Bi(4.74)-Cu(2.95)-Mo(28.50)	0.75	2 969.51	2 059.39	0.40	1.19	1.03	1.13
5	A	A-YC-5	117°15′58″	24°21′27″	平和钟腾	Au-Bi-Cu-Mo	Au(1.53)-Bi(6.14)-Cu(4.78)-Mo(4.61)	0.75	1 424.34	1 114.32	0.30	0.66	0.65	0.66
6	A	A-YC-6	117°06′29″	23°48′58″	平和钟腾	Au-Bi-Cu-Mo	Au(3.01)-Bi(3.09)-Cu(4.41)-Mo(1.75)	0.75	656.14	399.69	0.10	0.39	0.30	0.35
7	B	B-YC-1	119°59′15″	26°51′13″	平和钟腾	Au-Bi-Cu-Mo	Au(4.51)-Bi(2.63)-Cu(5.75)-Mo(3.79)	0.75	4 240.43	3 597.11	0.10	2.54	2.70	2.60
8	B	B-YC-2	119°43′18″	26°39′38″	平和钟腾	Au-Bi-Cu-Mo	Au(3.75)-Bi(2.30)-Cu(24.33)-Mo(1.69)	0.75	11 323.06	10 607.64	0.10	6.79	7.95	7.25
9	B	B-YC-3	118°10′06″	25°58′40″	平和钟腾	Au-Bi-Cu-Mo	Au(8.32)-Bi(3.01)-Cu(13.89)-Mo(2.24)	0.71	2 776.64	2 300.61	0.30	1.23	1.27	1.25
10	B	B-YC-4	116°58′14″	24°00′53″	平和钟腾	Au-Bi-Cu-Mo	Au(9.27)-Bi(4.03)-Cu(3.15)-Mo(5.29)	0.75	830.21	429.41	0.10	0.50	0.32	0.43
11	B	B-YC-5	117°13′34″	23°58′42″	平和钟腾	Au-Bi-Cu-Mo	Au(9.15)-Bi(10.82)-Cu(3.53)-Mo(1.15)	0.71	1 287.82	804.11	0.10	0.73	0.57	0.67
合计												19.22	19.95	19.52

表 7-255 福建省闽西北成矿区铜资源量预测成果表

序号	编号	矿种组合	经度	纬度	典型元素组合		衬值元素组合(≥80%)	剥蚀系数(F)	剥蚀程度	资源量(Pu, $\times 10^4$t)	Cu 异常规模(Q)	Cu 面金属量(P)	类比法系数 K=(Q/Pu)	面金属量法系数 K=(P/Pu)
1	浦城管查	Cu-Pb-Zn	118°18′41″	27°59′52″	Ag(630)-Cu(74.23)-Pb(265.5)-Sn(53.15)-Zn(400)		Ag(6.74)-Cu(21.82)-Pb(6.32)-Sn(9.67)-Zn(3.68)	0.10	浅剥蚀	2.40	3 847.19	3 030.37	1 603.00	1 262.65
序号	级别代号	编号	经度	纬度	最佳相似矿床	最佳相似元素组合	衬值异常元素组合(≥80%)	相似系数(R)	Cu 异常规模(Q)	Cu 面金属量(P)	剥蚀系数(F)	资源量(V_d)	资源量(V_s)	$V=0.6V_d+0.4V_s$
1	A	A-YC-1	118°26′08″	28°09′33″	浦城管查	Ag-Cu-Pb-Sn-Zn	Ag(2.47)-Cu(1.90)-Pb(2.24)-Sn(2.07)-Zn(2.42)	0.58	736.65	352.82	0.20	0.24	0.14	0.20
2	A	A-YC-2	117°23′45″	27°50′28″	浦城管查	Ag-Cu-Pb-Sn-Zn	Ag(2.06)-Cu(5.01)-Pb(2.26)-Sn(1.95)-Zn(1.85)	0.58	1 278.61	486.94	0.20	0.41	0.20	0.33
3	A	A-YC-3	118°18′32″	27°47′58″	浦城管查	Ag-Cu-Pb-Sn-Zn	Ag(7.08)-Cu(11.20)-Pb(8.48)-Sn(7.92)-Zn(6.46)	0.64	4 981.80	3 469.02	0.40	1.33	1.17	1.27
4	A	A-YC-4	118°49′00″	27°49′47″	浦城管查	Ag-Cu-Pb-Sn-Zn	Ag(22.02)-Cu(33.91)-Pb(4.26)-Sn(2.69)-Zn(3.01)	0.64	6 039.60	5 398.06	0.30	1.88	2.13	1.98
5	A	A-YC-5	117°28′27″	27°07′08″	浦城管查	Ag-Cu-Pb-Sn-Zn	Ag(3.82)-Cu(3.77)-Pb(3.36)-Sn(14.91)-Zn(9.04)	0.58	3 295.24	1 959.32	0.20	1.06	0.80	0.96
6	A	A-YC-6	117°56′19″	27°11′20″	浦城管查	Ag-Cu-Pb-Sn-Zn	Ag(2.96)-Cu(4.13)-Pb(5.92)-Sn(11.66)-Zn(4.27)	0.64	3 611.48	2 827.52	0.20	1.28	1.27	1.28
7	A	A-YC-7	117°41′40″	26°54′05″	浦城管查	Ag-Cu-Pb-Sn-Zn	Ag(10.74)-Cu(3.86)-Pb(3.27)-Sn(1.89)-Zn(1.69)	0.64	2 426.59	1 677.67	0.20	0.86	0.76	0.82
8	A	A-YC-8	117°28′22″	26°48′44″	浦城管查	Ag-Cu-Pb-Sn-Zn	Ag(5.02)-Cu(5.07)-Pb(3.35)-Sn(14.44)-Zn(4.68)	0.64	1 962.41	1 228.94	0.40	0.52	0.42	0.48

续表 7-255

序号	级别代号	编号	经度	纬度	最佳相似矿床	最佳相似元素组合	衬值异常元素组合(≥80%)	相似系数(R)	Cu异常规模(Q)	Cu面金属量(P)	剥蚀系数(F)	资源量(V_d)	资源量(V_s)	$V=0.6V_d+0.4V_s$
9	B	B-YC-1	117°53′03″	27°56′50″	浦城管查	Ag-Cu-Pb-Sn-Zn	Ag(1.80)-Cu(3.12)-Pb(2.17)-Sn(6.21)-Zn(2.32)	0.64	1 115.62	449.73	0.20	0.40	0.20	0.32
10	B	B-YC-2	117°52′57″	27°44′55″	浦城管查	Ag-Cu-Pb-Sn-Zn	Ag(4.88)-Cu(2.77)-Pb(1.92)-Sn(2.72)-Zn(2.13)	0.54	1 874.75	788.68	0.20	0.56	0.30	0.46
11	B	B-YC-3	118°25′47″	27°42′29″	浦城管查	Ag-Cu-Pb-Sn-Zn	Ag(3.54)-Cu(3.38)-Pb(2.61)-Sn(2.32)-Zn(2.20)	0.64	1 427.97	848.52	0.10	0.57	0.43	0.51
12	B	B-YC-4	117°05′28″	27°35′20″	浦城管查	Ag-Cu-Pb-Sn-Zn	Ag(2.45)-Cu(7.06)-Pb(2.28)-Sn(4.43)-Zn(2.28)	0.54	1 629.39	774.79	0.20	0.49	0.29	0.41
合计												9.60	8.11	9.02

表 7-256　福建省闽西南成矿区铜资源量预测成果表

序号	编号	矿种组合	经度	纬度	典型元素组合	衬值元素组合(≥80%)	剥蚀系数(F)	剥蚀程度	资源量(Pu,$\times10^4t$)	Cu异常规模(Q)	Cu面金属量(P)	类比法系数$K=(Q/Pu)$	面金属量法系数$K=(P/Pu)$
1	上杭罗卜岭	Cu-Mo	116°26′00″	25°11′45″	Ag(1 720.38)-Au(110.58)-Cu(111.29)-Mo(12.43)-Pb(203.41)-Zn(182.71)	Ag(51.95)-Au(237.70)-Cu(23.83)-Mo(19.73)-Pb(9.27)-Zn(2.53)	0.20	浅剥蚀	67.15	4 881.24	4 369.62	72.69	65.07
2	上杭紫金山	Cu-Mo-Au-Ag	116°24′45″	25°11′15″	Ag(1 720.38)-Au(110.58)-Cu(111.29)-Mo(12.43)-Pb(203.41)-Zn(182.71)	Ag(51.95)-Au(237.70)-Cu(23.83)-Mo(19.73)-Pb(9.27)-Zn(2.53)	0.20	浅剥蚀	196.72	7 573.34	6 867.40	38.50	34.91

续表 7-256

序号	级别代号	编号	经度	纬度	最佳相似矿床	最佳相似元素组合	衬值异常元素组合(≥80%)	相似系数(R)	Cu异常规模(Q)	Cu面金属量(P)	剥蚀系数(F)	资源量(V_d)	资源量(V_s)	$V=0.6V_d+0.4V_s$
1	A	A-YC-1	116°58′12″	25°44′53″	上杭罗卜岭	Ag-Au-Cu-Mo-Pb-Zn	Ag(2.62)-Au(1.10)-Cu(12.37)-Mo(4.69)-Pb(4.19)-Zn(2.95)	0.47	2 189.57	1 540.79	0.10	15.93	12.52	14.56
2	A	A-YC-2	117°49′40″	25°49′05″	上杭罗卜岭	Ag-Au-Cu-Mo-Pb-Zn	Ag(25.70)-Au(5.71)-Cu(27.89)-Mo(12.32)-Pb(41.73)-Zn(14.36)	0.54	10 852.52	10 013.49	0.30	70.54	72.71	71.41
3	A	A-YC-3	116°43′54″	25°21′03″	上杭罗卜岭	Ag-Au-Cu-Mo-Pb-Zn	Ag(65.38)-Au(16.73)-Cu(23.02)-Mo(17.68)-Pb(21.43)-Zn(31.06)	0.54	7 809.94	6 944.64	0.20	58.02	57.63	57.86
4	A	A-YC-4	116°46′19″	25°12′23″	上杭罗卜岭	Ag-Au-Cu-Mo-Pb-Zn	Ag(6.73)-Au(168.31)-Cu(11.55)-Mo(6.47)-Pb(17.71)-Zn(12.27)	0.54	3 932.42	3 155.90	0.10	32.86	29.46	31.50
5	A	A-YC-5	116°52′17″	24°46′24″	上杭罗卜岭	Ag-Au-Cu-Mo-Pb-Zn	Ag(2.07)-Au(2.15)-Cu(4.68)-Mo(4.08)-Pb(2.01)-Zn(1.58)	0.47	1 029.38	970.71	0.10	7.49	7.89	7.65
6	A	A-YC-6	117°01′47″	24°42′04″	上杭罗卜岭	Ag-Au-Cu-Mo-Pb-Zn	Ag(2.13)-Au(2.04)-Cu(10.04)-Mo(9.23)-Pb(3.56)-Zn(2.37)	0.50	2 086.46	1 540.01	0.10	16.15	13.31	15.01
7	B	B-YC-1	117°54′40″	26°17′13″	上杭罗卜岭	Ag-Au-Cu-Mo-Pb-Zn	Ag(2.15)-Au(2.64)-Cu(2.68)-Mo(1.22)-Pb(3.97)-Zn(1.87)	0.44	1 405.35	771.58	0.10	9.57	5.87	8.09
8	B	B-YC-2	117°49′45″	26°01′00″	上杭罗卜岭	Ag-Au-Cu-Mo-Pb-Zn	Ag(13.61)-Au(5.33)-Cu(10.05)-Mo(5.11)-Pb(9.20)-Zn(2.51)	0.47	4 251.17	3 288.15	0.10	30.92	26.72	29.24
9	B	B-YC-3	116°16′18″	25°53′27″	上杭罗卜岭	Ag-Au-Cu-Mo-Pb-Zn	Ag(7.75)-Au(49.28)-Cu(3.31)-Mo(4.40)-Pb(2.93)-Zn(3.66)	0.50	1 253.19	892.79	0.20	8.62	6.86	7.92

续表 7-256

序号	级别代号	编号	经度	纬度	最佳相似矿床	最佳相似元素组合	衬值异常元素组合（≥80%）	相似系数（R）	Cu 异常规模（Q）	Cu 面金属量（P）	剥蚀系数（F）	资源量（V_d）	资源量（V_s）	$V=0.6V_d+0.4V_s$
10	B	B-YC-4	117°16′10″	25°50′18″	上杭罗卜岭	Ag-Au-Cu-Mo-Pb-Zn	Ag(244.38)-Au(29.08)-Cu(42.61)-Mo(4.10)-Pb(6.12)-Zn(5.32)	0.50	3 801.05	3 287.60	0.20	26.15	25.26	25.79
11	B	B-YC-5	117°41′14″	25°38′18″	上杭罗卜岭	Ag-Au-Cu-Mo-Pb-Zn	Ag(3.40)-Au(6.52)-Cu(3.28)-Mo(13.26)-Pb(5.15)-Zn(4.01)	0.50	2 972.88	2 173.38	0.10	23.00	18.79	21.32
12	B	B-YC-6	116°51′03″	25°34′04″	上杭罗卜岭	Ag-Au-Cu-Mo-Pb-Zn	Ag(3.14)-Au(1.33)-Cu(23.49)-Mo(7.23)-Pb(2.13)-Zn(1.92)	0.50	2 856.01	2 365.89	0.10	22.10	20.45	21.44
13	B	B-YC-7	116°37′58″	25°12′22″	上杭罗卜岭	Ag-Au-Cu-Mo-Pb-Zn	Ag(2.55)-Au(0.99)-Cu(6.31)-Mo(3.64)-Pb(2.35)-Zn(2.94)	0.50	2 381.21	1 698.99	0.20	16.38	13.05	15.05
14	B	B-YC-8	117°04′10″	25°14′33″	上杭罗卜岭	Ag-Au-Cu-Mo-Pb-Zn	Ag(4.11)-Au(1.84)-Cu(5.69)-Mo(4.34)-Pb(10.43)-Zn(7.13)	0.54	2 323.66	1 969.38	0.30	15.10	14.30	14.78
15	B	B-YC-9	117°11′19″	25°15′37″	上杭罗卜岭	Ag-Au-Cu-Mo-Pb-Zn	Ag(5.40)-Au(1.55)-Cu(6.78)-Mo(4.89)-Pb(12.58)-Zn(8.47)	0.50	4 309.92	3 710.09	0.40	22.23	21.38	21.89
16	B	B-YC-10	117°01′48″	25°06′58″	上杭罗卜岭	Ag-Au-Cu-Mo-Pb-Zn	Ag(3.21)-Au(10.22)-Cu(7.38)-Mo(10.07)-Pb(11.23)-Zn(14.19)	0.54	5 069.08	4 300.03	0.10	42.36	40.14	41.48
合计												417.43	386.35	404.99

第八章　矿产预测成果汇总

福建省铁、锰、铜、铅锌、金、银、钨、锡(锂)、钼、镍、稀土、煤、磷、硫、萤石和重晶石等18个矿种矿产资源潜力评价共圈定974个最小预测区。圈定的最小预测区(煤除外)依据以下原则划分为A、B、C三类。

A类:成矿条件十分有利,预测依据充分,成矿匹配程度高,资源潜力大或较大,预测资源量为大型的最小预测区。

B类:成矿条件有利,有预测依据,成矿匹配程度高,预测资源量为中型,或成矿匹配程度低、预测资源量为大型的最小预测区。

C类:根据成矿条件,有可能发现资源,可作为探索的其他预测区,或现有矿区外围和深部有预测依据,据目前资料认为资源潜力较小的预测区。

煤矿预测区是在潜在的煤炭资源分级、分类的基础上,从潜在煤炭资源的数量、质量、开采条件和生态环境等方面,进行潜在煤炭资源开发利用优度的综合评价,将预测资源的勘查开发利用前景划分为3等:优等(A)、良等(B)、差等(C),为便于论述,本书认为优相当于其他矿种的A类,良相当于B类,差相当于C类。

根据上述划分原则,974个最小预测区划分出A类267个,占最小预测区总数的27.41%;B类338个,占最小预测区总数的34.70%;C类369个,占最小预测区总数的37.89%(表8-1)。

表8-1　福建省重要矿种最小预测区数量统计表

矿种	最小预测区(个)	A类最小预测区(个)	B类最小预测区(个)	C类最小预测区(个)
铁	50	22	18	10
铜	38	1	5	32
铅锌	38	18	15	5
金	70	7	29	34
银	69	35	13	21
锰	46	11	22	13
镍	1	1	0	0
钨	43	16	14	13
锡(锂)	122	7	71	44
钼	238	54	68	116
稀土	31	17	4	10
磷	4	2	1	1
硫	66	17	20	29
萤石	63	19	20	24
重晶石	10	1	5	4

续表 8-1

矿种	最小预测区(个)	A 类最小预测区(个)	B 类最小预测区(个)	C 类最小预测区(个)
煤	85	39	33	13
合计	974	267	338	369
占比(%)		27.41	34.70	37.89

第一节　铁　矿

一、圈定的最小预测区及优选

福建省铁矿圈定最小预测区 50 个，其中 A 类 22 个、B 类 18 个、C 类 10 个(表 8-2)，最小预测区分布和优选如图 7-5 所示。

表 8-2　福建省铁矿最小预测区名称、预测类型和类别一览表

最小预测区名称	预测类型	类别
顺昌黄坑岭	汤泉式接触交代型铁矿	B
将乐涂厝		B
将乐上湖		A
将乐玉华		B
大田广平镇		A
永安新村		C
永安溪南		B
大田龙凤场		B
大田建爱		B
大田文径		A
永安槐南		A
大田沈岭		A
大田汤泉		A
大田华溪		A
大田太华		A
大田张地		A
大田银顶格		A
大田仕坑		C
大田溪口		C
漳平赤洋埔	马坑式广义矽卡岩型铁矿	B
漳平挂山		A

续表 8-2

最小预测区名称	预测类型	类别
漳平黄山	马坑式广义矽卡岩型铁矿	B
德化前格		A
德化阳山		A
德化后溪坑		A
永春下洋		B
德化壶永		B
龙岩赤坑		C
龙岩北山		B
龙岩焦山		B
漳平大坂		A
漳平岩高		B
漳平洛阳		A
安溪潘田		A
安溪霞云		B
安溪剑斗		A
安溪珍地		A
龙岩东宝山		B
龙岩黄坑村		C
龙岩中甲		B
龙岩马坑		A
永定郑坑		C
龙岩公祠		C
永定坎市		B
永定漳坑		A
龙岩竹子炉		A
龙岩赖保田		B
永定桥河下		C
永定山背		C
上杭莲塘背		C

二、铁矿资源量定量估算结果

福建省铁矿已查明资源量和预测资源量结果、预测资源量按深度统计结果、预测资源量按预测精度统计结果、预测资源量按矿床类型统计结果、预测资源量按可信度统计结果、预测资源量按可利用性统计结果如表 8-3～表 8-8 所示。

表 8-3　福建省铁矿已查明资源量和预测资源量表

资源量种类	资源量($\times10^8$t)	占预测总资源量百分比(%)
查明	6.731 659	22.86
预测未发现的	22.710 23	77.14
预测总资源量	29.441 889	

表 8-4　福建省铁矿预测资源量按深度统计表

延深深度	500m 以浅	1 000m 以浅	2 000m 以浅
预测资源量($\times10^8$t)	14.774 656	19.528 95	22.710 23

表 8-5　福建省铁矿预测资源量按预测精度统计表

预测精度	334-1	334-2	334-3
预测资源量($\times10^8$t)	7.685 93	10.376 57	4.647 73

表 8-6　福建省铁矿预测资源量按矿床类型统计表

矿床类型	预测资源量($\times10^8$t)			
	334-1	334-2	334-3	小计
广义矽卡岩型(沉积-改造型)	4.893 411	10.497 77	5.938 28	21.329 461
接触交代(矽卡岩)型	0.660 031	0.386 312	0.341 315	1.387 658

表 8-7　福建省铁矿预测资源量按可信度统计表

可信度	≥0.75	≥0.5～0.75	≥0.25～0.5
预测资源量($\times10^8$t)	16.099 496	4.530 82	2.079 91

表 8-8　福建省铁矿预测资源量按可利用性统计表

可利用性	可利用	暂不可利用
预测资源量($\times10^8$t)	15.171 72	7.538 505

第二节　铜　矿

一、圈定的最小预测区及优选

福建省铜矿圈定最小预测区 38 个，其中 A 类 1 个、B 类 5 个、C 类 32 个(表 8-9)，最小预测区分布见图 7-21。

表 8-9 福建省铜矿最小预测区名称、预测类型和类别一览表

最小预测区名称	预测类型	类别
浦城管查	管查式岩浆热液型铜多金属矿	C
武夷山上村		C
光泽铜钱坑		C
光泽叶坊金山		C
光泽大禾山		C
光泽左家		C
邵武南山下		C
建阳大金山		C
建瓯钟山	钟山式岩浆热液型铜多金属矿	C
建瓯高门		C
建瓯东岩	东岩式沉积变质-热液改造型铜矿	C
南平九潭		C
屏南杉洋	钟腾式斑岩型铜钼矿	C
宁德棋盘		C
宁德镜台山		C
闽清井后		C
永春蓬壶		C
永春五里街		C
尤溪古迹口		C
尤溪龙门场		C
德化青云山		C
平和山格		C
平和钟腾		B
平和福里石		C
平和南胜		C
云霄大帽山		C
上杭罗卜岭	罗卜岭式斑岩型铜钼矿	B
上杭太山头		B
连城姑田		B
连城中隔		B
大田建爱	龙山崎式矽卡岩型铜多金属矿	C
大田龙山崎		C
大田银顶格		C
大田武陵		C
漳平内林		C

续表 8-9

最小预测区名称	预测类型	类别
将乐新路口	铜坑式矽卡岩型铜多金属矿	C
连城铜坑		C
上杭紫金山	紫金山式陆相火山岩型铜金矿	A

二、铜矿资源量定量估算结果

福建省铜矿已查明资源量和预测资源量结果、预测资源量按预测深度统计结果、预测资源量按预测精度统计结果、预测资源量按矿床类型统计结果、预测资源量按可信度统计结果、预测资源量按可利用性统计结果如表 8-10～表 8-15 所示。

表 8-10　福建省铜矿已查明资源量和预测资源量表

资源量种类	资源量(t)	占预测总资源量百分比(%)
查明	2 187 015.159	29.91
预测未发现的	5 124 224.35	70.09
预测总资源量	7 311 239.51	

表 8-11　福建省铜矿预测资源量按深度统计表

延深深度	500m 以浅	1 000m 以浅	2 000m 以浅
预测资源量(t)	2 853 494.37	4 140 643.36	5 124 224.35

表 8-12　福建省铜矿预测资源量按预测精度统计表

预测精度	334-1	334-2	334-3
预测资源量(t)	3 991 178.55	431 976.04	701 069.76

表 8-13　福建省铜矿预测资源量按矿床类型统计表

矿床类型	预测资源量(t)			
	334-1	334-2	334-3	小计
陆相火山岩型	3 227 375.13	0	0	3 227 375.13
斑岩型	615 576.6	374 996.35	547 863.6	1 538 436.55
矽卡岩型	50 555.65	0	90 299.23	140 854.88
岩浆热液型	90 969.23	56 979.69	56 224.91	204 173.83
沉积变质-热液改造型	6 701.94	0	6 682.02	13 383.96

表 8-14　福建省铜矿预测资源量按可信度统计表

可信度	≥0.75	≥0.5～0.75	≥0.25～0.5
预测资源量(t)	3 614 226.88	376 951.67	1 133 045.80

表 8-15　福建省铜矿预测资源量按可利用性统计表

可利用性	可利用	暂不可利用
预测资源量(t)	3 599 708.13	1 524 516.22

第三节　铅锌矿

一、圈定的最小预测区及优选

福建省铅锌矿圈定最小预测区 38 个，其中 A 类 19 个、B 类 14 个、C 类 5 个(表 8-16)，最小预测区分布见图 7-26。

表 8-16　福建省铅锌矿最小预测区名称、预测类型和类别一览表

最小预测区名称	预测类型	类别
松溪龙井山	峰岩式沉积变质-热液改造型	B
政和大林源		B
建阳水吉		A
政和夏山		B
政和打银坑		B
建阳黄地		A
建瓯钟山		B
建瓯徐坑		B
顺昌山后		A
建瓯郑源西		B
建瓯郑源		A
屏南泮地		A
屏南半溪里		B
建瓯龙岗		A
宁化溪源		A
宁化东华山		A
尤溪梅仙		A
尤溪铁炉亭		A

续表 8-16

最小预测区名称	预测类型	类别
福鼎银硐	大排式矽卡岩型	A
清流仁场		A
永安安砂		B
大田武陵		B
德化苏园		A
永春上姚		B
连城珠地		A
漳平洛阳		B
安溪铅山		A
漳平中界		C
漳平上元山		A
龙岩铁山		B
龙岩西湖山		C
龙岩李家山		B
龙岩后田		A
龙岩排坑		C
永定高陂		C
永定大排		A
永定胡洋塔		C
长泰钟魏		A

二、铅锌矿资源量定量估算结果

福建省铅锌矿已查明资源量和预测资源量结果、预测资源量按深度统计结果、预测资源量按预测精度统计结果、预测资源量按矿床类型统计结果、预测资源量按可信度统计结果、预测资源量按可利用性统计结果如表 8-17～表 8-22 所示。

表 8-17　福建省铅锌矿已查明资源量和预测资源量表

资源量种类	资源量(t)	占预测总资源量百分比(%)
铅矿查明	1 696 414.9	14.02
铅矿预测未发现	10 407 166.02	85.98
铅矿预测总资源量	12 103 580.92	
锌矿查明	2 797 490.5	20.85
锌矿预测未发现	10 619 814.39	79.15
锌矿预测总资源量	13 417 304.89	

表 8-18 福建省铅锌矿预测资源量按深度统计表

延深深度	500m 以浅	1 000m 以浅	2 000m 以浅
铅矿预测资源量(t)	6 901 519.27	10 044 408.67	10 407 166.02
锌矿预测资源量(t)	6 704 826.52	10 343 699.55	10 619 814.39
小计	13 606 345.79	20 388 108.22	21 026 980.41

表 8-19 福建省铅锌矿预测资源量按预测精度统计表

预测精度	334-1	334-2	334-3
铅矿预测资源量(t)	6 336 094.28	2 685 262.91	1 385 808.83
锌矿预测资源量(t)	7 663 679.33	1 998 069.55	958 065.51
小计	13 999 773.61	4 683 332.46	2 343 874.34

表 8-20 福建省铅锌矿预测资源量按矿床类型统计表

矿床类型	矿种	预测资源量(t)			
		334-1	334-2	334-3	小计
岩浆热液型	铅	168 318.24	0	0	168 318.24
	锌	264 892.32	0	0	264 892.32
矽卡岩型	铅	2 445 022.78	791 349.32	1 266 539.19	4 502 911.29
	锌	2 742 057.93	373 504.80	855 758.18	3 971 320.91
沉积变质-热液改造型	铅	3 722 753.26	1 893 913.59	119 269.64	5 735 936.49
	锌	4 656 729.08	1 624 564.75	102 307.33	6 383 601.16
小计	铅锌	13 999 773.61	4 683 332.46	2 343 874.34	21 026 980.41

表 8-21 福建省铅锌矿预测资源量按可信度统计表

可信度	≥0.75	≥0.5～0.75	≥0.25～0.5
铅矿预测资源量(t)	6 336 094.28	2 685 262.91	1 385 808.83
锌矿预测资源量(t)	7 663 679.32	1 998 069.52	958 065.50

表 8-22 福建省铅锌矿预测资源量按可利用性统计表

可利用性	可利用	暂不可利用
铅矿预测资源量(t)	7 949 787.67	2 457 378.35
锌矿预测资源量(t)	8 925 142.08	1 694 672.26

第四节　金　矿

一、圈定的最小预测区及优选

福建省金矿圈定最小预测区70个，其中A类7个、B类29个、C类34个（表8-23），最小预测区分布见图7-31。

表8-23　福建省金矿最小预测区名称、预测类型和类别一览表

预测区名称	最小预测区名称	预测类型	类别
建阳书坊-太阳山区	建阳麻源	变质碎屑岩中热液型金矿	C
	建阳马伏		C
	建阳冯墩		B
	建阳吴家塘		C
	建阳太阳山		B
	建瓯江厝		B
	建阳书坊		B
	建阳大金山		A
政和王母山-建瓯东游区	政和锦屏		C
	政和星溪		B
	建瓯岭源		B
	建瓯岭尾		C
	建瓯东游		B
	建瓯叶田		B
	建瓯川石		B
	周宁芹溪		C
泰宁何宝山及外围区	泰宁余山		C
	泰宁李家坊		C
	泰宁肖家坊		B
	泰宁岭官		B
	泰宁朱口		C
	泰宁西坑		C
	泰宁何宝山		A
	将乐肖家地		B
	泰宁王源		C
	将乐王坑口		B
	将乐万全		C

续表 8-23

预测区名称	最小预测区名称	预测类型	类别
建宁椒坑区	建宁刘家	变质碎屑岩中热液型金矿	B
	建宁芦田		A
	建宁溢溪		B
	建宁上坑		B
	建宁叶源坑		C
	建宁里心		B
	建宁排背		C
	建宁椒坑		B
	建宁石舍		A
	建宁古老前		B
尤溪官田-德化葛坑区	德化双旗山		A
	德化吉山		B
闽侯罗桥及外围区	闽侯浮垄	陆相火山岩型金矿	C
	闽侯文山岗		C
	闽侯石坪洋		B
	闽侯洋流桥		C
	闽侯罗桥		B
德化淳湖-永泰盖洋区	尤溪寨头		C
	尤溪山头顶		B
	尤溪后格垄		C
	尤溪秘程		C
	德化安村雷潭		A
	德化邱村		C
	德化淳湖		C
	永泰岭头坪		B
	永泰长潭		C
	德化下坂		C
	德化东山		C
上杭紫金山及外围区	上杭野地		C
	上杭坪山		C
	上杭倒坑		C
	上杭才溪		C
	上杭秧地背		C
	上杭园通山		C
	武平悦洋		B
	上杭珊瑚		B
	武平上田垅		C
	上杭石槽		B

续表 8-23

预测区名称	最小预测区名称	预测类型	类别
上杭紫金山及外围区	上杭紫金山	陆相火山岩型金矿	A
	上杭油箩寨		C
	上杭碧田		B
	上杭梅溪		C
	上杭滩下		B

二、金矿资源量定量估算结果

福建省金矿已查明资源量和预测资源量结果、预测资源量按深度统计结果、预测资源量按预测精度统计结果、预测资源量按矿床类型统计结果、预测资源量按可信度统计结果、预测资源量按可利用性统计结果如表 8-24～表 8-29 所示。

表 8-24　福建省金矿已查明资源量和预测资源量表

资源量种类	资源量(kg)	占预测总资源量百分比(%)
查明	94 933.3679	15.22
预测未发现的	528 669.55	84.78
预测总资源量	623 602.92	

表 8-25　福建省金矿预测资源量按深度统计表

延深深度	500m 以浅	1 000m 以浅	2 000m 以浅
预测资源量(kg)	218 140.66	384 760.51	528 669.55

表 8-26　福建省金矿预测资源量按预测精度统计表

预测精度	334-1	334-2	334-3	小计
预测资源量(kg)	197 097.45	142 724.73	188 847.37	528 669.55

表 8-27　福建省金矿预测资源量按矿床类型统计表

矿床类型	预测资源量(kg)			
	334-1	334-2	334-3	小计
陆相火山岩型	86 497.76	21 876.61	46 975.91	155 350.28
变质碎屑岩中热液型	110 599.69	120 848.12	141 871.46	373 319.27

表 8-28　福建省金矿预测资源量按可信度统计表

可信度	≥0.75	≥0.5～0.75	≥0.25～0.5
预测资源量(kg)	141 051.79	270 416.12	117 201.64

表 8-29　福建省金矿预测资源量按可利用性统计表

可利用性	可利用	暂不可利用
预测资源量(kg)	384 760.51	143 909.04

第五节　银　矿

一、圈定的最小预测区及优选

福建省银矿圈定最小预测区 69 个，其中 A 类 35 个、B 类 13 个、C 类 21 个(表 8-30)，最小预测区分布见图 7-42。

表 8-30　福建省银矿最小预测区名称、预测类型和类别一览表

预测区名称	最小预测区名称	预测类型	类别
武夷山洋庄-浦城临江	武夷山洪源	山口式热液型	A
	武夷山吴屯		C
	浦城洋村		A
	武夷山长栋头		A
	浦城上山后		A
	浦城峰顶		B
	武夷山星村		B
	武夷山大水坑		C
	建阳际面		A
	浦城尺溪		A
建瓯水源-柘荣英山	松溪岩前	英山式陆相火山-次火山岩型	C
	松溪铁岭		A
	政和元山		A
	政和锦屏		A
	政和赤溪		C
	寿宁外楼		A
	寿宁铁场		B
	建瓯南坪		A
	政和宝岩		C
	福安墩头		A
	建瓯瓮坑		A
	屏南龙潭		A
	周宁芹溪		A
	周宁八蒲		C
	福安长面坑		A

续表 8-30

预测区名称	最小预测区名称	预测类型	类别
将乐万安	将乐肖家地	旺建式矽卡岩型	B
	将乐元洋		C
	将乐八里桥		A
明溪林畲-永安安砂	清流余朋		A
	永安江后		C
大田广平-谢洋	永安九龙		C
	永安新村		B
	大田大安		A
	大田雄峰		B
	大田东坂		B
	大田前洋		A
	大田武陵		C
	漳平彭溪		C
尤溪龙门场	尤溪龙门场		A
	尤溪上湖顶		C
连城林坊-上杭古田	连城坪上		A
	长汀官坊		C
	连城木陂		C
	连城冷水坑		C
	上杭大坪		C
	上杭太山头		C
上杭才溪-湖洋	武平悦洋	悦洋式陆相火山-次火山岩型	A
仙游书峰-莆田秋芦	莆田莲峰	英山式陆相火山-次火山岩型	A
	仙游兴山		C
	福清下溪底		A
	仙游修园		A
平和山格-诏安金星	平和山美湖		C
	平和犁壁斗		C
	平和欧寮		B
	平和宜盆		A
	平和枫湖		B
	诏安地凹		A
	云霄吉仔		B

续表 8-30

预测区名称	最小预测区名称	预测类型	类别
建阳小湖-顺昌高阳	建阳水吉	峰岩式沉积变质型	A
	建阳黄地		A
	建瓯钟山		B
	建瓯徐坑		B
	顺昌山后		A
	建瓯郑源西		C
	建瓯郑源		A
	建瓯龙岗		A
尤溪梅仙	尤溪梅仙		A
	尤溪铁炉亭		B
福鼎银硐	福鼎银硐	银硐式矽卡岩型	A

二、银矿资源量定量估算结果

福建省银矿已查明资源量和预测资源量结果、预测资源量按深度统计结果、预测资源量按预测精度统计结果、预测资源量按矿床类型统计结果、预测资源量按可信度统计结果、预测资源量按可利用性统计结果如表 8-31～表 8-36 所示。

表 8-31　福建省银矿已查明资源量和预测资源量表

资源量种类	资源量(t)	占预测总资源量百分比(%)
查明	4 684.11	11.52
预测未发现的	35 967.89	88.48
预测总资源量	40 652.00	

表 8-32　福建省银矿预测资源量按深度统计表

延深深度	500m 以浅	1 000m 以浅	2 000m 以浅
预测资源量(t)	33 595.25	35 967.89	35 967.89

表 8-33　福建省银矿预测资源量按预测精度统计表

预测精度	334-1	334-2	334-3
预测资源量(t)	16 918.99	7 647.52	11 401.38

表 8-34　福建省银矿预测资源量按矿床类型统计表

矿床类型	预测资源量(t)			
	334-1	334-2	334-3	小计
陆相火山-次火山岩型	10 445.25	4 546.89	5 642.72	20 634.86

续表 8-34

矿床类型	预测资源量(t)			
	334-1	334-2	334-3	小计
岩浆热液型	1 275.29	2 465.67	1 384.93	5 125.89
矽卡岩型	2 973.08	634.96	1 900.40	5 508.44
沉积变质-热液改造型	2 225.37	0	2 473.33	4 698.7
小计	16 918.99	7 647.52	11 401.38	35 967.89

表 8-35　福建省银矿预测资源量按可信度统计表

可信度	≥0.75	≥0.5～0.75	≥0.25～0.5
预测资源量(t)	11 439.34	3 931.85	20 596.70

表 8-36　福建省银矿预测资源量按可利用性统计表

可利用性	可利用	暂不可利用
预测资源量(t)	23 347.36	12 620.53

第六节　锰　矿

一、圈定的最小预测区及优选

福建省锰矿圈定最小预测区 46 个，其中 A 类 11 个、B 类 22 个、C 类 13 个(表 8-37)，最小预测区分布见图 7-46。

表 8-37　福建省锰矿最小预测区名称、预测类型和类别一览表

预测区名称	最小预测区名称	预测类型	类别
清流-永安	清流余朋	庙前式沉积型	B
	永安坑口		C
	清流蛟坑		C
	永安石碧		B
	永安下渡		C
	永安长川		C
	连城王坑		B
大田广平-张地	永安南畲		B
	大田广平		C
	永安槐南		A
	大田建爱		A

续表 8-37

预测区名称	最小预测区名称	预测类型	类别
大田广平-张地	永安德安	庙前式沉积型	B
	大田张地		B
连城-武平	连城兰桥		B
	连城坪头		A
	连城珠地		A
	连城庙前		A
	武平叶坑		B
	武平双坊		A
	武平岩前		B
	武平双河		C
	上杭中坊		B
	上杭安乡		C
清沉-永安	清流余朋	兰桥式风化淋滤型	B
	永安坑口		C
	清流蛟坑		C
	永安石碧		B
	永安下渡		C
	永安长川		C
	连城王坑		B
大田广平-张地	永安南畲		B
	大田广平		B
	永安槐南		A
	大田建爱		B
	永安德安		B
	大田张地		C
连城-武平	连城兰桥		B
	连城坪头		B
	连城珠地		A
	连城庙前		B
	武平叶坑		A
	武平双坊		A
	武平岩前		B
	武平双河		C
	上杭中坊		A
	上杭安乡		B

二、锰矿资源量定量估算结果

福建省锰矿已查明资源量和预测资源量结果、预测资源量按深度统计结果、预测资源量按预测精度统计结果、预测资源量按矿床类型统计结果、预测资源量按可信度统计结果、预测资源量按可利用性统计结果如表 8-38～表 8-43 所示。

表 8-38　福建省锰矿已查明资源量和预测资源量表(矿石量)

资源量种类	资源量($\times 10^4$ t)	占预测总资源量百分比(%)
查明	617.668 8	11.71
预测未发现的	4 656.565	88.29
预测总资源量	5 274.233 8	

表 8-39　福建省锰矿预测资源量按深度统计表

延深深度	500m 以浅	1 000m 以浅	2 000m 以浅
预测资源量($\times 10^4$ t)	4 656.565	4 656.565	4 656.565

表 8-40　福建省锰矿预测资源量按预测精度统计表

预测精度	334-1	334-2	334-3	小计
预测资源量($\times 10^4$ t)	145.414	3 083.035	1 428.116	4 656.565

表 8-41　福建省锰矿预测资源量按矿床类型统计表

矿床类型	预测资源量($\times 10^4$ t)			
	334-1	334-2	334-3	小计
沉积型陆相	0	744.716	641.746	1 386.462
风化淋滤型	145.414	2 338.319	786.370	3 270.103
小计	145.414	3 083.035	1 428.116	4 656.565

表 8-42　福建省锰矿预测资源量按可信度统计表

可信度	≥0.75	≥0.5～0.75	≥0.25～0.5
预测资源量($\times 10^4$ t)	259.212	3 638.226	759.127

表 8-43　福建省锰矿预测资源量按可利用性统计表

可利用性	可利用	暂不可利用
预测资源量($\times 10^4$ t)	4 656.565	0

第七节　镍　矿

一、圈定的最小预测区及优选

福建省镍矿圈定最小预测区 1 个，即 A 类 1 个(表 8-44)，最小预测区分布见图 7-49。

表 8-44　福建省镍矿最小预测区名称、预测类型和类别一览表

最小预测区名称	预测类型	类别
莆田长基	长基式基性—超基性铜镍硫化物型镍矿	A

二、镍矿资源量定量估算结果

福建省镍矿已查明资源量和预测资源量结果、预测资源量按深度统计结果、预测资源量按预测精度统计结果、预测资源量按矿床类型统计结果、预测资源量按可信度统计结果、预测资源量按可利用性统计结果如表 8-45～表 8-50 所示。

表 8-45　福建省镍矿已查明资源量和预测资源量表

资源量种类	资源量(t)	占预测总资源量百分比(%)
查明	49 945.93	35.49
预测未发现的	90 772.32	64.51
预测总资源量	140 718.25	

表 8-46　福建省镍矿预测资源量按深度统计表

延深深度	500m 以浅	1 000m 以浅	2 000m 以浅
预测资源量(t)	90 772.32	90 772.32	90 772.32

表 8-47　福建省镍矿预测资源量按预测精度统计表

预测精度	334-1	334-2	334-3
预测资源量(t)	90 772.32	0	0

表 8-48　福建省镍矿预测资源量按矿床类型统计表

矿床类型	预测资源量(t)			
	334-1	334-2	334-3	小计
基性—超基性铜镍硫化物型	90 772.32	0	0	90 772.32

表 8-49　福建省镍矿预测资源量按可信度统计表

可信度	≥0.75	≥0.5～0.75	≥0.25～0.5
预测资源量(t)	90 772.32	0	0

表 8-50　福建省镍矿预测资源量按可利用性统计表

可利用性	可利用	暂不可利用
预测资源量(t)	90 772.32	0

第八节　钨　矿

一、圈定的最小预测区及优选

福建省钨矿圈定最小预测区 43 个，其中 A 类 16 个、B 类 14 个、C 类 13 个(表 8-51)，最小预测区分布见图 7-55。

表 8-51　福建省钨矿最小预测区名称、预测类型和类别一览表

预测区名称	最小预测区名称	预测类型	类别
将乐新路口	邵武天花山	新路口式石英脉型	A
	邵武广坪		A
	将乐新路口		A
	邵武上坪		B
	建阳米溪		B
	邵武炉上		B
	邵武谢山		B
	邵武半岭		B
	将乐林坑		B
	将乐涂厝		B
	将乐山坑		B
	将乐际下		B
	邵武黄土岭		C
	邵武长洲		C
	将乐松坑		C
将乐白莲	明溪水仙崎		A
	明溪东坑		A
	明溪九内		A
	将乐堪厚		B
	将乐石门楼		C

续表 8-51

预测区名称	最小预测区名称	预测类型	类别
清流行洛坑	明溪雪峰	行洛坑式斑岩型	A
	清流国母洋		A
	清流北坑		A
	清流行洛坑		A
	清流元家亭		B
	明溪王坊		C
建瓯上房	建瓯上房	上房式石英脉型	A
	建瓯罗山		A
	建瓯马安		B
	建瓯生元坪		B
	建瓯谢源		C
	建瓯鉴溪		C
	建瓯盖赖		C
华安洋竹径	漳平陈村	洋竹径式石英脉型	A
	华安洋竹径		A
	华安柑仔坑		A
	南靖东溪头		B
	华安草仔山		C
	华安上雪		C
	华安大片		C
	南靖下东溪头		C
松溪半岭	松溪半岭	新路口式石英脉型	A
	浦城王元		C

二、钨矿资源量定量估算结果

福建省钨矿已查明资源量和预测资源量结果、预测资源量按深度统计结果、预测资源量按预测精度统计结果、预测资源量按矿床类型统计结果、预测资源量按可信度统计结果、预测资源量按可利用性统计结果如表 8-52～表 8-57 所示。

表 8-52　福建省钨矿已查明资源量和预测资源量表

资源量种类	资源量(t)	占预测总资源量百分比(%)
查明	376 303.89	38.91
预测未发现的	590 847.56	61.09
预测总资源量	967 151.45	

表 8-53　福建省钨矿预测资源量按深度统计表

延深深度	500m 以浅	1 000m 以浅	2 000m 以浅
预测资源量(t)	364 804.45	590 847.56	590 847.56

表 8-54　福建省钨矿预测资源量按预测精度统计表

预测精度	334-1	334-2	334-3
预测资源量(t)	340 294.38	116 561.16	133 992.02

表 8-55　福建省钨矿预测资源量按矿床类型统计表

矿床类型	预测资源量(t)			
	334-1	334-2	334-3	小计
斑岩型	222 871.88	0	0	222 871.88
石英脉型	117 422.50	116 561.16	133 992.02	367 975.68
小计	340 294.38	116 561.16	133 992.02	590 847.56

表 8-56　福建省钨矿预测资源量按可信度统计表

可信度	≥0.75	≥0.5～0.75	≥0.25～0.5
预测资源量(t)	322 681.69	134 173.84	133 992.02

表 8-57　福建省钨矿预测资源量按可利用性统计表

可利用性	可利用	暂不可利用
预测资源量(t)	364 804.45	226 043.11

第九节　锡(锂)矿

一、圈定的最小预测区及优选

福建省锡(锂)矿圈定最小预测区 122 个，其中 A 类 8 个、B 类 73 个、C 类 41 个(表 8-58)，最小预测区分布见图 7-62。

表 8-58　福建省锡(锂)矿最小预测区名称、预测类型和类别一览表

预测区名称	最小预测区名称	预测类型	类别
武夷山洋庄-邵武水北	光泽下岭头	松岭式斑岩型	B
	武夷山黄溪洲		B
	光泽米罗湾		B
	建阳大竹岚		B
	武夷山白叶坪		C

续表 8-58

预测区名称	最小预测区名称	预测类型	类别
武夷山洋庄-邵武水北	武夷山竹坑	松岭式斑岩型	C
	邵武坪溪		B
	邵武桥头溪		B
	建阳溪头村		C
	建阳蕉溪伐木场		C
	邵武龙斗村		B
	邵武漠口		B
	邵武二都伐木场		B
	邵武大坡坳茶场		B
	建阳洲墩		C
	建阳竹田街		C
	邵武周源村		B
将乐新路口-明溪	邵武山心铺耕山队		B
	邵武铁洋村		B
	邵武洋半天		B
	将乐隆兴村		C
	将乐涂厝		B
	将乐山坑		B
	将乐曹地		B
	将乐新路口		A
	顺昌谟武村		C
	将乐张公村		B
	明溪翠竹洋		B
	明溪沙洲坑		B
	明溪杨坑		B
	将乐御岭村		B
	将乐石排场		B
	明溪下洋		C
	将乐泰村		B
建瓯-南平-沙县	建阳徐山坪	西坑式伟晶岩型	B
	建瓯占墩		A
	顺昌排子厂		B
	顺昌百益村		B
	建瓯江墩		B
	顺昌丁墩		B

续表 8-58

预测区名称	最小预测区名称	预测类型	类别
建瓯-南平-沙县	顺昌大历镇	西坑式伟晶岩型	C
	顺昌溪源		C
	南平麦源村		B
	南平峡阳镇		B
	南平聪坑村		B
	南平高埠村		B
	南平石笋坑		A
	南平西坑		A
	南平际头畜牧场		B
	沙县澄江楼村		C
	南平伏虎庙仓库		B
	沙县杜坑村		B
宁化石壁	宁化下伊	岭式斑岩型	A
	宁化礼地村		B
	宁化溪源		B
	宁化乌竹管		A
	宁化江口村		B
	宁化陈家坑村		C
	宁化城郊乡		C
	宁化鱼龙林场		C
古田三堡	闽清石步坑村		B
	古田下汤湖		C
	闽清尚德村		B
	闽侯雪峰村		C
	闽清马池村		B
	闽侯双溪村		B
长汀濯田	长汀黄西桥		B
	长汀下东坑		B
	长汀红山乡		B
	长汀元岭村		B
	武平鸭罗坑		C
	武平小坪坑		C
连城庙前-龙岩中甲	连城青石坑	中甲式斑岩型	B
	连城马家坪		C
	上杭贵竹坪		B

续表 8-58

预测区名称	最小预测区名称	预测类型	类别
连城庙前-龙岩中甲	上杭邹坑村	中甲式斑岩型	C
	上杭文元村		C
	龙岩黄土庵		C
	龙岩桃仔坑		C
	龙岩益坑村		C
	龙岩石城头村		C
	漳平下界村		C
	漳平县良种场		C
	龙岩圆田塘村		C
	龙岩黄固村		C
	上杭俞家桥		B
	龙岩青草盂		C
	龙岩崎濑村		B
	龙岩中甲		A
	漳平高树岭		C
	漳平陈村村		C
	漳平南家畲		C
	龙岩霞村村		B
	龙岩清凉山		C
永定-云霄	永定堂堡	松岭式斑岩型	C
	南靖洋仔		B
	永定鹞子岽		B
	南靖深坑头		B
	南靖龙山		C
	永定下洋镇		C
	南靖塔石脚		B
	平和三来洲		B
	平和连益村		B
	南靖紫胶站		B
	平和双潭		B
	平和浦时地		B
	平和石砌路		C
	平和铜钟坑		B
	平和外白沙		B
	平和长乐圩		B

续表 8-58

预测区名称	最小预测区名称	预测类型	类别
永定-云霄	平和双塘村	松岭式斑岩型	C
	平和山边村		B
	平和延山村		B
	平和溪头尾		B
	平和松柏背		B
	平和鲫鱼崇		B
	平和下龙子		B
	云霄东圩		C
	诏安溪林村		B
	云霄三星村		B
	云霄大坑		A
	云霄坎顶		B

二、锡(锂)矿资源量定量估算结果

福建省锡(锂)矿已查明资源量和预测资源量结果、预测资源量按深度统计结果、预测资源量按预测精度统计结果、预测资源量按矿床类型统计结果、预测资源量按可信度统计结果、预测资源量按可利用性统计结果如表 8-59～表 8-64 所示。

表 8-59　福建省锡(锂)矿已查明资源量和预测资源量表

资源量种类	资源量(t)	占预测总资源量百分比(%)
锡矿查明	30 098.609 6	3.69
锡矿预测未发现的	786 057.67	96.31
锡矿预测总资源量	816 156.28	
锂矿查明	5 004.01	8.11
锂矿预测未发现的	56 673.6	91.89
锂矿预测总资源量	61 677.61	

表 8-60　福建省锡(锂)矿预测资源量按深度统计表

延深深度	500m 以浅	1 000m 以浅	2 000m 以浅
锡矿预测资源量(t)	608 638.09	786 057.67	786 057.67
锂矿预测资源量(t)	28 587.01	56 673.6	56 673.6

表 8-61　福建省锡(锂)矿预测资源量按预测精度统计表

预测精度	334-1	334-2	334-3
锡矿预测资源量(t)	184 777.68	368 824.86	232 455.13
锂矿预测资源量(t)	19 988.35	3 060.22	33 625.03

表 8-62　福建省锡(锂)矿预测资源量按矿床类型统计表

矿床类型	预测资源量(t)			
	334-1	334-2	334-3	小计
斑岩型(锡矿)	151 232.58	327 919.23	189 589.65	668 741.46
伟晶岩型(锡矿)	33 545.10	40 905.63	42 865.48	117 316.21
小计	184 777.68	368 824.86	232 455.13	786 057.67
伟晶岩型(锂矿)	79 760.73	8 651.83	46 153.66	134 566.22

表 8-63　福建省锡(锂)矿预测资源量按可信度统计表

可信度	≥0.75	≥0.5～0.75	≥0.25～0.5
锡矿预测资源量(t)	511 602.99	274 454.68	0
锂矿预测资源量(t)	23 048.57	33 625.03	0

表 8-64　福建省锡(锂)矿预测资源量按可利用性统计表

可利用性	可利用	暂不可利用
锡矿预测资源量(t)	786 057.67	0
锂矿预测资源量(t)	56 673.60	0

第十节　钼　矿

一、圈定的最小预测区及优选

福建省钼矿圈定最小预测区 238 个，其中 A 类 41 个、B 类 65 个、C 类 132 个(表 8-65)，最小预测区分布见图 7-71。

表 8-65　福建省钼矿最小预测区名称、预测类型和类别一览表

预测区名称	最小预测区名称	预测类型	类别
浦城上厂-松溪大林坑	松溪黄碧洋	赤路式斑岩型	C
	浦城靖坑村		B
	松溪古同		A
	浦城上厂		A
	松溪北孟坑村		B
	松溪大林坑		A
	政和西表村		C

续表 8-65

预测区名称	最小预测区名称	预测类型	类别
福安赤路	福安南源村	赤路式斑岩型	C
	周宁吴山底		A
	周宁洋庄村		B
	福安首笕		B
	周宁仙岭尾		A
	福安赤路		A
	福安芹洋村		B
	周宁东山		B
连城姑田	永安双百贵		C
	永安槐栋山		C
	连城黄沙瑶		A
	连城姑田		A
	连城管顶		A
	连城花公庙		A
	连城溪源村		C
	连城木陂村		C
永安槐南-漳平北坑场	永安柯山村		C
	永安苏坑		C
	永安黄年山		C
	大田五小八丹		B
	大田东山头		B
	大田高峰		B
	德化仙阳		C
	德化出米石		C
	德化狮子山		C
	德化宝山		C
	漳平一顶尖西侧		A
	漳平北坑场		A
	大田象山		A
	漳平西山崎北侧		B
	漳平九仙峰		B
	漳平西山崎		B
	德化龙湖寺		C
	德化云头岐		C
	德化西天寺		C
	尤溪云路坑		B
	德化仙洋		B

续表 8-65

预测区名称	最小预测区名称	预测类型	类别
清流行洛坑	明溪雪峰	行洛坑式斑岩型	C
	明溪王坊		C
	清流行洛坑		A
	清流北坑		C
	清流国母洋		C
	清流元家亭		C
武夷山洋庄-邵武水北	光泽圳头垅	西朝式岩浆-热液型	C
	武夷山黄溪洲		C
	光泽溪塘边		B
	光泽王坝溪		C
	武夷山皮坑口		A
	武夷山桂林		C
	邵武彭家		C
	邵武漠口溪		C
	邵武高阳		B
	邵武大坡坳		C
	建阳杜潭村		C
	建阳周山坊		C
	建阳吴墩窠		C
	邵武电华山		C
浦城九里-武夷山上西坑	浦城九里		A
	浦城溪源		B
	浦城前源村		C
	浦城苦竹元		C
	浦城水源寺		C
	浦城大湖排		B
	浦城连墩种猪场		B
	武夷山上西坑		A
	武夷山上溪源		C
	浦城洪山		C
	浦城濠村乡		C
	建阳浒洲村		C
	建阳杨梅际		C
	建阳下窠		C

续表 8-65

预测区名称	最小预测区名称	预测类型	类别
将乐万安	邵武夫人庙	西朝式岩浆-热液型	C
	邵武高坑		C
	邵武谢山		C
	邵武庄坛村		C
	邵武朱拱洋		B
	邵武谢厝		B
	邵武黄土岭		C
	邵武谢家边		C
	邵武外石村		B
	邵武楼溪		C
	将乐双溪庙		C
	将乐王林坑		B
	将乐山头洋		C
	邵武观音山		C
	将乐八里桥		C
	将乐新路		C
	吴村村		C
	将乐洋门地		C
建阳井后-古田西	建瓯擎天岩村		C
	建瓯古老山		C
	建瓯路口		A
	建瓯吴地洋		C
	建瓯圭阳		C
	建瓯安国寺		B
	建瓯上范村		A
	建瓯温洋村		C
	建瓯忠溪村		C
	建瓯大漈村		C
	屏南潘丘它		C
	屏南前坂		C
	建瓯罗山		A
	屏南里汾溪村		C
	古田秋峰坑		C
	古田上厝坪		C
	古田西朝		A
	古田前洋坂村		C

续表 8-65

预测区名称	最小预测区名称	预测类型	类别
尤溪卓坑-南平巨口	南平际头畜牧场	西朝式岩浆-热液型	B
	南平大洲贮木场		B
	南平吉溪电站		C
	南平横坑		C
	南平水坪峡		B
	南平前梅坑		C
	尤溪彩城村		C
	南平际后村		B
	尤溪尤溪口		B
	尤溪连云村		C
	尤溪箭坑村		C
	尤溪丈潦村		C
	尤溪上坑		C
	尤溪卓坑		A
古田三堡-永泰	古田碗厂村		B
	闽侯山坪洋		C
	闽侯西坑村		C
	闽清石步坑村		C
	南平巨口		A
	闽清高港村		C
	古田金钟潭		B
	古田水潮村		C
	闽侯金田村		A
	闽清来洋头		B
	闽清古洋村		A
	闽清白云村		B
	闽清新民村		C
	闽侯南下村		B
	闽清霞峰寨		C
	闽清林中村		B
	永泰蕉坑村		C
	永泰黎壁坑		B
	永泰台口村		C
	闽侯林山		C
	闽侯大池		B
	闽清斜湾		C

续表 8-65

预测区名称	最小预测区名称	预测类型	类别
连城庙前	上杭下村	西朝式岩浆-热液型	C
	上杭大东村		C
	连城冷水坑		C
	连城洋稠村		B
	上杭大源村		C
	上杭梨岭村		C
	上杭迳美村		B
	上杭铁场村		A
	上杭芙蓉村		C
	上杭上郭车村		C
	上杭岭背村		C
	上杭俞家桥		C
	上杭翁基		C
	上杭溪口伐木场		C
仙游砺山-泉州大林山	仙游溪头		C
	仙游凤山		C
	仙游新莲村		C
	莆田马院村		C
	仙游半岭村		B
	仙游田楼村		C
	仙游汾山村		C
	莆田外东坪村		B
	莆田常太镇		B
	仙游砺山		A
	仙游溪车村		C
	永春县		C
	永春臭头山		C
	南安塔斗山		B
	南安卓云山		C
	南安潭溪村		C
	南安池子头		C
	泉州大林山		A
	泉港良种场		C
	南安仙台山		C
	泉州田村		C
	泉港许厝村		C
	南安秀峰山		C

续表 8-65

预测区名称	最小预测区名称	预测类型	类别
仙游砺山-泉州大林山	南安油园	西朝式岩浆-热液型	B
	泉州庄田村		B
	南安蔡西		B
	南安产田		C
	南安仙河村		C
	泉州前埭村		A
长泰枋洋	安溪彭溪		B
	安溪水洋村		B
	长泰枋洋镇		B
	长泰白交祠村		B
	长泰双岭村		C
	长泰后溪镇		C
	长泰东边洋		A
永定-云霄	上杭稔田镇	山口式岩浆-热液型	B
	永定合溪		B
	永定富家地		C
	永定山口		A
	南靖坪坑工区		B
	南靖九云墩		C
	永定仙师		C
	永定上下湖		C
	南靖黄竹烟村		B
	南靖上汤村		B
	南靖南坑		A
	南靖三千山果林场		C
	平和铜钟坑		B
	平和鸡笼山		A
	平和上峰岩		B
	平和锦溪		A
	平和新陂村		B
	平和长乐圩		C
	平和寨北村		C
	平和福里石		B

续表 8-65

预测区名称	最小预测区名称	预测类型	类别
永定-云霄	平和下际	山口式岩浆-热液型	B
	平和东寨村		B
	云霄溪林村		C
	云霄七高礤村		C
	云霄坡兜村		C
龙岩马坑	漳平大坂	马坑式广义矽卡岩型	A
	龙岩焦山		A
	龙岩黄坑村		B
	龙岩上洋		C
	永定桥河下		B
	永定郑坑		B
	永定漳坑		A
	龙岩马坑		A
安溪潘田	安溪霞云		B
	安溪潘田		A
	安溪剑斗		A
	漳平洛阳		A
	安溪珍地		A

二、钼矿资源量定量估算结果

福建省钼矿已查明资源量和预测资源量结果、预测资源量按深度统计结果、预测资源量按预测精度统计结果、预测资源量按矿床类型统计结果、预测资源量按可信度统计结果、预测资源量按可利用性统计结果如表 8-66～表 8-71 所示。

表 8-66　福建省钼矿已查明资源量和预测资源量表

资源量种类	资源量(t)	占预测总资源量百分比(%)
查明	527 099.1	7.86
预测未发现的	6 177 410.79	92.14
预测总资源量	6 704 509.89	

表 8-67　福建省钼矿预测资源量按深度统计表

延深深度	500m 以浅	1 000m 以浅	2 000m 以浅
预测资源量(t)	5 954 515.23	6 177 410.79	6 177 410.79

表 8-68　福建省钼矿预测资源量按预测精度统计表

预测精度	334-1	334-2	334-3
预测资源量(t)	2 320 186.10	2 647 026.18	1 210 198.51

表 8-69　福建省钼矿预测资源量按矿床类型统计表

矿床类型	预测资源量(t)			
	334-1	334-2	334-3	小计
斑岩型	759 020.58	406 512.78	342 481.97	1 508 015.33
矽卡岩型	212 205.6	196 736.08	37 253.26	446 194.94
岩浆-热液型	1 348 959.92	2 043 777.32	830 463.28	4 223 200.52
小计	2 320 186.10	2 647 026.18	1 210 198.51	6 177 410.79

表 8-70　福建省钼矿预测资源量按可信度统计表

可信度	≥0.75	≥0.5～0.75	≥0.25～0.5
预测资源量(t)	4 046 140.88	2 131 269.91	0

表 8-71　福建省钼矿预测资源量按可利用性统计表

可利用性	可利用	暂不可利用
预测资源量(t)	5 954 515.23	222 895.56

第十一节　稀土矿

一、圈定的最小预测区及优选

福建省稀土矿圈定最小预测区 31 个，其中 A 类 17 个、B 类 4 个、C 类 10 个(表 8-72)，最小预测区分布见图 7-71。

表 8-72　福建省稀土矿最小预测区名称、预测类型和类别一览表

预测区名称	最小预测区名称	预测类型	类别
长汀河田	长汀南塘	南塘式离子吸附型	A
	长汀丘坊		A
	长汀山田段		A
	连城江屋山		A
	连城黄坊		A
	上杭沙下坝		A
	武平梁山		A

续表 8-72

预测区名称	最小预测区名称	预测类型	类别
长汀河田	上杭大福全	南塘式离子吸附型	A
	上杭古楼		A
	上杭白沙		A
	上杭溪口		B
	连城中村		A
	清流下洋坑		C
	武平高布		C
宁化地区	建宁芦田		A
	宁化杜家		A
	将乐张厝		A
	宁化张家塘		A
	宁化夏坊		A
	建宁溪口		B
	三元区下寨		B
	永安上甘地		B
	建宁下清		C
	泰宁上田		C
	泰宁南坑尾		C
	将乐肖坑		C
	建宁新圩		C
	泰宁新坑		C
	宁化棠地		C
	清流南岐		C
	清流大元		A

二、稀土矿资源量定量估算结果

福建省稀土矿已查明资源量 38 320.689 8t，占预测总资源量的 2.62%。

第十二节　磷　矿

一、圈定的最小预测区及优选

福建省磷矿圈定最小预测区 4 个，其中 A 类 2 个、B 类 1 个、C 类 1 个（表 8-73），最小预测区分布见图 7-77。

表 8-73　福建省磷矿最小预测区名称、预测类型和类别一览表

预测区名称	最小预测区名称	预测类型	类别
松溪洋墩	松溪洋墩	洋墩式沉积变质型	A
	松溪陈源		C
南平芹山	南平芹山		A
	南平梨埔尾		B

二、磷矿资源量定量估算结果

福建省磷矿已查明资源量和预测资源量结果、预测资源量按深度统计结果、预测资源量按预测精度统计结果、预测资源量按矿床类型统计结果、预测资源量按可信度统计结果预测资源量按可利用性统计结果如表 8-74～表 8-79 所示。

表 8-74　福建省磷矿已查明资源量和预测资源量表(矿石量)

资源量种类	资源量($\times10^4$t)	占预测总资源量百分比(%)
查明	1 116.07	19.84
预测未发现的	4 509.90	80.16
预测总资源量	5 625.97	

表 8-75　福建省磷矿预测资源量按深度统计表

延深深度	500m 以浅	1 000m 以浅	2 000m 以浅
预测资源量($\times10^4$t)	450.99	450.99	450.99

表 8-76　福建省磷矿预测资源量按预测精度统计表

预测精度	334-1	334-2	334-3
预测资源量($\times10^4$t)	2 796.28	358.57	1 355.05

表 8-77　福建省磷矿预测资源量按矿床类型统计表

矿床类型	预测资源量($\times10^4$t)			
	334-1	334-2	334-3	小计
沉积变质型	2 796.28	358.57	1 355.05	4 509.90
沉积型陆相	0	0	0	0

表 8-78　福建省磷矿预测资源量按可信度统计表

可信度	≥0.75	≥0.5～0.75	≥0.25～0.5
预测资源量($\times10^4$t)	1 228.59	1 567.69	1 713.62

表 8-79　福建省磷矿预测资源量按可利用性统计表

可利用性	可利用	暂不可利用
预测资源量（$\times 10^4$t）	0	4 509.90

第十三节　硫　矿

一、圈定的最小预测区及优选

福建省硫矿圈定最小预测区 66 个，其中 A 类 17 个、B 类 20 个、C 类 29 个（表 8-80），最小预测区分布见图 7-84。

表 8-80　福建省硫矿最小预测区名称、预测类型和类别一览表

预测区名称	最小预测区名称	预测类型	类别
政和铁山	政和夏山	龙凤场式矽卡岩型	A
将乐万安-顺昌埔上	邵武大王头		A
	将乐新路口		B
	将乐肖公洞		C
	将乐水南		C
	顺昌元坑		C
	顺昌东坑		C
三明陈大-沙县南霞	三明陈大		C
	三明洋口仔		C
	沙县坂坑		C
大田广平-太华龙凤场	大田广平		B
	永安安隔头		B
	大田龙凤场		A
	大田大安		C
	永安东井		B
	永安辅弼		B
	永安莒坑		B
	大田上蔡		A
	大田三阳		C
	漳平灵地		C
	漳平内奇和		C
	大田上丰		C

续表 8-80

预测区名称	最小预测区名称	预测类型	类别
长汀南山-连城北团	长汀大埔	龙凤场式矽卡岩型	C
	长汀南坑哩		C
	连城罗坊		C
	长汀朱坊		C
	连城田心		A
漳平福田-安溪剑斗	安溪潘田		A
	安溪霞云		B
	安溪剑斗		C
	漳平洛阳		A
	安溪陈吾阆山		B
	安溪霞春		B
上杭湖洋	上杭莲塘背石		C
	上杭黄坊		C
	上杭湖洋		A
福鼎银硐	福鼎银硐	银硐式矽卡岩型	A
泰宁新桥-邵武和平	邵武枫林	水源式沉积变质型	A
	邵武桂林		B
	邵武王家岭		B
	泰宁水源		A
	泰宁下渠		B
浦城山下-石陂	浦城屏峰	屏峰式岩浆热液型	A
	浦城山下		C
	浦城山后		C
周宁七步-寿宁厚溪	寿宁铁场		B
	寿宁刘厝		C
	福安后洋		B
	福安高岩		B
	福安打磺岭		C
	福安赤路		A
建阳水吉	建阳溪东	峰岩式沉积变质-热液改造型	A
	建阳水吉		A
	建阳黄地		B
	建瓯徐坑		C
	建瓯钟山		C

续表 8-80

预测区名称	最小预测区名称	预测类型	类别
政和王母山	松溪龙井山	峰岩式沉积变质-热液改造型	C
	政和大林源		C
	政和打银坑		C
	政和王母山		A
南平夏道-迪口	建瓯张坑		B
	南平石坑		B
	南平东坑		B
	南平南山		B
尤溪梅仙	尤溪梅仙		A
	尤溪铁炉亭		C

二、硫矿资源量定量估算结果

福建省硫矿已查明资源量和预测资源量结果、预测资源量按深度统计结果、预测资源量按预测精度统计结果、预测资源量按矿床类型统计结果、预测资源量按可信度统计结果、预测资源量按可利用性统计结果如表 8-81～表 8-86 所示。

表 8-81　福建省硫矿已查明资源量和预测资源量表

资源量种类	资源量	占预测总资源量百分比(%)
查明(矿石量，$\times10^4$t)	4 386.87	18.19
预测未发现的(矿石量，$\times10^4$t)	19 731.25	81.81
预测总资源量(矿石量，$\times10^4$t)	24 118.12	
伴生硫查明(硫量，$\times10^4$t)	72.20	11.90
伴生硫预测未发现的(硫量，$\times10^4$t)	534.66	88.10
伴生硫预测总资源量(硫量，$\times10^4$t)	606.86	

表 8-82　福建省硫矿预测资源量按深度统计表

延深深度	500m 以浅	1 000m 以浅	2 000m 以浅
预测资源量(矿石量，$\times10^4$t)	16 615.45	19 731.25	19 731.25
伴生硫预测资源量(硫量，$\times10^4$t)	361.92	534.66	534.66

表 8-83　福建省硫矿预测资源量按预测精度统计表

预测精度	334-1	334-2	334-3
预测资源量(矿石量，$\times10^4$t)	6 715.61	5 523.77	7 491.87
伴生硫预测资源量(硫量，$\times10^4$t)	182.84	94.93	256.89

表 8-84 福建省硫矿预测资源量按矿床类型统计表

矿床类型	预测资源量			
	334-1	334-2	334-3	小计
岩浆热液型(矿石量,$\times10^4$t)	2 778.43	3 489.99	2 662.68	8 931.10
矽卡岩型(矿石量,$\times10^4$t)	3 596.66	2 004.73	4 608.09	10 209.47
沉积变质型(矿石量,$\times10^4$t)	340.52	29.06	221.10	590.68
沉积变质-热液改造型(硫量,$\times10^4$t)	182.84	94.93	256.89	534.66

表 8-85 福建省硫矿预测资源量按可信度统计表

可信度	≥0.75	≥0.5～0.75	≥0.25～0.5
预测资源量(矿石量,$\times10^4$t)	6 715.61	2 165.61	10 850.03
伴生硫预测资源量(硫量,$\times10^4$t)	182.84	32.39	319.43

表 8-86 福建省硫矿预测资源量按可利用性统计表

可利用性	可利用	暂不可利用
预测资源量(矿石量,$\times10^4$t)	7 690.42	12 040.83
伴生硫预测资源量(硫量,$\times10^4$t)	215.23	319.43

第十四节 萤石矿

一、圈定的最小预测区及优选

福建省萤石矿圈定最小预测区 63 个,其中 A 类 19 个、B 类 20 个、C 类 24 个(表 8-87),最小预测区分布见图 7-87。

表 8-87 福建省萤石矿最小预测区名称、预测类型和类别一览表

预测区名称	最小预测区名称	预测类型	类别
浦城-建阳回潭	浦城盘亭	南山下式热液充填型	A
	浦城仁峰		A
	浦城溪洲		C
	浦城杨高山		C
	浦城青山		B
	浦城山下		B
	浦城山头庵		B
	武夷山首阳		B
	武夷山坪地		B
	建阳回潭		A
	建阳鸭仔坑		C

续表 8-87

预测区名称	最小预测区名称	预测类型	类别
光泽司前-李坊	光泽关上	南山下式热液充填型	B
	光泽里连坑		C
	光泽王家山		A
	光泽举安		A
	光泽梅溪		A
	光泽夫人村		A
	光泽园岱		C
	光泽双坑		C
	光泽鸾凤		B
	光泽羊古庵		A
	光泽贯庄		B
邵武南山下-龙湖	建阳畲上		B
	武夷山大竹		B
	邵武苏家窟		C
	邵武上坪		B
	建阳米溪		C
	邵武上陂		A
	邵武洛田		B
	邵武高南		A
	邵武南山下		A
	建阳松坑		B
	邵武吴家塘		C
	邵武上芦		A
	邵武三峰		C
	邵武祝岭		A
	邵武大坪		A
	邵武南溪村		C
顺昌-将乐	邵武玉溪口		C
	顺昌洋墩		A
	顺昌下玉田		C
	顺昌南舟		A
	顺昌曹地		B
	顺昌谟武		B
	将乐高唐		A

续表 8-87

预测区名称	最小预测区名称	预测类型	类别
明溪-连城	明溪原坊	南山下式热液充填型	B
	明溪大坪		C
	明溪下汴		B
	清流桐坑		C
	清流梧地		C
	清流四洲亭		A
	明溪柏亭		C
	清流和元		C
	清流汶溪		C
	永安石碧		B
	清流田元		C
	永安罗坊		C
	永安坰头		C
	连城罗地		C
	连城下余		B
	连城塘前		B
	连城大洋地		C
	连城新亭		A

二、萤石矿资源量定量估算结果

福建省萤石矿已查明资源量和预测资源量结果、预测资源量按深度统计结果、预测资源量按预测精度统计结果、预测资源量按矿床类型统计结果、预测资源量按可信度统计结果、预测资源量按可利用性统计结果如表 8-88～表 8-93 所示。

表 8-88　福建省萤石矿已查明资源量和预测资源量表(CaF_2)

资源量种类	资源量($\times10^4$ t)	占预测总资源量百分比(%)
查明	1 223.42	27.81
预测未发现的	3 176.49	72.19
预测总资源量	4 399.91	

表 8-89　福建省萤石矿预测资源量按深度统计表

延深深度	500m 以浅	1 000m 以浅	2 000m 以浅
预测资源量($\times10^4$ t)	3 176.49	3 176.49	3 176.49

表 8-90　福建省萤石矿预测资源量按预测精度统计表

预测精度	334-1	334-2	334-3
预测资源量(×10^4 t)	1 367.61	704.32	1 104.55

表 8-91　福建省萤石矿预测资源量按矿床类型统计表

矿床类型	预测资源量(×10^4 t)			
	334-1	334-2	334-3	小计
热液充填型	1 367.61	704.32	1 104.55	3 176.49

表 8-92　福建省萤石矿预测资源量按可信度统计表

可信度	≥0.75	≥0.5～0.75	≥0.25～0.5
预测资源量(×10^4 t)	2 004.36	1 172.13	0

表 8-93　福建省萤石矿预测资源量按可利用性统计表

可利用性	可利用	暂不可利用
预测资源量(×10^4 t)	3 176.49	0

第十五节　重晶石矿

一、圈定的最小预测区及优选

福建省重晶石矿圈定最小预测区 10 个，其中 A 类 1 个、B 类 5 个、C 类 4 个(表 8-94)，最小预测区分布见图 7-89。

表 8-94　福建省重晶石矿最小预测区名称、预测类型和类别一览表

预测区名称	最小预测区名称	预测类型	类别
永安-明溪	永安李坊村	李坊式沉积型	A
	永安富溪源村		C
	永安罗峰村		B
	永安马林桥		C
	永安双百贵		C
	永安林记顶		C
长汀古城	长汀大坑村		B
	长汀古城镇		B
	长汀东坑口		B
	长汀黄陂村		B

二、重晶石矿资源量定量估算结果

福建省重晶石矿已查明资源量和预测资源量结果、预测资源量按深度统计结果、预测资源量按预测精度统计结果、预测资源量按矿床类型统计结果、预测资源量按可信度统计结果、预测资源量按可利用性统计结果如表 8-95～表 8-100 所示。

表 8-95 福建省重晶石矿已查明资源量和预测资源量表

资源量种类	资源量（$\times 10^4$ t）	占预测总资源量百分比（%）
查明	1 669.24	19.80
预测未发现的	6 761.55	80.20
预测总资源量	8 430.79	

表 8-96 福建省重晶石矿预测资源量按深度统计表

延深深度	500m 以浅	1 000m 以浅	2 000m 以浅
预测资源量（$\times 10^4$ t）	6 761.55	6 761.55	6 761.55

表 8-97 福建省重晶石矿预测资源量按预测精度统计表

预测精度	334-1	334-2	334-3
预测资源量（$\times 10^4$ t）	2 589.18	2 302.94	1 869.43

表 8-98 福建省重晶石矿预测资源量按矿床类型统计表

矿床类型	预测资源量（$\times 10^4$ t）			
	334-1	334-2	334-3	小计
沉积变质型	2 589.18	2 302.94	1 869.43	6 761.55

表 8-99 福建省重晶石矿预测资源量按可信度统计表

可信度	≥0.75	≥0.5～0.75	≥0.25～0.5
预测资源量（$\times 10^4$ t）	1 101.86	5 659.70	0

表 8-100 福建省重晶石矿预测资源量按可利用性统计表

可利用性	可利用	暂不可利用
预测资源量（$\times 10^4$ t）	5 274.23	1 487.33

第十六节 煤 矿

根据综合优度划分原则，福建省煤矿预测资源量共圈定 85 个预测区，其中优等 39 个、良等 33 个、差等 13 个（表 8-101），煤矿预测区综合优度划分结果见图 8-1。

表 8-101　煤矿预测区分级、分类、分等及资源量统计表

煤田名称	合计	预测区分级			预测区分类			预测区分等		
		334-1	334-2	334-3	Ⅰ	Ⅱ	Ⅲ	优	良	差
永春-尤溪	16	3	8	5	8	7	1	7	3	6
大田-永安	41	14	24	3	17	18	6	15	20	6
龙岩-永定	17	13	4	0	11	6	0	10	7	0
将乐-武平	9	4	4	1	5	3	1	5	3	1
零星	2	0	2	0	2	0	0	2	0	0
合计	85	34	42	9	43	34	8	39	33	13
资源量合计（$\times10^4$t）	257 225.4	118 187.2	12 650.3	12 387.9	103 021.6	134 776.4	19 427.4	96 786.2	129 608.4	30 830.8

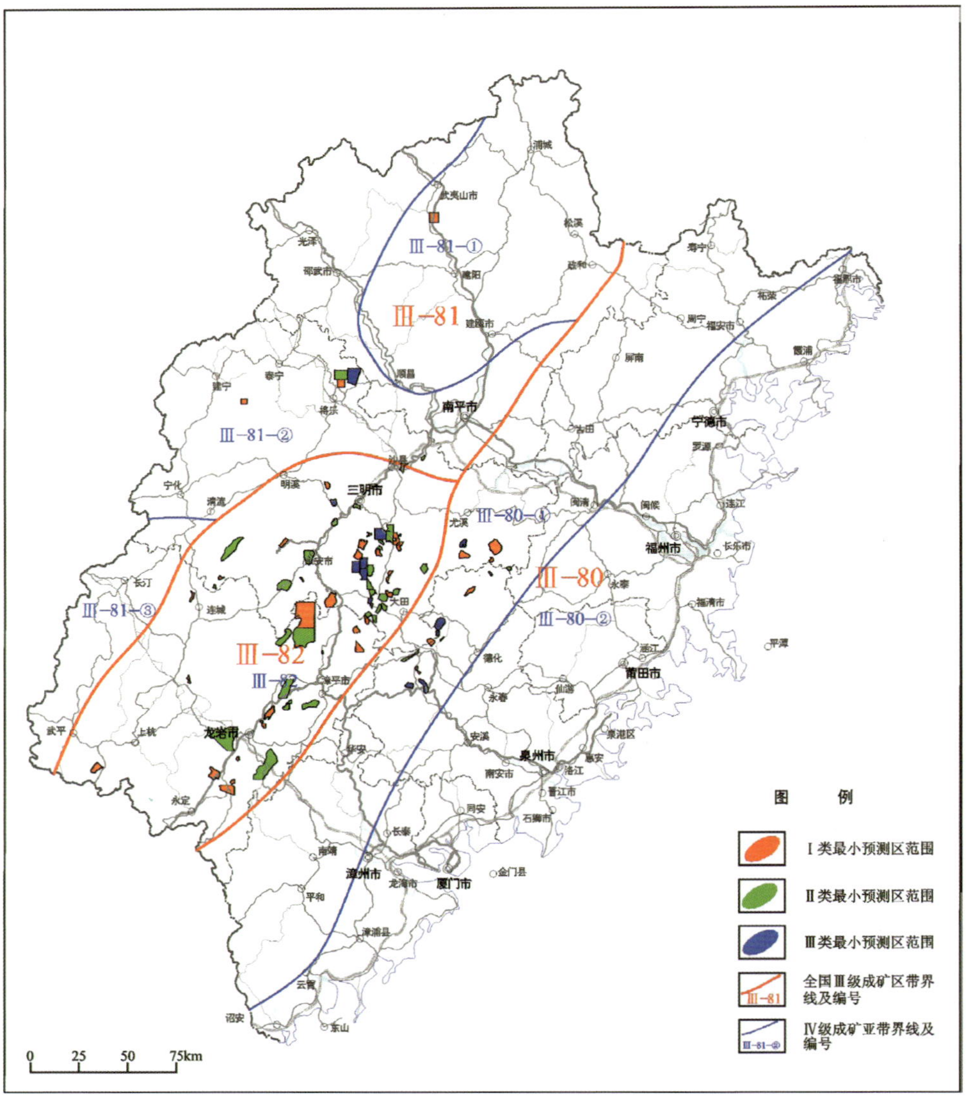

图 8-1　福建省煤矿预测区综合优度划分结果示意图

第九章　区域成矿规律总结

第一节　福建省成矿区(带)及矿集区的划分

一、成矿区带划分方案

本次福建省矿产资源潜力评价根据全国矿产资源潜力评价项目办公室及有关专家的研究成果，福建省全境划归华南成矿省(Ⅱ-16)，进一步划分为3个成矿带，6个Ⅳ级成矿亚带，28个Ⅴ级矿集区(表9-1，图9-1)。Ⅲ级成矿带为浙闽粤沿海Pb-Zn-Cu-Au-Ag-W-Sn-叶蜡石-明矾石-萤石成矿带(Ⅲ-80)、浙中-武夷隆起W-Sn-Mo-Au-Ag-Pb-Zn-Nb-Ta-萤石成矿带(Ⅲ-81)、永安-梅州-惠阳(坳陷)Fe-Pb-Zn-Cu-Au-Ag-Sb成矿带(Ⅲ-82)。

表 9-1　福建省成矿区(带)划分简表

Ⅲ级成矿带	Ⅳ级成矿亚带	Ⅴ级矿集区
浙闽粤沿海 Pb-Zn-Cu-Au-Ag-W-Sn-叶蜡石-明矾石-萤石成矿带(Ⅲ-80)	浙东-华安 Au-Pb-Zn-Ag-Mo-Cu-叶蜡石-明矾石成矿亚带(Ⅲ-80-①)	柘荣英山 Ag-Pb-Zn 矿集区(Ⅲ-80-①-1)(K_1)
		福安赤路 Cu-Mo-Pb-Zn-Ag 矿集区(Ⅲ-80-①-2)(K_1)
		建阳-古田 Mo 矿集区(Ⅲ-80-①-3)(K_1)
		尤溪峰岩 Pb-Zn 多金属矿集区(Ⅲ-80-①-4)(Pt、J_3)
		德化邱村-双旗山 Au 矿集区(Ⅲ-80-①-5)(加里东期、K_1)
		德山阳山-漳平洛阳 Fe-Mo-Pb-Zn 矿集区(Ⅲ-80-①-6)(C—P、J)
		平和钟腾-云霄 Mo-Pb-Zn-Sn 矿集区(Ⅲ-80-①-7)(J—K)
	福鼎-云霄 Ag-Cu-W-Mo-Sn-Pb-Zn-明矾石-叶蜡石成矿亚带(Ⅲ-80-②)	福州寿山-福清东仔叶蜡石矿集区(Ⅲ-80-②-1)(K_1)
		福清下溪底-莆田长基 Ag-Ni 矿集区(Ⅲ-80-②-2)(K_1)
		泉州大林山 Mo-Pb-Zn 矿集区(Ⅲ-80-②-3)(K_1)
浙中-武夷隆起 W-Sn-Mo-Au-Ag-Pb-Zn-Nb-Ta-萤石成矿带(Ⅲ-81)	遂昌-建阳 Cu-Mo-Pb-Zn-Ag-萤石-叶蜡石-地开石成矿亚带(Ⅲ-81-①)	浦城屏峰 Cu-Pb-Zn-萤石矿集区(Ⅲ-81-①-1)(K_1)
		武夷山五夫 Mo-Pb-Zn-Cu-萤石矿集区(Ⅲ-81-①-2)(K_1)
		建阳水吉 Pb-Zn 矿集区(Ⅲ-81-①-3)(Pt_{2-3}、K_1)
		政和 Cu-Au-Pb-Zn-Fe-P 矿集区(Ⅲ-81-①-4)(Pt_{2-3}、K_1)

续表 9-1

Ⅲ级成矿带	Ⅳ级成矿亚带	Ⅴ级矿集区
浙中-武夷隆起 W-Sn-Mo-Au-Ag-Pb-Zn-Nb-Ta-萤石成矿带（Ⅲ-81）	武夷隆起 W-Sn-Pb-Zn-Nb-Ta-Cu-Au-Ag-锂辉石成矿亚带（Ⅲ-81-②）	光泽夫人村 Cu-Pb-萤石矿集区（Ⅲ-81-②-1）（K_1）
		泰宁 Au-Pb 矿集区（Ⅲ-81-②-2）（加里东期）
		邵武南山下-将乐常口萤石矿集区（Ⅲ-81-②-3）（K_1）
		建瓯上房 W 矿集区（Ⅲ-81-②-4）（J_3）
		南平-沙县 Nb-Ta-Sn-Li 矿集区（Ⅲ-81-②-5）（加里东期）
		宁化 Sn 矿集区（Ⅲ-81-②-6）（J_1）
		宁化张家塘稀土矿集区（Ⅲ-81-②-7）（Q）
		宁化行洛坑 W-Mo 矿集区（Ⅲ-81-②-8）（J_1）
	南武夷 Mn-Sn-Cu-Au-Ag-Pb-Zn-稀土成矿亚带（Ⅲ-81-③）	长汀河田稀土矿集区（Ⅲ-81-③-1）（Q）
永安-梅州-惠阳（坳陷）Fe-Pb-Zn-Cu-Au-Ag-Sb 成矿带（Ⅲ-82）		清流桐坑-永安李坊萤石-重晶石矿集区（Ⅲ-82-1）（K_1）
		大田汤泉 Fe-Pb-Zn-Cu 矿集区（Ⅲ-82-2）（C—P、J）
		连城庙前 Mn-Pb-Zn-Cu 矿集区（Ⅲ-82-3）（C—P、T、K_1）
		上杭紫金山 Cu-Au-Ag-Mo 矿集区（Ⅲ-82-4）（K_1）
		龙岩马坑-永定大排 Fe-Mo-Pb-Zn-Sn 矿集区（Ⅲ-82-5）（C—P、J）

二、Ⅳ级成矿带划分

福建省Ⅲ级成矿带有 3 个，进一步划分为 6 个Ⅳ级成矿亚带，划分依据见表 9-2。

（一）浙闽粤沿海 Pb-Zn-Cu-Au-Ag-W-Sn-叶蜡石-明矾石-萤石成矿带（Ⅲ-80）

浙闽粤沿海 Pb-Zn-Cu-Au-Ag-W-Sn-叶蜡石-明矾石-萤石成矿带（Ⅲ-80）进一步划分为两个成矿亚带，即浙东-华安 Au-Pb-Zn-Ag-Mo-Cu-叶蜡石-明矾石成矿亚带（Ⅲ-80-①）、福鼎-云霄 Ag-Cu-W-Mo-Sn-Pb-Zn-明矾石-叶蜡石成矿亚带（Ⅲ-80-②）（Ym、Yl^1、H）。

1. 浙东-华安 Au-Pb-Zn-Ag-Mo-Cu-叶蜡石-明矾石成矿亚带（Ⅲ-80-①）

本成矿亚带位于福建省中部地区，呈北北东向，总体约 30°，属东南沿海岩浆弧（Ⅴ-4）闽东沿海岩浆弧（Ⅴ-4-1）（J_3—K）的西部条带。地质作用经历了 4 期：①新元古代的政和-尤溪蛇绿混杂岩带之成矿作用有所波及，在屏南、尤溪等地出现铜、铅、锌多金属矿；②加里东期作用形成的韧性剪切带中热液型金矿（尤溪肖坂、德化双旗山等金矿）；③海西期成矿作用，主要有与石炭纪至二叠纪沉积有关的铁、铜、铅、锌多金属矿质层（在燕山期岩浆作用改造后形成矽卡岩型铁多金属矿），二叠纪煤矿等；④燕山早期与花岗岩有关的矽卡岩型铁多金属矿及燕山晚期与花岗岩有关的铜、铅、锌、银、钼、明矾石-叶蜡石矿。其界线清楚，北西界线为政和-大埔断裂带，南东界线为福安-南靖断裂带。

2. 福鼎-云霄 Ag-Cu-W-Mo-Sn-Pb-Zn-明矾石-叶蜡石成矿亚带（Ⅲ-80-②）

本成矿亚带位于福建省东南沿海地区，属闽东沿海岩浆弧（Ⅴ-4-1）（J_3—K）东南部分，总体呈条带状。

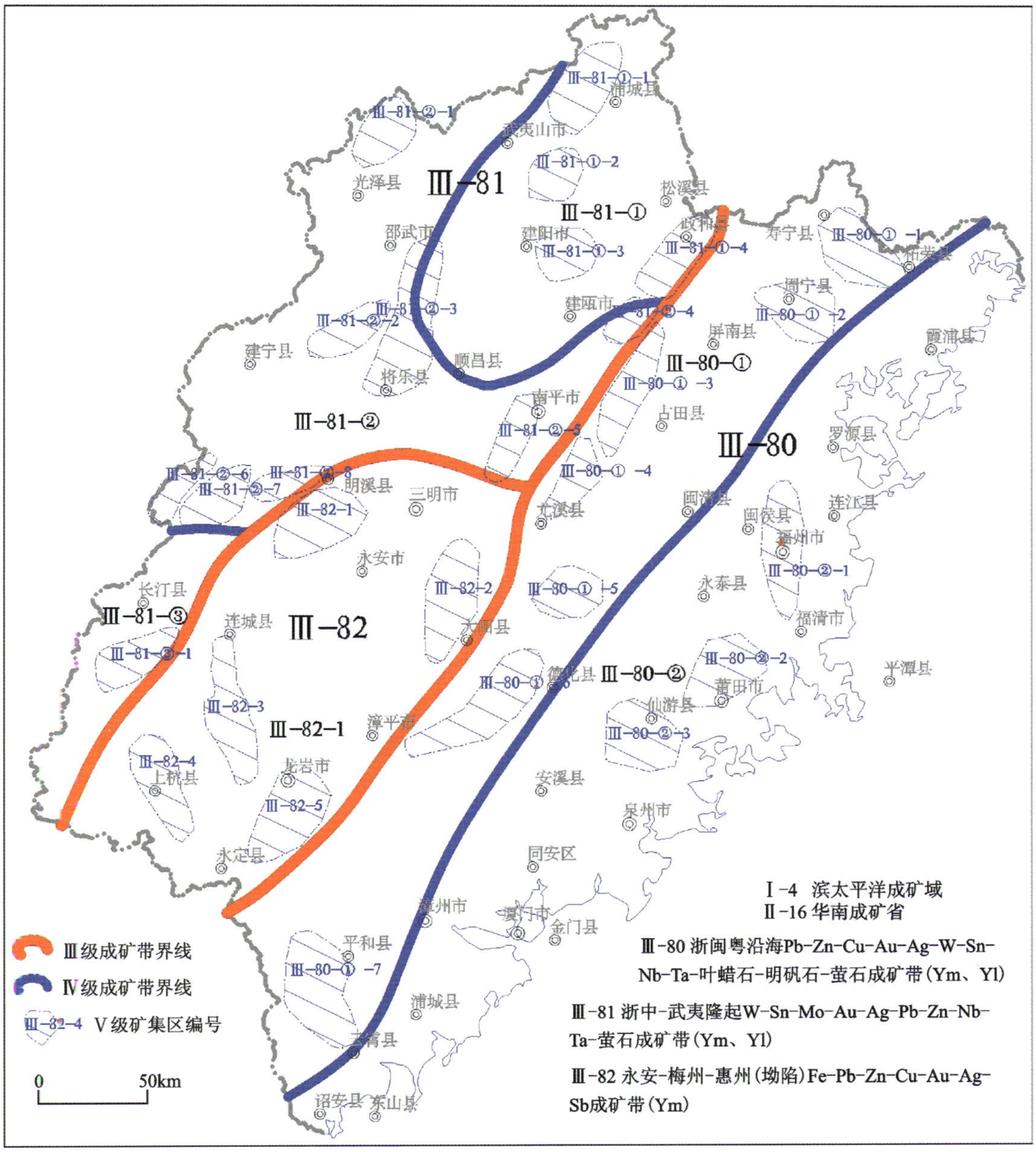

图 9-1　福建省成矿区带略图

Ⅳ级成矿亚带：Ⅲ-80-①. 浙东-华安 Au-Pb-Zn-Ag-Mo-Cu -叶蜡石-明矾石成矿亚带；Ⅲ-80-②. 福鼎-云霄 Ag-Cu-W-Mo-Sn-Pb-Zn -明矾石-叶蜡石成矿亚带；Ⅲ-81-①. 遂昌-建阳 Cu-Mo-Pb-Zn-Ag -萤石-叶蜡石-地开石成矿亚带；Ⅲ-81-②. 武夷隆起 W-Sn-Pb-Zn-Nb-Ta-Cu-Au-Ag -锂辉石成矿亚带；Ⅲ-81-③. 南武夷 Mn-Sn-Cu-Au-Ag-Pb-Zn -稀土成矿亚带；

Ⅴ级矿集区：Ⅲ-80-① -1. 柘荣英山 Ag-Pb-Zn 矿集区(K_1)；Ⅲ-80-① -2. 福安赤路 Cu-Mo-Pb-Zn-Ag 矿集区；Ⅲ-80-① -3. 建阳-古田 Mo 矿集区(K_1)；Ⅲ-80-①-4. 尤溪峰岩 Pb-Zn 多金属矿集区(Pt、J_3)；Ⅲ-80-①-5. 德化邱村-双旗山 Au 矿集区(加里东期、K_1)；Ⅲ-80-①-6. 德山阳山-漳平洛阳 Fe-Mo-Pb-Zn 矿集区(C—P、J)；Ⅲ-80-①-7. 平和钟腾-云霄 Mo-Pb-Zn-Sn 矿集区(J—K)；Ⅲ-80-②-1. 福州寿山-福清东仔叶蜡石矿集区(K_1)；Ⅲ-80-②-2. 福清下溪底-莆田长基 Ag-Ni 矿集区(K_1)；Ⅲ-80-②-3. 泉州大林山 Mo-Pb-Zn 矿集区(K_1)；Ⅲ-81-①-1. 浦城屏峰 Cu-Pb-Zn -萤石矿集区(K_1)；Ⅲ-81-①-2. 武夷山五夫 Mo-Pb-Zn-Cu -萤石矿集区(K_1)；Ⅲ-81-①-3. 建阳水吉 Pb-Zn 矿集区(Pt_{2-3}、K_1)；Ⅲ-81-①-4. 政和 Cu-Au-Pb-Zn-Fe-P 矿集区(Pt_{2-3}、K_1)；Ⅲ-81-②-1. 光泽夫人村 Cu-Pb -萤石矿集区(K_1)；Ⅲ-81-②-2. 泰宁 Au-Pb 矿集区(加里东期)；Ⅲ-81-②-3. 邵武南山下-将乐常口萤石矿集区(K_1)；Ⅲ-81-②-4. 建瓯上房 W 矿集区(J_3)；Ⅲ-81-②-5. 南平-沙县 Nb-Ta-Sn-Li 矿集区(加里东期)；Ⅲ-81-②-6. 宁化 Sn 矿集区(J_1)；Ⅲ-81-②-7. 宁化张家塘稀土矿集区(Q)；Ⅲ-81-②-8. 宁化行洛坑 W-Mo 矿集区(J_1)；Ⅲ-81-③-1. 长汀河田稀土矿集区(Q)；Ⅲ-82-1. 清流桐坑-永安李坊萤石-重晶石矿集区(K_1)；Ⅲ-82-2. 大田汤泉 Fe-Pb-Zn-Cu 矿集区(C—P、J)；Ⅲ-82-3. 连城庙前 Mn-Pb-Zn-Cu 矿集区(C—P、T、K_1)；Ⅲ-82-4. 上杭紫金山 Cu-Au-Ag-Mo 矿集区(K_1)；Ⅲ-82-5. 龙岩马坑-永定大排 Fe-Mo-Pb-Zn-Sn 矿集区(C—P、J)

主要成矿地质作用经历了两期：①燕山晚期与花岗岩有关的铜、银、钼、铅、锌、明矾石-叶蜡石矿、镍矿；②新生代基性、超基性岩形成过程中，出现的岩浆岩型镍矿及风化产生的高岭土矿等。其界线清楚，北西界线为福安-南靖断裂带，东南边界为台湾海峡。

（二）浙中-武夷隆起 W-Sn-Mo-Au-Ag-Pb-Zn-Nb-Ta-萤石成矿带（Ⅲ-81）

浙中-武夷隆起 W-Sn-Mo-Au-Ag-Pb-Zn-Nb-Ta-萤石成矿带（Ⅲ-81）位于闽西北地区及闽西地区，可进一步划分为3个亚带，即遂昌-建阳 Cu-Mo-Pb-Zn-Ag-萤石-叶蜡石-地开石成矿亚带（Ⅲ-81-①）、武夷隆起 W-Sn-Pb-Zn-Nb-Ta-Cu-Au-Ag-锂辉石成矿亚带（Ⅲ-81-②）、南武夷 Mn-Sn-Cu-Au-Ag-Pb-Zn-稀土成矿亚带（Ⅲ-81-③）。

1. 遂昌-建阳 Cu-Mo-Pb-Zn-Ag-萤石-叶蜡石-地开石成矿亚带（Ⅲ-81-①）

本成矿亚带位于福建省北部，属华夏地块古老陆核部分，相当于浦城-顺昌古弧后盆地（Ⅴ-3-1-3）(Pt_1)。最具特色的地层有元古宙陆源高铝质变质岩，之上还叠加有新元古界、中生界等地层；与成矿有关的构造有加里东期变质岩中韧性剪切带（金矿）、中生代脆性断层（铜多金属矿）等；岩浆岩有元古宙、志留纪、晚侏罗世、早白垩世等中酸性岩或酸性岩体，与成矿有关的主要岩浆作用为燕山晚期酸性岩，矿产有钼矿、萤石矿等。

成矿作用主要有3期，即新元古代与海相火山有关的铜、铅、锌多金属成矿作用（水吉）；加里东期与韧性剪切带有关的金矿成矿作用（建阳大金山）；燕山早期与花岗岩有关的钨矿（上房），燕山晚期与花岗岩有关的钼矿（上西坑）、萤石矿（邵武南山下）及热液型铜多金属成矿作用等。

北西界呈北北东向，为崇安-石城断裂带的北部；东南界为政和-尤溪蛇绿混杂岩带的西界；南界为南平-宁化（夭折）裂谷（Ⅴ-3-2）(Z)的北界，属大型变形构造带。

2. 武夷隆起 W-Sn-Pb-Zn-Nb-Ta-Cu-Au-Ag-锂辉石成矿亚带（Ⅲ-81-②）

本成矿亚带位于福建省的中北部，主要为南平地区，属华夏地块的中部，包括了建宁古弧后盆地（Ⅴ-3-1-1）(Pt_1)、光泽-泰宁古弧间盆地（Ⅴ-3-1-2）(Pt_3)、南平-宁化（夭折）裂谷（Ⅴ-3-2）(Z)及政和-尤溪蛇绿混杂岩带的主体部分。地层有元古宙变质岩、早古生代浅变质岩、少量晚古生代海相碎屑岩、中生代陆相沉积-火山盆地沉积；与成矿有关的构造是变质岩中韧性剪切带、中生代脆性断层等；岩浆岩有志留纪、晚侏罗世、早白垩世等中酸性岩或酸性岩体，其中晚侏罗世、早白垩世岩浆活动是重要的成矿因素。

成矿作用主要有4期，即新元古代与海相火山有关的铜、铅、锌多金属矿（政和-尤溪蛇绿混杂岩带）；早古生代的沉积型重晶石矿（永安李坊）、加里东期韧性剪切带中的金矿（泰宁何宝山）、伟晶岩型铌钽锡锂矿（南平西坑）；燕山早期的锡、钨、钼矿（行洛坑）、矽卡岩型铁矿，燕山晚期与花岗岩有关的钼矿、萤石矿等；第四纪风化壳离子吸附型稀土矿，少量晚古生代沉积矿产（煤等）分布等。

本成矿亚带向北西延至江西，向北东延至浙江。北界为浦城-顺昌古弧后盆地界线（崇安石城断裂带的北段）；北东段为政和-大埔断裂带；东南界为南平-宁化（夭折）裂谷（Ⅴ-3-2）(Z)南界。各界线均有其成矿作用分界的意义，划分合理。

3. 南武夷 Mn-Sn-Cu-Au-Ag-Pb-Zn-稀土成矿亚带（Ⅲ-81-③）

本成矿亚带位于福建省西部，向西延至江西省，向南延至广东省，属华夏地块长汀-上杭陆缘斜坡（Ⅴ-3-3-2）(Nh—O)部分。地层有元古代变质岩、新元古代晚期至早古生代浅变质岩、少量晚古生代、中生代等地层；构造有变质岩中韧性剪切带、中生代脆性断层等，但与成矿关系不大；岩浆岩有志留纪、晚侏罗世、早白垩世等中酸性岩或酸性岩体，与成矿关系较大的有晚侏罗世与花岗岩有关的锡钨钼矿化。

成矿作用主要有两期：燕山早期的锡、钨、钼矿；第四纪风化壳中离子吸附型稀土矿（燕山期花岗岩风化）。

表 9-2 福建省成矿区(带)划分依据简表

Ⅲ级成矿带	Ⅳ级成矿亚带	成矿地质条件	成矿作用及矿产	边界
浙闽粤沿海 Pb-Zn-Cu-Au-Ag-W-Sn-叶蜡石-明矾石-萤石成矿带(Ⅲ-80)	浙东-华安 Au-Pb-Zn-Ag-Mo-Cu-叶蜡石-明矾石成矿亚带(Ⅲ-80-①)	东南沿海岩浆弧(Ⅴ-4):闽东沿海岩浆弧(Ⅴ-4-1)(J_3—K)的西部,福安-南靖断裂带与政和-大埔断裂带之间的地块。西部有新元古代(东岩岩组等)、晚中生代地层(含铅锌矿等),主要为中生代火山碎屑地层;构造主要与火山-岩浆活动有关;岩浆岩时代为晚侏罗世及早白垩世等	西部有新元生代铅锌矿及晚古生代矽卡岩型铁、铅、锌多金属矿成矿作用;燕山早期钨钼矿;燕山晚期与中酸性岩浆活动有关的铜、金、银多金属矿,与花岗岩有关的钼矿	北西界线为政和-人埔断裂带,东南界线为福安-南靖断裂带
	福鼎-云霄 Ag-Cu-W-Mo-Sn-Pb-Zn-明矾石-叶蜡石成矿亚带(Ⅲ-80-②)	东南沿海岩浆弧(Ⅴ-4):闽东沿海岩浆弧(Ⅴ-4-1)(J_3—K)东南部。地层主要为中生代火山碎屑岩;构造主要与火山-岩浆活动有关,多条大型变形构造带发育;岩浆岩时代为晚侏罗世及早白垩世等	燕山晚期与基性岩有关的镍矿,与花岗岩有关的铟(铍)矿,与火山作用有关的银、叶蜡石、明矾石、萤石矿	北西边界为福安-南靖断裂带,其东南界为台湾海峡
浙中-武夷隆起 W-Sn-Mo-Au-Ag-Pb-Zn-Nb-Ta-萤石成矿带(Ⅲ-81)	遂昌-建阳 Cu-Mo-Pb-Zn-Ag-萤石-叶蜡石-地开石成矿亚带(Ⅲ-81-①)	为华夏地块元古宙变质核部分,相当于浦城-顺昌古弧后盆地(Ⅴ-3-1-3)(Pt_1)。地层有元古宙变质岩、中生界;与成矿有关的构造有变质岩中韧性剪切带、中生代脆性断层等;岩浆岩有元古宙、志留纪、晚侏罗世、早白垩世等中酸性岩或酸性岩体	成矿作用主要有 3 期:新元古代与海相火山有关的铜、铅、锌多金属矿;加里东期韧性剪切带中的金矿;燕山早期的钨矿,燕山晚期与花岗岩有关的钼矿、萤石矿及热液型铜多金属矿等	北西界为崇安-石城断裂带,东南界为政和-尤溪蛇绿混杂岩带的西界,南界为南平-宁化(夭折)裂谷(Ⅴ-3-2)(Z)的北界
	武夷隆起 W-Sn-Pb-Zn-Nb-Ta-Cu-Au-Ag-锂辉石成矿亚带(Ⅲ-81-②)	为华夏地块的中部,由建宁古弧后盆地(Ⅴ-3-1-1)(Pt_1)、光泽-泰宁古弧间盆地(Ⅴ-3-1-2)(Pt_3)、南平-宁化(夭折)裂谷(Ⅴ-3-2)(Z)、政和-尤溪蛇绿混杂岩带组成。地层有元古宙变质岩、早古生代浅变质岩、少量晚古生代海相碎屑岩、中生代陆盆火山-沉积;与成矿有关的构造有变质岩中韧性剪切带、中生代脆性断层等;岩浆岩有志留纪、晚侏罗世、早白垩世等中酸性岩或酸性岩体	成矿作用主要有 4 期:新元古代与海相火山有关的铜、铅、锌多金属矿;加里东期韧性剪切带中的金矿,伟晶岩型铌、钽、锡、锂矿,沉积型重晶石矿;燕山早期的锡、钨、钼矿,矽卡岩型铁矿,燕山晚期与花岗岩有关的钼矿、萤石矿等;第四纪风化壳离子吸附型稀土矿;少量晚古生代沉积矿产(煤等)分布等	北西延至江西,北东至浙江,北界为浦城-顺昌古弧后盆地界线,北东段界为政和-大埔断裂带,东南界为南平-宁化(夭折)裂谷(Ⅴ-3-2)(Z)南界
	南武夷 Mn-Sn-Cu-Au-Ag-Pb-Zn-稀土成矿亚带(Ⅲ-81-③)	为华夏地块之长汀-上杭陆缘斜坡(Ⅴ-3-3-2)(Nh—O)。地层有元古宙变质岩,新元古代晚期至早古生代浅变质岩,少量晚古生界、中生界等地层;构造有变质岩中韧性剪切带、中生代脆性断层等;岩浆岩有志留纪、晚侏罗世、早白垩世等中酸性岩或酸性岩体	成矿作用主要有两期:燕山早期的锡、钨、钼矿;第四纪风化型稀土矿(燕山期花岗岩风化)	西延至江西,东南界为闽西南陆表海活动边界
永安-梅州-惠阳(坳陷)Fe-Pb-Zn-Cu-Au-Ag-Sb 成矿带(Ⅲ-82)	永安-梅州-惠阳(坳陷)Fe-Pb-Zn-Cu-Au-Ag-Sb 成矿带(Ⅲ-82)	为华夏地块的闽西南陆表海,是在华夏地块变质岩中发育起来的,成矿地层有晚古生界经畲组、栖霞组、童子岩组、溪口组等及中生代火山碎屑岩;构造为与成岩成矿有关的深大断裂及推覆-滑脱构造等;岩体以晚侏罗世、早白垩世的酸性岩及中酸性岩为主	成矿作用主要有两期:闽西南陆表海形成过程中铁锰多金属矿、煤、灰岩等;燕山期矽卡岩型铁钼矿,燕山晚期的陆相火山岩型铜金银矿,与酸性岩有关的钼矿等;另外,第四系还风化形成高岭土矿、稀土矿	闽西南陆表海活动边界

本亚带东南界为闽西南陆表海活动边界，属大致界线。

（三）永安-梅州-惠阳（坳陷）Fe-Pb-Zn-Cu-Au-Ag-Sb成矿带（Ⅲ-82）

本成矿带在福建省未进行Ⅳ级分带，其特征见本章第二节的有关部分。

三、Ⅴ级成矿带划分

本次对福建省成矿区带划分时，在Ⅲ级成矿带和Ⅳ级成矿亚带划分的基础上，对Ⅴ级矿集区进行了圈定，圈定主要考虑了矿床集中分布的区域、成矿要素的分布情况、潜力远景特征等，共圈出Ⅴ级矿集区28处，其特征见表9-3。

1. 浙东-华安Au-Pb-Zn-Ag-Mo-Cu-叶蜡石-明矾石成矿亚带（Ⅲ-80-①）

本亚带共圈出Ⅴ级矿集区7处，位于浙东-华安Au-Pb-Zn-Ag-Mo-Cu-叶蜡石-明矾石成矿亚带（Ⅲ-80-①）内，北部及南部矿集区受到北西向断裂带的控制而呈北西向。成矿环境主要有：①新元古代绿片岩，即松溪-尤溪蛇绿混杂岩带（Ⅴ-7-1），如尤溪峰岩铅锌矿等；②中生代火山-岩浆成矿作用，形成Au-Pb-Zn-Ag-Mo-Cu-叶蜡石-明矾石等矿床。

矿集区有：①柘荣英山Ag-Pb-Zn矿集区（Ⅲ-80-①-1）（K_1）；②福安赤路Cu-Mo-Pb-Zn-Ag矿集区（Ⅲ-80-①-2）（K_1）；③建瓯玉山-古田西朝Mo矿集区（Ⅲ-80-①-3）（K_1）；④尤溪峰岩Pb-Zn多金属矿集区（Ⅲ-80-①-4）（Pt、J_3）；⑤德化邱村-双旗山Au矿集区（Ⅲ-80-①-5）（加里东期、K_1）；⑥德山阳山-漳平洛阳Fe-Mo-Pb-Zn矿集区（Ⅲ-80-①-6）（C—P、J）；⑦平和钟腾-云霄Mo-Pb-Zn-Sn矿集区（Ⅲ-80-①-7）（J—K）。

2. 福鼎-云霄Ag-Cu-W-Mo-Sn-Pb-Zn-明矾石-叶蜡石成矿亚带（Ⅲ-80-②）

本亚带有Ⅴ级矿集区3处，总体排列呈北东向，但南部受上杭云霄断裂带影响而呈北西向。成矿环境主要有中生代火山-岩浆成矿作用，形成Ag-Mo-Cu-叶蜡石-明矾石等矿床。Ⅴ级矿集区有：①福州寿山-福清东仔叶蜡石矿集区（Ⅲ-80-②-1）（K_1）；②福清下溪底-莆田长基Ag-Ni矿集区（Ⅲ-80-②-2）（K_1）；③泉州大林山Mo-Pb-Zn矿集区（Ⅲ-80-②-3）（K_1）。

3. 遂昌-建阳Cu-Mo-Pb-Zn-Ag-萤石-叶蜡石-地开石成矿亚带（Ⅲ-81-①）

本亚带有Ⅴ级矿集区4处，基本限制在北部区域内，总体排列呈北东向。成矿环境主要有：①松溪-尤溪蛇绿混杂岩带（Ⅴ-7-1）的铅锌多金属矿；②加里东期韧性剪切带中的变质热液型金矿；③中生代火山-岩浆成矿作用形成Ag-Mo-Cu-萤石等矿床。Ⅴ级矿集区有：①浦城屏峰Cu-Pb-Zn-萤石矿集区（Ⅲ-81-①-1）（K_1）；②武夷山五夫Mo-Pb-Zn-Cu-萤石矿集区（Ⅲ-81-①-2）（K_1）；③建阳水吉Pb-Zn矿集区（Ⅲ-81-①-3）（Pt_{2-3}、K_1）；④政和Cu-Au-Pb-Zn-Fe-P矿集区（Ⅲ-81-①-4）（Pt_{2-3}、K_1）。

4. 武夷隆起W-Sn-Pb-Zn-Nb-Ta-Cu-Au-Ag-锂辉石成矿亚带（Ⅲ-81-②）

本亚带有Ⅴ级矿集区8处，分布较广泛，总体排列呈北东向。成矿环境主要有：①松溪-尤溪蛇绿混杂岩带（Ⅴ-7-1）的铅锌多金属矿，分布于本亚带的东部；②加里东期韧性剪切带中的变质热液型金矿及伟晶岩型铌、钽、锡、锂矿；③中生代火山-岩浆成矿作用形成Ag-Mo-Cu-萤石等矿床。Ⅴ级矿集区有：①光泽夫人村Cu-Pb-萤石矿集区（Ⅲ-81-②-1）（K_1）；②泰宁Au-Pb矿集区（Ⅲ-81-②-2）（加里东期）；

表 9-3 福建省Ⅴ级矿集区特征简表

序号	Ⅴ级矿集区	面积(km^2)	地理位置	东经	北纬	大地构造位置	地层	构造	岩浆岩	矿化蚀变	代表性矿床名称
1	柘荣英山 Ag-Pb-Zn 矿集区(Ⅲ-80-①-1)(K_1)	943.08	宁德寿宁柘荣，呈北西向长轴状	119°66′	27°31′	闽东沿海岩浆弧(Ⅴ-4-1)(J_3—K)	主要由上侏罗统南园组安山岩-英安岩-流纹质火山碎屑岩、中酸—酸性粒状碎斑熔岩组合和下白垩统小溪组中酸—酸性火山碎屑岩组合构成	北西向燕山晚期构造及北东向岩浆构造带交会部	早白垩世花岗闪长岩、花岗岩等	铅、锌、银矿化	柘荣英山银矿
2	福安赤路 Cu-Mo-Pb-Zn-Ag 矿集区(Ⅲ-80-①-2)(K_1)	767.70	周宁、福安赤路等，呈北西向短轴状	119°39′	27°06′	闽东沿海岩浆弧(Ⅴ-4-1)(J_3—K)	主要由上侏罗统南园组安山岩-英安岩-流纹质火山碎屑岩、中酸—酸性粒状碎斑熔岩组合和下白垩统小溪组中酸—酸性火山碎屑岩组合构成	北西向松溪-宁德断裂带与北东向福安-南靖断裂带的交会部	早白垩世花岗岩等，与钼等矿化有关	蚀变十分强烈，有硅化、绿泥石化、绢云母化等；矿化有钼矿化、银矿化、铅锌矿化等	福安赤路钼矿
3	建阳-古田西朝 Mo 矿集区(Ⅲ-80-①-3)(K_1)	806.07	建瓯玉山—古田西朝，呈北北东向长轴状	118°62′	26°74′	闽东沿海岩浆弧(Ⅴ-4-1)(J_3—K)与松溪-尤溪蛇绿混杂岩带(Ⅴ-7-1)	基底为古元古界迪口岩组变质岩，盖层为晚侏罗世-早白垩世酸性、中酸性火山岩	北东向政和-大埔断裂带	晚侏罗世花岗岩、早白垩世花岗岩等	与早白垩世花岗岩有关的硅化、绢云母化等，矿化以钼矿为主	古田西朝钼矿
4	尤溪峰岩 Pb-Zn 多金属矿集区(Ⅲ-80-①-4)(Pt、J_3)	511.46	南平太平—尤溪梅仙，呈北北东向长轴状	118°35′	26°35′	闽东沿海岩浆弧(Ⅴ-4-1)(J_3—K)与松溪-尤溪蛇绿混杂岩带(Ⅴ-7)	基底为新元古代变质岩、盖层为燕山期火山岩	政和-大埔北北东向断裂带及闽中裂谷	晚侏罗世花岗岩、早白垩世花岗岩等	新元古代铅锌多金属矿，燕山期改造形成矽卡岩型矿床	尤溪峰岩铅锌矿
5	德化邱村-双旗山 Au 矿集区(Ⅲ-80-①-5)(加里东期、K_1)	581.82	尤溪梅仙、德化双旗山，呈等轴状	118°31′	25°88′	闽东沿海岩浆弧(Ⅴ-4-1)(J_3—K)与松溪-尤溪蛇绿混杂岩带(Ⅴ-7)	基底为新元古代变质岩、盖层为早白垩世火山岩	政和-大埔北北东向断裂带及闽中裂谷	志留纪、燕山期花岗岩类	加里东期变质岩中韧性剪切带中的金矿，早白垩世陆相火山型金矿	德山双旗山金矿、邱村金矿
6	德山阳山-漳平洛阳 Fe-Mo-Pb-Zn 矿集区(Ⅲ-80-①-6)(C—P、J)	1 255.93	德化阳山—漳平洛阳，呈长轴状	118°98′	25°44′	闽东沿海岩浆弧(Ⅴ-4-1)(J_3—K)	基底为新元古代变质岩、盖层为晚古生代石炭纪、二叠纪含铁多金属矿，晚侏罗世、早白垩世火山岩	北北东向断裂与北西向断裂交会部	晚侏罗世花岗岩、早白垩世花岗岩等，前者可形成矽卡岩型铁矿	石炭纪、二叠纪含矿层位在晚侏罗世花岗岩形成过程中矽卡岩化，形成矽卡岩型铁矿	德化阳山铁矿、漳平洛阳铁矿等

续表 9-3

序号	V级矿集区	面积（km^2）	地理位置	东经	北纬	大地构造位置	地层	构造	岩浆岩	矿化蚀变	代表性矿床名称
7	平和钟腾-云霄 Mo-Pb-Zn-Sn 矿集区（Ⅲ-80-①-7）（J—K）	1 269.51	平和霞寨等，呈近南北向长条状	117°15′	24°24′	闽东沿海岩浆弧（Ⅴ-4-1）（J_3—K）	主要由上侏罗统南园组英安岩-流纹质火山碎屑岩、中酸—酸性粒状碎斑熔岩组合和早白垩世中酸—酸性火山碎屑岩组合构成	有大量的火山机构与北北东为主的断裂	晚侏罗世花岗闪长岩、花岗岩，早白垩世花岗闪长岩、花岗岩等	中温蚀变（绿泥石化等），早白垩世铜多金属矿化	平和钟腾铜矿
8	福州寿山-福清东仔叶蜡石矿集区（Ⅲ-80-②-1）（K_1）	939.05	福州寿山、福清东仔，呈近南北向	119°29′	26°07′	闽东沿海岩浆弧（Ⅴ-4-1）（J_3—K）	主要为晚侏罗世、早白垩世中酸—酸性火山岩	燕山期火山机构构造	早白垩世花岗岩侵入等	叶蜡石化、绢云母化蚀变等，叶蜡石化、银矿化等	福州寿山叶蜡石
9	福清下溪底-莆田长基 Ag-Ni 矿集区（Ⅲ-80-②-2）（K_1）	855.08	福清下溪底、莆田等，呈北东向近等轴状	118°65′	25°28′	闽东沿海岩浆弧（Ⅴ-4-1）（J_3—K）	主要为晚侏罗世、早白垩世中酸—酸性火山岩	燕山期火山机构构造	早白垩世花岗岩、基性岩侵入等	叶蜡石化、明矾石化等蚀变，镍、银、铅锌矿化等	莆田长基镍矿、福清下溪底银矿
10	泉州大林山 Mo-Pb-Zn 矿集区（Ⅲ-80-②-3）（K_1）	918.74	泉州市泉港区、仙游等，近等轴状	118°64′	25°29′	闽东沿海岩浆弧（Ⅴ-4-1）（J_3—K）	主要为晚侏罗世、早白垩世中酸—酸性火山岩	北北东向沿海韧性剪切变形带及火山机构构造	早白垩世花岗岩侵入等	叶蜡石化蚀变，钼、铅锌矿化等	泉州泉港区大林山钼矿
11	浦城屏峰 Cu-Pb-Zn-萤石矿集区（Ⅲ-81-①-1）（K_1）	895.08	浦城仙阳、永兴等，呈北北东向长轴状	118°38′	28°01′	浦城-顺昌古弧后盆地（Ⅴ-3-1-3）（Pt_1）	基底由大金山岩组、南山岩组的变质表壳岩构成，盖层为上侏罗统南园组、早白垩世中酸—酸性火山碎屑岩组合	北北东向中生代火山沉积盆地	北东向中生代花岗岩带与北西向火山-岩浆带交会部	中生代与岩浆作用有关的蚀变及钼矿、铜矿化等	浦城屏峰多金属矿
12	武夷山五夫 Mo-Pb-Zn-Cu-萤石矿集区（Ⅲ-81-①-2）（K_1）	489.66	武夷山五夫，呈近等轴状	118°24′	27°64′	浦城-顺昌古弧后盆地（Ⅴ-3-1-3）（Pt_1）	基底由大金山岩组、南山岩组的变质表壳岩构成，盖层为上侏罗统南园组、早白垩世中酸—酸性火山碎屑岩组合	为北北东向断裂带与北西向断裂带交会部	北东向中生代花岗岩带与北西向火山-岩浆带交会部，早白垩世岩浆作用与矿关系密切	中生代与岩浆作用有关的蚀变及钼矿、萤石矿化等	武夷山上西坑钼矿、建阳回潭萤石矿
13	建阳水吉 Pb-Zn 矿集区（Ⅲ-81-①-3）（Pt_{2-3}、K_1）	589.89	建阳水吉，呈近等轴状	118°32′	27°31′	松溪-尤溪蛇绿混杂岩带（Ⅴ-7-1）	基底为龙北溪岩组、大岭岩组含铜、铅锌矿绿片岩组合，盖层为上侏罗统南园组、早白垩世中酸—酸性火山碎屑岩组合	北东向断裂带	燕山早期花岗岩	新元古代铅锌多金属矿化，燕山期改造形成沉积变质型矿床	建阳水吉铅锌矿

续表 9-3

序号	Ⅴ级矿集区	面积（km^2）	地理位置	东经	北纬	大地构造位置	地层	构造	岩浆岩	矿化蚀变	代表性矿床名称
14	政和Cu-Au-Pb-Zn-Fe-P矿集区（Ⅲ-81-①-4）（Pt_{2-3}，K_1）	762.56	政和，呈北北东向长轴状	118°86′	27°31′	松溪-尤溪蛇绿混杂岩带（Ⅴ-7-1）	基底为东岩岩组、龙北溪岩组、大岭岩组含铜铅锌矿绿片岩组合，盖层为上侏罗统南园组、早白垩世中酸—酸性火山碎屑岩组合	政和-大埔北北东向断裂带	燕山早期、晚期花岗岩	新元古代铅锌多金属矿化，加里东期韧性剪切带中变质热液型金矿	政和铁山铅锌多金属矿
15	光泽夫人村Cu-Pb-萤石矿集区（Ⅲ-81-②-1）（K_1）	631.45	光泽司前、寨里，呈短轴状	117°47′	27°79′	光泽-泰宁古弧间盆地（Ⅴ-3-1-2）（Pt_3）	主要由新元古界万全岩群黄潭岩组和下峰岩组的变质表壳岩组成	北东向崇安-石城断裂带等	燕山早期、晚期花岗岩	燕山早期萤石、铜、铅锌矿化等	光泽夫人村萤石矿
16	泰宁Au-Pb矿集区（Ⅲ-81-②-2）（加里东期）	557.11	泰宁，呈北东东向短轴状	117°31′	26°97′	光泽-泰宁古弧间盆地（Ⅴ-3-1-2）（Pt_3）	基底为新元古界万全岩群黄潭岩组和下峰岩组的变质表壳岩	加里东期韧性剪切带及北东向崇安-石城断裂带	燕山早期、晚期花岗岩	加里东期变质岩中韧性剪切带中的金矿，早白垩萤石矿	泰宁何宝山金矿
17	邵武南山下-将乐常口萤石矿集区（Ⅲ-81-②-3）（K_1）	1 459.52	邵武南山下—将乐，呈近南北向条带状	117°59′	27°07′	浦城-顺昌古弧后盆地（Ⅴ-3-1-3）（Pt_1）、光泽-泰宁古弧间盆地（Ⅴ-3-1-2）（Pt_3）	基底为新元古界黄潭岩组、下峰岩组及大金山岩组、南山岩组的变质表壳岩	北东向断裂带等	燕山早期（与钨锡矿有关）、晚期花岗岩（与萤石矿有关）	晚侏罗世与花岗岩有关的钨锡矿化，早白垩世萤石矿	邵武南山下、将乐常口萤石矿
18	建瓯上房W矿集区（Ⅲ-81-②-4）（J_3）	280.46	建瓯上房一带，呈北东东向短轴状	118°58′	27°01′	松溪-尤溪蛇绿混杂岩带（Ⅴ-7-1）	基底为古元古界大金山岩组，盖层为中生代火山岩	政和-大埔北北东向断裂带	—	晚侏罗世与花岗岩有关的钨（钼）矿化	建瓯上房钨矿
19	南平-沙县Nb-Ta-Sn-Li矿集区（Ⅲ-81-②-5）（加里东期）	534.19	南平西坑、沙县下柳源，呈北北东向长条状	118°05′	26°54′	南平-宁化（夭折）裂谷（Ⅴ-3-2）（Z）	基底为新元古代变质岩，盖层为晚古生代碎屑岩等	北北东向复式背斜及政和-大埔北北东向断裂带	志留纪、燕山期花岗岩类	加里东期与酸性岩有关的伟晶岩型铌、钽、锡、锂矿	南平西坑铌钽锡锂矿
20	宁化Sn矿集区（Ⅲ-81-②-6）（J_3）	412.97	宁化石壁，呈北东向长轴状	116°48′	26°30′	光泽-泰宁古弧间盆地（Ⅴ-3-1-2）（Pt_3）	基底为新元古代变质岩及晚古生代浅变质等，盖层为中生代山间盆地沉积	北北东向断裂	志留纪、燕山早期花岗岩类	晚侏罗世与花岗岩有关的锡矿化	宁化松岭锡矿
21	宁化张家塘稀土矿集区（Ⅲ-81-②-7）（Q）	611.36	宁化，呈北北东向短轴状	116°66′	26°66′	光泽-泰宁古弧间盆地（Ⅴ-3-1-2）（Pt_3）	基底为新元古代变质岩及晚古生代浅变质等	北北东向断裂	志留纪花岗岩类	志留纪花岗岩类风化壳型稀土矿	宁化张家塘稀土矿

续表 9-3

序号	Ⅴ级矿集区	面积(km^2)	地理位置	东经	北纬	大地构造位置	地层	构造	岩浆岩	矿化蚀变	代表性矿床名称
22	宁化行洛坑 W-Mo 矿集区(Ⅲ-81-②-8)(J_1)	364.39	宁化胡村、清流嵩溪,近东西向长轴状	116°96′	26°32′	南平-宁化(夭折)裂谷(Ⅴ-3-2)(Z)	基底为震旦系西溪组及下—中寒武统林田组、晚古生代沉积岩	晚古生代隆起	志留纪、燕山早期花岗岩类	燕山早期与花岗岩有关的钨钼矿化	宁化行洛坑钨钼矿
23	长汀县河田稀土矿集区(Ⅲ-81-③-1)(Q)	648.46	长汀河田,呈北东向长轴状	116°30′	25°61′	闽西南陆表海盆地(Ⅴ-3-3)长汀-上杭陆缘斜坡(Ⅴ-3-3-2)(Nh—O)	基底为早古生代浅变质岩,盖层为晚古生代沉积岩	北北东向中生代岩浆带	燕山早期花岗岩类	晚侏罗世花岗岩类风化壳型稀土矿	长汀县河田稀土矿
24	清流桐坑-永安李坊萤石-重晶石矿集区(Ⅲ-82-1)(∈、K_1)	946.83	清流余朋、永安大湖,呈北东向短轴状	117°15′	26°20′	永安-龙岩海陆交互陆表海(Ⅴ-3-3-1)(P)	基底为早古生代浅变质岩,盖层为晚古生代沉积岩	北北东向构造-岩浆带	燕山早、晚期花岗岩类	早古生代重晶石矿、早白垩世与花岗岩有关的萤石矿	清流桐坑萤石矿、永安李坊重晶石矿
25	大田汤泉 Fe-Pb-Zn-Cu 矿集区(Ⅲ-82-2)(C—P、J)	1 027.74	大田建设、太华,呈北东向长轴状	117°75′	25°87′	永安-龙岩海陆交互陆表海(Ⅴ-3-3-1)(P)	基底为新元古代变质岩,盖层为晚古生代沉积岩	北东向政和-大埔断裂带	晚侏罗世花岗岩、早白垩世花岗岩等	石炭纪—二叠纪铁多金属矿及煤,燕山期矽卡岩化形成铁多金属矿	大田汤泉铁矿、银顶格铁矿
26	连城庙前 Mn-Pb-Zn-Cu 矿集区(Ⅲ-82-3)(C—P、T、K_1)	973.49	连城,呈近南北向长条状	116°74′	25°40′	永安-龙岩海陆交互陆表海(Ⅴ-3-3-1)(P)	基底为早古生代浅变质岩,盖层为晚古生代沉积岩	北北东向构造-岩浆带及复式背斜	晚侏罗世花岗岩、早白垩世花岗岩等	石炭纪、二叠纪铁多金属矿沉积及煤,燕山期矽卡岩化形成铁多金属矿	连城庙前锰矿、连城珠地铅锌矿
27	上杭紫金山 Cu-Au-Ag-Mo 矿集区(Ⅲ-82-4)(K_1)	824.85	上杭,呈北西向长轴状	116°44′	25°04′	闽西南陆表海盆地(Ⅴ-3-3)	基底为早古生代浅变质岩,盖层为晚古生代沉积岩及中生代火山沉积岩	北西向上杭-云霄断裂带	晚侏罗世花岗岩、早白垩世花岗岩等	石炭纪、二叠纪铁多金属矿沉积,早白垩世与中酸性岩浆-火山有关的铜、金、银、钼矿	上杭紫金山铜金矿
28	龙岩马坑-永定大排 Fe-Mo-Pb-Zn-Sn 矿集区(Ⅲ-82-5)(C—P、J)	1 083.35	龙岩马坑,呈北东向短轴状	117°05′	24°95′	永安-龙岩海陆交互陆表海(Ⅴ-3-3-1)(P)	基底为早古生代浅变质岩,盖层为晚古生代沉积岩及中生代火山沉积岩	北东向政和-大埔断裂带	晚侏罗世花岗岩、早白垩世花岗岩等	石炭纪、二叠纪铁多金属矿沉积及煤,燕山期矽卡岩化形成铁钼多金属矿及斑岩型锡、钼矿	龙岩马坑铁矿

③邵武南山下-将乐常口萤石矿集区（Ⅲ-81-②-3）(K_1)；④建瓯上房 W 矿集区（Ⅲ-81-②-4）(J_3)；⑤南平-沙县 Nb-Ta-Sn-Li 矿集区（Ⅲ-81-②-5）（加里东期）；⑥宁化 Sn 矿集区（Ⅲ-81-②-6）(J_1)；⑦宁化张家塘稀土矿集区（Ⅲ-81-②-7）（Q）；⑧宁化行洛坑 W-Mo 矿集区（Ⅲ-81-②-8）(J_1)。

5. 南武夷 Mn-Sn-Cu-Au-Ag-Pb-Zn-稀土成矿亚带（Ⅲ-81-③）

本亚带有Ⅴ级矿集区 1 处，呈北东向，与岩体的分布相关。成矿环境主要有晚侏罗世花岗岩的分布范围与第四纪地形地貌。Ⅴ级矿集区有长汀县河田稀土矿集区（Ⅲ-81-③-1）（Q）。

6. 永安-梅州-惠阳（坳陷）Fe-Pb-Zn-Cu-Au-Ag-Sb 成矿带（Ⅲ-82）

本亚带有Ⅴ级矿集区 5 处，分布较广泛，总体排列呈北东向。成矿环境主要有：①松溪-尤溪蛇绿混杂岩带（Ⅴ-7-1）的铅锌多金属矿，分布于本亚带的北东部；②加里东期韧性剪切带中的变质热液型金矿（德化双旗山等），加里东期沉积型重晶石矿（永安李坊）；③晚古生代铁铜多金属矿沉积与二叠纪煤层形成；④中生代火山-岩浆成矿作用形成矽卡岩型铁多金属矿及 Mo-Cu-萤石等矿床。Ⅴ级矿集区有：①清流桐坑-永安李坊萤石-重晶石矿集区（Ⅲ-82-1）(K_1)；②大田汤泉 Fe-Pb-Zn-Cu 矿集区（Ⅲ-82-2）（C—P、J）；③连城庙前 Mn-Pb-Zn-Cu 矿集区（Ⅲ-82-3）（C—P、T、K_1）；④上杭紫金山 Cu-Au-Ag-Mo 矿集区（Ⅲ-82-4）(K_1)；⑤龙岩马坑-永定大排 Fe-Mo-Pb-Zn-Sn 矿集区（Ⅲ-82-5）（C—P、J）。

第二节　福建省各区（带）成矿特征及演化

一、概述

按全国矿产资源潜力评价项目办公室的划分方案，福建省成矿区带有Ⅲ级成矿带 3 个，即浙闽粤沿海 Pb-Zn-Cu-Au-Ag-W-Sn-叶蜡石-明矾石-萤石成矿带（Ⅲ-80）、浙中-武夷隆起 W-Sn-Mo-Au-Ag-Pb-Zn-Nb-Ta-叶蜡石-萤石成矿带（Ⅲ-81）及永安-梅州-惠阳（坳陷）Fe-Pb-Zn-Cu-Au-Ag-Sb 成矿带（Ⅲ-82），又进一步划分 6 个Ⅳ级成矿亚带。对于福建省内区（带）的成矿特征及演化，是以Ⅲ级成矿带还是以Ⅳ级成矿亚带作为研讨单位更合适呢？由于该省的Ⅲ级成矿带与成矿系列、亚系列相对应，也包含多个矿田及矿床式，具有完整的成矿地质意义。Ⅳ级成矿亚带则只代表一个较短的成矿地质时间段及成矿地质意义，常常不完整，难以进行研究讨论，如遂昌-建阳 Cu-Mo-Pb-Zn-Ag-萤石-叶蜡石-地开石成矿亚带（Ⅲ-81-①）一部分在福建省，主要成矿于加里东期（韧性剪切带中的变质热液型金矿）、燕山期（与燕山晚期岩浆活动有关的 Cu-Mo-Pb-Zn-Ag-萤石），二者均超出本成矿亚带的范围。故本次以Ⅲ级成矿带作为省内各区带成矿特征及演化的研究与讨论对象。

研究与讨论的主要是本次矿产资源潜力评价规定的内容，即分成矿区、带分别总结其成矿地质构造环境及其演化，矿床时空分布及控矿因素，矿床成矿系列、亚系列、矿田、矿床式的划分，建立区域成矿模式、区域成矿谱系，总结区域内成矿的时空演化规律及壳幔作用或表生作用对成矿的控制作用。

Ⅲ级成矿带的成矿特征受到了不同构造运动的控制，各成矿带的成矿构造并不相同，具体如下。

(1)浙闽粤沿海 Pb-Zn-Cu-Au-Ag-W-Sn-叶蜡石-明矾石-萤石成矿带（Ⅲ-80）以燕山期，尤其是燕山晚期的成矿作用最为重要，主要为与中酸性、酸性岩浆（火山）作用有关的铜、铅、锌、银、叶蜡石等。

(2)浙中-武夷隆起 W-Sn-Mo-Au-Ag-Pb-Zn-Nb-Ta-萤石成矿带（Ⅲ-81）受到了自新元古代以来各

期次构造运动的影响，主要是新元古代闽中结合带（Ⅴ-7）成矿作用，形成松溪-尤溪蛇绿混杂岩（Ⅴ-7-1），其中的海相中基性火山作用形成了铜、铅、锌、银多金属矿；加里东期构造运动形成伟晶岩型铌、钽、锡、锂矿，变质热液型金矿；燕山早期与构造作用有关的钨、锡、钼矿，燕山晚期与中酸性岩浆（火山）有关的铜、金、银、钼矿及与花岗岩有关的钼、萤石矿等。

（3）永安-梅州-惠阳（坳陷）Fe-Pb-Zn-Cu-Au-Ag-Sb 成矿带（Ⅲ-82）是在海西构造旋回中沉积作用形成的铁多金属矿、灰岩、煤等，其中的金属矿在燕山期受到了岩浆作用的改造，形成矽卡岩型矿床。

（一）全省矿床成矿系列、亚系列划分

全省的矿床成矿系列与亚系列划分方案见表 9-4、表 9-5，共有 10 个成矿系列、10 个成矿亚系列。

表 9-4　福建省矿床成矿系列、亚系列划分方案简表

成矿系列	亚系列	主要内容
Pt-1		元古宙硫铁矿-石墨矿床成矿系列
	Pt-1-1	元古宙石墨矿床成矿亚系列
	Pt-1-2	元古宙硫铁矿床成矿亚系列
Pt-2		与海底火山作用有关的 Fe-Cu-Pb-Zn-Au-Ag 矿床成矿系列
Pz_1-1		寒武纪重晶石矿床成矿系列
Pz_1-2		与加里东运动有关的 W-Sn-Nb-Ta-Cu-Au-Be -白云母矿床成矿系列
Pz_1-3		加里东期与韧性剪切有关的 Au 矿床成矿系列
Pz_2-1		海西期—印支期与火山-沉积有关的 Fe-Mn-Pb-Zn-Cu-S -煤-灰岩矿床成矿系列
	Pz_2-1-1	海西期—印支期与火山-沉积有关的 Fe-Mn-Pb-Zn-Cu-S 矿床成矿亚系列
	Pz_2-1-2	晚古生代煤矿-灰岩矿床成矿亚系列
Mz-1		与燕山期岩浆（火山）作用有关的 W-Sn-Mo-Cu-Pb-Zn-Au-Ag 多金属矿床成矿系列
	Mz-1-1	与燕山早期花岗岩类有关的 W-Sn-Mo 矿床成矿亚系列
	Mz-1-2	与燕山早期花岗岩类有关的矽卡岩型 Fe-Cu-Pb-Zn 矿床成矿亚系列
	Mz-1-3	与燕山晚期中酸性岩浆（火山）作用有关的 Cu-Mo-Au-Ag -叶蜡石矿床成矿亚系列
	Mz-1-4	与燕山晚期酸性岩浆作用有关的 Mo -萤石矿床成矿亚系列
	Mz-1-5	东南沿海与燕山期超基性—基性岩有关的 Ni 矿床成矿亚系列
Q-1		风化壳型稀土矿床成矿系列
Q-2		风化壳型 Mn 矿床成矿系列
Q-3		风化壳型高岭土矿床成矿系列

表 9-5 福建省矿床成矿系列特征表

成矿系列	成矿亚系列	矿床式	产出构造单元	构造环境	建造类型	岩浆岩(沉积岩)	成矿元素(或矿床)	成岩时代(Ma)	成矿时代(Ma)	主要成因类型	代表性矿田、矿床
元古宙硫铁矿-石墨矿床成矿系列(Pt-1)	元古宙石墨矿床成矿亚系列(Pt-1-1)	书坊式	闽西北隆起带	张性构造环境	马面山岩群	原岩含钙镁质的浅海泥砂沉积物	石墨	中—新元古代	中—新元古代	沉积型	书坊石墨矿
	元古宙硫铁矿床成矿亚系列(Pt-1-2)	水源式	闽西北隆起带	张性构造环境	黑云变粒岩夹大理岩、透辉角闪变粒岩	长石石英砂岩、泥岩及化学沉积岩	黄铁矿和磁黄铁矿	中—新元古代	中—新元古代	沉积型	泰宁水源硫铁矿
与海底火山作用有关的 Fe-Cu-Pb-Zn-Au-Ag 矿床成矿系列(Pt-2)		水吉式	闽西北隆起带	拉张环境	海相细碧角斑岩建造、碳酸盐建造	角斑岩	Cu、Pb、Zn、Co 为主,伴生 Au、Ag	中元古代	1 500(Pb-Pb),804～527(铅模式)	火山(沉积)-热液改造型	梅仙、夏山、水吉
寒武纪重晶石矿床成矿系列(Pz_1-1)		李坊式	闽西北隆起带	张性构造环境	中—下寒武统林田群上段	砂泥质细碎屑为主,含钙硅质较丰富,伴有大量重晶石的沉积建造	重晶石	早—中寒武世	早—中寒武世	沉积型	李坊重晶石矿
与加里东运动有关的 W-Sn-Nb-Ta-Cu-Au-Be-白云母矿床成矿系列(Pz_1-2)	与加里东期伟晶岩有关的 Nb-Ta-Sn-Li 矿床成矿亚系列(Pz_1-2-1)	西坑式	闽西北隆起带	挤压环境	砂泥质复理石建造	伟晶岩	Nb、Ta	297～236	250～220	伟晶岩型	西坑
与加里东期韧性剪切有关的 Au 矿床成矿系列(Pz_1-3)		双旗山式	闽西北隆起带	挤压环境	砂泥质复理石建造	酸性火山岩	Au	中—新元古代	485～440	韧性剪切带型	双旗山金矿
与海西期—印支期火山-沉积有关的 Fe-Mn-Pb-Zn-Cu-S-煤、灰岩矿床成矿系列(Pz_2-1)	与海西期—印支期火山-沉积有关的 Fe-Mn-Pb-Zn-Cu-S 矿床成矿亚系列(Pz_2-1-1)	马坑式	闽东火山断坳带	拉张环境	潮间坪-浅海火山碎屑岩-碳酸盐岩建造	中酸性火山碎屑岩	Pb、Zn、Fe	早三叠世	早三叠世	火山(沉积)型	钟魏铅锌矿
			闽西南坳陷带	拉张环境	滨海-浅海相碎屑岩-碳酸盐岩夹火山碎屑岩建造	英安岩、安山玄武岩、安山质凝灰熔岩	Fe、S 为主,次为 Pb、Zn、Cu、Mn 叠加 Mo	石炭纪—二叠纪	346～334	火山(沉积)型,火山(沉积)-改造型	马坑铁(钼)矿

续表 9-5

成矿系列	成矿亚系列	矿床式	产出构造单元	构造环境	建造类型	岩浆岩(沉积岩)	成矿元素(或矿床)	成岩时代(Ma)	成矿时代(Ma)	主要成因类型	代表性矿田、矿床
与海西期—印支期火山-沉积有关的 Fe-Mn-Pb-Zn-Cu-S-煤、灰岩矿床成矿系列(Pz_2-1)	晚古生代煤矿、灰岩矿成矿亚系列(Pz_2-1-2)	坑边式	闽西南坳陷带	张性构造环境	中二叠统童子岩组及上二叠统翠屏山组	海陆交互相或沼泽相等含矿地层	煤矿	中—晚二叠世	中—晚二叠世	沉积型	上京煤矿
			闽西南坳陷带	张性构造环境	晚石炭世—中二叠世灰岩建造	浅海化学沉积岩及生物碎屑岩(灰岩)	灰岩矿	晚石炭世	中二叠世	沉积型	坑边灰岩矿
与燕山期岩浆(火山)作用有关的 W-Sn-Mo-Cu-Pb-Zn-Au-Ag 多金属矿床成矿系列(Mz-1)	与燕山早期花岗岩类有关的 W-Sn-Mo 矿床成矿亚系列(Mz-1-1)	行洛坑式	闽西北隆起带	挤压环境	酸性岩浆侵入岩建造	似斑状黑云二长花岗岩、细中粒花岗岩、细粒似斑状花岗岩	W、Sn、Mo(Cu、Zn、Au)	157～143	156～146	斑岩型	行洛坑
		松岭式	闽西北隆起	挤压环境	酸性岩浆侵入岩建造	细中粒花岗岩、细粒似斑状花岗岩	W、Sn	晚侏罗世	晚侏罗世	斑岩型	松岭、下伊锡矿
		屏峰式	闽西北隆起带	挤压环境	陆相火山-沉积岩建造	火山-沉积岩	硫铁矿、Fe、Pb、Zn	晚侏罗世	晚侏罗世	火山沉积型	屏峰、铁场
	与燕山早期花岗岩类有关的矽卡岩型 Fe-Cu-Pb-Zn 矿床成矿亚系列(Mz-1-2)	钟魏式	闽东火山断坳带	拉张环境	含碳酸盐岩及含矿建造	中酸性侵入岩	Pb、Zn、Fe	晚侏罗世—早白垩世	晚侏罗世	矽卡岩型	钟魏、珠地
		马坑式	闽西南坳陷带	拉张环境	含碳酸盐岩及含矿建造	中酸性侵入岩	Fe、S为主，次为 Pb、Zn、Cu、Mn 叠加 Mo	晚侏罗世—早白垩世，139～123	晚侏罗世，165～131	矽卡岩型	马坑、阳山、洛阳、潘田、挂山、湖洋
	与燕山晚期中酸性岩浆(火山)作用有关的 Cu-Mo-Au-Ag 矿床成矿亚系列(Mz-1-3)	紫金山式	闽西南坳陷带	拉张环境	陆相中酸性火山建造	次英安玢岩、花岗斑岩	Cu(Au)	108～102	111～94	潜火山中低温硫酸盐型、斑岩型、热液型	紫金山、中寮、五子骑龙
		钟腾式	闽东火山断坳带	拉张环境	陆相火山-次火山建造	石英闪长岩、闪长玢岩	Cu、Mo	早白垩世	早白垩世	斑岩型、热液型	钟腾
		英山式	闽东火山断坳带	拉张环境	陆相火山建造	花岗斑岩、安山质晶屑凝灰岩等	Au、Ag	早白垩世	早白垩世	火山热液型	英山
		寿山式	闽东火山断坳带	拉张环境	陆相火山建造	流纹英安质晶屑凝灰岩等	叶蜡石、Ag	早白垩世	早白垩世	火山热液型	寿山

续表 9-5

成矿系列	成矿亚系列	矿床式	产出构造单元	构造环境	建造类型	岩浆岩(沉积岩)	成矿元素(或矿床)	成岩时代(Ma)	成矿时代(Ma)	主要成因类型	代表性矿田、矿床
与燕山期岩浆(火山)作用有关的W-Sn-Mo-Cu-Pb-Zn-Au-Ag多金属矿床成矿系列(Mz-1)	与酸性岩有关的Mo-萤石矿床成矿亚系列(Mz-1-4)	赤路式	闽东火山断坳带	拉张环境	陆相中酸性火山岩建造	花岗闪长斑岩、似斑状花岗岩	Cu、Mo	103.95	燕山晚期	斑岩型、热液型	赤路、锦溪
		南山下式	闽西北隆起带	拉张环境	花岗岩、变质岩、火山岩	中酸性侵入岩	萤石	燕山晚期	燕山晚期	岩浆热液型	南山下、回潭、常口
	东南沿海与燕山期超基性—基性岩有关的Ni矿床成矿亚系列(Mz-1-5)	长基式	闽东火山断坳带	拉张环境	辉长岩	超基性—基性岩	Ni、Cu、S	早白垩世	晚白垩世	岩浆岩型	莆田长基
风化壳型稀土矿床成矿系列(Q-1)		河田式	闽西北隆起带	张性构造环境	燕山期花岗岩类	花岗岩-二长花岗岩	轻稀土元素	中生代	中生代及第四纪	风化型	长汀河田稀土矿
		张家塘式	闽西北隆起带	张性构造环境	加里东期—印支期花岗岩类	二长花岗岩-花岗岩	中—重稀土元素	古生代	古生代及第四纪	风化型	宁化张家塘稀土矿
风化壳型Mn矿床成矿系列(Q-2)		兰桥式	闽西南坳陷带	张性构造环境	中石炭世—中二叠世含锰灰岩	灰岩中富含锰质的化学沉积岩	锰矿	中石炭世—中二叠世	中石炭世—中二叠世及第四纪	风化淋滤型	连城兰桥锰矿
风化壳型高岭土矿床成矿系列(Q-3)		东宫下式	全省	张性构造环境	燕山期等花岗岩建造		高岭土矿	晚侏罗世—白垩纪	中石炭世—中二叠世及第四纪	风化型	东宫下高岭土矿

二、浙闽粤沿海 Pb-Zn-Cu-Au-Ag-W-Sn-Nb-Ta-叶蜡石-明矾石-萤石成矿带(Ⅲ-80)

浙闽粤沿海 Pb-Zn-Cu-Au-Ag-W-Sn-Nb-Ta -叶蜡石-明矾石-萤石成矿带(Ⅲ-80)位于福建省的东南部,本节主要讨论其成矿地质构造环境及演化,矿床时空分布及控矿因素,矿床成矿系列、亚系列、矿田、矿床式的划分,建立区域成矿模式、区域成矿谱系,总结区域内成矿的时空演化规律及其壳幔作用或表生作用对成矿的控制作用。

(一)区域成矿地质构造环境及其演化

本成矿带的成矿地质构造环境可分为 5 个阶段:新元古代、早古生代(加里东期)、晚古生代、中生代及新生代,但最主要为中生代成矿作用(图 9-2、图 9-3)。

1. 新元古代

本成矿带的西北部涉及闽中结合带(Ⅴ-7),其中的远洋沉积亚相延至本区。闽中结合带形成于新元古代早期,约 1 100～800Ma 古闽中洋形成,其北西为华夏地块,东南为东南沿海地块(?),古闽中洋的扩张过程中有海底火山作用,形成了铁、铜、铅、锌、银等矿床。

新元古代见于政和稻香、屏南黛溪等地,面积有限,主要有龙北溪岩组的云母石英片岩-石英云母片岩-石英岩-大理岩-绿片岩组合、石英岩-云母石英片岩组合、大理岩-绿片岩-石英岩组合、透辉石岩-石英岩-云母石英片岩组合及大岭岩组的钠长变粒岩-钠长石英片岩组合、稻香组的铁锰质变质砂泥岩-硅质岩组合、大理岩-绿片岩-硅质岩组合等构成,有关的矿床为屏南黛溪铅锌矿。

2. 早古生代及加里东期

南华纪—奥陶纪(Nh—O)该成矿带形成于陆内的扩张,于志留纪(加里东期)闭合。区内见有远洋亚相沉积,如稻香组等,但未见有早古生代沉积,也没有重要成矿现象。加里东运动形成了以变质作用为主要形式的地质作用,形成了分布广泛的变质碎屑岩中热液型金矿的成矿环境。本区西部(德化双旗山、政和)见有双旗山式变质碎屑岩热液型金矿。

3. 晚古生代(D_3—T_2)

此时期形成的陆表海盆地相分布在尤溪小坂面、德化美湖、永春天湖山、华安以及福鼎南溪等地,包括碎屑岩陆表海亚相、碳酸盐岩陆表海亚相、海陆交互陆表海亚相,具体如下。

(1)碎屑岩陆表海亚相:分布在德化美湖、华安等地,主要为下三叠统溪口组陆源碎屑浅海硅砂泥质粉砂岩、细砂岩、泥岩建造组合,有关的矿床有溪口组铅锌矿等。

(2)碳酸盐岩陆表海亚相:仅福鼎南溪一带分布,为上石炭统经畲组潮坪钙硅泥质-碳酸盐岩建造组合,出露面积小,为中生代火山岩中的剥露天窗,其中经畲组中有与沉积作用有关的铅锌矿。

(3)海陆交互陆表海亚相:分布在永春天湖山、华安拔炉等地,主要为中二叠统童子岩组和上二叠统翠屏山组潮坪-潟湖含煤碎屑岩建造组合,代表性矿床有天湖山煤矿。

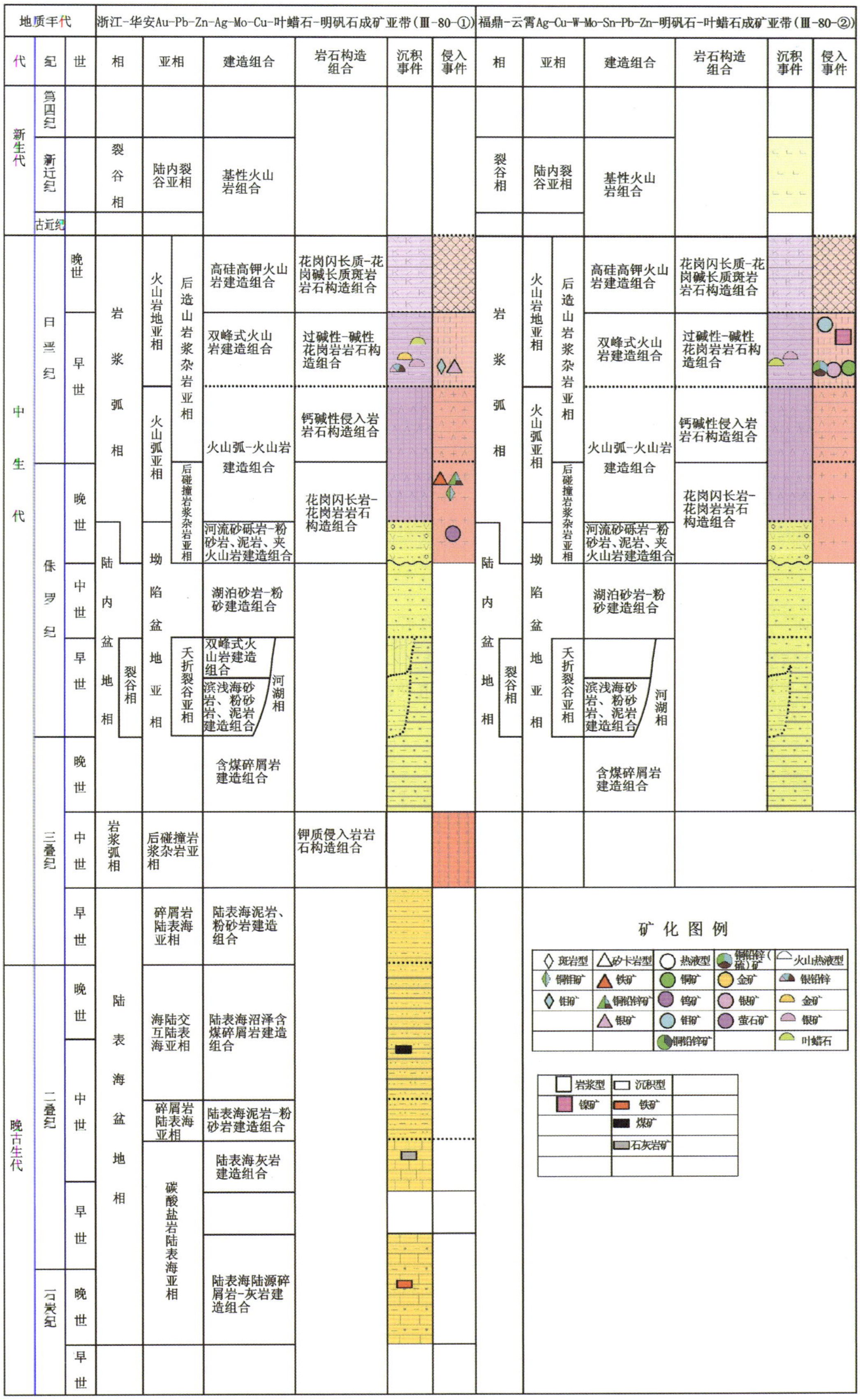

图 9-2　Ⅲ-80 成矿带成矿区域成矿地质构造环境及其演化图

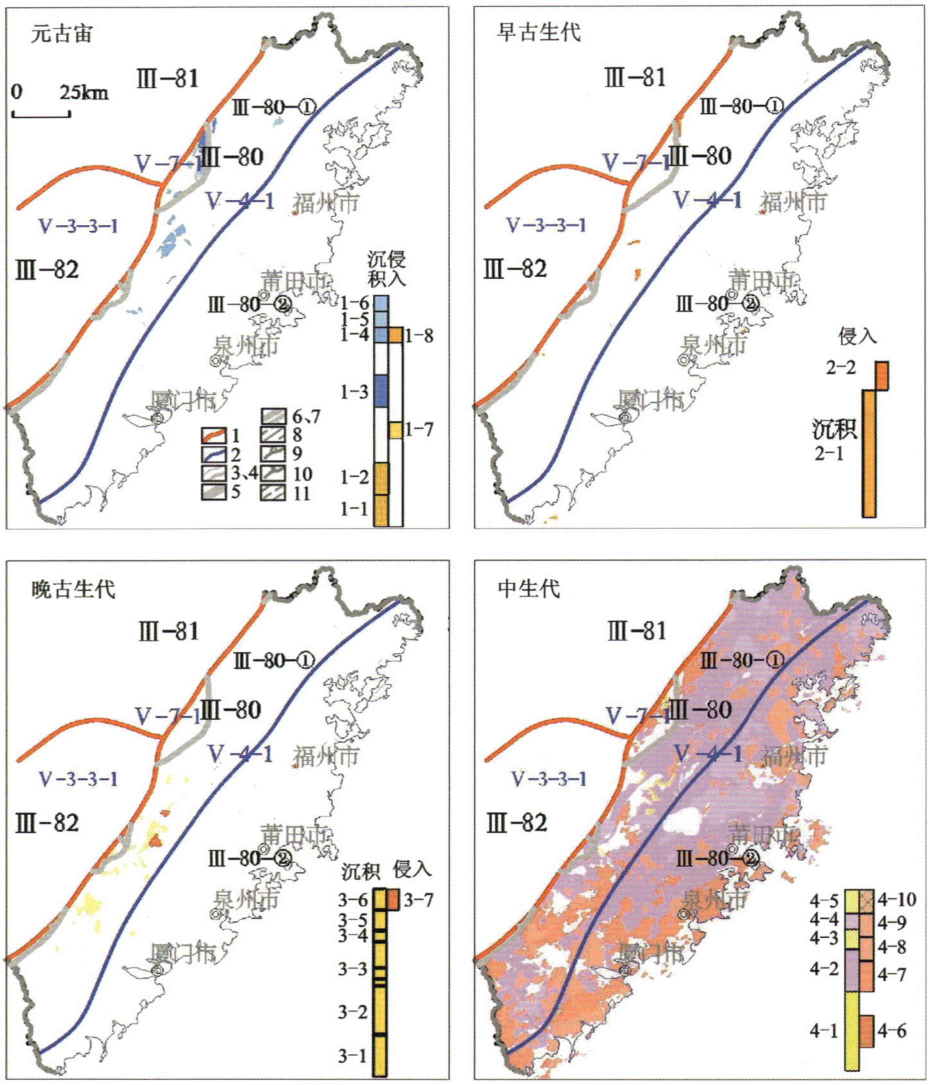

图 9-3　浙闽粤沿海 Pb-Zn-Cu-Au-Ag-W-Sn-叶蜡石-明矾石-萤石成矿带（Ⅲ-80）成矿环境略图

Ⅲ-80. 浙闽粤沿海 Pb-Zn-Cu-Au-Ag-W-Sn-叶蜡石-明矾石-萤石成矿带；Ⅲ-80-①. 浙东-华安 Au-Pb-Zn-Ag-Mo-Cu-叶蜡石-明矾石成矿亚带；Ⅲ-80-②. 福鼎-云霄 Ag-Cu-W-Mo-Sn-Pb-Zn-明矾石-叶蜡石成矿亚带（Ym、Yl[1]、H）；Ⅲ-81 浙中-武夷隆起 W-Sn-Mo-Au-Ag-Pb-Zn-Nb-Ta-萤石成矿带；Ⅲ-82. 永安-梅州-惠阳（坳陷）Fe-Pb-Zn-Cu-Au-Ag-Sb 成矿带（Ym）。1. Ⅲ级成矿带界线；2. Ⅳ级成矿带界线；3. 大地构造亚相界线；4. 建造组合或岩性界线；5. Ⅱ级构造单元界线；6. Ⅲ级构造单元界线；7. Ⅳ级构造单元界线；8. 韧性断层；9. 滑脱构造；10. 推覆构造；11. 韧性剪切带。Ⅴ-4-1. 闽东沿海岩浆弧；Ⅴ-7-1. 松溪-尤溪蛇绿混杂岩带；Ⅴ-3-3. 闽西南陆表海盆地。1-1. 古元古代古弧后盆地亚相；1-2. 中元古代古弧后盆地亚相；1-3. 古元古代陆壳残片相；1-4. 青白口纪蛇绿岩亚相；1-5. 青白口纪蛇绿混杂岩相远洋沉积亚相；1-6. 南华纪蛇绿混杂岩相远洋沉积亚相；1-7. 南华纪古岩浆弧亚相；1-8. 青白口纪蛇绿岩亚相。2-1. 新元古代—奥陶纪被动陆缘相陆缘斜坡亚相；2-2. 早古生代岩浆弧相同碰撞岩浆杂岩亚相；3-1. 晚泥盆世—早石炭世碎屑岩陆表海亚相；3-2. 晚石炭世—中二叠世碳酸盐岩陆表海亚相；3-3. 中二叠世—晚二叠世碎屑岩陆表海亚相；3-4. 中二叠世—晚二叠世（煤）海陆交互陆表海亚相；3-5. 晚二叠世—早三叠世碎屑岩陆表海亚相；3-6. 三叠纪岩浆弧相后碰撞岩浆杂岩亚相。4-1. 晚三叠世—中侏罗世陆内盆地相；4-2. 晚侏罗世火山弧亚相；4-3. 早白垩世陆内盆地亚相；4-4. 早白垩世火山盆地亚相；4-5. 早白垩世陆内盆地亚相；4-6. 早侏罗纪后碰撞岩浆杂岩亚相（花岗闪长岩-花岗岩）；4-7. 晚侏罗世后碰撞岩浆杂岩亚相（酸性侵入岩）；4-8. 早白垩世后造山岩浆杂岩亚相（中酸性—酸性侵入岩）；4-9. 早白垩世后造山岩浆杂岩亚相（辉绿岩-晶洞花岗岩）；4-10. 晚白垩世后造山岩浆杂岩亚相

4. 中生代—新生代

该时期本区域属东南沿海岩浆弧(Ⅱ级)的一部分,是浙闽粤中生代火山岩带的重要组成部分,包含有火山弧、火山盆地、坳陷盆地、同碰撞岩浆杂岩、后碰撞岩浆杂岩、后造山岩浆杂岩、碳酸盐岩陆表海、海陆交互陆表海、碎屑岩陆表海、陆内裂谷、夭折裂谷、远洋沉积、陆缘斜坡13种亚相。其中以火山弧、火山盆地、后造山、后碰撞岩浆杂岩亚相为主,尤其是火山弧亚相几乎占据一半的面积,其余的构造单元仅零星分布。

1)闽东沿海岩浆弧相(J_3—K)

该岩浆弧相广泛分布在政和-大埔断裂带以东的闽东沿海地区,主要为上侏罗统南园组(J_3n)、下白垩统小溪组(K_1x)的火山弧安山岩-英安岩-流纹岩组合,下白垩统黄坑组(K_1h)、寨下组(K_1zh)火山盆地亚相玄武(安山)岩-流纹岩双峰式火山岩组合,以及晚侏罗世(J_3)后碰撞花岗岩组合,早白垩世(K_1)后造山钙碱性侵入岩组合、过碱性—碱性花岗岩组合。

(1)火山弧亚相(J_3—K_1):沿寿宁—福安—屏南—闽清—德化—安溪—云霄一线广泛分布,主要由上侏罗统南园组安山岩-英安岩-流纹质火山碎屑岩、中酸性—酸性粒状碎斑熔岩组合和下白垩统小溪组中酸性—酸性火山碎屑岩组合构成。总体上呈北东向大面积展布,是闽东中生代火山岩带的主体岩石,是福建省中生代火山活动鼎盛阶段的产物。岩石化学成分属钙碱性系列,具单峰式火山活动的演化特征,属挤压性质的大地构造环境。

火山岩为铅、锌、银、金、钨、铁的有利成矿层位,主要有莆田银坑铅锌矿、闽侯罗桥金矿、德化雷潭金矿、福清下溪底与平和长崎后铅锌矿等矿床(点)。

小溪组是叶蜡石、明矾石的有利成矿层位,矿产地众多,著名的大、中型矿床有福州寿山、峨嵋、寿宁湖沄等叶蜡石矿床,矿石品级较好,还有“田黄石”“鸡血石”“冻石”等极具经济价值的工艺美术雕刻叶蜡石(寿山石)。该类矿床与沉凝灰岩、凝灰岩关系密切,矿体多呈透镜状,受岩性、层位控制明显,产状平缓与围岩一致,属火山期后热液交代型矿床。

(2)火山盆地亚相(K):分布于政和后山、外屯、建瓯辰山、周宁礼门、寿宁南山顶、柘荣官田、福鼎白琳、霞浦长春、福安白马港、罗源鉴江、闽侯彭湖山、德化石牛山、平和灵通山等地,主要由白垩系石帽山群(黄坑组、寨下组、石牛山组)的两个(玄武)安山岩-钙碱性流纹质火山碎屑岩建造组合(黄坑组、寨下组)和一个高硅高钾火山岩-酸性碎斑熔岩-潜火山岩建造组合(石牛山组)的3个火山碎屑岩建造组合构成。岩石化学成分具双峰式演化特征,属拉张环境下火山喷发,是福建省中生代火山活动衰亡阶段的产物,以盆地形式产出。早白垩世(K_1)分布有陆相火山岩型金、银、叶蜡石矿等。

(3)后碰撞岩浆杂岩亚相(J_3):分布在古田旧镇、霞浦、德化祖厝、惠安、同安、安溪长坑、华安高安、诏安、漳浦等地,由晚侏罗世石英闪长岩、石英二长闪长岩、花岗闪长岩、二长花岗岩、正长花岗岩的花岗闪长岩-花岗岩构造组合构成,是闽东沿海岩浆弧的主体构造单元之一。

晚侏罗世与花岗闪长岩-花岗岩组合及花岗岩组合相关的矿产以铅、锌、铜为主,如在平和大望山、赤竹坪、政和霞山等岩体内外接触带多出现有铅锌多金属矿。

(4)后造山岩浆杂岩亚相(K):分布在寿宁斜滩、周宁玛坑、福州、仙游、永春等地,主要由早白垩世辉长岩、闪长岩、石英闪长岩、花岗闪长岩、石英二长岩、石英正长岩、二长花岗岩、正长花岗岩、晶洞碱长花岗岩、晶洞碱性花岗岩构成的钙碱性侵入岩构造组合和过碱性—碱性花岗岩构造组合及晚白垩世花岗闪长质-碱长花岗质斑岩构造组合构成。

早白垩世与钙碱性侵入岩组合相关的矿产有铜、钼、铅、锌等,如与中酸性岩浆岩相关的平和钟腾斑岩型铜钼矿床,与酸性岩浆岩相关的赤路斑岩型钼矿床,莆田银坑铅锌矿点及与超基性—基性岩有关的莆田长基镍矿床。

2)陆内盆地相(T_3—J_2、J_3)

该陆内盆地相分布在建瓯井后、尤溪近德坑、中仙、安溪后田、华安利水等地,均为坳陷盆地亚相,主要由上三叠统文宾山组、下侏罗统梨山组河湖相含煤碎屑岩建造组合、中侏罗统漳平组淡水浅湖砂岩-粉砂岩建造组合及上侏罗统长林组河流砂砾岩-粉砂岩-泥岩夹火山岩建造组合构成，未见有重要矿产分布。

3)裂谷相(J_1、N)

该裂谷相分布在闽清池园、南靖—云霄、漳浦佛昙等地，包括夭折裂谷亚相、陆内裂谷亚相，具体如下。

(1)夭折裂谷亚相(J_1)：分布在闽清池园、永春大荣、南靖—云霄及福清锦城等地，为下侏罗统下村组滨浅海砂岩、粉砂岩、泥岩建造组合和下侏罗统藩坑组(玄武岩)安山岩-流纹岩建造组合，夭折裂谷相(J_1)未见有重要矿床。

(2)陆内裂谷亚相(N)：仅在漳浦佛昙—金门一带发育，为新近系佛昙组拉斑玄武岩建造，属拉张的大地构造环境。拉斑玄武岩风化后可形成铝土矿。

(二)矿床时空分布及控矿因素

1. 矿床时空分布

浙闽粤沿海 Pb-Zn-Cu-Au-Ag-W-Sn -叶蜡石-明矾石-萤石成矿带(Ⅲ-80)可分为两个成矿亚带，即浙东-华安 Au-Pb-Zn-Ag-Mo-Cu -叶蜡石-明矾石成矿亚带(Ⅲ-80-①)与福鼎-云霄 Ag-Cu-W-Mo-Sn-Pb-Zn -明矾石-叶蜡石成矿亚带(Ⅲ-80-②)。二者矿种的分布有一定差别(表 9-6)。

浙东-华安 Au-Pb-Zn-Ag-Mo-Cu -叶蜡石-明矾石成矿亚带(Ⅲ-80-①)矿床较丰富。西北部分布有与闽中洋(?)成矿作用相关的铜、铅、锌多金属矿；南段与闽西南陆表海相邻，有铁、铜多金属矿质层及相关的矽卡岩型矿床及二叠纪煤矿。新元古代至第四纪共有 7 个主要成矿时期，新元古代(政和—屏南)、志留纪、石炭纪—二叠纪(闽西南陆表海相邻地带)、早三叠世、晚侏罗世、早白垩世及第四纪，但以早白垩世最为主要。矿床种类有铜、铅、锌、银、金、钨、钼、煤、灰岩矿等。

福鼎-云霄 Ag-Cu-W-Mo-Sn-Pb-Zn -明矾石-叶蜡石成矿亚带(Ⅲ-80-②)成矿主要与燕山晚期岩浆(火山)作用有关，其中矿种有铜、钼、金、银、镍、叶蜡石、高岭土等。除镍矿仅见于莆田长基外，其他矿种分布较均匀，整个成矿亚带均有分布。

表 9-6　Ⅲ-80 成矿带主要矿床类型与主要控矿因素简表

地质年代	矿种	Ⅲ-80-1	Ⅲ-80-2	主要类型	主要控矿因素
Q	高岭土			风化型	燕山早期花岗岩、易于风化的地形地貌
	镍			岩浆岩型	北东向构造岩浆带、燕山晚期超基性—基性岩浆岩及含矿物质分异等
	叶蜡石			陆相火山岩型	闽东火山弧、燕山晚期中酸性—酸性火山(岩浆)带、火山机构及蚀变带等
	银			陆相火山岩型、热液型	闽东火山弧、燕山晚期中酸性—酸性火山(岩浆)带、火山机构等
K_1	金			陆相火山岩型	闽东火山弧、燕山晚期中酸性—酸性火山(岩浆)带、火山机构等
	钼			斑岩型、热液型	闽东岩浆带、燕山晚期酸性岩浆带、含钼较高的正长花岗岩体及接触带附近
	铜(钼)			陆相火山岩型、热液型	闽东岩浆带、燕山晚期中酸性岩浆(火山)带、含铜(钼)矿的花岗闪长岩体及接触带附近

续表 9-6

地质年代	矿种	Ⅲ-80-1	Ⅲ-80-2	主要类型	主要控矿因素
J_3	铁多金属			矽卡岩型	闽西南陆表海、铁多金属矿含矿层位(C—P 如经畲组等)、印支期—燕山期复式背斜、燕山期花岗岩类改造形成矽卡岩型矿床
	钨、钼			斑岩型、热液型	燕山早期花岗岩、含钨钼高的花岗岩接触带附近
T_1	铅、锌			矽卡岩型	闽西南陆表海、铁多金属矿含矿层位(溪口组等)、印支期—燕山期复式背斜、燕山期花岗岩类改造形成矽卡岩型矿床
P	煤			沉积岩型	闽西南陆表海、含煤建造(下二叠统童子岩组等)等
C—P	灰岩				闽西南陆表海、灰岩层位(C—P,如船山组等)沉积形成的灰岩等
	铁多金属				闽西南陆表海、铁多金属矿含矿层位(C—P 如经畲组等)、印支期—燕山期复式背斜、燕山期花岗岩类改造形成矽卡岩型矿床
S	金			变质碎屑岩中热液型	华夏地块与闽东地块(?)碰撞的造山作用,形成了以变质碎屑岩中热液型金矿,主要控矿因素有构造部位(闽中造山带、宁化南平造山带等)、变质岩中韧性剪切带、新元古代地层(含金高)
Pt_3	铅、锌			沉积-变质岩型	在新元古代,本区北西古闽中洋海底火山作用形成铜、铅、锌多金属矿,主要控制因素有大地构造位置、古海洋扩张产生海底火山作用和铜、铅、锌多金属矿成矿作用
	铜、铅、锌				

2. 主要控矿因素

浙闽粤沿海 Pb-Zn-Cu-Au-Ag-W-Sn -叶蜡石-明矾石-萤石成矿带(Ⅲ-80)的主要控矿因素在各个阶段各有特色,各主要成矿要素见表 9-6。新元古代主要分布于政和、屏南等地,与闽中结合带(Ⅴ-7)有关的海底火山成矿作用有铜、铅、锌、银等,主要控矿因素为含矿海底火山成矿作用的分布;加里东期成矿作用主要与变质作用有关的韧性剪切带有变质热液型金矿,主要控矿因素是含金矿质较高的地层(大金山岩组、龙北溪岩组等)及韧性剪切带的成矿作用;石炭纪至早三叠世为闽西南陆表海成矿作用,有沉积型铁、灰岩、煤及铅锌矿等,主要控矿因素有沉积(火山)作用形成的矿质层分布及燕山期酸性岩浆作用的改造;晚侏罗世成矿作用为与花岗岩类侵入有关的铁多金属矿(矽卡岩型)及钨钼矿质的聚集成矿,成矿主要因素为晚侏罗世花岗岩等的成矿作用;早白垩世成矿作用受到古太平洋板块与欧亚板块的碰撞,形成的矿床有与中酸性岩浆(火山)作用有关的铜、金矿,与酸性岩浆(火山)作用有关的钼矿,与火山作用有关的银、叶蜡石矿等,主要的控矿要素是中酸性岩浆(火山)及酸性岩(钼、萤石)成矿作用,以及与超基性—基性岩浆有关的镍矿的控矿因素为岩浆成矿作用;第四纪主要形成高岭土,均属于花岗岩等风化之产物。

(三)矿床成矿系列、亚系列、矿田、矿床式的划分

1. 矿床成矿系列、亚系列

矿床成矿系列与亚系列的划分采用福建省本省的划分方案(表 9-4),主要特征见表 9-7。

表 9-7　Ⅲ-80 矿床成矿系列、亚系列、矿田、矿床式划分简表

成矿系列	成矿亚系列	矿床式	Ⅴ级矿集区	矿床集中区	代表性矿床名称
与海底火山作用有关的 Fe-Cu-Pb-Zn-Au-Ag 矿床成矿系列（Pt-2）		水吉式沉积-变质岩型铅锌矿	尤溪峰岩 Pb-Zn-多金属矿集区（Ⅲ-80-①-4）（Pt、J_3）	尤溪峰岩 Pb-Zn 多金属集中区（Pt-2-4）	尤溪峰岩铅锌矿
加里东期与韧性剪切有关的 Au 矿床成矿系列（Pz_1-3）		双旗山式变质碎屑岩中热液型金矿	德化邱村-双旗山 Au 矿集区（Ⅲ-80-①-5）（加里东期、K_1）	德化双旗山 Au 矿集中区（Pz_1-3-5）；德化邱村 Au 矿集中区（Mz_1-3-9）	德山双旗山金矿
与海西期—印支期火山-沉积有关的 Fe-Mn-Pb-Zn-Cu-S-煤-灰岩矿床成矿系列（Pz_2-1）	与海西期—印支期火山-沉积有关的 Fe-Mn-Pb-Zn-Cu-S 矿床成矿亚系列（Pz_2-1-1）	（马坑式矽卡岩型铁矿）大排式矽卡岩型铅锌矿	德山阳山-漳平洛阳 Fe-Mo-Pb-Zn 矿集区（Ⅲ-80-①-6）（C—P、J）	漳平洛阳-德化阳山 Fe 矿集中区（Pz_2-1-2）	德化阳山铁矿、漳平洛阳铁矿等
	晚古生代煤矿-灰岩矿床成矿亚系列（Pz_2-1-2）	上京式煤矿		永春-尤溪煤田（Pz_2-2-3）	永春天湖山煤矿
与燕山期岩浆（火山）作用有关的 W-Sn-Mo-Cu-Pb-Zn-Au-Ag 多金属矿床成矿系列（Mz-1）	与燕山早期花岗岩类有关的 W-Sn-Mo 矿床成矿亚系列（Mz-1-1）	行洛坑式斑岩型钨钼矿			闽侯广坪钨矿（小型）
	与燕山早期花岗岩类有关的矽卡岩型 Fe-Cu-Pb-Zn 矿床成矿亚系列（Mz-1-2）	马坑式矽卡岩型铁矿	同 Pz_2-1-1 的铁矿（对 C—P 沉积的矿质改造与矽卡岩化，形成矽卡岩型矿床）		
	与燕山晚期中酸性岩浆（火山）作用有关的 Cu-Mo-Au-Ag-叶蜡石矿床成矿亚系列（Mz-1-3）	英山式陆相火山-次火山岩型银矿	柘荣英山 Ag-Pb-Zn 矿集区（Ⅲ-80-①-1）（K_1）	政和-锦屏 Au 多金属矿集中区（Mz-1-3-6）；柘荣英山 Ag 多金属矿集中区（Mz-1-3-7）	柘荣英山银矿
		钟腾式斑岩型铜钼矿	平和县钟腾-云霄 Mo-Pb-Zn-Sn 矿集区（Ⅲ-80-①-7）（J—K）	福州寿山叶蜡石矿集中区（Mz-1-3-8）	平和县钟腾铜矿
		寿山式陆相火山岩型叶蜡石矿	福州寿山-福清东仔叶蜡石矿集区（Ⅲ-80-②-1）（K_1）	福州寿山叶蜡石矿集中区（Mz-1-3-8）；德化邱村 Au 矿集中区（Mz-1-3-9）；福清东仔叶蜡石矿集中区（Mz-1-3-10）	福州寿山叶蜡石
	与燕山晚期酸性岩浆作用有关的 Mo-萤石矿床成矿亚系列（Mz-1-4）	赤路式斑岩型钼矿	福安赤路 Cu-Mo-Pb-Zn-Ag 矿集区（Ⅲ-80-①-2）（K_1）	福安赤路 Mo 矿集中区（Mz-1-4-1）	福安赤路钼矿
		西朝式岩浆-热液型钼矿	建阳-古田 Mo 矿集区（Ⅲ-80-①-3）（K_1）	古田西朝 Mo 矿集中区（Mz-1-4-2）	古田西朝钼矿
		西朝式岩浆-热液型钼矿	泉州市大林山 Mo-Pb-Zn 矿集区（Ⅲ-80-②-3）（K_1）	泉州市泉港区大林山 Mo 矿集中区（Mz-1-4-3）	赤路钼矿、西朝钼矿等
	东南沿海与燕山期超基性—基性岩有关的 Ni 矿床成矿亚系列（Mz-1-5）	（英山式陆相火山-次火山岩型银矿）长基式基性—超基性铜镍硫化物型镍矿	福清下溪底-莆田长基 Ag-Ni 矿集区（Ⅲ-80-②-2）（K_1）	莆田银坑 Ag 多金属矿集中区（Mz-1-5-1）	莆田长基镍矿、福清下溪底银矿

本次将福建省的成矿系列、亚系列以插图列于本节中，以下章节有关的插图不再列出。主要有：①元古宙（金属矿）矿床及成矿系列分布略图（图 9-4）；②早古生代矿床及成矿系列分布略图（图 9-5）；③晚古生代（金属矿）矿床及成矿系列分布略图（图 9-6）；④晚古生代（煤矿）矿床及成矿系列分布略图（图 9-7）；⑤中生代矿床及成矿系列分布略图（图 9-8）；⑥第四纪与风化有关的矿床及矿床成矿系列分布略图（图 9-9）。

浙闽粤沿海 Pb-Zn-Cu-Au-Ag-W-Sn-叶蜡石-明矾石-萤石成矿带（Ⅲ-80）可划分为 3 个成矿系列、9 个亚系列，主要成矿系列与亚系列为燕山晚期成矿作用的结果，矿种有钼、金、银、铜、铅、锌、镍及叶蜡石等。浙东-华安 Au-Pb-Zn-Ag-Mo-Cu-叶蜡石-明矾石成矿亚带（Ⅲ-80-①）有 3 个成矿系列、8 个亚系列；福鼎-云霄 Ag-Cu-W-Mo-Sn-Pb-Zn-明矾石-叶蜡石成矿亚带（Ⅲ-80-②）有 1 个成矿系列，5 个亚系列。

浙闽粤沿海 Pb-Zn-Cu-Au-Ag-W-Sn-叶蜡石-明矾石-萤石成矿带（Ⅲ-80）有 10 个Ⅴ级矿集区，也对应于矿床系列与亚系列的矿床集中区。如浙东-华安 Au-Pb-Zn-Ag-Mo-Cu-叶蜡石-明矾石成矿亚带（Ⅲ-80-①）的柘荣英山 Ag-Pb-Zn 矿集区（Ⅲ-80-①-1）（K_1）主要由政和-锦屏 Au 多金属矿集中区（Mz-1-3-6）和柘荣英山 Ag 多金属矿集中区（Mz-1-3-7）组成，其矿床式为英山式银矿。

需要说明的是：与燕山早期花岗岩类有关的 W、Sn、Mo 矿床成矿亚系列（Mz-1-1）行洛坑式钨矿，主要分布在闽侯广坪钨矿（小型矿床），本次未圈矿田；Q-3 风化壳型高岭土矿成矿系列同安及龙海等地高岭土矿本次未进行矿田划分。

2. 矿田、矿床式的划分

本次对矿田、矿床式的成矿规律均进行了研究。该区主要矿床式有 12 个，即水吉式沉积-变质岩型铅锌矿、双旗山式变质碎屑岩中热液型金矿、马坑式矽卡岩型铁矿、大排式矽卡岩型铅锌矿、上京式煤矿、行洛坑式斑岩型钨钼矿、英山式陆相火山-次火山岩型银矿、钟腾式斑岩型铜钼矿、寿山式陆相火山岩型叶蜡石矿、赤路式斑岩型钼矿、西朝式岩浆-热液型钼矿、长基式基性—超基性铜镍硫化物型镍矿。

浙闽粤沿海 Pb-Zn-Cu-Au-Ag-W-Sn-叶蜡石-明矾石-萤石成矿带（Ⅲ-80）的两个成矿亚带，可进一步划分为 10 个矿集区，即相当于矿田的一级成矿单元。2 个成矿亚带的矿田作进一步划分，其特征见表 9-7。

浙东-华安 Au-Pb-Zn-Ag-Mo-Cu-叶蜡石-明矾石成矿亚带（Ⅲ-80-①）共 7 个矿田（矿集区）：柘荣英山 Ag-Pb-Zn 矿集区（Ⅲ-80-①-1）（K_1）、福安赤路 Cu-Mo-Pb-Zn-Ag 矿集区（Ⅲ-80-①-2）（K_1）、建阳-古田 Mo 矿集区（Ⅲ-80-①-3）（K_1）、尤溪峰岩 Pb-Zn 多金属矿集区（Ⅲ-80-①-4）（Pt、J_3）、德化邱村-双旗山 Au 矿集区（Ⅲ-80-①-5）（加里东期、K_1）、德山阳山-漳平洛阳 Fe-Mo-Pb-Zn 矿集区（Ⅲ-80-①-6）（C—P、J）、平和县钟腾-云霄 Mo-Pb-Zn-Sn 矿集区（Ⅲ-80-①-7）（J—K）。

福鼎-云霄 Ag-Cu-W-Mo-Sn-Pb-Zn-明矾石-叶蜡石成矿亚带（Ⅲ-80-②）共划分为 3 个矿田（矿集区）：福州寿山-福清东仔叶蜡石矿集区（Ⅲ-80-②-1）（K_1）、泉州市大林山 Mo-Pb-Zn 矿集区（Ⅲ-80-②-3）（K_1）、福清下溪底-莆田长基 Ag-Ni 矿集区（Ⅲ-80-②-2）（K_1）。

（四）区域成矿模式与成矿谱系

1. 区域成矿模式

按照福建省不同时代地质构造特点，结合板块演化的地球动力学背景及中国构造演化阶段划分方案，将其演化过程划分为 4 个构造发展阶段：①古元古代原始陆壳形成阶段；②新元古代—早古生代古陆裂解与聚合阶段；③晚古生代陆表海发展、陆内造山阶段；④中新生代陆内盆地、裂谷阶段。与成矿关系较密切的为新元古代—早古生代、晚古生代及中新生代 3 个构造发展阶段。本成矿带的成矿与各时

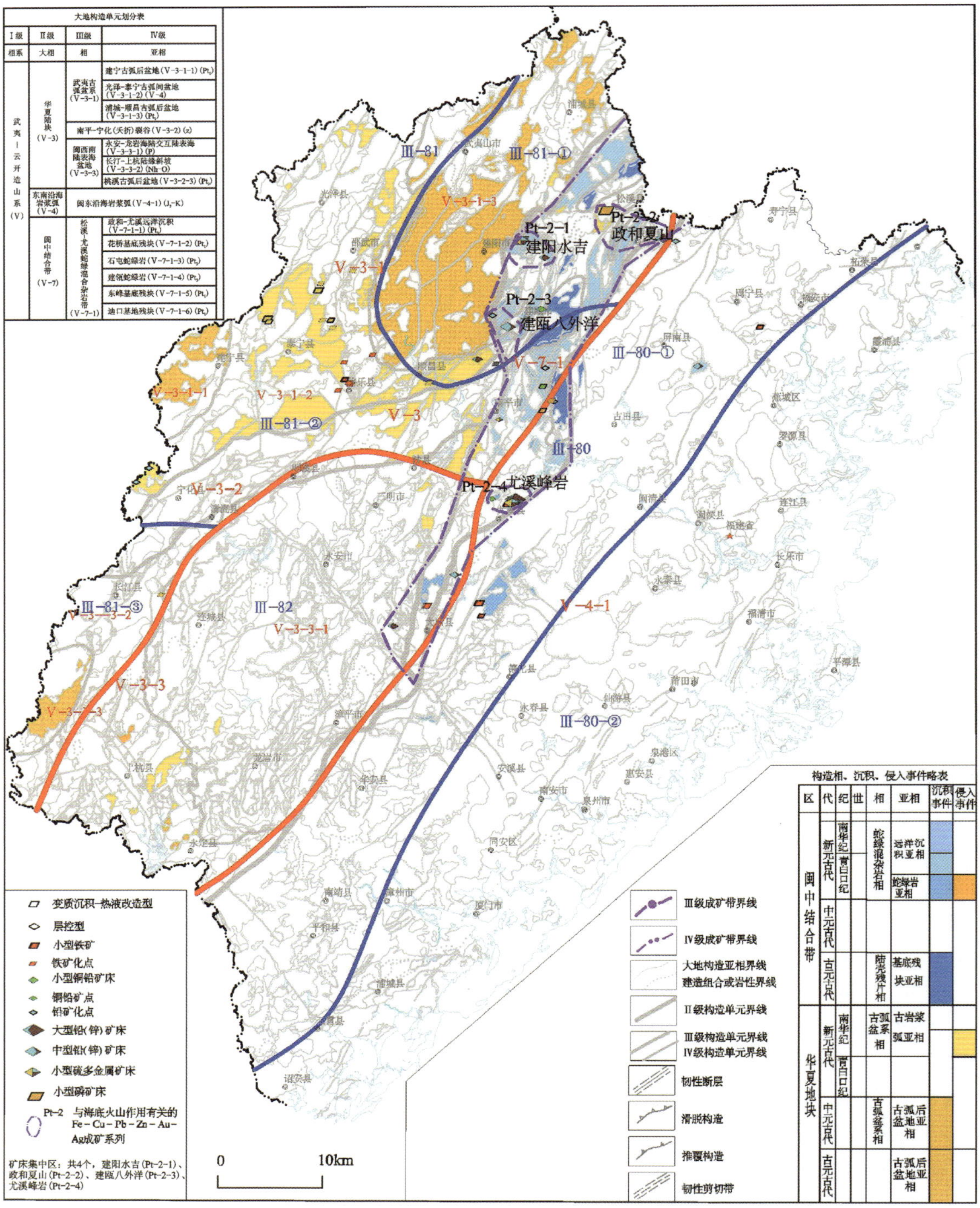

图 9-4　元古宙(金属矿)矿床及成矿系列分布略图

Ⅲ-80. 浙闽粤沿海 Pb-Zn-Cu-Au-Ag-W-Sn-叶蜡石-明矾石-萤石成矿带；Ⅲ-80-①. 浙东-华安 Au-Pb-Zn-Ag-Mo-Cu-叶蜡石-明矾石成矿亚带；Ⅲ-80-②. 福鼎-云霄 Ag-Cu-W-Mo-Sn-Pb-Zn-明矾石-叶蜡石成矿亚带；Ⅲ-81. 浙中-武夷隆起 W-Sn-Mo-Au-Ag-Pb-Zn-Nb-Ta-萤石成矿带；Ⅲ-81-①. 遂昌-建阳 Cu-Mo-Pb-Zn-Ag-萤石-叶蜡石-地开石成矿亚带；Ⅲ-81-②. 武夷隆起 W-Sn-Pb-Zn-Nb-Ta-Cu-Au-Ag-锂辉石成矿亚带；Ⅲ-81-③. 南武夷 Mn-Sn-Cu-Au-Ag-Pb-Zn-稀土成矿亚带；Ⅲ-82. 永安-梅州-惠阳(坳陷)Fe-Pb-Zn-Cu-Au-Ag-Sb 成矿带

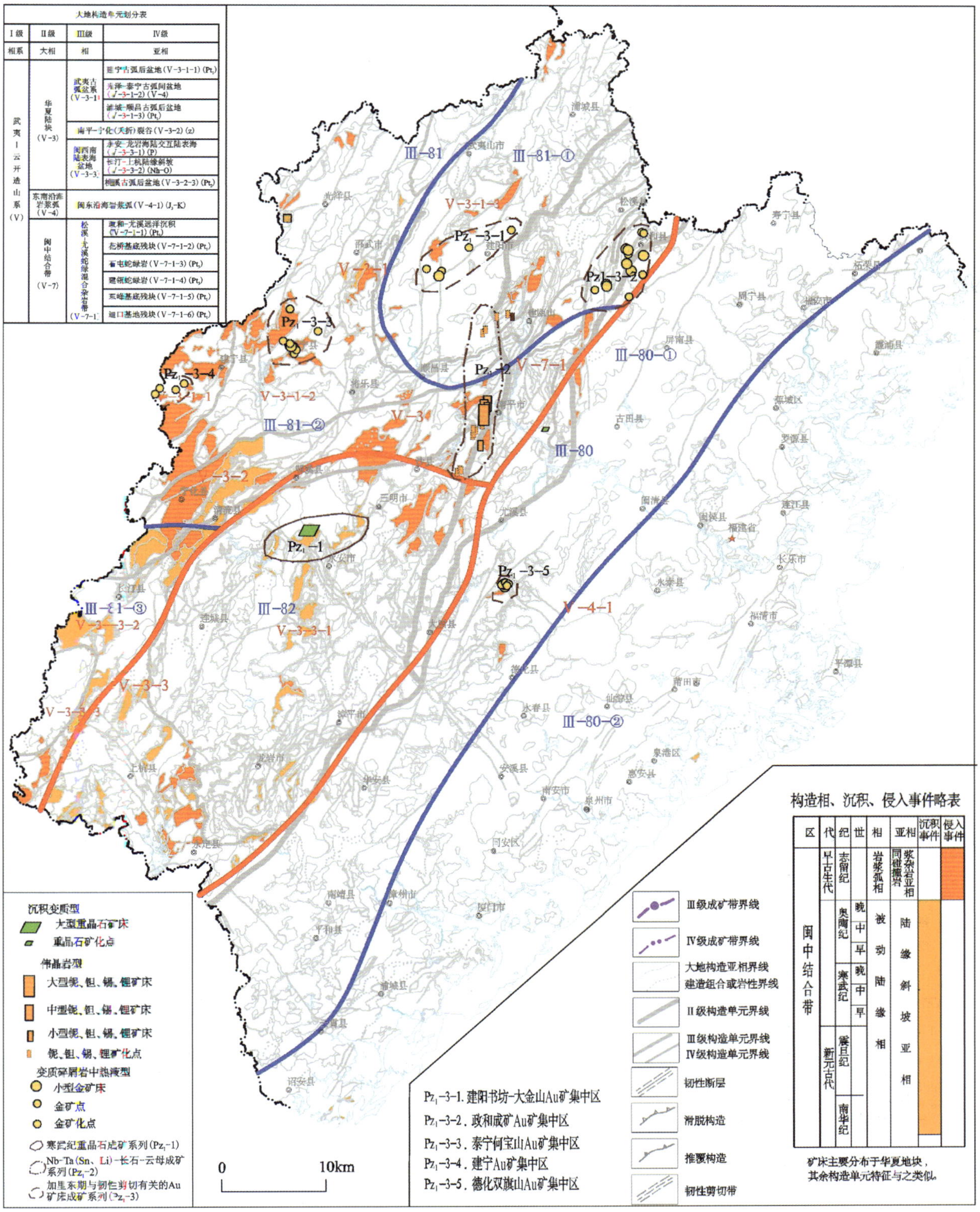

图 9-5　早古生代矿床及成矿系列分布略图

Ⅲ-80. 浙闽粤沿海 Pb-Zn-Cu-Au-Ag-W-Sn -叶蜡石-明矾石-萤石成矿带；Ⅲ-80-①. 浙东-华安 Au-Pb-Zn-Ag-Mo-Cu -叶蜡石-明矾石成矿亚带；Ⅲ-80-②. 福鼎-云霄 Ag-Cu-W-Mo-Sn-Pb -Zn -明矾石-叶蜡石成矿亚带；Ⅲ-81. 浙中-武夷隆起 W-Sn-Mo-Au-Ag-Pb-Zn-Nb-Ta -萤石成矿带；Ⅲ-81-①. 遂昌-建阳 Cu-Mo-Pb-Zn-Ag -萤石-叶蜡石-地开石成矿亚带；Ⅲ-81-②. 武夷隆起 W-Sn-Pb-Zn-Nb-Ta-Cu-Au-Ag -锂辉石成矿亚带；Ⅲ-81-③. 南武夷 Mn-Sn-Cu-Au-Ag-Pb-Zn -稀土成矿亚带；Ⅲ-82. 永安-梅州-惠阳(坳陷)Fe-Pb-Zn-Cu-Au-Ag-Sb 成矿带

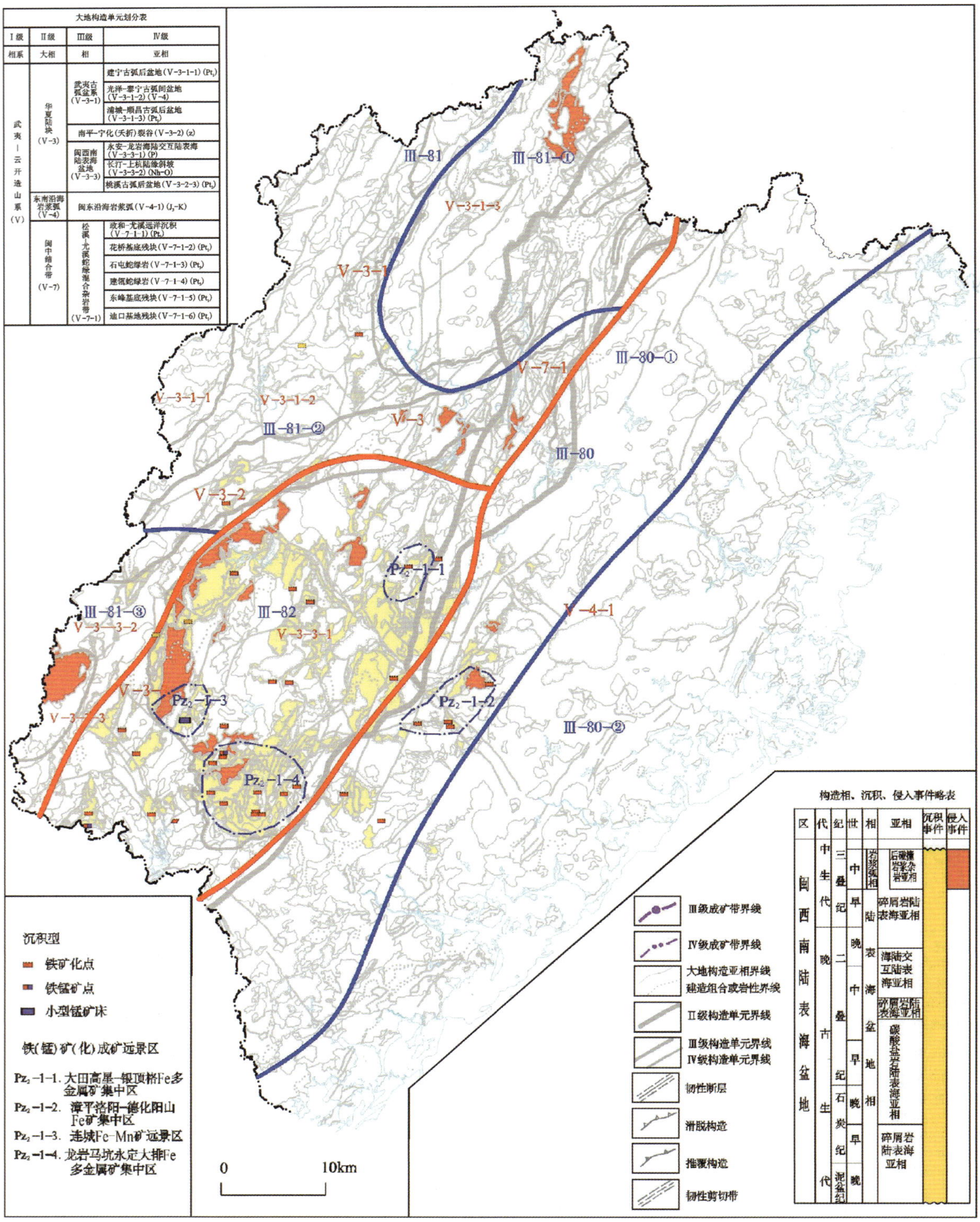

图 9-6　晚古生代(金属矿)矿床及成矿系列分布略图

Ⅲ-80. 浙闽粤沿海 Pb-Zn-Cu-Au-Ag-W-Sn -叶蜡石-明矾石-萤石成矿带；Ⅲ-80-①. 浙东-华安 Au-Pb-Zn-Ag-Mo-Cu -叶蜡石-明矾石成矿亚带；Ⅲ-80-②. 福鼎-云霄 Ag-Cu-W-Mo-Sn-Pb -Zn -明矾石-叶蜡石成矿亚带；Ⅲ-81. 浙中-武夷隆起 W-Sn-Mo-Au-Ag-Pb-Zn-Nb-Ta -萤石成矿带；Ⅲ-81-①. 遂昌-建阳 Cu-Mo-Pb-Zn-Ag -萤石-叶蜡石-地开石成矿亚带；Ⅲ-81-②. 武夷隆起 W-Sn-Pb-Zn-Nb-Ta-Cu-Au-Ag -锂辉石成矿亚带；Ⅲ-81-③. 南武夷 Mn-Sn-Cu-Au-Ag-Pb-Zn -稀土成矿亚带；Ⅲ-82. 永安-梅州-惠阳(坳陷)Fe-Pb-Zn-Cu-Au-Ag-Sb 成矿带

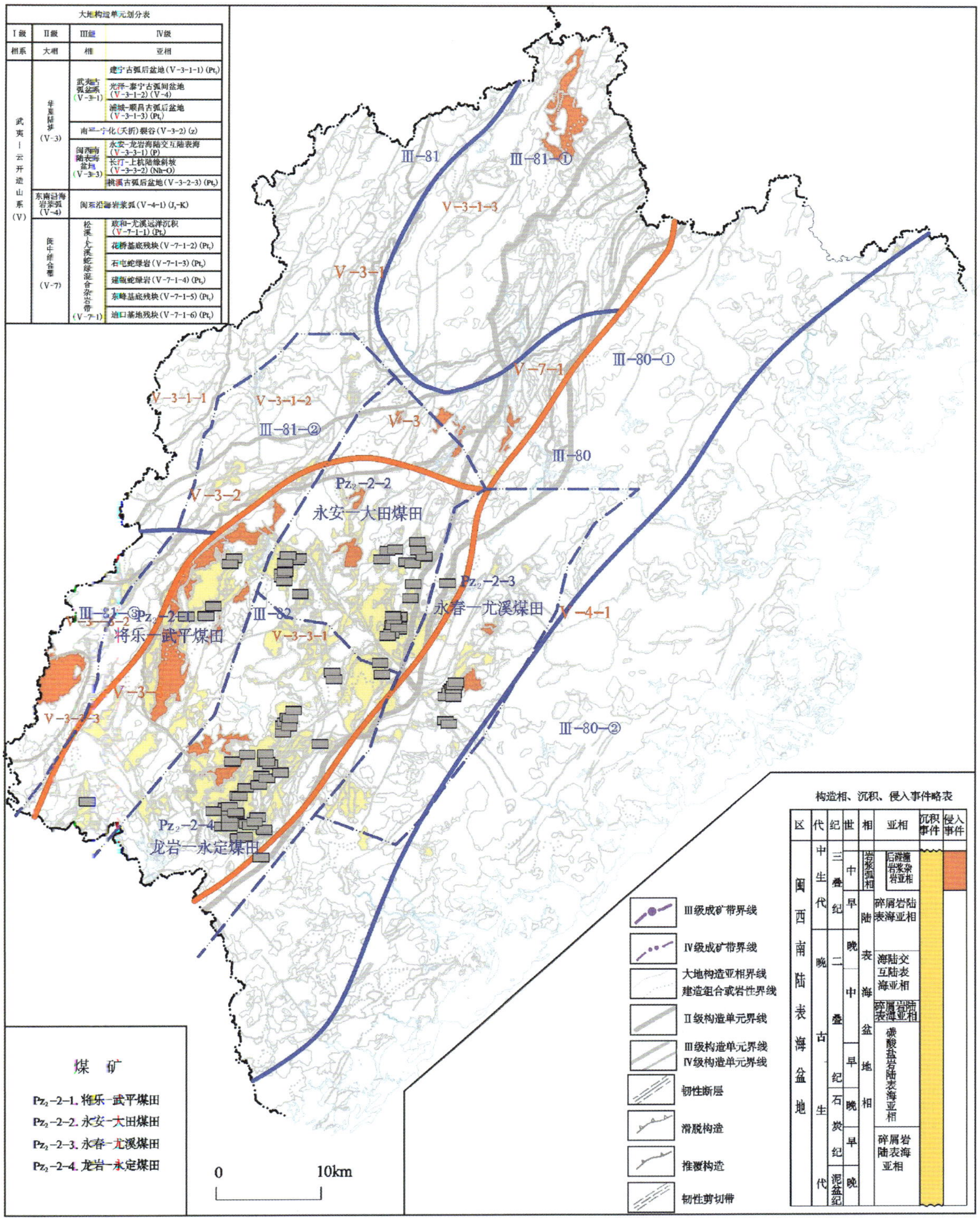

图 9-7　晚古生代(煤矿)矿床及成矿系列分布略图

Ⅲ-80. 浙闽粤沿海 Pb-Zn-Cu-Au-Ag-W-Sn -叶蜡石-明矾石-萤石成矿带；Ⅲ-80-①. 浙东-华安 Au-Pb-Zn-Ag-Mo-Cu -叶蜡石-明矾石成矿亚带；Ⅲ-80-②. 福鼎-云霄 Ag-Cu-W-Mo-Sn-Pb -Zn -明矾石-叶蜡石成矿亚带；Ⅲ-81. 浙中-武夷隆起 W-Sn-Mo-Au-Ag-Pb-Zn-Nb-Ta -萤石成矿带；Ⅲ-81-①. 遂昌-建阳 Cu-Mo-Pb-Zn-Ag -萤石-叶蜡石-地开石成矿亚带；Ⅲ-81-②. 武夷隆起 W-Sn-Pb-Zn-Nb-Ta-Cu-Au-Ag -锂辉石成矿亚带；Ⅲ-81-③南武夷 Mn-Sn-Cu-Au-Ag-Pb-Zn -稀土成矿亚带；Ⅲ-82. 永安-梅州-惠阳(坳陷)Fe-Pb-Zn-Cu-Au-Ag-Sb 成矿带

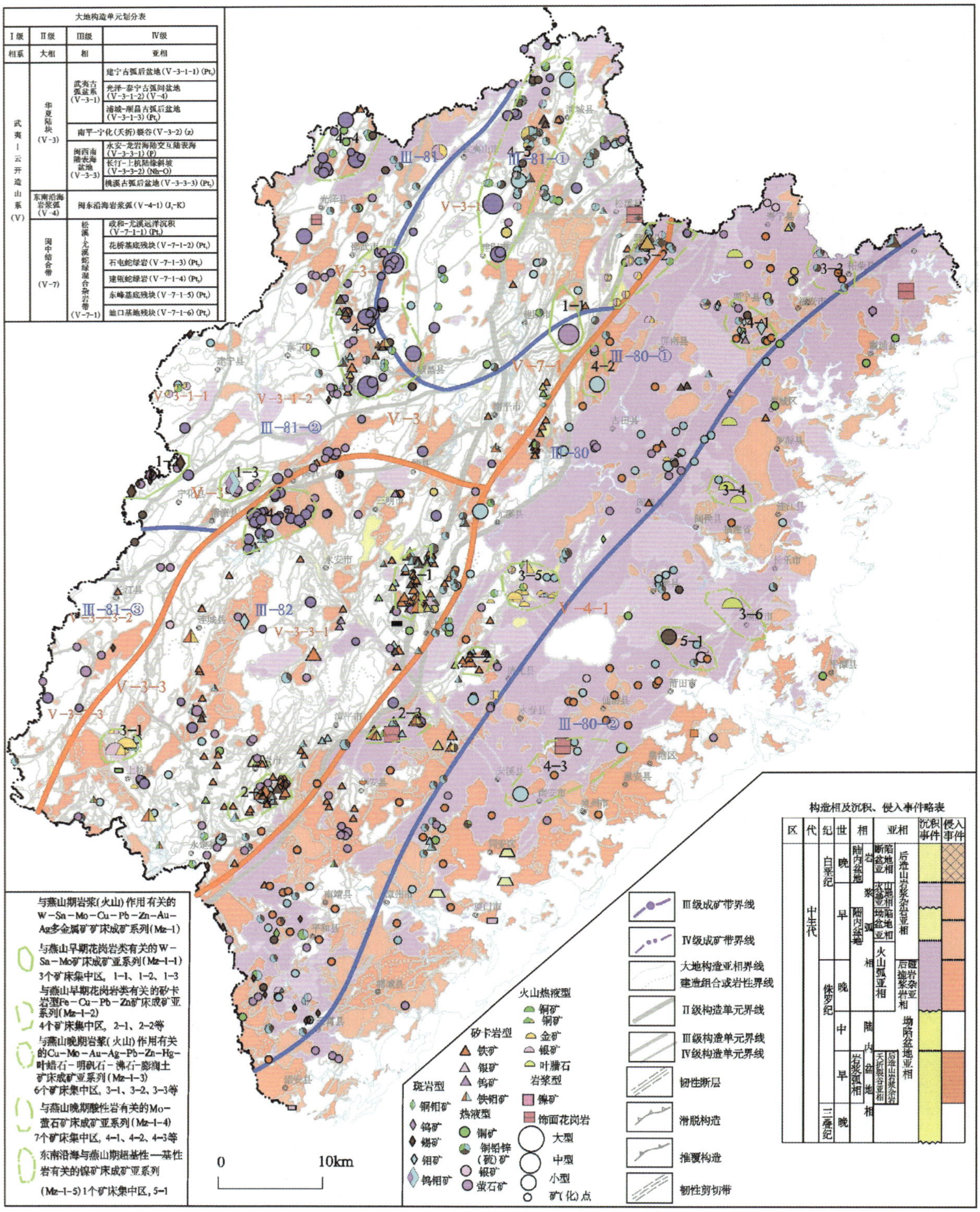

图 9-8　中生代矿床及成矿系列分布略图

1-1. 建瓯上房 W 矿集中区；1-2. 宁化石壁 Sn 矿集中区；1-3. 宁化行洛坑 W-Mo 矿集中区；2-1. 大田高星-银顶格 Fe 多金属矿集中区；2-2. 德化阳山 Fe 多金属矿集中区；2-3. 漳平洛阳-安溪潘田 Fe-Mo 矿集中区；2-4. 龙岩马坑-永定大排 Fe 多金属集中区；3-1. 光泽司前萤石矿集中区；3-2. 武夷山上西坑-回潭钼-萤石矿集中区；3-3. 邵武南山下-将乐常口萤石矿集中区；4-1. 政和-锦屏 Au 多金属矿集中区；4-2. 柘荣英山 Ag 多金属矿集中区；4-3. 福安赤路 Mo 矿集中区；4-4. 古田西朝 Mo 矿集中区；4-5. 福州寿山叶蜡石矿集中区；4-6. 德化邱村 Au 矿集中区；4-7. 福清东仔叶蜡石矿集中区；5-1. 莆田银坑 Ag 多金属矿集中区。Ⅲ-80. 浙闽粤沿海 Pb-Zn-Cu-Au-Ag-W-Sn-叶蜡石-明矾石-萤石成矿带；Ⅲ-80-①. 浙东-华安 Au-Pb-Zn-Ag-Mo-Cu-叶蜡石-明矾石成矿亚带；Ⅲ-80-②. 福鼎-云霄 Ag-Cu-W-Mo-Sn-Pb-Zn-明矾石-叶蜡石成矿亚带；Ⅲ-81. 浙中-武夷隆起 W-Sn-Mo-Au-Ag-Pb-Zn-Nb-Ta-萤石成矿带；Ⅲ-81-①. 遂昌-建阳 Cu-Mo-Pb-Zn-Ag-萤石-叶蜡石-地开石成矿亚带；Ⅲ-81-②. 武夷隆起 W-Sn-Pb-Zn-Nb-Ta-Cu-Au-Ag-锂辉石成矿亚带；Ⅲ-81-③. 南武夷 Mn-Sn-Cu-Au-Ag-Pb-Zn-稀土成矿亚带；Ⅲ-82. 永安-梅州-惠阳(坳陷)Fe-Pb-Zn-Cu-Au-Ag-Sb 成矿带

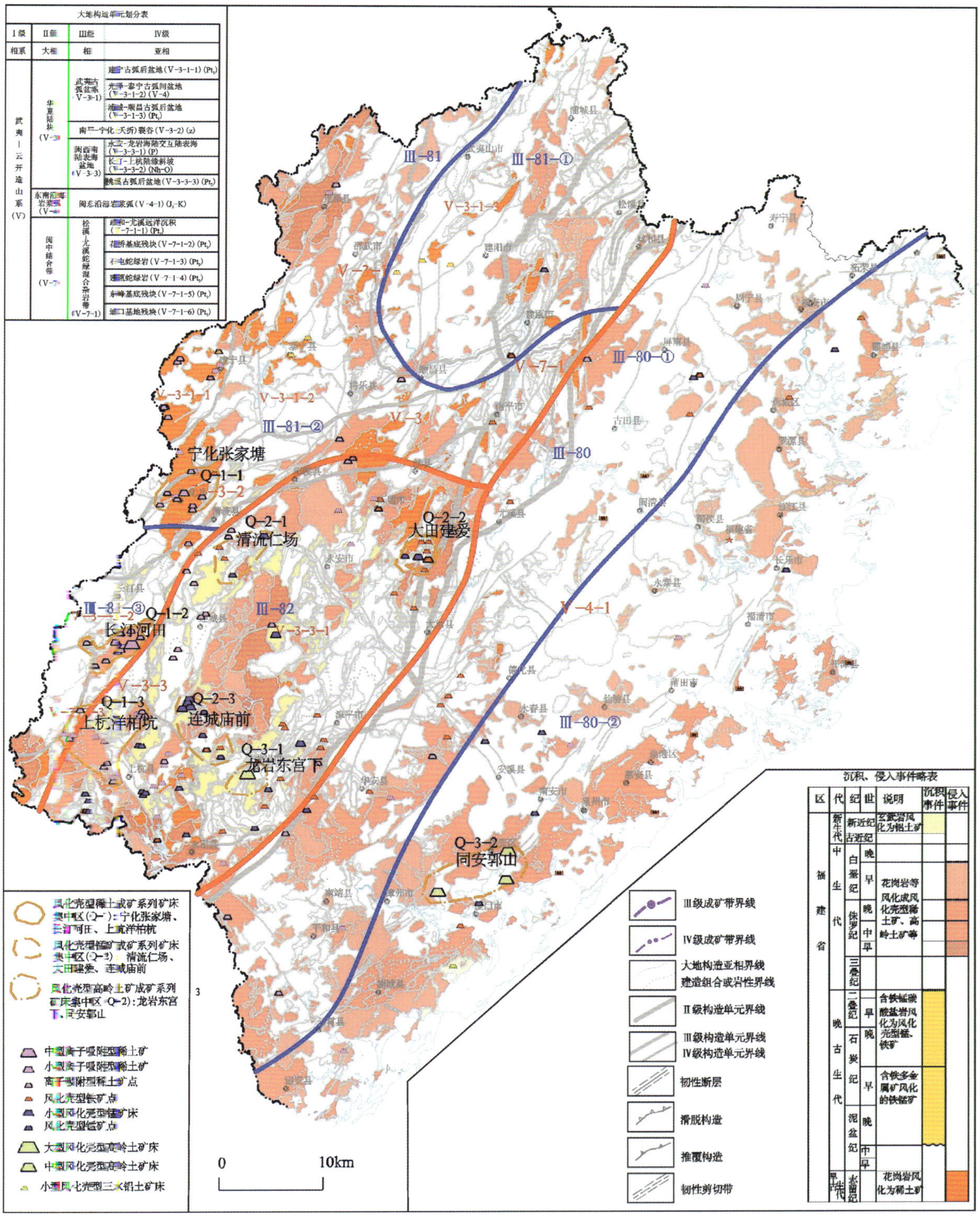

图 9-9　第四纪与风化有关的矿床及矿床成矿系列分布略图

Ⅲ-30 浙闽粤沿海 Pb-Zn-Cu-Au-Ag-W-Sn -叶蜡石-明矾石-萤石成矿带；Ⅲ-80-①. 浙东-华安 Au-Pb-Zn-Ag-Mo-Cu -叶蜡石-明矾石成矿亚带；Ⅲ-80-②. 福鼎-云霄 Ag-Cu-W-Mo-Sn-Pb -Zn -明矾石-叶蜡石成矿亚带；Ⅲ-81. 浙中-武夷隆起 W-Sn-Mo-Au-Ag-Pb-Zn-Nb-Ta -萤石成矿带；Ⅲ-81-①. 遂昌-建阳 Cu-Mo-Pb-Zn-Ag -萤石-叶蜡石-地开石成矿亚带；Ⅲ-81-②. 武夷隆起 W-Sn-Pb-Zn-Nb-Ta-Cu-Au-Ag -锂辉石成矿亚带；Ⅲ-81-③. 南武夷 Mn-Sn-Cu-Au-Ag-Pb-Zn -稀土成矿亚带；Ⅲ-82. 永安-梅州-惠阳（坳陷）Fe-Pb-Zn-Cu-Au-Ag-Sb 成矿带

代均有关系，但主要的或主导的成矿作用为晚三叠世—白垩纪(图 9-10)。太古宙—古元古代为古陆形成初期，本成矿带没有出现重要矿产。中元古代—新元古代早期为闽中洋扩张与闭合阶段，形成峰岩式沉积-变质型铅、锌、银多金属矿床雏形，主要在屏南黛溪、尤溪丁家山等。南华纪—志留纪在本区没有明显成矿现象。晚泥盆世—中三叠世为闽西南陆表海的形成阶段，主要矿产与之关系密切，本区的矿产均为其向东延伸部分，而闽西南陆表海的主体为永安-梅州-惠阳(坳陷)Fe-Pb-Zn-Cu-Au-Ag-Sb 成矿带(Ⅲ-82)(Ym)，故其成矿模型在永安-梅州-惠阳(坳陷)Fe-Pb-Zn-Cu-Au-Ag-Sb 成矿带(Ⅲ-82)(Ym)的成矿模型中加以讨论。下面对发生于晚三叠世—白垩纪和古近纪—第四纪的成矿过程进行简略介绍。

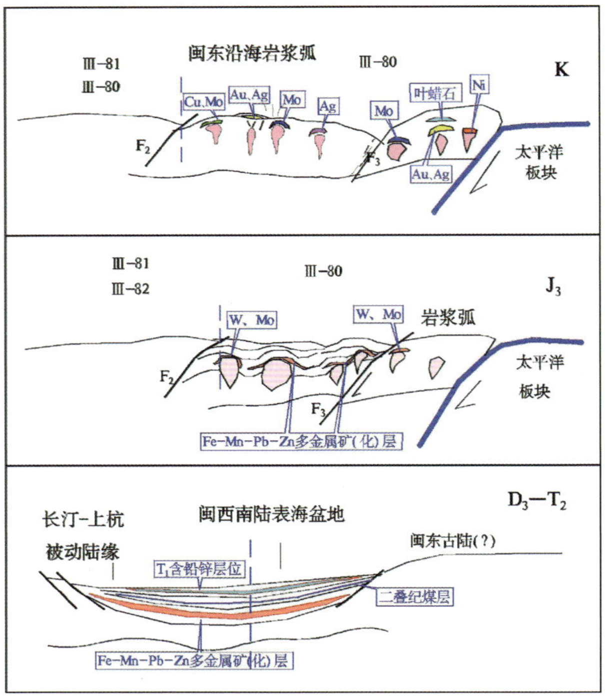

图 9-10　浙闽粤沿海 Pb-Zn-Cu-Au-Ag-W-Sn-Nb-TA -叶蜡石-明矾石-萤石成矿带(Ⅲ-80)成矿模式图

成矿模式说明：D_3—T_2. 闽西南陆表海发育，形成海陆交互含煤碎屑岩-陆表海碎屑岩-碳酸盐岩组合、C—P 铁铜多金属矿化、P 煤层、T_1 铅锌多金属矿(化)；J_3. 太平洋板块向欧亚板块俯冲，酸性岩浆作用，主要为花岗岩侵入，形成与斑岩型或岩浆热液型钨钼矿，当岩体与 C—P 铁铜多金属矿化及 T_1 的铅锌矿接触时，形成矽卡岩型矿床，花岗岩带来的钨钼矿质可形成斑岩型或热液型矿床；K. 太平洋板块向欧亚板块俯冲，白垩纪本区为造山后伸展构造作用，形成以中酸性岩浆作用有关的铜钼多金属矿或陆相火山岩型铜钼矿及叶蜡石矿等，与酸性岩浆侵入有关的钼矿或萤石矿、与超基性—基性岩有关的镍矿。

F_2. 政和-大埔断裂；F_3. 福安-南靖断裂。Ⅲ-80. 浙闽粤沿海 Pb-Zn-Cu-Au-Ag-W-Sn-Nb-Ta -叶蜡石-明矾石-萤石成矿带；Ⅲ-81. 浙中-武夷隆起 W-Sn-Mo-Au-Ag-Pb-Zn-Nb-Ta -叶蜡石-萤石成矿带；Ⅲ-82. 永安-梅州-惠阳(坳陷)Fe-Pb-Zn-Cu-Au-Ag-Sb 成矿带

(1)晚三叠世—白垩纪。印支运动后，福建省全境隆升，受太平洋板块向欧亚大陆板块俯冲及欧亚大陆板块向南东挤压活动的影响，构造格局发生改变，产生北东向断裂体系和北西、北东东断陷盆地，并以强烈的断褶作用及大规模的中酸性—酸性岩浆强烈、频繁的喷发与侵入为主要表现方式。太平洋板块俯冲于被动陆缘之下，由于受到强烈挤压与地幔物质的上涌作用，在本成矿带发现强烈的火山喷发作用，其中福安-南靖断裂带为地壳断块的界线，东部地壳向下俯冲形成了福安-南靖成矿作用，构造地质作用大致可分为晚侏罗世与早白垩世。晚侏罗世的构造压缩作用导致深部的壳或壳幔混合质岩浆广泛活动，并在闽侯广坪等地出现了钨、钼矿成矿作用；早白垩世的构造环境相对呈张性，本成矿带的深部出现热事件，表现为壳幔混合质岩浆活动强烈，以深部带上来大量成矿物质为特征，形成了与中酸性岩浆-火山作用有关的铜、钼、金、银及叶蜡石矿床和与酸性岩浆侵入有关的钼(铍)、萤石等矿床；早白垩世晚

期(至晚白垩世早期)的超基性—基性岩浆作用还形成了相应类型的镍矿床。

(2)古近纪—第四纪。新生代福建省全境基本处于整体隆升、剥蚀夷平状态,并以断块差异隆升为特色。仅在东南沿海的漳浦、闽清等地出现小规模基性火山喷发,属裂谷环境的拉斑玄武岩建造。拉斑玄武岩经风化作用可形成铝土矿。

2. 区域成矿谱系

福建省可分为3个Ⅲ级成矿带,6个Ⅳ级成矿亚带,就空间上的分布规律具以下特点。

(1)成矿系列、亚系列的矿床成矿作用决定了各种矿床的分布:①与海底火山作用有关的Fe-Cu-Pb-Zn-Au-Ag成矿系列(Pt-2)矿床(沉积-变质型铜、铅、锌矿)主要分布于闽中结合带(Ⅴ-7),本成矿区带的北东部有所涉及;②加里东期与韧性剪切有关的金矿床成矿系列(Pz_1-3)的矿床分布于闽中结合带(Ⅴ-7),本成矿亚带的北西部少量涉及;③海西期—印支期与火山-沉积有关的Fe-Mn-Pb-Zn-Cu-S及煤、灰岩成矿系列(Pz_2-1)的矿床主要分布于永安-龙岩海陆交互陆表海盆地(Ⅴ-3-3-1)(D_3—T_2),本成矿区带的西南部涉及;④与燕山期岩浆(火山)作用有关的W-Sn-Mo-Cu-Pb-Zn-Au-Ag多金属矿成矿系列(Mz-1)的矿床分布最为广泛,遍布本区,其中与超基性—基性岩有关的镍矿仅见于本区的莆田长基;⑤与第四纪风化有关的高岭土矿床受原岩花岗岩等控制。

(2)多期次形成的矿床有铜、铅、锌、银、硫等,成矿分为3期:①闽中结合带(Ⅴ-7)加里东期出现变质改造;②海西期在永安-龙岩海陆交互陆表海盆地(Ⅴ-3-3-1)(D_3—T_2)出现海相沉积(可能有海底火山成矿作用);③燕山早期对海西期地层进行改造,形成矽卡岩型矿床,燕山晚期中酸性岩浆(火山)作用也形成(陆相火山岩型、热液型等)铜、铅、锌、银矿床。

(3)金矿床成矿分为两期:①加里东期(志留纪)变质作用形成变质碎屑岩中热液型金矿,本区的北西部涉及;②燕山晚期中酸性岩浆(火山)作用形成陆相火山岩型金矿见于德化安村等。

(4)钨、锡、钼矿床基本形成于燕山期,钨钼矿见于闽侯广坪等地,宁德九曲岭也有分布。

(5)煤矿、灰岩等均产于海西期,主要为永安-龙岩海陆交互陆表海盆地(Ⅴ-3-3-1)(D_3—T_2)内,本成矿带的南西也有分布。

(五)区域内成矿时空演化规律及其壳幔作用对成矿的控制作用

1. 区域内成矿时空演化规律

浙闽粤沿海Pb-Zn-Cu-Au-Ag-W-Sn-叶蜡石-明矾石-萤石成矿带(Ⅲ-80)的时空演化规律,主要从成矿的时代和空间展布两个方面进行总结。

(1)成矿时代。浙闽粤沿海Pb-Zn-Cu-Au-Ag-W-Sn-叶蜡石-明矾石-萤石成矿带(Ⅲ-80)在新元古代、晚古生代、中生代、新生代均有表现。

新元古代、晚古生代为非主要成矿时代,是华夏地块的成矿作用对它西北边缘的反映,具有鲜明的华夏地块成矿作用特点。新元古代成矿主要为铜、铅、锌、银等,是古闽中洋形成与演化过程的产物,主要反映海底火山作用的成矿过程。晚古生代的矿床分布于本成矿带与闽西南陆表海的邻近部位,成矿过程反映了闽西南陆表海的特征,石炭纪至二叠纪铁、铜、铅、锌、硫多金属矿分布于德化阳山、安溪潘田、漳平洛阳等,二叠纪煤矿分布于永春天湖山等。

中生代成矿作用十分强烈,反映了本成矿带的成矿作用特征:①中三叠世至中侏罗世本成矿带为挤压状态,主要形成北北东向条带状山间盆地,未见有重要矿床。②晚侏罗世本成矿带北西部的花岗岩侵入活动十分强烈,成矿作用表现为将石炭纪至二叠纪铁、铜、铅、锌矿质改造为矽卡岩型矿床,同时花岗岩也带来钨钼等成矿物质,并单独形成矿床,如闽侯广坪钨矿等。③早白垩世成矿作用最为复杂多样,重要的大致可分为3次。第一次为早白垩世早期,福建省发生了一次中酸性岩浆(火山)作用的成矿过程,形成以紫金山铜金矿为代表的一系列矿床,本区也形成了钟腾铜钼矿、柘荣英山银矿等矿床;第二次为早白垩世中晚期，以花岗岩的侵入成矿作用为特征，形成了福安赤路、古田西朝等大中型斑岩型或岩浆-热液型钼矿床；第三次为早白垩世晚期（晚白垩世早期）张性构造环境下形成的（超）基性—中酸性—碱性岩浆作用，形成以莆田长基镍矿为特征的岩浆岩型矿床。

新生代地质作用总体趋缓，沿海（漳浦等地）发育有拉斑玄武岩，成矿作用较弱，主要为拉斑玄武岩风化形成铝土矿，但分布有限。

（2）成矿空间分布。本成矿带的成矿作用分布存在空间分带特征，北西带为政和-大浦断裂带附近，受闽西南陆表海成矿作用的影响，分布有晚古生代与沉积（改造）有关的矿床，主要是煤、灰岩及与沉积有关的矽卡岩型铁、铜、铅、锌多金属矿；中生代矿产是优势矿产，主要有与火山岩有关的金矿（政和、德化双旗山）、钼矿及叶蜡石矿等。

2. 壳幔作用对成矿的控制作用

本成矿带是中生代太平洋板块与欧亚板块碰撞的结果，各种地质作用与成矿作用均反映了壳幔的作用过程。自中生代以来，本成矿带经历的主要壳幔作用有中三叠世—中侏罗世、晚侏罗世—白垩纪和新生代3个阶段。

（1）中三叠世—中侏罗世：太平洋板块向欧亚板块俯冲的初级阶段，对闽东岩浆弧的形成作用也是初始的。俯冲对壳幔的作用表现不明显，未见有岩体侵入，也没有发现重要矿床分布。在地壳受挤压过程中，地表形成一系列陆相盆地，并形成陆相碎屑岩相。

（2）晚侏罗世—白垩纪：主要岩浆活动阶段，地壳与地幔作用十分强烈，以地幔物质大量参与并与地壳物质融合共同产生岩浆作用为特点。地壳由于受到板块的强烈扰动而发生了断裂等构造活动，深部地幔物质流沿构造薄弱带上涌，与地壳物质融合形成中酸性岩浆，地壳内部的物质由于受热而发生熔融形成酸性岩浆，各类不同的岩浆沿构造薄弱带（断裂等）向上运动，形成了岩浆侵入与火山作用。矿质随着岩浆向上运移，并以适当的方式在适当的构造部位定位成为矿床。矿质主要有铜、铅、锌、金、银、钨、钼等，晚侏罗世主要为钨钼（锡），早白垩世有铜、铅、锌、金、银、钼、铍及镍等。

（3）新生代：构造运动主要与菲律宾板块的运动与挤压有关，即由于太平洋板块受到了挤压而向西移动，挤压了本区所在的板块。由于构造运动的不均匀特点，在构造薄弱带主要为断裂构造带，深部的幔源物质向上运动，部分达到地表形成了拉斑玄武岩等，但未发现有重要矿产。

三、浙中-武夷隆起 W-Sn-Mo-Au-Ag-Pb-Zn-Nb-Ta -萤石成矿带（Ⅲ-81）

浙中-武夷隆起 W-Sn-Mo-Au-Ag-Pb-Zn-Nb-Ta -萤石成矿带（Ⅲ-81）位于福建省西北部及西部地区，北邻浙江省，西邻江西省，南延至广东省。本成矿区带的成矿地质构造环境在元古宙、早古生代、古元古代、中生代及新生代的演化过程中，形成了种类多样的矿床，其矿床时空分布及控矿因素与成矿地质作用相关，各年代各有特点。本节矿床成矿系列、亚系列、矿田、矿床式的划分是在成矿地质作用的基础上完成的，同时还建立了区域成矿模式、区域成矿谱系。通过对区域内成矿时空演化规律的总结，讨论了壳幔作用或表生作用对其成矿的控制作用。

（一）区域成矿地质构造环境及其演化

浙中-武夷隆起 W-Sn-Mo-Au-Ag-Pb-Zn-Nb-Ta -萤石成矿带（Ⅲ-81）是华夏地块的主体，其区域成矿地质构造环境受大地构造发展阶段控制，可分为4个阶段，即古元古代原始陆壳形成阶段，新元古代—早古生代古陆裂解与聚合阶段，晚古生代陆表海发展、陆内造山阶段和中新生代陆内盆地、裂谷阶段。本区承载着本省主要地质构造环境的主体环境及其演化，也演示着地质作用与成矿的关系。成矿环境变化主要分为5个时期：元古宙、早古生代、晚古生代、中生代及新生代（图9-11、图9-12）。

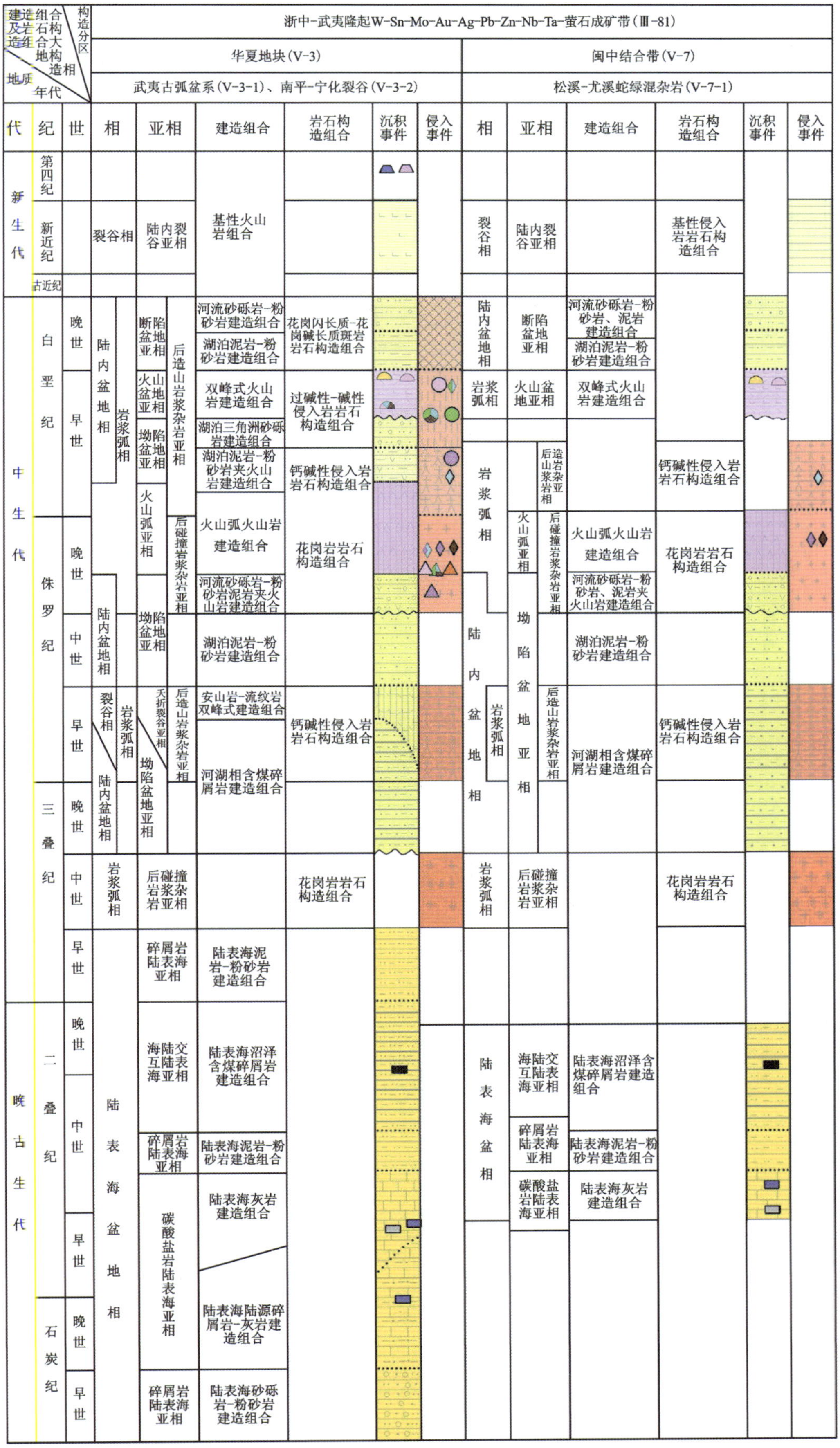

图9-11　浙中-武夷隆起W-Sn-Mo-Au-Ag-Pb-Zn-Nb-Ta-萤石成矿带(Ⅲ-81)成矿环境演化结构图

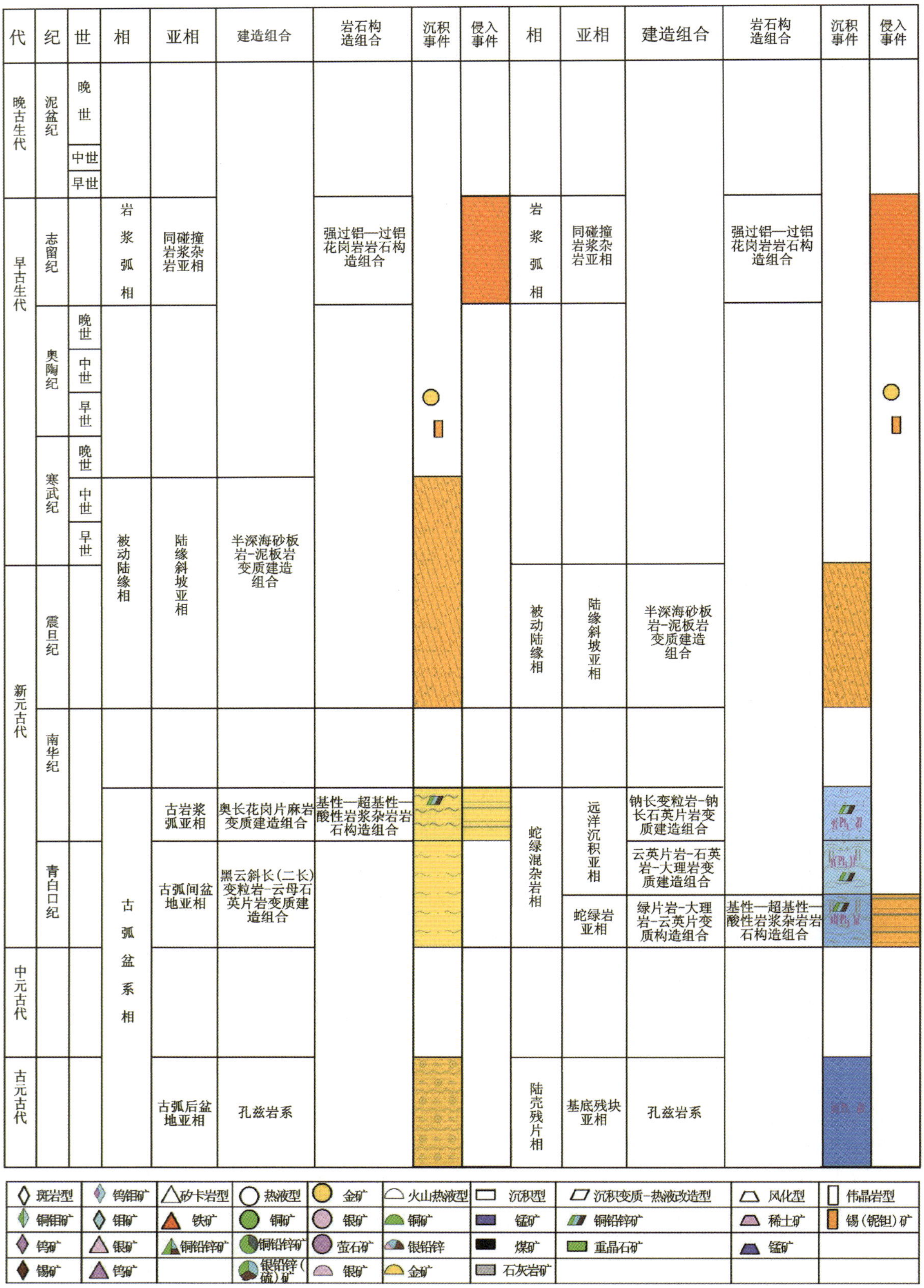

续图 9-11　浙中-武夷隆起 W-Sn-Mo-Au-Ag-Pb-Zn-Nb-Ta-萤石成矿带(Ⅲ-81)成矿环境演化结构图

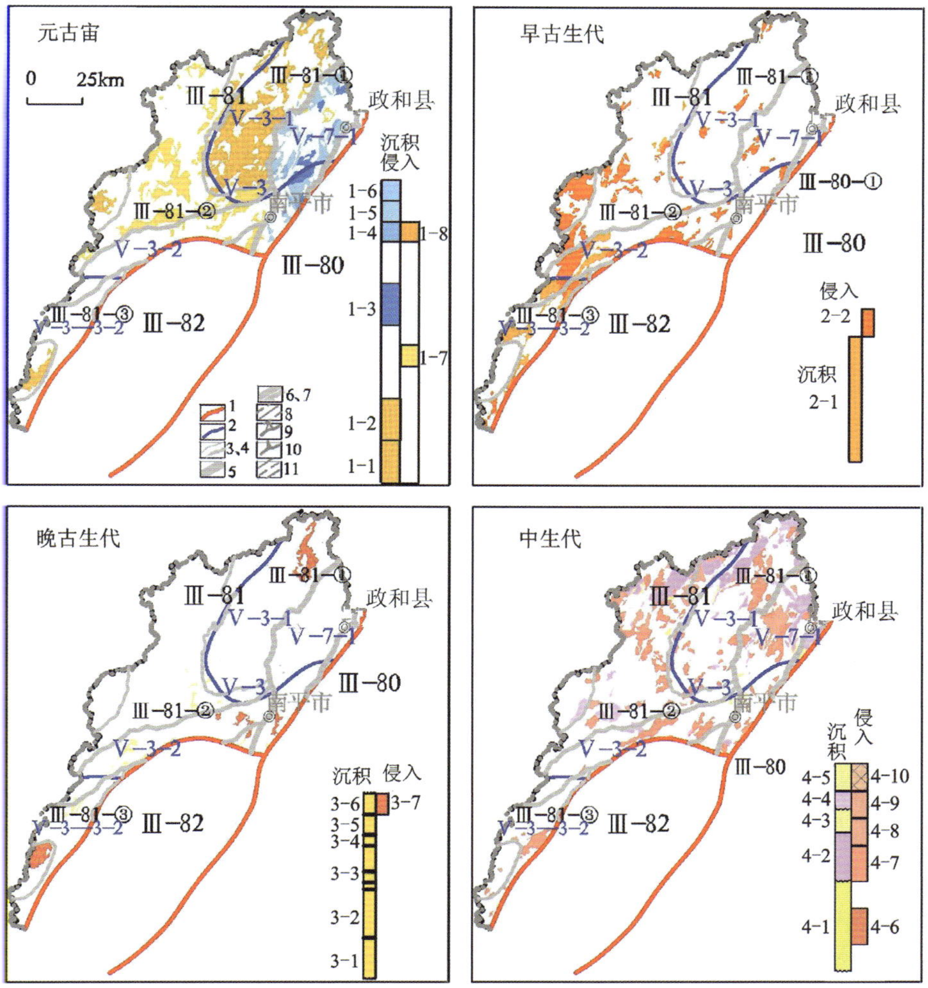

图 9-12　浙中-武夷隆起 W-Sn-Mo-Au-Ag-Pb-Zn-Nb-Ta-萤石成矿带（Ⅲ-81）成矿环境略图

Ⅲ-81. 浙中-武夷隆起 W-Sn-Mo-Au-Ag-Pb-Zn-Nb-Ta-萤石成矿带；Ⅲ-80-①. 浙东-华安 Au-Pb-Zn-Ag-Mo-Cu-叶蜡石-明矾石成矿亚带；Ⅲ-80-②. 福鼎-云霄 Ag-Cu-W-Mo-Sn-Pb-Zn-明矾石-叶蜡石成矿亚带（Ym、Yl^1、H）；Ⅲ-81. 浙中-武夷隆起 W-Sn-Mo-Au-Ag-Pb-Zn-Nb-Ta-萤石成矿带；Ⅲ-81-①. 遂昌-建阳 Cu-Mo-Pb-Zn-Ag -萤石-叶蜡石-地开石成矿亚带；Ⅲ-81-②. 武夷隆起 W-Sn-Pb-Zn-Nb-Ta-Cu-Au-Ag-锂辉石成矿亚带（Ym、Yl^1、H）；Ⅲ-81-③. 南武夷 Mn-Sn-Cu-Au-Ag-Pb-Zn-稀土成矿亚带；Ⅲ-82. 永安-梅州-惠阳（坳陷）Fe-Pb-Zn-Cu-Au-Ag-Sb 成矿带（Ym）。1. Ⅲ级成矿带界线；2. Ⅳ级成矿带界线；3. 大地构造亚相界线；4. 建造组合或岩性界线；5. Ⅱ级构造单元界线；6. Ⅲ级构造单元界线；7. Ⅳ级构造单元界线；8. 韧性断层；9. 滑脱构造；10. 推覆构造；11. 韧性剪切带。Ⅴ-4-1. 闽东沿海岩浆弧；Ⅴ-7-1. 松溪-尤溪蛇绿混杂岩带；Ⅴ-3-3. 闽西南陆表海盆地。1-1. 古元古代古弧后盆地亚相；1-2. 中元古代古弧后盆地亚相；1-3. 古元古代陆壳残片相；1-4. 青白口纪蛇绿岩亚相；1-5. 青白口纪蛇绿混杂岩相远洋沉积亚相；1-6. 南华纪蛇绿混杂岩相远洋沉积亚相；1-7. 南华纪古岩浆弧亚相；1-8. 青白口纪蛇绿岩亚相；2-1. 新元古代—奥陶纪被动陆缘相陆缘斜坡亚相；2-2. 早古生代岩浆弧相与碰撞岩浆杂岩亚相；3-1. 晚泥盆世—早石炭世碎屑岩陆表海亚相；3-2. 晚石炭世—中二叠世碳酸盐岩陆表海亚相；3-3. 中二叠世—晚二叠世碎屑岩陆表海亚相；3-4. 中二叠世—晚二叠世（煤）海陆交互陆表海亚相；3-5. 晚二叠世—早三叠世碎屑岩陆表海亚相；3-6. 三叠纪岩浆弧相后碰撞岩浆杂岩亚相。4-1. 晚三叠世—中侏罗世陆内盆地相；4-2. 晚侏罗世火山弧亚相；4-3. 早白垩世陆内盆地亚相；4-4. 早白垩世火山盆地亚相；4-5. 早白垩世陆内盆地亚相；4-6. 早侏罗世后碰撞岩浆杂岩亚相（花岗闪长岩-花岗岩）；4-7. 晚侏罗世后碰撞岩浆杂岩亚相（酸性侵入岩）；4-8. 早白垩世后造山岩浆杂岩亚相（中酸性—酸性侵入岩）；4-9. 早白垩世后造山岩浆杂岩亚相（辉绿岩-晶洞花岗岩）；4-10. 晚白垩世后造山岩浆杂岩亚相

1. 太古宙—古元古代

古元古界主要分布于闽西北的建瓯、建阳、武夷山、浦城和建宁一带，麻源岩群原岩建造为陆源复理石型，变质岩特征类似孔兹岩系。其物源和沉积环境均指示应有更古老的硅铝质基底和蚀源区存在。大金山岩组、南山岩组、迪口岩组、桃溪岩组即是在这一硅铝质基底上沉积的，是地壳增生期，其沉积环境为陆缘海盆地浅水较稳定的古弧后盆地。其相关的矿产主要为沉积变质型石墨矿和韧性剪切带型金矿。晶质石墨矿产于大金山岩组含石墨变粒岩、含石墨云母片岩中。矿点较多有浦城杉坊、武夷山桃棋、建阳留田际、莒口、塘头、岭根墙等矿产地，其中建阳岭根墙为大型矿床，分两个矿段，东矿段见矿 13 层，长 200～670m，厚 0.4～13.1m，含固定碳 12.4%～2.52%，B+C+D 级储量 1 007×10^4t。

2. 新元古代—早古生代古陆裂解与聚合阶段

(1)新元古代。原始华夏陆块形成之后，经历了中元古代克拉通化的稳定阶段，在 1 100～800Ma 发生裂解，于政和—南平—大埔(广东)一线发生裂陷把华夏古陆块分解成武夷和东南沿海两个东西地块。随着裂陷槽的进一步扩展成洋(闽中洋?)，形成一套马面山岩群的双峰式火山岩及含钙镁硅泥质岩建造组合，而在武夷地块的崇安-宁化弧间裂谷盆地中沉积了一套万全岩群的砂泥质岩-中酸性火山岩建造组合。

在 850～800Ma 新元古代早期发生的晋宁运动，强烈的挤压作用促使华夏陆块与扬子陆块发生陆-陆碰撞，致使武夷地块拼贴于扬子陆块之下，并有古岩浆弧亚相的奥长花岗片麻岩侵入，之后武夷地区进入被动陆缘发展阶段。

主要矿床有铜、铅、锌、银矿，分布于松溪-尤溪的蛇绿混杂岩带由新元古界马面山岩群的绿片岩内。它是沉积变质-热液改造型(铜)铅锌多金属、磷及韧性剪切带型金的重要控矿层位和矿源层。沉积变质-热液改造型块状硫化物多金属矿，主要有建阳水吉、政和夏山、建瓯八外洋、尤溪梅仙、顺昌山后大中型矿床及政和打银坑、建瓯东岩小型矿床(点)，矿体呈似层状、透镜状，位于绿片岩与大理岩(透辉透闪石岩)的结合部位或大理岩中。在松溪洋墩、南平芹山有沉积变质型磷矿小型矿床。

(2)南华纪—奥陶纪。主要有陆缘斜坡亚相的楼子坝组、南岩组、黄连组、林田组、东坑口组、魏坊组、罗峰溪组半深海砂板岩建造组合，志留纪发育同碰撞强过铝—过铝花岗岩组合。

(3)晚古生代。震旦纪时发生的南平-宁化北东东向(夭折)裂谷，致使南北发生差异，闽西南相对坳陷，形成了一套巨厚的复理石建造，闽西北相对隆起，沉积厚度小，且间有微弱的火山活动。于裂谷中形成了一套钙碱系列中酸性火山岩夹砂泥质岩建造组合。

440～410Ma 志留纪的加里东运动，促使东南沿海地块与武夷地块于政和—大埔(广东)发生陆-陆碰撞。武夷地块 440～410Ma 志留纪同碰撞花岗岩大量出现，古闽中洋的关闭时间应是在加里东末期，而且东南沿海地块向西俯冲拼贴于武夷地块之下。

至此，福建省全境又连成一体形成复杂的双基底结构(古元古代结晶基底和新元古代变质基底)，华夏古陆增生。主要成矿有沉积型矿床重晶石矿，变质碎屑岩中的热液型金矿，伟晶岩型铌、钽、锡、锂矿。在晚古生代的海相沉积过程上，形成了林田组($\in_{1-2}l$)海相粗碎屑岩局部夹薄层硅质岩、结晶灰岩透镜体及重晶石矿层，并在永安李坊发现重晶石矿。变质碎屑岩中的热液型金矿是加里东期(志留纪)运动过程中发生变质变形，在韧性剪切带内形成热液型金矿的结果，主要有政和王母山、黄坑、建阳大金山、泰宁何宝山等矿床。伟晶岩型铌、钽、锡、锂矿是加里东期构造运动的结果。其产生的二长花岗岩、正长花岗岩是离子吸附型稀土矿成矿母岩，可形成较好的富铕稀土矿。而伟晶岩常形成铌、钽、锡、铍、锂、钾长石、白云母等矿，较好的矿产地有宁化张家塘稀土矿，南平西坑铌、钽、锡、锂矿及建宁中东钾长石、白云母矿床等。

3. 晚古生代陆表海发展与陆内造山阶段

加里东运动后，本区基本处于相对隆起状态，只接受有较少的沉积，形成了晚泥盆世—早石炭世粗碎屑岩建造，晚石炭世—中二叠世早期硅砂泥质碳酸盐岩建造、碳酸盐岩建造，中二叠世中期—晚二叠世的细碎屑岩建造和含煤碎屑岩建造。在将乐等地分布有沉积型铁矿、晚石炭世—中二叠世早期的灰岩及二叠纪煤矿。

4. 中新生代陆内盆地与裂谷阶段

印支运动后，由于受太平洋板块向欧亚大陆板块俯冲及欧亚大陆板块向南东挤压活动的影响，以强烈的断褶作用及大规模的中酸性—酸性岩浆强烈、频繁的喷发与侵入为其主要表现方式。

本区燕山运动之火山活动较弱，分布较零星，只有少量小型的沉积-火山盆地。白垩纪这一差异表现得更为明显，东部的断陷盆地呈现双峰式火山岩建造，而在西部的断陷盆地接受的却是红色碎屑岩沉积。随着火山喷发伴随的岩浆侵入活动，东西部也有差异，西部的岩浆侵入活动以燕山早期(侏罗纪)挤压环境(后碰撞)的钙碱性侵入岩为主，而东部则以燕山晚期(白垩纪)拉张环境(后造山)的钙碱性—碱性侵入岩为主，并有 A 型花岗岩出现。岩浆侵入活动时间有由西向东、由早到晚的迁移现象。

晚侏罗世花岗闪长岩-花岗岩组合及花岗岩组合形成许多大、中型矿床，矿种以钨、锡、钼、铋、铁、铌、钽为主，次为铜、铅、锌多金属。如宁化行洛坑钨矿床、大田太华钨矿、将乐新路口铜钼矿床、马坑铁床、漳平彭炉一带铅锌矿、连城珠地多金属矿床等均与此类花岗岩组合有关，赋于其内外接触带。此外在岩体内部还有热液填充型萤石矿及离子吸附型稀土矿等大中型矿床。

早白垩世与钙碱性侵入岩组合相关的矿床有铜、钼、铅、锌等，与中酸性岩浆岩相关的浦城管查铜矿及与酸性岩浆岩相关的武夷山上西坑岩浆热液型钼矿床、建阳回潭萤石矿、邵武南山下萤石矿。

(二) 矿床时空分布及控矿因素

1. 矿床时空分布

浙中-武夷隆起 W-Sn-Mo-Au-Ag-Pb-Zn-Nb-Ta-萤石成矿带(Ⅲ-81)可分为 3 个成矿亚带，即遂昌-建阳 Cu-Mo-Pb-Zn-Ag-萤石-叶蜡石-地开石成矿亚带(Ⅲ-81-①)，武夷隆起 W-Sn-Pb-Zn-Nb-Ta-Cu-Au-Ag-锂辉石成矿亚带(Ⅲ-81-②)，南武夷 Mn-Sn-Cu-Au-Ag-Pb-Zn-稀土成矿亚带(Ⅲ-81-③)。成矿时代共有 7 个主要成矿时期，即新元古代(政和-屏南)、寒武纪、志留纪、石炭纪—二叠世(闽西南陆表海相邻地带)、晚侏罗世、早白垩世及第四纪(表 9-8)。矿床种类有铜、铅、锌、银、金、钨、钼、煤矿、灰岩、重晶石、萤石等。

2. 主要控矿因素

浙中-武夷隆起 W-Sn-Mo-Au-Ag-Pb-Zn-Nb-Ta-萤石成成矿带(Ⅲ-81)的主要控矿因素如表 9-8 所列，新元古代主要分布于政和、尤溪等地，与闽中结合带(Ⅴ-7)有关的海底火山成矿作用形成铜、铅、锌、银等，其主要控矿因素有大地构造位置及古海洋扩张产生海底火山作用。加里东期成矿作用主要为与变质作用有关的韧性剪切带，形成变质热液型金矿；石炭纪至早三叠世为闽西南陆表海成矿作用，有沉积型铁、灰岩、煤及铅锌矿等；晚侏罗世成矿作用为花岗岩类侵入，形成钨、锡、钼矿等；早白垩世受到古太平洋板块与欧亚板块的碰撞，形成的矿床有与中酸性岩浆(火山)作用有关的铜、金矿，与酸性岩浆(火山)作用有关的钼矿，与火山作用有关的银、叶蜡石矿等；第四纪为高岭土、稀土矿，均属于花岗岩等风化之产物。

表 9-8 Ⅲ-81 成矿带主要矿床类型与主要控矿因素简表

地质年代	矿种	Ⅲ-81-①	Ⅲ-81-②	Ⅲ-81-③	主要类型	主要控矿因素
Q	稀土				风化壳型、离子吸附型	燕山早期花岗岩、易于风化的地形地貌
	高岭土				风化型	燕山早期花岗岩、易于风化的地形地貌
K_1	萤石				陆相火山岩型	闽东火山弧、燕山晚期中酸性—酸性火山(岩浆)带、火山机构及蚀变带等
	银				陆相火山岩型、热液型	闽东火山弧、燕山晚期中酸性—酸性火山(岩浆)带、火山机构等
	金				陆相火山岩型	闽东火山弧、燕山晚期中酸性—酸性火山(岩浆)带、火山机构等
	钼				斑岩型、热液型	闽东岩浆带、燕山晚期酸性岩浆带、含钼较高的正长花岗岩体及接触带附近
	铜(钼)				陆相火山岩型、热液型	闽东岩浆带、燕山晚期中酸性岩浆(火山)带、含铜(钼)矿的花岗闪长岩体及接触带附近
J_3	铁多金属				矽卡岩型	闽西南陆表海、铁多金属矿含矿层位(如 C—P 经畲组等)、印支期—燕山期复式背斜、燕山期花岗岩类改造形成矽卡岩型矿床
	钨、钼				斑岩型、热液型	燕山早期花岗岩、含钨钼高的花岗岩接触带附近
P	煤				沉积岩型	闽西南陆表海、含煤建造(下二叠统童子岩组等)等
C—P	灰岩					闽西南陆表海、灰岩层位(如 C—P 船山组等)沉积形成的灰岩等
	铁多金属					闽西南陆表海、铁多金属矿含矿层位(如 C—P 经畲组等)、印支期—燕山期复式背斜、燕山期花岗岩类改造形成矽卡岩型矿床
S	铌、钽、锡、锂					华夏地块与闽东地块(?)碰撞的造山作用,形成了伟晶岩型铌、钽、锡、锂矿,主要控矿因素有构造部位(闽中造山带、宁化南平造山带等)、加里东期花岗岩
	金				变质碎屑岩中热液型	华夏地块与闽东地块(?)碰撞的造山作用,形成了以变质碎屑岩中热液型金矿,主要控矿因素有构造部位(闽中造山带、宁化南平造山带等)、变质岩中韧性剪切带、新元古代地层(含金高)
∈	重晶石					寒武纪发生沉降作用,沉积形成了沉积型重晶石矿,主要控矿因素有构造部位(坳陷区海相沉积)、寒武系林田组
Pt_3	铅、锌				沉积-变质岩型	在新元古代,本区北东古闽中洋海底火山作用形成铜、铅、锌多金属矿,主要控制因素有大地构造位置,古海洋扩张产生海底火山作用
	铜、铅、锌					

(三)矿床成矿系列、亚系列、矿田、矿床式的划分

1. 矿床成矿系列、亚系列

矿床成矿系列与亚系列的划分采用福建省本省的划分方案(表 9-4),主要特征见表 9-9。浙中-武夷隆起 W-Sn-Mo-Au-Ag-Pb-Zn-Nb-Ta-萤石成矿带(Ⅲ-81)可划分为 10 个成矿系列、9 个

亚系列，主要成矿系列与亚系列为新元古代、加里东期、燕山早期及燕山晚期，矿种有铜、铅、锌、金、银、钨、锡、钼、钪、重晶石、萤石、稀土及煤等。遂昌-建阳 Cu-Mo-Pb-Zn-Ag-萤石-叶蜡石-地开石成矿亚带（Ⅲ-81-①）有 3 个成矿系列、8 个亚系列；武夷隆起 W-Sn-Pb-Zn-Nb-Ta-Cu-Au-Ag-锂辉石成矿亚带（Ⅲ-81-②）有 3 个成矿系列、8 个亚系列；南武夷 Mn-Sn-Cu-Au-Ag-Pb-Zn-稀土成矿亚带（Ⅲ-81-③）有 3 个成矿系列、3 个亚系列，具体见表 9-9。

表 9-9　Ⅲ-81 成矿带矿床成矿系列、亚系列、矿田、矿床式划分简表

成矿系列	成矿亚系列	矿床式	Ⅴ级矿集区	矿床集中区	代表性矿床名称
元古宙硫铁矿-石墨矿床成矿系列(Pt-1)	元古宙石墨矿床成矿亚系列(Pt-1-1)	书坊式			书坊石墨矿
	元古宙 S-Fe 矿床成矿亚系列(Pt-1-2)	水源式			泰宁水源硫铁矿
与海底火山作用有关的 Fe-Cu-Pb-Zn-Au-Ag 成矿系列(Pt-2)		水吉式	建阳水吉 Pb-Zn 矿集区（Ⅲ-81-①-3）(Pt_{2-3}、K_1）	建阳水吉 Pb-Zn 多金属矿集中区(Pt-2-1)	梅仙、夏山、水吉
			政和 Cu-Au-Pb-Zn-Fe-P 矿集区（Ⅲ-81-①-4）（Pt_{2-3}、K_1）	政和夏山 Cu-Au-Pb-Zn-Fe-P 矿集中区(Pt-2-2)	
				建瓯八外洋 Pb-Zn 多金属矿集中区(Pt-2-3)	
寒武纪重晶石矿床成矿系列(Pz_1-1)		李坊式	清流桐坑-永安李坊萤石-重晶石矿集区（Ⅲ-82-1）(∈、K_1）	寒武纪重晶石成矿系列(Pz_1-1)	李坊重晶石矿
与加里东运动有关的 W-Sn-Nb-Ta-Cu-Au-Be-白云母矿床成矿系列(Pz_1-2)	与加里东期伟晶岩有关的 Nb-Ta-Sn-Li 矿床成矿亚系列(Pz_1-2-1)	西坑式	南平-沙县 Nb-Ta-Sn-Li 矿集区（Ⅲ-81-②-5）（加里东期）	南平-沙县 Nb-Ta-Sn-Li 矿集中区(Pz_1-2)	西坑
与加里东期韧性剪切有关的 Au 矿床成矿系列(Pz_1-3)		双旗山	泰宁 Au 矿集区（Ⅲ-81-②-2）(加里东期)	建阳书坊-大金山 Au 矿集中区(Pz_1-3-1)、政和 Au 矿集中区(Pz_1-3-2)、泰宁何宝山 Au 矿集中区(Pz_1-3-3)、建宁 Au 矿集中区（Pz_1-3-4)、德化双旗山 Au 矿集中区(Pz_1-3-5)	双旗山金矿
与海西期—印支期火山-沉积有关的 Fe-Mn-Pb-Zn-Cu-S-煤-灰岩矿床成矿系列(Pz_2-1)	晚古生代煤矿-灰岩矿床成矿亚系列(Pz_2-1-2)	上京式 坑边式			上京煤矿
					坑边灰岩矿
与燕山期岩浆(火山)作用有关的 W-Sn-Mo-Cu-Pb-Zn-Au-Ag 多金属矿床成矿系列(Mz-1)	与燕山早期花岗岩类有关的 W-Sn-Mo 矿床成矿亚系列(Mz-1-1)	行洛坑式	宁化行洛坑 W-Mo 矿集区(Ⅲ-81-②-8)(J_3)	宁化行洛坑 W-Mo 矿集中区(Mz-1-3)	行洛坑、北坑
		上房式	建瓯上房 W 矿集区（Ⅲ-81-②-4)(J_3）	建瓯上房 W 矿集中区(Mz-1-1)	上房
		松岭式	宁化 Sn 矿集区（Ⅲ-81-②-6)(J_3)	宁化石壁 Sn 矿集中区(Mz-1-2)	松岭、下伊锡矿
		屏峰式	浦城屏峰 Cu-Pb-Zn-萤石矿集区（Ⅲ-81-①-1）(J_3—K_1）	武夷山上西坑-回潭 Mo-萤石矿集中区(Mz-3-2)	屏峰

续表 9-9

成矿系列	成矿亚系列	矿床式	Ⅴ级矿集区	矿床集中区	代表性矿床名称
与燕山期岩浆(火山)作用有关的W-Sn-Mo-Cu-Pb-Zn-Au-Ag多金属矿床成矿系列(Mz-1)	与燕山晚期中酸性岩浆(火山)作用有关的Cu-Mo-Au-Ag矿床成矿亚系列(Mz-1-3)	紫金山式	德化邱村-双旗山金矿集区(Ⅲ-80-①-5)(加里东期、K_1)	德化邱村 Au 矿集中区(Mz-3-9)	双旗山、邱村金矿
	与酸性岩有关的Mo-萤石矿床成矿亚系列(Mz-1-4)	赤路式		古田西朝 Mo 矿集中区(Mz-4-2)	赤路、西朝
		南山下式	浦城屏峰 Cu-Pb-Zn-萤石矿集区(Ⅲ-81-①-1)(J_3—K_1)		南山下、回潭、常口
			武夷山五夫 Mo-Pb-Zn-Cu-萤石矿集区(Ⅲ-81-①-2)(K_1)	武夷山上西坑-回潭Mo-萤石矿集中区(Mz-3-2)	
			光泽夫人村 Cu-Pb-萤石矿集区(Ⅲ-81-②-1)(K_1)	光泽司前萤石矿集中区(3-1)	
			邵武南山下-将乐常口萤石矿集区(Ⅲ-81-②-3)(K_1)	邵武南山下-将乐常口萤石矿集中区(Mz-3-3)	
风化壳型稀土矿床成矿系列(Q-1)		河田式	长汀县河田稀土矿集区(Ⅲ-81-③-1)(Q)	长汀河田稀土集中区(Q-1-2)	长汀河田稀土矿
		张家塘式	宁化张家塘稀土矿集区(Ⅲ-81-②-7)(Q)	宁化张家塘稀土集中区(Q-1-1)	宁化张家塘稀土矿
风化壳型 Mn 矿床成矿系列(Q-2)		兰桥式	连城县庙前 Mn-Pb-Zn-Cu 矿集区(Ⅲ-82-3)(C—P、T、K_1)	清流仁场 Mn 矿集中区(Q-2-1)	连城兰桥锰矿

(四)区域成矿模式与成矿谱系

1. 区域成矿模式

浙中-武夷隆起 W-Sn-Mo-Au-Ag-Pb-Zn-Nb-Ta-萤石成矿带(Ⅲ-81)的构造地质环境演化较多,主要经历了5个阶段(图9-13),即新元古代(早期)的闽中洋海底火山成矿作用;南华纪至寒武纪的半深海重晶石沉积阶段;志留纪(加里东期)造山运动产生的伟晶岩型铌、钽、锡、锂矿及变质碎屑岩中热液型金矿(与韧性剪切作用有关的金矿);晚侏罗世与花岗岩有关的钨、锡、钼矿;早白垩世与中酸性岩浆-火山作用有关的铜、金、银、钼矿及与花岗岩有关的钼、萤石矿。此外,海西期(闽西南陆表海沉积成矿作用)的铁、铜、铅、锌多金属矿及煤矿;第四纪与风化有关的离子吸附型稀土矿等。

(1)古元古代。古元古代在大地构造演化中十分重要,是华夏地块形成的初始阶段,以形成陆核为主,包括古元古界麻源岩群原岩建造为陆源复理石型,变质岩特征类似孔兹岩系。1 800Ma左右的吕梁运动致使这一沉积物遭受强烈的侧向挤压,褶皱成山,形成华夏古陆块。此阶段的矿产可能与石墨等有关,未发现重要金属矿床。

(2)中元古代—新元古代早期。政和—南平(尤溪)一带出现了原始地块的裂解,在1 100~800Ma于政和—南平—大埔(广东)的北部分解成武夷和东南沿海两个东西地块。其间扩展成洋(闽中洋?),出现海底火山成矿作用,形成马面山岩群双峰式火山岩及含钙镁硅泥质岩建造组合,有关的矿产有峰岩式及水吉式沉积-变质型铜、铅、锌、银多金属矿床;另在武夷地块的崇安-宁化弧间裂谷盆地中沉积了万全岩群的砂泥质岩-中酸性火山岩建造组合,也有成矿作用,形成水源式沉积型硫(磷)等矿床。

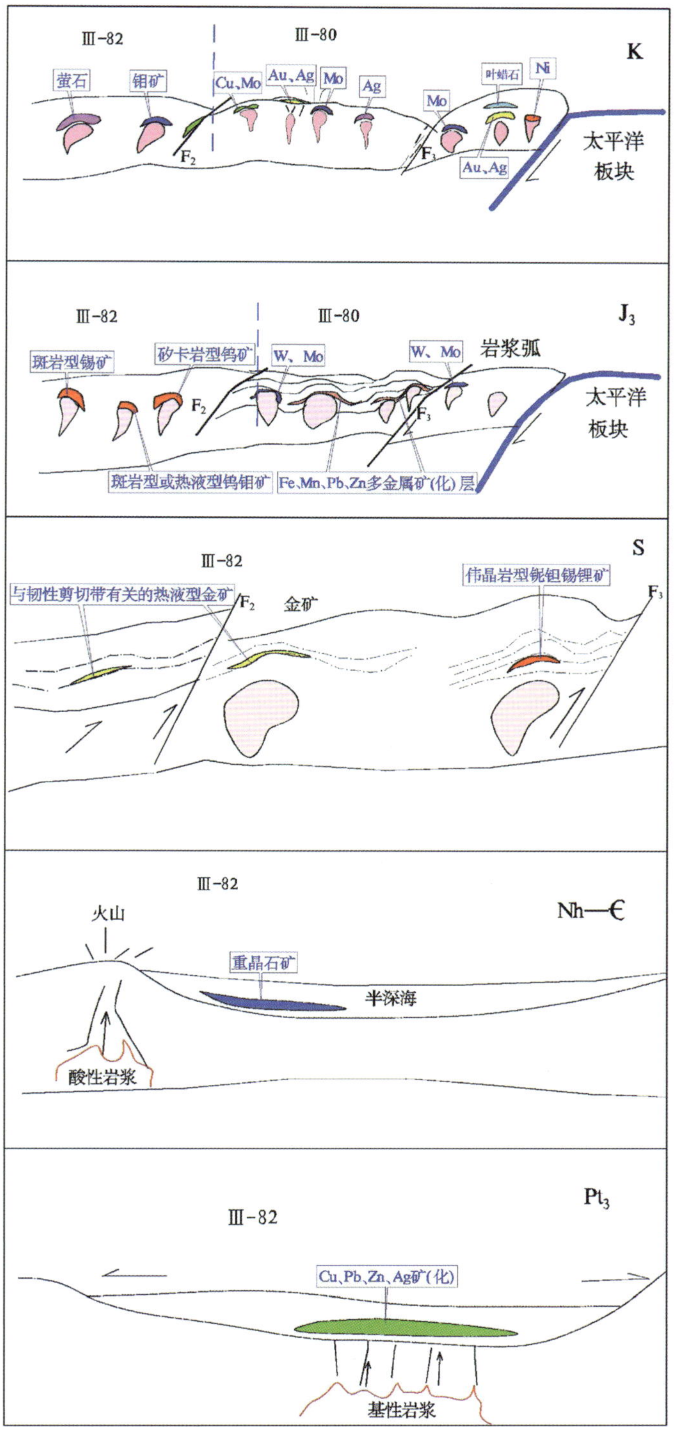

图 9-13　浙中-武夷隆起 W-Sn-Mo-Au-Ag-Pb-Zn-Nb-Ta -萤石成矿带(Ⅲ-81)成矿模式示意图

F_2. 玫和-大埔断裂;F_3. 福安-南靖断裂。Ⅲ-80. 浙闽粤沿海 Pb-Zn-Cu-Au-Ag-W-Sn-Nb-Ta-叶蜡石-明矾石-萤石成矿带;Ⅲ-81. 浙中-武夷隆起 W-Sn-Mo-Au-Ag-Pb-Zn-Nb-Ta -萤石成矿带

成矿规模说明:Pt_3. 晚元古代,闽中洋(?)扩张,海底火山喷发形成铜、铅、锌多金属矿(源)层;S. 加里东期构造运动,产生的花岗岩浆活动形成伟晶岩型铌、钽、锡、锂矿(南平西坑),与韧性剪切带有关的金矿(双旗山式金矿);J_3. 太平洋板块向欧亚板块俯冲,酸性岩浆作用,主要为花岗岩侵入,形成斑岩型或岩浆热液型钨钼矿,当岩体与 C—P 铁铜多金属矿化及 T_1 的铅锌矿接触时,形成矽卡岩型矿床,花岗岩带来的钨钼矿质可形成斑岩型或热液型矿床;K. 太平洋板块向欧亚板块俯冲,白垩纪本区为造山后伸展构造作用,形成与中酸性岩浆作用有关的铜钼多金属矿、陆相火山岩型铜钼矿及叶蜡石矿、与酸性岩浆侵入有关的钼矿或萤石矿及与超基性—基性岩有关的镍矿。

在850～800Ma的新元古代早期发生晋宁运动，武夷和东南沿海两个东西地块之间的闽中洋(?)消亡，形成了华夏陆块与扬子陆块发生陆-陆碰撞，致使武夷地块拼贴于扬子陆块之下，之后武夷地区进入被动陆缘发展阶段。

(3)南华纪—寒武纪。南华纪—奥陶纪为陆缘相沉积及半深海沉积，以陆源碎屑岩为主，夹有海相化学沉积，形成灰岩夹层及重晶石等，在永安-李坊产出大型重晶石矿。志留纪发生了强烈的地壳运动，形成广泛分布的花岗岩类，在南平西坑一带形成南平西坑式伟晶岩型铌、钽、锡、锂矿。在广泛的变质作用过程中，形成了双旗山式变质碎屑岩中的热液型金矿，主要分布在泰宁何宝山、建瓯太阳山、政和等地。

(4)志留纪。志留纪发育同碰撞强过铝—过铝花岗岩组合，形成南平西坑式伟晶岩型铌、钽、锡、锂矿。加里东期构造运动使本区变质岩地区发生了变质作用，主要在马面山群发生了区域变质作用，形成韧性剪切带，并形成双旗山式变质碎屑岩中的热液型金矿。

(5)晚泥盆世—中三叠世。此时期以闽西南陆表海的形成为标志，对本成矿带的影响较有限，主要表现为闽西南陆表海向闽西北的延伸部分。将乐—明溪—武平一线为边缘海湾环境，形成了晚泥盆世—早石炭世粗碎屑岩建造，晚石炭世—中二叠世早期的硅砂泥质碳酸盐岩建造、碳酸盐岩建造，中二叠世中期—晚二叠世的细碎屑岩建造和含煤碎屑岩建造，早三叠世的硅砂泥质碳酸盐岩建造及中三叠世的红色砂泥岩建造。石炭纪在将乐—明溪—武平还形成铁锰多金属矿沉积，二叠纪的成煤作用分布广泛，在整个闽西南陆表海均有煤层分布，早三叠世也有铅锌矿质的沉积。

(6)晚侏罗世。发生于中三叠世末的印支运动，至燕山早期(晚侏罗世)强烈的岩浆侵入活动，强烈挤压地壳产生壳源型花岗岩成矿作用，形成钨、锡、钼矿床，主要矿床有行洛坑式斑岩型钨钼矿、上房式矽卡岩型钨矿。

(7)白垩纪。燕山晚期受太平洋板块向欧亚大陆板块俯冲及欧亚大陆板块向南东挤压活动的影响，构造格局产生北东向断裂体系和北西、北东东断陷盆地，中酸性—酸性岩浆作用及火山作用十分强烈，早白垩世出现地壳的带张性构造作用及壳幔混合的“混熔型”中酸性—酸性岩(双峰式)火山岩型的铜、金、银、钼(紫金山式等)及叶蜡石矿；早白垩世晚期的酸性岩浆侵入作用形成了钼矿、萤石矿。

(8)古近纪—第四纪。新生代福建省全境基本处于整体隆升、剥蚀夷平状态，并以断块差异隆升为特色。本区成矿作用较强，主要为高岭土矿(化)等，风化离子型稀土矿产于华夏地块内的志留纪及晚侏罗世花岗岩类岩体内。

2. 区域成矿谱系

区域成矿谱系见图9-11，主要矿产有铁锰矿，铜、铅、锌、银、硫矿，金(银)矿，钨、锡、钼矿及萤石矿，煤矿，灰岩，稀土矿，高岭土等。

(1)铁锰矿：成矿分为3期，分别为新元古代、石炭纪、燕山期。在新元古代(马面山群)局部有铁矿形成；石炭纪形成了马坑式矽卡岩型铁矿的“矿源层”；燕山期(主要为燕山早期)形成了与花岗岩有关的矽卡岩型铁矿。锰矿总体规模较小，形成分为3期，分别为石炭纪、燕山期及第四纪。石炭纪为最主要的成矿期，形成碳酸盐型锰矿；燕山期对石炭纪形成的锰矿(源层)进行改造，形成矽卡岩型锰矿；第四纪为风化作用，使先前的锰矿形成风化壳型锰矿床。

(2)铜、铅、锌、银、硫矿：此5个矿种常相伴出现，成矿分为3期。新元古代为重要的成矿期，在华夏地块(Ⅴ-3)武夷古弧盆系(Ⅴ-3-1)(Pt)、南平-宁化(夭折)裂谷(Ⅴ-3-2)(Z)，尤其是闽中结合带(Ⅴ-7)，加里东期出现变质改造；海西期在永安-龙岩海陆交互陆表海盆地(Ⅴ-3-3-1)(D_3—T_2)出现海相沉积(可能有海底火山成矿作用)；燕山早期对海西期进行改造，形成矽卡岩型矿床，燕山晚期中酸性岩浆(火山)作用也形成(陆相火山岩型、热液型等)铜、铅、锌、银矿床。

(3)金(银)矿：成矿分为两期。加里东期(志留纪)变质作用，形成变质碎屑岩中热液型金矿；燕山晚期中酸性岩浆(火山)作用形成陆相火山岩型金矿。

(4)钨、锡、钼矿及萤石矿：基本形成于燕山期，其中与花岗岩有关的斑岩型或岩浆热液型钨(钼)、锡矿形成于晚侏罗世，见于宁化行洛坑、将乐新路口、建瓯上房等地；燕山晚期以钼矿为主，在燕山早期与钨矿相伴出现，单一钼矿及萤石矿形成于燕山晚期，见于武夷山上西坑、将乐常口、邵武南山下等地。

(5)煤矿、灰岩等：均产于石炭纪—二叠纪，在将乐、明溪、武平等地均有见及。

(6)稀土矿、高岭土等：为风化壳离子吸附型矿床，产于宁化、长汀及武平一带的志留纪—晚侏罗世花岗岩类岩体内。

(五)区域内成矿的时空演化规律及其壳幔作用对成矿的控制作用

1. 区域内成矿的时空演化规律

浙中-武夷隆起 W-Sn-Mo-Au-Ag-Pb-Zn-Nb-Ta-萤石成矿带(Ⅲ-81)的时空演化规律，主要从成矿的时代、空间展布两个方面进行总结。

(1)成矿时代。浙中-武夷隆起 W-Sn-Mo-Au-Ag-Pb-Zn-Nb-Ta-萤石成矿带(Ⅲ-81)在新元古代、早古生代、晚古生代、中生代、新生代均有表现。

新元古代：本区成矿受到闽中古洋演化的控制，分布于政和—南平—尤溪一线，新元古代成矿为主要成矿期，是古闽中洋形成与演化过程的产物，主要反映海底火山作用的成矿过程。矿种为铜、铅、锌、银、铁、硫等，矿床类型为沉积变质型。变质岩中产出的中型以上矿床有水吉、八外洋及尤溪峰岩等铜、铅、锌多金属矿。

早古生代：本成矿构造带为陆缘相与半深海相，矿床较少，主要为沉积型重晶石矿，分布于永安李坊。

晚古生代：矿床分布于本成矿带与闽西南陆表海的邻近部位，成矿过程也反映了闽西南陆表海的特征，石炭纪至二叠纪的铁、铜、铅、锌、硫多金属矿及煤矿主要分布于将乐、明溪、武平等地。成矿主要集中在闽西南陆表海。

中生代：地质作用十分强烈，成矿作用也十分明显。中三叠世至中侏罗世本成矿带为挤压状态，主要形成北北东向条带状的山间盆地，未见有重要矿床。晚侏罗世本成矿带北西部的花岗岩侵入活动十分强烈，成矿作用表现为对石炭纪至二叠纪铁、铜、铅、锌矿质的改造，形成矽卡岩型矿床，同时花岗岩也带来钨、锡、钼等成矿物质，并单独形成矿床，如行洛坑斑岩型钨钼矿、上房式矽卡岩型钨矿、宁化松岭斑岩型锡矿等。早白垩世成矿作用最为复杂多样，重要的大致可分为两次：第一次为早白垩世早期，福建省发生了一次中酸性岩浆(火山)作用的成矿过程，形成以紫金山铜金矿为代表的一系列矿床及本区北部的浦城管查铜多金属矿；第二次为早白垩世中晚期，以花岗岩的侵入成矿作用为特征，形成了武夷山上西坑等中型斑岩型或岩浆-热液型钼矿床、邵武南山下及建阳回潭萤石矿等。

新生代：成矿与风化作用有关，主要为风化壳型离子吸附型稀土矿，分布于长汀河田及宁化等地。

(2)成矿空间分布：本成矿带的成矿历史较长，矿产种类较多，成矿在空间上的分带较明显。前寒武纪变质岩主要分布于建阳—政和等区域变质岩分布的地区，多与晚元古代闽中裂谷成矿作用有关，如建阳水吉铅锌矿、尤溪峰岩铅锌矿等；加里东运动形成的伟晶岩型花岗岩型铌、钽、锡(锂)矿主要分布于建瓯—南平—沙县一带；早古生代重晶石则主要见于永安李坊等地；燕山期形成的钨、锡、钼等矿主要分布于清流行洛坑、建瓯上房、武夷山上西坑等地。

2. 壳幔作用对成矿的控制作用

壳幔作用对成矿的控制主要有 3 次张性—挤压(壳幔离散—会聚作用)，均有矿产形成。

与第一次壳幔离散有关的成矿作用发生在新元古代，地幔与地壳分离形成张性构造作用，并形成闽中洋(?)，至新元古代后期，壳幔会聚产生了压缩作用，与壳幔离散有关的矿床为与东岩岩组有关的铜多金属矿。

第二次张性—挤压(壳幔离散—会聚作用)发生在加里东期,新元古代晚期本区下降形成陆盆,在永安李坊见有半深海类复理石建造及重晶石矿床,其余均为陆缘粗碎屑沉积,明溪还有陆相火山作用。志留纪至中泥盆世,本成矿带壳幔发生会聚作用导致碰撞,产生广泛分布的花岗岩,形成南平西坑伟晶岩型铌、钽、锡、锂矿;同时还产生大量的韧性剪切带,形成了与变质碎屑岩有关的变质热液型金矿。

第三次为中生代会聚作用,是太平洋板块与欧亚板块碰撞的结果。自中生代以来,本成矿带经历的主要壳幔作用有中三叠世—中侏罗世、晚侏罗世—白垩纪和新生代3个阶段。

(1)中三叠世—中侏罗世:太平洋板块向欧亚板块俯冲的初级阶段。俯冲对壳幔的作用表现不明显,未见有岩体侵入,也未发现重要矿床分布。在地壳受挤压的过程中,地表形成一系列的陆相盆地,并形成陆相碎屑岩相。

(2)晚侏罗世—白垩纪:主要岩浆活动阶段,地壳与地幔作用十分强烈,以地幔与地壳物质融合共同产生岩浆作用为特点,形成了岩浆侵入与火山作用。矿质随着岩浆而向上运移,并以适当的方式在适当的构造部位定位成为矿床。矿质主要有铜、铅、锌、金、银、钨、钼等,晚侏罗世主要有钨、钼(锡),早白垩世有铜、铅、锌、金、银、钼、萤石矿等。

(3)新生代:构造运动主要与菲律宾板块的运动与挤压有关。由于构造运动的不均匀特点,在构造薄弱带(主要是断裂构造带)深部的幔源物质向上运动,部分达到地表形成了拉斑玄武岩等(明溪),但未发现有重要矿产。

四、永安-梅州-惠阳(坳陷)Fe-Pb-Zn-Cu-Au-Ag-Sb成矿带(Ⅲ-82)

永安-梅州-惠阳(坳陷)Fe-Pb-Zn-Cu-Au-Ag-Sb成矿带(Ⅲ-82)位于福建省西南部,主要有永安、大田、龙岩、永定及连城等。

(一)区域成矿地质构造环境及其演化

永安-梅州-惠阳(坳陷)Fe-Pb-Zn-Cu-Au-Ag-Sb成矿带(Ⅲ-82)是华夏陆块的一部分,在晚泥盆世至早三叠世出现了闽西南陆表海盆地,形成了本成矿区带独具特色的成矿地质构造环境及其演化史,区域成矿地质构造环境的特征如下。

成矿作用可分为两个时期,即海西期—印支期及燕山期(图9-14、图9-15)。

1. 海西期—印支期

1)沉积作用与成矿

海西期成矿地质构造环境为陆表海,成矿作用基础为沉积作用。控制成矿的构造环境为构造古地理,其特征及演化对本成矿带具有十分重要的意义。

志留纪末的加里东运动致使福建省地壳全面褶皱隆起,经剥蚀夷平自晚泥盆世始又开始缓慢沉降进入相对稳定发展阶段,形成陆源碎屑无障壁陆表海盆地氧化浅水环境条件下的河口湾-滨海相沉积。近岸处以粗碎屑沉积为主,远岸粒度渐细,自下而上形成海进层序的天瓦崠组和桃子坑组。至早石炭世海侵范围缩小,形成辫状河相-河口湾相碎屑沉积的林地组。

晚石炭世—中二叠世在海湾-浅海形成陆源碎屑-碳酸盐岩陆表海盆地与浅水环境条件下的潮间坪碎屑沉积夹碳酸盐沉积经畲组,局部海相火山(基性—中性)产生铁、锰、铜多金属矿(化)层,是本成矿带重要的含矿建造。海湾中部形成局限台地碳酸盐岩陆表海以白云岩、白云质灰岩、纯灰岩等为主的老虎洞、船山组、栖霞组等,灰岩及白云岩为化工及建材矿产。

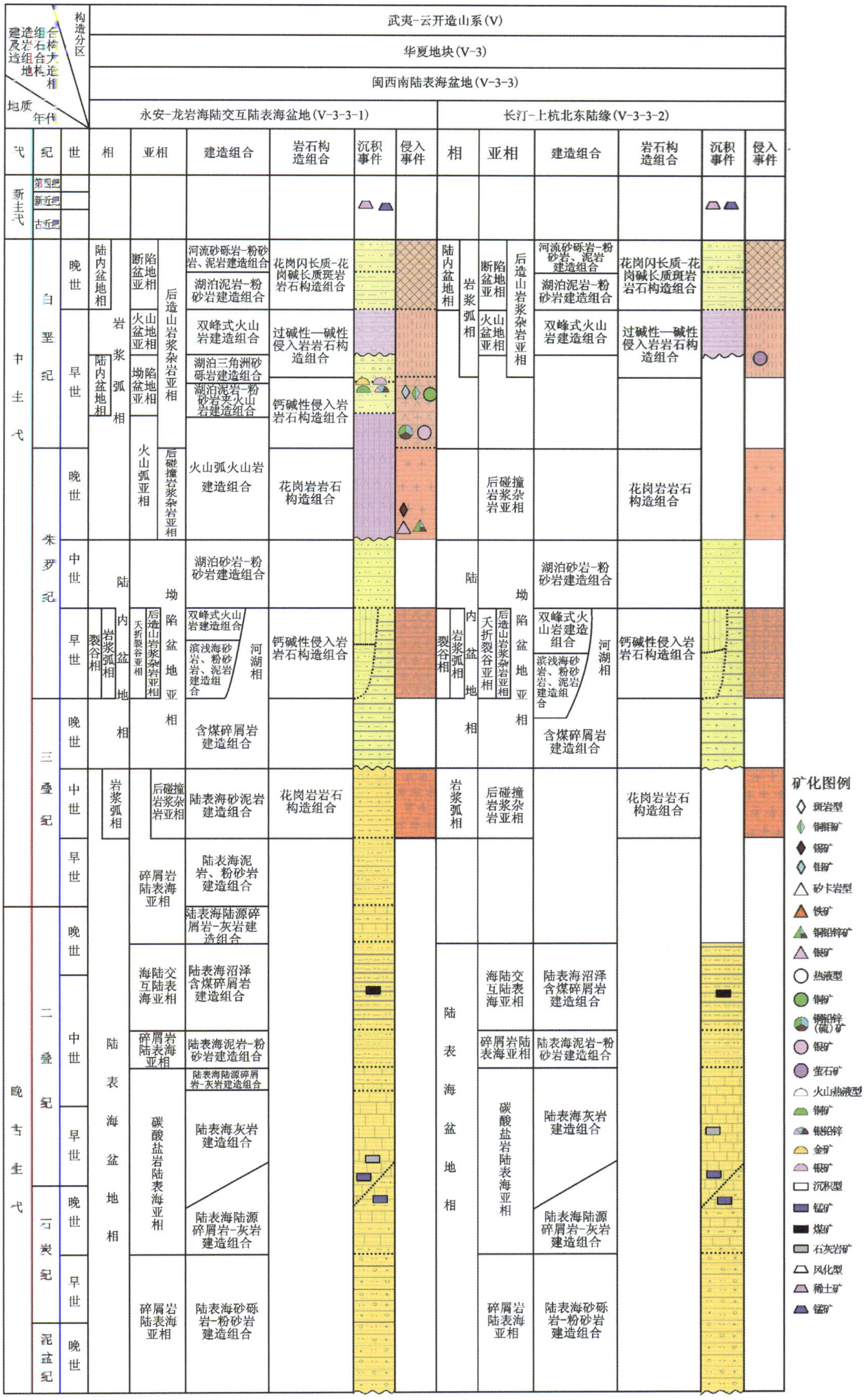

图 9-14　永安-梅州-惠阳(坳陷)Fe-Pb-Zn-Cu-Au-Ag-Sb 成矿带(Ⅲ-82)成矿环境演化结构图

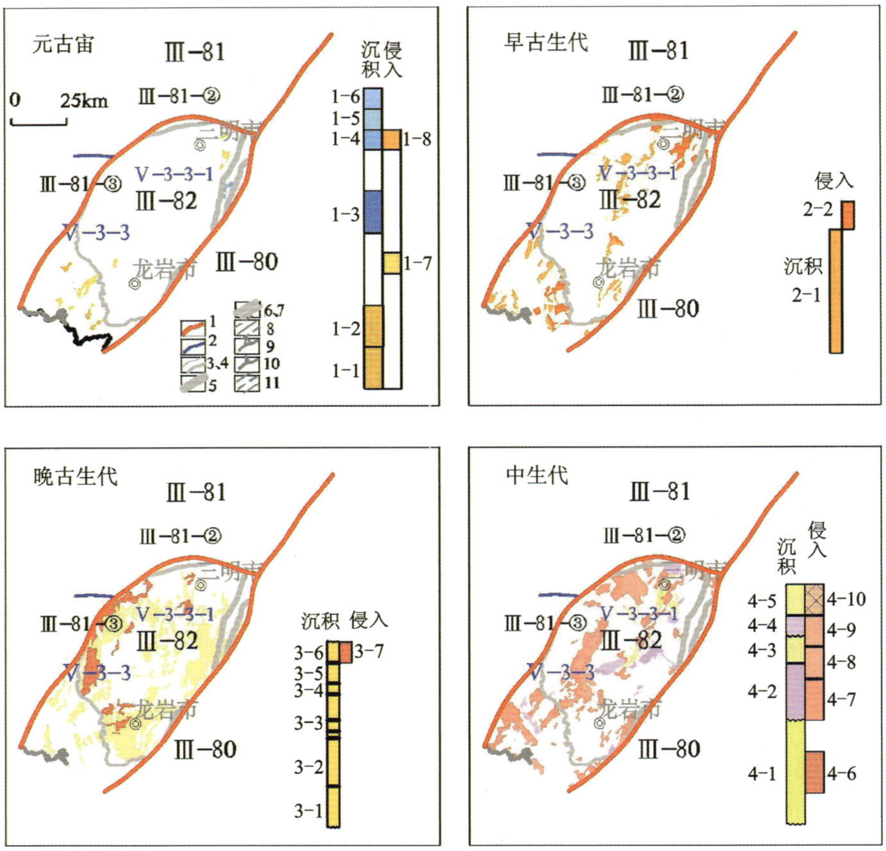

图 9-15　永安-梅州-惠阳(坳陷)Fe-Pb-Zn-Cu-Au-Ag-Sb 成矿带(Ⅲ-82)成矿环境略图

Ⅲ-81.浙中-武夷隆起 W-Sn-Mo-Au-Ag-Pb-Zn-Nb-Ta-萤石成矿带;Ⅲ-80-①.浙东-华安 Au-Pb-Zn-Ag-Mo-Cu-叶蜡石-明矾石成矿亚带;Ⅲ-81-②.武夷隆起 W-Sn-Pb-Zn-Nb-Ta-Cu-Au-Ag-锂辉石成矿亚带(Ym、Yl[1]、H);Ⅲ-81-③.南武夷 Mn-Sn-Cu-Au-Ag-Pb-Zn-稀土成矿亚带;Ⅲ-82.永安-梅州-惠阳(坳陷)Fe-Pb-Zn-Cu-Au-Ag-Sb 成矿带(Ym)。1.Ⅲ级成矿带界线;2.Ⅳ级成矿带界线;3.大地构造亚相界线;4.建造组合或岩性界线;5.Ⅱ级构造单元界线;6.Ⅲ级构造单元界线;7.Ⅳ级构造单元界线;8.韧性断层;9.滑脱构造;10.推覆构造;11.韧性剪切带。Ⅴ-4-1.闽东沿海岩浆弧;Ⅴ-7-1.松溪-尤溪蛇绿混杂岩带;Ⅴ-3-3.闽西南陆表海盆地。1-1.古元古代古弧后盆地亚相;1-2.中元古代古弧后盆地亚相;1-3.古元古代陆壳残片相;1-4.青白口纪蛇绿岩亚相;1-5.青白口纪蛇绿混杂岩相远洋沉积亚相;1-6.南华纪蛇绿混杂岩相远洋沉积亚相;1-7.南华纪古岩浆弧亚相;1-8.青白口纪蛇绿岩亚相;2-1.新元古代—奥陶纪被动陆缘相陆缘斜坡亚相;2-2.早古生代岩浆弧相同碰撞岩浆杂岩亚相;3-1.晚泥盆世—早石炭世碎屑岩陆表海亚相;3-2.晚石炭世—中二叠世碳酸盐岩陆表海亚相;3-3.中二叠世—晚二叠世碎屑岩陆表海亚相;3-4.中二叠世—晚二叠世(煤)海陆交互陆表海亚相;3-5.晚二叠世—早三叠世碎屑岩陆表海亚相;3-6.三叠纪岩浆弧相后碰撞岩浆杂岩亚相;4-1.晚三叠世—中侏罗世陆内盆地相;4-2.晚侏罗世火山弧亚相;4-3.早白垩世陆内盆地亚相;4-4.早白垩世火山盆地亚相;4-5.早白垩世陆内盆地亚相;4-6.早侏罗纪后碰撞岩浆杂岩亚相(花岗闪长岩-花岗岩);4-7.晚侏罗世后碰撞岩浆杂岩亚相(酸性侵入岩);4-8.早白垩世后造山岩浆杂岩亚相(中酸性—酸性侵入岩);4-9.早白垩世后造山岩浆杂岩亚相(辉绿岩-晶洞花岗岩);4-10.晚白垩世后造山岩浆杂岩亚相

二叠纪早期为远滨泥岩、粉砂岩建造组合,即文笔山组。中二叠世地壳升降活动频繁,形成海陆交互障壁陆表海盆地环境,即童子岩组,并形成 3 个煤带,即将乐-宁化-武平西煤带,以潮间坪相碎屑沉积为主,仅上部才有潮间湖沼含煤碎屑沉积;永安-龙岩-永定中煤带,以潮间湖沼相区为主,形成潮间沼泽含煤碎屑建造组合;南平-尤溪-德化-华安东煤带,以潮上坪陆缘边滩细碎屑岩建造为主,粒度相对较粗,以细砂岩、粉砂岩为主,夹泥岩、炭质页岩,下部夹煤层。晚二叠世翠屏山组,以海陆交互碎屑岩建造为主,粒度较细,以砂岩、粉砂岩、泥岩为主,夹煤及黏土岩等。晚二叠世长兴期地壳相对稳定,为平缓开阔的陆源碎屑无障壁陆表海盆地,形成以细碎屑沉积为主的远滨泥岩-粉砂岩建造组合的罗坑组。海湾中心部位构成碳酸盐岩陆表海盆地环境条件,形成开阔台地碳酸盐岩建造组合的长兴组。早—中三叠

世与晚二叠世相近，为开阔无障壁陆表海盆地，形成远滨泥岩-粉砂岩建造组合的溪口组，到中三叠世转化为潮上坪环境，形成以红色为主的潮上坪砂泥岩建造组合的安仁组。

综上，本区的成矿地质构造环境大致可分为3个阶段：第一阶段为晚泥盆世—中二叠世，由陆下降为海，并沉积灰岩及铁铜多金属矿（源）层；第二阶段为成煤阶段，形成以中二叠统童子岩组为代表的煤矿床；第三阶段为晚二叠世—中三叠世长兴组灰岩，局部可利用为水泥用灰岩，溪口组局部有铜、铅、锌矿（源）层。

晚三叠世之后，本区形成了山间火山沉积盆地，未发现重要的沉积矿床，仅在上杭一带发现沉积型铜矿化点。

2. 构造格架

本成矿带的构造格架最具特征者为闽西南陆表海，与该大地构造相相关的地层主要为晚古生代—早中生代沉积地层，含有丰富的矿产，是福建省最重要的经济地层，是沉积型铁、锰、煤、石灰岩及接触交代型铁、铅锌矿的控矿层位。

锰矿主要有永安小陶、连城兰桥、庙前、珠地、武平岩前、永安麻坝小型矿床及上杭芦丰、安乡、清流南山等矿点。此类沉积（淋积）型锰矿均与上石炭统经畲组陆表海碎屑岩-碳酸盐岩建造组合有关。矿体赋于经畲组与林地组间的假整合面上，或经风化淋滤后赋存于之下的林地组、安砂群裂隙中或第四系残坡积层中。

煤矿主要赋存于中二叠统童子岩组、上二叠统翠屏山组的海陆交互含煤碎屑岩系中。童子岩组是福建省最重要的含煤层位，为无烟煤，可分上、中、下3个岩性段，除中段为海相层不含煤外，上、下段均为含煤段，具煤层数多、单层厚度薄、煤层间距小特征。该岩组含煤36～113层，煤层总厚度10～55m，可采或局部可采18～26层，可采总厚度10～30m。翠屏山组的煤亦为无烟煤，亦有可采、局部可采煤层，但其规模却比童子岩组逊色得多。

接触交代型铁矿、铅锌多金属矿主要与石炭纪—二叠纪的灰岩（经畲组、船山组、栖霞组）及下三叠统溪口组的含钙硅泥质角岩关系密切，属大中型铁矿矿床的有龙岩马坑、漳平洛阳、安溪潘田、德化阳山、大田银顶格、漳平桂山6处，铅锌多金属矿床（点）主要有连城珠地、永春上姚、安溪后坪山、龙岩铁山、永定大排等。

2. 燕山期

该时期是岩浆活动最强烈时期，在太平洋板块俯冲作用下，大规模的断陷发生，并产生强烈火山喷发。与此同时，同源的岩浆侵入活动十分强烈频繁，形成的侵入岩可分早侏罗世(J_1)、中侏罗世(J_3)、晚白垩世(K)3个阶段，与成矿有关的矿床形成于晚侏罗世及早白垩世。

晚侏罗世太平洋板块俯冲作用加剧，不仅导致中（中酸）性—酸性岩浆大规模喷发，而且还产生了大规模的岩浆侵入，形成了大面积北东向带状展布，以酸性岩为主体的中性—中酸性—酸性—钙碱性侵入岩系。同期相伴产出晚侏罗世火山弧火山岩，上地幔物质上涌底侵，促使中下地壳部分熔融形成中酸性岩浆并不断分异演化、同化壳源物质形成花岗质岩浆，形成侵入岩及火山岩。燕山早期花岗岩常为岩基或岩株，对铁、铜、铅、锌多金属矿形成了以矽卡岩化为特点的矽卡岩型矿床，岩浆带来的钨、钼等物质或单独成矿或与铁铜多金属矿一起成矿。

白垩纪岩浆岩以早白垩世为主，是太平洋板块俯冲造山进入后造山阶段的岩浆作用的产物，以双峰式火山喷发为特征，为一套超基性—基性—中性—中酸性—酸性—碱性岩系，部分地段不连续。燕山晚期为伸展构造与混合岩浆作用，中酸性岩浆岩对成矿十分重要，形成的矿床有陆相火山岩型铜金矿等，其后的酸性岩浆侵入活动形成以钼矿、萤石矿为主的矿床。

(二)矿床时空分布及控矿因素

矿床的时间与空间分布受到了成矿地质作用的控制,其特征见表 9-10。

表 9-10　Ⅲ-82 成矿带主要矿床类型与主要控矿因素简表

地质年代	矿种	Ⅲ-82	主要类型	主要控矿因素
Q	高岭土		风化型	燕山期花岗岩、易于风化的地形地貌,如龙岩东宫下高岭土矿
K_1	银		陆相火山岩型、热液型	燕山晚期中酸性—酸性火山(岩浆)带、火山机构等
	金		陆相火山岩型	燕山晚期中酸性—酸性火山(岩浆)带、火山机构等
	钼		斑岩型、热液型	燕山晚期酸性岩浆带、含钼较高的正长花岗岩体及接触带附近
	铜(钼)		陆相火山岩型、热液型	闽东岩浆带、燕山晚期中酸性岩浆(火山)带、含铜(钼)矿的花岗闪长岩体及接触带附近
J_3	铁多金属		矽卡岩型	闽西南陆表海、铁多金属矿含矿层位(如 C—P 经畲组等)、印支期—燕山期复式背斜、燕山期花岗岩类改造形成矽卡岩型矿床
	钨、钼(锡)		斑岩型、热液型	燕山早期花岗岩、含钨钼高的花岗岩接触带附近,如漳平雷仔钨锡矿
T_1	铅、锌		矽卡岩型	闽西南陆表海、铁多金属矿含矿层位(溪口组等)、印支期—燕山期复式背斜、燕山期花岗岩类改造形成矽卡岩型矿床
P	煤		沉积岩型	闽西南陆表海、含煤建造(下二叠统童子岩组等)等
C—P	灰岩			闽西南陆表海、灰岩层位(如 C—P 船山组等)沉积形成的灰岩等
	铁多金属			闽西南陆表海、铁多金属矿含矿层位(如 C—P 经畲组等)、印支期—燕山期复式背斜、燕山期花岗岩类改造形成矽卡岩型矿床
S	金		变质碎屑岩中热液型	华夏地块与闽东地块(?)碰撞的造山作用,形成了以变质碎屑岩热液型金矿,主要控矿因素有构造部位(闽中造山带、宁化南平造山带等)、变质岩中韧性剪切带、新元古代地层(含金高)
Pt_3	铅、锌		沉积-变质岩型	在新元古代,本区北西古闽中洋海底火山作用形成铜、铅、锌多金属矿,主要控制因素有大地构造位置、古海洋扩张产生海底火山作用
	铜、铅、锌			

1. 铁铜多金属矿、煤矿

成矿作用在空间上的分布具有一定规律,铁、锰、铜多金属矿成矿于两个成矿中心,大田及龙岩—永定。大田以铁、铜、铅、锌(硫)多金属矿为主,规模较小,见有中型矿床;龙岩—永定为铁、铅、锌多金属矿产,规模较大,其中达到大型的矿床有马坑铁矿、大排铅锌多金属矿等。

煤矿为本成矿带的重要矿产,可分为西、中、东 3 个煤带,表明成煤过程的分带性特征。此外,锰主要分布于清流—连城,煤矿与灰岩常相伴出现。

主要控矿因素:①所在的构造位置,龙岩马坑、大田一带有利于矿质聚集;②闽西南陆表海的沉积作用,对于石炭纪—二叠纪的铁铜多金属矿(源)层,沉积作用十分重要,如龙岩马坑—永定大排的铁、铜、铅、锌矿的形成过程,与沉积形成的矿质关系密切;③对于煤来说,岩相古地理条件是成矿的重要因素;④灰岩则受到成矿时的古构造岩相控制。

2. 铜、金、银、钼、萤石矿

铜、金、银、钼、萤石矿主要与燕山期岩浆活动有关，在上杭—云霄北西向岩浆断裂带的西北部发育有铜、金、银、钼，形成紫金山矿田的陆相火山岩型铜金矿、斑岩型铜钼矿、陆相火山岩型银矿等多矿种、多成矿类型的矿床组合。

单钼矿、萤石矿分布较广泛，如萤石矿分布于明溪—连城—上杭；钼矿分布广泛，如漳平北坑场、连城姑田等有多处钼矿。

主要控矿因素：①所在的构造位置，如上坑为北西向构造与北东向构造的交会部；②中酸性岩浆-火山作用，主要为含矿较高的岩体及火山(次火山)岩的分布。

(三)矿床成矿系列、亚系列、矿田、矿床式的划分

本成矿带有4个成矿系列，5个成矿亚系列，8个矿床式，5个矿床集中区(表9-11)。

成矿系列：与海底火山作用有关的Fe-Cu-Pb-Zn-Au-Ag矿床成矿系列(Pt-2)；与加里东期韧性剪切有关的Au矿床成矿系列(Pz_1-3)；与海西期—印支期火山-沉积有关的Fe-Mn-Pb-Zn-Cu-S-煤-灰岩矿床成矿系列(Pz_2-1)。

成矿亚系列：与海西期—印支期火山-沉积有关的Fe-Mn-Pb-Zn-Cu-S矿床成矿亚系列(Pz_2-1-1)；与燕山早期花岗岩类有关的矽卡岩型Fe-Cu-Pb-Zn矿床成矿亚系列(Pz_2-1-2)；与燕山期岩浆(火山)作用有关的W-Sn-Mo-Cu-Pb-Zn-Au-Ag多金属矿床成矿系列(Mz-1)；与燕山早期花岗岩类有关的矽卡岩型Fe-Cu-Pb-Zn矿床成矿亚系列(Mz-1-2)；与燕山晚期中酸性岩浆(火山)作用有关的Cu-Mo-Au-Ag-叶蜡石矿床成矿亚系列(Mz-1-3)；与燕山晚期酸性岩浆作用有关的Mo-萤石矿床成矿亚系列(Mz-1-4)。

矿床式：水吉式沉积-变质岩型铅锌矿；双旗山式变质碎屑岩中热液型金矿；大排式矽卡岩型铅锌矿；马坑式矽卡岩型铁矿；紫金山式陆相火山岩型铜金矿；赤路式斑岩型钼矿；西朝式岩浆-热液型钼矿；南山下式岩浆热液型萤石矿。

矿集区：清流桐坑-永安李坊萤石-重晶石矿集区(Ⅲ-82-1)(K_1)；大田汤泉Fe-Pb-Zn-Cu矿集区(Ⅲ-82-2)(C—P、J)；连城庙前Mn-Pb-Zn-Cu矿集区(Ⅲ-82-3)(C—P、T、K_1)；上杭紫金山Cu-Au-Ag-Mo矿集区(Ⅲ-82-4)；龙岩马坑-永定大排Fe-Mo-Pb-Zn-Sn矿集区(Ⅲ-82-5)(C—P、J)。

(四)区域成矿模式与成矿谱系

1. 区域成矿模式

本区的成矿作用主要为两个时期，即晚泥盆世—中三叠世及中生代(图9-16)。就地质构造演化而论，晚古生代陆表海发展、陆内造山阶段和中新生代陆内盆地两个构造发展阶段，均与成矿有关。

(1)晚泥盆世—中三叠世。闽西北及闽东仍处于相对隆起状态，只接受有较少的沉积，而闽西南则处于陆表海阶段，形成了晚泥盆世—早石炭世粗碎屑岩建造，晚石炭世—中二叠世早期硅砂泥质碳酸盐岩建造、碳酸盐岩建造，中二叠世中期—晚二叠世细碎屑岩建造和含煤碎屑岩建造，早三叠世硅砂泥质碳酸盐岩建造及中三叠世红色砂泥岩建造。石炭纪在龙岩马坑等地可能有短暂的海底火山作用，与沉积作用共同形成铁锰多金属矿沉积，二叠纪的成煤作用分布广泛，在整个闽西南陆表海分布有煤层，早三叠世也有铅锌矿质的沉积。

发生于中三叠世末的印支运动，强烈的侧向挤压作用致使坳陷中的沉积物发生褶皱隆起和一系列的逆冲推覆-滑脱构造，并伴有较强的岩浆侵入活动，从而结束了福建被动陆缘与陆表海的发展历史，进入濒太平洋活动大陆边缘发展阶段。

表 9-11　Ⅲ-82 成矿带矿床成矿系列、亚系列、矿田、矿床式划分特征简表

成矿系列	成矿亚系列	矿床式	Ⅴ级矿集区	矿床集中区	代表性矿床名称
与海底火山作用有关的 Fe-Cu-Pb-Zn-Au-Ag 矿床成矿系列(Pt-2)		水吉式沉积-变质岩型铅锌矿	尤溪峰岩 Pb-Zn 多金属矿集区(Ⅲ-80-①-4)(Pt、J_3)	尤溪峰岩 Pb-Zn 多金属矿集中区(Pt-2-4)	尤溪峰岩铅锌矿
与加里东期韧性剪切有关的 Au 矿床成矿系列(Pz_1-3)		双旗山式变质碎屑岩热液型金矿	德化邱村-双旗山 Au 矿集区(Ⅲ-80-①-5)(加里东期、K_1)	德化双旗山 Au 矿集中区(Pz_1-3-5)	德山双旗山金矿
与海西期—印支期火山-沉积有关的 Fe-Mn-Pb-Zn-Cu-S-煤-灰岩矿床成矿系列(Pz_2-1)	与海西期—印支期火山-沉积有关的 Fe-Mn-Pb-Zn-Cu-S矿床成矿亚系列(Pz_2-1-1)	(马坑式矽卡岩型铁矿)大排式矽卡岩型铅锌矿	大田汤泉 Fe-Pb-Zn-Cu 矿集区(Ⅲ-82-2)(C—P、J)	大田高星-银顶格 Fe 多金属矿集中区(Pz_2-1-1)	德化阳山铁矿、漳平洛阳铁矿等
		马坑式矽卡岩型铁矿	大田汤泉 Fe-Pb-Zn-Cu 矿集区(Ⅲ-82-2)(C—P、J)		
		马坑式矽卡岩型铁矿	连城庙前 Mn-Pb-Zn-Cu 矿集区(Ⅲ-82-3)(C—P、T、K_1)	连城 Fe-Mn 矿集中区(Pz_2-1-3)	
		马坑式矽卡岩型铁矿	龙岩马坑-永定大排 Fe-Mo-Pb-Zn-Sn 矿集区(Ⅲ-82-5)(C—P、J)	永安-大田、龙岩-永定、将乐-明溪-连城煤田(Pz_2-2-3),将乐-武平煤田(Pz_2-2-1),永安-大田煤田(Pz_2-2-2)、永春-尤溪煤田(Pz_2-2-3)、龙岩-永定煤田(Pz_2-2-4)	永安加福、大田上京、永定培丰等煤矿
与燕山期岩浆(火山)作用有关的 W-Sn-Mo-Cu-Pb-Zn-Au-Ag 多金属矿床成矿系列(Mz-1)	与燕山早期花岗岩类有关的矽卡岩型 Fe-Cu-Pb-Zn 矿床成矿亚系列(Mz-1-2)	马坑式矽卡岩型铁矿	大田汤泉 Fe-Pb-Zn-Cu 矿集区(Ⅲ-82-2)(C—P、J)	大田高星-银顶格 Fe 多金属矿集中区(Mz_2-1)	闽侯广坪钨矿(小型)
		马坑式矽卡岩型铁矿	连城县庙前 Mn-Pb-Zn-Cu 矿集区(Ⅲ-82-3)(C—P、T、K_1)		
		马坑式矽卡岩型铁矿	龙岩马坑-永定大排 Fe-Mo-Pb-Zn-Sn 矿集区(Ⅲ-82-5)(C—P、J)	龙岩马坑-永定大排 Fe 多金属矿集中区(Mz_2-4)	
	与燕山晚期中酸性岩浆(火山)作用有关的 Cu-Mo-Au-Ag-叶蜡石矿床成矿亚系列(Mz-1-3)	紫金山式陆相火山岩型铜金矿	上杭紫金山 Cu-Au-Ag-Mo 矿集区(Ⅲ-82-4)(K_1)	上杭紫金山外围 Cu-Au-Ag-Mo 矿集中区(Mz_3-1)	上杭紫金山铜金矿等
	与燕山晚期酸性岩浆作用有关的 Mo-萤石矿床成矿亚系列(Mz-1-4)	赤路式斑岩型钼矿、西朝式岩浆-热液型钼矿			漳平北坑场钼矿、连城姑田钼矿
		西朝式岩浆-热液型钼矿		古田西朝 Mo 矿集中区(Mz-1-4-2)	古田西朝钼矿
		南山下式岩浆热液型萤石矿	清流桐坑-永安李坊萤石-重晶石矿集区(Ⅲ-82-1)(K_1)	寒武纪重晶石矿集中区(Pz_1-1)	邵武南山下萤石矿、清流桐坑萤石矿等

(2)晚侏罗世。发生于中三叠世末的印支运动,至燕山早期(晚侏罗世)强烈的构造岩浆活动是重要的成矿地质作用。强烈挤压的地壳产生壳源型花岗岩,常沿复式背斜等侵入,与石炭纪—二叠纪的铁铜多金属矿质层(矿源层)接触形成矽卡岩型矿床,同时在岩体的内外接触带还可形成斑岩型或岩浆热液型钨、锡、钼矿床,如马坑铁矿及大排铅锌多金属矿等。

(3)白垩纪。燕山晚期受太平洋板块向欧亚大陆板块俯冲及欧亚大陆板块向南东挤压活动的影响,本成矿带的北西向断裂活动强烈,与北东向构造交会部常成为重要的岩浆活动部位。在上杭紫金山盆地的中酸性岩浆-火山作用形成陆相火山岩型铜、金、银矿及斑岩型钼矿等。其次,与酸性岩有关的钼矿、萤石矿分布广泛,如清流桐坑萤石矿、漳平北坑场钼矿等。

(4)第四纪。新生代福建省全境基本处于整体隆升、剥蚀夷平状态,并以断块差异隆升为特色。本区成矿主要有风化壳离子吸附型稀土矿,如上杭一带晚侏罗世花岗岩风化壳离子吸附型稀土矿等。

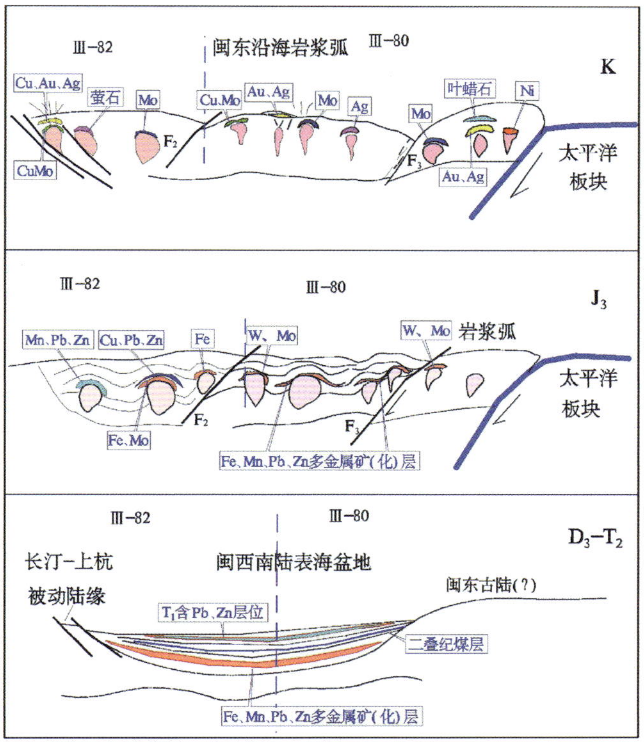

图 9-16 永安-梅州-惠阳(坳陷)Fe-Pb-Zn-Cu-Au-Ag-Sb 成矿带(Ⅲ-82)成矿模式图

F_2.政和-大埔断裂;F_3.福安-南靖断裂

成矿模式说明:D_3-T_2.闽西南陆表海发育,形成海陆交互含煤碎屑岩-陆表海碎屑岩-碳酸盐岩组合、C—P 铁铜多金属矿化、P 煤层、T_1 铅锌多金属矿(化);J_3.太平洋板块向欧亚板块俯冲,酸性岩浆作用,主要为花岗岩侵入,形成与斑岩型或岩浆热液型钨钼矿.当岩体与 C—P 铁铜多金属矿化及 T_1 的铅锌矿接触时,形成矽卡岩型矿床,花岗岩带来的钨钼矿质可形成斑岩型或热液型矿床;K.太平洋板块向欧亚板块俯冲,白垩纪本区为造山后伸展构造作用,形成与中酸性岩浆作用有关的铜钼多金属矿或陆相火山岩型铜钼矿及叶蜡石矿等,与酸性岩浆侵入有关的钼矿或萤石矿。

2. 区域成矿谱系

福建省可分为 3 个Ⅲ级成矿带、6 个Ⅳ级成矿亚带,就空间上的分布规律具以下特点。

(1)成矿系列、亚系列的矿床成矿作用决定了各种矿床的分布。与海底火山作用有关的 Fe-Cu-Pb-Zn-Au-Ag 成矿系列(Pt-2)矿床(沉积-变质型铜铅锌矿)主要分布于闽中结合带(Ⅴ-7),如本区的尤溪峰岩铅锌矿。寒武纪重晶石成矿系列(Pz_1-1)的矿床分布于永安-龙岩海陆交互陆表海盆地(Ⅴ-3-3-1)的寒武纪沉积;加里东期与韧性剪切有关的金矿床成矿系列(Pz_1-3)分布于尤溪肖板、德化双旗山。海西期—印支期与火山-沉积有关的 Fe-Mn-Pb-Zn-Cu-S-煤-灰岩成矿系列(Pz_2-1)的矿床主要分布于永安-龙岩海陆交互陆表海盆地(Ⅴ-3-3-1)(D_3—T_2),主要在大田、龙岩、永定等地,为本成矿带的主体。与燕山期岩浆(火山)作用有关的W-Sn-Mo-Cu-Pb-Zn-Au-Ag多金属成矿系列(Mz-1)的矿床分布最为广泛,如上杭紫金山铜、钼、银金矿、漳平北坑场钼矿、清流桐坑萤石矿等。与第四纪风化有关的矿床分布受风化原岩控制,风化壳离子型稀土矿床受燕山期花岗岩控制,风化淋滤型锰矿受含锰灰岩等控制,高岭土矿受花岗岩原岩等控制。

(2)多期次形成的矿床有铜、铅、锌、银、硫等,成矿分为3期:①新元古代为重要的成矿期,在华夏地块(Ⅴ-3)、武夷古弧盆系(Ⅴ-3-1)(Pt)、南平-宁化(夭折)裂谷(Ⅴ-3-2)(Z),尤其是闽中结合带(Ⅴ-7),加里东期出现变质改造;②海西期在永安-龙岩海陆交互陆表海盆地(Ⅴ-3-3-1)(D_3—T_2)出现海相沉积(可能有海底火山成矿作用);③燕山早期对海西期进行改造,形成矽卡岩型矿床;燕山晚期中酸性岩浆(火山)作用也形成(陆相火山岩型、热液型等)铜、铅、锌、银矿床。

(3)金矿床成矿分为两期:①加里东期(志留纪)变质作用形成变质碎屑岩中热液型金矿;②燕山晚期中酸性岩浆(火山)作用形成陆相火山岩型金矿。

(4)钨、锡、钼矿床基本上形成于燕山期,其中与花岗岩有关的斑岩型或岩浆热液型钨(钼)、锡以晚侏罗世为主,主要产于华夏地块;钼矿在燕山早期与铁矿结合形成铁钼矿床;燕山晚期则为单一钼矿床。

(5)煤矿、灰岩等均产于海西期,主要分布于永安-龙岩海陆交互陆表海盆地(Ⅴ-3-3-1)(D_3—T_2)内。

(五)区域内成矿的时空演化规律及其壳幔作用对成矿的控制作用

1. 区域内成矿的时空演化规律

永安-梅州-惠阳(坳陷)Fe-Pb-Zn-Cu-Au-Ag-Sb成矿带(Ⅲ-82)的时空演化规律,主要从成矿的时代、空间展布及主要控制因素2个方面进行总结。

(1)成矿时代。此成矿带于新元古代、早古生代、晚古生代、中生代、新生代均有表现,以晚古生代、中生代最为重要。

新元古代:本区成矿受到古闽中洋演化的控制,分布于政和—南平—尤溪一线,本成矿带的北东部尤溪峰岩等地分布的铜、铅、锌多金属矿属于古闽中洋形成与演化过程中海底火山作用成矿。矿床类型为沉积变质型。

早古生代:本成矿构造带为陆缘相与半深海相,矿床较少,主要为沉积型重晶石矿,分布于永安李坊,而本成矿带未见有较大的矿床。

晚古生代:为闽西南陆表海最重要的成矿作用时期,也是本成矿带最重要的成矿期。石炭纪—二叠纪的铁、铜、铅、锌、硫多金属矿及二叠纪的煤矿,遍及全成矿带。

中生代:地质作用十分强烈,成矿作用也十分明显。晚侏罗世本成矿带北西部的花岗岩侵入活动十分强烈,成矿作用表现为将石炭纪至二叠纪铁、铜、铅、锌矿质改造为矽卡岩型矿床,同时花岗岩也带来钨钼等成矿物质,并单独形成矿床,如闽侯广坪钨矿等。早白垩世成矿作用有2次,第一次因中酸性岩浆(火山)作用成矿过程所致,形成以紫金山铜金矿为代表的一系列矿床;第二次为早白垩世中晚期,以花岗岩侵入成矿作用为特征,形成了漳平北坑场、连城姑田等中型斑岩型或岩浆-热液型钼矿床及清流桐坑的萤石矿等。

新生代:成矿与风化作用有关,主要为风化壳离子吸附型稀土矿,本成矿带的上杭一带也有分布。

(2)成矿的空间分布:海西期成矿作用与闽西南陆表海有关,主要为沉积型矿床,分布于永安、大田、龙岩、永定一带,如铁矿、煤矿及铅锌多金属矿等均可形成大—中型矿床;燕山期成矿作用主要与中酸性、酸性岩浆作用有关,如紫金山铜金矿分布于上杭盆地及其边缘。

2. 壳幔作用对成矿的控制作用

壳幔作用对成矿的控制主要为4次张性—挤压(壳幔离散—会聚)作用,均有矿产形成。

第一次与壳幔离散有关的成矿作用发生在新元古代,地幔与地壳的分离形成张性构造作用,并形成闽中洋(?),至新元古代后期形成会聚,产生了压缩作用,与壳幔离散有关的矿床为东岩岩组铜多金属矿。本成矿带的北东部有涉及,而基底是否还有此类地层及矿床还有待今后加以注意。

第二次张性—挤压(壳幔离散—会聚)作用发生在加里东期,造山活动产生大量的韧性剪切带,形成了与变质碎屑岩有关的变质热液型金矿。

第三次为海西期,是本成矿带的重要成矿期,石炭纪—二叠纪形成铁、铜、铅、锌多金属矿(源)层及煤层,早三叠世也有铅锌等矿质沉积。金属矿组成了矽卡岩型矿床的物质基础,为燕山期矽卡岩化作用提供了物质基础。

第四次为中生代会聚作用,为太平洋板块与欧亚板块的碰撞的结果。自中生代以来,本成矿带经历的与成矿有关的壳幔作用主要在晚侏罗世和白垩纪。

第三节　福建省区域成矿基本规律

一、福建省主要矿产资源产出的时间规律

全省性矿床成矿系列、亚系列的总结以地质作用的规律变化为主线,对全省矿床的成矿作用进行研究,划分为与沉积作用有关的成矿作用、与岩浆作用有关的成矿作用、与变质作用有关的成矿作用及表生成矿作用。按时代分为新元古代、早古生代、晚古生代、中生代及第四纪成矿系列。矿床成矿系列与亚系列的划分及分布见表9-12,成矿谱系如图9-17,矿产主要形成于新元古代、加里东期(志留纪)、燕山期(晚侏罗世和早白垩世),沉积型矿床主要形成于寒武纪沉积和晚古生代。

浙闽粤沿海Pb-Zn-Cu-Au-Ag-W-Sn-叶蜡石-明矾石-萤石成矿带(Ⅲ-80)可划分为3个成矿系列、9个亚系列,主要成矿系列与亚系列为燕山晚期成矿作用的结果,矿种有钼、金、银、铜、铅、锌、镍及叶蜡石等。浙东-华安Au-Pb-Zn-Ag-Mo-Cu-叶蜡石-明矾石成矿亚带(Ⅲ-80-①)有3个成矿系列、8个亚系列;福鼎-云霄Ag-Cu-W-Mo-Sn-Pb-Zn-明矾石-叶蜡石成矿亚带(Ⅲ-80-②)有1个成矿系列、5个亚系列。

浙中-武夷隆起W-Sn-Mo-Au-Ag-Pb-Zn-Nb-Ta-萤石成矿带(Ⅲ-81)可划分为10个成矿系列、9个亚系列,主要成矿系列与亚系列时期为新元古代、加里东期、燕山早期及燕山晚期,矿种有铜、铅、锌、金、银、钨、锡、钼、硫、重晶石、萤石、稀土及煤等。遂昌-建阳Cu-Mo-Pb-Zn-Ag-萤石-叶蜡石-地开石成矿亚带(Ⅲ-81-①)有3个成矿系列、8个亚系列;武夷隆起W-Sn-Pb-Zn-Nb-Ta-Cu-Au-Ag-锂辉石成矿亚带(Ⅲ-81-②)有3个成矿系列、8个亚系列;南武夷Mn-Sn-Cu-Au-Ag-Pb-Zn-稀土成矿亚带(Ⅲ-81-③)有3个成矿系列、8个亚系列。

永安-梅州-惠阳(坳陷)Fe-Pb-Zn-Cu-Au-Ag-Sb成矿带(Ⅲ-82)有4个成矿系列、5个亚系列。

二、福建省主要矿产资源空间分布规律

成矿谱系主要研究矿产在时空上的变化情况。本省重要矿产有铁、锰、铜、铅锌、镍、锡、钼、金、银、稀土、磷、硫、重晶石、萤石矿及高岭土等,其在时间与空间上的展布受到成矿作用的控制。

表 9-12 成矿系列、亚系列在各成矿亚带的分布简表

成矿系列	成矿亚系列	Ⅲ-81-①	Ⅲ-81-②	Ⅲ-81-③	Ⅲ-82	Ⅲ-80-①	Ⅲ-80-②	主要内容	矿床式
Pt-1								元古宙硫铁矿-石墨矿床成矿系列	
	Pt-1-1							元古宙石墨矿床成矿亚系列	书坊式
	Pt-1-2							元古宙硫铁矿床成矿亚系列	水源式
Pt-2								与海底火山作用有关的 Fe-Cu-Pb-Zn-Au-Ag 矿床成矿系列	水吉式
Pz_1-1								寒武纪重晶石矿床成矿系列	李坊式
Pz_1-2								与加里东运动有关的 W-Sn-Nb-Ta-Cu-Au-Be-白云母矿床成矿系列	西坑式
Pz_1-3								加里东期与韧性剪切有关的 Au 矿床成矿系列	双旗山
Pz_2-1	Pz_2-1-1							海西期—印支期火山-沉积有关的 Fe-Mn-Pb-Zn-Cu-S 矿床成矿亚系列	马坑式、钟魏式
	Pz_2-1-2							晚古生代煤矿、灰岩矿床成矿亚系列	上京式、坑边式
Mz-1	Mz-1-1							与燕山早期花岗岩类有关的 W、Sn 、Mo 矿床成矿亚系列	行洛坑式、松岭式
	Mz-1-2							与燕山早期花岗岩类有关的矽卡岩型 Fe、Cu、Pb、Zn 矿床成矿亚系列	马坑式、钟魏式
	Mz-1-3							与燕山晚期中酸性岩浆(火山)作用有关的 Cu、Mo、Au、Ag、叶蜡石矿床成矿亚系列	紫金山式、英山式、寿山式
	Mz-1-4							与燕山晚期酸性岩浆作用有关的 Mo-萤石矿床成矿亚系列	赤路式、南山下式
	Mz-1-5							东南沿海与燕山期超基性—基性岩有关的 Ni 矿床成矿亚系列	长基式
Q-1								风化壳型稀土矿床成矿系列	河田式、张家塘式
Q-2								风化壳型 Mn 矿床成矿系列	兰桥式
Q-3								风化壳型高岭土矿床成矿系列	东宫下式

说明：Ⅲ-80. 浙闽粤沿海 Pb-Zn-Cu-Au-Ag-W-Sn-Nb-Ta-叶蜡石-明矾石-萤石成矿带；Ⅲ-80-①. 浙东-华安 Au-Pb-Zn-Ag-Mo-Cu-叶蜡石-明矾石成矿亚带；Ⅲ-80-②. 福鼎-云霄 Ag-Cu-W-Mo-Sn-Pb-Zn-明矾石-叶蜡石成矿亚带；Ⅲ-81 浙中-武夷隆起 W-Sn-Mo-Au-Ag-Pb-Zn-Nb-Ta-萤石成矿带；Ⅲ-81-①. 遂昌-建阳 Cu-Mo-Pb-Zn-Ag-萤石-叶蜡石-地开石成矿亚带；Ⅲ-81-②. 武夷隆起 W-Sn-Pb-Zn-Nb-Ta-Cu-Au-Ag-锂辉石成矿亚带；Ⅲ-81-③. 南武夷 Mn-Sn-Cu-Au-Ag-Pb-Zn-稀土成矿亚带；Ⅲ-82. 永安-梅州-惠阳(坳陷)Fe-Pb-Zn-Cu-Au-Ag-Sb 成矿带。

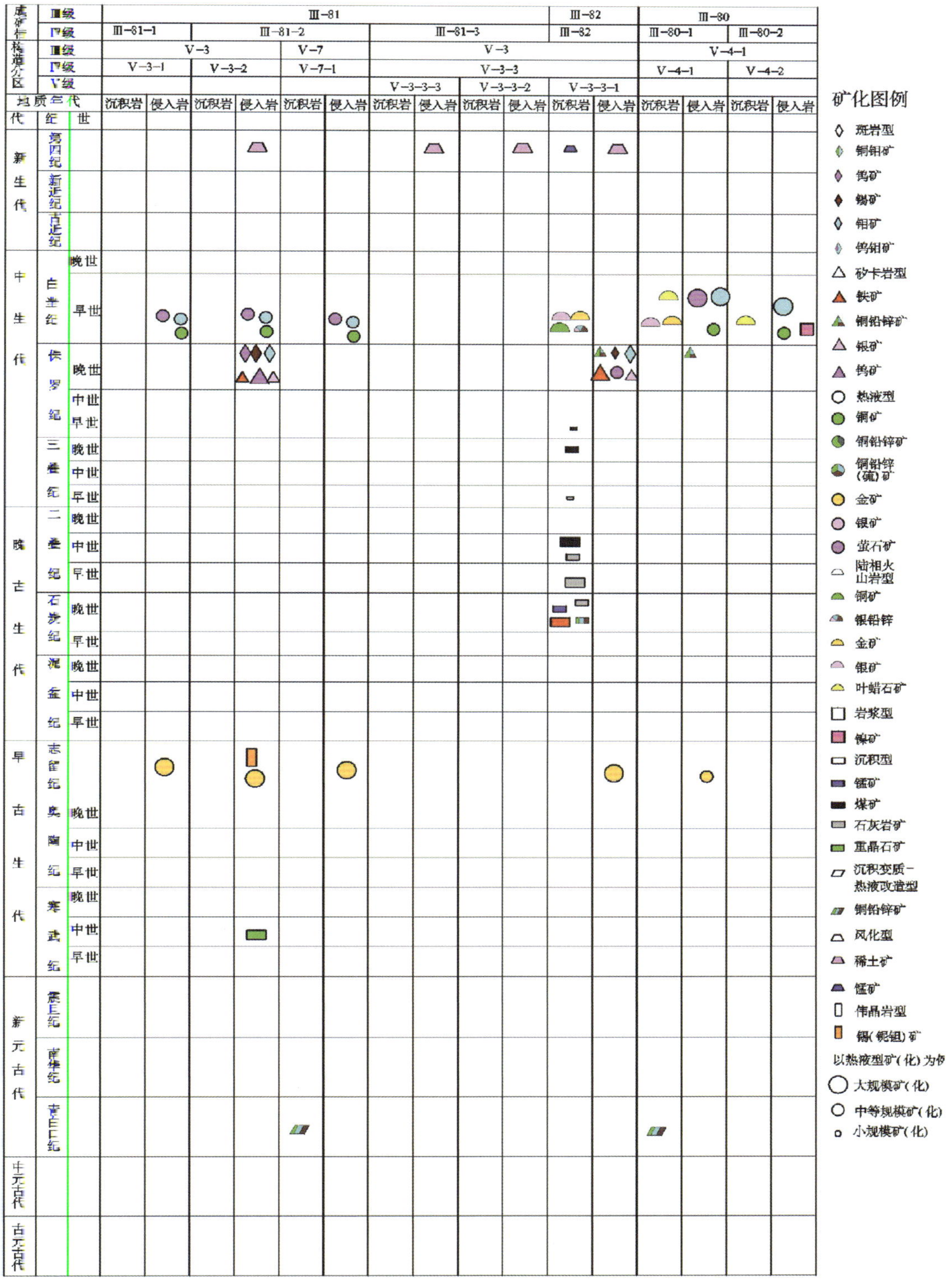

图 9-17　福建省矿产谱系图

Ⅲ-80. 浙闽粤沿海 Pb-Zn-Cu-Au-Ag-W-Sn -叶蜡石-明矾石-萤石成矿带；Ⅲ-81. 浙中-武夷隆起 W-Sn-Mo-Au-Ag-Pb-Zn-Nb-Ta -萤石成矿带；Ⅲ-82. 永安-梅州-惠阳(坳陷)Fe-Pb-Zn-Cu-Au-Ag-Sb 成矿带。Ⅳ级成矿亚带：Ⅲ-80-①. 浙东-华安 Au-Pb-Zn-Ag-Mo-Cu -叶蜡石-明矾石成矿亚带；Ⅲ-80-②. 福鼎-云霄 Ag-Cu-W-Mo-Sn-Pb-Zn -明矾石-叶蜡石成矿亚带(Ym、Yl[1]、H)；Ⅲ-81-①. 遂昌-建阳 Cu-Mo-Pb-Zn-Ag -萤石-叶蜡石-地开石成矿亚带；Ⅲ-81-②. 武夷隆起 W-Sn-Pb-Zn-Nb-Ta-Cu-Au-Ag -锂辉石成矿亚带(Ym、Yl[1]、H)；Ⅲ-81-③. 南武夷 Mn-Sn-Cu-Au-Ag-Pb-Zn -稀土成矿亚带；Ⅲ－82. 永安-梅州-惠阳(坳陷)Fe-Pb-Zn-Cu-Au-Ag-Sb 成矿带(Ym)。华夏地块(Ⅴ-3)：Ⅴ-3-1. 武夷古弧盆系(Pt)；Ⅴ-3-2. 南平-宁化(夭折)裂谷(Z)；Ⅴ-3-3. 闽西陆表海盆地(D_3—T_2)；Ⅴ-3-3-1. 永安-龙岩海陆交互陆表海盆地(D_3—T_2)；Ⅴ-3-3-2. 长汀-上杭斜坡陆缘(Nh—O)；Ⅴ-3-3-3. 桃溪古弧(后)盆系(地)(Pt_2)；闽中结合带(Ⅴ-7)：Ⅴ-7-1. 松溪-尤溪蛇绿混杂岩；Ⅴ-4. 东南沿海岩浆弧

福建省主要矿产资源空间分布具分带规律，可分为3个Ⅲ级成矿带，进一步划分为6个Ⅳ级成矿亚带。空间上的分布规律如下：

1.矿床组合形成的成矿系列与构造单元的关系密切：(1)Pt-1元古代硫铁矿、石墨成矿系列形成于武夷古弧盆系Ⅴ-3-1(Pt)，分布于闽北；Pt-2与海底火山作用有关的Fe、Cu、Pb、Zn、Au、Ag成矿系列矿床(沉积-变质型铜铅锌矿)主要分布于闽中结合带(Ⅴ-7)，总体呈北北东向的古闽中洋(?)内。(2)Pz1-1寒武纪重晶石成矿系列的矿床分布于永安-龙岩海陆交互陆表海盆地Ⅴ-3-3-1的寒武纪沉积，分布于闽西南地区；Pz1-2与加里东运动有关的W、Sn、Nb、Ta、Cu、Au、Be、白云母矿床成矿系列的矿床(西坑式伟晶岩型铌钽锡锂矿)分布于Ⅴ-3-1武夷古弧盆系(Pt)、Ⅴ-3-2南平-宁化(夭折)裂谷(Z)，位于建瓯—南平—沙县一带；Pz1-3加里东期与韧性剪切有关的金矿床成矿系列的矿床分布于Ⅴ-3-1武夷古弧盆系(Pt)、Ⅴ-3-2南平-宁化(夭折)裂谷(Z)及闽中结合带(Ⅴ-7)，分布于政和、尤溪、德化等地。(3)Pz2-1华力西-印支期火山-沉积有关的铁、锰、铅、锌、铜、硫及煤、灰岩成矿系列的矿床主要分布于永安-龙岩海陆交互陆表海盆地Ⅴ-3-3v1(D_3—T_2)，分布于闽西南地区。(4)Mz-1与燕山期岩浆(火山)作用有关的W、Sn、Mo、Cu、Pb、Zn、Au、Ag多金属矿系列的矿床与火山(岩浆)活动带有关，分布于北北东向的岩浆活动带内。(5)第四纪风化有关的矿床分布受风化的原岩控制，风化壳离子型稀土矿床受志留纪或燕山期花岗岩控制，受到花岗岩类的分布控制；风化淋滤型锰矿受含锰灰岩等控制，主要分布在永安、连城；高岭土矿受原岩花岗岩类等控制。

2.铜铅锌银硫等多期次形成的矿床受到构造单元的控制明显，是构造活动的产物。(1)新元古代有关的矿床，分布在华夏地块(Ⅴ-3)，武夷古弧盆系Ⅴ-3-1(Pt)、南平-宁化(夭折)裂谷Ⅴ-3-2(Z)，尤其是闽中结合带(Ⅴ-7)，加里东期出现变质改造；(2)华力西期矿床分布在永安-龙岩海陆交互陆表海盆地Ⅴ-3-3-1(D_3—T_2)出现海相沉积(可能有海底火山成矿作用)；(3)燕山早期矿床主要是华力西期“矿源”的改造，形成矽卡岩型矿床，分布于大田等地；燕山晚期中酸性岩浆(火山)作用有关的矿床(陆相火山岩型、热液型等)铜铅锌银矿床主要见于上杭、连城、大田等地。

3.金矿床的空间分布与成矿类型有关。(1)加里东期(志留纪)变质作用，形成变质碎屑岩中热液型金矿分布于泰宁、尤溪等变质岩分布区。(2)燕山晚期中酸性岩浆(火山)作用形成陆相火山岩型金矿见于上杭紫金山等。

4.钨锡钼矿床与燕山期花岗岩关系密切，其中斑岩型或岩浆热液型的钨(钼)、锡以晚侏罗世，主要产于华夏地块，分布于宁化、龙岩等地；钼矿在燕山早期与钨矿相伴出现，产于华夏地块内，分布于清流行洛坑、将乐新路口等；燕山晚期则为单一钼矿床，见于全省各地，矿床(点)总体呈北北东向展布。

5.煤矿、灰岩等均产于华力西期，主要为永安-龙岩海陆交互陆表海盆地Ⅴ-3-3-1(D_3—T_2)内，分布于大田、永安、龙岩等地。

6.风化壳型矿床见于全省。风化离子型稀土矿产于华夏地块内的志留纪至晚侏罗世花岗岩类的岩体内。在花岗岩发育地区，分布于宁化、上杭、永安、连城等地。

三、成矿关键性地质问题讨论

福建省成矿时间长、种类多，其成矿关键性地质问题也较多，如构造运动与成矿、变质作用与成矿、沉积作用与成矿、岩浆作用与成矿、风化作用与成矿、壳幔作用与成矿等。结合本省大型以上矿床的成矿特点，成矿作用的关键性地质问题是壳幔作用。

福建省成矿作用受到壳幔作用的控制，其中壳幔作用主要有4次张性—挤压(壳幔离散—会聚)作用，均有矿产形成。

第一次与壳幔离散有关的成矿作用发生在新元古代，地幔与地壳的分离形成张性构造作用，并形成闽中洋(?)，地幔物质从古大洋中喷出，带上来了大量铜、铅、锌多金属矿质，形成了原始的矿(源)层，经后期变质形成了沉积-变质型铜多金属矿；至新元古代后期形成会聚，产生了压缩作用，与壳幔离散有关的矿床为东岩岩组铜多金属矿。

第二次张性—挤压（壳幔离散—会聚）作用发生在加里东期，新元古代晚期本区下降形成陆盆，在永安李坊见有半深海类复理石建造及重晶石矿床，其余均为陆缘粗碎屑沉积，明溪还有陆相火山作用。志留纪—中泥盆世本成矿带壳幔发生会聚作用，形成了碰撞作用，并产生广泛的花岗岩，花岗岩类富含稀土矿质，为风化壳离子吸附型稀土矿提供了条件，形成南平西坑伟晶岩型铌、钽、锡锂矿；同时还产生大量的韧性剪切带，前期的金矿质被活化与富集，形成了与变质碎屑岩有关的变质热液型金矿，如德化双旗山、泰宁何宝山金矿等。

第三次发生在海西期，由于壳幔离散作用，在闽西南地区形成了闽西南陆表海，这是本省的重要成矿期。石炭纪—二叠纪、早三叠世周围陆区的风化剥蚀产生大量铁铜多金属矿质及来自地幔的铁铜多金属矿质在有利部位富集形成铁、铜、铅、锌多金属矿（源）层；陆表海在二叠纪还形成了煤层。金属矿组成了矽卡岩型矿床的物质基础，为燕山期矽卡岩化作用提供了物质基础。

第四次为中生代会聚作用，为太平洋板块与欧亚板块碰撞的结果。自中生代以来，本成矿带经历的主要壳幔作用有中三叠世—中侏罗世、晚侏罗世—白垩纪和新生代3个阶段。

中三叠世—中侏罗世：太平洋板块向欧亚板块俯冲的初级阶段，俯冲对壳幔的作用表现不明显，未见有岩体侵入，也没有发现重要矿床的分布。在地壳受挤压的过程中，在地表形成一系列陆相盆地，并形成陆相碎屑岩相。

晚侏罗世—白垩纪：主要岩浆活动阶段，地壳与地幔作用十分强烈，以地幔与地壳物质融合共同产生岩浆作用为特点，形成了岩浆侵入与火山作用。矿质随着岩浆向上运移，并以适当的方式在适当的构造部位定位成为矿床。矿质主要有铜、铅、锌、金、银、钨、钼等，晚侏罗世主要为钨、钼（锡）矿，早白垩世有铜、铅、锌、金、银、钼、萤石矿等。

新生代：新生代构造运动主要与菲律宾板块的运动与挤压有关。由于构造运动的不均匀特点，在构造薄弱带（主要是断裂构造带），深部的幔源物质向上运动，部分达到地表，形成了拉斑玄武岩等（如明溪等地），但未发现有重要矿产。

福建省成矿地质问题还有很多，如矿种、找矿区域、成矿时代、成矿系列与成矿谱系建立等方面问题，评论如下。

1. 矿种问题

福建省在燕山期构造岩浆带内已发现了与花岗岩有关的钨、锡、钼等矿床，但锡矿较少，特别在宁化、长汀一带，具有十分有利的成矿条件，但未发现大型矿床，仅有中型锡矿，其成矿规律有待今后加以研究。

铜多金属矿为燕山晚期（早白垩世）中酸性岩浆-火山作用的产物，在紫金山地区已发现了陆相火山岩型、斑岩型等铜、金、银、钼矿床，与之类似的松溪-宁德北西向断裂与政和-大浦等断裂带的交会部未发现有陆相火山岩型铜矿，但存在类似的金银矿等，是否存在与燕山晚期（早白垩世）中酸性岩浆-火山作用有关的铜、金、银、钼矿床，需进一步研究。

2. 找矿区域问题

福建省的成矿条件优越，闽东南由于中生代火山岩分布广泛，其找矿成果偏少，但地表见有大量的叶蜡石矿及相关的蚀变，其下是否存在金、银、铜、铅、锌、钼、钨矿，目前已发现矿床有金、银、钼矿等，其中是否存在铜、铅、锌矿还需今后加以注意。闽西南陆表海中铁多金属矿的找矿问题，主要是与沉积所形成的铁、铜、铅、锌多金属矿的分布及燕山期花岗岩的改造有关，在明溪—连城、大田—龙岩—永定均有分布，其深部矿产的分布规律还有待今后研究，并为“第二找矿空间”提供找矿依据。

3. 成矿时代问题

(1)本省成矿时代跨越较大，新元古代、早古生代、晚古生代、中生代均有成矿，但存在不平衡现象。新元古代以政和-尤溪[闽中洋(?)]一带成矿较重要，但在宁化溪源、顺昌山后等也分布有类似的矿床，对与成矿有关的绿片岩分布的研究十分重要，在今后工作中应加以注意。

(2)早古生代沉积作用产生的重晶石矿，仅在永安李坊地区发现，其他类似地区未见有突破，今后在沉积环境的研究中应加以注意。

(3)加里东期与韧性剪切带有关的金矿分布十分广泛，但主要分布于闽西北地区，在闽西南地区的基底是否也有此类矿床，在今后工作中应加以注意。

(4)晚泥盆世—中三叠世是闽西南地区的重要成矿期，形成铁、铜、铅、锌多金属矿，也有很多矿床，如马坑铁矿、大排铅锌矿等，此区分布十分广泛，其成矿规律及找矿区域的更细致资料还有待今后研究。

(5)燕山早期已发现与花岗岩有关的钨、锡、钼等矿床，与成矿有关的岩体分布广泛，主要分布于闽西北及闽北地区，未在闽东南地区发现重要矿床，今后工作中应加以注意。燕山晚期有与早白垩世早期中酸性岩浆岩有关的岩浆-火山作用形成的矿床，如紫金山铜金矿等，但在其他地区具类似成矿条件，如建宁均口等，是否存在有关矿床，有待今后工作中加以研究；晚期主要为与花岗岩有关的钼矿、萤石矿，分布较广泛，在闽东地区相对较少，尤其是萤石矿，有待今后工作中加以注意。在平和、永定一带出现的早侏罗世基性火山岩，是否有相关的矿床存在，今后工作中也应加以注意。

(6)喜马拉雅期在本省有大陆拉斑玄武岩分布，但没有重要的矿产，是否存在相关的来自深部的矿产，还有待今后加以注意。

(7)自燕山期(早白垩世)以来，本省基本上处于剥蚀状态，大量赋存于花岗岩、火山岩等稳定重砂矿物被搬运至沿海，但在本省沿海分布近 500×10^8 t 的轻砂，重矿物含量较低，仅在厦门一带发现有独居石等矿床，而更多的重矿物是否在更有利的地段富集成矿，也有待今后工作中加以研究。

4. 成矿系列与成矿谱系问题

本次成矿系列的划分据各成矿地质作用的演化，按与岩浆有关的矿床、与沉积有关的矿床、与变质有关的矿床及表生作用形成的矿床进行划分，形成了全省的成矿系列、亚系列方案，尽量全面反映成矿作用及规律。但对于成矿系列与亚系列的研究还存在问题，如紫金山地区与中酸性岩岩浆-火山作用有关的成矿亚系列，在其他地区(钟腾、德化安村及政和)未发现有规模较大的铜、金、银矿等。由于笔者水平所限，成矿谱系的研究仅就成矿系列与成矿带、亚带作成图，将矿产标于图上，未找到更好的表达方法，有待今后研究中加以探索。

第十章 数据库建设

第一节 基础数据库维护

自数字国土工程开展以来，中国地质调查局和福建省地勘局对几十年来积累的大量地质工作资料进行了数字化和数据库建设，基本建立了福建省基础地学数据库体系。已经完成的和正在建设的与矿产资源预测评价相关的福建省数据库资源主要包括1∶50万、1∶20万数字地质图空间数据库，福建省矿产地数据库，福建省1∶20万自然重砂数据库和福建省区域地球化学数据库，福建省区域重力调查数据库，福建省航磁数据库，福建省地质工作程度数据库和福建省航空遥感影像数据库。

截至2012年，基本完成了各个基础地质数据库的更新与维护，提供给全省矿产资源潜力评价使用。

一、地质图空间数据库

（一）福建省1∶50万数字地质图空间数据库

根据相关规范指南全面检查、整理中国地质调查局分发的1∶50万数字地质图空间数据库，对发现的错误进行修改、补充。主要检查的内容如下：①年代代码与符号的一致性；②岩性代码与符号的一致性；③地质内容的图面表示与属性内容的一致性；④面、线拓扑关系检查；⑤套合检查；⑥图廓精度检查；⑦属性结构检查。

（二）福建省1∶20万数字地质图空间数据库

由于前期完成的福建省1∶20万数字地质图空间数据库全部根据套改的地质图进行建库，因此根据全国矿产资源潜力评价项目组总体要求，福建省1∶20万数字地质图空间数据库维护工作按照《1∶20万地质图空间数据库建设指南》，采用矿产资源潜力评价统一系统库，对福建省30幅1∶20万地质图进行原汁原味的建库工作。

本次更新维护工作共收集了福建省30幅1∶20万地质图以及区域地质调查报告，对30个图幅数据库重新进行数据矢量化，并采用潜力评价统一系统库进行数据库建设工作（图10-1）。

二、矿产地数据库

按照《矿产地数据库建设工作指南》和矿产地数据库建设技术要求，尽量收集整理与本次资源潜力预测评价有关的18个矿种的大、中、小型矿床、矿点和矿化点信息（数据资料截至2012年12月），包括全省的与大调查项目、资补费项目、地方专项以及社会商业性项目有关的成果资料，补充、完善、更新矿产地数据库。各年度更新维护情况见表10-1。

28°40′	116°00′	117°00′	118°00′	119°00′	120°00′	121°00′	28°40′
28°00′				01 广丰幅 H-50-(35)			28°00′
27°20′			03 光泽幅 G-50-(4)	04 浦城幅 G-50-(5)	05 泰顺幅 G-50-(6)	06 平阳幅 G-51-(1)	27°20′
26°40′		07 广昌幅 G-50-(9)	08 顺昌幅 G-50-(10)	09 建瓯幅 G-50-(11)	10 福安幅 G-50-(12)	11 三沙幅 G-51-(7)	26°40′
26°00′		12 宁化幅 G-50-(15)	13 三明幅 G-50-(16)	14 南平幅 G-50-(17)	15 福州幅 G-50-(18)	16 浮鹰岛 G-51-(13)	26°00′
25°20′	17 于都幅 G-50-(20)	18 长汀幅 G-50-(21)	19 永安幅 G-50-(22)	20 德化幅 G-50-(23)	21 福清幅 G-50-(24)		25°20′
24°40′	22 寻邬幅 G-50-(26)	23 上杭幅 G-50-(27)	24 龙岩幅 G-50-(28)	25 泉州幅 G-50-(29)	26 南日岛 G-50-(30)		24°40′
24°00′		27 梅县幅 G-50-(33)	28 漳州幅 G-50-(34)	29 厦门幅 G-50-(35)			24°00′
23°20′		30 汕头幅 F-50-(3)	31 东山幅 F-50-(4)				23°20′
	116°00′	117°00′	118°00′	119°00′	120°00′	121°00′	

图10-1　福建省1∶20万数字地质图空间数据库工作量表程度图

表10-1　福建省矿产地数据库各年度更新维护情况　　（单位：个）

年度	2003	2008		2009			2010			2011			2012		
		删除	新增	删除	新增	更新	删除	新增	更新	删除	新增	更新	删除	新增	更新
记录数	2 465	17	505		66	813	2	73	509		32			35	1
合计	2 465	2 953		3 019			3 090			3 122			3 157		

2008年度，对2003年矿产地数据库进行全面维护，原库共2 465个矿产地，删除了库中重复的点17个，收集并新增入库505个，矿产地总数2 953个。2009年度，新增矿产地66个，更新813个，矿产地总数为3 019个。2010年度，删除了数据库中重复记录2个，新增矿产地73个，更新509个，矿产地总数为3 090个。2011年度，新增矿产地记录32个，矿产地总数为3 122个。2012年度，新增矿产地记录35个，矿产地总数为3 157个。

三、地质工作程度数据库

根据相关规范全面检查、整理中国地质调查局分发的福建省地质工作程度数据库，对发现的错误进行修改、补充，主要检查的内容如下：对原数据库中的数据内容进行检查，形成数据质量检查监控表。

地质工作程度数据库维护工作包括两项工作内容：其一，对原数据库中的数据内容进行检查，形成数据质量检查监控表；其二，收集、整理福建省2000—2012年各相关地质工作资料（国土资源大调查、资源补偿费矿产勘查、商业性地质勘查项目等），补充完善原来完成的地质工作程度数据库，资料截止日期为2012年12月。各年度更新维护记录统计见表10-2。

表 10-2 福建省地质工作程度数据库各年度更新维护记录统计表 (单位:条)

专业	2003 年	2008 年	2009 年	2010 年	2011 年	2012 年
区域地质调查	217	27				4
矿产勘查	1 771	543	33	18	31	57
地球物理勘查	96	16	15	10		13
地球化学勘查	216	12	2	9		
遥感地质调查	52	4				
水文地质调查	249	1		1		1
工程地质调查	14		2			
环境地质调查	23	16	5	17		
海洋地质调查	17					
综合类地质调查	273	1		2		
年度记录数	2 928	620	57	57	31	75

2008 年度，新增记录 620 条，其中区域地质调查 27 条、矿产勘查 543 条、地球物理勘查 16 条、地球化学勘查 12 条、遥感地质调查 4 条、水文地质调查 1 条、环境地质调查 16 条、综合类地质调查 1 条。2009 年度，新增记录 57 条，其中矿产勘查 33 条、地球物理勘查 15 条、地球化学勘查 2 条、工程地质调查 2 条、环境地质调查 5 条。2010 年度，新增记录 57 条，其中矿产勘查 18 条、地球物理勘查 10 条、地球化学勘查 9 条、水文地质调查 1 条、环境地质调查 17、综合类地质调查 2 条。2011 年度，新增记录 31 条，其中矿产勘查 31 条。2012 年度，新增记录 75 条，其中矿产勘查 57 条、区域地质调查 4 条、水文地质调查 1 条、地球物理勘查 13 条，更新记录 9 条。2008—2012 年共增加记录 840 条。

四、航磁数据库

本次数据库更新维护过程中对全国项目办公室下发的福建省航磁数据库进行了数据检查、清理工作。

根据相关规范全面检查、整理中国地质调查局分发的福建省航磁数据库，对发现的错误进行修改、补充，主要检查的内容如下：①坐标数据参数、磁力值、航磁工区参数信息检查；②坐标数据，记录与磁力值对应的坐标值检查；③磁力值，记录航空磁测 ΔT 数据检查；④航磁工区参数数据检查。

五、区域重力数据库

本次数据库更新维护过程中对全国项目办公室下发的福建省区域重力调查数据库进行了数据检查、清理工作。

根据相关规范全面检查、整理中国地质调查局分发的福建省区域重力数据库，对发现的错误进行修改，主要检查的内容如下：①数据检查；②异常对比检查；③依据“畸变数据判别及剔除原则”对数据进行检查。

六、区域化探数据库

福建省区域地球化学数据库在本次的更新与维护工作中，主要收集了部分 1∶5 万化探水系沉积物测量工作成果，以 1∶5 万图幅为单位开展物探、化探、遥感综合编图(化探样品单点样分析成果)和部分大比例尺化探数据库。最终更新维护并提交了 47 个 1∶5 万、1∶25 万、1∶1 万图幅和 6 个地区共 53 个数据库(表 10-3)。

表 10-3 福建省区域地球化学数据库维护清单

序号	数据库名称	比例尺	完成单位	工作起止年限	工作方法	提交格式	投影坐标
1	广平幅	1∶5 万	福建省地球物理地球化学勘查大队	1981—1985	土壤测量	① Access（*.mdb）；② Mapgis（*.wt/*.wl/*.wp）；③TIF	1954 年北京坐标系，高斯克吕格投影
2	文江幅	1∶5 万	福建省地球物理地球化学勘查大队	1981—1985	土壤测量	① Access（*.mdb）；② Mapgis（*.wt/*.wl/*.wp）；③TIF	1954 年北京坐标系，高斯克吕格投影
3	大坪幅	1∶5 万	福建省地球物理地球化学勘查大队	1981—1985	水系沉积物测量	① Access（*.mdb）；② Mapgis（*.wt/*.wl/*.wp）；③TIF	1954 年北京坐标系，高斯克吕格投影
4	岩溪幅	1∶5 万	福建省地球物理地球化学勘查大队	1981—1985	水系沉积物测量	① Access（*.mdb）；② Mapgis（*.wt/*.wl/*.wp）；③TIF	1954 年北京坐标系，高斯克吕格投影
5	政和幅	1∶5 万	福建省地球物理地球化学勘查大队	1981—1985	水系沉积物测量	① Access（*.mdb）；② Mapgis（*.wt/*.wl/*.wp）；③TIF	1954 年北京坐标系，高斯克吕格投影
6	川石幅	1∶5 万	福建省地球物理地球化学勘查大队	1981—1985	水系沉积物测量	① Access（*.mdb）；② Mapgis（*.wt/*.wl/*.wp）；③TIF	1954 年北京坐标系，高斯克吕格投影
7	后山幅	1∶5 万	福建省地球物理地球化学勘查大队	1981—1985	水系沉积物测量	① Access（*.mdb）；② Mapgis（*.wt/*.wl/*.wp）；③TIF	1954 年北京坐标系，高斯克吕格投影
8	付坊幅	1∶5 万	福建省地球物理地球化学勘查大队	1988	水系沉积物测量	① Access（*.mdb）；② Mapgis（*.wt/*.wl/*.wp）；③TIF	1954 年北京坐标系，高斯克吕格投影
9	里心幅	1∶5 万	福建省地球物理地球化学勘查大队	1988	水系沉积物测量	① Access（*.mdb）；② Mapgis（*.wt/*.wl/*.wp）；③TIF	1954 年北京坐标系，高斯克吕格投影
10	新市幅	1∶5 万	福建省地球物理地球化学勘查大队	1988	水系沉积物测量	① Access（*.mdb）；② Mapgis（*.wt/*.wl/*.wp）；③TIF	1954 年北京坐标系，高斯克吕格投影
11	宁化幅	1∶5 万	福建省地球物理地球化学勘查大队	1988	水系沉积物测量	① Access（*.mdb）；② Mapgis（*.wt/*.wl/*.wp）；③TIF	1954 年北京坐标系，高斯克吕格投影
12	中沙幅	1∶5 万	福建省地球物理地球化学勘查大队	1988	水系沉积物测量	① Access（*.mdb）；② Mapgis（*.wt/*.wl/*.wp）；③TIF	1954 年北京坐标系，高斯克吕格投影
13	石城幅	1∶5 万	福建省地球物理地球化学勘查大队	1988	水系沉积物测量	① Access（*.mdb）；② Mapgis（*.wt/*.wl/*.wp）；③TIF	1954 年北京坐标系，高斯克吕格投影
14	湖雷幅	1∶5 万	福建省地球物理地球化学勘查大队	1989	水系沉积物测量	① Access（*.mdb）；② Mapgis（*.wt/*.wl/*.wp）；③TIF	1954 年北京坐标系，高斯克吕格投影
15	池园幅	1∶5 万	福建省地球物理地球化学勘查大队	1989	水系沉积物测量	① Access（*.mdb）；② Mapgis（*.wt/*.wl/*.wp）；③TIF	1954 年北京坐标系，高斯克吕格投影
16	渔梁幅	1∶5 万	福建省地球物理地球化学勘查大队	1990	水系沉积物测量	① Access（*.mdb）；② Mapgis（*.wt/*.wl/*.wp）；③TIF	1954 年北京坐标系，高斯克吕格投影

续表 10-3

序号	数据库名称	比例尺	完成单位	工作起止年限	工作方法	图文格式	投影坐标
17	永兴幅	1∶5万	福建省地球物理地球化学勘查大队	1990	水系沉积物测量	①Access(*.mdb);②Mapgis(*.wt/*.wl/*.wp);③TIF	1954年北京坐标系,高斯克吕格投影
18	九都幅	1∶5万	福建省地球物理地球化学勘查大队	1990	水系沉积物测量	①Access(*.mdb);②Mapgis(*.wt/*.wl/*.wp);③TIF	1954年北京坐标系,高斯克吕格投影
19	上杭县幅	1∶5万	福建省地球物理地球化学勘查大队	1991	水系沉积物测量	①Access(*.mdb);②Mapgis(*.wt/*.wl/*.wp);③TIF	1954年北京坐标系,高斯克吕格投影
20	上杭紫金山地区	1∶5万	福建省地质勘查技术院	1991—1992	水系沉积物测量	①Access(*.mdb);②Mapgis(*.wt/*.wl/*.wp);③TIF	1954年北京坐标系,高斯克吕格投影
21	永定县大排-高陂	1∶2.5万	福建省地球物理探矿队	1977—1980	土壤测量	①Access(*.mdb);②Mapgis(*.wt/*.wl/*.wp);③TIF	1954年北京坐标系,高斯克吕格投影
22	浦城县古楼	1∶5万	福建省地球物理地球化学勘查大队	1986—1987	土壤测量	①Access(*.mdb);②Mapgis(*.wt/*.wl/*.wp);③TIF	1954年北京坐标系,高斯克吕格投影
23	建瓯石洲	1∶5万	福建省地质测绘院	2003	水系沉积物测量	①Access(*.mdb);②Mapgis(*.wt/*.wl/*.wp);③TIF	1954年北京坐标系,高斯克吕格投影
24	松溪县陈源	1∶5万	福建省地质测绘院	2001	水系沉积物测量	①Access(*.mdb);②Mapgis(*.wt/*.wl/*.wp);③TIF	1954年北京坐标系,高斯克吕格投影
25	元坑幅	1∶5万	福建省区域地质调查队	1982—1987	水系沉积物测量	①Access(*.mdb);②Mapgis(*.wt/*.wl/*.wp)	1954年北京坐标系,高斯克吕格投影
26	将乐幅	1∶5万	福建省区域地质调查队	1982—1987	水系沉积物测量	①Access(*.mdb);②Mapgis(*.wt/*.wl/*.wp)	1954年北京坐标系,高斯克吕格投影
27	万安幅	1∶5万	福建省区域地质调查队	1982—1987	水系沉积物测量	①Access(*.mdb);②Mapgis(*.wt/*.wl/*.wp)	1954年北京坐标系,高斯克吕格投影
28	才溪幅	1∶5万	福建省区域地质调查队	1986—1988	水系沉积物测量	①Access(*.mdb);②Mapgis(*.wt/*.wl/*.wp)	1954年北京坐标系,高斯克吕格投影
29	大溪幅	1∶5万	福建省区域地质调查队	1977—1986	水系沉积物测量	①Access(*.mdb);②Mapgis(*.wt/*.wl/*.wp)	1954年北京坐标系,高斯克吕格投影
30	九峰幅	1∶5万	福建省区域地质调查队	1977—1986	水系沉积物测量	①Access(*.mdb);②Mapgis(*.wt/*.wl/*.wp)	1954年北京坐标系,高斯克吕格投影
31	南胜幅	1∶5万	福建省区域地质调查队	1977—1986	水系沉积物测量	①Access(*.mdb);②Mapgis(*.wt/*.wl/*.wp)	1954年北京坐标系,高斯克吕格投影
32	平和幅	1∶5万	福建省区域地质调查队	1982—1988	水系沉积物测量	①Access(*.mdb);②Mapgis(*.wt)	1954年北京坐标系,高斯克吕格投影
33	霞寨幅	1∶5万	福建省区域地质调查队	1982—1988	水系沉积物测量	①Access(*.mdb);②Mapgis(*.wt)	1954年北京坐标系,高斯克吕格投影
34	尤溪梅仙	1∶2.5万	福建省七一四队	1972	土壤测量	①Access(*.mdb);②Mapgis(*.wt/*.wl/*.wp)	1954年北京坐标系,高斯克吕格投影

续表 10-3

序号	数据库名称	比例尺	完成单位	工作起止年限	工作方法	提交格式	投影坐标
35	夏道幅(东)	1∶5万	福建省地质三队	1975—1979	水系沉积物测量	①Access(*.mdb);②Mapgis(*.wt/*.wl/*.wp)	1954年北京坐标系,高斯克吕格投影
36	夏道幅(西)	1∶5万	福建省地质三队	1975—1979	水系沉积物测量	①Access(*.mdb);②Mapgis(*.wt/*.wl/*.wp)	1954年北京坐标系,高斯克吕格投影
37	迪口幅(东)	1∶5万	福建省地质三队	1975—1979	水系沉积物测量	①Access(*.mdb);②Mapgis(*.wt/*.wl/*.wp)	1954年北京坐标系,高斯克吕格投影
38	迪口幅(西)	1∶5万	福建省地质三队	1975—1979	水系沉积物测量	①Access(*.mdb);②Mapgis(*.wt/*.wl/*.wp)	1954年北京坐标系,高斯克吕格投影
39	泉上幅	1∶5万	福建省闽西地质大队	1981—1986	水系沉积物测量	①Access(*.mdb)	1954年北京坐标系,高斯克吕格投影
40	清流县幅	1∶5万	福建省闽西地质大队	1981—1986	水系沉积物测量	①Access(*.mdb)	1954年北京坐标系,高斯克吕格投影
41	明溪县幅	1∶5万	福建省闽西地质大队	1986—1987	水系沉积物测量	①Access(*.mdb)	1954年北京坐标系,高斯克吕格投影
42	胡坊幅	1∶5万	福建省闽西地质大队	1986—1987	水系沉积物测量	①Access(*.mdb)	1954年北京坐标系,高斯克吕格投影
43	安砂幅	1∶5万	福建省闽西地质大队	1984—1986	水系沉积物测量	①Access(*.mdb)	1954年北京坐标系,高斯克吕格投影
44	黄土安幅	1∶5万	福建省地质测绘院	1997—1998	水系沉积物测量	①Access(*.mdb);②Mapgis(*.wt/*.wl/*.wp);③TIF	1954年北京坐标系,高斯克吕格投影
45	邱家际幅	1∶5万	福建省地质测绘院	1997—1998	水系沉积物测量	①Access(*.mdb);②Mapgis(*.wt/*.wl/*.wp);③TIF	1954年北京坐标系,高斯克吕格投影
46	大竹岚幅	1∶5万	福建省地质测绘院	1997—1998	水系沉积物测量	①Access(*.mdb);②Mapgis(*.wt/*.wl/*.wp);③TIF	1954年北京坐标系,高斯克吕格投影
47	武陵幅	1∶5万	福建省地质测绘院	1997—1998	水系沉积物测量	①Access(*.mdb);②Mapgis(*.wt/*.wl/*.wp);③TIF	1954年北京坐标系,高斯克吕格投影
48	官司坪幅	1∶5万	福建省地质测绘院	2000	水系沉积物测量	①Access(*.mdb);②Mapgis(*.wt/*.wl/*.wp);③TIF	1954年北京坐标系,高斯克吕格投影
49	雷母寨幅	1∶1万	福建省地质调查研究院	2002	土壤测量	①Access(*.mdb);②Mapgis(*.wt/*.wl/*.wp);③TIF	1954年北京坐标系,高斯克吕格投影
50	豪村幅	1∶5万	福建省地质测绘院	2001	水系沉积物测量	①Access(*.mdb);②Mapgis(*.wt/*.wl/*.wp);③TIF	1954年北京坐标系,高斯克吕格投影
51	大林坑幅	1∶1万	福建省地质调查研究院	2001	土壤测量	①Access(*.mdb);②Mapgis(*.wt/*.wl/*.wp);③TIF	1954年北京坐标系,高斯克吕格投影
52	豪村幅	1∶1万	福建省地质调查研究院	2002	土壤测量	①Access(*.mdb);②Mapgis(*.wt/*.wl/*.wp);③TIF	1954年北京坐标系,高斯克吕格投影
53	北坑场幅	1∶1万	福建省地质调查研究院	2003	土壤测量	①Access(*.mdb);②Mapgis(*.wt/*.wl/*.wp);③TIF	1954年北京坐标系,高斯克吕格投影

根据相关规范全面检查、整理中国地质调查局分发的福建省区域地球化学数据库，对发现的错误进行修改、补充，主要检查的内容有：①重复点检查；②极大、极小值检测；③Ag、Au、Hg、Cd 计量单位检测与调整；④元素、图幅缺失情况检测；⑤点位图制作与上报蓝图校对检测、图形图像检测；⑥检测结果的记录、认定和改正错误。

七、自然重砂数据库

按照《1∶20 万自然重砂数据库建设指南》及《地质图空间数据库建设指南》对已建成的 1∶20 万自然重砂数据库内容进行核实、检查、数据更新（资料截至 2005 年底）；对已建成的汇水盆地数据库进行检查和维护。

福建省 1∶20 万自然重砂数据库维护工作的主要内容如下：对数据库内容进行核实、检查，数据更新；补充 1∶20 万自然重砂异常查证数据；对福建省汇水盆地数据赋属性。本次更新与维护工作中共维护了 30 个分幅 1∶20 万自然重砂数据库，新增了 10 个 1∶5 万自然重砂数据库（维护图幅及工作量见表 10-4）。

根据相关规范全面检查、整理中国地质调查局分发的福建省 1∶20 万自然重砂数据库，对发现的错误进行修改、补充。主要检查的内容如下：对参与重砂异常运算的字段值（包括重砂总重量、缩分后重量、磁性部分重量、电磁性部分重量、重部分重量、轻部分重量及矿物鉴定结果）进行检查。

表 10-4　福建省 1∶20 万自然重砂数据库新增一览表

序号	图幅	图幅号	比例尺	数据点记录（个）
1	将乐	G50E008014	1∶5 万	1 647
2	万安	G50E007014	1∶5 万	1 603
3	元坑	G50E008015	1∶5 万	2 012
4	街面	G50E013017	1∶5 万	425
5	中仙	G50E013018	1∶5 万	444
6	里心	G50E008011	1∶5 万	1 566
7	付坊	G50E007011	1∶5 万	1 194
8	上杭	G50E018010	1∶5 万	1 040
9	芷溪	G50E017011	1∶5 万	311
10	才溪	G50E017010	1∶5 万	1 715
合　计				11 957

八、遥感影像数据库

本次数据库更新维护过程中对全国项目办公室下发的福建省航空遥感影像数据库进行了数据检查、清理工作。根据相关规范全面检查、整理中国地质调查局分发的福建省遥感影像数据库，对发现的错误进行修改、补充。

第二节　成果数据库建设

一、成矿地质背景成果数据库

（一）编图成果

成矿地质背景图件编制分为三大类：一为全区基础性图件（主要是实际材料图和建造构造图两类）；二为单矿种预测工作区预测底图（沉积建造构造图、火山岩性岩相构造图、侵入岩浆构造图、变质建造构造图、建造构造图等）；三为大地构造图。按照数据模型要求，利用 MapGIS 和 GeoMAP 软件进行数据库建设。

按照数据库建设技术流程首先规范图件，包括分层、建立拓扑关系，然后利用 GeoMAP 规范图件结构、引用图层、挂接属性，最后进行属性检查。成矿地质背景专题各类图件主要包括如下内容。

(1)实际材料图：主要包括岩性、地质界线、断裂、韧性剪切带、褶皱、蚀变带、同位素年龄点、岩石化学样品采样点、地球化学样品采样点、化石采样点、地质路线、地质点、地质剖面位置、钻孔、产状要素和各类标注等内容。

(2)建造构造图：主要包括沉积岩建造、火山岩性岩相、火山构造、侵入岩、构造岩浆带、变质岩建造、大型变形构造、地质界线、断裂、韧性剪切带、褶皱、同位素年龄、产状要素、各类标注等。

(3)沉积建造构造图：主要包括沉积岩建造、沉积岩建造界线、侵入岩、火山岩性岩相、变质岩建造、特殊标志层、(沉积矿产)矿(床)点、柱状剖面点、断裂、褶皱、地质界线、产状要素、岩石化学采样点、地球化学采样点、同位素采样点、各类标注等。

(4)火山岩性岩相构造图：主要包括火山岩性岩相、火山构造、侵入岩、沉积岩建造、构造岩浆带、变质岩建造、断裂、褶皱、地质界线、韧性剪切带、蚀变带、产状要素、岩石化学采样点、地球化学采样点、同位素采样点、各类标注等。

(5)侵入岩浆构造图：主要包括侵入岩、构造岩浆带、地质界线、断裂、韧性剪切带、褶皱、蚀变、同位素年龄、产状要素、岩石化学采样点、地球化学采样点、同位素采样点、各类标注，沉积岩建造、火山岩性岩相、变质岩建造等。

(6)变质建造构造图：主要包括变质岩建造、沉积岩建造、侵入岩、火山岩性岩相、地质界线、断裂、韧性剪切带、褶皱、蚀变、同位素年龄、产状要素、岩石化学采样点、地球化学采样点、同位素采样点、各类标注等。

(7)建造构造图：主要包括沉积岩建造、火山岩性岩相、火山构造、侵入岩、构造岩浆带、变质岩建造、大型变形构造、地质界线、断裂、韧性剪切带、褶皱、产状要素、岩石化学采样点、地球化学采样点、同位素采样点、各类标注等。

(8)大地构造图：主要包括大地构造相单元、大地构造相单元界线、沉积岩岩石构造组合、火山岩岩石构造组合、侵入岩岩石构造组合、变质岩岩石构造组合、断裂、岩石构造组合边界、大型变形构造、综合地质构造解译、各类标注等。

（二）专题数据库

成矿地质背景数据库建设完成了福建省 1∶25 万实际材料图空间数据库和属性数据库 11 个，建造构造图空间数据库和属性数据库 11 个，铁、铜等 17 个矿种预测底图空间数据库和属性数据库 120 个；福建省大地构造图空间数据库和属性数据库 1 个(表 10-5)。

表 10-5　福建省地质背景专题属性数据库一览表

图件分类	图件类型		数量(个)
基础图件	1∶25 万实际材料图		11
	1∶25 万建造构造图		11
单矿种预测工作区预测底图	铁	建造构造图	5
		侵入岩浆构造图	2
	硫铁	火山岩性岩相构造图	
	铜	火山岩性岩相构造图	1
		建造构造图	6
		侵入岩浆构造图	11
	铅锌	建造构造图	7
		侵入岩浆构造图	7
	锰	沉积建造构造图	3
	镍	侵入岩浆构造图	1
	钨	侵入岩浆构造图	6
	锡(锂)	侵入岩浆构造图	8
	金	火山岩性岩相构造图	3
		建造构造图	5
	钼	侵入岩浆构造图	14
	稀土	地貌与第四纪地质图	2
	银	火山岩性岩相构造图	4
		建造构造图	3
		侵入岩浆构造图	6
	磷	变质建造构造图	4
	硫	变质建造构造图	1
		建造构造图	6
		侵入岩浆构造图	8
	萤石	建造构造图	5
	重晶石	沉积建造构造图	2
大地构造图	1∶50 万大地构造图		1
数据库合计			143

(三)综合信息集成数据库

福建省矿产资源潜力评价成矿地质背景专题综合信息集成数据库内容详见表 10-6。

表 10-6　福建省矿产资源潜力评价成矿地质背景专题综合信息集成数据库一览表

专业	矿种	种类	比例尺	数据库(个)	说明书(份)	元数据(条)
成矿地质背景	省级基础	1∶25 万分幅实际材料图	1∶25 万	11	11	11
		1∶25 万分幅建造构造图	1∶25 万	11	11	11
		省级大地构造图	1∶50 万	1	1	1
	铁	预测工作区建造构造图	1∶5 万	5	5	5
		预测工作区侵入岩浆构造图	1∶5 万	2	2	2
	铜	预测工作区火山岩性岩相构造图	1∶5 万	1	1	1
		预测工作区建造构造图	1∶5 万	6	6	6
		预测工作区侵入岩浆构造图	1∶5 万	11	11	11
	铅锌	预测工作区建造构造图	1∶5 万	7	7	7
		预测工作区侵入岩浆构造图	1∶5 万	7	7	7
	锰	预测工作区沉积建造构造图	1∶5 万	3	3	3
	镍	预测工作区侵入岩浆构造图	1∶5 万	1	1	1
	钨	预测工作区侵入岩浆构造图	1∶5 万	6	6	6
	锡(锂)	预测工作区侵入岩浆构造图	1∶5 万	8	8	8
	金	预测工作区火山岩性岩相构造图	1∶5 万	3	3	3
		预测工作区建造构造图	1∶5 万	5	5	5
	钼	预测工作区侵入岩浆构造图	1∶5 万	14	14	14
	稀土	预测工作区地貌与第四纪地质图	1∶25 万	2	2	2
	银	预测工作区火山岩性岩相构造图	1∶5 万	4	4	4
		预测工作区建造构造图	1∶5 万	3	3	3
		预测工作区侵入岩浆构造图	1∶5 万	6	6	6
	磷	预测工作区变质建造构造图	1∶5 万	4	4	4
	硫	预测工作区变质建造构造图	1∶5 万	1	1	1
		预测工作区建造构造图	1∶5 万	6	6	6
		预测工作区侵入岩浆构造图	1∶5 万	8	8	8
	萤石	预测工作区建造构造图	1∶5 万	5	5	5
	重晶石	预测工作区沉积建造构造图	1∶5 万	2	2	2
合　计				143	143	143

二、成矿规律与预测成果数据库

(一)编图成果

成矿规律与矿产预测图件编制分为 11 类：铁、铜、铅、锌、锰、镍、钨、锡、锂、金、钼、稀土、银、磷、硫、萤石、重晶石 17 个矿种的典型矿床成矿要素图、典型矿床预测要素图、省级矿种预测类型分布图、预测工作区成矿要素图、预测工作区预测要素图、预测工作区矿产预测类型预测成果图、省级矿种区域成矿规律图、省级矿种预测成果图、省级矿种勘查工作部署图、省级矿种未来矿产开发基地预测图等。按照数据模型要求，利用 MapGIS 和 GeoMAP 软件进行数据库建设。

按照数据库建设技术流程首先规范图件，包括分层、建立拓扑关系，然后利用 GeoMAP 规范图件结构、引用图层、挂接属性，最后进行属性检查。成矿规律与矿产预测专题各类图件主要包括如下内容。

(1)典型矿床成矿要素图：主要包括成矿地质体、成矿构造图层、矿体图层、蚀变带图层。

(2)典型矿床预测要素图：主要包括典型矿床成矿要素图，还包括重力、磁法、地球化学、遥感、自然重砂预测要素的模式图等。

(3)省级矿种预测类型分布图：主要包括地质构造、矿产地、大地构造相、成矿区带、矿产预测类型等。

(4)预测工作区成矿要素图：主要包括区域成矿构造、推断控矿构造带、成矿区带、找矿标志、矿化蚀变标志、区域矿化蚀变地质体、矿产地、沉积型矿产地建造构造、火山型矿产地成矿建造、变质型矿产地成矿建造、侵入岩型、复合内生型、层控内生型矿点侵入体、复合内生型矿床围岩地质体、成矿侵入岩体岩相构造、成矿火山构造、成矿侵入角砾岩、成矿侵入接触构造、成矿断裂构造、成矿褶皱构造、成矿后构造等。

(5)预测工作区预测要素图：主要包括区域成矿要素图，还包括区域地球物理、地球化学、遥感、自然重砂等找矿模型。

(6)单矿种(组)成矿规律图：主要包括成矿区带、矿(组)矿产地特征、矿(组)找矿标志、矿(组)蚀变标志、矿(组)成矿时代、矿(组)找矿远景区。

(7)区域成矿规律图：主要包括成矿区带、矿产地特征、找矿标志、蚀变标志、成矿时代。

(8)预测工作区矿产预测类型预测成果图：主要包括区域预测要素图、矿产预测类型最小预测区、矿产预测类型最小预测区标注。

(9)省级单矿种(组)预测区成果图：主要包括行政分区、预测区成果、勘查工作部署建议区、已有工作程度。

(10)单矿种(组)勘查工作部署图：主要包括勘查工作部署建议数据表、未来勘查工作成果预测。

(11)未来矿产开发基地预测图：主要包括未来勘查工作成果预测数据表、未来矿产开发基地预测数据表。

(二)专题数据库

整个工作阶段完成福建省矿产及其预测专题图件空间数据库和属性数据库 584 个，具体工作量见表 10-7。

表 10-7 福建省矿产及其预测数据库建设工作量一览表

图件类型	数量(个)
典型矿床成矿要素图	57
典型矿床预测要素图	63
预测工作区成矿要素图	125
预测工作区预测要素图	125
预测工作区矿产预测类型预测成果图	138
省级矿种区域成矿规律图	15
省级矿种预测类型分布图	15
省级矿种勘查工作部署图	15
省级矿种未来矿产开发基地预测图	14
省级矿种预测成果图	16
省级综合预测成果图	1
合计(个)	584

(三)综合信息集成数据库

福建省矿产资源潜力评价成矿规律与预测专题综合信息集成数据库内容详见表10-8。

表10-8　福建省矿产资源潜力评价成矿规律与预测专题综合信息集成数据库一览表

专业	矿种	种类	数据库(个)	说明书(份)	元数据(条)
成矿规律与预测	铁矿	省级铁矿(组)预测类型分布图及其属性库	1	1	1
		铁矿(组)典型矿床成矿要素图及其属性库	2	2	2
		铁矿(组)预测工作区成矿要素图及其属性库	7	7	7
		省级铁矿(组)区域成矿规律图及其属性库	1	1	1
		铁矿(组)典型矿床预测要素图及其属性库	2	2	2
		铁矿(组)预测工作区预测要素图及其属性库	7	7	7
		铁矿(组)预测工作区矿产预测类型预测成果图及其属性库	7	7	7
		省级铁矿(组)种预测成果图及其属性库	1	1	1
		省级铁矿(组)种勘查工作部署图及其属性库	1	1	1
		省级铁矿(组)种未来矿产开发基地预测图及其属性库	1	1	1
	铜矿	省级铜矿(组)预测类型分布图及其属性库	1	1	1
		铜矿(组)典型矿床成矿要素图及其属性库	8	8	8
		铜矿(组)预测工作区成矿要素图及其属性库	20	20	20
		省级铜矿(组)区域成矿规律图及其属性库	1	1	1
		铜矿(组)典型矿床预测要素图及其属性库	8	8	8
		铜矿(组)预测工作区预测要素图及其属性库	20	20	20
		铜矿(组)预测工作区矿产预测类型预测成果图及其属性库	20	20	20
		省级铜矿(组)种预测成果图及其属性库	1	1	1
		省级铜矿(组)种勘查工作部署图及其属性库	1	1	1
		省级铜矿(组)种未来矿产开发基地预测图及其属性库	1	1	1
	铅锌矿	省级铅锌矿(组)预测类型分布图及其属性库	1	1	1
		铅锌矿(组)典型矿床成矿要素图及其属性库	6	6	6
		铅锌矿(组)预测工作区成矿要素图及其属性库	14	14	14
		省级铅锌矿(组)区域成矿规律图及其属性库	1	1	1
		铅锌矿(组)典型矿床预测要素图及其属性库	12	12	12
		铅锌矿(组)预测工作区预测要素图及其属性库	14	14	14
		铅锌矿(组)预测工作区矿产预测类型预测成果图及属性库	28	28	28
		省级铅锌矿(组)种预测成果图及其属性库	2	2	2
		省级铅锌矿(组)种勘查工作部署图及其属性库	2	2	2
		省级铅锌矿(组)种未来矿产开发基地预测图及其属性库	2	2	2

续表 10-8

专业	矿种	种类	数据库(个)	说明书(份)	元数据(条)
成矿规律与预测	锰矿	省级锰矿(组)预测类型分布图及其属性库	1	1	1
		锰矿(组)典型矿床成矿要素图及其属性库	3	3	3
		锰矿(组)预测工作区成矿要素图及其属性库	6	6	6
		省级锰矿(组)区域成矿规律图及其属性库	1	1	1
		锰矿(组)典型矿床预测要素图及其属性库	3	3	3
		锰矿(组)预测工作区预测要素图及其属性库	6	6	6
		锰矿(组)预测工作区矿产预测类型预测成果图及其属性库	6	6	6
		省级锰矿(组)种预测成果图及其属性库	1	1	1
		省级锰矿(组)种勘查工作部署图及其属性库	1	1	1
		省级锰矿(组)种未来矿产开发基地预测图及其属性库	1	1	1
	镍矿	省级镍矿(组)预测类型分布图及其属性库	1	1	1
		镍矿(组)典型矿床成矿要素图及其属性库	1	1	1
		镍矿(组)预测工作区成矿要素图及其属性库	1	1	1
		省级镍矿(组)区域成矿规律图及其属性库	1	1	1
		镍矿(组)典型矿床预测要素图及其属性库	1	1	1
		镍矿(组)预测工作区预测要素图及其属性库	1	1	1
		镍矿(组)预测工作区矿产预测类型预测成果图及其属性库	1	1	1
		省级镍矿(组)种预测成果图及其属性库	1	1	1
		省级镍矿(组)种勘查工作部署图及其属性库	1	1	1
		省级镍矿(组)种未来矿产开发基地预测图及其属性库	1	1	1
	钨矿	省级钨矿(组)预测类型分布图及其属性库	1	1	1
		钨矿(组)典型矿床成矿要素图及其属性库	4	4	4
		钨矿(组)预测工作区成矿要素图及其属性库	6	6	6
		省级钨矿(组)区域成矿规律图及其属性库	1	1	1
		钨矿(组)典型矿床预测要素图及其属性库	4	4	4
		钨矿(组)预测工作区预测要素图及其属性库	6	6	6
		钨矿(组)预测工作区矿产预测类型预测成果图及其属性库	6	6	6
		省级钨矿(组)种预测成果图及其属性库	1	1	1
		省级钨矿(组)种勘查工作部署图及其属性库	1	1	1
		省级钨矿(组)种未来矿产开发基地预测图及其属性库	1	1	1

续表 10-8

专业	矿种	种类	数据库(个)	说明书(份)	元数据(条)
成矿规律与预测	锡矿	省级锡矿(组)预测类型分布图及其属性库	1	1	1
		锡矿(组)典型矿床成矿要素图及其属性库	3	3	3
		锡矿(组)预测工作区成矿要素图及其属性库	8	8	8
		省级锡矿(组)区域成矿规律图及其属性库	1	1	1
		锡矿(组)典型矿床预测要素图及其属性库	3	3	3
		锡矿(组)预测工作区预测要素图及其属性库	8	8	8
		锡矿(组)预测工作区矿产预测类型预测成果图及其属性库	8	8	8
		省级锡矿(组)种预测成果图及其属性库	1	1	1
		省级锡矿(组)种勘查工作部署图及其属性库	1	1	1
	钼矿	省级钼矿(组)预测类型分布图及其属性库	1	1	1
		钼矿(组)典型矿床成矿要素图及其属性库	7	7	7
		钼矿(组)预测工作区成矿要素图及其属性库	14	14	14
		省级钼矿(组)区域成矿规律图及其属性库	1	1	1
		钼矿(组)典型矿床预测要素图及其属性库	7	7	7
		钼矿(组)预测工作区预测要素图及其属性库	14	14	14
		钼矿(组)预测工作区矿产预测类型预测成果图及其属性库	14	14	14
		省级钼矿(组)种预测成果图及其属性库	1	1	1
		省级钼矿(组)种勘查工作部署图及其属性库	1	1	1
		省级钼矿(组)种未来矿产开发基地预测图及其属性库	1	1	1
	金矿	省级金矿(组)预测类型分布图及其属性库	1	1	1
		金矿(组)典型矿床成矿要素图及其属性库	6	6	6
		金矿(组)预测工作区成矿要素图及其属性库	8	8	8
		省级金矿(组)区域成矿规律图及其属性库	1	1	1
		金矿(组)典型矿床预测要素图及其属性库	6	6	6
		金矿(组)预测工作区预测要素图及其属性库	8	8	8
		金矿(组)预测工作区矿产预测类型预测成果图及其属性库	8	8	8
		省级金矿(组)种预测成果图及其属性库	1	1	1
		省级金矿(组)种勘查工作部署图及其属性库	1	1	1
		省级金矿(组)种未来矿产开发基地预测图及其属性库	1	1	1
		省级金矿(组)种未来勘查工作成果预测图及其属性库	1	1	1

续表 10-3

专业	矿种	种类	数据库(个)	说明书(份)	元数据(条)
成矿规律与预测	银矿	省级银矿(组)预测类型分布图及其属性库	1	1	1
		银矿(组)典型矿床成矿要素图及其属性库	6	6	6
		银矿(组)预测工作区成矿要素图及其属性库	13	13	13
		省级银矿(组)区域成矿规律图及其属性库	1	1	1
		银矿(组)典型矿床预测要素图及其属性库	6	6	6
		银矿(组)预测工作区预测要素图及其属性库	13	13	13
		银矿(组)预测工作区矿产预测类型预测成果图及其属性库	13	13	13
		省级银矿(组)种预测成果图及其属性库	1	1	1
		省级银矿(组)种勘查工作部署图及其属性库	1	1	1
		省级银矿(组)种未来矿产开发基地预测图及其属性库	1	1	1
	稀土矿	省级稀土矿(组)预测类型分布图及其属性库	1	1	1
		稀土矿(组)典型矿床成矿要素图及其属性库	1	1	1
		稀土矿(组)预测工作区成矿要素图及其属性库	2	2	2
		省级稀土矿(组)区域成矿规律图及其属性库	1	1	1
		稀土矿(组)典型矿床预测要素图及其属性库	1	1	1
		稀土矿(组)预测工作区预测要素图及其属性库	2	2	2
		稀土矿(组)预测工作区矿产预测类型预测成果图及其属性库	2	2	2
		省级稀土矿(组)种预测成果图及其属性库	1	1	1
		省级稀土矿(组)种勘查工作部署图及其属性库	1	1	1
		省级稀土矿(组)种未来矿产开发基地预测图及其属性库	1	1	1
	磷矿	省级磷矿(组)预测类型分布图及其属性库	1	1	1
		磷矿(组)典型矿床成矿要素图及其属性库	1	1	1
		磷矿(组)预测工作区成矿要素图及其属性库	4	4	4
		省级磷矿(组)区域成矿规律图及其属性库	1	1	1
		磷矿(组)典型矿床预测要素图及其属性库	1	1	1
		磷矿(组)预测工作区预测要素图及其属性库	4	4	4
		磷矿(组)预测工作区矿产预测类型预测成果图及其属性库	2	2	2
		省级磷矿(组)种预测成果图及其属性库	1	1	1

续表 10-8

专业	矿种	种类	数据库(个)	说明书(份)	元数据(条)
成矿规律与预测	硫矿	省级硫矿(组)预测类型分布图及其属性库	1	1	1
		硫矿(组)典型矿床成矿要素图及其属性库	5	5	5
		硫矿(组)预测工作区成矿要素图及其属性库	15	15	15
		省级硫矿(组)区域成矿规律图及其属性库	1	1	1
		硫矿(组)典型矿床预测要素图及其属性库	5	5	5
		硫矿(组)预测工作区预测要素图及其属性库	15	15	15
		硫矿(组)预测工作区矿产预测类型预测成果图及其属性库	16	16	16
		省级硫矿(组)种预测成果图及其属性库	1	1	1
		省级硫矿(组)种勘查工作部署图及其属性库	1	1	1
		省级硫矿(组)种未来矿产开发基地预测图及其属性库	1	1	1
	萤石矿	省级萤石矿(组)预测类型分布图及其属性库	1	1	1
		萤石矿(组)典型矿床成矿要素图及其属性库	3	3	3
		萤石矿(组)预测工作区成矿要素图及其属性库	5	5	5
		省级萤石矿(组)区域成矿规律图及其属性库	1	1	1
		萤石矿(组)典型矿床预测要素图及其属性库	3	3	3
		萤石矿(组)预测工作区预测要素图及其属性库	5	5	5
		萤石矿(组)预测工作区矿产预测类型预测成果图及属性库	5	5	5
		省级萤石矿(组)种预测成果图及其属性库	1	1	1
		省级萤石矿(组)种勘查工作部署图及其属性库	1	1	1
		省级萤石矿(组)种未来矿产开发基地预测图及其属性库	1	1	1
	重晶石矿	省级重晶石矿预测类型分布图及其属性库	1	1	1
		重晶石矿典型矿床成矿要素图及其属性库	1	1	1
		重晶石矿预测工作区成矿要素图及其属性库	2	2	2
		省级重晶石矿区域成矿规律图及其属性库	1	1	1
		重晶石矿典型矿床预测要素图及其属性库	1	1	1
		重晶石矿预测工作区预测要素图及其属性库	2	2	2
		重晶石矿预测工作区矿产预测类型预测成果图及属性库	2	2	2
		省级重晶石矿种预测成果图及其属性库	1	1	1
		省级重晶石矿种勘查工作部署图及其属性库	1	1	1
		省级重晶石矿种未来矿产开发基地预测图及其属性库	1	1	1
合　计			584	584	584

三、物化遥自然重砂成果数据库

(一)编图成果

1. 磁测资料应用研究

磁测数据库包括预测工作区磁法推断地质构造图属性库、省级磁法推断地质构造图属性库、省级磁异常分布图属性库、预测工作区磁异常范围分布图属性库、省级航磁工作程度图属性库、省级航磁 ΔT 等值线平面图属性库、预测工作区航磁 ΔT 等值线平面图属性库、省级航磁 ΔT 化极等值线平面图属性库、预测工作区航磁 ΔT 化极等值线平面图属性库、省级航磁 ΔT 化极垂向一阶导数等值线平面图属性库、预测工作区航磁 ΔT 化极垂向一阶导数等值线平面图属性库(重庆无地磁数据)的建设。按照数据模型要求,利用 RGIS、MapGIS 和 GeoMAP 软件进行数据库建设。

航磁成果数据库建设首先用 RGIS 专业软件进行数据处理和编图,完成编图后用 MapGIS 和 GeoMAP 软件按照数据库建设技术流程首先规范图件,包括分层、建立拓扑关系,然后利用 GeoMAP 规范图件结构、引用图层、挂接属性,最后进行属性检查。航磁专题图件主要包括如下内容。

(1)预测工作区磁法推断地质构造图:主要包括磁法推断断裂构造数据表、磁法推断火山构造数据表、磁法推断侵入岩体数据表、磁法推断火山岩地层数据表、磁法推断变质岩地层数据表、磁法推断磁性蚀变带数据表。

(2)省级磁法推断地质构造图:主要包括磁法推断断裂构造数据表、磁法推断火山构造数据表、磁法推断侵入岩体数据表、磁法推断火山岩地层数据表、磁法推断变质岩地层数据表、磁法推断磁性蚀变带数据表。

(3)省级磁异常分布图:主要包括磁异常中心点数据表。

(4)预测工作区磁异常范围分布图:主要包括磁异常范围数据表。

(5)省级航磁工作程度图:主要包括航磁工作程度范围数据表。

(6)省级地磁工作程度图:主要包括地磁工作程度范围数据表。

(7)省级航磁 ΔT 等值线平面图。

(8)省级航磁 ΔT 化极等值线平面图。

(9)省级航磁 ΔT 化极垂向一阶导数等值线平面图。

(10)预测工作区航磁 ΔT 等值线平面图。

(11)预测工作区航磁 ΔT 化极等值线平面图。

(12)预测工作区航磁 ΔT 化极垂向一阶导数等值线平面图。

2. 重力资料应用研究

重力数据库包括预测工作区重力推断地质构造图属性库、预测工作区重力工作程度图属性库、预测工作区布格重力异常图属性库、预测工作区剩余重力异常图属性库、省级重力推断地质构造图属性库、省级重力工作程度图属性库、省级布格重力异常图属性库、省级剩余重力异常图属性库、典型矿床布格重力异常图属性库、典型矿床剩余重力异常图属性库的建设。利用 RGIS、MapGIS 和 GeoMAP 软件进行数据库建设。

重力专题成果数据库建设首先用 RGIS 专业软件进行数据处理和编图,完成编图后用 MapGIS 和 GeoMAP 软件按照数据库建设技术流程首先规范图件,包括分层、建立拓扑关系,然后利用 GeoMAP 规范图件结构、引用图层、挂接属性,最后进行属性检查。重力专题图件主要包括如下内容。

(1)预测工作区重力推断地质构造图:主要包括重力推断矿体(点)数据表、重力推断断裂构造(线)数据表、重力推断构造单元(线)数据表、重力推断地层(面)数据表、重力推断构造岩浆岩带(面)数据表、重力推断岩体（面）数据表、重力推断盆地（面）数据表、重力推断推覆构造（面）数据表、重力推断火山机构（线）数据表。

（2）预测工作区重力工作程度图：主要包括重力工作程度要素（面）数据表。

（3）预测工作区布格重力异常图：主要包括布格异常符号（点）数据表、布格异常值标注（点）数据表、布格异常（线）数据表、布格异常（面）数据表。

（4）预测工作区剩余重力异常图：主要包括剩余异常编号（点）数据表、剩余异常标注（点）数据表、剩余异常（线）数据表、剩余异常（面）数据表。

（5）省级重力推断地质构造图：主要包括重力推断断裂构造（线）、重力推断构造单元（线）、重力推断地层（面）、重力推断构造岩浆岩带（面）、重力推断岩体（面）、重力推断盆地（面）、重力推断推覆构造（面）、重力推断火山机构（线）。

（6）省级重力工作程度图：主要包括重力工作程度要素（面）数据表。

（7）省级布格重力异常图：主要包括布格异常符号（点）数据表、布格异常值标注（点）数据表、布格异常（线）数据表、布格异常（面）数据表。

（8）省级剩余重力异常图：主要包括剩余异常编号（点）数据表、剩余异常标注（点）数据表、剩余异常（线）数据表、剩余异常（面）数据表。

3. 化探资料应用研究数据库建设

化探数据库包括省级地球化学采样点位图属性库、省级地球化学景观图属性库、省级区域地球化学工作程度图属性库、省级××元素地球化学图属性库、省级××元素地球化学异常图属性库、省级地球化学组合异常图属性库、省级地球化学综合异常图属性库、省级地球化学推断解译地质图属性库、省级地球化学找矿预测图属性库、预测工作区××元素地球化学图属性库、预测工作区××元素地球化学异常图属性库、预测工作区地球化学组合异常图属性库、预测工作区地球化学综合异常图属性库、典型矿床××元素地球化学异常图属性库建设。利用 GeoExpl、MapGIS 和 GeoMAP 软件进行数据库建设。

化探专题成果数据库建设首先用 GeoExpl 专业软件进行数据处理和编图，完成编图后用 MapGIS 和 GeoMAP 软件按照数据库建设技术流程首先规范图件，包括分层、建立拓扑关系，然后利用 GeoMAP 规范图件结构、引用图层、挂接属性，最后进行属性检查。化探专题图件主要包括如下内容。

（1）省级地球化学地理景观图：主要包括地球化学景观区数据表。

（2）省级区域地球化学工作程度图：主要包括区域地球化学工作程度数据表。

（3）省级单元素地球化学图：主要包括元素含量分布等值线数据表、元素含量分布等值区数据表。

（4）省级单元素地球化学异常图：主要包括元素地球化学异常边界数据表、元素地球化学异常范围数据表。

（5）省级地球化学综合异常图：主要包括主成矿元素异常边界数据表，主成矿元素异常范围数据表，主要伴生、共生元素异常下限数据表，成矿区带数据表，矿产地特征类数据表，地质界线数据表，断裂数据表。

（6）省级地球化学推断解译地质图：主要包括地球化学推断构造数据表、地球化学推断岩体数据表、地球化学推断找矿远景区数据表、地球化学推断矿致异常数据表、断裂数据表、韧性剪切带数据表、褶皱数据表、岩性数据表。

（7）省级地球化学找矿预测图：主要包括地球化学找矿预测区数据表、地球化学找矿靶区数据表、地质构造分区边界数据表、成矿区带数据表、成矿区带界线数据表、地质界线数据表、断裂数据表。

（8）预测工作区单元素地球化学图：主要包括元素含量分布等值线数据表、元素含量分布等值区数据表。

（9）预测工作区单元素地球化学异常图：主要包括元素地球化学异常边界数据表、元素地球化学异常范围数据表。

（10）预测工作区地球化学综合异常图：主要包括主成矿元素异常边界数据表，主成矿元素异常范围数据表，主要伴生、共生元素异常下限数据表，成矿区带数据表，矿产地特征类数据表，地质界线数据表，断裂数据表。

(11)预测工作区地球化学组合异常图：主要包括元素地球化学异常边界数据表、元素地球化学异常范围数据表。

4. 自然重砂资料应用研究数据库建设

自然重砂数据库包括省级自然重砂异常图属性库和预测工作区自然重砂异常图属性库建设。利用自然重砂数据处理软件、MapGIS 和 GeoMAP 软件进行数据库建设。

重砂专题成果数据库建设首先用自然重砂数据处理软件进行数据处理和编图，完成编图后用 MapGIS 和 GeoMAP 软件按照数据库建设技术流程首先规范图件，包括分层、建立拓扑关系，然后利用 GeoMAP 规范图件结构、引用图层、挂接属性，最后进行属性检查。重砂专题图件主要包括如下内容。

(1)省级自然重砂异常图：主要包括自然重砂异常分布数据表。

(2)预测工作区自然重砂异常图：主要包括自然重砂异常分布数据表。

5. 遥感资料应用研究数据库建设

遥感数据库包括典型矿床遥感矿产地质特征与近矿找矿标志解译图属性库、预测工作区遥感矿产地质特征与近矿找矿标志解译图属性库、典型矿床遥感羟基异常分布图属性库、典型矿床遥感铁染异常分布图属性库、预测工作区遥感羟基异常分布图属性库、预测工作区遥感铁染异常分布图属性库、1∶25 万遥感矿产地质特征解译图属性库、省级遥感构造解译图属性库、1∶25 万遥感羟基异常分布图属性库、1∶25 万遥感铁染异常分布图属性库、省级遥感异常组合图属性库、1∶25 万遥感影像数据库建设、省级遥感影像数据库建设、预测区遥感影像数据库建设、典型矿床遥感影像数据库建设。利用 PCI、ENVI、ERDAS、MapGIS 和 GeoMAP 软件进行数据库建设。

遥感专题成果数据库建设首先用自然重砂数据处理软件进行数据处理和编图，完成编图后用 MapGIS 和 GeoMAP 软件按照数据库建设技术流程首先规范图件，包括分层、建立拓扑关系，然后利用 GeoMAP 规范图件结构、引用图层、挂接属性，最后进行属性检查。遥感专题图件主要包括如下内容。

(1)典型矿床遥感矿产地质特征与近矿找矿标志解译图：主要包括遥感断层要素数据表、遥感脆韧性变形构造带要素数据表、遥感逆冲推覆滑脱构造要素数据表、遥感环状要素数据表、遥感块状要素数据表、遥感色要素数据表、遥感带状要素数据表、遥感近矿找矿标志要素数据表。

(2)预测工作区遥感矿产地质特征与近矿找矿标志解译图：主要包括遥感断层要素数据表、遥感脆韧性变形构造带要素数据表、遥感逆冲推覆滑脱构造要素数据表、遥感环状要素数据表、遥感块状要素数据表、遥感色要素数据表、遥感带状要素数据表、遥感近矿找矿标志要素数据表。

(3)典型矿床遥感羟基异常分布图：主要包括遥感羟基异常要素数据表。

(4)典型矿床遥感铁染异常分布图：主要包括遥感铁染异常要素数据表。

(5)预测工作区遥感羟基异常分布图：主要包括遥感羟基异常要素数据表。

(6)预测工作区遥感铁染异常分布图：主要包括遥感铁染异常要素数据表。

(7)分幅遥感矿产地质特征解译图：主要包括遥感断层要素数据表、遥感脆韧性变形构造带要素数据表、遥感逆冲推覆滑脱构造要素数据表、遥感环状要素数据表、遥感块状要素数据表、遥感色要素数据表、遥感带状要素数据表。

(8)省级遥感构造解译图：主要包括遥感断层要素、遥感脆韧性变形构造带要素、遥感逆冲推覆滑脱构造要素、遥感环状要素。

(9)分幅遥感羟基异常分布图：主要包括遥感羟基异常要素数据表。

(10)分幅遥感铁染异常分布图：主要包括遥感铁染异常要素数据表。

(11)省级遥感异常组合图：主要包括遥感异常组合要素数据表

(12)遥感影像图。遥感影像图包括全市的 1∶50 万遥感影像图，1∶25 万标准分幅遥感影像图、预测工作区遥感影像、典型矿床遥感影像。各比例尺影像图数据库内均包含*.Geotif、*.msi 和*.tif 3 种格式的遥感图像。

（二）专题数据库

1. 磁测资料应用研究数据库建设

磁测资料应用研究数据库建设工作分两个阶段，具体工作量见表 10-9。

表 10-9　福建省矿产资源潜力评价磁法编图及数据库建设工作量一览表

编图图类	比例尺	单位	编图工作量		数据库工作量		备注
			2007—2010 年完成	2011—2012 年完成	2007—2010 年完成	2011—2012 年完成	
（一）磁测类编图		幅	421	372	330	322	
全省磁测工作程度图	1∶50 万	幅	2	0	2	0	航磁 1 幅，地磁 1 幅
全省航磁 ΔT 化极等值线图	1∶50 万	幅	1	0	1	0	
全省航磁 ΔT 化极垂向一阶导数等值线平面图	1∶50 万	幅	1	0	1	0	
全省航磁 ΔT 等值线图	1∶50 万	幅	1	0	1	0	
全省磁法推断地质构造图	1∶50 万	幅	1	0	1	0	
省级磁法推断磁性矿床分布图	1∶50 万	幅	1	0	1	0	
省级磁异常分布图	1∶50 万	幅	1	0	1	0	
预测区航磁 ΔT 等值线平面图	1∶5 万	幅	60	64	60	64	稀土矿 2 幅为 1∶25 万
预测区航磁 ΔT 化极等值线平面图	1∶5 万	幅	60	64	60	64	稀土矿 2 幅为 1∶25 万
预测区航磁 ΔT 化极垂向一阶导数等值线平面图	1∶5 万	幅	60	64	60	64	稀土矿 2 幅为 1∶25 万
预测区磁法推断地质构造图	1∶5 万	幅	60	64	60	64	稀土矿 2 幅为 1∶25 万
预测区磁异常范围分布图	1∶5 万	幅	7	0	7	0	铁矿
预测区磁法推断磁性矿产分布图	1∶5 万	幅	7	0	7	0	铁矿
预测区地磁等值线平面图		幅	26	22	28	22	
预测区地磁化极等值线平面图		幅	20	22	20	22	
预测区地磁化极垂向一阶导数等值线平面图		幅	19	22	20	22	
磁异常定量计算剖面		幅	94	50	不建库		
（二）典型矿床研究中磁法编图		幅	80	78			
典型矿床所在区域地质矿产及物探剖析图		幅	28	29			朝阳磷矿收集江西资料
典型矿床所在地区地质矿产及物探剖析图		幅	28	29			朝阳磷矿收集江西资料
典型矿床所在位置地质矿产及物探剖析图		幅	12	10			
典型矿床勘探剖面图		幅	12	10			

第一阶段(2007—2010 年):完成磁法编图总数 501 幅,其中全省磁法编图 8 幅、预测区编图 319 幅、典型矿床研究编图 80 幅、磁异常定量计算剖面 94 幅;完成磁法空间数据库和属性数据库共 330 个。

第二阶段(2011—2012 年):完成磁法编图总数 450 幅,其中预测区编图 322 幅、典型矿床研究编图 78 幅、磁异常定量计算剖面 50 幅;完成磁法空间数据库和属性数据库共 322 个。

2. 重力资料应用数据库建设

重力资料应用研究数据库建设工作分两个阶段,共计 376 个空间数据库和属性数据库,具体工作量如表 10-10。

表 10-10 福建省矿产资源潜力评价重力编图及数据库建设工作量一览表

编图图类	比例尺	单位	编图工作量		数据库工作量		备注
			2007—2010 年完成	2011—2012 年完成	2007—2010 年完成	2011—2012 年完成	
(一)重力类编图		幅	213	211	184	192	
全省布格重力异常图	1∶50 万	幅	1	0	1	0	
全省剩余重力异常图	1∶50 万	幅	1	0	1	0	
全省重力推断地质构造图	1∶50 万	幅	1	0	1	0	
全省重力工作程度图	1∶50 万	幅	1	0	1	0	
预测区布格重力异常平面图	1∶5 万	幅	60	64	60	64	稀土矿 2 幅为 1∶25 万
预测区剩余重力异常平面图	1∶5 万	幅	60	64	60	64	稀土矿 2 幅为 1∶25 万
预测区重力推断地质构造图	1∶5 万	幅	60	64	60	64	稀土矿 2 幅为 1∶25 万
重力异常定量计算剖面		幅	29	19	不建库		
(二)典型矿床研究中磁法编图		幅	80	78			
典型矿床所在区域地质矿产及物探剖析图		幅	28	29			朝阳磷矿收集江西资料
典型矿床所在地区地质矿产及物探剖析图		幅	28	29			朝阳磷矿收集江西资料
典型矿床所在位置地质矿产及物探剖析图		幅	12	10			
典型矿床勘探剖面图		幅	12	10			

第一阶段(2007—2010 年):完成重力编图 293 幅,其中全省重力编图 4 幅、预测区编图 180 幅、典型矿床研究编图 80 幅、重力异常定量计算剖面 29 幅;完成重力空间和属性数据库 184 个。

第二阶段(2011—2012 年):完成重力编图 289 幅,其中预测区编图 192 幅、典型矿床研究编图 78 幅、重力异常定量计算剖面 19 幅;完成重力空间和属性数据库 192 个。

3. 化探资料应用数据库建设

化探资料应用数据库建设工作分两个阶段,完成化探编图总数 1 982 幅,完成成果数据库 1 494 个,具体工作量见表 10-11、表 10-12。

第一阶段(2007—2010 年):完成化探编图总数 1 192 幅,其中全省基础图件编图 93 幅、全省地球化学找矿预测编图 6 幅、预测工作区编图 846 幅、典型矿床研究编图 83 幅、预测靶区 139 幅、铜地球化学定量预测编图 9 幅、其他参考图件 21 幅;完成成果数据库 872 个。

第二阶段(2011—2012 年):完成化探编图总数 790 幅,其中全省地球化学找矿预测图 6 幅、预测工作区编图 737 幅、典型矿床研究编图 21 幅、预测靶区编图 26 幅、其他参考图件 21 幅;完成成果数据库 622 个。

表 10-11 福建省矿产资源潜力评价化探专题 2007—2010 年完成编图工作量一览表

编图图类	比例尺	单位	完成工作量	备注
(一)全省基础图件编图	1∶50 万	幅	93	
福建省地球化学采样(组合样)点位图	1∶50 万	幅	1	
福建省地球化学工作程度图	1∶50 万	幅	1	
福建省地球化学景观图	1∶50 万	幅	1	
全省元素地球化学图	1∶50 万	幅	39	
全省元素地球化学异常图	1∶50 万	幅	39	
全省地球化学组合异常图	1∶50 万	幅	10	不建库
福建省地球化学推断地质构造图	1∶50 万	幅	1	
福建省地球化学综合异常图	1∶50 万	幅	1	
(二)全省地球化学找矿预测编图	1∶50 万	幅	6	
全省铜地球化学找矿预测图	1∶50 万	幅	1	
全省铅地球化学找矿预测图	1∶50 万	幅	1	
全省锌地球化学找矿预测图	1∶50 万	幅	1	
全省金地球化学找矿预测图	1∶50 万	幅	1	
全省钨地球化学找矿预测图	1∶50 万	幅	1	
全省稀土地球化学找矿预测图	1∶50 万	幅	1	
(三)预测工作区编图	1∶5 万	幅	846	
预测工作区单元素地球化学图	1∶5 万	幅	245	
预测工作区单元素地球化学异常图	1∶5 万	幅	419	
预测工作区地球化学组合异常图	1∶5 万	幅	129	不建库
预测工作区地球化学综合异常图	1∶5 万	幅	45	其中 4 个铜预测区归并为 2 个
预测工作区地球化学找矿预测图	1∶5 万	幅	8	不建库
(四)典型矿床研究编图			83	
典型矿床研究中大比例尺地球化学异常图	≥1∶5 万	幅	74	
典型矿床所在位置区域地球化学异常剖析图	≥1∶20 万	幅	9	不建库
(五)铜地球化学定量预测编图	1∶5 万	幅	9	不建库
(六)预测靶区编图		幅	134	不建库
(七)其他编图		幅	21	

续表 10-11

编图图类	比例尺	单位	完成工作量	备注
找矿预测区参考图件	1∶50 万	幅	21	不建库
合　计		幅	1 192	
(八)专题成果数据库建库		个	872	

表 10-12　福建省矿产资源潜力评价化探专题 2011—2012 年完成编图工作量一览表

编图图类	比例尺	单位	设计工作量	完成工作量	备　注
(一)全省地球化学找矿预测图	1∶50 万	幅		6	
全省铜地球化学找矿预测图	1∶50 万	幅		1	
全省银地球化学找矿预测图	1∶50 万	幅		1	
全省锡地球化学找矿预测图	1∶50 万	幅		1	
全省锰地球化学找矿预测图	1∶50 万	幅		1	
全省萤石地球化学找矿预测图	1∶50 万	幅		1	
全省重晶石地球化学找矿预测图	1∶50 万	幅		1	
(二)预测工作区编图	1∶5 万	幅		737	
预测工作区单元素地球化学图	1∶5 万	幅		177	
预测工作区单元素地球化学异常图	1∶5 万	幅		390	
预测工作区地球化学组合异常图	1∶5 万	幅		107	不建库
预测工作区地球化学综合异常图	1∶5 万	幅		49	
预测工作区地球化学找矿预测图	1∶5 万	幅		14	不建库
(三)典型矿床研究编图		幅		21	
典型矿床中大比例尺地球化学异常剖析图	≥1∶5 万	幅		7	不建库
典型矿床所在位置区域地球化学异常剖析图	1∶20 万	幅		14	不建库
(四)预测靶区编图	≥1∶5 万	幅		26	
预测靶区中大比例尺地球化学异常剖析图	≥1∶5 万	幅		26	不建库
合　计		幅	566	790	
(五)专题成果数据库建库		幅	486	622	
(六)其他编图		幅		21	
找矿预测区参考图件	1∶50 万	幅		21	不建库

4. 自然重砂资料应用数据库建设

完成自然重砂编图总数 654 幅，完成成果数据库 178 个。其中，完成福建省铁、铜、铅锌等 17 个矿种的自然重砂资料应用专题省级图件编制 40 幅及空间和属性数据库共 11 个，预测工作区自然重砂图件编制 614 幅及空间和属性数据库共 167 个。具体工作量见表 10-13。

表 10-13　福建省矿产资源潜力评价自然重砂编图及数据库建设工作量一览表

<table>
<tr><th>图件类型</th><th colspan="2">图名</th><th>比例尺</th><th>编图数量(幅)</th><th>数据库(个)</th></tr>
<tr><td rowspan="11">全省性自然重砂图件</td><td colspan="2">福建省自然重砂工作程度图</td><td>1∶50 万</td><td>1</td><td></td></tr>
<tr><td colspan="2">福建省自然重砂采样点位图</td><td>1∶50 万</td><td>1</td><td></td></tr>
<tr><td colspan="2">福建省自然重砂含量分级图</td><td>1∶50 万</td><td>7</td><td></td></tr>
<tr><td colspan="2">福建省自然重砂八卦图</td><td>1∶50 万</td><td>4</td><td></td></tr>
<tr><td colspan="2">福建省自然重砂有无图</td><td>1∶50 万</td><td>7</td><td></td></tr>
<tr><td colspan="2">福建省自然重砂异常图</td><td>1∶50 万</td><td>7</td><td>7</td></tr>
<tr><td colspan="2">福建省自然重砂组合异常图</td><td>1∶50 万</td><td>3</td><td>3</td></tr>
<tr><td colspan="2">福建省自然重砂综合异常图</td><td>1∶50 万</td><td>1</td><td>1</td></tr>
<tr><td colspan="2">福建省自然重砂找矿远景预测图</td><td>1∶50 万</td><td>1</td><td></td></tr>
<tr><td colspan="2">福建省区域自然重砂矿物异常区带分布图</td><td>1∶50 万</td><td>1</td><td></td></tr>
<tr><td colspan="2">福建省重砂异常区带自然重砂综合异常图</td><td>1∶50 万</td><td>7</td><td></td></tr>
<tr><td colspan="4">小计</td><td>40</td><td>11</td></tr>
<tr><td rowspan="15">预测工作区自然重砂图件</td><td colspan="2">自然重砂采样点位图</td><td>1∶5 万</td><td>69</td><td></td></tr>
<tr><td rowspan="10">自然重砂异常图</td><td>铜</td><td rowspan="10">1∶5 万</td><td>5</td><td rowspan="10">167</td></tr>
<tr><td>铅锌</td><td>3</td></tr>
<tr><td>钨</td><td>20</td></tr>
<tr><td>锡</td><td>30</td></tr>
<tr><td>钼</td><td>62</td></tr>
<tr><td>金</td><td>11</td></tr>
<tr><td>银</td><td>18</td></tr>
<tr><td>稀土</td><td>6</td></tr>
<tr><td>硫</td><td>11</td></tr>
<tr><td>重晶石</td><td>1</td></tr>
<tr><td colspan="2">自然重砂组合异常图</td><td>1∶5 万</td><td>25</td><td></td></tr>
<tr><td colspan="2">自然重砂八卦图</td><td>1∶5 万</td><td>87</td><td></td></tr>
<tr><td colspan="2">自然重砂分级图</td><td>1∶5 万</td><td>133</td><td></td></tr>
<tr><td colspan="2">自然重砂有无图</td><td>1∶5 万</td><td>133</td><td></td></tr>
<tr><td colspan="4">小计</td><td>614</td><td>167</td></tr>
</table>

5. 遥感资料应用数据库建设

遥感资料应用数据库建设分为四大类：一为遥感影像图数据库建设；二为遥感矿产地质特征及近矿找矿标志解译图数据库建设；三为遥感羟基异常分布图数据库建设；四为遥感铁染异常分布图数据库建设。遥感资料应用数据库建设完成了数据库 581 个(其中建属性数据库 434 个，无属性数据库 147 个)，包括省级数据库 3 个(建属性数据库 2 个，无属性数据库 1 个)；1∶25 万图幅四类数据库 44 个(建属性数据库 33 个，无属性数据库 11 个)；预测工作区四类数据库 508 个(建属性数据库 381 个，无属性数据库127个）；典型矿床四类数据库26个（建属性数据库18个，无属性数据库8个）（表10-14）。

表10-14 福建省矿产资源潜力评价遥感资料应用数据库建设工作量一览表

图件类型	预测矿种	比例尺	数量（个）	备注
省级遥感影像图		1∶50万	1	不建库
省级遥感构造解译图		1∶50万	1	
省级遥感异常组合图		1∶50万	1	
合计			3	
1∶25万图幅遥感影像图		1∶25万	11	不建库
1∶25万图幅遥感矿产地质特征解译图		1∶25万	11	
1∶25万图幅遥感羟基异常分布图		1∶25万	11	
1∶25万图幅遥感铁染异常分布图		1∶25万	11	
合计			44	
预测区遥感影像图	铁	1∶5万	10	不建库（小计127个）
	铜	1∶5万	20	
	铅锌	1∶5万	14	
	金	1∶5万	7	
	钨	1∶5万	6	
	磷	1∶5万	4	
	稀土	1∶5万	2	
	钼	1∶5万	17	
	锡	1∶5万	8	
	银	1∶5万	13	
	硫	1∶5万	15	
	锰	1∶5万	3	
	镍	1∶5万	1	
	萤石	1∶5万	5	
	重晶石	1∶5万	2	
预测区遥感矿产地质特征及近矿找矿标志解译图	铁	1∶5万	10	小计127个
	铜	1∶5万	20	
	铅锌	1∶5万	14	
	金	1∶5万	7	
	钨	1∶5万	6	
	磷	1∶5万	4	
	稀土	1∶5万	2	
	钼	1∶5万	17	
	锡	1∶5万	8	

续表 10-14

图件类型	预测矿种	比例尺	数量(个)	备注
	银	1∶5 万	13	
	硫	1∶5 万	15	
	锰	1∶5 万	3	
	镍	1∶5 万	1	
	萤石	1∶5 万	5	
	重晶石	1∶5 万	2	
预测区遥感羟基异常分布图	铁	1∶5 万	10	小计 127 个
	铜	1∶5 万	20	
	铅锌	1∶5 万	14	
	金	1∶5 万	7	
	钨	1∶5 万	6	
	磷	1∶5 万	4	
	稀土	1∶5 万	2	
	钼	1∶5 万	17	
	锡(锂)	1∶5 万	8	
	银	1∶5 万	13	
	硫	1∶5 万	15	
	锰	1∶5 万	3	
	镍	1∶5 万	1	
	萤石	1∶5 万	5	
	重晶石	1∶5 万	2	
预测区遥感铁染异常分布图	铁	1∶5 万	10	小计 127 个
	铜	1∶5 万	20	
	铅锌	1∶5 万	14	
	金	1∶5 万	7	
	钨	1∶5 万	6	
	磷	1∶5 万	4	
	稀土	1∶5 万	2	
	钼	1∶5 万	17	
	锡(锂)	1∶5 万	8	
	银	1∶5 万	13	
	硫	1∶5 万	15	
	锰	1∶5 万	3	
	镍	1∶5 万	1	
	萤石	1∶5 万	5	
	重晶石	1∶5 万	2	
合计	127 个预测区		508	

续表 10-14

图件类型	预测矿种	比例尺	数量(个)	备注
典型矿床遥感影像图	铁	1∶1 万	2	不建库(8 个)
	铜	1∶1 万	1	
	铅锌	1∶1 万	1	
	金	1∶1 万	1	
	钼	1∶1 万	2	
	银	1∶1 万	1	
典型矿床遥感矿产地质特征与近矿找矿标志解译图	铁	1∶1 万	2	小计 8 个
	铜	1∶1 万	1	
	铅锌	1∶1 万	1	
	金	1∶1 万	1	
	钼	1∶1 万	2	
	银	1∶1 万	1	
典型矿床遥感羟基异常分布图	铁	1∶1 万	2	小计 5 个
	铜	1∶1 万	1	
	铅锌	1∶1 万	1	
	金	1∶1 万	1	
典型矿床遥感铁染异常分布图	铁	1∶1 万	2	小计 5 个
	铜	1∶1 万	1	
	铅锌	1∶1 万	1	
	金	1∶1 万	1	
合计			581	建库 434 个，不建库 147 个

(三)综合信息集成数据库

福建省矿产资源潜力评价物探、化探、遥感自然重砂专题综合信息集成数据库内容详见表 10-15～表 10-19。

表 10-15　福建省矿产资源潜力评价磁测资料应用专题综合信息集成数据库一览表

矿种	种类	数据库(个)	说明书(份)	元数据(条)
省级	省级航磁工作程度图及其属性库	1	1	1
	省级地磁工作程度图及其属性库	1	1	1
	省级磁法推断地质构造图及其属性库	1	1	1
	省级磁法推断磁性矿床分布图及其属性库	1	1	1
	省级磁异常分布图及其属性库	1	1	1
	省级航磁 ΔT 等值线平面图及其属性库	1	1	1
	省级航磁 ΔT 化极等值线平面图及其属性库	1	1	1
	省级航磁 ΔT 化极垂向一阶导数等值线平面图及其属性库	1	1	1

续表 10-15

矿种	种类	数据库(个)	说明书(份)	元数据(条)
铁矿	铁矿(组)预测工作区航磁 ΔT 等值线平面图及其属性库	7	7	7
	铁矿(组)预测工作区航磁 ΔT 化极等值线平面图及其属性库	7	7	7
	铁矿(组)预测工作区航磁 ΔT 化极垂向一阶导数等值线平面图及其属性库	7	7	7
	铁矿(组)预测工作区地磁等值线平面图及其属性库	11	11	11
	铁矿(组)预测工作区地磁化极等值线平面图及其属性库	3	3	3
	铁矿(组)预测工作区地磁化极垂向一阶导数等值线平面图及其属性库	3	3	3
	铁矿(组)预测工作区磁法推断地质构造图及其属性库	7	7	7
	铁矿(组)预测工作区矿产预测类型磁法推断磁性矿产分布图及其属性库	7	7	7
	铁矿(组)预测工作区磁异常范围分布图及其属性库	7	7	7
铜矿	铜矿(组)预测工作区航磁 ΔT 等值线平面图及其属性库	19	19	19
	铜矿(组)预测工作区航磁 ΔT 化极等值线平面图及其属性库	19	19	19
	铜矿(组)预测工作区航磁 ΔT 化极垂向一阶导数等值线平面图及其属性库	19	19	19
	铜矿(组)预测工作区地磁等值线平面图及其属性库	8	8	8
	铜矿(组)预测工作区地磁化极等值线平面图及其属性库	8	8	8
	铜矿(组)预测工作区地磁化极垂向一阶导数等值线平面图及其属性库	8	8	8
	铜矿(组)预测工作区磁法推断地质构造图及其属性库	19	19	19
铅锌矿	铅锌矿(组)预测工作区航磁 ΔT 等值线平面图及其属性库	14	14	14
	铅锌矿(组)预测工作区航磁 ΔT 化极等值线平面图及其属性库	14	14	14
	铅锌矿(组)预测工作区航磁 ΔT 化极垂向一阶导数等值线平面图及其属性库	14	14	14
	铅锌矿(组)预测工作区地磁等值线平面图及其属性库	5	5	5
	铅锌矿(组)预测工作区地磁化极等值线平面图及其属性库	5	5	5
	铅锌矿(组)预测工作区地磁化极垂向一阶导数等值线平面图及其属性库	5	5	5
	铅锌矿(组)预测工作区磁法推断地质构造图及其属性库	14	14	14
锰矿	锰矿(组)预测工作区航磁 ΔT 等值线平面图及其属性库	3	3	3
	锰矿(组)预测工作区航磁 ΔT 化极等值线平面图及其属性库	3	3	3
	锰矿(组)预测工作区航磁 ΔT 化极垂向一阶导数等值线平面图及其属性库	3	3	3
	锰矿(组)预测工作区地磁等值线平面图及其属性库	2	2	2
	锰矿(组)预测工作区地磁化极等值线平面图及其属性库	2	2	2
	锰矿(组)预测工作区地磁化极垂向一阶导数等值线平面图及其属性库	2	2	2
	锰矿(组)预测工作区磁法推断地质构造图及其属性库	3	3	3

续表 10-15

矿种	种类	数据库(个)	说明书(份)	元数据(条)
镍矿	镍矿(组)预测工作区航磁 ΔT 等值线平面图及其属性库	1	1	1
	镍矿(组)预测工作区航磁 ΔT 化极等值线平面图及其属性库	1	1	1
	镍矿(组)预测工作区航磁 ΔT 化极垂向一阶导数等值线平面图及其属性库	1	1	1
	镍矿(组)预测工作区地磁等值线平面图及其属性库	1	1	1
	镍矿(组)预测工作区地磁化极等值线平面图及其属性库	1	1	1
	镍矿(组)预测工作区地磁化极垂向一阶导数等值线平面图及其属性库	1	1	1
	镍矿(组)预测工作区磁法推断地质构造图及其属性库	1	1	1
钨矿	钨矿(组)预测工作区航磁 ΔT 等值线平面图及其属性库	6	6	6
	钨矿(组)预测工作区航磁 ΔT 化极等值线平面图及其属性库	6	6	6
	钨矿(组)预测工作区航磁 ΔT 化极垂向一阶导数等值线平面图及其属性库	6	6	6
	钨矿(组)预测工作区地磁等值线平面图及其属性库	1	1	1
	钨矿(组)预测工作区地磁化极等值线平面图及其属性库	1	1	1
	钨矿(组)预测工作区地磁化极垂向一阶导数等值线平面图及其属性库	1	1	1
	钨矿(组)预测工作区磁法推断地质构造图及其属性库	6	6	6
锡矿	锡矿(组)预测工作区航磁 ΔT 等值线平面图及其属性库	8	8	8
	锡矿(组)预测工作区航磁 ΔT 化极等值线平面图及其属性库	8	8	8
	锡矿(组)预测工作区航磁 ΔT 化极垂向一阶导数等值线平面图及其属性库	8	8	8
	锡矿(组)预测工作区地磁等值线平面图及其属性库	2	2	2
	锡矿(组)预测工作区地磁化极等值线平面图及其属性库	2	2	2
	锡矿(组)预测工作区地磁化极垂向一阶导数等值线平面图及其属性库	2	2	2
	锡矿(组)预测工作区磁法推断地质构造图及其属性库	8	8	8
钼矿	钼矿(组)预测工作区航磁 ΔT 等值线平面图及其属性库	17	17	17
	钼矿(组)预测工作区航磁 ΔT 化极等值线平面图及其属性库	17	17	17
	钼矿(组)预测工作区航磁 ΔT 化极垂向一阶导数等值线平面图及其属性库	17	17	17
	钼矿(组)预测工作区地磁等值线平面图及其属性库	7	7	7
	钼矿(组)预测工作区地磁化极等值线平面图及其属性库	7	7	7
	钼矿(组)预测工作区地磁化极垂向一阶导数等值线平面图及其属性库	7	7	7
	钼矿(组)预测工作区磁法推断地质构造图及其属性库	17	17	17
金矿	金矿(组)预测工作区航磁 ΔT 等值线平面图及其属性库	8	8	8
	金矿(组)预测工作区航磁 ΔT 化极等值线平面图及其属性库	8	8	8
	金矿(组)预测工作区航磁 ΔT 化极垂向一阶导数等值线平面图及其属性库	8	8	8
	金矿(组)预测工作区地磁等值线平面图及其属性库	2	2	2

续表 10-15

矿种	种类	数据库(个)	说明书(份)	元数据(条)
金矿	金矿(组)预测工作区地磁化极等值线平面图及其属性库	2	2	2
	金矿(组)预测工作区地磁化极垂向一阶导数等值线平面图及其属性库	2	2	2
	金矿(组)预测工作区磁法推断地质构造图及其属性库	8	8	8
银矿	银矿(组)预测工作区航磁 ΔT 等值线平面图及其属性库	13	13	13
	银矿(组)预测工作区航磁 ΔT 化极等值线平面图及其属性库	13	13	13
	银矿(组)预测工作区航磁 ΔT 化极垂向一阶导数等值线平面图及其属性库	13	13	13
	银矿(组)预测工作区地磁等值线平面图及其属性库	3	3	3
	银矿(组)预测工作区地磁化极等值线平面图及其属性库	3	3	3
	银矿(组)预测工作区地磁化极垂向一阶导数等值线平面图及其属性库	3	3	3
	银矿(组)预测工作区磁法推断地质构造图及其属性库	13	13	13
稀土矿	稀土矿(组)预测工作区航磁 ΔT 等值线平面图及其属性库	2	2	2
	稀土矿(组)预测工作区航磁 ΔT 化极等值线平面图及其属性库	2	2	2
	稀土矿(组)预测工作区航磁 ΔT 化极垂向一阶导数等值线平面图及其属性库	2	2	2
	稀土矿(组)预测工作区磁法推断地质构造图及其属性库	2	2	2
磷矿	磷矿(组)预测工作区航磁 ΔT 等值线平面图及其属性库	4	4	4
	磷矿(组)预测工作区航磁 ΔT 化极等值线平面图及其属性库	4	4	4
	磷矿(组)预测工作区航磁 ΔT 化极垂向一阶导数等值线平面图及其属性库	4	4	4
	磷矿(组)预测工作区地磁等值线平面图及其属性库	1	1	1
	磷矿(组)预测工作区地磁化极等值线平面图及其属性库	1	1	1
	磷矿(组)预测工作区地磁化极垂向一阶导数等值线平面图及其属性库	1	1	1
	磷矿(组)预测工作区磁法推断地质构造图及其属性库	4	4	4
硫矿	硫矿(组)预测工作区航磁 ΔT 等值线平面图及其属性库	15	15	15
	硫矿(组)预测工作区航磁 ΔT 化极等值线平面图及其属性库	15	15	15
	硫矿(组)预测工作区航磁 ΔT 化极垂向一阶导数等值线平面图及其属性库	15	15	15
	硫矿(组)预测工作区地磁等值线平面图及其属性库	4	4	4
	硫矿(组)预测工作区地磁化极等值线平面图及其属性库	4	4	4
	硫矿(组)预测工作区地磁化极垂向一阶导数等值线平面图及其属性库	4	4	4
	硫矿(组)预测工作区磁法推断地质构造图及其属性库	15	15	15
萤石矿	萤石矿(组)预测工作区航磁 ΔT 等值线平面图及其属性库	5	5	5
	萤石矿(组)预测工作区航磁 ΔT 化极等值线平面图及其属性库	5	5	5
	萤石矿(组)预测工作区航磁 ΔT 化极垂向一阶导数等值线平面图及其属性库	5	5	5
	萤石矿(组)预测工作区地磁等值线平面图及其属性库	3	3	3

续表 10-15

矿种	种类	数据库(个)	说明书(份)	元数据(条)
萤石矿	萤石矿(组)预测工作区地磁化极等值线平面图及其属性库	3	3	3
	萤石矿(组)预测工作区地磁化极垂向一阶导数等值线平面图及其属性库	3	3	3
	萤石矿(组)预测工作区磁法推断地质构造图及其属性库	5	5	5
重晶石矿	重晶石矿(组)预测工作区航磁 ΔT 等值线平面图及其属性库	2	2	2
	重晶石矿(组)预测工作区航磁 ΔT 化极等值线平面图及其属性库	2	2	2
	重晶石矿(组)预测工作区航磁 ΔT 化极垂向一阶导数等值线平面图及其属性库	2	2	2
	重晶石矿(组)预测工作区磁法推断地质构造图及其属性库	2	2	2
合计		652	652	652

表 10-16　福建省矿产资源潜力评价重力资料应用专题综合信息集成数据库一览表

矿种	种类	数据库(个)	说明书(份)	元数据(条)
省级	省级重力工作程度图及其属性库	1	1	1
	省级重力推断地质构造图及其属性库	1	1	1
	省级布格重力异常图及其属性库	1	1	1
	省级剩余重力异常图及其属性库	1	1	1
铁矿	铁矿(组)预测工作区布格重力异常图及其属性库	7	7	7
	铁矿(组)预测工作区剩余重力异常图及其属性库	7	7	7
	铁矿(组)预测工作区重力推断地质构造图及其属性库	7	7	7
铜矿	铜矿(组)预测工作区布格重力异常图及其属性库	19	19	19
	铜矿(组)预测工作区剩余重力异常图及其属性库	19	19	19
	铜矿(组)预测工作区重力推断地质构造图及其属性库	19	19	19
铅锌矿	铅锌矿(组)预测工作区布格重力异常图及其属性库	14	14	14
	铅锌矿(组)预测工作区剩余重力异常图及其属性库	14	14	14
	铅锌矿(组)预测工作区重力推断地质构造图及其属性库	14	14	14
锰矿	锰矿(组)预测工作区布格重力异常图及其属性库	3	3	3
	锰矿(组)预测工作区剩余重力异常图及其属性库	3	3	3
	锰矿(组)预测工作区重力推断地质构造图及其属性库	3	3	3
镍矿	镍矿(组)预测工作区布格重力异常图及其属性库	1	1	1
	镍矿(组)预测工作区剩余重力异常图及其属性库	1	1	1
	镍矿(组)预测工作区重力推断地质构造图及其属性库	1	1	1
钨矿	钨矿(组)预测工作区布格重力异常图及其属性库	6	6	6
	钨矿(组)预测工作区剩余重力异常图及其属性库	6	6	6
	钨矿(组)预测工作区重力推断地质构造图及其属性库	6	6	6

续表 10-16

矿种	种类	数据库(个)	说明书(份)	元数据(条)
锡矿	锡矿(组)预测工作区布格重力异常图及其属性库	8	8	8
	锡矿(组)预测工作区剩余重力异常图及其属性库	8	8	8
	锡矿(组)预测工作区重力推断地质构造图及其属性库	8	8	8
钼矿	钼矿(组)预测工作区布格重力异常图及其属性库	17	17	17
	钼矿(组)预测工作区剩余重力异常图及其属性库	17	17	17
	钼矿(组)预测工作区重力推断地质构造图及其属性库	17	17	17
金矿	金矿(组)预测工作区布格重力异常图及其属性库	8	8	8
	金矿(组)预测工作区剩余重力异常图及其属性库	8	8	8
	金矿(组)预测工作区重力推断地质构造图及其属性库	8	8	8
银矿	银矿(组)预测工作区布格重力异常图及其属性库	13	13	13
	银矿(组)预测工作区剩余重力异常图及其属性库	13	13	13
	银矿(组)预测工作区重力推断地质构造图及其属性库	13	13	13
稀土矿	稀土矿(组)预测工作区布格重力异常图及其属性库	2	2	2
	稀土矿(组)预测工作区剩余重力异常图及其属性库	2	2	2
	稀土矿(组)预测工作区重力推断地质构造图及其属性库	2	2	2
磷矿	磷矿(组)预测工作区布格重力异常图及其属性库	4	4	4
	磷矿(组)预测工作区剩余重力异常图及其属性库	4	4	4
	磷矿(组)预测工作区重力推断地质构造图及其属性库	4	4	4
硫矿	硫矿(组)预测工作区布格重力异常图及其属性库	15	15	15
	硫矿(组)预测工作区剩余重力异常图及其属性库	15	15	15
	硫矿(组)预测工作区重力推断地质构造图及其属性库	15	15	15
萤石矿	萤石矿(组)预测工作区布格重力异常图及其属性库	5	5	5
	萤石矿(组)预测工作区剩余重力异常图及其属性库	5	5	5
	萤石矿(组)预测工作区重力推断地质构造图及其属性库	5	5	5
重晶石矿	重晶石矿(组)预测工作区布格重力异常图及其属性库	2	2	2
	重晶石矿(组)预测工作区剩余重力异常图及其属性库	2	2	2
	重晶石矿(组)预测工作区重力推断地质构造图及其属性库	2	2	2
合计		376	376	376

表 10-17 福建省矿产资源潜力评价化探资料应用专题综合信息集成数据库一览表

矿种	种类	数据库(个)	说明书(份)	元数据(条)
省级	省级地球化学采样点位图及其属性库	1	1	1
	省级地球化学景观图及其属性库	1	1	1
	省级地球化学工作程度图及其属性库	1	1	1
	省级单元素地球化学图及其属性库	39	39	39

续表 10-15

矿种	种类	数据库(个)	说明书(份)	元数据(条)
省级	省级单元素地球化学异常图及其属性库	39	39	39
	省级地球化学综合异常图及其属性库	1	1	1
	省级地球化学推断地质构造图及其属性库	1	1	1
	省级地球化学找矿预测图及其属性库	12	12	12
铜矿	铜矿预测工作区单元素地球化学图及属性库	103	103	103
	铜矿预测工作区单元素地球化学异常图及其属性库	184	184	184
	铜矿典型矿床单元素异常图及其属性库	42	42	42
	铜矿预测工作区地球化学综合异常图及属性库	18	18	18
铅锌矿	铅锌矿预测工作区单元素地球化学图及属性库	65	65	65
	铅锌矿预测工作区单元素地球化学异常图及其属性库	122	122	122
	铅锌矿典型矿床单元素地球化学异常图及其属性库	16	16	16
	铅锌矿(组)预测工作区地球化学综合异常图及其属性库	14	14	14
锰矿	锰矿(组)预测工作区单元素地球化学图及其属性库	3	3	3
	锰矿(组)预测工作区单元素地球化学异常图及其属性库	21	21	21
	锰矿(组)预测工作区地球化学综合异常图及其属性库	3	3	3
镍矿	镍矿(组)预测工作区单元素地球化学图及其属性库	2	2	2
	镍矿(组)预测工作区单元素地球化学异常图及其属性库	4	4	4
	镍矿(组)预测工作区地球化学综合异常图及其属性库	1	1	1
钨矿	钨矿典型矿床单元素地球化学异常图及其属性库	8	8	8
	钨矿(组)预测工作区单元素地球化学图及其属性库	35	35	35
	钨矿(组)预测工作区单元素地球化学异常图及其属性库	57	57	57
	钨矿(组)预测工作区地球化学综合异常图及其属性库	6	6	6
锡矿	锡矿(组)预测工作区单元素地球化学图及其属性库	30	30	30
	锡矿(组)预测工作区单元素地球化学异常图及其属性库	61	61	61
	锡矿(组)预测工作区地球化学综合异常图及其属性库	8	8	8
钼矿	钼矿(组)预测工作区单元素地球化学图及其属性库	67	67	67
	钼矿(组)预测工作区单元素地球化学异常图及其属性库	130	130	130
	钼矿(组)预测工作区地球化学综合异常图及其属性库	17	17	17
金矿	金矿典型矿床单元素地球化学异常图及其属性库	8	8	8
	金矿预测工作区单元素地球化学图及属性库	42	42	42
	金矿预测工作区单元素地球化学异常图及其属性库	56	56	56
	金矿预测工作区地球化学综合异常图及属性库	7	7	7
银矿	银矿预测工作区单元素地球化学图及其属性库	59	59	59
	银矿预测工作区单元素地球化学异常图及其属性库	134	134	134
	银矿预测工作区地球化学综合异常图及属性库	13	13	13

续表 10-16

矿种	种类	数据库(个)	说明书(份)	元数据(条)
萤石矿	萤石矿(组)预测工作区单元素地球化学图及其属性库	10	10	10
	萤石矿(组)预测工作区单元素地球化学异常图及其属性库	26	26	26
	萤石矿(组)预测工作区地球化学综合异常图及其属性库	5	5	5
重晶石矿	重晶石矿(组)预测工作区单元素地球化学图及其属性库	6	6	6
	重晶石矿(组)预测工作区单元素地球化学异常图及其属性库	14	14	14
	重晶石矿(组)预测工作区地球化学综合异常图及其属性库	2	2	2
合计		1 494	1 494	1 494

表 10-18　福建省矿产资源潜力评价重砂资料应用专题综合信息集成数据库一览表

矿种	种类	数据库(个)	说明书(份)	元数据(条)
省级	省级自然重砂异常图及其属性库	11	11	11
铜矿	铜矿(组)预测工作区自然重砂异常图及其属性库	5	5	5
铅锌矿	铅锌矿(组)预测工作区自然重砂异常图及其属性库	3	3	3
钨矿	钨矿(组)预测工作区自然重砂异常图及其属性库	20	20	20
锡矿	锡矿(组)预测工作区自然重砂异常图及其属性库	30	30	30
钼矿	钼矿(组)预测工作区自然重砂异常图及其属性库	62	62	62
金矿	金矿(组)预测工作区自然重砂异常图及其属性库	11	11	11
银矿	银矿(组)预测工作区自然重砂异常图及其属性库	18	18	18
稀土矿	稀土矿(组)预测工作区自然重砂异常图及其属性库	6	6	6
硫矿	硫矿(组)预测工作区自然重砂异常图及其属性库	11	11	11
重晶石矿	重晶石矿(组)预测工作区自然重砂异常图及其属性库	1	1	1
合计		178	178	178

表 10-19　福建省矿产资源潜力评价遥感资料应用专题综合信息集成数据库一览表

矿种	种类	数据库(个)	说明书(份)	元数据(条)
省级	省级遥感构造解译图及其属性库	1	1	1
	省级遥感异常组合图及其属性库	1	1	1
	1∶25 万分幅遥感矿产地质特征解译图及其属性库	11	11	11
	1∶25 万分幅遥感羟基异常分布图及其属性库	11	11	11
	1∶25 万分幅遥感铁染异常分布图及其属性库	11	11	11
铁矿	典型矿床遥感矿产地质特征与近矿找矿标志解译图及其属性库	2	2	2
	典型矿床遥感羟基异常分布图及其属性库	2	2	2
	典型矿床遥感铁染异常分布图及其属性库	2	2	2
	铁矿(组)预测工作区遥感矿产地质特征与近矿找矿标志解译图及其属性库	10	10	10
	铁矿(组)预测工作区遥感羟基异常分布图及其属性库	10	10	10
	铁矿(组)预测工作区遥感铁染异常分布图及其属性库	10	10	10

续表 10-19

矿种	种类	数据库(个)	说明书(份)	元数据(条)
铜矿	典型矿床遥感矿产地质特征与近矿找矿标志解译图及其属性库	1	1	1
	典型矿床遥感羟基异常分布图及其属性库	1	1	1
	典型矿床遥感铁染异常分布图及其属性库	1	1	1
	铜矿(组)预测工作区遥感矿产地质特征与近矿找矿标志解译图及其属性库	20	20	20
	铜矿(组)预测工作区遥感羟基异常分布图及其属性库	20	20	20
	铜矿(组)预测工作区遥感铁染异常分布图及其属性库	20	20	20
铅锌矿	典型矿床遥感矿产地质特征与近矿找矿标志解译图及其属性库	1	1	1
	典型矿床遥感羟基异常分布图及其属性库	1	1	1
	典型矿床遥感铁染异常分布图及其属性库	1	1	1
	铅锌矿(组)预测工作区遥感矿产地质特征与近矿找矿标志解译图及其属性库	14	14	14
	铅锌矿(组)预测工作区遥感羟基异常分布图及其属性库	14	14	14
	铅锌矿(组)预测工作区遥感铁染异常分布图及其属性库	14	14	14
锰矿	锰矿(组)预测工作区遥感矿产地质特征与近矿找矿标志解译图及其属性库	3	3	3
	锰矿(组)预测工作区遥感羟基异常分布图及其属性库	3	3	3
	锰矿(组)预测工作区遥感铁染异常分布图及其属性库	3	3	3
镍矿	镍矿(组)预测工作区遥感矿产地质特征与近矿找矿标志解译图及其属性库	1	1	1
	镍矿(组)预测工作区遥感羟基异常分布图及其属性库	1	1	1
	镍矿(组)预测工作区遥感铁染异常分布图及其属性库	1	1	1
钨矿	钨矿(组)预测工作区遥感矿产地质特征与近矿找矿标志解译图及其属性库	6	6	6
	钨矿(组)预测工作区遥感羟基异常分布图及其属性库	6	6	6
	钨矿(组)预测工作区遥感铁染异常分布图及其属性库	6	6	6
锡矿	锡矿(组)预测工作区遥感矿产地质特征与近矿找矿标志解译图及其属性库	8	8	8
	锡矿(组)预测工作区遥感羟基异常分布图及其属性库	8	8	8
	锡矿(组)预测工作区遥感铁染异常分布图及其属性库	8	8	8
钼矿	典型矿床遥感矿产地质特征与近矿找矿标志解译图及其属性库	2	2	2
	钼矿(组)预测工作区遥感矿产地质特征与近矿找矿标志解译图及其属性库	17	17	17
	钼矿(组)预测工作区遥感羟基异常分布图及其属性库	17	17	17
	钼矿(组)预测工作区遥感铁染异常分布图及其属性库	17	17	17
金矿	典型矿床遥感矿产地质特征与近矿找矿标志解译图及其属性库	1	1	1
	典型矿床遥感羟基异常分布图及其属性库	1	1	1
	典型矿床遥感铁染异常分布图及其属性库	1	1	1

续表 10-19

矿种	种类	数据库(个)	说明书(份)	元数据(条)
金矿	金矿(组)预测工作区遥感矿产地质特征与近矿找矿标志解译图及其属性库	7	7	7
	金矿(组)预测工作区遥感羟基异常分布图及其属性库	7	7	7
	金矿(组)预测工作区遥感铁染异常分布图及其属性库	7	7	7
银矿	典型矿床遥感矿产地质特征与近矿找矿标志解译图及其属性库	1	1	1
	银矿(组)预测工作区遥感矿产地质特征与近矿找矿标志解译图及其属性库	13	13	13
	银矿(组)预测工作区遥感羟基异常分布图及其属性库	13	13	13
	银矿(组)预测工作区遥感铁染异常分布图及其属性库	13	13	13
稀土矿	稀土矿(组)预测工作区遥感矿产地质特征与近矿找矿标志解译图及其属性库	2	2	2
	稀土矿(组)预测工作区遥感羟基异常分布图及其属性库	2	2	2
	稀土矿(组)预测工作区遥感铁染异常分布图及其属性库	2	2	2
磷矿	磷矿(组)预测工作区遥感矿产地质特征与近矿找矿标志解译图及其属性库	4	4	4
	磷矿(组)预测工作区遥感羟基异常分布图及其属性库	4	4	4
	磷矿(组)预测工作区遥感铁染异常分布图及其属性库	4	4	4
硫矿	硫矿(组)预测工作区遥感矿产地质特征与近矿找矿标志解译图及其属性库	15	15	15
	硫矿(组)预测工作区遥感羟基异常分布图及其属性库	15	15	15
	硫矿(组)预测工作区遥感铁染异常分布图及其属性库	15	15	15
萤石矿	萤石矿(组)预测工作区遥感矿产地质特征与近矿找矿标志解译图及其属性库	5	5	5
	萤石矿(组)预测工作区遥感羟基异常分布图及其属性库	5	5	5
	萤石矿(组)预测工作区遥感铁染异常分布图及其属性库	5	5	5
重晶石矿	重晶石矿(组)预测工作区遥感矿产地质特征与近矿找矿标志解译图及其属性库	2	2	2
	重晶石矿(组)预测工作区遥感羟基异常分布图及其属性库	2	2	2
	重晶石矿(组)预测工作区遥感铁染异常分布图及其属性库	2	2	2
合计		434	434	434

第十一章 结 论

一、主要成果

(1)项目较好地完成了福建省各相关专题的研究工作,各专题合计完成编图总量共计5 477幅,建库3 861个,编写说明书3 861份,完成成果报告共27份,其中单矿种预测成果报告16份、专题成果汇总报告9份,总体成果报告、总体工作报告2份。按要求全面完成编图、建库、说明书以及成果报告编制工作。

(2)成矿地质背景方面。以板块构造理论和大陆动力学思维为指导,以多岛弧盆系观点为切入点,运用大地构造相分析方法,完成大地构造图编制,并在全国构造单元划分的总体框架(Ⅰ～Ⅲ级)基础上,根据福建省的地质构造特征,对福建大地构造进行分区,共划分1个Ⅰ级、3个Ⅱ级、5个Ⅲ级、14个Ⅳ级构造单元。同时,本次新划出了一个分隔华夏地块与东南沿海岩浆弧的Ⅱ级构造单元,是加里东期闽中洋俯冲闭合的产物。此外,提出闽中结合带松溪-尤溪蛇绿混杂岩带,把福建地壳离散、聚合、碰撞、造山的演化历史归结为5个发展阶段。

(3)成矿规律研究方面。对铁、铜等17个矿种的矿产预测类型进行了划分,对各预测类型的分布范围进行了圈定。通过对全省成矿地质条件综合分析研究,优先选出45个典型矿床,开展成矿要素及成矿模式研究。在全省范围内优选出128个预测工作区,进行区域成矿规律研究,提取区域成矿要素、建立成矿模型,编制了区域成矿要素图、区域成矿模型图等。建立了全省成矿系列10个、亚系列9个,研究了成矿空间分布规律,建立了本省的成矿谱系;在各单矿种(组)Ⅳ级成矿亚带和Ⅴ级矿集区研究成果的基础上,对全省成矿区带进行综合研究,在3个Ⅲ级成矿带的基础上圈出Ⅳ级成矿亚带6个、Ⅴ级矿集区28个。

(4)矿产预测方面。按矿产预测类型和预测方法类型划分方法,确定了铁、铜等17个矿种矿产预测类型和预测方法类型;研究提取了典型矿床预测要素,建立了典型矿床预测模型39个,研究提取了128个预测工作区的区域预测要素,建立了区域预测模型图128个;圈出了18个(含煤)矿种最小预测区974个,并对其进行了优选,优选结果A类267个、B类338个、C类369个。重要矿产预测资源量详见表11-1。

(5)重力方面。根据重力场分区原则,全省重力场划分为“二带”“四亚带”“六区”及“六亚区”;划分成2个一级构造单元、4个二级构造单元、6个三级构造单元和6个四级构造单元。同时依据重力场识别断裂的标志,综合航磁、化探、遥感、地质等资料,推断出本省深(Ⅰ级)断裂带5条,大(Ⅱ级)断裂带11条,一般(Ⅲ级)断裂带23条,计39条断裂构造,其中11条为新推断划分、7条为延伸扩大。并对深大断裂的产状、断距、形成时间、活动过程及与矿产的关系作了探讨。

(6)磁法方面。以福安—闽清—德化—南靖一线为界,将全省划分为东部与西部两大磁场带,与磁场分区相对应进行了地质构造单元划分。全省推断重点断裂34条,其中一级断裂9条、二级断裂14条、三级断裂11条;圈定出露、半隐伏、隐伏岩体119处,其中,酸性岩体17处、中酸性岩体61处、中性岩体23处、基性岩体18处,推测火山岩地层10处、火山构造9处。同时以磁法资料为基础开展了磁性矿产定量预测，对全省划分的1 066处局部磁异常中与铁矿有关的61处磁异常(其中航磁异常31处、地磁异常30处)进行了初步评价，并对矿致地磁异常30处、航磁异常7个进行了正反演拟合计算。磁异常拟合体积法预测铁矿总资源量为192 194.51×10^4t，其中，334-1资源量92 249×10^4t、334-2资源量4 895.27×10^4t、334-3资源量95 050.24×10^4t。

表11-1 福建省重要矿种预测资源量按预测深度统计表

矿种	单位	500m以浅	1 000m以浅	2 000m以浅	备注
铁	×10^4t	147 746.591	195 289.540	227 102.291	矿石
锰	×10^4t	4 656.565	4 656.565	4 656.565	矿石
铜	t	2 853 494.37	4 140 643.36	5 124 224.35	
铅	t	6 901 519.27	10 044 408.67	10 407 166.02	已加共伴生预测资源量
锌	t	6 704 826.52	10 343 699.55	10 619 814.39	
金	kg	218 140.66	384 760.51	528 669.55	
银	t	33 595.25	35 967.89	35 967.89	
镍	t	90 772.32	90 772.32	90 772.32	
钨	t	364 804.45	590 847.56	590 847.56	
锡	t	608 638.09	786 057.67	786 057.67	
锂	t	28 587.01	56 673.6	56 673.6	
钼	t	5 954 515.23	6 177 410.79	6 177 410.79	
稀土	t	—	—	—	
磷	×10^4t	4 509.9	4 509.9	4 509.9	矿石
硫	×10^4t	16 615.449	19 731.253	19 731.253	矿石
伴生硫	×10^4t	361.924	534.657	534.657	硫量
萤石	×10^4t	3 176.489	3 176.489	3 176.489	CaF_2
重晶石	×10^4t	6 761.553	6 761.553	6 761.553	
煤	×10^4t	95 423.10 (600m以浅)	193 068.90 (1 000m以浅)	257 225.40 (1 500m以浅)	括号内为煤的预测深度

(7)化探方面。圈定铜、铅、锌、钨、锡、钼、金、银、锰、稀土、重晶石、萤石12个矿种综合异常486处，找矿预测区182处，找矿靶区51处；在综合异常和地球化学找矿预测区的基础上对12个矿种预测区进行了综合研究，结合Ⅲ、Ⅳ级成矿带地质成矿条件，对各重要成矿区带地球化学找矿潜力进行了分析，提出13个地球化学找矿远景区，为找矿工作部署提供了科学的地球化学依据。同时，在系统研究了铜矿床的区域与矿床地球化学分布特征、总结了铜定量评价地球化学指标的基础上，开展了铜资源量定量预测，全省预测铜资源量715.548 7×10^4t(包括已探明资源量282.018 7×10^4t)，新增预测A、B级预测区资源量433.53×10^4t，其中A级预测区预测资源量212.64×10^4t，B级预测区预测资源量220.89×10^4t。

(8)遥感方面。全省共解译出线要素(断层)1 829条、脆韧性变形构造带要素25处、遥感逆冲推覆滑脱构造要素98处、环状要素272个、块状要素38个、带状要素40块，以及其他一些近矿找矿标志。同时以遥感手段为基础，结合地质、物探、化探、自然重砂等地学资料，对福建省紫金山铜金矿床外围进行成矿有利区的圈定和预测，确立了遥感综合找矿的5个找矿标志，圈定了6个找矿有利靶区，为下一步找矿提供了重要的参考依据。

(9)自然重砂专题。对全省自然重砂数据进行标准化处理，研究确定了重砂矿物异常下限，全省共圈定自然重砂单矿物异常870处。在综合研究的基础上，全省共圈定综合异常68处，远景预测区46处，并对综合异常、远景预测区、预测工作区自然重砂异常进行分析评价，为区域矿产预测和工作部署提供了矿物学依据。

(11)人才培养方面。本次项目分解为成矿地质构造背景、物探、化探、遥感、自然重砂、成矿规律及成矿预测、综合信息集成、煤炭资源预测等专题，前后共有近百人参加本项目工作。通过多次参加由项目办公室组织的技术培训和研讨会，已较熟练地掌握了潜力评价各专业技术方法，并且对本省地质、矿产、物探、化探、遥感、自然重砂等综合信息特征有很深入的认识和研究，为福建省地质调查院等单位培养了一大批专业技术骨干。一部分技术人员已能融会贯通地将潜力评价的方法技术应用到矿产远景调查、调查评价和勘查工作中，提升了远景调查或矿产勘查项目研究水平和找矿效果。

(12)成果转化应用。自福建省矿产资源潜力评价工作开展以来，项目取得的阶段性研究成果和最终研究成果在福建省的矿产勘查领域得到较为广泛的应用，尤其是在各类矿产勘查规划编制和矿产勘查工作部署方面发挥了重要作用，如福建省找矿突破战略行动实施方案(2011—2020年)、福建龙岩马坑一大田汤泉铁矿整装勘查区、福建龙岩紫金山铜多金属矿整装勘查区实施方案、各设区市矿业权设置方案等方面。此外，在中国地质调查局地质调查评价专项、中央和省基金勘查项目、危机矿山项目立项等方面也得到普遍应用。利用潜力评价铁矿、钨矿等预测成果在指导实际找矿方面也取得了较好成果，如通过潜力评价圈定的找矿靶区在永定、建阳等地新发现了铁多金属矿、钨矿等。

二、存在问题与工作建议

(一)主要问题

(1)由于各专业同时进行，基础编图(包括成矿地质背景、物探、化探、自然重砂等编制的各类图件)不能及时应用于矿产预测之中，在矿产预测区划分等方面由于上述成果的滞后性，可能导致个别预测工作区划分范围方面不尽合理。此外成矿地质背景编制的大地构造图定稿时间较后，没有很好地应用于各类省级图件编制中。

(2)早期发现的有影响的典型矿床，有些缺少大比例尺物探、化探资料，影响编图和研究效果。

(二)工作建议

(1)进一步加强本项目工作成果的宣传，加大转化应用力度。尽管本项目的阶段性成果已在实际工作中发挥了很大作用，但与本项目在成矿地质背景、矿产预测与成矿规律、物探、化探、自然重砂、遥感以及综合信息等方面取得丰富的研究成果相比，发挥作用的空间仍巨大。建议在今后矿产勘查工作规划、部署和实际找矿应用方面，大力推广本项目工作成果，为今后福建省的地质找矿提供必要的技术支撑。

(2)本次项目主要开展全省区域性矿产预测工作，并以区域预测研究为主，建议矿产资源潜力评价后续工作中能选择局部各类资料较全、有开展大比例尺预测基础的地区开展大比例尺矿产预测工作，或在今后部署局部矿产远景调查地区开展此项工作，以取得更好的实际应用效果。

(3)福建省地质找矿工作程度较高，今后地表地质找矿难度加大，而化探在找矿工作中具有找矿目标明确、缩小找矿靶区以及成本较低等特点，应大力推广地球化学调查等综合勘查手段，提高找矿准确性，降低成本。同时在本次化探资料综合基础上，建议今后加强对区域异常化探开展普查找矿及各项资料研究工作，积极部署1：5万水系沉积物测量，结合地质、物探等综合找矿信息，开展大比例尺化探研究工作以及地表工程揭露，在加强典型矿床研究基础上，进行类比评价，通过地球化学研究分析发现深部矿化信息，提高化探找矿效果。

(4)通过本次工作,认为在南方的高植被覆盖区,遥感蚀变异常信息常常被忽视,但是,遥感蚀变异常已经不局限于地表反应,而向地下进行了延伸。铁染异常是蚀变组合,包括黄铁矿化、黄钾铁矾、矽卡岩化、褐铁矿化等蚀变矿物,其作用不仅能对铁矿进行预测,还能扩展到铜、金、硫等很多矿种。所以,建议在以后的工作中,不仅仅利用遥感构造解译成果,对于某些矿种还应参考羟基和铁染蚀变异常信息。

主要参考文献

边效曾,褚志贤,周伟栋,等.福建古生代—中生代构造演化和格架[J].福建地质,1993,12(4):280-291.

蔡本爻,陈柏林,陈洪新,等.崇安-石城构造带中段金矿成矿规律研究[M].北京:地震出版社,1994.

蔡仕明.福建建阳水吉"层控"型铅锌矿床同位素特征浅析[J].福建地质,2008,27(2):195-198.

曹新志.对变质热液金矿床矿源岩研究的初步认识[J].黄金科技动态,1993(1):1-8.

陈觉民,徐维光.福建建宁中元古代上坪超单元的建立及其特征[J].福建地质,1992,11(4):231-240.

陈述荣,谢家亨,许南超,等.福建龙岩马坑铁矿床成因的探讨[J].地球化学,1985(4):350-351.

陈述荣,谢家亨,许南超,等.马坑铁矿区火山岩与铁矿原始铁质来源关系的初步探讨[J].地质科技情报(增刊),1982:69-72.

陈小华.福建省丁家山铅锌矿床地质特征及成因[J].福建地质,1999,19(2):57-69.

陈毓川,李兆鼐,毋瑞身,等.中国金矿床及成矿规律[M].北京:地质出版社,2001.

陈毓川,王登红,等.重要矿产和区域成矿规律研究技术要求[M].北京:地质出版社,2010.

陈毓川,王登红,等.重要矿产预测类型划分方案[M].北京:地质出版社,2010.

陈毓川,王登红,朱裕生,等.中国成矿体系与区域成矿评价[M].北京:地质出版社,2007.

陈毓川,朱裕生.中国矿床成矿模式[M].北京:地质出版社,1993.

陈毓川.当代矿产资源勘查评价的理论与方法[M].北京:地震出版社,1999.

陈毓川.中国主要成矿区带矿产资源远景评价[M].北京:地质出版社,1999.

陈跃安,王培宗.福建省区域地球物理、地球化学的基本特征及内生金属成矿特点[J].福建地质,1982(2):69-80.

陈跃升.马坑铁矿开发过程中对矿床成因的新认识[J].金属矿山,2002(11):50-59.

陆志刚,陶奎元,谢家莹,等.中国东南大陆火山地质及矿产[M].北京:地质出版社,1997.

程裕淇.中国区域地质概论[M].北京:地质出版社,1994.

党安荣,王晓东,张建宝,等.ERDAS IMAGINE 遥感图像处理方法[M].北京:清华大学出版社,2003.

地球科学大辞典编委会.地球科学大辞典(基础学科卷)[M].北京:地质出版社,2006.

范宏瑞,谢奕汉,王英兰,等.流体包裹体与金矿床的成矿及勘探评价[J].贵金属地质,1997,6(3):204-211.

范正国,黄旭钊,熊盛青,等.磁测资料应用技术要求[M].北京:地质出版社,2010.

冯景兰.关于成矿控制及成矿规律几个重要问题的初步探讨[C]//冯景兰教授诞辰 90 周年纪念文集.北京:地质出版社,1990.

冯志文,夏卫华,曾佐勋,等.闽北建瓯-政和火山岩型金矿地质[M].武汉:中国地质大学出版社,1991.

福建省地质八队. 福建龙岩马坑铁矿矿床地质特征及其成因探讨[J]. 福建地质,1982,1(1):2-31.

福建省地质矿产局. 福建省区域地质志[M]. 北京:地质出版社,1985.

福建省地质矿产局. 福建岩石地层单位[M]. 武汉:中国地质大学出版社,1997.

福建省闽西地质大队. 福建清流行洛坑钨(钼)矿床地质特征[M]. 福州:福建科学技术出版社,1985.

傅树超,苏江湖. 闽北浦城地区晋宁期小串花岗片麻岩地质特征[J]. 福建地质,1994,13(4):227-234.

甘晓春,李惠民,孙大中,等,闽北前寒武纪基底的地质年代学研究[J]. 福建地质,1993,12(1):17-32.

高天均. 福建紫金山铜金矿床类型与环太平洋浅成低温矿床的比较[J]. 福建地质,1999,18(4):167-177.

高天钧,黄仁生. 福建省上杭紫金山矿田铜金银矿床类型及对比[J]. 火山地质与矿产,1998,19(4):283-294.

高天钧,王振民,等. 台湾海峡及其周边地区构造岩浆演化与成矿作用[M]. 北京:地质出版社,1999.

高天钧,张智亮,黄辉,等. 台湾海峡两岸地质构造与成矿[M]. 福州:福建科技出版社,1994.

高亚峰. 国内外金矿床主要类型简介[J]. 浙江地质科技情报,1997(4):25-27.

葛朝华,韩发,等. 马坑铁矿火山沉积成因探讨[J]. 中国地质科学院院报,1981,3(1):47-66.

葛朝华,韩发. 马坑铁矿床稀土元素地球化学研究[J]. 矿床地质,1984,3(1):1-8.

关玉祥,黄耀明,陶建华,等. 初论福建推覆构造[J]. 福建地质,1989,8(1):14-34.

郭文魁. 1∶400 万中国内生金属成矿图及其说明书[M]. 北京:地图出版社,1987.

郭文魁. 郭文魁文集[M]. 北京:地质出版社,2002.

韩发,葛朝华. 福建马坑铁矿床海底火山热液-沉积成因的地质-地球化学特征[J]. 中国地质科学院矿床地质研究所所刊,1983(2):60-87.

韩发,葛朝华. 马坑铁矿——一个海相火山热液-沉积型矿床[J]. 中国科学 B 辑,1983(5):438-445.

贺同兴,卢良兆,等. 变质岩石学[J]. 北京:地质出版社,1988.

胡受奚,王文斌. 与火山-次火山-热液作用有关的确金矿床分类探讨[J]. 黄金地质,1997,3(3):25-29.

胡云中,侯增谦. 当代主要金属矿产资源勘查与研究的发展态势(上)[J]. 地质科技管理,1998(1):1-7.

胡兆曦. 福建煤变质的因素和类型[J]. 山东科技大学学报,2003,22(4):36-38.

黄昌旗. 福建福安赤路—宁德九曲岭地区钼铜多金属矿找矿前景分析[J]. 福建地质,2009,7(4):289-295.

黄崇珂,白冶,朱裕生,等. 中国铜矿床[M]. 北京:地质出版社,2001.

黄春鹏,刘庆生,张克尧,等. 福建紫金山铜金矿田地球物理地球化学特征及找矿模型[J]. 福建地质,1999,18(4):194-206.

黄庆敏,龚萍. 福建邵武-泰宁-建宁金银矿成矿类型及其找矿方向[J]. 福建地质,1998,17(3):153-158.

黄泉祯. 福建省地质图(1∶500 000)说明书[M]. 福州:福建省地图出版社,1998.

黄仁生,石礼炎,等. 福建省紫金山次火山-浅成斑岩铜矿成矿系列[C]//福建省地学论文集. 福州:福建省地图出版社,1996.

黄仁生. 福建省紫金山铜金矿床成矿物理化学条件的研究[J]. 福建地质,1994,13(3).

黄仁生. 福建尤溪梅仙矿田铅锌银矿床特征及找矿方向[J]. 福建地质,2006,26(4):211-221.

黄仁生. 福建紫金山矿田火成岩系列与浅成低温热液-斑岩铜金银系统[J]. 地质力学学报,2008,14(1):74-86.

黄树峰. 福建中西部地区金矿带古构造环境的新认识[J]. 福建地质,1991,10(1):34-481.

金文山,孙大中. 华南大陆深部地壳结构及其演化[M]. 北京:地质出版社,1997.

李昌年. 火成岩微量元素岩石学[M]. 武汉:中国地质大学出版社,1992.

李继亮. 中国东南海陆岩石圈结构与演化研究[M]. 北京:中国科学技术出版社,1992.

李建威. 矿产资源定量预测方法综述[J]. 地质科技情报,1995,14(4):57-64.

李永龙. 闽北浦城地区元古代侵入岩时代及其构造环境讨论[J]. 福建地质,1994,13(1):20-25.

李文炎,余洪云. 中国重晶石矿床[M]. 北京:地质出版社,1991.

李献华,王一先,赵振华,等. 闽浙古元古代斜长角闪岩的离子探针锆石 U-Pb 年代学[J]. 地球化学,1998,27(4):327-334.

李荫清,陈伟十. 马坑铁矿流体包裹体研究及成矿作用探讨[J]. 中国地质科学院矿床地质研究所所刊,1982(3):91-101.

李兆鼐. 关于我国火山岩地区金矿找矿工作的几点建议[J]. 中国地质,1985(3):6-10.

李真,邱检生,蒋少涌,等. 福建金山花岗质复式岩体的元素和同位素地球化学及其成因研究[J]. 地质学报,2008,83(4):515-527.

李子林. 紫金山铜金矿床蚀变和矿化分带[M]. 北京:地质出版社,1992.

梁子豪,朱清涛,韩梦合,等. 浙江治岭头金-银矿床成矿条件的初步研究[J]. 地质论评,1985,31(4):330-339.

林仟同,魏考秋,龚萍,等. 福建何宝山金矿控矿构造地球化学特征及其剥蚀程度初探[J]. 福建地质,1994,13(1) 1-9.

刘宝珺,许效松,潘杏南,等. 中国南方古大陆沉积地壳演化与成矿[M]. 北京:科学出版社,1993.

刘劲鸿. 福建马坑铁矿成因矿物学研究[J]. 矿物岩石地球化学通讯,1987(3):134-136.

刘劲鸿. 福建马坑铁矿辉石的成因矿物学研究[J]. 福建地质,1993(12):248-257.

刘连登,陈国华,刘允良,等. 福建省双旗山浅成脉型金矿地质及其意义[J]. 福建地质,1999,18(2):51-58.

刘武刚,陈友智. 马坑铁矿中矿段地质特征及成因认识[J]. 有色金属,2006,58(2):14-16.

卢清地. 福建中—新生代玄武岩的地球化学特征及其成因[J]. 中国区域地质,2000,19(1):85-91.

卢宇,李师兰,余成就,等. 地质异常理论在找矿靶区优选与评价的应用[J]. 地质与勘探,1996,32(1):7-12.

卢作祥,范永香,刘辅臣,等. 成矿规律和成矿预测学[M]. 武汉:中国地质大学出版社,1989.

吕古贤. 构造物理化学基本问题与金矿成矿预测[J]. 地球学报,1998,19(2):117-125.

罗锦昌,陈郑辉,屈文俊,等. 福建省永定山口钼矿辉钼矿铼-锇同位素定年及其地质特征[J]. 岩矿测试,2009,28(3):254-258.

毛建仁,胡青,许乃政,等. 闽西南地区早中生代汤泉岩体同位素年代学、地球化学特征及其构造意义[J]. 地质学报,2003,77(3):386.

梅燕雄,叶锦华,黄春鹏. 成矿年代学研究及其若干进展[J]. 福建地质,2000,19(2):103-110.

梅勇文. 武夷造山带及其成矿作用[J]. 江西地质,1998,12(2):109-115.

那建国. 福建碧田银多金属矿区地质成矿特征初探[J]. 华南铀矿地质,1998(15):20-31.

裴荣富,梅燕雄,毛景文,等. 中国中生代成矿作用[M]. 北京:地质出版社,2008.

裴荣富. 中国矿床模式[M]. 北京:地质出版社,1995.

彭少梅,何绍勋. 韧性剪切带的递进应变历史及其与金矿化的关系[J]. 黄金地质科技,1991(2):18-24.

邱家骧. 国际地科联火成岩分类学分委会推荐的火山岩分类简介[J]. 现代地质,1991,5(4):457-468.

邱检生，肖娥，胡建，等．福建北东沿海分异Ⅰ型花岗岩的成因：锆石 U-Pb 年代学、地球化学和 Nd-Hf 同位素制约[J]．岩石学报，2008，24(11)：2468-2484．

饶家光，钟增球，杨世义，等．武夷-云开典型成矿区矿产预测[M]．北京：地质出版社，1997．

任纪舜，陈廷愚，牛宝贵，等．中国东部及邻区大陆岩石圈的构造演化与成矿[M]．北京：科学出版社，1990．

芮宗瑶．中国斑岩铜(钼)矿床[M]．北京：地质出版社，1984．

石礼炎，高天钧．福建省大型隐伏铜矿床预测[M]．福州：福建省地图出版社，1998．

石礼炎，李子林．福建上杭紫金山次火山热液铜金矿床地质特征初探[J]．福建地质，1989，8(4)：286-299．

石礼炎，朱熙道，叶允钧，等．福建省主要矿产的成矿特征与分布规律[J]．福建地质，1991，10(2)：85-102．

苏水生．福建上杭铜矿沟-罗卜岭斑岩型铜矿床地质特征及远景评价[J]．福建地质，2002，22(2)：69-77．

孙培基，韦永福，等．当代中国金矿地质[M]．北京：地震出版社，1996．

谭承泽，郭绍雍．磁法勘探教程[M]．北京：地质出版社，1984．

汤国安，张友顺，刘咏梅，等．遥感数字图像处理[M]．北京：科学出版社，2004．

汤中立，钱壮志，任秉琛，等．中国古生代成矿作用[M]．北京：地质出版社，2006．

陶建华，许春林．福建上杭紫金山铜金矿床控岩控矿构造分析[J]．福建地质，1992，11(3)：186-202．

陶建华，胡明安．闽中地区中新元古代东岩组地层的含矿性研究[J]．中国地质，2006，33(2)：418-426．

陶建华．闽西南地区东部逆冲推覆构造及其形成机制[J]．福建地质，1987，6(4)：249-270．

陶奎元，毛建仁，杨祝良，等．中国东南部中生代岩石构造组合和复合动力学过程的记录[J]．地学前缘，1998，5(4)：183-191．

陶奎元，高天钧．东南沿海火山岩基底构造及火山-侵入作用与成矿关系[M]．北京：地质出版社，1998．

陶奎元，陆志刚．论永梅会多层、多类型成矿集中区大型铜、金、银、锡矿床成矿远景[J]．火山地质与矿产，1998，19(1)．

涂光炽．中国超大型矿床(Ⅰ)[M]．北京：科学出版社，2000．

涂光炽．中国金矿床若干特征[J]．黄金，1989，10(6)：2-5．

汪方展．福建建宁客坊地区金矿成矿地质特征及找矿方向[J]．福建地质，1993，12(2)：142-149．

王登红，陈毓川，徐珏，等．中国新生代成矿作用[M]．北京：地质出版社，2005．

王登红，陈郑辉，陈毓川，等．我国重要矿产地成岩成矿年代学研究新数据[J]．地质学报，2010，184(7)：1030-1040．

王登红．地幔柱及其成矿作用[M]．北京：地震出版社，1998．

王尔康，欧阳钟辉．深断裂带花岗岩研究—福建大田汤泉二长花岗岩成岩成矿地质物理化学条件[J]．南京大学学报(自然科学版)，1984(2)．

王桂梁，王信，王文杰，等．滑脱构造研究——以闽西南二叠系含煤区为例[M]．北京：科学出版社，1992．

王鹤年．华夏地块韧性剪切带性金矿地质[M]．北京：地质出版社，1992．

王培宗．福建省地壳—上地幔结构及深部构造背景的研究[J]．福建地质，1993，12(2)：79-158．

王仁山．福建二叠纪聚煤盆地层序地层及聚煤规律分析[J]．能源与环境，2009(1)：22-32．

王世称，陈永清．金矿综合信息成矿系列预测理论体系[J]．黄金地质，1995，1(1)：1-7．

王松山，胡世玲，翟明国，等．应用$^{40}Ar/^{39}Ar$定年技术研究清原花岗岩-绿岩地体的形成时代[J]．岩石学报,1987(4):55-60.

王文斌,周汉民,朱韶华,等.中国东南沿海金、银矿床区域成矿规律[J].中国地质科学院南京地质矿产研究所所刊,1998,19(4):95-104.

王文杰.福建省含煤区推覆、滑脱构造[J].中国煤炭地质,2009,21(2):6-9.

王义文.金矿定年方法进展与研究现状[J].地质与勘探,1997,33(2):24-29.

王振民.华夏古陆及其相关地质问题的新认识[C]//福建地质论文集.福州:福建地图出版社,1996.

翁朝峰.福建省金矿成矿地质条件与成矿远景[J].福建地质,1998,17(1):24-33.

吴承烈,徐外生,刘崇民.中国主要类型铜矿勘查地球化学模型[M].北京:地质出版社,1998.

吴建设,黄仁生.福建省尤溪峰岩铅锌银资源潜力及找矿方向探讨[J].中国地质,2000,28(12):14-18.

吴志强.福建省梅仙铅锌银矿田成矿地质特征和成因模式[J].矿产与地质,2003(5):607-609.

向运川,任天祥,牟绪赞,等.化探资料应用技术要求[M].北京:地质出版社,2010.

肖爱芳,黎敦明.福建省紫金山复式花岗岩锆石 LA-ICP-MS U-Pb 测年[J].东华理工大学学报,2012,35(4):343-351.

肖庆辉,邓晋福,马大铨,等.花岗岩研究思维与方法[M].北京:地质出版社,2002.

谢承涛,周美进.福建省上杭县罗卜岭斑岩型铜(钼)矿床地质特征[J].福建地质,1994,13(3):151-158.

徐九华,谢玉玲,申世亮,等.热液金矿床控矿断裂性质与成矿流体的物理化学[J].地球学报,1998,19(2):204-209.

徐志刚,陈毓川,王登红,等.中国成矿区带划分方案[M].北京:地质出版社,2008.

许靖华,孙枢,王清晨,等.中国大地构造相图(1∶400 万)[M].北京:科学出版社,1998.

许乃政,毛建仁,叶海敏,等.福建省永定县大排铅锌矿床成矿地质特征及找矿新进展[J].地质与勘探,2008,44(4):20-23.

薛凯,阮诗昆.福建紫金山矿田罗卜岭铜(钼)矿床地质特征及成因探讨[J].资源环境与工程,2008,22(5):491-496.

杨敏之.金矿床地质、地球化学和金矿预测研究的几个问题[J].地质与勘探,1997,33(2):30-33.

杨明桂,曾载淋,赖志坚,等.江西钨矿床"多位一体"模式与成矿热动力模式[J].地质力学学报,2008,14(3):241-250.

姚培慧.中国锰矿志[M].北京:冶金工业出版社,1995.

叶水泉,倪大平,吴志强.福建省梅仙式块状硫化物矿床[J].火山地质与矿产,1999,20(3):172-179.

叶天竺,张智勇,肖庆辉,等.成矿地质背景研究技术要求[M].北京:地质出版社,2012.

叶天竺,朱裕生,夏庆霖,等.固体矿产预测评价方法技术[M].北京:中国大地出版社,2004.

尹家衡,阮宏宏,谢家莹,等.中国东南大陆中生代火山旋回火山构造及其控矿意义[M].北京:地质出版社,1991.

于学政,金玉声,杨日红,等.藏东遥感地质与矿产资源[M].北京:地质出版社,2003.

于学政,曾朝铭,燕云鹏,等.遥感资料应用技术要求[M].北京:地质出版社,2010.

袁见齐,朱上庆,翟裕生.矿床学[M].北京:地质出版社,1985.

翟裕生,姚书振,崔彬,等.成矿系列研究[M].武汉:中国地质大学出版社,1996.

张达,吴淦国,刘乃忠,等.福建漳平北坑场钼多金属矿床辉钼矿 Re-Os 同位素年龄及其地质意义[J].地质学报,2010,84(10):1428-1437.

张德全,李大新,赵一鸣,等.紫金山铜金矿床蚀变和矿化分带[M].北京:地质出版社,1992.

张家元.福建省双旗山金矿床地质特征及成因研究[J].福建地质,1992,11(1):17-31.

张均.当前金矿地质研究中的几个前沿性课题[C]//矿产勘查与评价论文集.武汉:中国地质大学

出版社，1990.

张钧.矿床定位预测的研究现状与趋向[J].地球科学进展，1997，12(3)：242-245.

张生，李统锦，王联魁，等.广东长坑大型超大型金银矿床的地球化学与成因[J].矿床地质，1998，17(2)：125-33.

张晓华.当代矿产资源勘查评价的理论与方法[M].北京：地震出版社，1999.

张贻侠，寸珪，等.中国金矿床进展与思考[M].北京：地质出版社，1996.

赵海玲.东南沿海地区晚第三纪—第四纪大陆裂谷型火山作用及深部构造背景研究[M].武汉：中国地质大学出版社，1990.

赵希林，毛建仁，陈荣，等.闽西南地区才溪岩体锆石 SHRIMP 定年及其地球化学特征[J].岩石矿物杂志，2007，26(3)：223-231.

赵一鸣，吴良士，白鸽，等.中国主要金属矿床成矿规律[M].北京：地质出版社，2004.

赵芝，陈郑辉，王成辉，等.闽东大湾钼铍矿的辉钼矿 Re-Os 同位素年龄——兼论福建省钼矿时空分布及构造背景[J].大地构造与成矿学，2012，36(3)：399-405.

浙江省地质矿产厅.浙江省岩石地层[M].武汉：中国地质大学出版社，1997.

郑明华.现代成矿学导论[M].重庆：重庆大学出版社，1988.

郑声俭，严炳铨，黄泉祯.福建省侵入岩岩石谱系单位划分[M].厦门：厦门大学出版社，2000.

周高志，康维国，等.鄂北蓝片岩带研究[M].北京：地质出版社，1991.

周汉民，王文斌.福建杨梅地区金矿成矿地质条件和矿床成因[J].火山地质与矿产，1996，17(1～2)：41-52.

周乐尧，邱郁双.浙江中生代陆缘火山岩金矿成矿系统[J].浙江地质，1997，13(2)：11-27.

周肃，邱瑞照.福建紫金山铜金矿床氢氧同位素组成特征及与成矿关系的研究[J].福建地质，1998，17(2)：94-100.

周永丰.福建省区域构造格架及建阳推覆构造系统[C]//福建省地学论文集.福州：福建省地图出版社，1996.

周珍琦.闽西南二叠系童子岩组沉积特征及构造演化[J].石油实验地质，2005，27(6)：597-600.

朱韶华，等.中国东南沿海金银矿床成矿物理化学特征[C]//中国东南沿海火山地质与矿产论文集.北京：地质出版社，1992.

朱熙道.福建省银矿地质特征及找矿方向初探[J].福建地质，1985，4(3)：41-58.

朱训，黄崇轲，芮宗瑶，等.德兴斑岩铜矿[M].北京：地质出版社，1983.

朱裕生.指导成矿预测的地质基础理论——成矿学理论和应用[J].中国地质，1988(4)：7-9.

庄建民，黄泉祯，等.福建省前寒武纪变质岩岩石地层单位划分研究[M].厦门：厦门大学出版社，2000.

邹天人，葛朝华，等.论马坑铁矿的成矿特征和形成条件[J].中国地质科学院院报矿床地质研究所分刊，1981，2(1)：1-24.

左群超，杨东来，陈郑辉，等.成矿规律研究数据模型[M].北京：地质出版社，2013.

左群超，杨东来，冯艳芳，等.成矿地质背景研究数据模型[M].北京：地质出版社，2013.

左群超，杨东来，冯艳芳，等.数据项下属词规定[M].北京：地质出版社，2013.

左群超，杨东来，黄旭钊，等.磁测资料应用数据模型[M].北京：地质出版社，2013.

左群超，杨东来，李景朝，等.自然重砂资料应用数据模型[M].北京：地质出版社，2013.

左群超，杨东来，吴轩，等.化探资料应用数据模型[M].北京：地质出版社，2013.

左群超，杨东来，于学政，等.遥感资料应用数据模型[M].北京：地质出版社，2013.

左群超，杨东来，张明华，等.重力资料应用数据模型[M].北京：地质出版社，2013.

左群超，杨东来，赵汀，等.矿产预测研究数据模型[M].北京：地质出版社，2013.

《中国矿床》编委会.中国矿床[M].北京:地质出版社,1994.

《中国矿床发现史》编委会.中国矿床发现史·福建卷[M].北京:地质出版社,1996.

Wan Y ,Liu D, Xu M, et al. SHRIMP U-Pb zircon geochronology and geochemistry of metavolcanic and metasedimentary rocks in Northwestern Fujian, Cathaysia block, China:Tectonic implications and the need to redefine lithostratigraphic units[J]. Gondwana Research,2007,12(1):166-183.

主要内部资料

敖光华,等.福建省物化探大队.福建省上杭-云霄铜多金属成矿带地球物理、地球化学找矿模型(式)及找矿预测研究报告[R],1992.

蔡以评,等.福建省地质勘查技术院.福建省表壳元素丰度研究(科研报告)[R],1992.

长汀县地质勘查队.福建省连城县庙前司前庵锰矿资源储量核实报告[R],2008.

长汀县地质勘探队.福建省连城县兰桥油浸金锰矿资源储量核实报告[R],2007.

陈景河,等.福建省闽西地质大队.紫金山铜金矿床成矿模式研究报告[R],1992.

陈景河,李子林,等.紫金山矿区铜金矿床成矿模式研究(科研报告)[R],1991.

陈声建,林善华,叶允钧.福建省导向矿种(铜铅锌银金)找矿方向研究报告[R],2002.

戴志海,李永年,钟启贤,等.航测大队906队.福建省东部地区航空物探结果报告[R],1974.

地矿部华南地区物化遥编图委员会.华南地区1:100万重磁、遥感解释成果报告[R],1994.

地矿部矿床地质研究所.福建省上杭紫金山铜金矿床蚀变分类和矿化分带[R],1990.

地矿部物化探研究所.闽粤赣交界地区铜矿物化探编图总结报告[R],1993.

地质矿产部地质调查局.地球物理地球化学勘查标准汇编(化探部分)[R],1996.

范正国,黄旭钊,周道卿,等.全国磁测资料应用典型示范总结报告[R],2009.

福建地质一队.福建省永安市李坊重晶石矿矿床特征[R],1980.

福建闽西地质大队.福建省永安市李坊重晶石矿区Ⅰ、Ⅱ矿段详细普查地质报告[R],1984.

福建闽西地质大队.福建省永安市李坊重晶石矿区Ⅲ矿段详细勘探地质报告[R],1983.

福建闽西地质大队.福建省永安市李坊重晶石矿区Ⅳ矿段初步普查地质报告[R],1986.

福建省196煤田地质勘探队.福建省永泰县岭头坪矿区11—23线铅锌(银)矿5号矿体详查地质报告[R],2005.

福建省地科所.福建省永安县李坊重晶石矿床矿石结构构造的初步研究[R],1981.

福建省地矿局地矿处.福建省东部火山岩地区银矿找矿方向研究报告[R],1992.

福建省地球物理地球化学勘查大队.福建省大田县太华汤泉-锦溪测区物化探详查工作报告[R],1985.

福建省地球物理地球化学勘查大队.福建省沿海地区航空物探工作报告[R],1986.

福建省地球物理探矿队.福建省长太县格坪头-钟魏地区物化探普查报告[R],1977.

福建省地球物理探矿队.福建省南部地区航空物探结果报告[R],1976.

福建省地球物理探矿队.福建省宁德地区航空物探成果报告[R],1977.

福建省地质八队.福建省龙岩市马坑铁矿区东矿段详细勘探地质报告[R],1983.

福建省地质八队.福建省永定县大排铅锌矿区普查评价地质报告[R],1982.

福建省地质调查研究院.福建闽中铜金铅锌银多金属矿评价成果报告[R],2003.

福建省地质调查研究院.福建闽中铜金铅锌银多金属矿评价成果报告[R],2004.

福建省地质调查研究院.福建省国土资源遥感综合调查报告[R],2004.

福建省地质调查研究院.福建省将乐县常口矿区萤石矿标高200米以下(生产勘查)详查地质报告[R],2006.

福建省地质调查研究院.福建省将乐县常口矿区萤石矿资源储量核查报告[R],2011.
福建省地质调查研究院.福建省金矿资源潜力评价成果报告[R],2011.
福建省地质调查研究院.福建省矿产资源利用现状调查成果报告[R],2012.
福建省地质调查研究院.福建省磷矿资源潜力评价成果报告[R],2011.
福建省地质调查研究院.福建省硫矿资源潜力评价成果报告[R],2012.
福建省地质调查研究院.福建省龙岩市离子吸附型稀土矿资源调查及远景资源量预测[R],2009.
福建省地质调查研究院.福建省煤炭资源潜力评价成果报告[R],2010.
福建省地质调查研究院.福建省锰矿资源潜力评价成果报告[R],2012.
福建省地质调查研究院.福建省钼矿资源潜力评价成果报告[R],2012.
福建省地质调查研究院.福建省镍矿资源潜力评价成果报告[R],2012.
福建省地质调查研究院.福建省铅锌矿资源潜力评价成果报告[R],2011.
福建省地质调查研究院.福建省铁矿资源潜力评价成果报告[R],2011.
福建省地质调查研究院.福建省铜矿资源潜力评价成果报告[R],2011.
福建省地质调查研究院.福建省钨矿资源潜力评价成果报告[R],2011.
福建省地质调查研究院.福建省武夷山市东坑-上西坑矿区上西坑矿段钼矿详查报告[R],2005.
福建省地质调查研究院.福建省武夷山市上西坑矿区钼矿资源储量核查报告[R],2010.
福建省地质调查研究院.福建省稀土矿资源潜力评价成果报告[R],2011.
福建省地质调查研究院.福建省锡(锂)矿资源潜力评价成果报告[R],2012.
福建省地质调查研究院.福建省银矿资源潜力评价成果报告[R],2012.
福建省地质调查研究院.福建省萤石矿资源潜力评价成果报告[R],2012.
福建省地质调查研究院.福建省漳平市北坑场矿区大盂岭矿段钼铁矿详查及外围普查报告[R],2010.
福建省地质调查研究院.福建省重晶石矿资源潜力评价成果报告[R],2012.
福建省地质调查研究院.福建省重要矿种矿产预测成果报告[R],2013.
福建省地质调查研究院.福建省重要矿种区域成矿规律研究成果报告[R],2013.
福建省地质二队.福建省大田县龙凤场硫、多金属矿区东矿段初勘补充地质报告[R],1978.
福建省地质二队.福建省大田县汤泉东北部磁测详查报告[R],1978.
福建省地质二团.福建大田汤泉铁矿区详细普查报告[R],1972.
福建省地质二团.福建省泰宁水源硫铁矿详查地质报告[R],1974.
福建省地质局.福建省铁锰矿产成矿远景区图说明书[R],1974.
福建省地质局 303 地质队.福建将乐新路口钨锡矿详查评价地质报告[R],1969.
福建省地质局 306 地质队.福建清流行洛坑钨钼矿储量报告[R],1966.
福建省地质局 306 地质队.福建省清流县行洛坑钨钼矿地质研究报告[R],1966.
福建省地质局地质二团.福建大田龙山崎铅锌铜矿地质详查报告[R],1975.
福建省地质局地质七队.福建省平和县钟腾铜矿区铜坑矿段地质勘探报告[R],1974.
福建省地质局第四地质大队.大田龙凤场磁铁矿多金属矿初步地质勘探报告书[R],1963.
福建省地质局第四地质大队.福建省华安洋竹径钨矿普查评价报告[R],1961.
福建省地质科学研究所.福建省金(银)矿Ⅳ级成矿远景区划汇总报告[R],1987.
福建省地质科学研究所.福建省金矿成矿规律和成矿预测研究报告[R],2000.
福建省地质科学研究所.福建省钼矿床类型及其地质特征专题研究[R],1983.
福建省地质科学研究所.福建省钨矿床类型及其地质特征专题研究[R],1983.
福建省地质科学研究所.福建省锡(锂)矿床类型及其地质特征专题研究[R],1983.
福建省地质科学研究所.福建省行洛坑钨钼矿床成矿地质特征[R],1981.
福建省地质矿产局.福建省煤炭资源远景调查汇总报告[R],1989.

福建省地质矿产局.福建省区域矿产总结[R],1985.
福建省地质矿产局.福建省三明地区二叠纪煤田地质特征[R],1984.
福建省地质矿产开发局.福建省地质构造图及说明书(1∶50万)[R],2000.
福建省地质矿产勘查开发局.福建省矿床成矿系列、成矿规律、成矿模式和成矿预测研究报告[R],2002.
福建省地质七队.福建省长太县钟魏地区铅锌矿Ⅴ级成矿远景区划说明书[R],1980.
福建省地质三队.福建浦城屏峰硫铅锌矿地质勘探报告[R],1977.
福建省地质三团.福建建瓯东岩铜矿地质详查报告[R],1974.
福建省地质三团.福建建瓯钟山铜铅锌矿地质勘探报告[R],1975.
福建省地质三团.福建邵武南山下萤石矿储量报告[R],1971.
福建省地质三团.福建省邵武南山下萤石矿地质勘探报告[R],1975.
福建省地质三团.福建省松溪县洋墩磷矿储量报告[R],1971.
福建省地质四队.福建福安赤路钼矿区外围地质普查报告[R],1977.
福建省地质四队.福建省福安赤路钼矿区地质详查评价报告[R],1996.
福建省地质五队.福建省莆田县长基超基性岩体综合普查地质报告[R],1975.
福建省地质一团.福建省连城铜坑铜钼矿地质勘探报告[R],1973.
福建省第八地质大队.福建省古田县西朝钼矿区详查地质报告[R],2002.
福建省第八地质大队.福建省连城县兰桥油浸金锰矿区详查地质报告[R],1998.
福建省第八地质大队.福建省连城县庙前矿区锰矿资源储量调查报告[R],2010.
福建省第八地质大队.福建省连城县铜坑矿区铜钼矿资源储量调查报告[R],2010.
福建省第八地质大队.福建省上杭县罗卜岭矿区铜(钼)矿资源储量调查报告[R],2010.
福建省第八地质大队.福建省上杭县中寮铜矿区罗卜岭矿段普查地质报告[R],1999.
福建省第八地质大队.福建省永定县山口矿区东矿段钼矿详查地质报告[R],2005.
福建省核工业二九四大队.福建省平和县钟腾铜矿勘探区铜矿资源储量调查报告[R],2010.
福建省核工业二九四大队.福建省浦城县管查矿区铜矿资源储量调查报告[R],2010.
福建省核工业二九五大队.福建省武平县悦洋矿区西矿段银多金属矿详查地质报告[R],2006.
福建省核工业二九五大队.福建省武平县悦洋银多金属矿(东矿段)详查报告[R],2002.
福建省煤田地质局.福建省煤炭资源地质勘查后备基地分析[R],2003.
福建省煤田地质勘探公司.福建省煤炭资源预测与评价报告[R],1993.
福建省闽北地质大队.福建省建瓯市东岩矿区铜矿资源储量调查报告[R],2010.
福建省闽北地质大队.福建省建瓯市钟山矿区铜铅锌矿资源储量调查报告[R],2010.
福建省闽北地质大队.福建省建阳市回潭矿区萤石矿资源储量核查报告[R],2010.
福建省闽北地质大队.福建省建阳县回潭萤石矿区初步勘探地质报告[R],1982.
福建省闽北地质大队.福建省建阳县水吉矿区风山林矿段Ⅳ号矿脉铅锌银矿勘探地质报告[R],1998.
福建省闽北地质大队.福建省建阳县水吉铅锌矿区风山林矿段详细普查地质报告[R],1987.
福建省闽北地质大队.福建省南平市西坑-沙县下柳源花岗伟晶岩型铌钽矿产Ⅴ级成矿远景区划说明书[R],1984.
福建省闽北地质大队.福建省宁化松岭矿区锡矿资源储量核实报告[R],2004.
福建省闽北地质大队.福建省邵武市南山下矿区萤石矿资源储量核查报告[R],2010.
福建省闽北地质大队.福建省邵武市南山下矿区萤石矿资源储量核实补充报告[R],2005.
福建省闽北地质大队.福建省尤溪县峰岩矿区峰岩东矿段铅锌矿详查地质报告[R],2006.
福建省闽北地质大队.福建省尤溪县梅仙铅锌银矿区普查地质报告[R],1993.
福建省闽东南地质大队.福建省福鼎银硐铅锌矿区详细普查地质报告[R],1985.
福建省闽西地质大队.福建省大田县龙凤场硫、多金属矿区西矿段45-51线详查补充地质报告[R],2001.

福建省闽西地质大队.福建省大田县龙山崎矿区铅锌铜矿资源储量调查报告[R],2010.

福建省闽西地质大队.福建省大田县汤泉铁矿区东北矿段详细普查地质报告[R],1984.

福建省闽西地质大队.福建省大田县汤泉铁矿区资源储量核查报告[R],2008.

福建省闽西地质大队.福建省闽西南地区1∶20万锰矿成矿预测报告[R],1992.

福建省闽西地质大队.福建省闽西南推覆构造与煤田预测研究[R],1993.

福建省闽西地质大队.福建省三明沙县-永安以西聚煤区推覆构造研究及隐伏煤田预测[R],1989.

福建省闽西地质大队.福建省上杭紫金山地区金矿的研究及远景预测[R],1989.

福建省闽西地质大队.福建省尤溪县峰岩矿区铅锌银矿普查报告[R],2003.

福建省闽西地质大队.福建省尤溪县峰岩矿区愚公山矿段铅锌银矿普查报告[R],2001.

福建省能源研究会.福建省煤炭科学发展报告[R],2008.

福建省七一四队.福建省福安县赤路钼矿区物化探详查工作报告[R],1972.

福建省区域地质调查队.福建省TM卫星影像地质构造解译报告[R],1990.

福建省区域地质调查队.福建省离子吸附型稀土资源远景调查研究报告[R],1988.

福建省天宝矿业集团股份有限公司.福建省古田县西朝矿区西矿段钼矿详查地质报告[R],2007.

福建省物化探大队.1∶50万福建省区域重力调查报告[R],1989.

福建省物化探大队.福建省地壳—上地幔结构及深部构造背景研究报告[R],1991.

福建省物化探大队.福建省上杭-云霄铜多金属成矿带地球物理、地球化学找矿模型(式)及找矿预测研究报告[R],1992.

福建省物化探大队.福建省上杭县紫金山及其外围铜多金属矿物化探普查评价报告[R],1991.

福建省物化探大队.福建省西部地区航磁成果报告[R],1987.

福建省物化探大队.福建省重磁系列图编制说明书[R],1989.

福建省物探测绘队.福建省莆田县长基超基性岩体物探工作成果报告[R],1975.

福建省物探队三中队.福建省大田县汤泉铁矿点物化探普查评价报告[R],1971.

福建省一二一煤田地质勘探队.福建省龙岩县马坑铁矿中矿段详细勘探地质报告[R],1976.

华东有色地质勘查局八〇七队.福建省尤溪县梅仙矿区谢坑铅锌矿床地质普查总结报告[R],1997.

华东有色地质矿产勘查开发院.福建省尤溪县梅仙矿区丁家山铅锌矿床0-12线矿段勘查地质报告[R],2003.

化工部地勘院.福建省永安市李坊重晶石矿区Ⅴ、Ⅵ矿段地质普查报告[R],1994.

化学工业部地质勘探公司福建勘探大队.福建省大田县龙凤场硫铁矿区东矿段F4以东补充地质工作报告[R],1984.

黄春鹏,詹玉亭,等.福建双旗山地区金矿控矿地质条件研究报告[R],1993.

连天萍,高子玲,等.福建省地质科学研究所.福建省铁矿资源总量预测报告[R],1986.

连天萍,刘鸿文,等.福建省地质科学研究所.福建省铜铅锌银金矿第二轮成矿远景区划报告[R],1994.

刘连登,陈国华,刘允良,等.福建双旗山浅成脉型金矿矿体定量预测及外围找矿靶区评价[R],2000.

刘庆生,等.福建省上杭县紫金山铜金矿田化探异常特征[R],1993.

龙岩马坑矿业有限责任公司.福建省龙岩市马坑铁矿资源潜力调查报告[R],2006.

马振东,等.地球化学资源量预测方法技术[R],2010.

牟绪赞,等.地质矿产部地质调查局地球物理地球化学勘查标准汇编(物探部分)[R],1996.

全国地质资料局.矿产资源战略分析-锰矿[R],1987.

石礼炎,等.福建省主要成矿带矿床成矿系列成矿模式研究[R],1995.

吴淦国,陈伯林,等.武夷山西南缘及邻区铜金锡成矿地质条件与成矿预测研究报告[R],1997.

冶金工业部第二地质勘查局三队.福建省连城县庙前镇兰桥锰矿区中区详查中间地质报告[R],1993.

冶金工业部第二地质勘探公司.福建省将乐县常口萤石矿区勘探地质报告[R],1988.

尤爱珍，等. 福建省物化探大队. 福建省铜、金等十元素地球化学及找矿远景研究报告[R]，1991.
张克尧，张兰生，等. 福建省金矿找矿靶区优选报告[R]，1997.
张明华，等. 重力资料解释应用技术要求[R]，2007.
中国地调局发展研究中心. 重磁电数据处理软件 RGIS 使用手册[R]，2009.
中国地质大学(北京). 磁法勘探软件系统(MAGS2.0 方法原理)[R]，2007.
中国地质调查局地层古生物研究中心. 中国各地质时代地层划分与对比[R]，2005.
中国地质科学院地质矿产研究所. 福建龙岩马坑铁矿地质特征及其形成条件的研究[R]，1978.
中国有色金属工业总公司地质勘查总局，北京地质矿产研究所. 中国铜矿找矿新进展[R]，1993.
中国有色金属工业总公司江西地质勘探二队. 福建省连城县珠地矿区铅锌矿普查地质报告[R]，1991.
朱熙道，等. 福建东部火山岩地区银矿找矿方向研究报告[R]，1992.
紫金矿业集团股份有限公司. 福建省上杭县紫金山铜金矿核查矿区资源储量核查报告[R]，2010.